CHEMISTRY

化 学

A. BLACKMAN　S. E. BOTTLE　S. SCHMID

M. MOCERINO　U. WILLE　李效东

国防科技大学出版社

John Wiley & Sons Limited

原著书名:CHEMISTRY

图书在版编目(CIP)数据

化学/A. BLACKMAN, S. E. BOTTLE, S. SCHMID, M. MOCERINO, U. WILLE 著,李效东等编译. —长沙:国防科技大学出版社,2012.7
ISBN 978-7-81099-988-5

Ⅰ.①化… Ⅱ.①布…②李… Ⅲ.①化学 Ⅳ.①06

中国版本图书馆 CIP 数据核字(2012)第 005714 号

国防科技大学出版社
John Wiley & Sons Limited
电话:(0731)84572640 邮政编码:410073
http://www.gfkdcbs.com
责任编辑:文 慧 责任校对:徐 飞
新华书店总店北京发行所经销
国防科技大学印刷厂印装
*
开本:787×1092 1/16 印张:45.5 彩插:1 字数:1350 千
2012 年 7 月第 1 版第 1 次印刷 印数:1-2000 册
ISBN 978-7-81099-988-5
定价:78.00 元

编写人员名单

吴文健　夏　林　李义和　王建方　李公义

王本根　王春华　朱　慧　王孝杰　王清华

邹晓蓉　王　璟　赖媛媛　胡天娇　蒋振华

陶呈安　刘小清　刘斐月　马　军　浦文婧

前　言

在长期的科学发展过程中，化学与其他多种学科互相影响，互相渗透，互相促进，不但推动了化学研究和化学理论的发展，也推动了包括物理科学、生命科学、材料科学、能源科学、环境科学、信息科学、军事科学等几乎所有基础和应用科学学科的发展。

本书的原型是Wiley出版社出版的由新西兰Otago大学Allan Blackman博士等人主编的《Chemistry》——一本很有特色，在澳洲和世界其他国家非常有影响力的普通化学教科书。

本书是原著的中文版本，即在全书的基础上，由李效东教授等人对本书章节进行了提炼、调整和补充，将原书的26章整合浓缩为21章。原书1,2,3章讲述的是原子、化学语言和化学计量学，这对我国学生而言比较基础，为此将其整合为一章。原书涉及有机化学的内容有7章，相对于基础化学教材而言比重过大，为此我们进行了结构上的调整，将其整合提炼为4章。全书涵盖的化学知识体系非常全面。内容包括结构化学、无机化学、仪器和分析化学、有机化学、物理化学、高分子化学、生物化学、核化学等。

在内容方面，本书最大程度地保留了原书的精华，在讲解化学知识体系时从基本理论入手，深入浅出，娓娓道来，使学生有思考的余地，尽可能地避免枯燥和被动接受结论的局面。同时我们保留了原书中大量示例和习题，以便学生练习以巩固知识。

本书对原书的部分内容和表述也作了较大的修订，增加了对中国学生非常有用的英文化学命名规律等新内容；新增了部分必要的最新知识内容、新数据和新图表；改正了原书的一些笔误；删除了部分对中国学生来说比较简单的叙述和计算细节；淡化了原书实例中过重的澳洲色彩等。

我们保留了原书中对相关化学前沿研究的介绍（本书中标题为“相关知识链接”），这些相关知识链接紧扣主题，围绕相关章节知识点的应用展开，非常值得在本科基础化学教育中推广。

由于本书信息量大，所涵盖的化学知识体系全面，适用面广，而各专业学生对知识要求不同，因此使用本书时务必结合学生实际与专业需要对章节进行选择。

我们在编写本书过程中想突出以上特色，在某些方面是成功的，在另一方面可能是欠妥当的。由于时间仓促，书中不妥和错误在所难免，还希望读者批评指正！

参加本书编译的有李效东、吴文健、李义和、王建方、王本根、夏林、李公义、王璟、王春华、朱慧、王孝杰、王清华、邹晓蓉、赖媛媛、刘小清、胡天娇、马军、浦文婧等。全书的统稿由李效东教授、夏林、蒋振华、陶呈安完成。另外在修改过程中，肖华、孟令强、刘斐月等也付出了很多努力。在这里一并表示感谢！

作者

2012年6月

Preface

It gives me great pleasure to write the preface for this, the first Chinese edition of "Chemistry", by Blackman, Bottle, Schmid, Mocerino, Wille and Li.

This book arose as the result of a visit by Professor Wenjian Wu, of the National University of Defense Technology (NUDT) in Changsha, to the Chemistry Department of the University of Otago in Dunedin, New Zealand, in 2009 – 2010. During his stay, he became familiar with the English version of this book, which was used as the recommended text for first year Chemistry at Otago. The idea of a Chinese translation was first suggested near the end of his visit. Subsequently, I was invited to NUDT in late 2010 to give a series of lectures to undergraduate students, and discovered, to my amazement, that a first draft translation of the book had been completed in what was a very short time.

Negotiations with John Wiley and Sons, the publisher of the English version of the textbook, led to this Chinese edition being published as a joint venture between Wiley and NUDT. Pivotal to the production of this edition has been the extremely hard work of a team of academics at NUDT, headed by Professor Xiaodong Li. A huge amount of time and effort have been spent redrawing illustrations, much of this done by Professor Li, and the end result is an enormous credit to the team. It has been a pleasure working with them.

The English version of this text was groundbreaking, as it was the first text written specifically for Australian and New Zealand students. I think this Chinese edition will be similarly groundbreaking, as it is more comprehensive than previous Chinese texts. I, and my fellow authors of the English edition, Steve Bottle, SiegbertSchmid, Mauro Mocerino and UtaWille, wish this book every success. We sincerely hope that it helps you in your study of Chemistry.

Allan Blackman

Changsha

2012/04/17

目　录

第1章 基本概念

1.1 为什么学习化学？

以前，一提到化学，人们脑海里总会浮现出这样的场景：一群穿着白大褂的人在放满了各式各样玻璃瓶的实验室里做着有趣但有点危险的实验。现在，情况已经不全是这样了。随着化学研究领域的飞速扩展，化学与其他学科的交互发展使得各学科领域之间的界限变得越来越模糊。无论是从事化学专业研究工作，还是从事其他科学或者工程技术类乃至社会科学工作，人们都会发现化学起着不可或缺的作用。

阿格雷（Peter Agre）、麦金农（Roderick Mackinnon）以及切哈诺沃（Aaron Ciechanover）、赫什科（Avram Hershko）、罗斯（Irwin Rose），这些名字在你看来或许没有什么特别之处，但如果说到他们获得过的奖项，你一定不会陌生。他们分别于2003年和2004年获得了象征着科学研究领域最高荣誉的诺贝尔化学奖，然而他们当中却没有一个人拥有化学专业的博士学位。他们主要从事的是医学研究（其中两名为医生），获奖的原因是分别用化学的基本原理解释了水和其他小分子如何穿过细胞壁以及蛋白质如何在细胞内降解。事实上，在过去的20年里，诺贝尔化学奖曾先后授给了物理学家、工程师、医生、生物化学家甚至气象学家！当然，也包括化学家。

化学是一门包含很多领域的学科。以医学为例，如果一个人想成为一名医生，那么一定不能忘了至关重要的一点——人是由原子构成的。人体就像一个发生着众多复杂反应的反应器，每个反应都在我们所谓的“生命”过程中起着特殊的作用。我们拥有视觉，这要归功于一种名叫视黄醛的分子，它在光照的情况下会发生反应。我们的体温能够恒定在37℃，主要是因为一种叫做三磷酸腺苷的分子在体内发生化学反应释放出能量。我们的神经系统能够正常运转靠的是体内钠、钾离子之间存在的一种非常微妙而精确的平衡。目前人们正在渴望能通过对致病分子的了解来治疗癌症、艾滋病、老年痴呆症等顽疾。因此，医学系的学生们必须学习数以万计的使人体运转的化学过程。

如果希望成为一名牙医，那么一定要对牙釉质的重要组成——羟基磷酸钙的化学知识非常熟悉，应该认识到水银填充物存在的安全隐患，了解大量新出现的牙科聚合物材料和陶瓷材料的结构和特性，知道氟化作用防止龋齿的主要原理等。只有这样才能针对不同的病人作出正确的治疗，给出合理的建议。

对于那些想从事药学的同学来说，在学习期间会遇到很多化学问题，如药物的化学结构、药物与人体的化学反应等。此外还需要借助化学动力学来了解某一药物作用的速度。

生物化学和遗传学主要研究的是DNA、RNA以及蛋白质这些大分子，因此化学对于这些学科的重要性不言而喻。为了研究这些分子的功能，生物化学家和遗传学家需要掌握诸如酸碱化学、氢键等化学基础知识,此外还应了解鉴定分子结构的方法和原理。

当然,化学不仅仅只在生命体系中有重要作用。当人们意识到人类对于地球所产生的重要影响后,环境化学的重要性也日益显现出来。例如,化学家确认氟氯烃(CFC)对臭氧层具有破坏作用后,号召世界各国共同努力,使南极上空的臭氧层空洞得到部分恢复。此外,化学家针对地球上石油资源即将枯竭的事实,致力于寻找新的能源,开发了多种可以清洁、高效地将太阳能转化为电能的新材料。从事环境、生态和能源等领域工作的学生必须要清楚这些问题背后的化学原理。

化学在工程技术领域同样有着很重要的作用。就像前面提到过的,诺贝尔化学奖曾经颁发给工程师,因为他们为化学分析开发出了新的仪器。化学工程师在化工产品的工业化设计和化工实施过程中更需要熟悉生产过程中所涉及的各种化学反应。所有与航空、航天、交通、建筑、机械、冶金、兵器等设计和工艺相关的工程师均需要面对着无数新出现的结构材料和功能材料,需要了解其化学结构、化学性能、使用方法以及材料之间的相互作用等。光看材料说明书有时候是很难做出正确的决策和高水平的设计的。

实际上,绝大部分自然科学领域,如物理、天文、地理、气象等都涉及化学问题。正如你所看到的,几乎所有的自然科学书籍中都会出现化学名词、化学方程式以及化学图表。除此之外,化学同样会出现在一些意想不到的地方,比如在法律中,与专利、刑事、经济等相关的专业人士必须同时具备法律知识和化学专业知识。同样的,在经济领域中,同时了解化学与经济知识也是一大优势。因此,越来越多的经济学学生都倾向于在学习过程中选修化学课程。总之,懂得化学知识的人不一定必须在实验室里工作,他们可以胜任很多类型的工作,社会对于化学专业毕业生的需求是巨大的。

你会注意到,现实生活中书本上的油墨,人们身上穿的衣服,手机的电池、外壳和显示屏,房间里家具的合成材料和涂料,汽车的轮胎和内饰,钱包里的磁卡以及生病时所吃的药丸等,这些都是化学产品。今天我们所享受的高品质生活很大程度上都要归功于化学领域的成功——有的成果来自卢塞弗、居里、鲍林这些获得诺贝尔奖的科学明星,但更多的贡献来自于那些为人类发展默默无闻奉献一生的科研工作者们,他们的工作同样值得我们尊敬。

1.2 原子、分子、离子、元素与化合物

我们知道,原子是由一个带正电荷的原子核和围绕在其周围的带负电荷的电子构成的。一般情况下,原子核内的质子数与其周围的电子数相等,因此原子通常是电中性的。可以认为原子是构建物质大厦的最基本砖块。你也许会奇怪为什么大多数化学家并不研究原子本身。实际上,除了氦、氖、氩、氪、氙、氡这几种元素外,其他元素的单个原子是很不稳定的。因此,研究者一般对分子更感兴趣。所谓分子,就是由多个原子经化学键聚集在一起,具有特定尺寸和结构的一个整体。最小的分子仅由两个原子构成,而最大的分子则可能包含上百万个原子。大部分气体和液体以及绝大多数有机固体都是由分子构成的。与原子一样,分子一般都是电中性的。分子内部相邻的原子一般通过共用电子对形成共价键而结合在一起。

带有电荷的物质被称为离子,其中带正电的叫做阳离子,带负电的叫做阴离子,在书写

时分别在化学符号右上角用 + 和 - 来标示。无论是原子或分子,通过得失电子都可以形成离子。例如,钠原子失去一个电子就形成钠离子(Na^+),由两个氧原子构成的氧分子(O_2)得到一个电子就形成超氧离子 O_2^-。

元素是同一类原子的总称。元素周期表中列出了目前已知的 118 种元素。化合物是由两种或两种以上元素以固定比例组成的物质。化合物可以由分子、离子或是以共价键连接而成的三维结构的原子构成。值得注意的是,对于很多无机固体化合物来说,并不存在真正意义上的单个分子。例如,氯化钠的化学式 NaCl 代表的只是在由 Na^+ 与 Cl^- 构成的庞大的三维立体结构中,两者是 1∶1 的比例。与此类似,石英的化学式为 SiO_2,这并不代表它包含单个的 SiO_2 分子,只是说由这两种原子按 1∶2 的比例构成了巨大的三维结构。

以上所提到的这些物质(原子、分子、离子和化合物)可以作为反应物参与化学反应,经过断键与成键的过程就会形成新的化合物,这些新的物质被称为产物。

1.3　原子学说

如今,没有人怀疑原子的存在。我们可以描述原子的很多结构细节,还可以通过先进的技术手段"看到"甚至对单个原子进行操作。但事实上人们在不久之前才真正找到原子存在的科学依据,而在之前化学领域也没有取得很大发展。

早在 2500 年前,希腊哲学家留基伯(Leucippus)和他的学生德谟克利特(Democritus)就提出了原子的概念,他们认为物质是由极小的不可分割的微粒构成的;原子(atom)一词来源于希腊语 atomos,意思是不可分割的。但是这些哲学家的结论并没有任何科学依据,仅仅只是哲学的推断。原子的概念一直被当作一条哲学信仰,从而限制了科学的实用性,直到 18 世纪后期人们发现了两条化学规律——质量守恒定律和定比定律,原子学说才成为真正意义的科学结论。

质量守恒定律:在化学反应前后,体系没有质量的得失,即质量是恒定不变的。

定比定律:对于某一给定的化合物,其所含元素的质量比总是一定的。

质量守恒定律是由法国科学家拉瓦锡(Antoine Lavoisier,1743—1794)根据磷、硫、锡等单质与氧的反应提出的。他将各种单质分别放在密闭的玻璃瓶内,然后通过一面巨大的凸镜将太阳光聚焦到这些样品上,阳光所带来的热量促使单质在瓶内发生反应。他发现在反应前、后体系没有发生任何质量变化,因此提出了质量守恒定律。质量守恒定律也可以表述为:在化学反应中没有质量被创造或被消灭(可惜的是拉瓦锡在法国大革命后被斩首,据说审讯他的法官当时说:"共和国不需要科学家")。

定比定律是由另一个法国化学家普鲁斯特(Joseph Louis Proust,1754—1826)提出的。他的依据是实验室合成的碳酸铜与孔雀石中的碳酸铜有着相同的成分。同时,他还发现在锡的两种氧化物 SnO、SnO_2 和铁的两种硫化物 FeS、FeS_2 中,各组分的相对质量总是一致的。这条定律说明元素总是以固定的质量比而化合形成某种化合物。

这两条定律对于受过基本科学教育的现代人来说似乎已成为常识,但在当时却有着划时代的意义。人们开始思考这样的问题:"究竟是什么样的物质本质使得这些定律成立?"换句话说,就是物质到底是由什么构成的? 19 世纪初,英国科学家道尔顿(John Dalton,

1766—1844)用原子这一古老的哲学概念解释了质量守恒定律和定比定律,形成了我们今天所说的道尔顿原子学说。这一学说的主要内容包括:

(1)物质由一种叫做原子的微小颗粒组成。

(2)原子是不可毁灭的。在化学反应中,这些原子会重新排列但它们自身不会变化。

(3)同种类型的所有原子的质量和其他性质都是一样的。

(4)不同类型的原子的质量和性质不同。

(5)当不同类型的原子化合形成一种化合物时,该化合物内各原子的数量比总是一定的。

读者可以领略到道尔顿学说的逻辑性和重要意义。尽管如此,原子学说提出后的许多年里,对于原子是否存在仍有争议,因为人们无法用光学显微镜观察到微小的原子。但 20 世纪中后期,随着扫描隧道显微镜和原子力显微镜的发明,物质的原子性本质得到了证明。我们不仅能够看到原子,甚至可以对单个原子进行操作(图 1.1)。

(a)石墨表面

(b)移动101个铁原子形成的文字图形

图 1.1 采用扫描隧道显微镜观察到的原子图

1.4 原子的结构

道尔顿的原子学说认为原子是不可分的,但当时很多实验结果都显示这一观点不完全正确。19 世纪末 20 世纪初以来,不少科学家开始对原子的结构非常感兴趣,想要知道原子究竟是由什么组成的。

以下为一些关于原子结构的重要发现。

1895 年,德国物理学家伦琴(Wilhem Röntgen,1854—1923,1901 年获诺贝尔物理奖)发现了从原子发出的 X - 射线。

1896 年,法国物理学家贝克勒尔(Antonie Henri Becquerel,1852—1908,1903 年获诺贝尔物理奖)发现了天然放射性,即有些原子可发出不同的射线。

1897 年,英国物理学家汤姆逊(Joseph John Thomson,1856—1940,1906 年获诺贝尔物理奖)发现了原子中的第一个基本粒子——电子,并测得电子的电荷与质量之比。

1909 年,美国物理学家密立根(Robert Andrews Millikan,1868—1953,1923 年获诺贝尔物理奖)测得单个电子所携带的电量。将这一成果与汤姆逊的结果相结合,就可以得到电子的精确质量。

1909年，新西兰科学家卢瑟福（Ernest Rutherford，1871—1937，1908年因发现不同的放射性射线获得诺贝尔化学奖）提出了新的原子模型：带负电的电子围绕着尺寸小于10^{-15} m的带正电荷的原子核运动。卢瑟福提出了质子概念并证实了质子的存在。

1932年，英国物理学家查德威克（James Chadwick，1891—1974，1935年获诺贝尔物理奖）发现了电中性的中子。中子和质子组成原子核，它们被统称为核子（nucleons）。

至此，人们才完全搞清楚原子的基本组成。表1.1列出了三种粒子的重要特性。

表1.1　电子，质子与中子的物理数据

微粒	符号	电荷（C）	质量（kg）	相对质量（u）*
电子	e^-	-1.6022×10^{-19}	9.1094×10^{-31}	0.00054858
质子	p	$+1.6022\times10^{-19}$	1.6726×10^{-27}	1.00727647
中子	n	0	1.6749×10^{-27}	1.00866490

* $1u=1.66054\times10^{-27}$ kg（^{12}C原子质量的1/12）

从表1.1可以看出，质子和中子的质量非常接近，而电子的质量要小得多，所以原子的相对质量大约等于核子数。这就是化学家创造出原子质量单位u（有时写成amu）的原因。根据表1.1下方u的定义，细心的读者会发现似乎有问题，比如碳原子^{12}C（含6个质子、6个中子和6个电子）的三种粒子的质量和超过12u。这是因为原子的质量总是会小于基本粒子质量之和。爱因斯坦的质能关系理论解释了这个问题，我们将在21章（核化学）讨论此问题。

经过多年研究，人们发现质子和中子是由更小的微粒——夸克（quark）组成的。夸克的存在帮助人们理解为何那么多带同种电荷的质子能够靠得很近地束缚在原子核内。然而夸克在原子核外极不稳定，这使得物理学家对它更感兴趣。

根据任一原子X的组成，可以将其记为$^{A}_{Z}X$，其中，X为该元素的化学符号；Z为原子序数，即原子核内的质子数；A为质量数，即核内质子数与中子数之和。

对于中性原子，原子序数也等于电子数。原子序数决定了化学元素的种类；拥有同一原子序数的原子属于同一化学元素。$^{1}_{1}H$表示氢原子含1个质子（$Z=1$）、1个电子和0个中子（$A=1$）。

如果对一个含有氢原子的样品（可能是H_2、H_2O、CH_4或是其他任何含氢化合物）进行分析，我们会发现大概每6600个氢原子中有1个原子的质量大约是$^{1}_{1}H$原子的两倍。这种比较重的原子是氢的一种同位素——氘（deuterium）。同位素（isotope）指的是那些质子数相同（即Z相同）但中子数不同（即A不同）的原子。氘可以写作$^{2}_{1}H$，意思是它的原子核内有1个质子（$Z=1$）和1个中子（$A=2$）。有时候为了与氘进行区别，$^{1}_{1}H$原子也被称为氕（protium）。在化学性质上，氘与氕基本一致，但与某些其他原子成键时两者仍然会有一些重要的差别。此外，氢还有第三种同位素氚（tritium，$^{3}_{1}H$）。氚的原子核内含有1个质子和2个中子。这种同位素具有放射性，意味着它是不稳定的，会自发地衰减生成氦原子（He）。有关这一过程的细节，我们将在第21章中进一步学习。氦的原子核内有2个质子（$Z=2$），它有2个稳定的同位素，分别是拥有1个中子的$^{3}_{2}He$和拥有2个中子的$^{4}_{2}He$，原子核内有3

个质子(Z = 3)的元素为锂(Li)。锂也有两个稳定的同位素 $^{6}_{3}Li$ 和 $^{7}_{3}Li$,其核内中子数分别为 3 和 4。我们把任意原子核称为核素(nuclide),像氚这类具有放射性的原子核被称为放射性核素(radionuclide)。

示例 1.1　以下同位素常用于医疗领域。请写出它们各自的质子、中子和电子数。

$^{24}_{11}Na$(用于研究体内电解液);$^{51}_{24}Cr$(用于红血球的分类与监控);$^{192}_{77}Ir$(治疗癌症的放射性疗法中用做内部的放射源)

解答:

$^{24}_{11}Na$ 含有 11 个质子、13 个中子和 11 个电子。

$^{51}_{24}Cr$ 含有 24 个质子、27 个中子、24 个电子。

$^{192}_{77}Ir$ 含有 77 个质子、115 个中子、77 个电子。

思考题 1.1　以下放射性同位素常用于医疗领域。请写出它们各自的质子,中子和电子数。

(a) $^{59}_{26}Fe$(用于铁代谢的研究)

(b) $^{153}_{62}Sm$(骨癌患者常用的一种有效的镇痛药)

(c) $^{42}_{19}K$(用于冠状血管的研究)

在化学符号已经明确的情况下,可以用一个简化的方式来表示原子,如 $^{1}_{1}H$ 可以简写为 ^{1}H,因为我们知道对于所有的氢原子来说 Z 都为 1。同样的,氘可以写做 ^{2}H,氚可以写做 ^{3}H。

原子平均质量

从表 1.1 可以看到,^{12}C 同位素被用做测量原子质量的基准。一个原子质量单位 u 相当于 ^{12}C 原子质量的 1/12($1\ u = 1.66054 \times 10^{-27}$ kg),所有原子的原子质量都是以它为标准的相对值。采用这一度量单位,^{1}H 原子的相对原子质量可表示为 1.007825 u(参考表 1.1,质子和电子的质量之和)。然而当我们测量自然界中存在的大量氢原子的平均质量时,这个值会因为 ^{2}H 同位素(质量为 2.014101 u)的存在而稍偏大一些。因此元素氢的平均原子量为 1.00794 u。自然界存在的氢原子中,^{1}H 和 ^{2}H 两种同位素所占比例分别为 99.985% 和 0.015%。其实在自然界中,除了铍($^{9}_{4}Be$)、氟($^{19}_{9}F$)、钠($^{23}_{11}Na$)、铝($^{27}_{13}Al$)、磷($^{31}_{15}P$)、钴($^{59}_{27}Co$)、砷($^{75}_{33}As$)、钇($^{89}_{39}Y$)、铑($^{103}_{45}Rh$)、碘($^{127}_{53}I$)、铯($^{133}_{55}Cs$)、铽($^{159}_{65}Tb$)、钬($^{165}_{67}Ho$)、铥($^{169}_{69}Tm$)、镥($^{175}_{71}Lu$)、钽($^{180}_{73}Ta$)、铼($^{185}_{75}Re$)、金($^{197}_{79}Au$)等元素外,多数元素都是多种同位素的混合物。比如钛(Ti),它是一种可用于喷气式发动机和人造关节的高强轻质金属,拥有五种同位素。钛的这五种天然同位素的核内都有 22 个质子,但中子数则从 24 到 28 各不相同。在自然界中,它们通常分别按以下的比例分布:$^{46}_{22}Ti$(8.25%)、$^{47}_{22}Ti$(7.44%)、$^{48}_{22}Ti$(73.72%)、$^{49}_{22}Ti$(5.41%)、$^{50}_{22}Ti$(5.18%)。因此,Ti 的平均原子质量(原子量)为 47.867 u,略小于丰度最大的同位素的质量(47.947947 u)。表 1.2 给出了五种元素的同位素分布情况,其中锡(Sn)是目前已知的拥有稳定同位素最多的元素。

表1.2 五种元素的天然稳定同位素及天然丰度

元素	原子量	同位素	天然丰度,%	元素	原子量	同位素	天然丰度,%
Cl	35.453	^{35}Cl	75.78	Sn	118.710	^{112}Sn	0.97
		^{37}Cl	24.22			^{114}Sn	0.66
Cr	51.9961	^{52}Cr	83.79			^{115}Sn	0.34
		^{53}Cr	9.50			^{116}Sn	14.54
		^{54}Cr	2.36			^{117}Sn	7.68
		^{50}Cr	4.35			^{118}Sn	24.22
Ge	72.64	^{72}Ge	27.54			^{119}Sn	8.59
		^{73}Ge	7.73			^{120}Sn	32.58
		^{74}Ge	36.28			^{122}Sn	4.63
		^{76}Ge	7.61			^{124}Sn	5.79
		^{70}Ge	20.84	P	30.973	^{31}P	100

示例1.2 自然界中存在的氯(Cl)通常是由两种同位素组成的混合物(表1.2)。经精确测量,^{35}Cl和^{37}Cl的原子质量分别为34.9689 u和36.9659 u。请计算氯的平均原子质量。

$$平均原子质量 = (0.7578 \times 34.9689u) + (0.2422 \times 36.9659u) = 35.45u$$

思考题1.2 铝(Al)原子的质量是^{12}C原子质量的2.24845倍,请问铝的原子质量为多少?

思考题1.3 自然界中存在的铜(Cu)原子比^{12}C原子重多少?

思考题1.4 自然界中存在的硼(B)由19.8%的^{10}B和80.2%的^{11}B组成,^{10}B和^{11}B的原子质量分别为10.0129 u和11.0093 u。请计算硼的平均原子质量。

1.5 元素周期表

在前面的学习中你可能已经发现H、He、Li这三种元素可按照其递增的原子序数排序(Z分别为1、2、3)。如果按照这种方法继续排下去,就可以得到元素周期表(periodic table of the elements)。今天我们所用的元素周期表主要是基于两位科学家的工作得到的。他们是俄国化学家门捷列夫(Dmitri Ivanovich Mendeleev,1834—1907)和德国物理学家梅耶(Julius Lothar Meyer,1830—1895)。这两位科学家根据各自的工作,在1869年先后提出了相似的周期表,时间只相差几个月。但由于门捷列夫的版本发表较早,因此人们通常将这项成果归属于他。

门捷列夫和梅耶工作的特别之处在于他们都不了解原子的结构,当时也不知道原子序数的概念,而原子序数恰恰是现代元素周期表的基础。他们知道的仅仅是部分元素的原子质量,而且在那个时候还有很多元素没有被发现。门捷列夫在为圣彼得堡大学的学生准备化学课时希望找出元素性质之间的联系。他发现当把元素按照原子质量增大的方式排列时,相似的化学性质以随机的间隔一次又一次地重复出现。例如锂、钠、钾、铷和铯都是极易与水反应的软金属。类似地，紧跟着它们出现的元素则又表现出另一组类似的化学性质。如锂之后的铍、钠之后的镁、钾之后的钙、铷之后的锶、铯之后的钡，这些元素都与氧以1∶1的比例形成氧化物。门捷列夫根据这些观察结果创立了他的周期表，如图1.2所示。

Ueber die Beziehungen der Eigenschaften zu den Atomgewichten der Elemente. Von D. Mendelejeff. – Ordnet man Elemente nach zunehmenden Atomgewichten in verticale Reihen so, dass die Horizontalreihen analoge Elemente enthalten, wieder nach zunehmendem Atomgewicht geordnet, so erhält man folgende Zusammenstellung, aus der sich einige allgemeinere Folgerungen ableiten lassen.

			Ti=50	Zr=90	?=180
			V=51	Nb=94	Ta=182
			Cr=52	Mo=96	W=186
			Mn=55	Rh=104,4	Pt=197,4
			Fe=56	Ru=104,4	Ir=198
			Ni=Co=59	Pd=106,6	Os=199
H=1			Cu=63,4	Ag=108	Hg=200
	Be=9,4	Mg=24	Zn=65,2	Cd=112	
	B=11	Al=27,4	?=68	Ur=116	Au=197?
	C=12	Si=28	?=70	Sn=118	
	N=14	P=31	As=75	Sb=122	Bi=210?
	O=16	S=32	Se=79,4	Te=128?	
	F=19	Cl=35,5	Br=80	J=127	
Li=7	Na=23	K=39	Rb=85,4	Cs=133	Tl=204
		Ca=40	Sr=87,6	Ba=137	Pb=207
		?=45	Ce=92		
		?Er=56	La=94		
		?Yt=60	Di=95		
		?In=75,6	Th=118?		

1. Die nach der Grösse des Atomgewichts geordneten Elemente Zeigen eine stufenweise Abänderung in den Eigenschaften.

2. Chemisch-analoge Elemente haben entweder übereinstimmende Atomgewichte (Pt, Ir, Os), oder letztere nehmen gleichviel zu (K, Rb, Cs).

3. Das Anordnen nach den Atomgewichten entspricht der *Werthigkeit* der Elemente und bis zu einem gewissen Grade der Verschiedenheit im chemischen Verhalten, z. B. Li, Be, B, C, N, O, F.

4. Die in der Natur verbreitetsten Elemente haben *kleine* Atomgewichte.

图1.2　门捷列夫最初发表的元素周期表*

门捷列夫最初的周期表，乍看与图1.3中的现代元素周期表不太相像，但仔细观察会发现两者只是行与列互换了一下。门捷列夫周期表中的元素是按照原子质量递增的顺序排列的，然而这一排列顺序到了表的右侧就被打乱了。

---

* 引自《Journal Zeitschrift für Chemie》，1869年出版，第12卷405～406页。德文意思为关于元素原子量的特征：元素按原子量增加纵向排列，同族相似元素横向排列。(1)按原子量排列的元素性质逐渐变化。(2)化学性质相近的元素要么原子量相近(Pt、Ir、Os)，要么等差增加(K、Rb、Cs)。(3)纵向排列的元素的原子量差值与元素的化学性质之差异一致，如Li、Be、B、C、N、O、F。(4)自然界中分布广的元素的原子量较小。

门捷列夫将具有相似性质的元素放在同一行,这样会使表格中出现一些空缺的部分。例如,他将拥有相似化学性质的砷与磷放在一行,就使得砷上方出现了两个空缺。门捷列夫认为,这些空缺的出现只是因为属于它们的元素还未被发现。根据空缺的位置,门捷列夫甚至可以预测这些在当时并未被发现的元素的性质,而且他的预测也为后来寻找这些元素(Ga 和 Ge)提供了指导。

在给碲和碘(碘的德语为 jod,因此在门捷列夫周期表中它的缩写为 J)排序时,门捷列夫遇到了一些麻烦。根据最佳的测试结果,碲的原子质量应该比碘大,而如果将这两个元素按照原子质量大小排序,那么它们的性质就与同一行的元素性质不一致。因此,门捷列夫交换了这两个元素的位置,并且认为碲的原子质量没有被正确地测量(后来证明,碲的原子量确实大于碘)。

门捷列夫周期表是我们今天使用的元素周期表的基础。两者最大的区别在于前者没有氦、氖、氩、氪、氙、氡这些元素。因为在门捷列夫生活的时代这些元素没有被发现,这是由于它们在自然界中含量较少且非常稳定,基本不会发生化学反应。而当这些元素终于在1894年开始被发现时,另一个问题出现了。氩和钾两种元素如果按照其原子质量排列,则无法与同一行的元素保持一致的性质。此时就需要对它们进行另一次对调,而例外也再一次产生了。根据这一情况,原子质量显然不应该是元素性质周期性变化的真正原因。随着卢瑟福发现了原子结构,人们发现周期表内的元素是按照原子序数的升高排列的。而这一规律的发现也证明周期表中 Te 和 I、Ar 和 K 的位置其实是正确的。

现代元素周期表

元素周期表的横行被称为周期,编号为 1 ~ 7 周期;而纵列则被称为族,编号为 1 ~ 18 族。每个周期中包含 18 个元素,同一周期中各元素按照原子序数升高的顺序排列。各元素的原子质量标注在其化学符号下方。原子质量一般随原子序数的升高而增大,但其中也存在一些例外,如除了前面提到的 Te 和 I、Ar 和 K 外,还有 Co 和 Ni。虽然绝大多数同位素的组成以及原子质量都已经被确定,但仍然有一些不稳定的元素由于存在自发的放射性衰变(详见第 21 章)而难以测量其组成。这些元素的原子质量通常引用其最长寿命同位素的质量数,在周期表中加括号标示。注意到周期表内 56 号元素与 72 号元素、88 号元素与 104 号元素之间出现了不连续的情况。介于它们之间的两组元素被放在元素周期表的下方,其中,57 号至 71 号元素被称为镧系元素或稀土元素,而 89 号至 103 号元素则被称为锕系元素。将它们放在周期表下方只是为了节省空间,使周期表能够更容易阅读。此外,镧系元素和锕系元素与周期表中其他元素的化学性质截然不同,它们并不属于 1 ~ 18 族中的任何一族。这两组元素有时也被称为 *f* 区元素。根据这一分类方法可将第 1、2 族的元素称为 *s* 区元素,而 3 ~ 12 族、13 ~ 18 族的元素可以分别称作 *d* 区元素和 *p* 区元素。我们后面会提到,*s*、*p*、*d*、*f* 指的是原子中电子运动的轨道。*d* 区元素也可称为过渡金属元素。

周期表中个别族也有其特定的名字,尽管这一习惯现在已经不那么流行了。第 1 族元素被称为碱金属(alkali metals),第 2 族为碱土金属(alkaline earth metals),第 15 族叫做磷族元素(pnictogens),第 16 族为硫(氧)族元素(chalcogens),第 17、18 族分别被称为卤族元素(halogens)和稀有气体元素(noble gases)。在这些名称中,只有卤族元素和稀有气体元素仍

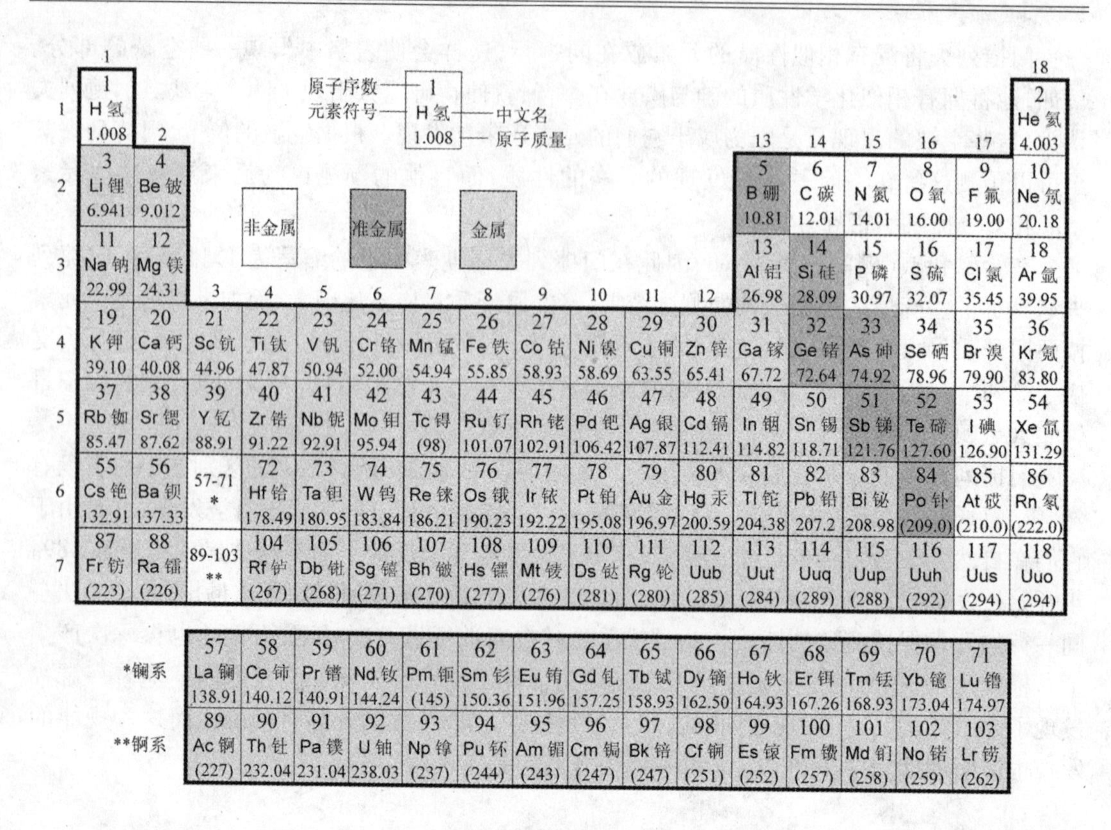

图 1.3 元素周期表(包括 118 个元素)

被广泛使用。

元素周期表中所有的元素都归属于三类物质——金属、非金属和准金属。在周期表中，常用不同的背景颜色来区分它们。金属(metals)通常拥有良好的导电、导热性能，其延展性好(可以被捶打成薄片)，韧性佳(可以拉成细丝)，通常具有金属光泽。不具备以上性质的物质被称为非金属(nonmetals)，在常温常压下，这一类物质主要为气态。准金属(metalloids)的性能介于金属和非金属之间，这一类元素最显著的性质就是它们容易形成半导体。因此，准金属，如硅(silicon，Si)、锗(germanium，Ge)等在硅芯片和晶体管等领域得到了广泛应用。

元素的命名

周期表中所有的元素都有 1 ~3 个字母组成的名称缩写。这些缩写有的直接来自于其英文全称的前一个或两个字母(如碳的缩写为 C，氧的缩写为 O，锂的缩写为 Li)，然而还有一部分元素的缩写名的出处却不那么明显，例如钾的英文名称为 potassium，但其缩写却为 K，同样，锡(tin)的缩写为 Sn，铅(lead)的缩写为 Pb，铁(iron)的缩写为 Fe，等等。之所以出现这些明显不规则的缩写，与元素的原始命名方式有关。每当一个新的元素被发现，它的发现者都会为该元素提议一个名字，然后这个名字需要经过 IUPAC(International Union of Pure and Applied Chemistry，国际纯粹与应用化学联合会)的批准方可使用。

在元素周期表中 C、S、Fe、Cu、As、Ag、Sn、Sb、Au、Hg、Pb、Bi 这些元素来自于远古文明，它们被发现的时间很难考证。其中 Fe、Cu、Ag、Sn、Sb、Au、Hg、Pb 等元素的缩写来自于其各自的拉丁语名称：*ferrum*、*cuprum*、*argentums*、*atannum*、*stibium*、*aurum*、*hydragyrum* 和 *plumbum*。发现过程最早被记录的元素是磷(Phosphorus,P)。它是在 1669 年被 Henning Brand 从尿液的馏分中提取出来的(他当时是想从中提取出金或银来——这当然不会成功!)。而磷的名称是根据希腊语 *phosphoros* 得到的,意思是"光明的使者",因为 Henning Brand 认为它是在黑暗中生长的。还有很多元素是根据国家命名的(如锗 Germanium、钫 Francium、镅 Americium、镨 Polonium),有的甚至是根据第一次发现它们的地点命名的,例如瑞典的小镇 Ytterby 就拥有四个根据其名字命名的元素——铒(Erbium,Er)、镱(Ytterbium,Yb)、铱(Yttrium,Y)和铽(Terbium,Tb),因为它们都是在这个小镇附近的沉积物中被发现的。有趣的是没有任何元素是根据发现者的名字来命名的,而是用于纪念在相关领域作出卓越贡献的科学家。目前,元素周期表中总共有 14 个元素是根据人名命名的,如 62 号元素 Sm(钐 Samarium)来自俄国的 Samarski;64 号元素 Gd(钆 Gadolinium)来自芬兰的 Gadolin;96 号元素 Cm(锔 Curium)来自法国的居里夫妇(Curie);99 号元素 Es(锿 Einsteinium)来自爱因斯坦(Einstein);100 号元素 Fm(镄 Fermium)来自意大利的费米(Fermi);101 号元素 Md(钔 Mendelevium)来自俄国的门捷列夫;102 号元素 No(锘 Nobelium)来自瑞典的诺贝尔(Nobel);103 号元素 Lr(铹 Lawrencium)来自美国的 Lawrence;104 号元素 Rf(Rutherfordium)来自新西兰的卢瑟福(Rutherford);106 号元素 Sg(Seaborgium)来自美国的 Seaborg;107 号元素 Bh(Bohrium)来自丹麦的玻尔(Bohr);109 号元素 Mt(Meitnerium)来自奥地利的 Meitner;111 号元素 Rg(Röntgenium)来自德国的伦琴(Röntgen)。

1.6　原子中的电子

原子的很多化学性质,尤其是它的化学反应活性是由电子决定的。

我们无法确定某一特定时刻电子的准确位置,所以通常讨论的都是电子最可能出现的位置。在原子中,电子所占据的空间区域被称为轨道。每一个轨道都有确定的电子分布与能量。例如,氢原子的最低能量状态(基态)就是当单个电子占据的轨道与原子核的最可几距离为 5.29×10^{-11}m 时所出现的。该轨道是球型分布的。如果处于基态的氢原子吸收了特定数量的能量,其中的电子就会被激发到一个具有更高能量的轨道上去,从而形成激发态。在此激发态下,电子距离原子核的平均距离比基态时的距离要远。这一过程被称为电子跃迁,而在较高能量状态下电子分布的轨道是哑铃状的。类似地,处于激发态的氢原子也可以通过发射能量降到一个较低的能量轨道上,此时的能量释放一般以发光的形式实现,这也是氖和钠蒸气发光的基础。第 2 章中将详细讨论这一过程。

每一个轨道都具有特定的能量,任何电子的能量都是由其所占据的轨道所决定的。因此原子中的每一个电子都具有确定的能量。这一原则被称为量子化(quantisation),是量子理论的基础原理。这一现象是由德国物理学家普兰克(Max Planck,1858—1947,1918 年获诺贝尔物理奖)在 1900 年首次提出的。第 2 章将进一步学习有关能量量子化的知识。

电子带有一个负电荷。任何化学物质的总电荷都是由电子和质子的相对数量所决定的。如过氧离子(peroxide,O_2^{2-})带有两个负电荷,就是因为该离子中电子数比质子数多两个。同样地，Li^+离子中含有三个质子和两个电子，因此它带一个正电荷。除了携带负电荷，所有电子都有一个叫做自旋(spin)的本征特性。

分子中各原子能够结合在一起依靠的是通过电子形成的化学键。共价键通常由原子之间共享的1对(也可能是2对甚至3对)电子组成，每一对电子都包含两个相反的自旋方向。在分子发生化学反应时，这些化学键通常先断开然后再形成新键，这需要反应物和生成物分子之间电子对重组，这一过程的难易程度通常决定了化学反应速度。化学物质之间有一个或多个电子发生转移的反应称为氧化还原反应(redox reactions)。它在众多化学和生物化学过程中起到了重要的作用。实际上，当你阅读这一段文字时，铁离子与氧分子正在你的血液中频繁地交换电子，从而将氧输送到你身体的各个部分。

电子在化学结构与化学反应活性等方面有着重要作用，占据着化学研究领域的中心位置。后面的章节将会陆续介绍更多原子和分子中由电子所决定的性质。

自卢瑟福发现原子结构以来，我们已经了解了很多原子的知识。实际上，前面的内容只是描述了一些最基础的原子结构知识。在后面的章节中，将会阐述原子的一些令人惊异的复杂性。通过前面的学习，学习者应该已经充分认识到原子是由位于中心的带正电的质子和中子构成的原子核，以及围绕着它的带负电的可在固定能级间转换的电子构成的。以仅有的118种不同的元素为基础，就可以构建起整个世界。

1.7　化学计量单位

化学是一门计量的科学，化学家在称量某种物质的质量，评价化学反应的速率，测量分子的尺寸，描述化学反应的条件，评价化学反应导致的热、电、光性能的变化时，都离不开科学、统一的计量单位。

1999年9月23日，美国宇航局(NASA)发射了载有火星气候轨道飞行器的宇宙飞船，但在其即将进入火星轨道之际失去了联系，飞行器最后与火星相撞。造成此次事故的主要原因是一次计量单位的误用，在计算飞行器从轨道进入太空的推力时，一组科研人员用的是英制单位(英尺、磅)，而另一组用的是SI制(国际单位制)单位(米、千克)。同样，在1983年7月23日，加拿大航空公司一架载有69人的波音767飞机在升到12000m高空时燃料被耗尽，也是由于使用了不同的单位来计算燃料量，从而导致燃料不足，所幸的是飞机最终成功着陆。

这两个例子均说明计量单位的统一是非常重要的。

人们早在几千年前就意识到生活中需要计量单位。最早的长度计量单位往往具有任意性，古埃及的长度单位是用人身体的某一部位来计量的，如手指、手臂的长度。中国古代用大拇指与中指伸开的最长距离作为长度单位“尺”，汉代的1尺大约为0.23m，但后来标准不同了。英格兰的亨利一世定义码(yard)的长度为从其鼻根到大拇指之间的距离，200年后爱德华二世规定三个大麦粒的长度为一英寸(inch)。1789年，科学家制作了两块铂金，并将其中一块的重量定为1kg(千克)，另一块的长度定为1m(米)，这两块铂金如今保存在巴黎的de la republique档案馆中。从此米制单位成为了国际通用的单位制，称为SI制(Systeme International)，由7种基本计量单位组成，如表1.3中所示。

表1.3　七个国际基本单位

量	单位名称	符号	定义
长度	meter[米]	m	光在1/299 792 458秒的间隔内在真空中传播的距离
质量	kilogram[千克]	kg	等于国际千克原器的质量
时间	second[秒]	s	^{133}Cs原子基态的两个超精细能级间跃迁对应辐射的9 192 631 770个周期的持续时间。
温度	kelvin[开尔文]	K	水三相点热力学温度的1/273.16
物质的量	mole[摩尔]	mol	物质所含微粒数量正好与12g的C^{12}原子数目相等。
电流	ampere[安培]	A	在真空中相距1米的两根无限长平行直导线，通以相等的恒定电流，当每米导线上所受作用力为2×10^{-7}N时，各导线上的电流为1A。
发光强度	candela[坎德拉]	Cd	是一光源在给定方向上的发光强度，该光源发出频率为540×10^{12}Hz的单色辐射，且在此方向上的辐射强度为1/683W每球面度。

开尔文温度单位中的绝对零度是温度的最低极限，相当于－273.15℃。常用的摄氏度与开尔文温度的转换公式如下：

摄氏温度(℃)＝开氏温度(K)＋273.15K

例如水的凝固点为0℃，相当于开氏温度的273.15K；水的沸点为100℃，相当于开氏温度的373.15K。需要注意的是开氏温度和摄氏温度的温差1K和1℃是相等的。

仅用这7种基本单位不足以表示各种自然现象的众多性质，但可以由基本单位导出很多新的标准单位(表1.4)。

表1.4　SI导出单位

导出物理量	名称	缩写	一般表示	SI基本单位表示
频率	hertz 赫兹	Hz	–	s^{-1}
力	newton 牛	N	–	$m\cdot kg\cdot s^{-2}$
压力、张力	pascal 帕	Pa	N/m^2	$m^{-1}\cdot kg\cdot s^{-2}$
能量、功、热量	joule 焦耳	J	N·m	$m^2\cdot kg\cdot s^{-2}$
功率、辐射通量	watt 瓦特	W	J/s	$m^2\cdot kg\cdot s^{-3}$
电荷、电量	coulomb 库仑	C	–	s·A
电势差、电动势	volt 伏特	V	W/A	$m^2\cdot kg\cdot s^{-3}\cdot A^{-1}$
电容量	farad 法拉	F	C/V	$m^{-2}\cdot kg^{-1}\cdot s^4\cdot A^2$
电阻	ohm 欧姆	Ω	V/A	$m^2\cdot kg\cdot s^{-3}\cdot A^{-2}$
电导	siemens 西门子	S	A/V	$m^{-2}\cdot kg^{-1}\cdot s^3\cdot A^2$
磁通量	weber 韦伯	Wb	V·s	$m^2\cdot kg\cdot s^{-2}\cdot A^{-1}$
磁通密度	tesla 特斯拉	T	Wb/m^2	$kg\cdot s^{-2}\cdot A^{-1}$
感应系数	henry 亨利	H	Wb/A	$m^2\cdot kg\cdot s^{-2}\cdot A^{-2}$
摄氏温度	degree Celsius 摄氏度	℃	–	K
放射性活度	becquerel 贝克勒尔	Bq	–	s^{-1}
辐射当量	sievert 西弗特	Sv	J/kg	$m^2\cdot s^{-2}$

其他任何物理单位都可通过 SI 单位(基本导出单位)转换来实现,如面积(m^2)、速度($m \cdot s^{-1}$)、粘度($Pa \cdot s$)、导热系数($W \cdot K^{-1} \cdot m^{-1}$)、表面张力($N \cdot m^{-1}$)、介电常数($F \cdot m^{-1}$)、摩尔体积($m^3 \cdot mol^{-1}$)等。

在表示原子半径或两个星球之间的距离时,运用 SI 单位中米(m)很不方便,为了解决这一问题,可在"m"前加一前缀,每个前缀表示的是乘以或除以 10 的 *n* 次方,表 1.5 列出了每种前缀的简写及表示的数量级。

表 1.5　国际单位制常用前缀

前缀	简写符号	中文	数量级	前缀	简写符号	中文	数量级
yotta	Y		10^{24}	deci	d	分	10^{-1}
zetta	Z		10^{21}	centi	c	厘	10^{-2}
exa	X		10^{18}	milli	m	毫	10^{-3}
peta	P		10^{15}	micro	μ	微	10^{-6}
tera	T	太	10^{12}	nano	n	纳	10^{-9}
giga	G	基	10^{9}	pico	p	皮	10^{-12}
mega	M	兆	10^{6}	femto	f	飞	10^{-15}
kilo	k	千	10^{3}	atto	a		10^{-18}
hecto	h	百	10^{2}	zepto	z		10^{-21}
deca	da	十	10^{1}	yocto	y		10^{-24}
			10^{0}				

使用以上前缀可以得到很多衍生的标准单位,如 km(kilometer)表示千米,即 10^3m;mg(milligram)表示毫克,即 10^{-3}g;ps(picosecond)表示皮秒,即 10^{-12}s;GPa(gigapascal)表示基帕,即 10^9Pa;THz(terahertz)表示太赫兹,即 10^{12}Hz 等。

化学工作者常用非 SI 体积单位升(L)。1L 相当于 $1dm^3$,常用于表示浓度,如 mol/L 或 M。另外在化学研究中也常用毫升,$1mL = 1cm^3$。

摩尔数

因为原子(或分子)的质量太小,用 SI 的质量单位(即使加上前缀)来表示非常不方便。前面已经介绍衡量原子质量的单位为 u(^{12}C 原子质量的 1/12)。u 与 SI 单位之间的换算关系为 $1u = 1.66054 \times 10^{-24}$ g。如果我们逆向考虑这个定义,可以发现 $6.02214 \times 10^{23} u = 1g$,因此 12g 的 ^{12}C 含有 6.02214×10^{23} 个 ^{12}C 原子。这清楚地表明即使是很小质量的物质,它所包含的原子的数目也是非常巨大的。因此,我们确立了一个对化学物质计数的量——摩尔(mole)作为物质的量的国际单位。1mol 是一个系统物质的数量,该系统所含基本单元的数目与 12g ^{12}C 所含原子的数目相同。这个数目被称为阿伏伽德罗常数(Avogadro constant,N_A),它是整个化学计量的支柱。

$$N_A = 6.022 \times 10^{23} mol^{-1}$$

阿伏伽德罗常数的数值大小超乎想象之外,比如说 6.022×10^{23} 个谷粒可以铺满整个中国,厚度达 1 米。但是原子或分子是如此不可思议的小,我们喝的一口水中就可能有超过

1mol 的水分子(18g),而 1mol 的 H_2SO_4 的质量为 98.09g。

各种原子的摩尔质量的精确数值见本书附录。比如 H 的摩尔质量为1.00794g,O 的摩尔质量为 15.9994g,而 C 的摩尔质量为 12.0107g。C 的摩尔质量的数值可能会令人感到奇怪,因为前面我们曾经说明 1mol ^{12}C 的质量恰好是 12g。这是因为 C 元素有两种主要的天然同位素,分别是^{12}C 和^{13}C,每一份 C 的样品都含有这两种同位素,其丰度分别为 98.89% 和 1.11%。这就是说自然界中的 C 原子的摩尔质量是两种同位素质量的平均值,其数值比 12 略大一些。含有不止一种天然同位素的元素的摩尔质量反映了该元素每种同位素的相对质量和丰度。

1.8　分子的表述方法

化学式

描述一种物质组成的最简单方法是化学式。化学式显示组成物质的原子种类和相对数目(用下标表示)。简单的化学式,如水分子 H_2O。复杂化学式,如迄今为止含有元素种类最多的化合物 $C_{30}H_{34}AuBClF_3N_6O_2P_2PtW$。

单质是由一种元素组成的物质,其化学式最简单,如 He(氦气)、Si(单晶硅)、Cu(金属铜);另外有 7 种双原子单质分子,如 H_2、N_2、O_2、F_2、Cl_2、Br_2 和 I_2。还有一些由多个原子组成的单质,如磷和硫,一分子白磷含有 4 个磷原子,而一分子硫磺含有 8 个硫原子,因此它们的化学式分别写作 P_4 和 S_8。

大多数化合物由两种或更多种元素组成,其化学式的写法需要统一。由两种元素组成的二元化合物,其化学式写作有如下规则:

(1)大多数无机化合物,电负性(表示吸引电子的能力,详见第 3 章)小的写在前,电负性大的写在后。如 KCl、PCl_3、Al_2S_3、Fe_3O_4、LiH、B_2H_6、H_2O、H_2S、HCl 等。但 NH_3 例外。

(2)有机化合物,C 在前,H 在后,如 CH_4、C_6H_6 等。

书写含有三种或更多元素化合物的化学式时,很多离子型无机化合物可以将两种(或更多)元素组成一个离子基团。因为阳离子吸引电子的能力较小,而阴离子吸引电子的能力较大,故可同样遵循二元化合物的原则,即阳离子(基团)在前,阴离子(基团)在后。例如硝酸钙 $Ca(NO_3)_2$、硫酸铵 $(NH_4)_2SO_4$ 等。有些化合物暴露在潮湿空气中会吸水变成水合物。如白色晶体状的硝酸钙会吸水变成四水合物 $Ca(NO_3)_2 \cdot 4H_2O$。当 $Ca(NO_3)_2 \cdot 4H_2O$ 在真空状态下加热时会释放水分子,形成无水硝酸钙 $Ca(NO_3)_2$。水合物的化学式在离子化合物中非常常见,水分子 H_2O 通常写在化学式的后面。

含多种元素的有机化合物的书写仍是 C 在最前、H 在其后,其他的元素按照字母表顺序来写,如 C_2H_6O、C_4H_9BrO、CH_3Cl 等。

结构式

化学式仅表明组成化合物的元素种类和相对含量,但化学家对分子中原子之间连接的方式非常感兴趣。结构式用表示元素的化学符号和化学键来表示化合物,标明了分子中原子的排列顺序和连接方式。以下为几种化合物的完全结构式。

```
                                                         H
                                                         |
                                                       H—C—H
        O                          H  H  H             H  |  H
        ‖                          |  |  |             |  |  |
  H—O—S—O—H      H—N—H       H—C—C—C—H       H—C—C—C—H
        ‖            |             |  |  |             |  |  |
        O            H             H  H  H             H  H  H
     硫酸           氨              丙烷          甲基丙烷(异丁烷)
```

可以看出,结构式中相对键长是任意的,键角(90°或 180°)也并不表示真实情况。因此结构式不表示化合物真实的几何构造,因为分子的三维结构在二维平面中很难精确地表述。但是结构式能够弥补化学式在表述结构上的不明确性。例如,乙醇和二甲基醚有相同的分子式 C_2H_6O,但是它们的结构式明显不同,属于同分异构体,其结构式如下:

```
     H       H            H  H
     |       |            |  |
  H—C—O—C—H         H—C—C—O—H
     |       |            |  |
     H       H            H  H
     二甲基醚                乙醇
```

结构简式

以上结构式画起来比较麻烦,很多有机物可用结构简式表示其中原子(或基团)的排列,即只写原子不画出键。比如在结构简式中,丙烷可表示为 $CH_3CH_2CH_3$,甲基丙烷可写为 $CH_3CH(CH_3)CH_3$,也可写作 $(CH_3)_2CHCH_3$ 或 $(CH_3)_3CH$。二甲基醚和乙醇可以分别表示为 CH_3OCH_3 和 CH_3CH_2OH。结构简式同样给出了分子的结构信息,且写法简单,节省空间,但对具有复杂三维结构的化合物就不太适用了。

键线式结构

键线式结构是一种既简便又可表示复杂的有机结构的表示法。此法的特点是 C 原子不用表示,其写法规则如下:

(1)除了 C—H 键,所有键均用线来表示。

(2)C—H 键和与 C 成键的 H 不用表示。

(3)单、双、三键分别用单线、双线、三线表示。

(4)C 原子可以省略,其他原子用元素符号表示。

根据以上规则,上述几种有机物的画法如下:

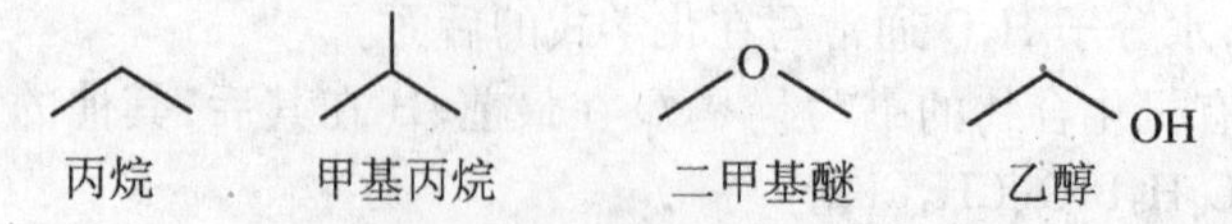

丙烷　　甲基丙烷　　二甲基醚　　乙醇

键线式结构能画出很多有意思的分子结构,下面所列出的分子均已被合成出来,结构也已被确认。

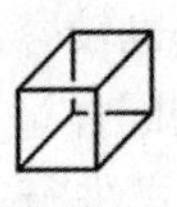
立方烷C_8H_8

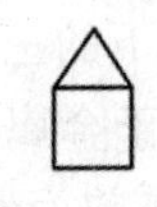
房型烷C_5H_8

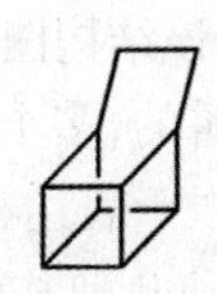
篮式烷$C_{10}H_{12}$

三维结构式

除了少数平面型的分子外，大多数分子均有独特的三维空间结构。在不产生歧义的情况下，我们可以用二维的结构式来表示，如前面介绍的氨和烷烃分子。但有时候则必须补充透视画法。以 1,2－二甲基环戊烷为例，我们可以画成如下结构式：

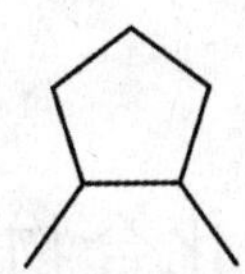

从三维的角度观察 1,2－二甲基环戊烷分子，发现二维的键线式结构不足以表达其空间结构。该分子中环上每个 C 原子均连有两个原子——两个 H 原子，或者一个 H 和一个 C 原子（甲基上的 C）。两个原子分布在五元环平面（实际上真正的环戊烷并非平面，但可近似看作平面而不会产生歧义）的两边：一个在环上方，另一个在环下方。这样，相邻的 1,2 号 C 原子上的两个 $-CH_3$ 要么在环平面的同一方，要么在环平面的两方（如下图），这使得该化合物有两种立体构型或者异构体。

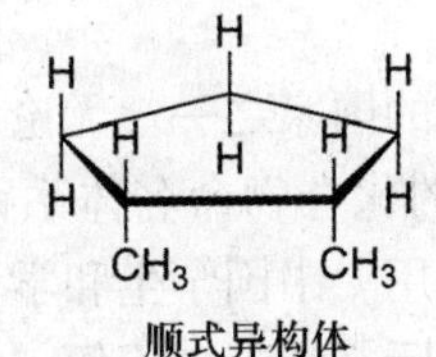

顺式异构体

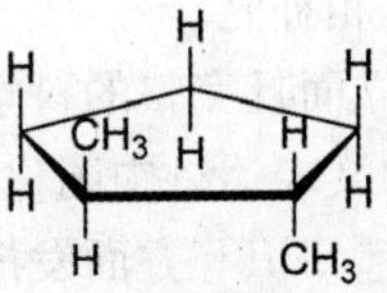

反式异构件

为了区别这两种异构体，将两个 $-CH_3$ 在环平面同一方的构型称为顺式（cis－），反之则称为反式（trans－）。在键线式结构中，可以用楔形线来表示该基团的立体方向，以所在纸平面为基准，实心楔形线（▬）表示该键指向读者方向，而虚线（……或---）则表示该键指向纸平面的背面。这样可将 1,2－二甲基环戊烷的两种异构体用键线式结构表示出来，如下图：

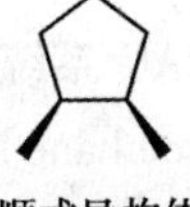
顺式异构体

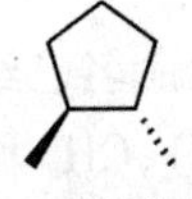
反式异构件

从上图可以看出它们是不同的化合物。

当 C 原子接有四个单键时，它的三维构型通常画成如下形式：

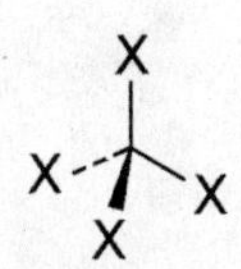

X 代表任何原子,在该结构图中,两个键在纸平面上,一个键指向读者方向,一个键指向纸的背面。按照前面所讲的,多个 C 原子存在下的三维结构图也较容易画出。

三维结构图不仅只限于表达有机分子,对于金属络合物也同样适用,第 11 章中将论述过渡金属络合物存在多种几何构型,可以用与前面相似的方式进行表达。以金属络合物 ML_6 为例说明,六个配体 L 位于想象中的八面体的顶点,因此可将该络合物画成如下图所示形式。

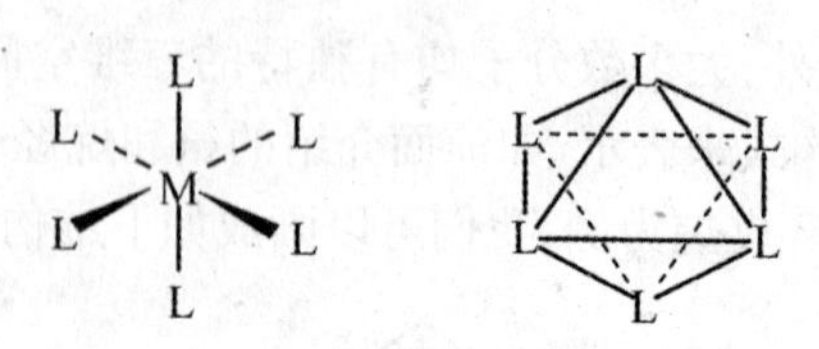

1.9　化合物命名

早些年化合物相对比较简单,通常是以原产地、外观、性质或用途来命名的,此为习惯命名法。很多化合物的习惯名称一直沿用至今,而且每年仍有一定量的新化合物采用新的习惯名称。化学发展到今天,我们知道的化合物已有两千多万种,同时每年有成千上万的新化合物被合成出来。对于如此庞大的数量,科学家认识到必须有个系统命名法。IUPAC 建立了完整的化合物的系统命名规则,大部分得到了化学工作者的认同。现在,习惯命名法和系统命名法同时被使用,互相补充。

中国是少数具有独立而且完整的科学语言体系的国家之一。无论多么复杂的科学概念或物质,绝大多数可用中文表达。中国化学会建立的化合物命名体系得到中国学术界的高度认可,在普及教育、传播知识等方面发挥了重要作用。中国学生和学者们均非常熟悉中文体系,而对国际通用的英文命名规则比较陌生,给国际交流带来不便。本节将介绍并比较两种系统命名法的一般规则,希望中国学生们能够掌握中、英文两种命名体系的原则。

一元命名法

一元命名法的原则是将化合物看作为一个整体(或者母体)。此法适应于很多常见化合物和作为母体的简单化合物。

很多常见简单化合物的一元命名已经成为 IUPAC 系统命名的重要组成。如 H_2O 称为水(water);NH_3 称为氨(ammonia);CH_4 称为甲烷(methane);SiH_4 称为甲硅烷(silane);PH_3 称为膦(phosphine);CH_3CH_2OH 称为乙醇(ethanol)等。

有些常见但结构比较复杂的化合物也用一元命名法,因为用复杂的系统命名来表示常见的化合物是很不方便的。以下为三个实例:

Vanilline（香兰素）　　Vitamin A（维生素 A）　　Morphine（吗啡）

这种习惯命名涉及许多常见化合物，这种命名一般不能（或很少）反映化学结构信息。

二元命名法

多数无机化合物可被看成为二元体系（AB），其中 A 为电正性的原子或基团；B 为电负性的原子或基团（A 和 B 数量可以超过 1）。表 1.6 列出了部分无机化合物的二元体系及命名。

表 1.6　部分无机化合物的二元命名

化合物	AB	英文命名	中文命名
离子化合物	NaCl	sodium chloride	氯化钠
	Na_2SO_4	sodium sulfate	硫酸钠
	NaOH	sodium hydroxide	氢氧化钠
极性分子	CO_2	carbon dioxide	二氧化碳
	NH_4Cl	ammonium chloride	氯化铵
原子晶体	SiC	silicon carbide	碳化硅
	Fe_2O_3	iron oxide	三氧化二铁
配位化合物	$K_3[CoCl_6]$	potassium hexachlorocobaltate(III)	六氯钴（Ⅲ）合三钾
	$[Ni(OH_2)_6]SO_4$	hexaaquanickel（Ⅱ） sulfate	硫酸合六水镍（Ⅱ）

由表 1.7 可以看出，对于只含有两种原子的分子或物质 AB（包括无机盐、极性分子和原子晶体等），书写分子式时统一将电负性小的作为 A 写在前，电负性大的作为 B 写在后。英文命名按 A－B 的顺序，其中 A 直接用元素名（E_a）命名，而 B 则用“元素名词根（E'_b）”＋ide 命名。化合物的具体命名形式为“E_a E'_bide”。与此顺序相反，中文对 AB 的命名为“B 化 A”，A 和 B 均用中文元素名。

所谓“元素名词根”（E'）一般为英文元素名的最后一个音节去掉元音即可（氧、氢、氮、磷则去掉最后一个音节和倒数第二个音节的元音），如碳 carbon 的词根为 carb－，碳化物即为 carbide；溴 bromine 的词根为 brom－，溴化物为 bromide；氧 oxygen 的词根为 ox－，氧化物为 oxide；磷 phosphorus 的词根为 phosph－，磷化物为 phosphide 等。

表 1.7　常见的元素名词根及相应化合物的二元命名

元素	英文元素名 (E)	词根 (E')	典型实例				
			AB	电负性		英文命名($E_a E'_b ide$)	中文命名(B 化 A)
				A	B		
As	arsenic	arsen	GaAs	1.6	2.0	gallium arsenide	砷化镓
B	boron	bor	SiB_4	1.8	2.0	silicon tetraboride	四硼化硅
Br	bromine	brom	$FeBr_2$	1.8	2.8	iron (Ⅱ) bromide	溴化亚铁
C	carbon	carb	SiC	1.8	2.5	silicon carbide	碳化硅
Cl	chlorine	chlor	KCl	0.8	3.0	potassium chloride	氯化钾
F	fluorine	fluor	HF	2.1	4.0	hydrogen fluoride	氟化氢
H	hydrogen	hydr	LiH	1.0	2.1	lithium hydride	氢化锂
I	iodine	iod	PI_3	2.1	2.5	phosphorus triiodide *	三碘化磷
N	nitrogen	nitr	ZrN	1.4	3.0	zirconium nitride	氮化锆
O	oxygen	ox	Al_2O_3	1.5	3.5	aluminum oxide	三氧化二铝
P	phosphorus	phosph	InP	1.7	2.1	indium phosphide	磷化铟
S	sulfur	sulf	ZnS	1.6	2.5	zinc sulfide	硫化锌
Se	selenium	selen	Sb_2Se_3	1.9	2.4	antimony (Ⅲ) selenide	硒化锑
Si	silicon	silic	TiSi	1.5	1.8	titanium silicide	硅化钛
Te	tellurium	tellur	Na_2Te	0.9	2.1	sodium telluride	碲化钠

* 也可作 phosphorus(III) iodide

在 AB 分子中有时需要标明 A 或 B 的数目，中文直接采用汉字数字，英文则采用数字前缀。常用前缀列于表 1.8。

表 1.8　化学命名的数字前缀

数字	英文前缀 *	化合物	英文名称	中文名称
1	mon(o) –	CO	carbon monoxide	一氧化碳
2	di –	SiO_2	silicon dioxide	二氧化硅
3	tri –	NI_3	nitrogen triiodide	三碘化氮
4	tetr(a) –	$SnCl_4$	tin tetrachloride	四氯化锡
5	pent(a) –	PCl_5	phosphorus pentachloride	五氯化磷
6	hex(a) –	SF_6	sulfur hexafluoride	六氟化硫
7	hept(a) –	IF_7	iodine heptafluoride	七氟化碘

* 若其后的元素名中以“a”或“o”开头，则括弧内的元音可省略。

表示原子数目的前缀在命名相似的二元化合物时非常重要，如 N 原子和 O 原子组成的六个不同的化合物中，数字前缀必不可少，如 NO 一氧化氮(nitrogen monoxide)；NO_2 二氧化氮(nitrogen dioxide)，N_2O 一氧化二氮(dinitrogen oxide)，N_2O_3 三氧化二氮(dinitrogen trioxide)，N_2O_4四氧化二氮(dinitrogen tetroxide)，N_2O_5五氧化二氮(dinitrogen pentoxide)。

二元体系中 A 和(或)B 为多原子基团，此时 A 为阳离子，B 为阴离子，离子型的多原子无机化合物均属于此类。英文命名仍为 AB，中文命名为 B(化)A。表 1.9 列出了一些常见的多原子离子。

表 1.9　常用离子根的化学式与命名

离子式	名称		离子式	名称	
阳离子			含氧酸根		
NH_4^+	铵	ammonium	SO_4^{2-}	硫酸(根)	sulfate
H_3O^+	水合氢离子	hydronium	SO_3^{2-}	亚硫酸(根)	sulfite
Hg_2^{2+}	(一价)汞	mercury(Ⅰ)	NO_3^-	硝酸(根)	nitrate
二元阴离子			NO_2^-	亚硝酸(根)	nitrite
OH^-	氢氧(根)	hydroxide	PO_4^{3-}	磷酸(根)	phosphate
CN^-	腈	cyanide	MnO_4^-	高锰酸(根)	permanganate
碳酸(羧酸)根			CrO_4^{2-}	铬酸(根)	chromate
CO_3^{2-}	碳酸(根)	carbonate	$Cr_2O_7^{2-}$	重铬酸(根)	dichromate
HCO_3^-	碳酸氢(根)	hydrogen carbonate	ClO_4^-	高氯酸(根)	perchlorate
$HCOO^-$	甲酸(根)	formate	ClO_3^-	氯酸(根)	chlorate
CH_3COO^-	乙酸(根)	acetate	ClO_2^-	亚氯酸(根)	chlorite
$C_2O_4^{2-}$	草酸(根)	oxalate	ClO^-	次氯酸(根)	hypochlorite

利用表 1.9 很容易按二元体系对多原子化合物进行中、英文命名。如 NaOH 为氢氧化钠(sodium hydroxide)；$K_2Cr_2O_7$ 为重铬酸钾(potassium dichromate)；NH_4ClO 为次氯酸铵(ammonium hypochlorite)等。

部分有机物，如酯、卤烷、醇、胺、环氧化物等也采用二元命名。例如表 1.9 中的酸根名同样可用于有机酯类，不过此时 A 不是阳离子，只是有机基团而已(有机基团相对于酸根也是电正性的)。如 $CH_3COOC_2H_5$ 为乙酸乙酯(ethyl acetate)；$(CH_3O)_2SO_2$ 为硫酸二甲酯(dimethyl sulfate)；$(CH_3)_2CHCH_2ONO$ 为亚硝酸异丁酯(isobutyl nitrite)等。

由上可见，由多原子组成的无机化合物(尤其是离子化合物)一般均可以用二元命名体系来表示。但仍有部分无机物不容易简单地分成 A、B 两部分，此类物质的命名还没有统一标准，如无机材料 $Si_3Al_3O_3N_5$ 被称为 Sialon，为四种元素的合拼，中文音译为塞龙。

有机物的系统命名

有机物的种类繁多，结构复杂，规则也很多。IUPAC 在习惯命名的基础上提出了比较完整的系统命名法，但还有很多与此不一致的习惯命名仍在大量使用。如果人们认识到化学是一门积累性和延续性很强的科学，就不难理解长时期内不同的命名法共存的事实。有机物的详细命名在后面相应的章节中进行介绍，此处仅介绍一些重要的一般规则。目前，一些电脑软件具有将分子结构转换为系统命名的功能，这对 IUPAC 命名法规则提供了有用的支持。

有机物大多是由 C、H 等有机元素组成的化合物，系统命名法一般原则是基于 C 原子的个数，由此形成结构母体，并在母体前标明修饰侧基。表 1.10 列出了表示有机化合物碳数的专用前缀。中文命名系统则采取天干数序列表示含 1 ~ 10 个碳数的化合物。

表 1.10　有机化合物的碳数前缀及相应烷烃的命名

碳数	前缀	烷烃 alkane		碳数	前缀	烷烃 alkane	
1	meth -	methane	甲烷	9	non -	nonane	壬烷
2	eth -	ethane	乙烷	10	dec -	decane	癸烷
3	prop -	propane	丙烷	11	undec -	undecane	十一烷
4	but -	butane	丁烷	12	dodec -	dedecane	十二烷
5	pent -	pentane	戊烷	13	tridec -	tridecane	十三烷
6	hex -	hexane	己烷	20	icos -	icosane	二十烷
7	hept -	heptane	庚烷	21	henicos -	henicosane	二十一烷
8	oct -	octane	辛烷	30	triacont -	triacontane	三十烷

表 1.10 中同时列出了相应的直链烷烃的命名。当烷烃碳链上含有支链时，将支链看作烷基取代基。所谓取代基实际上是比烷烃少一个氢的基团，一般用通用符号 R 表示。其英文名称为数字前缀后加 - yl，中文则直接根据碳数称甲基、乙基等。低碳数的基团均为唯一结构，不会产生歧义。但丙基以后则有多种不同的异构体，必须要加上特定的前缀符号以示区别。n、i、s、t 分别表示正、异、仲、叔。表 1.11 列出了一些重要取代基的表示方法及缩写名。

表 1.11　常用烷基基团的命名、化学式及缩写

基团	英文命名	中文名称	缩写
$-CH_3$	methyl	甲基	Me
$-CH_2CH_3$	ethyl	乙基	Et
$-CH_2CH_2CH_3$	propyl	丙基	Pr
$-CH(CH_3)-CH_3$	isopropyl	异丙基	*i* - Pr
$-CH_2CH_2CH_2CH_3$	*n* - butyl	正丁基	*n* - Bu
$-CH_2CH(CH_3)-CH_3$	isobutyl	异丁基	*i* - Bu
$-CH(CH_3)-CH_2CH_3$	*sec* - butyl	仲丁基	*s* - Bu
$-C(CH_3)_3$	*tert* - butyl	叔丁基	*t* - Bu

具有复杂结构的烷烃应根据以下规则命名。

(1) 对于含有支链的烷烃,以含碳最多的碳链作为母体主链,通过给主链编号来定位支链(取代基)。编号时尽量使取代基在编号最小的位置(如下图)。将取代基位置的数字和取代基名称写在主链烷烃的前面。故以下化合物的正确命名为 2-甲基戊烷(2-methylpentane),而不是 4-甲基戊烷。

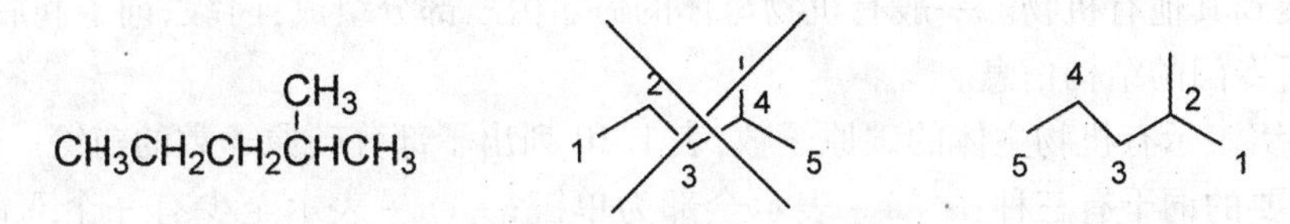

(2) 当母体主链上不同位置含有多个相同取代基时,尽量使取代基编号之和最小。如下面结构式的正确命名为 2,4-二甲基己烷,而不是 3,5-二甲基己烷,因为 2+4<3+5。

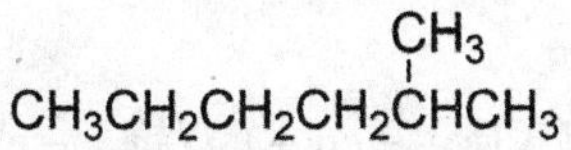

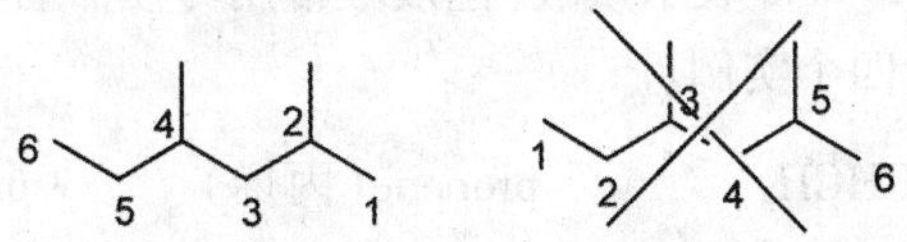

$$\mathrm{CH_3CH_2CH(CH_3)CH_2CH(CH_3)CH_3}$$

(3) 当母体主链上含有多个不同取代基时,英文命名中取代基以首字母在字母表顺序在前的先编号,而在中文命名中则是简单的基团先编号,复杂的基团后编号(考虑到很多中国人不熟悉基团的英文名称)。如下面结构式的正确中文命名为 3-甲基-5-乙基庚烷,而其英文命名为 3-ethyl-5-methylheptane,与中文编号相反。

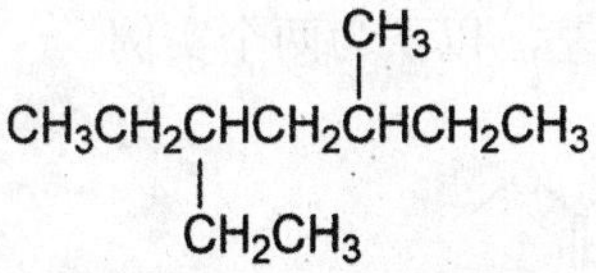

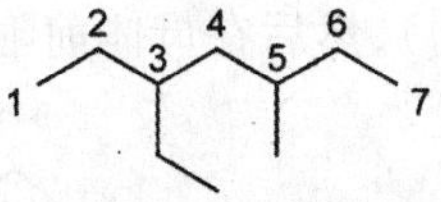

$$\mathrm{CH_3CH_2CH(CH_2CH_3)CH_2CH(CH_3)CH_2CH_3}$$

英式编号
3-ethyl-5-methylheptane

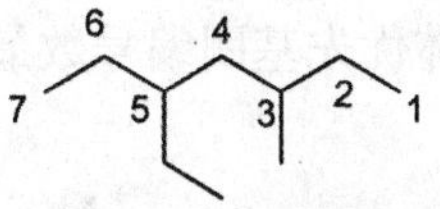

中式编号
3-甲基-5-乙基庚烷

(4) 当母体主链上含有多个取代基,且同一碳原子上含有两个取代基时,则取代基个数多的碳原子先编号。如下面结构式的正确命名为 2,2-二甲基-4-乙基己烷(2,2-dimethyl-4-ethylhexane)。

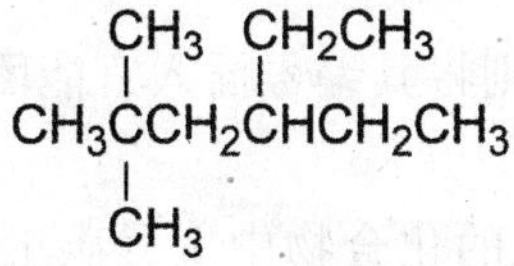

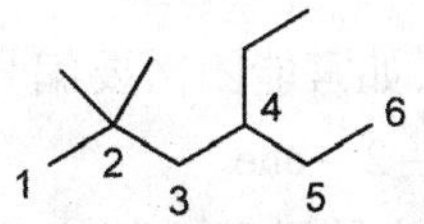

$$\mathrm{CH_3C(CH_3)_2CH_2CH(CH_2CH_3)CH_2CH_3}$$

2,2-二甲基-4-乙基己烷

示例 1.3　用中英文命名法对下列化合物进行命名

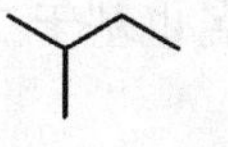

(a) 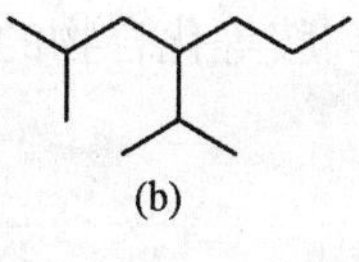　　(b)

解答:

(a) 2-甲基丁烷(2-methylbutane)

(b) 2-甲基-4-异丙基庚烷(4-isopropyl-2-methylheptane)(注意中英文命名不同之处)

复杂有机化合物的一般命名法

前面介绍了采用“修饰基团－母体”的系统命名方法对烷烃进行的中、英文命名。此规则可以扩展到其他有机物。一般有机物母体的命名由三部分组成:前缀、词干和后缀。每一部分代表了专门的结构信息。

(1)前缀表示有机物主体的碳原子数,表 1.10 列出了部分碳原子数的前缀。

(2)主要的词干有三种: －an－表示全部为单键; －en－表示至少有一个双键; －yn－表示至少有一个三键。

(3)后缀表示官能团,有以下几种情况: －e 表示烃类; －ol 表示醇; －al 表示醛; －one 表示酮; －oic acid 表示羧酸(但羧酸常用习惯命名,见 17 章)。

以下为四个实例。

$CH_2=CHCH_3$ propene(丙烯) prop－(3 碳)－en－(双键)－e(烃)

CH_3CH_2OH ethanol(乙醇) eth－(2 碳)－an－(全单键)－ol(醇)

$CH_3CH_2CH_2CH_2COOH$ pentanoic acid(戊酸) pent－(5 碳)－an－(全单键)－oic acid(羧酸)

$CH\equiv CH$ ethyne(乙炔) eth－(2 碳)－yn－(三键)－e(烃)

对于比较复杂的化合物的命名,首先选择以主干作为母体(如有多种官能团而产生的多种选择,采用 IUPAC 的官能团优先顺序:羧酸,酯,醛,酮,醇,卤),再将母体碳原子编号(按母体优先基团编号数最小原则),然后在母体前附上侧基。以下为两个实例。

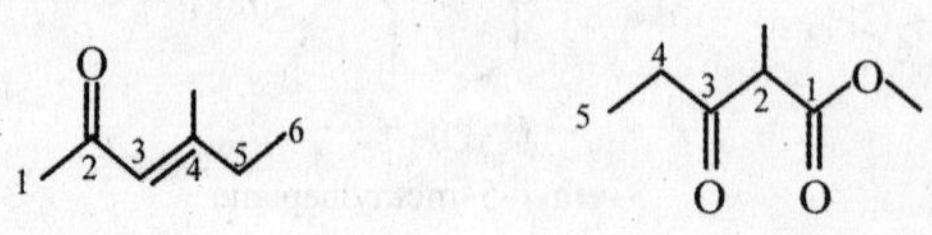

4-methyl-3-hexen-2-one
4-甲基-3-己烯-2-酮

methyl 2-methyl-3-oxopentanoate
2-甲基-3-羰基戊酸甲酯

左边化合物的母体为己烯酮,右边的母体为戊酸酯。从这两个有机化合物的命名还可以总结以下规则:

(1)母体确定后,如官能团需要编号定位,则将其编号插入官能团后缀和词干之间。如左边的化合物 hexen－2－one。

(2)将取代基及编号置于母体之前。右边的化合物中 1 号碳上的羰基属于母体戊酸酯,不必标出;而 3 号碳上的羰基只能看作取代基(3－oxo)。

除了以上基于修饰基团－母体的系统命名法之外,有时有机物还采用二元命名法,如酯类命名。此外,很多卤烷、醇、胺等化合物的习惯命名也基于二元命名,详见有关章节。

习 题

1.1 请给出术语原子、共价键、离子、阳离子、阴离子、元素、化合物、反应物、化学反应、产物的定义。

1.2 Dalton 原子学说中的哪一条假设是以质量守恒定律为基础的?哪一条是以定比定律为基础的?

1.3　哪一条化合定律被用于"化合物"这一术语的定义？

1.4　请用自己的语言描述如何根据 Dalton 原子学说来解释质量守恒定律和定比定律。

1.5　请问原子质量单位是以哪种同位素为参照的？该同位素的质量用原子质量单位表示为多少？

1.6　本章介绍了哪三种重要的亚原子？请说出它们的名称、符号、电荷数以及质量(用 u 表示)。

1.7　请给出原子序数与质量数的定义。

1.8　从原子结构的角度来看，同位素之间的相同点与不同点有哪些？

1.9　请写出以下同位素的化学符号(如果需要，可以参考元素周期表内的信息)。

碘(iodine)的同位素，含有 78 个中子；

锶(strontium)的同位素，含有 52 个中子；

铯(caesium)的同位素，含有 82 个中子；

氟(fluorine)的同位素，含有 9 个中子。

1.10　门捷列夫根据什么规则建立了他的元素周期表？现代元素周期表又是根据什么规则排列的？

1.11　在元素周期表中，什么是"周期"？什么是"族"？

1.12　门捷列夫的周期表中为什么会出现空格？

1.13　原子质量和原子序数，哪一个与元素的化学性质关系更为密切？请以元素周期表为基础对此做出简单的解释。

1.14　在精炼铜的过程中，为什么常会发现数量可观的银和金？为什么锌当中出现镉杂质是合理的，但银当中却不应该出现镉？

1.15　根据本章内容，解释为什么科学家不太可能发现一种原子质量接近 73 的新元素？

1.16　以下几组元素中，哪一组与其后括号中的描述相一致：

Ce，Hg，Si，O，I(卤族元素)；

Pb，W，Ca，Cs，P(过渡金属元素)；

Xe，Se，H，Sr，Zr(稀有气体元素)；

Th，Sm，Ba，F，Sb(镧系元素)；

Ho，Mn，Pu，At，Na(锕系元素)。

1.17　哪一种非金属是以单原子气体的形式存在的？哪两种元素在常温常压下以液体的形式存在？

1.18　类金属元素在物理性质上与金属和非金属元素有哪些区别？

1.19　请画出元素周期表形状的草图，并划分出金属、非金属和类金属所在区域。

1.20　什么是轨道？

1.21　当自旋相反的两个电子占据同一轨道时，我们说它们的自旋是成对的。因此，在拥有奇数个电子的分子中不可能所有电子自旋都是成对的，我们称之为不成对的自旋。N_2、F_2、CO、NO、NO_2 这些分子中哪些肯定有不成对的自旋？

1.22　原子在基态和激发态下有什么不同？在这两种状态下原子中的质子、中子和电子的数量是相同的吗？

1.23　量子化在原子尺寸内是非常重要的，但在我们日常生活的尺度上却基本察觉不到。你认为这主要是什么原因造成的？

1.24　英文缩写"SI"的全称是什么？

1.25　牛顿第二定律，力 = 时间 × 加速度，请通过 SI 单位制表示力的单位。

1.26　从病人血液中检测到某种有毒物质的浓度为 1.5 μg/mL，将该浓度转换为 g/L。

1.27　说明下面"前缀"代表的数量级：

(a) centi -　(b) milli -　(c) kilo -　(d) micro -　(e) nano -　(f) pico -　(g) mega -

1.28　在实验中下列物理量常用哪些单位表示？

(a) 长度　(b) 体积　(c) 质量

1.29　列出将结构式转换为键线式的规则。

1.30　满足怎样条件的两个化合物才能将其称为异构体。

1.31　将下面描述的物质以分子式的形式写出：

(a)含有36个氢原子、18个碳原子及2个氧原子的硬脂酸；

(b)四氯化硅，包括1个硅原子和4个氯原子；

(c)氟利昂有三种原子，氟、氯及两个碳原子。

1.32　下面这些结构是制备塑料的原料，将下面的键线式结构转换为结构式和化学式。

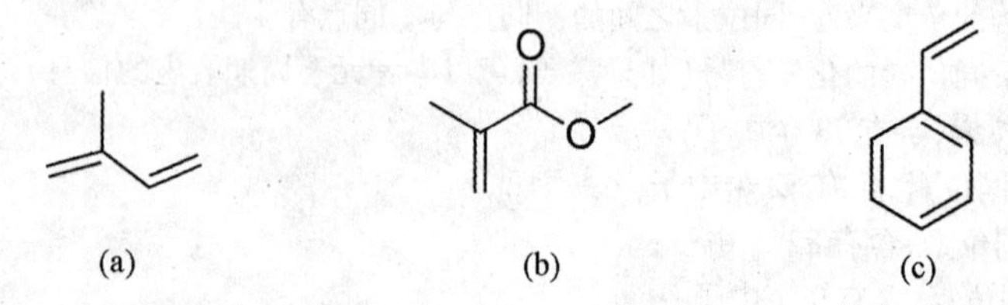

(a)　(b)　(c)

1.33　将下面的化合物转换为键线式结构。

(a)
$$\begin{array}{c} \quad\quad CH_2CH_3 \quad CH_3 \\ \quad\quad | \quad\quad\quad\quad | \\ CH_3CH_2CHCHCH_2CHCH_3 \\ \quad\quad\quad | \\ \quad\quad\quad CH(CH_3)_2 \end{array}$$

(b)
$$\begin{array}{c} CH_2CH_3 \\ | \\ CH_3CH_2CCH_2CH_3 \\ | \\ CH_2CH_3 \end{array}$$

(c)
$$\begin{array}{c} CH_3 \\ | \\ H_3C—C—CH_3 \\ | \\ CH_3 \end{array}$$

(d)$(CH_3)_3CH$

(e)$(CH_{32}CHCH(CH_3)_2$

(f)$CH_3(CH_2)_3CH(CH_3)_2$

1.34　将下列结构转化为化学式和结构简式。

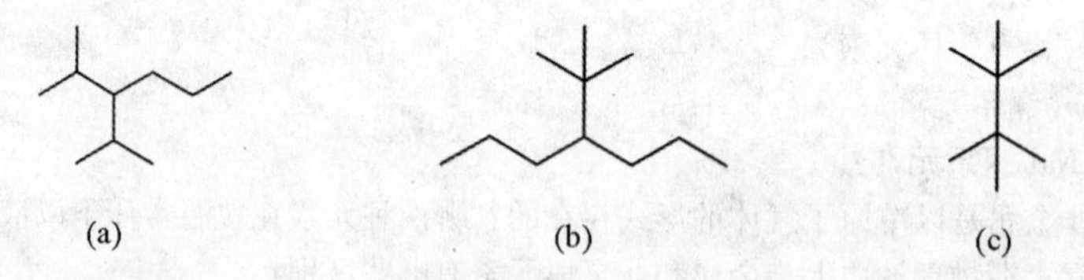

(a)　(b)　(c)

1.35　写出下面物质的化学式

(a)一氟化氯　(b) 三氧化硒　(c)溴化氢　(d) 四氯化硅　(e)二氧化硫　(f) 过氧化氢

1.36　命名下列化合物

(a)ClF_3　(b)H_2Se　(c)ClO_2　(d)$SbCl_3$　(e)PCl_5　(f)N_2O_5　(g)N_2Cl_4　(h)NH_3

1.37　画出下列分子的结构式

(a)丁烷　(b)3-甲基戊烷　(c)2,3-二甲基己烷

1.38　为什么醛没有一级醛、二级醛，羧酸也没有一级羧酸、二级羧酸和三级羧酸。

1.39　笑气是由1.75g的氮和1.00g的氧所构成的化合物。在以下几组由氮和氧组成的化合物中哪些能够形成笑气？

(a)6.35g氮，7.26g氧　(b)4.63g氮，10.58g氧　(c)8.84g氮，5.05g氧

(d)9.62g氮，16.5g氧　(e)14.3g氮，40.9g氧

1.40　氯化钙在寒冷的冬天里常被用来融化人行道与公路上的冰块。在这种化合物中，钙与氯以1.00g钙比1.77g氯的比例化合。请问以下几组钙和氯的混合物中哪一组可以在不残留任何钙和氯的情况下完全转化为氯化钙？

(a)3.65g钙，4.13g氯　(b)0.856g钙，1.563g氯　(c)2.45g钙，4.57g氯

(d)1.35g钙，2.39g氯　(e)5.64g钙，9.12g氯

1.41　一种磷和硫所组成的化合物常用于织物的防火处理，该化合物中每1.20g的磷对应于每4.12g的氯。假定该化合物的某样品中有6.22g的氯，请问该样品中应该含有多少磷？

1.42　锡可以与氯形成两种化合物。第一种化合物(化合物1)中每一个Sn原子对应两个Cl原子,第二种化合物(化合物2)中每一个Sn原子对应四个Cl原子。当与相同质量的锡化合时,两种化合物内氯的质量比为多少?在化合物1中,每0.597g的氯对应1.000g的锡,请问在化合物2中每1.000g的锡应该与多少克氯化合?

1.43　一个原子质量单位的重量为1.66054×10^{-24}g,请根据此值计算一个^{12}C原子的质量。

1.44　某元素X与氧形成的化合物中,每两个X原子对应三个O原子。在此化合物中,1.125g的X对应1.000g的氧。请根据氧的平均原子质量计算X的平均原子质量,并根据得到的数据确定X是什么元素。

1.45　假设^{12}C的相对质量为24.0000 u,请根据这一质量确定氢的平均原子质量。

1.46　^{109}Ag原子的质量是^{12}C原子质量的9.0754倍。请问这种银的同位素的原子质量用原子质量单位表示应该是多少?

1.47　自然界中的镁由78.99%的^{24}Mg(原子质量为23.9850 u)、10.00%的^{25}Mg(原子质量为24.9858 u)和11.01%的^{26}Mg(原子质量为25.9826 u)组成。请根据以上信息计算镁的平均原子质量。

1.48　请写出以下同位素原子的中子、质子和电子数量(如果需要,请参考元素周期表内的信息)。

(a)^{226}Ra　(b)^{14}C　(c)${}^{206}_{82}$Pb　(d)${}^{23}_{11}$Na

(e)^{137}Cs　(f)^{131}I　(g)${}^{238}_{92}$　(h)^{197}Au

1.49　从Ne、Cs、Sr、Br、Co、Pu、In和O中选择适合以下描述的元素。

(a)一种第2族的金属　(b)性质与铝相近的一种元素

(c)一种过渡金属　(d)一种稀有气体

(e)一种锕系元素

1.50　请写出符合以下条件的元素名称与化学符号,每组三种。

(a)卤族元素　(b)碱金属元素　(c)锕系元素　(d)稀有气体元素

1.51　完成下列转换。

(a)1cm = ? m　(b)1cg = ? g　(c)1m = ? pm　(d)1dm = ? m

(e)1Mg = ? g　(f)1dg = ? g　(g)60℃ = ? K　(h)299K = ? ℃

1.52　写出下列化合物所属的种类

(a)$CH_3CH{=}CH_2$　(b)$CH_3CH_2CH_2COOH$　(c)CH_3CH_2OH

(d)$HOCH_2CH_2CH_3$　(e)$CH_3C{\equiv}CH$　(f)CH_3CH_2CH(=O)

1.53　判断下列各组中化合物是否为异构体或无关系化合物。

(a)$H_3C—CH_3$和$CH_3—CH_3$(竖写)　(b)CH_3CH_2OH和$HOCH_2CH_2CH_3$

(c)$CH_3CH=CH_2$和环丙烷($H_2C—CH_2$,CH_2)　(d)CH_3CH_2CH(=O)和HC(=O)CH_2CH_3

1.54　写出下列碳氢化合物的IUPAC命名。

(a)$CH_3CH_2CH_2CH_2CH_3$　(b)$CH_3CH_2CH_2CHCH_3$(CH上连CH_3)

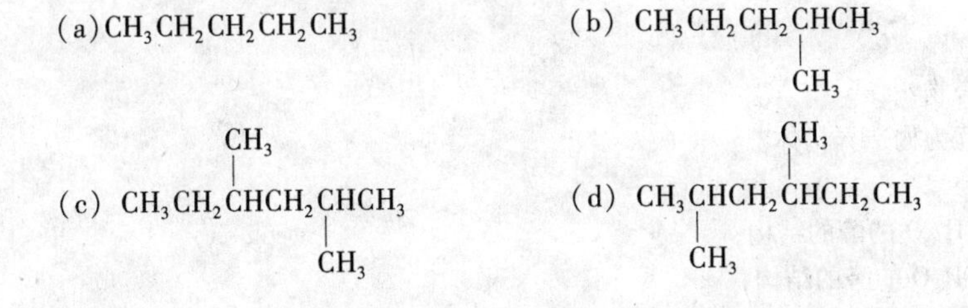

1.55　写出所有化学式为 $C_4H_{10}O$ 的醇的结构。

1.56　将下列结构式转换为键线式结构。

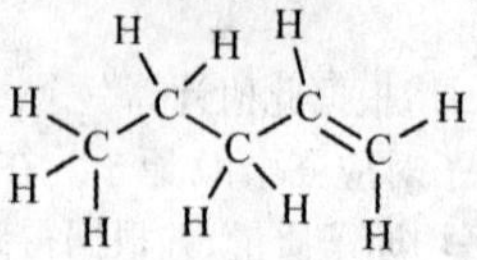

(a) 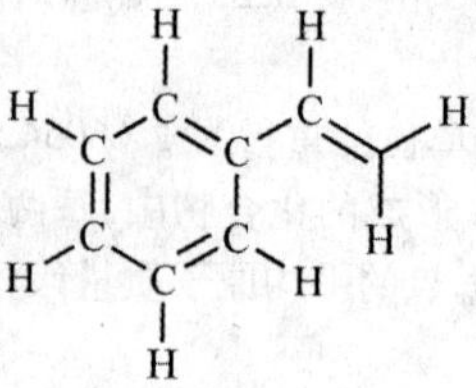　(b)

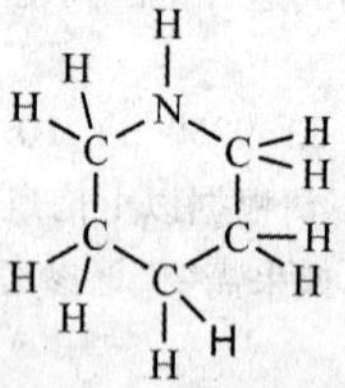

(c) 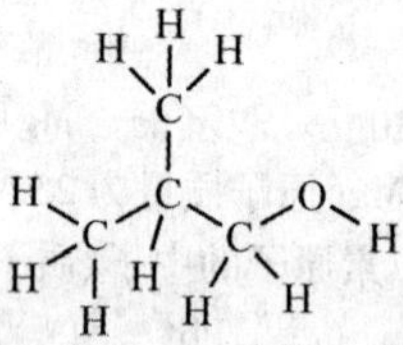　(d)

1.57　将下面键线式结构转化为结构式。

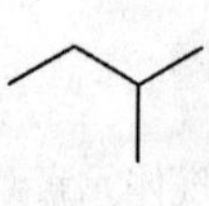

(a) 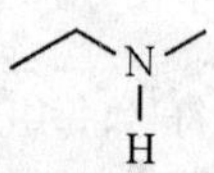　(b) 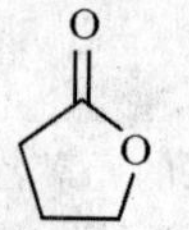　(c)

(d) 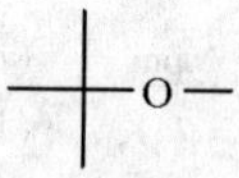　(e) 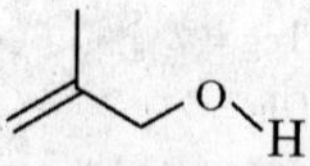　(f)

1.58　下面关于构造异构体的描述哪些是正确的。

(a) 含相同的化学式;(b) 摩尔质量相同;(c) 原子编号相同;(d) 物理性质相同。

1.59　下面有 8 种醇:

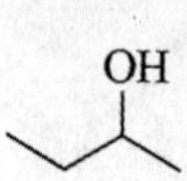

(a) 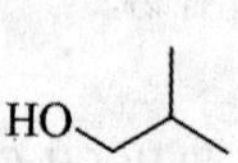　(b) 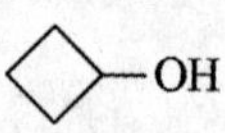　(c) 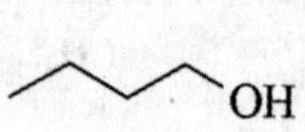　(d)

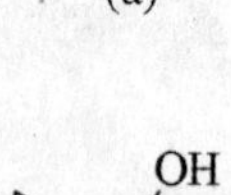

(e) 　(f) 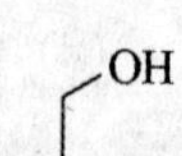　(g) 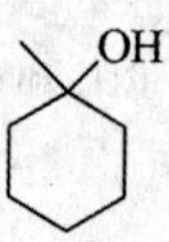　(h)

回答下列问题:

(1)以上哪些是相同的化合物?

(2)不同化合物中哪些是互为构造异构体?

1.60　画键线式结构。

(a) 画出四种化学式为 $C_4H_{10}O$ 的醇的结构;

(b) 画出两种化学式为 C_4H_8O 的醛的结构;

（c）画出三种化学式为 $C_5H_{10}O$ 的酮的结构；

（d）画出四种化学式为 $C_5H_{10}O$ 的羧酸的结构。

1.61　写出下列化合物的 IUPAC 命名

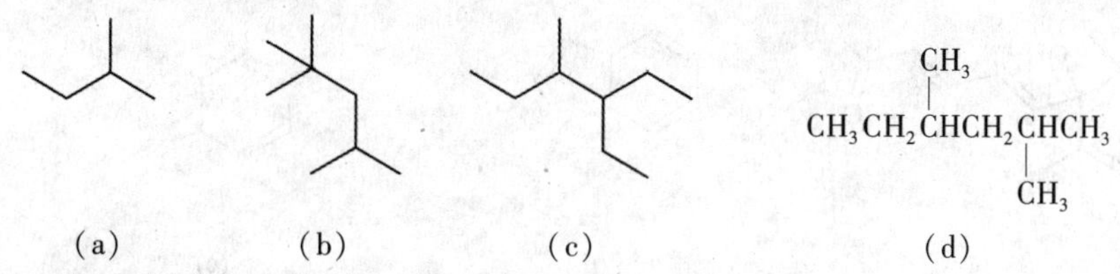

1.62　将下列中文命名转化为 IUPAC 命名，并画出键线式结构。

（a）2,2,4－三甲基己烷

（b）2,2－二甲基丙烷

（c）3,3－二甲基戊烷

（d）3,3,4－三甲基－5－异丙基辛烷

（e）2－甲基－4－t－丁基庚烷

1.63　某元素的原子核内有 25 个质子，请问：

（a）该元素是金属、非金属还是类金属？

（b）根据该元素的平均分子质量写出其分布含量最高的同位素；

（c）在（b）问中提到的同位素中有多少个中子？

（d）该元素的原子中有多少电子？

（e）该元素的平均原子质量是 ^{12}C 质量的多少倍？

1.64　X 和 Y 两种元素以 1∶4 的原子比形成化合物。当这两种元素反应时，每 1.00g 的 X 将与5.07g 的 Y 化合。而当 1.00g 的 X 与 1.14g 的氧反应时，形成的化合物中每一个 X 原子对应两个氧原子。请计算 Y 的原子质量。

1.65　一枚铁钉通常包含铁的四种同位素，其丰度以及原子质量如下表所示。请计算铁的平均原子质量。

同位素	丰度	原子质量(u)
^{54}Fe	5.80	53.9396
^{56}Fe	91.72	55.9349
^{57}Fe	2.20	56.9354
^{58}Fe	0.28	57.9333

1.66　溴（bromine）是一种极易汽化的深红色液体，且对皮肤有很强的腐蚀性。自然界中的溴由两种同位素组成：原子质量为 78.9183 u 的 ^{79}Br 和原子质量为 80.9163 u 的 ^{81}Br。请根据以上信息以及元素周期表中溴的平均原子质量（79.904 u）计算这两种同位素的丰度。

1.67　铁锈是一种铁－氧化合物，其中每两个铁原子对应三个氧原子。在此化合物中，铁原子与氧原子的质量比为 2.325∶1.000。另一种铁－氧化合物中铁原子与氧原子的质量比为 2.616∶1.000。请问在第二种化合物中铁氧原子比为多少？

1.68　一个原子质量单位的重量为 1.66054×10^{-24}g，请以克（g）为单位，计算一个镁原子和一个铁原子的质量，并根据此结果计算 24.305g 镁和 55.847g 铁中分别含有多少个镁、铁原子。对比所得到的结果，将得出什么结论？不通过计算，能否推断出 40.078g 钙中含有多少钙原子？

1.69　典型原子的半径为 10^{-10}m，而典型原子核的半径为 10^{-15}m。请计算两者的体积并确定在典型原子中原子核所占据的体积百分比。

1.70 下面是三种不同植物的生长激素的结构，将其转换为化学式。

(a) (b) (c)

第2章　原子能级

2.1　原子的属性

第1章中介绍了原子具有如下基本属性：拥有质量；占有体积；包含带正电的原子核与带负电的电子；原子的化学性能由原子核电荷和电子数决定；原子之间互相吸引；原子可以与其他原子结合。

学习了第1章后，我们知道电子决定了原子的化学性质，本章则将深入分析电子的特点及其对化学性质的影响。由于光是研究电子属性的基本工具，因此我们从光的特点以及它与原子的相互作用开始讨论。

2.2　光的属性

光是一种电磁辐射，是研究原子结构的最有用的工具。在探讨原子结构之前，我们先了解一下光的基本属性。

光的波动性

光具有波动性。波是某种特定性能的规则振动，比如水波随时间而上下振动，冲浪运动员就是随着波浪而上下起伏的。光波也随时间而变化，而且比水波的振动更加有规律，这种变化用频率(v)来表征，即在1秒之内经过空间中某个点的波峰数量(因此单位是s^{-1}，也称为赫兹或Hz)。水波在空间中变化，不同位置处的波的高度不同。光波也在空间中变化，如图2.1所示，光波在空间中的变化量被称为波长(λ)，即连续两个波峰之间的距离，波长用米(m)或纳米(nm)等长度单位来度量。

振幅是指波离开中心位置的最大距离，光波的振幅决定了光的强度。图2.2中所示亮光之所以比暗光的强度大，是因为它具有更大的振幅。

波也可以用相位(phase)来表征，相位是指波在一个波长内的初始位置。图2.3(a)和2.3(b)中所示的波具有相同的振幅和波长，但是起点不同，因此其相位不同。这一点可以从图2.3(c)中更清楚地看到，图中两个波叠加在一起，如果二者相位相同(同时具有相同的振幅和波长)，那么它们就会重合在一起。后续内容将阐述波与波之间相互作用的结果受到各自相位的影响。

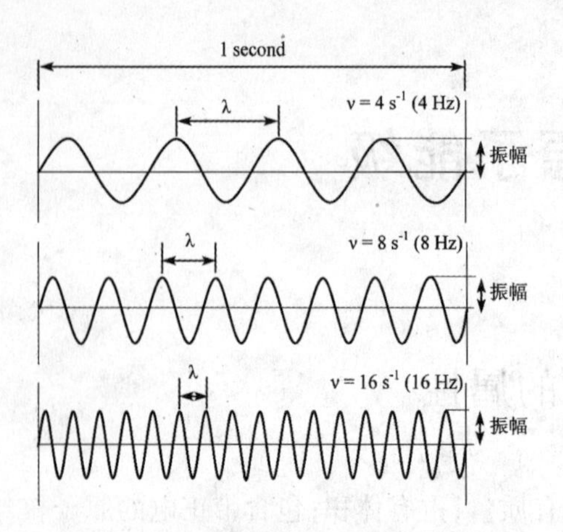

图 2.1 光波的波长 λ、频率 ν、振幅，其中波长与频率成反比

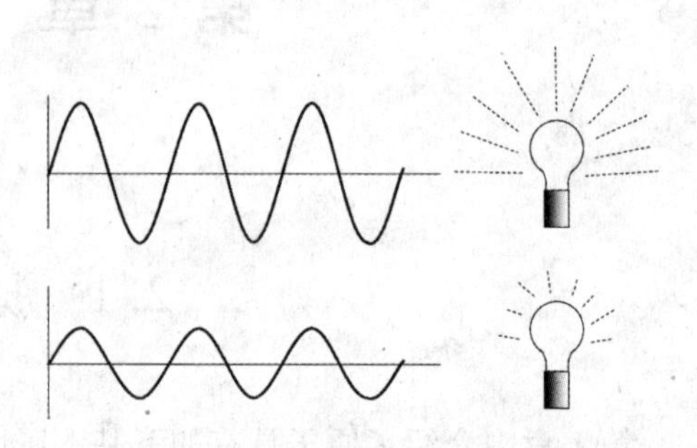

图 2.2 光波的振幅决定了光的强度，振幅越大光强越大

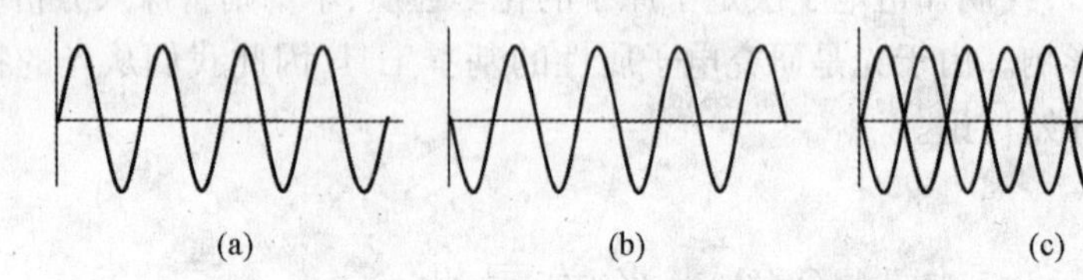

图 2.3 光波的相表示为一个波长的起点

光波以及其他类型的电磁辐射在真空中的传播速度相同，是一个常数，用 c 来表示，$c = 2.99792458 \times 10^8 \mathrm{m \cdot s^{-1}}$)。对于任何波来说，其传播速度($\mathrm{m \cdot s^{-1}}$)等于波长(m)乘以频率($\mathrm{s^{-1}}$)，即：

$$c = \nu\lambda$$

示例 2.1 某 FM 无线电台的信号是 88.1 MHz，那么其波长为多少？

分析：波长和频率的关系可以用式 $c = \nu\lambda$ 表示。

解答：已知 $c = 2.99792458 \times 10^8 \mathrm{m \cdot s^{-1}}$， $\nu = 88.1\mathrm{MHz}$

重排式子 $c = \nu\lambda$，得到波长的表达式

$$\lambda = c/\nu$$

统一单位，将 MHz 转换为 Hz，前缀“M”代表 10^6(兆，mega)，Hz 等价于 $\mathrm{s^{-1}}$，

$$\lambda = \frac{2.99792458 \times 10^8 \mathrm{m \cdot s^{-1}}}{88.1 \times 10^6 \mathrm{s^{-1}}} = 3.40\mathrm{m}$$

思考题 2.1 波长为 1.40 cm 的电磁波频率是多少？

电磁辐射的波长和频率范围很广，可见光的波长范围为 400nm(紫色)～700nm(红色)，中间部分为黄光，波长为 580nm，频率约 $5.2 \times 10^{14} \mathrm{s^{-1}}$。可见光对生物的视觉极其重要，此外，γ－射线、X－射线、紫外线、微波以及无线电波在生活中同样有着广泛的应用。

位于 X－射线和 γ－射线区域的短波辐射可以使原子或分子失去电子而生成不稳定的离子，因此材料受到辐射后会出现严重的损坏。如果经过严格控制，X－射线、γ－射线也可以应用于医学显影、癌症治疗等方面。位于 X－射线和可见光波段之间的为紫外线，它也能

损坏材料，尤其是高强度的紫外线。在澳大利亚和新西兰，居民的皮肤癌发病率很高，这与太阳光中的紫外辐射有直接的关系。

长波辐射位于红外、微波和无线电波区域。可以利用红外辐射制造烤灯、利用微波辐射制造微波炉、利用无线电波产生电视与收音机信号。

白光实际上包含了一定范围波长的光，例如，当太阳光穿过棱镜或雨滴时会产生彩虹，这是由于光波穿过棱镜时发生了折射，每一种波长的光有着不同的折射角，因此太阳光穿过这些物体之后，不同波长的光向不同方向传播，形成了彩虹。

光的粒子性

光具有能量，例如皮肤受阳光照射会吸收阳光的能量，我们就会感到温暖。光电效应(photoelectric effect)是描述光的能量与其频率和强度之间关系的现象，是研究光敏器件的基础，例如，自动门、相机曝光装置等都利用了光电效应。图2.4所示为光束照射在金属表面产生光电效应的示意图，在一定条件下，如频率足够高时，入射光可以引起金属表面向外发射电子。

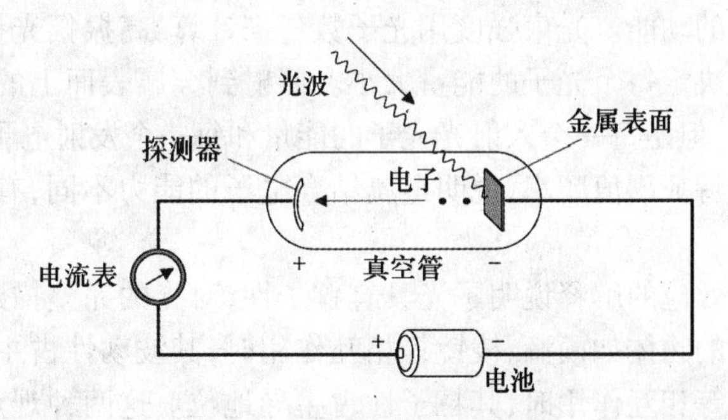

图2.4　光电效应示意图

光电效应揭示了入射光与发射电子之间的关系：

(1)当光的频率小于某特征阈值频率 v_0 时，无论光的强度有多大，均无电子发射；

(2)当光的频率大于阈值频率时，有电子发射产生，发射出的电子最大动能与入射光频率成线性增加关系；

(3)当光的频率大于阈值频率时，发射的电子数量随着入射光强度的增加而增加，但是每个电子的动能与光的强度没有关系；

(4)所有的金属都具有这种性质，但是每种金属的的阈值频率不同。

1905年爱因斯坦(Albert Einstein，1879—1955，1921年获诺贝尔物理奖)提出光是以“团”或“束”的形式传播的，并称之为光子(photons)，光子的能量与其频率成正比。

$$E_{\text{photon}} = h\, v_{\text{photon}}$$

式中，E 是光子的能量，v 是其频率，其中的比例系数是著名的普朗克常数(Planck's constant，h)，其值为 $6.6260693 \times 10^{-34}$ J·s。

示例2.2　波长为655nm的红光的光子能量是多少？

分析：此问题的求解需要两步。根据题目中的数据不能直接计算 E，但是可以结合我们所知道的两个公式来计算,将光子能量与其频率和波长联系起来。

解答:首先,已知数据 $h = 6.626 \times 10^{-34}\ \mathrm{J \cdot s}$, $\lambda = 655\mathrm{nm}$, $c = 2.998 \times 10^{8}\ \mathrm{m \cdot s^{-1}}$。

将联系能量与波长的两个方程结合起来

$$E = hv, \quad v = c/\lambda$$

因此

$$E = hc/\lambda$$

将数据代入,得到

$$E_{\text{photon}} = \frac{(6.626 \times 10^{-34}\ \mathrm{J \cdot s})(2.998 \times 10^{8}\ \mathrm{m \cdot s^{-1}})}{655 \times 10^{-9}\ \mathrm{m}} = 3.03 \times 10^{-19}\ \mathrm{J}$$

思考题 2.2 波长为 254nm 的紫外光其光子能量是多少?

爱因斯坦认为处于阈值频率的光子的能量对应于电子的结合能,大于阈值频率的光子的能量使发射出的电子动能增加,这种关系可以表示为:

$$\text{电子动能} = \text{光子能量} - \text{结合能}$$

$$E_{\text{kinetic(electron)}} = hv - hv_0$$

爱因斯坦的理论可以解释光电效应的原因:当入射光的光子能量小于 hv_0(低频光)时,无论光的强度是多少,都没有电子逸出;当入射光的光子能量大于 hv_0 时,则发射出电子,多余的能量转变为电子的动能。光束强度用光子数量来计算:高振幅光携带的光子多于低振幅光。光的强度不能决定每个光子的能量大小。照射到金属表面上的光子数量越多,发射出的电子数量就越多,但是每一个入射光光子的能量和每一个发射电子的能量不变。而且,每种金属具有自己的特征阈值频率,说明金属结合电子的能力不同,有的金属强一些,有的金属弱一些。

爱因斯坦对光电效应的解释说明了光具有粒子性,对光的完整描述包括波动性和粒子性。当光与相对较大的物体如雨滴、棱镜等相互作用时,其波动性占主导地位;当光与较小的物体如原子或电子等相互作用时,其粒子性占主导地位。这两种观点从不同方面描述了光的属性,当我们研究光的性质时,必须结合这两个方面,考虑其波粒二象性。

在光电效应中,当光子照射到金属表面时,被吸收的能量可以反映出金属表面电子的结合能大小。因此可以从光与自由原子的相互作用得出原子中电子的相关信息。

光和原子

原子通过静电作用力吸引着电子,要使原子失去电子,必须有外界提供能量。原子的能态越低,失去电子所需的能量就越大。所需要的能量大小用相对于自由电子的能量来衡量,一般地,假定自由静态电子的能量为零,运动中的自由电子的动能相对于零点为正,而原子中电子的能量低于零点能,认为其能量为负。

根据光子能量的大小不同,自由原子吸收光子之后有两个可能的结果:当原子吸收的光子能量足够高时,可以发射出电子(即发生电离),这个过程将在后面章节中详细讨论。这里主要讨论第二种情况,即原子获得光子能量但尚未发生电离。原子吸收光子能量之后处于高能量状态,称为激发态(excited state),处于激发态的原子不稳定,可以通过与其他原子发生碰撞或发射光子的形式释放出多余的能量,从而返回较低的能量状态。原子的最低能态是其最稳定的状态,称为基态(ground state)。

原子和光之间的能量交换遵循能量守恒原理,即原子的能量变化等于吸收或发射光子的能量。

$$\Delta E_{atom} = \pm h\nu_{photon}$$

当原子吸收光子时,获得能量,因此 ΔE_{atom} 是正值;当原子发射光子时,失去能量,ΔE_{atom} 是负值。当原子从激发态返回基态时,其失去的能量必须与其最初得到的能量相等。但是很多时候,激发态原子并不是一次性地失去所有多余的能量,而是按多个包含较小能量变化的步骤逐渐失去,因此发射出的光子频率通常低于吸收的光子频率。

示例 2.3　钠蒸气街灯一般发射 589nm 波长的黄光,请问 Na 原子在这个发射过程中的能量变化是多少?每摩尔 Na 原子释放的能量是多少?

分析:问题涉及光子能量和原子能量变化,解答需要波长和能量的转换。

解答:Na 原子通过发射光子(波长 589nm)失去能量,问题的解答需要用到波长与光子能量的关系式:

$$E_{photon} = h\nu = \frac{hc}{\lambda}$$

能量是守恒的,那么发射光子的能量与原子失去的能量相等。

$$\Delta E_{atom} = -E_{photon} = -\frac{hc}{\lambda}$$

式中"负号"代表失去能量。

计算光子的能量需要如下数据

$$h = 6.626 \times 10^{-34}\,\mathrm{J \cdot s}$$

$$c = 2.998 \times 10^{8}\,\mathrm{m \cdot s^{-1}}$$

$$\lambda = 589\,\mathrm{nm} = 589 \times 10^{-9}\,\mathrm{m}$$

$$\Delta E_{atom} = -E_{photon} = -\frac{hc}{\lambda} = -\frac{(6.626 \times 10^{-34}\,\mathrm{J \cdot s})(2.998 \times 10^{8}\,\mathrm{m \cdot s^{-1}})}{589 \times 10^{-9}\,\mathrm{m}} = -3.37 \times 10^{-19}\,\mathrm{J}$$

以上给出的是一个 Na 原子发出一个光子的能量变化,乘以阿伏伽德罗常数得到每摩尔的能量:

$$\Delta E_{mol} = (\Delta E_{atom})(\mathrm{N_A}) = (-3.37 \times 10^{-19}\,\mathrm{J})(6.022 \times 10^{23}\,\mathrm{mol^{-1}})$$

$$= -2.03 \times 10^{5}\,\mathrm{J \cdot mol^{-1}} = -203\,\mathrm{kJ \cdot mol^{-1}}$$

思考题 2.3　汞灯发出波长 436nm 的光,计算 Hg 原子的能量变化(用 $\mathrm{J \cdot atom^{-1}}$ 和 $\mathrm{kJ \cdot mol^{-1}}$ 表示)

原子光谱

当光束穿过含有单原子气体的玻璃管时,气体原子会吸收特定频率的光,因此,从玻璃管中出来的光束在某些特定频率处的光子数量会减少。对于可见光来说,被吸收的光可以用棱镜来检测。如图 2.5 所示,玻璃管中的气体吸收特定波长的光,因此透过光在这些波长处(白线表示)的强度比背景低。透过光经过棱镜的折射,不同频率光的折射角度不同,透射光投射在荧光屏上,在特定位置处出现带隙或暗带,称为"谱线"(lines),这就是在玻璃管里被吸收的光的频率,这样的光谱称为吸收光谱(absorption spectrum)。

用吸收光谱可以测定原子吸收光的频率,类似地,可以通过实验测定处于激发态原子的发射光的频率。如图 2.6 所示为测试发射光的装置简图,用电弧将原子从基态激发到高能态,这些被激发的原子通过发射光子失去部分或全部多余的能量。对通过棱镜的发射光进行分解,得到发射光谱(emission spectrum),它是包含发射光强度和频率信息的曲线。如图

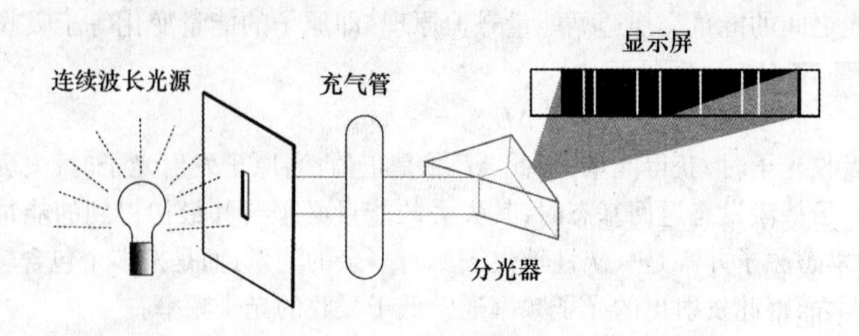

图 2.5　气体元素的吸收光谱测试装置(在暗室中)

2. 6 所示为氢气的发射光谱,从中可以看到一些清晰的高强度发射谱线,这些谱线频率对应于氢原子返回基态时发射的光子频率。显示屏上可记录明亮的发射谱线(黑线表示)。

每种元素都具有自己的特征吸收光谱和发射光谱,图 2.5 和图 2.6 所示为吸收光谱和发射光谱中的可见光部分,而对于肉眼不可见的电磁光谱,则可以利用专有仪器来检测。

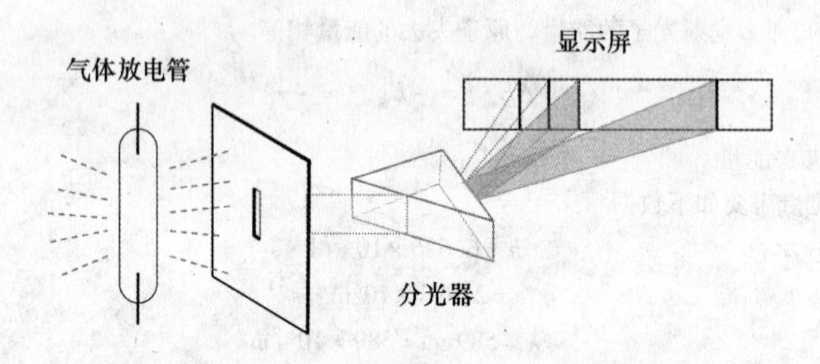

图 2.6　测定气体元素发射光谱装置(在暗室中)

吸收光谱和发射光谱中的每一个频率都对应于原子特定的能量变化,如图 2.7 所示,每种原子都有独特的发射光谱,从这些光谱的细节中可以得到原子结构的相关信息。

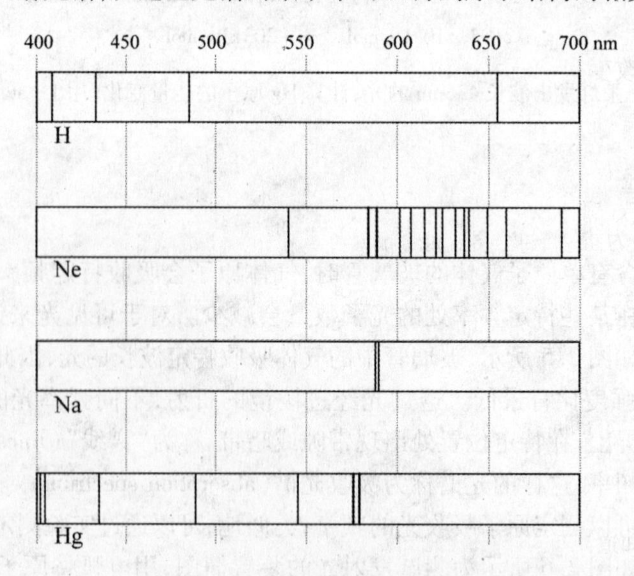

图 2.7　氢、氖、钠、汞的发射光谱

能量量子化

当原子吸收频率为 v 的光子时，光束损失的能量等于 hv，而原子则获得了这些能量。原子获得能量后会发生什么变化呢？当照射光的频率足够高时，会产生阳离子和自由电子。换句话说，原子吸收足够高能量的光子后会失去电子。意味着吸收光子后，原子中的电子获得了能量，原子能量的变化等于原子中电子的能量变化：

$$\Delta E_{atom} = \Delta E_{electron} = hv$$

大多数元素的原子光谱很复杂，没有规律。1885 年瑞士数学和物理学家约翰·巴尔末(Johann Balmer)提出氢原子的发射光谱 Balmer 经验方程，即

$$v_{emission} = (3.29 \times 10^{15} s^{-1})\left(\frac{1}{n_1^2} - \frac{1}{n_2^2}\right)$$

其中 n_1 和 n_2 为整数(1,2,3,…)。1913 年，丹麦物理学家玻尔利用 $E = hv$ 的关系式进一步发展了 Balmer 方程，他结合这两个方程得到了描述氢原子光谱对应能量的关系式

$$E_n = -2.18 \times 10^{-18}/n^2 \cdot \text{J}$$

式中 n 为整数；负号表明原子中的电子比静态自由电子能量更低(负)。

玻尔意识到氢原子中的电子被限制在特定的能量值上，因此发射光频率只能取特定的值。这种受限电子能级的想法具有革命性，因为那个时代的科学家认为氢原子的电子可以具有各种能量。玻尔据此解释了氢的发射光谱，认为原子中的电子只能有特定的能量值(玻尔因此获得 1922 年诺贝尔物理学奖)，这种被限制而只能取特定数值的现象称为量子化。氢原子(包括其他元素)的能级是量子化的，每一个 n 的整数值表示氢原子一个允许的能级。例如，氢原子中电子的第四能级能量为：

$$E_4 = \frac{2.18 \times 10^{-18}}{4^2} = 1.36 \times 10^{-19} \text{J}$$

电子能级的改变是电子在不同量子能级之间的跃迁。当氢原子吸收或发射光子时，电子从一个能级移至另外一个能级，这样原子能量的变化就是两个能级之间的差值：

$$\Delta E_{atom} = E_{final} - E_{initial}$$

光子的能量总是正的，但是能量变化(ΔE)可以是正值或负值。当原子吸收光子时，获得能量，因此 ΔE 为正值；当发射光子时，原子失去能量，因此 ΔE 为负值。

$$E_{absorbed \cdot photon} = \Delta E_{atom}; \quad E_{emitted \cdot photon} = -\Delta E_{atom}$$

可以通过绝对值将两个式子合并，得：

$$E_{photon} = |\Delta E_{atom}|$$

示例 2.4　计算氢原子电子从第四能级跃迁至第二能级时的能量变化是多少？发射出的光子波长是多少？

解答：

$$\Delta E_{atom} = E_2 - E_4$$

根据前文内容知道，$E_4 = -1.36 \times 10^{-19}$J，同样，第二能级也可计算得到：

$$E_2 = \frac{-2.18 \times 10^{-18}}{2^2} = -5.45 \times 10^{-19} \text{J}$$

$$\Delta E_{atom} = E_2 - E_4 = -4.09 \times 10^{-19} \text{J}$$

因为原子失去能量,能量变化是负值。损失的能量以光子形式出现,能量为绝对值 4.09×10^{-19} J。

$$E_{photon} = h\nu = hc/\lambda$$

$$\lambda = hc/E_{photon} = \frac{(6.626 \times 10^{-34}\,\mathrm{J \cdot s})(2.998 \times 10^{-8}\,\mathrm{m \cdot s^{-1}})}{4.09 \times 10^{-19}\,\mathrm{J}} = 486\mathrm{nm}$$

思考题 2.4　使氢原子从基态到 $n=4$ 激发态所需的光子能量和波长是多少?

能级图

能级图(energy level diagrams)是描述原子能量信息的简洁方式,可以用来表示原子能量的跃迁,图 2.8 中纵轴表示能量高低,水平线表示每个原子能级。

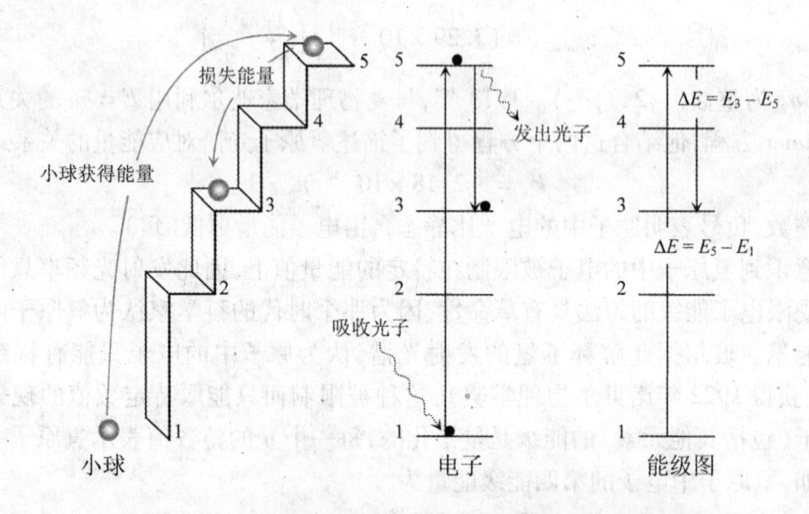

图 2.8　从位于阶梯中的小球到电子能量的量子化概念

为了形象地说明原子中电子的量子化能级,可以用阶梯上的球来表示,如图 2.8 所示,球可以位于阶梯的任何一阶,将球从阶梯的最低一阶移至第五阶所需要提供的能量设为特定值,即 $\Delta E = E_5 - E_1$,如果能量不足,则球不能到达这一阶。相反,如果将球移至最低一级,则会释放出特定的能量,如果球从第五阶降至第三阶,释放的能量为 $\Delta E = E_5 - E_3$。在这个例子中,球可以放在任何一阶上,但是不能悬在两个阶梯之间。与此相似,原子中的电子不能存在于两个"阶梯"之间,但是能占据某一个特定的量子化能级上(值得注意的是,这只是一个类比,原子能级除了量子化这一点外,和阶梯完全不同。)

图 2.9 所示为氢原子能级图,氢原子有一系列的量子化能级,其中箭头代表吸收或发射跃迁。值得注意的是,最低能级跃迁所吸收的能量和到达最低能级时发射的能量相同。这意味着在向上跃迁时吸收光的波长和向下跃迁时发射光的波长相同。

其他元素同样具有量子化能级,但是由于其电子多于一个,因此其他元素的能级要复杂得多。在实验上,可以通过测试元素吸收光谱和发射光谱的方法来测试其原子能级。

示例 2.5　红宝石激光器中的 Al_2O_3 晶体含有少量的 Cr^{3+} 离子,吸收 400 ~ 560nm 波长之间的光达到激发态。处于激发态的 Cr^{3+} 离子以热的形式失去部分能量。失去部分能量后,Cr^{3+} 离子返回基态,同时发射出波长为 694nm 的红光。

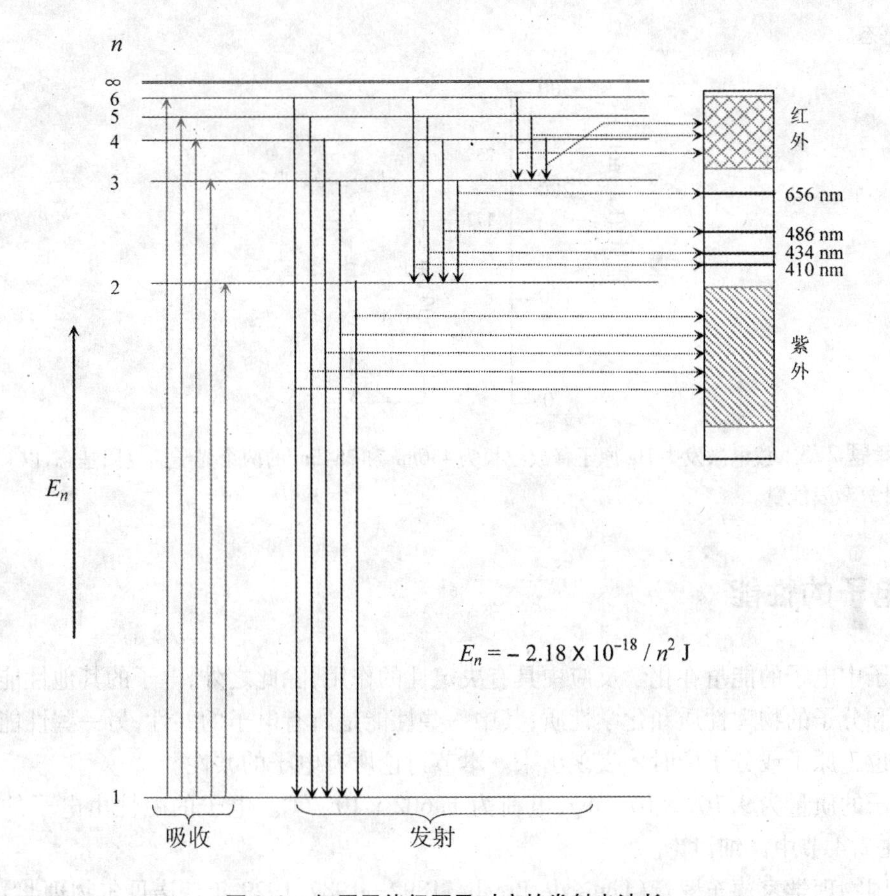

图 2.9　氢原子能级图及对应的发射光波长

(a)以 $kJ \cdot mol^{-1}$ 为单位计算波长为 500nm 的激发光的能量。

(b)以 $kJ \cdot mol^{-1}$ 为单位计算发射光的能量。

(c)计算发射红光的激发能部分，以及作为热量损失的部分。

(d)用能级图来表示出这些过程。

解答：

(a)已知吸收(absorbed)和发射(emitted)光子(photon)的能量 $E_{photon} = h\nu$；$c = \nu\lambda$，故 $E_{photon} = hc/\lambda$。

$$E_{photon\ absorbed} = \frac{(6.626 \times 10^{-34}\ J \cdot s)(2.998 \times 10^{8}\ m \cdot s^{-1})}{500 \times 10^{-9}\ m} = 3.97 \times 10^{-19}\ J \cdot mol^{-1}$$

$$= (3.97 \times 10^{-19}\ J)(6.022 \times 10^{23}\ mol^{-1}) = 239\ kJ \cdot mol^{-1}$$

(b)使用同样的方法计算，将吸收光波长 500×10^{-9} m 改为发射光波长 694×10^{-9} m，可得到发射光的能量：

$$E_{photon\ emitted} = 172\ kJ \cdot mol^{-1}$$

(c)根据能量守恒定律，放出的热量和光子能量之和必须等于离子吸收的能量：

$$E_{photon\ absorbed} = E_{photon\ emitted} + E_{heat\ emitted}$$

因为 $239kJ \cdot mol^{-1}$ 能量被吸收，$172kJ \cdot mol^{-1}$ 能量被发射，激发能所占分数为 172/239 = 0.720，转换为热量的部分是 0.280，换句话说，Cr^{3+} 离子吸收的能量有 72.0% 发射出红光，而另外的 28.0% 以热量的形式损失。

(d)画出此过程的能级图。电子从基态出发，当吸收光子时，电子跃迁至高于基态 $239kJ \cdot mol^{-1}$ 的能级。Cr^{3+} 离子损失激发能的 28% 作为热量，回到高于基态 $172kJ \cdot mol^{-1}$ 的能级，最后，放出红光使 Cr^{3+} 离子返回基态。

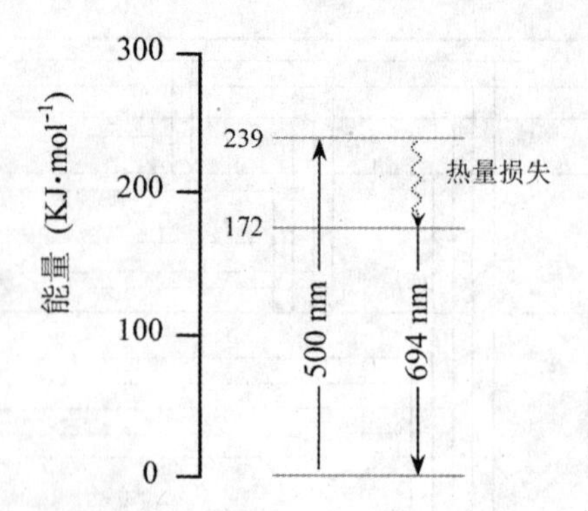

思考题 2.5　放电激发中 Hg 原子释放波长为 436nm 和 254nm 的两个光子而返回基态，以 $kJ \cdot mol^{-1}$ 为单位计算激发能量。

电子的性能

原子中电子的能量在化学反应中具有决定性的作用，除此之外，电子的其他性能也影响着原子和分子的物理性质和化学性质，其中一些性能是所有电子的共性，另一些性能则只有当电子位于原子或分子中时才表现出来。本节讨论所有电子的共性。

电子的质量为 9.109×10^{-31} kg，电荷为 1.602×10^{-19} C。电子的磁性由电子的自旋引起，将在 2.4 节中详细讨论。

法国物理学家德布罗意（Louis de Broglie，1892—1987，1929 年获诺贝尔物理奖）首次提出电子具有和光子一样的波粒二象性，即同时具有粒子性和波动性。

实验表明当光束照射在物体上时，同时对物体施加了一个力，说明光子具有动量。对这种压力进行定量测定，表明光的动量和能量有一个简单的关系：

$$E = pc$$

光能与其波长有关，光能与波长的关系式如下：

$$E = hv = \frac{hc}{\lambda}$$

结合以上两个方程得到 p 和 λ 的关系：

$$p = \frac{h}{\lambda}$$

德布罗意认为这个式子同样可以应用于电子和其他粒子。

粒子的动量是其质量和速度（u）的乘积，$p = mu$。代入方程得到 λ 的表达式，即德布罗意方程，它建立了粒子的波长、质量和速度之间的关系。

$$\lambda_{\text{particle}} = \frac{h}{mu}$$

德布罗意理论预测了电子像波一样，那么怎样证实呢？

1927 年，美国物理学家戴维逊（Davisson C. J.）和革末（Germer L. H.），以及英国物理学家汤姆逊（Thomson G）分别进行试验，发现具有特定动能的电子束通过金属薄膜后，得到了类似与图2.14(b)所示的图案,从而证明了德布罗意关于电子的波动性。有趣的是,戴维逊和汤姆逊因此在1937年被授予诺贝尔物理奖,但是革末却没有。

最近发现,采用扫描隧道显微镜可以得到电子波动的直观图像,如第1章图1.1所示,光滑金属表面的两个突出原子在金属表面建立了电子驻波。

光子和电子都具有波粒二象性,但是其表达方程却不同,表2.1所示为描述光子和自由电子的方程。

表2.1　光子和自由电子性能方程

性质	光子方程	电子方程
能量	$E = hv$	$E_{kinetic} = \frac{1}{2}mu^2$
波长	$\lambda = hc / E$	$\lambda = h/mu$
速度	$c = 2.998 \times 108 m \cdot s^{-1}$	$u = (2E_{kinetic}/m)^{-1/2}$

示例2.6　有的电磁波透过晶体后会产生特征衍射图,因此可通过衍射图来研究晶体的结构。为了得到理想结果,电磁波的波长必须与晶体中原子间距相似。计算波长为0.25nm的光束粒子波能量,以及相同波长的电子粒子波能量。

解答:光子(photon)能量 $E = hv = hc/\lambda$,将数值代入,注意单位的统一:

$$E_{photon} = \frac{(6.626 \times 10^{-34} J \cdot s)(2.998 \times 10^8 m \cdot s^{-1})}{0.25 \times 10^{-9} m} = 7.9 \times 10^{-16} J$$

对于电子,我们需要两个公式:德布罗意方程联系了电子的速度和波长 $= h/mu$,动能方程联系了电子速度和动能 $E_{kinetic} = (1/2)mu^2$。首先计算电子速度 $u_{electron}$:

$$u_{electron} = h/m\lambda = \frac{6.626 \times 10^{-34} kg \cdot m^2 \cdot s^{-1}}{9.109 \times 10^{-31} kg \times 0.25 \times 10^{-9} m} = 2.91 \times 10^6 m \cdot s^{-1}$$

然后计算电子动能 $E_{kinetic}$:

$$E_{kinetic} = (1/2)mu^2 = \frac{(9.109 \times 10^{-31} kg)(2.91 \times 10^6 ms^{-1})^2}{2} = 3.9 \times 10^{-18} kg \cdot m^2 \cdot s^{-2} = 3.9 \times 10^{-18} J$$

思考题2.6　在光电效应试验中,吸收的光子能量为 1.25×10^{-18} J,发射出的电子动能为 2.5×10^{-19} J,计算它们的波长。

德布罗意方程预测了每种粒子都有波动性,其中尺寸小于原子的粒子,如电子、中子等粒子的波动性对其运动具有重要作用,但是对于大的物体,如乒乓球或汽车,其波动性可以忽略。原因是除了小于原子的粒子以外,宏观物体的波长非常小,无法测定其波动性。

粒子在空间具有特定的坐标,而波则没有具体的坐标。波向空间的某些区域传播,由于波动性,电子总是向外传播而不是固定于某一个位置。运动中的电子的位置不能够精确地测定,所以认为电子是离域的。

在数学上,粒子波的位置和动量是相关的。德国物理学家海森堡(Werner Heisenberg,1901—1976,1932年获诺贝尔物理奖)于20世纪20年代提出不能同时精确测定粒子波的动量和位置的观点。如果精确地知道粒子波的位置,其动量便不可以精确地知道;相反,如果精确地知道粒子波的动量,其位置便不可以确定。海森堡归纳了这种不确定性,即著名的"海森堡测不准原理"——位置知道得越精确,动量就越不确定,反之亦然。不确定性是所有物体的特性,但是只有对电子等微观粒子才明显表现出来。

2.4　量子化和量子数

到目前为止提及的电子性能(质量、电荷、自旋、波动性)适用于所有的电子,在空间自由运动的电子、铜导线中运动的电子和原子中的电子都有这种特征。原子中的电子在空间受到静电力的束缚,还有着其他的重要性能,这些性能与波的形状和能量相关。这些性能只能取某些特定的值,也就是说是量子化的。

如2.3节所述,每种元素的原子有独一无二的、量子化的电子能级。能量量子化是受束缚电子的一个特点。原子中的电子由于存在能级跃迁,其吸收光谱和发射光谱包含特定的离散能量。如果原子吸收足够的能量而完全失去一个电子,那么这个电子将不再受束缚,可以拥有任何能量值。因此受束缚的电子有量子化的能量,而自由电子则可以有任何能量值。

原子中电子的量子化能量值可以从吸收光谱和发射光谱中计算,量子力学理论则用数学关系式联系了量子化能量和电子的波动性。这些原子中电子的波动性可以用薛定谔方程来描述:

$$\hat{H}\Psi = E\Psi$$

其中,$\hat{H}$是系统的 Hamiltonian 算符(含有动能和势能的数学函数),E 是系统的能量,Ψ 是系统的波函数。波函数是一种数学函数,可以提供原子中电子位置的信息。薛定谔方程的解可以提供化学体系的能量和相关的波函数。尽管薛定谔方程的表达式看似简单,但其求解过程非常复杂,到目前为止也只能精确求解像氢原子这样的单电子体系。

因为原子的能量是量子化,所以薛定谔方程只对特定的能量值有解。对于每一个量子化能量值,薛定谔方程的解可以描述电子在空间分布的波函数,单电子的波函数称为轨道(orbital)。轨道的概念将在2.6节中讨论。

用量子数(quantum number)来描述电子量子化特征。原子中的每一个电子用三个量子数来确定其三个状态——能量、轨道角动量和轨道取向,用第四个量子数描述电子的自旋。为了完全描述原子中的一个电子,需要同时确定这四个量子数——主量子数、角量子数、磁量子数和自旋量子数。

主量子数

原子中电子的最重要量子性能是能量,可以用主量子数(principal quantum number, n)确定单电子体系的原子能量。对于最简单的原子——H 原子,如果知道 n(参见2.2节),就可以用式子 $E_n = -2.18 \times 10^{-18}/n^2$ 来计算其电子能量。但是,这个方程只适用于 H 原子。

对于含有多个电子的原子,没有规定的公式来计算其确切的能量。尽管如此,可以为多电子原子中的每一个电子指定一个与电子能量密切相关的整数 n 值。原子中电子的最低能量对应 $n=1$,依次较高的 n 值分别代表一个高能级。主量子数必须是正的整数:$n=1,2,3$ …,像 $n=0$,$n=-3$ 或 $n=5/2$ 等这样的数值是不允许的,因为不能代表薛定谔方程的解,也就是说这些值与实际不符。

主量子数可以提供原子轨道大小的信息，因为电子的能量与其在空间的分布有关。主量子数越大，电子的能量就越高，距原子核的平均距离也越大。

总之，主量子数可以是任何正的整数值，它与轨道尺寸相关，决定了电子的能量。随着 n 的增加，电子能量也增加，原子轨道变大，电子与原子的结合力将变小。

角量子数

第二个量子数决定原子轨道的角动量，即角量子数（azimuthal quantum number，l）。薛定谔方程的解和实验证据表明特定原子轨道的电子分布可以用“形状”来描述，特定轨道具有一定的形状。需要说明的是，用“形状”来讨论轨道是不准确的，因为轨道仅仅是一个数学函数。尽管如此，轨道的形状仍然有一定的物理意义，可以用来确定电子所处的范围。

根据“优先取向轴”数量的不同对不同形状的物体进行分类，标准球体（如足球、篮球等）没有优先取向轴，因为其质量在沿着中心的各个方向上分布相同；椭球体（如橄榄球等）有一个优先取向轴，在沿着轴方向上的质量分布多于其他方向；而正四边形（或正十字架）有两个互成直角的取向轴。

类似的，轨道中电子密度的分布也集中于特定的取向轴。特定轨道的角动量 l 的取值和取向轴的数量相关，据此可以确定轨道中电子的分布形状。根据量子理论，由于能量的限制，电子分布形状受到严格限制，主量子数 n 限制了 l 的取值。n 的数值越小，轨道就越致密，电子分布就越受限。一般来说，角量子数 l 可以是0或任何小于 n 的正整数，即 $l=0,1,2,\cdots,(n-1)$。

由于历史的原因，通常用字母而不是数字来标识轨道，这些字母标识与相应的 l 数值对应如下：

l 值	0	1	2	3	4
轨道	s	p	d	f	g

可以用 n 的数值再加上对应 l 数值的字母来命名轨道，这样，3s 轨道的量子数为：$n=3$，$l=0$；5f 轨道的量子数为：$n=5$，$l=3$。值得注意的是，l 是受限制的，这意味着当 $n=1$ 时，l 只可以为0。换句话说，存在1s 轨道，但是不存在1p、1d、1f 或1g 轨道；同样，存在2s、2p 轨道，但是没有2d、2f 或2g 轨道。

磁量子数

球体没有取向轴，因此在空间没有方向性。当有一个取向轴时，这个轴在 xyz 坐标系里可以指向很多不同的方向，像这样有取向轴的物体具有方向性和形状。

s 轨道的电子分布为球体状，因此没有方向性；而其他轨道的电子分布是非球形的，因此有方向性。对于能量和轨道电子分布，这样的方向性是量子化的。p、d、f 轨道里的电子分布与椭球体型不同，其可能的方向受到限制，这些限制由磁量子数（magnetic quantum number）m_l 决定。如下图所示：

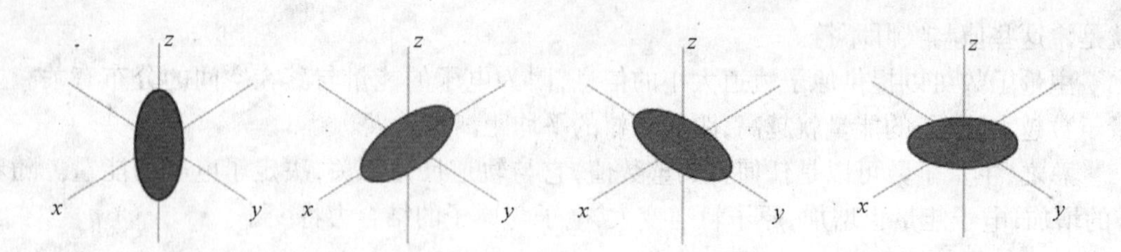

主量子数 n 限制了取向轴的数量,而取向轴的数量则限制着这些取向轴的方向。当 $l=0$ 时,没有取向轴,因此没有特定取向,磁量子数 $m_l=0$;当 $l=1$ 时,有一个取向轴,可以在三个方向上取向,m_l 有三个可能的数值 +1、0、-1;当 $l=2$ 时,有两个取向轴,可以在五个方向中取向,m_l 值有 5 个可能:+2、+1、0、-1、-2。每当 l 增加一个单位时,便有两个额外的 m_l 可能值,可能的取向增加 2。磁量子数 m_l 可以是 $-l \sim l$ 之间的任何正的或负的整数,包括 0。

自旋量子数

第 1 章中讲到电子具有自旋性,说明电子在磁场中的运动可以选择两种方式中的一种进行。如图 2.10 所示,当一束 Ag 原子通过磁场时(与 1921 年 Otto Stern 和 Waltergerlach 的实验相似)原子束发生分裂,原子运动轨迹朝两个不同方向弯曲。由于在经典物理中磁场与自旋电荷有关,故荷兰物理学家乌仑贝克(George Uhlenbeck)和哥德斯米特(Samuelgouldsmit)采用电子自旋的概念来解释这种实验结果。由于电子在磁场中只有两种响应方式,因此自旋是量子化的。用自旋量子数(spin quantum number, m_s)来表征电子的这种行为,m_s 可能的值有 +1/2 和 -1/2。

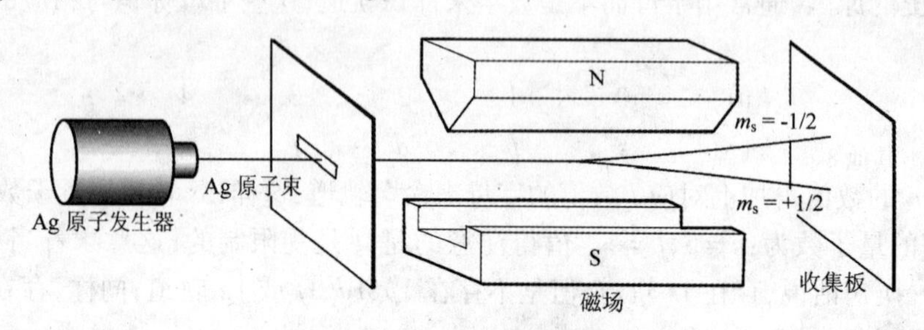

图 2.10　Stern-Gerlach 磁场试验

表 2.2　原子中电子的量子数条件

量子数	限制条件	范围
n	正整数	$1,2,\cdots,\infty$
l	小于 n 的正整数	$0,1,\cdots,(n-1)$
m_l	在 $-l$ 和 $+l$ 之间的整数	$-l,\cdots,-1,0,+1,\cdots,+l$
m_s	-1/2 或 +1/2	-1/2, +1/2

完全描述原子中的每一个电子需要四个量子数:n、l、m_l 和 m_s,它们必须满足表 2.2 所

列的条件,且原子中的每一个电子均有唯一的一套量子数。这个原理首先由澳大利亚物理学家泡利(Wolfgang Pauli,1900—1958,1945 年获诺贝尔物理奖)提出,被称为泡利不相容原理(Pauli exclusion principle),这个原理来自于量子力学,符合所有的实验现象。

随着 n 的增加,量子数可能的取值迅速增加。原子轨道用 n 和 l 值来确定,例如 $1s$、$3d$、$4p$ 等。当 $l>0$ 时,每一符号包含多于 1 个的轨道,即当 $l=1$ 时有 3 个 p 轨道;当 $l=2$ 时有 5 个 d 轨道。轨道中的电子有一个自旋量子数,或 +1/2 或 -1/2。这样就会有很多套可能的量子数,例如,$3p$ 轨道的电子有六套可能的量子数:

$n=3, l=1, m_l=+1, m_s=+1/2$　　$n=3, l=1, m_l=+1, m_s=-1/2$

$n=3, l=1, m_l=0, m_s=+1/2$　　$n=3, l=1, m_l=0, m_s=-1/2$

$n=3, l=1, m_l=-1, m_s=+1/2$　　$n=3, l=1, m_l=-1, m_s=-1/2$

泡利不相容原理的一个直接结果就是每一个轨道最多只能包含 2 个电子(我们称包含 2 个电子的轨道为满轨道),满轨道中的 2 个电子必须是自旋相反的。

示例 2.8　$4d$ 轨道有多少套可能的量子数? 举两个例子。

解答:此问题要求给出当 $n=4$、$l=2$ 时可能的量子数组合,每一个组合必须满足表 2.2 中的所有条件,最简单的方法是列出所有可能的量子数。

因为题目是一个 $4d$ 轨道,n 和 l 的值已经给定,但是另外两个量子数可以有一些可能的取值。对每一个 m_l 的取值,任何一个 m_s 都是允许的,因此所有可能的组合数就是所有量子数可能的取值数的乘积,如下所示。

量子数:	n	l	m_l	m_s
可能的取值:	4	2	2,1,0,-1,-2	+1/2,-1/2
可能取值的总数:	1	1	5	2

4d 轨道所有可能的组合数为:　　$1\times1\times5\times2=10$

因此,共有 10 种可能,其中两种组合如下:

$$n=4, l=2, m_l=1, m_s=+1/2$$
$$n=4, l=2, m_l=-2, m_s=-1/2$$

还可以列出其他 8 种可能的组合。

思考题 2.8　写下所有 $5p$ 轨道的可能量子数组合。

2.5　原子轨道的电子分布和能量

原子的化学性质取决于其电子行为,原子中的电子波函数用轨道来描述,因此电子之间的相互作用可以用轨道之间的相互作用来描述,而决定电子之间相互作用的两个因素是在三维空间的电子分布和能量,因此本节讨论电子的轨道分布和能量。

轨道的电子分布

电子的波动性使电子发生离域,而不是固定于空间某一个位置,可用电子密度来表征其离域分布。电子最有可能出现的地方,电子密度较高;而电子不太可能出现的地方,电子密度较低。每个电子以三维粒子波而不是作为点电荷而存在,并以轨道的方式分布于空间中,电子的这种离域性(delocalisation)可以用轨道来描述。而且当电子能量变化时,电子在空间分布的尺寸和形状也变化。因此,三维原子轨道与原子能级相关。

多电子原子的尺寸和形状可以用所有电子的轨道叠加来描述。

量子数 n、l 决定轨道的尺寸和电子的分布。随着 n 的增加,轨道尺寸增加;随着 l 的增加,轨道电子分布变得更复杂。

电子的轨道图直观地将电子描述为离域在三维空间的粒子波,可以表示电子波在空间的分布情况。具体的描述方法有电子云径向分布曲线、电子云图像和电子云等密度面(contour drawings)等。每一种方法分别从不同角度表示原子轨道的一些重要特性。

电子云径向分布曲线(electron density plot):以 x 轴表示电子与核的距离,用 y 轴表示电子的概率密度,用二维图像描绘电子在轨道中的分布。如图 2.11(a)所示为 $2s$ 轨道的电子云径向分布曲线。

电子云径向分布曲线可以将原子轨道叠放在一起的方式来表示每个轨道的相对大小,但是它不能表示轨道的三维性。

电子云图像(electron density pictures),则可以表示轨道的三维特性,它用颜色的深浅来表示电子的概率密度。如图 2.11(b)所示为 $2s$ 轨道的电子云图像,用灰度表示轨道横切面上的电子云分布概率密度。

电子云图像是比较全面的表示方法,但是比较费时费力。电子云等密度面如图 2.11(c),则可以提供简单的轨道图像,它通过画出等密度面来包含几乎所有的电子云,“几乎所有”指的是 90%。这样电子密度在等密度面内很高,而在其外则很低。

可以通过打比方来理解电子云等密度面的意义。一群蜜蜂围绕蜂箱飞行,在任何一个时刻,一些蜜蜂总会外出采蜜。如果将所有蜜蜂包含在内而画一个球面,会得到一张蜜蜂密度分布图。但这不是一张非常有用的图,因为它所形成的等密度面将会覆盖数公顷。相比而言,包含 90% 蜜蜂的等密度面仅会比蜂箱稍大一些,并且由于等密度面内的蜜蜂之间会发生互相作用,因此将是一个非常有用的蜜蜂密度分布图。

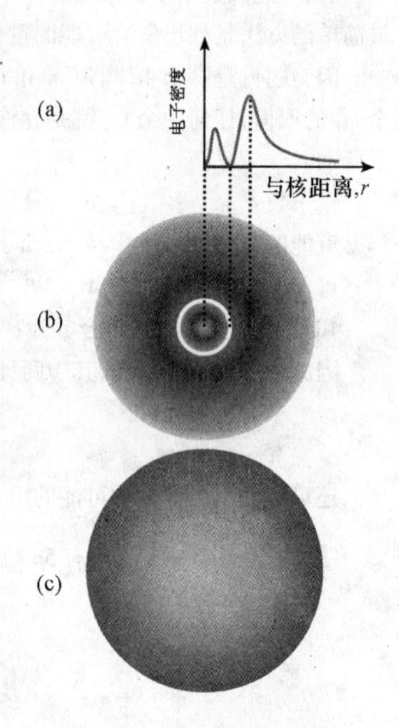

图 2.11　$2s$ 电子轨道图

电子云等密度面的缺点是等密度面内的电子密度细节会损失。因此为了得到尽可能多的电子轨道信息,必须结合各种描述方式。

这三种表示方式的优劣情况可以从各自的物理意义上来区别,从图 2.11(a)中可以看出有一个电子密度为零的 r 值,称这种电子密度为零的位置为节点(node)。图 2.11(b)用白色的环表示 $2s$ 轨道的节点。在三维空间,这个节点是一个球面。图 2.11(c)不能表示节点,因为球的节面隐藏于 90% 等高面里。电子云径向分布曲线可以很清楚地表示节点的位置,电子云图像则可以很直观地显示截面的形状,然而等密度面图像却完全不能表示。

轨道尺寸

原子的半径可以提供轨道尺寸等信息,原子半径通过实验测量。由此建立的原子理论模型可以预测轨道电子云密度随着距原子核距离的变化情况。

对于任何原子,随着 n 值的增大,轨道尺寸变大,如 $n=2$ 的轨道大于 $n=1$ 的轨道,$n=3$ 的轨道大于 $n=2$ 的轨道,依次类推。这个规律可以从图 2.12 所示的氢原子前三个 s 轨道的电子云径向分布曲线看出。纵线表示三个轨道等高面为 90% 的 r 值,另外这个曲线也表明随着 n 的增大,节点数量也增加。

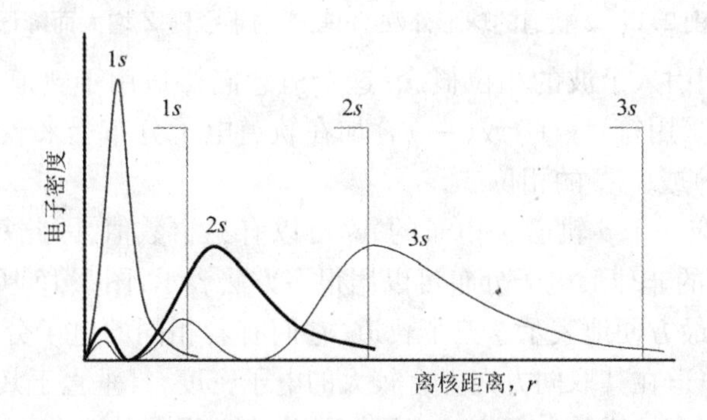

图 2.12　氢原子的 1s、2s、3s 轨道的电子密度

在原子中,主量子数相同的轨道尺寸相似,例如图 2.13 所示是 Cu 原子的 $n=3$ 的 9 个轨道,其最大的电子云密度位置距原子核的距离几乎相等。其他原子也有同样的规律。除 n 之外,其他量子数对轨道尺寸的影响较小,图中三个轨道的尺寸相近。在本节的后续内容将讨论轨道能量的影响。

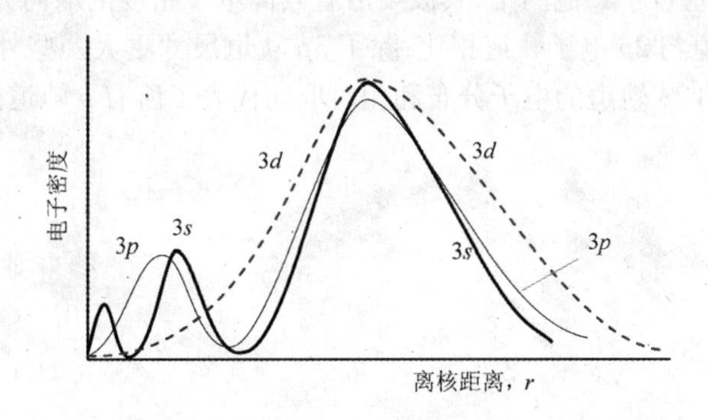

图 2.13　Cu 原子的 3s、3p、3d 轨道的电子密度

随着原子核电荷数的增加,轨道尺寸变小;随着原子核正电荷的增加,原子核对负电荷电子的静电引力增加,电子受到的束缚更强,因此轨道半径减小,结果是随着原子序数的增加而轨道尺寸减小。例如,在周期表第二周期从 Li($Z=3$)到 Ne($Z=10$),其 2s 轨道尺寸逐渐减小(原子序数 Z 等于原子核中质子的数量,因此 Z 的增加意味着原子核电荷的增加)。

电子的轨道分布强烈影响着元素的化学性质。因此,为理解元素的化学性质,需要详细了解这些电子轨道的分布。

量子数 $l=0$ 对应 s 轨道，根据量子数的限制条件，每个主量子数只有一个 s 轨道。s 轨道电子分布是球形的，半径和节点数随着 n 的增加而增加。如图 2.14 所示为 1s 轨道的等密度面图。

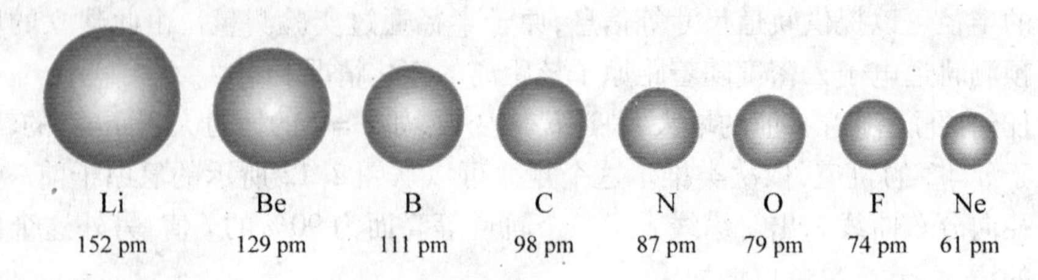

图 2.14　s 轨道的球形外观，2s 轨道的半径随 Z 增大而降低

在 2.2 节中我们引入了波的相位概念，这个概念同样适用于轨道。s 轨道只有一个相位，或正或负。通常采用符号(+)或(−)叠加在轨道电子分布上来表示不同的相位，或用不同的灰度表示(+)或(−)的相位。

量子数 $l=1$ 对应一个 p 轨道，p 电子的 m_l 可以有三个数值，因此每一个 n 值有三个不同的 p 轨道。p 轨道的非球形电子分布可以用很多方法表示，图 2.15 所示的 2p 轨道的电子云等密度面图，可以最方便地表示这三个轨道，它们有着相同的电子分布，但是指向三个不同的方向。每个 p 轨道在其取向方向上有较大的电子密度，且垂直于其他两个轨道，原子核位于体系的中心。每个轨道的电子密度以原子核为中心沿着其取向方向分布于原子核的两侧。可以通过下标来区分 p_x、p_y、p_z 三个不同的轨道。每一个 p 轨道有一个穿过原子核的节面，p_x 轨道的节面是 yz 平面，p_y 轨道的节面是 xz 平面，p_z 轨道的节面是 xy 平面。p 轨道的两个波瓣的相位相反，图 2.15 所示为用不同灰度来表示每个波瓣的相位。

和 s 轨道一样，随着 n 的增加，p 轨道的节点数也增加，然而电子分布的方向性不会变化。每一个 p 轨道垂直于其他两个，其波瓣沿着其高电子密度的取向方向。因此，对于特定的原子，3p 电子轨道与 2p 电子轨道相比，除了 3p 轨道尺寸更大一些外，其他特性相同。因此如图 2.15 所示的 2p 轨道的电子分布和相对取向代表了所有 p 轨道的空间特征。

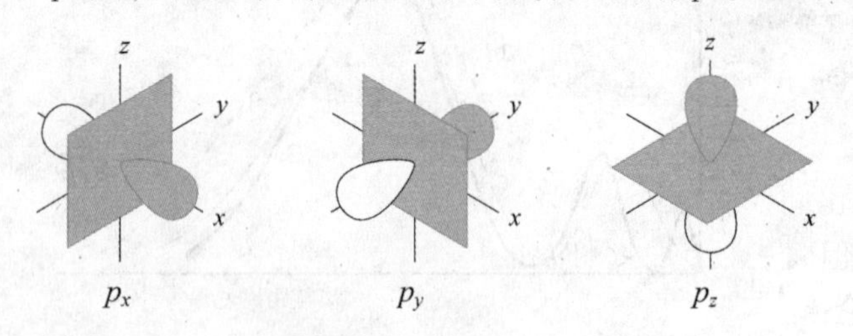

图 2.15　3 个 p 轨道的示意图

量子数 $l=2$ 对应 d 轨道，d 电子有 5 个 m_l 值(−2，−1，0，+1，+2)，因此每组有 5 个不同的轨道，每个 d 轨道有两个节面，因此 d 轨道的电子分布比 s 和 p 轨道更复杂。如图 2.16 所示的电子云等密度面图是描述这些轨道的最简便的方式，这些图中有 4 个轨道看起来像放在平面上的三维“四叶草”，波瓣指向坐标轴的中间，用下标来表示这些平面——d_{xy}，d_{xz}，d_{yz}。第四个轨道的电子分布像 xy 平面内的四叶草，但是其波瓣指向 x 和 y 坐标轴，每个四叶草的波瓣在同一平面内互相垂直，将这个轨道写作 $d_{x^2-y^2}$。第五个轨道的电子分布完全不同,其主要波瓣沿着 z 轴,但是在 xy 平面有一个"游泳圈"状的电子云,将这个轨道记作 d_{z^2},其两个波瓣的相位一样,但是圆环的相位相反。

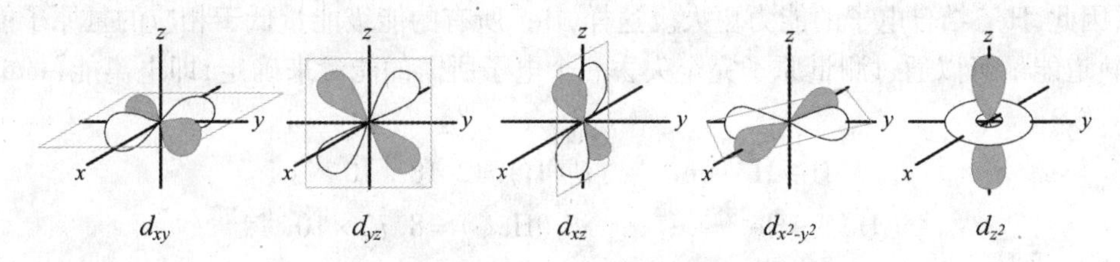

图2.16　5个 d 轨道示意图

量子数 $l=3$ 对应 f 轨道,可能的 m_l 值有(-3,-2,-1,0,+1,+2,+3),有7个 f 轨道,f 轨道对研究镧系元素及更高序数的元素具有重要价值,这里不详细介绍。

轨道能量

如2.3节所述,氢原子吸收光子,会从最稳定、能量最低的基态变为亚稳定、能态较高的激发态。现在可以用原子轨道的概念来解释这个过程,当氢原子吸收光子时,电子向更高能量、更大主量子数的轨道跃迁。

氢原子吸收光子后,从基态跃迁至激发态。在这个过程中,电子移向能量更高、主量子数更大的轨道。

原子轨道模型很好地解释了氢原子的光谱和能级。对氢原子这种单电子体系来说,所有轨道的能级只依赖于其主量子数 n。能级 n 相同的所有轨道的能量相同,称为简并能级。对于多电子体系,实验表明每种原子的轨道稍有区别,但其基本规律相同。原子核电荷和电子数量的不同改变了静电力的大小,进而引起轨道能量的变化,这可以用电子所受的吸引力和排斥力来定性地解释。结果,对于多电子体系,相同 n 值的轨道不再具有简并性。

原子核电荷对轨道能量的影响

He^+ 阳离子和H原子相同,只有一个电子,其吸收光谱和发射光谱表明 He^+ 的能级与H原子均依赖于n值。但是,He^+ 与H的发射光谱不同,如图2.17所示,He^+ 离子和原子虽然均为单电子体系,但因核电荷不同,两者的发射光谱完全不同,说明这两种物质的能级不同。因此可以得出结论:除了 n 之外,还有另外的因素影响着轨道能量。

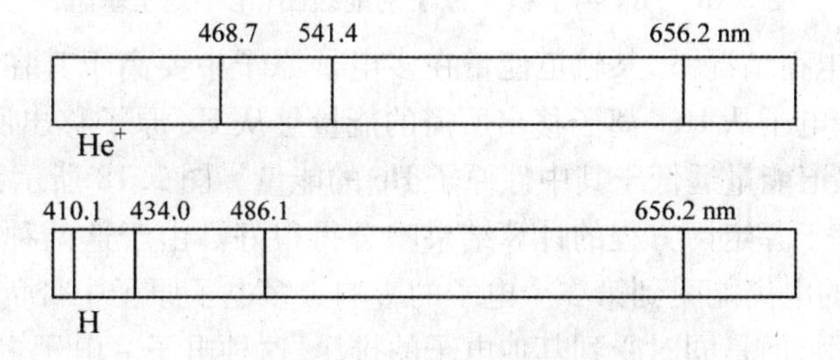

图2.17　He^+ 和H的发射光谱图

He^+和 H 原子的差别在于原子核,氢原子核有一个质子,即有一个正电荷,而 He 原子核有两个质子(和两个中子),即有两个正电荷。He^+的原子核电荷吸引电子的能力强于 H 原子,因此,He^+结合电子的能力更大。这样,He^+所有的能级能量低于相应的氢原子能级。

轨道能量可以通过测量原子完全失去一个电子所需的能量来确定,即电离能(ionisation energy,E_i)。

$$H \rightarrow H^+ + e^- \qquad E_i(H) = 2.18 \times 10^{-18} J$$

$$He^+ \rightarrow He^{2+} + e^- \qquad E_i(He^+) = 8.72 \times 10^{-18} J$$

He^+的电离能是 H 原子的 4 倍,这样 He^+的基态轨道能量必定比 H 原子的小 4 倍。光谱分析结果也显示每个 He^+轨道能量比 H 原子小 4 倍,从而表明轨道能量依赖于 Z^2。尽管由于 Z^2 的关系,H 和 He^+的相应能级不同,但还是有一些轨道能量相等,因此对于两种物质还是有吸收能相同的现象。

轨道能量

H 原子和 He^+是少见的单电子体系,而大多数原子和离子都有多个电子。在多电子原子中,每一个电子都会影响到其他电子,这些电子与电子之间的相互作用使每种元素的轨道能量各不相同。

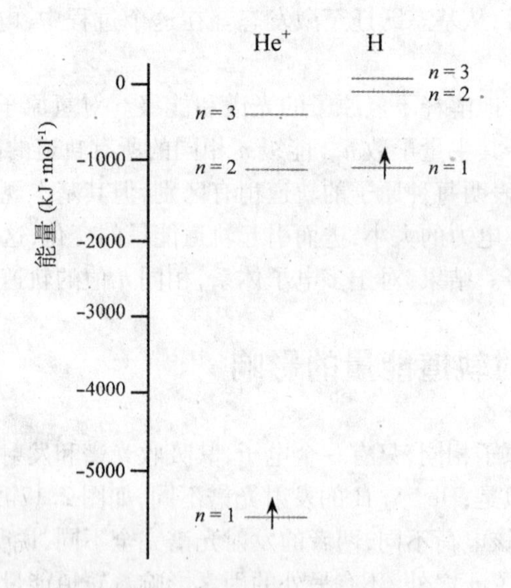

图 2.18　He^+离子和 H 原子的能级图(电子处于基态)

在相同原子核电荷情况下,某轨道能量在多电子原子中要高于其在单电子离子中。如表 2.3 所示,将一个电子从 He^+离子移出所需的能量是从 He 原子移出所需能量的两倍多,说明了 He^+的 1*s* 轨道能量远低于其中性原子 He 的能量。图 2.18 所示为 He^+和 H 原子能级关系图,此图与基于薛定谔方程的计算结果吻合得很好。由于这两种物质的原子核电荷都是 2+,因此 He 的电离能受到第二个电子的影响。多电子原子中带负电荷的电子被带正电荷的原子核所吸引,但是同时受到其他电子的排斥,这种电子-电子之间的排斥作用导致 He 原子的电离能较低。

表 2.3　电离能

轨道	H 原子	He 原子	He^+ 离子
1*s*	2.18×10^{-18} J	3.94×10^{-18} J	8.72×10^{-18} J
2*p*	0.545×10^{-18} J	0.585×10^{-18} J	2.18×10^{-18} J

屏蔽效应

图 2.19(a)所示为某自由电子接近 He^+ 正离子时，受到原子核的 2 + 价电荷的吸引，但同时受到 1*s* 电子负电荷的排斥。这种电子 - 电子之间的排斥抵消了原子核与电子之间的部分引力，我们将这种部分排斥称为屏蔽(shielding)。

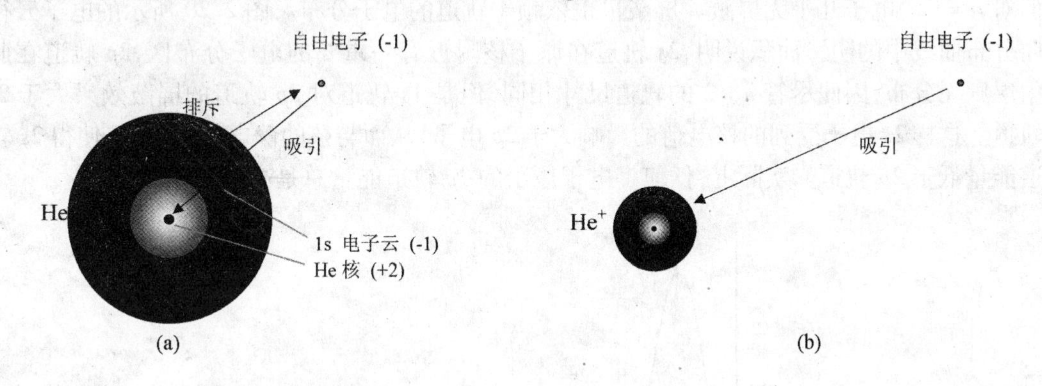

图 2.19　屏蔽效应

原子中的电子为 1 - 价电荷，最大可以抵消核电荷 1 + 价的电荷单元。实际上，当自由电子距离 He^+ 离子足够远时，它受到的来自于 He^+ 离子的净电荷为 1 + 价。但是，由于 1*s* 轨道为球形，在原子核的四周都有扩展，这意味着当自由电子接近原子核时，1*s* 轨道只能屏蔽部分原子核电荷。因此，自由电子受到的净吸引小于 2 +，但大于 1 +，称为有效核电荷(effective nuclear charge，Z_{eff})。

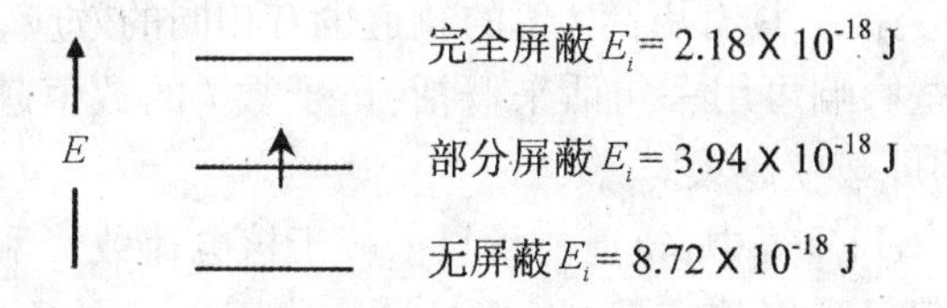

这种不完全屏蔽也可以从 H 原子、He 原子、He^+ 离子的电离能数据看出(如表 2.3 所示)。当没有屏蔽时，He 原子的电离能和 He^+ 离子的相同，都为 8.72×10^{-18} J。当完全屏蔽时，一个 He 电子将抵消原子核中的一个质子，使 $Z_{eff} = +1$，He 原子的一个电子移出的能量将与移出氢原子电子所需的能量相同，为 2.18×10^{-18} J。He 原子的实际电离能是 3.94×10^{-18} J，几乎是完全屏蔽时电离能的两倍，或是未屏蔽时电离能的一半。不完全屏蔽，是因为 He 的两个电子在空间中占据的区域是扩展开放的，因此并不能完全将对方屏蔽。

小尺寸轨道中电子比大尺寸轨道中电子在原子核周围分布得更紧一些，因此，随着轨道尺寸的增加,其屏蔽原子核电荷的效果将减小。由于轨道尺寸随 n 而增加,因此电子的屏蔽能力随 n 的增加而减小。在多电子原子中,较低 n 值的电子分布在原子核与较高 n 值电子之间,这些内层电子的负电荷抵消了大部分原子核的正电荷。

较小 n 值电子的屏蔽能力更强,这一点可以通过对比表 2.3 中所示 $2p$ 轨道的电离能来理解。考虑 He 原子的一个激发态:一个电子处于 $1s$ 轨道,而另外一个电子处于 $2p$ 轨道。将这个激发态 He 原子的一个 $2p$ 电子移出需要 0.585×10^{-18}J 的能量,这个数值接近于 1 个电子在 $2p$ 轨道的氢原子激发态 0.545×10^{-18}J,远小于激发态 He^+ 离子 $2p$ 轨道的电离能 2.18×10^{-18}J。这些数据表明 Z_{eff} 对于激发态原子的 $2p$ 轨道来说很接近于 +1。在受激发的 He 原子中,$1s$ 轨道电子对 $2p$ 轨道电子的屏蔽很大。

在多电子原子中,内层电子对外层电子产生有效屏蔽。也就是说,$n=1$ 的电子可屏蔽 $n=2$、$n=3$ 或更大 n 值的轨道电子;$n=2$ 的电子对 $n=3$、$n=4$ 或更大的轨道产生有效屏蔽,但对 $n=1$ 的电子几乎无屏蔽。屏蔽量也依赖于轨道的电子分布。图 2.20 所示的电子云径向分布曲线中的阴影面积说明,$2s$ 轨道在原子核附近有一重要的电子分布区,$2p$ 轨道在此内层则无分布,因此尽管 $n=2$ 的轨道尺寸相同,但是 $1s$ 轨道对 $2p$ 轨道的屏蔽效果大于 $2s$ 轨道。这样 $2s$ 电子受到的核电荷的影响大于 $2p$ 电子,从而与核的静电吸引更强,使得 $2s$ 轨道能量低于 $2p$ 轨道。实际上,任何多电子原子的 $2p$ 轨道能量总是高于其 $2s$ 轨道。

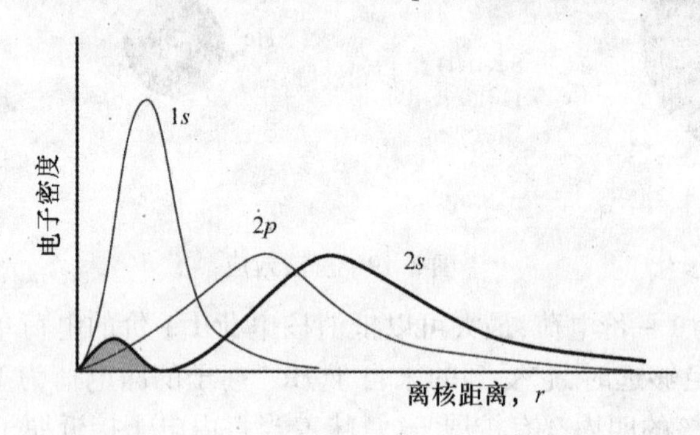

图 2.20　$1s$、$2s$、$2p$ 轨道的电子密度径向分布图

$2s$ 和 $2p$ 轨道受到的屏蔽差别同样适用于更大 n 值的轨道。如 $3s$ 轨道能量低于 $3p$,$4s$ 轨道能量低于 $4p$,依此类推。具有更高 l 值的轨道也有相同的效应,$3d$ 轨道能量高于 $3p$,$4d$ 轨道能量高于 $4p$。这些影响可用一句话来概括:量子数 l 的数值越大,轨道受到的来自于更小尺寸低能量轨道的屏蔽就越大。

在单电子体系 H、He^+、Li^{2+} 等中,轨道能量只依赖于核电荷数 Z 和主量子数 n。但在多电子体系中,轨道能量不仅只受 Z 和 n 影响,而且还取决于 l。l 的不同使轨道能量发生了细微的改变,不再具有简并性。

相同 l 值但不同 m_l 值的电子之间无明显屏蔽,例如不同 p 轨道电子之间的屏蔽很小。这是因为只有当一个轨道的电子云分布大部分位于原子核与另一个轨道之间时屏蔽才有效。从前文知道,各 p 轨道之间互相垂直,电子云分布在空间的不同区域,$2p_x$ 轨道的电子云不位于 $2p_y$ 轨道和原子核之间,因此几乎无屏蔽。d 轨道在空间中也占据着不同的区域,因此电子间的相互屏蔽很小。

示例 2.9　按比例画出 $1s$、$2p$ 和 $3d$ 轨道的电子云径向分布曲线,并标出这些轨道之间的屏蔽作用。

分析：此题是一个定性问题，要求在一个图中画出三个不同的轨道分布曲线。我们需要知道每一个电子云信息，并在一个图中按比例画出。

解答：图2.12，图2.13和图2.20中已经有 $n=1$、$n=2$ 和 $n=3$ 轨道的电子云径向分布取向，将其中的 $1s$、$2p$ 和 $3d$ 轨道提出来，然后标出这些轨道之间的屏蔽作用，接近于原子核的较小轨道对较大的轨道发生屏蔽作用。在本题中，$1s$ 轨道屏蔽 $2p$ 和 $3d$ 轨道；$2p$ 轨道屏蔽 $3d$ 轨道，但是不屏蔽 $1s$ 轨道；$3d$ 轨道对 $1s$ 和 $2p$ 轨道都不发生屏蔽。据此可以在图中标出。

因为轨道尺寸最重要的因素是 n 值大小，且小轨道对大轨道产生屏蔽，因此其屏蔽顺序是有意义的。

思考题 2.9　作图并标出 $2s$ 轨道对 $3s$ 轨道的有效屏蔽，而不是 $3s$ 轨道对 $2s$ 轨道的屏蔽。

2.6　周期表结构

从第1章可以看出，元素在周期表中按原子序数顺序排列，由于中性原子的电子数等于其原子序数，因此周期表也是按电子数而排列的。周期表中的元素按行排列，每一行称为一个周期；每一列由化学性质相似的元素组成，称为一族。我们已经知道元素的化学性质主要是由电子决定的，有了电子轨道分布与能量的概念，就可以开始讨论原子是怎样在周期表中排列的。

Aufbau 原理和轨道填充顺序

定义原子基态为其电子的最稳定排布，“最稳定”是指电子占据着可用的最低能量轨道。可以从最低能量轨道开始依次向高能量轨道填充电子来构建原子的“基态组态”(ground-state configuration)。与泡利不相容原理一致，电子从可用的最低能量轨道开始依次排布，这就是 aufbau 原理(也称为能量最低原理，aufbau 是德语单词，意为“构建”)。

应用 aufbau 原理时必须注意，完整描述一个电子的状态需要四个量子数：n, l, m_l 和 m_s。每一组 n 和 l 代表一个量子化的能级，并且当 $n>1$ 时每一能级包括多个轨道，每一个轨道有不同的 m_l 值。在每一组量子数中，相同 l 值的轨道是简并的，即有相同的能量。例如，$2p$ 能级($n=2, l=1$)包含三个独立的 p 轨道($m_l=-1, 0, +1$)，它们能量相同。不同的自旋量子数 m_s 代表电子的不同自旋取向。

换句话说，在不违反泡利不相容原理的情况下，$2p$ 能级包含3个不同 m_l 值的轨道，可以容纳6个电子。每一组 p 能级都是如此($3p$，$4p$ 等)，包含有6个等价的方向，可以容纳6个电子。对其他 l 值进行相似的分析，每个 s 能级包含1个轨道，可以容纳2个电子，每个 d 能级有5个不同的轨道，可以容纳10个电子，每个 f 能级包含7个轨道，可以容纳14个电子。

泡利不相容原理和 aufbau 原理决定了周期表中每一个周期的长度，当2个电子填充于 $1s$ 轨道(He)后，下一个电子必须填充于能量更高的 $n=2$ 轨道(Li)；当8个电子填充于 $2s$ 和 $2p$ 轨道(Ne)后，下一个电子必须填充于能量更高的 $n=3$ 轨道(Na)。周期表中每一行结束时，电子刚好将本主量子数的轨道填满，而下一个电子则需要填充在更高主量子数的轨道上。

那么 Li 原子的第三个电子占据 $n=2$ 的哪一个轨道呢？从前文可知，对于相同主量子数的轨道，屏蔽使得轨道能量随 l 的增加而升高。因此，$2s$ 轨道的能量低于 $2p$ 轨道，会先被填充；类似地，$3s$ 轨道先于 $3p$ 被填充。这种轨道之间的能量差别随着距原子核的距离增加而变得很小，结果对于主量子数 n 大于 2 的轨道，其轨道能量顺序和预期的不一致，出现能级交错的现象。例如，$4s$ 轨道比 $3d$ 轨道先填充。对于更高的能级，这种基于主量子数的能级交错现象将更加明显。

这里对原子基态的条件做如下总结：

(1)原子中的每一个电子首先占据可用的最低能量轨道(图 2.21)；

(2)没有量子数完全相同的两个电子；

(3)轨道容纳的最多电子数如下：s 轨道 2 个电子；p 轨道 6 个电子；d 轨道 10 个电子；f 轨道 14 个电子。

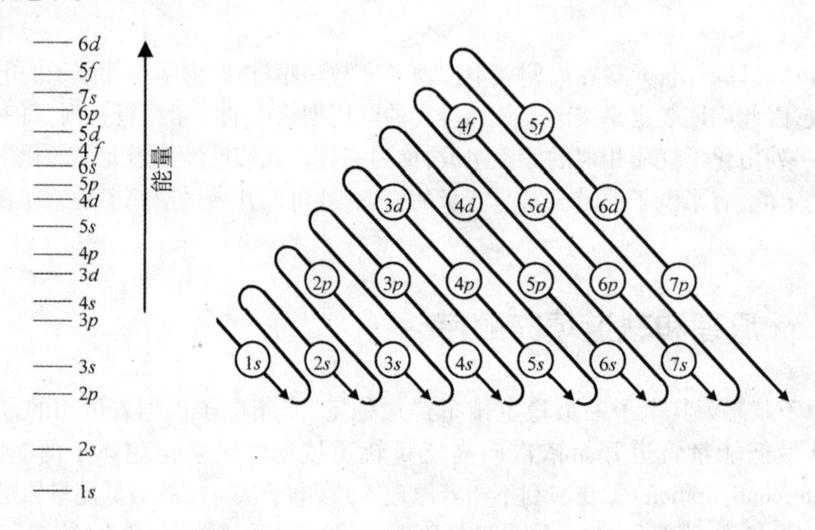

图 2.21　电子轨道能级

有了这些基本条件，我们可以将周期表的行列与量子数 n、l 的数值联系起来，结果列于图 2.22 中。值得注意的是元素是按原子序数排列的，因此在每一行中从左到右 Z 每次增加 1 个单位；每一行结束后，下一个 Z 值则向下移动一行，并从左边开始。

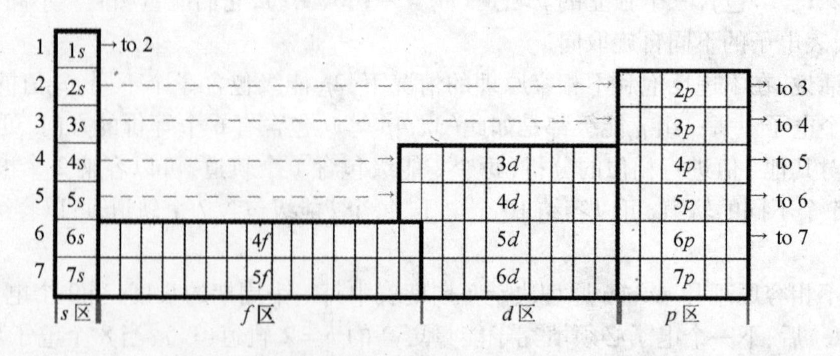

图 2.22　按轨道区排列的周期表

每一行中的元素序数随着 n 的增加而增加。第一周期只包含 H 和 He，接着有两个包含

8 个元素的周期和两个包含 18 个元素的周期,最后是两个包含 32 个元素的周期。周期表中不包含目前还未知的 117 号元素。

在图 2.23 中,每一行用其最高占据轨道的主量子数来标识。例如,第 3 行元素(Na 到 Ar)的 $n=3$ 轨道有电子排布(且 $n=1,2$ 的轨道都有电子),称为第 3 周期。每一列用其族序数来标识,从左边第一族开始到右边第 18 族(f 区没有族序数)。通常,周期表中同一族元素的最高占据轨道的电子排布相同,因此它们的化学性质相似。

主族（s 区）　过渡金属（d 区）　主族（p 区）

	1	2	3	4	5	6	7	8	9	10	11	12	13	14	15	16	17	18
1	1 H 氢 $1s^1$																	2 He 氦 $1s^2$
2	3 Li 锂 $2s^1$	4 Be 铍 $2s^2$											5 B 硼 $2s^22p^1$	6 C 碳 $2s^22p^2$	7 N 氮 $2s^22p^3$	8 O 氧 $2s^22p^4$	9 F 氟 $2s^22p^5$	10 Ne 氖 $2s^22p^6$
3	11 Na 钠 $3s^1$	12 Mg 镁 $3s^2$											13 Al 铝 $3s^23p^1$	14 Si 硅 $3s^23p^2$	15 P 磷 $3s^23p^3$	16 S 硫 $3s^23p^4$	17 Cl 氯 $3s^23p^5$	18 Ar 氩 $3s^23p^6$
4	19 K 钾 $4s^1$	20 Ca 钙 $4s^2$	21 Sc 钪 $4s^23d^1$	22 Ti 钛 $4s^23d^2$	23 V 钒 $4s^23d^3$	24 Cr 铬 $4s^13d^5$	25 Mn 锰 $4s^23d^5$	26 Fe 铁 $4s^23d^6$	27 Co 钴 $4s^23d^7$	28 Ni 镍 $4s^23d^8$	29 Cu 铜 $4s^13d^{10}$	30 Zn 锌 $4s^23d^{10}$	31 Ga 镓 $4s^24p^1$	32 Ge 锗 $4s^24p^2$	33 As 砷 $4s^24p^3$	34 Se 硒 $4s^24p^4$	35 Br 溴 $4s^24p^5$	36 Kr 氪 $4s^24p^6$
5	37 Rb 铷 $5s^1$	38 Sr 锶 $5s^2$	39 Y 钇 $5s^24d^1$	40 Zr 锆 $5s^24d^2$	41 Nb 铌 $5s^14d^4$	42 Mo 钼 $5s^14d^5$	43 Tc 锝 $5s^24d^5$	44 Ru 钌 $5s^14d^7$	45 Rh 铑 $5s^14d^8$	46 Pd 钯 $4d^{10}$	47 Ag 银 $5s^14d^{10}$	48 Cd 镉 $5s^24d^{10}$	49 In 铟 $5s^25p^1$	50 Sn 锡 $5s^25p^2$	51 Sb 锑 $5s^25p^3$	52 Te 碲 $5s^25p^4$	53 I 碘 $5s^25p^5$	54 Xe 氙 $5s^25p^6$
6	55 Cs 铯 $6s^1$	56 Ba 钡 $6s^2$	57-71	72 Hf 铪 $6s^25d^2$	73 Ta 钽 $6s^25d^3$	74 W 钨 $6s^25d^4$	75 Re 铼 $6s^25d^5$	76 Os 锇 $6s^25d^6$	77 Ir 铱 $6s^25d^7$	78 Pt 铂 $6s^15d^9$	79 Au 金 $6s^15d^{10}$	80 Hg 汞 $6s^25d^{10}$	81 Tl 铊 $6s^26p^1$	82 Pb 铅 $6s^26p^2$	83 Bi 铋 $6s^26p^3$	84 Po 钋 $6s^26p^4$	85 At 砹 $6s^26p^5$	86 Rn 氡 $6s^26p^6$
7	87 Fr 钫 $7s^1$	88 Ra 镭 $7s^2$	89-103	104 Rf 𬬻 $7s^26d^2$	105 Db 𬭊 $7s^26d^3$	106 Sg 𬭳 $7s^26d^4$	107 Bh 𬭛 $7s^26d^5$	108 Hs 𬭶 $7s^26d^6$	109 Mt 鿏 $7s^26d^7$	110 Ds 𫟼 $7s^26d^8$	111 Rg 𬬭 $7s^16d^{10}$	112 Uub $7s^26d^{10}$	113 Uut $7s^27p^1$	114 Uuq $7s^27p^2$	115 Uup $7s^27p^3$	116 Uuh $7s^27p^4$	117 Uus $7s^27p^5$	118 Uuo $7s^27p^6$

内过渡金属（f 区）

6	57 La 镧 $6s^25d^1$	58 Ce 铈 $6s^24f^15d^1$	59 Pr 镨 $6s^24f^3$	60 Nd 钕 $6s^24f^4$	61 Pm 钷 $6s^24f^5$	62 Sm 钐 $6s^24f^6$	63 Eu 铕 $6s^24f^7$	64 Gd 钆 $6s^24f^75d^1$	65 Tb 铽 $6s^24f^9$	66 Dy 镝 $6s^24f^{10}$	67 Ho 钬 $6s^24f^{11}$	68 Er 铒 $6s^24f^{12}$	69 Tm 铥 $6s^24f^{13}$	70 Yb 镱 $6s^24f^{14}$	71 Lu 镥 $6s^24f^{14}5d^1$
7	89 Ac 锕 $7s^26d^1$	90 Th 钍 $7s^26d^2$	91 Pa 镤 $7s^25f^26d^1$	92 U 铀 $7s^25f^36d^1$	93 Np 镎 $7s^25f^46d^1$	94 Pu 钚 $7s^25f^6$	95 Am 镅 $7s^25f^7$	96 Cm 锔 $7s^25f^76d^1$	97 Bk 锫 $7s^25f^9$	98 Cf 锎 $7s^25f^{10}$	99 Es 锿 $7s^25f^{11}$	100 Fm 镄 $7s^25f^{12}$	101 Md 钔 $7s^25f^{13}$	102 No 锘 $7s^25f^{14}$	103 Lr 铹 $7s^25f^{14}6d^1$

图 2.23　元素周期表(标明各元素的电子组态 s、p、d、f)

每一周期结束于 p 区,说明 np 轨道是满的,下一个接受电子的轨道是 $(n+1)s$ 轨道。例如,从 Al($Z=13$)到 Ar($Z=18$),$3p$ 轨道被填满之后,下一个元素钾的最后一个电子填充于 $4s$ 轨道,而不是 $3d$ 轨道。这表明钾原子最后一个电子填充于 $4s$ 轨道时的能量低于填充于 $3d$ 轨道。根据 aufbau 原理,从钪元素($Z=21$)开始,当 $4s$ 轨道填满之后再填充 $3d$ 轨道。

在下一行结束时也有类似的情况,当 $4p$ 轨道填满时(Kr,$Z=36$),下一个元素 Rb($Z=37$)的最后一个电子填充于 $5s$ 轨道而不是 $4d$ 或 $4f$ 轨道。实际上,直到 58 号元素,电子在 $5s$、$5p$ 和 $6s$ 轨道填满后才开始填充 $4f$ 轨道。这 7 个 f 轨道可以容纳 14 个电子,因此应该有 14 个 f 区元素。但是在图 2.23 所示的符合 IUPAC 表示法的周期表中,镧系和锕系分别有 15 个元素。这是因为从 La 到 Lu 和从 Ac 到 Lr 的每一组元素的化学性质相似,因此将它们放在一族是有意义的。老版本的周期表将 La 和 Ac 直接放在 Sc 和 Y 之下,这样有 14 个镧系元素和 14 个锕系元素。虽然 La 和 Ac 有 f^0 电子组态,但是其化学性质分别与镧系和锕系相似,而不同于主族或过渡元素(实际上,镧系和锕系的名称分别来源于 La 和 Ac 元素)。因此,"f 区元素"和"镧系元素"的差别在于,虽然 La 元素的 f 轨道是空的,它不属于"f 区元素”,但它却是“镧系元素”。

示例2.10 Ge原子中哪些轨道被填充了电子?是否有部分填充的轨道?

解答:使用周期表来确定轨道填充顺序。Ge是32号元素,包含32个电子,位于14族,第4周期的p区。

从周期表左上角开始,从左到右依次经过每一周期,直到Ge元素,可以确定填充的轨道顺序是:$1s^2$、$2s^2$、$2p^6$、$3s^2$、$3p^6$、$4s^2$和$3d^{10}$、$4p^2$,其中$4p$轨道是部分填充的。

思考题2.10 元素Zr的哪些轨道是填充的?哪些轨道是部分填充的?

价电子

原子的化学性质取决于其外层电子的反应活性。可反应性(accessibility)有空间因素和能量因素两方面。电子的空间可反应性是指电子占据着原子的最大轨道之一,它位于原子的周边,距原子核最远,将首先遇到进攻的化学试剂。电子的能量可反应性是指其占据着原子的最高能量轨道,具有比低能轨道电子更活泼的化学性质。

具有相似可反应性的电子,其化学性质相似。例如,碘比氯的电子多,但是这两个元素的化学性质相似,反映在周期表中,它们位于相同的族。这是因为氯和碘的化学性质取决于其最大最高能量占据轨道的电子数目:对于氯是$3s$和$3p$轨道,对于碘是$5s$和$5p$轨道。这两个元素都有7个可反应性电子,这就是其化学性质相似的原因。

可反应性电子称为价电子(valence electrons),不可反应性电子称为内核电子(core electrons)。价电子参与化学反应,但内核电子不参与。随着主量子数n的增加,轨道尺寸和轨道能量也增加。因此价电子通常位于最大n值的轨道上,而较低n值轨道上的电子是内核电子。在氯原子中,价电子$n=3$,内核电子$n=1$和$n=2$;在碘原子中,价电子$n=5$,其他为内核电子。

在周期表d区和f区,ns轨道和$(n-1)d$轨道的能量近乎相等,因此这些元素的价电子和内核电子难以区分,例如,钛形成氯化物和氧化物时,其化学式为$TiCl_4$和TiO_2,有4个价电子。这表明Ti原子的两个$3d$电子参与了化学反应,尽管它们的主量子数小于其$4s$电子。另一方面,Zn元素形成化合物如$ZnCl_2$和ZnO,表明在这两种化学反应中只有两个电子参与,这种化学行为表明锌的10个$3d$电子完全填充了$3d$轨道,是不发生化学反应的。因此当d轨道部分填充时,d电子参与化学反应;但是当d轨道完全填充时,d电子通常不参与化学反应(少数例外情况在下文讨论)。整个f区元素具有主要的3+氧化态,也表明至少有一个f电子可以参与化学反应。据此得到确定价电子的一般性结论:价电子通常是指最高主量子数轨道、部分填充的d轨道以及部分填充f轨道的电子。

利用这个一般性法则,可以发现价电子的数量可以简单地通过其族序数来确定。对于1~8族,价电子数量等于其族序数。例如,钾和铷原子是第1族的成员,均只有一个价电子;钨元素在第6族,有6个价电子,其中2个$6s$电子和4个$5d$电子。对于12~18族元素,其价电子数量等于其族序数减10(填充d轨道的电子数)。这样,在第15族的锑和氮元素有$(15-10)=5$个价电子(2个s和3个p电子)。对于9~11族,价电子数目不能简单地确定,因为d电子可能参加也可能不参加键合。

2.7 电子组态

电子组态(electron configurations)是指原子中电子在轨道中的排布情况,一般有三种方法来表示电子组态:一是量子数的完整描述,二是采用简写符号,但可以推出其量子数,三是采用图表来表示轨道能级和占据性。

对于氢原子中的单电子,很容易写出其全部量子数:

$$n=1,\quad l=0,\quad m_l=0,\quad m_s=+1/2$$
$$n=1,\quad l=0,\quad m_l=0,\quad m_s=-1/2$$

两个表达同样有效,因为在通常情况下这两个态是能量相等的。在大量氢原子中,一半原子是其中的一种方式,其余原子则是另一种方式。

对于多电子原子,列出所有量子数会变得很冗长。例如,Fe 原子有 26 个电子,需要指定 26 组量子数。为了节约时间和空间,化学家们想出了一种简写符号来表示电子组态——在轨道符号($1s$,$2p$,$4d$ 等)后面加上一个上标,表示该轨道中填充的电子数。氢原子的简写组态就是 $1s^1$,表明 $1s$ 轨道有 1 个电子;Fe 原子的简写组态为 $1s^22s^22p^63s^23p^64s^23d^6$.

第三种表示电子组态的方法是使用能级图来表示轨道,用放在轨道上的箭头表示电子,箭头的方向代表 m_s 的值,通常约定,箭头朝上表示 $m_s=+1/2$,箭头朝下表示 $m_s=-1/2$。氢原子的电子组态可以表示为 $1s$ 轨道上的一个箭头。

中性的氦原子有两个电子,需要应用 aufbau 原理来写出其基态电子组态。为每一个电子指定一套独一无二的量子数,从最低的能级轨道开始排布,直到指定了所有电子的量子数。最低的能级轨道总是 $1s(n=1,l=0,m_l=0)$。两个氦原子电子可以占据一个 $1s$ 轨道,倘若其中之一是 $m_s=+1/2$,另一个便是 $m_s=-1/2$。下面是氦原子基态电子组态的三种表达方法。

$$n=1,l=0,m_l=0,m_s=+1/2$$
$$n=1,l=0,m_l=0,m_s=-1/2$$

$1s^2$ $1s$ ↑↓

这种组态里的两个电子称为成对电子(paired electrons),意味着它们位于相同的轨道里,自旋相反。相反的自旋互相抵消,因此成对电子的净自旋为零。

Li 原子有 3 个电子,前两个填充 Li 最低的能级 $1s$ 轨道,第三个电子占据 $2s$ 轨道,其基态电子组态的三种表示方法如下:

组态 $n=2,l=0,m_l=0,m_s=-1/2$ 与第三个电子等效。

$$n=2,l=0,m_l=0,m_s=+1/2$$
$$n=1,l=0,m_l=0,m_s=+1/2$$
$$n=1,l=0,m_l=0,m_s=-1/2$$

$1s^22s^1$

$2s$ ↑

$1s$ ↑↓

周期表中接下来的原子是 Be 和 B,根据上面的介绍写下了这些元素基态组态的三种表达方法(量子数、简写符号和能级图)。更高原子序数的元素,其填充原则相同。

示例 2.11 用能级图和简写符号写出 Al 原子的基态组态,并写出最高能级电子的一套量子数。

解答:Al 的原子序数为 13,中性原子含 13 个电子,电子排列形式为 $1s^22s^22p^63s^23p^1$。

使用箭头将此 13 个电子按顺序排列在最低的能级轨道上。

按顺序将 $1s^2$、$2s^2$、$2p^6$、$3s^2$ 轨道填充了 12 个电子后，最后一个电子填充在 $3p$ 轨道。三个 $3p$ 轨道的能量相同，每个轨道有两种可能的自旋方式，故此电子有六种可能的填充方式。但按照惯例，一般将电子填充在最左边的轨道里，且自旋箭头向上。

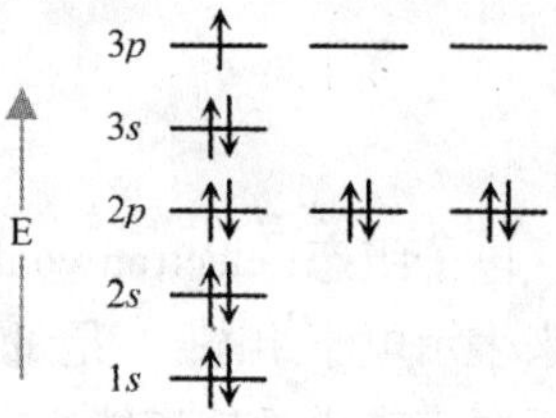

最高能量电子在 $3p$ 轨道里，其 $n=3$，$l=1$，m_l 值可以是 $+1$，-1 或 0，自旋量子数 m_s 可以是 $+1/2$ 或 $-1/2$。一种可能的量子数为：$n=3$，$l=1$，$m_l=1$，$m_s=+1/2$。

也可以写出其他五种可能的量子数。

思考题 2.11　用能级图和简写方式写出 F 原子的电子组态。

随着电子数量的增加，电子组态逐渐变长，为了更简约地写出电子组态，化学家利用一些简单规则来表示较低主量子数的电子。比较下面 Ne 和 Al 原子的电子组态：

Ne(10 电子)$1s^2 2s^2 2p^6$　　Al(13 电子)$1s^2 2s^2 2p^6 3s^2 3p^1$

Al 原子的前 10 个电子组态与 Ne 的相同，因此可以利用这种方式。用[Ne]来表示这部分电子组态，Al 原子用这种符号表示变为[Ne]$3s^2 3p^1$。周期表中每一行结束元素的组态为稀有气体组态(noblegas configuration)。可以用以下简写符号来表示这些组态。

符号	电子组态	元素
[He]	$1s^2$	He (2 个电子)
[Ne]	[He]$2s^2 2p^6$	Ne (10 个电子)
[Ar]	[Ne]$3s^2 3p^6$	Ar (18 个电子)
[Kr]	[Ar]$4s^2 3d^{10} 4p^6$	Kr (36 个电子)
[Xe]	[Kr]$5s^2 4d^{10} 5p^6$	Xe (54 个电子)
[Rn]	[Xe]$6s^2 5d^{10} 4f^{14} 6p^6$	Rn (86 个电子)

为了写出其他元素的组态，首先从周期表中查出其相对于稀有气体的位置，然后指定稀有气体的组态，再根据 aufbau 原理确定剩余电子的组态。

示例 2.12　确定 In 原子的电子组态，包括简写形式、完整形式和能级图。

解答：In 原子的原子序数为 49，在第 5 周期，第 13 族，最近的较小原子序数的惰性气体是 Kr($Z=36$)。这样，In 有 36 个电子的组态与 Kr 相同，另外有 13 个电子。Kr 原子的最后一个轨道是 $4p$，周期表表明接着的轨道是 $5s$、$4d$ 和 $5p$ 轨道。

In 的简写组态为：[Kr]$5s^2 4d^{10} 5p^1$；

完整形式为：$1s^2 2s^2 2p^6 3s^2 3p^6 4s^2 3d^{10} 4p^6 5s^2 4d^{10} 5p^1$。

电子的能级图如右图所示。

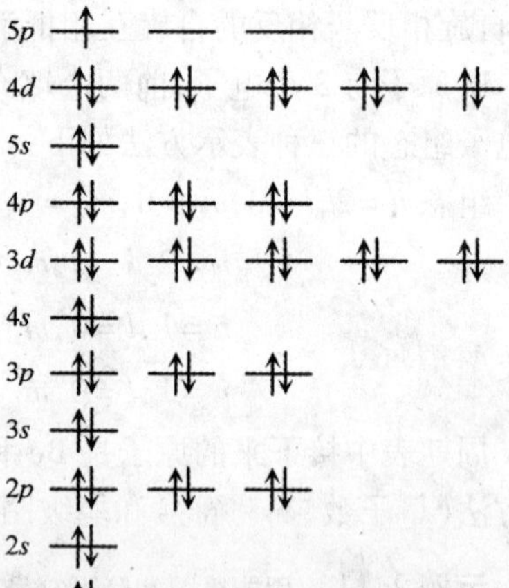

思考题 2.12　写出 Ca 原子的简约电子组态。

电子 - 电子排斥

Aufbau 原理允许我们可以明确地指定 Al 原子 13 个电子的量子数，前 12 个电子填充 $1s$、$2s$、$2p$ 能级，最后一个电子可以占据 $3p$ 轨道中的任何一个，或取任何一种自旋方向。但是当多于一个的电子填充在 p 轨道时会怎样呢？例如碳原子有 6 个电子，其中两个占据 $2p$ 轨道，那么这 2 个电子将怎样排布在 $2p$ 轨道呢？从图 2.24 可以看出，这些电子在遵守泡利不相容原理和 aufbau 原理的情况下有三种不同的排布方式：

第一种　电子占据不同的 $2p$ 轨道，自旋相同（m_l 不同，m_s 相同）

第二种　电子占据不同的 $2p$ 轨道，自旋相反（m_l 和 m_s 均不同）

第三种　电子成对排布在相同的 $2p$ 轨道（m_l 相同，但 m_s 不同）

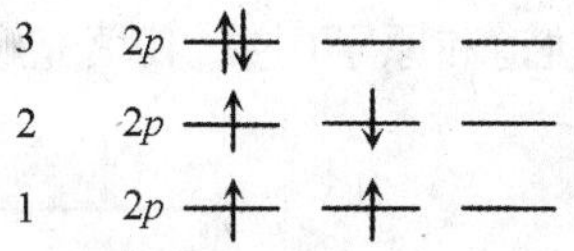

3　2p ↑↓ — —
2　2p ↑ ↓ —
1　2p ↑ ↑ —

图 2.24

这三种排布方式的能量不相同，因为互相靠近的电子之间互相排斥。结果，对于两个或多个简并轨道，当电子分别占据着距离最远的轨道时所产生的能量最低。将两个电子放在不同的两个 p 轨道，可以使其相对远一些，因此当两个电子位于不同的 p 轨道时原子的能量最低。这样，第一种和第二种排列的能量低于第三种。

第一种与第二种排布方式看起来在空间上等价，但是实验表明未成对电子自旋方向相同时的能量低于自旋方向相反的能量。洪特规则给出了电子占据相同能量轨道时的排布方式：当包含相同能级轨道时，原子的最低能量组态是尽可能多的电子取相同的自旋方向。

根据洪特规则，碳原子基态组态为第一种方式。

示例 2.13　写下硫原子的简写电子组态，并画出其价电子的基态轨道能级图。

解答：硫原子有 16 个电子，位于 p 区第 16 族。为了写出其基态组态，需要应用 aufbau 原理和泡利不相容原理，以及洪特规则。

电子组态为 $1s^22s^22p^63s^23p^4$ 或 $[Ne]3s^23p^4$。

为了使电子 - 电子之间的排斥最小，将 3 个 $3p$ 电子填入不同的轨道，且自旋方向相同，然后在第一个轨道里排布第 4 个电子，且自旋方向相反。根据洪特规则，所有未成对电子的 m_s 值相同。下面是硫的价电子的能级图。

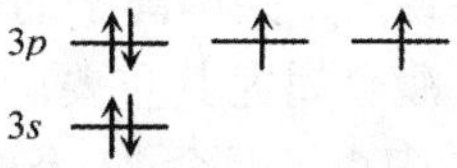

3p ↑↓ ↑ ↑
3s ↑↓

思考题 2.13　用简约形式写出氮原子的电子组态，并写出其价电子的一套量子数。

能量相近的轨道

根据周期表中所表示的电子填充顺序可以预测一般元素的基态组态，但是实验表明有一些元素的基态组态与预测结果不一样。在前 40 种元素中只有 Cu 和 Cr 例外，元素 Cr（$Z=24$）在第 6 族，而第 6 族的 4 个元素位于 d 区。按照周期表预测 Cr 的价态组态应该为

$4s^2 3d^4$,但是实验表明 Cr 元素的基态组态为 $4s^1 3d^5$,同样,Cu($Z=29$)的组态为 $4s^1 3d^{10}$,而不是 $4s^2 3d^9$。

3d ↑ ↑ ↑ ↑ ↑　　3d ↑↓ ↑↓ ↑↓ ↑↓ ↑↓

4s ↑　　4s ↑

Cr　　Cu

再看图 2.21,可以发现 4s 和 3d 的能量几乎相同。每一个 $(n-1)d$ 轨道的能量与其 ns 轨道近乎相等,而且每一个 $(n-2)f$ 轨道能量近乎等于其 $(n-1)d$ 轨道。表 2.4 列出了这些轨道和原子序数,其填充顺序和按周期表预测的不同,这些组态也列在图 2.23 中。

表 2.4　能量相近的原子轨道

轨道	影响的原子数	举例
$4s$, $3d$	24,29	Cr:[Ar]$4s^1 3d^5$
$5s$, $4d$	41－47	Ru:[Kr]$5s^1 4d^7$
$6s$, $5d$, $4f$	57,58,64,78,79	Au:[Xe]$6s^1 4f^{14} 5d^{10}$
$6d$, $5f$	89,91－93,96	U:[Rn]$7s^2 5f^3 6d^1$

在这些元素中,通常一个 s 轨道只包含一个电子,而不是 2 个。有 5 个例外元素的基态组态有相同的规律,很容易记忆:Cr 与 Mo 是 $s^1 d^5$,Cu,Ag 和 Au 是 $s^1 d^{10}$。另外的一些例外情况没有明显的规律,这种现象是由电子之间很细微的相互作用产生的。在这些元素中,价电子填充在能量接近的轨道上,其电子基态组态不能按常规解释,其原因超出了本书范围,我们只要知道即使是细微的变化也会引起周期表中元素外层电子填充状态的变化就可以了。

离子组态

元素离子的电子组态写法和中性原子相同,但要考虑实际的电子数量。

大多元素离子的轨道填充顺序和中性原子相同,例如 Na^+、Ne 和 F^- 包含 10 个电子,其电子组态均为 $1s^2 2s^2 2p^6$。拥有相同数量电子的原子和离子称为等电子体(isoelectronic)。

ns 和 $(n-1)d$ 轨道能量接近,导致了一些阳离子的电子组态与周期表预测的填充规律不同,这一点对于 d 轨道被占据的过渡金属尤其重要。实验表明过渡金属阳离子 $(n-1)d$ 轨道的能量低于 ns 轨道。例如,Fe^{3+} 阳离子包含 23 个电子,前 18 个电子填充于 $1s$、$2s$、$2p$、$3s$ 和 $3p$ 轨道,这与周期表规律相同,但是其余的 5 个电子填充于 $3d$ 轨道,剩下 $4s$ 轨道为空。这样 Fe^{3+} 阳离子的电子组态为([Ar]$3d^5$)。

尽管钒 V 原子([Ar]$4s^2 3d^5$)和 Fe^{3+} 阳离子([Ar]$3d^5$)都含有 23 个电子,但是其电子组态不同。注意,轨道能量顺序取决于一些因素的平衡,如 $4s$ 和 $3d$,即使一小点偏差也会引起轨道填充顺序的变化,如图 2.25 所示的过渡金属原子和阳离子的电子组态,Fe^{3+} 为阳离子,而 V 为中性原子,两者的价电子组态不同。在中性过渡金属原子中,价电子填充在 ns 轨道的能量稍低于 $(n-1)d$ 轨道。但是,在过渡金属阳离子中,最低能量组态是将所有价电子填充于$(n-1)d$轨道。

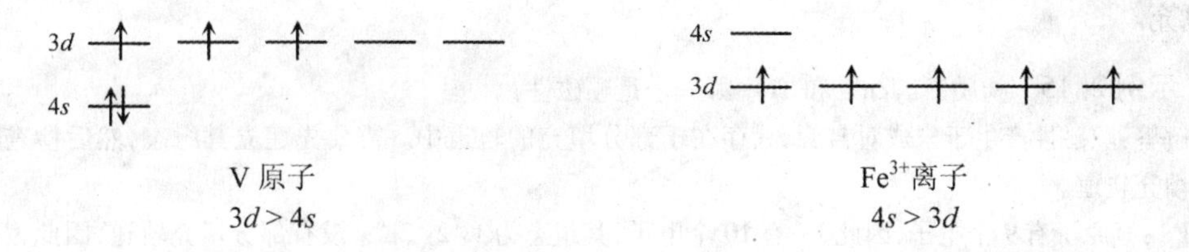

图 2.25　V 原子和 Fe^{3+} 离子能级图

示例 2.14　Cr^{3+}阳离子的基态电子组态是什么?

解答:中性 Cr 原子有 24 个电子,因此相应过渡金属阳离子 Cr^{3+}有 21 个电子。前 18 个电子根据一般的填充顺序,和 Ar 的组态相同,为$1s^2 2s^2 2p^6 3s^2 3p^6$。其余 3 个电子的排列按 aufbau 原理,其 $3d$ 轨道先于 $4s$ 轨道填充电子。根据洪特规则将其余的电子填充于 $3d$ 轨道:[Ar]$3d^3$。

4s
3d

对于任何过渡金属阳离子,空的 $4s$ 轨道能量稍高于部分填充的 $3d$ 轨道。这样,等电子体 V^{2+} 和 Cr^{3+} 阳离子的组态都是[Ar]$3d^3$。但是,作为中性原子的等电子体钪(Sc)的组态却为[Ar]$4s^2 3d^1$。

思考题 2.14　写出 Ru^{3+}阳离子的基态电子组态(简约形式)。

建立原子和离子电子组态的步骤如下:

(1)计算电子数量。

(2)按照最接近的较小原子序数的惰性气体组态填充电子。如果为阴离子则增加电子;如果为阳离子则减电子。

(3)根据洪特规则在下一个轨道中填充其余的电子。对于中性原子和阴离子,首先填充 ns,再填充$(n-1)d$轨道;对于阳离子,先填充$(n-1)d$轨道,再填充 ns 轨道。

(4)检查例外,如有必要则更正组态。

原子磁性

为什么说 Fe^{3+}离子的基态电子组态是[Ar]$3d^5$ 而不是周期表预测的[Ar]$4s^2 3d^3$? 由于电子自旋产生磁性,因此,任何有未成对电子的原子或离子均有净的非零自旋,都会受到强磁体的吸引。可以根据不同的自旋特性将原子或离子中的电子分为两类。在全填充轨道中,电子是成对的,每一个自旋为 +1/2 的电子相伴有一个自旋为 -1/2 的电子,这些电子的自旋互相抵消,净自旋为零。所有电子均成对的原子或离子不受强磁体的吸引,称为反磁体(diamagnetic)。相反,当有未成对电子时自旋不能互相抵消。拥有未成对电子的原子或离子受强磁体的吸引,称为顺磁体(paramagnetic)。而且所有未成对电子的自旋可以相加,因此原子或离子的顺磁性大小正比于其未成对电子的数量。

在 Fe^{3+}中,洪特规则表明其 5 个未成对电子有相同的自旋取向。对这 5 个电子自旋共同起作用,净自旋总量为 $5\times1/2=5/2$。Fe^{3+}的另一种可能的组态为[Ar]$4s^2 3d^3$,也是顺磁性,但其未成对电子只有 3 个,因此净自旋为 $3\times1/2=3/2$。但是实验表明 Fe^{3+}的净自旋为

5/2。实际上,对于多数过渡金属阳离子,其磁性测试结果也表明$(n-1)d$轨道先于ns轨道被填充。

示例 2.15　物质F^-,Zn^{2+}和 Ti 中哪一个是顺磁性?

解答:顺磁性产生于未成对自旋,只存在于部分填充的轨道中。需要先建立其组态,然后检查其中的部分填充轨道。

F^-:氟原子有 9 个电子,因此F^-有 10 个电子,其组态为$1s^22s^22p^6$。没有部分填充轨道,因此氟离子为反磁性。

Zn^{2+}:锌原子有 30 个电子,其阳离子有 28 个电子,Zn^{2+}的电子组态为[Ar]$3d^{10}$。也没有部分填充轨道,因此也是反磁性。

Ti:中性 Ti 原子有 22 个电子,其基态组态为[Ar]$4s^23d^2$。其中 4s 电子的自旋互相抵消,但是 3d 轨道的两个电子自旋方向相同,因此它们的效果加在一起,这个原子是顺磁性的,其净自旋为 1/2 + 1/2 = 1。

3d ↑　↑　—　—　—

4s ↑↓

思考题 2.15　大多数过渡金属阳离子是顺磁性的,第一过渡金属序列(位于第四周期)中哪些金属阳离子的净电荷小于 +4 且是反磁性的?

多数中性原子和离子的基态组态包含未成对电子,因此,多数材料本应该为顺磁性的。但实际上大多数物质都是反磁性的。这是因为稳定的物质中很少包含有自由原子,在分子物质中,原子键合在一起形成分子,在第 5 章可以看到这样的键合会产生成对电子,因此抵消了自旋。结果是顺磁性主要在过渡金属化合物和镧系金属中,它们的阳离子含有部分填充的d和f轨道。

激发态

基态组态是能量最低的电子排列方式,一般情况下原子或离子保持这种组态。但是当原子吸收能量后则到达激发态,产生新的电子组态。例如,钠原子基态组态为[Ne]$3s^1$,但是当气态钠原子受到电弧作用被激发时,其 3s 电子会跃迁至更高能级的轨道,例如 4p 轨道。激发态原子不稳定,会自发返回基态,并在这个过程释放出多余的能量。

只要满足表 2.2 中的限制,激发态组态都是有效的。例如,在钠蒸气灯的放电中,一些钠原子激发态的组态为$1s^22s^22p^63p^1$或$1s^22s^22p^53s^2$。这些组态利用可用的轨道,与泡利不相容原理一致,但是其描述的是比基态能量更高的原子。

激发态在化学中扮演着主要的角色,通过观察激发态可以研究原子性能。实际上,化学家和物理学家广泛使用激发态的特性来探究原子、离子、分子的结构和活性。激发态也得到了广泛的应用,例如,日常生活中作为街道照明的钠蒸气灯,利用了激发态钠原子返回基态时的光子发射,烟花的炫目颜色则来自于各种激发态金属离子发射的光子。

2.8 原子性质的周期性

周期表中元素的物理化学性质的周期性变化规律,是化学中最重要的基本原理之一。一般的周期性规律都可以用电子组态和核电荷来解释。我们先讨论原子半径的变化规律,它是周期表中最基本的规律,影响着元素其他性质的变化。

原子半径

原子尺寸决定于电子云,因此也决定于其轨道尺寸。从前文可以知道,这些尺寸受到一些因素的影响,包括核电荷数、轨道能量和轨道分布。其中有效核电荷 Z_{eff}的大小受到屏蔽效应的影响。

周期表第二周期($n=2$)从左到右,随着 Z 的增加,电子数也增加,但增加的电子并不会对增加的核电荷产生有效屏蔽,因此 Z_{eff}增加。大的 Z_{eff}对电子云产生更强的静电吸引,使原子半径变小。此周期自左至右,轨道尺寸变小,能量变低。

随着 n 的增加,周期表第 1 族自上而下尺寸变大,导致轨道能量增加。但是另一方面,随着 Z 即 Z_{eff}的增加,轨道尺寸变小,导致轨道能量降低。这两种趋势哪一种占主导呢?前文提到任何一族元素自上而下,其电子数量增加,例如钠原子($Z=11$)有 10 个内核电子和 1 个价电子,下一周期的钾原子($Z=19$)有 18 个内核电子和 1 个价电子,但钾原子增加的 8 个内核电子所产生的屏蔽很大程度上抵消了原子核增加的 8 个质子的电荷。因此,增加的屏蔽效应很大程度上抵消了因周期增加而引起的核电荷数的增加,因此,从每一族的顶端向下,价电子轨道变大,能量增加。

总之,原子尺寸呈周期性变化的趋势为:周期表中,从左到右原子尺寸降低,从上到下原子尺寸增加。

原子尺寸的一种简单表征方法是原子半径。例如,第三周期从钠的 186pm 到氩的 97pm,原子半径逐渐减小;第 1 族从锂的 152pm 到铯的 265pm,原子半径逐渐增加。但是,值得注意的是,在 d 区和 f 区原子半径变化很小,这是由于屏蔽效应的原因。对这些元素,最外层电子填充在 ns 轨道,周期表中从左到右,电子数量随着核电荷数而增加,但是增加的电子填充在内层的$(n-1)d$ 或$(n-2)f$ 轨道。Z 每增加 1 个单位,同时也增加 1 个屏蔽电子。从边远的 s 轨道来看,增加的 Z 被增加的 d 或 f 轨道电子的屏蔽抵消,因此,占据最外层 ns 轨道的电子受到的有效核电荷在这些区域的变化很小,结果,d 区和 f 区原子尺寸的相对变化远小于 s 区和 p 区。

气体原子半径呈周期性变化。原子半径在每一周期中从左到右逐渐减小,在每一族中自上而下逐渐增加。

熟悉物理和化学性质的周期性变化趋势很重要,但是理解产生这些趋势的原理同样很重要。

示例 2.16 如下各组原子中哪一个半径更大?原因是什么?

(a) Si 和 Cl (b) S 和 Se (c) Mo 和 Ag

解答:(a)硅和氯位于周期表中的第三周期。

氯的核电荷(+17)大于硅(+14),因此氯原子核对电子云的吸引更强,并且氯比硅多了3个电子,屏蔽效应会抵消增加的核电荷。但是,同轨道中的电子互相之间的屏蔽较小,对于Si和Cl,屏蔽主要来自于核电子,而不是来自于$3p$轨道的电子。这两个元素的屏蔽效应相似,核电荷决定了原子尺寸的大小。因此可以得出结论:氯的核电荷对电子云的吸引大于硅,因此其半径较小。

(b)硫和硒位于周期表的第16族,尽管二者价电子组态都是s^2p^2,但是硒原子中最不稳定的电子的轨道n值较大。轨道尺寸随着n的增加而增加,硒的核电荷也大于硫,原子核的吸引会抵消增加的n值。

但是,增加的核电荷主要受到核电子的屏蔽。硒有18个核电子,硫有10个,因此,可以得出结论:硒的n值较大,但原子半径大于硫。

(c)钼和银位于d区的同一周期中,其电子组态为:

$$Mo = [Kr]5s^1 4d^5 \qquad Ag = [Kr]5s^1 4d^{10}$$

这种情况中,$5s$是最大的占据轨道,$4d$轨道较小,其电子云主要位于$5s$轨道内。因此$4d$有效地屏蔽了$5s$轨道。银的核电荷比钼大5个单位,但是银同时也多了5个电子,抵消了增加的核电荷,使得Mo和Ag的原子半径几乎相等。

思考题2.16 用周期性规律确定P、Ge、Se、Sb这四种原子中哪种半径小于As?哪种半径大于As?

电离能

当原子吸收光子的时候,获得的能量激发电子跃迁至较高的能量轨道,电子距原子核的平均距离变大,因此,受到核的静电吸引较小。如果吸收的光子有足够的能量,电子有可能逸出原子。

将一个电子移出中性原子所需的最小能量称为第一电离能(the first ionisation energy(E_{i1}))。电离能(Ionisation energy)的测量以气态元素为标准,以确保原子间互相独立。

电离能的变化反映轨道能量的变化,因为占据高能轨道的电子比低能轨道的电子更容易失去。

图2.26表明气态原子的电离能随着原子序数而变化,每一周期从左到右电离能增加,每一族从上到下电离能降低。在d区和f区,与原子半径的变化情况一样,电离能变化很小,因为d轨道和f轨道增加的电子所产生的屏蔽抵消了Z的增加。

多级电离

多电子原子在电离时可以失去多个电子,但是随着正电荷的增加,电离越来越困难。以气态镁原子为例,如下所示为其前三级电离能。

电离反应	电子组态变化	E_i
$Mg(g) \rightarrow Mg^+(g) + e^-$	$[Ne]3s^2 \rightarrow [Ne]3s^1$	$738kJ \cdot mol^{-1}$
$Mg^+(g) \rightarrow Mg^{2+}(g) + e^-$	$[Ne]3s^1 \rightarrow [Ne]$	$1450kJ \cdot mol^{-1}$
$Mg2+(g) \rightarrow Mg^{3+}(g) + e^-$	$[Ne] \rightarrow [He]2s^2 2p^5$	$7730kJ \cdot mol^{-1}$

值得注意的是镁的第二电离能几乎是其第一电离能的两倍,尽管每个电子都是从$3s$轨道失去的。这是因为随着电子数的减少而Z_{eff}增加。也就是说,镁原子核的正电荷在整个电离过程中保持不变,但是电子云净电荷随着每一级电离而减少,随着电子数的减少,每个电子受到原子核的静电吸引变大,导致更大的电离能。

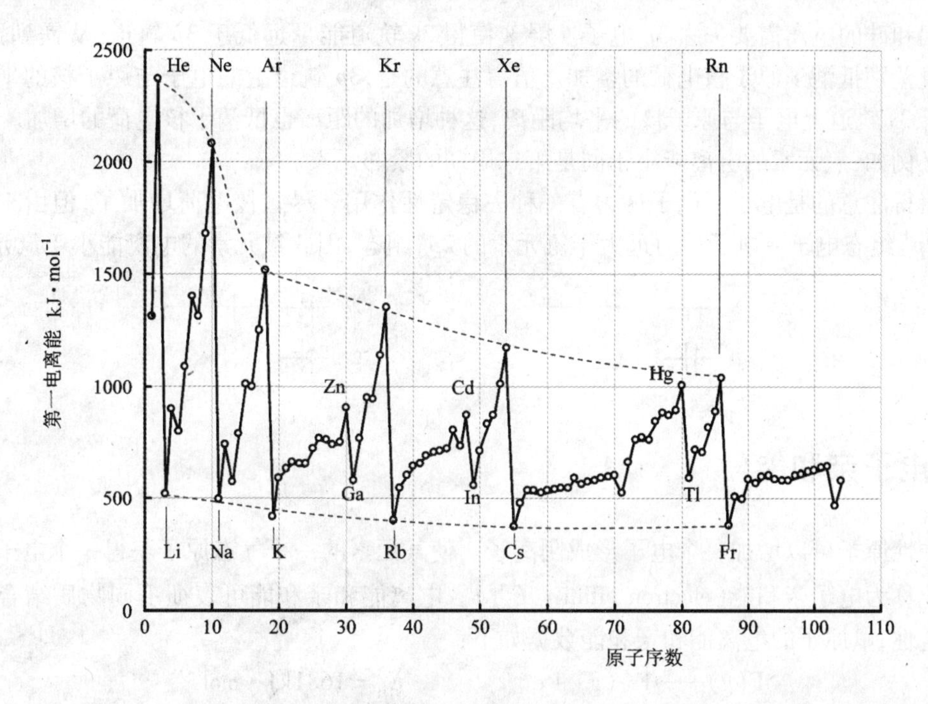

图 2.26　元素的第一电离能 E_{i1}

镁的第三电离能是第一电离能的十倍,出现这样大的差别是因为第三级电离失去的是 $2p$ 电子,而不是 $3s$ 价电子。原子失去核电子所需要的能量远大于价电子。第1族元素的第二电离能远大于第一电离能,第2族元素的第三电离能远大于第一和第二电离能,依次类推。图2.27中列出了部分元素的三级电离能。

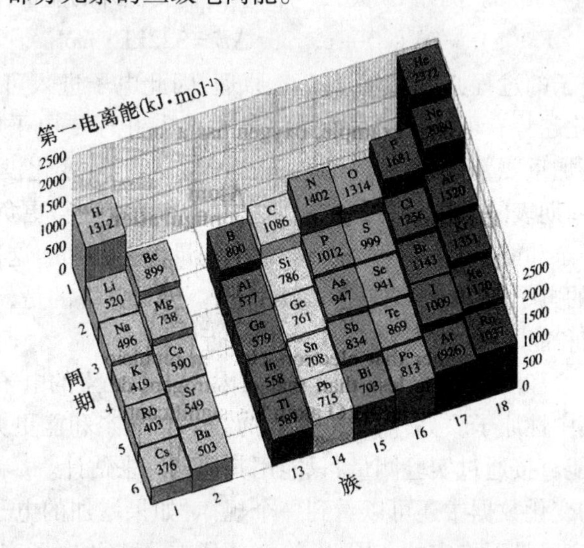

图 2.27　部分元素的三级电离能图

电离能的不规律性

电离能有时偏离周期表规律,这些偏离归咎于屏蔽效应和电子－电子斥力。例如,Al元素第一电离能小于同是第三周期的紧邻元素。

铝和硅的电离需要失去 $3p$ 电子。屏蔽使得 $3s$ 轨道能量远低于 $3p$ 轨道,从镁到铝,这种能量差别抵消了原子核电荷的增加。值得注意的是,$3p$ 轨道上的电子与原子核的平均距离大于 $3s$ 轨道上电子与原子核的平均距离,这种增加的距离也抵消了核电荷的增加。

又例如:氧元素的电离能小于同是第二周期的紧邻元素。

值得注意的是电子-电子斥力有一种去稳定性作用。尽管核电荷增加了,但由于氧原子的 $2p^4$ 组态电子-电子斥力远大于氮元素的 $2p^3$ 组态,因此氧元素的电离能小于氮元素。

N 2p ↑ ↑ ↑ 2s ⇅　　O 2p ⇅ ↑ ↑ 2s ⇅

电子亲和能

中性原子可以增加一个电子形成阴离子。使某元素的一个气态原子获得一个电子的能量变化称为电子亲和能(electron affinity, E_{EA})。电离能和亲和能可表征不同物质结合电子的稳定性,氟原子的电离能和亲和能数据如下:

$$F(g) \longrightarrow F^+(g) + e^- \qquad E_{i1} = 1681 kJ \cdot mol^{-1}$$

$$F(g) + e^- \longrightarrow F^-(g) \qquad E_{EA} = -322 kJ \cdot mol^{-1}$$

当氟原子得到一个电子形成氟阴离子时,会释放能量,这意味着氟阴离子的能量低于氟原子和一个自由电子的能量之和,也就是说氟原子对电子具有亲和性。

一个阴离子失去一个电子形成中性原子时的能量变化(即获得一个电子的逆过程)与电子亲和能相同,但是符号相反。例如 F^- 失去一个电子,需要额外的能量,能量变化为正值。

$$F^-(g) \longrightarrow F(g) + e^- \qquad \Delta E = 322 kJ \cdot mol^{-1}$$

中性原子得到电子的过程必须遵从 aufbau 原理,因此电子进入可用的最低能量轨道。这样,电子亲和能变化趋势有可能与轨道能量一致。但是,电子-电子斥力和屏蔽作用对于阴离子比中性原子更加重要,因此随着 n 的增加,电子亲和能的变化没有明显的规律,而只有一个普遍的规律:周期表的每一周期中从左到右电子亲和能变得更负。

每一周期中电子亲和能随着原子序数增加而出现量级的增加。这是因为有效原子核电荷的增加,使得增加的电子与原子核的吸引更加紧密。值得注意的是,与电离能变化规律不同(图 2.26),电子亲和能的数值在同族元素中保持近常数。

很多元素的电子亲和能数值落在 x 轴上,这是因为这些元素的电子亲和能为正,意味着其阴离子能量高于其中性原子。另外,每个元素的第二电子亲和能更大且是正值。电子亲和能为正时,一般不能直接通过实验测量,只能用其他方法来估计。

从电子亲和能的变化数据中还可以看到一个规律:如果增加的电子占据了一个新的原子轨道,则产生的阴离子是不稳定的。因此,第 2 族所有元素的电子亲和能为正值,它们的 ns 价轨道被填充,新增加的电子只能填充在新的轨道中。类似的,所有稀有气体的电子亲和能也为正,这是因为其 np 价轨道已经完全填充。拥有半填充轨道的元素比其紧邻元素有较低的电子亲和能。例如,N($2p$ 轨道半填充)有正的电子亲和能,Mn 也是如此($3d$ 轨道为半填充)。

离子尺寸

元素的阳离子尺寸总是小于相应的中性原子,相反,原子的阴离子总是大于其中性原子。图2.28列出了这种变化规律,这可以用电子－电子斥力来解释。阳离子的电子数少于其中性原子,电子数量的减少意味着阳离子中留下的电子所受的电子－电子斥力较小。阴离子的电子数多于其中性原子,意味着阴离子电子－电子斥力大于其中性原子。图2.28中高亮部分为等电子体尺寸之间的关系,它们的电子数量相等。如前文所述,F^-阴离子和Na^+阳离子都有10个电子,它们电子数量相等,电子组态均为[He]$2s^22p^6$。对于等电子体,其性能随Z而变化。例如,表2.5所示为10电子物质的性能变化。随着原子核电荷的逐渐增加,原子核与电子云之间的静电力变强,因此离子半径逐渐减小。同样,随着Z增加,失去一个电子也变得更加困难。

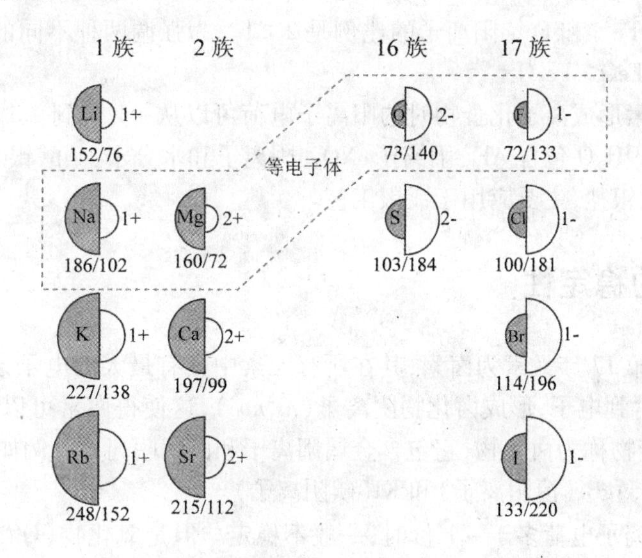

图2.28　中性原子(灰色)及其离子(白色)的半径(r,单位pm)对比

表2.5　等电子体性能变化趋势

性质	种类			
	O_2^-	F^-	Na^+	Mg^{2+}
Z	8	9	11	12
电子数	10	10	10	10
半径(pm)	140	133	102	72
电离能(kJ·mol^{-1})	$<0(-E_{EA2})$	$322(-E_{EA})$	$4560(E_{i2})$	$4560(E_{i3})$

2.9　离子和化学性质的周期性

可以形成离子化合物的元素在周期表中位置独特,其中位于周期表右侧元素的卤素、氧和硫主要形成阴离子化合物,而位于s、d、f区的元素则形成阳离子化合物。

阳离子的稳定性

由于原子失去内层电子所需的能量非常大，因此可以预测当元素失去所有价电子时，将不再发生电离过程。这样，根据基态组态的知识就可以定性地预测阳离子的稳定性。

周期表第1族元素有一个价电子，这些元素可以形成 A^+ 型阳离子化合物，例如 KCl 和 Na_2CO_3。周期表第2族元素有两个价电子，形成包含 A^{2+} 阳离子化合物，例如 $CaCO_3$ 和 $MgCl_2$。

除了这两族元素，其他元素失去所有价电子的情况在能量上来说通常是不可能的。例如，Fe 有8个价电子，但是仅能形成两种稳定的阳离子——Fe^{2+} 和 Fe^{3+}。含有这些离子的铁的化合物在地壳中非常丰富，例如 Fe^{2+} 盐有黄铁矿、FeS_2、碳酸铁（$FeCO_3$）或陨铁等，Fe^{3+} 阳离子和 O^{2-} 阴离子的化合物有 Fe_2O_3 或赤铁矿等。磁铁矿是最丰富的铁矿之一，其化学式为 Fe_3O_4，包含 Fe^{3+} 和 Fe^{2+} 阳离子的比例是 2∶1。为强调两种不同的阳离子，磁铁矿的分子式也可写作 $FeO \cdot Fe_2O_3$。

其他金属元素形成离子化合物时的阳离子电荷可以从 +1 价到 +3 价，例如：九水合硝酸铝 $Al(NO_3)_3 \cdot 9H_2O$ 包含 Al^{3+} 阳离子、NO_3^- 阴离子和水分子；硝酸银 $AgNO_3$ 包含 Ag^+ 阳离子，是水溶性的银盐，主要应用于镀银工艺。

阴离子的稳定性

周期表中的第17族元素为卤素，其在所有元素中具有最大的电子亲和能，因此卤素原子（ns^2np^5）容易得到电子，形成卤化物阴离子（ns^2np^6），这使得卤素可以和很多金属反应生成二元化合物，产物称为卤化物，它包含金属阳离子和卤素阴离子。例如 NaCl（氯阴离子）、CaF_2（氟阴离子）、AgBr（溴阴离子）和 KI（碘阴离子）。

当孤立的阴离子电荷多于 -1 价时，一般不稳定。但是氧化物（O^{2-}，$1s^22s^22p^6$）和硫化物（S^{2-}，[Ne]$3s^23p^6$）却存在于很多离子固体中，如 CaO 和 Na_2S。尽管阴离子第二电子亲和能很大，但是这些固体的晶格能也足够大，能够使整个化合反应放热，而且周围阳离子的三维阵列使这些固体中的 -2 价阴离子更加稳定。

金属、非金属和类金属

元素形成离子以及很多其他化学反应性质都受到其价电子组态的影响，对其进行深入讨论需要第3章中化学键的知识。在本章中我们将周期表细分为金属、非金属和类金属等类型，从而更好地了解元素化学反应规律与离子形成能力之间的关系。

金属比较容易形成阳离子，各种金属的性质相似，部分原因是由于它们最外层的 *s* 电子比较容易失去。*s* 区的元素具有 ns^1 和 ns^2 价电子组态；*d* 区的元素有一个或两个 *ns* 电子以及数量不等的 $(n-1)d$ 电子，例如钛（$4s^23d^2$）和银（$5s^14d^{10}$）；*f* 区的元素有两个 *ns* 电子和很多 $(n-2)f$ 电子，例如钐的价电子组态为 $6s^24f^6$。这些元素具有金属性，是因为其 *s* 电子（以及一些 *p*、*d* 和 *f* 电子）容易从金属原子中失去而形成阳离子。

s、d、f 区只包含金属元素，而 p 区元素的性质类型则很多。从前面的内容已经知道，铝($3s^2 3p^1$)可以失去三个价电子形成 Al^{3+} 阳离子，而右图所示三角形中的六个元素也容易失去 p 电子，因此也具有金属性，例如锡($5s^2 5p^2$)和铋($6s^2 6p^3$)。

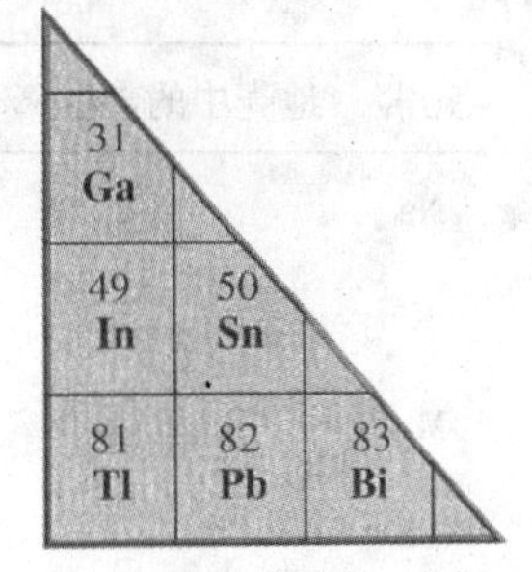

形成鲜明对比的是，这个区中的卤素和惰性气体是明显的非金属。周期表第18族的惰性气体是单原子气体，具有化学惰性，这是因为其电子组态中包含完全填充的 s 轨道和 p 轨道。

尽管 p 区中间各族的元素有着相同的价电子组态，但它们的化学性质差别很大，例如碳、硅、锗和锡的价电子组态都是 ns^2np^2，然而碳是非金属，硅和锗是类金属，锡是金属。

可以定性地理解这种变化，从前面的内容知道，随着主量子数增加，价电子轨道能量也增加。锡原子中其4个 $n=5$ 的价电子受原子的束缚相对较松，因此电子容易失去，具有金属性质；在碳原子中的4个 $n=2$ 价电子受原子的束缚相对较紧，因此显示出非金属性；而硅($n=3$)和锗($n=4$)则位于这两个极端中间。

示例2.17　氮气是无色双原子气体，磷有数种结晶形式，其中一种为红色固体，应用于火柴头中。砷和锑是灰色的固体，铋是银色固体。将第15族元素进行金属、非金属和类金属的分类。

解答：p 区之外的所有元素为金属。第15族位于 p 区，其元素表现出各种形式。最低 Z 值的氮和磷是非金属，最高 Z 值的铋是金属，中间 Z 值的砷和锑是类金属。随着主量子数的增加，价电子变得更加容易失去，因此，金属就是那些容易失去价电子的元素。

思考题2.17　将具有 $4p$ 组态的 Ga ~ Kr 元素进行金属、非金属和类金属的分类。

s 区元素

周期表第1和第2族元素的电子组态包含紧束缚的内核电子和1~2个束缚较松的 s 电子，容易失去价电子，因此第1族金属(ns^1 组态)和第2族金属(ns^2 组态)容易形成稳定的离子盐。几乎所有的碱金属盐和很多碱土金属盐都很容易溶解于水中，因此自然界中的水经常含有这些离子。

地壳中最丰富的四个 s 区元素是 Na、K、Mg、和 Ca(表2.6)，这些元素在自然界中以 $NaCl$、KNO_3、$MgCl_2$、$MgCO_3$ 和 $CaCO_3$ 等盐的形式存在。随着雨水渗透地壳，部分固体盐溶解于雨水中，形成的阴离子和阳离子溶液最终流向海洋。当水份从海洋中蒸发时，这些离子却留下来，包含这些离子的河水经年累月地持续注入海洋，造成了海洋中盐的浓度很大。

从表2.6可以看出，这四种常见的 s 区离子不仅大量存在于海水中，而且大量存在于体液中，扮演着重要的生物化学角色。Na^+ 是细胞外体液中最丰富的阳离子，身体细胞的运动要求 Na^+ 的浓度保持在一个较窄的范围内，肾的一个主要功能就是控制 Na^+ 的排泄。Na^+ 在细胞之外的体液中大量存在，而 K^+ 则是细胞中最丰富的离子。细胞壁两侧离子浓度的差别对神经产生刺激，引起肌肉收缩。如果细胞壁两侧 K^+ 的浓度差被破坏，肌肉活动包括心脏的规律收缩就会受到严重破坏。

表 2.6 *s* 区元素大量存在于自然界中

元素	地壳中的丰度(% 质量)	海水中的含量($mol \cdot L^{-1}$)	人体血液中的含量($mol \cdot L^{-1}$)
Na	2.27	0.462	0.142
K	1.84	0.097	0.005
Mg	2.76	0.053	0.003
Ca	4.66	0.100	0.005

Mg^{2+} 和 Ca^{2+} 阳离子是骨骼的重要组成部分,钙存在于羟基磷灰石 $Ca_5(PO_4)_3(OH)$ 中,Mg 在骨骼中的作用人们还不完全清楚。作为骨骼重要的成分,Mg^{2+} 和 Ca^{2+} 两种阳离子在各种生物化学反应中具有重要作用,包括光合成、神经刺激的传递和血栓的形成等。

铍和其他 *s* 区元素不同,这是因为它的 $n=2$ 轨道比高主量子数的轨道更致密。铍的第一电离能为 $899kJ \cdot mol^{-1}$,可以与那些非金属元素相比拟,因此铍不能形成明显离子性的化合物。

s 区元素的一些化合物是重要的工业原料和农业化学品。例如,K_2CO_3(碳酸钾),它来自于沉积岩中,是化肥中钾的最重要来源。钾对植物的正常生长很重要,但是钾盐在水中溶解性很高,很容易从土壤中流失,所以农田需要经常施钾肥。

s 区元素的其他三个化合物——氧化钙(CaO 或"石灰")、氢氧化钠(NaOH)和碳酸钠(Na_2CO_3)是重要的工业化学品。例如,石灰是建筑材料混凝土、水泥、泥灰和石膏等的重要成分,其他两种化合物如氯化钙($CaCl_2$)和硫酸钠(Na_2SO_4)在工业应用上也很重要。

在工业生产过程中常利用阴离子,如氢氧化物 OH^-、碳酸盐 CO_3^{2-} 和氯酸盐 ClO_3^-,这些阴离子化合物中必须同时具备阳离子。钠是最经常使用的阳离子,含量丰富,价格便宜,相对无毒。氢氧化物离子具有强碱性,在工业上也很重要。氢氧化钠用来制备化学品、纺织品、纸张、肥皂和清洁剂。碳酸钠和沙子是制造玻璃的主要原料,玻璃中包含钠和存在于硅酸盐阴离子(SiO_3^{2-})中的阳离子。世界上大约一半的碳酸钠用来制造玻璃。

p 区元素

p 区元素具有多种不同的化学性质。第 13 族元素有一个 *p* 电子和两个 *s* 价电子,表现出三个价电子的化学反应性。这一族元素除了硼之外都是金属性的,可以形成稳定的 +3 价阳离子。例如 $Al(OH)_3$ 和 GaF_3。随着原子轨道中 *p* 电子的增加,元素的金属性迅速消失,这种变化在 18 族元素达到顶点。18 族元素的 *p* 轨道完全填满,因此其化学性质很不活泼,很多年来人们认为它们是完全惰性的。但是,现在发现氙可以和最活泼的非金属氧、氟、和氯形成化合物;氪也可以和这些元素形成一些非常不稳定的化合物。

尽管非金属元素不容易形成阳离子,但有很多非金属元素却可以与氧结合形成多原子的氧络合阴离子。这些阴离子有各种计量比。第二周期的元素与三个氧原子形成氧络合阴离子,例如碳(四个价电子)形成碳酸根 CO_3^{2-},氮(五个价电子)形成硝酸根 NO_3^-;第三周期的元素则和四个氧形成稳定的氧络合阴离子,例如 SiO_4^{4-}、PO_4^{3-}、SO_4^{2-} 和 ClO_4^- 等。

形成地壳的很多矿物质都包含氧络合阴离子,例如碳酸盐 $CaCO_3$(石灰石)、$MgCa(CO_3)_2$(白云石)、硫酸盐矿物($BaSO_4$,重晶石)、重要的磷酸盐($Ca_5(PO_4)_3$,F 磷灰石、硅酸盐锆石($ZrSiO_4$)、橄榄石($MgSiO_4$ 和 $FeSiO_4$ 的混合物)等。

氧络合阴离子是重要的化工产品,如氧络合阴离子和 H^+ 形成的硫酸(H_2SO_4)、硝酸(HNO_3)和磷酸 H_3PO_4,加热 $CaCO_3$ 可以释放出 CO_2 而形成 CaO,其他重要的工业盐有硫酸铵$(NH_4)_2SO_4$、硫酸铝 $Al_2(SO_4)_3$、碳酸钠 Na_2CO_3、硝酸铵 NH_4NO_3 等。

相关知识链接——温室效应

根据本章所学习的基本原理可知,地球不停地吸收着来自太阳的辐射,大气中的原子和分子将会与太阳光发生相互作用。尽管大气层各部分之间没有明显的界面,但是每一部分都会对特定波长的太阳光产生吸收作用。这里只讨论对流层对光的吸收作用,尤其是温室效应。

大部分到达地球表面的太阳光被地球吸收,使地球的温度升高,达到我们所处的常温。海洋吸收其中相当大的一部分,使得水分蒸发,随后水气冷凝产生雨雪。另外一些太阳光被反射回太空。地球的整体温度就是由这两种影响共同决定的,即吸收的能量(主要是紫外、可见光和红外光)和反射回太空的能量(主要是红外光)之差。

大气中的主要成分 N_2 和 O_2 对红外光是透明的,但是,对流层中聚集的一些气体,包括二氧化碳、水蒸气和甲烷,是红外光的强吸收剂。这些气体就是所谓的温室气体。温室气体发射出更低能量的光子,其中部分光子反射回地球表面,这就是温室效应。

晴朗的天气下,我们在汽车中就可感受到温室效应:太阳光透过车窗进入车内,汽车内部物质吸收部分热量,并发射出较低能量的光子,这些能量不能够穿透汽车玻璃,从而在汽车内耗散,使得车内温度高于车外温度。

很多科学家认为,随着二氧化碳和其他温室气体排放的增多,温室效应不断加剧,将会导致未来100年全球的平均气温上升数摄氏度。由此引起的具体后果很难预测,但是有一点是公认的,即地球将因此而面临更多恶劣气候的影响,如飓风、洪涝灾害、海平面因冰山的融化而上升。2005年京都协议号召发达工业国家减少温室气体的排放,但是这会付出巨大的经济代价,一些发达国家不愿意签署。尽管如此,过去几年里,减少温室气体排放的需求变得越来越明显,即使澳大利亚和美国这样没有签订京都协议的国家,也逐渐意识到地球在未来面临的危险。

习　题

2.1　银的密度为 $1.050\times10^4 kg\cdot m^{-3}$,铅的密度为 $1.134\times10^4 kg\cdot m^{-3}$,对这两种金属:

(a)计算每个原子占据的体积;

(b)估计原子直径;

(c)用估计值计算包含 6.5×10^6 层原子的金属薄片厚度。

2.2　列举原子拥有质量的证据。

2.3　列举原子拥有体积的证据。

2.4　用科学计数法将下列波长转换为频率(Hz):

(a)4.33nm　(b)2.35×10^{-10}m　(c)735nm　(d)4.57μm

2.5　将下列频率转换为波长(用括号中的单位表示):

(a)4.77GHz(m)　(b)28.9kHz(cm)　(c)60Hz(mm)　(d)2.88MHz(μm)

2.6　分别以“焦耳/光子”和“千焦/摩尔”为单位计算下列光子的能量：

(a)波长为490.6nm的蓝绿光；

(b)波长为25.5nm的X－射线；

(c)频率为2.5437×10^{10}Hz的微波。

2.7　计算能量分别为$745kJ\cdot mol^{-1}$和$3.55\times10^{-19}J\cdot mol^{-1}$的光子的波长和频率。

2.8　当频率为$1.30\times10^{15}s^{-1}$的光照在铯金属的表面时，发射出的电子最大动能为5.2×10^{-19}J，计算：

(a)发射光的波长；

(b)铯金属的电子结合能；

(c)能够发射电子的最大波长。

2.9　在光电管中，当一束光照射在金属表面上时会发射出电流，但是光电管对红外光子无响应。画出光电管中金属的中电子的一个能级图，并解释为什么光电管对红外无响应。

2.10　回答下列问题：

(a)无线电波的波长范围是多少？

(b)波长为5.8×10^{-7}m的光是什么颜色？

(c)频率为4.5×10^{8}Hz的辐射位于什么区域？

2.11　计算氢原子从基态跃迁到$n=8$和$n=9$能级时所吸收的光的波长。这些光位于电磁波谱的什么区域？

2.12　每mol电子携带多少电荷(库仑)？

2.13　分别计算动能为1.15×10^{-19}J和$3.55kJ\cdot mol^{-1}$及$7.45\times10^{-3}J\cdot mol^{-1}$的电子波长。

2.14　计算波长为3.75nm、4.66nm、8.85mm的电子动能(焦耳)。

2.15　列出$6p$电子的所有量子数组合。

2.16　已知某电子的主量子数$n=3$，写出其他量子数可能的数值。

2.17　对于下列量子数组合，哪些是允许的，哪些是不允许的？对于不允许的量子数组合，说明理由。

(a)$n=3, l=-1, ml=-1, ms=\frac{1}{2}$　　(b)$n=3, l=1, ml=-1, ms=-\frac{1}{2}$

(c)$n=3, l=1, ml=2, ms=\frac{1}{2}$　　(d)$n=3, l=2, ml=2, ms=\frac{1}{2}$

2.18　画出$n=2, l=1$轨道的三套图像。

2.19　下图列出了$1s$、$2s$、$2p$和$3p$轨道的电子云径向分布曲线，请分别将其一一对应。

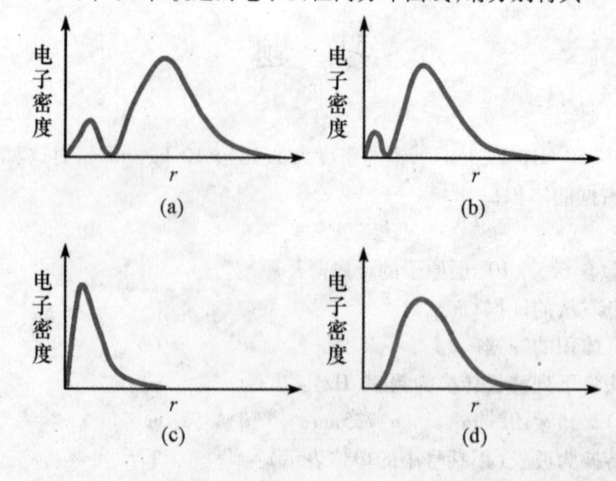

2.20　电子云径向分布曲线有什么局限性?

2.21　轨道三维电子分布的常用方法是电子等高面,这种表示方法有哪些局限?

2.22　比较下列轨道的稳定性并说明原因:

(a)He $1s$ 和 He $2s$ 轨道;　(b)Kr $5p$ 和 Kr $5s$ 轨道;　(c)He 2s 和 He^+ $2s$ 轨道。

2.23　氢原子中 $3s$、$3p$ 和 $3d$ 轨道能量相同,但是氦原子中,$3s$ 轨道能量低于 $3p$ 轨道,并低于 $3d$ 轨道。请解释氢原子和氦原子的这种能量顺序差别。

2.24　解释如下试验结果:He^+ 离子的 $n=2$ 轨道能量与 H 原子 $n=1$ 轨道能量相同。

2.25　根据表 2.3 回答下列问题,并简要阐述理由:

(a)哪一些电离能说明了 $1s$ 轨道的电子对 $2p$ 轨道电子完全屏蔽?

(b)哪一些电离能说明 $n=2$ 轨道的稳定性随着 Z^2 而增加?

2.26　画出周期表的分区结构,并标出如下元素:

(a)p 轨道填充 7 个电子的元素;

(b)$n=3$ 轨道有填充的元素;

(c)d 轨道半填充的元素;

(d)$5s$ 填充一个电子的第一个元素。

2.27　如下所列原子有多少个价电子?

(a)O　(b)V　(c)Rb　(d)Sn　(e)Cd

2.28　写出下列元素的电子组态,并列出基态价电子的一套量子数组合:

(a)Be　(b)O　(c)Ne　(d)P

2.29　在 2.28 题所列的原子中,哪一些原子是反磁性的?画出轨道能级图来支持你的答案。

2.30　下面是铍原子的假想组态,哪一些是不存在的?哪一些违反了 Pauli 原理?哪一些是激发态?哪一些是基态组态?

(a)$1s^3 2s^1$　(b)$1s^1 2s^3$　(c) $1s^1 2p^3$　(d) $1s^2 2s^1 2p^1$　(e)$1s^2 2s^2$　(f) $1s^2 1p^2$　(g) $1s^2 2s^1 2d^1$

2.31　用简约形式写出原子 C、Cr、Sb 和 Br 的基态电子组态。

2.32　根据电离能递减的顺序将 Ar、Cl、Cs 和 K 原子排序。

2.33　某一个元素的电离能和亲和能分别为(单位:kJ · mol^{-1}) $E_{i1}=376$, $E_{i2}=2420$, $E_{i3}=3400$, $E_{EA}=-45.5$。请问这个元素属于周期表的哪一族?并说明原因。

2.34　根据附录 G,元素 N、Mg、Zn 的电子亲和能为正值,画出每一个元素的价电子轨道能级图,并解释为什么其阴离子是不稳定的。

2.35　选出 Ca、C、Cu、Cs、Cl 和 Cr 中可以形成离子化合物的元素,并说明形成的是稳定的阳离子或阴离子。

2.36　将周期表第 16 族按照金属、非金属和类金属进行分类。

2.37　将 2.35 题中的元素按照金属、非金属和类金属进行分类。

2.38　列出电子和光子的性质,包括描述每种性质的方程式。

2.39　简单叙述光电效应、波粒二象性、电子自旋、测不准原理等概念。

2.40　描述原子能级图以及其包含的相关信息。

2.41　保持频率增倍,振幅不变,重新画出图 2.3 中的第一个光波。

2.42　使钾金属表面发射出电子的最低能量为 216.4kJ · mol^{-1},那么能使其发射出电子的光的最大波长为多少?

2.43　在某一光电效应试验中,使金属发射电子所需光的最低频率是 $7.5\times10^{14}\,s^{-1}$。假定从汞蒸气灯发出的波长为 366nm 的光照射在这种金属的表面,计算:

(a)这种金属的电子结合能;

(b)发射电子的最大动能;

(c)与这些发射电子相对应的波长。

2.44　微波炉采用的辐射波长为12.5cm，计算这种辐射的频率和能量($kJ \cdot mol^{-1}$)。

2.45　烟花中的钡盐产生黄－绿颜色，Ba^{2+}离子发射的波长为$\lambda = 487$、514、543、553、578nm。将这些波长转换为频率，并计算其能量($kJ \cdot mol^{-1}$)。

2.46　当氢原子的电子从$n=5$轨道返回$n=1$轨道时，释放出一个光子，计算这个光子的波长，它位于电磁波谱的什么区域？

2.47　简要解释屏蔽、Pauli不相容原理、aufbau原理、洪特规则、价电子等概念。

2.48　画出出$n<8$且$l<4$的所有轨道能级图，参考周期表将这些能级按顺序排列。

2.49　叙述电子组态的周期性变化，并解释它是怎样影响电离能和电子亲和能的。

2.50　写出Mn^{2+}的基态电子组态，并写出其最不稳定占据轨道的量子数组合。

2.51　按照半径递减的顺序排列粒子Cl^-、K^+、Cl和Br^{-1}，并根据量子数和电子相互作用解释原因。

2.52　画出Cu^+、Mn^{2+}和Au^{3+}的能级图，并指出其基态价电子组态。

2.53　简要解释如下现象：

(a)氢原子的2*s*和2*p*轨道能量相同；

(b)氦原子的2*s*和2*p*轨道能量不同。

2.54　利用电子组态比较S^+、S和S^-中哪一个未成对电子最多？

2.55　从下面的能级图中确定哪个是正确的硫原子基态图，试解释原因。

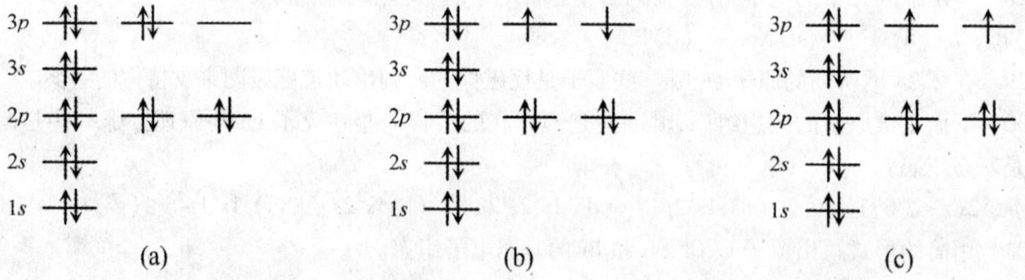

	(a)	(b)	(c)
3*p*	↑↓ ↑↓ —	↑↓ ↑ ↓	↑↓ ↑ ↑
3*s*	↑↓	↑↓	↑↓
2*p*	↑↓ ↑↓ ↑↓	↑↓ ↑↓ ↑↓	↑↓ ↑↓ ↑↓
2*s*	↑↓	↑↓	↑↓
1*s*	↑↓	↑↓	↑↓

2.56　确定下列离子化合物：

(a)在第2族中原子半径次小的阳离子；第16族中与第三周期稀有气体等电子的阴离子；

(b)＋1价且与第三周期稀有气体等电子的阳离子；第二周期具有最高电子亲和能的元素形成的阴离子；

(c)第二周期中具有最高电离能的金属，与第三周期元素以1∶2的比例形成的化合物。

2.57　在光电效应中金属镁的阈值频率为$8.95 \times 10^{14} s^{-1}$。计算并说明镁能否应用在探测可见光的光电子器件中？

2.58　由电子的能量可以传递给原子中的束缚电子。1913年，James Franck和Gustav Hertz通过低压汞蒸气，使电子达到能够发射253.7nm紫外光的激发态，测定这个过程中所需的最低能量。那么自由电子的最小动能为多少？具有这种能量的电子的波长是多少？

2.59　原子半径在10^{-10}m量级，原子核半径在10^{-15}m量级，计算原子和原子核的体积，以及原子核所占的比例。

2.60　中子和电子、光子一样，有波粒二象性，其衍射图案可以用来测定分子结构。计算波长为75pm的中子动能。

2.61　肉眼能感觉到波长为510nm绿光的最低能量为2.53×10^{-18}J，计算肉眼能感觉到的绿光的最小光子数。

2.62　气体锂原子吸收323nm波长的光而处于激发态，会通过与其他原子的相互碰撞失去部分能量，并通过释放出$\lambda = 812.7$和670.8nm的光子而返回基态。画出这个过程的能级图，并计算在相互碰撞过程中损耗的能量所占的比例。

2.63　计算以光速的5%运动的电子和质子的波长。

2.64　氢原子发射光谱中某条谱线的波长为486nm，计算这个跃迁中 n_{final} 和 $n_{initial}$ 的值。

2.65　下图为某原子能级图：

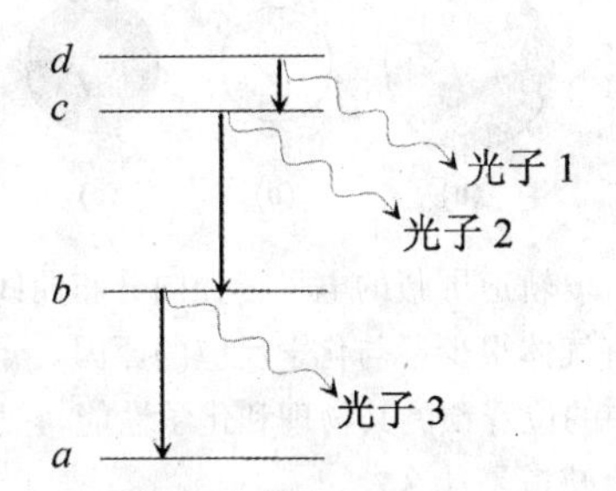

处于激发态的原子，其电子从能级 d 到 c、从 c 到 b、从 b 到基态 a 的过程中会连续发射出光子，其发射光子的波长为565nm、152nm 和 121nm。计算能级 b、c 和 d 相对于能级 a 的能量。

2.66　小型氦－氖激光器发射能量为 $1.0\text{mJ}\cdot\text{s}^{-1}$ 波长为634nm 的光，计算每分钟激光发射的光子数量。

2.67　氩离子激光在488nm 和514nm 有两个主要的发射线，发射后 Ar^+ 离子返回高于基态 2.76×10^{-18} J 的能级。

(a)计算这两种发射波长的能量(焦耳)；

(b)画出这个过程的能级图(焦耳/原子)；

(c)当 Ar^+ 离子返回最低的能级时发射光的频率和波长为多少？

2.68　从激发态 H 原子 $n=3$ 能级发射的系列谱线称为 Paschen 序列，计算这个跃迁序列中的前5个谱线的能量，并画出其能级图。

2.69　钠原子完全失去一个电子所需的能量为 $486\text{kJ}\cdot\text{mol}^{-1}$。Na 原子吸收和发射光的波长为589.6和590nm：

(a)计算这两个波长光的能量($\text{kJ}\cdot\text{mol}^{-1}$)；

(b)画出 Na 原子能级图，并标出发生这些跃迁时的能级和电离能；

(c)如果钠原子已经吸收了590.0nm 的光子，那么要使其失去一个电子还需要吸收多大波长的光子？

2.70　下图为两种金属的光电子实验结果，为什么？

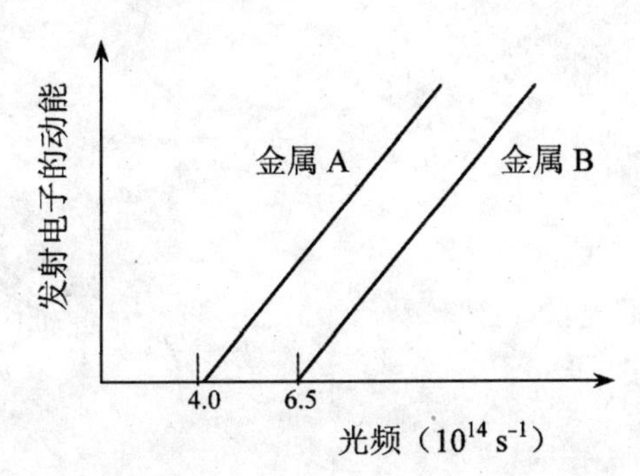

(a)计算每种金属的结合能？哪一种的结合能更高？

(b)计算用125nm 光子激发时发射的电子动能；

(c)计算能够使一种金属发射电子而另一种金属不发射电子的激发光波长范围。

2.71　写出 Be、O^{2-}、Br^-、Ca^{2+} 和 Sb^{3+} 的最低能量激发态的电子组态。

2.72　写出等电子体 Ce^{2+}、La^+ 和 Ba 的基态组态，它们是否相同？用轨道能量来解释之。

2.73 气态锂原子的电离能是气态铍原子电离能的一半，但是 Li^+ 的电离能是 Be^+ 的 4 倍，为什么会有这种差别？

2.74 根据半径周期性将下图与 Cl^-、Ar 和 K^+ 对应起来，并解释原因。

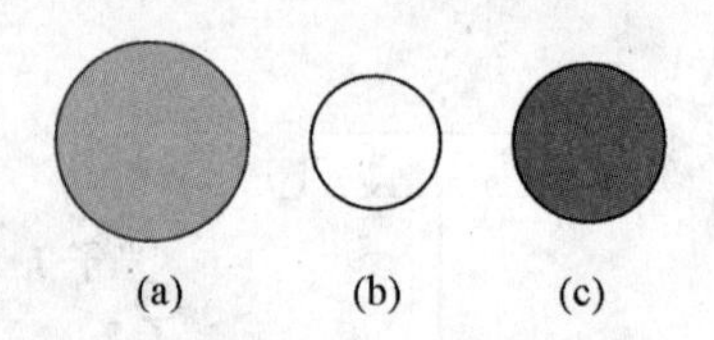

2.75 画出 3*s* 和 3*p* 轨道受到 2*p* 轨道屏蔽的电子云径向分布曲线，并简要解释。

2.76 利用附录 G 来解释稀有气体很少参与化学反应的原因。

2.77 根据钫(Fr)在周期表中的位置预测其物理和化学性能，它最像什么元素？

2.78 7*p* 轨道之后填充的两个轨道是什么？

2.79 在锂原子和 Li^{2+} 阳离子中哪一个的 2*s* 轨道更稳定？解释原因。

2.80 铝原子的前四级电离能分别为：E_{i1} = 577kJ·mol^{-1}，E_{i2} = 1817kJ·mol^{-1}，E_{i3} = 2745kJ·mol^{-1}，E_{i4} = 11578kJ·mol^{-1}。

(a)解释电离能变化的趋势；

(b)根据离子半径从大到小的顺序，对铝离子进行排序；

(c)具有最大电子亲和能的铝离子是什么？

2.81 严格意义上，原子半径的概念是不准确的，请解释其原因。

2.82 利用电子－电子斥力和轨道能量来解释下面电离能的不规律性：

(a)硼原子的电离能低于铍原子；

(b)硫的电离能低于磷原子。

第3章　化学键与分子结构

本章讲述化学键及其与分子结构的关系，讨论化学键的两种极端情况：一种是离子键（ionic bonding），由离子在静电的作用下形成；另一种是共价键（covalent bonding），由共用电子对控制单个分子的键合与几何构型。本章将学习利用路易斯理论（Lewis' theory）来研究分子中的电子分布情况，并使用该模型与价层电子对互斥理论（valence shell electron pair repulsion theory）预测分子的几何构型，进而运用价健理论（valence bond theory）和分子轨道理论（molecular orbital theory）描述和分析共价键。

3.1　化学键基础

通过第2章的学习，我们知道原子的化学属性由原子能级和电子排布决定。在分子化合物中，原子间的电子相互作用并被两个原子共享。在离子化合物中，电子从一个原子完全转移到另一个原子，形成正负离子。由于电子具有波粒二象性，键间的相互作用可以用这两种观点之一来解释。但这些仅是模型，并不能精确地反映化学键真实的状态。

带电粒子间的静电能与其所带的电荷量成正比，与它们之间的距离成反比。异种电荷相互吸引，同种电荷相互排斥。它们之间的关系可以表示成：

$$E_{\text{electrostatic}} = k\frac{q_1 q_2}{r}$$

其中：$E_{\text{electrostatic}}$ 为静电能；q_1 为粒子1所带电荷；q_2 为粒子2所带电荷；r 为带电粒子之间的距离；$k = 9.00 \times 10^9\ \text{N} \cdot \text{m}^2 \cdot \text{C}^{-2}$。

这个方程描述的是一对电荷间的静电能。由于分子含有多个原子核和核外电子，为了得到分子的总静电能，必须利用此方程分别计算每一对可能成对的带电粒子之间的静电能。这些成对粒子的相互作用分为三类：

（1）原子核与核外电子相互吸引。静电力可以将电子吸引至原子核周围并使之保持较低的能量，因此核外电子比自由电子更加稳定。

（2）电子之间相互排斥，分子能量上升，而稳定性下降。

（3）原子核之间互相排斥，同样也降低分子的稳定性。

在任何一个分子中，这三种作用方式往往同时存在，相互作用达到平衡时分子最稳定。当电子集中于两个原子核之间时，就可达到平衡。这时可看作电子被两原子共享，电子集中的地方被称作共价键。在任何一个共价键中，原子核与核外电子之间的引力都超过原子核之间或电子之间的斥力。

氢分子 H_2

氢分子是最简单的稳定中性分子，每个氢分子只含有两个原子核和两个核外电子。

两个氢原子彼此接近时，两个原子核均吸引对方的电子，使两个原子进一步靠近。同时，原子核间的斥力和电子间的斥力又使两个原子倾向于分开。由于 H_2 是一个稳定分子，其总引力必然大于总斥力。图 3.1 是电子与原子核间距小于电子－电子间距或核－核间距时，原子核与核外电子的静态排布示意图。由于氢原子内原子核和电子上的电荷数分别是 1＋和 1－，原子核和电子之间的距离将决定此种排布的能量。此时引力大于斥力，构成的分子较为稳定。图中两个电子占据在两个原子核之间的区域，电子只有在这个区域才可以同时与两个原子核相互作用，即原子核通过共价键共享两个电子。

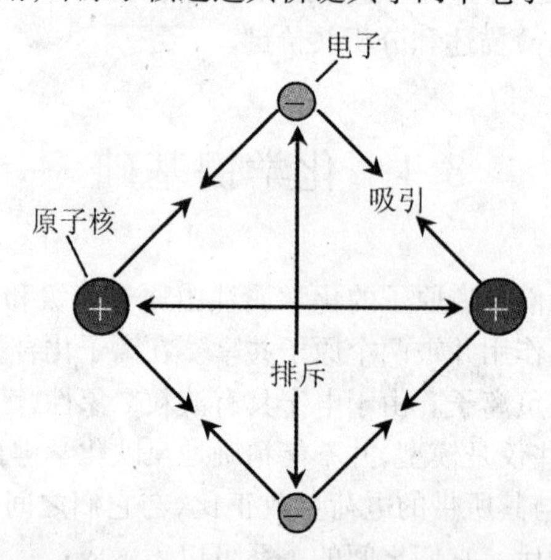

图 3.1 静电引力大于静电斥力，形成化学键的稳定排布

实际上分子是动态的，电子和原子核都在持续地运动。在共价键中，电子处于两个原子核之间的可能性最大，在这种模型中可认为电子被成键的原子所共享。

当两个氢原子形成氢分子时，原子核与电子的引力使得氢分子比单个氢原子稳定。如图 3.2 所示，分子的稳定性取决于原子核间的距离。当距离大于 300pm（300×10^{-12}m）时，原子间几乎没有相互作用，其总能量等于两个单个原子的能量之和。随着原子间距逐渐拉近，一个原子的电子和另一个原子的原子核之间引力增加，使得该原子组合变得稳定。在此区间两原子之间的距离越小越稳定，直到原子核间距达到 74pm 时，分子中的引力与斥力达到平衡。此时，氢分子的能量与两个氢原子的总能量之差达到最大，约为 7.22×10^{-19}J。当距离小于 74pm 时，核与核的斥力开始起主导作用，整个体系的能量会急剧上升。分子运动实验表明：原子核在分子中不断振动（类似于一个弹簧两端连接着两个小球一般），直到达到能量最低的位置。

图 3.2 中给出了化学键的两个重要性质——键能和键长。分子总能量与两个原子单独存在的能量差被称为键能（bond energy），能量差最大时原子的相对距离（对 H_2 来说是 74pm）被定义为键长（bond length）。键能是指键断裂时所需的能量，通常是正的。键能和键长是有联系的。键能的单位是 $kJ\cdot mol^{-1}$。将单个氢键 H—H 的能量（7.22×10^{-19}J）乘以阿伏伽德罗常数 N_A（$6.022\times10^{23}mol^{-1}$）就可得到氢键的键能（$435kJ\cdot mol^{-1}$）。不同的化

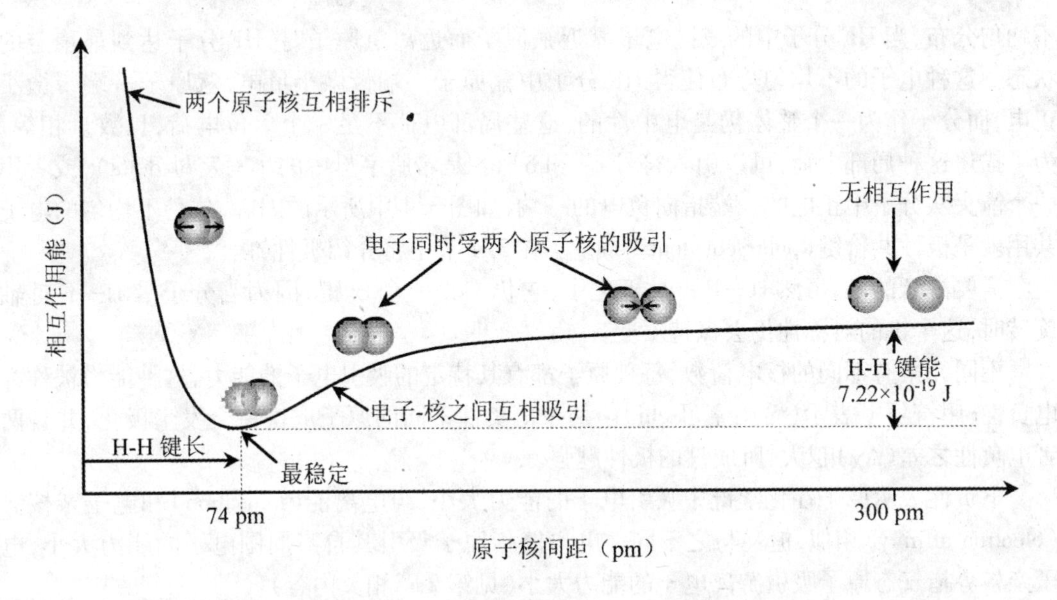

图 3.2　两个氢原子之间的相互作用大小取决于原子核间距

学键有其特定的键长和键能。

电子出现在氢分子两个核之间的概率最大。若将分子沿着原子核间的轴(一条假想出的连接两个原子核的线,通常称为键轴)旋转,无论旋转多少度,电子云在核之间的分布看起来都是完全相同的。这种类型的键被称为 σ 键。

H_2 分子中的化学键很容易描述,因为只需考虑两个电子。即便分子中的原子含有多个电子,仍然可以将键看作是含两个电子的共用电子对。下面将以氟分子(F_2)为例加以说明。

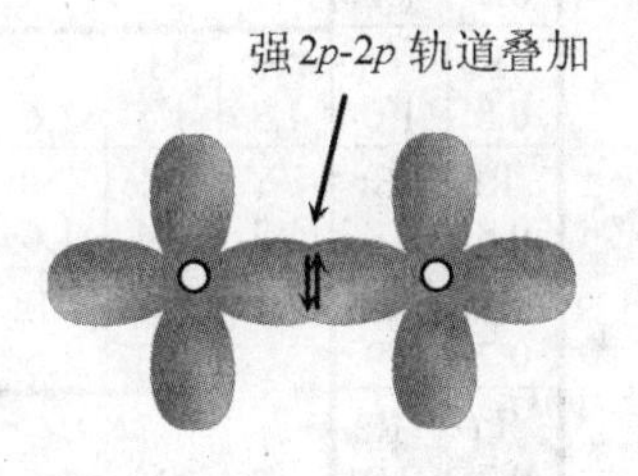

图 3.3　氟分子的化学键

与 H_2 分子的情况类似,当两个氟原子彼此靠近时,每个原子上的电子都被对方的原子核吸引。此种情况下,价层的 $2p$ 电子与相邻的原子核十分接近,具有很强的相互引力,其 $2p$ 轨道上的一个孤立电子靠近对方的原子核。因此 F—F 键可以被描述成由共用电子对构成,电子对由氟原子 $2p$ 轨道上的两个靠近相邻原子核的电子组成(见图 3.3)。

电负性

在氢分子和氟分子中,每个原子核都有同样的电荷。因此两个原子核吸引电子的能力相当。结果两个原子之间的电子呈现平均分布,在化学键中任意两个相同的原子,成键电子都被原子核平均共享。

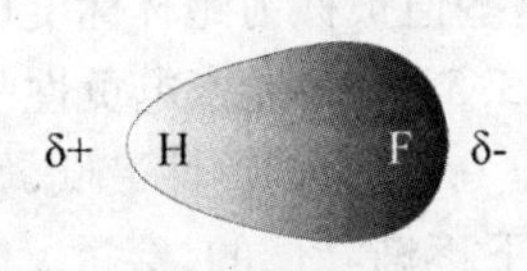

图 3.4　HF 分子中电子密度不均匀分布

与氢分子和氟分子中的作用力相比,HF 中的成键电子受到的是不均匀的引力。由于氟原子的质子数比氢原子的大,氢原子只含有一个正电荷,氟原子中的有效核电荷数比氢原子多,使 H 和 F 之间的共用电子对更偏向于氟原子,导致成键电子的不均匀分布，当 HF 分子中的成键电子靠近氟原子而远离氢原子时，HF 分子达到最稳定的状态。这种电子的不均匀分布使得 HF 分子中氟原子一端带微小负电，氢原子一端带微小正电，而分子作为一个整体仍是电中性的，这些局部电荷不足一个单位电荷，且数量相等。为了描述这种局部电荷，可以引入符号 δ^+ 和 δ^-（δ 是希腊字母中的小写字母 delta），或者用一个箭头从分子中正电的一端指向负电的一端，如图 3.4 中所示的 HF。这种不均匀的电子共用就是极性共价键（polar covalent bond）。在 3.4 节中将介绍极性键。

需要注意的是，虽然 H—F 键被极化了，它仍然是一个 σ 键，因为当分子沿 H—F 键轴旋转时，这个键的对称性仍会保持不变。

不同元素有不同的核电荷数，每种原子都有其特定的吸引电子的能力，这种能力被称为电负性，用符号 χ 表示（希腊字母 chi）。两个电负性不同的原子成键将会发生极化，并且两者电负性之差（$\Delta\chi$）越大，所成键的极性越强。

电负性表示原子在化学键中吸引电子的能力大小，与电离能（ionisation）和电子亲核势（electron affinity）相似，但又与之不同。电离能指原子吸引其自身周围电子的能力大小，电子亲核势指气态原子吸引游离电子的能力大小（见第 2 章相关内容）。

>2.4　　2.0-2.4　　<2.0

	1	2	3	4	5	6	7	8	9	0	11	12	13	14	15	16	17
1	^{1}H 2.1																
2	^{3}Li 1.0	^{4}Be 1.5											^{5}B 2.0	^{6}C 2.5	^{7}N 3.0	^{8}O 3.5	^{9}F 4.0
3	^{11}Na 0.9	^{12}Mg 1.2											^{13}Al 1.5	^{14}Si 1.8	^{15}P 2.1	^{16}S 2.5	^{17}Cl 3.0
4	^{19}K 0.8	^{20}Ca 1.0	^{21}Sc 1.3	^{22}Ti 1.5	^{23}V 1.6	^{24}Cr 1.6	^{25}Mn 1.5	^{26}Fe 1.8	^{27}Co 1.8	^{28}Ni 1.8	^{29}Cu 1.9	^{30}Zn 1.6	^{31}Ga 1.6	^{32}Ge 1.8	^{33}As 2.0	^{34}Se 2.4	^{35}Br 2.8
5	^{37}Rb 0.8	^{38}Sr 1.0	^{39}Y 1.2	^{40}Zr 1.4	^{41}Nb 1.6	^{42}Mo 1.8	^{43}Tc 1.9	^{44}Ru 2.2	^{45}Rh 2.2	^{46}Pd 2.2	^{47}Ag 1.9	^{48}Cd 1.7	^{49}In 1.7	^{50}Sn 1.8	^{51}Sb 1.9	^{52}Te 2.1	^{53}I 2.5
6	^{55}Cs 0.7	^{56}Ba 0.9		^{72}Hf 1.3	^{73}Ta 1.5	^{74}W 1.7	^{75}Re 1.9	^{76}Os 2.2	^{77}Ir 2.2	^{78}Pt 2.2	^{79}Au 2.4	^{80}Hg 1.9	^{81}Tl 1.8	^{82}Pb 1.9	^{83}Bi 1.9	^{84}Po 2.0	^{85}At 2.2
7	^{87}Fr 0.7	^{88}Ra 0.9															
			^{57}La 1.1	^{58}Ce 1.1	^{59}Pr 1.1	^{60}Nd 1.1	^{61}Pm 1.2	^{62}Sm 1.2	^{63}Eu 1.1	^{64}Gd 1.2	^{65}Tb 1.2	^{66}Dy 1.2	^{67}Ho 1.2	^{68}Er 1.2	^{69}Tm 1.2	^{70}Yb 1.2	^{71}Lu 1.3
			^{89}Ac 1.1	^{90}Th 1.3	^{91}Pa 1.5	^{92}U 1.7	^{93}Np 1.3	^{94}Pu 1.3	^{95}Am 1.3	^{96}Cm 1.3	^{97}Bk 1.3	^{98}Cf 1.3	^{99}Es 1.3	^{100}Fm 1.3	^{101}Md 1.3	^{102}No 1.5	

图 3.5　主要元素的电负性

电负性没有单位，它可以结合原子和分子的特性估计出来。图 3.5 中的周期性表格是一些常用的电负性值，这个表是由美国科学家鲍林（Linus Pauling，1901—1994，因在化学键属性方面的研究获得 1954 年的诺贝尔化学奖，因反对核武器获得 1962 年的诺贝尔和平奖）编制的，这些值被称为鲍林标度（Pauling scale）

如图 3.5 所示，元素电负性呈现周期性，大体的变化规律是从左下角向右上角逐渐增高，钫（$\chi = 0.7$）的电负性最低，氟（$\chi = 4.0$）的电负性最高。大部分主族中元素的电负性都是自上而下逐渐降低的，穿过 *s* 区和 *p* 区从左至右逐渐升高。由于存在解离能和静电亲核势能，实际起作用的核电荷数和主量子数变化规律可以解释电负性的变化趋势。金属元素通常有较低的电负性(χ = 0.7 ~2.4),非金属则有较高的电负性(χ = 2.1 ~4.0)。介于金属和非金属之间的元素,其电负性值高于大多数金属元素而低于大多数非金属元素。

键的类型是由成键原子间的电负性差异($\Delta\chi$)决定的,即键的极性。下面以三种含氟的物质 F_2、HF 和 CsF 为例解释其变化规律(需要指出的是,由于没有单独存在的钫元素,无法对其进行质量称量,因此 FrF 这种物质是未知的)。在一种极限情况下,F_2 中的成键电子是被两个氟原子均匀共享的($\Delta\chi$ = 4.0 - 4.0 = 0),在另一种极限情况下,CsF($\Delta\chi$ = 4.0 - 0.7 = 3.3)中元素中的电子由 Cs 原子转移至 F 原子,使铯变成 Cs^+,而使氟变成 F^-。CsF 这类物质被称作离子化合物(ionic compounds)。很多化学键介于这两种极端形式之间,包括 HF 中的键($\Delta\chi$ = 4.0 - 2.1 = 1.9)。这种键被称为极性共价键,在极性共价键中两个原子不均匀共用电子。

3.2 离子键

电负性差异很大的元素组成的化合物呈现明显的离子性,因此第 1、2 族的阳离子与第 16、17 族的阴离子之间倾向形成离子化合物。大多数离子化合物是高熔点固体,但也存在离子液体。离子化合物中的化学键与共价键有本质区别。离子化合物不涉及共用电子对,而是带相反电荷的离子间存在引力,离子在三维空间排列构成离子化合物。

在化合物氯化钠(NaCl)结构中,每个钠离子(Na^+)周围都排列着六个氯离子(Cl^-),而每一个 Cl^- 周围也同样环绕着六个 Na^+。如图 3.6 所示(粗线条立方体为一个晶胞)。

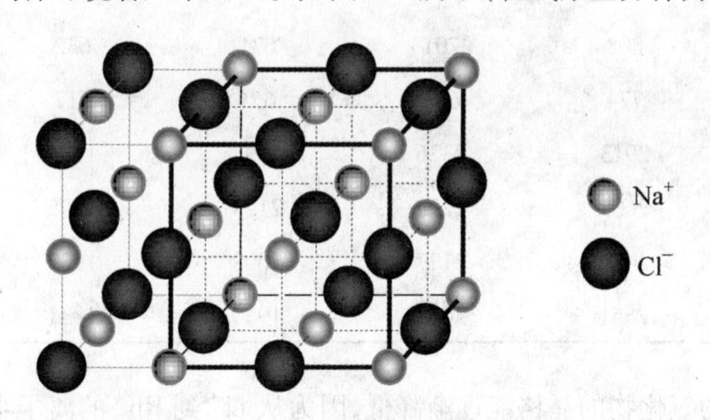

图 3.6　氯化钠结构局部示意图

生于澳大利亚的布拉格(William Lawrence Bragg)在 1913 年发现了这种钠离子和氯离子的排列方式,他所用的 X - 射线仪(X - ray)是由其父亲发明的。NaCl 是第一个由 X - 射线晶体摄像仪探测出结构的物质,Bragg 父子也成为了这个领域的重要奠基人。他们在 1915 年被共同授予诺贝尔物理奖,年仅 25 岁的布拉格也因此成为了当时最年轻的诺贝尔奖获得者。通过 X - 射线衍射数据分析得到的晶体结构可以显示每一种原子的具体位置,而且可将原子间距精确至 1×10^{-12} m。

NaCl 的离子间距是由带异种电荷的离子间的静电引力、原子核间的斥力以及电子之间的斥力所产生的平衡决定的。在室温下,NaCl 晶体中两个相邻离子中心的距离是 2.82×10^{-10} m。运用这个数值,借助本章之前介绍过的静电力的方程,可以计算出两个相邻的 Na^+

和 Cl^- 之间的引力大小。

$$E_{静电} = k\frac{q_1 q_2}{r}$$

将 $q_1 = 1.6 \times 10^{-19}$ C、$q_2 = -1.6 \times 10^{-19}$ C（-1.6×10^{-19} C 是单个电子所带的基本电量）、$k = 9.00 \times 10^9$ N · m^2 · C^{-2}代入上式，得到单个 Na^+ 离子和 Cl^- 离子之间的静电力为 -8.17×10^{-19}J。将这个值乘以阿伏伽德罗常数得到 -492kJ · mol^{-1}。该值等效于将 1mol 气态的 Na^+ 和 Cl^- 从无限远的距离拉到相距 2.82×10^{-10}m 时所释放的能量（因此是负电势）。然而，该值仅仅考虑了相邻最近的两个离子间的引力，如果将该离子周围的所有离子考虑在内（包括同种离子间的斥力以及异种离子间的引力），得到的值就是 -769kJ · mol^{-1}。这是一个相当大的能量，它意味着想要将 1mol 的化合物破坏成其气态离子，需要给它 769kJ 的能量。这个能量叫做化合物的晶格能（lattice energy）。化合物的晶格能取决于离子的电荷数，随着电荷数的增加，晶格能逐渐变正，离子彼此间更加难以分开。此外，随着离子半径的增加，离子间的距离将会增大，晶格能则会随之减小。表 3.1 中给出了部分离子的晶格能，表中数据证实了上述趋势。

表 3.1 一部分离子化合物的晶格能（kJ · mol^{-1}）

阳离子	阴离子				
	F^-	Cl^-	Br^-	I^-	O^{2-}
Li^+	1030	834	788	730	2799
Na^+	910	769	732	682	2481
K^+	808	701	671	632	2238
Rb^+	774	680	651	617	2163
Mg^{2+}	2913	2326	2097	1944	3795
Ca^{2+}	2609	2223	2123	1905	3414
Sr^{2+}	2476	2127	2008	1937	3217
Ba^{2+}	2341	2033	1950	1831	3029

第 1 族元素的氯化物的晶格能逐渐降低，因为从 Li^+ 到 Rb^+ 的离子半径是逐渐增加的；随着从 F^- 到 I^- 阴离子半径逐渐增大，钠的卤化物的晶格能逐渐降低。这些事实均证明晶格能随离子半径增大而减小。讨论电荷数对晶格能的影响，可以把钠的卤化物同二价正离子的卤化物的晶格能进行比较。无论选择哪种阴离子作比较，二价离子卤化物的晶格能都远大于钠的卤化物，例如：MgO 的晶格能要比 LiF 的晶格能高近四倍。实际上，将拥有相同结构的化合物进行比较才有意义。后面在学习离子化合物时将对晶格能进行更加详细的解释。

尽管可采用离子模型来描述大部分的金属卤化物、氧化物和硫化物，但是该模型并不适合其他的化合物。例如在 CO、Cl_2 和 HF 这些化合物中，阴阳离子并非是被静电引力简单地聚集在一起，必须利用原子之间共享电子的形式来描述这些化合物中的键。这一领域包括两个理论，在学习这两个理论之前，首先要学习电子在分子中分布的一种最简单方式，以及如何用它去预测分子的形状。

3.3　路易斯结构

在本节,将采用绘制示意图的方式来表示分子中的原子是如何成键的。这些示意图就是通常所说的路易斯结构式(Lewis Structure)。它是根据其提出者——美国加利福尼亚州伯克利大学的化学教授 Gilbert Newton Lewis(1870—1946)的名字命名的。在路易斯结构式中,对分子中成键电子与非成键电子作了区分,写出路易斯结构式是研究分子中成键规律的第一步。

绘制路易斯结构式,须遵守以下规则:

(1)每一个原子用它的元素符号来表示。在这一点上,路易斯结构式可看作是化学方程式的一个延伸。

(2)路易斯结构式中只出现价电子。只有价电子才可以用来成键,内层电子由于离原子核过近被牢牢地束缚而不能被其他原子共享。

(3)两个元素符号之间用线表示被两个原子共享的电子对。两个原子之间最多可同时有三对电子被共享,有 2 个电子被共享时形成单键,用单线表示;有 4 个电子被共享时形成双键,用双线表示;有 6 个电子被共享时形成三键,用三线表示。

(4)元素符号周围的点表示该原子的未成键电子,未成键电子通常成对出现并且自旋相反。

上述规则将分子中的电子分成三种:内层电子专属于某一原子,不显示在路易斯结构中;被两个原子共用的成键价电子显示为一条线;未成键价电子位于原子周围,用圆点显示。

根据以上规则,将氟化氢分子的路易斯结构式绘制过程总结于图 3.7 中。

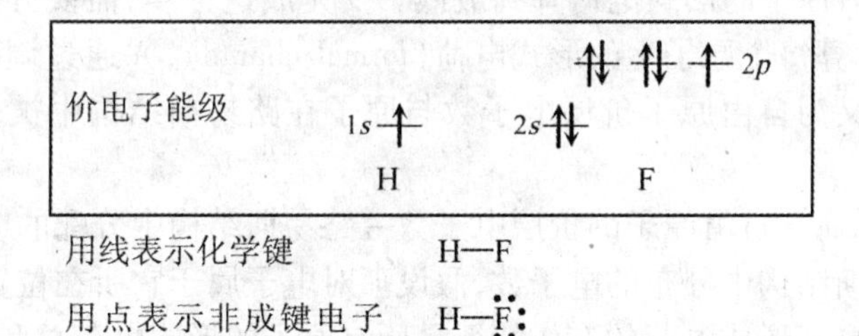

图 3.7　氟化氢分子路易斯结构式的绘制过程

下面以二氧化硫分子 SO_2 为例学习如何画出路易斯结构式,绘制过程分五步:

步骤一　计算中心原子的价电子数。如果对象为离子,则每一个负电荷加上一个电子,正电荷反之。硫(第 16 族)具有 $3s^2 3p^4$ 的价层电子结构,而氧(第 16 族)具有 $2s^2 2p^4$ 价层电子结构。这些原子共有 $6+2\times6=18$ 个价电子。整个分子是电中性的,因此价电子总数是 18。

步骤二　用单键构建出框架结构。这一步对于由 C 原子和 H 原子组成的有机物来说一目了然,因为没有不定价态的原子,也就不存在不确定的原子位置。但在画无机小分子结构时一定要谨慎,因为其分子结构一般由中心(内部)原子和周围的两个甚至多个其他(外周)原子相接构成。外部原子也许是氢原子,也许是所给出的电负性最强的原子,它们只与中心原子成键。就二氧化硫来说,O 原子是所给出的电负性最强的原子,因此 S 原子应当是中心原子,可能的键接结构如下所示。该结构中每一个单键都由两个电子组成,至此,18 个价电子用去 4 个。

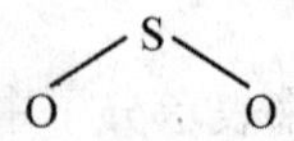

需注意的是路易斯结构式本身无法表示分子或离子的具体构型。但在本章的后续学习中会发现,它是预测分子构型的基础。

步骤三　在除了 S 以外的外部原子上放置三对未成键电子对。除硫原子外所有的外围原子都被 8 个电子(4 对)包围,这些电子可能成键或未成键。像这样 4 个电子对包围一个原子的结构叫做八隅体(octet)。

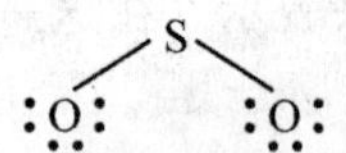

未成键电子对又叫做孤对电子对(lone pairs)。每一个 O 原子都被三对孤对电子对和一对成键电子对包围,因此都拥有一个完整的八隅体结构。在此步骤中,使用了 $2\times6=12$ 个电子,再加上前一步已经用掉的 4 个电子,意味着 18 个电子中的 16 个已被使用。

步骤四　分配剩余的价电子给中心原子。还剩余 2 个价电子,将它们全部放置在中心 S 原子上作为孤对电子对,如下图所示。

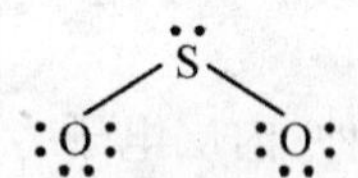

至此,SO_2 分子的所有价电子都已经分配清楚了。

步骤五　将所有原子的形式电荷降到最低。要完成这一步,需要分析前面所得到结构的化学合理性,并计算每个原子上的形式电荷(formal charge),并通过调整电子分布来降低它。形式电荷被定义为自由原子价层电子数与原子在路易斯结构中被分配的电子数的差值。即

形式电荷 = 自由原子的价层电子数 - 路易斯结构中分配的电子数

为了计算路易斯结构中分布的电子数,假设孤对电子属于它所在位置的原子,成键电子被两个原子共同分享。形式电荷的有效特征是所有原子的形式电荷总和等于该化学物种所带的电荷。对于中性分子而言,形式电荷的总和为零;对于阴阳离子来说,形式电荷的总和等于离子所带电荷数。

如下所示是在步骤四中计算原子所含形式电荷的依据:

S	自由原子上价层电子数	6
	原子在路易斯结构中被分配的电子数	4(2 个来自孤对电子对,另外 2 个分别由一个单键提供)
	形式电荷	$(6-4)=+2$
O	自由原子上价层电子数	6
	原子在路易斯结构中被分配的电子数	7(6 个来自 3 对孤对电子对,另外 1 个来自一个单键)
	形式电荷	$(6-7)=-1$

可通过将每个O原子上的孤对电子转变成成键电子来降低形式电荷,过程如下所示:

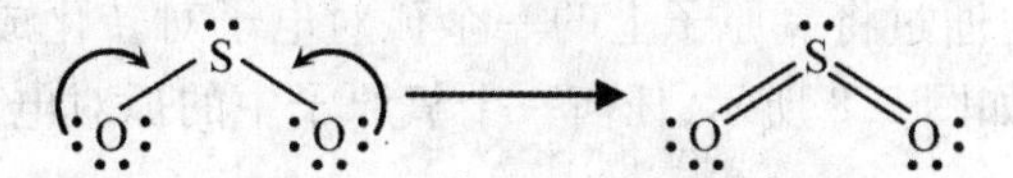

如果用上面的结构进行形式电荷分析,结果会发现各原子形式电荷的和均为零。因此上面的结构是SO_2分子的最佳结构。

在这个结构中每个氧原子都被8个电子包围,因此都具有八隅体结构。中心硫原子被10个电子包围。元素周期表中第二周期的元素都像氧一样,可以在可利用的轨道中容纳8个电子,形成八隅体。而第三周期以后的元素(如上例中的S)则可以容纳更多的电子。

示例3.1 三氟化氯(ClF_3)用于在高温下与核燃料反应制取六氟化铀。试确定ClF_3的路易斯结构式。

$$2ClF_3(g) + U(s) \rightarrow UF_6(g) + Cl_2(g)$$

解答:

(1)四个原子都是卤素(第17族,S^2P^5),所以ClF_3有28个价层电子。

(2)氯比氟的电负性低,是中心原子。它与三个氟原子分别形成单键。

F
|
F—Cl—F

(3)在每个外围氟原子上都添上三对未成键的孤对电子对。

:F̤̈:
|
:F̤̈—Cl—F̤̈:

(4)仍然有四个电子没有被分配,在中心原子周围放置两对孤对电子对。

:F̤̈:
|
:F̤̈—C̤̈l—F̤̈:

确定所有原子上的形式电荷并根据需要调整电子分布。在这个例子中,每个原子的形式电荷都为零,因此不需要进行调整。

思考题3.1 确定四氟化硫SF_4的路易斯结构式。

在有些分子的路易斯结构中,并不是所有原子的形式电荷都为零。在这种情况下,只要保证负的形式电荷位于电负性最强的原子、正的形式电荷位于电负性最弱的原子即可。例如图3.8中的硝酸根离子,O的电负性比N的强,因此O有负的形式电荷;例如在ClF_3中,氯原子将带有δ^+,尽管实际中形式电荷为零。

总而言之,学画路易斯结构式是化学中非常重要的一部分,必须多加练习。

共振结构

在建立路易斯结构式的步骤五时,降低原子的形式电荷往往不止一种方法,因为一个特定的分子有多种可能的路易斯结构。下面用硝酸根离子(NO_3^-)来加以说明。

NO_3^-离子含有24个价电子,N是中心原子,三个N—O键用掉6个电子,剩下的18个电子用于构造三个外围 O 原子的八隅体结构。这样路易斯结构中 O 的形式电荷就为 -1，而 N 的形式电荷是 +2。通过将氧原子上的一个孤对电子对转化成成键电子对，可以降低形式电荷的数量。因此如图 3.8 所示，任何一个氧原子中的孤对电子都可以被用来形成这个双键。

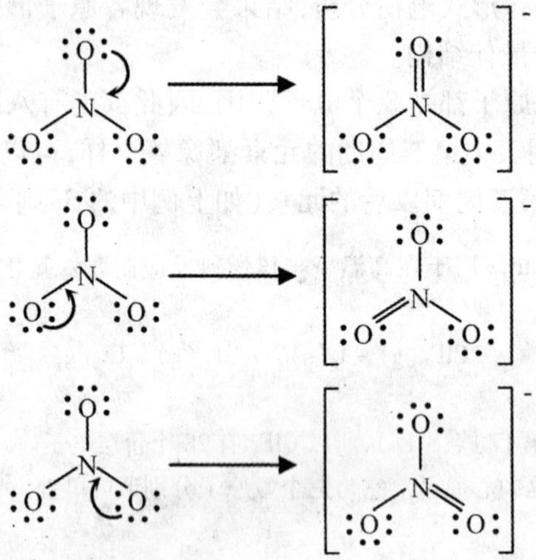

图 3.8　降低 NO_3^- 电荷的三种可能的方式

在以上三个结构中哪一种才是正确的路易斯结构呢？事实上，任何一个结构都不能准确表示实际情况。上述结构中都包含一个 N—O 双键和两个 N—O 单键，然而实验表明，NO_3^- 离子中的三个 N—O 单键是一样的。因此，通常将三种路易斯结构合并在一起来表示 NO_3^- 离子的结构。传统上将它们叫作共振结构(resonance strucutres)。共振结构将所有的路易斯结构用双向箭头连接，强调的是需要三个结构才能完整描述其实际结构。

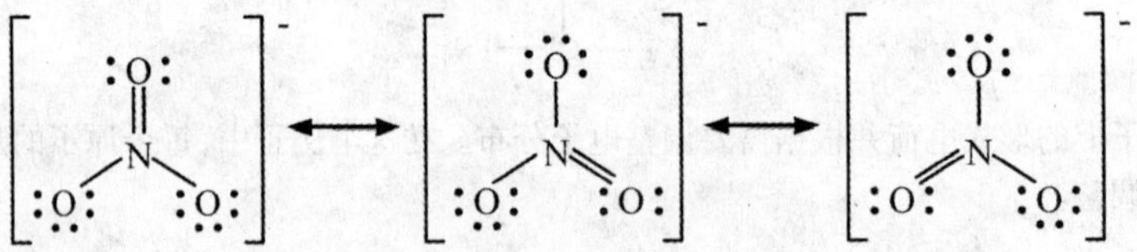

需要明确的一点是，离子上的电子并非像三个单独结构表示的那样在三个键间来回跳转。实际上，该离子中三个 N—O 键是等效的。另外一点需要注意的是，共振结构中只是电子的位置不同，在画共振结构时不可以移动原子的位置。路易斯结构只是一个近似表示，因此需给出硝酸根离子的几种等效结构来共同反映事实。虽然它们说明了电子在分子和离子中是怎样分布的，但仍然无法清晰地描述整个化学键。

示例 3.2　试画出磷酸根离子(PO_4^{3-})可能的共振结构。

解答：PO_4^{3-} 中有 32 个可用的价电子(注意该离子带 3 个负电荷)。根据前述规则，经四个步骤后用掉了所有电子，得到了如下结构。

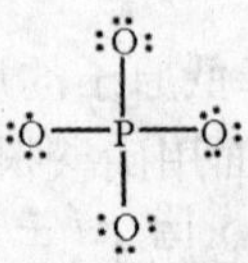

在这个结构中，O 原子的形式电荷是 -1，P 的形式电荷是 +1。将 O 上的一对电子转变为成键电子，使 O 原子的形式电荷变为 0，同时 P 原子的形式电荷也变为 0，从而使整个离子的形式电荷降至最低。由于可以将外部任何一个 O 原子上的电子转移，因此可以得到如下所示的四种共振结构（注意：为了清晰起见，省略了每个结构上的 3 - 电荷）。

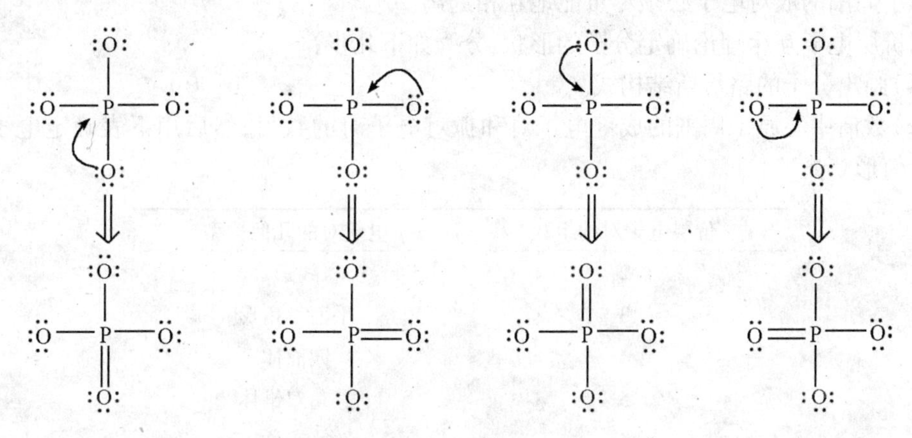

思考题 3.2　画出醋酸根离子（CH_3COO^-）的路易斯结构式。

到现在为止，所有出现的共振结构的例子都是平衡的，但共振结构并非永远都是平衡的。当在步骤五中需要从不同元素的原子上转移电子时，共振结构就可能无法平衡。不同的结构可能有不同的形式电荷分布，最佳的一系列共振结构是具有最少形式电荷的结构。

示例 3.3　确定一氧化二氮（N_2O）可能的共振结构。N_2O 是一种麻醉剂和奶油发泡剂。

解答：首先要确定中心原子是 N 还是 O。由于 O 比 N 的电负性大，可以确立结构以 N 为中心原子，与 O 和另一个 N 成键。经过前四步确立出来的结构如下：

:N̈ —— N —— Ö:

这个结构中，外部 N 的形式电荷是 -2，中心 N 原子是 +3，O 原子是 -1。有几种方式可以将 N 或者 O 上的一对电子转移为成键电子，但是必须保证中心的 N 原子是八隅体。这样，就得到以下几种可能的结构，其中用数字标明了形式电荷的数目。

N(-1) ═ N(+1) ═ O(0)　　　N(0) ≡ N(+1) — O(-1)　　　N(-2) — N(+1) ≡ O(+1)

显然，前两种结构中的形式电荷低于第三种结构中的形式电荷。因此，N_2O 的最佳路易斯结构综合了形式上不等效的前两种结构，而不是第三种结构。

思考题 3.3　画出臭氧（O_3）的路易斯结构式，其中三个氧原子被连成一排。

3.4　价层电子互斥（VSEPR）理论

路易斯结构描述了价电子是如何在原子中分布的，但是却没有展示分子的三维结构，而分子的三维结构在化学反应中起着基础性作用。尽管如此，仍然可以将路易斯结构作为判断分子或离子形状的起始点。价层电子对互斥理论(VSEPR,Valence Shell Electron Pair Repulsion)认为,分子形状首先由分子中成对电子的互斥作用决定,其次还取决于这些成对电子是成键电子对还是孤对电子对。因此,为了使互斥力最小,在分子的首选三维结构中,中心原子周围的成对电子必须尽可能地互相远离。

用价层电子互斥理论确定分子的形状,分为如下几步:

(1)画出分子的路易斯结构式。

(2)数清中心原子周围的成键电子对和孤对电子对的数目,然后用下表确定电子对的最佳几何形状。

价层电子对的组数	电子对的几何构型
2	线形
3	平面三角形
4	四面体
5	三角双锥体
6	八面体

注意:价层电子对互斥理论对组成单键、双键和三键的电子对不进行区分,都看作是一对电子对。

(3)在修正了几何构型之后,考虑电子对之间的互斥作用影响,互斥作用的大小取决于它们是成键电子对(BP)还是孤对电子对(LP)。互斥力大小有如下规律:

$$LP—LP > BP—LP > BP—BP$$

因此,相对于成键电子对而言,相邻的两孤对电子对会把彼此推离得更远。这是由于孤对电子对所占据的空间比成键电子对大,迫使分子结构做出相应调整。

电子对的几何构型和分子形状是不同的。几何构型代表分子内中心原子周围的多组电子对的排列方式,分子形状代表中心原子周围的原子排列方式。孤对电子的存在使得两者存在较大差别。

下面用多对电子形成的不同几何构型的例子来阐述价层电子互斥理论。

两对成对电子——线形

氢化铍 BeH_2

BeH_2 的路易斯结构式为:

H—Be—H

在这种情况下,有两对电子对围绕着中心原子,必须把它们放置得尽可能远离彼此。只有将这两对电子呈直线排列,同时键角 H—Be—H 为 180°时才能满足要求,结果分子形状就是线形的。所有的电子对都是成键电子对,因此无需再对电子对所呈的几何构型进行调整。

二氧化碳 CO_2

在 CO_2 的路易斯结构中,中心 C 原子与两个外部 O 原子成键。

O=C=O

两对电子对环绕 O 原子周围　　线型，键角 180°

由于同样含有两组电子对，CO_2 的结构类似于 BeH_2。尽管每个双键中包含两对电子对，但其排列原则是一样的，即将两组电子分开得尽可能远，呈线形排列，形成直线形状。需要注意的是 O 原子上的孤对电子对不会影响到分子的整个形状，只有那些成键的或者中心原子专属的电子对才会影响分子的形状。

三对成对电子——平面三角形

三氟化硼 BF_3

BF_3 的路易斯结构显示，中心 B 原子与三个 F 原子成单键，因此中心原子周围有三对电子对。

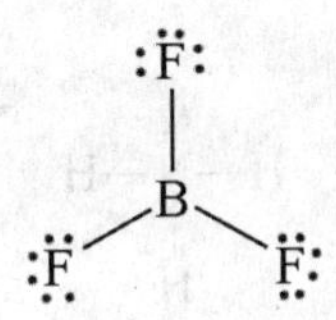

三对电子对的最优几何构型就是平面三角形。在这种排列方式下，同一平面内三对电子对相互之间呈 120°角。因此 BF_3 分子呈现平面三角形，所有原子共平面，且其中 F—B—F 键角成 120°。注意，由于所有包含的电子对都是成键电子对，因此不需要再调整它的最优几何构型。

亚硝酸根 NO_2^-

可以画出 NO_2^- 可能的两种共振结构，如下所示（为了清晰，省略了离子所带电荷）。

O=N—O ⟷ O—N=O

这是一个中心原子带一对孤对电子的例子，这个例子可以说明中心原子上的孤对电子对分子构型有很大影响。无论在哪一种共振结构中，NO_2^- 离子均含有三组成对电子对，其中两对是成键电子，一对是孤对电子。三个电子对的理想构型为平面三角形。但在 NO_2^- 的两个共振结构中，电子对之间的互斥力均有所不同。BP - LP 的互斥力比 BP - BP 的互斥力大，这意味着孤对电子对与 N—O 键成键电子对间角度较大，而两个 N—O 键成键电子对则会被稍微拉近一些，最终导致 O—N—O 的键角变成了 115°而非 120°。这个例子也充分说明了几何构型和分子形状之间的差别。三组电子对的排列近似于平面三角形，但是 NO_2^- 的形状却只能被描述成“V”字型，因为分子形状仅仅代表原子所处的位置，而不包括孤对电子。

四对成对电子——正四面体

甲烷 CH_4

甲烷分子的路易斯结构中含有四个 C—H 共价键，因此有四对等效的电子对。

四对电子对的最佳几何构型是正四面体结构。这就意味着甲烷分子的形状是正四面体，其中 H—C—H 的键角是 109.5°，H 原子占据了正四面体的四个顶角的位置。

氨 NH_3

NH_3 分子的路易斯结构显示总共有四对成对电子，三对是成键电子对，一对是孤对电子对。

H—N̈—H
　　|
　　H

理想情况下，四对电子对应该呈正四面体结构分布。但是仍然需要考虑 BP - LP 和 BP - BP 的互斥力大小。中心 N 原子上的孤对电子比其他三对成键电子对占据的空间大，使理想的电子对分布变形，导致氨分子中的 H—N—H 键角接近 107°。氨分子变成了 N 原子与其他 3 个 H 原子不共面的三角锥型结构。

水 H_2O

同甲烷分子和氨分子一样，水分子中也含有四对成对电子，如其路易斯结构式所示，理想的水分子构型应该也是正四面体。

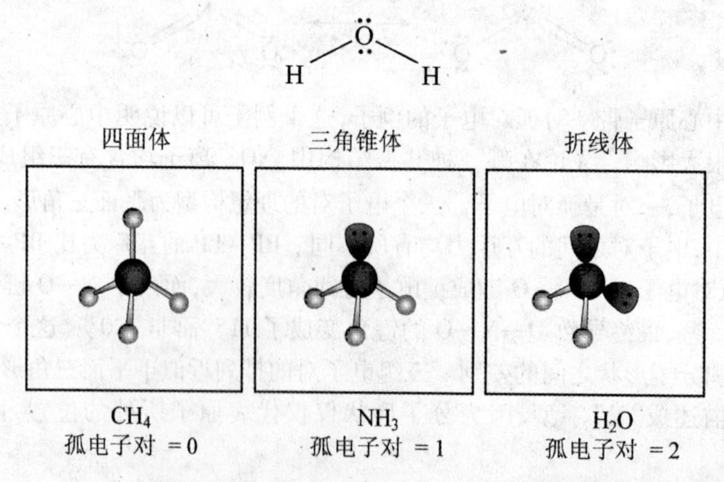

图 3.9　拥有四对电子对的甲烷、氨和水分子的不同分子形状

H_2O 的路易斯结构中有两对成键电子和两对孤对电子。在这种情况下尽管 LP－LP 互斥力起主导作用，但 BP－LP 也同样要考虑在内。结果是，水分子中 H—O—H 的键角仅为 104.5°，水分子成了弯曲形状，呈“V”字型。

图 3.9 显示了甲烷、氨和水分子的不同构型，它们的图解可以证明孤对电子对分子形状的重要作用。

示例 3.4　运用价层电子对互斥理论判断水合氢离子 H_3O^+ 的形状。画出能够表示该离子三维结构的简图，包括所有可能出现的孤对电子对。

解答：

(1) 确定路易斯结构式。一个水合氢离子含有八个价层电子，其中六个形成了三个 O—H 键，剩余两个在 O 原子周围以孤对电子对的形式存在。

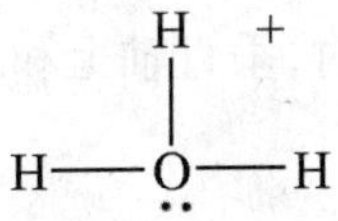

H　+
|
H—O—H
　¨

(2) 四对电子对中有三对成键电子对和一对孤对电子对。理想的几何构型是正四面体。

(3) 一对孤对电子的出现意味着将会使理想的正四面体几何构型变形，这要归功于 LP－BP 的互斥作用。因此可以预测 H—O—H 的键角小于 109.5°，判断水合氢离子的形状是三角锥形，如下图所示。

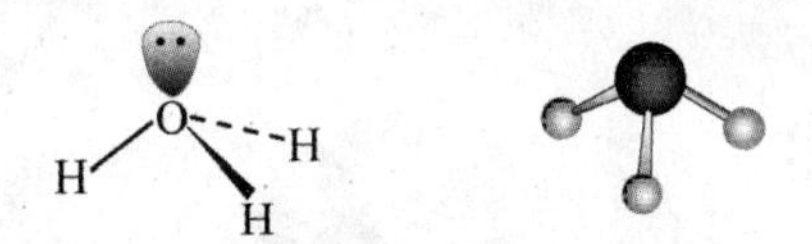

思考题 3.4　判断氯仿 CH_3Cl 分子的形状，并画出能够表示该离子三维结构的简图。

五对成对电子——三角双锥形

氯化磷 PCl_5

氯化磷的路易斯结构中有五对等效的电子对。

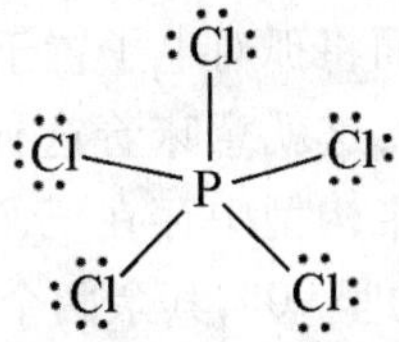

:Cl:
:Cl—P—Cl:
:Cl　Cl:

只有三角双锥结构才能将五对成对电子尽可能远地分离。之所以叫做三角双锥，是因为这种结构可以看作是两个共用底面的三角锥形，如图 3.10 中所示。不同于迄今为止提到的所有结构，三角双锥中的五对电子不完全等效。中心原子与它周围环绕着的三个原子位于赤道位置(equatorial position)，三个原子分别占据底面三角形的三个顶点位置，且相互间以键角 120°分开。其他两个原子位于底面三角形的上方和下方，处于中轴线上，与赤道位置的原子分开并呈 90°键角。这些位置的区别可以从图 3.10 中看出，图中 E 表示水平位置的原子；A 表示垂直轴位置的原子。

由于 PCl_5 仅含有成键的电子对，所以可以认为它会形成一个规则的三角双锥，如图 3. 10 所示。

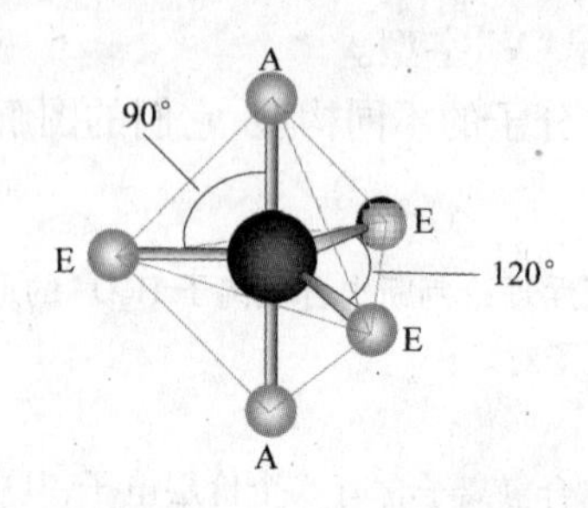

图 3. 10　以 PCl_5 为例的三角双锥结构

当五对电子对中出现孤对电子对时，垂直轴上和水平位置上的不平衡性将会更加突出，因此特意用 SF_4 加以说明。

四氟化硫 SF_4

SF_4 的路易斯结构式（图 3. 11）有四个 S—F 键和一个在 S 原子上的孤对电子对，可以预测五对电子对所形成的几何构型是三角双锥形，只是孤对电子对的出现会导致其构型出现变形。

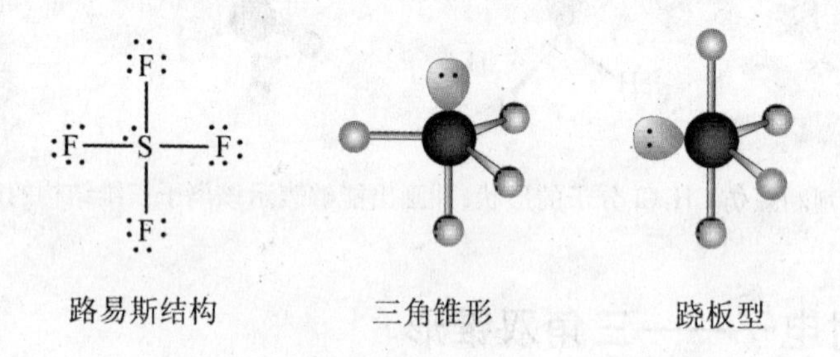

图 3. 11　四氟化硫有两种可能的构型，其中跷板型的更稳定

由于三角双锥轴上和赤道面上的位置差异，可以画出 SF_4 的两种构型，一种是孤对电子对位于轴线位置上，另一种是孤对电子对位于赤道位置上。如图 3. 11 所示，将孤对电子对放置在轴线上会形成三角锥的构型，而将孤对电子置于赤道位置上会形成跷板结构。

实验事实证明 SF_4 具有跷板结构，这就意味着这种构型比三角双锥结构稳定。这个结果也可以由以下理论解释：在三角双锥构型中存在三个呈 90°角的 LP – BP 互斥力，而在跷板构型中，只有有两个 LP – BP 互斥力呈 90°，其余两个呈 120°。跷跷板结构之所以更稳定，是因为它减少了呈小角度的 LP – BP 互斥作用的孤对电子对的数量，有利于降低结构的能量。在孤对电子对和轴上成键电子对的 LP – BP 互斥力作用下，轴上的 F—S—F 键角会略小于 180°。学习其他含有五对电子对的分子的几何构型，可知孤对电子对通常会占据赤道位置。

三氟化氯 ClF_3

ClF_3 的路易斯结构式含有五对电子对，其中三对是成键电子对，两对是孤对电子对。

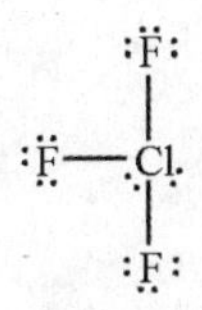

据此可推测五个电子对组成的三角双锥结构同样存在变形，其构型由两个孤对电子对的位置决定。若将一对孤对电子对置于轴线上，另一对置于赤道上，则会出现 LP－LP 互斥力呈 90°角的高不稳定情况。但有一个疑问，如果把孤对电子对全部放在轴线上是否会更加稳定？因为那样可以使它们离得更远，但是那样会出现多达六对呈 90°的 LP－BP 互斥力。事实上，实验结果表明，这两对孤对电子对是分布在赤道面上的，尽管这样会存在一对呈 120°的 LP－LP 互斥力，但是只含有四对呈 90°的 LP－BP 互斥力可使分子能量最低。因此，ClF_3 正如右图所呈现的 T 形结构——两对孤对电子对位于赤道面上。在这种情况下，仅靠简单的价层电子对互斥理论，很难判断哪一种结构是正确的，必须借助实验结果来寻求准确的答案。

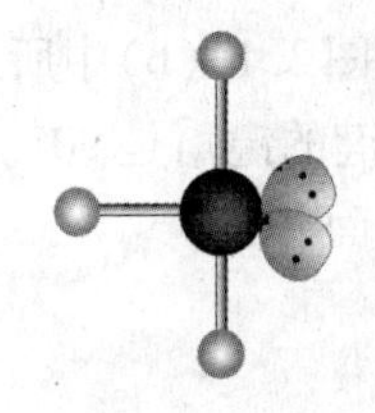

碘离子 I_3^-

中心碘原子周围的五对成对电子如路易斯结构所示：两对成键，另外三对是孤对电子对。

$$:\ddot{I}—\ddot{I}—\ddot{I}:$$

从前面的例子可以知道，孤对电子对在三角双锥的几何构型中趋向于处在赤道面上，在这里同样适用。三对孤对电子对全部位于赤道面，因为这是避免呈 90°角的高不稳定性的互斥力出现的唯一方式。

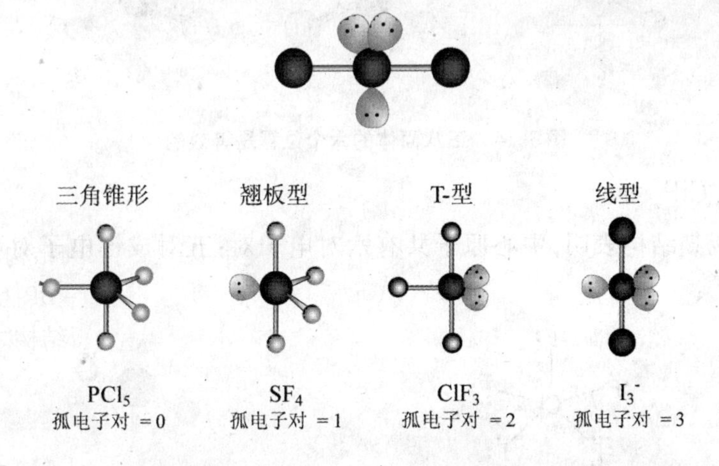

图 3.12　五对电子对可能构成的不同形状

六对电子对——正八面体

六氟化硫 SF_6

如图 3. 13(a)所示是 SF_6 的路易斯结构,S 原子有六个 S—F 键,无孤对电子对,因此在中心 S 原子的周围存在六对成对电子。正八面体结构可以将六对电子对分隔得尽可能远,如图 3. 13(b)中所示的一个正八面体,F 原子分别位于八面体的六个顶点上,最小的 F—S—F 键的键角是 90°。之所以称之为八面体,是因为如图 5. 13(c)中所示,它含有八个三角平面。

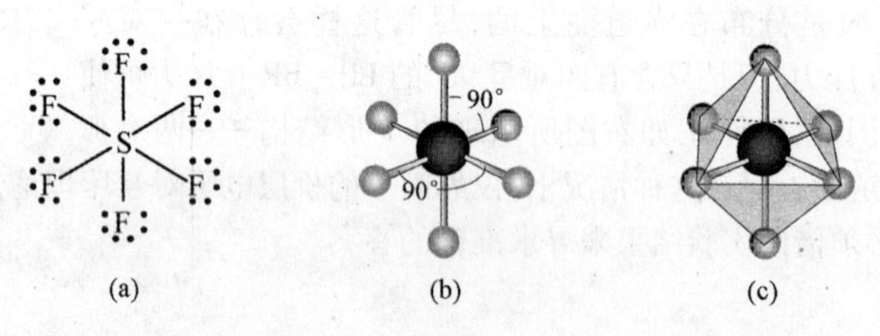

图 3. 13 六氟化硫的路易斯结构式和八面体结构

在八面体上六个顶点的位置都是等效的,如图 3. 14 中所示的那样。用氯原子替换 SF_6 中任意一个氟原子得到 SF_5Cl。无论哪一个氟原子被替代,SF_5Cl 中都有四个氟原子在同一个正方形上,第五个氟原子和氯原子分立在正方形平面的两侧,与平面呈一定角度。

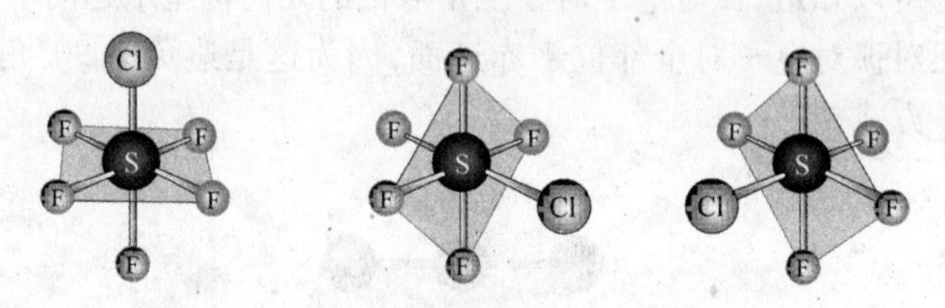

图 3. 14 正八面体的六个位置是等效的

五氟化氯 ClF_5

ClF_5 的路易斯结构表明,中心原子共有六对电子对:五对成键电子对和一对孤对电子对。

在六对电子对构成的八面体结构中,对于孤对电子对而言,可能的六个位置是等同的,因此 ClF_5 是四方锥构型。

四氟化氙 XeF_4

XeF_4 的路易斯结构式表明存在六对电子对:四对成键电子对和两对孤对电子对。

XeF_4 的六对电子构成八面体结构。但是,与 SF_4 和 I_3^- 情况类似,必须确定孤对电子对是位于中轴线位置还是赤道位置。在 XeF_4 中两对孤对电子一定位于中轴线位置,因为任何其他组合(例如两个赤道位置或一个中轴线位置一个赤道位置)的 LP - LP 斥力都会成 90°,导致高度的不稳定。结果四个 F 原子位于平面正方形的四周,围绕着 Xe 原子。

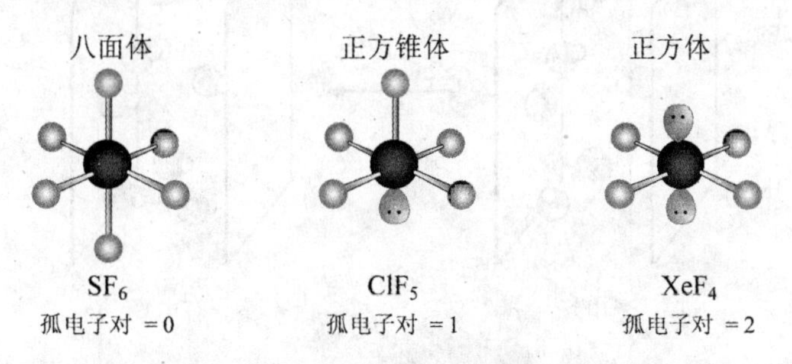

图 3.15　六个价层电子对可能构成的不同分子构型

通常使用价层电子对互斥法确定分子构型时最容易犯的错误是,只计算出围绕中心原子的原子数目,而不计算中心原子价层电子对的数目。例如:一个 SF_4 分子很可能被误认为是四面体结构,类似于 CH_4 四面体构型,四个外围原子包围一个中心原子。然而前面已经学习过 SF_4 有五对价层电子对,它以三角双锥为基础排列。虽然价层电子对互斥理论给出的结论通常都很准确,但其实它并不适用于所有的分子。例如,大量的过渡金属复合物包含四对电子对,可以采用平面正方形的几何构型(第 11 章),其中每对电子相互间成 90°键角。同样的,具有五对电子对的过渡金属复合物也会出现四方锥构型。在这些情况下,电子对间的斥力并未对分子的几何构型起决定作用。

3.5　共价键的性质

前面已经学习了路易斯结构式和分子构型,现在需要研究共价键的一些重要性质,这些性质可以为揭示分子构型的本质提供一些信息。

偶极矩

如 3.1 节所讲,大多数化学键是有极性的,这意味着化学键一端具有微小的负电性,另一端具有微小的正电性。化学键的极化使分子存在一个负电荷端和一个正电荷端,将分子中的电子分布不均定义为具有偶极矩(dipole moments),用希腊字母 μ 表示。

极性分子的偶极矩可以将试样放置在电场中进行测量。例如,图 3.16 表示 HF 分子处于一对金属电极板当中，不存在外加电场时分子随机取向，充满仪器的整个空间；当电极板间外增加一个电位差时，HF 分子会自发地沿着静电力方向排列。显正电性的一端（H 原子）移向负极板，显负电性的一端（F 原子）移向正极板，取向的程度取决于偶极矩的大小。在国际单位制中，偶极矩的单位是库伦·米（C·m）。偶极矩的范围为 $0 \sim 7 \times 10^{-30}$ C·m。HF 的偶极矩 $\mu = 5.95 \times 10^{-30}$ C·m，F_2 没有偶极矩，即 $\mu = 0$C·m。μ 的实验值通常也用德拜（D）作单位（$1D = 3.34 \times 10^{-30}$ C·m）。

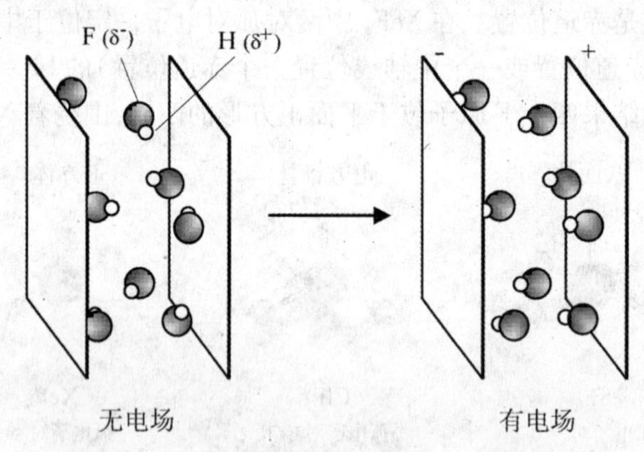

图 3.16 外加电场引起了极性 HF 分子定向排列

偶极矩大小取决于键的极性强弱。例如，卤化氢分子的偶极矩由 H 原子和卤素原子的电负性差异（电负性差异用 $\Delta\chi$ 表示）决定，极性更强的键其偶极矩 μ 也更大。

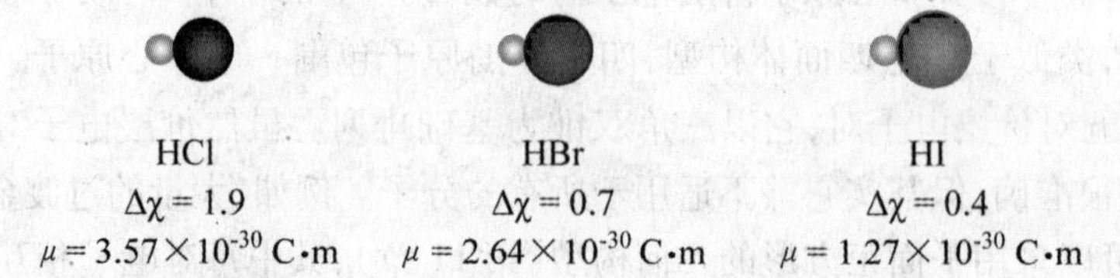

HCl $\Delta\chi = 1.9$ $\mu = 3.57 \times 10^{-30}$ C·m　HBr $\Delta\chi = 0.7$ $\mu = 2.64 \times 10^{-30}$ C·m　HI $\Delta\chi = 0.4$ $\mu = 1.27 \times 10^{-30}$ C·m

偶极矩大小还取决于分子构型，任何一个由不同原子组成的双原子分子都具有偶极矩。对于更复杂的分子，计算偶极矩必须同时考虑键的极性和分子构型。一个具有极性键的分子，如果分子结构对称，则各键的偶极矩可相互抵消，整个分子的偶极矩为零。

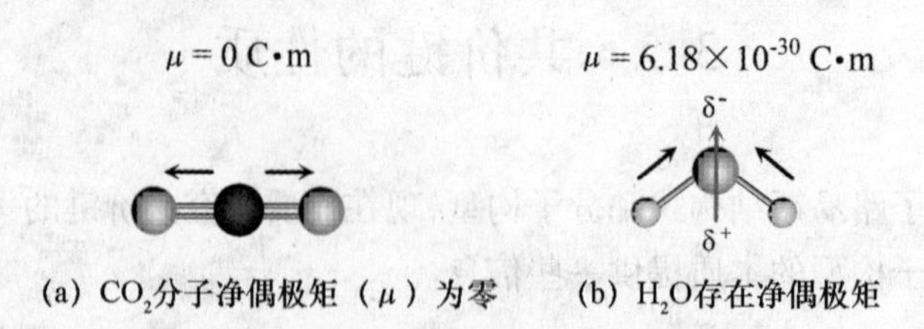

(a) CO_2分子净偶极矩（μ）为零　(b) H_2O存在净偶极矩

图 3.17 分子构型对三原子分子偶极矩的影响

图 3.17 说明分子构型对三原子分子的偶极矩影响甚大。回顾 3.1 节曾讲到一端带有箭头的横线可以用来表示极性键，箭头指向带部分负电荷的一端。从图 3.17（a）中可以看出，尽管线形分子 CO_2 的两个键都有极性（$\Delta\chi = 1.0$），而代表其极性方向的箭头指向正好相反，因此，两键的极性刚好相互抵消。对于弯曲的 H_2O 分子，如图 3.17（b）所示，两个极性键的极性不能相互抵消。在 H_2O 分子的 O 原子上带部分负电荷，而在 H 原子上带部分正

电荷，分子偶极矩$\mu = 6.18 \times 10^{-30}$ C · m，图3.17(b)中箭头已表示。

当包含极性键的分子偶极矩相互抵消时，整个分子不具有偶极矩。这样的分子往往具有高度对称的几何构型，例如：五氯化磷$\mu = 0$C · m，两个轴线上P—Cl键指向相反的方向；尽管三个P—Cl键排布在等边三角形中，没有对应指向相反的方向，但三角学分析表明，位于等边三角形上三个极性相等的键，其极性效应也可完全抵消。同样的，构成正四面体的键，极性也会完全抵消。因此，正四面体分子CCl_4没有偶极矩。

当有一对孤对电子代替一个键时，这些几何构型完美的对称性将被破坏。这样的例子包括SF_4（跷板型）、ClF_3（T型）、NH_3（三角锥型）和H_2O（折线型），这些分子都有偶极矩。用不同种原子形成的键取代一个或多个键也会引入偶极矩，这也是对称性被破坏的缘故。因此，三氯甲烷$CHCl_3$具有偶极矩而CCl_4没有。三氯甲烷中的C原子在规则的四面体中有四个键与之相连，但是这四个键并不等同，C—Cl键比C—H键极性更强，因此这四个键的极性不能抵消。图3.18为三氯甲烷分子的偶极矩大小及方向($\mu = 3.47 \times 10^{-30}$ C · m)。

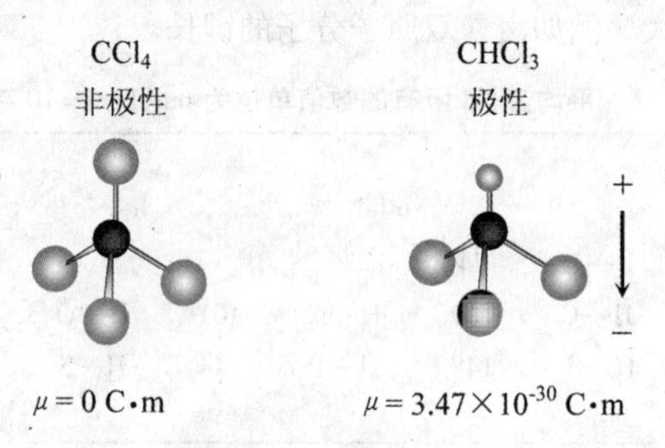

图3.18　CCl_4极性键可以互相抵消，$CHCl_3$的极性不能抵消

在规则的八面体体系（如SF_6）中，每一个S—F键都有一个极性方向相反的键与之相对应，键的极性成对抵消，使得整个分子没有偶极矩。

示例3.5　ClF_5或者XeF_4具有偶极矩吗？

解答：五氟化氯分子ClF_5和四氟化氙XeF_4分子如图3.15所示，它们的中心原子都具有六个价层电子对，其中包括孤对电子。因此，ClF_5具有四方锥构型，而XeF_4具有平面正方形构型。示意图有助于确定各个键的极性是否可以抵消。

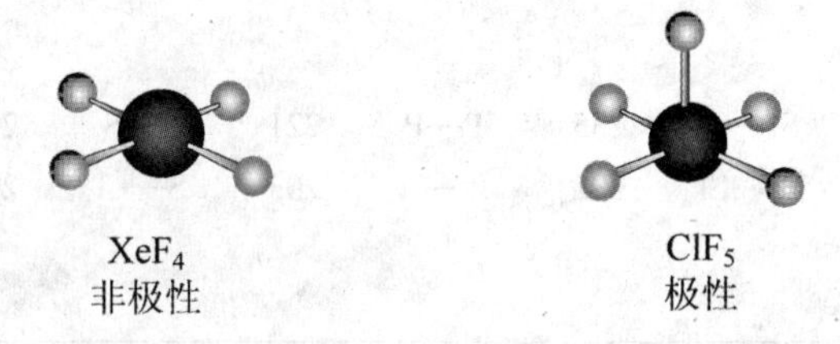

F原子位于XeF_4分子平面正方形的四个角处，Xe—F键可以成对抵消，整个XeF_4分子不具有偶极矩。在ClF_5中平面正方形上的4个键的极性同样可以抵消，但是第五个Cl—F键在反方向上没有与之对应的键。因此，ClF_5具有偶极矩，偶极矩方向沿中轴线由Cl原子指向F原子。

思考题3.5　利用分子对称性来判断乙烷C_2H_6分子和乙醇C_2H_5OH分子是否具有偶极矩。

键 长

在 3.1 节讲述了共价键的键长是分子最稳定时两原子间的距离。在 H_2 分子中，H—H 键长为 74pm，在这个距离下引力作用相对于斥力而言达最大值（见图 3.2），通过对路易斯结构式和分子构型进行进一步分析，可以从细节上更多地研究键长。

	F_2	Cl_2	Br_2	I_2
键长 (pm)	142	199	228	267
原子半径 (pm)	72	100	114	133

表 3.2 列出部分常见化学键的平均键长。表中出现了几个变化规律，其中一个是键长随原子半径的增大而增大。例如卤素双原子分子的键长。

表 3.2 平均键长（所有的数值单位为 pm，$1pm = 10^{-12}m$）

H—X 键									
n_a	n_b								
1	1	H—H	74						
1	2	H—C	109	H—N	101	H—O	96	H—F	92
1	3	H—Si	148	H—P	144	H—S	134	H—Cl	127
1	4							H—Br	141
第二行元素									
n_a	n_b								
2	2	C—C	154	C—N	147	C—O	143	C—F	135
2	2			N—N	145	O—O	148	F—F	142
2	2	C—Si	185	C—P	184	C—S	182	C—Cl	177
2	3	O—Si	166	O—P	163	O—S	158	N—Cl	175
2	3	F—Si	157	F—P	157	F—S	156		
2	4,5			F—Xe	190	C—Br	194	C—I	214
其他元素									
n_a	n_b								
3	3	Si—Si	235	P—P	221	S—S	205	Cl—Cl	199
3	3	Si—Cl	202	P—Cl	203	S—Cl	207		
4	4							Br—Br	228
5	5							I—I	267
双键									
		C═C	133	C═N	138	C═O	120	O═O	121
		P═O	150	S═O	143				
		C≡C	120	C≡N	116	C≡O	113	N≡N	110

这个趋势与轨道重叠的解释是一致的。回顾前面的知识可知，键的形成离不开价电子

轨道,同时价电子轨道的填充程度决定了原子的尺寸。

键的极性同样可以影响键长,因为部分电荷产生的静电引力将原子拉得更近。例如在表3.2中,C—O键比C—C或O—O键略短,正是由于C—O键具有极性的结果。

表3.2中的键长数据表明了一个规律:在同样的两个原子间多重键比单键要短。这是因为原子间增加的电子减弱了原子核间的斥力,从而导致净引力增加,使两个原子靠得更近。因此,三键是第二周期元素中所能形成的最短的键。

因为键长取决于参与成键的电子数,所以可以用键长来确定哪一种路易斯结构最能代表分子中真实的电子排布。S—O键就是一个很好的例子,图3.19为含S—O键物质的两种可能的路易斯结构式,一种结构是"非优化结构",内部S原子上有八个电子;另一种结构是"优化结构",以S原子的八隅体结构为代价使S原子上的形式电荷减少到零。图中所示两种结果表现了不同的键型。

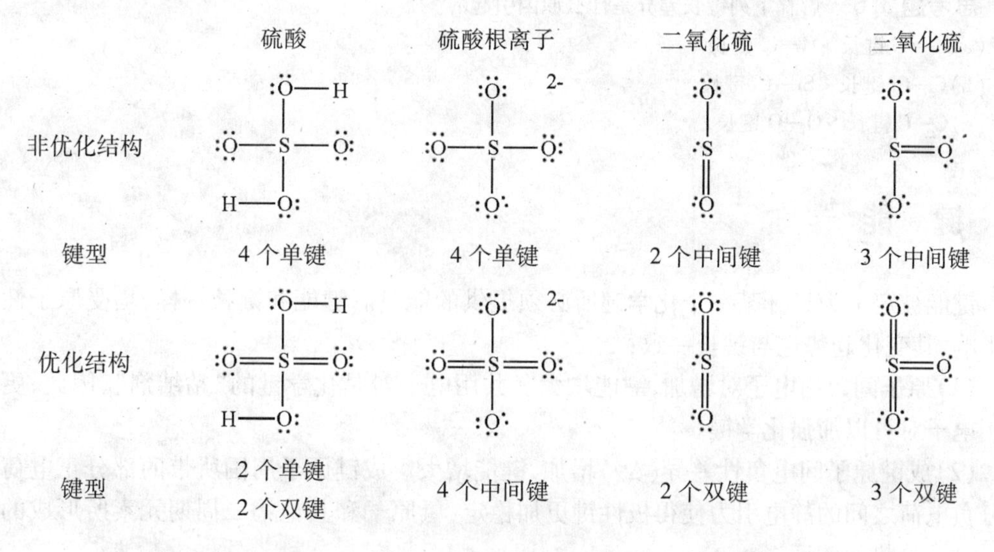

图3.19　"非优化结构"和"优化结构"给出的S—O键不同的键型

键长的实验值无疑支持了优化的路易斯结构。在硫酸分子中,存在两种明显不同的键型,S—OH键长为157pm,而S—O键长为142pm。这意味着其中一种为S—O单键,键长为157pm,另一种为S═O双键,键长为142pm。在硫酸根离子中,S—O键长为147pm,表明键的性质介于单、双键之间,符合优化的路易斯结构。SO_2 和 SO_3 中S—O键长分别为143pm和142pm,这些键长数据说明S═O键是双键。

总的说来,影响键长的因素包括以下几方面:

(1)原子尺寸越小,键长越短。

(2)参与成键的电子越多,键长越短。

(3)成键原子的电负性差异越大,键长越短。

示例3.6　解释影响下列键长差异的因素是什么:

(a)I—I键长 > Br—Br键长

(b)C—N键长 < C—C键长

(c)H—C键长 < C≡O 键长

(d)甲醛中的 $H_2C=O$ 键长 > CO 中 C≡O 键长

解答:

(a)I—I > Br—Br。在元素周期表中,I 在 Br 的正下方,因此 I 原子的价层轨道比 Br 原子的更大,那么 I—I 键长 > Br—Br 键长的原因是 I 原子有更大的原子半径。

(b)C—N < C—C。C 和 N 都是第二周期元素,但 N 原子比 C 原子具有更高的有效核电荷数,因此 N 原子的半径更小,这使得 C—N 键长 < C—C 键长,此外 C—N 键具有极性,也使 C—N 键键长缩短。

(c)H—C < C≡O 。这里应比较原子半径和多重键数量对键长的影响。H—C 键长 < C≡O 键长的实验事实表明,在这种情况下,与原子半径小的 H 原子相比,多重键对键长的影响更为重要。

(d)C=O > C≡O 。两者都是 C 和 O 间形成的键,因此 n(主量子数决定尺寸)、原子序数(Z)和电负性差异($\Delta\chi$)都相等。但是一氧化碳分子包含一个三键,而甲醛分子包含一个双键。甲醛中的 $H_2C=O$ 键长 > CO 中 C≡O 键长,意味着拥有更多的共用电子对键长将更短。

思考题 3.6　解释下列键长差异是什么原因引起的。

(a)C=C 键长 > C≡C 键长

(b)C—Cl 键长 < Si—Cl 键长

(c)C—C 键长 > O—O 键长

键　能

键能被定义为打开某一个化学键所必须提供的能量。键能和键长一样,均受原子性质的影响,其变化趋势也与键长一致:

(1)原子间共用电子对增加,键能增大。共用电子对是化学键的"粘结剂",因此,更多共用电子对可以加强化学键。

(2)成键原子间电负性差异($\Delta\chi$)增加,键能增大。成键原子周围所带的部分正电荷和部分负电荷之间的静电引力使得极性键更加稳定,氢原子和其他第二周期元素所形成的键就是这个趋势的例证。

键	电负性差异($\Delta\chi$)	键能($kJ \cdot mol^{-1}$)
O—O	0.0	145
O—N	0.5	200
O—C	1.0	360

(3) 键长增大,键能减小。当原子半径增大时,键上的电子密度分布在更广的范围,使得电子与原子核之间的静电引力降低,下表中的键能数据说明了这个效应。

键	键长(pm)	键能($kJ \cdot mol^{-1}$)
H—F	92	565
H—Cl	127	430
H—Br	141	360
H—I	161	295

与键长一样,键能受有效核电荷数、主量子数、静电力和电负性等多种因素影响。因此常出现不符合以上三种键能变化规律的现象。尽管上述规律能解释许多键能的差异,但是要准确地预测键能仍然是很困难的。

分子结构的概述

表 3.3 所示是原子中电子对数、孤对电子对的数量与分子构型之间的关系概览。根据表中的数据可以推测出分子构型、键角和偶极距。即使是复杂的蛋白质和其他聚合物分子的形状也可以采用这些简单的模型来模拟。因为大分子的总体形状是其内部各原子形状的组合,而每个内部原子周围的空间构型都取决于围绕原子的电子对数目和孤对电子对的数目。

表 3.3　分子几何构型的特征

电子对数	外接原子数	孤对电子	电子对形成的几何形状	分子形状	键角	偶极距	编号	实例
2	2	0	线形	线形	180°	无	a	CO_2
3	3	0	平面三角	平面三角形	120°	无	b	BF_3
3	2	1	平面三角	折线形	<120°	有	c	NO_2^-
4	4	0	正四面体	正四面体	109.5°	无	d	CH_4
4	3	1	正四面体	三角锥形	<109.5°	有	e	NH_3
4	2	2	正四面体	折线形	<109.5°	有	f	H_2O
5	5	0	三角双锥	三角双锥	90°;120°	无	g	PCl_5
5	4	1	三角双锥	跷板形	<90°; <120°	有	h	SF_4
5	3	2	三角双锥	T 形	90°	有	i	ClF_3
5	2	3	三角双锥	线形	180°	无	j	I_3^-
6	6	0	八面体	八面体	90°	无	k	PF_6
6	5	1	八面体	四方锥	<90°	有	l	ClF_5
6	4	2	八面体	平面正方形	90°	无	m	XeF_4

3.6　价键理论

路易斯结构式描述了价层电子在分子中的分布,但却无法表现分子间的反应、键的形成过程以及分子形状。也就是说,通过路易斯结构可以了解电子在原子周围的分布,但却无法了解其他细节。正如借助原子轨道理论来理解原子周围的电子分布一样,我们需要利用另一种轨道理论去理解电子在分子中的分布。

本章将介绍两种成键的轨道理论:以定域键(localised bonds)为基础的价键理论和以离域键(delocalised bonds)为基础的的分子轨道理论。价健理论假设电子要么位于原子间的键上,要么位于单独原子上,通常是成对出现。相应的,定域键模型中包含两种轨道,一种是位于两个原子之间,有着高电子密度的成键轨道,另一种是仅属于单个原子上的非键轨道。换句话说,任意一个电子都被限制在原子周围的特定区域中,要么在与其他原子形成的成键轨道上,要么在非键轨道上。

定域键应用起来很简单,即便是对于非常复杂的分子,它也能成功地解释许多化学现象。尽管如此,定域键用于解释分子特性和化学反应活性时仍有不足。因此,在后面的分子轨道理论中将引入离域键的概念。虽然离域键需要更多更复杂的分析,但是它可以解释定域键所不能解释的化学性质。

如前所述,氢分子中的电子位于两个原子核之间某个位置,在这个位置上,电子与原子核之间的引力达到最大。为了理解化学键,需要引入一种新的轨道模型来表示共用电子。为此引入成键轨道(bonding orbitals)的概念。

成键模型是原子理论的延伸,成键轨道由原子轨道组合而成,拥有类波属性。波的振幅有加和性,两列波在空间的同一位置出现时就会叠加,生成一列由原始波组合所得的新波。如图 3.20 (a) 所示,当两列波(虚线表示)振动方向相同时,产生相长叠加,使新波的振幅(实线表示)大于任何一列原始波的振幅。如图 3.20 (b) 所示,当两列波的振动方向相反时,发生相消叠加,使得新波的振幅比任意一列原始波的振幅都小。

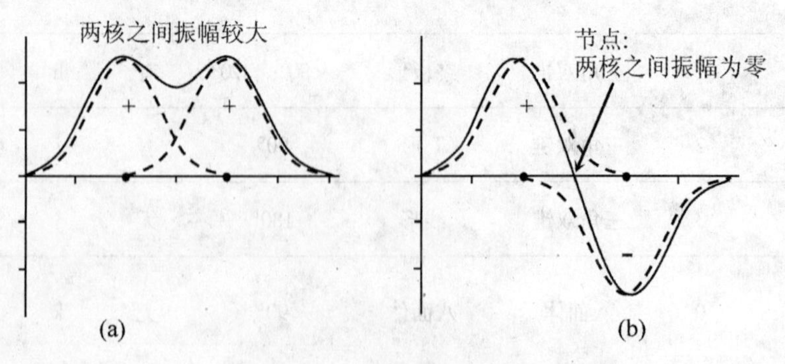

图 3.20　两列波的叠加

由于电子具有波的属性,其轨道也具有类似于波的相加和相减的效应。当两个相位相同的轨道重叠时,新的轨道就是原始轨道的组合,如图 3.21 中所示的氢分子轨道叠加,当两个氢原子相互接近时，其1*s*原子轨道重叠部分逐渐增多，导致两核之间形成具有高电子云密度的新轨道。这种相互作用就被叫作轨道重叠(orbital overlap)，它是接下来将要阐述的成键模型的基础。

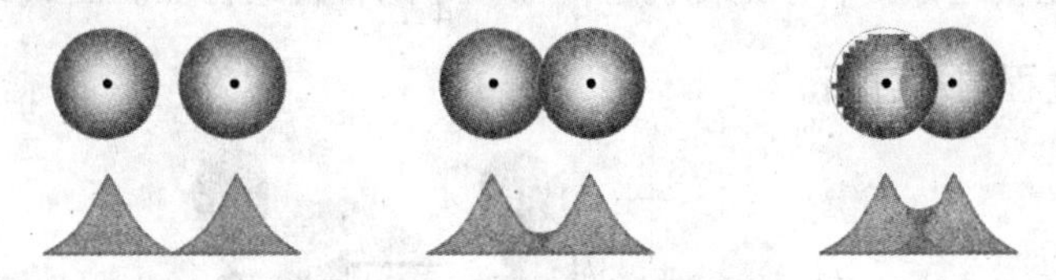

图3.21　氢分子轨道叠加

轨道重叠模型基于以下假设：

(1)分子中每一个电子都被分配到一个特定的轨道上。

(2)一个分子中没有两个完全等同的电子，因为泡利不相容原理同样适用于分子中的电子。

(3)分子中的电子服从能量最低原理(aufbau principle)，将占据可用的能量最低、最稳定的分子轨道。

(4)只有价层轨道才能成键。

在此模型中，只有价层轨道参与成键，因为该轨道具有合适的尺寸和能量来产生相互作用。通过前面的学习，我们知道H_2分子和F_2分子中存在着价层原子轨道的重叠。对于这些小的双原子分子来说，简单的价层轨道重叠就能成键。然而，任何一个化学键模型都必须与实验确定的分子结构精确吻合。例如，如果认为水分子中键的形成起因于O和H的价层轨道的重叠，那么将会发现无法解释H—O—H的键角是104.5°，按价键理论，O原子上两个分别被占据的*p*轨道之间互成90°，氢原子1*s*轨道与它们重叠后H—O—H的键角为90°。于是价键理论在解释水分子的键角时遇到了困难，后面提出的杂化轨道理论成功地解决了此问题。下面以甲烷分子的正四面体模型来讲述杂化轨道理论。

杂化轨道理论

通过实验确定的甲烷分子结构如图3.22所示。甲烷分子的构型为正四面体，H原子位于正四面体的四个顶点上，H—C—H键角为109.5°。已知C原子有三个2*p*轨道，互成90°，而其2*s*轨道没有取向。如果甲烷中的C—H键由单个原子的价层电子轨道直接重叠而成，那么其四个C—H键中会有三个互成90°。这显然与前面的试验结果不相符，也就是说不能简单地用价层轨道重叠来描述甲烷的成键模型。为了解决上述问题，以价层原子轨道为基础，提出杂化轨道(hybrid orbitals)的概念。杂化轨道由能量相近的原子轨道重组而成，这个组合过程被称为杂化(hybridisation)。下面以甲烷分子为例进行解释。

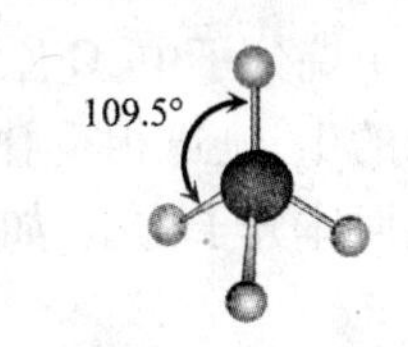

图3.22　甲烷结构

甲烷：sp^3杂化轨道

构造杂化轨道首先要确定所需的价层原子轨道。C原子的核外电子排布为$1s^22s^22p^2$，价层轨道为一个 2s 和三个 2p 轨道。将这四个原子轨道混合,得到四个杂化轨道,即 sp^3 杂化轨道(sp^3 hybrid orbitals)。sp^3 表示该杂化轨道由一个 s 和三个 p 原子轨道构成,同时也表明,每一个 sp^3 杂化轨道都具有$\frac{1}{4}$的 s 轨道特征和$\frac{3}{4}$的 p 轨道特征。图 3.23 为 sp^3 杂化轨道的形状及其形成过程的示意图。

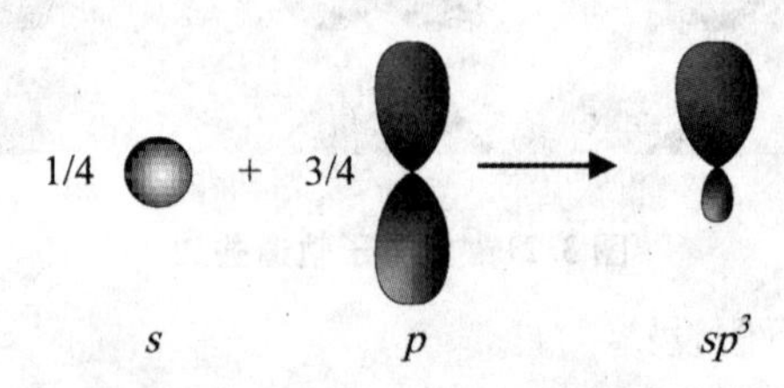

图 3.23　sp^3 杂化轨道的形成

回顾前文可知,一个 p 轨道具有两个自旋方向。使一个 s 轨道和一个 p 轨道的中心重叠,那么其中的一瓣将会因与 s 轨道同相位叠加而增强,另一瓣将会因反相位相消作用而减弱。这个过程的能级图如图 3.24 所示。

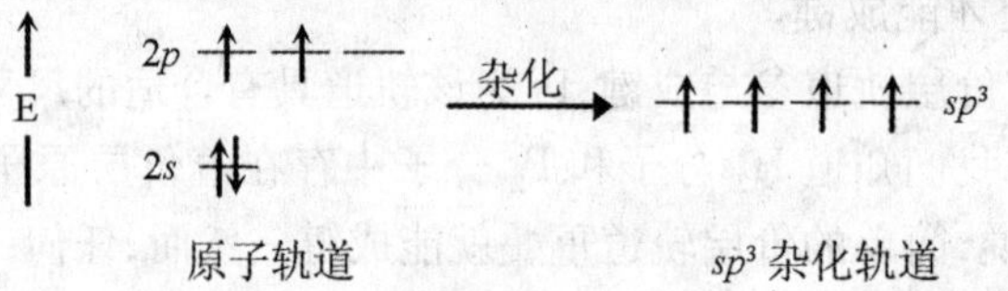

E
2p ↑ ↑ —
2s ⇅
杂化 →
↑ ↑ ↑ ↑ sp^3
原子轨道
sp^3 杂化轨道

图 3.24　由 2s 和 2p 价层轨道组成四个 sp^3 杂化轨道的能级

能量既不能凭空产生也不能消灭,故杂化后四个原子轨道的总能量不变。这意味着 sp^3 杂化轨道的能量必须位于 2s 和 2p 原子轨道的能量之间,其值为 $1/4E_{2s}+3/4E_{2p}$。

为了使电子间斥力最小,四个 sp^3 杂化轨道呈正四面体排布,指向正四面体的不同顶点,如图 3.25 所示。其中,为了清晰起见,每个轨道上减弱的那一小瓣通常可以省略。

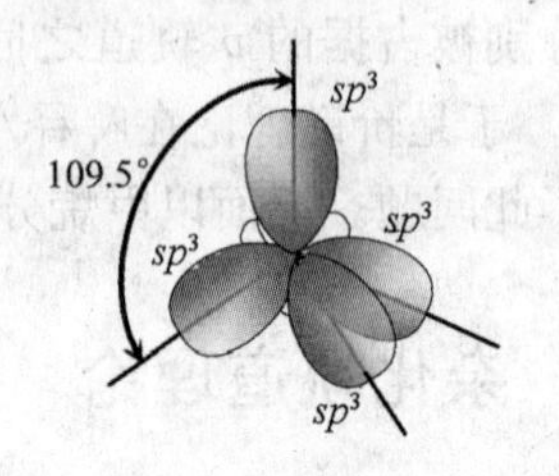

图 3.25　四个 sp^3 杂化轨道的正四面体排布

在甲烷分子中,C 原子中的每一个 sp^3 杂化轨道和 H 原子中的 1s 轨道相重叠,形成了四个等价的 σ 键和规则的正四面体分子构型,如图 3.26 所示。

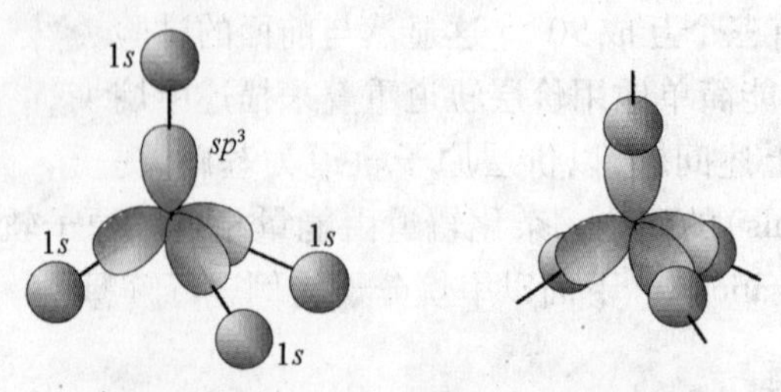

图 3.26　甲烷分子的 sp^3 杂化轨道的形成

注意，sp^3 杂化并不局限于C原子。事实上，任何拥有正四面体（或接近正四面体）电子对排布的原子都可以认为是 sp^3 杂化。

示例 3.7 用杂化轨道来描述 H_3O^+ 的成键。

解答：水合氢离子的路易斯结构式如下：

$$\left[\begin{array}{ccc} & H & \\ & | & \\ H— & \ddot{O} & —H \end{array}\right]^+$$

中心原子是O，采用其2*s*和2*p*原子轨道来构建 sp^3 杂化轨道，共有6个电子将分布在这些轨道中。

上述中心O原子有两个半满的 sp^3 杂化轨道可以和氢上的两个半满的1*s*轨道发生重叠，形成两个O—H键；一个全满的 sp^3 轨道与一个 H^+ 上的1*s*空轨道重叠形成第三个键。尽管这个键上的所有电子都来自于O原子，但它与其他两个O—H是等同的。剩下的一个 sp^3 杂化轨道上包含两个电子，但并未成键，以一对孤对电子的形式存在于O原子周围。由此可知，H_3O^+ 的成键情况及其构型如下图所示：

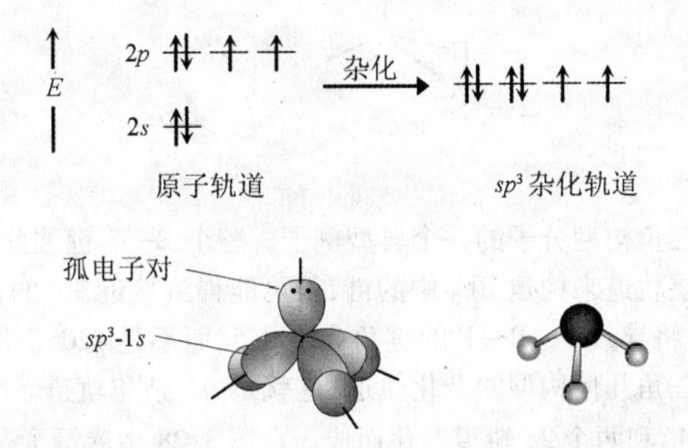

注意：所有呈现的轨道都是同相位的。

思考题 3.7 试用杂化轨道描述水分子的成键

上述两个例子中杂化轨道数目与参与杂化的价层原子轨道数目相等，这一规律对所有杂化轨道均适用。例如，一个*s*轨道和两个*p*轨道可杂化可得到三个 sp^2 杂化轨道，一个*s*轨道和一个*p*轨道杂化则得到两个*sp*轨道。

以上两例只考虑了中心原子上的杂化轨道与H原子的1*s*轨道重叠的情况。如果外围原子不是氢原子，就必须将外围原子的轨道也进行杂化，从而更好地描述孤对电子的几何构型。下面以二氯甲烷（CH_2Cl_2）分子为例来说明这一点。CH_2Cl_2 的路易斯结构是：

$$\begin{array}{ccc} & H & \\ & | & \\ :\ddot{\underset{..}{Cl}}— & C & —H \\ & | & \\ & :\ddot{\underset{..}{Cl}}: & \end{array}$$

首先，中心C原子发生杂化，生成四个 sp^3 轨道。如果其中两个 sp^3 轨道与两个H原子的1*s*轨道重叠形成两个C—H σ 键，剩余的两个杂化轨道与Cl原子上未饱和的*p*轨道重叠，形成两个C—Cl σ 键。那么所得结构中每个Cl原子上将有三对孤对电子，它们将互相垂直分布。这与实验所得的 CH_2Cl_2 分子构型出现矛盾（与前述甲烷分子的情况一样）。因此，我们需要将 Cl 上的价层轨道也进行杂化，如图 3.27 所示。

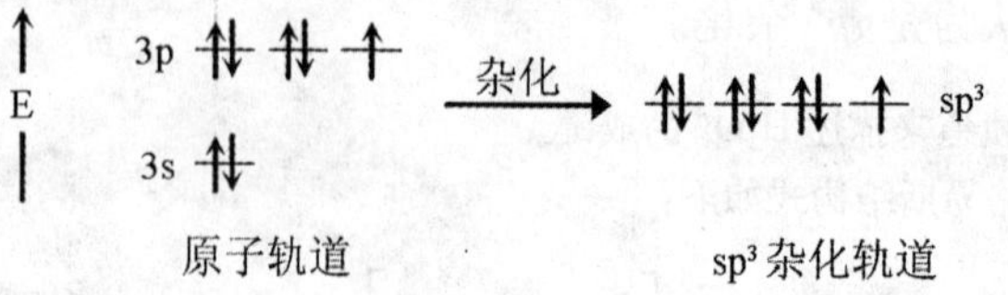

E 3p 3s 杂化 sp³

原子轨道 sp³ 杂化轨道

图 3.27 Cl 原子上的 $3s$ 和 $3p$ 价层轨道组成 sp^3 杂化轨道的能级图

这种杂化方式使每个 Cl 原子上都有一个未满的 sp^3 杂化轨道，sp^3 轨道可以与 C 原子上的 sp^3 杂化轨道重叠而形成 C—Cl 键，使得 Cl 原子上的 sp^3 杂化轨道呈四面体分布，三对孤对电子将彼此呈 109.5°。

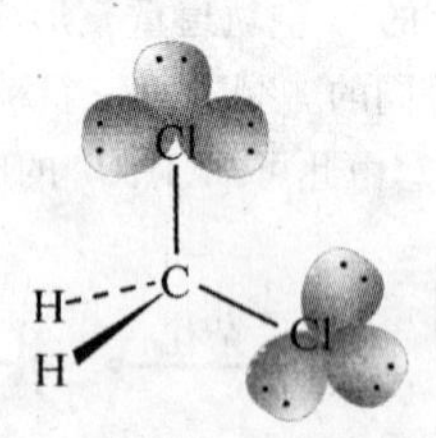

sp^2 杂化轨道

三氟化硼是平面三角构型分子的一个典型例子。三个 B—F 键彼此间呈 120°角。若仅仅通过重叠原子的价层轨道来构建 BF_3 中的键，很可能得到接近 90°的键角。若是一组 sp^3 轨道也不恰当，因为这将导致 F—B—F 的键角为 109.5°而不是 120°。因此，需要构建一种可以使原子呈现平面三角几何构型的杂化轨道，这就是 sp^2 杂化轨道。BF_3 中的 sp^2 杂化轨道由硼原子上的 $2s$ 轨道和两个 $2p$ 轨道杂化而成。在图 3.28 中展示了杂化过程，每一个 sp^2 轨道都具有 $1/3s$ 轨道和 $2/3p$ 轨道的特征。

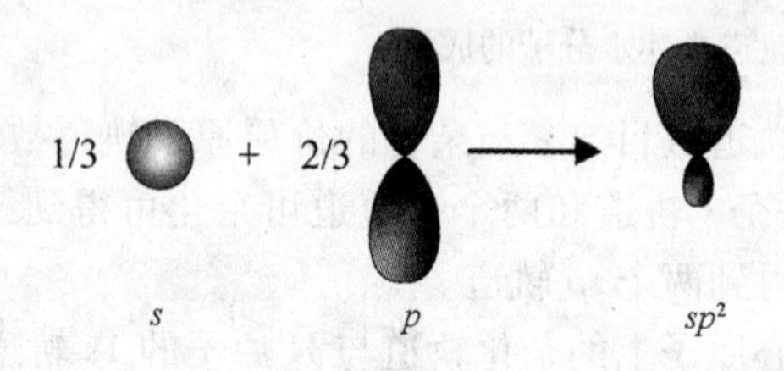

图 3.28 一个 sp^2 杂化轨道由 $1/3s$ 轨道和 $2/3p$ 轨道构成

尽管 sp^2 轨道看起来非常像 sp^3 轨道，但其杂化过程中的能量分配却截然不同，如图 3.29 所示。

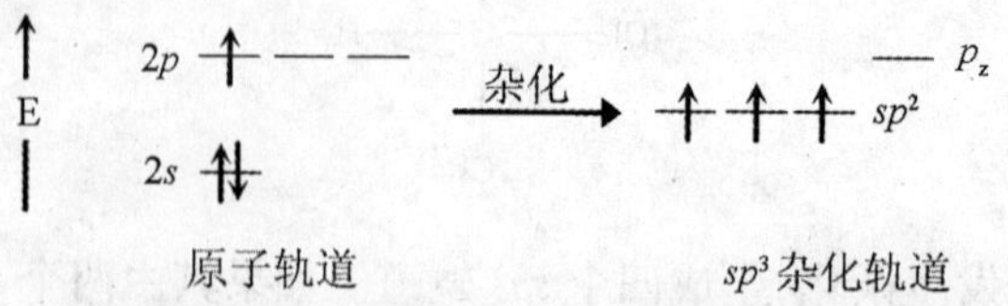

E 2p 2s 杂化 p_z sp^2

原子轨道 sp^3 杂化轨道

图 3.29 B 原子上的 $2s$ 和 $2p$ 价层轨道形成 sp^2 杂化轨道的能级图

如图 3.30 所示为 BF_3 中各轨道的分布情况。三个 sp^2 轨道共平面，并且彼此之间分开

120°角环绕在 B 原子的周围。由于构建 sp^2 杂化轨道只使用了三个 $2p$ 轨道中的两个,所以剩下一个轨道(通常是 p_z 轨道)并未发生杂化。

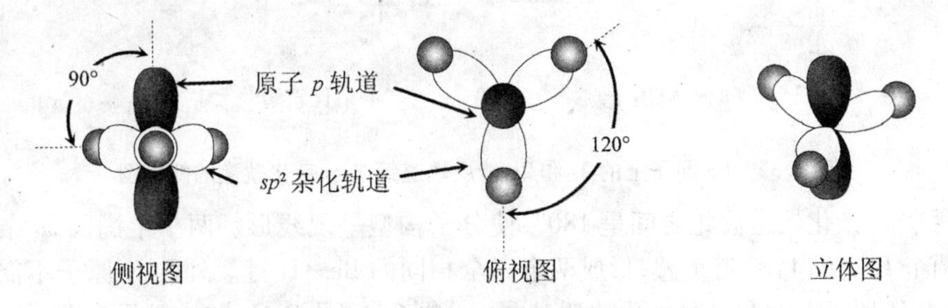

图 3.30　BF_3 中 sp^3 轨道的立体视图

在 BF_3 分子中,F 原子同样需要进行杂化。由于每一个 F 原子被四对电子包围,因此 F 原子将形成 sp^3 杂化,与之前 CH_2Cl_2 中的 Cl 原子几乎完全相同。B 的三个 sp^2 轨道与 F 的三个 sp^3 轨道重叠,形成三个相同的 B—F σ 键。

B 原子上的一个无电子填充的 p_z 轨道对 BF_3 的反应活性有着重要影响,由于 B 原子还需两个电子才能形成八隅体的稳定结构,因此,BF_3 很容易与含有一对孤对电子的分子(如 NH_3)相结合。在这个过程中,p_z 轨道为接收 NH_3 分子中的孤对电子提供了空轨道,结果使 B 原子拥有了稳定的八隅体结构,并转变成了 sp^3 杂化。

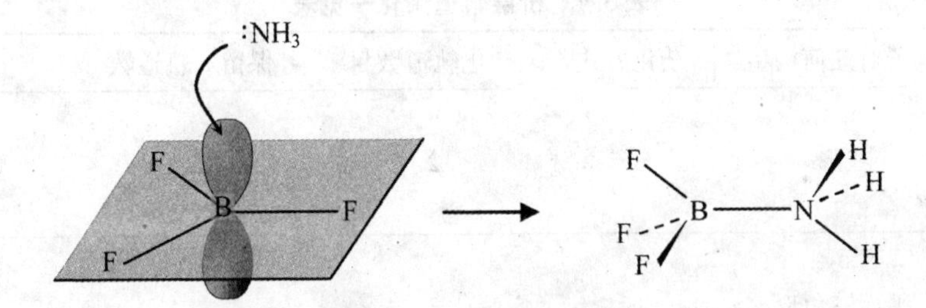

sp 杂化轨道

氢化铍是线形几何构型的典型代表。铍原子上有两个 Be—H 键,其键角为 180°。为描述线形几何构型,需要一种将两轨道分离到相对位置的杂化方案。为此将 Be 原子上的 $2s$ 轨道和 $2p$ 轨道杂化生成一对 sp 杂化轨道。图 3.31 中描述了该杂化过程,每个 sp 杂化轨道具有 $1/2s$ 轨道的特征和 $1/2p$ 轨道的特征。

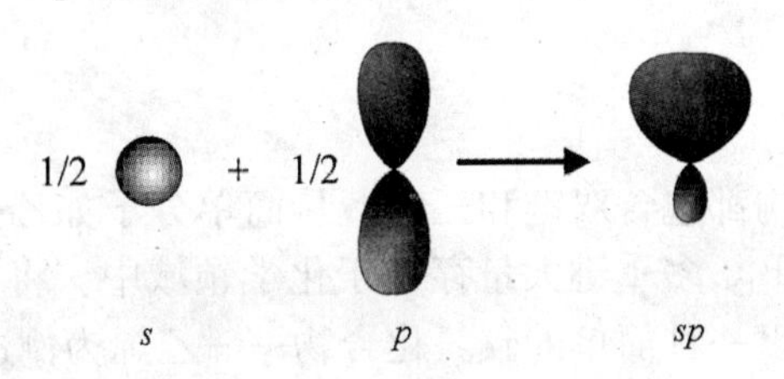

图 3.31　一个 sp 杂化轨道由 $1/2s$ 轨道和 $1/2p$ 轨道构成

如图 3.32 所示是 sp 杂化过程中的能量分配。此过程中只用去了一个 p 轨道,剩下两个 p 轨道没有发生杂化。

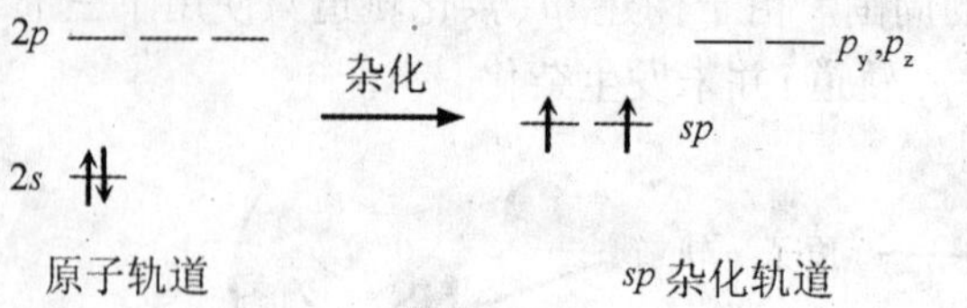

2p —— —— ——　　杂化 →　　—— —— p_y, p_z

↑ ↑ sp

2s ⇅

原子轨道　　　　sp 杂化轨道

图 3.32　Be 原子上的 2s 和 2p 价层轨道组成 sp 杂化轨道的能级图

这两个 sp 杂化轨道彼此之间呈 180°，使分子构型呈现线形。两个半满的 sp 杂化轨道分别与两个 H 上的 1s 轨道重叠，形成两个完全相同的 Be—H 键。外围 H 原子不需要进行杂化，因为 H 原子上没有需要优化的孤对电子。图 3.33 是 BeH_2 的成键示意图。两个没有杂化的空的 p 轨道彼此垂直。

图 3.33　BeH_2 的成键示意图

表 3.4 概括了前文所提到的所有杂化形式。当然还有许多其他的杂化形式，不过 sp、sp^2 和 sp^3 杂化是最常用的，尤其是在有机分子的成键模型中。有机分子的一大特点就是有多种成键方式。下一节将从价键理论的角度来讨论这种现象。

表 3.4　价层轨道杂化一览表

电子对数	电子对几何构型	杂化方式	杂化轨道数目	保留 p 轨道数	图示
2	线形	sp	2	2	
3	平面三角形	sp^2	3	1	
4	四面体	sp^3	4	0	

多重键

本书中许多路易斯结构都包含双键和三键。从简单分子如乙烯和乙炔，到复杂的生化化合物如叶绿素和维他命 B_{12}，多重键大量存在于化学领域中。将价键模型适当延伸，就可表示双键和三键。下面将以一种简单的碳氢化合物——乙烯为例进行说明。

乙烯的成键

乙烯是无色可燃的气体，沸点为 -104℃，主要运用于制造聚乙烯塑料。由于乙烯可刺激细胞壁瓦解，商业上用它来催熟果实，尤其是香蕉。

讨论成键模式都是从路易斯结构开始的。乙烯有 12 个价电子，它的分子结构中有一个

C—C 键和四个 C—H 键,需要 10 个价电子。如果将剩余的两个电子当作孤对电子放在一个碳原子上,将会导致一个碳原子上的形式电荷是 -1 而另一个是 +1。这可以通过在碳原子之间构建一个双键来解决,最终使两个碳原子周围都有 8 个电子。此时,每一个碳原子被三对电子包围,意味着碳原子以 sp^2 杂化形式成键,拥有平面三角形的几何构型。

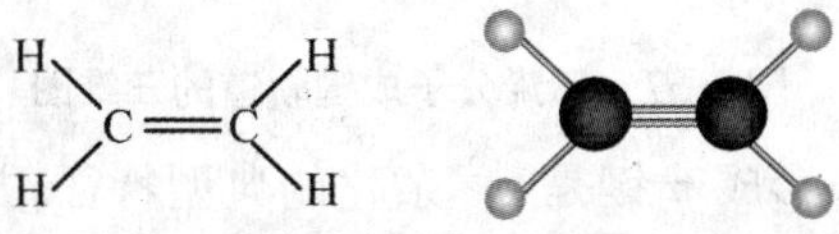

$H_2C{=}CH_2$

要画出一个多重键分子的示意图,首先要采用杂化轨道构建一个只包含 σ 键的框架。图 3.34 为 C 原子的 sp^2 杂化示意图,由此所得的 σ 键框架如图 3.35 所示。图 3.34 中一个电子占据了能量较高的 p_z 轨道,这看似违反了洪特规则。但实际上 sp^2 杂化轨道和 p_z 轨道间的能量差很小,电子很容易进入 p_z 轨道。因此,图 3.34 中的电子排布方式是符合实际实验结果的。

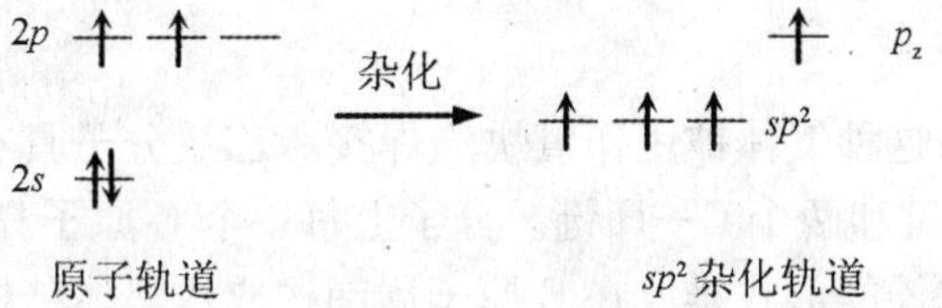

2p　杂化　p_z　sp^2　2s

原子轨道　sp^2 杂化轨道

图 3.34　由 C 原子上的 2s 和 2p 价层轨道组成 sp^2 杂化轨道的能级图

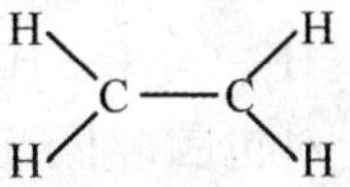

$H_2C—CH_2$

图 3.35　乙烯分子中的 σ 框架结构

上述 σ 键框架结构中包含四个 C—H 键和一个 C—C 键。每一个 C 原子使用两个 sp^2 杂化轨道与氢形成两个 C—H σ 键,再将剩余的一个 sp^2 杂化轨道相互重叠形成 C—C σ 键,如图 3.36 所示。

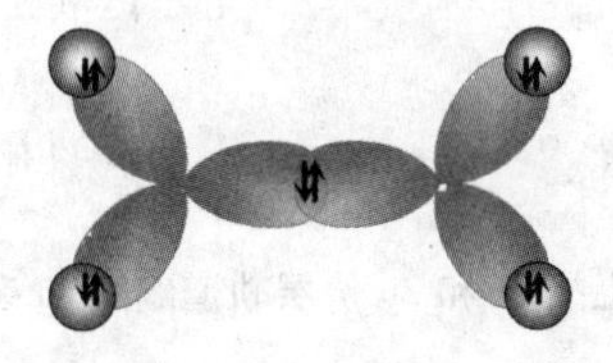

图 3.36　轨道重叠形成乙烯分子的 σ 键框架结构

σ 键框架结构建立起来后,每个 C 原子上留下一个半满的 p_z 轨道,这些半满轨道将被用来形成双键。已知 σ 键沿两原子核中轴线的电子密度最大。因此,为了形成双键,两个 p_z 轨道只能以肩并肩的方式重叠,形成一个 π 键(pi bond)。如图 3.37 所示,π 键在两原子核所成平面的两侧电子密度最大,沿原子核中轴线方向电子密度为零。有机分子(如乙烯)中,一个双键总是由一个 σ 键和一个 π 键组成的。σ 键由两个杂化轨道以“头对头”的形式重叠形成,π 键则由两个 p_z 轨道以“肩并肩”的形式重叠而成。图 3.37 是乙烯分子中完整的成键轨道三维图像(注意 π 键中两个电子离域在双键的两叶上)。

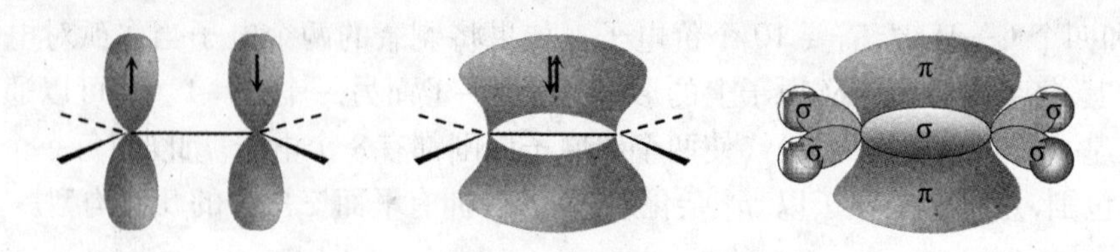

图 3.37　乙烯分子成键轨道的三维图

利用剩余价层 p 轨道来形成 π 键是 sp^2 杂化的典型特征,并不仅限于 C 原子。许多有机分子中包含的 C ═N 和 C ═O 双键等都可以用类似于 C ═C 双键的方法来描述。

综上所述,可以用四个步骤来建立对任意双键的描述:

(1)确定路易斯结构式;

(2)用路易斯结构式确定杂化类型;

(3)构建 σ 键框架;

(4)添加 π 键。

乙炔的成键

乙炔,俗名电石气,这种气体被用作氧炔焰焊接。乙炔分子具有十个价电子,用其中的六个来形成一个 C—C 键和两个 C—H 键。分子上每一个 C 原子只共享四个电子。剩下的四个电子以两对孤对电子的形式排放在 C 原子周围构成八隅体结构,但这会使另一个 C 原子的形式电荷数是 +2。将两个 C 原子之间的孤对电子对转变成成键电子对,使分子中每一个原子的形式电荷数均为 0。这就形成了以下碳原子之间以三键连接的路易斯结构。

H—C≡C—H

C_2H_2 中每一个碳原子被两对电子对包围,对于这种分子,可以预测它的几何构型为直线型,因此可以用 sp 杂化轨道描述乙炔分子的成键。

正如对乙烯分子所做的处理,首先运用杂化轨道建立只含 σ 单键的骨架。一个 sp 杂化的碳原子轨道图如图 3.38 所示,乙炔的骨架如图 3.39 所示。

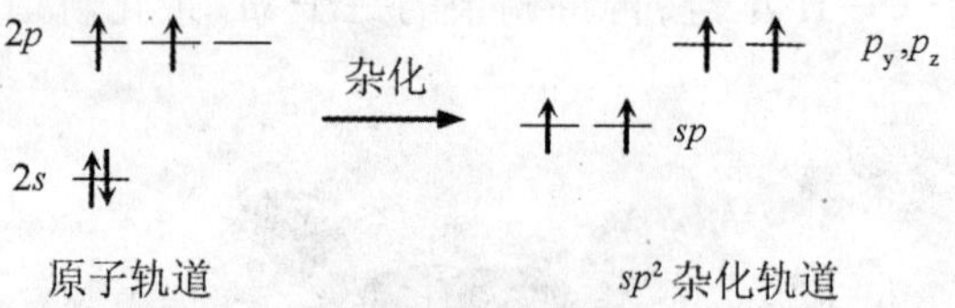

$2p$ ↑ ↑ —　　　　　　↑ ↑ p_y,p_z

杂化 →　↑ ↑ sp

$2s$ ⇅

原子轨道　　　　sp^2 杂化轨道

图 3.38　C 原子上的 $2s$ 和 $2p$ 价层轨道组成 sp 杂化轨道的能级图

图 3.39　乙炔分子的 σ 骨架图

每个碳原子上剩余了两个半充满的 p 轨道(p_y,p_z 轨道),将这两个轨道分别肩并肩重叠,形成两个 π 键,如图 3.40 所示。

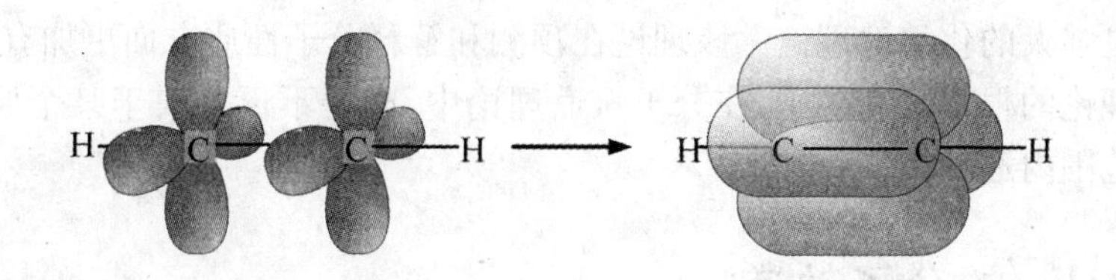

图3.40　由轨道重叠形成的乙炔的 π 键骨架

因此，每一个三键含有一个 C—C σ 键和两个 C—C π 键，这种情况通常在炔烃中出现。示例3.8对另外一种以 *sp* 杂化模式成键的分子进行了探讨。

示例3.8　氢氰酸 HCN 是一种剧毒的气体。全世界每年大约生产50万吨 HCN，大部分作为合成高分子的起始原料。试构造出完整的 HCN 成键图，并对各种轨道进行描述。

解答：HCN 的路易斯结构为：

H—C≡N

中心碳原子被两对电子对包围，N 原子也是这样，于是可以认为这两种原子按照 *sp* 杂化成键。这里只需要考虑氢原子的 1*s* 轨道，之前已经得到了 C 原子的 *sp* 杂化轨道图，氮原子的 *sp* 杂化轨道图如下所示：

E　2*p* ↑ ↑ ↑　　杂化→　　↑ ↑ p_yp_z

2*s* ⇅　　　　　　⇅ ↑ *sp*

原子轨道　　　　*sp*杂化轨道

C 原子的一个 *sp* 杂化轨道与 H 原子的 1*s* 轨道重叠得到一个 C—H σ 键，构成了线形的 σ 单键骨架。类似地，C 原子的另外一个 *sp* 杂化轨道与 N 原子上被单电子占据的 *sp* 杂化轨道重叠，形成了 C—N 单键。

H—C—N

结果是分别在碳原子和氮原子上留下了两个单电子占据的 *p* 轨道，它们将形成 C≡N 叁键。此外，在 N 原子上还剩余一个包含一对孤对电子的 *sp* 杂化轨道。最终得到 HCN 的成键图如图3.41所示。

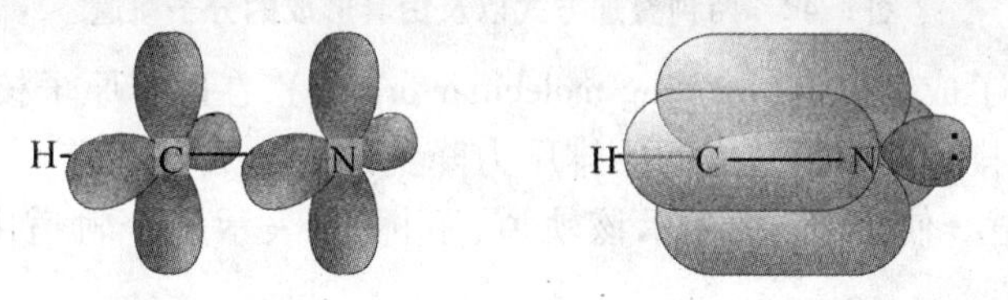

图3.41　HCN 的成键

思考题3.8　采用价键理论描述2－丁炔（$CH_3C{\equiv}CCH_3$）分子的成键，画出包含的轨道轮廓。

3.7　分子轨道理论：双原子分子

杂化轨道和定域键所提供的化学成键模型能够很容易地应用于大部分分子。这种模型在建立合理的化学结构和预测新的化学结构方面建树较多，但是却难以预测或解释关于成键和反应性的所有问题。例如，价键理论虽然能准确预测甲烷分子的几何结构，却无法解释甲烷分子的四个价层轨道为什么不是简并的。价键理论同样无法解释为什么许多含有过渡金属离子的化合物是有色的。本节将介绍分子轨道理论（molecular orbitals，MOs），这是一种比价键理论更强大的化学键理论。该理论在预测和解释分子性质方面更加有效。分子轨道理论与价键理论的根本区别在于,在分子轨道理论中,电子不再只属于某个原子,而是在整个分子空间范围内运动。

H_2 和 He_2 的分子轨道

分子轨道理论认为,分子轨道是由分子中各个原子的原子轨道重叠形成的。N 个原子轨道的组合就会形成 N 个分子轨道。即使在很小的分子里,其组合方式也有很多种可能性。以下的讨论将仅限于双原子分子,首先分析 H_2 分子的分子轨道。

H_2 分子中分子轨道是由 H 原子的 1s 轨道组成的。因为每一个原子轨道都有两个方向,所以这些原子轨道的叠加方式有两种——两个轨道相位相同(同相叠加)或者两个轨道相位相反(异相叠加)。同相叠加是有效叠加,将形成一个含有较大振幅、原子核之间电子云密度较高的分子轨道。异相叠加是无效叠加,得到一个零振幅的分子轨道(即反键轨道),两个原子核正中间的电子云密度为零。零振幅的区域称为节面(node)。上述叠加方式以及由此形成的分子轨道如图 3.42 所示。当氢原子的两个 1s 轨道相互作用时,可能生成两个分子轨道。

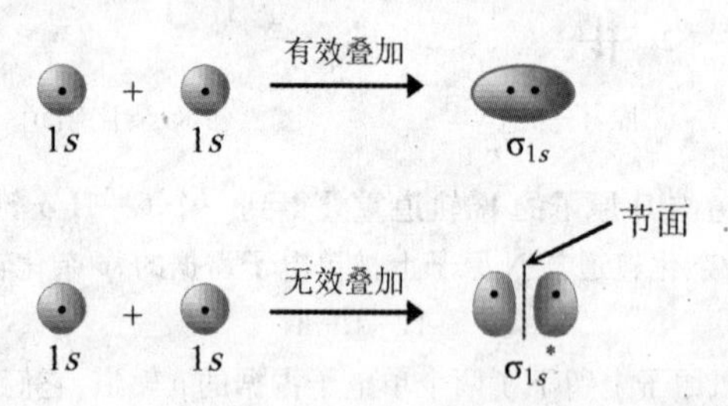

图 3.42　两种叠加方式以及由其形成的分子轨道

有效叠加形成了成键轨道(bonding molecular orbital),在两个原子核之间电子云密度达到最大。这种电子排列使原子核之间的排斥力降到最低。成键轨道关于中心轴旋转对称,因此是一个 σ 轨道。使用 σ_{1s} 来表示该轨道,下标 1s 表示这个轨道由 1s 原子轨道叠加而成。

无效叠加形成了反键轨道(antibonding molecular orbital),在两个原子核之间电子云密度最小,节点处电子云密度为零(所有的反键轨道至少含有一个节点)。由于没有电子居中调停,原子核之间的排斥力显著。反键轨道关于中心轴旋转对称,因此也是一个 σ 轨道。使用上标(*)表示它的反键特性,同样,使用下标 1s 表示这个轨道来自两个 1s 原子轨道的重叠,故其完整描述为 σ_{1s}^*。

将原子轨道以及由其形成的分子轨道的相对能量作图,就得到分子轨道图(molecular orbital diagram)。如图 3.43 所示为 H_2 分子的分子轨道图。从图中可以看出:成键轨道能量比形成分子轨道之前的原子轨道能量要低,而反键轨道能量则要高一些。形成氢分子时,两个电子的排布也必须遵循能量最低原理、鲍利不相容原理和洪特规则。因此氢分子的两个价层电子自旋成对地填入能量最低的轨道 σ_{1s},留下空的 σ_{1s}^* 轨道。

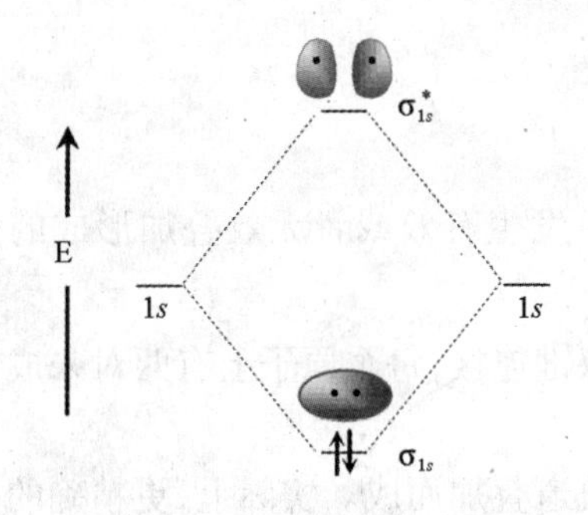

图 3.43　H_2 分子的分子轨道图

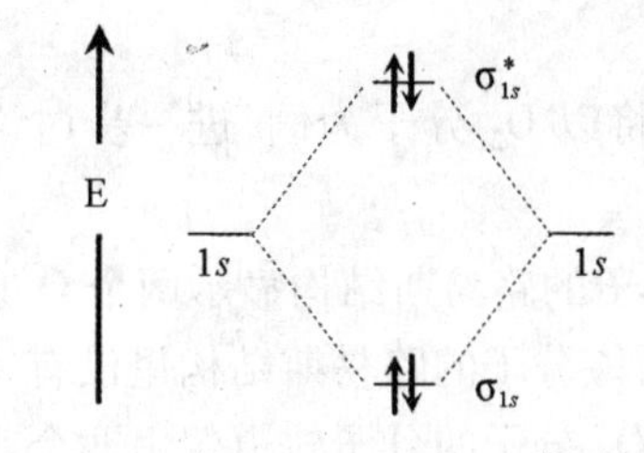

图 3.44　He 分子的分子轨道图

图 3.43 所示的分子轨道图适用于周期表中第一周期的所有双原子分子。例如,可以运用分子轨道理论解释为什么两个氦原子不会结合形成 He_2 分子。He 的电子排布为 $1s^2$,因此假想的 He_2 分子含有四个电子,其中两个电子位于成键的 σ_{1s}轨道上,剩余的两个电子不得不占据反键的 σ_{1s}^* 轨道,如图 3.44 所示。由于反键轨道上电子的失稳效应抵消了成键轨道上的稳定效果,因此双原子 He_2 分子不存在,He_2 分子的总能量与两个孤立 He 原子的能量之和一模一样。由于形成分子过程中没有能量上的优势,原子就不会形成分子。可通过计算键级(bond order)来预测两个原子是否能形成分子。键级表示键的牢固程度,其定义为:

键级 = (1/2)(成键分子轨道上电子数目 - 反键分子轨道上的电子数目)

键级也可以是分数。一般说来,键级愈高,键愈稳定;键级为零,则表明原子不可能结合成分子,键级越小(反键数越多),键长越大。

氢分子含有两个成键电子,没有电子位于反键轨道上,键级 = (1/2)(2 - 0) = 1。一级键级对应 1 个单键,与氢分子的路易斯结构相一致。对于假想的 He_2 分子,两个成键电子,两个反键电子,键级 = (1/2)(2 - 2) = 0。因此,氦原子之间没有形成化学键,故不会形成稳定的双原子分子。

示例 3.9　使用分子轨道理论预测 He_2^+ 形成的可能性。

解答:一个 He 原子含有两个电子,因此一个 He_2^+ 含有三个电子。根据构造原理,两个电子填入低能级的 σ_{1s}轨道,因此第三个电子将以任意一种自旋取向填入反键的 σ_{1s}^* 轨道。故 He_2^+ 阳离子的键级为(1/2)(2 - 1) = 1/2。虽然 1/2 的键级看起来很特别,但是仍然比 0 要大。因此估计键级仅为 1/2 的 He_2^+ 阳离子能够在实验中获得。

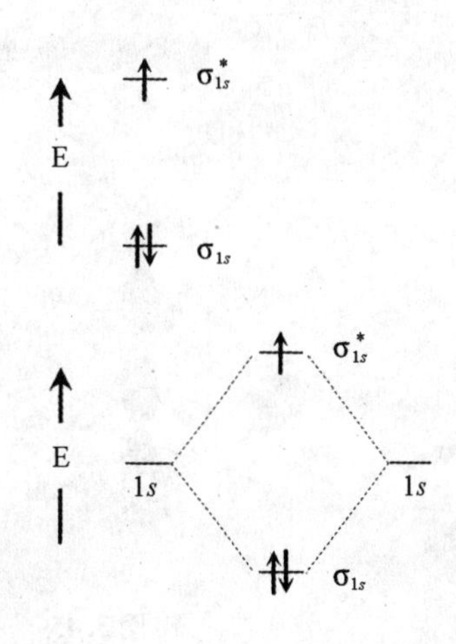

事实上,这种键在化学里是很常见的。He_2^+ 能够从 He 气体样品中失去一个电荷获得。He_2^+ 不稳定。He_2^+ 的裂解能为 250kJ · mol^{-1},大约是键级为 1 级的 H_2 分子键能的 60%。

思考题 3.9　H_2 和 H_2^- 中哪一种粒子键级更大? 运用分子轨道图验证答案。

O_2 的分子轨道

下面将以 O_2 分子为例，进一步讨论由 p 原子轨道发生有效或者无效叠加形成的分子轨道。

O_2 分子的路易斯结构显示两个 O 原子通过一个双键连接，每个原子上有两对未成键电子。注意，该分子的路易斯结构里没有未成对电子。

假设 O_2 分子的分子轨道仅由两个氧原子的价层轨道叠加而成。实际上，更精确的处理还应该包括核层的 $1s$ 轨道，但是为了简化起见，在此将其忽略。每一个 O 原子含有 4 个价层轨道，因此 O_2 分子轨道图包含八个分子轨道。首先为 $2s$ 原子轨道间的相互作用，这与 H_2 分子中的 $1s$ 轨道一样，有效叠加形成了 σ_{2s} 成键轨道，无效叠加形成了 σ_{2s}^* 反键轨道。由于 $2s$ 轨道比较大，这两个分子轨道比 H_2 分子中的 σ_{1s} 和 σ_{1s}^* 轨道要大，但其总轮廓是类似的。

图 3.45 给出了基于 $2p$ 轨道的分子轨道构造。其中一对分子轨道由沿着键轴方向的 p_z 轨道头对头叠加而成（为了简便起见，将键轴选择为 z 轴）。这种形式的叠加形成了一对 σ 轨道，即 σ_p 成键轨道和 σ_p^* 反键轨道，如图 3.45(a) 所示。剩下的几组 p 轨道通过肩并肩叠加形成分子轨道，这种分子轨道的电子云主要分布于键轴上下方，被称为 π 轨道。有效叠加形成的是 π 成键轨道，无效叠加形成的是 π 反键轨道。其中一对分子轨道由 p_y 原子轨道重叠形成，另一对分子轨道由 p_x 原子轨道重叠形成。图 3.45(b) 仅给出由 p_y 轨道形成的 π 分子轨道，以 π_y 标记。π_y 与由 p_x 原子轨道组成的 π_x 分子轨道有着相同的轮廓，不同的是它们互相垂直。注意 π^* 反键轨道在两个 O 原子之间形成了一个节点。

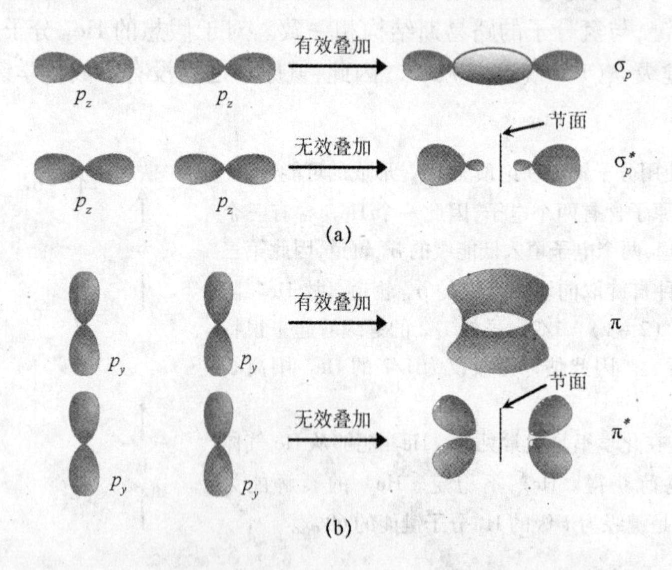

图 3.45　p 轨道上叠加形成的成键轨道和反键轨道

为了绘出 O_2 的分子轨道图，首先需要根据以下规则确定这些分子轨道的相对能量大小。

(1) σ_s 成键轨道和反键轨道的能量要低于由 p 原子轨道形成的其他任意一个分子轨

道。这是由于形成 σ_s 和 σ_s^* 的 2s 原子轨道能量比 2p 轨道低。

(2)两个 π 成键轨道是简并的,因为形成该分子轨道的 p 原子轨道是简并的。同理,两个 π^* 反键轨道也是简并的。

(3)由 2p 原子轨道形成的反键轨道能量是最高的,而且 σ_p^* 能量要高于 π^*。

σ_p 成键轨道和 π 成键轨道应该位于 σ_s^* 和 π^* 之间,但是谁的能量更低一些?实验数据表明头碰头重叠要比肩并肩重叠更有效,因此 σ_p 轨道应该具有更低的能量。由此得到完整的 O_2 分子轨道图,如图 3.46 所示。为了获得基态电子排布,将 12 个价层电子按照鲍利原理、能量最低原理和洪特规则填入分子轨道中,再将得到的电子排布按其所处轨道(σ_s,π_x 等)来描述,使用上标标出每一个分子轨道上电子的数目。因此,基态氧原子的电子排布为:

$$(\sigma_s)^2(\sigma_s^*)^2(\sigma_p)^2(\pi_x)^2(\pi_y)^2(\pi_x^*)^1(\pi_y^*)^1$$

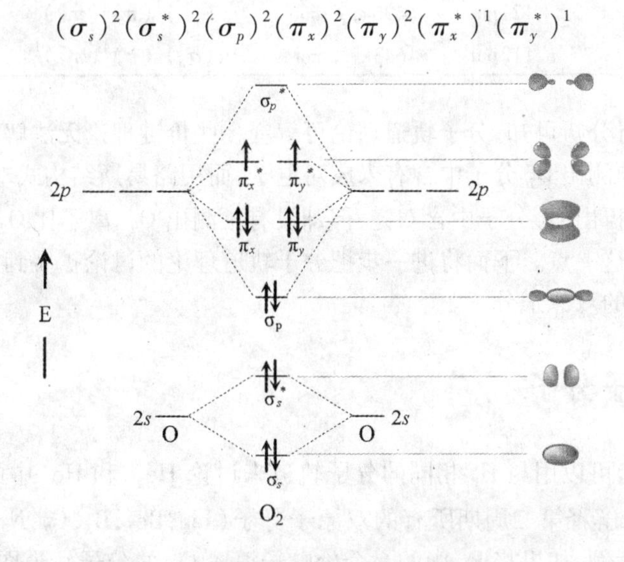

图 3.46　O_2 的分子轨道图

为了满足洪特规则,必须在两个 π^* 轨道上各填入一个电子,且它们应自旋平行。也就是说分子轨道理论认为氧分子含有两个未成对电子,这与价键理论和路易斯理论的结果不同。哪种模型与实验结果一致呢?

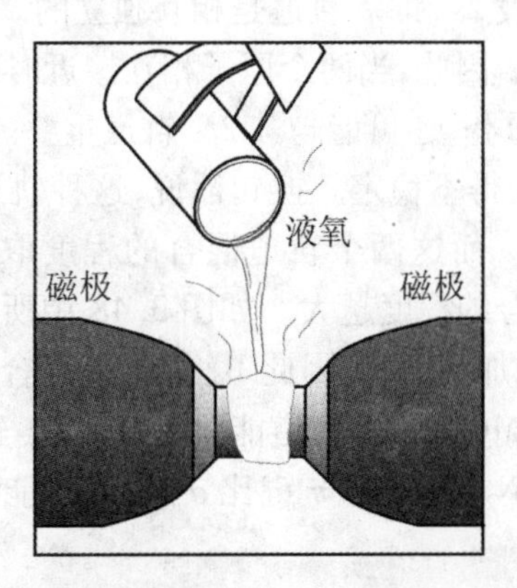

图 3.47　氧分子是顺磁性的,因此它粘在磁极上

图 3.47 显示液态氧在磁场作用下粘在磁极上。对磁场有吸引力表明氧分子是顺磁性的。回顾第 2 章可知，当电子排布中包含未成对电子时顺磁性增加，这说明分子轨道理论所得 O_2 分子的化学键模型比价键理论所得模型更符合实验结果。这并不意味着分子轨道理论是“正确”的，只是表明相对于其他模型它与实验的吻合程度更高。

氧气分子的键级为(1/2)(8－4)＝2。如果从 O_2 中移去一个电子，便形成了 O_2^+ 离子。下表为氧气和 O_2^+ 离子的键长和键能的实验测定值。数据表明 O_2^+ 离子比 O_2 键能更高，键长更短，两个现象都与键级的增加相一致。这说明移去的电子必定来自反键轨道，因为移去之后减少了反键轨道的数量，增强了键能，也证明了 π^* 轨道的确是反键轨道。

物质	键长	键能	电子排布	键级
O_2	121pm	496kJ · mol^{-1}	$\cdots(\sigma_p)^2(\pi)^4(\pi^*)^2$	2
O_2^+	112pm	643kJ · mol^{-1}	$\cdots(\sigma_p)^2(\pi)^4(\pi^*)^1$	2.5

通过对 O_2 进行分析可知，分子轨道理论可解释一些价键理论无法解释的分子特性。例如，分子轨道理论预测出 O_2 分子中含有未成对电子，而用路易斯结构式却无法得到。又如，价键理论虽然能分析出 O_2 分子中含双键，但却没有预测出 O_2^+ 离子比 O_2 键能更高，而分子轨道理论却能做到这一点。下面将进一步把分子轨道理论的讨论扩展到元素周期表第二周期元素中所有同核的双原子分子。

同核双原子分子

前面已经讲到，可以用与 H_2 相同的分子轨道来讨论 He_2^+ 和 He_2 中的键。那么能否用 O_2 的分子轨道图来解释第二周期所有的双原子分子(Li_2，Be_2，B_2，C_2，N_2，O_2，F_2，Ne_2)中的键呢？以 B_2 分子为例，如果将 B_2 中的 6 个价电子填入 O_2 的分子轨道图中，可以得到该分子的电子排布为$(\sigma_s)^2(\sigma_p^*)^2(\sigma_p)^2$。由此可推测，$B_2$ 分子中所有的电子都是成对的，B_2 应该是反磁性的。但是，实验证明 B_2 是顺磁性的，存在两个未成对的电子。当理论与实验相冲突时，就要对理论进行修正，即 O_2 中的分子轨道图要经过修正才能运用到 B_2 上。

在前面的推导过程中，假设 2*s* 和 2*p* 轨道是相互独立的。但根据前一章所学内容可知，2*s* 和 2*p* 轨道有着相近的半径。因此，当两个原子相互接近时，一个原子上的 2*s* 轨道将不仅仅与另一个原子上的 2*s* 轨道重叠，还可能与其 $2p_z$ 轨道重叠。这两个轨道的混合将使 σ_s 轨道变得更稳定，却使 σ_p 轨道变得不稳定。换句话说，这种轨道混杂(orbital mixing)将使 σ_s 轨道和 σ_p 轨道的能级差增大。而这两个轨道混合的程度取决于 2*s* 和 2*p* 轨道的能量差。两个原子轨道能级越接近，混合的程度越大。如图 3.48 中所示，第二周期中各元素的原子轨道能级差随着原子序数的增加而增大，因此 B_2 的轨道混合程度大于 F_2。图 3.49 反映出 2*s* 和 2*p* 轨道的混合效应是使 MOs 的 σ_s 轨道能量更低而 σ_p 轨道能量更高。第二周期混合程度逐渐下降，对于 B_2、C_2 和 N_2，MOs 的 π 键比 σ_p 轨道的能量低，而对于 O_2 和 F_2，则结果刚好相反。

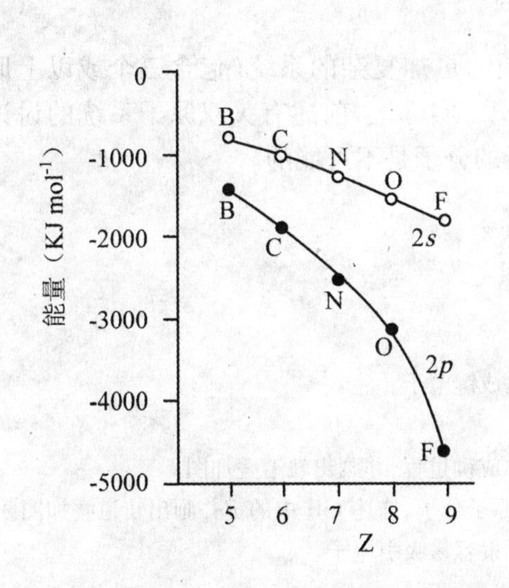

图 3.48　不同原子 $n=2$ 的价层电子轨道的能量

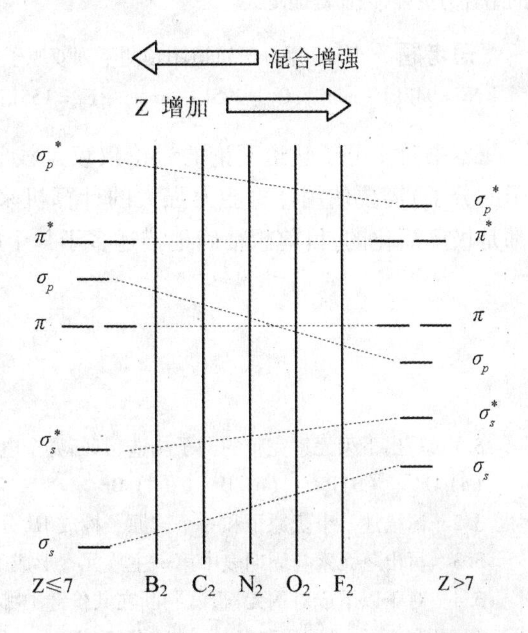

图 3.49　混合效应影响 σ_s 和 σ_p 轨道能量

对于 B_2、C_2、N_2 分子来说，轨道混杂的主要作用是使 σ_p 分子轨道能量比简并的 π 轨道能量要高。因此，根据洪特规则，对于这些分子，电子首先填充在 π 轨道上，然后填充在 σ_p 轨道上。由此可知 B_2 的电子构型为 $(\sigma_s)^2(\sigma_s^*)(\pi_s)^1(\pi_y)^1$，即 B_2 是顺磁性的，这个预测与实验是吻合的。注意：图中 σ_p 和 π 的轨道能级在氮分子和氧分子之间发生了交叉。因此，对于双原子分子来说，存在两种轨道的组合方式，一种适用于 B_2、C_2、N_2，另一种适用于 O_2、F_2。图 3.49 给出了这两个种组合方式的图例。很多实验现象都可以用这些分子轨道图来解释。

示例 3.10　运用分子轨道图解释下列键能的变化趋势：

$B_2=290\text{kJ}\cdot\text{mol}^{-1}$；$C_2=600\text{kJ}\cdot\text{mol}^{-1}$；$N_2=942\text{kJ}\cdot\text{mol}^{-1}$。

解答：σ_p/π 能级的交叉点发生在 N_2 和 O_2 之间，故图 3.49 中的原子序数 $Z<7$ 的一般分子轨道图对上面三个分子都适用。价层电子数分别为 $B_2=6e$，$C_2=8e$，$N_2=10e$。根据构造原理和洪特规则将这些电子填入分子轨道图里。结果如下所示：

轨道	B_2	C_2	N_2
σ_p^*	——	——	——
π_x^*,π_y^*	—— ——	—— ——	—— ——
σ_p	——	——	↑↓
π_x,π_y	↑ ↑	↑↓ ↑↓	↑↓ ↑↓
σ_s^*	↑↓	↑↓	↑↓
σ_s	↑↓	↑↓	↑↓

分子轨道图显示：从 B 到 N 分子，增加的电子全都填入了成键分子轨道。通过计算三种分子的键级就可清楚地知道 $B_2=(4-2)/2=1$，$C_2=(6-2)/2=2$，$N_2=(8-2)/2=3$。键级的增加表明原子之间

的结合力更强,因而键能更大。

思考题 3.10　用分子轨道图预测下列双原子分子的键能变化趋势:

$N_2 = 942 kJ \cdot mol^{-1}$;$O_2 = 495 kJ \cdot mol^{-1}$;$F_2 = 155 kJ \cdot mol^{-1}$。

本书对于分子轨道理论的讨论仅仅是浅尝辄止,更加复杂的系统(包含三个或以上原子的分子)需要使用计算能力强大的计算机来模拟。实际上,前述有关双原子系统的讨论都是极度简化的,目前想精确地描述多于一个电子的分子是不可能的。

习　题

3.1　写出下列元素完整的电子构造,判断哪个电子是成键电子。

(a) O　(b) P　(c) B　(d) Br

3.2　请描述一个氢原子和一个碘原子构成 HI 分子的成键过程,并画出轨道叠加图。

3.3　写出氢元素与周期表中第一主族元素形成的双原子分子,描述 LiH 中的键并画出轨道叠加图。

3.4　对于以下成对的元素,试判断在共价键中哪种元素容易吸引电子。

(a) C 和 N　(b) S 和 H　(c) Zn 和 I　(d) S 和 As

3.5　用 δ+/δ- 来标出下列键极性的方向

(a) Si—O　(b) N—C　(c) Cl—F　(d) Br—C

3.6　按键极性的大小排列分子 H_2O、NH_3、PH_3 和 H_2S。

3.7　从元素 Ca、C、Cu、Cs、Cl 和 Cr 中选取元素组成离子化合物,说明每种化合物是否形成了稳定的阴离子和阳离子。

3.8　以下是几种钡元素和氧元素可能形成的离子化合物:

Ba^+O^-　$Ba^{2+}O^{2-}$　$Ba^{3+}O^{3-}$

(a) 哪一种具有最大的晶格能?

(b) 形成哪种离子所需的能量最低?

(c) 哪种化合物实际存在? 并说明为什么。

3.9　写出下列物质中的价电子数:

(a) H_3PO_4　(b) $(C_6H_5)_3C^+$　(c) $(NH_2)_2CO$　(d) SO_4^{2-}

3.10　将下列分子式转换成分子框架,计算每个分子构建框架所需的价电子数。

(a) $(CH_3)_3CBr$　(b) $(CH_3CH_2CH_2)_2NH$　(c) $HClO_3$　(d) $OP(OCH_3)_3$

3.11　确定 NH_3、NH_4^+、H_2N^- 的路易斯结构。

3.12　用标准步骤逐步确定 H_3CNH_2、CF_2Cl_2、OF_2 的路易斯结构。

3.13　确定下列多原子离子的路易斯结构,画出所有可能的共振结构并标出形式电荷数。

(a) NO^{-3}　(b) HSO_4^-　(c) CO_3^{-2}　(d) ClO_2^-

3.14　画出分子 CF_2Cl_2、SiF_4、PBr_3 的构型并命名。

3.15　请画出 1,2-二氯乙烷(ClH_2CCH_2Cl)的球棍模型并确定它的几何构型。

3.16　画出二甲基氨的路易斯结构式,确定其几何构型并绘制出球棍模型,类似于氨分子上的氢被甲基所取代。

3.17　命名中心原子有如下特征的分子形状:

(a) 2 个孤电子和 3 个配位电子;

(b) 5 电子对,其中 1 对是孤对电子;

(c)3 电子对,没有孤对电子对;

(d)5 配体 6 电子对。

3.18　由碘和氯组成的三种化合物 ICl、ICl_3、ICl_5,确定它们的路易斯结构,判断分子构型,并画出每个化合物的球棍模型。

3.19　判断物质 SO_2、SbF_5、ClF_4^+、ICl_4^- 的分子构型和理论键角。

3.20　确定下列化合物的路易斯结构式,判断哪种化合物具有偶极矩。对具有偶极矩的分子画出其球棍模型并用箭头标明偶极矩的方向。

(a) SF_4　(b) H_2S　(c) XeF_2　(d) $gaCl_3$　(e) NF_3

3.21　二氧化碳没有偶极矩,但是二氧化硫的偶极矩 $\mu = 5.44 \times 10^{-30}$ C·m。试用路易斯结构来解释两者偶极矩的差异。

3.22　分子 PF_5、CH_3I、BrF_5 中哪个的键角最有可能与 VSEPR 理论相背离?画出这个分子的草图,对相背离的情况进行说明。

3.23　利用表 3.2 对下列键的强度从低到高进行排序,并找出使键增强的最重要原因: C≡C, H—N, C═O, N≡N 和 C—C。

3.24　请描述氢原子和氯原子在 HCl 中成键的形式,画出轨道重叠图。

3.25　在三氟化锑中键角是 87°。画出轨道叠加作用后的 Sb—F 键,描述 SbF_3 中的键。

3.26　试命名由下列原子轨道组成的杂化轨道:

(a) 3*s* 和三个 3*p* 轨道;

(b) 2*s* 和一个 2*p* 轨道。

3.27　判断$(CH_3)_2$**NH**、**S**O_2、**C**S_2 化合物中粗体字标出的原子在其中的杂化形式。

3.28　描绘丙酮溶剂$(CH_3)_2CO$ 中的键,画出所有键中轨道重叠的草图。

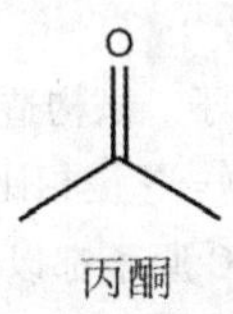

丙酮

3.29　几种碳的化合物如 1,4-戊二烯、1-戊炔和环戊烯的分子式都是 C_5H_8,运用电子对数目和杂化方式画出三种分子的成键图。

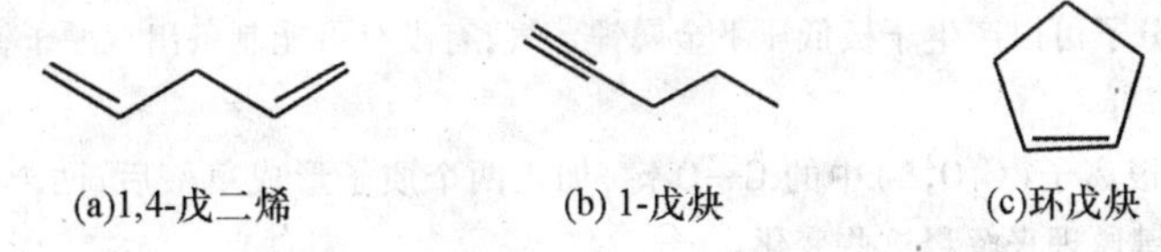

(a)1,4-戊二烯　(b) 1-戊炔　(c)环戊炔

3.30　判断下列轨道进行重叠时是形成 σ 键、π 键,还是不成键,试画出轨道草图,假定键位于 *z* 轴:

(a) $2p_z$ 和 $2p_z$　(b) $2p_y$ 和 $2p_x$　(c) sp^3 和 $2p_z$　(d) $2p_y$ 和 $2p_y$

3.31　CNO 可以形成两种不同的多原子阴离子氰酸根 CNO^- 和异氰酸根 NCO^-,分别画出它们的路易斯结构式,包括等价共振式,并标出有效电荷。

3.32　下列分子构型常见于 XY4 型化合物,试写出各几何构型的名称、理想的 VSEPR 键角、孤对电子数,并给出一个具体的例子。

3.33　硫可形成两种稳定的化合物 SO_2 和 SO_3,试描述这两种化合物的成键与分子构型。

3.34　辣椒素分子是辣椒具有香辣味的主要原因,请说明:

(a)辣椒素分子中含有多少个 π 键?

(b)每一个被标记原子分别用什么轨道来成键?

(c)每一个被标记原子成键的键角各是多少?

(d)重新画出辣椒素分子的结构式,标出孤对电子。

3.35 用电子排布来判断物质 N_2^+ 和 O_2^+ 是顺磁性还是反磁性的。

3.36 试确定下列分子中每一个原子的成键轨道类型(原子轨道,sp^3 或 sp^2):

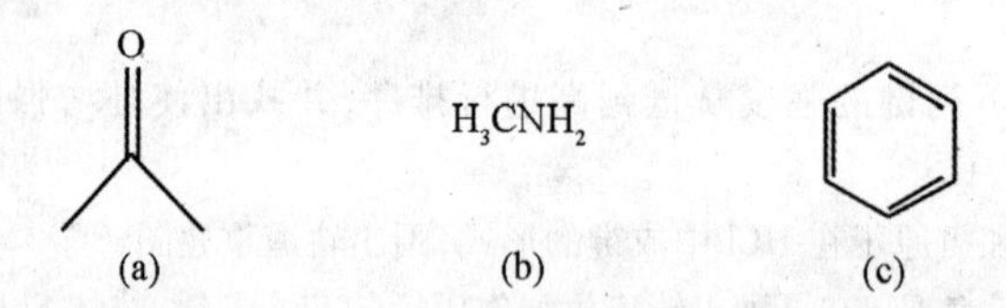

3.37 二氧化氮分子有两种可能的路易斯结构式:N—N—O 和 N—O—N。实验表明该分子是线型的,并具有偶极矩。试确定 NO_2 的分子排布。

3.38 由于三原子分子的中心原子周围电子对数不同,具有四种不同的几何构型,列出四种构型并各举出一例。

3.39 PF_3 和 PF_5 都为已知存在的化合物,NF_3 也是存在的,但是 NF_5 却不存在,试解释为什么不存在分子式 NF_5?

3.40 N_2 分子可以吸收光子产生激发态分子。试构造一个能级结构将价层电子填充其中,描述出最稳定激发态的 N_2 分子,解释激发态 N_2 分子中 N—N 键相比基态 N_2 分子是增强还是减弱了?

3.41 富勒烯包含了 60 个碳原子,每一个 C 原子都以 sp^2 方式杂化,并且提供一个 $2p$ 轨道形成离域分子轨道,富勒烯中含多少个 π 轨道和 π 键电子。

3.42 Cl 可以形成中性氧化物 ClO_2,试描述此非正常氧化物的成键方式,并解释为什么它被认为是非正常的。

3.43 双原子锂分子可以产生于极低压下金属锂蒸气,有没有可能制备出双原子铍分子?试用 Li_2 和 Be_2 的分子轨道图来解释。

3.44 相比草酸根离子($C_2O_4^{2-}$)中的 C—O 键,加入两个质子形成草酸后,两个 C—O 键增长,两个 C—O 键缩短,试用成键原理来解释这些变化。

第4章 气 体

气态、液态和固态是我们非常熟悉的物质的三种聚集状态。例如,我们呼吸的空气、海洋里的水、海滩上的沙子,所有这些物质都是由原子、离子或分子等微粒组成的。物质以哪种状态存在取决于微粒之间相互作用力的大小。本章重点讨论气体的特征和行为。液体和固体的特性将在第5章介绍。

尽管以气态形式存在的化学物质种类不多,但却充满了我们生活的空间。比如空气,它主要由氮气(约78%)和氧气(约21%)以及其他一些微量气体组成,空气中各组分的含量以及混合物的温度决定了天气状况。

本章先介绍用来描述气体的物理量;再介绍可以用来解释气体行为的分子;然后进一步研究气体的其他特征,并说明如何对有气相参与的化学反应进行化学计算;最后介绍分子间存在的几种作用力及其对气体物理性质的影响。

4.1 物质的状态

宇宙中所有的物质基本上都是以三种状态(固态、液态和气态)中的某一状态存在的。(其实物质还存在第四种状态——等离子体,但这种物态仅仅存在于星球内部这种极端的条件下)。最近发现,在温度接近绝对温度0K时存在另外一种状态:玻色——爱因斯坦冷凝物(Bose-Einstein condensate)。在温度或压力改变时,物质能够从最稳定的状态变到另一种状态。比如水,在一个大气压下,当温度降至0℃以下时将会从液态变成固态——冰。

但是为什么在一个大气压下和25℃时水是液体,而氧气和黄金却分别是气体和固体呢?这要归因于物质中单个原子、分子、离子之间的相互作用力。固体内部上述微粒之间的作用力相对强一些,而气体当中上述微粒之间的作用力要弱一些。本章中,我们主要研究气体以及原子和分子之间的力。第5章主要介绍液体和固体(也叫做凝聚相)以及物质的相变过程。

4.2 气体的描述

气体相对于固体和液体的最明显特征是,它们可以充满容器的整个空间。例如:气态水(水蒸气)能够充满瓶子的各个部分,如果降低温度使其成为液态水,则只能占据瓶子的底部。如果把温度降低到冰点以下,也只能占有瓶子的底部。气体能够充满容器整个空间的事实证明,在容器内单个气体原子或分子能够自由移动,据此可以推断微粒之间的作用力非常弱。压力是描述气体特性的物理量之一。压力产生于单个原子和分子的快速运动以及它们与容器壁的碰撞。压力(p)的大小与气体的物质的量(n)、容器的体积(V)以及温度(T)有关。下面几节将分别介绍这些变量之间的关系。

压力 p

任何物体撞击表面都会产生相对于表面的力。例如,当篮球撞击篮框时,会受到一个相反的作用力,同样,篮球内的空气分子在与其他分子或篮球壁发生碰撞时,也会受到与碰撞方向相反的力,这些力的矢量和就是气体压力。在高于绝对温度 0K 的任何温度下,原子和分子一直在运动,在分子水平,原子和分子之间以及与容器壁(比如说篮球的内壁)之间始终处于不停碰撞之中,这个过程就会产生力。所有碰撞的累计结果称为压力。压力是一种宏观性质。

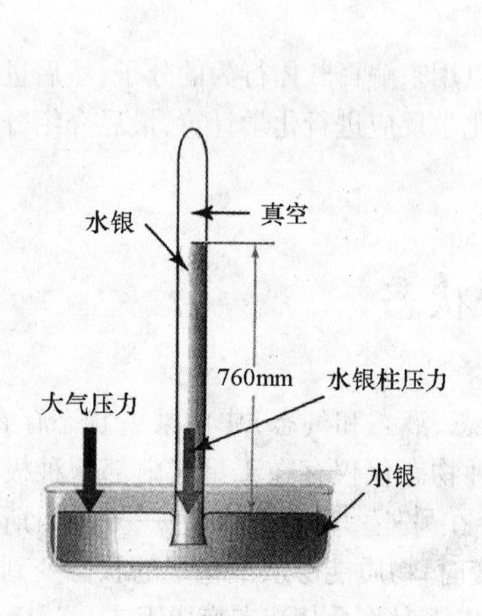

图 4.1 水银气压计

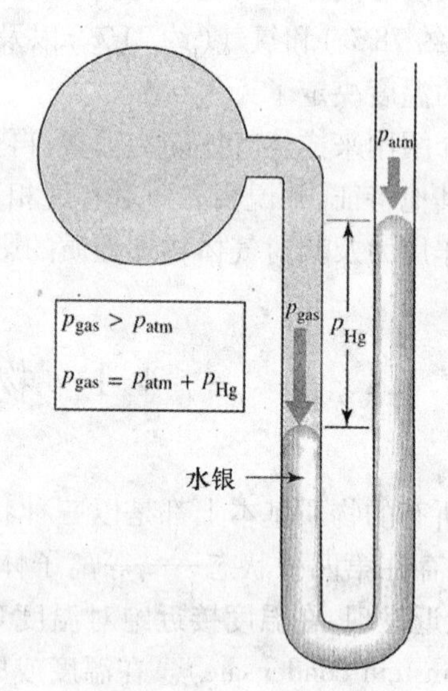

图 4.2 利用气压计两边液柱的高度差计算液柱两侧的压力差

我们可以通过检测地球表面空气的压力来感知气体压力的宏观特性。大气层相当于一个充满大气的巨大容器,可以在地球表面产生压力。大气的压力能够通过气压计测量出来。图 4.1 是一个简易气压计的结构示意图。将一根装满水银且一端封闭的长玻璃管小心地倒转过来放进特制的装着液体水银的容器里。玻璃管中水银重力向下,如果没有相反的力,玻璃管中的水银会全部流出来并与容器中的水银混在一起。但事实是,水银确实下降了,却会维持在一个固定的高度。圆柱内的水银不再下降,是因为大气对容器内的水银产生了压力,这个力会对玻璃管中的水银柱产生一个向上的推力。当玻璃管内特定高度的水银产生的向下的力和玻璃管外大气产生的压力相等时,圆柱中的水银达到平衡状态。

在海平面上,大气压力能够支持的水银柱高度接近 760mm。随着纬度和天气的改变,大气压力也会有些波动,但在海平面上水银柱高度的改变一般不会超过 10mm,只有在极端的环境下,比如飓风来临的时候,可能会降低到 740mm。

压力计和气压计相似,它可用来测量两种气体的压力差。如图 4.2 所示是一种简单的压力计,一个装有水银的U型玻璃管,管的一侧和大气连通,另一侧与要测量的气体相通。从图中可以看出,大气压力要小于管中的气体压力,而两者之间的差值等于气压计两侧水银高度的差值。

压力的国际单位制单位是帕斯卡(Pa),定义为每单位面积的力,因此压力单位也可以采用这两个参数的国际单位制来表示。力的单位是牛顿(N),面积的单位是平方米(m^2)。所以 $1Pa = 1N \cdot m^{-2} = 1kg \cdot m^{-1} \cdot s^{-2} = 1J \cdot m^{-3}$。

大量的非国际单位制单位也常用来表示压力。

一标准大气压(1atm)的压力能够支撑760mm Hg柱(海平面的大气压力)。

$1atm = 1.01325 \times 10^5 Pa$

1托相当于1mm Hg柱的压力

1 atm =760 torr

1巴 $= 10^5 Pa$

本书中我们采用国际单位制单位帕斯卡(Pa)。大气压力近似等于 $1.01325 \times 10^5 Pa$。

气体定律

气体原子或分子在容器内可以自由运动以占据整个可用空间,如图4.3所示图中的直线表示单个分子或原子的运动路径。气体所占的体积会随着压力、温度和数量的变化而变化。它们之间的关系就是气体定律。

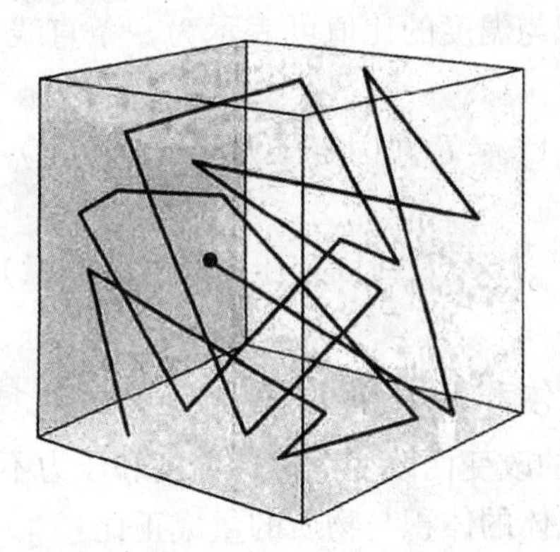

图4.3　气体定律

波义尔定律——体积和压力的关系

图4.4是大约公元1660年英国科学家罗伯特·波义尔(Robert Boyle,1627—1691)在恒温下做的实验。他从J型玻璃管开口的一端注入液体水银,使另一端封闭一定量空气,持续添加水银,发现新添加的水银产生的压力会将气体压缩到更小的体积,如图4.4(a)所示。如果压力增加一半,那么气体的体积就减少一半。更确切地说,波义尔的实验证明密封气体的体积与水银和大气产生的总压力成反比,即

$$V_{gas} \propto \frac{1}{p_{gas}}（固定温度和气体数量）$$

或者

$$p_{gas} \cdot V_{gas} = K \text{（固定温度和气体数量）}$$

这里 K 是一个常数。反比关系如图 4.4(b)所示。

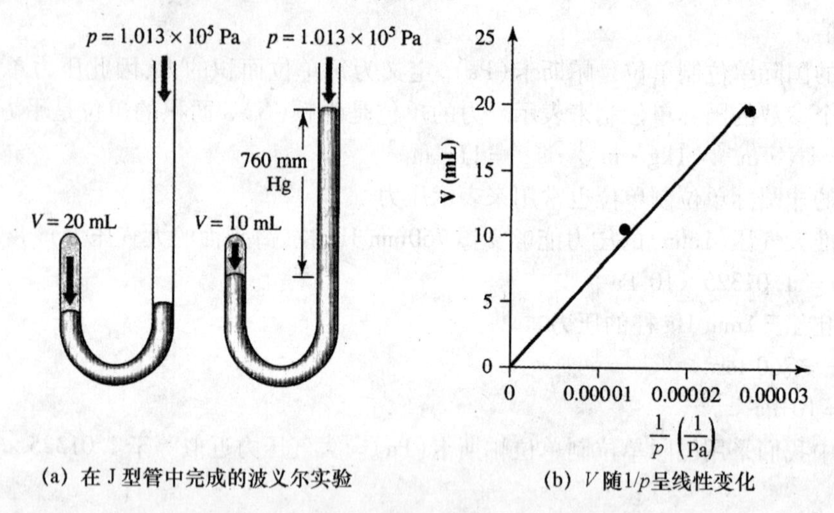

(a) 在 J 型管中完成的波义尔实验　　(b) V 随 $1/p$ 呈线性变化

图 4.4　右管内封闭气体的压力是左管内气体的两倍，体积是左管的一半

查理定律——体积和温度的关系

波义尔曾经观察到加热气体会使其体积增加，但是将近一个世纪过去后，查理(Jacques Alexandre Cesar Charles，1746—1823)才第一次报告了气体体积和温度之间的定量关系。他发现一定质量的气体，其体积与温度的比值可表示为一条直线，也就是说，气体的体积与温度成正比，即

$$V_{gas} \propto T_{gas} \text{（固定压力和气体数量）}$$

或者

$$V_{gas} = K'T_{gas} \text{（固定压力和气体数量）}$$

这里 K' 是一个常数。

阿伏伽德罗定律——体积和数量的关系

气体的体积会随着数量的改变而改变。保持温度和压力不变，如果气体的量增加一倍，体积也会增加一倍。总之，气体的体积与物质的量成正比。

$$V_{gas} \propto n_{gas} \text{（固定的压力和温度）}$$

或者

$$V_{gas} = K''n_{gas} \text{（固定的压力和温度）}$$

这里 K'' 是一个常数。

理想气体状态方程

波义尔、查理、阿伏伽德罗还有其他的科学家都已经证明任何气体的体积与气体的温度、物质的量成正比，与压力成反比，总结这些成果，可以得出：

$$V \propto \frac{nT}{p}$$

引进一个气体常数 R,这个比例关系就能变成一个等式:

$$V = R\frac{nT}{p}$$

转化为:

$$pV = nRT$$

这就是著名的理想气体状态方程,它很好地描述了理想气体的行为。虽然没有任何气体是真正理想的,但是理想气体状态方程适合大多数压力相对比较低的气体。在利用理想气体状态方程计算时必须采用热力学温度,$T(\text{K}) = T(℃) + 273.15$,气体常数使用国际制单位 $R = 8.314\text{J}\cdot\text{mol}^{-1}\cdot\text{K}^{-1}$,体积单位为 m^3,物质的量单位为 mol(摩尔)。

示例 4.1 一个体积为 1.000×10^3 L 的钢罐中装有 88.5kg 甲烷(CH_4)。如果温度为 25 ℃,问罐内压力是多少?

分析:本题主要是求气体的压力。气体储藏在钢罐中,所以气体的体积是一定的,也没有化学物质的改变。因此我们可以利用理想气体状态方程来求压力。

解答:我们已经知道:

$$V = 1.000\times10^3\ \text{L} = 1.000\text{m}^3;\quad T = 25℃;\quad m = 88.5\text{kg}$$

可以利用理想气体状态方程,但计算之前必须保证变量的单位是国际制单位。温度单位是 K,甲烷的物质的量单位为 mol,体积单位为 m^3。

由 $pV = nRT$ 得出:

$$p = \frac{nRT}{V}$$

加上 273.15 可使温度由℃转化为 K。

$$T = 25 + 273.15 = 298\text{K}(\text{计算结果保留三位有效数字})$$

利用甲烷的摩尔质量求物质的量:

$$n = \frac{88.5\times10^3\text{g}}{16.04\text{g}\cdot\text{mol}^{-1}} = 5.52\times10^3\text{mol } CH_4$$

把结果代入到转化后的理想气体状态方程,计算出压力:

$$p = \frac{(5.52\times10^3\text{mol})(8.314\text{J}\cdot\text{mol}^{-1}\cdot\text{K}^{-1})(298\text{K})}{1.000\text{m}^3} = 1.37\times10^7\text{Pa}$$

思考题 4.1 如果将上述钢罐放在温度为 42℃的环境中,则罐内压力变为多少?

在发生化学和物理变化的时候,理想气体状态方程中四个变量(p, V, n, T)中的任何一个都有可能发生变化,也有可能不变。

示例 4.2 现有一充入氦气的圆桶,体积为 0.8L,活塞的压力是 1.5×10^5Pa,在恒定温度的同时将外界压力增加到 2.1×10^5Pa,气体体积会变为多少?

解答:本题涉及气体的性质,可以用理想气体状态方程来求解。$pV = nRT$,因为不知道物质的量 n 和温度 T,所以无法通过公式变换直接求得 V。但我们知道 n 和 T 随着压力的增长保持不变,因此可以通过始态和终态各自的理想气体状态方程($p_i V_i = n_i RT_i$ 和 $p_f V_f = n_f RT_f$)来确定终态的体积(p_i = 初始压力,p_f = 终态压力,V_i = 初始体积,V_f = 终态体积)。

在这里,氦气的量和温度是一个常数,有 $n_i = n_f$,$T_i = T_f$,即 $n_i RT_i = n_f RT_f$,所以 $p_i V_i = p_f V_f$(恒定 n 和 T),然后对公式进行变换,再代入适当的值,即可得出 V_f。

$$\overline{V}_f = \frac{p_i\overline{V}_i}{p_f} = \frac{(1.5\times10^5\text{Pa})(0.8\times10^{-3}\text{m}^3)}{2.1\times10^5\text{Pa}} = 0.57\text{L}$$

注意，这道题不需要知道 n 和 T 值。

思考题 4.2 在上题中，如果将活塞移动至气体体积变为 2.55L 后停止，求此时气体的压力。

示例 4.2 中，方程 $pV = nRT$ 右侧的参量都是固定的，但是左侧的参量是变化的，这时，有效的解决方法是把不变的参量移至理想气体状态方程的右边。

4.3 气体分子理论

为了更好地理解为什么所有的分子都能够用简单的等式来描述，我们需要探究气体在分子水平的行为。因为气体的原子和分子在快速地运动，所以气体最重要的能量是它们的动能(E_{kinetic})。一个物体的动能可以用公式 $E_{\text{kinetic}} = 1/2mu^2$ 表示。其中 m 代表物体的质量(这里是指一个单独的原子或分子)，u 表示速率。我们可以很容易地从原子或分子的摩尔质量获得单个原子或分子的质量，但为了计算 E_{kinetic}，我们还必须知道原子或分子运动的速率。但是因为气体中所有的原子或分子都在不停地和其他分子或原子以及容器壁发生碰撞，所以它们的运动速率是不相同的。下面介绍一种测量气体原子和分子速率的方法，以展示气体速率的完整分布，帮助我们确定气体中原子或分子的动能分布。

分子速率

气体的分子速率可以用分子束装置进行测量，如图 4.5(a)所示。加热炉里面的气体分子溢出后会以很低的密度通过一个小孔进入到一个空腔内，空腔前端放置一组狭缝，狭缝只允许向前方向的分子通过，这样就形成一束运动方向都向前的分子束。然后再放置一旋转遮板，遮板的作用是挡住大部分分子而只允许极少数分子穿过。穿过的分子继续以自己的

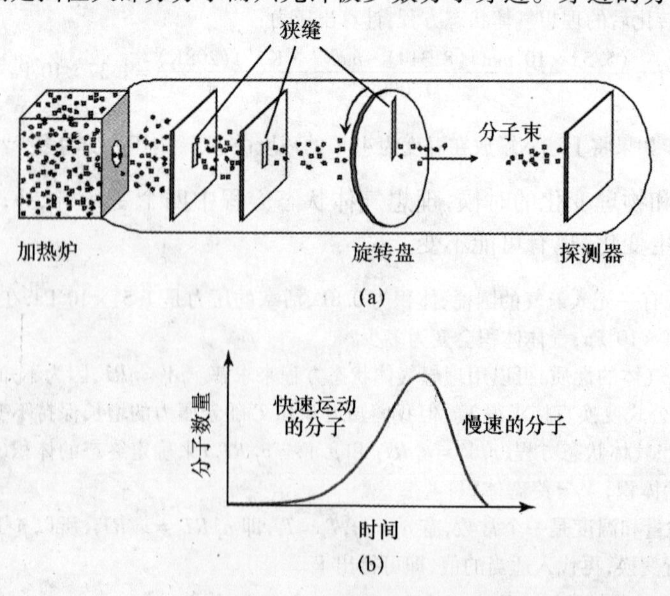

图 4.5 测量分子的速率

速率向前移动。分子如果运动得快,穿过空腔的时间就短。最后在空腔末端放置一检测器,使其能够测出不同时间内到达的分子数目,这个结果可以从侧面反映分子的速率分布。

用这种方法可绘出到达终端的气体分子数目随所消耗时间的关系曲线,如图4.5(b)所示。如果分子是以相同的速率在运动,到达检测器的时间应该是一样的,那么曲线就变成一个狭窄的柱形。相反,如果速率不一样,则速率快的分子对应于曲线的前半部分,速率慢的对应于曲线的后半部分。这个实验表明气体中的分子运动速率不一致。

同样的温度下,用不同的气体重复该实验,结果发现:质量小的气体比质量大的气体平均速率快。图4.6是H_2、CH_4和CO_2的速率分布曲线。H_2的质量最小,CO_2的质量最大。从每条曲线的峰值处向下画一条垂线,垂线与x轴的交点即为绝大多数分子的速率。因为具有这个速率的分子占所有分子的比例最大,因此这个值被称为是该分子的最概然速率。300K时,H_2分子的最概然速率等于$1.57\times10^3 m \cdot s^{-1}$或$5.56\times10^3 km \cdot h^{-1}$。

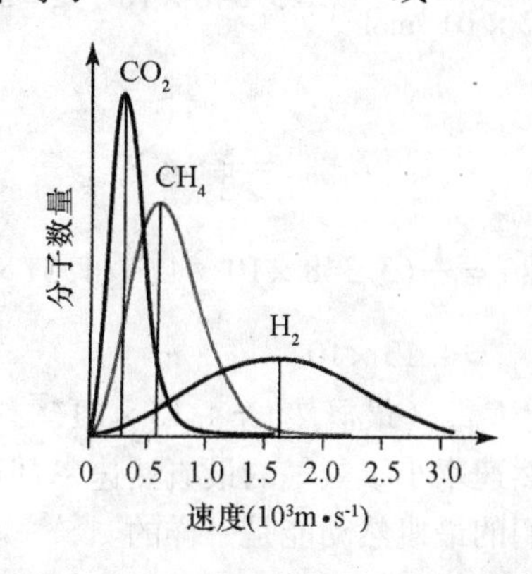

图4.6 300K时,CO_2、CH_4和H_2的分子速率分布图

示例4.3 下图A、B所示两个气体样品为氖原子和氢分子的混合物。其中一个气体混合物用于分子束实验,结果如下图C所示。思考:哪一个样品被用于本实验?

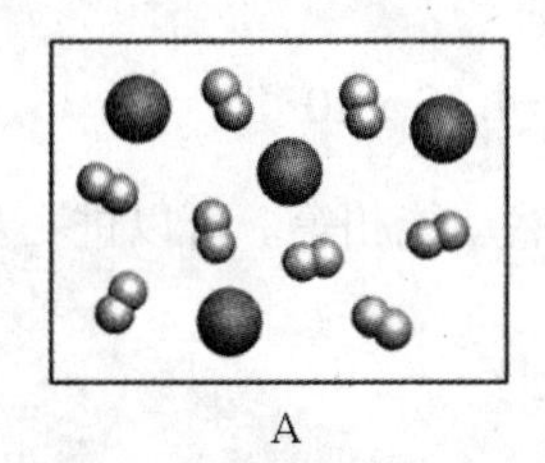

A

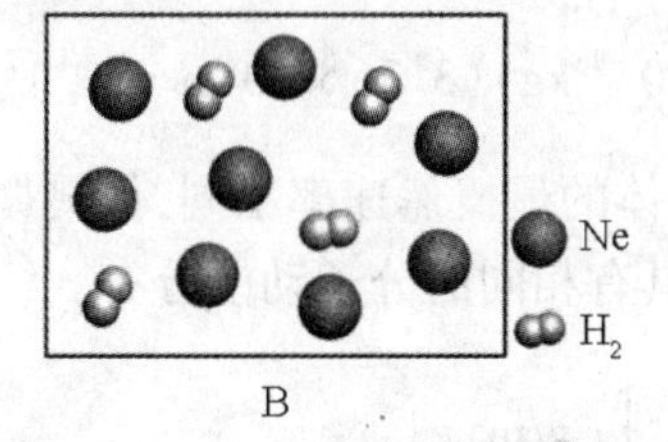

B

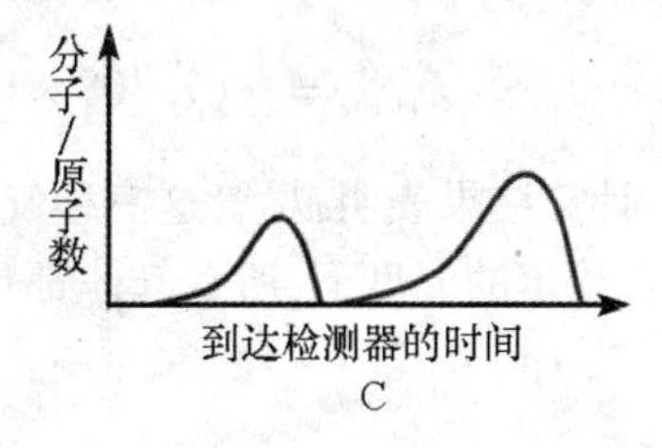

C

分析:首先考虑混合物中气体的各自含量,然后思考各自在实验中会有怎样的行为。

解答:样品A中有八个氢气分子和四个氖气原子,样品B中含有四个氢气分子和八个氖气原子。实验中都会出现面积比为2∶1的峰,质量小的原子或分子运动比质量大的分子快,所以我们预期氢气(M=2.02 g/mol)比氖气(M=20.2g/mol)先到达检测器。数据显示先到达气体的物质的量比较少,因此参与实验的样品应为氢气数量少于氖气数量的样品B。

思考题4.3 假设用样品A来做这个实验,并且A中的氖气用氦气代替,试画出分子/原子数量和时间的关系曲线。

速率和能量

分子的能量与速率有关。如上所述,任何运动的物体都有动能,大小等于:

$$E_{\text{kinetic}} = \frac{1}{2}mu^2$$

这里 m 表示物体的质量,u 是速率。300K 时氢气的最概然速率是 $1.57 \times 10^3 \text{m} \cdot \text{s}^{-1}$。如果要计算分子的最概然动能,还需要知道它的质量。

能量的国际单位是 J,相当于 $1\text{kg} \cdot \text{m}^2 \cdot \text{s}^{-2}$。因此,质量单位应该为千克。摩尔质量相当于 1mol 分子的质量,除以阿伏伽德罗常数即可得出一个分子的质量:

$$m = \frac{M}{N_A} = \frac{2.016\text{g} \cdot \text{mol}^{-1}}{6.022 \times 10^{23}\text{mol}^{-1}} = 3.348 \times 10^{-24}\text{g} = 3.348 \times 10^{-27}\text{kg}$$

代入公式:

$$E_{\text{kinetic}} = \frac{1}{2}mu^2$$

$$E_{\text{kinetic}}(\text{最概然}) = \frac{1}{2}(3.348 \times 10^{-27}\text{kg})(1.57 \times 10^3\text{m} \cdot \text{s}^{-1})^2$$

$$= 4.13 \times 10^{-21}\text{kg} \cdot \text{m}^2 \cdot \text{s}^{-2}$$

$$E_{\text{kinetic}}(\text{最概然}) = 4.13 \times 10^{-21}\text{J}$$

甲烷和二氧化碳的最概然速率小于氢气的最概然速率,但是因为质量大于氢气分子,所以在计算动能时可以发现它们的最概然动能是一样的。

一个 CH_4 分子 ($m = 2.664 \times 10^{-26}\text{kg}$):

$$E_{\text{kinetic}} = \frac{1}{2}(2.664 \times 10^{-26}\text{kg})(5.57 \times 10^2\text{m} \cdot \text{s}^{-1})^2 = 4.13 \times 10^{-21}\text{J}$$

一个 CO_2 分子 ($m = 7.308 \times 10^{-26}\text{kg}$):

$$E_{\text{kinetic}} = \frac{1}{2}(7.308 \times 10^{-26}\text{kg})(3.36 \times 10^2\text{m} \cdot \text{s}^{-1})^2 = 4.13 \times 10^{-21}\text{J}$$

计算结果表明,尽管这三种气体的最概然速率不同,但最概然动能相等。可以进一步推断:在给定的温度下,所有气体都具有相同的分子动能分布。

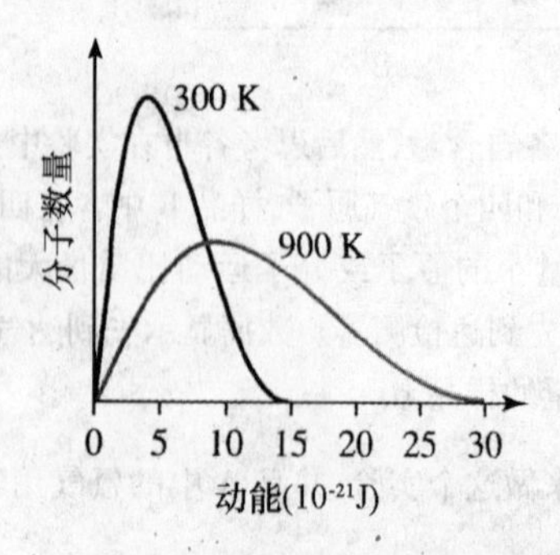

图 4.7 300K 和 900K 下气体分子的能量分布图

分子束实验表明,随着温度升高,分子的运动速率将加快。分子在 900K 时到达检测器的时间比在300K时要短。分子的动能随着速率的增大而增大。图4.7是300K和900K时分子动能分布曲线示意图。和图4.6相比，它们都有一个较宽的分布区间，但是与速率分布曲线不同的是，在特定的温度下，任何气体的能量分布情况都是一样的。图4.7适合所有的气体。

平均动能

最概然动能和平均动能是两个不同的概念。分子的平均动能等于所有分子的动能之和除以分子数。从下列公式可以看出分子的平均动能和气体的温度有关。

$$\overline{E}_{\text{kinetic}} = \frac{3RT}{2N_A}$$

在这个公式中，T 表示温度，单位为K；N_A 是阿伏伽德罗常数，R 为气体常数（8.314 $J \cdot mol^{-1} \cdot K^{-1}$）。

这里得到的平均动能是指单个分子的动能，如果要求1摩尔气体的总动能（$E_{\text{kinetic,mole}}$），则需要再乘以阿伏伽德罗常数：

$$E_{\text{kinetic,mole}} = N_A \frac{3RT}{2N_A} = \frac{3}{2}RT$$

所以1mol气体分子的总动能恒等于3/2 RT，与气体性质无关。由方程可知，温度是平均动能的主要量度。

示例4.4　确定150℃时SF_6分子的平均动能和摩尔动能。

分析：题目给出温度，要求计算分子的动能。我们可以利用下面两个关于气体分子动能的计算公式：

$$\overline{E}_{\text{kinetic}} = \frac{3RT}{2N_A}; \qquad E_{\text{kinetic,mole}} = \frac{3}{2}RT$$

为了计算，我们需要知道常数R（$8.314 J \cdot mol^{-1} \cdot K^{-1}$）、阿伏伽德罗常数$N_A$（$6.022 \times 10^{23} mol^{-1}$）和绝对温度$T$。

解答：先将相对温度加上273.15换算成绝对温度：

$$T = 150 + 273.15 = 423K$$

再将其代入动能计算公式，

对于单个分子：

$$\overline{E}_{\text{kinetic}} = \frac{3(8.314 J \cdot mol^{-1} K^{-1})(423K)}{2(6.022 \times 10^{23} mol^{-1})} = 8.76 \times 10^{-21} J$$

对1mol分子：

$$E_{\text{kinetic,mole}} = \frac{3}{2}(8.314 J \cdot mol^{-1} K^{-1})(423K) = 5.28 \times 10^{3} J \cdot mol^{-1}$$

结果表明平均动能和气体性质无关，图4.7显示了300K和900K时的分子动能分布。理论上温度为423K时，分子动能应该介于二者之间，而我们的计算结果与之吻合，所以答案是合理的。

思考题4.4　商业喷气式飞机飞行高度对应的大气温度为−35℃，试计算该温度下氮气的平均动能和摩尔动能。

理想气体

由本章内容可知，气体是由分子或原子构成的。为了方便阐述，本书只提分子，但是本节中所介绍的分子性质同样适用于原子。

气体很容易压缩,表明分子之间存在较大的空间。气体很容易从开口的容器中逃逸,说明分子之间的作用力比较小。当分子本身的体积和相互之间的作用力都小到不会影响气体的行为时,我们称这种气体为理想气体。如果分子的尺寸相对于容器可以忽略,并且由分子之间作用力所产生的能量相对于分子动能可以忽略,则可近似地认为该气体是理想气体。

按照上述定义,一种物质,如果它的分子非常小且分子间作用力很弱,就认为它是气体。正如后文所述,小分子之间的作用力一般也较小。表 4.1 列出在常温常压下呈气态的一系列物质(二元气体是指含有两种元素的气体)。按照气体的结构要求,这些物质一般由小分子组成且摩尔质量均小于 $50g\cdot mol^{-1}$。当然也有例外,比如 WF_6 ($M=297.8g\cdot mol^{-1}$)和 Rn ($M=222g\cdot mol^{-1}$)都是气体,但摩尔质量大于 $200g\cdot mol^{-1}$。UF_6 在常温常压下是固态,但是当温度达到56.5 ℃时,它会发生气化直接变成 UF_6 气体。UF_6 气体的作用是将 ^{235}U 从天然铀(主要是 ^{238}U)中分离出来。

表 4.1 一些气体分子的摩尔质量(298K, 1.013×10^5Pa)

单质气体			二元气体		
名称	分子式	$M(g\cdot mol^{-1})$	名称	分子式	$M(g\cdot mol^{-1})$
氢气	H_2	2.016	甲烷	CH_4	16.04
氦气	He	4.003	氨气	NH_3	17.03
氖气	Ne	20.18	一氧化碳	CO	28.01
氮气	N_2	28.02	一氧化氮	NO	30.01
氧气	O_2	32.00	乙烷	C_2H_6	30.07
氟	F_2	38.00	硫化氢	H_2S	34.09
氩	Ar	39.95	氯化氢	HCl	36.46
臭氧	O_3	48.00	二氧化碳	CO_2	44.01
氯气	Cl_2	70.90	二氧化氮	NO_2	46.01

理想气体的行为是怎样的?我们可以通过观察 V、T、n 的变化对 p 的影响来回答这个问题。每次分子撞击容器壁都会产生力,而每一秒都会发生很多碰撞并产生很多的力。压力是单位时间单位面积所有力的总和。在理想气体中,分子之间的作用力可以忽略。因此,总压力等于每个分子产生的压力之和。

为了探究压力与 V、T、n 之间的关系,考虑只改变其中一个参数,然后分析参数的改变对分子碰撞行为的影响。

首先,保持温度和体积不变,增加气体的分子数目。提高一倍气体的数目将会使分子与容器壁的碰撞次数增加一倍,如图 4.8 所示,容器(b)中的分子数是容器(a)中的两倍。结果,容器(b)中的分子密度将增加一倍,与器壁的碰撞频率也提高一倍。因为压力大小主要取决于容器壁承受的碰撞次数,所以压力与气体的数目成正比。符合理想气体状态方程。

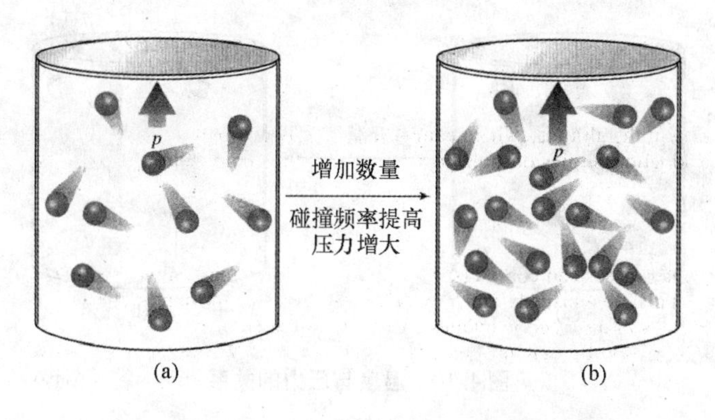

图4.8　气体分子数目的变化对分子碰撞频率的影响

然后,保持温度和物质的量不变,改变气体体积。如图4.9所示,压缩气体的体积和增加分子数量的效果是相同的,结果都是增加分子与容器壁的碰撞几率。图4.9(b)中将气体体积压缩至一半时,分子密度显著增大,相应的,分子与器壁的碰撞频率也会提高。如果分子之间没有相互作用,那么体积减为原来的一半,压力将增加一倍。换句话说,压力与体积成反比,这也与理想气体状态方程相符合。

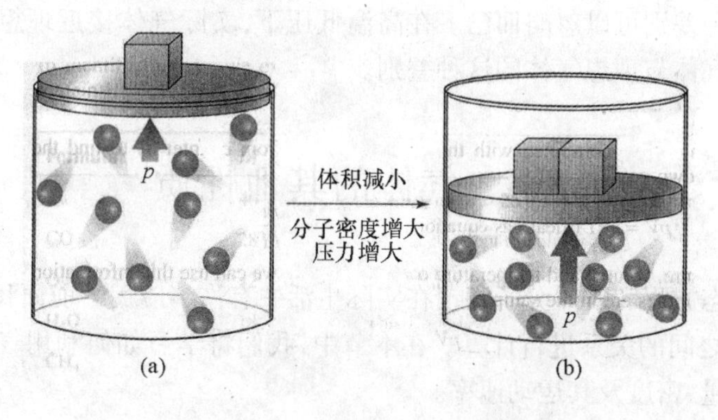

图4.9　气体体积的变化对分子碰撞频率的影响

为了完成我们的分析,还必须确定温度变化对压力的影响。前面学过动能与分子速率(微观变量)的平方成正比,而分子的平均动能又与温度(宏观变量)成正比。所以,可以推出分子速率的平方也与温度成正比。推导过程如下:

因为

$$T \propto E \qquad E = \frac{1}{2}mu^2$$

所以

$$T \propto u^2$$

如图4.10所示说明分子的运动速度影响压力是两个因素共同作用的结果。第一,高速运动的分子与容器壁发生碰撞的机会比低速运动的分子要多。每个分子与容器壁发生碰撞的次数与分子的速率成正比。第二,分子与容器壁的作用力的大小也取决于分子的运动速度。高速运动分子的碰撞力比低速运动分子的碰撞力要大。因为分子碰撞力的大小和碰撞次数都随速率的增加而增加,所以由碰撞所产生的气体压力的大小与分子速率的平方成正比。图中分子速率增大(通过提高温度实现),结果更多分子与器壁会发生碰撞,并且碰撞力也加大,最终导致压强增大。

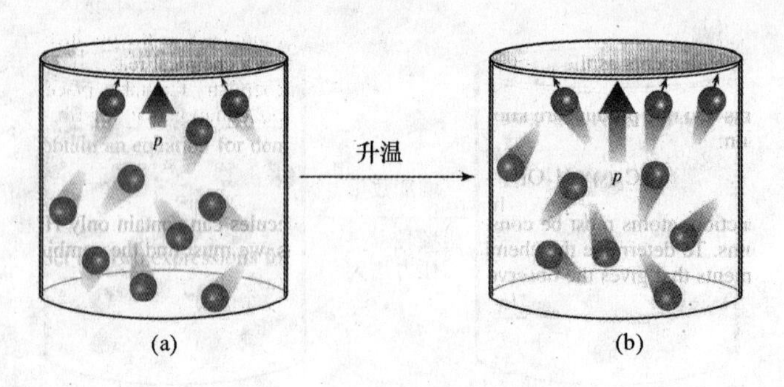

图4.10　温度与压力的关系

压力与分子速率的平方成正比,而后者又与温度成正比。所以,对理想气体而言,有压力与温度成正比,即 P 和 T 的关系可以表示为一条直线。这再一次验证了理想气体状态方程。

理想气体状态方程适用于满足理想气体条件的所有气体。理想气体中,气体分子大小相对于容器的体积可以忽略,并且分子之间作用力与分子动能相比也可以忽略。实际气体的行为与理想气体存在偏差,因为实际气体中分子是有体积的,相互之间也有作用力,只是在很多情况下这种差别可以忽略而已。在高温低压下,实际气体接近理想气体。后面我们将专门讨论实际气体与理想气体的这种差别。

4.4　气体的其他性质

理想气体状态方程和气体分子理论在实际生活中有许多应用。前面我们已经介绍了如何利用 p、V、n、T 之间的关系进行计算。在本节中,我们将学习如何利用气体状态方程来确定气体的摩尔质量、密度及其运动速率。

摩尔质量的确定

结合理想气体状态方程和 $n=\frac{m}{M}$ 即可求出某未知气体的摩尔质量。如果已知气体的压强、体积和温度,则可以根据下述公式计算物质的量:

$$n=\frac{pV}{RT}$$

如果已知气体的质量,则可以根据下述公式确定气体的摩尔质量:

$$M=\frac{m}{n}$$

示例4.5　电石(碳化钙,CaC_2)是一种坚硬的、灰黑色的固体,熔点为2000℃。它与水剧烈反应会释放出一种气体并得到含 OH^- 离子的溶液。

将12.8g的电石与过量的水反应,产生的气体收集在一个体积为5.00L真空玻璃容器中,容器的质量为1254.49g。收集完气体后容器质量变为1259.70g,容器内压力为 1.00×10^5 Pa,此时环境温度为26.8℃。

计算气体的摩尔质量,并确定其分子式(假设该气体在水中不溶,并且与产物气体压力相比,水的蒸气压可以忽略不计)。

分析:我们可以利用理想气体状态方程来计算摩尔质量,然后再根据摩尔质量及产物的组成元素必须和反应物相同的原则推测出正确的分子式。这个问题涉及化学反应,所以必须将气体的测量与发生的化学反应联系起来考虑。已知反应物和一种产物,就可以写出部分反应方程以描述该化学反应:

$$CaC_2(s) + H_2O(l) \rightarrow OH^-(aq) + ?(g)$$

在任何一个化学反应中,原子不能再分,所以气体分子只能包含 H、O、C 和(或)Ca。只要能够找到某种化合物是由上述元素组成的,且摩尔质量等于计算值,即可确定气体的分子式。

解答:根据已知数据确定摩尔质量。题目给出的数据有:

$$V_{容器} = V_{气体} = 5.00\text{L} = 5.00 \times 10^{-3}\text{m}^3$$

$$T = 26.8\ ℃ = 300.0\text{K}$$

$$p = 1.00 \times 10^5\text{Pa}$$

$$m_{(容器+气体)} = 1259.70\text{g}$$

$$m_{容器} = 1254.49\text{g}$$

$$m_{气体} = m_{(容器+气体)} - m_{容器} = 5.21\text{g}$$

根据 V、T、P 和理想气体状态方程即可计算出气体的物质的量。然后再利用该未知气体的质量,得出气体的摩尔质量:

$$n_{气体} = \frac{pV}{RT} = \frac{m_{气体}}{M}$$

$$n_{气体} = \frac{pV}{RT} = \frac{(1.00 \times 10^5\text{Pa})(5.00 \times 10^{-3}\text{m}^3)}{(8.314\text{J} \cdot \text{mol}^{-1} \cdot \text{K}^{-1})(300.0\text{K})} = 2.00 \times 10^{-1}\text{mol}$$

$$M = \frac{m_{气体}}{n_{气体}} = \frac{5.21\text{g}}{2.00 \times 10^{-1}\text{mol}} = 26.0\text{g} \cdot \text{mol}^{-1}$$

为了确认该气体,我们需要对已知含有 H、O、C 和 Ca 等元素的化合物的分子式及其摩尔质量做进一步判断。

通过排除法确认气体的分子式为 C_2H_2,即乙炔(俗称电石气)。

思考题 4.5　如果示例 4.5 中的玻璃瓶装满未知气体后的压力是 1.03×10^5Pa,环境温度变为 24.5℃,瓶子和气体的总质量为 1260.33g,试确定该未知气体的摩尔质量。

气体密度

液体和固体的密度比较好确定,但是气体密度随着条件的改变而改变。根据理想气体状态方程 $n = \frac{pV}{RT}$ 和 $n = \frac{m}{M}$,即可以整理得到气体的密度计算公式。

利用 n 相等得出:

$$\frac{pV}{RT} = \frac{m}{M}$$

两边都乘以 M,再除以 V 得到:

$$\rho_{gas} = \frac{m}{V} = \frac{pM}{RT}$$

$$\rho_{gas} \propto p$$

从公式可以看出气体的三个特点:

(1)温度恒定,理想气体的密度随着压力的增加而线性增大。因为对于一定量的气体,增大压力会使气体的体积变小。

$$\rho_{gas} \propto p$$

(2)压力恒定,理想气体的密度随温度升高而线性递减。因为升高温度对气体质量没有影响,但体积会发生膨胀。

$$\rho_{gas} \propto \frac{1}{T}$$

(3)温度和压力恒定,理想气体的密度随摩尔质量增大而线性增大。因为摩尔数相同的不同气体在一定温度和压力下占据的体积相等。

$$\rho_{gas} \propto M$$

下面是这些性质的具体运用:

潜水员使用的高压气瓶,因为相同体积的气体,密度越高,可供应氧气的时间就越长。

热气球内的空气被加热后,密度会低于外面空气的密度。如果温度足够高,热气球就会上升或漂浮。与此相反,冷空气的密度比暖空气密度大,所以冷空气会下沉。基于这个原因,山谷中的温度往往比周围山坡的温度更低。

氦气球在空气中上升,是因为氦的摩尔质量远远低于空气,用氦气填充的气球,其密度比用空气填充的气球的密度要低,所以气球上升,就像是在水底释放一个软木塞,它会漂浮到水面上一样。

气体被释放到大气中,究竟是上升或下沉,取决于它的摩尔质量。如果气体摩尔质量比空气的平均摩尔质量大,气体会下沉到地面附近。二氧化碳灭火器就是利用了这个原理。因为二氧化碳的摩尔质量($44.0g \cdot mol^{-1}$)比氮气或氧气都要大,所以灭火器中释放的二氧化碳气体能够像一层毯子一样将氧气和火隔开。

示例 4.6 当热气球的密度低于大气空气密度 15% 时才能上升。计算温度为 295K、压力为 $1.00 \times 10^5 Pa$ 时空气的密度(假设干燥空气的组分为 78% N_2 和 22% O_2),并求出能让气球上升的最低温度是多少?

分析:这道题解决两个问题。首先要求计算空气的密度,这就需要知道干燥空气的摩尔质量,可以根据空气中主要组分的摩尔质量和所占比例求出。然后再求出使空气密度降低 15% 时的温度是多少。气体密度可以利用变换后的理想气体状态方程求解:

$$\rho_{gas} = \frac{pM}{RT}$$

解答:先计算干燥气体的摩尔质量。将每一组分的摩尔质量与百分含量的乘积进行加和(多保留一位有效数字以减少误差)。

$$M_{空气} = \left(\frac{0.78}{1.00}\right)(28.02g \cdot mol^{-1}) + \left(\frac{0.22}{1.00}\right)(32.00g \cdot mol^{-1}) = 28.9g \cdot mol^{-1}$$

其他已知条件:

$$T = 295K; \quad p = 1.00 \times 10^5 Pa$$

回忆一下,Pa 的单位是 $N \cdot m^{-2}$,$1N = 1kg \cdot m \cdot s^{-2}$,摩尔质量单位为 $kg \cdot mol^{-1}$,代入气体密度的计算公式:

$$\rho_{gas} = \frac{pM}{RT} = \frac{(1.00 \times 10^5 Pa)(28.9 \times 10^{-3} kg \cdot mol^{-1})}{(8.314J \cdot mol^{-1} \cdot K^{-1})(295.0K)} = 1.18kg \cdot m^{-3}$$

结果只需要求两位有效数字,但为了计算结果的准确性,我们先保留三位直到完成整个计算。

当气球的密度低于外界空气密度的15%时气球将上升。

$$\rho_{gas}=1.18\text{kg}\cdot\text{m}^{-3}-\left(\frac{0.15}{1.00}\right)(1.18\text{kg}\cdot\text{m}^{-3})=1.00\text{kg}\cdot\text{m}^{-3}$$

计算气体温度前先对密度方程进行变化,然后再代入数据并求解:

因为
$$\rho_{gas}=\frac{pM}{RT}$$

所以
$$T=\frac{pM}{R\rho_{gas}}$$

$$T=\frac{(1.00\times10^5\text{Pa})(28.9\times10^{-3}\text{kg}\cdot\text{mol}^{-1})}{(8.314\text{J}\cdot\text{mol}^{-1}\cdot\text{K}^{-1})(1.00\text{kg}\cdot\text{m}^{-3})}=348\text{K}$$

因为计算中用到的数据有些只有两位有效数字,所以最终结果也只保留两位有效数字:

$$\rho_{gas}=1.2\text{kg}\cdot\text{m}^{-3}$$

$$T=350\text{K}$$

350K是77℃,结果合理。注意到在两次计算中都用到了摩尔质量和气体常数,所以我们可以通过比较气球内外的温度和气体密度直接求出要求的温度。

$$T=T_{外}\left(\frac{\rho_{外}}{\rho_{内}}\right)=295\text{K}\,\frac{1.18\text{kg}\cdot\text{m}^{-3}}{1.00\text{kg}\cdot\text{m}^{-3}}=348\text{K}(接近350\text{K})$$

思考题4.6 氦气经常作为软式飞艇的工作气体,而氩气则常常被用在某些对空气敏感的反应中充当保护气体。分别计算温度295K,压强1.00×10^5Pa时两种气体的密度,并解释它们具有不同用途的原因。

气体的密度对气体分子之间的作用力影响很大。当分子运动时,它们会规则地与其他分子以及容器壁发生碰撞。如图4.11所示,碰撞的频率和气体密度有关。密度低时,分子会朝着一个方向运动很长一段距离才碰到另一个分子。密度大时,分子运动较短距离即会与另一个分子发生碰撞。

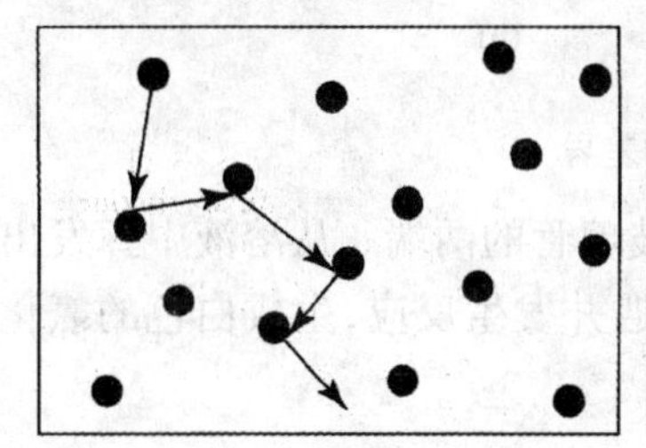
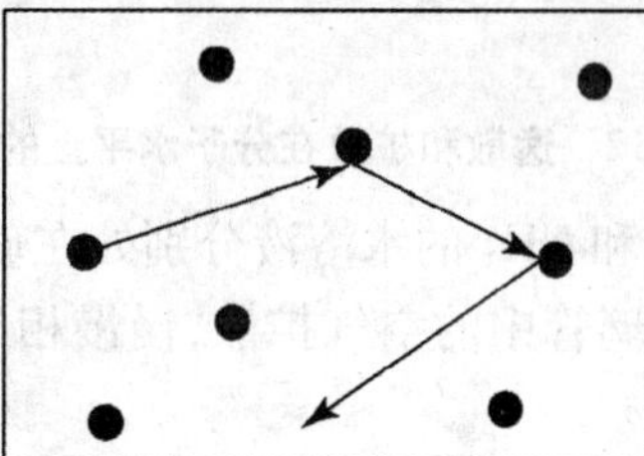
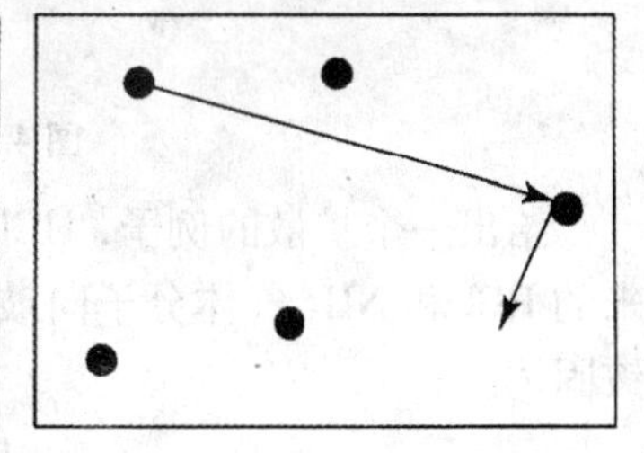

图4.11 随着分子密度的降低,分子碰撞前的平均运动路程逐渐增大

气体的运动速率

气体的温度决定了气体分子的平均运动速率。为了定量说明它们之间的关系,首先写出:

$$\bar{E}_{kinetic}=\frac{1}{2}m\bar{u}^2$$

和
$$\bar{E}_{kinetic}=\frac{3RT}{2N_A}$$

然后将两个公式联立起来:

$$\frac{1}{2}m\bar{u}^2 = \frac{3RT}{2N_A}$$

就可以求出 $\bar{u}$。注意,这里的 mN_A 等于一摩尔气体的质量,即其摩尔质量 M。

因为

$$\bar{u}^2 = \frac{3RT}{mN_A} = \frac{3RT}{M}$$

所以

$$\bar{u} = \left(\frac{3RT}{M}\right)^{\frac{1}{2}}$$

这个速率被称作均方根速率,因为它是将 $\bar{u}^2$ 开方得到的。气体分子的平均速率与温度的平方根成正比,与摩尔质量的平方根成反比。这个方程适用于从容器迁移到真空的气体分子。这个过程称为逸散,逸散是指分子向真空运动的过程。图 4.12(a)所示为气体分子从烘箱中向真空溢出,是一个典型的逸散过程。

气体的第二种运动是扩散,扩散是两种或多种气体逐渐混合的过程,即一种分子穿过另一种分子的运动,如图 4.12(b)所示。被刺破的轮胎漏气是扩散运动的一个代表。漏出的气体分子必须扩散到空气中原本已经存在的分子之间。扩散出来的分子频繁发生碰撞,不过此时分子运动的平均速率取决于温度和摩尔质量两个因素。图 4.12 显示了逸散和扩散在分子水平上的区别。

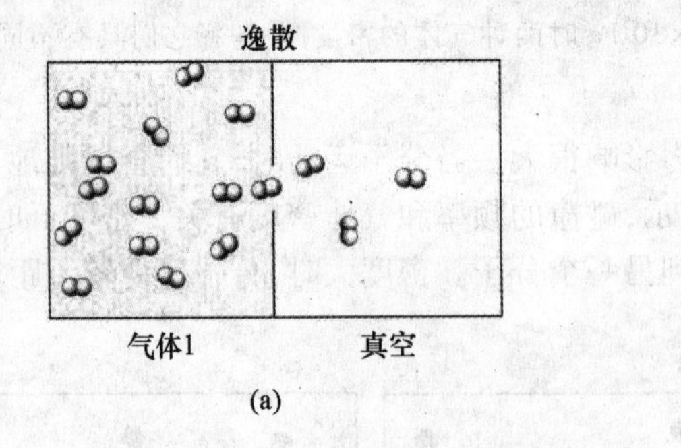

(a)

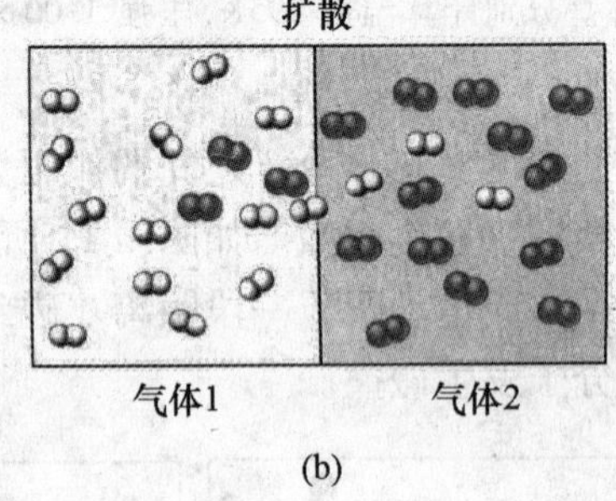

(b)

图 4.12　逸散和扩散在分子水平上的差异

给出一个扩散的例子, HCl 和 NH_3 的水溶液分别处在玻璃管的两端。从溶液中挥发出来的 HCl 和 NH_3 气体分子向玻璃管中的空气扩散,慢慢相遇并发生反应,生成白色的氯化铵固体。

$$HCl(g) + NH_3(g) \rightarrow NH_4Cl(s)$$

因为较轻的氨分子比较重的氯化氢分子扩散的速度更快,所以白色固体盐出现在离氯化氢一端更近的位置。

分子运动快慢与分子速率成正比,因此,任何气体,其绝对温度的平方根越大,那么逸散和扩散速率就越大。此外,在任意温度,分子摩尔质量越小,逸散和扩散速率就越大。

4.5　混合气体

许多气体都是由两种或两种以上的气体组成的混合气体。空气就是一个典型的例子,它由氮气、氧气和其他一些微量气体所组成。再比如,深海潜水员呼吸的气体,是由氦气和氧气组成的混合气体。理想气体模型为描述气体混合物提供了指导。

理想气体的所有成分,无论是原子或分子,它们都是相互独立的。这个规则不仅适用于单质气体,也适用于混合气体。气体行为取决于气态原子或分子的数量而不是它们本身的种类。理想气体状态方程适用于混合物中的每一种组分,也适合整个原子或分子的集合体。

例如,往一个20 L的真空瓶里通入了0.1mol氦气,如果再添加0.1mol氦气,那么容量瓶中就有0.2mol的气体。根据理想气体状态方程可以计算瓶内压强,其中$n=0.1+0.1=0.2$mol。假如再添加0.1mol的O_2,那么容量瓶中就有0.3mol的气体。根据理想气体模型,理想气体中所有的气态原子或分子都是独立的,所以不管添加的是同种气体还是不同种气体,对计算结果都不会产生影响。压强与气体的物质的量成正比。因此,根据理想气体状态方程还可以计算出总压强,其中$n=0.2+0.1=0.3$mol。

将氧气和氦气按1∶2的比例混合,分子水平上的表现会怎样?当氧气添加到装有氦气的容器后,其分子会在整个空间内运动并均匀地分布。由于扩散,两种气体成为均匀的混合气体。

道尔顿分压定律

理想混合气体的压强取决于摩尔总数(n_{total}):

$$p=\frac{n_{total}RT}{V}$$

混合气体摩尔总数等于各组分的摩尔数之和。以He和O_2的混合物为例:

$$n_{total}=n_{He}+n_{O_2}$$

总压力换算成两部分:

$$p=\frac{(n_{He}+n_{O_2})RT}{V}=\frac{n_{He}RT}{V}+\frac{n_{O_2}RT}{V}$$

等式右边每个组分都可以用理想气体状态方程来计算压强,每一部分代表一种气体的分压。如图4.13所示是O_2和He及两种气体混合后的样品图,各组分都均匀充满整个容器。不论是纯的气体还是混合气体,其分子行为都相同,各组分的分压相当于把该组分单独放到同一个容器中所产生的压强。

$$p_{He}=\frac{n_{He}RT}{V};\qquad p_{O_2}=\frac{n_{O_2}RT}{V}$$

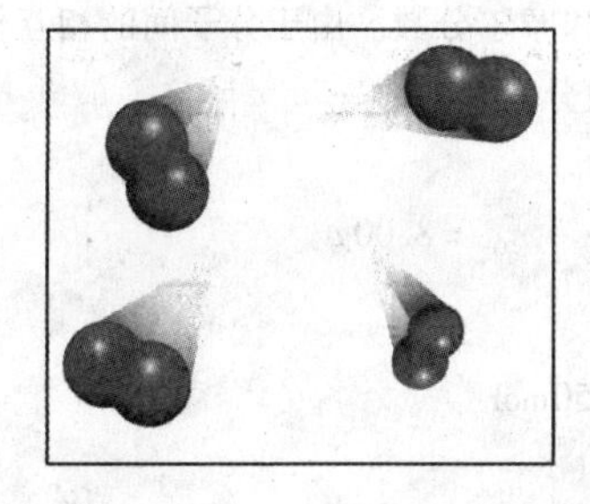
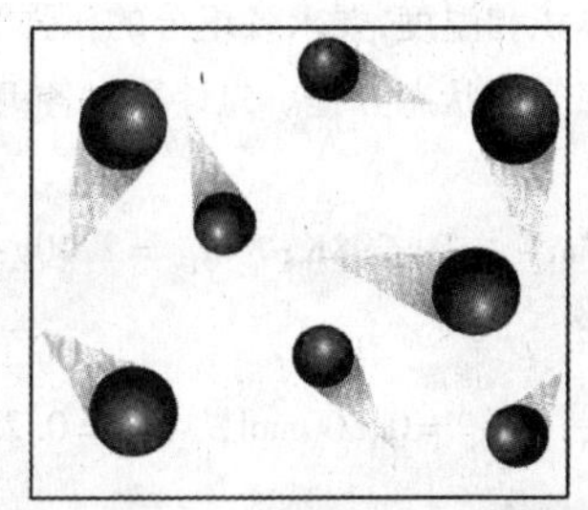
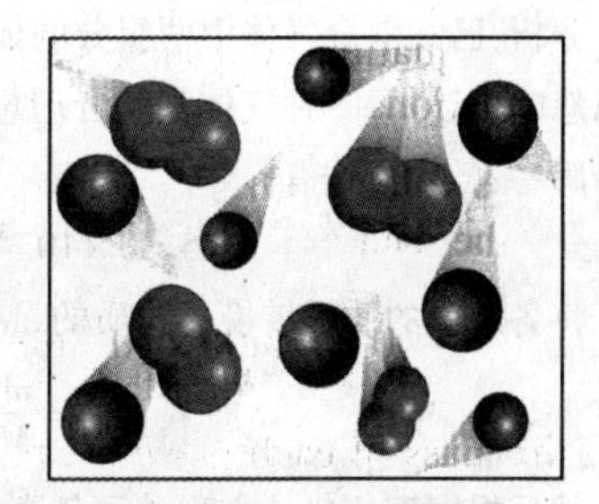

图4.13　O_2和He及两种气体混合后的样品图

容器中的总压等于各分压之和：

$$p_{total} = p_{He} + p_{O_2}$$

以 He 和 O_2 的混合气体为例说明混合理想气体的行为特征，但是前提是忽略气体的种类和数目的影响。如果容器内的气体混合物各组分之间不发生化学反应，它所产生的压强和它单独占据整个容器时所产生的压强相同。这就是道尔顿分压定律。要得到总压，只需简单地把所有气体的分压加起来即可：

$$p_{total} = p_1 + p_2 + p_3 + \cdots + p_i$$

在计算气体总压时，我们可以应用理想气体状态方程分别计算各组分的分压(p_i)，也可以把混合气体看做一个整体，用总的摩尔数计算总压强(p)。

混合气体的描述

描述气体混合物中化学组成的方法有若干种，其中最简单的方法是列出每个组分的分压或摩尔数。另外两种经常使用的方式是利用摩尔分数和百万分率描述气体混合物中的化学组分。

化学家常常用摩尔分数的概念来表达混合气体中某一成分所占的比重，即用某一物质的物质的量除以总物质的量，结果称为该组分的摩尔分数(X)，如：

$$\text{物质 A 的摩尔分数} = X_A = \frac{n_A}{n_{total}}$$

摩尔分数为描述混合气体中某一组分的分压提供了方便。

已知

$$p_A = \frac{n_A RT}{V}; \qquad p_{total} = \frac{n_{total} RT}{V}$$

将 p_A 除以 p_{total} 得：

$$\frac{p_A}{p_{total}} = \frac{\left(\frac{n_A RT}{V}\right)}{\left(\frac{n_{total} RT}{V}\right)} = \frac{n_A}{n_{total}} = X_A$$

或者

$$p_A = X_A\, p_{total}$$

混合气体中某一组分的分压等于该组分的摩尔分数乘以总压强。

示例 4.7　298K 时，在 5.00L 的容器里加入 8.00g 的 O_2 和 2.00g He，试计算该混合物的总压力、各组分压力和两种气体的摩尔分数。

分析：已知混合气体中两组分的体积和温度，要求各组分的压强和摩尔分数。由于分子间的相互作用可以忽略不计，每一种气体都符合理想气体状态方程。先计算出各组分的摩尔数。

解答：已知数据有：

$$V = 5.00 \times 10^{-3}\,\text{m}^3; \quad T = 298\text{K}; \quad m_{He} = 2.00\text{g}; \quad m_{O_2} = 8.00\text{g}$$

将各组分的质量转换成物质的量：

$$n = \frac{m}{M}; \quad n_{He} = 0.500\text{mol}; \quad n_{O_2} = 0.250\text{mol}$$

然后根据理想气体方程计算各个组分的压强：

$$p_{He} = \frac{(0.500\text{mol})(8.314\text{J}\cdot\text{mol}^{-1}\cdot\text{K}^{-1})(298\text{K})}{5.00 \times 10^{-3}\,\text{m}^3} = 2.48 \times 10^5\,\text{Pa}$$

同理可得出 $p_{O_2} = 1.24 \times 10^5 \text{Pa}$

总压强等于各组分分压之和：

$$p_{\text{total}} = p_{\text{He}} + p_{O_2} = 2.48 \times 10^5 \text{Pa} + 1.24 \times 10^5 \text{Pa} = 3.72 \times 10^5 \text{Pa}$$

利用摩尔数或分压计算摩尔分数

$$X_{\text{He}} = \frac{n_{\text{He}}}{n_{\text{total}}} = \frac{0.500\text{mol}}{0.750\text{mol}} = 0.667$$

$$X_{O_2} = \frac{p_{O_2}}{p_{\text{totol}}} = \frac{1.24 \times 10^5 \text{Pa}}{3.72 \times 10^5 \text{Pa}} = 0.333$$

思考题 4.7 一个体积5.00L的容器内装有7.50g的 O_2 和2.50g的He。计算25℃时各组分气体的摩尔分数和分压。

涉及较低浓度的混合气体时，科学家通常使用百万分率（ppm）或十亿分率（ppb）来表示各组分含量。摩尔分数、百万分率、十亿分率都可以描述一个特定的物质在样品中的摩尔比例。摩尔分数为每摩尔总物质中某物质的摩尔数，ppm为每百万摩尔总物质中某物质的摩尔数，ppb是指每十亿摩尔总物质中某物质的摩尔数。1ppm相当于 10^{-6} 摩尔分数，1ppb相当于 10^{-9} 摩尔分数。

示例 4.8 汽车排放的尾气中包含206ppm的一氧化氮（NO）。如果一辆汽车排放废气 0.125m^3，气体的压强是 $1.00 \times 10^5 \text{Pa}$，温度是350K，试问该汽车共向大气中排放了多少克NO气体？

分析：题目要求NO的质量。百万分率的信息能告诉我们1mol废气中NO的物质的量。我们可以先利用理想气体状态方程确定排放废气的总摩尔数，然后根据浓度信息确定废气中NO的摩尔数，最后根据NO的摩尔质量即可得出NO的质量。

解答：已知[NO] = 206ppm；$V = 0.125\text{m}^3$；$p = 1.00 \times 10^5 \text{Pa}$；$T = 350\text{K}$。

$$n_{\text{gas}} = \frac{pV}{RT} = \frac{(1.00 \times 10^5 \text{Pa})(0.125\text{m}^3)}{(8.314\text{J} \cdot \text{mol}^{-1} \cdot \text{K}^{-1})(350\text{K})} = 4.30\text{mol}$$

$$X_{\text{NO}} = 206\text{ppm} = 206 \times 10^{-6} = 2.06 \times 10^{-4}$$

$$n_{\text{NO}} = X_{\text{NO}} \cdot n_{\text{gas}} = (2.06 \times 10^{-4}) \times (4.30\text{mol}) = 8.86 \times 10^{-4} \text{mol}$$

$$m_{\text{NO}} = n_{\text{NO}} M_{\text{NO}} = (8.86 \times 10^{-4} \text{mol}) \times (30.0\text{g} \cdot \text{mol}^{-1}) = 2.66 \times 10^{-2} \text{g}$$

思考题 4.8 如果一氧化氮的最大排放量为762ppm，那么50℃时排放的1L废气中会含有多少NO？

本节的内容适用于相互之间不发生反应的气体混合物。只要不发生反应，气体的摩尔数就保持不变。如果发生反应，可以根据化学计量定律预测反应物和产物摩尔数的改变。在计算混合气体的相关问题之前必须考虑组分是否改变。

4.6 气体的化学计量学

化学计量学适用于固体、液体和气体。无论物质的状态如何，都可以在分子水平上描述它的化学行为。

理想气体状态方程将气体的摩尔数与气体的物理性质联系起来。当化学反应涉及气体时，利用理想气体状态方程即可将 p、V、T 与摩尔数联系起来。

$$n_i = \frac{p_i V}{RT}$$

化学计算总要用到摩尔数。气体的摩尔量通常可以通过理想气体状态方程得到。

示例 4.9　示例 4.5 描述了利用电石合成乙炔(C_2H_2)的过程。现代工业生产则是利用甲烷在苛刻的条件下反应来合成乙炔。当温度超过 1600K 时,2 分子甲烷发生重排得到 3 分子氢和 1 分子乙炔。

$$2CH_4(g) \xrightarrow{1600K} C_2H_2(g) + 3H_2(g)$$

温度 298K,往一个 50.0L 的钢筒中充入 CH_4,使压强达到 10.0×10^5Pa,然后加热到 1600K 使 CH_4 转化为 C_2H_2。请计算:最多可以得到多少乙炔?温度达到 1600K 时的压强多大?假设反应中甲烷和乙炔都是理想气体。

分析:这是气体的化学计量问题。需要计算产品的质量和最后的压力。

解答:任何有关化学计量的问题都要用到摩尔数。这个问题涉及气体,所以可以用理想气体状态方程把 p、V、T 数据转换成摩尔数。用此方法计算初始状态甲烷的量:

$$n=\frac{pV}{RT}=\frac{(10.00\times10^5\,\text{Pa})(0.0500\,\text{m}^3)}{(8.314\,\text{J}\cdot\text{mol}^{-1}\cdot\text{K}^{-1})(298\,\text{K})}=20.18\,\text{mol CH}_4$$

注意:小数点后保留两位,尽量减少误差。

根据已配平的化学反应方程式的计量关系,可以确定 20.18mol CH_4 完全转化为 C_2H_2 和 H_2,可以得到 $(1/2)\times20.18=10.09$mol 的 C_2H_2 和 $(3/2)\times20.18=30.27$mol 的 H_2。

现在就可以计算出乙炔的质量:

$$m=nM=(10.09\,\text{mol})\times(26.04\,\text{g}\cdot\text{mol}^{-1})=263\,\text{g C}_2\text{H}_2$$

利用理想气体状态方程和反应完全后产物的总摩尔数,即可计算最终的压力。

$$n_{\text{total}}=10.09\,\text{mol}+30.27\,\text{mol}=40.36\,\text{mol}$$

由 $pV=nRT$ 得到 $p=\frac{nRT}{V}$。

$$p=\frac{(40.36\,\text{mol})(8.314\,\text{J}\cdot\text{mol}^{-1}\cdot\text{K}^{-1})(1600\,\text{K})}{0.0500\,\text{m}^3}=1.07\times10^7\,\text{Pa}$$

由反应前甲烷的物质的量可以算出甲烷的质量是 323g,产物乙炔的质量是 263g,比甲烷少,这个结果合理,因为有 H_2 生成。最终压力是 1.07×10^7Pa,看起来很高,但是因为温度增加很多,而且产物的物质的量也变成反应物的两倍,所以压强大在情理之中。

思考题 4.9　试计算 1.52g Mg 与过量 HCl 溶液反应生成的氢气的体积,假设气体压强为 1.00×10^5Pa,温度为 22.5℃。该反应的化学平衡方程式如下:

$$Mg(s) + 2HCl(aq) \rightarrow MgCl_2(aq) + H_2(g)$$

混合气体中的限量反应物

示例 4.10　天然油可以和氢反应生成人造黄油。例如利用椰子油与氢气反应:

$$C_{57}H_{104}O_6(l) + 3H_2(g) \rightarrow C_{15}H_{110}O_6 \quad (200℃, 7.0\times10^5\text{Pa}, 镍作催化剂)$$

在温度为 473K(200℃),容积为 2.50×10^2L 的工业氢化器中加入 12.0kg 椰子油和 7.0×10^5Pa 的 H_2。反应尽可能进行完全。请问:反应后氢气的压强是多少?生产的黄油质量是多少?假设反应中 H_2 是理想气体。

分析:已知初始状态两个反应物的质量。在限量反应物问题的求解中,如果给出了化学方程式,那么第一步就是要确定每个反应物的起始摩尔数,然后计算摩尔数与化学计量系数的比值以确定限量反应物。之后再根据理想气体状态方程就可以得到最后的答案。

解答:根据理想气体状态方程求出原料中气体的物质的量:

$$n_{H_2}=\frac{pV}{RT}=\frac{(7.0\times10^5\text{Pa})(2.50\times10^{-1}\text{m}^3)}{(8.314\text{J}\cdot\text{mol}^{-1}\cdot\text{K}^{-1})(473\text{K})}=44.50\text{mol}$$

根据椰子油的质量和摩尔质量可以得到反应物中椰子油的物质的量：

$$n_{oil}=\frac{m}{M}=\frac{1.2\times10^4\text{g}}{885.4\text{g}\cdot\text{mol}^{-1}}=13.55\text{mol}$$

利用各反应物物质的量与化学计量系数的比值来确定限量反应物：

对于 H_2：

$$\frac{44.5\text{mol}}{3\text{mol}}=14.83$$

对于椰子油：

$$\frac{13.55\text{mol}}{1\text{mol}}=13.55$$

比值较小的椰子油是限量反应物。

根据已配平的化学反应方程式，13.55mol 的椰子油完全反应将消耗 40.65mol(3×13.55) 的 H_2，得到 13.55mol 人造黄油。所以还有(44.50－40.65)＝3.85mol H_2 没有参加反应。注意：在例 4.9 已经讲过，计算时要多保留一位有效数字。所以，最后还需要对有效数字进行校正，即结果是生成 13.6mol 的人造黄油，同时还剩余 3.9mol 的 H_2 没有反应。

根据理想气体状态方程，计算反应后氢气的压强：

$$p=\frac{nRT}{V}=\frac{(3.9\text{mol})(473\text{K})(8.314\text{J}\cdot\text{mol}^{-1}\cdot\text{K}^{-1})}{(2.50\times10^{-1}\text{m}^3)}=0.61\times10^5\text{Pa}$$

再计算出生产黄油的质量：

$$m=nM=(13.6\text{mol})\times(891.5\text{g}\cdot\text{mol}^{-1})=1.21\times10^4\text{g}=12.1\text{kg}$$

在这个例子中椰子油是限量反应物，而氢气没有完全消耗。因此，可以预测反应后氢气的压强要低于刚开始时氢气的压强。我们发现人造黄油(12.1kg)仅仅比原料椰子油(12.0kg)重了一点。这在预料之中，因为椰子油和人造黄油的摩尔质量非常相近。过量的氢气很容易从气相反应器回收，所以在制造黄油时必须使天然油成为限量反应物，这样才能确保天然油能完全转化为人造黄油。多余的氢气可以回收再利用。

思考题 4.10 工业生产硝酸的第一步是氧化一氧化氮：

$$2NO(g)+O_2(g)\rightarrow 2NO_2(g)$$

分别向反应室中通入 5.00×10^5Pa 的 NO 气体和 O_2 气体。如果温度和体积不变且反应完全转化成 $NO_2(g)$，试计算最后各组分的压强。

摩尔数是化学中的通量，几乎所有的化学计算都需要用到摩尔数。在现实世界中，我们可以测量出质量、体积、温度和压力。根据理想气体状态方程，这些物理属性之间的关系可转换为摩尔量。表 4.2 列出了三个公式，每一个公式适用于特定类别的化学物质。

表 4.2 摩尔关系式

物质	关系式
纯固体或液体	$\text{摩尔数(mol)}=\dfrac{\text{质量(g)}}{\text{摩尔质量}(\text{g}\cdot\text{mol}^{-1})}$
溶液	$\text{摩尔数(mol)}=\text{摩尔浓度}(\text{mol}\cdot\text{L}^{-1})\times\text{体积(L)}$
气体	$\text{摩尔数(mol)}=\dfrac{\text{压强(Pa)}\times\text{体积}(\text{m}^3)}{\text{气体常数}(\text{J}\cdot\text{mol}^{-1}\cdot\text{K}^{-1})\times\text{温度(K)}}$

示例4.11用到了这三个关系式,若作为一个整体来看可能显得复杂。但是,可以把复杂的问题先分解成若干个单独的小问题,并且每一小问题都可以利用简单的化学和计量学原理进行解决,从而使复杂问题简单化。

示例4.11 金属镁与酸反应生成氢气和含镁离子的溶液。在25℃下,向盛有0.150L浓度为6.00M HCl溶液的容器中投入3.50g的Mg,容器体积为5.00L,初始状态压力为1.00×10^5Pa,然后迅速封闭。试求氢气的分压、总压和Mg^{2+}的浓度。

分析:该反应相关的数据已经给出。先写一个平衡的化学方程式,然后根据表4.2中的公式和反应的化学计量方程,计算出题目要求的压力和浓度。

解答:首先写出化学平衡方程式,思考题4.9已经引入过。

$$Mg(s) + 2HCl(aq) \rightarrow MgCl_2(aq) + H_2(g)$$

题目需要求压力和离子浓度。最后的压强可以利用理想气体状态方程,通过p、V、T数据和H_2的物质的量求出。而H_2的物质的量又可以根据Mg的质量和化学计量系数计算出来。下面是数据的汇总:

$$V_{容器} = 5.00\ L = 5.00\times10^{-3}m^3$$

$$T = 298K$$

$$m_{Mg} = 3.50g$$

$$V_{溶液} = 0.150\times10^{-3}m^3$$

$$p_{空气} = 1.00\times10^5Pa$$

$$[HCl] = 6.00M$$

现在我们分析化学反应的计量关系。反应前镁的质量、HCl溶液的体积和浓度已知,可以利用这些数据确定限量反应物

$$n_{Mg} = \frac{m}{M} = \frac{3.50g}{24.31g\cdot mol^{-1}} = 0.144mol$$

$$n_{HCl} = cV = (6.00mol\cdot L^{-1})(0.150L) = 0.900mol$$

除以化学计量系数,结果表明镁是限量反应物:

对于 Mg: $$\frac{0.144mol}{1mol} = 0.144$$

对于 HCl: $$\frac{0.900mol}{2mol} = 0.450$$

从已配平的化学反应计量方程式可以看出,0.144mol的Mg反应会生成0.144mol的H_2。所以根据这个关系就可以计算出H_2的压强。但是在此之前,我们必须考虑反应容器。反应容器的总体积是$5.00\times10^{-3}m^3$,其中$0.150\times10^{-3}m^3$被溶液占据,所以混合气体的体积其实只有$4.85\times10^{-3}m^3$。如果氢气不溶于溶液,那么我们可以根据理想气体状态方程求出氢气的分压。事实上这个假设是合理的,因为氢气的确很难溶于水。

$$p_{H_2} = \frac{nRT}{V} = \frac{(0.144mol)(8.314J\cdot mol^{-1}\cdot K^{-1})(298K)}{(4.85\times10^{-3}m^3)} = 0.736\times10^5Pa$$

在反应过程中容器内空气的总量一直没有变化,所以空气的压强保持不变,为1.0×10^5Pa。反应结束后容器内的总压就等于各分压之和。

$$p_{total} = p_{H_2} + p_{initial} = 0.736\times10^5Pa + 1.0\times10^5Pa \approx 1.74\times10^5Pa$$

根据参加反应的Mg的量和溶液的体积即可得出反应结束后溶液中Mg^{2+}的浓度:

$$[Mg^{2+}] = \frac{0.144mol}{0.150L} = 0.960M$$

思考题4.11 如果把示例4.11中Mg的质量增加至14.0g,其他条件不变,请重新计算结果。

4.7 分子间力

在前面的章节,我们学习了理想气体,并假设理想气体中的原子或分子之间不存在相互作用力。但在实际气体中,分子间是存在弱相互作用的,并且这种作用力在液体和固体中的强度更大。如果分子间没有相互作用力,那么所有的分子都将独立运动,所有由这些分子组成的物质就表现为气态。分子间力同样存在于由第18族元素构成的单原子气体中,这将在下面进行讨论。

卤素

以元素周期表中第17族元素为例来介绍分子间力,这些元素可以形成双原子分子——F_2,Cl_2,Br_2,I_2。每个分子都是由两个原子通过共价键组合在一起的。共价键由 p 轨道通过头碰头的方式发生重叠而形成。尽管它们都是由共价键组成的,但是它们在宏观物理性质和分子行为上有很大差异。如在室温和大气压力下,氯(和氟一样)是气体,溴是液体,而碘是固体。

从分子水平上看,气体和凝聚相(液体和固体的统称)有着很大的差别。气态 F_2 或 Cl_2 分子可以在整个空间内自由移动,在与其他分子或容器壁碰撞前运行的路程是分子直径的许多倍。因为气体内有很大空间,所以 F_2 气或 Cl_2 气的体积会随着压力的改变迅速发生膨胀或压缩。这种自由度之所以存在是因为分子之间的作用力很小。

液态的溴分子的运动也比较自由,但是分子之间没有太多的空间。增大压强不能使液体发生明显收缩,因为它们分子之间的距离已经非常接近。同样,减小压强也不能使液体发生明显膨胀,因为分子之间的作用力较强,使其很难被分开。

固态碘和液态溴一样,分子之间也没有太多的空间。与液体类似,固体分子间存在很强的作用力,所以当压力改变时,固体的体积也不会发生明显的压缩或膨胀。并且,固态碘分子的排列非常有序,每个分子只能在固定的位置上发生振动,而无法轻易越过其他分子发生滑移。

上述差异之所以产生,是因为分子动能和分子间引力之间存在着动态平衡(图4.14)。4.2节中提到过分子总是在不停地运动。在凝聚相中分子间吸引力倾向于把分子约束到一起,但是高速运动的分子可以克服这些引力,所以气相中的分子可以自由运动。当分子的平均动能足够大时,分子彼此分开,就形成气体。相反,如果当分子间引力不够大时,分子彼此会靠得很近,于是就形成了固体和液体。

图4.15的柱状图显示了卤素分子中的引力能随分子间力的增大而增大。图中显示了室温下的分子平均动能,此时 F_2 和 Cl_2 是气态,而 Br_2 和 I_2 以凝聚态存在。对于氟和氯,由分子间力而产生的引力能比室温下分子的平均动能要小,所以常温下是气态。对于溴,分子虽然具有足够高的动能,可以自由运动,但是这种动能仍不足以克服液态分子间的引力。而在固态碘中,分子间的吸引力已经大到足够将 I_2 分子固定在某一位置而形成固体。

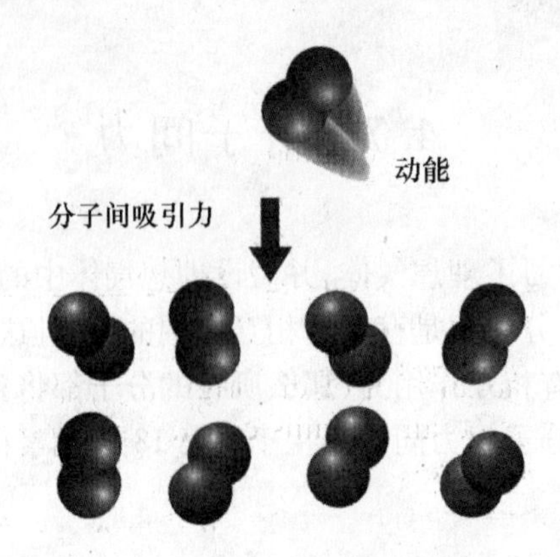

图 4.14　当物质中分子的平均动能不足以克服分子间力作用，将以凝聚态存在

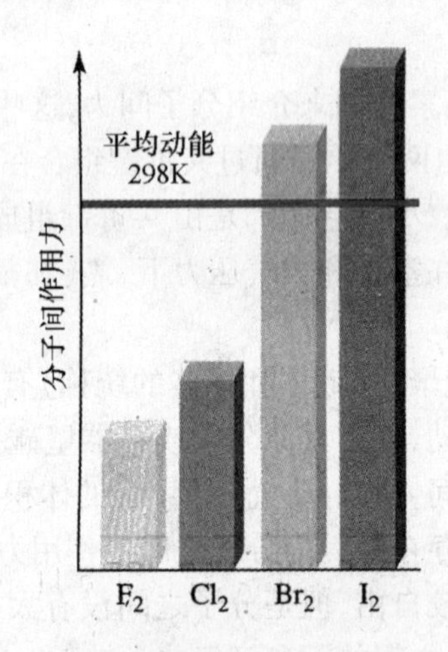

图 4.15　不同状态分子的分子间作用力

实际气体

理想气体模型有两个前提假设：组成气体的原子或分子之间没有相互作用力；原子或分子的体积可以忽略。其实这两个假设对实际气体而言是不成立的。

实际气体和理想气体到底有怎样的差别？为了回答这个问题，我们对理想气体状态方程进行变换，观察 pV/nRT 的值。图 4.16 显示了在室温下氯气 pV/nRT 的值随压力变化的情况。

如果氯气是理想气体，则 pV/nRT 的值为 1。但事实上，氯气的 pV/nRT 值是随着压强的增大偏离了 1。

我们注意到在图 4.16 中，当压强在 1×10^5Pa 左右时，氯气可近似看作理想气体。事实上，在压力低于 4×10^5Pa 时，pV/nRT 的比值与 1 的偏差小于 4%。随着压力的增大，偏差也越来越大，对氯气而言，pV/nRT 值会降至 1 以下。这是由于氯气分子间的引力起主导作用，分子间力足够大到把分子聚集在一起，从而减少了分子对容器壁的碰撞力。分子间吸引力的存在使得实际气体的压力小于理想气体状态方程的计算值。

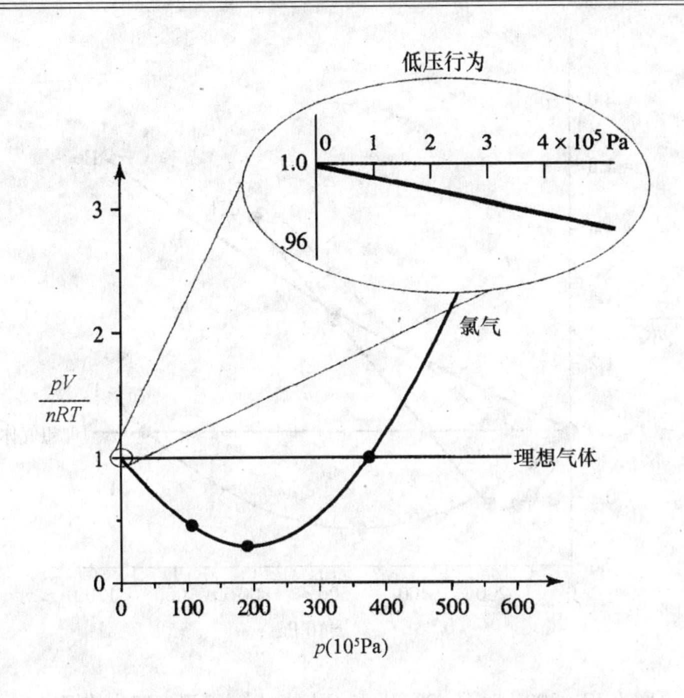

图 4.16　$\frac{pV}{nRT}$ 随压力的变化趋势表明 Cl_2 不是理想气体

从图 4.16 中还能看出，当压力大于 375×10^5 Pa 时，pV/nRT 的值将大于 1。这是由于分子自身的体积造成的。当压强很大时，分子间距离会被压缩得很短，此时，与容器的体积相比，分子自身的体积就变得不能忽略。因为分子体积的出现，使得容器的空体积显著减少，导致真实气体的压强逐渐大于理想气体状态方程的计算值。

当压强很高时，每种实际气体与理想气体之间都会出现偏差。图 4.17 显示了室温下 He、F_2、CH_4 和 N_2 的 pV/nRT 值。He 的 pV/nRT 值随压强的增加呈稳态增长。He 原子间的作用力太小而不能使比值降至 1 以下，但是 He 原子的体积会导致其 pV/nRT 值在压强大于 $100\ \times10^5$ Pa 时偏离理想气体。

既然各种气体都与理想气体的行为存在偏差，那么还能用理想气体模型来讨论实际气体吗？只要条件不是极端的，答案是可以的。科学家们经常研究的气体，比如氯气、氦气和氮气，它们在室温和压力低于 10×10^5 Pa 的情况下都可看作是理想气体。

范德华方程

就像用$\frac{pV}{nRT}$描述理想气体一样，如果有一个能够描述真实气体压力和体积关系的方程，将是很有用处的。一种有效的途径就是对理想气体状态方程进行修正，以此体现分子间引力及分子体积的影响。这个方程就是范德华方程：

$$\left(p+\frac{n^2a}{V^2}\right)(V-nb)=nRT$$

它是以第一个提出（1873 年）该方程的科学家约翰尼斯 · 范德华（Johannes van der

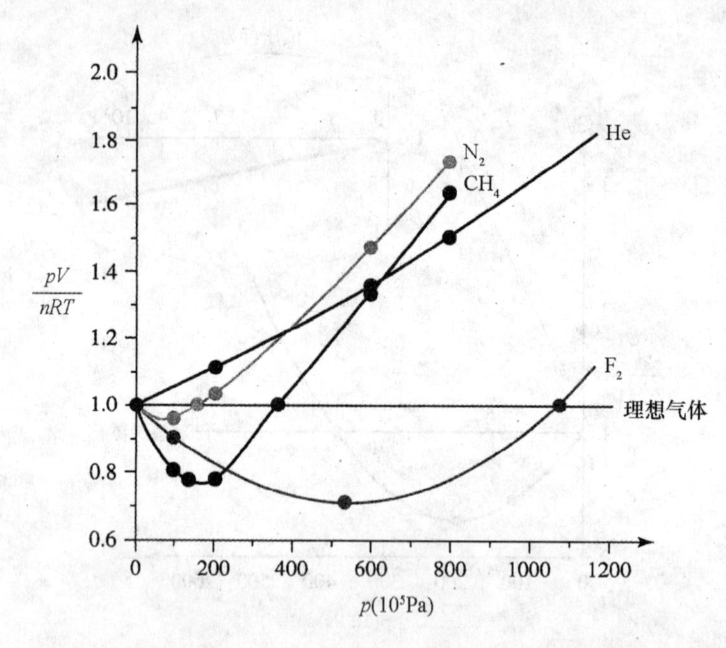

图 4.17 300K 时 He、N_2、F_2 和 CH_4 的 $\frac{pV}{nRT}$ 随温度变化的情况

waals,1837—1923,1910 年获诺贝尔物理奖)的名字命名的。

与理想气体状态方程相比,范德华方程多了两个修正项。每个修正项都包含一个常数,这个常数因气体种类而异。第一个修正项 $\frac{n^2a}{V^2}$ 是对分子间力的校正,范德华常数 a 体现了分子间作用力的大小。作用力越强,a 值越大。第二个修正项 nb 用来校正分子的大小,范德华常数 b 体现的是气体原子或分子的尺寸,原子或分子越大,b 值越大。

表 4.3 列出了某些气体的范德华常数。

表 4.3 不同气体的范德华常数

物质	$\frac{a}{(m^6 \cdot Pa \cdot mol^{-2})}$	$\frac{b}{(m^3 \cdot mol^{-1})}$	物质	$\frac{a}{(m^6 \cdot Pa \cdot mol^{-2})}$	$\frac{b}{(m^3 \cdot mol^{-1})}$
He	3.457×10^{-3}	2.37×10^{-5}	Cl_2	6.579×10^{-1}	5.622×10^{-5}
Ne	2.315×10^{-2}	1.709×10^{-5}	CO_2	3.640×10^{-1}	4.267×10^{-5}
Ar	1.363×10^{-1}	3.219×10^{-5}	H_2O	5.536×10^{-1}	3.049×10^{-5}
H_2	2.476×10^{-2}	2.661×10^{-5}	NH_3	4.225×10^{-1}	3.707×10^{-5}
N_2	1.408×10^{-1}	3.913×10^{-5}	CH_4	2.283×10^{-1}	4.278×10^{-5}
O_2	1.378×10^{-1}	3.183×10^{-5}	C_2H_6	5.562×10^{-1}	6.38×10^{-5}
CO	1.505×10^{-1}	3.985×10^{-5}	C_6H_6	1.824×10^{-1}	1.154×10^{-5}
F_2	1.156×10^{-1}	2.90×10^{-5}			

示例4.12 通常甲烷(CH_4)气体是压缩在钢瓶中进行运输和出售的。一个15.0升的普通钢瓶可以容纳62.0mol的甲烷。使用一段时间后,钢瓶中还剩下0.620mol的甲烷。利用范德华方程计算装满气体的钢瓶内的压强和使用之后的压强,并将结果与通过理想气体状态方程得到的结果进行比较。假设温度恒定为27℃。

分析:题目要求分别用范德华方程和理想气体状态方程计算甲烷压强并进行比较。根据表4.3中范德华常数a、b可以算出实际气体的压强。分别对范德华方程和理想气体状态方程进行整理:

$$p_{\text{real}} = \frac{nRT}{V-nb} - \frac{n^2 a}{V^2}; \qquad p_{\text{ideal}} = \frac{nRT}{V}$$

解答:甲烷的范德华常数:

$$a = 2.283 \times 10^{-1}\text{m}^6 \cdot \text{Pa} \cdot \text{mol}^{-2}; \qquad b = 0.04278 \times 10^{-3}\text{m}^3 \cdot \text{mol}^{-1}$$

$$V = 15.0 \times 10^{-3}\text{m}^3; \qquad T = (27 + 273.15)\text{K} = 300\text{K}$$

气瓶充满时:

$$p_{\text{full,real}} = \frac{(62.0\text{mol})(8.314\text{J} \cdot \text{mol}^{-1} \cdot \text{K}^{-1})(300\text{K})}{(15.0 \times 10^{-3}\text{m}^3) - (62.0\text{mol})(0.04278 \times 10^{-3}\text{m}^3 \cdot \text{mol}^{-1})} - \frac{(62.0\text{mol})^2(2.283 \times 10^{-1}\text{m}^6 \cdot \text{Pa} \cdot \text{mol}^{-2})}{(15.0 \times 10^{-3}\text{m}^3)^2}$$

$$= 86.69 \times 10^5\text{Pa} \ (1\text{Pa} = 1\text{J} \cdot \text{m}^{-3})$$

$$p_{\text{full,ideal}} = \frac{nRT}{V} = \frac{(62.0\text{mol})(8.314\text{J} \cdot \text{mol}^{-1} \cdot \text{K}^{-1})(300\text{K})}{15.0 \times 10^{-3}\text{m}^3} = 103 \times 10^5\text{Pa}$$

使用一段时间后,$n = 0.620\text{mol}$:

$$p_{\text{used,real}} = \frac{(0.620\text{mol})(8.314\text{J} \cdot \text{mol}^{-1} \cdot \text{K}^{-1})(300\text{K})}{(15.0 \times 10^{-3}\text{m}^3) - (0.620\text{mol})(0.04278 \times 10^{-3}\text{m}^3 \cdot \text{mol}^{-1})} - \frac{(0.620\text{mol})^2(2.283 \times 10^{-1}\text{m}^6 \cdot \text{Pa} \cdot \text{mol}^{-2})}{(15.0 \times 10^{-3}\text{m}^3)^2} = 1.027 \times 10^5\text{Pa}$$

$$p_{\text{used,ideal}} = \frac{nRT}{V} = \frac{(0.620\text{mol})(8.314\text{J} \cdot \text{mol}^{-1} \cdot \text{K}^{-1})(300\text{K})}{15.0 \times 10^{-3}\text{m}^3} = 1.03 \times 10^5\text{Pa}$$

整理结果并比较:

$$p_{\text{full, real}} = 86.69 \times 10^5\text{Pa}; \qquad p_{\text{full, ideal}} = 103 \times 10^5\text{Pa}$$

$$p_{\text{used, real}} = 1.027 \times 10^5\text{Pa}; \qquad p_{\text{used, ideal}} = 1.03 \times 10^5\text{Pa}$$

值得注意的是,当压强比较高时,范德华修正值与理想值偏差较大(15.4%),但是当压强接近1×10^5Pa时,偏差可以忽略不计。

思考题4.12 甲烷的沸点是-164℃。用理想气体状态方程计算该温度下压强为1×10^5Pa时甲烷的摩尔体积。若1mol甲烷气体通入相同体积的容器中,试用范德华方程计算此时压强。

熔点和沸点

熔点和沸点是分子间力的大小的"指示剂"。已知分子平均动能随温度的增加而增加,物质的沸点是分子平均动能与分子间引力能达到平衡时的温度。压力为1.031×10^5Pa时物质的沸点称为正常沸点。例如,溴的正常沸点为332K(59℃)。当超过这个温度,分子的平均动能就会超过分子间引力能,溴则以气态形式存在。常压下,温度低于332K时溴是液体。需要说明的是,沸点主要取决于分子间的引力能,与分子摩尔质量没有关系。例如,苯酚(C_6H_5OH, M = 94.12g·mol^{-1})的分子量比四氯化碳(CCl_4, M = 153.81g·mol^{-1})要小,但是沸点（182℃）却比 CCl_4 的沸点（77℃）高，就是因为苯酚分子间力更强。

液体变为气体的过程称为蒸发。当分子离开液相的速度大于被液相拉回的速度时，液体就会蒸发。相反的过程叫着凝结。当分子离开气相的速度大于从液相逃逸的速度时，气相就会凝结。

液体中的分子可以自由运动，但是，当液体被冷却时，其分子的平均动能会下降。当温度低于凝固点时，分子就被固定在一个位置，这个过程叫做液体的凝固。压力为 1.013×10^5Pa 时，物质的凝固点称为正常凝固点。当液体分子的动能小到不能使分子穿过其他分子时，液体就会发生凝固。相反，当固体分子拥有足够的动能以使分子穿过其他分子时，固体就会熔化。像分子间作用力决定正常沸点一样，它也决定了物质的凝固点。分子间作用力越强，凝固点越高。F_2、Cl_2、Br_2 的凝固点分别为 53.5K、172K、266K。

沸点和熔点取决于分子间力的大小。这是因为分子从某一相中逃逸或被俘获的速率是由分子动能和分子间力的平衡所决定的。如果物质的分子间力较大，要使分子获得足够的动能来克服这种分子间力，必须达到相当高的温度。如果物质的分子间力较小，则必须将其冷却到较低温度才能使其动能减小，从而变成凝聚相。表 4.4 列出了一些常见物质的熔点和沸点。

表 4.4 一些常见主要物质的熔点和沸点

物质	熔点（K）	沸点（K）	物质	熔点（K）	沸点（K）
He	0.95	4.2	Br_2	266	332
H_2	14.0	20.3	I_2	387	458
N_2	63.3	77.4	P_4	317	553
F_2	53.5	85.0	Na	371	1156
Ar	83.8	87.3	Mg	922	1363
O_2	54.8	90.2	Si	1683	2628
Cl_2	172	239	Fe	1808	3023

4.8　分子间力的类型

分子间力有三种。色散力是指分子带有负电荷电子云与邻近分子中带有正电性的原子核之间的相互吸引力，所有的物质都具有色散力。取向力是极性分子带正电荷的一端与相邻极性分子带负电荷的一端之间的吸引力，取向力仅存在于具有永久偶极的分子中。氢键主要成键于具有孤对电子且半径较小、电负性较大的原子（主要是 N、O 或者 F）与连接在另一个电负性较大原子上的氢原子之间。这三种分子间作用力都来源于相邻分子正、负极之间的吸引，因此它们并不是完全不同的，只是在有些情况下有所区别。色散力、取向力及氢键的强度都比共价键要弱。比如，C—C 的平均键能是 345kJ · mol^{-1}，而对于小分子的链烷烃，其中的色散力只有 0.1 ~ 5kJ · mol^{-1}。像丙酮这样的极性分子，它们之间的取向力为

$5\sim20kJ\cdot mol^{-1}$，氢键键能为$5\sim50kJ\cdot mol^{-1}$。

色散力

色散力存在是由于分子的电子云可以发生变形。例如，想象一下当两个卤素分子相互接近时会发生什么现象？分子是由带正电的原子核和原子核周围带负电的电子组成的。当两个分子靠近时，一个分子的原子核会吸引另外一个分子的电子云。电子一直在作高速运动，所以这种吸引力会使电子云的形状发生变化。同时，由于两个分子的电子互相排斥，将进一步导致电子云变形。如图4.18所示，这种电子云变形导致原子正负电荷重心不再重合，使得分子的一端有少量的正电荷，另一端有少量负电荷。色散力是分子间的吸引力，是由原子的电荷重心不重合引起的。

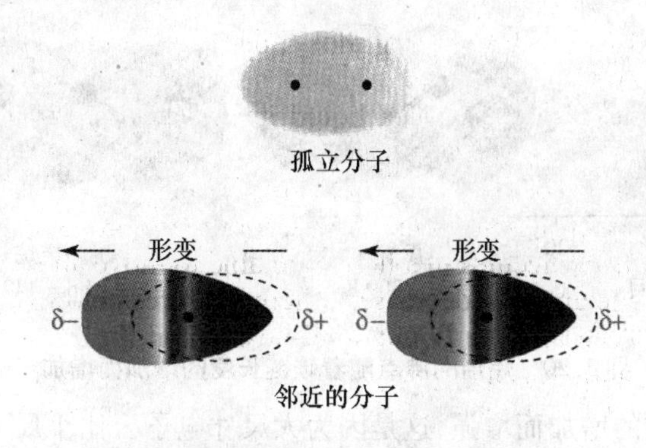

图4.18　色散力形成过程示意图

色散力的大小取决于分子中电子云变形的难易。电子云的变形会使分子产生瞬时极性，称为瞬时偶极。我们通过测试卤素的沸点来表征不同分子极化率的差异，结果表明物质的沸点随核外电子数的增多而增大。具有18个电子的氟沸点最低（85K），具有106个电子的碘沸点最高（458K）。电子云体积越大，越容易发生变形。图4.19示意性地描述了大尺寸电子云比小尺寸电子云更容易发生变形，这就是I_2单质具有更强的色散力和较高沸点的原因。

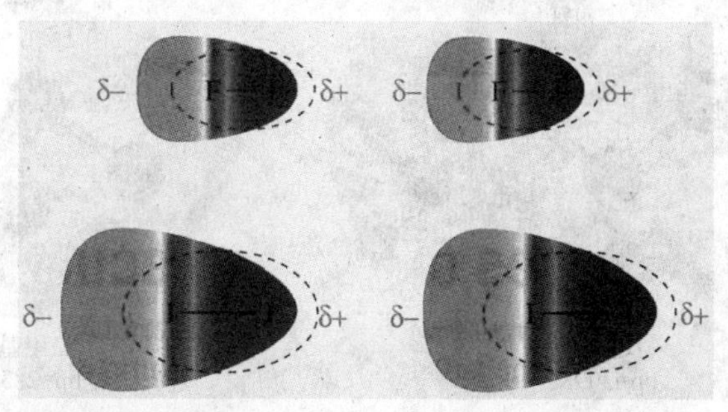

图4.19　因为拥有更多核外电子，所以I原子相互靠近时电子云的变形程度大于F原子

分子的大小与组成分子的原子数目、大小成正比。图4.20表明烷烃沸点随着碳链长度的增加而增加。随着烷烃碳链长度的增大，电子云也变得更大，极化率更高，最终导致色散力的增强和沸点的升高。比如，甲烷（CH_4，10个电子）在298K时是气体，戊烷（C_5H_{12}，42

个电子)是低沸点液体,癸烷($C_{10}H_{22}$,82 个电子)是高沸点液体,而二十烷($C_{20}H_{42}$,162 个电子)则是蜡状的固体。随着分子增大,极化率增强,沸点会逐渐升高。

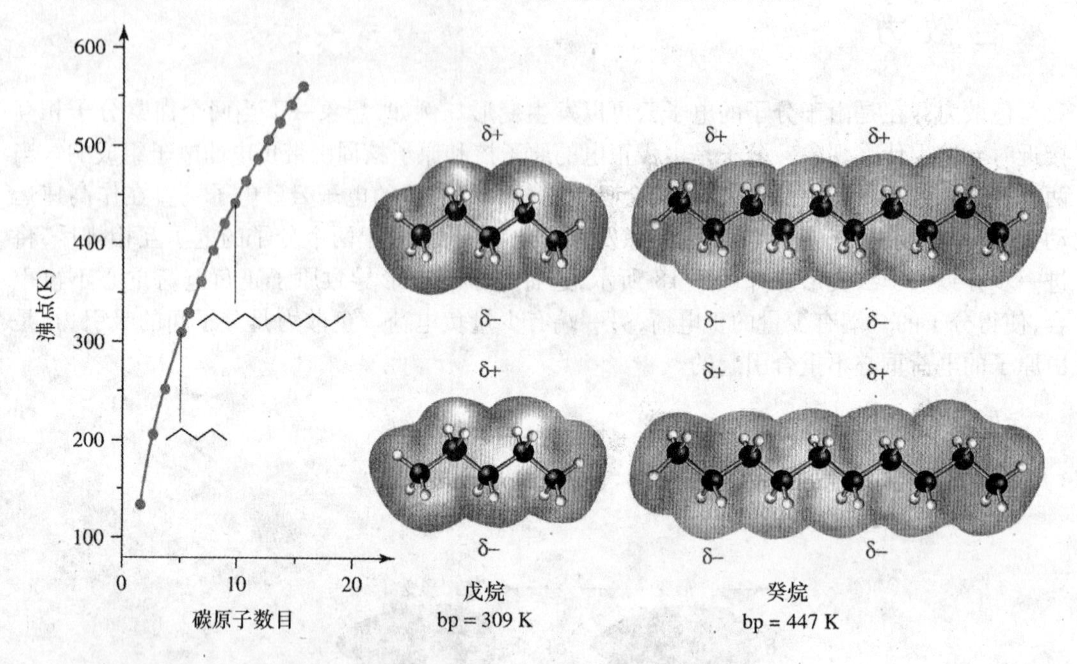

图 4.20　烷烃的沸点随着碳链长度的增加而增加

色散力随着电子数的增加而增强,这是因为大尺寸电子云比小尺寸电子云的极化率强。对于相同电子数的分子,分子的形状是影响色散力大小的第二个决定因素。例如,图 4.21 给出了戊烷和 2,2 - 二甲基丙烷分子的结构。这两个分子的分子式都是 C_5H_{12},都有 72 个电子,但是 2,2 - 二甲基丙烷的结构比戊烷的结构更紧密。这种紧密的结构导致 2,2 - 二甲基丙烷电子云的极化程度和色散力都比较小。因此,戊烷的沸点是 309K,而 2,2 - 二甲基丙烷的沸点只有 283K。

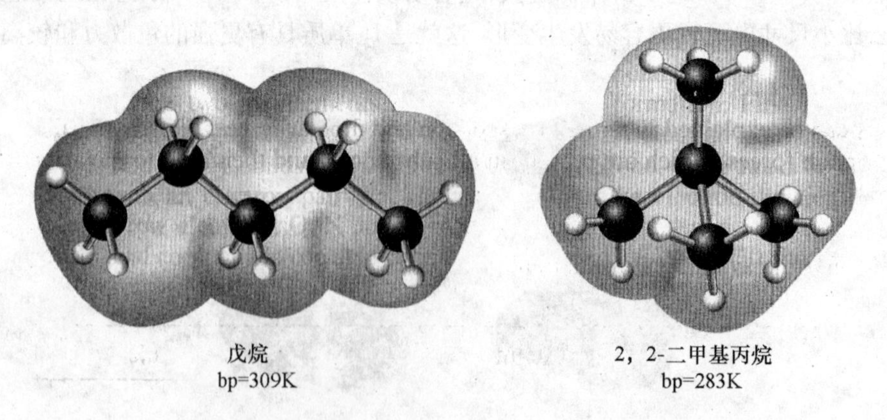

图 4.21　戊烷和 2,2 - 二甲基丙烷的分子结构

取向力

所有的分子中都存在色散力,有些物质即使在温度比较高时仍能保持液态,这是因为色散力的作用。2-甲基丙烷和丙酮,其结构如图4.22所示。这两个分子具有相似的形状和几乎相同数量的电子数(34与32)。因为它们如此相似,所以我们预测它们的沸点会很接近,但事实却并非如此:室温下的丙酮是液体,而2-甲基丙烷则是气体。

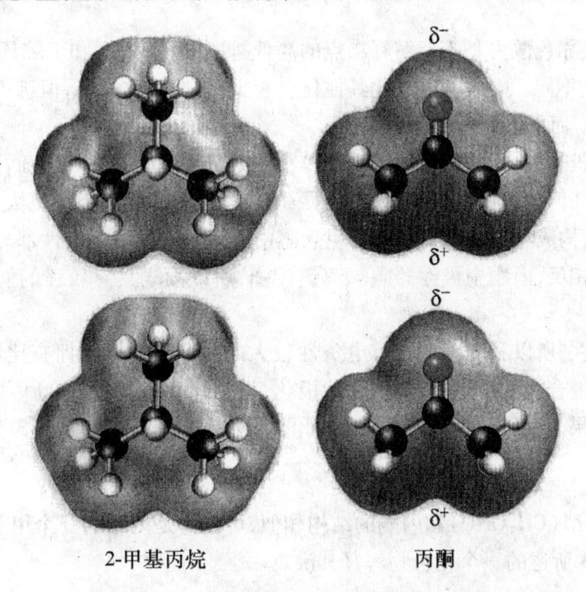

图4.22 2-甲基丙烷和丙酮的分子结构

当温度高于2-甲基丙烷的沸点时,为什么丙酮仍然保持液态?原因是丙酮具有很大的偶极矩。在电负性差值较大的原子间会发生化学键极化。因此,丙酮的C═O键是高度的两极分化,其中O原子带负电荷($\chi=3.5$),C原子($\chi=2.5$)带正电荷。相反,分子中C—H键的极化比较弱,因为氢的电负性($\chi=2.1$)仅略小于碳。

当带有正负偶极的丙酮分子互相靠近时,一个分子末端的$\delta+$会靠近另一个分子末端的$\delta-$(图4.22)。在液体中,这种重复的头尾相连就会产生明显的分子间取向力。

在丙酮和2-甲基丙烷分子中,色散力大小差不多,但是丙酮中的取向力要远远大于2-甲基丙烷,使得丙酮内总的分子间力明显大于2-甲基丙烷。所以丙酮的沸点要比2-甲基丙烷的沸点高。

示例4.13 下面列出了丁烷(273K)、甲乙醚(281K)及丙酮(392K)的键线式结构。请解释它们的沸点变化趋势。

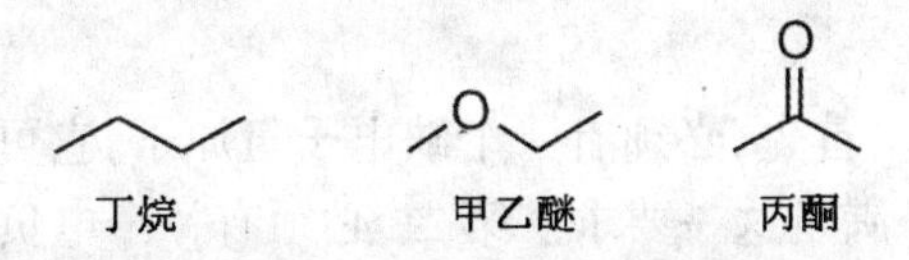

分析:这些物质的沸点可以用色散力和取向力来解释。首先,估计一下这些物质中色散力的大小,然后再确定分子的极性。

解答:下表可提供有用信息。

物质	沸点	总电子数
丁烷	273K	34
甲乙醚	281K	34
丙酮	329K	32

从表中可以看出,仅靠色散力是不能解释沸点的高低排序的。甲乙醚和丁烷具有相同电子数和相似的分子结构,但它们的沸点不同。丙酮的电子比其他化合物少,色散力比较小,但沸点较高。沸点顺序表明,丙酮的极性比甲乙醚强,而甲乙醚则又比丁烷强。

我们预测丁烷是非极性的,因为碳氢原子之间较小的电负性差异。另一方面,丙酮和甲乙醚中都存在极性碳氧键。根据分子几何结构可以解释为什么丙酮的极性比甲乙醚的极性更大。路易斯结构揭示醚中的氧原子有4组电子对,构成弯曲的几何结构。甲乙醚中的两个碳氧键的极性部分抵消,最终导致分子具有相对较小的偶极矩。相反,丙酮中极性的碳氧双键较强,所以丙酮具有较强的偶极矩,丙酮的极性也比甲乙醚更强一些。

因为永久偶极的存在,所以我们预期含有电负性较大的氧原子的分子拥有比烷烃更高的沸点。一个氧原子如果与其他原子键合,就会导致较大程度的极化,根据这一点,我们推断丙酮的沸点比甲乙醚的沸点高。偶极矩的测试结果表明:丁烷、甲乙醚和丙酮的偶极矩分别等于0C·m、3.74×10^{-30}C·m和9.62×10^{-30}C·m。

思考题4.13　乙醛(CH_3CHO)和丙酮的结构相似,可认为是丙酮的一个甲基被H取代。乙醛的沸点是294K。对比例4.13所述的三个化合物解释其沸点。

虽然分子间力没有一个严格的分类,但是离子与分子永久偶极之间的相互作用却很重要。介于偶极相互作用和离子相互作用之间还存在着所谓的离子-偶极相互作用。

氢　键

在室温下甲乙醚是气体(沸点=281K),但异丙醇却是液体(沸点=370K)。这两个化合物的分子式一样,都是C_3H_8O,都含有四个骨架原子,C—O—C—C和O—C—C—C。因此,这两个分子横向的电子云大小相同,色散力大小也差不多。每个分子都有一个发生sp^3杂化的氧原子,该原子含有两个极性单键,所以它们的取向力应是相似的。甲乙醚和异丙醇沸点之间的差异很清楚地说明了色散力和取向力不是分子间力的全部。

异丙醇分子之间的吸引力比甲乙醚分子间的吸引力更强,主要是因为一种被称为氢键的分子间力的存在。一个体积较小、电负性较高且具有孤电子对的原子和带正电的氢原子共享非键电子时,就形成了氢键。氢键可以视为偶极相互作用的特例,它们的强度介于色散力和共价键之间。

形成氢键有两个条件。首先,必须有一个缺电子氢原子,它可以吸引一对电子。O—H、F—H和N—H中的氢原子满足这一要求。第二,必须有一个电负性高且具有孤对电子的原子,能与缺电子的氢原子发生作用。第二周期中的三个元素——O、F、N满足这一要求,并且研究证明,在生物化合物中硫原子也可以形成氢键。图4.23显示了具有氢键的典型分子。图中虚线表示氢键,之所以用虚线表示是为了说明这是一种弱键合作用。

从图4.23中的例子可以看出,不同分子(例如,$H_3N\cdots H_2O$)或相同分子(例如,HF···HF)之间都可以形成氢键,而且分子间可以形成多个氢键(例如,甘氨酸),除了分子间可以形成氢键,分子内也可以形成氢键(例如,水杨酸)。

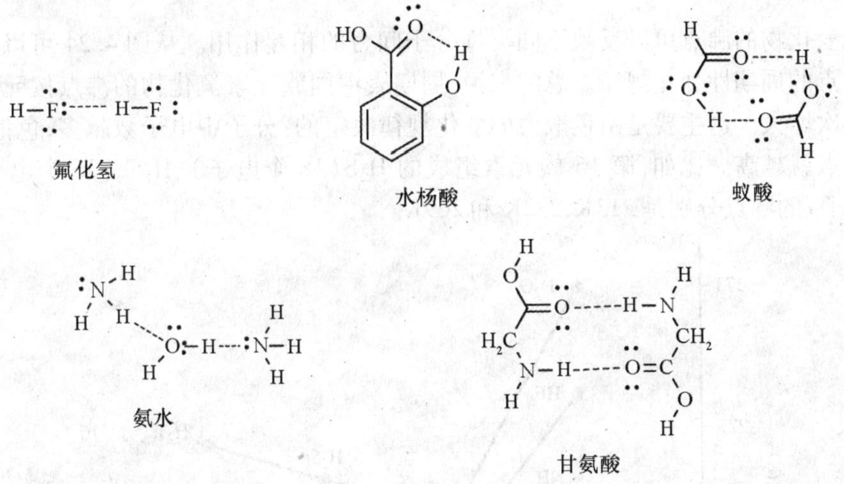

氟化氢　水杨酸　蚁酸

氨水　甘氨酸

图4.23 存在氢键的某些分子

示例4.14 一氟甲烷、丙酮、甲醇、溶于丙酮中的氨,哪些体系存在较强的氢键?

分析:氢键是由H—X中电子被吸引到X一端后剩下类似于质子的氢原子与带有孤对电子且电负性较大的原子相互作用形成的。根据路易斯结构可以依次判断上述分子是否满足要求以形成氢键。

解答:这是四种分子的路易斯结构如下:

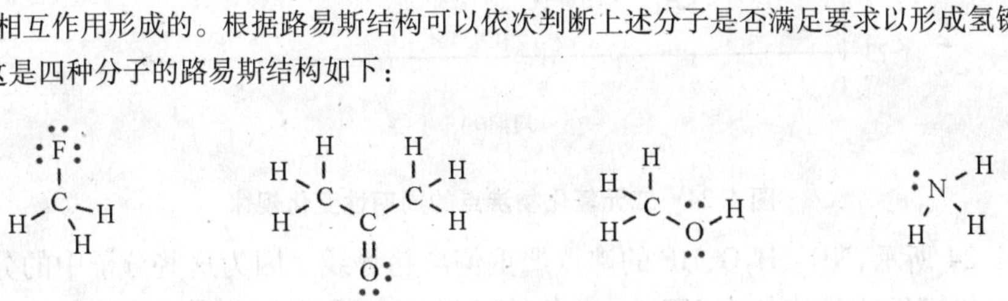

丙酮和一氟甲烷中包含孤对电子,但是没有H—X极性键,所以氢键在这两种化合物中很弱。

甲醇中O—H键满足形成氢键的两个要求。一个分子中O—H上的氢原子会结合另一个相邻分子中的氧原子。

丙酮中的氨,我们必须考虑这两种物质。丙酮中有带孤对电子的氧原子,氨含有极性键N—H。所以,这两种化合物的混合物中存在氢键,它形成于氨中的氢原子和丙酮中的氧原子之间。

思考题4.14 画出丙酮在水中形成氢键的示意图。

氢键在生物化学中很重要,因为,生物分子中含有大量容易生成氢键的氧原子和氮原子。蛋白质分子的α-螺旋结构是靠羰基(C═O)上的氧和氨基(—NH)上的氢以氢键(C═O···HN—)彼此联合而成的。

最重要的例子是在DNA中形成的氢键,使两条链构成双螺旋结构。蛋白质由氨基酸组成,氨基酸中包括了氨基($—NH_2$)和羧基($—CO_2H$),它们之间会形成四种不同的氢键,分别是O···H—N,N···H—O,O···H—O和N···H—N。如果生物分子包含S原子,还会形成氢键：S…H—O 和 S…H—N。图 4.23 显示了甘氨酸的分子间氢键。更多关于氢键的知识将在后续章节中介绍。

二元氢化物

二元氢化物的沸点可以反映不同类型分子间力的相互作用。从图 4.24 可以看出二元氢化物沸点的周期性变化规律。总的来说，周期表中同族元素氢化物的沸点按元素位置从上往下依次增大。这主要是由色散力的变化规律决定的：分子中电子数越多，色散力越大，相应的沸点就越高。比如，第 16 族元素组成的 H_2S（18 个电子）、H_2Se（36 个电子）、H_2Te（54 个电子）的沸点分别是 213K、232K 和 269K。

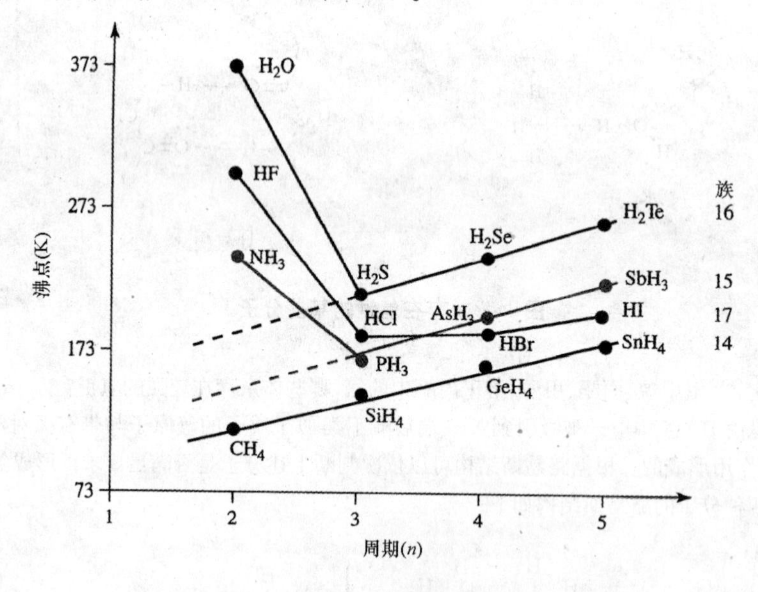

图 4.24　二元氢化物沸点的周期性变化规律

如图 4.24 所示，NH_3、H_2O、HF 的沸点严重偏离趋势线。因为这些分子中的分子间力很大一部分由氢键组成。比如在 HF 中，电负性较强的 F 原子中的一对孤对电子会部分转移到另外一个 HF 分子内带正电的氢原子上，并形成氢键。HF 分子间形成的大量氢键使分子呈空间网状结构，从而提高 HF 的沸点，使其远远高于 HCl、HBr 和 HI。

F 是电负性最大的元素，所以 HF 分子间的氢键强度最大。液态 HF 分子中的每个 H 原子可以形成一个氢键，但因为每个分子中只有一个极性氢原子，所以，每个 HF 分子只能与另外两个 HF 分子形成两个氢键。一个氢键涉及到 1/2 个带正电的氢原子和 1/2 个带负电的 F 原子。

水的沸点比 HF 的要高，表明水分子中的全部氢键强度总和比 HF 要大，尽管就个体而言，HF 之间的氢键强度最高。水分子相对较高的沸点说明其内部平均每分子间形成氢键的数目更多。事实的确如此，一个水分子中拥有两个 H 原子，并且包含的 O 原子上有两对未成键电子对，这样每个水分子就能与其他四个水分子形成四个氢键，如图 4.25(a)所示。

冰的氢键呈网状分布（图 4.25(b)），其中 O 原子位于每个变形的四面体中心，其中两个顶点占据的是 H 原子，它们与中间的 O 原子以共价键连接，另外两个顶点上占据的是两

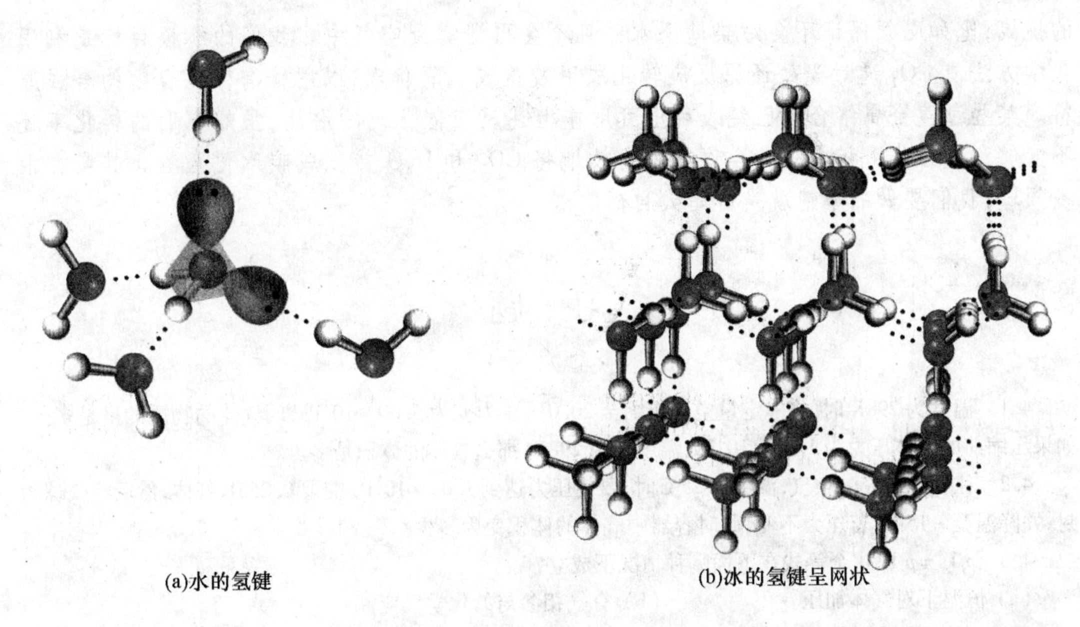

图4.25　水分子的结构示意图

个氢键,与其他两个水分子相连。

因此,二元氢化物的沸点高低是由形成氢键的强度和数量共同决定的。下一章将继续介绍固体中氢键的作用。

相关知识链接——温室气体

在过去的10到20年间,各国政府正在积极寻找方法以降低温室效应的元凶——矿物质的燃烧产物CO_2的排放量。但是,矿物燃料(煤,油,天然气)的使用对于工业和现代化的生活极其重要。事实上,矿物燃料提供的能量占全世界总耗能的近85%。那么,我们该怎么处理这些被排放的废气呢?

一个解决方案就是要求发电站将二氧化碳收集,然后对其进行压缩,再装进罐子里埋在地下。这时罐中大多数的CO_2会溶解或者转化成其他物质,还有部分会变成超临界流体,超临界流体同时具备气体和液体的某些性质。上述收集和储存CO_2的过程叫做地质储存。

大多数早期的地质储存工程在北半球进行。澳大利亚相对来说地震少,所以特别适合这样的工程。澳大利亚也是CO_2气体的主要制造者,首先是因为其国内高额的发电量和其他工业生产,此外还有矿产的开采。

2007年,澳大利亚温室气体联合研究中心(CO2CRC)的科学家们开始CO_2的储存试验,他们利用管道将维多利亚南部一个天然气田内的CO_2输送并注入到了地下2km处的一个气体容器里去。

全球政府气候变化小组已经估计出地质储存的方式能处理掉发电站产生的85% CO_2,并且估计这项计划将使电力公司的成本提高近50%,对于消费者而言,价格也会相应提高,大约是15%。

尽管通过净化技术和使用其他可代替能源,能够使CO_2的排放量降低。但是在短期内,地质储存似乎是降低大气中CO_2含量的唯一有效途径。当然,这项技术也面临着很多的挑战，比如必须保证不会污染地下水并且不会再泄露到空气中。我们的终极目标是利用化学方法使 CO_2 通过光致还原反应转化成甲酸盐或一氧化碳，以用作有机化合物的合成原料。某些过渡金属络合物已经表现出可用作上述反应催化剂的潜质，虽然它们的转化率还不能够和光合作用相比。光合作用可高效地将 CO_2 和 H_2O 转化成碳水化合物。其实在很多领域，我们要做的事情就是赶超大自然。

习 题

4.1 温度为298K时，将一定量空气压缩至20.0L，压力变为 5.00×10^5 Pa，问气体的物质的量是多少？如果压缩前的气体压力为 1.00×10^5 Pa，温度仍为298K，那么气体的体积是多少？

4.2 往气球中充入空气，温度为25℃时，要使压力达到 1.00×10^5 Pa 需要0.255L气体，然后将气球密封，并降温至 −15℃，若压力不变，此时容器中气体的体积变为多少？

4.3 $p_fV_f = p_iV_i$ 这个等式在下面哪种情况下成立？

(a) 恒温下对气体加压　　(b) 有气相参与的化学反应

(c) 加热容器中的气体　　(d) 恒温下对容器中的液体加压

4.4 将图4.5(a)中加热炉的温度升高至原来的两倍，请画出图4.5(b)中气体分子数量随时间变化的曲线。

4.5 计算下列分子的最概然速率和平均动能。

(a) He，627℃　(b) O_2，27℃　(c) SF_6，627℃

4.6 从分子水平解释下列现象。

(a) 压力很高时，没有气体满足理想气体状态；

(b) 温度很低时，没有气体满足理想气体状态。

4.7 计算 SF_6 气体在 1.01×10^5 Pa，温度为25℃时的密度($g\cdot L^{-1}$)。

4.8 学生拟通过扩散过程将CO与 N_2 分离，这个思路是否可行？为什么？

4.9 烟雾弥漫的大气中 NO_2 的浓度为0.78ppm，已知大气压为 1.011×10^5 Pa，请计算 NO_2 气体的分压，单位为Pa。

4.10 下图表示三种混合气体，它们的体积和温度相同。问：

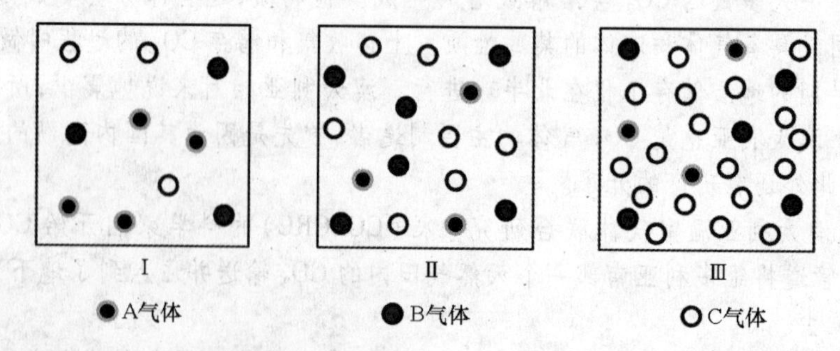

(a) 哪种混合气体中组分A的分压最高？

(b) 哪种混合气体中组分B的摩尔百分数最高？

(c) 在混合气体Ⅲ中，组分A的浓度是多少ppm？

4.11 金属钠与氯气反应生成NaCl。温度为27℃，往一体积为 3.00×10^3 mL 的密闭容器中充入氯气使压力达到 1.67×10^5 Pa，再放入6.90gNa，反应进行完全后，将温度升至47℃时容器中的压力是多少？

4.12　N_2 与 H_2 在高压高温且有催化剂参与的情况下能反应生成 NH_3，假设反应的产率为100%，那么当 N_2 与 H_2 的摩尔比为1∶1时，容器中氨气的质量等于多少？已知容器体积为 8.75×10^3L，反应前压力为 275×10^5Pa，温度为455℃。

4.13　在下述情况中，分子体积和分子间引力的作用是增大还是减小？

(a) 恒温下气体发生膨胀；

(b) 恒温下向体积一定的容器中通入气体；

(c) 恒压下升高气体温度。

4.14　温度为40℃时，向容积为1.20L的容器中充入1.00mol CO_2 气体，实测压力为 19.7×10^5Pa，试根据该实验数据计算气体实际压力与理想值之间的偏差。

4.15　商品化的氯气可通过电解海水制得并存放于高压气瓶中。现有一容积为15L的钢瓶，装有1.25kg的 Cl_2，利用范德华方程计算容器中的压力，并与理想气体进行比较。

4.16　将气体 CCl_4、CH_4、CF_4 按液化的难易程度进行排列并说明理由。

4.17　将下述物质，如乙醇(CH_3CH_2OH)、丙烷($CH_3CH_2CH_3$)、戊烷($CH_3CH_2CH_2CH_2CH_3$)按沸点高低进行排序并说明理由。

4.18　下列哪种分子自身会形成氢键，画出结构并标出氢键：

(a) CH_2Cl_2　(b) H_3COCH_3　(c) H_2SO_4　(d) H_2NCH_2COOH

4.19　下列哪种分子会与水分子形成氢键，画出结构并标出氢键：

(a) CH_4　(b) I_2　(c) HF　(d) H_3COCH_3　(e) $(CH_3)_3COH$

4.20　地表上空40km处气体的温度大约是－25℃，压力大约为 4.0×10^2Pa，试计算该条件下臭氧 O_3 分子的平均速率。

4.21　设计一气体实验证明氧气为双原子分子。

4.22　在425K下利用分子束实验测出氨气的速率分布曲线，如下图所示。计算：最概然速率；最概然动能。

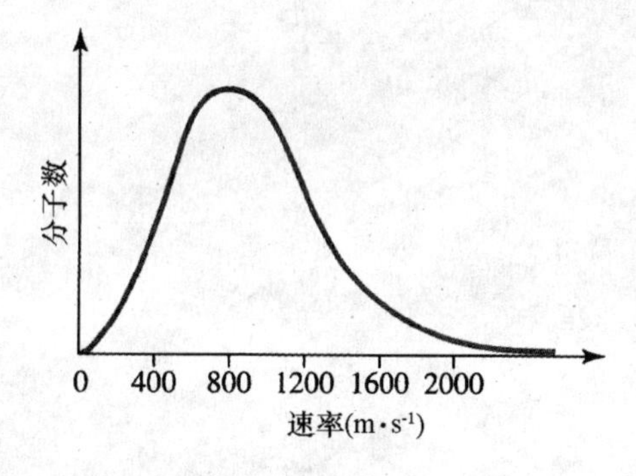

4.23　在一个3.00L的烧瓶中充入一定量气体，温度为0.00℃时压力达到 7.00×10^4Pa，计算：

(a) 恒温下，压力变为 1.01×10^5Pa时气体的体积；

(b) 恒温下，体积变为2.00L时气体的压力；

(c) 恒容下，温度升至50.0℃时气体的压力。

4.24　目前南极上空 CO_2 的体积分数为374.6ppm(1958年的数据为314.6ppm)，试计算其分压，单位为Pa。在这种分布下，每1.0L干燥空气中含有多少 CO_2 分子，假定温度为－45℃。

4.25　分别列出下列物质气化时需要克服的作用力类型。

(a) NH_3　(b) CCl_4　(c) $CHCl_3$　(d) CO_2

4.26　下列哪种混合物的沸点最高，是由何种作用力导致的？

(a) H_3COCH_3 和 CH_3OH　(b) SO_2 和 SiO_2

(c) HF和HCl　(d) Br_2 和 I_2

4.27　F_2 和 Cl_2 两种气体中哪个更偏离理想气体行为？说明理由。

4.28　根据 HCl 的沸点(图 4.24)能否推断其分子间可以形成氢键？说明理由并画出分子间形成氢键的示意图。

4.29　氢分子和氦原子都有两个电子,但是 He 的沸点是 4.2K,而 H_2 的沸点是 20K。Ne 的沸点是 27.1K,而含有相同电子数的甲烷其沸点却高达 114K,请解释为什么在含有相同电子的情况下,由分子构成的物质的沸点要高于由原子直接构成的物质。

第5章 凝聚相——液体和固体

5.1 液 体

温度足够低时，气体会凝聚成液体。凝聚发生在分子的平均动能低于分子间相互作用所需的最低能量时。液体中分子间力足够强，因此能使分子限定在一定空间内，但是这种力还不能阻止分子的自由运动。所以和气体一样，液体也是可以流动的。但两者又是有区别的，液体很紧凑，不能发生明显的膨胀和压缩。

液体的性质

液体内的分子间力导致它主要有三种性质——表面张力、毛细管作用和粘性。

表面张力是扩大液体表面积所产生的抵抗力。这种性质是由液体分子间引力造成的，这种引力被称为内聚力。

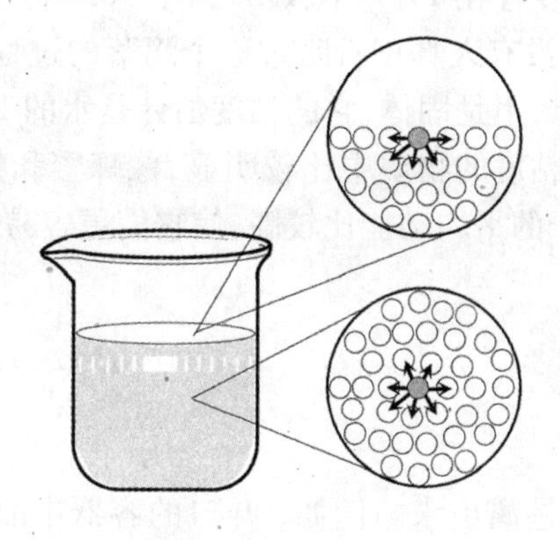

图 5.1 在分子水平上液体存在表面张力

如图 5.1 所示解释了为什么在分子水平上液体存在表面张力。液体的内部分子被其他分子包围，所以它受到近邻分子的作用力是对称的。但是在液体表面的分子仅受到侧面和下面分子的作用力，受到上面的引力非常小。这种差值意味着在液体表面的分子会遭受指向液体内部的净拉力，将其拉回到液体的内部，使得液体表面有自动减小的趋势。少量的水总是以球形出现，因为等体积时球体的表面积最小。比如水龙头中滴出的水滴形状为近球形，大水滴发生变形而偏离球形是因为地球引力的存在。

分子和容器的接触表面有两种分子间力，内聚力使分子之间相互吸引，粘着力使液体和容器壁相互吸引。

因为粘着力而形成的弯曲面称作球形液面。玻璃管中的水随着水分子和玻璃管的接触形成一个凹液面,这是因为水和玻璃管的粘着力比分子间力强。

图 5.2 显示了粘着力的另外一个效应。在内径足够小的管子中,因为水和管子的粘着力大于重力,导致水沿着管壁向上攀升。这种水克服重力向上运动的现象叫做毛细管作用。毛细管作用对养分在植物纤维素中的传递起了很大的作用,它使养分能够从树的底部运输到树枝的端部。

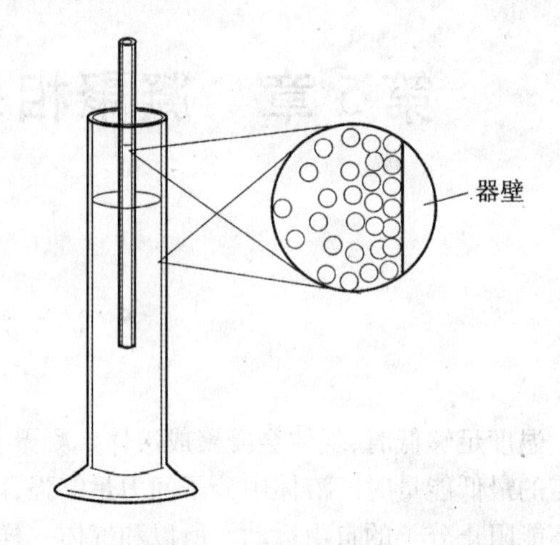

图 5.2 玻璃管中的液体受毛细作用使液面上升

水能够很容易地从一个容器倒入另外一个容器,而沙拉酱则比较困难,蜂蜜有时候甚至不流动。液体抵抗流动的性质叫做粘性。粘性越大,流动越慢。分子之间发生滑移的难易程度用粘度表征,粘度受分子形状和分子间力强度的影响。液体中分子的接触面积越大,粘度越大。水、丙酮、苯的接触面积很小且紧凑,所以很容易流动。相反,大分子如蜂蜜中的糖和石油中的烃类拥有大的接触面积,所以粘度很高。

关于粘度的实验最早是1927年由澳大利亚昆士兰大学的托马斯·帕奈尔教授(死后被追授为2005年搞笑诺贝尔奖得主)开始的,在帕奈尔去世后,约翰·梅恩斯顿继续了这一实验。1927年,帕内尔将一些沥青(焦油的衍生物)融化到了一个漏斗里,冷却,然后等待它往下滴。第一滴沥青落下是在1938年,接着在1947年、1954年、1962年、1970年、1979年、1988年和2000年分别落下一滴。可惜没有人真正目睹过这个滴落的过程。但这个实验证明,虽然沥青是脆性的,但它仍然是液体,不是固体,它的粘度估计是水的1000亿倍。

粘度受温度的影响,这种影响在高粘度的物质中比较明显,像蜂蜜和糖浆,温度高时比温度低时容易倒出。因为在高温下分子的平均动能比较高,使它们更容易克服分子间力,所以随着温度的升高粘度降低。

蒸气压

感觉告诉我们,分子能够从液体中逃离出来。例如,开口的容器中散发出来的汽油气味,意味着分子可以从液相进入气相。阳光下雨水的蒸发意味着水分子可以从液相进入到气相。液溴上面红色的气体说明溴分子存在于气、液两相之中。

在4.3节中介绍过任何聚集体中分子的动能都有一个分布范围,液体中分子的动能使它们能够在液体中移动,虽然它们的平均动能不足以使其逃逸到气相中,但因为能量的分散特性,使得一些液相分子具备的动能足以克服束缚液体的分子间力。如果这些分子分布在液体的表面,那么就可以脱离液相进入到气相中去。任何时候,只要液体暴露在空气中,就有一些分子能够逃逸到气相中。

液体中能逃逸到气相中的分子数目取决于液体分子间力的大小和温度。如图5.3(a)所示,在任何温度下逃逸的溴分子数目都比水分子要多,在300K时,因为 Br_2 的分子间力小于 H_2O 分子,所以进入气相的 Br_2 分子数多于 H_2O 分子。如图5.3(b)所示,因为温度升高,能量大于逸出能的分子数增多,所以320K 时逸出的气相 Br_2 分子数要多于300K 时逸出的气相 Br_2 分子数。

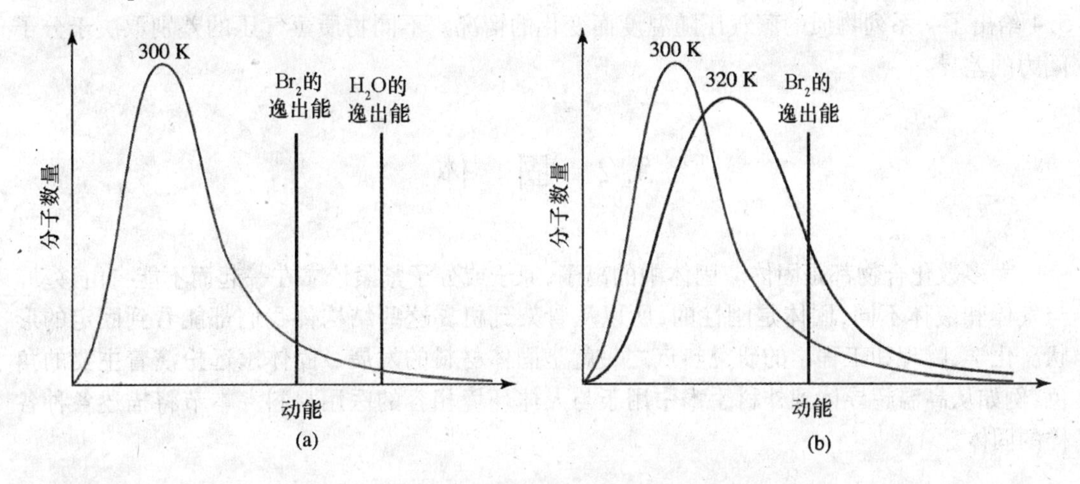

图 5.3　逃逸液体的分子数由分子间力和温度决定

在敞开口的容器中存放的液体会不断地减少直到完全蒸发。但是在密闭的容器中,随着分子不断地进入气相,蒸气分压增大。随着分压的增大,气体分子撞击液体并被捕获的数量也不断增多,最后,脱离液体的分子数会等于重新被液体捕获的分子数,如图 5.4 所示。此时,液体和气体中的分子数不再发生改变,我们称这种现象为达到动态平衡。平衡时气体的压力称做液体的蒸气压。任何液体的蒸气压都会随着温度的升高而增大,因为温度升高会使更多的分子具备脱离液相的能量。

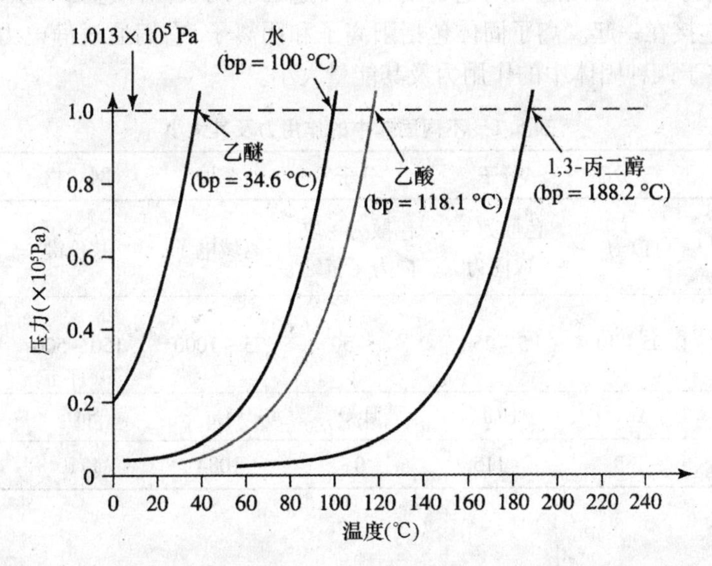

图 5.4　乙醚、水、乙酸以及 1,3 - 丙二醇的蒸气压随温度变化的情况

当液体的蒸气压和外部压力相等时,液体就开始沸腾。比如水,在海平面一个大气压下,沸点为100℃。在一个大气压下的沸点称为正常沸点。但是在低压时,比如在高的山顶,沸点会降低,因为在这种情况下水的蒸汽压较低,这个压力在较低温度下即可达到。例

如新西兰的库克山，海拔3754m，压力是 0.637×10^5Pa，水的沸点仅为85 ℃。相反，压力锅工作则是根据压力增大、沸点升高的原理，比如一般的高压锅可使水的沸点达到120℃。图5.4给出了一系列物质的蒸气压随温度而变化的情况。不同物质蒸气压的差别取决于分子间力的差异。

5.2 固 体

大多数化合物都是固体。固体中的离子、原子或分子紧紧依靠在一起而不能自由移动。与气体和液体不同，固体是刚性的，所以从骨架到机翼这些结构件我们都能看到固定的形状。化学、物理和工程学的研究热点之一就是固体材料的发展。固体永远扮演着主要的角色，例如从高温超导体到外科手术中用于与人体环境相容的医用材料。本节将描述各种各样的固体。

固体的性质

表5.1中列出了一些固体的熔点，从中可以看出其分布范围很大，从84K（氩）到1983K（SiO_2）。这些值显示固体中的力可以从很小到很大。这是因为固体中的离子、原子、分子是通过各种各样的力，包括分子间力、金属键、共价键和离子相互作用而聚集在一起的。

在由分子组成的固体中，分子聚集在一起靠的是分子间力，包括色散力、取向力和氢键。金属固体中的原子是靠自由运动的电子结合在一起的。网状固体包括一系列共价键，它们将原子和原子连接在一起。离子固体包括阳离子和阴离子，它们通过静电力相互吸引。表5.1比较了存在于四种固体中的作用力及其能量大小。

表5.1 不同固体中的作用力及其大小

固体种类	原子/分子	分子	分子	金属	网状物	离子
吸引力	色散力	色散力 + 取向力	色散力 + 取向力 + 氢键	离域电子	共价键	静电力
能量（$kJ\cdot mol^{-1}$）	0.05 ~ 40	5 ~ 25	5 ~ 50	75 ~ 1000	150 ~ 500	400 ~ 4000
举例	Ar	HCl	H_2O	Cu	SiO_2	NaCl
熔点（℃）	−189	−115	0	1084	1710	801

分子固体

分子固体通过分子间力将分子聚集在一起，分子间力的类型可能是色散力、取向力、氢键或者是这些力的集合体。

很多大分子在室温下拥有足够大的色散力而以固态形式存在。比如萘（$C_{10}H_8$，卫生球中的主要成分)，它是一种白色固体，熔点为 80℃，呈平面结构，每个大分子平面上下分布了由 10 个离域 π 电子构成的电子云(图 5.5)，使萘保持固态的强大色散力中有一部分来源于 π 电子的极化作用。晶态萘的分子排布总是使色散力达到最大，于是导致了宏观可见的板状晶体结构。

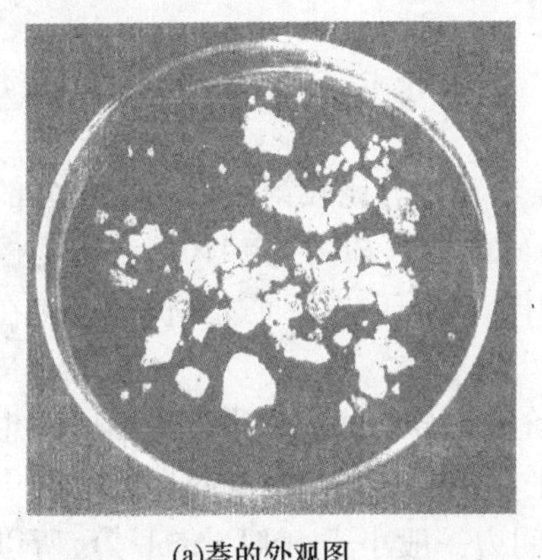

(a)萘的外观图

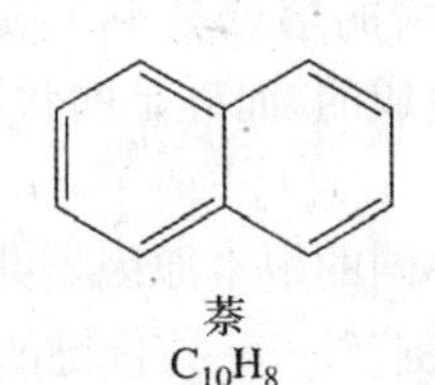

(b)结构式

(c)包括离域π键的球棍模型

图 5.5　萘的外观结构、分子结构、电子分布图

草酸二甲酯($CH_3OC(O)C(O)OCH_3$)是一种靠取向力将分子聚集在一起的分子固体(熔点为 52℃)，结构式见图 5.6。两个羧基的碳原子因为和电负性较大的氧原子相连，所以都带有明显的正电性。$\delta+C$ 和周围分子的 $\delta-O$ 靠近并形成取向力。

CH_3O　　OCH_3
C—C
O　　O

图 5.6　草酸二甲酯的结构式

除了色散力和取向力，分子晶体内还含有氢键。苯甲酸(C_6H_5COOH)就是很好的例子，它的钠盐主要被用作食物防腐剂，如图 5.7 所示。使苯甲酸分子结合在一起的力除了 π 电子中的色散力之外还有—COOH 之间产生的氢键。因为 π 电子较少，所以苯甲酸中的色散力要比萘稍弱，但是因为氢键的存在，使得苯甲酸的熔点达到了 122℃。

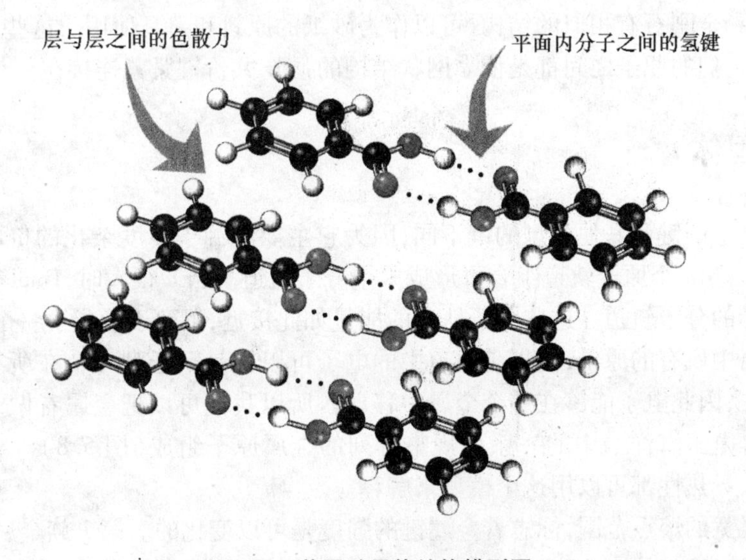

图 5.7　苯甲酸晶体结构模型图

葡萄糖($C_6H_{12}O_6$)存在于人体内,由于大量氢键的影响,它具有足够高的熔点。葡萄糖要在155℃以上时才能融化,因为它的每一个分子有5个—OH,这些—OH都能与周围的分子形成氢键。所以,尽管葡萄糖缺少像在萘和苯甲酸中存在的高度极化的π电子,但是大量的氢键使葡萄糖成为这三种化合物中熔点最高的物质。

网状固体

网状固体具有很高的熔点,这一点与分子固体形成强烈对比。比较第三周期中相邻的两个元素磷和硅的性质可以发现:白磷的熔点是44℃,而硅的熔点却高达1410℃。因为白磷是分子固体,是由许多个P_4分子组成的,而硅是网状固体,硅原子之间通过共价键连接在一起。

表5.1说明了这两种元素熔点不同的根本原因。共价键比分子间力强很多。固体硅想要熔化,必须打破Si—Si之间的共价键,Si—Si共价键的平均键能是225kJ · mol^{-1}。P_4分子间作用力的强度相对而言要弱很多(如表5.1所示,分子间力一般小于50kJ · mol^{-1}),所以硅的熔点比磷高很多。

键的类型决定了网状固体的性质。金刚石和石墨是碳元素存在的两种形式,两者之间的物理性质和化学性质差异很大。金刚石中的化学键呈三维分布,每个碳原子采用sp^3杂化与其他四个碳原子通过共价键相连,形成了四面体结构,所以是网状固体。强共价键连成的三维网状结构,使得金刚石非常坚固耐磨,而且共价键的存在使得网状结构很稳定。然而,石墨中的碳原子只能与周围三个碳原子以共价键相连组成平面正六边形结构。这里的碳原子发生的是sp^2杂化,形成的是二维σ键。剩余一个p轨道电子与其他碳原子的p轨道电子发生重叠形成垂直平面的离域大π键。层与层之间通过π电子之间的色散力联系在一起,使得碳原子平面很容易滑动,正因如此,石墨具有良好的润滑性。

还有一些化合物也是网状固体。比如二氧化硅(SiO_2)是网状结构。蛋白石是由纳米级的二氧化硅球体组成的,其稀有的色泽是因为光的衍射,而不是其中的杂质。另外一个例子是碳化硅,它和金刚石有相似的结构,可以作为砂纸的原料和刀具使用。这些物质都有很高的熔点,因为它们的原子之间都是依靠网状结构的强σ共价键紧紧连接在一起的。

金属固体

固体金属中的键和其他类型的键不同,因为它主要起源于高度杂化的价电子轨道。根据分子轨道理论,n个原子轨道组合可形成n个分子轨道。当n很大时,1mol金属固体中就会形成了大量的分子轨道。这些分子轨道的能量如此接近,以致于形成了一个个的能带,能带涉及到金属中所有的原子,使得满轨道中的电子可以轻易跃迁到一个在所有原子中离域的空轨道中去,因此电子能够在整个金属中移动。所以我们可以把金属看做是由沉浸在可自由移动的价电子海洋当中的一系列规整排列的金属原子组成(图5.8)。金属的某些性质,比如导电、导热性都可以用这个模型来解释。

金属有很宽的熔点范围,标志着金属键的强度是可以变化的。第1族金属比较柔软,在相对较低的温度下就能融化。比如说钠,在98℃时开始融化,铯的熔点则为28.5℃。在这些金属中键很弱,因为第1族金属的原子只有一个价电子组成成键能带。另一方面,接近d区中间的金属则非常坚硬,同时还具有很高的熔点。比如:钨的熔点是3407℃,铼的熔点是3180℃,铬的熔点是1857℃。原因是这些金属的原子能够提供两个s电子和若干个d电子参与成键,形成了很强的金属键。

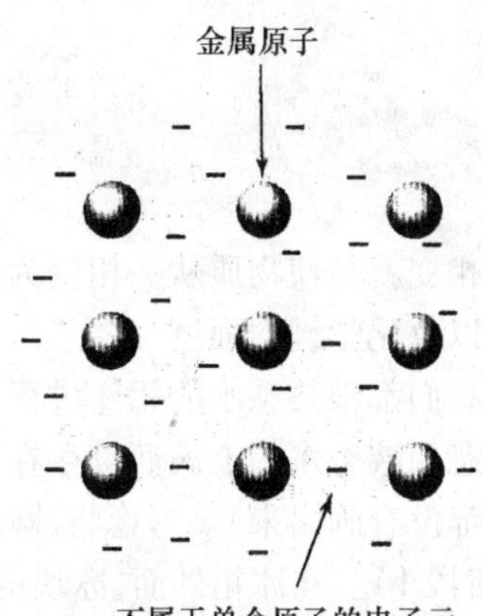

图5.8　金属键成键示意图

金属具有良好的延展性,可以制作成电线,同时金属还具有优异的变形性,能够被压成薄板。改变金属形状,原子的位置也发生变化。但是因为价电子是离域的,所以改变原子的位置并不会改变电子的能量水平。电子的海洋不受金属原子排列方式的影响,所以金属能变成各种形状,包括板状或线状,而不改变化学键的性质。

d区金属有许多特性。铜和银比铬具有更好的电导性;钨的延展性不好;汞在常温下是液体。这些差异都是由于价电子的不同引起的。d区金属钒和铬,其每个原子有五个或六个价电子,都占据着成键轨道,所以原子间有很强的吸引力,导致钒和铬的硬度极大。d区中间周围的其他元素,由于有一部分价电子占据反键轨道,使得原子间结合力下降。在d区的末尾元素这种作用最明显,其原子中的反键电子几乎和成键电子数相同。比如锌、铬、汞,都具有d^{10}的结构,它们的熔点要比其相邻元素低600℃以上。

离子固体

如第3章所述,离子固体包括阴离子和阳离子,两者之间会产生强烈的静电引力。离子固体必须是电中性的,所以它们的化学计量比由正负离子所带的电荷数决定。

很多离子固体包括金属正离子和由多原子组成的阴离子。地球上有许多正负离子比为1∶1的离子固体,如氢氧化钠、硝酸钾、硫酸铜、碳酸钙和氯酸钠。一些金属矿石也含有1∶1的离子计量学关系,如白钨矿、$CaWO_4$(包括WO_4^{2-})、锆石$ZrSiO_4$(包含SiO_4^{4-})、钛铁矿、$FeTiO_3$(包括TiO_3^{2-})。钛铁矿是TiO_2的来源,TiO_2可用于造纸和制作白色颜料。

但大多数矿物通常都含有不止1个阳离子或阴离子。例如磷灰石,它是牙釉质的主要成分,其中包括磷酸盐和氢氧根离子;绿宝石$Be_3Al_2Si_6O_{18}$,其中包括铍、铝阳离子和$Si_6O_{18}^{12-}$多原子阴离子。绿宝石是翡翠的主要成分。还有更复杂的矿物质,如硅镁镍矿$(Ni,Mg)_6Si_4O_{10}(OH)_2$,它里面的$Ni^{2+}$和$Mg^{2+}$含量可以变化。虽然阳离子的相对含量可以变化,但始终会保证有6个阳离子和2个氢氧根离子与$Si_4O_{10}^{10-}$阴离子对应,以满足电中性。

一些氧化物的混合物,包括稀有金属都是超导体。在特定的温度下,超导体能够通过大电流而不受阻力作用。最理想的超导体通常要求与化学计量比有所偏差。详细内容将在5.7节中进行介绍。

5.3　相　变

相变就是使物质从一相变为另外一相。决定物质相变的因素有温度、压力、分子间力的大小以及化学键的强度。

我们都很熟悉水的相变过程，如图5.9所示，x轴表示不同过程需要提供的能量（注意，在固态和液态水的上表面也存在气相水分子，但是为了使图片清晰，在阶段1、阶段2和阶段3都没有画出来）。考虑将冰块从-18℃的冰箱里拿出放在一个容器里。刚开始水是固体（阶段1）。在冰箱外面，冰块的温度开始上升，当温度达到0℃时，冰开始融化并得到冰和水的混合物（阶段2），保持温度不变，直到冰完全融化。一旦融化完全，水的温度就会开始升高。如果我们给容器加热，使液体的温度升到100℃（阶段3），此时水开始沸腾（阶段4），成为了水蒸气。然后温度会保持在100℃，直到所有的水都汽化。持续加热，一旦水完全变为水蒸气，温度便会升至100℃以上（阶段5）（注意，所有的水转化为水蒸气后会提高容器的温度，这就是炖锅不能干烧的原因）。

相变过程伴随着能量的改变（通常是热能）。这不仅仅适用于由分子组成的物质，还适用于包括由原子和离子组成的物质，现以分子为例说明。相变发生后如果分子流动性增加，则需要克服分子间力。比如当冰块转化为水的时候必须打破冰中的氢键，如果进一步将其转化为气体，则还需打破液体中的氢键。使1mol液态水转化为气态大约需要提供40kJ的热量。相反，1mol水蒸气液化则会释放出40kJ的热量。如图5.9所示，液态和固态之间相互转化时能量变化比较小。

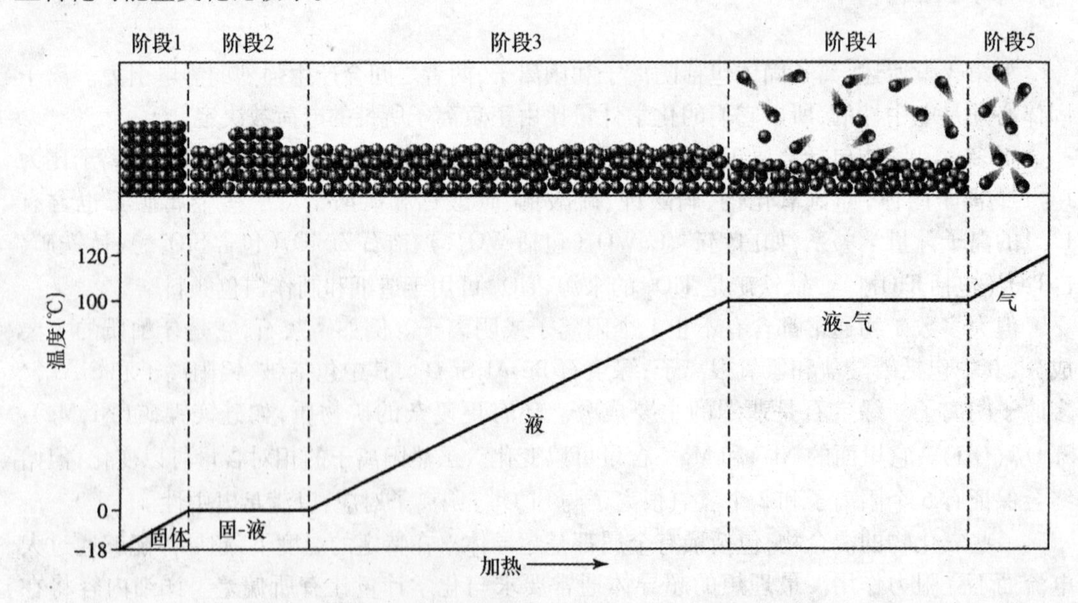

图5.9　对水进行加热，在0℃和100℃时会发生相变

恒压下热的转化相当于焓变（ΔH）。焓变的大小取决于经历相变的物质中的分子间力大小。

使物质气化需要的热量与物质的数量有关。气化2mol的水消耗的能量是气化1mol水的两倍。在正常沸点下使1mol物质气化所需要的热能称作摩尔蒸发焓($\Delta_{vap}H$)。如水的摩尔蒸发焓是$40kJ \cdot mol^{-1}$。

使固体熔化也需要提供能量。这些能量用来克服固相中固定分子的分子间力。在正常熔点下,使1mol物质熔化所需要的能量称作摩尔熔化焓($\Delta_{fus}H$)。例如水的摩尔熔化焓是$6kJ \cdot mol^{-1}$。

固体和液体、液体和气体之间的相变最常见。当然固体不经过液相直接转化为气相也是可能的,这个过程称作升华(相反的过程叫做凝华)。干冰(固态CO_2)在195K时升华,摩尔升华焓($\Delta_{sub}H$)等于$25.2kJ \cdot mol^{-1}$。卫生球中的萘($C_{10}H_8$,$\Delta_{sub}H = 73kJ \cdot mol^{-1}$)是透明的白色固体,升华后得到的白色气体可以驱蚊。在密闭的容器内,固体碘上面漂浮的紫色气体证明这种固体在室温下即可升华($\Delta_{sub}H = 62.4kJ \cdot mol^{-1}$)。

相变可以朝两个方向进行:温度升高冰融化,温度降低水凝固。固体融化为液体吸热,液体凝固成固体放热。例如,制作冰块时,需要将水放在冰箱中让其释放热量。液态水转化为固态冰释放的热量等于固态冰转化为液态水的所吸收的热量。按照惯例,相变焓的值经常定义为相变中需要提供的热。逆过程的焓变数值大小相同,但符号相反。表5.2列出了不同物质的$\Delta_{vap}H$、$\Delta_{fus}H$、熔点和沸点。

表5.2　不同物质的相变数据

物质	分子式	熔点(K)	$\Delta_{vap}H(kJ \cdot mol^{-1})$	沸点(K)	$\Delta_{fus}H(kJ \cdot mol^{-1})$
氩	Ar	83	1.3	87	6.3
氧	O_2	54	0.45	90	9.8
甲烷	CH_4	90	0.84	112	9.2
乙烷	C_2H_6	90	2.85	184	15.5
乙醚	$(C_2H_5)_2O$	157	6.90	308	26.0
溴	Br_2	266	10.8	332	30.5
乙醇	C_2H_5OH	156	7.61	351	39.3
苯	C_6H_6	278.5	10.9	353	31.0
水	H_2O	273	6.01	373	40.79
汞	Hg	234	23.4	630	59.0

示例5.1　一个人从泳池中出来,身上带有75g的水膜,蒸发这些水需要提供多少能量?

分析:使游泳者皮肤上的水蒸发需要的能量以热的形式提供。要计算消耗的能量大小,必须知道水的摩尔蒸发焓和水的物质的量。

解答:水的摩尔蒸发焓是$40.79kJ \cdot mol^{-1}$(表5.2),水的摩尔质量是$18.024g \cdot mol^{-1}$,75g水的物质的量等于4.16mol。所以需要提供的能量是:

$$n\Delta_{vap}H = (4.16mol)(40.79kJ \cdot mol^{-1}) = 1.7 \times 10^2 kJ$$

如果靠游泳者自身提供这些能量,会感觉到非常冷,所以游泳者通常用毛巾擦干这些水或者躺在太阳下,前者的目的是降低水的蒸发量,后者则是想靠太阳提供大量的热。

思考题 5.1　计算使 125g 水凝固成冰块，热量变化是多少？是吸热还是放热？

图 5.9 显示，给沸水加热并不能引起水的温度上升，增加的能量只是用于克服分子间力，从而使更多的分子离开液相进入气相。其他的两相共存体也有类似的行为。这些性质可以用于在固定温度下保持一个化学系统的稳定性。在沸水池中可以将水的温度维持在 100℃，而冰水混合物则可保持 0℃。更低的温度还能通过其他物质获得。干冰悬浮在丙酮上，可将温度维持在 -78℃(195K)，液氮的温度恒定在 -196℃(77K)；液氦在 4.2K 时沸腾，可用于超低温下的研究。

本节开始时我们就提到了压力在相变中的作用。压力的作用主要发生在有气体参与的相变过程中，随着压力的增强，气体密度也增大。在常温下，提高压力能够使气体液化。某一温度下的气体液化所需压力称为压缩点。这对于储存 LPG 来说很重要。LPG 是丙烷和丁烷的混合物，主要用作汽车、烤肉箱、加热器的燃料。丙烷和丁烷在常温常压下是气体，为了使燃料储存和运输更加方便，要对其加压使其液化。

超临界流体

冷却或提高压力可以使气体液化，随着压力的增加，气体的体积不断减小，如果温度足够低，压缩后的气体还能进一步液化成液体。但如果温度足够高，即使再压缩也不能使气体液化，也就是说气-液的转化不可能发生。在这种情况下，物质会变成超临界流体，同时具有液体和气体的性质。

假如将液体装在密闭的容器里，如图 5.10(a)所示，在临界温度以下，液相和气相之间的界面清晰可见。对其加热，蒸气压会因为分子不断从液相跑到气相而不断上升，同时，气相密度不断增大，而液相密度不断减小。随着加热的进行，气相的密度会逐渐接近液相的密度，如图 5.10(b)所示。温度升高，液相密度降低，气相与液相的界面开始变得模糊。当达到某一温度时，两者恰好相等，我们就无法区分这两相或者找到它们的界面，如图 5.10(c)所示，在临界温度以上，两相界面完全消失，容器中只存在超临界流体。这个温度就叫做临界温度，相应的压强叫做临界压强。临界温度和临界压强的集合点叫做临界点，此时的物质就处于超临界状态。

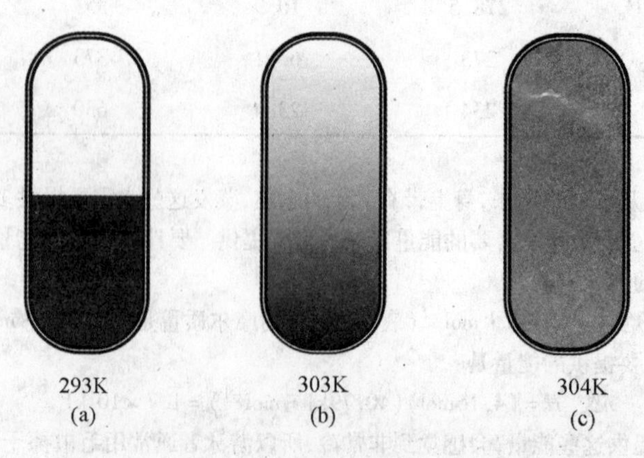

图 5.10　随着温度升高密闭容器里气-液相变化图

水的临界温度是647K,临界压力是$p=221\times10^5$Pa;二氧化碳的临界温度是304K,临界压力是73.9×10^5Pa;氮气的临界温度是126K,临界压力是33.9×10^{55}Pa。虽然超临界流体的临界压力比大气压力高出许多倍,但它仍然有着重要的商业用途。因为CO_2超临界流体的粘性比普通液体的粘性小很多,所以能够在固体内部快速扩散,是一种优异的载体。并且CO_2是生物效应中的自然产物,无毒,因此非常符合绿色化学的要求。目前CO_2超临界流体的主要用途是作溶剂使用,可用在干洗、石油开采、咖啡因脱除、聚合反应等方面。

相　图

相图反映的是温度和压力变化时的相变过程。以图5.11为例,y轴表示压力,x轴表示温度。在左上方的部分(低温高压),物质为固态。在右下方(高温低压),物质是气态。在中等温度和中等压强的区域,物质为液态。相图中的每一点都有对应的温度和压强。分界线表示相变发生的临界条件,短箭头表示六种类型的相变反应。

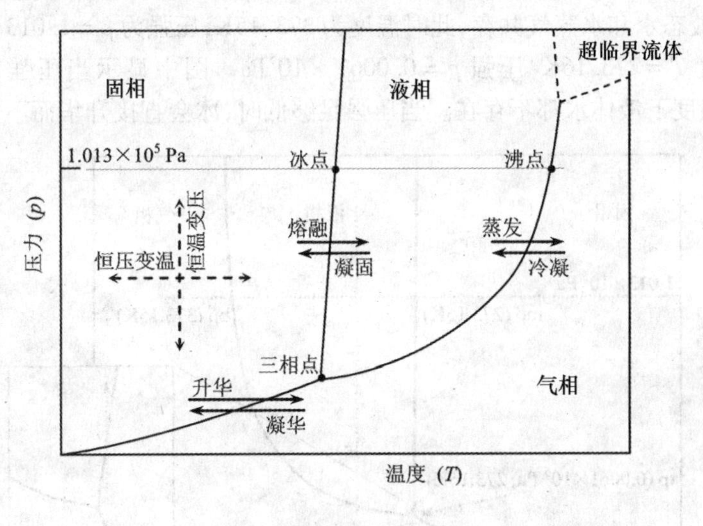

图5.11　相图的一般形式

图5.11体现了相图的很多特性。

(1)两相之间的分界线把相图分为不同区域,区域内每一相都是热力学稳定的。

(2)从一个区域穿过分界线到另一个区域相当于发生了一个相变。图中箭头代表了六种不同的相变过程:升华和逆过程凝华,熔化和逆过程凝固,汽化和逆过程液化。

(3)分界线上的任一点都代表由分界线两边两相组成的一个处于动态平衡的两相共存体。一个物质的正常熔点(也就是正常凝固点)和正常沸点是在压力$p=1.0131\times10^5$Pa时,作水平线与两条分界线的交点。

(4)这三条边界线相交在一点称为三相点。在这个特定的温度和压力下三相同时存在。注意,虽然分界线上的点能够在任何条件下保持两相的稳定共存,但只有在三相点上才能满足三相同时保持稳定。

(5)在临界温度以上时气体不能被液化,无论压力如何。如果压力足够高,则形成超临界流体,它像液体一样具有粘性,但又能像气体一样发生膨胀或压缩。

(6)为了观察恒压下温度的改变对物质的影响,可以在相图上画一条穿过该压力值的水平线。

(7)为了观察恒温时压力改变对物质的影响,可以在相图上画一条穿过该温度的垂直线(如图中垂线所示)。

(8)气相和凝聚相之间转化的温度强烈地依赖于压强。根本原因是压缩气体相当于增加了分子间的碰撞几率,使其更容易被压缩。

(9)熔点几乎不受压力影响,所以固相和液相的分界线几乎是垂直的。根本原因是压力对液相和固相不会造成影响。

(10)固气分界线可以延伸至 $p=0\text{Pa}$ 和 $T=0\text{K}$。这是温度和能量直接作用的结果。在0K时,原子、离子和分子拥有最低的能量,所以它们不能逃逸固体晶格。在0K时任何物质的蒸气压都等于0Pa。

水的相图如图5.12所示,体现了常见物质的上述特性。从图中可以看出,在正常凝固点或者说熔点上,液态水和固态冰两相共存,此时温度为273.15K,压强为 $1.013\times10^5\text{Pa}$。在正常沸点上,液态水和水蒸气共存,此时温度为373.15K,压强为 $p=1.013\times10^5\text{Pa}$。水的三相点对应温度 $T=273.16\text{K}$,压强 $p=0.0061\times10^5\text{Pa}$。图中显示当压强低于 $0.0061\times10^5\text{Pa}$ 时,任何温度下液体水都不存在。当压强足够低时,冰会直接升华而不是溶化。

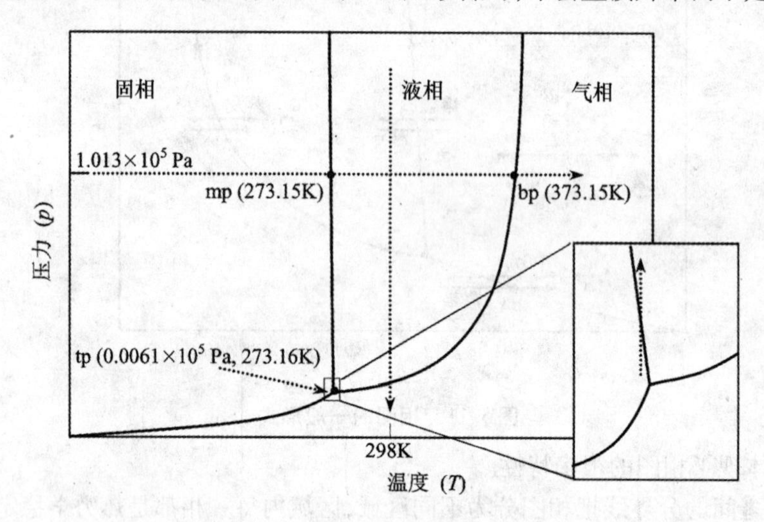

图5.12　水的相图

临界点对应的温度 $T=647\text{K}$,$p=221\times10^5\text{Pa}$,超出显示范围。图5.12中的虚线分别指示水发生相变的两条路径。水平的虚线表示在压力恒定为 $1.013\times10^5\text{Pa}$ 时随着温度的增加所发生的相变反应。从较低温度开始升温,对冰进行加热,在温度达到273.15K以前冰一直保持固体。当温度等于273.15K时固态冰开始溶化成液态水,而且这种液态会一直保持,直到温度达到373.15K。在373.15K时液体水开始变为水蒸气。压强保持 $1.013\times10^5\text{Pa}$,温度继续升高,水会一直存在于气相中。垂直的虚线表示温度恒定为298K(接近室温)时压强变化对相变的影响。水会保持液相直到压强降低至 $3.04\times10^3\text{Pa}$。298K时压强继续减小,水会一直存在于气相中。注意,在298K时固态水是没有压强的。

假如三相点比正常熔点要高一点,那么固液两相分界线的斜率是负值。将图5.12放大,从比三相点略低一点的温度开始观察固态水的相变反应,恒温下提高压力,发现水会由固态变为液态(虚线)。这一点符合我们在本章前面所提到的一个规律——液态水的密度高于固态水的密度,所以冰会漂浮在水面上。滑雪利用的正是这种压力导致相变的原理。滑雪板给冰增加压力,使其变成水,一旦压力离开,水又重新凝固成冰。水的这种性质非常特殊,因为很多物质的固体密度都要大于其液体密度。水的密度大于冰可能是因为冰内存在的氢键数目多于液态水。

所有物质的相图都具有上面的10个特征,但是在细节上,每种物质的相图还是有区别的,主要取决于各组分之间的相互作用。如图5.13中所示的两个例子,分别是分子N_2和二氧化碳的相图,在正常条件下它们都是气体。与水的三相点(接近298K)相比,氮气和二氧化碳的三相点更低。尽管它们在室温下都是气体,但是在大气压下对其进行冷却时表现却不一样。分子氮在77.4K发生液化,在63.3K下凝固,而二氧化碳气体在195K时直接变为固体。这是因为二氧化碳的三相点与水、氮气不同,它对应的压力要高于1.013×10^5Pa。二氧化碳的相图显示当压力等于1.013×10^5Pa时,任何温度下都不会有液态存在。

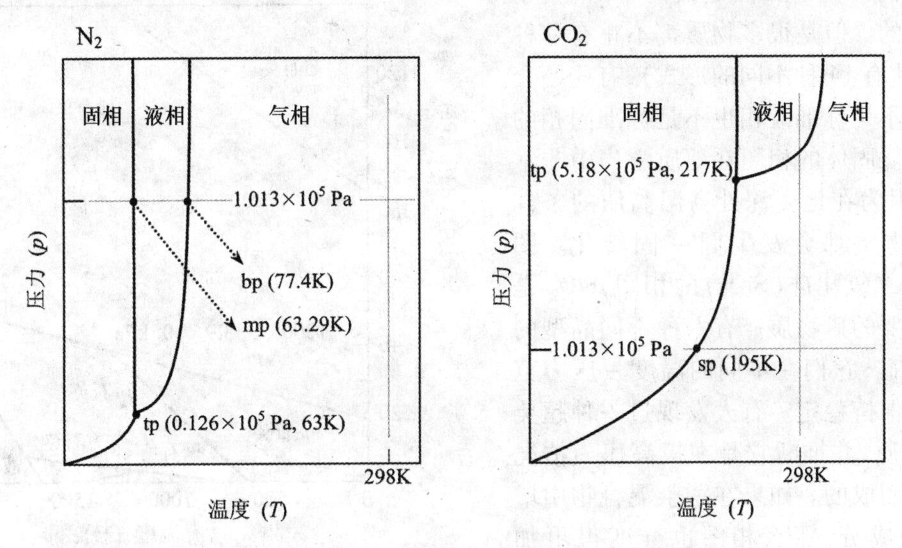

图5.13 N_2和CO_2的相图

相图是通过测定不同相组成对应的温度和压力而绘制出来的。粗略的相图,如图5.12和5.13所示,可以借助物质的三相点、正常熔点和正常沸点而描绘出来。

示例5.2 氨在常温常压下是气体,它的正常沸点是239.8K,熔点是195.5K,三相点是$p=0.0612\times10^5$Pa,$T=195.4$K。根据这些信息绘制出氨的粗略相图。

分析:正常熔点、沸点和三相点是相分界线中重要的三个交点。根据这三点的相关知识绘制曲线,运用相图的一般特征:气-液和气-固的分界线斜向上,液固分界线接近垂直,气固线从0K和0Pa开始。

解答:首先选择适当比例,先画出$p=1.013\times10^5$Pa的直线,找出相关数据点的位置。上限温度是300K,然后连接这些点标出区域。

思考题5.2 分子氯的熔点是172K,沸点是239K,三相点为172K,0.014×10^5Pa。画出该物质的粗略相图。

利用相图可以决定在特定的压力和温度下物质能够稳定存在的状态,也可以归纳出当某个环境条件改变时的相变情况。

示例5.3　化学家试图在压力 $p=0.5\times10^5$ Pa 的容器中利用液态氨作为溶剂完成一个合成反应。温度在什么范围比较合适？当反应完成后，他想在温度低于 220K 的情况下将溶剂蒸干，可能吗？

分析：氨的相图上显示了液相区域的分界线。这些分界线可以用来决定相变的情况。

解答：因为化学家想在 $p=0.5\times10^5$ Pa 下工作，在该压力下画水平线，下面是温度在 150 ~ 300K 之间扩大的相图。

水平线和分界线的交点分别对应于 235K 和 195K，在这个温度范围内液体氨是稳定的。

在反应结束之后，他想 220K 以下除去溶剂。过 220K 画一垂直线代表这种情况。

垂直线和液固分界线的交点对应压力为 0.35×10^5 Pa。利用真空泵将容器的压力降至 0.35×10^5 Pa 以下，使液态氨蒸发并除去，温度保持在 220K。

思考题5.3　在压力为 0.1×10^5 Pa 和温度为 63.1K 时氮是气体，利用图 5.13 预测温度不变、压力慢慢升高到 $p=1\times10^5$ Pa 时会有什么现象发生。

我们研究的相图是最简单的、关于纯净物的。但是很多物质都不止有一种固相（冰有 14 种不同的形式），有些还会包含既不是标准液相也不是标准固相的液晶相。固体的相图在地质学当中非常有用，因为在地壳深处高温高压的条件下，矿物质都会发生固－固转化。图 5.14 是二氧化硅（SiO_2）的相图，SiO_2 是一种重要的矿物质。有六种不同晶型的二氧化硅，它们在不同的温度－压力范围内都保持稳定。有人发现过一种超英石的物质，并推断它是在极高压力情况下凝固而成的。如果在一个混合物中增加一种成分，那么相图也会变得更加复杂。

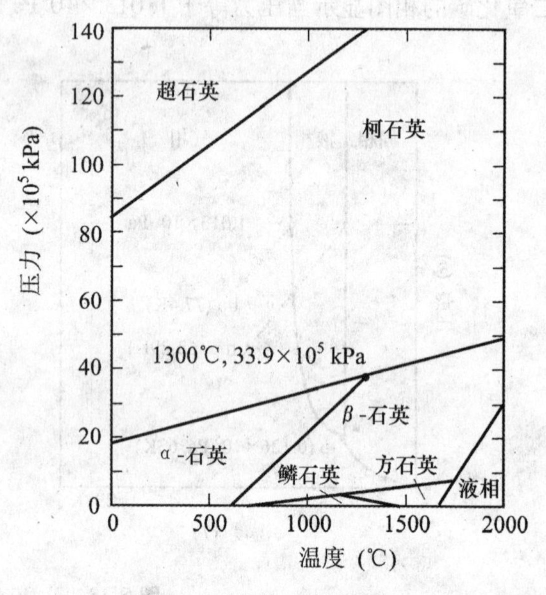

图 5.14　氧化 Si 的相图

5.4　固体的排列

与气体和液体的分子能够相对自由移动相比，固体中原子、分子和离子的位置都是固定的，它们只能在特定的位置附近振动。本节我们将研究固体中原子、分子和离子的排列规则。在开始介绍前先来看一些简单的例子。

密堆积结构

元素周期表中的大部分元素是金属。除了水银，其他金属在标准状况下都是固体。为了更好地勾勒出金属的结构，假设金属原子是一个球体。图 5.15 给出了相同球体的六边形排列和正方形排列。可以看到六边形能够在同样的面积内容纳更多的球体，每个球体都有六个紧密相邻的球和六个间隙(图(b)中黑色部分)，而在正方形排列中只有四个紧密相邻的球和四个间隙(图(a)中黑色部分)。在单层球体的排列中，六边形排列是最紧密的排列方法。只有用这种方式来排列，才能把所有的球放进三角框内。

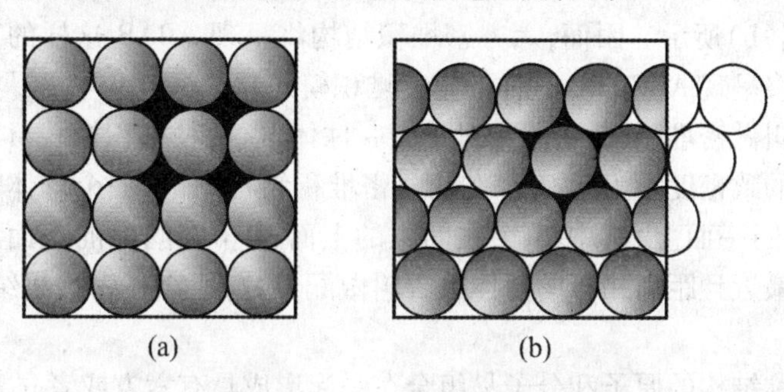

图5.15　相同球体的四边形排列和六边形排列

现在添加一层。我们把第一层叫做A层，第二层叫做B层，为了得到最紧密的结构，将B层的球体放在A层的间隙处。如前所述，A层中任何球体附近都有6个间隙。这样，就形成了图5.16中的第二层。B层很容易看到，但B层只能利用A中三个间隙。现在考虑添加第三层，由于在B层中有两种类型的间隙(间隙1和间隙2)，因此新的一层有两种排列方式。

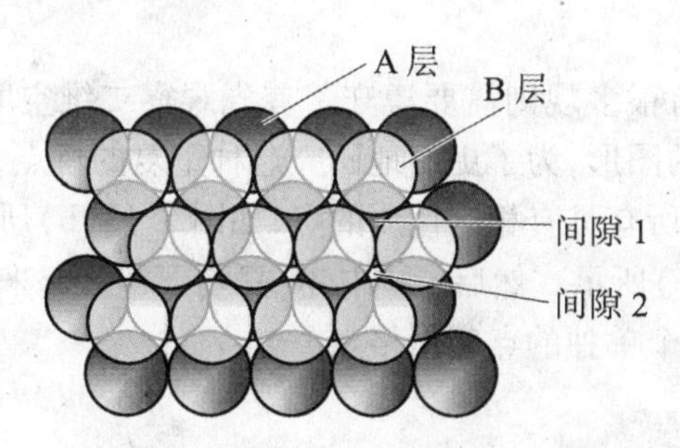

图5.16　在六方排列的A层的间隙上放置B层原子

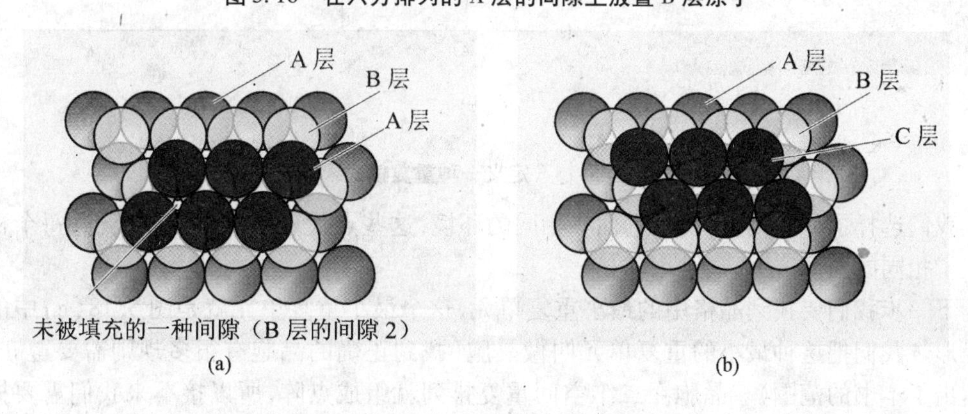

图5.17　从上到下观察两种立方密堆积结构

如果球体在第三层位于B层的间隙1处，那么第三层相当于在第一层的正上方，这种结构叫做六方密堆积结构(hcp)，如图5.17(a)所示。如果球体放在B层的间隙2处，第三层相当于下面两层的延伸,这种结构叫做立方密堆积结构(ccp),如图5.17(b)所示,六方密堆积结构中第三层的占位和第一层完全一致,所以我们还把它记为A层。而在立方密堆积结构中,第三层的占位是不同的,所以我们把它称为C层。比较图5.17(a)和(b)这两幅图,可见在六方密堆积结构中有一种空位没有被填充,如图(a)所示,而在立方密堆积结构中则不存在,如图(b)所示。因而,六方密堆积结构将呈现ABAB这样的重复堆积模式,而立方密堆积结构将呈现ABCABC这样的重复堆积模式。

这两种结构叫做密堆积结构,因为对于同一球体,这两种堆积模式具有最大的填充率,两种密堆积结构的致密度均为74%。在任一密堆积结构中,每一个球体周围都有12个相邻的球体,6个在同一面上,其中,3个在间隙的上面,3个在间隙的下面,如图5.17所示。距任一球体相距最近且距离相等的球体数目叫做配位数,所以在密堆积结构中球体的配位数为12。

具有球形对称结构的原子和分子易组合在一起形成具有六方或者立方密堆积结构的晶体。例如,镁和锌的晶体是六方密堆积结构,而铝、银和金的晶体是立方密堆积结构。氩在低温下凝固只能形成立方密堆积结构的晶体,氖凝固后可以形成六方或者立方结构的晶体。

晶格和晶胞

在固体中含有大量的原子、离子或分子,这些小粒子按照一定重复模式规则地排列就是晶体。

定义一个重复模式有很多规则需要遵守。首先观察二维空间结构。在图5.18(a)中,我们在壁画上找到重复的图形,为了更好地研究这种重复的特点,我们在图形中随机选择一个点,接着在壁画上标记所有具有相同性质的点,如图5.18(b)所示。用线把这些标记出的点连接起来,如图5.18(c)所示。然后把画取走,只剩下连接起来的点。我们把这种连接在一起的点叫做点阵,每一个单独的点叫做格点。

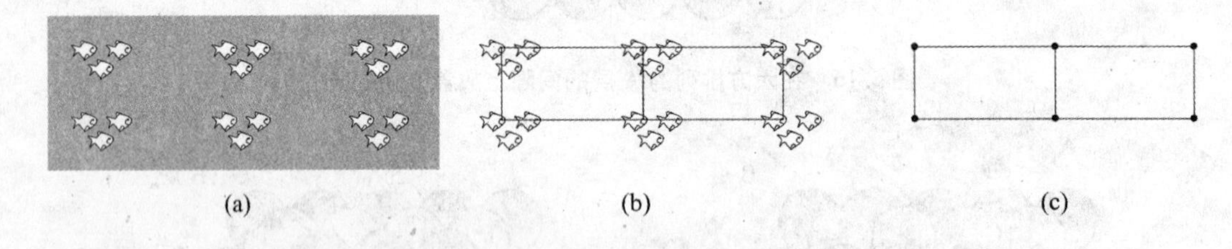

图5.18 定义一种重复模式

我们选择了一系列点,要求它们有相同的环境,这些点代表了壁画的重复性,每个格点代表了相同的图形。

下一步我们要找到晶格中的最小重复单元,这个最小重复单元就是图5.18(c)中的一个矩形。我们把这种最小的重复单元叫做晶胞(找到正确的晶胞有很多规则需要遵守,已经超出了本书的范围)。晶胞在二维空间重复排列就组成点阵,所以接下来我们需要描述点阵的模式和晶胞的组成。

点阵的一个特点就是许多不同的结构可用相同的点阵进行描述。我们以正方形晶格和晶胞为例,在图5.19中可以看到连接每个圆心格点可组成正方形点阵。图5.19(a)是简单正方点阵的抽象表示;图 5.19(b)为一个具体的正方点阵,晶胞内正好有一颗心;图 5.19(c)是图 5.19(b)的另一种表示。唯一的要求是格点必须有相同的环境,但可以随意移动整个晶格结点。

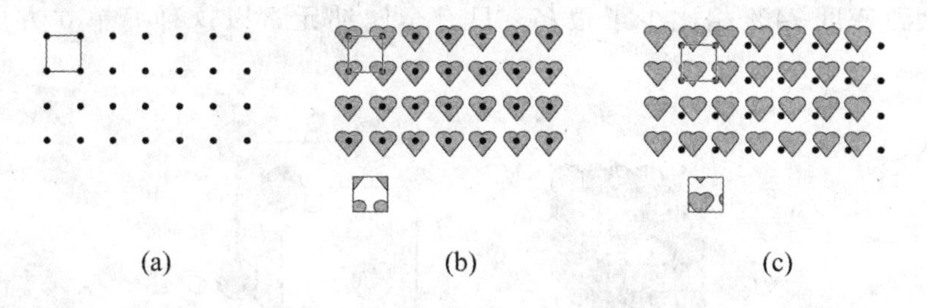

图 5.19　二维点阵

另外一个例子是荷兰艺术家埃舍尔(Escher,1898—1972)重新制作的图画,如图 5.20 所示。埃舍尔经常采用对称结构来完成画作的整体设计。晶胞的面可以是正方形、矩形或平行四边形。如图 5.20 所示晶胞是平行四边形,一旦选定尺寸和晶胞的形状,就可以来回移动,建立相同的模式。

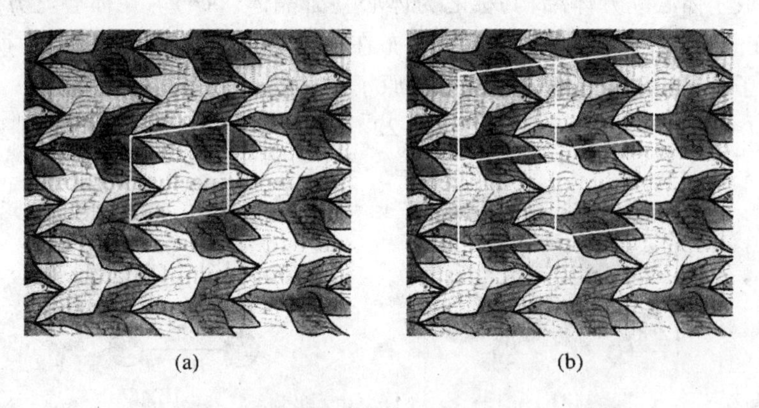

图 5.20　埃舍尔的作品

为了简化问题,我们一直在二维空间研究晶格和晶胞,其实也可以在三维空间来研究它们。很多固体中的离子、原子和分子在三维空间也是规则排列的。这些固体统称为结晶的固体,比如碘。结晶的固体可以用晶体中的一些术语来描述,如点阵和晶胞等。不同化合物的结构用少数几种三维点阵即可描述。从数学角度,目前一共有 14 种三维空间格子,这意味着所有的晶体都只能以这 14 种格子中的一种存在。下面一节我们将讨论由立方格子构成的金属的结构。这类晶体结构可以由确定位置的原子形成的格点来描述。与其他类型的晶体不一样的是,这类结构中每个原子所处的环境都是相同的。

立方结构

最简单的三维结构就是一个立方晶胞。在简单立方晶体中,一层原子直接堆砌在另外一层原子上方,因此所有原子都沿直线呈直角排列,如图 5.21 所示。每个原子都有相邻的 6 个原子,其中 4 个在同一平面上,1 个在上面,1 个在下面。这就是简单立方结构,也即简单立方晶格。要得知简单立方晶胞中的原子数目,只需计算一个原子在相邻所有晶胞中所占的比例。立方体顶角处的一个原子被 8 个立方晶胞所共有,所以每个立方晶胞仅占有这个原子的 1/8,8 个角都占到了一个原子的 1/8,因此在简单立方晶胞中原子的致密度仅为 52%,与最大致密度 74% 相比少了很多。只有金属钋元素以这种简单立方形式的结构存在。

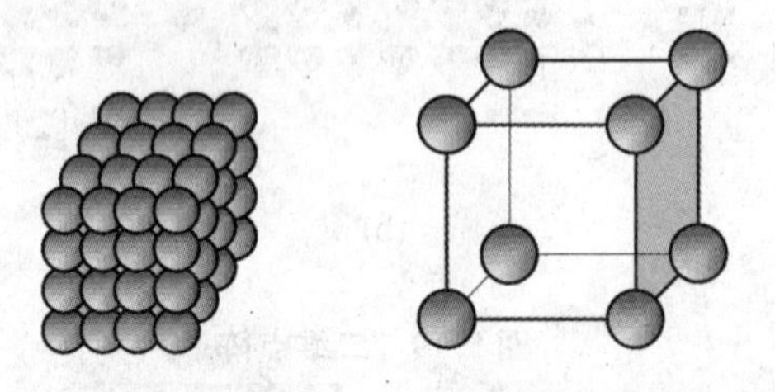

图 5.21　简单的立方结构(右为晶胞)

当 8 个原子形成立方体时,在立方体的中心有一个间隙,但这个间隙不足以放下另外一个额外的原子。轻微移动角上的这 8 个原子,让相同类型的原子能够刚好放在中心的这个间隙内,便形成了体心立方体结构,称之为体心立方晶体(bcc)。在体心立方晶体中,任意一个原子都在立方的中心,并且存在 8 个分布在顶角的相邻原子,如图 5.22 所示。换句话说,每一个原子都可以看作是立方体的中心原子或另外一个立方体的角原子。体心立方晶胞含有总共[1 +8(1/8)] =2 个原子。图 5.22 中铁的晶格就是以这种方式排列的。

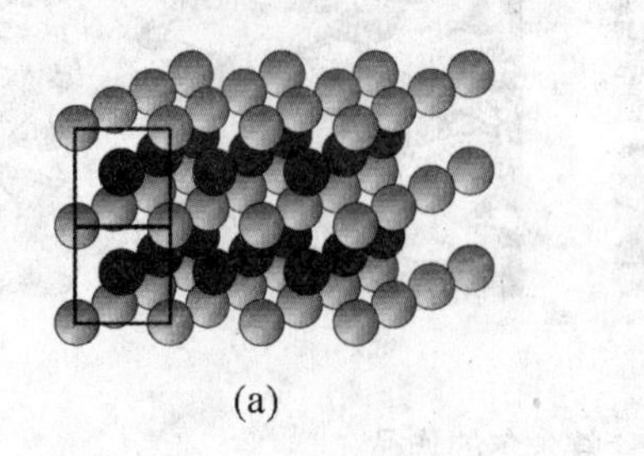

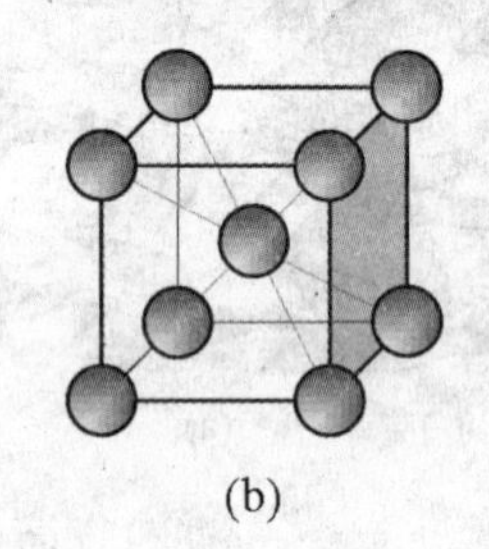

(a)　(b)

图 5.22　体心立方结构(右为体心立方晶胞)

虽然角原子必须移动才能把一个简单的立方体转化为体心立方体,但中心的那个原子使体心立方结构堆积得更密实,致密度达到 68%,接近最大致密度。在元素周期表中,第 1 族的所有金属和铁、第 5 族和第 6 族的过渡金属都能够形成体心立方晶体结构。

另外一种常见的立方晶体结构是面心立方结构(fcc)。4 个原子组成一个正方形,其中心是空的。当移动这 4 个原子互相远离到一定距离时,第五个原子能恰好放到这个间隙内。如在简单立方体所有 6 个面的中心均为此操作,即形成面心立方体(图 5.23)。

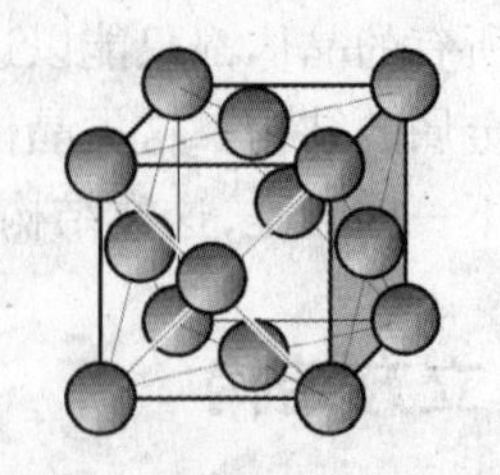

图 5.23　面心立方结构

面心立方体包含 6 个面中的各 1/2 原子和角上的 1/8 原子,所以晶胞内含有[6(1/2) +8(1/8)] =4 个原子。如前所述,面心立方体中每个原子都有 12 个相邻原子。因此,面心立方体具有比其他立方结构体更高的填充率,达到 74%。在 5.4 节提到的立方密堆积结构可以用面心立方体晶胞来描述。

图5.24(a)给出了立方密堆积球体一部分。除了最上层和底层(A层)的各1个原子、中间两层(B层和C层)的各6个原子外,我们去掉了图中其余的所有原子。图5.24(b)由图5.24(a)旋转得到,从图5.24(c)中可见,立方密堆结构就是面心立方排列结构。

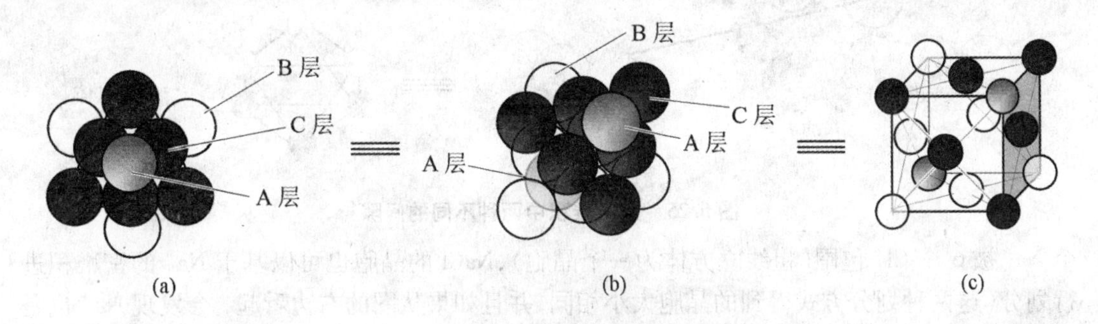

图5.24　面心立方结构(不同球体的灰度仅表示不同层)

现在我们已经知道了为什么六边形层的ABCABC排列模式被称为立方晶胞(也经常用立方密堆积结构和面心立方结构来表示)。

前面已经对球状物体(比如原子)的排列做了阐述,但是在实际中大多数分子并不是都是球状的。为了得到最大的稳定性,非球体物体需要不同的排列。我们以一堆香蕉和一堆橙子为例来说明,一堆香蕉排列的对称性要比一堆橙子排列的对称差。同样,对大多数分子晶体来说,它们排列的对称性要比球状原子晶体的对称性差。

离子固体

回顾图5.16我们知道,在添加第二层球体时会形成两种间隙,第一种间隙的四周被4个球体包围(1个在上面,3个在下面),第二种间隙被6个球体包围(3个在上面,3个在下面)。图5.25给出了由4个球体以第一种形式排列形成的四面体和由6个球体以第二种形式形成的八面体。球体之间的空隙称为间隙。相对于它周围的球体来说,间隙占据很少的面积。一般而言,间隙旁边的球体越多间隙越大,八面体的间隙比四面体的大。八面体中间隙的数量和组成这种结构的球体数量相等,四面体中间隙的数量是组成该结构的球体数量的两倍。

离子晶体的排列要求带相反电荷的离子交替排列,以使它们之间引力达到最大化、排斥力则为最小化。一般阳离子和阴离子的大小不同(阳离子小一些)。为了理解离子晶体的结构,通常假设晶体中较大的离子是以密堆积的的方式排列的,而较小的离子则填充到大离子之间的间隙内。我们可以把较大的离子看做晶格,而较小一些离子则填充在晶格的间隙中。因为晶体是由大量的同一类型晶胞组成的,所以晶胞内不同类型离子的化学计量关系必须满足整个化合物的化学计量关系。

离子化合物的结构依赖于离子的化学计量关系和离子大小。很多1:1型离子晶体,比如NaCl,其最稳定的结构是面心立方结构,其中阳离子(Na^+)填充在由阴离子(Cl^-)构成的的八面体间隙内,这种结构如图5.26所示。在这种结构中,体积较大的Cl^-位于晶胞角上;Na^+位于八面体中心间隙处,但同样可组成面心立方体。每个Cl^-被6个Na^+包围;同样,每

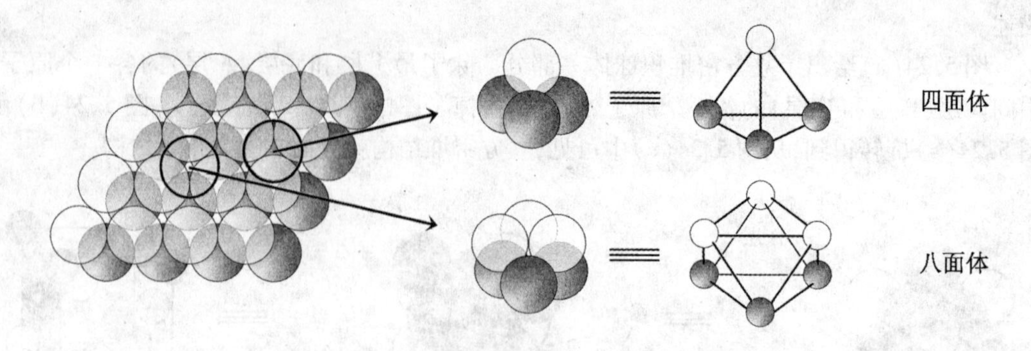

图 5.25 六方堆积中两种不同的间隙

个 Na^+ 被 6 个 Cl^- 包围(粗线立方体为一个晶胞),NaCl 的晶胞也可以基于 Na^+ 的密堆积进行划分(这两种划分方式得到的晶胞大小相同,并且如果从图的右边看起,会发现 Na^+ 也是位于晶胞的顶角和面心处)。图中,晶胞中氯离子按面心立方排列,每条晶胞的棱边上占有 1/4 个钠离子,另外还有一个钠离子位于晶胞的中心。每个晶胞包括 4 个完整的 NaCl 单元(分子),符合化学计量学关系。

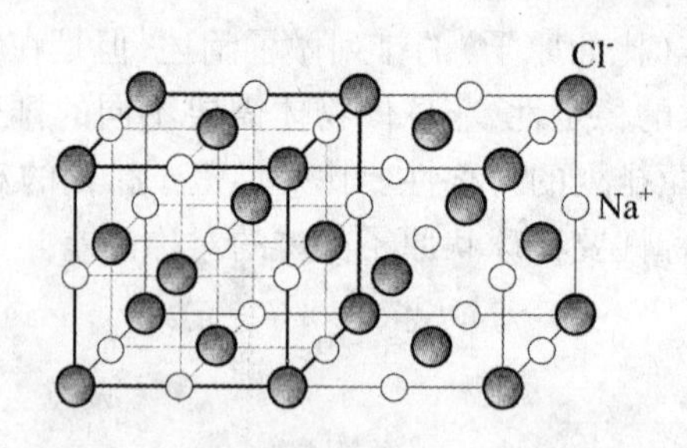

图 5.26 氯化钠晶体的面心立方结构

氯阴离子:一共有 6 个面,每个面上占据 1/2 个阴离子,还有 8 个顶角,每个角占据 1/8 个阴离子,总共有 4 个阴离子。

钠阳离子:一共有 12 条棱,一条棱上占据 1/4 个阳离子,再加上 1 个中心阳离子,总共有 4 个钠阳离子。

很多离子固体具有和氯化钠一样的晶胞结构,如 Li^+、Na^+、K^+ 和 Rb^+ 的所有氯化物,还有 Mg^{2+}、Ca^{2+}、Sr^{2+} 和 Ba^{2+} 的氧化物。

氯化铯中,由于阳离子比钠离子大得多,所以形成了不同于 NaCl 的结构。由于氯化铯中阴离子和阳离子大小差不多,所以氯化铯是简单立方点阵结构中最稳定的物质。在氯化铯简单立方晶胞中,Cl^- 位于立方体的各个顶角上,铯离子位于立方体的中心,每个 Cl^- 被 6 个 Cs^+ 包围;同样,每个 Cs^+ 被 6 个 Cl^- 包围,如图 5.27 所示。晶胞中包括 $8\times(1/8)=1$ 个氯离子和 1 个铯离子,阴离子和阳离子大小相近,且二者是比例为 1∶1 的物质,如 CsBr、CsI 等都具有和氯化铯一样的结构。

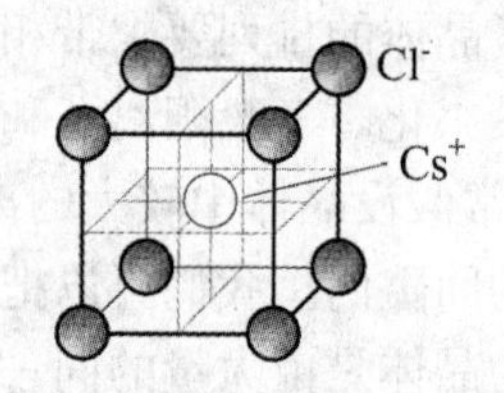

图 5.27 氯化铯晶体的简单立方结构

在硫化锌中,由于锌离子的直径相对硫离子要小很多,所以它不能占据八面体节点的位置,而是占据了四面体间隙的位置。由于结构中的四面体间隙数是由单一球体形成的四面体间隙的两倍,因此其中只有一半的间隙会被 Zn^{2+} 占据。在前面曾经论及,如果阴离子以面心立方排列,那么每个晶胞中可以分得 4 个阴离子。从图 5.28 可以看出,每个晶胞中包含有 4 个阳离子,因此整个结构的化学计量比为 1 : 1。在图 5.28 所示的结构中,图中体积较大的 S^{2-} 位于晶胞角上;Zn^{2+} 位于四面体中心间隙处,但同样可组成面心立方体。每个 S^{2-} 被 4 个 Zn^{2+} 包围;同样,每个 Zn^{2+} 被 4 个 S^{2-} 包围(粗线立方体为一个晶胞)。

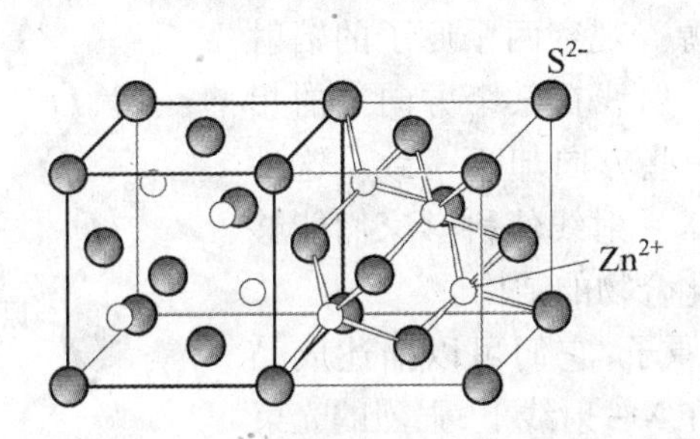

图 5.28 硫化锌晶体的面心立方结构

但还有很多离子化合物的化学计量比不是 1 : 1。例如,具有萤石结构的 CaF_2,代表了一类化学式为 MX_2 的盐类的普遍结构。把 Ca^{2+} 看作是以面心立方形式排列的,可以帮助我们理解这类晶体的结构。Ca^{2+} 排列好之后,F^- 将填充在晶格中所有的四面体间隙内,从而在面心立方体的内部形成由 8 个阴离子构成的简单立方结构。这种结构与硫化锌不同,在硫化锌中只有一半的四面体间隙被占据。图 5.29 显示了萤石结构的晶胞,图中 Ca^{2+} 位于晶胞角上,8 个 F^- 位于四面体中心间隙处,组成一个立方体。每个 F^- 被 4 个 Ca^{2+} 包围形成四面体(粗线立方体为一个晶胞)。

钙离子:6 个面,每个面占据 1/2 个钙离子,8 个角,每个角占据 1/8 个钙离子,总共有 4 个钙离子。

氟离子:面心立方体内有 8 个完整的阴离子,所以氟离子数目为 8。

化学计量比为 1 : 2,使整个体系保持电中性。钙离子位于氟离子组成的四面体内,如图 5.29 所示。

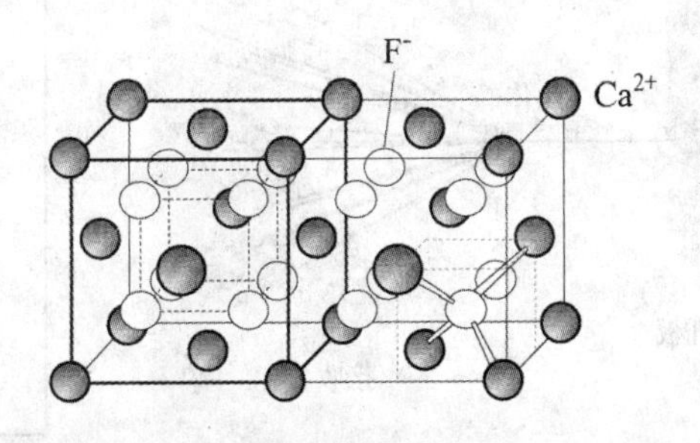

图 5.29 萤石(CaF2)晶体的面心立方结构

前面我们简要地介绍了四种离子晶格,其实还有很多其他类型的晶体结构。而且这些结晶的网状固体的结构都可以按我们介绍 NaCl、CsCl、ZnS 和 CaF_2 时所采用的方法进行描述。

5.5　X-射线衍射

X-射线衍射可以用来判断晶体结构中的原子、离子和分子的排列。当原子接触到X-射线，它们就相当于X-射线源。观察两个原子的辐射(图5.30)，可以发现X-射线在某个方向上的相位是一致的，而在另外一些方向却不一致。这种现象叫做衍射。晶体的X-射线使科学家们能够很快捷地确定非常复杂化合物的结构。

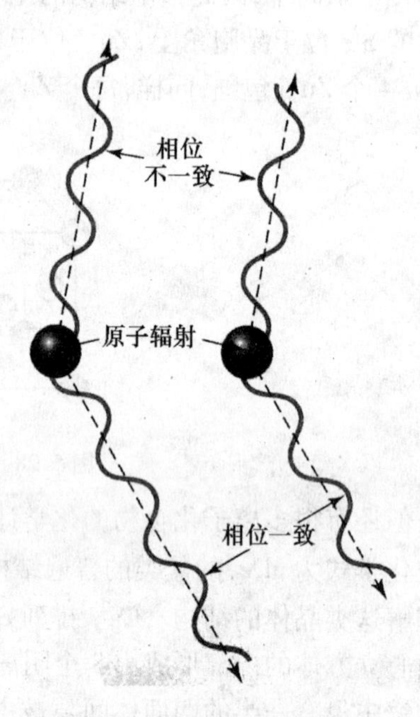

图5.30　两个原子的辐射

在晶体中有大量的原子，它们可以描述成晶格或晶胞。当晶体暴露在X-射线下，强烈的光束在特定的方向产生相长干涉，在另外的方向因为相减干涉而没有X-射线通过。记录晶体中的X-射线就形成衍射图(如图5.31所示)。图5.31(a)描述了X-射线形成劳厄斑的过程，图5.31(b)描述了X-射线衍射斑点。

在1913年，威廉·亨利·布拉格(William Henry Bragg,1862—1942,与其子威廉·劳伦斯·布拉格一同获得1915年诺贝尔物理奖)发现只有为数不多的几个变量影响X-射线衍射图的类型。图5.32阐述了在晶体中从连续层原子衍射出相长干涉X-射线所必须的变量。一束X-射线，波长是λ，以θ角照射到原子层。对于某一特定的层间距d，相长干涉引起强烈的衍射光束，其角度同样是θ。

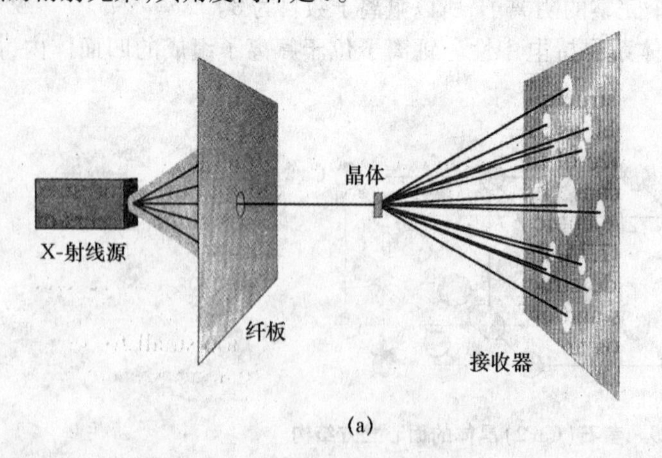

(a)

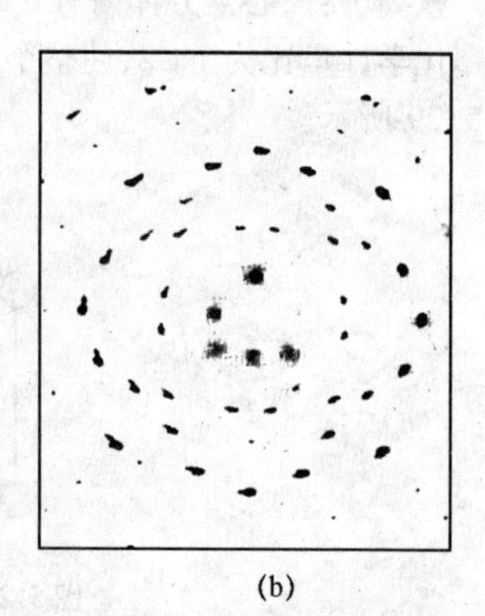

(b)

图5.31　衍射图

如图5.32所示是一系列原子层产生的X-射线衍射光束。原子层之间的距离为d，入射X-射线的波长为λ，入射角为θ(入射光与原子层之间的夹角)。无论入射光强度如何，始终满足公式$n\lambda = 2d\ \sin\theta$，其中$n$为整数。

用布拉格方程可以将 λ、θ 和两个平面上原子之间的距离 d 三者之间的关系表示为:

$$n\lambda = 2d\ \sin\theta$$

式中:n 是任意整数。布拉格方程是科学家研究固体结构的基本工具。下面就对其应用做简要介绍。

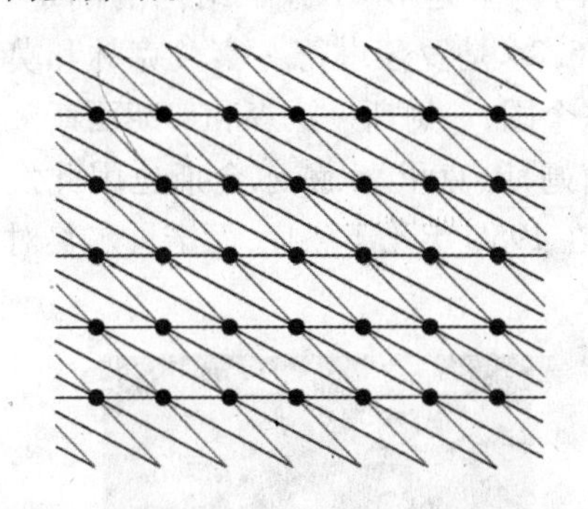

图5.32　二维点阵中存在的所有平面

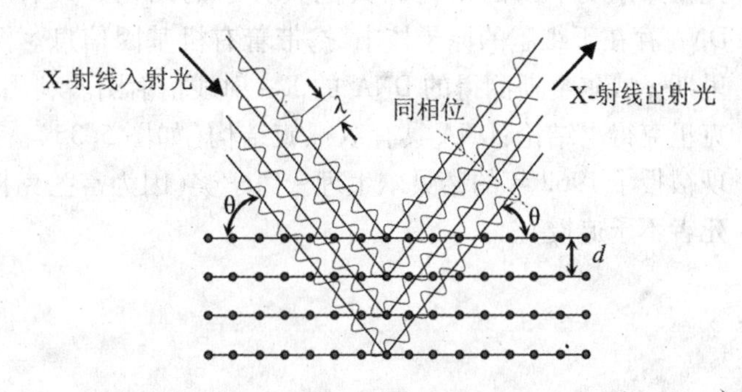

图5.33　晶体中由原子组成平面层的X-射线衍射

在晶体内存在着许多不同的虚构的平面,如图5.32所示,在二维空间内将单一类型的点按不同方式连接,即可表示不同的平面。当晶体暴露在X-射线中,由于不同平面都会发生衍射,所以会出现许多衍射光束。有一种装置叫做衍射仪,它可以用来记录衍射光束并分辨从每一个不同平面发出的衍射光束的角度。如图5.33所示,原子平面层间的距离为 d;X-射线的入射角和出射角为 θ。只有当 θ 为某一特定角度,满足 $n\lambda = 2d\ \sin\theta$($n$ 为整数)时,出射光同相位,形成最大光强或衍射点。利用布拉格方程,再根据已知角度、X-射线的波长(取决于射线源)和 n 值(需要确定),就可以计算出原子平面之间的距离。接下来,根据计算出的晶面间距即可推断出晶格的晶胞(依据不同位置的衍射强度)和晶胞内原子的位置(依据衍射强度)。听起来这是一件很困难的工作,事实也的确如此。所以需要一流的数学家借助高性能的计算机才能完成。

示例5.4　X-射线衍射结果表明铜的晶体是面心立方结构,晶胞的边长为 3.62×10^{-10} m,计算铜原子的半径是多少。

分析:铜原子排列在面对角线上(下图中右边的虚线)。

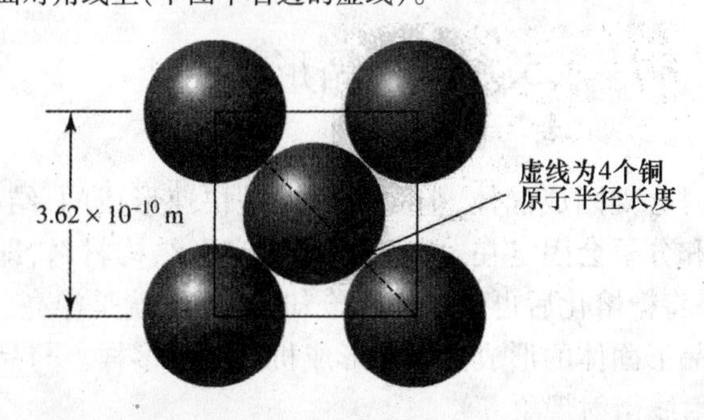

运用几何学知识,可以计算出对角线的长度,相当于铜原子半径的4倍。

解答:由几何知识可知,对角线的长度是晶胞边长的 $\sqrt{2}$ 倍。

$$(\text{对角线})\text{长} = \sqrt{2}\times(3.62\times10^{-10}) = 5.12\times10^{-10}\text{m}$$

把铜的半径记为 r_{Cu},那么对角线的长度就相当于4倍的 r_{Cu}

$$4\times r_{Cu} = 5.12\times10^{-10}\text{m}$$

$$r_{Cu} = 1.28 \times 10^{-10} m$$

所以,铜原子半径的计算结果是 1.28×10^{-10} 米。

X - 射线对于生物化学分子的研究有深远的影响。生物化学家常常利用 X - 射线来研究生命系统中酶的结构和其他大分子的结构。最有名的例子是 DNA 分子结构的确定。DNA 存在于细胞的原子核中,携带着有机基因信息。图 5.34 是罗莎琳德 · 富兰克林和莫里斯 · 威尔金斯测得的 DNA 的 X - 射线衍射图。利用这个图,詹姆斯 · 沃森和弗朗西斯 · 克里克得出结论:DNA 具有双螺旋结构(如图 5.35)。詹姆斯、克里克、威尔金斯也因此发现被授予 1962 年的诺贝尔生理 - 医学奖(因为富兰克林在 1958 年死于癌症,而诺贝尔奖对死者不予追授)。

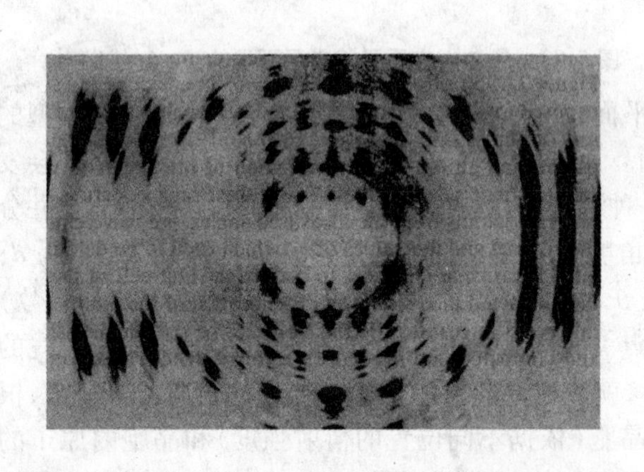

图 5.34　DNA 的 X - 射线衍射图

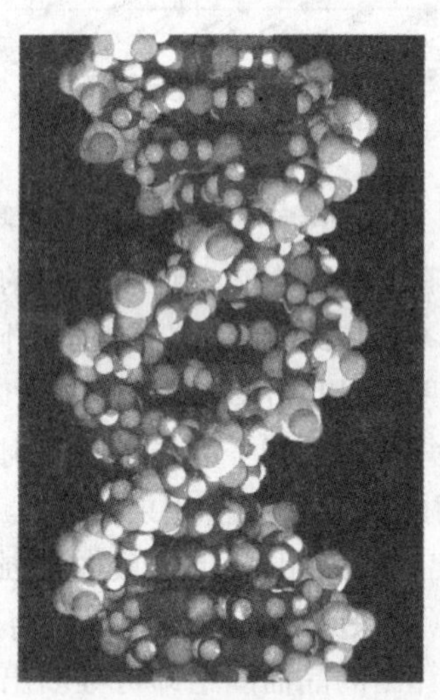

图 5.35　用计算机画的 DNA 双螺旋结构模型

到目前为止,X - 射线依然是生物化学家用来确定复杂蛋白质和酶结构的主要工具。

5.6　非晶形固体

当液体慢慢冷却时会凝固成晶体,但如果固体是快速形成的,结构会和规则晶体不一样,它们的原子、离子和分子会固定在一起而形成无定形结构材料,即"无序"。比如,普通的蔗糖是晶形,但如果将糖熔化后再快速进行冷却,得到的就是漂亮的棉花糖,其中包含长长的非晶态糖线。非晶形固体的形成方式和形成机理非常多样。与晶态固体最本质的区别是它们不会发生 X - 射线衍射现象。

玻璃是由 SiO_2 组成的非晶形固体;纯 SiO_2 以共价键的形式排列而形成晶体,如图 5.36 所示。石英晶体由 SiO_2 晶胞在三维空间规则排列而构成(如图(a)所示)。玻璃是无定形的 SiO_2(如图(b)所示),其化学键的排列杂乱无章,这种晶体称为石英。当石英融化并被快速冷却时就会形成熔凝石英,它是一种无定形的石英玻璃。石英玻璃有很多优异的特性,比如抗腐蚀能力强;光的传输性能好;能承受大范围的温度变化。但因为纯二氧化硅的熔点很高(1983K),所以石英玻璃通常只用于某些特殊场合。

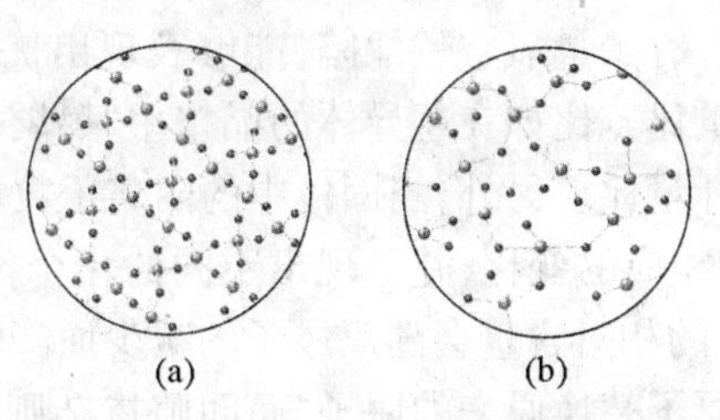

图5.36　SiO_2 形成的石英和玻璃

氧化钠和二氧化硅混合所形成的玻璃能够在较低温度下成型。氧化钠中存在的是离子键,所以它可以打破 Si—O—Si 的共价键,如图5.37所示,从而减弱了玻璃的晶格能,并降低了熔点和熔液的粘度。但是,晶格强度的降低也意味着由氧化钠和二氧化硅形成的混合物玻璃的化学稳定性下降,易被腐蚀。

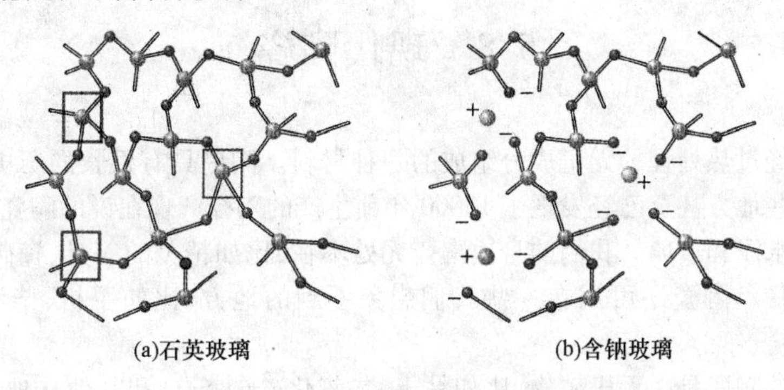

图5.37　氧化钠对石英玻璃晶格的影响

理想的玻璃是能够在适宜的温度下融化的,具有可操控性,且具有良好的化学惰性。这种玻璃可以通过添加第三种物质得到,这种物质的化学键性质应介于纯的离子氧化钠和纯的共价化合物二氧化硅之间。根据玻璃不同的性质需要可以选择不同的添加物。

用来做窗户和瓶子的玻璃是由苏打-石灰-石英组成的,它的组分是氧化钠-氧化钙-二氧化硅的混合物。氧化钙的加入可使晶格能增大,从而提高玻璃对一般物质的化学惰性(但是强碱和氟化氢可以将其腐蚀)。用于咖啡壶和实验室用玻璃器皿的玻璃一般是耐热玻璃,它是 $B_2O_3-CaO-SiO_2$ 的混合物。这种玻璃能够承受温度的骤变,但如果换做苏打-石灰-石英玻璃则会发生破裂。有色玻璃中通常含有少量的有色氧化物,如 Cr_2O_3(琥珀色)、NiO(绿色)或者 CoO(褐色)。

5.7　晶体缺陷

在固体中有两种极端的排列,一种是完美晶体,另一种是毫无规则的无定形固体。很多固体都是晶体,但是总会有一些缺陷。晶体缺陷能够显著改变固体材料的性质,因此有很多特别的用途。掺杂半导体就是故意引入杂质以改变材料的导电性。一些宝石是晶体,但是常常带有杂质,所以才具有炫目的颜色。蓝宝石和红宝石就是无色 Al_2O_3 的不完整晶体,宝石呈蓝色是因为含有 Ti^{3+} 或 Fe^{3+} 离子,红宝石呈红色是因为掺杂有 Cr^{3+}。

钇－钡－铜超导体中含有少量氧空位缺陷,能够表现出优异的性能。晶体中缺陷的存在会使其成分偏离化学计量比。比如在超导体的晶格中某些位置缺失氧离子,导致材料各组分的比例严重偏离化学计量比。另外,当固体中的阴离子数量发生改变时,因为要保持电中性,那么阳离子也会发生相应的变化,并呈现出不同的化合价。超导体中的铜离子有 +2 和 +3 两种价态,其中 Cu^{3+} 的相对含量会随氧原子的减少而降低。

取代掺杂是用掺杂的原子替换原来的原子,而间隙掺杂则是使掺杂的原子占据原子间的间隙。间隙掺杂对金属性质的影响很显著。例如,在铁单质中人为地加入少量的不纯物,可以提高其机械性能。纯铁比较柔软,容易变形,添加少量碳后,硬度会增大。碳原子主要是填充在铁原子的间隙中。尽管碳原子很容易嵌入,但是它们的存在会降低铁原子层之间的滑移变形能力。

5.8　现代陶瓷

陶瓷是由经过热处理的无机成分组成的一种材料。陶瓷具有很长的历史,可以追溯到史前年代。有些地方甚至已经发现了13000年前生产的陶瓷。现在说的陶瓷包括常见的建筑原料,如砖、水泥和玻璃。我们的身边陶瓷无处不在,比如精美的餐具、瓷砖、水槽、浴池、艺术陶瓷和雕像。陶瓷还可用在一些我们想象不到的地方,比如手机、柴油机和防弹背心中。

很多人造的陶瓷是由无机矿物,比如粘土、二氧化硅(沙子)和其他从地表获得的硅酸盐(阴离子由硅和氧所构成的一类化合物)制成的。但近年来,一类全新的用于高科技领域的先进陶瓷已经被化学家制备出来。下面将详细进行介绍。

陶瓷的性质

陶瓷有一些共同的性质,也有一些独特的性质,这些性质可以通过控制陶瓷的组分和制作工艺及方法进行调节。比如,几乎所有的陶瓷材料都具有很高的硬度和相当高的熔点。表5.3所示列出了一系列现代陶瓷材料和它们的性质,并将之与一些常用金属的性质进行对比。众所周知,金刚石是最硬的物质,但是现在有些陶瓷材料的硬度已经开始接近金刚石。批量生产且成本极低的碳化硅早已被用作砂纸和砂轮的磨料。

值得注意的是所有的陶瓷都比钢铁坚硬,同时还具有较低的密度和高的熔点。它们的高强度和相对较低的密度使其在太空中被广泛使用。

由于陶瓷的熔点很高,所以常常作为耐热件用于炉子内壁和火箭发动机喷管。具有光滑表面的陶瓷能够防止水的渗透,但是在适当的条件下陶瓷还可以制成多孔结构,在高温环境下作为滤筛使用,因为在高温下其他材料很有可能会被熔化。

表 5.3　陶瓷材料、钻石及典型金属的一些性质

材料	硬度(GPa)	熔点(℃)	弹性系数(GPa)	密度($g \cdot mL^{-1}$)
碳化钛(TiC)	28	3067	470	4.93
氮化钛(TiN)	21	2950	590	5.40
二氧化钛(TiO_2)	11	1867	205	4.25
碳化锆(ZrC)	25	3445	400	6.63
二氧化锆(ZrO_2)	12	2677	190	5.76
氮化铝(AlN)	12	2250	350	3.36
三氧化二铝(Al_2O_3)	21	2047	400	3.98
氧化 Be(BeO)	15	2550	390	3.03
碳化钨(WC)	23	2776	720	15.72
碳化硅(SiC)	26	2760	480	3.22
氮化硼(BN)	50	2730	660	3.48
钻石(C)	80	3800	910	3.52
不锈钢	2.35	1420	200	7.89
铝	1.51	658	69	2.70

很多陶瓷不能导电，所以它们主要用来制造高压电线、汽车活塞和电视中的绝缘体。但也有一些陶瓷在极低的温度下时会变成良好的导体，这类超导体有许多潜在的应用。

表 5.3 给出了一些包含带正电荷且具有强氧化性的金属离子和带负电荷且具有强还原性的非金属离子(比如 O、N 和 C)的陶瓷。如果这些化合物都是纯离子晶体，将会有很大的晶格能，而破坏它们需要较多的热能，这样就可以解释为什么陶瓷具有较高的熔点。此外，电性较强的阳离子和阴离子之间会产生强烈的静电吸引，使得离子很难被分开，这可以用来解释为什么陶瓷具有高硬度。

事实上，很多化合物原子间都有大量的共价键。半径小、电负性高的阳离子有强烈吸引阴离子电荷的能力，使电子向两个离子的中间区域发生偏移，使化学键从离子键过渡成共价键。此外，氧原子、氮原子和碳原子能够在两个或更多个原子间形成共价键，从而形成网状结构的晶体。原子间共价键的形成也是导致陶瓷材料高强度和高熔点的原因之一。

现代陶瓷的应用

高技术陶瓷是一种相对较新的材料，它们的应用还在不断被发掘。它们的用途差别很大，下面将举例说明。

陶瓷薄膜主要用于光学表面和光过滤器的抗反射涂层。还有很多工具比如钻头，其上常会涂覆一薄层 TiN，以使其耐磨性更强。

部分稳定的 ZrO_2(含有少量的金属氧化物杂质)可用来代替髋关节的某一部位，这主要是利用陶瓷的韧性。

某种晶型的氮化硼粉末由可以来回移动的层状晶体构成,常被用于化妆品生产,给皮肤带来柔滑感。另外一种含硼的陶瓷——碳化硼,可以和凯夫拉纤维聚合物一起用来生产防弹背心。当子弹打到背心上,会使陶瓷粉碎或者破裂,这个过程将消耗子弹的大部分动能,剩余的能量由凯夫拉纤维吸收。

Si_3N_4 因为耐磨又很坚硬,可以用作柴油发动机的引擎材料。它具有高硬度和低密度,能抵抗高温和恶劣的化学环境。

压电陶瓷在形状发生变化时会产生电势。反过来,如果在陶瓷两端加一个电压,它们就会变形。人们利用压电器件的这两种特性开发出一种智能型滑雪板。滑雪板的摆动可以利用压电陶瓷变形时产生的电压被检测到,因此可以施加一个额外的电压来消除这个摆动。智能型材料拥有感知和行为能力,它们会随外界激励的改变而作出相应变化。

高温超导体

超导体是对电流没有阻碍的材料。有些化合物在很低的温度下是超导体,低温的环境是靠液氦冷却实现的。因为液氦比较贵,所以人们一直在寻找临界温度(也就是变为超导体的温度)高于液氦沸点 77.4K 的超导材料。利用制冷技术生产液氮工艺很简单,价格也比较便宜。1987 年,一种由陶瓷和金属氧化物组成的陶瓷材料 $YBa_2Cu_3O_7$ 被合成出来,它的临界温度是 93K,目前临界温度高于 130K(一个大气压下)的超导材料已经诞生。

陶瓷超导材料的主要问题是脆性较大,早在 20 世纪 90 年代,科学家和工程师就已成功制备出线状超导材料,并用来制作电缆。这种电缆能够传输比普通电缆多三倍的电量。

超导体材料的另外一个神奇之处是它能够悬浮在磁场上。除了没有电阻之外,在超导状态下物质的内部也没有磁场。超导体能够抵消弱的磁场,所以它才有可能悬浮。德国和日本的公司已经着手利用这一性能来发展火车新技术,而且已经使整个火车悬浮起来并高速运行,火车受到的摩擦力和飞机与空气之间的摩擦力差不多,这种磁悬浮列车技术还在测试当中。商业磁悬浮列车已于 2002 年在中国投入使用。2003 年日本将这种火车的速度提高到 $581km \cdot h^{-1}$,刷新了世界纪录。

习 题

5.1 戊烷是含有 5 个 C 原子的碳氢化合物,汽油大多是含有 8 个 C 原子的碳氢化合物,燃油中碳氢化合物的 C 原子数目不超过 12。将这三种物质按粘度高低进行排序,并说明这种差异是由分子的哪种特性造成的。

5.2 在刚打过蜡的汽车表面水会聚成水珠,但是在干净的挡风玻璃上水却能形成一层薄膜,这是为什么呢?

5.3 下列混合溶液中,室温下蒸气压最低的那组?为什么?

(a) 水(H_2O)和甲醇(CH_3OH);

(b) 戊醇($C_5H_{12}OH$)和己醇($C_6H_{13}OH$);

(c) 一氯甲烷(CH_3Cl)和氯仿($CHCl_3$)。

5.4 描述分子固体和离子固体中微粒间作用力类型以及宏观性质之间的差异。

5.5　指出下列固态物质的类型(离子、网络、金属或者分子/原子):

(a) Br_2　　(b) KBr　　(c) Ba　　(d) SiO_2　　(c) CO_2

5.6　请依据下列参数绘出 Br_2 的粗略相图。正常熔点265.9K,正常沸点331.9K,三相点是 $p=5.87\times10^3$ Pa, $T=265.7$ K。标出坐标轴并指出每一相能稳定存在的区域。

5.7　钙钛矿的晶胞如下图所示,试写出该物质的分子式。

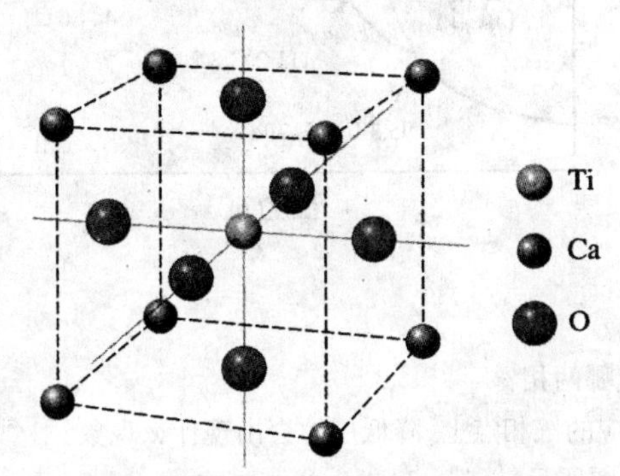

5.8　在氧化钙的晶胞中,氧离子呈面心立方堆积,钙离子占据所有空隙。要达到电中性,在每个晶胞中应填充多少个钙离子?

5.9　简要说明如何利用X-射线数据和布拉格方程来确定分子的结构。

5.10　什么是无定形固体?比较晶体和无定形固体被破碎时的表现。

5.11　无定形 SiO_2 的密度约为2.3g·mL^{-1},石英的密度为2.65g·mL^{-1},试从化学键的角度解释两者密度存在差异的原因。

5.12　什么是取代掺杂?

5.13　什么是间隙掺杂?

5.14　什么是陶瓷?

5.15　陶瓷能被广泛应用,最主要的两个物理性质是什么?

5.16　什么是超导体?为什么它的应用成本很高?

5.17　指出下列物质从液态变成气态必须克服的作用力类型:

(a) NH_3　　(b) $CHCl_3$　　(c) CCl_4　　(d) CO_2

5.18　铍结晶后可以形成体心立方或者六方密堆积结构。请问哪种固相的密度更高?为什么?

5.19　参考图5.16,说明下述过程中发生的相变:

(a) $T=298$ K时,压缩 CO_2 气体,使压力从 1.013×10^5 Pa增至 5.065×10^5 Pa;

(b) $p=6.078\times10^5$ Pa时,对干冰进行加热,使温度从195K升至350K;

(c) $p=1.013\times10^5$ Pa时,使 CO_2 气体从298K降温至50K。

5.20　固态的金属钠有两种晶体结构:体心立方和密排六方。其中一种只能在极低压力和5K以下稳定存在,另一种则可在除上述条件以外的任意条件下稳定存在。请画出两种固相的晶体结构,指出哪一固相只能在低温低压下存在,并说明理由。

5.21　根据单质硫的相图回答:

(a) 什么条件下正交硫会熔化?

(b) 什么条件下正交硫发生相变得到单斜硫?

(c) 什么条件下单斜硫会升华?

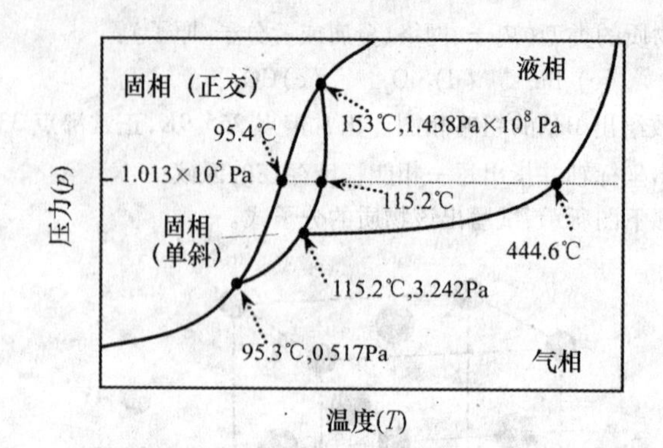

5.22　根据上图回答：

（a）相图中有几个三相点？

（b）每个三相点分别对应哪两相？

（c）如果硫处于153℃对应的三相点上，降低压力会出现什么现象？

5.23　氧化铼的晶胞如右图所示，请问：

（a）晶胞类型是什么？

（b）每个晶胞中含有多少个铼原子和氧原子？写出氧化铼的分子式。

5.24　镍原子的半径为124pm，单质的晶体结构为面心立方。请计算晶胞的边长，单位为pm。

5.25　氯化铯（CsCl）的晶胞为立方形，边长为412.3pm，密度为3.99g · mL^{-1}。这说明其既不是面心立方也不是体心立方，为什么？

5.26　氯化锡（$SnCl_4$）晶体质软，熔点很低，仅－30.2℃。液态不能导电。问氯化锡的固体类型（离子、分子、网络或者金属）。

5.27　单质硼是一种半导体，硬度很高，熔点大约2250℃。请问单质硼属于何种固体类型。

5.28　单质铌有金属光泽，质软，在2468℃发生熔化，并且固体能导电。请问铌属于何种固体类型。

5.29　指出下列物质在固态时分别属于何种固体类型：

（a）Br_2　（b）LiF　（c）MgO　（d）Mo　（e）Si　（f）PH_3　（g）NaOH

5.30　画出NaCl晶体的晶胞，并计算一个晶胞中每个离子周围有多少个带相反电荷的离子？

5.31　乙酸（CH_3COOH）气体是一种混合物，包含有单分子和通过氢键结合的双分子。

（a）画出双分子的路易斯结构，以说明两个乙酸分子如何通过氢键结合；

（b）如果升高温度，双分子的含量是增高还是减低？为什么？

5.32　银原子半径为144pm，计算不同晶体结构下银单质的密度（g · mL^{-1}）：

（a）简单立方　（b）体心立方　（c）面心立方

已知银单质的实际密度是10.6g · mL^{-1}，请问它属于哪种立方晶体？

第6章 化学热力学

CH_4 与 O_2 的混合气体一旦被点燃即可自发地反应，生成 CO_2 和 H_2O，反应过程中放出大量的热。然而我们却不能将这个反应逆化——换句话说，在相同状态下，CO_2 与 H_2O 混合不能自发反应生成 CH_4 和 O_2。为什么化学反应过程仅能朝一个方向进行？是什么决定了反应进行的方向？本章将介绍化学热力学的相关知识，通过学习会发现吉布斯自由能是决定在确定条件下化学反应或物理过程自发性的核心。此外将学习两个状态函数——焓和熵以及它们与吉布斯自由能的密切联系。化学热力学是理解化学平衡的关键，也是学习第7、8、9、10章的基础。它不仅是化学的基本组成部分，也是生活的基本部分。

6.1 化学热力学介绍

块状固体钠放入水中，将会发生剧烈的化学反应，生成 H_2 和 NaOH：

$$Na(s) + H_2O(l) \longrightarrow NaOH(aq) + \frac{1}{2}H_2(g)$$

金属钠与水剧烈反应产生的热量引燃了金属钠，反应中钠变成了 Na^+，水变成了氢气和氢氧根离子。当反应结束后，在溶液中生成了氢氧化钠。

反过来，把 H_2 通入到 NaOH 水溶液中，却不能观察到化学变化：

$$NaOH(aq) + \frac{1}{2}H_2(g) \longrightarrow 不反应$$

同样，如果将一块冰块放置在室温和标准大气压力下，它最终会融化成水：

$$冰(s, 25℃, 1.013 \times 10^5 Pa) \longrightarrow H_2O(l, 25℃, 1.013 \times 10^5 Pa)$$

但是液态水在同样的条件下不会变成冰：

$$H_2O(l, 25℃, 1.013 \times 10^5 Pa) \longrightarrow 无变化$$

这些例子表明，在特定的温度和压力状态下，化学反应和物理变化的发生都朝着某一特定的方向进行，我们称这些变化是自发的。换句话说，在没有外界因素的干扰下，反应一旦开始就会一直进行下去。以上描述的钠与水的反应以及冰的融化都是反应一旦开始发生就会自发完成的例子。然而，许多自发的化学反应并不能将反应物完全转化成产物。在室温和标准大气压力下，N_2O(笑气)与 O_2 的反应就是一个自发的但不能完全进行的反应。尽管我们能够写出这个反应的化学方程式：

$$2N_2O(g) + 3O_2(g) \longrightarrow 4NO_2(g)$$

但这并不意味着，在室温和标准大气压力下，将 2mol 的 $N_2O(g)$ 与 3mol 的 $O_2(g)$ 在一个容器里混合，就能够得到 4mol 的 $NO_2(g)$。事实上，无论等待多久也不会有多于 2mol 的 NO_2 产生，并且还会有许多的起始原料存在于反应混合物中。这是因为化学方程式并没有告诉我们反应沿某一个特定的方向是否完全进行，它仅能提供反应物与生成物的摩尔比例。

事实上，通过外加一个自发过程可以推动一个非自发反应的进行。例如，水不能自发分解成氢气和氧气，但是往水中通入电流（这是自发的电子流）后能够发生下列反应：

$$2H_2O(l) \longrightarrow 2H_2(g) + O_2(g)$$

这个过程叫做电解。只要保持电流存在，氢气和氧气将会持续产生；一旦电流供给被切断，电解过程就会停止。这个例子说明了自发变化和非自发变化之间的差异。一个自发过程开始进行后，达到最大限度时它会自行停止。而一个非自发过程，只有不断地获得外界援助才能持续进行，如图 6.1 所示。需要注意的是，电解水所需的电能必须通过一些自发的机械作用或化学变化来产生。也就是说，所有非自发过程的发生都是以自发过程为前提的。因此，任何变化的发生都可以直接地或者间接地追溯到自发变化。

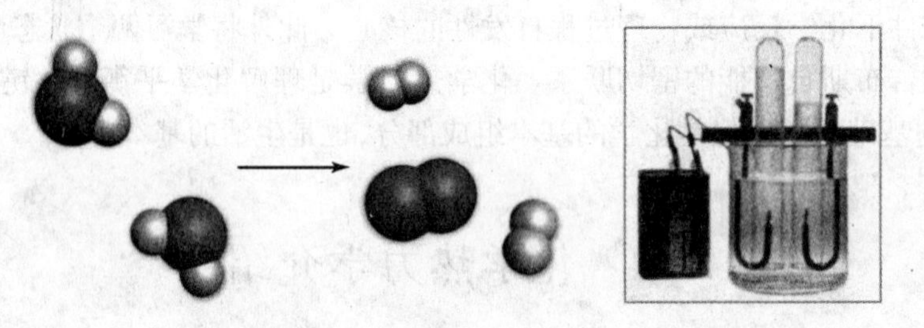

图 6.1　电解水生成氢气和氧气

化学家更加关注在一定条件下预测一个化学反应能否自发进行。如果能，反应将进行到什么程度。我们可以用吉布斯自由能（G）来预测一定条件下化学变化和物理变化的方向和限度。一个位于山顶的小球，轻轻一推它就会自发地从山顶滚至山底，达到其能量最低点。类似地，化学反应也将朝着系统的吉布斯自由能降低的方向进行。一旦系统的吉布斯自由能降低到最小值，总的化学变化和物理变化就会停止，系统达到平衡。

6.2　吉布斯自由能

吉布斯自由能（G）以美国数学家、物理学家约西亚·威拉德·吉布斯（1839—1903）命名，它的提出基于与化学系统有关的两个重要事实：

（1）化学反应和物理变化几乎总是以热的形式吸收或释放能量。

（2）能量可能以大量不同的方式分布在化学系统中，其中一些方式明显较其他方式有更大的概率。

吉布斯自由能被定义为：

$$G = H - TS$$

其中，H 代表系统的焓，S 代表系统的熵，T 代表开尔文温度（常称做热力学温度）。焓（enthalpy）是一个与化学系统中热量的吸收或释放有关的函数；熵（entropy）是化学系统中能量分布方式数的度量；而化学系统的吉布斯自由能可以被认为是系统能够自由做功的能力。在本章中我们将会详细介绍这些函数。

到目前为止，人们仍无法测量一个化学系统中 G 的绝对值。然而，我们更关心的是在恒温条件下化学系统经过化学反应或物理变化，从一种状态变化到另一种状态时 G 的变化。此时，我们可以通过测量焓和熵的变化计算出 G 的变化量。对任意热力学函数 X，以大写希腊字母 Δ 表示其变化量，有：

$$\Delta X = X_{终} - X_{始}$$

式中，$X_{终}$ 为终态时 X 的数值，$X_{始}$ 为始态时 X 的数值。

因此，对恒温条件下的任何变化，有：

$$\Delta G = \Delta H - T\Delta S$$

在化学中这是一个非常重要的等式，因为我们可以利用 ΔG 的值判断一个特定的化学反应或物理变化能否自发产生。ΔG 是负值，意味着生成物的 G 小于反应物，反应要朝着 G 减少的方向进行，所以它是自发的。反过来，如果 ΔG 是正值，则表明生成物的 G 值比反应物高，由于反应必须朝着 G 减少的方向进行，因此反应不能自发进行。而当 $\Delta G = 0$ 时，系统处于平衡状态，此时观察不到任何化学或物理变化。简单地说，有如下关系：

如果 $\Delta G < 0$，反应是自发的；

如果 $\Delta G > 0$，反应是非自发的；

如果 $\Delta G = 0$，系统处于平衡状态。

在第7章中我们还将学习，在确定状态下 ΔG 值的大小表明了反应能够进行的限度。显然，要确定 ΔG 的值，就需要知道 ΔH 和 ΔS 的值。在这里，我们首先需要定义一些重要的热力学概念，然后再分别分析这两个基本函数。

系统是指我们所研究的特定的化学对象，系统之外的对象都称之为环境。系统和环境构成了整个空间（图6.2）。通常我们对在系统和环境之间的热量交换感兴趣，所以确定热量交换的界限很重要。界限可以是可见的（比如烧杯壁），也可以是不可见的（比如区分冷空气和暖空气的边界）。根据物质和能量是否可以通过界限与环境进行交换，系统可分为三种类型。

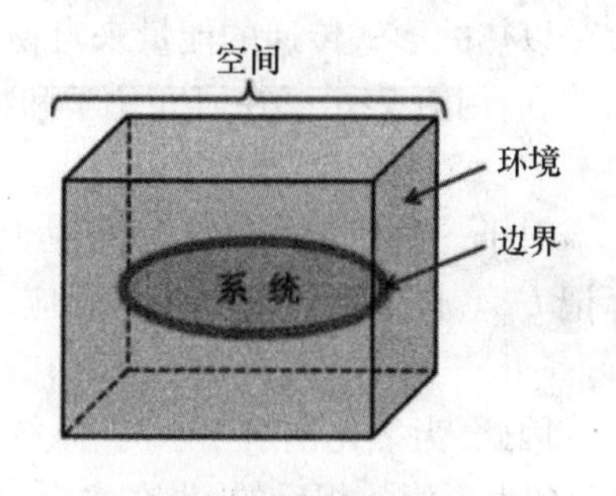

图6.2　在热力学中，有必要定义系统、环境、空间和界限

敞开系统。与环境之间通过界限可以进行物质交换和能量传递，人的身体就是一个敞开系统。

封闭系统。与环境之间不存在物质交换，只能通过吸收或释放能量进行能量的传递。无论系统内部发生什么变化，封闭系统内物质的质量恒定不变。电灯泡是一个封闭系统，它能以光和热的形式向外界环境释放能量，但其内部物质的质量不变。

孤立系统。不能和环境发生物质交换和能量传递。因为能量不能被创造和消灭，因此无论系统内部发生什么变化，孤立系统的总能量不变。真空保温瓶可以近似地认为是一个孤立系统。在孤立系统下进行的过程叫做绝热过程。

在化学热力学中，我们必须要有单位意识。能量、功和热的国际单位是焦耳（J）。焦耳是一个导出单位，它可以用以下国际基本单位来表达：

$$1\text{J} = 1\text{kg} \cdot \text{m}^2 \cdot \text{s}^{-2}$$

也就是说，1J 等于一个 2kg 的物体在速度为 1m/s 时所具有的动能，人的心脏跳动一次所需的能量约为 1J。焦耳是一个比较小的能量单位，多数情况下我们使用更大的能量单位

千焦(kJ):

$$1\text{kJ} = 10^3\text{J}$$

温度在热力学中非常重要,计算中必须使用准确的单位。计算大多数(并非全部)热力学方程需要用开尔文温度而不是摄氏温度。1K 的热力学温度差异 ΔT 在数值上就等于 1℃ 的温度差异,因此对于涉及到温度变化的计算,不论温度单位是用 K 还是℃表示,ΔT 的数值都相等。

6.3 焓

前面讲过吉布斯自由能方程涉及到焓和熵。在本节中将学习焓,因此需要介绍一些新的概念,如内能(U)、功(w)和热(q)以及热力学第一定律。

内能和热力学第一定律

把大量的氯化钠溶解在水中,将会发现随着盐的溶解,溶液会变冷。然而,如果在水中溶解化学结构相似的氯化锂,会惊奇地发现溶液变热了。前一个过程是从周围的环境中吸收热量,而后一个过程则向周围环境释放出热量。

以热的形式传递的能量来自物体的内能。内能是物质内部一切微观粒子所具有的能量的总和,用 U 表示。在研究化学和物理变化中,我们感兴趣的是过程中伴随的内能变化:

$$\Delta U = U_{终} - U_{始}$$

对于一个化学反应,$U_{终}$ 对应于产物的内能,因此可以写作 $U_{产物}$。同样的,我们用 $U_{反应物}$ 标记 $U_{始}$。因此对于一个化学反应,内能的变化可被表示成:

$$\Delta U = U_{产物} - U_{反应物}$$

因此,当氯化钠溶于水时,系统从周围的环境中吸收热量,终态的能量比始态的能量高,故 ΔU 为正值。相反的,当在水中溶解氯化锂时,终态的能量比起始态的能量低,故 ΔU 为负值。

一个化学系统与其周围环境进行能量交换的方式有两种。前面我们已经提到,第一种方式是系统可以从环境中吸收热量或者向环境放出热量。第二种方式是系统对环境做功或者说环境对系统做功。做功可以定义为克服阻力运动。例如,举起一个重物需要克服重力做功,就好像拉伸或者压缩弹簧。在化学系统中遇到的常常是气体的压缩或者膨胀做功,由于它涉及到气体压力和体积的变化,一般称为压力-体积功或者 pV 功,简称为体积功。当在恒定温度下压缩气体,环境对系统做功;而恒定温度下气体膨胀,则是系统对环境做功。如图 6.3(a)所示为具有一定压力的气体被一个由插销固定的活塞限定在气缸内,图 6.3(b)显示了当活塞被释放后汽缸内的气体膨胀,同时克服大气压力推动活塞向上运动,由此气体对环境做了体积功。

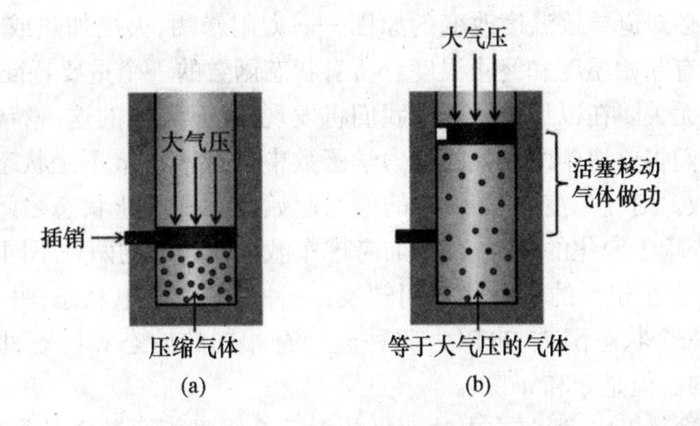

图6.3　环境与体系的体积功

当克服恒定外压 p 且体积变化 ΔV 时,体积功的大小可通过下式求得:

$$w = -p\Delta V$$

气体膨胀时,$\Delta V(V_{终} - V_{始})$ 是正值,在恒温条件下此过程所做功为负值。同理可知,压缩气体时所做的功为正值。

热和功是化学系统和环境进行交换能量仅有的两种方式,因此化学系统经过化学或物理变化过程发生的内能变化应该等于系统吸收或者放出的热与环境对系统所做的功,或系统对环境做功的总和。用数学式表达为:

$$\Delta U = q + w$$

其中,q 表示热,w 表示功。这个等式就是热力学第一定律的数学表达式。简单地说,能量可以在系统间通过热和功进行传递,但不能被创造或消灭。热力学第一定律的另一种表达为"隔离系统的能量恒定不变"。这两种表述本质上与能量守恒定律相同,说明了能量既不能被创造,也不能被消灭。与吉布斯自由能一样,我们不关心内能 U 的绝对值,只关心化学或物理变化中 ΔU 的值。

状态函数

内能是一个状态函数。这意味着它的值仅仅取决于当前系统的状态,而不考虑系统如何得到或失去能量。我们通常通过确定系统中物质的类型和数量以及系统的压力、温度、体积等来定义一个化学系统的状态。当我们通过改变上述中的一个或多个变量来改变系统状态时,系统状态函数 X 的值就会发生改变:

$$\Delta X = X_{终} - X_{始}$$

它仅仅取决于系统的起始和终止状态,和系统变化所经过的途径无关。

压力、温度和体积都是状态函数,这很容易理解。例如,系统当前的温度不取决于昨天的温度,也不管系统如何实现。也就是说和达到当前值的途径无关。假如现在是25℃,那么我们就知道了需要知道的关于当前温度的所有内容,而没必要指出它是如何实现的,或者在未来它将如何变化。如果温度增高,比如升到35℃,温度的变化 ΔT 就是终止和起始温度的差值:

$$\Delta T = T_{终} - T_{始}$$

计算 ΔT,不必知道导致温度改变的原因——太阳暴晒、火焰加热或者是其他方式。我们需要知道的只有起始温度和终止温度。所有状态函数的一个重要特征就是它们与变化发生的途径和机理无关。在以后的学习中我们将发现,状态函数的这一特性将使许多计算变得很简单。在我们将要遇到的重要的热力学函数中只有 q 和 w 不是状态函数,但它们的和 ΔU 却是状态函数。对任意变化,q 和 w 的值与起始状态和终止状态之间发生的过程有关,换句话说,它们依赖于变化的途径。例如,考虑车载电池放电的两种不同途径(图 6.4)。两种途径都能使电池在相同的两种状态间转换:一种是完全充电状态,另一种是完全放电状态。因为 ΔU 是一个状态函数,也因为两种途径有相同的始态和终态,因此这两种途径的 ΔU 一定是相同的。但是 q 和 w 呢?

在图 6.4 的途径 1 中,通过在电池两极放置一个重型扳手使电池短路。随着电池迅速放电,火花四射,扳手变得很热,此时有大量的热放出,但是系统不做功($w=0$)。内能的变化表现为热。

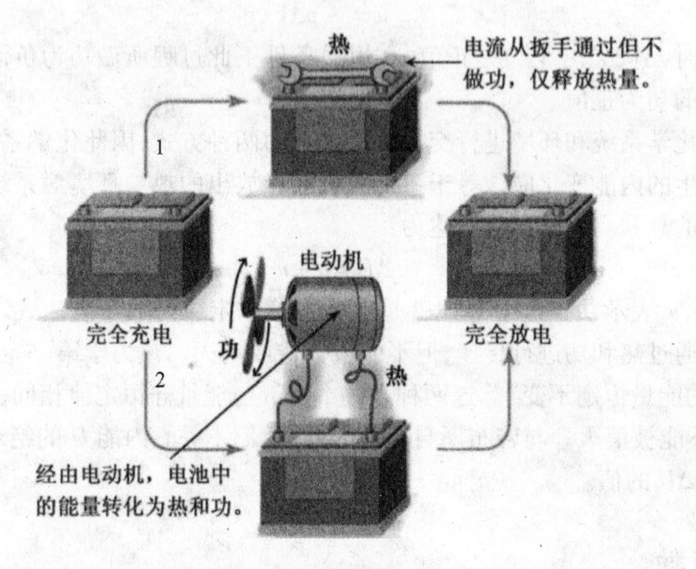

图 6.4　能量、热及功转换图

电池沿两个途径完全放电,电池的总能量为 ΔE。然而,如果电池被一个重型扳手短路,如图中途径 1 所示,能量都以热量的形式表现出来。途径 2 把总能量的一部分转化为热,大部分能量以电动机的形式转化为做功。

在途径 2 中,我们用电能来操作电动机使电池放电变慢。沿着这条途径,大部分 ΔU 的能量表现为功的形式(带动电动机),只有相对较少的能量表现为热的形式(电动机内部的摩擦生热以及电线发热)。

因此,w 和 q 都不是状态函数,它们的值完全取决于始态和终态之间的路径。但是它们的和 ΔU 却是一个状态函数。

热　容

热和温度并不是同一个概念。如果把两个初始温度不同的物体放在一起,让它们接触足够长的时间，两个物体最终将达到相同的温度。这是通过热量从温度高的物体传递到温度低的物体来实现的，因此可以说，热量是由于温度不同而转移的能量。我们不能直接测定热量，但是能通过热从一个物体传递到另一个物体所引起的温度变化来计算它。热量和温度变化之间具有线性关系，可以写作：

$$q = C\Delta T$$

这里 q 指热量，C 指物质的热容。热容的单位（$J \cdot k^{-1}$）有助于我们理解热容的定义，它对应于一定质量的物体的温度每升高 1K 所需要的热量。金属热传导好，一般热容较低；气体则具有较高的热容。几乎所有物质的热容都是正值。

示例 6.1 计算机的中央处理芯片产生了大量的热，如果不设法冷却芯片，则这些热量足以导致芯片永久损坏。因此铝散热器经常被附在芯片上以驱散多余的热量。可以将热的散热器放入已知体积的水中，通过测定水温的升高来测定散热器的热容。假设把一个温度为 71.3℃的散热器放入含有 100g 25.0℃水的泡沫聚苯乙烯的杯中。最后水的温度增加到 27.4℃。已知 1g 水升高 1K 需要 4.18J 的热量，则散热器的热容是多少 $J \cdot K^{-1}$？

分析：我们需要计算热容 C。$q = C\Delta T$，等式两边同除以温度的改变 ΔT，有：

$$C = \frac{q}{\Delta T}$$

因此我们需要知道散热器温度的改变 ΔT 和放出的热量 q，也就是其与杯中水交换的热量。可以想象散热器失去的热量将全部被温度较低的水吸收，所以先计算水吸收的热量：

散热器失去的热量 = - 水吸收的热量

水的温度从 25.0℃升高到 27.4℃，增加了 2.4K（温差以 K 或℃表示的数值相同）。每克水增加 2.4K 需要 $2.4K \times 4.18J \cdot K^{-1} = 1.0 \times 101J$ 的热量，因此共需要 1000J 的热量才能使 100g 的水增加 2.4K。

解答：散热器的温度从 71.3℃降低到 27.4℃，因此：

$$\Delta T = T_{终} - T_{始} = 27.4℃ - 71.3℃ = -43.9℃ = -43.9K$$

水得到的热量为 1000J，则散热器的热损失为 -1000J（负号指放出热量），其热容为：

$$C = \frac{q}{\Delta T} = \frac{-1000J}{-43.9K} = 23J \cdot K^{-1}$$

思考题 6.1 一个 220℃的球轴承放入含 250g 水的杯中，水温从 25.0℃升高到 30.0℃。求球轴承的热容。

热容取决于样品的尺寸，例如将 1g 水的温度升高 1K 需要 4.184J 的热量，而将 2g 的水升高相同的温度则需要双倍的热量（8.368J）。凡是值与物质的量有关的性质就叫做广度性质，凡是值与物质的量无关的性质就叫做强度性质。用广度性质热容除以样品的质量就能得到一个新的强度性质——比热容。比热容（常被叫做比热）表示每克物质的热容，用符号 c 表示，其定义式为：

$$c = C/m$$

c 的单位是 $J \cdot g^{-1} \cdot K^{-1}$。比热值能简单给出具有相同质量的不同物质的热容值。从表 6.1 可以看出，水的比热大约是铁的 9 倍，这意味着升高相同温度水所吸收的热量将是相同质量铁的 9 倍。1mol 某物质温度升高 1K 所需要的热量叫做摩尔比热容，单位是 $J \cdot mol^{-1} \cdot K^{-1}$。

表 6.1　25℃时一些物质的比热

物质	比热($J \cdot g^{-1} \cdot K^{-1}$)
铅	0.128
金	0.129
银	0.235
铜	0.387
铁	0.4498
碳(石墨)	0.711
花岗岩	0.803
橄榄油	2.0
乙醇	2.45
水	4.18

如果已知一个物体的质量、温度的变化值和比热,就能够计算出它吸收或放出的热量:

$$q = cm\Delta T$$

示例 6.2　一枚重 5.50g 的金戒指,温度从 25.0℃升高到 28.0℃,它吸收了多少热量?

分析:问题的解决需要将戒指吸收的热量与温度的变化(ΔT)关联起来。我们不知道戒指的热容,但知道戒指的质量以及它的材料是金,因此我们可以先从表 6.1 中查找出金的比热为 $0.129J \cdot g^{-1} \cdot K^{-1}$。

解答:戒指的质量 m 为 5.50g,比热是 $0.129J \cdot g^{-1} \cdot K^{-1}$,温度从 25.0℃升高到 28.0℃,因此 ΔT 是 3.0℃。利用给出的这些值,有:

$$q = cm\Delta T = 0.129J \cdot g^{-1} \cdot K^{-1} \times 5.50g \times 3.0K = 2.1J$$

因此,仅用 2.1J 的能量就能使 5.50g 的金温度升高 3.0℃。因为 ΔT 是正值,所以热量为 2.1J。能量变化的符号表明戒指吸收了热量。

思考题 6.2　250g 水,温度从 25.0℃升高到 30.0℃,水吸收了多少热量?计算的答案分别用焦耳和千焦表示。

热的测定

既然知道了温度的变化和热量的关系,就可以用它来测定在化学反应或物理变化中系统吸收或放出的热量。一般的测量都将反应或变化限定在量热计中实现,量热计是一种特制的可使系统向环境损失的热量最小化的专业仪器。量热计的类型主要有两种:一种是使系统保持恒定的体积下的测定,另一种是在恒压条件下的测定。这两种方法看似区别很小,却有着很重要的含义。我们先考虑物质在一个恒定体积的弹式量热计内进行的燃烧反应,如图 6.5 所示。因为在反应过程中系统的体积保持不变,即系统 ΔV 为 0。这就意味着 $p\Delta V$ 为 0,因此系统没有对外做功也没有被做功。由热力学第一定律有:

$$\Delta U = q + w$$

因此,对于在等容条件下的弹式量热计中进行的反应,其内能变化为:

$$\Delta U = q_v$$

这里 q_v 是等容条件下的反应热。

食物科学家通过将食物放入弹性量热计中燃烧来测定食物及其组分所能提供的能量。虽然食物在人体内进行的消化反应非常复杂,但其终产物与食物直接燃烧生成的产物却是相同的。量热计外通常配有水浴,目的是通过水来补充或释放热量,从而使弹式热量计中发生反应时保持其温度几乎不变。反应室内体积恒定,因此反应的 $p\Delta V$ 一定为0。

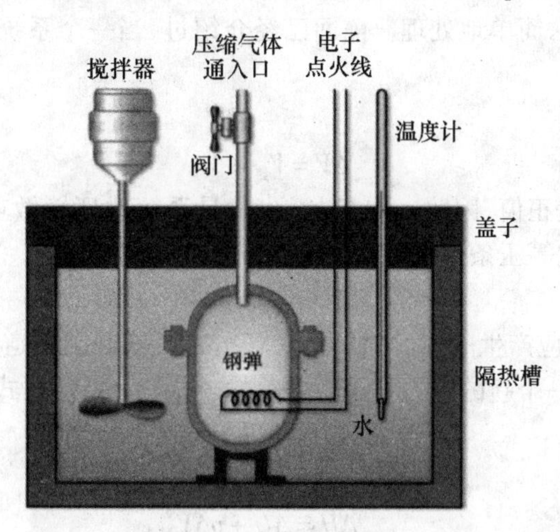

图6.5 弹式量热计

示例6.3 (a)当1.000g橄榄油在弹式热量计中完全燃烧,水浴的温度从22.000℃升高到22.241℃。热量计的热容为9.032kJ·K^{-1}。请问燃烧1.000g橄榄油产生的热量是多少?

(b)橄榄油几乎全是三油酸甘油酯($C_{57}H_{104}O_6$)。燃烧三油酸甘油酯的方程式如下:

$$C_{57}H_{104}O_6(l) + 80O_2(g) \longrightarrow 57CO_2(g) + 52H_2(l)$$

假设(a)中燃烧的完全是甘油酯,那么燃烧1mol三油酸甘油酯的内能变化 ΔU 为多少千焦?

分析:(a)已知量热计的热容及其温度的变化,要求燃烧1.000g橄榄油产生的热量。量热计吸收的热量就是橄榄油燃烧放出的热量。我们可以通过量热计的热容及其温度的变化计算出其吸收的热量,再在结果前面加一个负号就可得出燃烧橄榄油所放出的热量。热容的单位是 kJ·K^{-1},因此热量的释放也是kJ。

(b)因为是等容条件,所以弹式量热计测定的热量等于反应中内能的变化。因此,(a)中计算出的热量就等于燃烧1.000g三油酸甘油酯的内能变化 ΔU。我们可用利用三油酸甘油酯的摩尔质量把每克的 ΔU 变换为每摩尔的 ΔU。

解答:

(a)可用下列公式计算出燃烧1.000g橄榄油时量热计吸收的热量:

$$q_{量热计} = C\Delta T = 9.032\text{kJ}\cdot\text{K}^{-1}\times(22.241-22.000\text{K}) = 2.18\text{kJ}$$

故燃烧1.000g的橄榄油放出的热量为 −2.18kJ,单位质量的橄榄油所含有的热量是 −2.18kJ·g^{-1}。

(b)利用 $C_{57}H_{104}O_6$ 的摩尔质量885.4g·mol^{-1},把每克产生的热量转换为每摩尔产生的热量,即有:

$$-2.18\text{kJ}\cdot\text{g}^{-1}\times 885.4\text{g}\cdot\text{mol}^{-1} = -1.93\times10^3\text{kJ}\cdot\text{mol}^{-1}$$

因为这是等容条件下的热量,可得出1mol $C_{57}H_{104}O_6$ 燃烧时内能变化为:$\Delta U = q_v = -1.93\times10^3$kJ。

焓:等压反应热

化学常常关注在溶液中发生的反应。可以想象在连通大气的敞口烧杯、烧瓶和试管中进行这样的反应比在弹式量热计中更加方便。在这些情况下,反应都是在恒定大气压力的条件下进行的。因此系统可以自由膨胀或压缩,这就表示系统存在做功的可能性。所以,不能用等容条件下的方法简单地处理。前面已经介绍过,当一个系统在恒定压强 p 下膨胀时所做的功可表示为:

$$w = -p\Delta V$$

这里

$$\Delta V = V_{终} - V_{始}$$

系统膨胀时 ΔV 是正值,因此 w 是负的,也就是系统对环境做功。相反,如果系统被压缩,则 w 为正值。因此等压条件下由 $\Delta U = q + w$ 有:

$$\Delta U = q_p - p\Delta V$$

这里 q_p 是指恒压下反应产生的热。如果要计算出 ΔU,就必须知道 ΔV 的值,显然这很不方便。基于此我们定义一个新的热力学函数——焓,符号为 H,定义式如下:

$$H = U + pV$$

则在等压状态下有

$$\Delta H = \Delta U + p\Delta V$$

将 $\Delta U = q_p - p\Delta V$ 代入上式中,有:

$$\Delta H = q_p - p\Delta V + p\Delta V$$

即:

$$\Delta H = q_p$$

因此在等压条件下反应产生的热量等于 ΔH,同样,等容反应热等于 ΔU。ΔU、ΔH 都是状态函数,这就意味着反应中焓的变化只取决于系统的起始和终止状态。如果终态的焓值比始态的大,表明系统从环境中吸热,ΔH 为正值,反应是一个吸热反应。相反,如果系统对环境放热,焓的值就会减少,ΔH 就会是负值,反应是一个放热反应。

一个反应的焓变和内能变的差别在于 $p\Delta V$。如果反应中有气体生成或消耗,则 ΔU 和 ΔH 的区别比较大,因为这些反应的体积变化比较大。如果反应仅仅涉及固体和液体,体积变化很小,那么这些反应的 ΔU 和 ΔH 几乎是相同的。

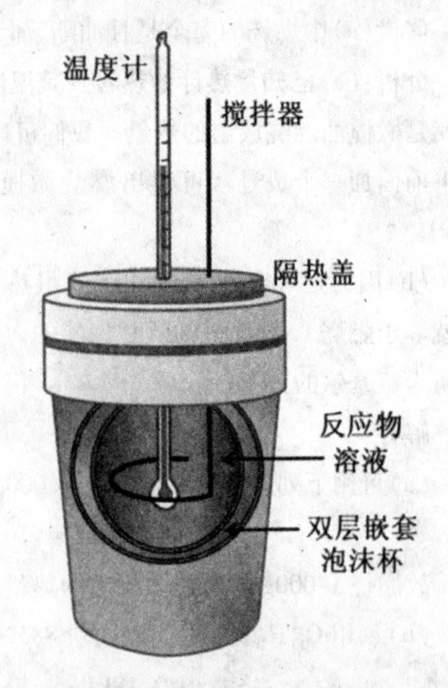

图 6.6 咖啡杯式量热计

咖啡杯式量热计是一种简单的等压量热计,包括两个嵌套盖着的泡沫聚苯乙烯杯,它是一个很好的绝热体(图 6.6)。在量热计内发生的反应与环境之间的热量交换非常少,尤其是在反应非常快时。量热计内温度的变化非常迅速,也容易测定。如果在反应前先测定好了量热计的热容和容量,就可通过计算得出反应热。泡沫聚苯乙烯杯和温度计仅吸收很少的热量,在计算中通常可以忽略不计。

示例6.4 盐酸和氢氧化钠的反应是非常迅速的放热反应,化学方程式为:

$$HCl(aq) + NaOH(aq) \longrightarrow NaCl(aq) + H_2O(1)$$

在一次实验中,将50mL温度为25.5℃、浓度为$1mol \cdot L^{-1}$的盐酸加入到咖啡杯式量热计中。随后再加入50mL浓度为$1mol \cdot L^{-1}$的NaOH溶液,溶液温度也是25.5℃。搅拌,混合溶液的温度迅速升高到最大值32.2℃。已知$1mol \cdot L^{-1}$ HCl的密度是$1.02g \cdot mL^{-1}$,$1mol \cdot L^{-1}$的NaOH的密度是$1.04g \cdot mL^{-1}$。计算每摩尔HCl反应放出的热量是多少?假设溶液的比热与水的相同,为$4.18J \cdot K^{-1}$(忽略泡沫聚苯乙烯、温度计和环境中热量的损失)。

分析:利用$q = cm\Delta T$计算放出的热量前,必须计算出系统的总质量和温度的变化量。这里的总质量涉及混合溶液的质量,但只给出了体积,因此需要用密度来计算质量:

$$质量 = 密度 \times 体积$$

盐酸溶液的密度是$1.02g \cdot mL^{-1}$,因此$m_{HCl} = 1.02g \cdot mL^{-1} \times 50.0mL = 51.0g$。

氢氧化钠溶液的密度是$1.04mL^{-1}$,因此$m_{NaOH} = 1.04g \cdot mL^{-1} \times 50.0mL = 52.0g$。

所以终态混合溶液的总质量为103.0g。

解答:反应温度的变化用$T_{终} - T_{始}$表示,故:

$$\Delta T = (32.2 - 25.5)K = 6.7K$$

我们利用下面的公式计算反应产生的热量:

$$q = cm\Delta T = 4.18J^{-1} \cdot K^{-1} \times 103.0g \times 6.7K = 2.9 \times 10^3 J$$

这是一定量的混合物释放的热量,但我们需要求每摩尔盐酸的热量。因此应先计算出实验中HCl的物质的量。

$$n_{HCl} = cV = (1.00mol \cdot L^{-1}) \times (0.0500L) = 0.0500mol$$

也就是说0.0500mol的酸能释放出$2.9 \times 10^3 J$的热量。因此对每摩尔HCl有:

$$放出的热量 = \frac{2.9 \times 10^3 J}{0.0500mol} = 58 \times 10^3 J \cdot mol^{-1} = 58kJ \cdot mol^{-1}$$

因此这个反应的焓变是$-58kJ \cdot mol^{-1}$(负号表示反应放热)。

思考题6.4 纯硫酸溶解到水中会放出大量热。为了测量它,将175g水加入咖啡杯式量热计中并冷却到10℃。然后往量热计中再加入4.9g温度也是10℃的硫酸H_2SO_4。用温度计搅拌,混合物温度迅速升高到14.9℃。假设溶液的比热为$4.18J \cdot g^{-1} \cdot K^{-1}$,且溶液吸收了反应放出的所有热量。计算溶液配置时放出的热量(一定要用溶液的总质量,即水加上溶质);计算每摩尔纯硫酸溶解释放的热量。

标准焓变

一个反应放出或者吸收的热量完全取决于参与反应的反应物的量。显而易见,如果燃烧2mol的碳,得到的热量将会是燃烧1mol的碳的两倍。为了使反应热有确切的意义,我们必须完整地描述系统,包括反应物的量与浓度,生成物的量与浓度、压强、温度等,所有这些因素都会影响反应热。

为了更方便地报道和比较反应热,化学家们确定了一组标准状态。大多数的热化学方程式对应于反应物和生成物都在10^5Pa时或者(对于物质的水溶液)浓度为$1mol \cdot L^{-1}$时的标准状态。尽管在热力学中温度并不包含在标准状态定义中,但一般情况下也常常把温度定在25℃(298K)。

反应在标准状态下进行的焓变值 ΔH 称为反应的的标准焓变，此时方程式的系数对应于反应实际发生的摩尔数。我们用 $\Delta H^{\ominus}$ 表示标准状态下的焓变，单位通常用 kJ 表示，但 $kJ \cdot mol^{-1}$ 也常被使用。在这两种情况下，配平的化学方程式中的化学计量系数都可以理解为实际反应发生的摩尔数。

为了清晰地描述 $\Delta H^{\ominus}$ 的含义，我们以氮气和氢气反应生成氨气的反应为例进行说明：

$$N_2(g) + 3H_2(g) \longrightarrow 2NH_3(g)$$

在 25℃ 和 10^5Pa 条件下，1mol 的氮气和 3mol 的氢气反应生成 2mol 的氨气，反应放热 92.38kJ。因此上述方程式对应的反应标准焓变为 $\Delta H^{\ominus} = -92.38$kJ。焓变通常写在方程式的后面，例如：

$$N_2(g) + 3H_2(g) \longrightarrow 2NH_3(g) \qquad \Delta H^{\ominus} = -92.38\text{kJ}$$

同时给出 $\Delta H^{\ominus}$ 值的方程式叫做热化学方程式。热化学方程式通常需要给出反应物和生成物的物理状态，且只有当反应物和生成物的系数等于相应物质实际反应的摩尔数时，$\Delta H^{\ominus}$ 值才是正确的。上面的方程式表明生成 2mol 的氨气可同时释放出 92.38kJ 的热量。如果我们制备了双倍的氨气，即 4mol NH_3（需要 2mol N_2 和 6mol H_2），便会产生双倍的热量（184.8kJ）。另一方面，如果 0.5000mol N_2 与 1.500mol H_2 反应生成 1.000mol NH_3，产生的热量将会减半（46.19kJ）。对于以上描述的不同反应，我们可得到以下热化学方程式：

$$N_2(g) + 3H_2(g) \longrightarrow 2NH_3(g) \qquad \Delta H^{\ominus} = -92.38\text{kJ}$$

$$2N_2(g) + 6H_2(g) \longrightarrow 4NH_3(g) \qquad \Delta H^{\ominus} = -184.8\text{kJ}$$

$$\frac{1}{2}N_2(g) + \frac{3}{2}H_2(g) \longrightarrow NH_3(g) \qquad \Delta H^{\ominus} = -46.19\text{kJ}$$

因为热化学方程式的系数常表示摩尔数，而不是分子数，我们可以用分数表示。

在热化学方程式中必须标明所有反应物和生成物的物理状态。例如燃烧 1mol 甲烷，生成的水是气态或是液态，就会对应不同的 $\Delta H^{\ominus}$ 值：

$$CH_4(g) + O_2(g) \longrightarrow CO_2(g) + 2H_2O(l) \qquad \Delta H^{\ominus} = -890.5\text{kJ}$$

$$CH_4(g) + O_2(g) \longrightarrow CO_2(g) + 2H_2O(g) \qquad \Delta H^{\ominus} = -802.3\text{kJ}$$

这两个反应 $\Delta H^{\ominus}$ 值的差异就是在 25℃ 下 2mol 水蒸气等温转变成 2mol 液态水时放出的能量。

示例 6.5　氢气和氧气反应生成水是一个放热反应，其热化学方程式为：

$$2H_2(g) + O_2(g) \longrightarrow 2H_2O(g) \qquad \Delta H^{\ominus} = -483.6\text{kJ}$$

写出生成 1.000mol H_2O 时这个反应的热化学方程式。

分析：给出的方程式中生成了 2mol 的水，水的系数改变时其他所有物质的系数以及 $\Delta H^{\ominus}$ 值都必须相应改变。

解答：我们把已知方程式中的每个系数除以 2 得到：

$$H_2(g) + \frac{1}{2}O_2(g) \longrightarrow H_2O(g) \qquad \Delta H^{\ominus} = -241.8\text{kJ}$$

思考题 6.4　写出生成 2.5mol 水时的热化学方程式。

一旦给定反应的热化学方程式，就能写出其逆反应的热化学方程式（不考虑反应实际进行的难易程度）。例如，碳在氧气中燃烧生成二氧化碳的热化学方程式：

$$C(s) + O_2(g) \longrightarrow CO_2(g) \qquad \Delta H^{\ominus} = -393.5\text{kJ}$$

其逆反应为二氧化碳分解成碳和氧气,很难发生:

$$CO_2(g) \longrightarrow C(s) + O_2(g) \qquad \Delta H^{\ominus} = ?$$

尽管这个反应非常难以进行,我们依然能够测出其 $\Delta H^{\ominus}$ 值。该反应的 $\Delta H^{\ominus}$ 值与其逆反应的 $\Delta H^{\ominus}$ 数值相同,符号相反,是393.5kJ。这是能量守恒定律的必然结果。如果前面反应的 $\Delta H^{\ominus}$ 值和逆反应的值符号相反但不相等,那么永动机就有可能被制造出来,但是,无论是理论上还是实际中永动机都不存在。因此忽略 CO_2 直接分解为其单质的难度,我们仍可以写出其热化学方程式:

$$CO_2(g) \longrightarrow C(s) + O_2(g) \qquad \Delta H^{\ominus} = +393.5\text{kJ}$$

如果知道一个反应的 $\Delta H^{\ominus}$,便可知道其逆反应的 $\Delta H^{\ominus}$ 值;它们的数值相同,但是代数符号相反。这对获得一些无法测定的反应的热力学数据非常有用。

赫斯定律

赫斯定律(Hess's law)是一种通过一定方式组合已知的热化学方程式,从而计算出另一个反应 $\Delta H^{\ominus}$ 值的方法。这需要有对方程式进行不同类型操作的经验。下面以碳的燃烧为例进行说明。

设想有两种途径使1mol碳和1mol氧气反应生成1mol的二氧化碳。

一步法途径:直接让C和 O_2 反应生成二氧化碳:

$$C(s) + O_2(g) \longrightarrow CO_2(g) \qquad \Delta H^{\ominus} = -393.5\text{kJ}$$

两步法途径:先让C和 O_2 反应生成CO,接着让CO与 O_2 反应生成 CO_2:

步骤一　$C(s) + \frac{1}{2}O_2(g) \longrightarrow CO(g) \qquad \Delta H^{\ominus} = -110.5\text{kJ}$

步骤二　$CO(g) + \frac{1}{2}O_2(g) \longrightarrow CO_2(g) \qquad \Delta H^{\ominus} = -283.0\text{kJ}$

总的来说,两步法途径也是消耗1mol C和1mol O_2 生成了1mol的 CO_2,与一步法途径一样。这两个途径的起始状态和最终状态是相同的。

如果 $\Delta H^{\ominus}$ 是一个状态函数,其值只取决于起始状态而与反应进行的途径无关,则两个路线的 $\Delta H^{\ominus}$ 数值应该相同。通过将两步途径的两个方程式相加,并与一步方程式的结果进行比较,就可以验证该结论的正确性:

步骤一　$C(s) + \frac{1}{2}O_2(g) \longrightarrow CO(g) \qquad \Delta H^{\ominus} = -110.5\text{kJ}$

步骤二　$CO(g) + \frac{1}{2}O_2(g) \longrightarrow CO_2(g) \qquad \Delta H^{\ominus} = -283.0\text{kJ}$

$$C(s) + O_2(g) \longrightarrow CO_2(g) \qquad \Delta H^{\ominus} = -110.5\text{kJ} + (-283.0\text{kJ}) = -393.5\text{kJ}$$

在步骤一和步骤二中箭头两边出现的相同的CO(g)可以消去。不过应注意,只有当箭头两端的物质具有相同的分子式与物理状态时,才允许两边都消去该物质。最后可得这两步反应的净热化学方程式为:

$$C(s) + O_2(g) \longrightarrow CO_2(g) \qquad \Delta H^{\ominus} = -393.5\text{kJ}$$

结果表明，两步法途径与一步法途径结果相同，表明$\Delta H^{\ominus}$是一个状态函数。

上面的例子是赫斯定律的一个表现，它说明不管如何进行，任何一个化学反应总的焓变恒定不变。

赫斯定律的主要用途是计算化学反应的焓变，尤其适用于那些不能通过实验测定数据或者利用实验难以获得数据的反应。应用赫斯定律时需要对反应进行操作处理，因此应该对这些操作进行规范。

热化学方程式的书写规则如下：

(1)当一个方程式逆向书写时，$\Delta H^{\ominus}$的符号也必须相反。例如反应：

$$C(s)+O_2(g)\longrightarrow CO_2(g)\qquad \Delta H^{\ominus}=-393.5\text{kJ}$$

的逆反应是：

$$CO_2(g)\longrightarrow C(s)+O_2(g)\qquad \Delta H^{\ominus}=+393.5\text{kJ}$$

(2)方程式两边的分子式只有在该物质具有相同的物理状态时才可以被消去。

(3)如果方程式中所有的系数都乘以或除以相同的因子，则$\Delta H^{\ominus}$的值也需要乘以或除以该因子。

示例6.6　一氧化碳经常用于冶金工业，将金属从其氧化物中还原出来。CO与Fe_2O_3反应的热化学方程式是：

$$Fe_2O_3(s)+3CO(g)\longrightarrow 2Fe+3CO_2(g)\qquad \Delta H^{\ominus}=-26.7\text{kJ}$$

利用该方程式以及CO的燃烧反应方程式：

$$CO(g)+\frac{1}{2}O_2(g)\longrightarrow CO_2(g)\qquad \Delta H^{\ominus}=-283.0\text{kJ}$$

计算下面反应的$\Delta H^{\ominus}$值：

$$2Fe+\frac{3}{2}O_2(g)\longrightarrow Fe_2O_3(s)$$

分析：我们不能简单地将两个给出的方程式相加，因为这不能得到需要的方程式。应首先对给出的方程式进行处理，以便使它们相加得到目标方程式。

解答：对两个给出的方程式作如下处理：

步骤1　从铁原子开始，目标方程式中左边有2个铁原子。已给的第一个方程式中箭头右边也有2个铁原子，为了把它移到左边，必须把整个方程式反向，同时$\Delta H^{\ominus}$的符号也要改变，有：

$$2Fe+3CO_2(g)\longrightarrow Fe_2O_3(s)+3CO(g)\qquad \Delta H^{\ominus}=+26.7\text{kJ}$$

步骤2　目标方程式要求有$\frac{3}{2}O_2$在左边，且在方程式相加时能抵消掉3CO和$3CO_2$。如果把给出的第二个方程式乘以3，就能得到想要的系数。同时因为有3倍的物质参与了反应，因此方程式的$\Delta H^{\ominus}$值也要乘以3。由此有：

$$3CO(g)+\frac{3}{2}O_2(g)\longrightarrow 3CO_2(g)\qquad \Delta H^{\ominus}=-849.0\text{kJ}$$

将上述两个处理后的方程式相加整合，就可得到解答：

$$2Fe+3CO_2(g)\longrightarrow Fe_2O_3(s)+3CO(g)\qquad \Delta H^{\ominus}=+26.7\text{kJ}$$

$$3CO(g)+\frac{3}{2}O_2(g)\longrightarrow 3CO_2(g)\qquad \Delta H^{\ominus}=-849.0\text{kJ}$$

合并：

$$2Fe+\frac{3}{2}O_2(g)\longrightarrow Fe_2O_3(s)\qquad \Delta H^{\ominus}=-822.3\text{kJ}$$

因此，氧化2mol Fe(s)得到1mol Fe_2O_3的焓变是-822.3kJ。

思考题6.5　工业上用乙烯(C_2H_4)与水反应制取乙醇(C_2H_5OH)。计算如下反应的$\Delta H^\ominus$：

$$C_2H_4(g)+H_2O(l)\longrightarrow C_2H_5OH(l)$$

已知下列热化学方程式：

$$C_2H_4(g)+3O_2(g)\longrightarrow 2CO_2(g)+2H_2O(l)\qquad \Delta H^\ominus=-1411.1\text{kJ}$$

$$C_2H_5OH(l)+3O_2(g)\longrightarrow 2CO_2(g)+3H_2O(l)\qquad \Delta H^\ominus=-1367.1\text{kJ}$$

标准燃烧焓和标准生成焓

目前,已经有大量的热化学方程数据库被编排出来,因此利用赫斯定律可以计算任何一个反应的焓变。最常见的数据表一般只列出物质的燃烧焓和生成焓。

在温度T下,某一物质的标准燃烧焓$\Delta_cH^\ominus$是指1mol该物质在氧气中完全燃烧的焓变,同时所有反应物和生成物都必须是在T和10^5Pa压力下。物质中的碳全部燃烧变为二氧化碳气体,所有的氢都变成了液态水。燃烧反应通常是放热反应,因此$\Delta_cH^\ominus$一般是负值。由于标准燃烧焓对应于1mol的物质,因此它的单位是$\text{kJ}\cdot\text{mol}^{-1}$。

示例6.7　每1兆焦(MJ)的天然气完全燃烧会生成多少摩尔的二氧化碳气体?CH_4(g)的$\Delta_cH^\ominus$值是$-890\text{kJ}\cdot\text{mol}^{-1}$。

分析:首先应找到二氧化碳的摩尔数与热量的关联,因此需要找到对应配平的热化学方程式。这是一个燃烧反应,反应物是CH_4(燃料)和O_2,生成物是二氧化碳(因为燃料中有碳)和液态水(因为燃料中有氢)。因此根据标准燃烧焓的定义,我们需要配平以下1mol CH_4燃烧的方程式：

$$CH_4(g)+O_2(g)\longrightarrow CO_2(g)+H_2O(l)\qquad \Delta_cH^\ominus=-890\text{kJ}$$

释放890kJ热量时,CO_2前面的系数将会是生成的CO_2的摩尔数。由此可以得到一个转变因子将兆焦的热量变换为生成CO_2的摩尔数。千焦和兆焦之间的转化如下：

$$1\text{kJ}=10^3\text{J}\qquad 1\text{MJ}=10^6\text{J}$$

以上三个关系都是我们关联生成CO_2摩尔数与相应热量所需要的。

解答:配平1mol甲烷的燃烧方程式如下：

$$CH_4(g)+2O_2(g)\longrightarrow CO_2(g)+2H_2O(l)\qquad \Delta_cH^\ominus=-890\text{kJ}$$

因此生成1mol的二氧化碳气体需要释放890kJ的热量。而1MJ=1000kJ,当释放1MJ的热量时生成的二氧化碳的摩尔数为：

$$\frac{1.0\times10^3\text{kJ}}{890\text{kJ}}\times 1\text{mol } CO_2=1.1\text{mol } CO_2$$

思考题6.6　一个60L的汽车油箱能够容纳507mol的液态辛烷(C_8H_{18}),已知辛烷的标准燃烧焓为$-5450.5\text{kJ}\cdot\text{mol}^{-1}$。计算燃烧一整箱的辛烷能够释放多少热。

物质的标准生成焓($\Delta_fH^\ominus$)是在标准压力(10^5Pa)和反应温度下,由其组成元素的最稳定单质合成1mol该物质的焓变。在10^5Pa和反应温度下具有最稳定组成和物态(固体、液态或气态)的单质即为其最稳定单质。例如,在25℃和10^5Pa时氧元素的最稳定单质只能为气体O_2分子,而不是氧原子或臭氧分子。碳元素的最稳定单质是石墨,而不是金刚石,因为在25℃时标准状态下碳的石墨形态最稳定。

表6.2列举出了一些典型化合物的标准生成焓,在附录A中有更详细的数据可供查询。在标准状态下各元素最稳定单质的$\Delta_fH^\ominus$值都为0(由单质生成自身,焓没有变化),因

此元素最稳定单质的 $\Delta_f H^{\ominus}$ 值一般不包含在表里。

表 6.2 典型物质的标准生成焓

物质	$\Delta_f H^{\ominus}$(kJ · mol^{-1})	物质	$\Delta_f H^{\ominus}$(kJ · mol^{-1})	物质	$\Delta_f H^{\ominus}$(kJ · mol^{-1})
Ag(s)	0	$CaCl_2$(s)	-795	KCl(s)	-435.89
AgBr(s)	-100.4	CaO(s)	-635.5	K_2SO_4(s)	-1433.7
AgCl(s)	-127.0	$Ca(OH)_2$(s)	-986.59	N_2(g)	0
Al(s)	0	$CaSO_4$(s)	-1432.7	NH_3(g)	-46.19
Al_2O_3(s)	-1669.8	$CaSO_4 \cdot \frac{1}{2}H_2O$(s)	-1575.2	NH_4Cl(s)	-315.4
C(s,石墨)	0	$CaSO_4 \cdot 2H_2O$(s)	-2021.1	NO(g)	90.37
CH_3Cl(g)	-82.0	Cl_2(g)	0	NO_2(g)	33.8
CH_3I(g)	-14.2	Fe(s)	0	N_2O(g)	81.57
CH_3OH(l)	-238.6	Fe_2O_3(s)	-822.3	N_2O_4(g)	9.67
CH_3COOH(l)	-487	H_2O(g)	-241.8	N_2O_5(g)	11
CH_4(g)	-74.848	H_2O(l)	-285.9	Na(s)	0
C_2H_2(g)	226.75	H_2(g)	0	$NaHCO_3$(s)	-947.7
C_2H_4(g)	52.284	H_2O_2(l)	-187.6	$NaCO_3$(s)	-131
C_2H_6(g)	-84.667	HBr(l)	-36	NaCl(s)	-411.0
C_2H_5OH(l)	-227.63	HCl(g)	-92.30	NaOH(s)	-426.8
CO(g)	-110.5	HI(g)	26.6	Na_2SO_4(s)	-1384.5
CO_2(g)	-393.5	HNO_3(l)	-173.2	O_2(g)	0
$CO(NH_2)_2$(s)	-333.19	H_2SO_4(l)	-811.32	Pb(s)	0
$CO(NH_2)_2$(aq)	-319.2	Hg(l)	0	PbO(s)	-219.2
Ca(s)	0	Hg(g)	60.84	S(s)	0
$CaBr_2$(s)	-682.8	I_2(s)	0	SO_2(g)	-296.9
$CaCO_3$(s)	-1207	K(s)	0	SO_3(g)	-395.2

理解符号 $\Delta_f H^{\ominus}$ 中下标 f 的含义非常重要，它表明在标准状态下由最稳定单质合成1mol某物质时的 $\Delta H^{\ominus}$ 值。例如下面四个热化学方程式以及相应的 $\Delta H^{\ominus}$ 值：

$$H_2(g) + \frac{1}{2}O_2(g) \longrightarrow H_2O(l) \qquad \Delta_f H^{\ominus} = -285.9\text{kJ} \cdot \text{mol}^{-1}$$

$$2H_2(g) + O_2(g) \longrightarrow 2H_2O(l) \qquad \Delta H^{\ominus} = -571.8\text{kJ}$$

$$CO(g) + \frac{1}{2}O_2(g) \longrightarrow CO_2(g) \qquad \Delta H^{\ominus} = -283.0\text{kJ}$$

$$2H(g) + O(g) \longrightarrow H_2O(l) \qquad \Delta H^{\ominus} = -971.1\text{kJ}$$

仅第一个方程式的 $\Delta H^{\ominus}$ 值具有下标 f，这是唯一一个满足标准生成焓定义的反应。第二个方程式表示生成2mol水时对应的焓变，而不是生成1mol水。第三个方程式反应物中有化合物存在。第四个方程中元素以原子状态存在，不是标准状态下元素最稳定单质的存在形式。同时要注意，$\Delta_f H^{\ominus}$的单位是$kJ \cdot mol^{-1}$，而不是kJ，因为它对应于生成1mol化合物的焓值。只需将第一个方程式的$\Delta_f H^{\ominus}$值乘以2mol就能得到第二个方程式的$\Delta H^{\ominus}$值。

示例6.8　写出$\Delta_f H^{\ominus}_{HNO_3}$对应的热化学方程式。

分析：方程式中只能含有1mol的目标产物生成。我们首先从目标化合物HNO_3的化学式入手，写出合成1mol HNO_3所需的最稳定单质和相应摩尔数、物态。表6.2给出了$HNO_3(l)$的$\Delta_f H^{\ominus}_{HNO_3}$值是$-173.2kJ \cdot mol^{-1}$。

解答：H、N和O三种元素的最稳定单质都以气态双原子分子的形式存在，可通过如下方程式生成1mol HNO_3：

$$\frac{1}{2}H_2(g) + \frac{1}{2}N_2(g) + \frac{3}{2}O_2(g) \longrightarrow HNO_3(l) \qquad \Delta_f H^{\ominus} = -173.2kJ \cdot mol^{-1}$$

标准生成焓为应用赫斯定律提供了一个直接简便的途经，避免了对热化学方程式的运算处理。这是由于反应的$\Delta H^{\ominus}$等于所有产物生成焓的总和减去反应物生成焓的总和，其中每一种物质的$\Delta_f H^{\ominus}$值都要乘以相应的热化学方程式的系数。换句话说，对于反应：

$$aA + bB \longrightarrow cC + dD$$

有

$$\Delta H^{\ominus} = c\Delta_f H^{\ominus}_C + d\Delta_f H^{\ominus}_D - [a\Delta_f H^{\ominus}_A + b\Delta_f H^{\ominus}_B]$$

这其实就是赫斯定律的等式形式。我们可以用反应物和生成物的燃烧焓或生成焓以赫斯定律的这种形式计算反应的焓变，但是注意二者不要混淆使用，即等式中所有的反应物和生成物要么都使用燃烧焓值，要么都使用生成焓值。

下面我们来证明赫斯定律的等式形式。考虑下列反应方程式：

$$SO_3(g) \longrightarrow SO_2(g) + O_2(g) \qquad \Delta H^{\ominus} = ?$$

我们希望利用标准生成焓计算该反应的焓变。

如果使用已学过的第一种方法，即对热化学方程式进行运算处理，需要假设一个从反应物到产物的途径。首先SO_3分解成为标准状态下对应的最稳定单质，然后再将这些单质重新结合成最终产物。如图6.7所示，图中的反应路径包括在标准状态下反应物分解生成单质（左边向上箭头），然后单质重新结合生成新的产物（往下箭头）。这两个箭头长度的差值即表示总反应的净焓变（右边向上箭头）。该途径的第一步焓变表示为$\Delta H^{\ominus}1$，对应于SO_3分解成S单质和O_2的反应。这是合成SO_3反应的逆反应，因此我们可得：$\Delta H^{\ominus}_1 = -\Delta_f H^{\ominus}$，取负值是因为如果将反应逆向进行，$\Delta H$的符号需要同时改变。

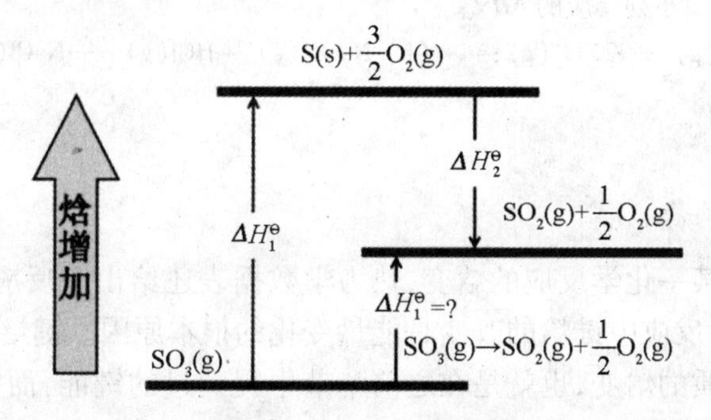

图6.7　反应$SO_3(g) \longrightarrow SO_2(g) + \frac{1}{2}O_2(g)$焓变的分解图

图6.7中的第二步是硫和氧气反应生成1mol $SO_2(g)$和$\frac{1}{2}$mol $O_2(g)$，反应焓变为$\Delta H_2^{\ominus}$，有：

$$\Delta H_2^{\ominus} = \Delta_f H^{\ominus}_{SO_2(g)} + \frac{1}{2}\Delta_f H^{\ominus}_{O_2(g)}$$

这两步反应相加就可以得到总反应，因此$\Delta H_1^{\ominus}$和$\Delta H_2^{\ominus}$之和就等于总反应的焓变$\Delta H^{\ominus}$：

$$\Delta H^{\ominus} = \Delta H_1^{\ominus} + \Delta H_2^{\ominus}$$

替换参数可得：

$$\Delta H^{\ominus} = [-\Delta_f H^{\ominus}_{SO_3(g)}] + [\Delta_f H^{\ominus}_{SO_2(g)} + \frac{1}{2}\Delta_f H^{\ominus}_{O_2(g)}]$$

亦即：

$$\Delta H^{\ominus} = [\Delta_f H^{\ominus}_{SO_2(g)} + \frac{1}{2}\Delta_f H^{\ominus}_{O_2(g)}] - [\Delta_f H^{\ominus}_{SO_3(g)}]$$

仔细观察最后一个等式可以发现，反应的$\Delta H^{\ominus}$值等于产物生成焓的总和减去反应物生成焓的总和，其中各物质的标准生成焓都乘以相应反应系数。因此我们可以直接利用赫斯定律得到相同的结果，而避免了运算处理繁多的热化学方程式。

示例6.9　厨师常用小苏打粉($NaHCO_3$)扑灭脂肪和油燃烧引发的火苗。当小苏打被扔进火中时，因受热促其分解产生CO_2，从而闷熄火焰。$NaHCO_3$的分解方程式为：

$$2\ NaHCO_3(s) \longrightarrow Na_2CO_3(s) + H_2O(l) + CO_2(g)$$

利用表6.2中的数据计算这个反应的$\Delta H^{\ominus}$，用kJ表示。

分析：赫斯定律的等式是计算$\Delta H^{\ominus}$最基本的方法。我们先计算产物的$\Delta H^{\ominus}$，然后计算反应物的$\Delta H^{\ominus}$，再用前者减去后者即可得到反应的$\Delta H^{\ominus}$。而反应物和产物$\Delta H^{\ominus}$的值可利用表6.2中$\Delta_f H^{\ominus}$值和反应系数计算求得。

解答：由赫斯定律可得：

$$\begin{aligned}\Delta H^{\ominus} = &(1\text{mol } Na_2CO_3(s) \times \Delta_f H^{\ominus}_{Na_2CO_3(s)}) + (1\text{mol } H_2O(l) \times \Delta_f H^{\ominus}_{H_2O(l)}) \\ &+ (1\text{mol } CO_2(g) \times \Delta_f H^{\ominus}_{CO_2(g)}) - (2\text{mol } NaHCO_3(s) \times \Delta_f H^{\ominus}_{NaHCO_3(s)})\end{aligned}$$

在表6.2中查得各物质在相应物态下的$\Delta_f H^{\ominus}$值，有：

$$\begin{aligned}\Delta H^{\ominus} &= 1\text{mol} \times (-1131\text{kJ} \cdot \text{mol}^{-1}) + 1\text{mol} \times (-285.9\text{kJ} \cdot \text{mol}^{-1}) \\ &\quad + 1\text{mol} \times (-393.5\text{kJ} \cdot \text{mol}^{-1}) - 2\text{mol} \times (-947.7\text{kJ} \cdot \text{mol}^{-1}) \\ &= (-1810\text{kJ}) - (-1895\text{kJ}) = +85\text{kJ}\end{aligned}$$

因此，在标准状态下反应吸热85kJ(注意到这里我们并没有对方程式做任何运算处理)。

思考题6.7　计算下列反应的$\Delta H^{\ominus}$：

(a) $2NO(g) + O_2(g) \longrightarrow 2NO_2(g)$；　(b) $NaOH(s) + HCl(g) \longrightarrow NaCl(s) + H_2O(l)$

键　焓

除了能够计算某一化学反应的焓变，热力学数据表还给出了反应物质中化学键的基本信息，这是由于化学反应中键焓的改变是能量变化的根本原因。键焓是指断开1mol某一化学键生成电中性物质的焓变，也就是在之前章节中提到过的键能，而键焓这个命名更准确。键焓在研究化学性质中是一个有用的参数，这是因为在化学反应过程中既有反应物中旧键的断裂，又有生成物中新键的形成。旧键的断裂是决定物质反应性的因素之一。例如，N_2

分子中有很强的三键连结，因此氮气一般很难参与反应。即使 N_2 参与反应。这三根键也不能一次断开，而是一次一个地逐个断开。

键焓和赫斯定律

简单的双原子分子如 H_2、O_2、Cl_2 的键焓通常用光谱方法测得(见第一章)。利用放电激发分子使其发光，通过分析发射光谱就能准确计算出断开分子内键所需的能量。

一些更加复杂的分子，可以利用赫斯定律以及相关的热力学数据计算分子的键焓。我们以甲烷为例进行说明。首先需要定义一个热力学函数——气化焓($\Delta_{at}H^{\ominus}$)。它是 1mol 气态分子中所有的化学键发生断裂生成气态原子的焓变。例如，甲烷的气化反应方程式：

$$CH_4(g) \longrightarrow C(g) + 4H(g)$$

在标准状态下该反应的焓变就是 $\Delta_{at}H^{\ominus}$。对 CH_4 分子，$\Delta_{at}H^{\ominus}$ 对应于标准状态下 1mol CH_4 中所有的 C—H 键发生断裂时的总焓变，因此 $\Delta_{at}H^{\ominus}$ 除以 4 就是甲烷中 C—H 键的平均键焓，用 $kJ \cdot mol^{-1}$ 表示。

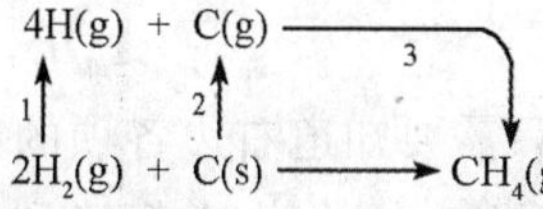

图 6.8 中显示了如何利用标准生成焓 $\Delta_f H^{\ominus}$ 来计算气化焓，底部是由标准状态下最稳定单质生成1mol CH_4 的化学反应方程式，反应的焓变是 $\Delta_f H^{\ominus}$。在图中还存在另外一条包含三个步骤的途径可以生成 $CH_4(g)$。第一步是断开气态分子 H_2 中的 H—H 键生成气态氢原子，第二步是碳蒸发变成气态的碳原子，第三步是结合气态的原子形成 CH_4 分子。这些变化在图中分别标记为步骤 1、步骤 2 和步骤 3。因为焓是状态函数，从一个状态到另一个状态的净焓变与途径无关。这表明$H_2(g)$和 C(s)沿着上面的三步骤途径生成 $CH_4(g)$时的焓变之和与沿着底部的途径生成 $CH_4(g)$的焓变($\Delta_f H^{\ominus}$)必然相等。

4H(g) + C(g) → 3 → CH_4(g)
1 ↑ 2 ↑
$2H_2$(g) + C(s) ⟶ CH_4(g)

图 6.8 在标准状态下从最稳定单质沿两个不同途径(反应方程式)生成甲烷

第一步和第二步的焓变对应于气态原子的标准生成焓。许多元素的标准生成焓值已经被测出，表 6.3 中列举出了其中的一些。第三步是气化反应的逆反应，因此其焓变是 $\Delta_{at}H^{\ominus}$ 的负值(如果我们改变反应的方向，ΔH 的符号也相应改变)。

步骤 1 $2H_2(g) \longrightarrow 4H(g)$ $\Delta H_1^{\ominus} = 4\Delta_f H^{\ominus}_{H(g)}$

步骤 2 $C(s) \longrightarrow C(g)$ $\Delta H_2^{\ominus} = \Delta_f H^{\ominus}_{C(g)}$

步骤 3 $4H(g) + C(g) \longrightarrow CH_4(g)$ $\Delta H^{\ominus} = -\Delta_{at}H^{\ominus}$

合计 $2H_2(g) + C(s) \longrightarrow CH_4(g)$ $\Delta H^{\ominus} = \Delta_f H^{\ominus}_{CH_4(g)}$

我们发现，通过前三个方程式相加，我们得到了标准状态下由组成元素的最稳定单质生成 CH_4 的反应方程式。这表示将这三个方程式的 $\Delta H^{\ominus}$ 值相加就可得到 CH_4 的 $\Delta_f H^{\ominus}$：

$$\Delta H_1^{\ominus} + \Delta H_2^{\ominus} + \Delta H^{\ominus} = \Delta_f H^{\ominus}_{CH_4(g)}$$

表 6.3 一些元素气态原子的标准生成焓

原子	$\Delta_f H^{\ominus}$ ($kJ \cdot mol^{-1}$) *	原子	$\Delta_f H^{\ominus}$ ($kJ \cdot mol^{-1}$) *
H	217.89	F	79.14
Li	161.5	Si	150
Be	324.3	P	332.2
B	560	S	276.98
C	716.67	Cl	121.47
N	472.68	Br	112.38
O	249.17	I	107.48

注：* 所有的焓值都是正的，因为从元素的单质生成气态原子，需要从外界输入能量来破坏化学键（25℃下的测量值）。

替换 $\Delta H_1^{\ominus}$、$\Delta H_2^{\ominus}$、$\Delta H_3^{\ominus}$ 就能求出 $\Delta_{at} H^{\ominus}$，有：

$$4\Delta_f H^{\ominus}_{H(g)} + \Delta_f H^{\ominus}_{C(g)} + (-\Delta_{at} H^{\ominus}) = \Delta_f H^{\ominus}_{CH_4(g)}$$

然后解得 $\Delta_{at} H^{\ominus}$：

$$\Delta_{at} H^{\ominus} = 4\Delta_f H^{\ominus}_{H(g)} + \Delta_f H^{\ominus}_{C(g)} - \Delta_f H^{\ominus}_{CH_4(g)}$$

现在只需要知道右边各项的 $\Delta_f H^{\ominus}$ 值。从表 6.3 可以查得 $\Delta_f H^{\ominus}_{H(g)}$ 和 $\Delta_f H^{\ominus}_{C(g)}$ 的值，从表 6.2 可知 $\Delta_f H^{\ominus}_{CH_4(g)}$ 的值，并精确到 $0.1 kJ \cdot mol^{-1}$：

$$\Delta_f H^{\ominus}_{H(g)} = +217.9 kJ \cdot mol^{-1}$$

$$\Delta_f H^{\ominus}_{C(g)} = +716.7 kJ \cdot mol^{-1}$$

$$\Delta_f H^{\ominus}_{CH_4(g)} = -74.8 kJ \cdot mol^{-1}$$

把这些值代入，有

$$\Delta_{at} H^{\ominus} = 1663.1 kJ \cdot mol^{-1}$$

将 $\Delta_{at} H^{\ominus}$ 除以 4 就得到甲烷分子中 C—H 键的平均键焓：

$$键焓 = 1663.1 kJ \cdot mol^{-1}/4 = 415.8 kJ \cdot mol 键$$

表 6.4 25℃下一些化学键的平均键焓

键	键焓（$kJ \cdot mol^{-1}$）	键	键焓（$kJ \cdot mol^{-1}$）	键	键焓（$kJ \cdot mol^{-1}$）
C—C	348	C—F	484	H—H	436
C═C	612	C—Cl	338	H—F	565
C≡C	960	C—Br	276	H—Cl	431
C—H	412	C—I	238	H—Br	366
C—N	305			H—I	299
C═N	613			H—N	388
C≡C	890			H—O	463
C—O	360			H—S	338
C═O	743			H—Si	376

这个值很接近表6.4中列出的C—H键的键焓值，而表中数值是许多不同化合物的C—H键键焓的平均值。表6.4中其他的键焓值也可以基于热化学数据由同样的计算方法得到。

一个显著的事实是，不同化合物中同种共价键的键焓基本一致。例如，CH_4 中的C—H键焓与许多其他化合物中含有的C—H键的键焓几乎相等。

由于在不同化合物中同种键的键焓相差不大，因此可以用表中键焓计算物质的生成焓。下面我们将通过计算甲醇 $CH_3OH(g)$ 的标准生成焓为例进行说明。甲醇的结构式如下：

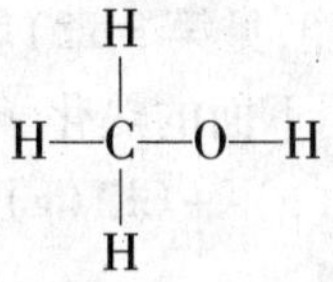

```
      H
      |
  H—C—O—H
      |
      H
```

为了进行计算，如图6.9所示，我们建立了两个不同途径使其由单质生成目标化合物。位于底部途径的焓变对应于气态甲醇的标准生成焓 $\Delta_f H^{\ominus}_{CH_3OH(g)}$，位于上部的途径则由把单质分子分解成气态原子和气态原子间成键形成化合物分子两步组成，对应总焓变为各步焓变之和。后者的焓变可用表6.4中键焓计算，如前所述，沿着上部途径的焓变之和一定与底部途径的焓变相等，由此可以计算 $\Delta_f H^{\ominus}_{CH_3OH(g)}$。

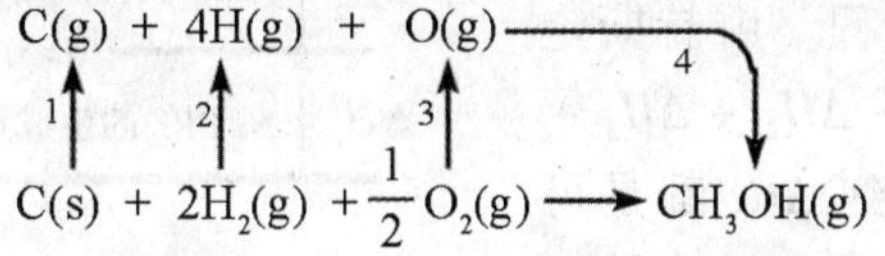

$$\begin{array}{ccccccc} C(g) & + & 4H(g) & + & O(g) & \xrightarrow{\quad 4 \quad} & \\ \uparrow 1 & & \uparrow 2 & & \uparrow 3 & & \downarrow \\ C(s) & + & 2H_2(g) & + & \frac{1}{2}O_2(g) & \longrightarrow & CH_3OH(g) \end{array}$$

图6.9　标准态下从单质生成气态甲醇的两个途径

图6.9中步骤1、步骤2和步骤3表示了从单质生成气态原子的过程，它们的焓变可从表6.3中得到：

$$\Delta H_1^{\ominus} = \Delta_f H^{\ominus}_{C(g)} = 1\text{mol} \times 716.7\text{kJ} \cdot \text{mol}^{-1} = 716.7\text{kJ}$$

$$\Delta H_2^{\ominus} = 4\Delta_f H^{\ominus}_{H(g)} = 4\text{mol} \times 217.9\text{kJ} \cdot \text{mol}^{-1} = 871.6\text{kJ}$$

$$\Delta H_3^{\ominus} = \Delta_f H^{\ominus}_{O(g)} = 1\text{mol} \times 249.2\text{kJ} \cdot \text{mol}^{-1} = 249.2\text{kJ}$$

总焓值为1837.5kJ，这是上部途径前面三步的净焓变。

原子结合成共价键时通常是放热的，因此 CH_3OH 分子的形成过程是一个放热过程。甲醇分子含有三个C—H键，一个C—O键和一个O—H键。形成化学键释放的能量数值上就等于键焓，查表6.4并总结如下：

键	焓(kJ)
3(C—H)	$3 \times 412\text{kJ} \cdot \text{mol}^{-1} = 1236$
C—O	360
O—H	463

这些键的总和是2059kJ。因此，$\Delta H_4^{\ominus}$ 是 -2059kJ，因为它代表着化学键的形成过程，因此是放热的。由此上部途径的总的焓变为：

$$\Delta H^{\ominus} = +(1837.5\text{kJ}) + (-2059\text{kJ}) = -222\text{kJ}$$

计算得到的值等于 CH_3OH(g) 的 $\Delta_f H^{\ominus}$。作为比较,实验表明甲醇蒸气的 $\Delta_f H^{\ominus}$ 值是 $-201\text{kJ}\cdot\text{mol}^{-1}$。乍看之下,二者似乎吻合得不太好,但是相比较而言,计算的数值与实验值的偏差仅为10%。

晶格焓和赫斯定律

赫斯定律能够结合特定的热力学数据来计算离子固体的晶格焓。以 NaCl(s)为例说明,离子固体的晶格焓(或者称为晶格能,见第3章)就是1mol 的离子固体转变成其组分的气态离子时的焓变。对 NaCl(s)可以用下面的热化学方程式来表述这个过程。

$$NaCl(s) \longrightarrow Na^+(g) + Cl^-(g) \qquad \Delta H = \text{晶格焓}$$

把这个过程分成几个更小的步骤,如图6.10所示,每一个步骤都伴随着焓变。

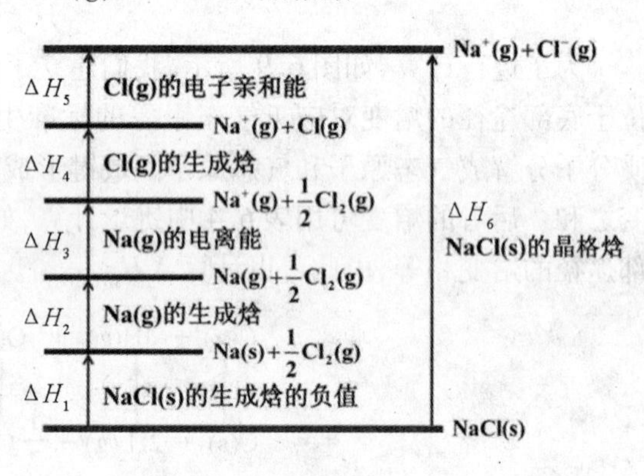

图6.10

图6.10最右侧所示的焓变是待求的晶格焓 ΔH_6。显然,把 NaCl(s)变成气态离子 Na^+(g)和 Cl^-(g)需要能量输入,因此这是一个吸热过程。由赫斯定律我们知道 $\Delta H_6 = \Delta H_1 + \Delta H_2 + \Delta H_3 + \Delta H_4 + \Delta H_1$。由于从 ΔH_1 到 ΔH_5 都是可查表得到的热力学量,因此我们能够计算出 NaCl(s)的晶格焓 ΔH_6。注意到 ΔH_1 表示以下过程的焓变:

$$NaCl(s) \longrightarrow Na(s) + \frac{1}{2}Cl_2(g)$$

该方程式的逆反应正是定义 NaCl(s)标准生成焓的方程式:

$$Na(s) + \frac{1}{2}Cl_2(g) \longrightarrow NaCl(s)$$

因此计算中需要在 NaCl(s)的生成焓值前加负号。

综上,有计算过程如下:

$$\begin{aligned}\Delta H_6 &= -\Delta_f H^{\ominus}_{NaCl(s)} + \Delta_f H^{\ominus}_{Na(g)} + E_{i\ Na(g)} + \Delta_f H^{\ominus}_{Cl(g)} + E_{EA\ Cl(g)} \\ &= 411\text{kJ}\cdot\text{mol}^{-1} + 107\text{kJ}\cdot\text{mol}^{-1} + 496\text{kJ}\cdot\text{mol}^{-1} \\ &\quad + 121\text{kJ}\cdot\text{mol}^{-1} + (-349\text{kJ}\cdot\text{mol}^{-1}) \\ &= 786\text{kJ}\cdot\text{mol}^{-1}\end{aligned}$$

对于所含离子较小的离子固体,利用上述方法计算得到的晶格焓与实验测定值很接近。但随着离子尺寸的增加,由于固体中离子键的成分降低,计算值将变得越来越不准确。

6.4　熵

上一节介绍了吉布斯自由能的构成要素之一——焓；本节我们将讨论另一构成要素——熵。与焓不同，要给出熵的精确定义并不容易，事实上存在很多不同版本。这里，我们将从统计学的角度给出熵的定义。

熵和概率

我们已经知道，当一个较热的物体和一个较冷的物体相接触时，热量将会从热物体自发地流向冷的物体。这是为什么呢？无论热量朝哪个方向流动，能量必定都是守恒的。如果说能量降低是由于自发变化进行的驱动力，那么为什么只有较热的物体能量降低，而冷的物体反而会获得能量呢？

可以建立一个简单的模型对热量传递的方向进行说明。假设有两个组成相同的物体，其组成分子有两种存在状态：低能量的基态和高能量的激发态。实际上这些分子有很多不同的激发态，为了进行简单化处理，可以假设它们只有唯一的激发态，于是它们要么处于低能量的基态，要么处于唯一的高能量激发态。考虑由分别含有3个高能量分子和3个低能量分子的两个物体组成的系统。当两个物体相接触时，能量将会在这两个物体的分子间传递，且接触前后两个物体的总能量必须相等。由于我们假设了这些组成分子只有激发态或基态这两种状态，因此在接触前后激发态分子的总数一定相同。经过接触后系统中6个分子能量的所有分布存在四种可能的分布结果，分别为0、1、2和3个单位的能量从热物体转移到冷物体。哪一种是最有可能发生的？

可以注意到许多不同的能量分布方式会产生相同的分布结果。例如，发生1个单位的能量转移后可对应9种分布方式。一种状态对应的分布方式越多，其发生的可能性也就越大。由此我们可以尝试估算各种状态发生的概率。在热物体和冷物体接触以后，粒子间共有20种可能的能量分布。假设所有这些分布具有相等的概率，则每一种分布结果的概率可计算如下：

$$\text{分布结果的概率}=\frac{\text{该分布结果对应的分布方式数}}{\text{所有分布结果对应的分布方式数之和}}$$

例如，总共有20种分布方式，发生1个能量单元转移的结果对应有9种分布方式，因此1个能量单元发生转移的概率是9/20＝0.45或者45%。

转移的能量单元	产生能量转移的等价方式数	能量转移的概率
0	1	1/20＝5%
1	9	9/20＝45%
2	9	9/20＝45%
3	1	1/20＝5%

在这个模型系统中，有 19/20 或者说 95% 的概率发生能量转移。这与我们预测的热量应该自发地从热的物体向冷的物体转移相吻合。

用相同方法分析含有更多微粒的物体，可以发现发生能量转移的概率极高，以致于我们可以确定热量必将从热的物体向较冷的物体转移。如果分析处理含有数摩尔微粒的热物体和冷物体，当二者发生接触时，不发生能量转移的概率已经小到完全可以忽略。

尽管这个热量转移的模型很简单，它却表明了概率在决定自发过程方向上的重要性。自发过程趋向于从低概率状态向高概率状态进行。高概率状态就是使分子中能量的分布有更多的选择，因此也可说自发过程趋向于使能量分散。

熵和熵变

由于统计概率对决定化学和物理事件的结果是如此重要，因此热力学里定义了一个函数——熵（S），用来描述系统中等价的能量分布方式的数量。熵的值越大，统计概率就越大。

在化学中处理的系统通常包含有非常大量的微粒，因此，不可能利用前面简易模型中所述的处理方法——列举出这些微粒通过排列组成具有特定能量系统的可能方式。幸运的是，我们并不需要这样做。因为系统的熵和实验的热量及温度测量有关，由此也能看出熵是增是减，所以毋须准确知道系统所能实现的分布方式数目。

与焓一样，熵是一个状态函数，它仅依靠系统的状态，因此熵的改变 ΔS 与从始态到终态的路径无关。和其他的热力学量类似，ΔS 被定义为“终态减去始态”或者“生成物减去反应物”。故：

$$\Delta S = S_{终} - S_{始}$$

对于一个化学系统，则有：

$$\Delta S = S_{产物} - S_{反应物}$$

可以看到，如果 $S_{终}$ 比 $S_{始}$ 大（或者是 $S_{产物}$ 比 $S_{反应物}$ 大），则 ΔS 值为正，表示系统能量分布等价方式的数量增加，而这种变化趋向于自发进行，如图 6.11 所示。考虑反应：$3A \rightarrow 3B$，其中 A 分子具有的能量为 10 能量单位的整倍数，B 分子具有的能量可以是 5 能量单位的整倍数。假设反应混合物的总能量是 20 个能量单位，则图 6.11（a）所示 20 单位的能量在 3 个 A 分子中有两种分布方式；图 6.11（b）所示 20 单位的能量在 3 个 B 分子中有四种分布方式。B 的熵值比 A 的熵值高，因为 B 分子比 A 分子有更多的方式来分布相同数量的能量。这就引出了对熵的一般描述：

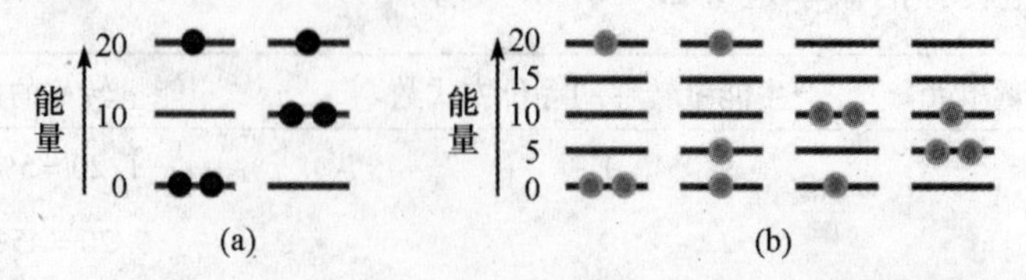

低熵表明能量分布的方式较少；深色圆点表现了 A 分子的能量。　　高熵表明存在更多能量分布方式；浅色圆点表现了 B 分子的能量。

图 6.11　ΔS 值为正表示系统能量分布等价方式的数量增加

任何一个伴随着系统熵增加的过程都有自发进行的趋势。

影响熵的因素

体积、温度、物理状态等因素对熵值大小的影响具有一定规律性,因此通常情况下,对一个特定的过程可以分析判断其熵值是增加还是减少了。

体积

对于气体,随着体积的增大熵变大。如图6.12(a)所示,在一个密闭的绝热容器中,气体被限制在容器的左侧,容器右侧为真空状态,中间是一个可移动的隔板。如果快速抽掉隔板,如图6.12(b)所示,我们可以得到一种情形:所有的气体分子聚集在一个大容器的一端。但是如果我们给予分子更大的运动自由度并使其扩散到更大的体积,气体分子的总动能将有更多可能的分配方式,这就使得图6.12(b)中的情形根本不可能出现。因此,气体自发膨胀以实现一个更可能(更高的熵)的粒子分布状态(图6.12(c))。

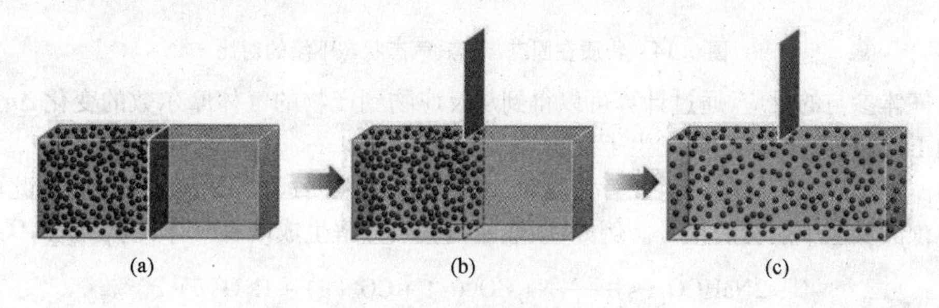

图6.12　气体向真空膨胀

温度

熵受到温度的影响,温度越高,熵值越大。例如,当一个固态物质温度接近绝对零度时,其组成粒子几乎是静止的。粒子的总动能相对较小,且动能在粒子间的分配方式很少,因此其熵值相对较低(图6.13(a))。如果加热该物质,组成粒子的动能随着温度的升高而增加。这将导致晶体内粒子发生移动和振动,因此在某一特定的状态下(图6.13(b)),粒子并不是精确地位于它们相应的晶格点上。由于有了较多动能和较多的运动自由,粒子间也就有了较多能量分配的方式。在一个更高的温度下,物质将有更多的动能和更多的能量分配方式,因此其熵值也更高(图6.13(c))。

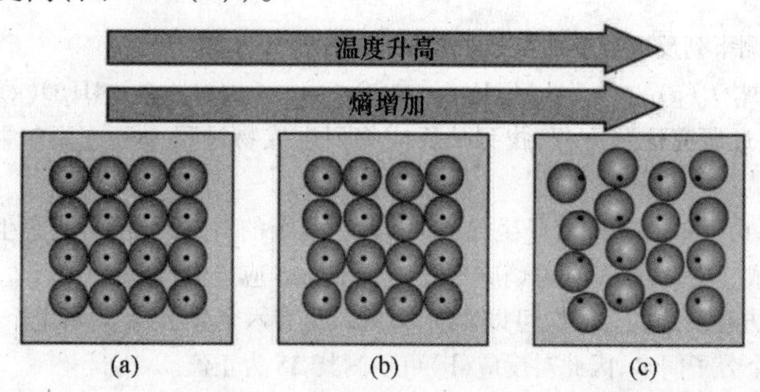

图6.13　熵随温度的变化

物理状态

物理状态是影响系统熵值的主要因素之一。图 6.14 中,以三个块区表示同一温度下的冰、液态水和水蒸气。相同温度下,水分子在液态时比在固态时有更大的运动自由度,因此液态中水分子动能的分布方式多于冰中。而气态水分子可以在整个容器中自由运动,所以气态水分子动能的可能分布方式要远远多于在液态水中或固态冰中。事实上,任何气体都比液体和固体有更大的熵,因此由液体或固体生成气体的变化几乎都伴随着熵的增加。

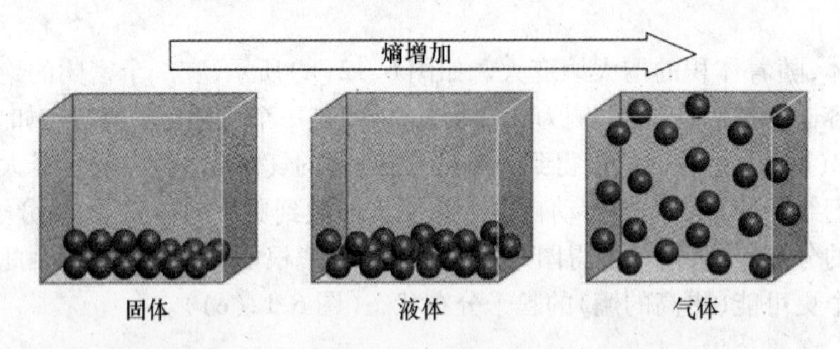

图 6.14　物质在固态、液态、气态状态下熵的对比

对气体参与的反应,通过计算可以得到从反应物到产物的气体摩尔数的变化 Δn_{gas}。当 Δn_{gas} 为正值时表明系统的熵发生了变化。

当一个反应中有气体产生或者消耗时,由于气体的熵要远大于液体和固体,因此可以很容易地预测反应中熵变的符号。例如,碳酸氢钠受热分解生成两种气体:CO_2 和 H_2O:

$$2NaHCO_3(s) \xrightarrow{\text{加热}} Na_2CO_3(s) + CO_2(g) + H_2O(g)$$

因为生成气体的量比反应物中气体的量多,可以预测反应的熵变为正值。另一方面,反应:

$$CaO(s) + SO_2(g) \xrightarrow{\text{加热}} CaOC_3(s)$$

可用于吸收混合气体中的二氧化硫气体,它的熵变为负值。

粒子的数目

对化学反应,影响 ΔS 符号的另外一个的因素是随着反应进行而发生的分子总数的变化。当反应中产生更多的分子时,能量在分子间的分布方式可能更多。当其他所有条件都相等时,对增加系统中粒子数量的反应,其熵变一般为正,特别是当生成物是气体时,它们的熵较大且为正值。

示例 6.10　预测下列反应熵变的符号:

(a) $2NO_2(g) \longrightarrow N_2O_4(g)$　　　(b) $C_3H_8(g) + 5O_2(g) \longrightarrow 3CO_2(g) + 4H_2O(g)$

分析:我们需要通过研究这些方程,找到从反应物到生成物过程中气体摩尔数的变化与粒子数的变化。

解答:反应(a)中,由简单的 NO_2 分子生成了少量较为复杂的 N_2O_4 分子。因为生成的分子数较少,能量在分子中的分布方式变少,这就意味着熵应当减少,因此,ΔS 应当为负值。

反应(b)中,计算方程两边的分子数可以发现,方程左边有六个分子,右边有七个。动能在七个分子间分布的方式要比在六个分子间多,因此对反应(b)可预测其 ΔS 为正值。

思考题 6.8　预测气态的水冷凝成液态的水以及固体升华等过程熵值符号的变化。

思考题6.9 预测下面反应ΔS符号：

(a)$2SO_2(g)+O_2(g)\longrightarrow 2SO_3(g)$　　(b)$CO(g)+2H_2(g)\longrightarrow CH_3OH(g)$

熵和热力学第二定律

热力学第二定律使我们意识到熵的重要性。该定律指出，在空间中只要发生自发反应，空间总的熵必将增加($\Delta S>0$)。注意这里熵的增加是指空间中总的熵(系统和环境的总和)，而不仅仅指系统本身。这就意味着只要环境的熵增加得更多，使总的熵变为正值，系统的熵就可能减少。因此我们不能仅仅使用熵作为判断某一化学反应自发性的依据。因为所有能发生的反应都依赖于自发变化，所以整个空间的总熵值始终是增长的。

现在来更仔细地分析空间中总熵的变化。空间中的总熵变等于系统熵变和环境熵变的总和：

$$\Delta S_{总}=\Delta S_{系统}+\Delta S_{环境}$$

环境的熵变等于从系统转移到环境的热量($q_{环境}$)除以转移时的热力学温度T：

$$\Delta S_{环境}=\frac{q_{环境}}{T}$$

根据能量守恒定律，环境获得的热量等于系统损失热量的负值，即$q_{环境}=-q_{系统}$。

在学习热力学第一定律时我们推导出，在等温等压条件下$q_{系统}=\Delta H$。由此我们可以导出如下关系式：

$$\Delta S_{环境}=\frac{-\Delta H_{系统}}{T}$$

标准熵和热力学第三定律

前面我们介绍了温度如何影响熵的大小，注意到在温度接近绝对零度时，晶体内部的有序度增加而熵减小。热力学第三定律更进一步地指出：在绝对零度，完美有序的纯晶体的熵值为0，即$T=0K$时，$S=0$。当温度大于0K时，可以通过实验测量与计算来确定物质的熵。在25℃(298K)时，将标准状态下的1mol某种物质的熵定义为标准熵($S^{\ominus}$)。表6.5列出了一些物质的标准熵。

一旦知道了不同物质的熵，就能计算反应的标准熵变($\Delta S^{\ominus}$)，方法与之前介绍的计算$\Delta H^{\ominus}$值的方法相同。对反应：

$$aA+bB\longrightarrow cC+dD$$

$$\Delta S^{\ominus}=cS_C^{\ominus}+dS_D^{\ominus}-[aS_A^{\ominus}+bS_B^{\ominus}]$$

如果一个反应恰好对应于由某化合物的组成元素生成1mol的该化合物，则计算得到的$\Delta S^{\ominus}$可以称之为该物质的标准摩尔生成熵($\Delta_f S^{\ominus}$)。由于没有各反应对应的$\Delta S^{\ominus}$的数据表可查，我们需要通过查表获得$S^{\ominus}$的值，再通过计算得到$\Delta S^{\ominus}$。

表 6.5 在 25℃时一些物质的标准熵

物质	$S^{\ominus}$ ($J \cdot mol^{-1} \cdot K^{-1}$)	物质	$S^{\ominus}$ ($J \cdot mol^{-1} \cdot K^{-1}$)	物质	$S^{\ominus}$ ($J \cdot mol^{-1} \cdot K^{-1}$)
Ag(s)	42.55	$CaCl_2$(s)	114	N_2(g)	191.5
AgCl(s)	96.2	CaO(s)	40	NH_3(g)	192.5
Al(s)	28.3	$Ca(OH)_2$(s)	76.1	NH_4Cl(s)	94.6
Al_2O_3(s)	51.00	$CaSO_4$(s)	107	NO(g)	210.6
C(s)	5.69	$CaSO_4 \cdot 0.5H_2O$(s)	131	NO_2(g)	240.5
CH_3Cl(g)	234.2	$CaSO_4 \cdot 2H_2O$(s)	194.0	N_2O(g)	220.0
CH_3OH(l)	126.8	Cl_2(g)	223.0	N_2O_4(g)	304
CH_3COOH(l)	160	Fe(s)	27	Na(s)	51.0
CH_4(g)	186.2	Fe_2O_3(s)	90.0	Na_2CO_3(s)	136
C_2H_2(g)	200.8	H_2(g)	130.6	$NaHCO_3$(s)	102
C_2H_4(g)	219.8	H_2O(g)	188.7	NaCl(s)	72.38
C_2H_6(g)	229.5	H_2O(l)	69.96	NaOH(s)	64.18
C_2H_5OH(l)	161	HCl(g)	186.7	Na_2SO_4(s)	149.4
C_8H_{18}(l)	466.9	HNO_3(l)	155.6	O_2(g)	205.0
CO(g)	197.9	H_2SO_4(l)	157	PbO(s)	67.8
CO_2(g)	213.6	Hg(l)	76.1	S(s)	31.9
$CO(NH_2)_2$(s)	104.6	Hg(g)	175	SO_2(g)	248.5
$CO(NH_2)_2$(aq)	173.8	K(s)	64.18	SO_3(g)	256.2
Ca(s)	41.4	KCl(s)	82.59		
$CaCO_3$(s)	92.9	K_2SO_4(s)	176		

示例 6.11 尿素(一种在尿液中发现的化合物)在工业上由 CO_2 和 NH_3 制备,它的用途之一是作为化肥。在土壤中尿素和水反应生成 CO_2 和 NH_3 的速率很慢:

$$CO(NH_2)_2(aq) + H_2O(l) \longrightarrow CO_2(g) + 2NH_3(g)$$

氨气能够提供植物生长所需要的氮元素。计算 1mol 尿素和水反应的标准熵变 $\Delta S^{\ominus}$ 是多少?

分析:我们能够利用所有反应物和产物的标准熵 $S^{\ominus}$ 计算反应的标准熵变。需要的数据可查表 6.5 得到,列表如下:

物质	$S^{\ominus}$ ($J \cdot mol^{-1} \cdot K^{-1}$)
$CO(NH_2)_2$(aq)	173.8
H_2O(l)	69.96
CO_2(g)	213.6
NH_3(g)	192.5

解答:这个反应的标准熵变可以通过上面的方程式计算得到:

$$\Delta S^{\ominus} = [S^{\ominus}_{CO_2(g)} + 2S^{\ominus}_{NH_3(g)}] - [S^{\ominus}_{CO(NH_2)_2(aq)} + S^{\ominus}_{H_2O(l)}]$$
$$= (1\text{mol} \times 213.6\text{J} \cdot \text{mol}^{-1} \cdot \text{K}^{-1}) + (2\text{mol} \times 192.5\text{J} \cdot \text{mol}^{-1} \cdot \text{K}^{-1})$$
$$- [(1\text{mol} \times 173.8\text{J} \cdot \text{mol}^{-1} \cdot \text{K}^{-1}) + (1\text{mol} \times 69.96\text{J} \cdot \text{mol}^{-1} \cdot \text{K}^{-1})]$$
$$= 354.8\text{J} \cdot \text{K}^{-1}$$

因此,这个反应的标准反应熵是 $+354.8\text{J} \cdot \text{K}^{-1}$。

思考题 6.10 计算下列反应的标准熵变 $\Delta S^{\ominus}$(单位为 $\text{J} \cdot \text{K}^{-1}$)。

(a) $CaO(s) + 2HCl(g) \longrightarrow CaCl_2(s) + H_2O(l)$

(b) $C_2H_4(g) + H_2(g) \longrightarrow C_2H_6(g)$

由于没有标准温度,一般将温度作为下标在标准热力学函数中标示出来,如 $\Delta S^{\ominus}_{298K}$。在后面的学习中我们可以体会到,有时明确标示出温度是很有必要的。

6.5 吉布斯自由能和自发反应

定义了焓和熵之后,下面将详细介绍吉布斯自由能。在6.2节中我们指出,如果一个反应过程的 ΔG 是负值,那么这个过程就是自发的。首先从决定 ΔG 符号的因素开始研究。

ΔG 的符号

19世纪的科学家认为所有的化学反应过程都是自发的,因为这会导致能量的降低。但是,我们知道这不是推测冰在25℃标准状态以下融化这一自发过程的原因。这一反应过程的 $\Delta H^{\ominus}$ 大约是 $6\text{kJ} \cdot \text{mol}^{-1}$,意味着冰融化成水是吸热过程,回忆一下 $\Delta G^{\ominus}$ 的表达式:

$$\Delta G^{\ominus} = \Delta H^{\ominus} - T\Delta S^{\ominus}$$

自发反应过程的 $\Delta G^{\ominus}$ 必须是负值,因此对冰融化过程,如果 $\Delta H^{\ominus}$ 是正值,那么 T 与 $\Delta S^{\ominus}$ 的乘积必须正得更多以确保 $\Delta G^{\ominus}$ 是负值。因为温度 T 总是正值,所以 $\Delta S^{\ominus}$ 必须是正值,以确保冰的融化过程能自发进行(在6.4节我们已经知道,一般情况下液体的熵值高于固体,所以可以推测出冰的融化过程 $\Delta S^{\ominus}$ 值是正的)。从这个例子中可以看出 $\Delta H^{\ominus}$ 和 $\Delta S^{\ominus}$ 是一个化学过程能否自发进行的决定性因素。

辛烷的燃烧总是伴随着势能的大量减少,这是因为生成的二氧化碳和水分子中含有大量的强键替代了辛烷和氧气分子中较弱的结合。同时,由于整个系统中微粒数量的增加,导致了熵的大量增加。因为在整个变化过程中 ΔH 是负值,而 ΔS 是正值,所以两者的变化都倾向于自发进行:

$$\Delta H \text{ 是负的}(-)$$
$$\Delta S \text{ 是正的}(+)$$
$$\Delta G = \Delta H - T\Delta S = (-) - (+)$$

从上式可知,因为热力学温度一定是正数,所以无论它怎么变化而 ΔG 总是负的。这就意味着这个变化过程在任意温度下都是自发的。事实上,一旦该反应发生,燃烧就会持续,直到消耗完所有的燃料或者氧气,因为燃烧反应总是自发的。

当一个反应是吸热反应，同时又是一个熵降低的过程时，这两个因素都不利于反应自发进行：

$$\Delta H \text{ 是正的}(+)$$
$$\Delta S \text{ 是负的}(-)$$
$$\Delta G = \Delta H - T\Delta S = (+) - (-)$$

所以，不论温度多高，ΔG 总是正的，这个反应一定不是自发进行。例如二氧化碳和水经过反应后重新形成木头与氧气，如果在电影里看到这个镜头，说明这个电影正在向后退播。

当 ΔS 和 ΔH 符号相同时，温度就成了控制自发反应方向的决定因素。如果 ΔS 和 ΔH 都为正值，则

$$\Delta G = (+) - (+)$$

即 ΔG 为两个正的数 ΔH 与 $T\Delta S$ 之差。只有当 $T\Delta S$ 比 ΔH 大并且在高温时，这个差值才是负值。换句话说，当 ΔS 和 ΔH 都为正值时，在高温下反应才能自发进行。在冰的融化实例中我们已经知道：

$$H_2O(s) \longrightarrow H_2O(l)$$

这是一个熵值增加的吸热反应，因为在高温下（0℃以上）融化过程是自发反应，但在低温时（0℃以下）为非自发反应。

同理，当 ΔS 和 ΔH 都为负值时，只有在低温下 ΔG 才为负值（自发反应）

$$\Delta G = (-) - (-)$$

只有当 ΔH 的绝对值大于 $T\Delta S$ 的绝对值时 ΔG 才为负值，即在低温下反应才为自发反应。例如水结冰的过程：

$$H_2O(l) \longrightarrow H_2O(s)$$

这是一个熵降低的放热反应，只有在低温（0℃以下）时才为自发反应。

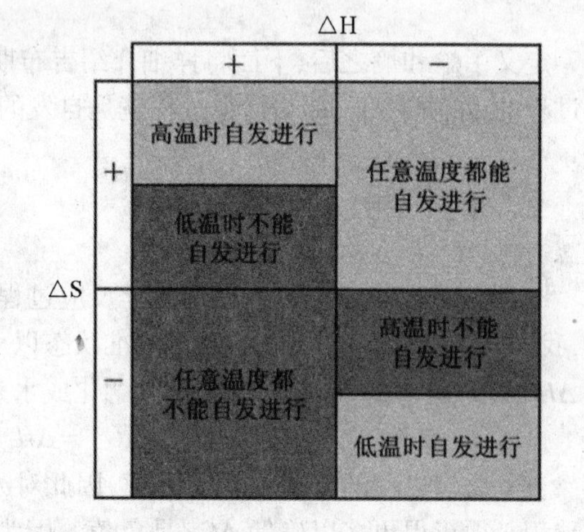

图 6.15　ΔS 和 ΔH 的符号对自发性的影响小结

图 6.15 总结了 ΔS 和 ΔH 的符号对 ΔG 的影响，从而影响物理过程或化学过程的自发性。

标准吉布斯自由能变化

我们规定 10^5Pa 下的 ΔG 为标准吉布斯自由能变（$\Delta G^\ominus$）。获得一个反应 $\Delta G^\ominus$ 的方法有很多。其中之一就是通过 $\Delta H^\ominus$ 和 $\Delta S^\ominus$ 计算：

$$\Delta G^\ominus = \Delta H^\ominus - T\Delta S^\ominus$$

示例 6.12　25.0℃下，尿素与水的反应如下，由 $\Delta H^\ominus$ 和 $\Delta S^\ominus$ 的值计算其 $\Delta G^\ominus$：

$$CO(NH_2)_2(aq) + H_2O(l) \longrightarrow CO_2(g) + 2NH_3(g)$$

分析：利用下列方程计算 $\Delta G^\ominus$：

$$\Delta G^\ominus = \Delta H^\ominus - T\Delta S^\ominus$$

利用表6.2中数据和赫斯定律可计算出$\Delta H^\ominus$，利用表6.5中数据和类似方法计算出$\Delta S^\ominus$（见示例6.11）。

解答：首先依据表6.2中数据计算$\Delta H^\ominus$

$$\begin{aligned}\Delta H^\ominus &= [\Delta_f H^\ominus_{CO_2(g)} + 2\Delta_f H^\ominus_{NH_3(g)}] - [\Delta_f H^\ominus_{CO(NH_2)_2(aq)} + \Delta_f H^\ominus_{H_2O(l)}] \\ &= [1\text{mol} \times (-393.5)\text{kJ} \cdot \text{mol}^{-1}) + 2\text{mol} \times (-46.19)\text{kJ} \cdot \text{mol}^{-1})] \\ &\quad - [1\text{mol} \times (-319.2)\text{kJ} \cdot \text{mol}^{-1})) + 1\text{mol} \times (-285.9)\text{kJ} \cdot \text{mol}^{-1})] \\ &= +119.2\text{kJ}\end{aligned}$$

由示例6.11可知$\Delta S^\ominus = +354.8\text{J} \cdot \text{K}^{-1}$。为了计算$\Delta G$，需要将25.0℃转化成热力学温度，即25.0℃ =298K，并且要特别注意用相同的能量单位表示ΔH和$T\Delta S$，这样将焓的单位转化为焦耳后变为$\Delta H = +119.2 \times 10^3\text{J}$。将值代入$\Delta G$的方程式：

$$\Delta G^\ominus = +119.2 \times 10^3\text{J} - [298\text{K} \times (+354.8\text{J} \cdot \text{K}^{-1})] = 13.2\text{kJ}$$

因此该反应吉布斯自由能变为$\Delta G = +13.2\text{kJ}$。

思考题6.11 利用6.2节和6.5节的知识计算氧化铁（Ⅲ）（铁锈中的氧化铁）形成过程中的$\Delta G^\ominus$。反应方程式为：

$$4Fe(s) + 3O_2(g) \longrightarrow 2Fe_2O_3(s)$$

根据前面的内容知道将标准生成焓$\Delta_f H^\ominus$列出非常有用，因为这给应用赫斯定律计算反应的ΔH值提供了很大的便利。类似地，标准生成自由能$\Delta_f G^\ominus$常用于求$\Delta G^\ominus$的计算中。对于反应：

$$aA + bB \longrightarrow cC + dD$$

$$\Delta G^\ominus = c\Delta_f G^\ominus_C + d\Delta_f G^\ominus_D - [a\Delta_f G^\ominus_A + b\Delta_f G^\ominus_B]$$

常见物质的$\Delta fG^\ominus$见表6.6，示例6.13展示了如何利用表计算化学反应的$\Delta G^\ominus$。

示例6.13 乙醇（C_2H_5OH）由谷物发酵得到，将之加入到汽油中可生成乙醇汽油。计算液体乙醇燃烧生成$CO_2(g)$和$H_2O(g)$的$\Delta G^\ominus$是多少？

分析：可以应用以下方程式：

$$\Delta G^\ominus = c\Delta_f G^\ominus_C + d\Delta_f G^\ominus_D - [a\Delta_f G^\ominus_A + b\Delta_f G^\ominus_B]$$

来计算反应的标准吉布斯自由能变。我们需要从表6.6中查找出反应物和生成物的标准生成吉布斯自由能。

解答：首先，写出配平后的反应方程式：

$$C_2H_5OH(l) + 3O_2(g) \longrightarrow 2CO_2(g) + 3H_2O(g)$$

同样的，标准状态下任何物质的$\Delta_f G^\ominus$为0，所以由表6.6中数据可得：

$$\begin{aligned}\Delta G^\ominus &= [2\Delta_f G^\ominus_{CO_2(g)} + 3\Delta_f G^\ominus_{H_2O(g)}] - [\Delta_f G^\ominus_{C_2H_5OH(l)} + 3\Delta_f G^\ominus_{O_2(g)}] \\ &= [2\text{mol} \times (-394.4)\text{kJ} \cdot \text{mol}^{-1}) + 3\text{mol} \times (-228.6)\text{kJ} \cdot \text{mol}^{-1})] \\ &\quad - [2\text{mol} \times (-174.8)\text{kJ} \cdot \text{mol}^{-1})) + 3\text{mol} \times 0\text{kJ} \cdot \text{mol}^{-1})] \\ &= -1299.8\text{kJ}\end{aligned}$$

反应的标准自由能的变化为-1299.8kJ

思考题6.12 利用表6.6的数据计算以下反应的$\Delta G^\ominus$，以kJ为单位。

(a) $2NO(g) + O_2(g) \longrightarrow 2NO_2(g)$

(b) $Ca(OH)_2(s) + 2HCl(g) \longrightarrow CaCl_2(s) + 2H_2O(g)$

表 6.6　25℃一些典型物质的标准生成自由能

物质	$\Delta_f G^{\ominus}$ (kJ · mol⁻¹)	物质	$\Delta_f G^{\ominus}$ (kJ · mol⁻¹)	物质	$\Delta_f G^{\ominus}$ (kJ · mol⁻¹)
Ag(s)	0	$CaCl_2$(s)	-750.2	N_2(g)	0
AgCl(s)	-109.7	CaO(s)	-604.2	NH_3(g)	-16.7
Al(s)	0	$Ca(OH)_2$(s)	-896.76	NH_4Cl(s)	-203.9
Al_2O_3(s)	-1576.4	$CaSO_4$(s)	-1320.3	NO(g)	+86.69
C(s)	0	$CaSO_4 \cdot 0.5H_2O$(s)	-1435.2	NO_2(g)	+51.84
CH_3Cl(g)	-58.6	$CaSO_4 \cdot 2H_2O$(s)	-1795.7	N_2O(g)	+103.6
CH_3OH(l)	-166.2	Cl_2(g)	0	N_2O_4(g)	+98.28
CH_3COOH(l)	-392.5	Fe(s)	0	Na(s)	0
CH_4(g)	-50.79	Fe_2O_3(s)	-741.0	Na_2CO_3(s)	-1048
C_2H_2(g)	+209	H_2(g)	0	$NaHCO_3$(s)	-851.9
C_2H_4(g)	+68.12	H_2O(g)	-228.6	NaCl(s)	-384.0
C_2H_6(g)	-32.9	H_2O(l)	-237.2	NaOH(s)	-382
C_2H_5OH(l)	-174.8	HCl(g)	-95.27	Na_2SO_4(s)	-1266.8
C_8H_{18}(l)	+17.3	HNO_3(l)	-79.91	O_2(g)	0
CO(g)	-137.3	H_2SO_4(l)	-689.9	PbO(s)	-189.3
CO_2(g)	-394.4	Hg(l)	0	S(s)	0
$CO(NH_2)_2$(s)	-197.2	Hg(g)	+31.8	SO_2(g)	-300.4
$CO(NH_2)_2$(aq)	-203.8	K(s)	0	SO_3(g)	-370.4
Ca(s)	0	KCl(s)	-408.3		
$CaCO_3$(s)	-1128.8	K_2SO_4(s)	-1316.4		

吉布斯自由能和功

自发化学反应的主要用途之一是产生有用功，例如，汽油或柴油发动机中的燃料通过燃烧来驱动汽车和重型机械，而电池中的化学反应可以驱动手机及掌上电脑等一系列电子产品。

化学反应中的能量并不都是用来做功的，例如，外露的汽油在燃烧中产生的能量全部以热的形式释放出来，没有生成有用功。所以工程师们想方设法设计过程，以求尽可能获取更多的能量用于做功。他们的主要目标之一就是使化学能转化为功的效率最大化，同时使以热的形式无产出地转移到环境的能量最小化。

科学家发现反应只有经由可逆过程进行才能实现化学能到功的最大转化。当一个过程驱动力与一个正好小一丁点的反向力相对抗，以至于稍微增大反向力就能使变化的方向逆转,这样的过程被定义为可逆过程。一个典型的近似可逆过程如图 6.16 所示,将气体压缩在带有活塞的的圆柱汽缸中,活塞上面装入水。如果有一个水分子蒸发,则活塞受到的外压会稍微减小,气体将会轻微膨胀。逐渐地气缸中的气体会随着水分子一个接一个地蒸发而逐渐膨胀。但是,任何时候只要冷凝一个水分子到活塞上就能使这个过程逆向进行。

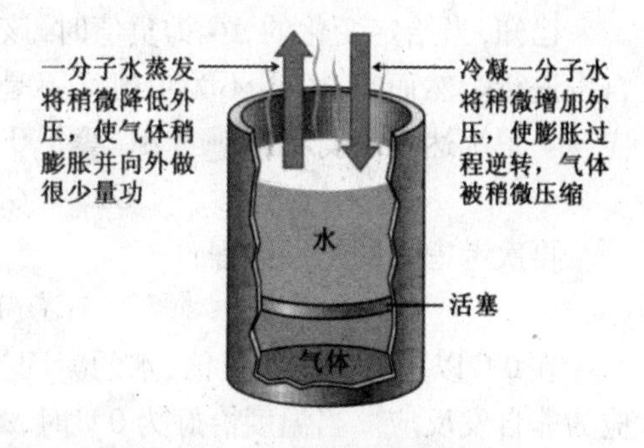

图 6.16　气体的可逆膨胀

热力学可逆性是指系统在过程的任意阶段都趋向于平衡状态。有时候我们说“可逆”,例如弱酸在水中的电离是可逆的,仅仅是指它向着正反两个方向都发生反应。除非反应发生时浓度偏离其平衡值极小,否则不能说这个反应是热力学可逆的。

尽管可以通过可逆反应得到最大功,但是热力学可逆过程需要很多步骤,因此其进展速度极其缓慢。一旦做功达不到合理的速度,就失去了它的意义。因此我们的目的是最大地转换效率而使反应接近动态可逆,但是需要使变化在适当的速率下来做功。

有用功与可逆性的关系已在汽车电池的放电过程中讨论。当电池短路时,电池将不做功,能量全部以热的形式释放。这种情况下没有外力阻止其放电,放电方式为不可逆过程。然而,当电流通过一个小电动机时,电动机会阻碍电流的通过,这使得电池的放电过程减慢。在这种情况下,由于电动机提供的阻力使放电过程更接近于热力学可逆过程,因此通过电动机我们也得到了相当大的以功的形式出现的可利用能量。

这个讨论自然引发如下问题:一个反应中可转化为有用功的可利用能量的数量是否有限制?答案是肯定的,这个限制就是反应的吉布斯自由能。

在理论上化学反应中释放的能量可作为有用功的最大能量等于 ΔG。这种能量不会以热的形式被释放,可用来做功。因此通过计算 ΔG 的值可以判断给定的反应能否作为有效能源来对外做功。同时,通过比较给定系统实际做功的量与 ΔG 值的大小,就可以得到该系统对外做功的效率。

示例 6.14　计算 1mol 辛烷($C_8H_{18}(l)$),在 25℃ 10^5Pa 下被氧化成 $CO_2(g)$ 和 $H_2O(l)$ 所能产生的最大有用功,以 kJ 为单位。

分析:最大功等于反应的 ΔG,且为标准状态下,因此计算标准吉布斯自由能变 $\Delta G^{\ominus}$。

解答:首先需要一个配平的反应方程式。燃烧 1mol 的 C_8H_{18}:

$$C_8H_{18}(l) + 12.5O_2(g) \longrightarrow 8CO_2(g) + 9H_2O(l)$$

$$\Delta G^{\ominus} = [8\Delta_f G^{\ominus}_{CO_2(g)} + 9\Delta_f G^{\ominus}_{H_2O(l)}] - [\Delta_f G^{\ominus}_{C_8H_{18}(l)} + 12.5\Delta_f G^{\ominus}_{O_2(g)}]$$

代入表 6.6 得:

$$\begin{aligned}\Delta G^{\ominus} &= [8\text{mol} \times (-394.4\text{kJ}\cdot\text{mol}^{-1}) + 9\text{mol} \times (-237.2\text{kJ}\cdot\text{mol}^{-1})] \\ &\quad - [2\text{mol} \times (+17.3\text{kJ}\cdot\text{mol}^{-1}) + 12.5\text{mol} \times 0\text{kJ}\cdot\text{mol}^{-1}] \\ &= -5307\text{kJ}\end{aligned}$$

因此,在 25℃ 和 10^5Pa 下,1mol 的 C_8H_{18} 发生氧化反应所能做的最大功为 −5307kJ。

思考题 6.13　计算在 25℃ 和 10^5Pa 下,1.00mol 铝在 $O_2(g)$ 中氧化成 $Al_2O_3(s)$ 所能做的最大功。(铝是构成助推火箭的成分之一、该类型火箭曾在澳大利亚第一次成功发射了超音速飞机)

已知,当给定变化的 ΔG 为负值时,该变化能自发进行。同时当 ΔG 为正值时,变化不能自发进行。然而当 ΔG 既不为负值又不是正值时,该反应既不是自发反应也不是非自发反应——系统达到平衡状态。当 ΔG 等于 0 时,系统达到了动态平衡:

$$G_{产物} = G_{反应物} \quad 且 \quad \Delta G = 0$$

再次考虑水的结冰过程:

$$H_2O(l) \rightleftharpoons H_2O(g)$$

在 0℃以下时,ΔG 为负值,水的凝固为自发反应。相反,在 0℃以上时,ΔG 为正值,该反应为非自发反应。当温度恰好为 0℃时,$\Delta G = 0$,处于冰水混合物的平衡状态。在既不加热又不放热状态下,系统处于既没有冰的融化也没有水的凝固的冰水混合物共存的状态。

将 ΔG 看作是决定系统能对外做多少功的物理量。当 $\Delta G = 0$ 时,系统的有用功也为 0。因此,当系统处于平衡状态时将不对外做功。

以普通的铅蓄电池为例。当电池充满时,几乎没有放电反应产物存在,但存在大量的反应物。因此,反应物的自由能总和大大超过了生成物的自由能的总和,从而有:

$$\Delta G = G_{产物} - G_{反应物}$$

此时系统中 ΔG 有较大的负值,也就是说有很多能量可以用于做功。随着电池放电,反应物转变为产物,$G_{产物}$ 逐渐变大,同时 $G_{反应物}$ 越来越小,所以 ΔG 的绝对值变小,可做功也越来越少。最后,电池反应达到平衡,反应物的总自由能与生成物的总自由能相等,所以:

$$\Delta G = G_{产物} - G_{反应物} = 0$$

电池不能再对外做功,这也就是通常所说的电池没电了。

在平衡系统中 $\Delta G = 0$。大气压条件下的相变过程仅在特定的温度建立平衡,例如:$H_2O(l) \longrightarrow H_2O(g)$,冰水转换平衡是在 0℃,而 0℃以上只有液体水存在,0℃以下时所有的水都将冻结成冰。这样就可以得出相变过程中 ΔH 和 ΔS 之间有趣的联系:因为 $\Delta G = 0$,即

$$\Delta G = 0 = \Delta H - T\Delta S$$

因此
$$\Delta H = T\Delta S$$

亦即:
$$\Delta S = \Delta H / T$$

因此,如果知道了 ΔH 和 ΔS,就能计算出相变过程的平衡温度。

示例 6.15　当温度为 25℃时,相变 $Br_2(l) \longrightarrow Br_2(g)$ 的 $\Delta H^{\ominus} = +30.9 kJ \cdot mol^{-1}$,$\Delta S^{\ominus} = 93.2 J \cdot mol^{-1} \cdot K^{-1}$。

假设 ΔH 和 ΔS 是不依赖于温度的量,计算 $10^5 Pa$ 下 $Br_2(l)$ 与 $Br_2(g)$ 的气液平衡温度。

分析:平衡时的温度可由下式给出:

$$T = \frac{\Delta H}{\Delta S}$$

因为是在标准状态下($10^5 Pa$),所以在上述等式中可以用 $\Delta H^{\ominus}$ 和 $\Delta S^{\ominus}$,则:

$$T = \frac{\Delta H^{\ominus}}{\Delta S^{\ominus}}$$

解答:将数据代入得:

$$T = \frac{30.9 \times 10^3 J \cdot mol^{-1}}{93.2 J \cdot mol^{-1} \cdot K^{-1}} = 332K = 59℃$$

注意 $\Delta H^{\ominus}$ 的单位要用焦而不是千焦,因为单位一致才能抵消。计算出来的沸点和实际测量的 58.8℃

很接近。

思考题 6.14　水银的气化焓为 60.7kJ · mol^{-1}，且 Hg(l)，$S^{\ominus}$ = 76.1J · mol^{-1} · K^{-1}；Hg(g)，$S^{\ominus}$ = 175J · mol^{-1} · K^{-1}。试估计液体水银的沸点。

我们还可以通过等式 $T = \frac{\Delta H}{\Delta S}$ 来确定一个反应从非自发反应转变为自发反应的温度。例如在 25℃ 时碳酸钙的分解，方程式如下：

$$CaCO_3(s) \longrightarrow CaO(s) + CO_2(g)$$

利用表 6.2 和表 6.5 中的 $\Delta_f H^{\ominus}$ 与 $S^{\ominus}$ 数据，或者利用表 6.6 中的 $\Delta_f G^{\ominus}$ 数据，可以计算得到 25℃ 时反应的 $\Delta G^{\ominus}$ = 130kJ · mol^{-1}。因此，这个反应在此温度下是非自发反应。但我们在前面阐述过，ΔH 与 ΔS 都为正值的反应的自发性与温度有关，并且这些反应在高温下是自发的。将该反应的焓变 $\Delta H^{\ominus}$ = +178kJ · mol^{-1} 和熵变 $\Delta S^{\ominus}$ = 160.7J · mol^{-1} · K^{-1} 代入上式中：

$$T = \frac{\Delta H^{\ominus}}{\Delta S^{\ominus}} = \frac{178 \times 10^3 \text{J} \cdot \text{mol}^{-1}}{160.7 \text{J} \cdot \text{mol}^{-1} \cdot \text{K}^{-1}} = 1.11 \times 10^3 \text{K}$$

这说明系统将在 1110K 时达到平衡，在高于这个温度时反应是自发进行的。

在这一章中，我们指出了 ΔG 可以作为判定一个化学反应或相变过程自发性的标准，进一步说明了 ΔG 的符号与 ΔH 和 ΔS 的符号都有关，而当 $\Delta G = 0$ 时，化学反应不存在驱动力，系统实现平衡。在下一章中，将详细地介绍化学平衡，我们会发现标准状态下的 ΔG 与化学反应进行的程度相关。

习　题

6.1　哪些热力学性质具有下列单位？

(a) J · g^{-1} · K^{-1}　(b) J · mol^{-1} · K^{-1}　(c) J · K^{-1}

6.2　孤立系统和封闭系统的区别是什么？

6.3　热容和比热的区别是什么？

6.4　增加 5℃ 时哪一种物质需要更多的能量，比热高的还是比热低的？解释原因。

6.5　当吸收 100J 热量时哪种物质温度升高得较多，比热高的还是比热低的？

6.6　如果表 6.1 中比热值的单位是 kJ · kg^{-1} · K^{-1}，数值会有不同吗？解释原因。

6.7　如果使一个物体的温度改变 ΔT 需要热量 q，那么要使其温度改变 $10\Delta T$ 所需要的热量是多少？

6.8　确定一个物体的热容需要哪两类信息？要确定它的比热需要哪些额外信息？

6.9　假设物体 A 的比热是物体 B 的两倍，A 的质量也是 B 的两倍。如果将相同的热量作用于这两个物体，物体 A 与 B 的温度改变量之间有什么关系？

6.10　什么是状态函数？给出两个例子。

6.11　写出热力学第一定律的数学表达式。在系统与环境进行能量交换方面这意味着什么？

6.12　哪一个状态函数是由等容反应热给出的？哪一个状态函数是由等压反应热给出的？在什么条件下这些反应热是相等的？

6.13　如果一个系统中的气体膨胀并抵抗恒定外压推动活塞，写出描述对系统所做的功的方程。

6.14　焓是如何定义的？

6.15　在一般条件下 ΔH 的定义式是什么？当系统包含化学反应时方程如何表达？通常来讲，为什么化学家和生物学家更关注 ΔH 的值而不是 ΔU 的值？

6.16　如果一个系统的焓增加 100kJ，那么环境的焓会有什么变化？为什么？

6.17　放热反应的 ΔH 的符号是什么？

6.18　热化学方程式与普通的计量化学方程式有什么区别？

6.19　在一个热化学方程式中，其系数代表什么？

6.20　为什么在一个配平的热化学方程式中允许存在分数系数？如果在一个热化学方程式中有一个系数是 $\frac{1}{2}$，意味着什么？

6.21　系统的内能由哪些能量构成？我们为什么不能测量或计算一个系统的内能？

6.22　怎样定义内能的改变？

6.23　对于一个吸热反应，ΔU 的代数符号是什么？

6.24　简述热力学第一定律。如何由热和功来定义内能的变化？详细说明符号的涵义，包括它们的代数符号的意义。

6.25　热力学第一定律的表述中哪些量是状态函数？哪些量不是？

6.26　哪个热力学量与等容条件的热量一致？哪个与等压条件的热量一致？

6.27　如果压力以 Pa 为单位，体积以 m^3 为单位，那么 $p\Delta V$ 的单位是什么？

6.28　ΔU 与 ΔH 有什么联系？什么情况下二者在数值上相等？

6.29　对一个放热反应，如果气体的摩尔数减少，在数值上 ΔU 与 ΔH 哪一个更大？为什么？

6.30　如果系统做 45J 的功吸收了 28J 的热量，那么系统的内能变化是多少？

6.31　汽车引擎通过循环将热转化为功。循环一定要在它开始的地方结束，因此循环开始的能量一定要和循环结束时的能量精确一样。如果引擎每个循环要做 100J 的功，那么它要吸收多少热？如果引擎每个循环吸收 250J 的热，那么每个循环它可以做多少功？

6.32　ΔH 的什么特性使得赫兹定律可以成立？

6.33　一个热化学方程式要满足哪两个条件，它的标准焓变才能以符号 $\Delta_f H^{\ominus}$ 表示？

6.34　分别以标准生成焓和标准燃烧焓的形式写出赫兹定律的表达式。

6.35　什么是熵？

6.36　在下列情况下熵变是正值还是负值？

(a)湿气凝结在冷玻璃的外表面；

(b)云中形成雨滴；

(c)把空气充到轮胎中；

(d)车挡风玻璃上形成霜；

(e)糖在咖啡中溶解。

6.37　判断下列变化中 ΔS 的符号：

(a) $2Ag^+(aq) + CrO_4^{2-}(aq) \longrightarrow Ag_2CrO_4(s)$；

(b) $NaCl(s) \longrightarrow Na^+(aq) + Cl^-(aq)$；

(c) $NH_3(g) \longrightarrow NH_3(aq)$；

(d)萘(g)⟶萘(s)；

(e)气体从 40℃冷却到 25℃；

(f)气体从 4.0L 等温压缩到 2.0L。

6.38　根据熵的定义说明为什么熵是一个状态函数。

6.39　如何估计系统某一状态的概率？

6.40　简述热力学第二定律。

6.41　在卡通片中,很多视觉效果用来表明在现实世界中通常不会发生的事情,因为其中伴随着很大程度的熵的减少。举出一个例子,并解释例子中为什么熵会减少。

6.42　系统熵变为负值的过程如何才会是自发的?

6.43　热力学第三定律是如何表述的?

6.44　在0K的时候合金的熵为0吗?解释原因。

6.45　为什么熵随着温度的增加而增加?

6.46　为什么反应 $Cl_2(g) + Br_2(g) \longrightarrow 2BrCl(g)$ 的 $\Delta S^{\ominus}$ 值很小($+11.6J \cdot K^{-1}$)?

6.47　什么是自发变化?

6.48　一个过程中始态和终态的概率是如何影响过程的自发性的?

6.49　在药房购买的瞬间冰敷包里含有小包固体硝酸铵(NH_4NO_3),它包在一袋水内。当 NH_4NO_3 包被打破时固体溶解在水中,由于 NH_4NO_3 在水中的溶解过程是吸热的,混合物可立刻变冷。从分子及离子的层次解释为什么该混合会自发地进行。

6.50　用什么等式可以表述在等温等压条件下反应的吉布斯自由能变?

6.51　如果化学反应分别在下列温度条件下是自发的,分别指出此时该变化的 ΔH 和 ΔS 的数学符号。

(a)在任意温度;

(b)在低温而不是高温;

(c)在高温而不是低温。

6.52　在什么情况下不管温度如何,变化都是非自发的?

6.53　能否使一个燃烧反应逆转,从而可以由二氧化碳和水得到燃料和氧气?

6.54　吉布斯自由能和有用功有什么联系?

6.55　什么是热力学的可逆过程?从一个反应中得到的功与热力学的可逆性有什么关系?

6.56　当葡萄糖被生物氧化产生能量时,部分能量用于制造ATP(三磷酸腺苷)。然而在葡萄糖氧化过程释放的总能量中,事实上只有38%用于制造ATP。请问其他的能量到哪里去了?

6.57　汽车、卡车等使用汽油或柴油发动机为动力源的机器都有冷却系统。利用热力学知识解释冷却系统的必要性。

6.58　某个系统吸收了300J的热量并且外界对它做了700J的功。那么 ΔU 的值是多少?整个变化过程是放热的还是吸热的?

6.59　某个给定变化的 ΔU 值为 $-1455J$。在变化过程中,系统吸收了812J的热量。是系统对外做功还是外界对系统做功?做了多少功?

6.60　1.0kg的水从25℃升到99℃需要多少热量(这比得上做四杯咖啡的热量)?

6.61　30g初始温度为22℃的铜吸收250J的热量后,它的最终温度会是多少?

6.62　5g金属被加热到100℃后投入到100g温度为24.0℃的水中,得到混合物的温度为28.0℃。

(a)水吸收了多少热量?

(b)金属损失了多少热量?

(c)金属样品的热容是多少?比热是多少?

6.63　硝酸与氢氧化钾的反应如下:

$$HNO_3(aq) + KOH(aq) \longrightarrow KNO_3(aq) + H_2O(l)$$

一个学生将55.0mL浓度为1.3M的 HNO_3 倒入一个咖啡杯量热计中,温度为23.5℃。然后加入55.0mL浓度为1.3M的KOH溶液,温度同样为23.5℃。用温度计迅速搅拌混合物,此时温度升高到31.8℃。计算反应的焓变,以焦耳表示。假设所有溶液的比热为 $4.18J \cdot g^{-1} \cdot K^{-1}$,且密度都为 $1.00g \cdot mL^{-1}$,计算每摩尔硝酸的反应焓。

6.64　在量热计中加入610.29g的盐酸,其中含有0.33183mol的HCl,恰好和615.31g的NaOH溶液中和。温度从16.784℃升高到20.610℃。HCl溶液的比热是 $4.031J \cdot g^{-1} \cdot K^{-1}$,NaOH溶液的比热是

4.046J · g^{-1} · K^{-1}。量热计的热容为77.79J · K^{-1}。计算如下反应的焓变:

$$HCl(aq) + NaOH(aq) \longrightarrow NaCl(aq) + H_2O(l)$$

每摩尔 HCl 的中和焓是多少? 假设各初始溶液在混合后对系统总热容的贡献是独立的。

6.65　甲苯(C_7H_8)可用于制造像 TNT 之类的爆炸物,1.500g 的液体甲苯和过量的氧气放入弹式量热计中。甲苯开始燃烧后,热量计的温度从25.000℃升高到26.413℃。燃烧产物是 $CO_2(g)$ 和 $H_2O(l)$,量热计的热容为45.06kJ · K^{-1}。反应方程为:

$$C_7H_8(l) + 9O_2(g) \longrightarrow 7CO_2(g) + 4H_2O(l)$$

请问:

(a)反应中释放了多少热量?

(b)在相同的条件下每摩尔甲苯的燃烧焓是多少?

6.66　一氧化碳和氧气反应的一个热化学方程式如下:

$$3CO(g) + \frac{3}{2}O_2(g) \longrightarrow 3CO_2(g) \qquad \Delta H^{\ominus} = -849kJ$$

(a)写出反应2mol 一氧化碳时的热化学方程式;

(b)在这个反应中生成1mol CO_2 的 $\Delta H^{\ominus}$ 是多少?

6.67　氨和氧的反应如下:

$$4NH_3(g) + 7O_2(g) \longrightarrow 4NO_2(g) + 6H_2O(g) \qquad \Delta H^{\ominus} = -1132kJ$$

(a)计算1mol 氨燃烧的焓变;

(b)写出生成1mol 水的热化学方程式。

6.68　液态苯 C_6H_6 在氧气中燃烧产生 $CO_2(g)$ 和 $H_2O(l)$。燃烧1.00mol 的苯可释放3271kJ 的热量。写出燃烧3.00mol 液态苯的热化学方程式。

6.69　蔗糖($C_{12}H_{22}O_{11}$)的 $\Delta_c H^{\ominus}$ 值是 -5.65×10^3kJ · mol^{-1},燃烧产物是 $CO_2(g)$ 和 $H_2O(l)$。写出燃烧1mol 蔗糖的热化学方程式,并计算蔗糖的 $\Delta_f H^{\ominus}$。

6.70　乙烯 C_2H_4 的标准摩尔生成焓是+52.284kJ · mol^{-1}。计算该分子中 C═C 的键焓。

6.71　估算 CCl_4 蒸气在25℃和0.1Mpa 时的生成焓。

6.72　已知下列热化学方程式:

$$Cu(s) + \frac{1}{2}O_2(g) \longrightarrow CuO(s) \qquad \Delta H^{\ominus} = -155kJ$$

$$Cu(s) + S(s) \longrightarrow CuS(s) \qquad \Delta H^{\ominus} = -53.1kJ$$

$$S(s) + O_2(g) \longrightarrow SO_2(g) \qquad \Delta H^{\ominus} = -297kJ$$

$$4CuS(s) + 2CuO(s) \longrightarrow 3Cu_2S(s) + SO_2(g) \qquad \Delta H^{\ominus} = -13.1kJ$$

求反应:$CuS(s) + Cu(s) \longrightarrow Cu_2S(s)$ 的 $\Delta H^{\ominus}$ 值。

6.73　计算25℃时下列反应的 $\Delta H^{\ominus}$ 值、$\Delta S^{\ominus}$ 值和 $\Delta G^{\ominus}$ 值:

(a)$CaO(s) + CO_2(g) \longrightarrow CaCO_3(s)$

(b)$Ca(OH)_2(s) \longrightarrow CaO(s) + H_2O(l)$

(c)$2NaCl(s) + H_2SO_4(l) \longrightarrow Na_2SO_4(s) + 2HCl(g)$

(d)$C_2H_2(g) + 5N_2O(g) \longrightarrow 2CO_2(g) + H_2O(g) + 5N_2(g)$

(e)$Ag(s) + KCl(s) \longrightarrow AgCl(s) + K(s)$

(f)$NH_3(g) + HCl(g) \longrightarrow NH_4Cl(s)$

6.74　假设 $\Delta H^{\ominus}$ 和 $\Delta S^{\ominus}$ 值不随温度而改变,计算下列反应的 $\Delta G^{\ominus}_{373K}$ 值。

(a)$C_2H_4(g) + H_2(g) \longrightarrow C_2H_6(g)$

(b)$5SO_3(g) + 2NH_3(g) \longrightarrow 2NO(g) + 5SO_2(g) + 3H_2O(g)$

6.75　铝表面很容易氧化形成一层很薄的保护膜 Al_2O_3,以阻止铝进一步氧化。查表,由 $\Delta_f H^{\ominus}$ 和 $S^{\ominus}$

计算该反应的$\Delta_f G^{\ominus}$。

6.76 熟石膏$CaSO_4 \cdot \frac{1}{2}H_2O(s)$和水反应生成生石膏$CaSO_4 \cdot 2H_2O(s)$，写出该反应的化学方程式，并利用表6.6中的数据计算该反应的$\Delta G^{\ominus}$。

6.77 在25℃和0.1Mpa下，理论上燃烧48.0g天然气(CH_4)生成$CO_2(g)$和$H_2O(g)$能获得的最大有用功是多少？

6.78 乙醇(C_2H_5OH)可以代替汽油作为燃料，辛烷是汽油的主要组成成分。在示例6.13中，我们计算了燃烧1mol C_2H_5OH的$\Delta G^{\ominus}$；在示例6.14中，我们计算了燃烧1mol辛烷的$\Delta G^{\ominus}$。已知C_2H_5OH的密度是0.7893g·mL^{-1}，辛烷C_8H_8的密度是0.7025g·mL^{-1}。计算燃烧1L的C_2H_5OH和1L的C_8H_8能获得的最大功。从体积考虑哪一种燃料更好？

6.79 许多生物化学反应的$\Delta G^{\ominus}$为正值，因此反应不能自发进行。然而它们通过与$\Delta G^{\ominus}$为负值的其他反应进行化学偶联就能进行反应。一个典型例子是糖代谢过程中的一系列起始反应。这些反应以及相应的$\Delta G^{\ominus}$值如下：

$$\text{葡萄糖} + \text{磷酸} \longrightarrow \text{葡萄糖}-6-\text{磷酸} + H_2O \qquad \Delta G^{\ominus} = +13.13\text{kJ}$$

$$ATP + H_2O = ADP + \text{磷酸} \qquad \Delta G^{\ominus} = -32.22\text{kJ}$$

计算偶联反应：葡萄糖 + ATP ⟶ 葡萄糖 - 6 - 磷酸 + ADP 的$\Delta G^{\ominus}$

6.80 氯仿$CHCl_3$过去常常用作麻醉剂，但现在认为其具有致癌作用。它的气化焓$\Delta_{vap}H$值为31.4kJ·mol^{-1}。对相变过程：$CHCl_3(l) \longrightarrow CHCl_3(g)$，有$\Delta S^{\ominus} = 94.2\text{J} \cdot \text{mol}^{-1} \cdot \text{K}^{-1}$。请问氯仿的沸点(在0.1Mpa下)为多少？

6.81 带活塞的气缸内装有5L压力为0.4Mpa的气体，整个装置的温度保持在25℃。释放活塞，气体膨胀直到气缸内压力等于外界大气压为止(0.1Mpa)。假定气体为理想状态，计算恒温状态下气体膨胀做了多少功？

6.82 改进上述实验，预先在活塞上加一个砝码，其作用在活塞上的压强为0.1Mpa。当气体膨胀时，压强先降到0.2Mpa，然后再移去加在活塞上的砝码，使得气体再次膨胀，最后压力到达0.1Mpa。两次膨胀过程装置的温度都维持在25℃。计算气体在每一步所做的功。比较两步膨胀做功总量和上题中描述的一步膨胀做功量是否相同。

第 7 章 化学平衡

本章将介绍化学平衡的概念,并讨论影响化学系统在平衡状态时的因素,学习平衡系统被打乱后如何重新建立新的平衡。理解化学平衡是本章的重点,第 8、9、10 章将介绍化学平衡的重要性及应用。

7.1 化学平衡

在第 6 章,我们学会了用 ΔG 的值来预测某一化学反应或物理变化能否在特定条件下自发进行。实际上一个自发的化学反应并不意味着反应物能完全转化为产物。

实际上预测一个反应能否自发进行的价值不大,实际上预测反应的进行程度更加重要。化学热力学允许我们通过 $\Delta G^{\ominus}$ 和平衡常数来研究一个反应,平衡常数可以说明在化学平衡之前化学反应的程度,并且可以说明在化学平衡时反应混合物的组成。

化学方程式的系数说明了反应物和产物的摩尔比,在 Haber 法用 N_2 和 H_2 制备 NH_3 的反应方程中:

$$N_2(g) + 3H_2(g) \longrightarrow 2NH_3(g)$$

化学系数可以提供如下信息:

(1) $N_2(g)$ 与 $H_2(g)$ 的反应总是以 1∶3 的摩尔比进行的;

(2) 反应中形成 $NH_3(g)$ 的分子数目是 $N_2(g)$ 的两倍,是 $H_2(g)$ 的 2/3。

化学平衡方程并不能说明混合 1mol $N_2(g)$ 与 3mol $H_2(g)$ 就会产生 2mol $NH_3(g)$。如果在室温下混合 1mol $N_2(g)$ 与 3mol $H_2(g)$,将会发现 $N_2(g)$ 与 $H_2(g)$ 的浓度会降低,$NH_3(g)$ 的浓度会提高,一定时间后 $N_2(g)$ 与 $H_2(g)$ 及 $NH_3(g)$ 的浓度将不会改变,也就是说,在该反应条件下,无论反应持续多长时间,反应体系也不可能只有纯的 $NH_3(g)$,而是三种气体的混合物。可以说该反应混合物达到了化学平衡(chemical equilibrium),一般用双向箭头"$\rightleftharpoons$"来表示平衡方程,因此上述反应可写成:

$$N_2(g) + 3H_2(g) \rightleftharpoons 2NH_3(g)$$

方程式中双向箭头表示反应可以正向和逆向同时进行,在平衡体系中,N_2 和 H_2 仍可反应得到 NH_3,且 NH_3 也可分解得到 N_2 和 H_2,并且正向速率和逆向速率是相等的。这就意味着反应达到平衡后,混合物中反应物和生成物中的浓度达到平衡。在反应体系中反应物的组成没有改变,并且正反应和逆反应将一直进行,该体系达到了一种动态平衡(dynamic equilibrium)。

在化学平衡中,反应物和生成物没有明显的区别,因为在正、逆反应中反应物和生成物互为逆反应的生成物和反应物。为了区别,简单地用"左边"和"右边"物质来说明。

7.2　平衡常数 K 和反应商 Q

本章以四氧化二氮(N_2O_4)分解为二氧化氮(NO_2)的反应来讲述化学平衡中一些重要的概念。

$$N_2O_4(g) \rightleftharpoons 2NO_2(g)$$

该反应可以简单地通过反应混合物的颜色来检测,纯的 $N_2O_4(g)$ 是无色的,而纯的 $NO_2(g)$ 是棕色的。当 N_2O_4 分解后,混合物的颜色会变得越来越深,显棕色。图 7.1 显示了纯的 $N_2O_4(g)$ 和 $NO_2(g)$ 两种气体浓度改变趋势图。

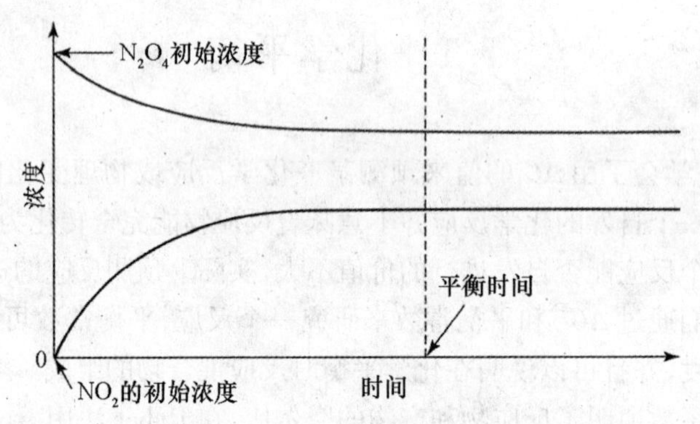

图 7.1　平衡过程中 $N_2O_4(g)$ 和 $NO_2(g)$ 的浓度图

图 7.2 显示了恒温下的两个实验,在第一个 1L 的烧瓶中放入 0.0350mol 的 $N_2O_4(g)$,未加 $NO_2(g)$,反应后部分 $N_2O_4(g)$ 会分解为 $NO_2(g)$,直到混合物达到平衡,因此该反应将会朝着正方向进行(从左到右)。当反应达到平衡时,发现 $N_2O_4(g)$ 的浓度降低到 0.0292mol · L^{-1},而 $NO_2(g)$ 的浓度由 0 变为 0.0116mol · L^{-1}。第二个烧瓶中,开始未加入 $N_2O_4(g)$,按照逆反应(从右到左)来看,$NO_2(g)$ 分子会结合生成 N_2O_4,当第二个烧瓶中反应达到平衡时,发现测试瓶中各组分浓度有 0.0292mol · L^{-1} 的 N_2O_4 和 0.0116mol · L^{-1} 的 NO_2(实际上这个实验非常难以进行,因为 $N_2O_4(g)$ 和 $NO_2(g)$ 总是平衡的,因此不可能获得完全纯的 N_2O_4 和 NO_2)。

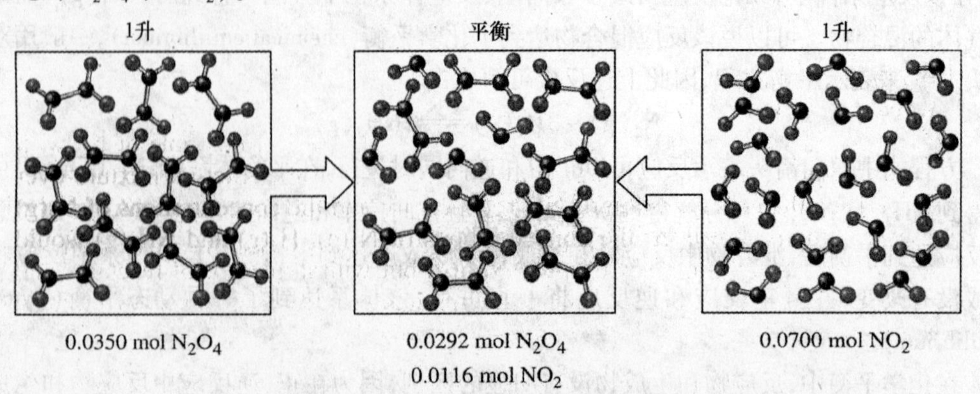

图 7.2　反应 $N_2O_4(g) \rightleftharpoons NO_2(g)$ 的可逆性

两个实验中，无论反应物是纯的 $N_2O_4(g)$ 或是纯的 $NO_2(g)$，当 N 原子和 O 原子的总数目相同时，其他化学配比也可观察到相似现象，平衡状态下，反应体系各组分的浓度相同。

可得出定律：一个化学反应，无论从正反应还是逆反应进行，在达到化学平衡时，体系的成分不变。

对涉及气体或溶液（一般为水溶液）的反应，a mL 的 A 和 b mL 的 B 发生反应得到 c mL 的 C 和 d mL 的 D，表示如下：

$$aA + bB \rightleftharpoons cC + dD$$

可得到如下平衡方程：

$$K_c = \frac{\left(\frac{[C]_e}{c^{\ominus}}\right)^c \left(\frac{[D]_e}{c^{\ominus}}\right)^d}{\left(\frac{[A]_e}{c^{\ominus}}\right)^a \left(\frac{[B]_e}{c^{\ominus}}\right)^b}$$

K_c 称作平衡常数（equilibrium constant），上面的表达式称作平衡常数表达式（equilibrium constant expression）。方程中涉及到浓度和 $c^{\ominus}$，标准浓度为 $1mol \cdot L^{-1}$，由于浓度单位也为 $1mol \cdot L^{-1}$，分子、分母单位相消，最后得到的 K_c 是一个无单位的量。K_c 的表达式看起来相当复杂，可以将之简化。因为浓度单位均为 $1mol \cdot L^{-1}$，故 $c^{\ominus}$ 可以省略，下标"e"也可被省略。用于平衡常数计算中的浓度必须为反应达到平衡时的浓度，简化后的方程式如下：

$$K_c = \frac{[C]^c[D]^d}{[A]^a[B]^b}$$

在本书中用该式来表示平衡常数，所有平衡常数 K_c 是无量纲的，表达式可以通过化学平衡式来表示。

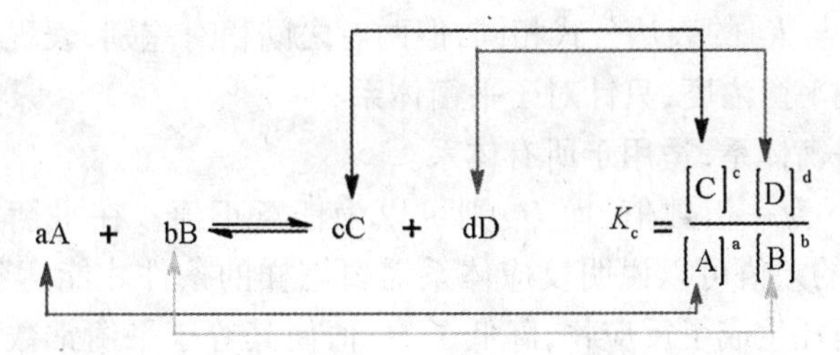

注意：产物总是在公式的分子位置，反应物应在公式的分母位置。每个产物或反应物在公式中均为其在平衡方程式中各系数的 n 次方（$n = a, b, c, d$），相应的系数为其指数。注意：以上公式并不仅仅单纯代表两个产物和两个反应物的反应体系。平衡常数表达式必须包括所有的气体和液体反应物和产物。举例说明以下反应平衡常数的表达式：

$$N_2O_4(g) \rightleftharpoons 2NO_2(g)$$

$$K_c = \frac{[NO_2]^2}{[N_2O_4]}$$

对于特定反应，K_c 值与温度有关，因此计算平衡常数 K_c 时要特别指出温度。一般情况下给出的 K_c 是指 25℃时的值。表 7.1 给出了 N_2O_4 和 NO_2 在四种不同起始浓度下的深度实验，最后结果显示 K_c 为常数（在实验误差内），因此可以说 25℃时，该反应的平衡常数 $K_c = 4.61 \times 10^{-3}$。

$$N_2O_4(g) \rightleftharpoons 2NO_2(g)$$

$$K_c = \frac{[NO_2]^2}{[N_2O_4]} = 4.61 \times 10^{-3}$$

表 7.1　$NO_2(g)$ 和 $N_2O_4(g)$ 不同起始浓度下达到平衡时各组分的浓度

起始浓度		平衡浓度		$K_c = \frac{[NO_2]^2}{[N_2O_4]}$
$[N_2O_4]$(mol · L^{-1})	$[NO_2]$(mol · L^{-1})	$[N_2O_4]$(mol · L^{-1})	$[NO_2]$(mol · L^{-1})	
0.0450	0	0.0384	0.0133	0.00461
0.0150	0	0.0114	0.00724	0.00460
0	0.0600	0.0247	0.0107	0.00464
0	0.0500	0.0202	0.00964	0.00460

同理，我们研究下面的方程：

$$H_2(g) + I_2(g) \rightleftharpoons 2HI(g)$$

400℃时，$H_2(g)$、$I_2(g)$ 和 $HI(g)$ 在不同起始浓度下，当反应达到平衡时，

$$K_c = \frac{[HI]^2}{[H_2][I_2]} = 49.5$$

可以用平衡常数来表达平衡体系的反应情况，那么对于非平衡体系用反应商(reaction quotient)表达。

$$aA + bB \rightleftharpoons cC + dD$$

$$Q_c = \frac{[C]^c[D]^d}{[A]^a[B]^b}$$

注意：Q_c 的表达与 K_c 的表达公式相同，但两者之间稍有差别，表现在：

(1) K_c 中用的是平衡浓度，只针对于平衡体系；

(2) Q_c 不必为平衡体系，适用于所有体系。

K_c 在特定温度下为一正数值，而 Q_c 则可以为任意正值。在平衡状态时，$Q_c = K_c$。当 $Q_c \neq K_c$ 时，它们之间的差值可以说明反应体系需要怎样的条件才能达到平衡。若 $Q_c > K_c$，说明体系中产物被消耗生成了反应物，降低了 Q_c 值使其等于平衡常数 K_c；若 $Q_c < K_c$，则相反的情况发生了，体系消耗反应物生成了更多的产物，由此升高 Q_c 使其等于 K_c，从而使反应达到平衡。

Q_c 和 K_c 中的下标 c 表示反应体系中混合物的浓度，若平衡涉及气体，则平衡常数或反应商公式中需要用各气体在平衡体系中的分压来表示，此时平衡常数表达式为：

$$K_p = \frac{\left(\frac{p_C}{p^\ominus}\right)^c \left(\frac{p_D}{p^\ominus}\right)^d}{\left(\frac{p_A}{p^\ominus}\right)^a \left(\frac{p_B}{p^\ominus}\right)^b}$$

p_A、p_B、p_C、p_D 分别为 A、B、C、D 的平衡分压。$p^\ominus$ 为标准压力，$p^\ominus = 1 \times 10^5$ Pa，用分压代替浓度时，K_c 不能简化，在该例子中，$p^\ominus$ 影响 K_p 值，因此表示 K_p 时公式不能简化。

K_p 和 K_c 的关系

回顾压力与浓度的关系,有理想气体方程:

$$pV = nRT$$

V 为体积(m^3),n 为分子的摩尔数,R 为气体常数(8.314J·$mol^{-1}K^{-1}$),T 为温度(K),p 为压力(Pa),可得到转换式:

$$p = (n/V)RT = cRT$$

c 的单位是 $mol \cdot m^{-3}$,而不是常用的 $mol \cdot L^{-1}$。当 $p = cRT$ 时,用各气体分压来计算 K_p,K_p 可换成 K_c;同理,用 $p/(RT)$ 替换各组分的浓度时,K_c 换为 K_p。K_p 和 K_c 之间存在一个转换通式:

$$K_p = K_c\left(\frac{RT}{p^{\ominus}}\right)^{\Delta n_g}$$

式中,Δn_g 等于反应物到产物气体摩尔数的变化。

$$\Delta n_g = \text{气体产物摩尔数} - \text{气体反应物摩尔数}$$

用反应平衡状态下化学系数计算 Δn_g,例如:

$$N_2(g) + 3H_2(g) \rightleftharpoons 2NH_3(g)$$

上式中有2mol 气体产物,4mol 气体反应物,因此 $\Delta n_g = 2 - 4 = -2$。对于很多反应 $\Delta n_g = 0$,例如:

$$2HI(g) \rightleftharpoons H_2(g) + I_2(g)$$

方程两边均为2mol 气体,因此 $\Delta n_g = 0$,因为 $RT/p^{\ominus}$ 的指数为0时其值为1,此时 $K_p = K_c$,该公式在 $\Delta n_g = 0$ 时适用。

前面讲到,该公式单位的正确应用非常重要,气体常数 $R = 8.314J \cdot mol^{-1} \cdot L^{-1}$,$K_p$ 和 K_c 值必须分别用平衡浓度 $mol \cdot m^{-3}$ 或平衡压力 Pa 表示。若用 K_c 中的平衡浓度 $mol \cdot L^{-1}$ 表示时,必须做如下单位转换:

$$K_c(mol \cdot m^{-3}) = 1000^{\Delta n_g} \times K_c(mol \cdot L^{-1})$$

除非特别说明,本书中所有的 K_c 均用平衡浓度 $mol \cdot L^{-1}$ 表示。

平衡常数的变换

有时组合一些化学平衡式可获得另外一些反应的方程式。方法有很多,如:对几个方程的反应系数进行乘或除,再将反应相加或相减,从而得到目标方程。在热力学的学习中,已阐述了 ΔH 的使用及一些规律可用于化学平衡常数的表达和计算。

(1)改变平衡的方向

当反应可逆时,则正反应和逆反应的平衡常数互为倒数,例如:

$$PCl_3 + Cl_2 \rightleftharpoons PCl_5 \qquad K_c = \frac{[PCl_5]}{[PCl_3][Cl_2]}$$

逆反应得:

$$PCl_5 \rightleftharpoons PCl_3 + Cl_2 \qquad K'_c = \frac{[PCl_3][Cl_2]}{[PCl_5]}$$

正反应和逆反应的平衡常数　$K_c = \frac{1}{K'_c}$

(2)当用因子 n 乘以一个反应的所有化学计量系数时,新的方程的平衡常数为原来的 n 次方。例如:

$$PCl_3 + Cl_2 \rightleftharpoons PCl_5 \qquad K_c = \frac{[PCl_5]}{[PCl_3][Cl_2]}$$

$$2PCl_3 + 2Cl_2 \rightleftharpoons 2PCl_5 \qquad K'_c = \frac{[PCl_5]^2}{[PCl_3]^2[Cl_2]^2}$$

(3)化学平衡方程的相加

当化学平衡反应式相加时,新的平衡常数为原来平衡常数的相乘值

$$2N_2 + O_2 \rightleftharpoons 2N_2O \qquad K_{c1} = \frac{[N_2O]^2}{[N_2]^2[O_2]} \tag{1}$$

$$2N_2O + 3O_2 \rightleftharpoons 4NO_2 \qquad K_{c2} = \frac{[NO_2]^4}{[N_2O]^2[O_2]^3} \tag{2}$$

方程(1)+方程(2)得:

$$2N_2 + 4O_2 \rightleftharpoons 4NO_2 \qquad K_{c3} = \frac{[NO_2]^4}{[N_2]^2[O_2]^4}$$

得　$K_{c3} = K_{c1} \times K_{c2}$

思考题 7.1　25℃,下列方程的平衡常数为 $K_c = 7.0 \times 10^{25}$,

$$2SO_2(g) + O_2(g) \rightleftharpoons 2SO_3(g)$$

那么下列方程的平衡常数 K_c 为多少?

$$SO_3(g) \rightleftharpoons SO_2(g) + 0.5O_2(g)$$

平衡常数的大小

因为平衡常数 K_c 表达式中分子总是为产物的浓度,平衡常数的大小可以告诉我们在达到平衡时反应的程度,例如反应:

$$2H_2(g) + O_2(g) \rightleftharpoons 2H_2O(g)$$

在25℃时　$K_c = \frac{[H_2O]^2}{[H_2]^2[O_2]} = \frac{7.1 \times 10^{80}}{1} = 7.1 \times 10^{80}$

K_c 作为一个分数 $7.1 \times 10^{80}/1$,可以看出相对于分母,平衡常数的分子是非常大的,意味着 $H_2O(g)$ 的浓度相对于 H_2 和 O_2 是非常大的。在平衡体系中绝大部分 H_2 和 O_2 转化成了 $H_2O(g)$,未反应的 H_2 和 O_2 的量是非常少的。大的 K_c 值告诉我们,H_2 和 O_2 反应几乎能完全转化为 $H_2O(g)$。$H_2O(g)$ 为该平衡体系的主要产物。

下面的反应:

$$N_2(g) + O_2(g) \rightleftharpoons 2NO(g)$$

平衡常数就非常小,在25℃下,$K_c = 4.8 \times 10^{-31}$,平衡常数的表达为:

$$K_c = \frac{[NO]^2}{[N_2][O_2]} = 4.8 \times 10^{-31}$$

即

$$K_c = \frac{[NO]^2}{[N_2][O_2]} = \frac{4.8}{10^{31}}$$

该方程的平衡常数非常小，分子远小于分母，说明反应体系中 N_2 和 O_2 的浓度远远大于 NO 的浓度，同样意味着在 25℃下时，N_2 和 O_2 反应生成的 NO 可以忽略不计，当达到反应平衡时，反应物远远未消耗殆尽，因此平衡体系中反应物大量存在。平衡常数和平衡点的关系总结如下：

(1)当 K_c 非常大时，反应物基本完全反应生成产物，平衡点接近产物一方；

(2)当 $K_c \approx 1$ 时，平衡体系中反应物和产物的浓度相似，平衡点在反应物和产物之间；

(3)当 K_c 非常小时，只有少量产物生成，平衡点靠近反应物。

当 K_c 非常大($K_c \gg 1$)时，反应体系有大量产物和少量反应物，可以说平衡点靠近右边，当 $K_c \approx 1$ 时，体系中有几乎相近浓度的反应物和生成物，当 $K_c \ll 1$ 时，平衡体系中有大量反应物和很少量的生成物，可以说平衡点靠近左边。

平衡常数通常用来比较两个或更多个反应在反应完成时的进行程度。作如此比较时，除非 K 差异巨大，一般情况下，只有在反应平衡方程中反应物和产物分子数目相同时，K 的比较才是有效的。注意：大的平衡常数并不能说明体系达到平衡时的速度很快，例如，H_2 和 O_2 生成 H_2O 的反应平衡常数 K_c 是非常大的，但 H_2 和 O_2 在室温下几乎是稳定的，但一旦点燃，反应就会以爆炸性的速率进行完全。

多相体系中平衡常数的表达

在均相反应(homogeneous reaction)或者均相平衡(homogeneous equilibrium)中所有反应物和产物均为同相。不同气体之间的反应是均相的，因为所有气体均能自由地混合，因此只存在一种相——气相。但在很多平衡反应中，反应物和产物均为液相。

当反应混合物体系不止一相时，称为多相反应(heterogeneous reaction)，例如木头的燃烧是固体的燃料与气相的氧气反应。另外一个例子是碳酸氢钠的热分解，有下列分解方程式：

$$2NaHCO_3(s) \longrightarrow Na_2CO_3(s) + H_2O(g) + CO_2(g)$$

$NaHCO_3$ 对燃烧的脂肪或油来说是一种很好的灭火物质，利用上述反应原理在厨房中准备一箱 $NaHCO_3$ 是有利于安全的。

多相反应达到平衡时与均相反应一样，如果 $NaHCO_3$ 在一个相对封闭体系中，CO_2 和 H_2O 将不会溢出，气体和固体达到多相平衡。

$$2NaHCO_3(s) \rightleftharpoons Na_2CO_3(s) + H_2O(g) + CO_2(g)$$

多相平衡常数的表达式中通常不考虑纯固体和纯液体的浓度，因此以上方程的平衡常数表达式为：

$$K_c = [H_2O(g)][CO_2(g)]$$

其逆反应为：

$$Na_2CO_3(s) + H_2O(g) + CO_2(g) \rightleftharpoons 2NaHCO_3(s)$$

平衡常数为:

$$K_c = \frac{1}{[H_2O(g)][CO_2(g)]}$$

以上平衡常数中不考虑纯固体和纯液体的原因是,在给定的温度条件下,纯固体和纯液体的浓度是不变的。在恒定的温度下,物质的量与物质的体积的比值是恒定的。例如,1mol $NaHCO_3$ 的体积为 38.9mL,而 2mol 的 $NaHCO_3$ 的体积为 77.8mL,其摩尔数与体积的比值(及摩尔浓度)不变。对于 $NaHCO_3$,该固体的浓度为 25.7mol · L^{-1}。从另一方面来说,固体在反应体系中时其浓度是恒定的。

7.3 平衡状态和吉布斯自由能

本书第 6 章介绍了吉布斯自由能的概念,本节将重点讲述吉布斯自由能和化学平衡的关系。

ΔG 的正负可说明体系中自发反应进行的方向,平衡常数 K 表明了一个自发反应过程完成的程度,那么 K 和吉布斯自由能的关系如何? 本节先从相的转变来解决该问题。

相 变

在 $H_2O(l) \rightarrow H_2O(s)$ 的相变方程中,在特定的压力和温度下,该平衡是可以存在的。水在 1.013×10^5 Pa 压力下,0℃为其凝固点。在其他温度下,相变过程能进行完全,用自由能图能更好地说明该过程(free enery diagrams),它能描述从反应物到产物过程中吉布斯自由能的变化,如图 7.4 所示。图(a)中自由能沿 $H_2O(l) \longrightarrow H_2O(s)$ 方向减小,因此反应物自发形成固态 H_2O;图(b)中冰、水可以任何比例共存,自由能在整个过程中恒定;在图(c)中自由能沿 $H_2O(s) \longrightarrow H_2O(l)$ 减小,因此自发形成液态水。

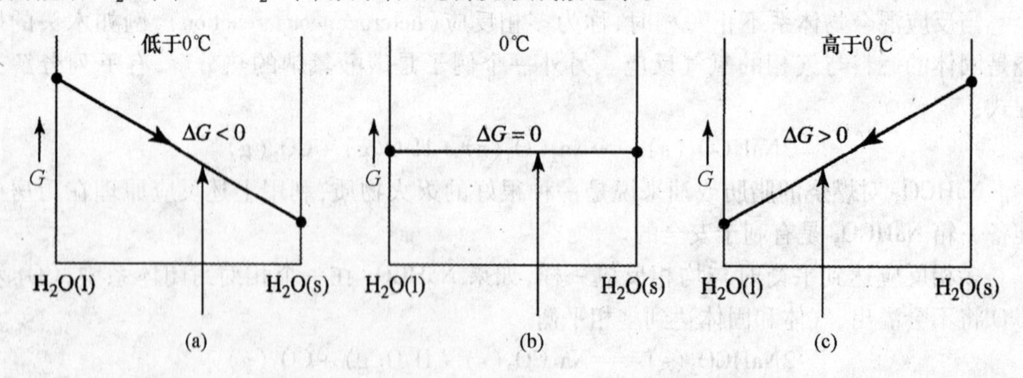

图 7.4 从水到冰过程的三个不同的自由能图

纯的液体水的自由能在左边,纯固体冰的自由能在右边。横坐标表示两相混合物的变化比例。因此,图 7.4 从左到右显示了由纯液体水至纯固体冰逐渐相转变过程中自由能的变化。

0℃以下,液体水的自由能高于固体,我们知道,自由能降低会导致自发过程的发生,因此，第一个图中液相或液、固混合物会在0℃下凝固为只有固相存在。这是因为自由能会持续降低直到液体完全凝固，从另一方面说，$H_2O(l)\rightarrow H_2O(s)$的$\Delta G$在该温度下是负值。

0℃以上，情况相反，固体的自由能比液体高。因此在$H_2O(s)\rightarrow H_2O(l)$过程中，自由能降低，直到所有的固体熔化。这意味着冰或冰水混合物在0℃以上时会融化，直到只有液相存在。0℃以上冰融化的过程中ΔG是负值。

低于0℃或高于0℃温度条件下是不能建立液体和固体的平衡体系的。融化或凝固将会发生，直到只有一相存在，但在0℃时，$H_2O(l)$和$H_2O(s)$的自由能是相同的，因此在该温度下融化和凝固过程不会有自由能的改变，也不会有压力的改变。因此，只要冰和液体水的体系与温度更高或更低的环境是隔离的，则两相混合物的各组成是稳定的，并且存在一个平衡。注意：该过程是一个动态平衡，冰融化和水凝固这两个过程速率相同，没有发生明显的变化。

化学反应

大部分化学反应自由能的变化比相变过程更复杂。例如N_2O_4分解为NO_2的反应

$$N_2O_4(g)\rightleftharpoons 2NO_2(g)$$

从前面的讨论中可知该反应可以正向和逆向同时进行，平衡体系下各组成的浓度不变。图7.5显示了该反应的自由能图谱。压力为1.013×10^5Pa时达到平衡，此时有16.6%的N_2O_4分解。注意：与图7.4比较，从反应物到产物的过程中，自由能有一个最小值，平衡体系的自由能比纯N_2O_4和纯NO_2都低。这是为什么？

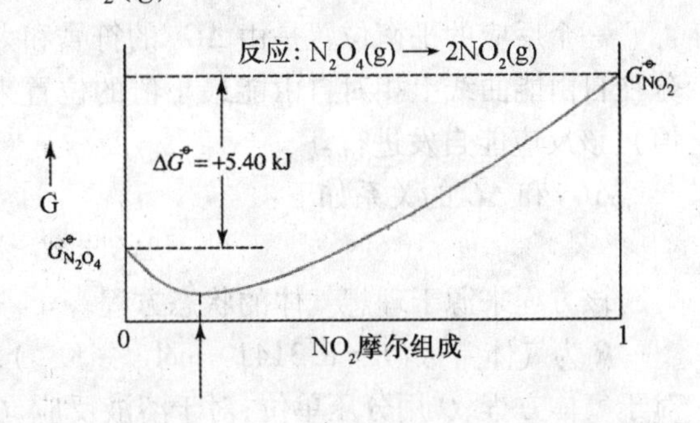

图7.5 $N_2O_4(g)\longrightarrow 2NO_2(g)$反应自由能图谱

让我们以纯$N_2O_4(g)$作为起始气体来考察该反应，假设该反应达到平衡。随着反应的进行，$NO_2(g)$分子开始形成，它与剩余的$N_2O_4(g)$分子混合，混合物在任何时刻均为气相(即均相)，自发的过程有一个最低的吉布斯自由能$\Delta_{mix}G$，它在所有反应组成混合物中均为负数，所以意味着无论N_2O_4和NO_2在反应混合物中性质如何，该两种气体总是能自发地混合，导致熵增高。与不含气体混合时的熵相比较，整个反应体系吉布斯自由能改变了，图7.6是$\Delta_{mix}G$导致的最小自由能图。

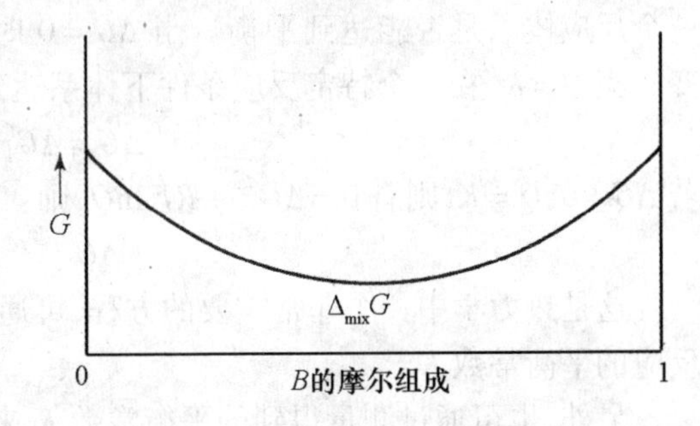

图7.6 $\Delta_{mix}G$导致的最小自由能图

若形成的$NO_2(g)$不与$N_2O_4(g)$分子混合，我们将发现自由能图为简单的一条线——从$G^{\ominus}_{N_2O_4(g)}$到$G^{\ominus}_{NO_2(g)}$，与图7.4相似。但是，当考虑$\Delta_{mix}G$时，总有一个最小的自由能存在，标准吉布斯自由能改变了。

在前面的章节中介绍过，当$\Delta G=0$时，反应达到平衡状态，如图7.7所示。假设反应混

合物的组成如图中“1”点所示，再来观察从点“1”到点“2”发生的变化。$G_2 - G_1 = \Delta G_{21}$为负数，说明点1经过一个自发的过程到点2，即消耗$N_2O_4(g)$，得到更多的$NO_2(g)$。逆反应中$G_1 - G_2 = \Delta G_{12}$为正，因此逆反应不能自发进行。同样，$G_4 - G_3 = \Delta G_{43}$为负，表明从点3到点4可自发进行。也即消耗$NO_2(g)$，生成$N_2O_4(g)$。从图7.7可看出，随着组分的改变，$\Delta G$值的变化经历了负→0→正的过程，当$\Delta G = 0$时，体系达到平衡。事实上，$\Delta G$值的值由自由能变化曲线的斜率决定。结合第6章中的内容，$\Delta G^\ominus$值可以表明平衡状态下反应混合物中各组分存在的情况，而不能作为评价反应是否自发反应的依据（标准状态下除外）。而ΔG值的符号能够说明反应中某种特定组分的改变是否是自发进行的。

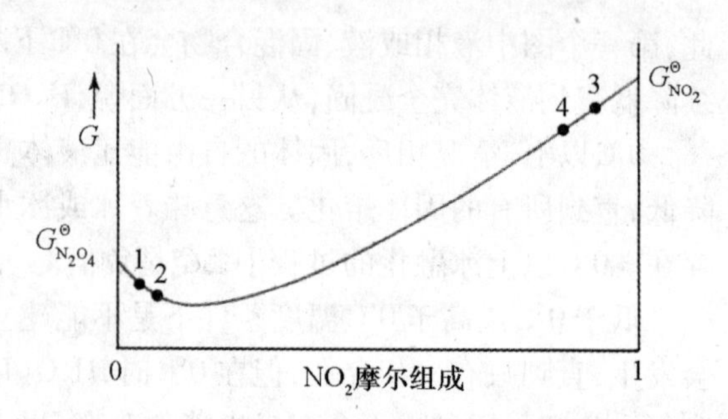

图7.7　N_2O_4分解反应的自由能变化图

$\Delta G^\ominus$和K的关系

一个反应的平衡位置是由$\Delta G^\ominus$的符号和大小来决定的，而反应进行的方向是由体系组分在自由能曲线上相对自由能最小值的位置来决定的。若反应能降低自由能（即ΔG为负值），该反应能自发进行。

$\Delta G^\ominus$和ΔG的关系如下：

$$\Delta G = \Delta G^\ominus + RT\ln Q$$

该方程来源于理想气体的状态方程。

R为气体常数（$R = 8.314\text{J}\cdot\text{mol}^{-1}\cdot\text{K}^{-1}$），$T$为热力学温度，$\ln Q$为反应商的自然对数。对于气体方程，$Q$用分压单位；对于溶液反应，$Q$用摩尔浓度表示。若知道$\Delta G^\ominus$和混合物的组成，利用该方程可以预测反应自发进行的方向。从这一点上看，有两个独立的标准来判断一个反应体系是否能达到平衡。当$\Delta G = 0$时，反应体系中混合物在组成上只有微小的改变。当$Q = K$，在一个特定反应条件下体系达到平衡。因此，对于方程：

$$\Delta G = \Delta G^\ominus + RT\ln Q$$

若$\Delta G = 0$，$Q = K$，则有$0 = \Delta G^\ominus + RT\ln Q$，则：

$$\Delta G^\ominus = -RT\ln Q$$

这是热力学中一个非常重要的方程，可通过已知的$\Delta G^\ominus$（可通过查表得到）来得到特定反应的平衡常数K。

另外，也可通过测量得到的平衡常数K来计算特定反应的$\Delta G^\ominus$。若是气体，则K写成K_p，若是溶液，则K写成K_c。

从该方程可以看到，若一个反应的$\Delta G^\ominus$是一个很大的负值，那么$\ln K$为大的正值，则K很大，表明该反应的平衡点在产物的一方。若$\Delta G^\ominus$是一个大的正值，那么$\ln K$为负值，则K很小，表明该反应的平衡点在反应物的一方，很难反应完全。注意：该方程可应用于气态和溶液反应。气体常数R会有不同的表达方法，当该方程用来解决一个溶液反应的时候，可理解为溶液中存在蒸气压。

可用 25℃时收集的热力学数据来计算其他温度下的热力学常数,这是因为 $\Delta H^{\ominus}$ 和 $\Delta S^{\ominus}$ 随着温度的变化不大,因此可以利用这些数据来计算 $\Delta G^{\ominus}$,再利用 $\Delta G^{\ominus}$ 计算不同温度下的平衡常数 K。

7.4　平衡的移动

当降低吉布斯自由能时,反应混合物的组成会改变直至达到平衡。哪些因素能影响一个平衡反应的改变呢?当改变反应温度、体系的体积或压力,增加或减少反应体系的组分浓度,或加入催化剂,平衡就会改变,直至达到新的平衡。这就使我们能够通过优化反应条件获得反应目标产物的最大组成。

最早研究化学平衡移动的是化学家勒沙特列,其成果为勒沙特列原理,该原理描述为:当对一个平衡体系施加一个干扰因素时,那么该平衡体系会朝着抑制该干扰因素的方向进行,直至达到新的平衡。

该原理意味着:在平衡反应的一边添加某种组分时,该平衡将朝着消耗该组分的方向进行。勒沙特列原理在很多情况下都适用。当然也有一些情况是不能用该原理的,例如:往微溶性盐 AgCl 饱和溶液中加入 AgCl 固体,该过程就不能用勒沙特列原理来判断平衡的移动方向。因此对某些化学反应,最好通过比较平衡常数 K 和反应商 Q 来考虑反应平衡的移动方向。

从一个平衡体系开始,此时 $Q=K$,然后干扰该平衡体系,观察 Q 值的变化,最后考虑平衡会怎样移动,从而再次达到 $Q=K$。

增加或移除产物和反应物

假设反应物和产物均不是纯的固体或液体时,产物或反应物的增加或移除能立即改变反应混合物各组分的浓度。当该种情况发生时,Q 发生变化,$Q \neq K$,且体系不再是平衡的,以下列平衡方程来说明:

$$[Cu(H_2O)_4]^{2+}(aq) + 4Cl^-(aq) \rightleftharpoons [CuCl_4]^{2-}(aq) + 4H_2O(l)$$

$[Cu(H_2O)_4]^{2+}$ 是蓝色的,而 $[CuCl_4]^{2-}$ 是黄绿色的,其混合物则为蓝绿色。往该体系中加入少量体积的浓盐酸以增加 Cl^- 离子浓度,平衡会怎样移动?为了回答该问题,需要写出反应商 Q 的表达式。在多相体系中 Q 的表达式中,H_2O 可不予考虑。因为水是纯的液体,因此 Q 可写成:

$$Q = \frac{[CuCl_4^{2-}]}{[Cu(H_2O)_4^{2+}][Cl^-]^4}$$

仅仅出现在 Q 表达式中的反应物和产物的浓度才能影响平衡的位置。我们可以看到,加入盐酸后,$[Cl^-]$ 增加,从式中可以看出,Q 值会减少,因为 $[Cl^-]$ 出现在 Q 表达式中分母的位置,此时反应体系不再平衡,且 $Q<K$,为了再次达到平衡,必须要改变反应物和产物的浓度,使 Q 增大,从而使其再次与 K 相等(记住:K 是一个温度常数,因此只能改变 Q 值)。有两种方法可以增加 Q 值:增大分子的值,即增加 $[CuCl_4]^{2-}$ 的浓度值;或者降低

$[Cu(H_2O)_4]^{2+}$和$[Cl^-]$的值使分母减少。实际上,平衡位置会朝着产物的一方移动,溶液颜色的变化表明了再加入盐酸后平衡将重新建立,溶液中会形成更多的黄绿色$[CuCl_4]^{2-}$,并存在少量的$[Cu(H_2O)_4]^{2+}$。

可用同样的原理来预测从体系中移除一种反应物时平衡的移动情况。若在该平衡体系中加入少量高氯酸银$AgClO_4$,Ag^+与游离的Cl^-反应形成微溶性的AgCl(s),因此相当于从体系中移除了少量的Cl^-,从Q的表达式来看,$[Cl^-]$浓度的减少使得分母变小,Q值增大,体系不再平衡。$Q>K$,因此需要反应物和产物的浓度发生变化以降低Q值,使得$Q=K$,方法有两种:要么减小分子值,即$[CuCl_4]^{2-}$,要么增大$[Cu(H_2O)_4]^{2+}$和$[Cl^-]$。加入$AgClO_4$后溶液的颜色发生了变化(已抽滤除去了AgCl盐),溶液变蓝,因为溶液中有更多的$[Cu(H_2O)_4]^{2+}$。

前面定性地预测描述了浓度的改变对平衡的影响,但是不能精确地知道K和Q值。

上面的例子是一个典型的可溶性盐平衡体系的改变情况。相反地,考虑饱和溶液中有不溶固体AgCl存在,平衡方程如下:

$$AgCl(s) \rightleftharpoons Ag^+(aq) + Cl^-(aq)$$

$$Q = [Ag^+][Cl^-]$$

注意:纯固体和液体浓度不出现在K或Q的表达式中。往平衡混合物中加入固体AgCl,会有什么变化呢? AgCl(s)并没有出现在Q的表达式中,因此加入固体AgCl平衡不会移动。勒沙特列原理对于该类平衡反应是没有效果的。当从平衡体系中增加或移除部分反应物或产物时,判断平衡移动的最好方法是比较Q和K的值。

改变气体的压力

有两种方式可以改变平衡状态下反应气体的总压力。

(1)改变体系的体积

改变平衡体系中混合气体的体积能改变体系中产物和反应物的浓度和分压,从而改变Q值。考虑增加以下气体反应的体积来考察平衡点的移动:

$$N_2(g) + 3H_2(g) \rightleftharpoons 2NH_3(g)$$

$$Q_p = \frac{\left(\frac{p_{NH_3}}{p^\ominus}\right)^2}{\left(\frac{p_{N_2}}{p^\ominus}\right)\left(\frac{p_{H_2}}{p^\ominus}\right)^3}$$

该例子中用Q_c表达式来看体积的影响会更明显。

$$Q_c = \frac{[NH_3]^2}{[N_2][H_2]^3}$$

因为

$$c = \frac{n}{V}$$

得

$$Q_c = \frac{[\frac{n_{NH_3}}{V}]^2}{[\frac{n_{N_2}}{V}][\frac{n_{H_2}}{V}]^3}$$

简化后得：
$$Q_c=\frac{(n_{NH_3})^2}{n_{N_2}(n_{H_2})^3}\times V^2$$

以上表达式表明 Q_c 与 V^2 成正比关系，当增大体积 V 时，Q 增大，用前面所讲的原理，$Q>K$，反应体系的体积会朝 Q 减少的方向移动，从表达式中可以看到可通过降低 n_{NH_3} 或者通过增加 n_{N_2} 和 n_{H_2} 达到。可以看出，当该体系中增大反应混合物的体积时，平衡会朝着反应物一方移动，N_2 和 H_2 增多。

再看下列平衡：

$$H_2(g)+I_2(g)\rightleftharpoons 2HI(g)$$

$$Q_c=\frac{\left[\frac{n_{HI}}{V}\right]^2}{\frac{n_{H_2}}{V}\times\frac{n_{I_2}}{V}}=\frac{(n_{HI})^2}{n_{H_2}n_{I_2}}$$

在该例子中，Q_c 的大小与 V 无关，因此增大或减少反应混合物的体积对平衡无影响。当反应物和产物含有相同体积的气体时，改变体系体积，将不影响反应平衡。

下面的例子用大家非常熟悉的 N_2O_4 的分解实验来讲解增大平衡体系的体积使平衡发生变化的情况。

$$N_2O_4(g)\rightleftharpoons 2NO_2(g)$$

从平衡方程公式可以看出 Q_c 与 V 的关系。

$$Q_c=\frac{\left[\frac{n_{NO_2}}{V}\right]^2}{\frac{n_{N_2O_4}}{V}}=\frac{(n_{NO_2})^2}{n_{N_2O_4}}\times\frac{1}{V}$$

可以看出 Q_c 与 V 成反比，V 增大时，Q_c 减少，使得 $Q<K$。为了建立新的平衡，可以增大 Q，要么增大分子，即增大 n_{NO_2}，要么减小分母，即使 $n_{N_2O_4}$ 减小，两种方法均是朝着生成产物的方向进行，且反应混合物的体积会增加。

改变反应混合物的温度

对于任何反应，只要改变反应温度，平衡常数 K 一定会改变，利用正反应的 $\Delta H^{\ominus}$ 能推测温度对反应平衡点的影响，如图 7.8 所示。表明平衡常数 K 与温度 T 关系的范·霍夫方程如下：

$$\frac{d\ln K}{dT}=\frac{\Delta H^{\ominus}}{RT^2}$$

该方程表明 $\ln K$ 与 T 关系曲线的斜率与 $\Delta H^{\ominus}$ 的符号相同，例如：

$$N_2(g)+3H_2(g)\rightleftharpoons 2NH_3(g)\qquad \Delta H^{\ominus}=-92.38\text{kJ}$$

该反应为放热反应，因此 $\ln K$ 与 T 关系曲线斜率为负数，说明当增高温度时，$\ln K$ 和 K 应降低，因此当升高反应温度时，产物 NH_3 减少。

温度对平衡点的影响规律如下：

(1)对于放热反应，升高温度能降低平衡常数，有利于反应物的生成，不利于反应进行。

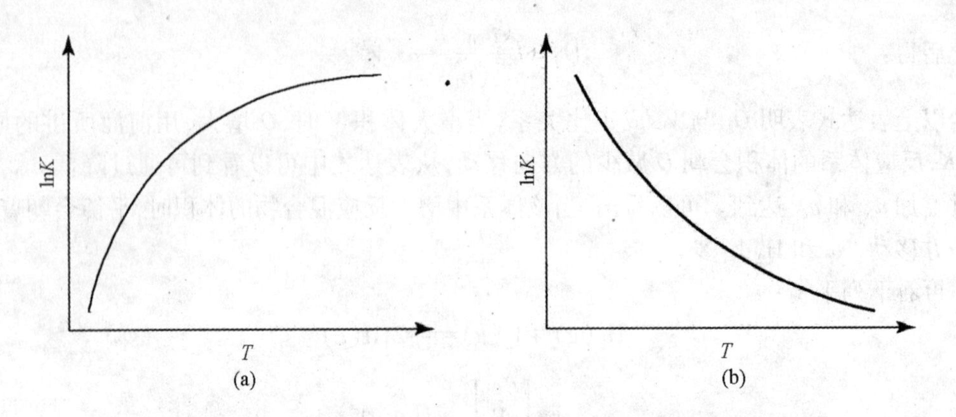

图 7.8　当 $\Delta H^{\ominus}$ 为正(图(a))和为负(图(b))时 ln K 与温度 T 的关系图

(2)对于吸热反应,升高温度能提高平衡常数,有利于产物的生成。

$$[Cu(H_2O)_4]^{2+} + 4Cl^-(aq) \rightleftharpoons [CuCl_4]^{2-}(aq) + 4H_2O(l)$$

该反应正反应为吸热反应,将反应混合物冷却,使得平衡常数降低,平衡朝反应物一方移动;对体系加热则增加了平衡常数,有利于产物生成。

用范·霍夫定律能够说明以上问题。若知道某温度 T_1 下的平衡常数 K,则可通过以下公式来定量计算另一温度下 T_2 的 K 值。

$$\ln K_{T_2} - \ln K_{T_1} = \frac{\Delta H^{\ominus}}{R}\left(\frac{1}{T_1} - \frac{1}{T_2}\right)$$

加入惰性气体或催化剂

往平衡体系中加入惰性气体能增加反应体系的总压,但并不能改变平衡。为了证明该定律,可在前面所讲的 N_2O_4 和 NO_2 平衡体系中加入惰性气体氦气。氦气不与体系中其他两种气体反应,平衡状态下 Q_c 和 Q_p 均未改变,因为 Q_c 或 Q_p 表达式中无[He],因此加入氦气并不能改变平衡。

但是加入惰性气体后反应混合物的总压将出现变化。

使用催化剂能够影响反应速率,但事实上催化剂不参与反应,也不会被消耗,催化剂能使反应更快地达到化学平衡,但并不影响平衡点,也就是说不影响反应到达平衡时各组分的浓度。因为平衡方程中反应商 Q 的表达式中不包含催化剂的浓度。

7.5　平衡常数的计算

从前面的章节已知,平衡常数可以说明反应混合物在平衡状态下的组成,本节将学习平衡状态下各组分平衡浓度和平衡常数的计算问题。

由平衡浓度来计算 K_c 值

一种计算 K_c 的方法是,测量反应物和产物在平衡状态下的浓度,并将这些浓度值代入

K_c 的计算公式中。例如：

$$N_2O_4(g) \rightleftharpoons 2NO_2(g)$$

从7.3节内容可知，在25℃下，0.035mol N_2O_4 在1L烧瓶中达到平衡时 N_2O_4 和 NO_2 的浓度为：

$$[N_2O_4] = 0.0292\text{mol} \cdot \text{L}$$

$$[NO_2] = 0.0116\text{mol} \cdot \text{L}$$

$$K_c = \frac{[NO_2]^2}{[N_2O_4]} = \frac{(0.0116)^2}{0.0292} = 4.61 \times 10^{-3}$$

思考题7.2　工业制氢的反应：

$$CO(g) + H_2O(g) \rightleftharpoons CO_2(g) + H_2(g)$$

500℃条件下，平衡后各气体的浓度为：$[CO] = 0.180M$，$[H_2O] = 0.0411M$，$[CO_2] = 0.150M$，$[H_2] = 0.200M$。请计算该方程的平衡常数 K_c。

虽然用该方法计算 K_c 非常直观，但有时需要调整化学计量数，用表格首先列出各物质浓度的变化，进而计算 K_c 值。值得注意的是以下规则：

(1)能列入平衡常数表达式中的值只能为平衡时的浓度值，列入表的最后一列。

(2)起始浓度必须用 $\text{mol} \cdot \text{L}^{-1}$ 为单位。起始浓度为准备反应时各组分的浓度，并假设此时并无反应，直到所有的化合物混合完毕。

(3)各成分浓度的改变值与其系数成正比。如以下反应：

$$N_2(g) + 3H_2(g) \rightleftharpoons 2NH_3(g)$$

发现 $N_2(g)$ 在反应达到平衡后浓度降低了 $0.1\text{mol} \cdot \text{L}^{-1}$，因此可通过规则(3)计算反应体系中其他组分的浓度改变值。

	$3H_2(g)$	+	$N_2(g)$	$\rightleftharpoons$	$2NH_3(g)$
浓度改变 ($\text{mol} \cdot \text{L}^{-1}$)	-3×0.10 $= -0.30$		-1×0.10 $= -0.10$		$+2 \times 0.10$ $= +0.20$

(4) 反应物浓度的改变值若为负数，则产物浓度的改变值为正数，两者符号相反。

思考题7.3　250℃下，在1L的反应罐里加入0.200mol PCl_3 和0.1mol Cl_2，会发生如下反应：

$$PCl_3(g) + Cl_2(g) \rightleftharpoons PCl_5(g)$$

当反应达到平衡后，反应罐里有0.120mol PCl_3。试计算：

(1)反应物和产物的起始浓度；

(2)反应到达平衡后各组分的浓度变化情况；

(3)各组分的平衡浓度；

(4)反应在该温度下的平衡常数。

用起始浓度来计算平衡浓度

利用起始浓度和 K_c 计算平衡浓度比较复杂，利用浓度列表来计算该问题则非常容易。

示例 7.1　用 K_c 来计算平衡浓度

$$CO(g) + H_2O(g) \rightleftharpoons CO_2(g) + H_2(g)$$

500℃条件下，$K_c = 4.06$，若该温度下在 1L 的反应装置中加入 0.1mol CO(g) 和 0.1mol $H_2O(g)$，计算各反应物和产物在该体系达到平衡后的浓度。

$$K_c = \frac{[CO_2][H_2]}{[CO][H_2O]}$$

解答：

起始浓度：CO 和 H_2O 的起始浓度均为 $0.1\text{mol} \cdot L^{-1}$，此时无 CO_2 或 H_2 生成，其起始浓度为 0。

改变的浓度：CO_2 和 H_2 在体系达到平衡后有一定的浓度，浓度多少是需要解决的问题，将 x 设定为 CO 在整个过程中浓度的改变值。则根据方程可知道每种组分的改变量。

平衡浓度：　　平衡浓度 = 起始浓度 + 改变浓度

列出浓度表

	CO(g)	+	$H_2O(g)$	$\rightleftharpoons$	$CO_2(g)$	+	$H_2(g)$
起始浓度($\text{mol} \cdot L^{-1}$)	0.100		0.100		0		0
改变浓度($\text{mol} \cdot L^{-1}$)	$-x$		$-x$		$+x$		$+x$
平衡浓度($\text{mol} \cdot L^{-1}$)	$0.100 - x$		$0.100 - x$		x		x

注意：CO 和 H_2O 在平衡状态下的浓度为其减少的浓度，由于起始状态下无 CO_2 和 H_2 生成，则 CO_2 和 H_2 的浓度等于生成浓度。

代入公式：

$$K_c = \frac{[CO_2][H_2]}{[CO][H_2O]} = 4.06$$

$$\frac{(x)(x)}{(0.100 - x)(0.100 - x)} = 4.06$$

解方程得　　$x = 0.0668$

可得出：

$$[CO] = 0.100 - x = 0.100 - 0.0668 = 0.033M$$
$$[H_2O] = 0.100 - x = 0.100 - 0.0668 = 0.033M$$
$$[CO_2] = x = 0.0668M$$
$$[H_2] = x = 0.0668M$$

相关知识链接

汽车尾气是严重的大气污染源之一，汽车发动机工作时会排出多种潜在的有害物质，如 CO、CO_2 及多种氮氧化合物。当空气中的 N_2 和 O_2 进入汽车发动机后，O_2 与柴油、汽油中的碳氢化合物反应生成 CO_2——完全燃烧生成物、CO——不完全燃烧生成物及水。但是在发动机内，高温下 N_2 与 O_2 也能反应生成氮氧化合物，反应式如下：

$$N_2(g) + O_2(g) \rightleftharpoons 2NO(g)$$

虽然 NO 是一种非常重要的生物分子(可称作信号分子)，NO 与空气中的 O_2 混合，迅速生成一种褐色气体 NO_2。室温下 N_2 与 O_2 生成 NO 的平衡常数 K_c 为 4.8×10^{-31}，该值告诉我们 NO 的平衡浓度非常小，因此大气中几乎不能发生 N_2 与 O_2 的反应。N_2 与 O_2 生成 NO 的反应是吸热反应，通过范·霍夫方程可知，在圆柱形发动机中柴油或汽油被消耗时，体系温度很高，有利于反应平衡向右进行，从而有利于 NO 的生成。

不幸的是，当废气离开发动机时，温度冷却得特别快，使 NO 分解为 O_2 和 N_2 的反应速率变得非常慢，导致排出的汽车尾气中有一定量的 NO 存在。NO 一旦进入大气，便能与大气中的 O_2 反应生成 NO_2，NO_2 是一种非常明显的褐色气体，当空气污染非常严重时可以观察到该气体的颜色。

目前有很多种方法用于降低氮氧化合物的含量，例如，许多汽车尾气排放系统中安装了催化转换器，该转换器能催化降解 NO 为 N_2 和 O_2。催化转换器非常昂贵，因为使用了贵重金属铂、钯和铑等。因此为了降低成本，其他更多的方法正在研制中。

减少大气中 NO_2 排放量，一种方法是降低汽车发动机中的 NO 的生成量，既然高温有利于 NO 的形成，那么相反，低温则能减少 NO 的形成，这可以通过降低发动机中的压缩比例来实现。压缩比例是发动机中活塞在开始工作时的体积与活塞将空气－燃料压缩后的体积之比。在高的压缩比例之下，空气－燃料在点燃前被加热到很高的温度，燃烧后气体非常热，此时生成 NO。降低压缩比例能降低最高燃烧温度，从而降低 NO 的含量，但是这种方法的弊端是在降低压缩比例的同时也降低了发动机的效率，增大了石油的使用量，不利于节能。

另外一种方法是控制 NO 的排放，往空气－燃料中加入水，这样，一部分燃烧热被水蒸气吸收了，降低了废气中温度，从而降低了 NO 的浓度。

习　题

7.1　对一个经典反应，如 $H_2 + O_2 \rightarrow H_2O$，画出其反应物和产物随着反应进程的浓度变化图（假设起始点无产物生成）。

7.2　在什么条件下反应商 Q 等于 K？

7.3　当给定一个平衡反应及其平衡常数时，为什么没有必要再给出平衡常数的表达式。

7.4　在 225℃下，下列反应的 $K_p = 6.3 \times 10^{-3}$，该反应能否完全反应？

$$CO(g) + 2H_2(g) \rightleftharpoons CH_3OH(g)$$

7.5　以下方程哪些能基本反应完全？

(a) $2CH_4(g) \rightleftharpoons C_2H_6(g) + H_2(g)$　　$K_c = 9.5 \times 10^{-13}$

(b) $CH_3OH(g) + H_2(g) \rightleftharpoons CH_4(g) + H_2O(g)$　　$K_c = 3.6 \times 10^{20}$

(c) $H_2(g) + Br_2(g) \rightleftharpoons 2HBr(g)$　　$K_c = 2.0 \times 10^{9}$

7.6　理想气体方程显示恒定温度下，气体分压与摩尔浓度成一定比例。写出该比例常数。

7.7　均相平衡与非均相平衡的区别是什么？

7.8　画出具有正的 $\Delta G^{\ominus}$ 的化学反应的吉布斯自由能曲线图，并标出平衡时反应混合物的组成。

7.9　假定一个具有负 $\Delta S^{\ominus}$ 的反应，那么随着温度的升高，在平衡状态下产物将变多还是变少？

7.10　对于一平衡常数 $K = 1$ 的反应，其 $\Delta G^{\ominus}$ 是多少？

7.11　对于平衡反应

$$2CH_4(g) + 2H_2S(g) \rightleftharpoons CS_2(g) + 4H_2(g)$$

当下列条件发生时，平衡有什么变化？

(a) 增加 $CH_4(g)$　　(b) 增加 $H_2(g)$

(c) 移除 $CS_2(g)$　　(d) 降低容器体积

(e) 升高温度（假定该反应为吸热反应）　　(f) 加催化剂

7.12　有如下方程：

$$NO(g) + NO_2(g) + H_2O(g) \rightleftharpoons 2HNO_2(g)$$

$NO(g)$、$NO_2(g)$和$H_2O(g)$在10.0L玻璃瓶中混合。20℃下起始浓度为$[NO] = [NO_2] = 2.59 \times 10^{-3}$M，$[H_2O] = 9.44 \times 10^{-4}$M和$[HNO_2] = 0$M，当反应达到平衡后，$[HNO_2] = 4.0 \times 10^{-4}$M。计算平衡常数$K$。

7.13　两个分别装有$F_2(g)$和$PF_3(g)$的1L玻璃瓶，压力都为5.00×10^4Pa。通过将两瓶连通，由如下反应生成$PF_5(g)$，在一个特定温度下$K_p = 4.0$。

$$F_2(g) + PF_3(g) \rightleftharpoons PF_5(g)$$

(a)当阀门打开，气体混合后压强降低，描述当压强稳定后气体的组成；

(b)若左瓶中所有气体都进入右边并关上阀门，当反应平衡时列出各气体的组成，并说明与(a)相比气体组成有何变化。

7.14　装有NH_3的345mL的容器，在9.93×10^4Pa，温度为45℃时，其摩尔浓度是多少？

7.15　下列哪些反应$K_p = K_c$？

(a)$2H_2(g) + C_2H_2(g) \rightleftharpoons C_2H_6(g)$　　(b)$N_2(g) + O_2(g) \rightleftharpoons 2NO(g)$

(c)$2NO(g) + O_2(g) \rightleftharpoons 2NO_2(g)$　　(d)$CO_2(g) + H_2(g) \rightleftharpoons CO(g) + H_2O(g)$

7.16　温度为25℃时，下列非均相反应的$K_c = 1.6 \times 10^{-34}$。若在1.0L容器中有0.1mol的HCl和固体$I_2$，计算体系各组分的平衡浓度。

$$2HCl(g) + I_2(s) \rightleftharpoons 2HI(g) + Cl_2(g)$$

7.17　在25℃时，反应：$AgCl(s) + B_r^-(aq) \rightleftharpoons AgBr(s) + Cl^-(aq)$，$K_c = 360$，若往含有0.1M Br^-溶液中加入固体AgCl。计算Br^-和Cl^-的平衡浓度。

7.18　下列反应$\Delta G^{\ominus}_{1273K} = -9.67 kJ \cdot mol^{-1}$。在1273K的1L反应器中包含0.02mol NO_2、0.04mol NO、0.015mol N_2O及0.035mol O_2。判断该反应是否达到平衡，若没有，反应将会朝哪个方向进行已达到的平衡。

$$NO_2(g) + NO(g) \rightleftharpoons N_2O(g) + O_2(g)$$

7.19　下列将煤转化为天然气的反应，在25℃时$\Delta G^{\ominus} = -50.79 kJ \cdot mol^{-1}$，那么$K_p$是多少？$K_p$的值能否说明该反应具有价值？

$$C(s) + 2H_2(g) \rightleftharpoons CH_4(g)$$

7.20　在高温下，2mol HBr在4.0L容器中分解为H_2和Br_2，当反应达到平衡时Br_2的浓度为0.0955M，那么该温度为多少？

$$2HBr(g) \rightleftharpoons Br_2(g) + H_2(g)$$

7.21　反应$N_2O_4(g) \rightleftharpoons 2NO_2(g)$，在25℃时$K_p = 0.14$，平衡后$N_2O_4$的分压为$2.53 \times 10^4$。计算：$NO_2$的分压和混合气体的总压。

第 8 章　溶液和溶解度

众所周知,氯化钠(食盐的主要成份)主要来源于海洋。氯化钠易溶于水,经过蒸发浓缩才能从海水中分离出固体的氯化钠。在盐厂,海水在阳光和暖风的共同作用下浓缩,析出氯化钠晶体。本章将探讨这个过程中涉及的一些影响因素,如为什么氯化钠溶解于水而不溶于四氯化碳?为什么在失去一定的水分之后氯化钠开始从海水中结晶析出?我们还要讨论与溶解性相关的其他因素,研究某些盐在水中明显不溶的原因以及水和油无法混合的原因。本章将运用第 6 章和第 7 章介绍的化学热力学原理,从分子水平的角度来探讨这些问题。

8.1　溶液和溶解度介绍

研究物质的溶解性是化学中非常重要的内容。在日常生活中有很多这方面的例子,例如,在一杯热水中溶解咖啡,在水中加清洁剂,以及用松节油来清洗用过的画笔,都需要使两种物质完全混溶。然而,有一些物质,不管人们怎么努力都无法使它们混溶,如水和油(因此人们不会用水来清洗沾满油性颜料的画笔)。另外,物质间不混溶性还可应用于物质的提纯,因此溶液构成的相关原理在许多领域都是非常重要的。本章将重点讨论溶液构成的动力学以及溶液物理特性的量化。

溶液(solution)是由两种或两种以上纯物质形成的均一的混合物("均一"指溶液中所有部位都具有完全相同的组成)。事实上,除了人们通常所理解的液态溶液,溶液还包括由两种或两种以上气体(例如空气)形成的气态溶液、由两种或更多种固体物质(例如合金)形成的固态溶液,以及通常所说的由一种气体、液体或固体分散在一种液体中形成的溶液。在液态溶液中,液相物质称为溶剂(solvent),被分散物称作溶质(solute)。在某温度下,溶质在某种溶剂中能够完全溶解,则称这种溶质是可溶的(soluble)。某温度下,把给定量的溶剂中能够完全溶解的溶质的最大量称为溶解度(solubility),把不能再溶解溶质的溶液称为饱和溶液(saturated solution)。

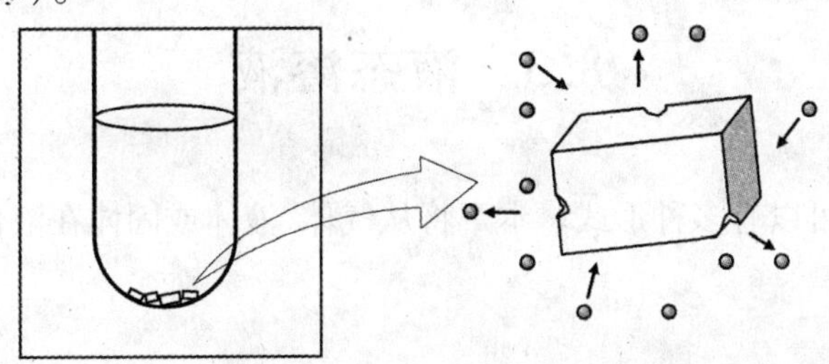

图 8.1　在饱和溶液中,溶解的溶质和未溶解的溶质之间存在着动态平衡

最常见的饱和溶液如图8.1所示，在饱和溶液中，剩余的固体溶质和已溶解的溶质之间保持着一种动态平衡。

溶质分散在溶剂中，形成均一溶液的过程称为溶解（dissolution）。一般，讨论溶解必须明确具体的溶质和溶剂。

8.2 气态溶液

先来观察将两种气体混合形成气态溶液的过程。从图8.2(a)所示的状态开始，两种不同的纯气体被一个隔板分开。当抽掉隔板时，两种气体会自发地混合成均一的气态溶液，如图8.2(b)所示。即使将两种气体冷却，它们仍然可以混合，只是速度要慢很多。事实上，所有气体都会以任意比例与其他气体混合均匀。图8.2所示两种气体自发混合的事实表明：在这个混合过程中的吉布斯自由能变$\Delta G(\Delta_{mix}G)$为负值。

$$\Delta G = \Delta H - T\Delta S$$

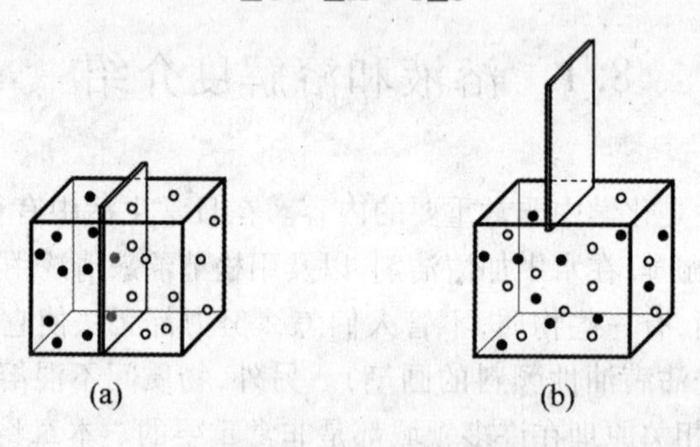

图8.2 气体混合过程

通常情况下，由于两种气体混合的焓变很小，因此$\Delta_{mix}S$应该是较大的正数才能确保$\Delta_{mix}G$为负值。完全混合状态在统计学上比非混合状态具有更高的熵，这会导致混合过程中产生较大的熵增，$\Delta_{mix}S$为较大的正值。事实上气体的混合过程可看做是一个熵驱动过程。从分子水平角度来分析气体（对于He、Ne、Ar、Kr、Xe等单原子气体，就是在原子水平）就会发现，由于气体分子之间相隔较远，单个气体分子之间的作用力非常小，气体分子可以无障碍地自发混合。但若考虑凝聚相的溶液则会发现，凝聚相中原子或分子间的吸引力是非常重要的，可能决定着两种物质能否混合。这些事实证明混合熵非常重要。

8.3 液态溶液

如前所述，溶液可以有多种形式。本章将从气体、液体或固体在液体中的溶解性来详细讨论溶液。

气 - 液溶液

如表 8.1 所示,气体在水中有较宽范围的溶解度。室温下 N_2 和 O_2 分子的溶解度非常小,然而在 20℃时极性氨分子在 100g 水中的溶解度可达 51.8g。对于气体在液体中的溶解,气体分子必须均匀地分散到溶剂中。这个过程与气态溶液的形成不同,在此过程中不能忽略溶剂分子内作用力与溶解焓变 $\Delta_{sol}H$。

表 8.1　常见气体在水中的溶解度[a]

气体	温　度			
	0℃	20℃	50℃	100℃
氮气(N_2)	0.0029	0.0019	0.0012	0
氧气(O_2)	0.0069	0.0043	0.0027	0
二氧化碳(CO_2)	0.335	0.169	0.076	0
二氧化硫(SO_2)	22.8	10.6	4.3	1.8[b]
氨气(NH_3)	89.9	51.8	28.4	7.4[c]

注:(a)溶解度是指当液面上气态达到饱和且气体的总压为 10^5Pa 时,在每 100g 水中溶解的溶质的克数;(b)指在 90℃时的溶解性;(c)指在 96℃时的溶解性。

当气体分散在液体中时,如图 8.3 所示,焓变在本质上是由以下两种情况产生的:

(1)用能量来打开溶剂以形成贮藏气体分子的空位。溶剂必须轻微地膨胀来容纳气体分子。克服溶剂分子间的引力是一个吸热过程。在室温下,水是一个特例,水分子间松散的氢键网络中已经形成开放的孔隙,气体分子进入水分子中这种空位只需要很少的能量。

(2)当气体分子进入这些空位时,能量被释放出来。气体分子和其周围溶剂间的分子作用力使总能量降低,能量以热的形式释放出来。吸引力越强,释放的热量越多。NH_3 等气体分子能够与水形成氢键,而许多有机溶剂却不能。当这样的气体分子进入水分子中的"口袋"时,比进入有机溶剂中释放出的热量更多。

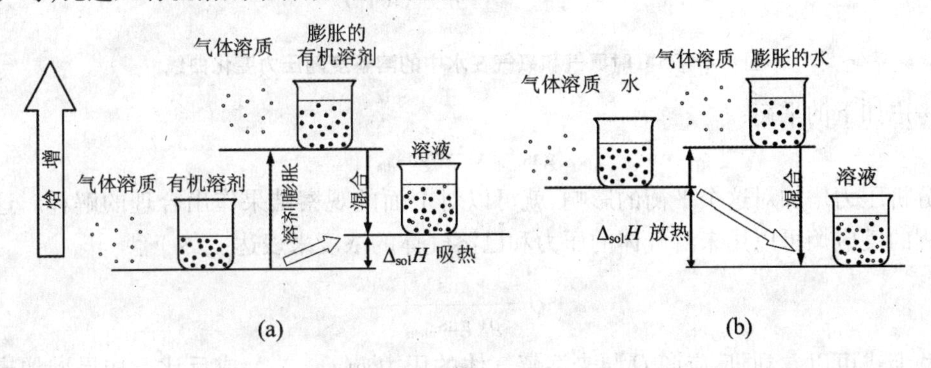

图 8.3　气体溶解性的分子模型

在图 8.3(a)中,气体溶于有机溶剂时,溶剂需吸收能量打开空位以容纳气体分子,第二步时,气体进入溶剂被溶剂分子吸引再放出能量,溶解总过程吸热;在图 8.3(b)中水分子的氢键形成的松散网状结构已经具有了容纳气体分子的空位,因此,只需要消耗很少的能量进行膨胀,在第二步,当气体吸引水分子而占据空位中的位置时,能量被释放出来,故溶解放热。

由于打开空位所需的能量大于气体和溶剂分子间因吸引力所释放的能量,气体溶解于有机溶剂的焓变多为吸热。由于水中已经包含了容纳气体分子的空位,当水和气体分子相互吸引时,能量被释放出来,因此气体溶解于水多为放热过程。

前面讲到完全混合状态导致气态溶液具有很大的熵,这种状况和气体在液体中的溶解性没有直接关系。液态水具有非常规整的结构,引入气态分子并不会使这种规整结构变得混乱。事实上,实验表明在形成某些气 - 水溶液时,熵减少。特定气体在水中的溶解性是由焓和熵之间巧妙的平衡所决定的,但往往难以确定哪一种因素起着决定性作用。

从表 8.1 中可以看出,气体在水中的溶解度随温度的改变而发生显著的变化,表中所列气体的溶解性均随着温度的升高而降低。未溶解的气体和已溶解的气体分子之间存在一个动态平衡。

可以看到,随温度增加,表 8.1 中气体分散过程的平衡常数降低。然而,并不是所有气体的溶解性均随着温度的升高而降低,例如 H_2、N_2、CO、He 和 Ne 在甲苯和丙酮等普通有机溶剂中的溶解度是随着温度升高而增加的。从这些例子可以看到,哪怕是非常简单的体系,要预见其溶解性也是非常困难的。

气体在液体中的溶解度不仅受温度的影响,也受压力的影响。例如,空气中的主要成分氮气和氧气,常压下在水中的溶解度不大,但随着压力的增加二者的溶解度不断增加,如图 8.4 所示。

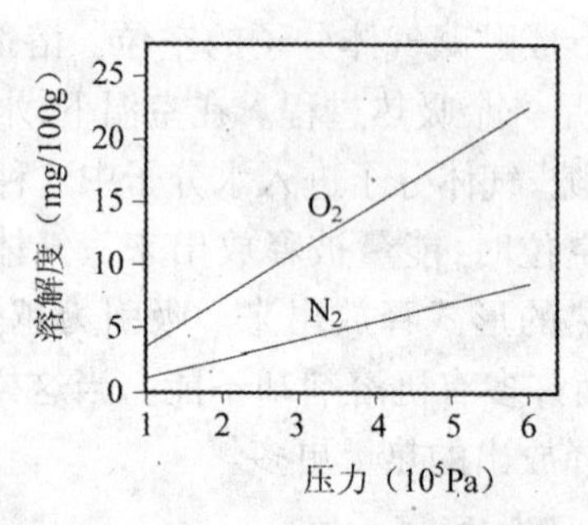

图 8.4　25℃时氮气和氧气在水中的溶解度随压力变化曲线

考虑如下的平衡:

$$gas_{undis} \rightleftharpoons gas_{dis}$$

分析压力增加对这个平衡的影响,就可以对上面的观察结果作出合理的解释。这个平衡过程的反应熵可以用未溶气体的压力和已溶气体的浓度来表达:

$$Q = \frac{[gas_{dis}]}{p(gas_{unsis})}$$

从上式可以看到,反应商 Q 与未溶解气体的压力 $p(gas_{undis})$ 成反比。如果增加未溶解气体在恒温下的压力,则 Q 会降低,使 $Q < K$。要重新建立平衡使 $Q = K$,则需通过增大 $p(gas_{undis})$ 而使 Q 增大,平衡位置向右侧移动。反之亦然,如果减少上述气 - 液溶液的压力,分散在溶液中的部分气体会离开溶液。在生活中经常会看到这种现象,例如每当我们打开

一瓶汽水类饮料时,由于压力突然降低会有大量二氧化碳气泡涌出。

那么压力在分子水平上如何影响气体的溶解度呢？可以想象在一个带有活塞的封闭容器中,部分气体溶于溶液。如图 8.5(a)所示,气液两相达到平衡时,两相间运动的气体分子以相等的速率移动。因为气体分子进入溶液的速度与它们在溶液表面碰撞的频率成正比。当我们增加气体的压力时(图 8.5(b)),由于气体分子被挤压得更加紧密导致碰撞的频率增加。由于液体是不可压缩的,增加压力不会影响气体分子逸出溶液的频率。这意味着,增大压力有利于气体进入溶液。图 8.5(c)显示,当很多气体溶解后,溶液浓度增大,而溶解分子的逸出速率正比于浓度,故在较大压力下达到平衡后,两相间分子相互运动的速率均增大。

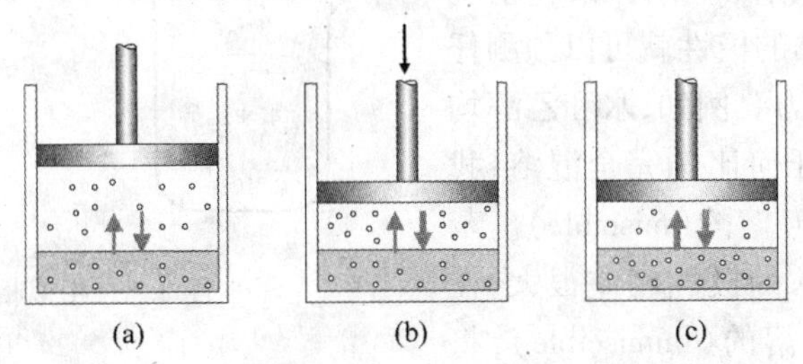

图 8.5　压力增加气体在液体中的溶解度

亨利定律

对于与溶剂不发生化学反应的气体,亨利定律(Henry's law)解释了气体的压力和溶解度之间的关系。亨利定律表明,在一定温度下,溶液中气体的浓度与溶液上方该气体的分压成正比:

$$c_{gas} = k_H p_{gas} \text{(恒温)}$$

在这个方程中,c_{gas}是指气体的浓度,p_{gas}是溶液上方该气体的压力。比例常数 k_H 为亨利系数,不同气体的亨利系数是不同的。但需注意,只有在很低的浓度和压力下且气体不与溶剂反应时,这个方程才是成立的。

亨利定律另一个常用的表达式是:

$$\frac{c_1}{p_1} = \frac{c_2}{p_2}$$

方程式中,c_1 和 p_1 指初态,c_2 和 p_2 指终态。

示例 8.1　在 20℃,氮气分压为 7.63×10^4Pa 时,N_2 在水中的溶解度为 0.0150g · L^{-1}。在 20℃下,当氮气分压时为 1.05×10^5Pa 时,水中 N_2 的溶解度是多少?

解答:这个问题可以运用亨利定律。在不知道亨利系数时采用下式

$$\frac{c_1}{p_1} = \frac{c_2}{p_2}$$

将以下数据代入:

$$c_1 = 0.0150\text{g} \cdot \text{L}^{-1} \qquad p_1 = 7.63 \times 10^4\text{Pa} \qquad p_2 = 1.05 \times 10^5\text{Pa}$$

解得 $c_2 = 0.0206$g · L^{-1}。因此 N_2 在较高压力下的溶解度是 0.0206g · L^{-1}。

思考题 8.1　在 1.0×10^5Pa 压力下，氧气在水中的溶解度是 0.00430g O_2/100g H_2O，氮气在水中的溶解度是 0.00190g N_2/100g H_2O。在纯净、干燥的空气中，$p_{N_2}=7.8\times10^4$Pa，$p_{O_2}=2.09\times10^4$Pa。在 20℃ 时，水中溶解的空气达到饱和，溶解在 100g 水中的氮和氧的质量各是多少？

液－液溶液

液－液溶液的形成需要克服两种纯液体的分子间引力使液体完全混合，这是比气－液溶液更加复杂的情况。但在某些情况下，只要考虑两种液体的极性就可以预测任何两种液体混溶的能力。例如，水和乙醇均为极性溶剂，可以以任何比例完全混溶，我们认为水和乙醇是易互溶的(miscible)。苯为非极性溶剂，苯和水的极性相差很大，在本质上苯和水是不相溶的(immiscible)，将两种不相溶的溶剂混在一起时会出现分层现象，如图 8.6 右图所示。乙醇可溶于水，因为乙醇－水溶液中分子的引力与水－水或乙醇－乙醇间的引力没有太大差别；苯不溶于水，因为苯－水混合物间的吸引力比水－水和苯－苯间的吸引力弱很多，故两种纯液体间的强吸引力在能量上阻碍了两者的互溶。

图 8.6　相似相溶原理

水与乙醇都是极性分子，而苯则是非极性的，这是导致这些液体在混合时出现上述现象的关键原因。乙醇分子中的羟基官能团在乙醇分子之间，以及乙醇和水分子之间形成大范围的氢键(图 8.7)。只有当乙醇和水分子间氢键作用大于两个纯液体的分子间的吸引力时才能使液体混合。因此，该体系形成了混合态熵。相反，苯等非极性分子不能与水分子产生强烈的相互作用，这意味着破坏水分子的氢键网络所需的能量无法通过水－苯混合产生的相互作用来弥补。即使可以把水分子分散在苯中，但当两个水分子碰撞时，水分子会通过分子间氢键紧密地连接在一起，这个过程将持续发生，直到所有的水分子都黏在一起，系统最终将成为两相。

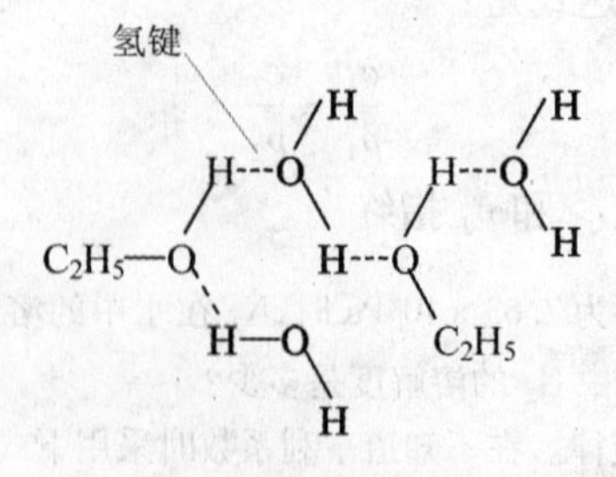

图 8.7　乙醇可与水分子形成氢键，两者可以互溶

可以用类似的原理来解释为什么非极性液体容易混合。由于纯液体中分子间的相互作用低，所以混合时没有太大的障碍。

一般来说，两个极性相似的液体往往是相溶的，而极性相差很大的液体常常是不相溶的。“相似相溶原理”能很好地预测溶解性，但也有例外，一个极性羟基官能团的存在并不能保证所有的醇都具有水溶性。乙醇（CH_3CH_2OH）和正丙醇（$CH_3CH_2CH_2OH$）可以以任何比例与水混溶，但正丁醇（$CH_3CH_2CH_2CH_2OH$）只能与水部分互溶，而正戊醇（$CH_3CH_2CH_2CH_2CH_2OH$）则基本不溶于水。上述简单的道理不足以解释这种行为，液－液溶解性的完整解释需要更高层次的热力学知识，已超出了本书内容的范围。

液－固溶液

在讨论固体在液体中的溶解时，以上基本原则保持不变。首先来看氯化钠晶体溶于水时会发生什么情况。

图8.8描绘了氯化钠晶体与水接触的过程。水分子的偶极子使得水分子的负极（O原子端）指向Na^+，而正极（H原子端）指向Cl^-离子。换句话说，离子偶极子的吸引倾向于将离子拖离晶体。裸露在晶体边缘的离子相对于内部的离子而言，受到其他相反离子的吸引力要小，它们更容易被水分子拖走，由此产生新的晶面，晶体继续溶解。图8.8中水分子将离子从晶体表面拖入水溶液中。水分子通过静电吸引（$Na^+ \cdots OH_2$；$Cl^- \cdots HOH$）与离子配位，水分子与离子间的吸引力比水分子之间的吸引力更强。

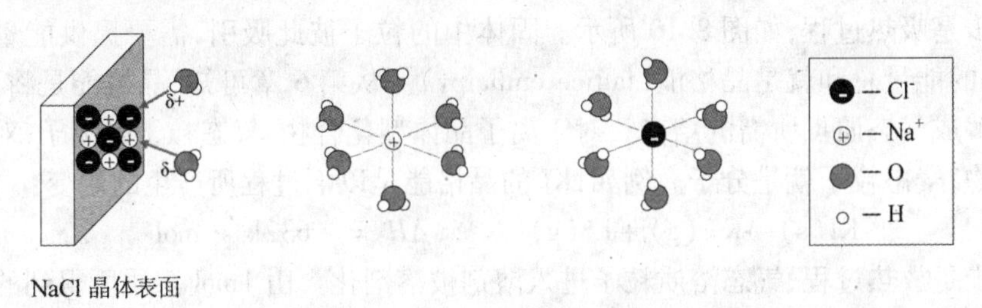

图8.8　NaCl离子的水合

当离子进入水中，就会完全被水分子包围。这种现象被称为离子的水合。通常溶质粒子被溶剂分子包裹的现象称为溶解，水合只是溶解的一个特例。

当水偶极子和离子之间的吸引力克服了晶体内部离子间的相互吸引力时，离子化合物可溶于水。类似的事实解释了为何极性分子组成的固体化合物（如糖）易溶于水，如图8.9所示，水分子将极性分子从固体表面拖入水溶液中，并通过静电吸引与极性分子结合。溶剂和溶质偶极子之间的吸引力有助于从晶体中拖出分子，将分子带进溶液。这个过程符合“相似相溶”原理，极性溶质易溶于极性溶剂。

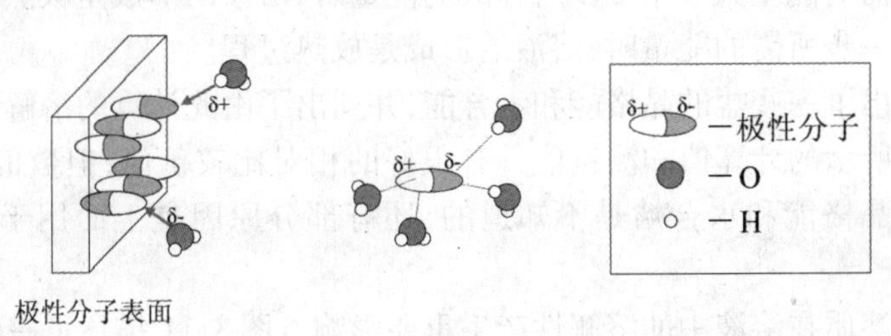

图8.9　极性分子的水合

同样的道理解释了为什么非极性固体可溶于非极性溶剂。蜡是一种由色散力结合在一起的长链烃类固体混合物。溶剂(苯)和溶质(蜡)分子之间的吸引力也是一种色散力。

当溶质和溶剂间分子间的作用力相差很大时,二者不能形成溶液。例如,离子晶体或极性非常强的分子晶体(比如糖)不溶于苯、汽油以及较轻的非极性溶剂中。这些溶剂分子均为碳氢化合物,没有足够的作用力来克服晶体中离子或极性分子间更强的吸引力,因此不能吸引离子或强极性分子。

前面讲到在简单的气态溶液中混合焓变是最小的,但在液 - 液溶液中情况就不一样了。由易溶的离子型固体溶液产生的焓变可以通过计算得出,而且还可以更为详细地讨论这些变化。由第6章内容可知焓是一个状态函数,如图8.10所示,通过两个假定的步骤来模拟离子型溶质在溶剂中的解离过程。事实上,溶液是直接形成的,如灰色箭头所示。但可通过假设两个独立的步骤来分析焓变,因为焓变是状态函数,与路径无关。整个过程的焓变等于步骤1和步骤2产生焓变的总和。

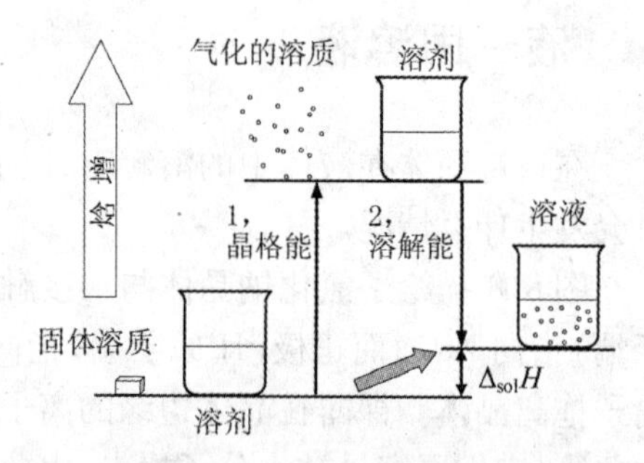

图8.10　固体溶于液体的焓变

第一步是吸热过程,如图8.10所示。固体中的粒子彼此吸引,需要提供能量来使它们分散,所需的能量总和就是晶格能(lattice enthalpy)。从第6章可知,晶格能是将1mol晶体化合物分解成气态质点所需的焓变。对于离子晶体型化合物,气态粒子是离子,对于分子晶体型化合物,气态粒子就是分子。例如,KI的晶格能是以下过程所产生的焓变:

$$KI(s) \rightarrow K^+(g) + I^-(g) \qquad \Delta H = +632kJ \cdot mol^{-1}$$

第二步是放热过程,气态溶质粒子进入溶剂被溶剂化。由1mol溶质所得到的气态溶质粒子分散到溶剂中产生的焓变称溶解焓变(solvation enthalpy)。如果溶剂是水,溶解焓变则称作水合焓变(hydration enthalpy)。例如,KI的水合焓变是由以下过程产生的焓变:

$$K^+(g) + I^-(g) \rightarrow K^+(aq) + I^-(aq) \qquad \Delta H = -619kJ \cdot mol^{-1}$$

溶液的焓(enthalpy of solution,$\Delta_{sol}H$)就是1mol晶体物质分散到溶剂中产生的焓变,等于第一步吸收的热量与第二步放出的热量之差。例如,KI的溶解焓变可以用前面所给的从第一步到第二步数据求和得到,即:

$$KI(s) \rightarrow K^+(aq) + I^-(aq)$$

$$\Delta_{sol}H = -619kJ \cdot mol^{-1} + 632kJ \cdot mol^{-1} = 13kJ \cdot mol^{-1}$$

当第一步所需的能量大于第二步所释放的能量时,溶液的形成是吸热过程;当第二步释放的能量大于第一步所需的能量时,溶液的形成是放热过程。

表8.2中列出了一些盐的晶格能和水合能,并列出了由此计算的溶解焓变。

在表8.2中所示的计算值和测量值具有很好的相对比较价值,但数值有一定偏差。部分原因是精确的晶格能和水合焓是不知道的,还有部分原因是上面用于分析的模型过于简单。

温度对固态溶质在溶液中的溶解性产生重要影响。图8.11描述了一些固体物质(大部分为离子型盐)溶解度随温度变化的情况。图中显示,随着温度升高,盐的溶解度或多或少地都会增加,只有极少几种盐会随温度的增加而溶解度变小。

表8.2 某些碱金属氯化物的晶格能、水合焓和溶解焓

化合物	晶格能($kJ \cdot mol^{-1}$)	水合焓($kJ \cdot mol^{-1}$)	溶液的焓($\Delta_{sol}H$)[(a)]	
			计算值($kJ \cdot mol^{-1}$)[(b)]	实测值($kJ \cdot mol^{-1}$)
LiCl	+833	-883	-50	-37.0
NaCl	+766	-770	-4	+3.9
KCl	+690	-686	+4	+17.2
LiBr	+787	-854	-67	-49.0
NaBr	+728	-741	-13	-0.602
KBr	+665	-657	+8	+19.9
KI	+632	-619	+13	+20.33

注:(a) 溶液的焓适用于极稀溶液形成过程;(b)$\Delta_{sol}H$ = 晶格能 + 水合焓。

并非所有的事物都与人们的期望一致。许多溶解过固体 NaOH 的人会注意到,当固体溶解时溶液变得非常热,表明这个过程是放热的。由范·霍夫方程式(第7章)可以预计,随着温度升高,溶解平衡常数变小,NaOH 的溶解度应当降低,因此随着温度升高,NaOH 应当会变得更加难以溶解。但如图8.11所示,观察到了相反的变化趋势。这种现象可以解释如下:氢氧化钠一般以无水固体的形式存在,换句话说,结晶固体中没有水分子,此固体在水中的溶解过程是放热的。但是,当加入过量无水氢氧化钠到水中时,将形成饱和氢氧化钠溶液,未溶解的固体不再是无水氢氧化钠,而是水合物 $NaOH \cdot H_2O$,即其中每个 NaOH 分子都与一个水分子连接。$NaOH \cdot H_2O$的溶解为吸热过程,溶解度随温度升高而增大。

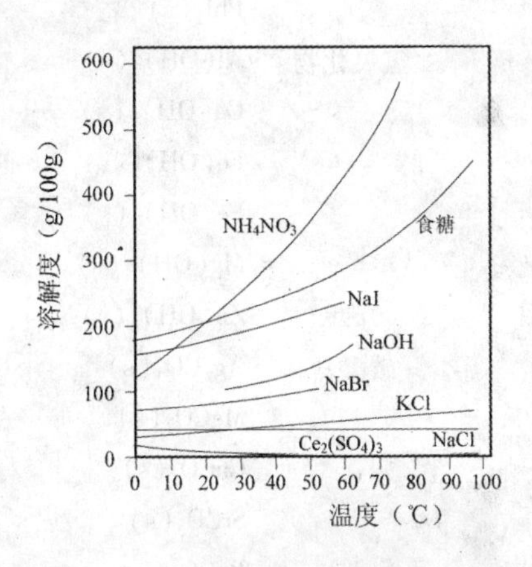

图8.11 溶解度与温度关系曲线图

8.4 溶解度的度量——溶度积

离子盐类一般分为可溶于水或者不溶于水两种。"不溶解"这个词表示那些被划定为不溶盐者完全不溶于水,但这并非事实。如果将含有等量可溶性盐硝酸银和氯化钠的水溶液混合,我们立即就会仓促地将 AgCl 归为"不溶性"盐,见下式:

$$AgNO_3(aq) + NaCl(aq) \rightarrow AgCl(s) + NaNO_3(aq)$$

然而,如果仔细分析,将会发现溶液中仍存在很少量的 $Ag^+(aq)$和 $Cl^-(aq)$。事实是 AgCl 存在非常小的溶解度(在25.0℃以下时,其溶解度约为每100mL 水中含0.19mg AgCl)。在任何存在未溶解固体的饱和溶液中,AgCl(s)的解离与 $Ag^+(aq)$和 $Cl^-(aq)$的结合之间存在一个动力学平衡。因此,可以确定 AgCl(s)的溶解度与其解离平衡常数的数量级相关:

$$AgCl(s) \rightleftharpoons Ag^{+}(aq) + Cl^{-}(aq)$$

微溶盐的解离平衡常数又称作溶度积，简写为 K_{sp}。上面平衡方程的溶度积 K_{sp} 可记为：

$$K_{sp} = [Ag^{+}][Cl^{-}]$$

表 8.3　一些微溶盐的溶度积

类型	盐		离子	K_{sp}(25℃)
卤化物	$CaF_2(s)$	$\rightleftharpoons$	$Ca^{2+}(aq) + 2F^{-}(aq)$	3.9×10^{-11}
	$PbF_2(s)$	$\rightleftharpoons$	$Pb^{2+}(aq) + 2F^{-}(aq)$	3.6×10^{-8}
	$AgCl(s)$	$\rightleftharpoons$	$Ag^{+}(aq) + Cl^{-}(aq)$	1.8×10^{-10}
	$AgBr(s)$	$\rightleftharpoons$	$Ag^{+}(aq) + Br^{-}(aq)$	5.0×10^{-13}
	$AgI(s)$	$\rightleftharpoons$	$Ag^{+}(aq) + I^{-}(aq)$	8.3×10^{-17}
	$PbCl_2(s)$	$\rightleftharpoons$	$Pb^{2+}(aq) + 2Cl^{-}(aq)$	1.7×10^{-5}
	$PbBr_2(s)$	$\rightleftharpoons$	$Pb^{2+}(aq) + 2Br^{-}(aq)$	2.1×10^{-6}
	$PbI_2(s)$	$\rightleftharpoons$	$Pb^{2+}(aq) + 2I^{-}(aq)$	7.9×10^{-9}
氢氧化物	$Al(OH)_3(s)$	$\rightleftharpoons$	$Al^{3+}(aq) + 3OH^{-}(aq)$	3×10^{-34} (a)
	$Ca(OH)_2(s)$	$\rightleftharpoons$	$Ca^{2+}(aq) + 2OH^{-}(aq)$	6.5×10^{-6}
	$Fe(OH)_2(s)$	$\rightleftharpoons$	$Fe^{2+}(aq) + 2OH^{-}(aq)$	7.9×10^{-16}
	$Fe(OH)_3(s)$	$\rightleftharpoons$	$Fe^{3+}(aq) + 3OH^{-}(aq)$	1.6×10^{-39}
	$Mg(OH)_2(s)$	$\rightleftharpoons$	$Mg^{2+}(aq) + 2OH^{-}(aq)$	7.1×10^{-12}
	$Zn(OH)_2(s)$	$\rightleftharpoons$	$Zn^{2+}(aq) + 2OH^{-}(aq)$	3.0×10^{-16} (b)
碳酸盐	$Ag_2CO_3(s)$	$\rightleftharpoons$	$2Ag^{+}(aq) + CO_3^{2-}(aq)$	8.1×10^{-12}
	$MgCO_3(s)$	$\rightleftharpoons$	$Mg^{2+}(aq) + CO_3^{2-}(aq)$	3.5×10^{-8}
	$CaCO_3(s)$	$\rightleftharpoons$	$Ca^{2+}(aq) + CO_3^{2-}(aq)$	4.5×10^{-9} (c)
	$SrCO_3(s)$	$\rightleftharpoons$	$Sr^{2+}(aq) + CO_3^{2-}(aq)$	9.3×10^{-10}
	$BaCO_3(s)$	$\rightleftharpoons$	$Ba^{2+}(aq) + CO_3^{2-}(aq)$	5.0×10^{-9}
	$CoCO_3(s)$	$\rightleftharpoons$	$Co^{2+}(aq) + CO_3^{2-}(aq)$	1.0×10^{-10}
	$NiCO_3(s)$	$\rightleftharpoons$	$Ni^{2+}(aq) + CO_3^{2-}(aq)$	1.3×10^{-7}
	$ZnCO_3(s)$	$\rightleftharpoons$	$Zn^{2+}(aq) + CO_3^{2-}(aq)$	1.0×10^{-10}
铬酸盐	$Ag_2CrO_4(s)$	$\rightleftharpoons$	$2Ag^{+}(aq) + CrO_4^{2-}(aq)$	1.2×10^{-12}
	$PbCrO_4(s)$	$\rightleftharpoons$	$Pb^{2+}(aq) + CrO_4^{2-}(aq)$	1.8×10^{-14} (d)
硫酸盐	$CaSO_4(s)$	$\rightleftharpoons$	$Ca^{2+}(aq) + SO_4^{2-}(aq)$	2.4×10^{-5}
	$SrSO_4(s)$	$\rightleftharpoons$	$Sr^{2+}(aq) + SO_4^{2-}(aq)$	3.2×10^{-7}
	$BaSO_4(s)$	$\rightleftharpoons$	$Ba^{2+}(aq) + SO_4^{2-}(aq)$	1.1×10^{-10}
	$PbSO_4(s)$	$\rightleftharpoons$	$Pb^{2+}(aq) + SO_4^{2-}(aq)$	6.3×10^{-7}
草酸盐	$CaC_2O_4(s)$	$\rightleftharpoons$	$Ca^{2+}(aq) + C_2O_4^{2-}(aq)$	2.3×10^{-9}
	$MgC_2O_4(s)$	$\rightleftharpoons$	$Mg^{2+}(aq) + C_2O_4^{2-}(aq)$	8.6×10^{-5}
	$BaC_2O_4(s)$	$\rightleftharpoons$	$Ba^{2+}(aq) + C_2O_4^{2-}(aq)$	1.2×10^{-7}
	$FeC_2O_4(s)$	$\rightleftharpoons$	$Fe^{2+}(aq) + C_2O_4^{2-}(aq)$	2.1×10^{-7}
	$PbC_2O_4(s)$	$\rightleftharpoons$	$Pb^{2+}(aq) + C_2O_4^{2-}(aq)$	2.7×10^{-11}

注：(a) 存在多种固体形式，选用 α 型晶体的数据；(b) 存在多种固体形式，选用无定型形式的数据；(c) 存在多种固体形式，选用方解石晶型的数据；(d) 10℃时的数据。

回忆第7章可知,纯物质不会出现在平衡常数表达式中。因此,在离子型固体的 K_{sp} 表达式中只有水合离子数学计量幂的乘积。对于结构为 $M_aX_b(s)$ 的盐,在水中达到解离平衡的溶度积的表达通式为:

$$M_aX_b(s) \rightleftharpoons aM^{c+}(aq) + bX^{d-}(aq)$$

$$K_{sp} = [M^{c+}]^a[X^{d-}]^b$$

对于 AgCl,25.0℃以下的 $K_{sp} = 1.8 \times 10^{-10}$,说明 AgCl 在水中的溶解度确实很小,但不为零。通常将浓度积 K_{sp} 小于或等于 10^{-5} 的盐定为难溶盐,表 8.3 给出了一系列难溶盐的 K_{sp} 的值(附录 C 中给出了更多盐的溶度积数据)。一般来说,盐的 K_{sp} 值越小溶解性越差。然而只有阴阳离子构型相同的盐才能用 K_{sp} 值的大小来判断其溶解性。例如,尽管 CaF_2 的 K_{sp} 值比 AgCl 小,但其摩尔溶解性比 AgCl 好。这是因为这两种盐的平衡常数表达式不同,K_{sp} 的解离平衡如下:

$$CaF_2(s) \rightleftharpoons Ca^{2+}(aq) + 2F^-(aq)$$

该式的平衡常表达式为:

$$K_{sp} = [Ca^{2+}][F^-]^2$$

显然与 AgCl 的平衡表达式不同。

溶度积 K_{sp} 和溶解性的关系

确定微溶盐溶度积的方法之一是测量其溶解度。饱和盐溶液的摩尔浓度叫做摩尔溶解度(s),它等于给定温度下 1L 饱和溶液中溶解的盐的摩尔数。假设已溶解的盐完全解离成离子,则可以用摩尔溶解度来计算 K_{sp}。这个假设只适用于由一价离子组成的微溶盐,如 AgBr。但这并不完全正确,特别是对于多价离子,计算的正确性是有限的。

示例 8.2 AgBr 是用于照相胶卷的感光化合物。25℃时 AgBr 在水中的溶解度为 $1.3 \times 10^{-4} g \cdot L^{-1}$。计算该温度下 AgBr 的 K_{sp}。

解答:首先,写出 AgBr 的解离平衡方程式,确定溶度积 K_{sp} 的表达式:

$$AgBr(s) \rightleftharpoons Ag^+(aq) + Br^-(aq)$$

$$K_{sp} = [Ag^+][Br^-]$$

要计算 K_{sp},则需要将溶解度换算成摩尔浓度。1.3×10^{-4}g AgBr 转换成摩尔数 6.9×10^{-7}mol,故 25℃时,$K_{sp} = [Ag^+][Br^-] = (6.9 \times 10^{-7} mol \cdot L^{-1})^2 = 4.8 \times 10^{-13}$,可见作为平衡常数,$K_{sp}$ 是无量纲的。

思考题 8.2 在 20℃时,碘化铊(TlI)在水中的溶解度为 $1.8 \times 10^{-5} mol \cdot L^{-1}$。计算 TlI 的溶度积 K_{sp},假设它在溶液中 100% 解离。

思考题 8.3 25℃时,1L 水可以溶解 2.15×10^{-3}mol 的 PbF_2,计算 PbF_2 的溶度积 K_{sp}。

显然,如果可以由摩尔溶解度数据计算出 K_{sp},也能够根据 K_{sp} 计算出摩尔溶解度。示例 8.3 显示了如何做到这一点。

示例 8.3 已知 $K_{sp}(PbI_2) = 7.9 \times 10^{-9}$,计算碘化铅的溶解度。

分析:首先写出 $PbI_2(s)$ 溶解平衡的化学方程式,然后由方程式写出溶度积 K_{sp} 的表达式:

$$PbI_2(s) \rightleftharpoons Pb^{2+}(aq) + 2I^-(aq)$$

$$K_{sp} = [Pb^{2+}][I^-]^2$$

在本题中 K_{sp} 的值已知，必须确定 $[Pb^{2+}]$ 和 $[I^-]$ 的值，并且已知饱和溶液中 $[Pb^{2+}]$ 和 $[I^-]$ 的关系。

解答：电离反应的化学计量组成是解这个题的关键。1mol $PbI_2(s)$ 解离会产生 1mol Pb^{2+} 和 2mol I^-，即饱和溶液中 $[I^-] = 2[Pb^{2+}]$。同样的，我们曾定义摩尔溶解度为给定体积的水中所溶解的固体的摩尔数。设 $PbI_2(s)$ 的摩尔溶解度为 s mol · L^{-1}，则饱和溶液中 $[Pb^{2+}] = s$ mol · L^{-1}，$[I^-] = 2s$ mol · L^{-1}。因此：

$$K_{sp} = [Pb^{2+}][I^-]^2 = (s)(2s)^2 = 4s^3$$

在上面的解题中，我们将带有两个未知量的等式转变为只带一个简单未知量 s 的等式，可以解得：

$$s = 1.3 \times 10^{-3}$$

因此，25℃时 $PbI_2(s)$ 的摩尔溶解度是 1.3×10^{-3} mol · L^{-1}。

思考题 8.4 用表 8.3 中 K_{sp} 数据计算：在 25℃时，AgBr 在水中的摩尔溶解度和 Ag_2CO_3 在水中的摩尔溶解度。

在例 8.3 中，已经知道溶解度 s 与 K_{sp} 相关，这种精确的关系是由盐的化学结构式决定的。正如在结构式为 MX_2 或 M_2X 的 1∶2 型电解液中 $K_{sp} = 4s^3$。可以得到在结构式为 MX 的 1∶1 型电解液中 $K_{sp} = s^2$；在结构式为 MX_3 或 M_3X 的 1∶3 型电解液中 $K_{sp} = 27s^4$；在结构式为 M_2X_3 或 M_3X_2 的 2∶3 型电解液中 $K_{sp} = 108s^5$。

同离子效应

到目前为止，我们仅考虑了可溶性简单离子盐在纯水中的溶解度。如果溶剂不是纯水，而是某种离子盐溶液，这种盐的溶解度是否会改变？在该可溶性盐的饱和溶液中加入含有与这种盐相同离子的另一种盐，会发生什么现象？

我们可以回答关于平衡状态下 $PbCl_2(s)$（$K_{sp} = 1.7 \times 10^{-5}$）的饱和溶液问题。在 $PbCl_2(s)$ 的饱和溶液中加入少量 $Pb(NO_3)_2$ 浓溶液，通过比较 Q_{sp} 和 K_{sp} 来分析引入可溶性盐对平衡状态的影响。首先，写出 $PbCl_2$ 解离平衡的化学方程式以及由此得到的 K_{sp} 的表达式，K_{sp} 和 Q_{sp} 的表达式相同（在第 7 章把 Q 称为反应商。对于 Q_{sp} 来说，已知 Q_{sp} 的表达式不可能是分数，故这个名称是不合适的。在本教材中 Q_{sp} 称为反应的离子积（ionic product））。

$$PbCl_2(s) \rightleftharpoons Pb^{2+}(aq) + 2Cl^-(aq)$$

$$K_{sp} = [Pb^{2+}][Cl^-]^2$$

将 $Pb(NO_3)_2(aq)$ 加入到饱和溶液的瞬间使 $[Pb^{2+}]$ 和 Q_{sp} 增大。也就是 $Q_{sp} > K_{sp}$，要重新建立平衡，必须减小 Q_{sp}。体系通过产生 $PbCl_2(s)$ 沉淀来减少 $[Pb^{2+}]$ 和 $[Cl^-]$，从而减小 Q_{sp} 直至重新满足平衡条件 $Q_{sp} = K_{sp}$。分析此时的饱和溶液，会发现 $[Cl^-]$ 小于原来溶液。由于 Cl^- 全部来自 $PbCl_2$ 的解离，这意味着当另一种来源的 Pb^{2+} 存在时 $PbCl_2(s)$ 的溶解性变小了。这就是同离子效应（commonion effect）的一种表现。同离子效应表明：当离子盐中的相同离子（common ion）出现时，该盐的溶解性会变小。

上面的研究表明，有 Pb^{2+} 存在时 $PbCl_2$ 的溶解性变差，由此可以推断，当另一种来源的 Cl^- 存在时 $PbCl_2$ 的溶解性也会变差。同离子效应不只是表现为对难溶盐溶解度的影响，图 8.12 表明，即便是在易溶盐 NaCl 溶液中，当加入的同离子来源于浓 HCl 时，也会析出 NaCl

晶体。在没有化学反应可能的情况下，同离子的增加或存在总是会降低盐的溶解度。另一种情况是，倘若难溶盐可以发生化学反应，如 AgCl(s)可以与过量 Cl^- 反应形成复杂离子 $[AgCl_2^-]$，$[AgCl_2^-]$ 可以与许多阳离子形成可溶性盐。

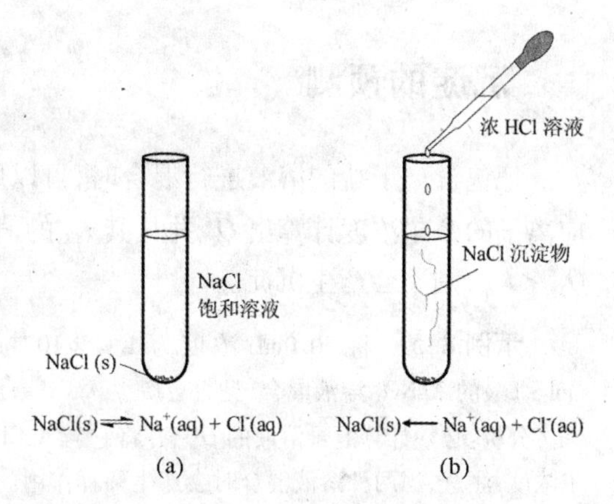

图 8.12　同离子效应

示例 8.4　PbI_2 在 0.1mol · L^{-1} 的 NaI 溶液中的摩尔溶解度是多少？

分析：首先写出化学平衡方程式，然后由方程式写出溶度积 K_{sp} 的表达式：

$$PbI_2(s) \rightleftharpoons Pb^{2+}(aq) + 2I^-(aq)$$

由表 8.3 有

$$K_{sp} = [Pb^{2+}][I^-]^2 = 7.9 \times 10^{-9}$$

如第 7 章中的做法，在涉及同离子的问题时很容易建立一个简表。Pb^{2+} 的初始浓度为 0；假设 NaI 完全解离，因此 I^- 的初始浓度为 0.10mol · L^{-1}。按照示例 8.3 的做法，设 $PbI_2(s)$ 在 NaI 溶液中的溶解度为 s mol · L^{-1}。因此，当 $PbI_2(s)$ 解离后，$[Pb^{2+}]$ 增加了 s mol · L^{-1}，$[I^-]$ 浓度增加了 $2s$ mol · L^{-1}。通过对初始浓度和浓度的改变值求和可以求得 Pb^{2+} 和 I^- 的平衡浓度。浓度表如下：

	$PbI_2(s) \rightleftharpoons$	$Pb^{2+}(aq)$	$+2I^-(aq)$
初始浓度(mol · L^{-1})：		0	0.1
浓度的改变值(mol · L^{-1})：		$+s$	$+2s$
平衡浓度(mol · L^{-1})：		s	$0.1+2s$

解答：将平衡浓度代入到 K_{sp} 表达式中，得：

$$K_{sp} = [Pb^{2+}][I^-]^2 = s(0.10+2s)^2 = 7.9 \times 10^{-9}$$

简单观察一下就会发现，若不做数学简化，通过解方程来求 s 的值是比较困难的。幸运的是，因 PbI_2 的 K_{sp} 值较小，表明其溶解度很小，因此可以进行简化处理。同时，我们知道同离子 I^- 的存在使 PbI_2 的溶解度更小，这表明只有极少量的盐会解离，故 s(甚至是 $2s$)的值非常小。假定 $2s$ 远小于 0.10，则有：

$$0.10+2s \approx 0.10\text{（与 0.10 相比，假定 2s 可以忽略不计）}$$

用 0.10 代替 I^- 的浓度有：

$$K_{sp} = s(0.10)^2 = 7.9 \times 10^{-9}$$

$$s = \frac{7.9 \times 10^{-9}}{(0.10)^2} = 7.9 \times 10^{-7}\ \text{mol} \cdot \text{L}^{-1}$$

因此，PbI_2 在 0.1mol · L^{-1} 的 NaI 溶液中的摩尔溶解度是 7.9×10^{-7}mol · L^{-1}。

在例题 8.3 中，我们得到 PbI_2 在纯水中的摩尔溶解度是 1.3×10^{-3}mol · L^{-1}。在例题 8.4 中，PbI_2 在含有 0.10mol · L^{-1} NaI 中的摩尔溶解度是 7.9×10^{-7}mol · L^{-1}，小了 1000 多倍。正如我们所说，同离子效应会使难溶化合物的溶解度极大地减小。

思考题 8.5　计算 AgI 在 0.20mol · L^{-1} NaI 溶液中的摩尔溶解度，并与计算所得的 AgI 在纯水中的溶解度进行比较。

思考题 8.6　计算 $Fe(OH)_3$ 在 OH^- 初始浓度为 0.05mol · L^{-1} 的溶液中的摩尔溶解度。假定溶解的 $Fe(OH)_3$ 全部解离成了 Fe^{3+} 和 OH^-。

沉淀的预测

把包含离子盐的溶液进行混合时,可以用 K_{sp} 的值来预计是否会产生沉淀。用终态下相应离子的摩尔浓度计算出 Q_{sp} 并与其 K_{sp} 的值比较。如果 $Q_{sp} > K_{sp}$,混合时将产生沉淀,如果 $Q_{sp} < K_{sp}$,则不会产生沉淀。

示例 8.5　将 50.0mL 浓度为 $1.0\times10^{-4}\ mol\cdot L^{-1}$ 的 NaCl 溶液和 50.0mL 浓度为 $1.0\times10^{-6}\ mol\cdot L^{-1}$ 的 $AgNO_3$ 溶液混合,是否会产生 AgCl(s)沉淀?

分析:必须计算混合溶液的 Q_{sp},并将它与 AgCl 的 K_{sp} 的值比较。因此,需要 $Ag^+(aq)$ 和 $Cl^-(aq)$ 的摩尔浓度,注意,当两种溶液混合时会产生稀释作用。

解答:首先写出 AgCl(s)的解离化学平衡方程式,并由此得到 K_{sp} 的表达式:

$$AgCl(s) \rightleftharpoons Ag^+(aq) + Cl^-(aq)$$

由表 8.3 有

$$K_{sp} = [Ag^+][Cl^-] = 1.8\times10^{-10}$$

接下来利用每种物质的摩尔数除以终态溶液的体积,计算终态时混合溶液中 Ag^+ 和 Cl^- 的摩尔浓度:

$$n_{Ag^+} = cV = (1.0\times10^{-6}\,mol\cdot L^{-1})\times(50.0\times10^{-3}\,L) = 5.0\times10^{-8}\,mol$$

$$n_{Cl^-} = cV = (1.0\times10^{-4}\,mol\cdot L^{-1})\times(50.0\times10^{-3}\,L) = 5.0\times10^{-6}\,mol$$

$$[Ag^+]_{final} = \frac{5.0\times10^{-8}\,mol}{100\times10^{-3}\,L} = 5.0\times10^{-7}\,mol\cdot L^{-1}$$

$$[Cl^-]_{final} = \frac{5.0\times10^{-6}\,mol}{100\times10^{-3}\,L} = 5.0\times10^{-5}\,mol\cdot L^{-1}$$

将这些数据代入到 Q_{sp} 的表达式中得:

$$Q_{sp} = [Ag^+][Cl^-] = (5.0\times10^{-7}\,mol\cdot L^{-1})\times(5.0\times10^{-5}\,mol\cdot L^{-1}) = 2.5\times10^{-11}$$

由 $Q_{sp} < K_{sp}$ 可知,溶液混合时不会产生 AgCl(s)沉淀。

在处理这类问题时最常犯的错误是忘记考虑混合溶液的最终体积。

思考题 8.7　将 100.0mL 浓度为 $1.0\times10^{-3}\ mol\cdot L^{-1}$ 的 $Pb(NO_3)_2$ 溶液与 100.0mL 浓度为 $2.0\times10^{-3}\ mol\cdot L^{-1}$ 的 $MgSO_4$ 溶液混合,是否会产生 $PbSO_4(s)$ 沉淀?

思考题 8.8　将 50.0mL 浓度为 $0.10\ mol\cdot L^{-1}$ 的 $Pb(NO_3)_2$ 溶液和 20.0mL 浓度 $0.040\ mol\cdot L^{-1}$ 的 NaCl 溶液混合,是否会产生 $PbCl_2(s)$ 沉淀?

8.5　溶液的依数性

将少量的非挥发性(nonvolatile)溶质溶解到溶剂中后,所得溶液的某些特定的性质与纯溶剂相比,有非常明显的变化。例如,溶液的沸点比溶剂高,而其凝固点则比溶剂低。有趣的是,溶液沸点升高或凝固点降低的程度与溶质的特性没有关系。如将 1mol 的 NaCl 和 NaBr 分别溶解在 1kg 的水中得到两种盐类的水溶液,会发现两种溶液的沸点(约 100.5℃)和凝固点(约 -1.8℃)是一样的。像沸点升高、凝固点降低和渗透压这些只与溶液中溶质的粒子数有关的性质被称为依数性(colligative properties)。依数性在研究溶质离子的精确特性方面具有重要作用。

依数性(colligative)一词来源于拉丁语 colligare,意思是“捆绑在一起”。该词源表明依数性是由溶质粒子与溶液分子之间的吸引作用引起的。

依数性在日常生活中非常重要。如在汽车水箱中加入防冻剂可以使冷却液的凝固点降至0℃以下,可以减少由于结冰而出现的体积膨胀对发动机造成的损害。此外,防冻剂也可以提高水箱中冷却液的沸点。而渗透压则被广泛应用食品工业,如基于该原理的一种浓缩热敏感原料(如蔬菜和果汁)的方法,在实施过程中只需使用压力。该原理还可用于脱去海水中的盐分以及除去发酵葡萄酒中的乙酸。

在深入研究溶液的依数性之前,首先要了解表示溶液浓度的几种方法。

摩尔浓度

溶液浓度最常用的表示方法为单位体积的溶液所含溶质的物质的量($mol \cdot L^{-1}$)。这种表达方式一般被称为溶液的摩尔浓度(molar concentration or molarity),用符号 c 表示。

$$c = \frac{溶质的物质的量(mol)}{溶液的体积(L)}$$

然而,由于溶液的体积通常会随着温度升高而增加(反之亦然),因此溶液的摩尔浓度会随着温度变化而改变。例如,25℃下制备的已知浓度的盐溶液,在被加热到体温后摩尔浓度会发生改变。这说明在有关溶液依数性的研究中使用摩尔浓度来表示溶液浓度并不适合。

质量摩尔浓度

在研究溶液依数性时,质量摩尔浓度是表示溶液浓度的首选方式,因为这些性质与质量摩尔浓度成比例。我们将 1kg 溶剂内所溶解的溶质物质的量定义为质量摩尔浓度(molal concentration 或 molality),用符号 b 表示。

$$b = \frac{溶质的物质的量(mol)}{溶剂质量(kg)}$$

溶液的质量摩尔浓度与温度无关。水溶液的摩尔浓度与质量摩尔浓度在数值上是不同的,但随着水溶液的浓度越来越稀,两者的值也逐渐接近。

示例 8.5 要配制摩尔浓度为 $0.150 mol \cdot kg^{-1}$ 的溶液,需要将多少质量的 NaCl 溶解在 500.0g 水中?

分析:据题意,要配制的溶液中 1kg 的溶剂含有 0.150mol 的氯化钠。可以根据氯化钠的摩尔质量计算出 0.150mol 氯化钠的质量。这个质量就是配制 1kg $0.150 mol \cdot kg^{-1}$ 的溶液所需的氯化钠的质量,将此数量除以 2 就可以得到所需答案。

解答:

$$m = nM = 0.150 mol \times 58.44 g \cdot mol^{-1} = 8.76 g$$

这是使用 1kg 水配制溶液时所需氯化钠的质量。但是我们要求的是 500.0g 水所需氯化钠的质量,所以只需简单地将数量减少一半,即

$$\frac{8.76g}{2} = 4.38g$$

因此,将 4.38g 氯化钠溶解在 500.0g 水中就可得到摩尔浓度为 $0.150 mol \cdot kg^{-1}$ 的溶液。

思考题 8.9　当水中含有溶质时,其凝固的温度较低。为了研究甲醇对水的凝固点的影响,需要制备一系列已知质量摩尔浓度的溶液。若要用 2000g 水配制浓度为 0.250mol·kg^{-1} 溶液,计算所需甲醇(CH_3OH)的质量。

思考题 8.10　如果将 4.00g 的氢氧化钠溶解在 250g 水中配制溶液,该溶液的摩尔浓度是多少?

摩尔分数

在第 6 章我们介绍了一种表达气体混合物组成的办法,叫做摩尔分数。这一表达方法对液态溶液同样适用。我们将溶液中某一特定组分的摩尔分数定义为该组分的摩尔数与整个溶液中所有分子的摩尔总数的比值。例如,在含有 A、B 和 C 三种物质的溶液中,物质 A 的摩尔分数(X_A)为:

$$X_A = \frac{n_A}{n_A + n_B + n_C}$$

摩尔分数也是一个与温度无关的参数。

拉乌尔定律

如前所述,一种包含一个非挥发性溶质的溶液其沸点比纯溶剂高。溶剂的沸点就是该溶剂的蒸气压力等于大气压力时的温度。因此,沸点升高意味着溶液的蒸气压比纯溶剂低,也就是说要将溶液的蒸气压升高至大气压,需要更大的能量投入。假设溶液经过充分稀释,则溶液的蒸气压($p_{solution}$)满足拉乌尔定律(Raoult's law),即在某一温度下,稀溶液的蒸气压等于纯溶剂的蒸气压乘以溶剂的摩尔分数:

$$p_{solution} = X_{solvent} p_{solvent}$$

该方程表示,若将 $p_{solution}$ 对 $X_{solvent}$ 作图,所得结果是线性的,如图 8.13 所示,将溶液蒸气压对溶剂的摩尔分数作图,得到的是一条直线。由于 $X_{solvent}$ 和 X_{solute} 是相关的双组分系统,即

$$X_{solvent} = 1 - X_{solute}$$

因此,拉乌尔定律也可表示为:

$$p_{solution} = (1 - X_{solute}) p^*_{solvent} = p^*_{solvent} - X_{solute} p^*_{solvent}$$

整理上式可以得到

$$\Delta p = X_{solute} p_{solvent}$$

其中 $\Delta p = p^*_{solvent} - p_{solution}$,表示溶液和纯溶剂压力差。

需要强调的是,拉乌尔定律仅适用于稀溶液。

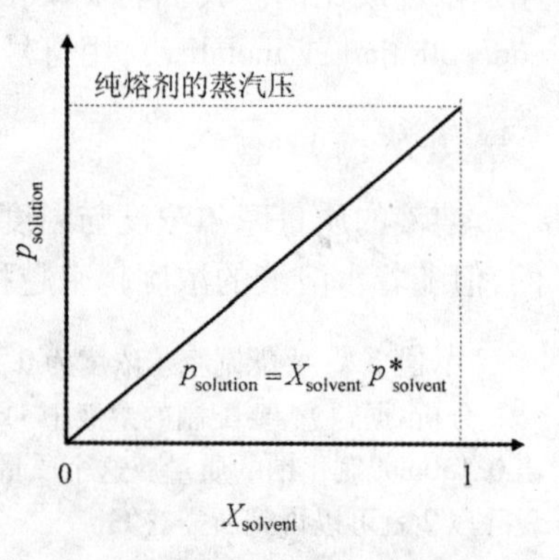

图 8.13　阿拉乌尔定律曲线

示例 8.5　计算 23℃下时将 10.0g 石蜡溶解至 40.0g 四氯甲烷中所得溶液的蒸气压。已知石蜡的化学式为 $C_{22}H_{46}$,23℃时纯四氯化碳的蒸气压为 1.32×10^4Pa。

分析:使用拉乌尔定律需要计算溶剂的摩尔分数。首先根据题目中给出的数据计算 $C_{22}H_{46}$ 和 CCl_4 的摩尔数。

解答:

$$n_{CCl_4}=\frac{m}{M}=\frac{40.0\text{g}}{153.81\text{g}\cdot\text{mol}^{-1}}=0.26\text{mol}$$

$$n_{C_{22}H_{46}}=\frac{m}{M}=\frac{10.0\text{g}}{310.59\text{g}\cdot\text{mol}^{-1}}=0.0322\text{mol}$$

因此,溶液中所有物质的摩尔总数 $n_{total}=0.260\text{mol}+0.0322\text{mol}=0.292\text{mol}$。根据以上结果可以计算溶剂的摩尔分数:

$$X_{solvent}=\frac{n_{CCl_4}}{n_{total}}=\frac{0.260\text{mol}}{0.292\text{mol}}=0.890$$

根据拉乌尔定律可得:

$$p_{solution}=X_{solvent}p_{solvent}=0.890\times(1.32\times10^4\text{Pa})=1.17\times10^4\text{Pa}$$

根据以上结果可知,在 40.0g 四氯化碳中溶解 10.0g 石蜡后,溶液的蒸气压下降了 11%。

思考题 8.11 邻苯二甲酸二丁酯($C_{16}H_{22}O_4$)是一种油状物,可用于软化塑料制品,其室温下的蒸气压很小,基本可以忽略不计。20℃下,纯辛烷的蒸气压为 1.38×10^3Pa。计算由 20.0g 邻苯二甲酸二丁酯和 50.0g 辛烷组成的溶液在 20℃时的蒸气压。

尽管拉乌尔定律说明溶液的蒸气压比纯溶剂的蒸气压要低,但该定律中并没有解释产生这一现象的原因。如图 8.14(a)所示,纯溶剂表面只存在溶剂分子,而含有非挥发性溶质的溶液表面除了溶剂分子外,还含有溶质分子。因此,溶液表面的溶剂分子比纯溶剂的表面的溶剂分子要少。这意味着在溶液中可蒸发的溶剂分子较少,如图(b)所示。由此推测溶液中由溶剂分子蒸发所形成的蒸气压比纯溶剂低。符合拉乌尔定律的溶液被称为理想溶液(ideal solution)。理想溶液通常是稀溶液,其各组分分子间作用力很小。可以将理想溶液看成是类似于理想气体的混合物。

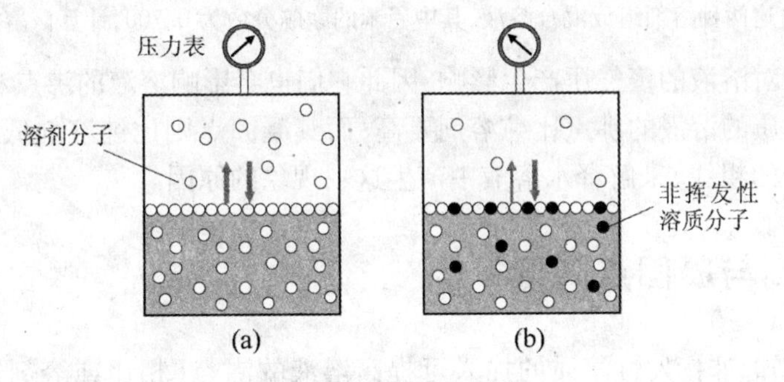

图 8.14 非挥发性溶质对溶液蒸气压的影响

8.6 包含多个挥发组分的溶液

当溶液中包含两个或两个以上可蒸发的组分时,其蒸气内就会包含各种分子。每个挥发组分都为总蒸气压贡献各自的分压。由拉乌尔定律可知,一个特定组分的分压与其在溶液中的摩尔分数成正比,而总蒸气压是各组分分压的总和。为了计算这些分压,对每个组分分别使用拉乌尔定律。

对于 A 组分:

$$p_A = X_A p_A$$

对于 B 组分：

$$p_B = X_B p_B$$

在由 A 和 B 两种液体所组成的溶液上方的总压力为 p_A 和 p_B 之和：

$$p_{total} = X_A p_A + X_B p_B$$

图 8.15 所示为由两种挥发性化合物组成的理想溶液的蒸气压与溶液组成之间的关系。

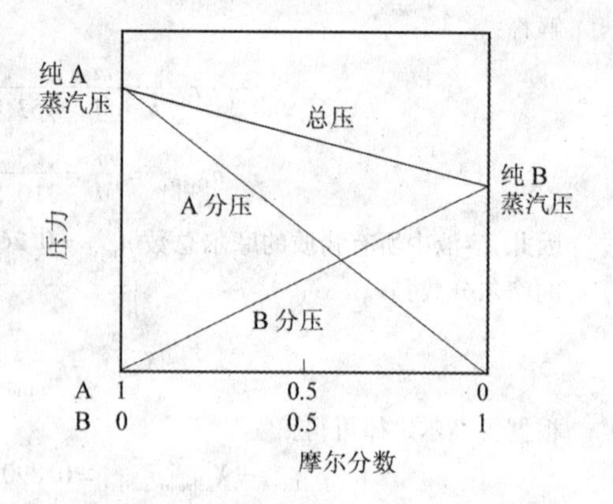

图 8.15　两种挥发性液体组成的理想溶液蒸气压

示例 8.6　20℃时，丙酮（acetone）和水的蒸气压分别为 2.13×10^4Pa 和 2.30×10^3Pa。假设两者的混合物服从拉乌尔定律，计算含丙酮和水各 50.0mol% 的溶液的蒸气压。

解答：要得到 p_{total}，应首先分别计算两种组分的分压，然后求两者之和。

50.0mol% 的浓度即 0.500 的摩尔分数，因此：

$$p_{acetone} = 0.500 \times 2.13 \times 10^4 \text{Pa} = 1.07 \times 10^4 \text{Pa}$$

$$p_{water} = 0.500 \times 2.30 \times 10^3 \text{Pa} = 1.15 \times 10^3 \text{Pa}$$

$$p_{total} = 1.19 \times 10^4 \text{Pa}$$

由于丙酮的高挥发性，计算得到的混合溶液的蒸气压（1.19×10^4Pa）远高于纯水的蒸气压（2.30×10^3Pa）。但由于水在溶液中所占比例很高，因此溶液的蒸气压比纯丙酮的蒸气压（2.13×10^4Pa）要低。

思考题 8.12　20℃时，环已烷胺（cyclohexane）和甲苯（toluene）的蒸气压分别为 8.80×10^3Pa 和 2.78×10^3Pa。现由这两种溶剂组成混合溶液，其中甲苯的摩尔分数为 0.700，计算该溶液的蒸气压。

由于溶质会对溶液的蒸气压产生影响，因此它们也会影响溶液的沸点和凝固点。例如，含有非挥发性溶质的溶液的沸点比纯溶剂要高，而其凝固点则比纯溶剂低。可以根据水的相图（图 8.16 中的粗线）来解释水溶液中产生这一现象的原因。

沸点升高与凝固点降低

根据前文可知，非挥发性溶质的加入可提高溶液的沸点（相比纯溶剂）。此外，这种溶液还具有比纯溶剂低的凝固点。这意味着，在特定温度下，溶液中溶剂之间的分子引力比纯溶剂中的要小。这是由于溶液中溶质分子的存在以及溶质与溶剂的相互作用，这在纯溶剂中是不存在的。

可以使用相图来说明溶液的沸点和凝固点变化。图 8.16 中粗线为纯水的相图，细线则是含有一种非挥发性溶质的水溶液的相图。我们知道，在任何温度下，水溶液的蒸气压都比纯水要低，因此溶液的液－气平衡线位于纯水的下方，从而溶液三相点的温度与压力均低于纯水，最终导致溶液的固－液平衡线也位于纯水下方。从图中可以看出，与纯水相比，溶液的沸点升高了 ΔT_b，凝固点则降低了 ΔT_f。此处 ΔT_b 与 ΔT_f 都是溶液蒸气压降低的直接结果。由于它们的数值与溶液中溶质分子的数量有关，因此它们都是溶液的依数性。可以根据以下公式计算 ΔT_b 与 ΔT_f：

$$\Delta T_b = K_b b$$
$$\Delta T_f = K_f b$$

其中 K_b 和 K_f 分别是摩尔沸点升高常数和摩尔凝固点降低常数，b 是溶液的质量摩尔浓度（以 $mol \cdot kg^{-1}$ 为单位）。K_b 和 K_f 是仅与溶剂有关而与溶质种类无关的溶剂特性，表 8.4 给出了部分溶剂的 K_b 和 K_f 值。虽然这些值仅适用于极稀溶液中的精确计算，但在合理的误差范围内，也可以用它们来估算较浓溶液的凝固点和沸点。

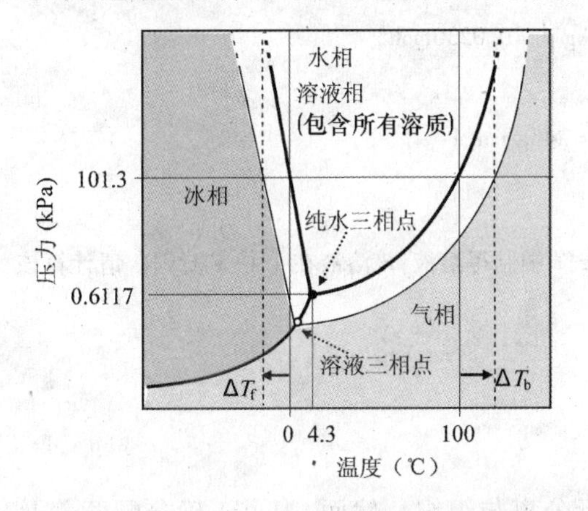

图 8.16　一种非挥发性溶质的水溶液相图

表 8.4　摩尔沸点升高常数和摩尔凝固点降低常数

溶剂	$K_b(K \cdot mol^{-1} \cdot kg)$	$K_f(K \cdot mol^{-1} \cdot kg)$
水	0.51	1.86
醋酸	3.07	3.57
苯	2.53	5.07
氯仿	3.63	—
樟脑	—	37.7
环已烷	2.69	20.0

示例 8.7　某溶液由 10.00g 尿素（$CO(NH_2)_2$，摩尔质量 $60.06g \cdot mol^{-1}$）和 100.0g 水组成，计算其凝固点。

分析：公式 $\Delta T_f = K_f b$ 给出了溶液浓度与凝固点降低值之间的关系。要使用该公式必须先计算溶液的质量摩尔浓度。

解答：

$$n_{CO(NH_2)_2} = \frac{10.00g}{60.06g \cdot mol^{-1}} = 0.1665mol$$

这是 100.0g（或 0.1000kg）水中所含 $CO(NH_2)_2$ 的物质的量，因此：

$$b = \frac{0.1665mol}{0.1000kg} = 1.665mol \cdot kg^{-1}$$

从表 8.4 可知，水的 K_f 为 $1.86K \cdot mol^{-1}kg$。

$$\Delta T_f = K_f b = (1.86K \cdot mol^{-1} \cdot kg)(1.665mol \cdot kg^{-1}) = 3.10K$$

3.10K 就是 3.10℃，因此，该溶液的凝固点比 0℃ 低 3.10℃，即 −3.10℃。

思考题 8.13　含糖（$C_{12}H_{22}O_{11}$）10%（质量分数）的溶液的沸点是多少？

如前所述，凝固点降低和沸点升高均表现出依数性。也就是说，它们只由溶液中粒子的相对数量而非种类所决定。由于 ΔT_f 和 ΔT_b 的实验值与溶液的摩尔浓度成正比，因此可用于计算未知溶质的摩尔质量。示例 8.8 说明了该方法。

示例 8.8　将 5.65g 某未知溶质溶解到 110.0g 苯中制得溶液，该溶液在 4.39℃ 时凝固。已知纯苯的凝固点为 5.45℃，请计算该未知溶质的摩尔质量。

分析：可采用式 $\Delta T_f = K_f b$ 来计算该溶液中溶质的物质的量，然后再以溶质质量除以溶质物质的量，得到其摩尔质量。

解答：由表 8.4 可知苯的 K_f 为 5.07K · mol^{-1} · kg。该溶液凝固点的下降幅度为：

$$\Delta T_f = 5.45℃ - 4.39℃ = 1.06℃ = 1.06K$$

下面通过式 $\Delta T_f = K_f b$ 计算溶液的质量摩尔浓度：

$$b = \frac{\Delta T_f}{K_f} = \frac{1.06K}{5.07K \cdot mol^{-1} \cdot kg} = 0.209mol \cdot kg^{-1}$$

也就是说每千克苯中含有该溶质 0.209mol。但本溶液中只有 110g 苯，所以溶液中实际含有的溶质物质的量为：

$$0.1100kg \times 0.209mol \cdot kg^{-1} = 0.0230mol$$

由此可知：

$$M = \frac{m}{n} = \frac{5.65g}{0.0230mol} = 246g \cdot mol^{-1}$$

即 1mol 该溶质的质量为 246g。

思考题 8.14　将 3.46g 某未知溶质溶解到 85.0g 苯中制得溶液，该溶液在 4.13℃凝固。请计算该未知溶质的摩尔质量。

渗透与渗透压

生物依靠体内的各种膜对混合物和溶液进行分离与组织。然而，为了正确分配营养及化学反应的产物，一些物质必须能够穿过这些膜。换言之，就是这些膜必须具有选择透过性。它们必须在阻止某些物质通过的同时允许另一些物质通过。这种类型的膜被称为半透性(semipermeable)膜。

膜的渗透性大小因其种类不同而不同。例如，水和小分子溶质粒子(如离子或分子)可透过玻璃纸，非常大的分子如淀粉或蛋白质则无法通过。一些经特殊条件制备的膜甚至可以只允许水分子透过。

基于一种可分离不同浓度溶液的薄膜可观察到透析和渗透两种类似的现象。上述两种现象都与膜任意一边的溶质粒子数量有关，所以它们都具有依数性。

如果一种薄膜像生物体内的膜一样，能够同时让水和小分子溶质粒子通过，这一过程叫做透析，这种膜叫做透析膜。该膜不允许像蛋白质和淀粉这样的大分子通过。人工肾就是使用这种透析膜来帮助消除血液中的小分子废物，与此同时让较大的蛋白质分子仍保留在血液中。

渗透(osmosis)是指溶剂分子单纯地从浓度较低一侧转移到浓度较大一侧的过程。此过程中所用的特殊薄膜叫做渗透膜(osmosis membrane)。渗透膜在自然界中较为罕见，但可以通过人工制备获得。

借助图 8.17 可解释渗透过程的取向问题，即溶剂为何从较稀溶液(或纯溶剂)中进入较浓溶液。水分子在渗透膜内可自由通过。即流入溶液的水分子比从溶液中流出的水分子要多，如图 8.17(a)所示。水的净流入使 B 的体积明显增大，如图 8.17(b)所示。

如果对溶液施加压力，可以使水由 B 溶液流回至 A 溶液中。B 溶液高于 A 液面的柱状部分所产生的重量会给薄膜造成一个反向压力，使渗透作用停止。如果对 B 液面施加更大的压力，如图 8.17(c)所示，可使足够的水被压回 A 溶液中，最终回到实验的初始状态。当两种液体中有一种为纯溶剂时，为防止渗透作用出现所施加在溶液表面的压力被称为该溶

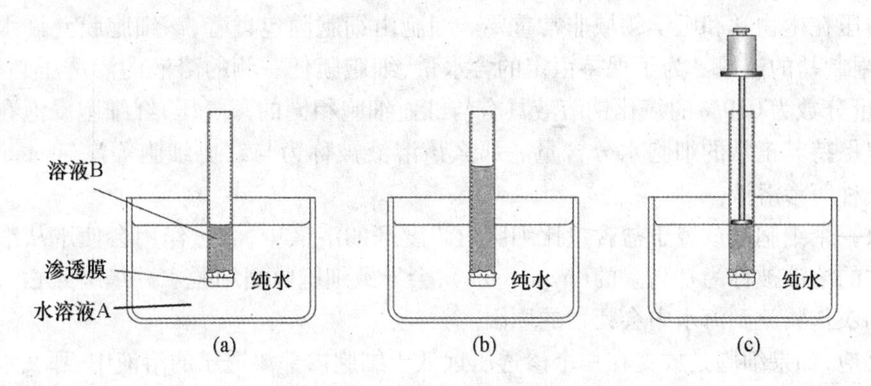

图 8.17　渗透现象和渗透压

液的渗透压(osmosis pressure)。

如果压力超过渗透压,渗透作用会发生逆转,将此称为反渗透现象。利用反渗透现象,可对盐溶液进行高压作用,通过膜获得纯净水。此法被广泛用于从海水中获取饮用水。南半球最大的反渗透海水淡化厂位于澳大利亚西部佩斯市附近的 Kwinana。我国于 2009 年左右在天津也建立了一家大型反渗透海水淡化厂。

根据图 8.18,我们将进一步阐明渗透作用中所涉及的原理。图中两个烧杯分别盛满纯水以及含有非挥发性溶质的溶液,并被置于一个充满水蒸气的密闭空间中。两个烧杯中的水分子都有向气相中扩散的趋势,但由于纯水的蒸气压大于溶液,纯水中水分子的扩散速率要大于溶液中水分子的扩散速度(图中分别用粗细不同的两个向上的箭头表示)。而水分子由饱和气相回到溶液中的速度并没有因溶质存在而减少。因此,在溶液的气－液界面上,回到溶液中的水分子比离开溶液的水分子多,这使得气相中的水进入溶液中。而为了保持空间中的气体饱和,更多的水分子将被从纯水中蒸发出去。这一连锁反应可描述为水由纯水蒸发至气相再进入溶液中。在渗透现象中,渗透膜与烧杯一样起到分离液体的作用,工作原理与前文所述一致。

根据蒸气压渗透原理,饱和溶剂蒸气相当于半透膜,总的效果是溶剂分子从左边容器进入右边的溶液,而不是相反。由于溶液中不断有溶剂凝结进入,故温度略微升高。

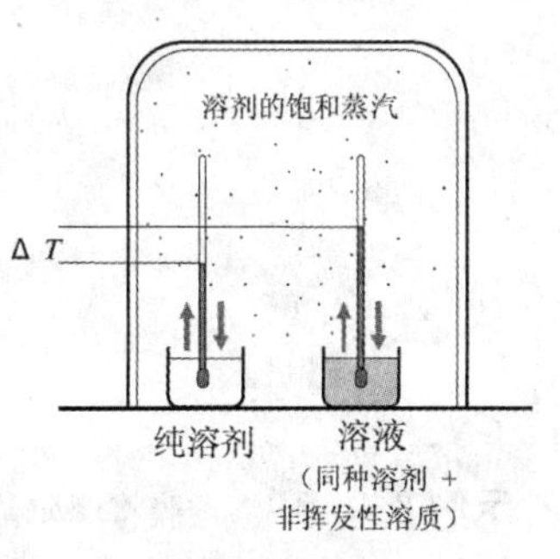

图 8.18　蒸气压渗透原理

不难想象,随着溶液浓度越高,将有更多的水被转移到其中(图 8.18)。换言之,溶液的渗透压与溶质和溶剂的相对浓度成正比。

渗透压一般用大写的希腊字母 Π 表示。在稀溶液中,与温度 T 和摩尔浓度 c 成正比,即:

$$\Pi \propto cT$$

其中比例常数为气体常数,即对于稀溶液来说:

$$\Pi = cRT$$

由于 $c = \frac{n}{V}$,故

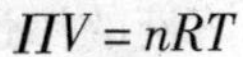

$$\Pi V = nRT$$

这就是与理想气体方程类似的关于渗透压的范霍夫方程。

渗透压在生物学和医学领域非常重要。细胞由细胞膜包裹着,该细胞膜允许水自由通过,却会限制盐的流量。为了保持恒定的含水量,细胞膜任一侧的溶液的渗透压必须相同。例如,质量分数为0.9%的氯化钠溶液具有与红血细胞相同的蒸气压,红细胞浸泡在这个溶液中可以保持其正常的细胞水分含量。那么该溶液被称为与红血细胞等渗(isotonic)。血浆就是一种等渗溶液。

如果一个细胞被放置于盐含量比细胞内浓度高的溶液中,渗透作用会使水从细胞中流出。这样的溶液被称为是高渗的(hypertonic),会导致细胞收缩和脱水并最终死亡。这也是淡水鱼和农作物放到海水中会死亡的原因。

相反地,如果细胞是放置在一个渗透压远低于细胞内部渗透压的溶液中,那么水就会进入细胞内部。这种溶液被称为低渗(hypotonic)溶液。例如,将细胞放在稀溶液中,它会逐渐膨胀甚至爆裂。图8.19(a)、(b)、(c)分别描述了等渗、高渗和低渗溶液对细胞的影响。

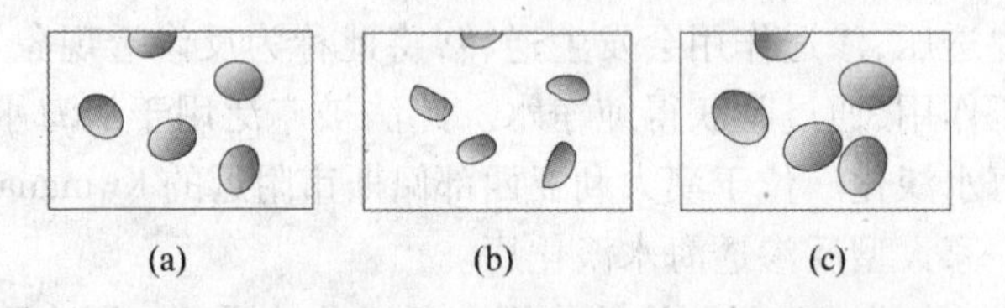

图8.19　等渗、高渗和低渗溶液对血红细胞的影响

显然,渗透压测量在制备用于人造组织或静脉注射药物的溶液时非常重要。渗透压可利用图8.20所示的一种名叫渗压计的设备测量,图中,当溶剂因渗透作用进入溶液时,毛细管内的溶液液面会上升,根据液面上升的高度即可得到溶液的渗透压。示例8.9的计算表明,即使是在很稀的溶液中也可能存在非常高的渗透压。

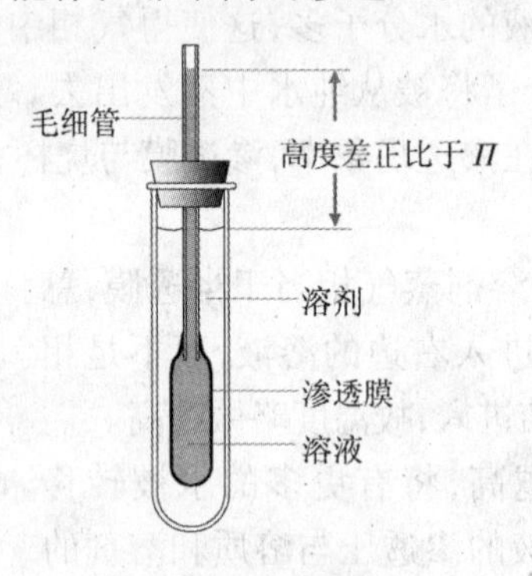

图8.20　简易渗压计

示例8.9　一渗透膜将摩尔浓度为0.00100M的糖水稀溶液和纯水分开,25℃下该溶液的渗透压为多少?

解答:本题可采用公式$\Pi = cRT$进行计算,其中$R = 8.314 J \cdot mol^{-1} \cdot K^{-1}$。

$$\Pi = (0.00100 mol \cdot L^{-1})(8.314 J \cdot mol^{-1} \cdot K^{-1})(298 K) = 2.48 J \cdot L^{-1}$$
$$= 2480 J \cdot m^{-3} = 2480(kg \cdot m^2 \cdot s^{-2}) m^{-3} = 2480 Pa$$

思考题8.15　在体温(37℃)下,0.0115M葡萄糖溶液的渗透压为多少?

通过例8.9的计算可知,0.0010M糖溶液的渗透压为2480Pa。该压力可以支撑约25cm高的溶液柱。若将溶液浓度提高100倍(即0.100M,仍较稀),则产生的渗透压可支撑约

25m 的液柱。

通过测量稀溶液的渗透压可以计算溶液的摩尔浓度和溶质的摩尔质量。使用渗透压计算得到的溶质摩尔质量比利用沸点升高或凝固点降低得到的值要准确。示例 8.10 说明了如何通过实验测量渗透压来计算溶质的摩尔质量。

示例 8.10　100mL 某水溶液中含有 0.122g 分子量未知的化合物，该溶液在 20.0℃时的渗透压为 2.11×10^3Pa。请计算该溶质的摩尔质量。

分析：摩尔质量就是每摩尔物质的分子质量。已知溶质的质量，要计算其摩尔质量，首先应计算该质量所对应的物质的量。

为计算溶质的摩尔数，首先使用公式 $\Pi = cRT$ 计算出溶液的浓度，然后根据已知的溶液体积及其浓度计算出 0.122g 溶质所对应的物质的量，最后将溶质质量除以其物质的量，就可以得到溶质的摩尔质量。

解答：首先通过渗透压计算溶液的浓度，温度 20℃，即 293K：

$$\Pi = cRT$$

$$c = \frac{\Pi}{RT} = \frac{2.11\times10^3\,\text{Pa}}{8.314\,\text{J}\cdot\text{mol}^{-1}\,\text{K}^{-1}\times293\,\text{K}} = 0.866\,\text{mol}\cdot\text{m}^{-3} = 8.66\times10^{-4}\,\text{mol}\cdot\text{L}^{-1}$$

因此，在 100mL 溶液中溶质的物质的量为：

$$n = cV = 8.66\times10^{-4}\,\text{mol}\cdot\text{L}^{-1}\times0.100\,\text{L} = 8.66\times10^{-5}\,\text{mol}$$

由此可知，溶质的摩尔质量为：

$$M = \frac{m}{n} = \frac{0.122\,\text{g}}{8.77\times10^{-5}\,\text{mol}} = 1.39\times10^3\,\text{g}\cdot\text{mol}^{-1}$$

思考题 8.16　将 72.4mg 碳水化合物溶解到 100mL 水中得到溶液，该溶液在 25.0℃时的渗透压为 3.29×10^3Pa。请计算该碳水化合物的摩尔质量。

溶质电离程度的测量

水的凝固点降低常数为 $1.86\,\text{K}\cdot\text{mol}^{-1}\cdot\text{kg}$，但 $1.00\,\text{mol}\cdot\text{kg}^{-1}$ 的 NaCl 水溶液的凝固点并不是 −1.86℃而是 −3.37℃。根据溶液的依数性是由溶液中粒子数量所决定的，不难理解盐溶液这种凝固点大幅降低（约为 1.86℃的两倍）的现象。在水溶液中 NaCl 固体会按照下式完全电离（dissociation）成离子：

$$\text{NaCl(s)} \rightarrow \text{Na}^+(\text{aq}) + \text{Cl}^-(\text{aq})$$

因此，如果将 1mol（即 58.5g）NaCl 溶解到 941.5g 水中配制成 1kg 溶液，该溶液所包含的所有溶质粒子的浓度应该是 $2\,\text{mol}\cdot\text{kg}^{-1}$，其中包含 $1\,\text{mol}\cdot\text{kg}^{-1}$ 的 Na^+ 离子和 $1\,\text{mol}\cdot\text{kg}^{-1}$ 的 Cl^- 离子。理论上讲，这 $1.00\,\text{mol}\cdot\text{kg}^{-1}$ 的 NaCl 溶液应该在 2×（−1.86℃）即在 −3.72℃时凝固（其实际凝固温度略高的原因将在后面讨论）。

如果制得的是 $1.00\,\text{mol}\cdot\text{kg}^{-1}$ 的 $(NH_4)_2SO_4$ 溶液，需要考虑以下电离过程：

$$(\text{NH}_4)_2\text{SO}_4(\text{s}) \rightarrow 2\text{NH}_4^+(\text{aq}) + \text{SO}_4^{2-}(\text{aq})$$

所以 1.00mol 的 $(NH_4)_2SO_4$ 将会电离成 3mol 的离子（其中有 2mol 的 NH_4^+ 离子和 1mol 的 SO_4^{2-} 离子），由此可推测该 $(NH_4)_2SO_4$ 溶液的凝固点约为 3×（−1.86℃）= −5.58℃。

溶解和电离这两个概念需要区分清楚。一些微溶的离子固体，如 AgCl，只能溶解很少的一部分（即它们的溶解是不完全的），但这些溶解了的固体在溶液中是完全电离的。

在对电解质溶液的依数性进行估算时,需要在假设其溶质完全电离的情况下计算溶液的质量摩尔浓度。示例 8.11 对这种情况进行了举例说明。

示例 8.11 估算 $0.106 mol \cdot kg^{-1}$ $MgCl_2$ 水溶液的凝固点,假设溶质在水中完全电离。

分析:凝固点降低程度与溶液质量摩尔浓度之间的关系可用下式表示:

$$\Delta T_f = K_f b$$

从表 8.4 中可以查到水的 K_f 为 $1.86 K \cdot mol^{-1} kg$。溶液的浓度不能直接使用 $0.106 mol \cdot kg^{-1}$ 这一数据,因为 $MgCl_2$ 是一种会在水中电离的离子化合物,因此必须先计算溶液中各种离子的总浓度。

解:$MgCl_2$ 在水中按下式电离:

$$MgCl_2(s) \rightarrow Mg^{2+}(aq) + 2Cl^-(aq)$$

由上式可知,1mol $MgCl_2$ 可电离出 3mol 离子。因此,溶液的有效质量摩尔浓度为 $3 \times 0.106 mol \cdot kg^{-1} = 0.318 mol \cdot kg^{-1}$。

将数据应用于式 $\Delta T_f = K_f b$:

$$\Delta T_f = (1.86 K \cdot mol^{-1} kg)(0.318 mol \cdot kg^{-1}) = 0.591℃$$

计算结果表明,该溶液的凝固点比纯水凝固点(0℃)低 0.591℃,即该溶液在 -0.591℃凝固。

思考题 8.17 请估算浓度为 $0.237 mol \cdot kg^{-1}$ 的 LiCl 水溶液的凝固点,假设溶质在水中完全电离。再计算溶质完全不发生电离的情况下溶液的凝固点。

前文根据溶液的依数性估算出 $1.00 mol \cdot kg^{-1}$ 的 NaCl 溶液和 $1.00 mol \cdot kg^{-1}$ 的 $(NH_4)_2SO_4$ 溶液的凝固点,但实验中测出的两种溶液的凝固点比计算值要高。这是因为在计算时假设电解液会完全电离成离子,但事实并非如此。实际上,在溶液中一些带相反电荷的离子会靠得很近,形成一种类似于分子的离子对(ion pairs)。溶液中甚至还会出现两个或两个以上离子对聚集在一起的团簇。这些离子对和团簇的形成使得溶液的实际离子浓度小于估算值,最终将导致凝固点降低的计算值偏低。

随着溶液浓度逐渐降低,凝固点的实测值也越来越接近计算值。这是因为在无限稀释的溶液中离子之间的距离变大,形成离子对的几率变小,因此溶质更加接近 100% 电离的状态。

化学家们通常采用范霍夫系数(van't Hoff factor, i)来衡量电解液的电离程度。该系数 i 是实测的凝固点降低值与假设溶质不发生电离时所得的凝固点降低值之比:

$$i = \frac{(\Delta T_f)_{测量值}}{(\Delta T_f)_{理论值}}$$

表 8.5 溶液浓度对范霍夫系数的影响

盐	范霍夫系数, i			
	摩尔浓度($mol \cdot kg^{-1}$)			100% 电离
	0.1	0.01	0.001	
NaCl	1.87	1.94	1.97	2.00
KCl	1.85	1.94	1.98	2.00
K_2SO_4	2.32	2.70	2.84	3.00
$MgSO_4$	1.21	1.53	1.82	2.00

假设溶质完全电离,则 NaCl、KCl 和 $MgSO_4$ 等会电离成两个离子的化合物的范霍夫系数为2;而 K_2SO_4 的范霍夫系数则为3,因为一个 K_2SO_4 分子会电离生成三个离子。表8.5给出了几种电解质在不同浓度下的范霍夫系数。从表中可以看出,溶液浓度越低,溶液的范霍夫系数越接近溶质完全电离时的范霍夫系数。

从表8.5中还可以发现,对于不同盐类,范霍夫系数随溶液浓度降低而增加的幅度(即溶液电离程度随溶液浓度的变化)是不同的。例如,对于 KCl 溶液来说,随着溶液浓度由0.1降低至0.001mol·kg^{-1},溶质的电离程度仅增加了7%。而对于 K_2SO_4 溶液来说,相同的浓度变化会使溶质电离程度增加22%。该变化主要是由 SO_4^{2-} 离子引起的。由于 SO_4^{2-} 离子的电荷数是 Cl^- 离子电荷数的两倍,它对 K^+ 离子的吸引力比 Cl^- 离子要大。因此通过稀释溶液将一个2-价的负离子和一个1+价的正离子分开对溶液电离程度的影响比将两个1价离子分开稍大。如果溶质的阴离子和阳离子的电荷同时增大两倍,则该影响会更大。例如表8.5中的 $MgSO_4$ 的 i 值随着浓度由0.1降低至0.001mol·kg^{-1}而增加了近50%。

很多物质在溶液中的电离程度是很低的。例如在浓度为1.00mol·kg^{-1}的醋酸水溶液中就存在以下平衡:

$$CH_3COOH(aq) + H_2O(l) \rightleftharpoons H_3O^+(aq) + CH_3COO^-(aq)$$

该溶液的凝固点为-1.90℃,只比假设溶质完全不发生电离所得的计算值(-1.86℃)稍低一点。说明该溶质的电离程度很低,可通过以下计算来估算溶质的电离程度。首先根据已知数据计算溶液的表观质量摩尔浓度,即溶液中所有已溶解物质(包括 CH_3COOH,CH_3COO^- 和 H_3O^+)的总浓度。采用公式 $\Delta T_f = K_f b$ 计算,此时公式中的 b 就是溶液的表观质量摩尔浓度,而 K_f 为1.86K·mol^{-1}·kg,所以:

$$b = \frac{\Delta T_f}{K_f} = \frac{1.90\text{K}}{1.86\text{K}\cdot\text{mol}^{-1}\cdot\text{kg}} = 1.02\text{mol}\cdot\text{kg}^{-1}$$

因为我们最初是采用1.00mol 乙酸配制的溶液,而上述计算结果表明在1kg 溶剂中有1.02mol 可溶物质,那么多出来的0.02mol 可溶物就应该是乙酸电离生成的,由此可得:

$$\text{电离度\%} = \frac{\text{酸电离摩尔数}}{\text{可电离的酸摩尔数}} \times 100\% = \frac{0.02}{1.00} \times 100\% = 2\%$$

即在此过程中,乙酸的电离程度为2%(通过精确度更高的测量方法可知此浓度下乙酸的电离程度不到1%)。

一些溶液的依数性小于根据其浓度得到的估算值。这表明溶液中化合物发生了团聚或缔合(association)。例如,安息香酸在苯溶液中会通过氢键作用形成二聚体(dimers)。

由于缔合作用的影响,1.00mol·kg^{-1}的安息香酸苯溶液凝固点的降低值仅为其计算值的一半。这是因为二聚体的形成使安息香酸的有效分子质量为其计算值的两倍,从而使得溶液的质量摩尔浓度降低为原来的一半,所以凝固点降低值也仅为原来的一半。

习　题

8.1　定义以下术语：

(a) 溶液　(b) 溶剂　(c) 溶质

(d) 溶解度　(e) 饱和溶液　(f) 电离

8.2　为什么两种气体在接触时能够自发地混合在一起？

8.3　在物质形成溶液时，哪两个因素决定了溶质在溶液中的溶解度？

8.4　碘易溶于乙醇，形成一种传统的杀菌剂“碘酊”。碘在乙醇中的溶解度远高于在水中的溶解度，由此可推测水分子与乙醇分子存在哪些区别？

8.5　某可溶性化合物的 $\Delta_{sol}H$ 为 $+26kJ \cdot mol^{-1}$，若在一个绝热容器中配制该化合物的近饱和溶液，那么在溶质溶解的过程中系统温度是升高还是降低？

8.6　如果将 A 和 B 两种液体混合在一起时的 $\Delta_{sol}H$ 值为 0，那么 A－A、B－B 以及 A－B 几种分子间引力的相对大小如何？

8.7　将由等质量的 NaI 和 NaBr 组成的水溶液从 50℃降温，那么哪种盐先沉淀出来？（可使用图 8.13 中的数据）

8.8　渔夫都知道，在盛夏时节，最大的鱼往往都躲在湖底最深处，因为那里的水最凉爽。试用氧在水中的溶解度对温度的依赖性来解释这一现象。

8.9　山间小溪中的生物通常比海拔较低的溪水中的生物要少。请从氧在不同压强下的溶解度变化来解释上述现象。

8.10　为什么拧开碳酸饮料的瓶盖时会发出嘶嘶的声音？

8.11　以下述平衡为例，论证为什么 K_{sp} 表达式的分母中没有 $Ba_3(PO_4)_2$ 的浓度。

$$Ba_3(PO_4)_2(s) \rightleftharpoons 3Ba^{2+}(aq) + 2PO_4^{3-}(aq)$$

8.12　溶液的依数性与溶液的其他性能相比有什么特点？

8.13　将辛烷(octane)与甲烷(methane)混合在一起后，溶液表面辛烷蒸气压的实测值比根据拉乌尔定律所得的计算值要高。请从分子间力的角度解释以上现象。

8.14　在氯化钠水溶液结冰时，为什么冰晶内没有包含盐离子？

8.15　透析膜与渗透膜的关键区别是什么？

8.16　试从分子角度解释渗透作用中为什么溶剂是由浓度较低的一侧转移到浓度较高的一侧？

8.17　简述高渗溶液与低渗溶液的区别。

8.18　为什么离子型化合物的依数性比相同质量摩尔浓度的分子化合物溶液的依数性要明显？

8.19　什么是范霍夫系数？对于不发生电离的分子溶质来说，理想的范霍夫系数为多少？如果某溶质的范霍夫系数实测值略大于 1.0，说明该溶质有什么特点？若范霍夫系数接近 0.5，那么该溶质又有何特点？

8.20　浓度为 $0.50mol \cdot kg^{-1}$ 的 NaI 溶液和 $0.50mol \cdot kg^{-1}$ 的 Na_2CO_3 溶液，哪一个沸点较高？

8.21　写出配制氯化钾水溶液过程中存在的以下热化学平衡方程式：

(a)固体 KCl 转化为其气体离子的过程；

(b)由以上离子水解形成溶液的过程。已知 KCl 的晶格能为 $690kJ \cdot mol^{-1}$，离子的水合焓为 $-686kJ \cdot mol^{-1}$；

(c)计算 KCl 溶液的焓变(单位为 $kJ \cdot mol^{-1}$)。

8.22　如果某离子化合物的水溶液的焓变为 $+14kJ \cdot mol^{-1}$，晶格能为 $630kJ \cdot mol^{-1}$，请估算该离子化合物的水合焓。

8.23　天然气的主要成分是甲烷。温度为 20℃、压力为 $1 \times 10^5 Pa$ 的条件下，甲烷在水中的溶解度为

0.025g · L^{-1},请问当温度不变,压力升高至 1.5×10^5Pa 时,甲烷在水中的溶解度为多少?

8.24 写出以下化合物的溶度积 K_{sp} 表达式:

(a) CaF_2 (b) Ag_2CO_3 (c) $PbSO_4$ (d) $Fe(OH)_3$

(e) PbI_2 (f) $Cu(OH)_2$ (g) AgI (h) Ag_3PO_4

(i) $PbCrO_4$ (j) $Al(OH)_3$ (k) $ZnCO_3$ (l) $Zn(OH)_2$

8.25 虽然 Ba^{2+} 离子是有毒的,但如果将硫酸钡直接吞入腹中并不会对身体造成明显伤害,因为 $BaSO_4$ 难溶于水。25℃下,1.00L 水中仅能溶解 0.00245g 的 $BaSO_4$,请据此计算 $BaSO_4$ 的 K_{sp}。

8.26 $BaSO_3$ 在浓度为 0.10M 的 $BaCl_2$ 溶液中的摩尔溶解度为 8.0×10^{-6}M。请问 $BaSO_3$ 的 K_{sp} 为多少?

8.27 25℃时 $Ba_3(PO_4)_2$ 在水中的摩尔溶解度为 1.4×10^{-8}mol · L^{-1},该盐的 K_{sp} 为多少?

8.28 根据表 8.3 中的数据计算以下化合物在水中的摩尔溶解度:

(a) $PbBr_2$ (b) Ag_2CrO_4 (c) PbI_2

8.29 25℃时,LiF 和 BaF_2 的 K_{sp} 分别为 1.7×10^{-3} 和 1.7×10^{-6},以 mol · L^{-1} 为单位计算它们在水中的溶解度,并比较其大小。

8.30 某化学式为 MX 的盐的 K_{sp} 为 3.2×10^{-10},如果另一种化学式为 MX_3 的微溶盐与 MX 的摩尔溶解度相同,MX_3 的 K_{sp} 应该为多少?

8.31 已知 25℃时 $AuCl_3$ 的 $K_{sp} = 3.2 \times 10^{-25}$,计算该温度下 $AuCl_3$ 在以下溶液中的摩尔溶解度:

(a)纯水;

(b)0.010M 的 HCl 溶液;

(c)0.010M 的 $MgCl_2$ 溶液;

(d)0.010M 的 $Au(NO_3)_3$ 溶液。

假设 $AaCl_3$ 不与(b)、(c)和(d)溶液中的化合物发生反应。

8.32 25℃时,$Mg(OH)_2$ 在 0.20M 的 NaOH 溶液中的摩尔溶解度为多少?(已知 25℃下,$Mg(OH)_2$ 的 $K_{sp} = 7.1 \times 10^{-12}$)

8.33 实验中向 250mL 浓度为 0.10M 的 $FeCl_2$ 溶液中加入 2.20g 的 NaOH,能生成多少克 $Fe(OH)_2$?在最后得到的溶液中,Fe^{2+} 离子的浓度为多少?

8.34 如果将 0.0150mol 的 $Pb(NO_3)_2$ 和 0.0120mol 的 NaCl 在 25℃下溶解,制备成 1.00L 溶液,是否会生成沉淀?

8.35 25℃时,将 50.0mL 浓度为 0.0100M 的 $Pb(NO_3)_2$ 溶液与下述溶液混合,是否会生成 $PbBr_2$ 沉淀:

(a)50.0mL 浓度为 0.0100M 的 KBr 溶液;

(b)50.0mL 浓度为 0.100M 的 NaBr 溶液。

8.36 AgCl 和 AgI 均属难溶物,但从它们的 K_{sp} 值可以看出 AgI 的溶解度比 AgCl 低很多。假设 25℃下的某溶液中同时含有 Cl^- 和 I^- 离子,且两种离子在溶液中的浓度 $[Cl^-]$ 和 $[I^-]$ 均为 0.050M。此时如果向 1.00L 该溶液中加入固体 $AgNO_3$(即溶液体积近似不变),那么当 AgCl 开始被沉淀出来时,溶液中 I^- 离子的浓度 $[I^-]$ 为多少?

8.37 假设将 Na_2SO_4 逐步加入到 100mL 含 Ca^{2+} 和 Sr^{2+} 的溶液中(溶液中两种离子浓度均为 0.15M),请问:

(a)当 $CaSO_4$ 开始沉淀出来时,Sr^{2+} 离子的浓度为多少?

(b)当 $CaSO_4$ 开始沉淀出来时,已经有多少 Sr^{2+} 离子被沉淀出来?

8.38 摩尔浓度为 3.000M 的 NaCl 溶液的密度为 1.07g · mL^{-1},请问该溶液的质量摩尔浓度为多少?

8.39 葡萄糖($C_6H_{12}O_6$)是很多水果中都存在的一种糖类。将 24.0g 葡萄糖溶解在 1.00kg 水中所得溶液的摩尔浓度为多少?该溶液中葡萄糖的摩尔分数有多大?

8.40　$NaNO_3$ 常用作改善香烟燃烧性能的添加剂。已知某密度为 $1.0185g \cdot mL^{-1}$ 的溶液中 $NaNO_3$ 的浓度为 $0.363mol \cdot kg^{-1}$，请计算该溶液中 $NaNO_3$ 的摩尔浓度和摩尔分数。

8.41　水在25℃时的蒸气压为 $3.13 \times 10^3 Pa$。将65.0g $C_6H_{12}O_6$（一种非挥发性溶质）溶解于150g水中所得溶液的的蒸气压为多少？（假设该溶液为理想溶液）

8.42　25℃时苯(benzene，C_6H_6)和甲苯(toluene，C_7H_8)的蒸气压分别为 $1.23 \times 10^4 Pa$ 和 $3.53 \times 10^3 Pa$。若将60.0g苯和40.0g甲苯混合配制成溶液，该溶液会在多大的压力下沸腾？

8.43　戊烷(pentane，C_5H_{12})和庚烷(heptane，C_7H_{16})是石油中存在的两种液态碳氢化合物。20℃时，戊烷和庚烷的蒸气压分别为 $5.53 \times 10^4 Pa$ 和 $4.74 \times 10^3 Pa$。若用等质量的以上两种化合物配制成溶液，则该溶液的蒸气压为多少？

8.44　已知20℃时甲醇(methanol，CH_3OH)的蒸气压为 $2.11 \times 10^4 Pa$。若要配制蒸气压为 $1.84 \times 10^4 Pa$ 的溶液，需要向100g甲醇中加入多少质量的非挥发性溶质甘油（又名丙三醇，glycerol，$HOCH_2CH(OH)CH_2OH$）？

8.45　将8.3g非挥发性且不发生电离的物质溶解在1mol氯仿(chloroform，$CHCl_3$)中配制成溶液。经测量，该溶液的蒸气压为 $6.72 \times 10^4 Pa$。计算：

(a)溶液中溶质的摩尔分数；

(b)溶液中溶质的物质的量；

(c)该溶质的摩尔质量。

8.46　在21℃时，将18.26g非挥发性且非极性的化合物溶解在33.25g溴乙烷(bromoethane，CH_3CH_2Br)中，所得溶液的蒸气压为 $4.42 \times 10^4 Pa$。已知该温度下纯溴乙烷的蒸气压为 $5.26 \times 10^4 Pa$，请根据以上数据计算该化合物的摩尔质量。

8.47　估算含糖浓度为 $2.00mol \cdot kg^{-1}$ 的水溶液的凝固点和沸点。

8.48　丙三醇(glycerol，$HOCH_2CH(OH)CH_2OH$，$M = 92g \cdot mol^{-1}$)是一种易溶于水的非挥发性液体。现将46.0g丙三醇溶解在250g水中制得溶液，估算该溶液的凝固点和沸点。

8.49　若要将100g水的凝固点降低3.00℃，需要向水中加入多少质量的蔗糖(sucrose，$C_{12}H_{22}O_{11}$)？

8.50　将12.00g不会发生电离的未知化合物溶解至200.0g苯中得到溶液，该溶液在3.45℃时凝固，根据已知数据计算该未知化合物的摩尔质量。

8.51　已知某种不易电离的分子化合物的最简式为 C_4H_2N。若将3.84g该化合物溶解至500g苯中配制溶液，所得溶液的凝固点降低了0.307℃。根据上述数据计算该化合物的摩尔质量和化学式。

8.52　苯与热的浓硝酸和浓硫酸的混合物反应，主要生成硝基苯(nitrobenzene，$C_6H_5NO_2$)。在此反应中通常还会得到一种含有42.86%的C、2.40%的H和16.67%的N（质量分数）的副产物。已知将5.5g该副产物溶解至45g苯中所得溶液的沸点比苯的沸点高1.84℃。计算：

(a)该副产物的最简式；

(b)该副产物的摩尔质量，并根据计算结果推测其分子式。

8.53　在27℃时，1.0L含有0.400g某种多肽(polypeptide)化合物的饱和溶液的蒸气压为 $4.92 \times 10^2 Pa$，该多肽化合物的分子量约为多少？

8.54　若要配制35℃时蒸气压为 $5.09 \times 10^3 Pa$ 的溶液，需要将多少质量的 $AlCl_3$ 溶解在150mL水中？（假设溶质在水中完全电离且所得溶液为理想溶液。已知水在35℃时的蒸气压为 $5.55 \times 10^3 Pa$）

8.55　下表列出了海水中含量比较丰富的几种离子的浓度。

离子(Ion)	质量摩尔浓度(Molality)
Cl^-	0.566
Na^+	0.486
Mg^{2+}	0.055
SO_4^{2-}	0.029
Ca^{2+}	0.011
K^+	0.011
HCO_3^-	0.002

根据表中数据估算海水在25℃时的渗透压。若要通过反渗透作用淡化海水,则需要施加在海水上的最小压力为多少?

8.56　已知0.10mol · kg^{-1}硝酸汞溶液的凝固点约为 -0.27℃。试证明根据以上数据可推断出汞在溶液中以 Hg_2^{2+}离子的形式存在。

8.57　某弱电解质HX的水溶液在 -0.261℃时凝固,已知该溶液中HX的浓度为0.125mol · kg^{-1}。请问该化合物的电离度为多少?

8.58　已知浓度为0.100mol · kg^{-1}的 $NiSO_4$ 水溶液的范霍夫系数为1.19。如果该溶液中的溶质是100%电离的,那么相应的范霍夫系数应该为多少?

8.59　已知0.118mol · kg^{-1}LiCl溶液的凝固点为 -0.415。请问该溶质在此浓度下的范霍夫系数为多少?使用以上数据计算该溶液在10℃下的渗透压。

8.60　"潜水病"是佩戴水下呼吸器的潜水员在从深海上浮至海面时,由于上浮速度过快而导致的一种医疗紧急情况。通过下面的一系列计算,可以深入了解产生这种问题的根本原因。在37℃(即人的正常体温)时,N_2 在水中的溶解度为0.015g · L^{-1},而其在溶液表面的分压为1.0×10^5Pa。已知 N_2 在空气中约占78mol %,那么当潜水员吸入的空气压力为1.0×10^5Pa时,每升血液(本质上就是水溶液)中会溶解多少摩尔 N_2?如果当潜水员下潜至30m深的海底时,他所呼吸的空气的压力增大至4.0×10^5Pa,那么此时他每升血液中所溶解的 N_2 又是多少摩尔?如果他上浮过快,会有多少毫升的 N_2 以小气泡的形式从其1L的血液中释放出来?

8.61　为了避免"潜水病"的发生,一些深海潜水员会将空气中的氮气置换为氦气。因为氦气在血液中的溶解度比氮气要小很多。利用本章中介绍的气体溶解度简单分子模型解释为什么氦气在水中的溶解度较低。

8.62　利用本章中介绍的简单分子模型解释为什么在70℃以前,氮气在水中的溶解度随溶液温度升高而降低,但在70℃以后,其溶解度又开始上升。

8.63　400g四氯化碳与43.3g某未知化合物的混合物在30℃下的蒸气压为1.80×10^4Pa。已知四氯化碳和该未知化合物的蒸气压分别为1.88×10^4Pa和1.12×10^4Pa,该未知化合物的摩尔质量约为多少?

8.64　向0.100M的 $FeCl_2$ 溶液中加入 $Mn(OH)_2$ 固体,在反应完成后,溶液中 Mn^{2+} 和 Fe^{2+} 的摩尔浓度为多少(已知 $Mn(OH)_2$ 的 $K_{sp}=1.6\times10^{-13}$)?

8.65　假设将50.0mL浓度为0.12M的 $AgNO_3$ 溶液加入到50.0mL浓度为0.048M的NaCl溶液中,请问:

(a)会生成多少质量的AgCl?

(b)最终溶液中与沉淀共存的所有离子的总浓度为多少?

(c)被沉淀出的 Ag^+ 离子所占百分比为多少?

8.66　一份硬水样品中含有278 ppm(parts per million,百万分之一)的 Ca^{2+} 离子。将1.00g Na_2CO_3 加

入 1.00L 该硬水样品中,所得溶液中含 Ca^{2+} 离子浓度为多少?(假设 Na_2CO_3 的加入没有改变溶液体积,且计算中所涉及的水溶液密度均为 $1.00g \cdot mL^{-1}$)

8.67　25℃下,含有 0.010M 某种分子化合物的溶液的渗透压为多少?

8.68　实验中采用图 8.20 所示渗压计测量某微溶性聚合物水溶液的渗透压。25℃时,仪器中的液面差为 1.26cm,假设该溶液的密度为 $1.00g \cdot mL^{-1}$,请问:

(a)该溶液的渗透压为多少?

(b)该溶液的质量摩尔浓度为多少?

(c)该溶液会在什么温度凝固?

(d)根据(a)、(b)、(c)题的结果解释为什么凝固点降低不适用于计算分子量较大的化合物的分子量。

8.69　浓度为 $1.00mol \cdot kg^{-1}$ 的 Na_3PO_4 水溶液具有很好的清洁效果。根据以下假设计算该溶液的沸点:

(a)假设溶质完全不发生电离;

(b)假设溶质完全电离。

实际上,浓度为 $1.00mol \cdot kg^{-1}$ 的该 Na_3PO_4 水溶液在 $1.0 \times 10^5 Pa$ 的压力下的沸点为 100.183℃。

(c)根据以上数据计算该溶液的范霍夫系数。

8.70　已知 0.9159mol % 的 KNO_3 水溶液的密度为 $1.0489g \cdot mol^{-1}$。请计算:

(a) KNO_3 在溶液中的摩尔浓度;

(b) KNO_3 在溶液中的质量百分数;

(c) KNO_3 在溶液中的质量摩尔浓度。

第9章　酸碱及酸碱平衡

9.1　Brønsted-Lowry 酸碱理论

在第8章,我们讨论了溶液的性质,通过测定溶液凝固点的降低值可以知道一种特定溶质在溶液中的离解度,而通过测定溶液的电导率(传导性)同样可以分析溶液的离解度,这种方法比测定凝固点降低的方法更加简单和灵敏。溶液的电导率取决于溶液中离子的浓度和离子的本性。较大离子浓度能形成一个大的电流通道,因此溶液中的离子浓度越大,电导率也越大,不含有离子的纯液体没有导电性。

一般认为水由 H_2O 分子组成。每一个水分子是由氧原子作为中心,通过共价作用与两个氢原子结合而形成的,因此,液态水没有离子特征。可是实验测定表明,纯水的确有较小的电导性,证明其存在离子。这些离子来自水的自耦电离,其平衡方程式为:

$$H_2O(l) + H_2O(l) \longrightarrow H_3O^+(aq) + HO^-(aq)$$

该反应的结果是一个 H_2O 中的质子(H^+)转移到了另一个 H_2O 上,形成 H_3O^+(水合氢离子)。这种质子从一个化合物转移到另一个化合物的反应称为酸碱反应。水分子的这种自耦质子转移是酸碱反应中的最简单反应。在此例中,H_2O 既是一种酸,也是一种碱。

酸碱概念的提出已有数百年历史。但是"酸"和"碱"的定义被公认却相对较晚。"酸"一词来源于拉丁文 acidus,意思是酸,酸具有酸味。"碱"一词来自阿拉伯语 alqaliy。第一个广义酸碱理论是1884年瑞士化学家 Svante Arrhenius(1857—1927,1903年获得诺贝尔奖)在他的博士论文中提出来的。他定义在水溶液中释放 H^+ 的物质为酸,给出 OH^- 的是碱。这种定义类似于更为通用的 Brønsted-Lowry 酸碱概念。在本章中,我们将采用 Brønsted-Lowry 酸碱概念。Brønsted-Lowry 概念是由丹麦化学家 Johannes Brønsted 和英国化学家 Thomas Lowry 在1923年分别独立提出来的,他们认为,酸碱反应是酸碱物质之间的质子转移反应。他们定义:酸是一种质子给予体;碱是一种质子接受体。换言之,一种 Brønsted-Lowry 酸将提供一个质子给 Brønsted-Lowry 碱。为了阐述 Brønsted-Lowry 概念,我们依然以水为例来讨论。前面说过 H_2O 既能作为酸又能作为碱,这可以用 Brønsted-Lowry 理论来解释。

水分子作为 H^+ 的给予体,它是一种酸,当它给出一个 H^+ 后,该水分子就成为 OH^-,一个水分子若作为碱接受一个质子,则成为 H_3O^+。该反应的结构图如图9.1所示。

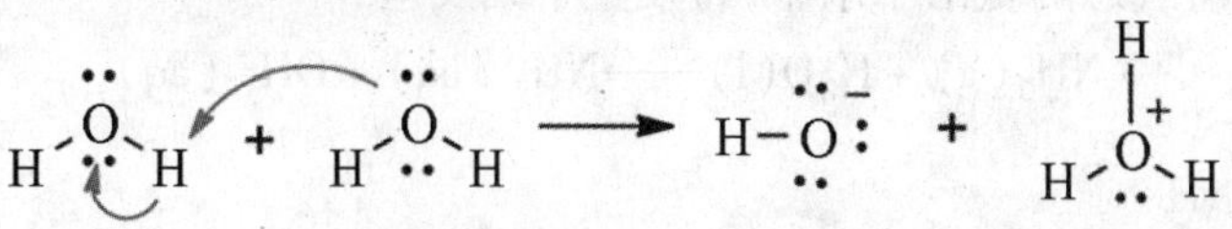

$$H-\ddot{O}-H + H-\ddot{O}-H \longrightarrow H-\ddot{O}:^- + H_3O^+$$

图9.1　水电离反应方程式

显然，按照 Brønsted-Lowry 理论，H_2O 作为酸必须有一个 H^+ 给出。可是对于某些化合物，分子中有多个氢原子存在，但不一定是 Brønsted-Lowry 酸。例如甲烷 CH_4，分子中含有四个氢，但它基本上没有酸的性质。一般说来，若这类化合物具有可测的酸性，这个氢原子（质子）必定键合在具有一定极性的键上，该极性键的另一个原子必定是第 16 族或 17 族元素。

图 9.1 也表明，H_2O 作为碱接受质子，它必须具有一孤对电子以接受一个质子，形成共价键。某个化合物具有一对或一对以上的孤对电子是作为碱的先决条件，但是并不是所有具有孤对电子的都是碱。例如氯离子 Cl^-，含有 4 对孤对电子，但没有显示碱性。第 15 族或 16 族元素通常是碱。这些族的元素（特别是第 16 族）常常去质子化（deprotonated）而带负电荷。表 9.1 列出了化学实验室常见的酸和碱。能够看出这些酸中含有极性很大的 H—X键，而这些碱则含有 N 或去质子化的分别具有一对或 3 对孤对电子的 O 原子。

表 9.1　某些常见的酸和碱

化学分子式	名称	结构	
	HCl	盐酸*	H－Cl
	HNO_3	硝酸	
酸	H_2SO_4	硫酸	
	CH_3COOH	乙酸	
	H_3PO_4	磷酸	
	NaOH	氢氧化钠	$Na^+ \, ^-OH$
碱	NH_3	氨	
	C_5H_5N	吡啶	
	Na_2CO_3	碳酸钠	

* 纯 HCl 是气体，称之为氯化氢，盐酸是 HCl 的水溶液。

下面讨论一种酸或一种碱在水溶液中的反应。把气态的氯化氢溶于水，化学方程式表示如下：

$$H_2O(l) + HCl(g) \longrightarrow H_3O^+(aq) + Cl^-(aq)$$

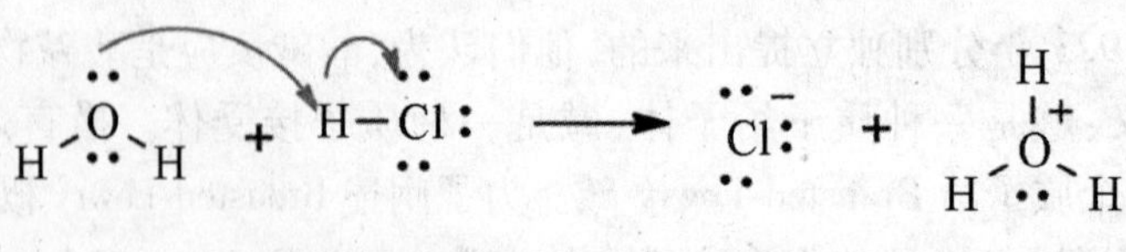

$$H-\ddot{O}-H + H-Cl \longrightarrow Cl^- + H_3O^+$$

在这里，HCl 是酸，H_2O 是碱。HCl 转移一个质子给 H_2O，因此，HCl 成为 Cl^-，H_2O 接受一个质子而成为 H_3O^+。反应基本能完全进行，所以说 HCl 能完全溶于水溶液中。

同样的，如果将气态的氨溶于水中，将发生下列反应：

$$NH_3(g) + H_2O(l) \longrightarrow NH_4^+(aq) + OH^-(aq)$$

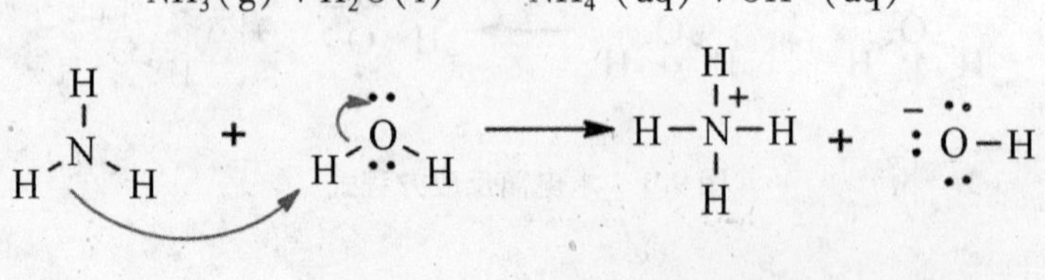

$$NH_3 + H-\ddot{O}-H \longrightarrow NH_4^+ + {}^-\!:\ddot{O}-H$$

在此反应中，H_2O 作为酸，将质子给予 NH_3，于是成为 OH^-；而 NH_3 作为碱，从 H_2O 得到 H^+ 而成为 NH_4^+。可是此反应不同于 HCl 在 H_2O 中的反应，HCl 在 H_2O 中的反应基本上是完全的，而 NH_3 在 H_2O 中的反应是很不完全的。注意，在上述两个反应中 H_2O 是溶剂，在 HCl 的反应中 H_2O 作为碱，而在 NH_3 的反应中 H_2O 是酸。这种既能作为酸又能作为碱的溶剂称之为两性溶剂。

共轭酸碱

HCl 和 NH_3 溶于 H_2O 中的逆反应方程式：

$$Cl^- + H_3O^+ \longrightarrow HCl + H_2O$$

$$NH_4^+ + OH^- \longrightarrow NH_3 + H_2O$$

能够看出，该逆反应也涉及质子的转移，是自身的酸碱反应。在下列反应中，

$$Cl^- + H_3O^+ \longrightarrow HCl + H_2O$$

H_3O^+ 作为酸，提供一个质子给 Cl^-，Cl^- 作为碱，接受一个质子。类似的：

$$NH_4^+ + OH^- \longrightarrow NH_3 + H_2O$$

NH_4^+ 作为酸，给出一个质子，OH^- 接受质子。这两个例子给出了 Brønsted-Lowry 酸碱反应的一般特征：正向和逆向都是酸碱反应。而且，在反应方程式中每一边中的两种化合物仅仅通过一个质子相联系，将这类化合物称之为共轭酸碱对。在下列反应中：

$$HCl + H_2O \longrightarrow H_3O^+ + Cl^-$$

HCl 和 Cl^-、H_2O 和 H_3O^+ 的不同之处就是一个质子。我们已表明，HCl 在正向反应中作为酸，而 Cl^- 在逆向反应中是碱。因此 Cl^- 是 HCl 的共轭碱，而 HCl 是 Cl^- 的共轭酸。同一原因下我们能够看出，H_2O 是 H_3O^+ 的共轭碱，H_3O^+ 则是 H_2O 的共轭酸。

$$\underset{酸}{HCl} + \underset{碱}{H_2O} \longrightarrow \underset{酸}{H_3O^+} + \underset{碱}{Cl^-}$$

上述讨论的酸碱反应是可逆反应，反应进行到一定程度会达到平衡，通常写出其酸碱平衡方程式。本章的后续部分将重点讲述。

示例 9.1　硝酸 HNO_3 的共轭碱是什么？硫酸氢根 HSO_4^- 的共轭碱是什么？

分析：共轭酸碱对组成相差一个质子，而酸含有较大数量的质子，要确定碱的分子式，我们从该酸分子式中除去一个质子。

解答：从 HNO_3 中除去一个质子 H^+ 留下 NO_3^-，硝酸根离子 NO_3^- 就是 HNO_3 共轭碱。从 HSO_4^- 中除去一个 H^+ 后就得其共轭碱 SO_4^{2-}。

为了检查答案的合理性，比较下列每对化合物中的两个分子式。

$$HNO_3 \qquad NO_3^-$$

$$HSO_4^- \qquad SO_4^{2-}$$

在所有情况下，右边分子式中的 H^+ 数量比左边少一个，所以，右边的化合物是左边化合物的共轭碱。

9.2　水溶液中的酸碱反应

水事实上也是一种酸和碱。酸碱反应可以在诸多溶剂中发生，甚至能够在没有溶剂的环境下进行。

$$NH_3(g) + HCl(g) \longrightarrow NH_4Cl(s)$$

$$H-\underset{H}{\overset{H}{N}} \; + \; H-\ddot{\underset{..}{Cl}} \longrightarrow H-\underset{H}{\overset{H}{N^+}}-H \; + \; :\ddot{\underset{..}{Cl}}^-$$

这也是质子转移反应，其中气态 HCl 给出一个质子转移到 NH_3 上。常见的酸碱反应是在水溶液中进行的，所以，我们将主要讨论以水为溶剂的酸碱反应。

水的质子自传递作用

前面已经介绍过，水能够自我电离产生水合氢离子和氢氧根离子：

$$H_2O(l) + H_2O(l) \longrightarrow H_3O^+(aq) + OH^-(aq)$$

在此反应中，质子在两个相同的分子间转移，此类反应称为质子自传递作用（有时亦称为自电离作用自耦质子化作用）。水的质子自传递作用的程度可以利用该过程的平衡常数来确定。利用前面介绍的方法以及纯液体物质在平衡常数表达式中不列出的知识，能够写出水的质子自传递反应的平衡常数：

$$K_W = [H_3O^+][OH^-] = 1.0 \times 10^{-14} \quad (T = 25℃)$$

该平衡式极为重要，特殊的符号 K_W 就是平衡方程的平衡常数，称作水的质子自传递平衡常数。K_W 的数值很小，表示水的质子自传递作用的程度非常小，在纯水中 H_3O^+ 和 OH^- 的平衡浓度很小。在纯水中，质子自传递产生的 H_3O^+ 和 OH^- 浓度是相同的，因此能够利用 K_W 值计算纯水中 H_3O^+ 和 OH^- 离子的浓度。

$$K_W = 1.0 \times 10^{-14} = [H_3O^+][OH^-]$$

如果

$$[H_3O^+] = [OH^-]$$

那么

$$[H_3O^+] = [OH^-] = (1.0 \times 10^{-14})^{1/2} = 1.0 \times 10^{-7} mol \cdot L^{-1}$$

因此在纯水中，$T = 25℃$ 时，H_3O^+ 和 OH^- 的浓度都是 $1.0 \times 10^{-7} mol \cdot L^{-1}$。$K_W$ 是平衡常数，它与温度有关，它会随着温度的升高而增大。例如，40℃时 $K_W = 3.0 \times 10^{-14}$，而纯水在此温度条件下 $[H_3O^+] = [OH^-] = 1.7 \times 10^{-7} mol \cdot L^{-1}$。表 9.2 列出了不同温度下的 K_W 值。

表 9.2　不同温度下的 K_W 值

温度(℃)	K_W
0	1.5×10^{-15}
10	3.0×10^{-15}
20	6.8×10^{-15}
25	1.0×10^{-14}
30	1.5×10^{-14}
40	3.0×10^{-14}
50	5.5×10^{-14}
60	9.5×10^{-14}

我们说纯水是中性的,因为它所含 H_3O^+ 和 OH^- 的浓度是相同的。在水溶液中,若 $[H_3O^+]>[OH^-]$,水溶液呈酸性;若 $[H_3O^+]<[OH^-]$,则水溶液呈碱性。在水溶液中,$[H_3O^+]$ 和 $[OH^-]$ 之间存在反比关系,其中一个浓度增加,另一个必然减小,因为 K_W 是一个常数。如果知道某种溶液中 H_3O^+ 或 OH^- 的浓度,可以利用 K_W 计算另一离子的浓度,我们将在示例 9.2 中说明。

示例 9.2　25℃条件下,某一血液样品的 $[H_3O^+]=4.6\times10^{-8}$ M,求该血液的 OH^-,判定该样品是酸性、碱性还是中性。

分析:我们知道,血液中 $[H_3O^+]$ 与 $[OH^-]$ 的乘积为常数:

$$[H_3O^+][OH^-]=1.0\times10^{-14}$$

如果知道了其中一种离子的浓度,就能求得另一种离子的浓度。

解答:将给定的 $[H_3O^+]$ 值代入上述方程式,即能求得 $[OH^-]$ 的值,其单位是 $mol\cdot L^{-1}$ 或 M:

$$1.0\times10^{-14}=(4.6\times10^{-8})[OH^-]$$

$$[OH^-]=1.0\times10^{-14}/4.6\times10^{-8}=2.2\times10^{-7}\ M$$

$$[OH^-]=2.2\times10^{-7}\ M$$

$$[H_3O^+]=4.6\times10^{-8} M$$

$$[OH^-]>[H_3O^+]$$

可见,该血液呈微碱性。

已知 $K_W=1.0\times10^{-14}$,如果 $[H_3O^+]$ 稍少于 1.0×10^{-7},那么 $[OH^-]$ 会稍大于 1.0×10^{-7},也可说明该样品呈碱性。

pH 的概念

从前面的讨论知道,在纯水中 H_3O^+ 和 OH^- 的浓度是很小的,而在酸和碱的水溶液中 $[H_3O^+]$ 和 $[OH^-]$ 同样可能很小。为了处理数据的方便,通常以溶液的 pH 来表示 $[H_3O^+]$。这种表示方法是丹麦化学家 Søren Sørenson(1868—1939)在 1909 年提出来的。pH 定义为水溶液中 H_3O^+ 浓度的负对数,即:

$$pH = -\lg[H_3O^+]$$

也可将 pOH 定义为：

$$pOH = -\lg[OH^-]$$

在上述两个表达式中，p 仅仅是“lg”的缩写（p 来源于德语 Potenz，词义为“权力”）。应该知道，lg 即为 $\log_{10}$，在计算 pH 或 pK_A 时通常应用常用对数。例如，已知纯水，25℃时，$[H_3O^+] = 1.0 \times 10^{-7} mol \cdot L^{-1}$，能够计算出在此条件下纯水的 pH：

$$pH = -\lg[H_3O^+] = -\lg(1.0 \times 10^{-7}) = 7.00$$

25℃时，纯水的 pH 为 7。但 25℃时，纯水的 pOH 是多少很多人不熟悉。前面已经表明纯水中的 $[OH^-] = 1.0 \times 10^{-7}$，在这些条件下：

$$pH = -\lg[OH^-] = -\lg(1.0 \times 10^{-7}) = 7.00$$

在上述两种情况下，书写 7.00 比书写 1.0×10^{-7} 要方便得多。

前面已经表明，在溶液中 $[H_3O^+] > [OH^-]$ 时溶液为酸性，$[H_3O^+] < [OH^-]$ 时则溶液为碱性。按照 pH 的定义，这意味着 $pH < 7$ 为酸性，$pH > 7$ 为碱性(25℃)。

重要的是，在计算 pH 时应能熟练运用对数计算，以能够将 $[H_3O^+]$ 换算成 pH 以及将 pH 换算成 $[H_3O^+]$。后者涉及将 pH 负值取反对数，$[H_3O^+] = 10^{-pH}$。

从 K_W 表达式可以推导出 pH 和 pOH 之间的简单关系。因为 $[H_3O^+][OH^-] = K_W$。将此表达式的两边各取负对数，利用对数运算法则，也就是两个数值的乘积等于这两个数值对数之和，于是有：

$$pH + pOH = pK_W$$

式中 pK_W 是 K_W 的负对数。25℃时，$K_W = 1.0 \times 10^{-14}$，因此有：

$$pH + pOH = 14$$

应注意，此方程式仅适用于 25℃时，本章均以 25℃为计算条件。因为 pH 与 pOH 间存在着一种简单的关联式，所以人们普遍使用 pH 来表示溶液的酸碱性，而很少使用 pOH。

酸和碱的强度

前面已经讲过，0.10M 的 HCl 溶液的 pH 是 1.00，这意味着在此溶液中 $[H_3O^+]$ 是 0.10M，因此，它是按照下列反应进行的：

$$HCl(aq) + H_2O(l) \longrightarrow H_3O^+(aq) + Cl^-(aq)$$

HCl 在水溶液中是完全离解的，可是测定 0.10M 的 HF 水溶液的 pH，发现 0.10M HF 水溶液的 pH 不是 1.00，而是 2.10。由此，HF 水溶液中的 $[H_3O^+]$ 不是 0.10M，而是 7.9×10^{-3}M，这意味着此反应：

$$HF(aq) + H_2O(l) \longrightarrow H_3O^+(aq) + F^-(aq)$$

不是完全进行的。事实上，不管怎样，HF 水溶液中，13 个 HF 分子中仅约有 1 个分子的 HF 与水作用形成 H_3O^+ 和 F^-，绝大多数的 HF 分子没有离解。我们发现 0.10M 醋酸 (CH_3COOH) 水溶液的离解度更小。0.10M CH_3COOH 的 pH 不是 1.00，而是 2.88，$[H_3O^+] = 1.3 \times 10^{-3}$，其离解方程式为：

$$CH_3COOH(aq) + H_2O(l) \longrightarrow H_3O^+(aq) + CH_3COO^-(aq)$$

显然，HF、CH_3COOH 与 HCl 存在基本的差异。在水溶液中，HCl 能够完全地将它的质子转移到 H_2O 分子上，而 HF 和 CH_3COOH 对于 H_2O 来说是非常差的质子给予体，这意味着，它们将主要以分子的形式存在于水溶液中，结果是溶液中离子的浓度很低。这些现象表明这些酸具有不同的酸强度。可以说 HCl 是强酸，而 HF 和 CH_3COOH 是弱酸。酸的一般性质是：

(1)强酸与水完全作用，生成 H_3O^+。

(2)弱酸不能完全与水作用，生成少于化学计量的 H_3O^+。

对于碱来说，具有类似的性质：

(1)强碱与水完全作用，生成 OH^-。

(2)弱碱不能完全与水作用，生成少于化学计量的 OH^-。

应注意，这些定义仅严格限于水溶液中的 Brønsted-Lowry 酸。

酸碱的"强"、"弱"是相对的，因为在"强酸"与"弱酸"之间没有明显的分界点。我们定义的强酸和强碱，是这些酸或碱在相对稀的水溶液中能完全离解，具有较强的酸度。可是弱酸和弱碱在水溶液中的离解程度有一个极大范围的变化，不要用"弱"定性地表述它们的离解，而应依据它们与水反应的平衡常数值，用它们给出或接受质子的能力来考虑。下面，我们将首先讨论水溶液中强酸和强碱的性质。

9.3 强酸和强碱

前面已经定义了强酸是一种在水溶液中能将质子完全给予水分子的酸。根据这一定义，任何强酸 HA，其反应为：

$$HA(aq) + H_2O(l) \longrightarrow H_3O^+(aq) + A^-(aq)$$

类似的，强碱是此物质在与水的反应中能定量形成 OH^- 的碱，因此，任何强碱 B 与水作用的方程式为：

$$B(aq) + H_2O(l) \longrightarrow BH^+(aq) + OH^-(aq)$$

常见的强酸和强碱见表 9.3。

表 9.3 常见的强酸和强碱

强酸*	强碱
$HClO_4$ 高氯酸	LiOH 氢氧化锂
HCl 氢氯酸	NaOH 氢氧化钠
HBr 氢溴酸	KOH 氢氧化钾
HI 氢碘酸	$Ca(OH)_2$ 氢氧化钙
HNO_3 硝酸	RbOH 氢氧化铷
H_2SO_4 硫酸	$NaOCH_3$ 甲醇钠
HCF_3SO_3 三氟甲磺酸	CsOH 氢氧化铯
HPF_6 六氟磷酸	$Ba(OH)_2$ 氢氧化钡

*括号里分子式并不能表示酸的真实结构，应注意，H^+ 是直接连接到 O 原子上的。

要注意,表 9.3 列出的所有酸除了硫酸以外都只含有一个质子,我们称此类酸为单质子酸,指的是这些酸只能给出一个质子。硫酸是一个双质子酸,它能给出两个质子,这能从表 9.3 所示的结构式看出来。强酸能完全离解的事实使我们知道这些强酸的共轭碱的碱性。例如,HCl 在水溶液中:

$$HCl(aq) + H_2O(l) \longrightarrow H_3O^+(aq) + Cl^-(aq)$$

此平衡几乎完全向右移动,因此,其逆反应可以忽略。这意味着 HCl 的共轭碱 Cl^- 很难从 H_3O^+ 中得到质子,因此,Cl^- 肯定是非常弱的碱。所有的强酸都是这样,因而,我们能够做出一般的推断,强酸的共轭碱是非常弱的碱。当我们讨论弱酸和弱碱时将进一步运用这个经验。应该注意到,在水溶液中存在的酸碱,H_3O^+ 是最强的酸,OH^- 是最强的碱。强酸 HCl 几乎完全将它的质子转移给水分子,所有比 H_3O^+ 更强的酸都具有这样的性质。这些酸溶于水中时完全电离,全部形成 H_3O^+,没有离解的酸分子不会存在。同样的,比 OH^- 更强的碱溶于水中时,将定量地使水去质子化而给出 OH^-。因此,在水溶液存在的酸碱的酸度和碱度有一个幅度的限制,如果我们想超越这一限度,必须使用不同的溶剂。

强酸和强碱的 pH 计算

强酸、强碱在水溶液中几乎完全离解,强酸、强碱溶液的 pH 的计算基本上是计量关系的运用。

当水溶液的溶质是强的单质子酸,如 HCl 或 HNO_3 时,溶液中每 1mol 酸含有一摩尔 H_3O^+,于是,0.010M 的 HCl 含有 $0.010mol \cdot L^{-1}$ H_3O^+;0.020M 的 HNO_3 含有 $0.020mol \cdot L^{-1}$ H_3O^+。

为了计算单质子强酸溶液的 pH,我们利用规定的酸的摩尔浓度$[H_3O^+]$,于是,上面提到的 0.010M HCl 溶液的$[H_3O^+] = 0.010M$,$pH = -\lg[H_3O^+] = -\lg[1 \times 10^{-2}] = 2.00$。

对于强碱,根据 OH^- 的浓度计算 pH 的方法与上述基本上是相同的。0.050M 的 NaOH 溶液含有 $0.050mol \cdot L^{-1} OH^-$,因为碱溶于水后完全离解,每一摩尔的 NaOH 产生 1mol 的 OH^-。于是在 25℃ 下有

$$pOH = -\lg(5.0 \times 10^{-2}) = 1.30$$

$$pH = 14.00 - 1.30 = 12.70$$

1mol$Ba(OH)_2$ 的碱产生 2mol 的 OH^-:

$$Ba(OH)_2(s) \longrightarrow Ba^{2+}(aq) + 2OH^-(aq)$$

因此,若每一升溶液中含有 0.010mol 的 $Ba(OH)_2$,该溶液中 OH^- 的浓度应是 0.020M。当然,一旦知道了 OH^- 的浓度,我们就能计算出 pOH,进而知道 pH。示例 9.3 说明了上面讨论的计算方法。

示例 9.3 计算 25℃ 时,0.20MHCl 和 0.0035M$Ba(OH)_2$ 溶液的 pH、pOH、$[H_3O^+]$和$[OH^-]$。HCl 是强酸,$Ba(OH)_2$ 是强碱。

分析:在 HCl 溶液中,因为 HCl 是强酸,它给出定量的 H_3O^+,因此反应将按照下式进行:

$$HCl(aq) + H_2O(l) \longrightarrow H_3O^+(aq) + Cl^-(aq)$$

每一摩尔的 HCl 产生 1mol H_3O^+,以致能够从 HCl 的摩尔浓度知道$[H_3O^+]$,由此,就能求得 pH、pOH

和[OH^-]。

$Ba(OH)_2$ 是强碱,每一摩尔的 $Ba(OH)_2$ 产生 2mol 的 OH^-。$Ba(OH)_2$ 在水溶液中按照下列方程式离解:

$$Ba(OH)_2(s) \longrightarrow Ba^{2+}(aq) + 2OH^-(aq)$$

利用 $Ba(OH)_2$ 的摩尔量得到 OH^- 浓度,根据 OH^- 可以计算出 pH、pOH、[H_3O^+]。

解答:(1)因为 HCl 完全离解,在 0.20MHCl 溶液中[H_3O^+]=0.020M。因此:

$$pH = -\lg[H_3O^+] = -\lg[0.020] = 1.70$$

于是在 0.20MHCl 溶液中,pH=1.70,pOH=14.00−1.70=12.30,利用 pOH 的值可以求得[OH^-]。

$$[OH^-] = 10^{-pOH} = 10^{-12.30} = 5.0 \times 10^{-13}M$$

注意,在这种酸性溶液中,[OH^-]要比纯水中小。

(2)$Ba(OH)_2$ 是强碱,每一摩尔的 $Ba(OH)_2$ 产生 2mol 的 OH^-,因此:

$$[OH^-] = 2 \times (3.5 \times 10^{-4})M = 7.0 \times 10^{-4}M$$

$$pOH = -\lg[OH^-] = -\lg[7.0 \times 10^{-4}] = 3.15$$

即此溶液的 pOH 是 3.15,pH=14.00−3.15=10.85。[H_3O^+]则为:

$$[H_3O^+] = 10^{-pH} = 10^{-10.85} = 1.4 \times 10^{-11}M$$

我们预期[H_3O^+]是很小的,因为该溶液是完全碱性的。

在(1)中,H_3O^+ 的浓度为 $10^{-2}M \sim 10^{-1}M$,以致 pH 必定在 1~2 之间。在(2)中,OH^- 的摩尔数为 $10^{-4} \sim 10^{-3}$,因此,它的 pOH 一定在 3~4 之间。

水自耦质子化作用的抑制

在上述讨论中,假定强酸或强碱溶液中 H_3O^+ 或 OH^- 分别来自相应的酸和碱。可是在水溶液中 H_3O^+ 或 OH^- 有另一种可能的来源——水。水的自耦质子化作用会产生低浓度的 H_3O^+ 或 OH^-。现在忽略这些浓度的条件,我们将认为,仅有强酸溶液提供 H_3O^+,同理,只有强碱溶液给出 OH^-。

在任何酸的水溶液中,H_3O^+ 有两种来源,酸本身和 H_2O,于是有:

$$[H_3O^+] = [H_3O^+]_{酸} + [H_3O^+]_{水}$$

可以预期,在强酸溶液中,H_2O 离解出来的[H_3O^+]$_{水}$相对于酸离解出来的[H_3O^+]$_{酸}$可以忽略不计。例如在示例 9.3 中,在 0.020M HCl 中[OH^-]是 5.0×10^{-13}M。在此种酸溶液中 OH^- 是 H_2O 自耦离解出来的,而从 H_2O 自耦离解出来的 H_3O^+ 和 OH^- 的量肯定是相同的,因此,[H_3O^+]$_{水}$也是 5.0×10^{-13}M。如果现在考察此溶液中[H_3O^+]的总量,则有:

$$[H_3O^+]_{总} = \underset{(来自\ HCl)}{0.020M} + \underset{(来自\ H_2O\ 的离解)}{5.0 \times 10^{-13}M}$$

$$\approx 0.020M$$

在一种酸的任何溶液中,水的自耦质子化作用都受到该酸提供的 H_3O^+ 的抑制。这就是我们在第 8 章讨论的同离子效应。在此状况下,H_3O^+ 是同离子,来自酸的大量 H_3O^+ 抑制了 H_2O 的自耦质子化作用。

可以通过考虑水的自耦质子化作用方程式来说明:

$$H_2O(l) + H_2O(l) \longrightarrow H_3O^+(aq) + OH^-(aq)$$

如果在上述平衡体系中增加 H_3O^+，该反应的离子积 $Q_W(Q_W=[H_3O^+][OH^-])$ 会瞬间增加，使得 $Q_W>K_W$，因此，该平衡就会向着 Q_W 值降低的方向移动，导致来自水的自耦质子化的 H_3O^+ 和 OH^- 的量降低。类似地，可以解释在该体系中增加 OH^- 的量的情况。所以在水溶液中不论是加入 H_3O^+ 还是 OH^-，都会抑制水的自耦质子化作用。在25℃时，H_2O 的自耦质子化作用产生的 H_3O^+ 或 OH^- 的最大浓度是 1.0×10^{-7}，而在大多数情况下，尤其是在强酸或强碱体系中，H_2O 自耦质子化作用产生的 H_3O^+ 或 OH^- 完全可以忽略。可是在示例9.4中例外。

示例9.4 计算浓度为 1.0×10^{-10} M HCl 溶液的 pH 值。

分析：乍一看，这是一个简单的问题，就是求前面讨论过的强酸溶液中的 $[H_3O^+]$。可是，如果就这样处理，求得的 pH 是10，这意味着 HCl 溶液是碱性的，这显然是不对的。在此种情况，需要考虑 H_3O^+ 两种可能的来源，即 HCl 和 H_2O 离解产生的 H_3O^+。

解答：首先要计算 H_2O 和 HCl 离解产生的 H_3O^+ 浓度。我们知道，HCl 的浓度是 1.0×10^{-10} M，因此：

$$[H_3O^+]_{HCl}=1.0\times10^{-10}\text{M}$$

通常，$[H_3O^+]$ 加入到水溶液中会抑制水的自耦质子化作用，这意味着 H_2O 离解出来的 $[H_3O^+]$ 将少于 1.0×10^{-10} M。可是在此情况下，酸的浓度相对于水的自耦质子化作用产生的 $[H_3O^+]$ 小得多，因此，完全可以假定：

$$[H_3O^+]_{水}=1.0\times10^{-7}\text{M}$$

因此，

$$[H_3O^+]_{总}=1.0\times10^{-7}\text{M}+1.0\times10^{-10}\text{M}=1.0\times10^{-7}\text{M}$$

溶液的 pH 为：

$$\text{pH}=-\lg[H_3O^+]_{水}=-\lg(1.0\times10^{-7})=7.00$$

9.4 弱酸和弱碱

本章前面讲到弱酸和弱碱与水只能部分反应，分别给出非化学计量化的 H_3O^+ 和 OH^-。可根据它们的平衡常数值定量计算这些反应进行的程度。

如果视 HA 是一种弱酸，能够写出它与 H_2O 的反应：

$$HA(aq)+H_2O(aq)\longrightarrow H_3O^+(aq)+A^+(aq)$$

该反应的平衡常数表达式为：

$$K_a=[H_3O^+][A^-]/[HA]$$

一种酸在水溶液中离解作用的平衡常数用 K_a 表示。K_a 值能告诉我们这种弱酸离解程度的大小。

类似的，弱碱的离解平衡常数可以表示为：

$$K_b=[BH^+][OH^-]/[B]$$

K_b 则称之为弱碱的离解平衡常数。

因为弱酸和弱碱与水的作用程度很小，K_a 和 K_b 的值都远远低于1。例如，醋酸的 $K_a=1.8\times10^{-5}$，吡啶的 $K_b=1.7\times10^{-9}$。

为了使其具有可比性，将平衡常数的表达式写成另一种形式，例如，将醋酸的 K_a 写成：

$$K_a = [H_3O^+][CH_3COO^-]/[CH_3COOH] = 1.8 \times 10^{-5} = 1.8/10^5$$

当写成此种形式时，能够明显地看出分子的数值要远远少于分母的值，换言之，方程式中未离解的酸的浓度$[CH_3COOH]$比$[H_3O^+]$和$[CH_3COO^-]$要大得多，这意味着醋酸是一种弱酸。用类似的方法可以推论吡啶是弱碱。

因为 K_a 和 K_b 的值都远远少于1，常常将它们转化为 pK_a 或 pK_b 值：

$$pK_a = -\lg K_a$$

$$pK_b = -\lg K_b$$

pK_a 和 pK_b 类似于 pH，表达式也是类似的。也能够写出 pK_a 和 pK_b 方程式：

$$K_a = 10^{-pKa}$$

$$K_b = 10^{-pKa}$$

弱酸的强弱由其 K_a 值决定。K_a 越大，酸度越强，平衡时离解的程度越大。因为在定义 pK_a 时，取的是负对数值，所以，酸度越强则它的 pK_a 越小。一些常见弱酸的 K_a 和 pK_a 如表9.4所示，常见弱碱的 K_b 和 pK_b 如表9.5所示。更多的弱碱的 K_b 和 pK_b 见附录E。

表9.4　单质子酸的 K_A 和 pK_a(25℃)

名称	分子式	K_a	pK_a
氯乙酸	$ClCH_2COOH$	1.4×10^{-3}	2.85
亚硝酸	HNO_2	7.1×10^{-4}	3.15
氟氢酸	HF	6.8×10^{-4}	3.17
氰酸	HCN	3.5×10^{-4}	3.46
甲酸	HCOOH	1.8×10^{-4}	3.74
巴比妥酸	$C_4H_4N_2O_3$	9.8×10^{-5}	4.01
乙酸	CH_3COOH	1.8×10^{-5}	4.74
叠氮酸	HN_3	1.8×10^{-5}	4.74
丁酸	$CH_3CH_2CH_2COOH$	1.5×10^{-5}	4.82
丙酸	CH_3CH_2COOH	1.4×10^{-5}	4.89
次氯酸	HOCl	3.0×10^{-8}	7.52
氢氰酸	HCN	6.2×10^{-10}	9.21
苯酚	C_6H_5OH	1.3×10^{-10}	9.89
过氧化氢	H_2O_2	1.8×10^{-12}	9.74

表 9.5　弱碱的 K_b 和 pK_b（25℃）

名　称	分子式	K_b	pK_b
丁胺	$C_4H_9NH_2$	5.9×10^{-4}	3.23
甲胺	CH_3NH_2	4.4×10^{-4}	3.26
氨	NH_3	1.8×10^{-5}	4.74
联氨	N_2H_4	1.7×10^{-6}	5.77
马钱子碱	$C_{21}H_{22}N_2O_2$	1.0×10^{-6}	6.00
吗啡	$C_{17}H_{19}NO_3$	7.5×10^{-7}	6.13
羟胺	$HONH_2$	6.6×10^{-9}	8.18
吡啶	C_5H_5N	1.7×10^{-9}	8.82
苯胺	$C_6H_5NH_2$	4.1×10^{-10}	9.36

示例 9.5　某已知酸的 pK_a 为 4.88，该酸的酸性比乙酸强还是弱？它的 K_a 是多少？

分析：我们可以根据 pK_a 来比较酸的强度。pK_a 越大，酸性越弱。利用 pK_a 求得 K_a，需根据它们的关系式来计算，这些内容我们在本章已经讨论过。

解答：从表 9.4 知道乙酸的 pK_a 是 4.74。给定的一种酸的 pK_a 是 4.88，可见它的 pK_a 要大于乙酸的 pK_a，它的酸性要弱于乙酸。

要通过 pK_a 求得 K_a，可利用关系式：

$$K_a = 10^{-pKa}$$

已知给定酸的 $pK_a = 4.88$，于是有：

$$K_a = 10^{-4.88} = 1.3\times10^{-5}$$

弱酸和弱碱溶液 pH 的计算

在示例 9.3 中，我们学会了强酸和强碱溶液 pH 的计算。这种计算依据强酸和强碱在水溶液中是完全离解的，H_3O^+ 和 OH^- 的浓度等于该酸碱原始浓度的事实。可是，弱酸和弱碱在水溶液中不是完全离解的。对于弱酸、弱碱来说，必须利用 K_a、K_b 来求得 $[H_3O^+]$ 和 $[OH^-]$，从而求得 pH 值。以 1.0M 乙酸溶液的 pH 值计算为例来讨论。

写出乙酸与水作用的平衡方程式，根据方程式得到 K_a 的表达式：

$$CH_3COOH(aq) + H_2O(l) \longrightarrow H_3O^+(aq) + CH_3COO^-(aq)$$

$$K_a = [H_3O^+][CH_3COO^-]/[CH_3COOH] = 1.8\times10^{-5}$$

在这种形式下，不能直接用此方程式求得 $[H_3O^+]$，因为式中有两个未知量，即 $[CH_3COO^-]$ 和 $[CH_3COOH]$ 是未知的。事实上，这些未知量是相互关联的（$[CH_3COO^-]$ 和 $[CH_3COOH]$ 之和必定等于酸的原始浓度，1.0M），利用数学方法只是求解一个二次方程式。在求解此类方程式时通常采用近似方法，最方便的是使用浓度表（concentration table）。假定，乙酸的原始浓度为 1.0M，H_3O^+ 和 CH_3COO^- 的原始浓度则是 0（实际上水自耦质子化产生的 $[H_3O^+]$ 是很少的，完全可以忽略）。当反应进行，达到平衡时，由于反应是按照化学计量进行的，CH_3COOH 的浓度减少（$-x$），H_3O^+ 和 CH_3COO^- 的浓度则增加（$+x$）。在方程式中，CH_3COOH、H_3O^+ 和 CH_3COO^- 的平衡浓度分别为（$1.0-x$）、x 和 x。因此，我们可以得到下列浓度关系表：

	$H_2O + CH_3COOH \longrightarrow$	H_3O^+	$+ C\ H_3COO^-$
起始浓度（$mol \cdot L^{-1}$）	1.0	0	0
浓度改变量（$mol \cdot L^{-1}$）	$-x$	$+x$	$+x$
平衡浓度（$mol \cdot L^{-1}$）	$1.0-x$	x	x

将平衡浓度代入 K_a 表达式，得到：

$$K_a = [H_3O^+][CH_3COO^-]/[CH_3COOH]$$
$$= (x)(x)/(1.0-x) = 1.8\times10^{-5}$$

如果关系式中浓度的改变量 x 与 K_a 的比值大于400，可以采用近似方法计算。此方法可推广到其他类似弱酸和弱碱的 pH 计算，此时，原始浓度 1.0M 的确大于 K_a（1.8×10^{-5}）的400倍，因此我们可以近似处理：$(1.0-x)\approx1.0$，用1.0替代（$1.0-x$），代入上述方程式，得到：

$$x^2/1.0 = 1.8\times10^{-5}$$

解方程式，得到：

$$x = (1.8\times10^{-5})^{1/2} = 2.42\times10^{-3}M$$

可以看到，x 相对于 1.0M 的确很小，可以忽略不计。此值近似于240个 CH_3CHOOH 分子中只有一个分子离解了，CH_3CHOOH 确实是一种弱酸。

计算出 x 值，也就求得了方程式中的 $[H_3O^+]$，由此可以求得溶液的 pH 值：

$$pH = -\lg[2.42\times10^{-3}]_{水} = 2.38$$

注意，做这种近似处理的时候应将酸的起始浓度视为反应平衡时的浓度。但是，当平衡常数很大而溶质的浓度相对较小时，不能做这种近似处理。在本章的后面部分将讨论不宜做这种近似处理的条件。

在前面已讲过，可以忽略溶液中 H_2O 自耦质子化产生的 H_3O^+ 的浓度。这种假定是基于酸产生的 H_3O^+ 浓度要远远高于 H_2O 离解产生 H_3O^+ 的浓度。由 H_2O 产生的 H_3O^+ 的最大浓度为 $1.0\times10^{-7}M$，实际上，由于酸的存在，同离子效应，由 H_2O 产生的 H_3O^+ 的浓度要少于 $1.0\times10^{-7}M$。即使把由 H_2O 产生的 H_3O^+ 的最大浓度 $1.0\times10^{-7}M$ 与酸产生的 $2.42\times10^{-3}M$ 相比较，也可以看出，$1.0\times10^{-7}M$ 相对于 $2.42\times10^{-3}M$ 是可以忽略不计的。

下面以典型的弱酸、弱碱的平衡问题为例来讨论。

示例 9.6　给定 0.10M 丙酸，CH_3CH_2COOH（弱酸），已知其 $K_a = 1.4\times10^{-5}$，计算该溶液的 $[H_3O^+]$ 和 pH 值。

分析：首先，写出丙酸在水溶液中的离解反应，得到其 K_a 的表示式：

$$CH_3CH_2COOH(aq) + H_2O(l) \longrightarrow CH_3CH_2COO^-(aq) + H_3O^+(aq)$$
$$K_a = [H_3O^+][CH_3CH_2COO^-]/CH_3CH_2COOH$$

丙酸的原始浓度为 0.10M，$CH_3CH_2COO^-$ 与 H_3O^+ 原始浓度则为 0。离解平衡时，$[CH_3CH_2COOH]$、$[H_3O^+]$、$[CH_3CH_2COO^-]$ 的变化量分别为 $-x$、x 和 x。

解答：已知化学方程式及化合物量的关系为：

$$H_2O + CH_3CH_2COOH \longrightarrow H_3O^+ + CH_3CH_2COO^-$$

起始浓度($mol \cdot L^{-1}$)	0.10	0	0
变化量($mol \cdot L^{-1}$)	$-x$	$+x$	$+x$
平衡浓度($mol \cdot L^{-1}$)	$0.10-x$	x	x

因为丙酸为弱酸,仅有少量的丙酸离解,因此 x 值很小,可以近似处理,即有:$0.10 - x \approx 0.10$,所以,CH_3CH_2COOH 的平衡浓度就是0.10M。将这些数值代入到 K_a 的表达式中,即有:

$$K_a = [H_3O^+][CH_3CH_2COO^-]/CH_3CH_2COOH$$
$$= (x)(x)/(0.10-x) \approx x^2/0.10 = 1.4 \times 10^{-5}$$

解方程,求得 x:

$$x = (1.4 \times 10^{-6})^{1/2} = 1.2 \times 10^{-3}$$

已知 $x = [H_3O^+]$,因此

$$[H_3O^+] = 1.2 \times 10^{-3} M$$

最后,计算出溶液的pH值:

$$pH = -\lg[H_3O^+] = -\lg(1.2 \times 10^{-3}) = 2.92$$

得到的结果pH值小于7,说明丙酸溶液是弱酸性的,若是强酸,0.10M的酸溶液,$[H_3O^+] = 0.10M$,pH=1.0。若要进一步核定计算的准确性,可以将计算出的化合物平衡浓度代入 K_a 的表达式中:

$$K_a = [H_3O^+][CH_3CH_2COO^-]/CH_3CH_2COOH$$
$$= (x)(x)/0.10 = (1.2 \times 10^{-3})/0.10 = 1.4 \times 10^{-5}$$

表明计算的结果是正确的。

示例9.7　联氨,N_2H_4,是一种弱碱,$K_b = 1.7 \times 10^{-6}$,浓度为0.25M时,其溶液的pH是多少?

分析:这类似于示例9.6,只是用 K_b 替代 K_a 来处理。

解答:已知化学平衡方程式及 K_b 表示式:

$$N_2H_4(aq) + H_2O(l) \longrightarrow N_2H_5^+(aq) + OH^-(aq)$$
$$K_b = [N_2H_5^+][OH^-]/[N_2H_4]$$

平衡时 N_2H_4、$N_2H_5^+$ 和 OH^- 的变化量分别为 $-x$, $+x$ 和 $+x$:

	H_2O + N_2H_4	$\longrightarrow$ $N_2H_5^+$	+ OH^-
起始浓度($mol \cdot L^-$)	0.25	0	0
变化量($mol \cdot L^-$)	$-x$	$+x$	$+x$
平衡浓度($mol \cdot L^-$)	$0.25-x$	x	x

因为联氨是一种弱酸,它在水溶液中离解很少,因此我们可以像在弱酸一样做近似处理,也就是 $0.25 - x \approx 0.25$。将各个平衡浓度值代入 K_b 表达式:

$$K_b = [N_2H_5^+][OH^-]/[N_2H_4]$$
$$= (x)(x)/(0.25-x) = x^2/0.25 = 1.7 \times 10^{-6}$$

解方程,求得 x:

$$x = (4.3 \times 10^{-7})^{1/2} = 6.5 \times 10^{-4}$$

即 $[OH^-] = 6.5 \times 10^{-4}$,故可以求得溶液的pOH:

$$pOH = -\lg[OH^-] = -\lg(6.5 \times 10^{-4}) = 3.19$$

根据pH与pOH的关联式即可求得pH值:

$$pH + pOH = 14.00$$
$$pH = 14.00 - 3.19 = 10.81$$

示例9.8　乳酸 $CH_3CH(OH)COOH$ 是一种单质子酸,存在于酸奶和yoghurt中。25℃下0.100M乳

酸溶液的 pH 是 2.44。计算在此温度下乳酸的 K_a 和 pK_a。

分析：在此例题中，已知溶液的 pH，根据 pH 值可以计算出 $[H_3O^+]$。本质上，此例题应是上述例题的逆过程。我们可以利用化学平衡方程式列出平衡浓度关系，将各个化合物的平衡浓度代入 K_a 表达式来计算。

解答：写出化学平衡方程式及 K_b 表示式：

$$CH_3CH(OH)COOH(aq) + H_2O(l) \longrightarrow H_3O^+(aq) + CH_3CH(OH)COO^-(aq)$$

$$K_a = [H_3O^+][CH_3CH(OH)COO^-]/[CH_3CH(OH)COOH]$$

在此例题中，H_3O^+ 和 $CH_3CH(OH)COO^-$ 都来自 $CH_3CH(OH)COOH$，结果是，H_3O^+ 与 $CH_3CH(OH)COO^-$ 的浓度必然是相同的，因为该离解反应以 1∶1 的形式给出离子。可是我们并不知道 $[H_3O^+]$ 与 $[CH_3CH(OH)COO^-]$，只知道 0.100M 乳酸溶液的 pH 是 2.44，我们可以根据 pH 值来求得 $[H_3O^+]$：

$$[H_3O^+] = 10^{-pH} = 10^{-2.44} = 3.6 \times 10^{-3}M$$

因为 $[H_3O^+] = [CH_3CH(OH)COO^-]$，于是知道平衡时 $[CH_3CH(OH)COO^-] = 3.6 \times 10^{-3}M$。列出 0.100M 乳酸溶液的各个化合物浓度关系表：

	$H_2O + CH_3CH(OH)COOH(aq)$	$\longrightarrow$	H_3O^+	$+ CH_3CH(OH)COO^-$
起始浓度($mol \cdot L^{-1}$)	0.100		0	0
变化量($mol \cdot L^{-1}$)	-3.6×10^{-3}		$+3.6 \times 10^{-3}$	$+3.6 \times 10^{-3}$
平衡浓度($mol \cdot L^{-1}$)	$0.100 - 3.6 \times 10^{-3} = 0.096$		3.6×10^{-3}	3.6×10^{-3}

不同于前述示例的是，在此题中知道了 $x(3.6 \times 10^{-3})$ 值而不知道 K_a，我们将化合物的平衡浓度代入 K_a 表示式来计算。我们知道，$[H_3O^+]$ 与 $[CH_3CH(OH)COO^-]$ 相同，等于 $3.6 \times 10^{-3}M$，$[CH_3CH(OH)COOH] = (0.100 - x) = (0.100 - 3.6 \times 10^{-3}) = 0.096M$。因此：

$$\begin{aligned} K_a &= [H_3O^+][CH_3CH(OH)COO^-]/[CH_3CH(OH)COOH] \\ &= (3.6 \times 10^{-3})(3.6 \times 10^{-3})/0.096 \\ &= 1.4 \times 10^{-4} \end{aligned}$$

即求得的乳酸的 K_a 是 1.4×10^{-4}。要求解 pK_a。只需要对 pK_a 取负对数：

$$pK_a = -\lg pK_a = -\lg(1.4 \times 10^{-4}) = 3.85$$

弱酸和弱碱盐溶液 pH 值的计算

Cl^- 是强酸 HCl 的共轭碱，是一种非常弱的碱，基本上不能与 H_3O^+ 作用而形成 HCl。这意味着 Cl^- 对于 H_2O 来说甚至不能称为一种碱，以至可以说 Cl^- 基本上没有碱的特性，因此，NaCl 水溶液的 pH 为 7。事实上，所有单质子强酸的共轭碱都是这样，于是 NaBr、NaI、$NaNO_3$ 的稀水溶液以及单质子强酸的任何钠盐 pH 都是 7。可是对于弱酸盐，例如 CH_3COONa，情况则不同，它们的 pH 都会大于 7，弱碱盐水溶液的 pH 则小于 7。如果将此种盐溶于水溶液中，它们会按照下列方程式完全离解：

$$CH_3COONa(s) \longrightarrow Na^+(aq) + CH_3COO^-(aq)$$

$$NH_4Cl(s) \longrightarrow NH_4^+(aq) + Cl^-(aq)$$

CH_3COO^- 和 NH_4^+ 与 H_2O 作用：

$$CH_3COO^-(aq) + H_2O(l) \rightleftharpoons CH_3COOH(aq) + OH^-(aq)$$

$$NH_4^+(aq) + H_2O(l) \rightleftharpoons NH_3(aq) + H_3O^+(aq)$$

因此，上述两种溶液分别偏碱性和酸性。

如示例 9.7,共轭碱的强度会随着酸强度的增加而降低。因此,弱酸盐的水溶液呈明显的碱性。类似的,弱碱盐的水溶液一般呈酸性。根据共轭对的 pK_a 和 pK_b 知道弱酸或弱碱溶液的酸碱性。例如,乙酸,CH_3COOH 的 pK_a 是 4.74,则 CH_3COO^- 的 $pK_b = 14.00 - 4.74 = 9.26$。HCN 是一种弱酸($pK_a = 9.21$),$CN^-$ 的 $pK_b = 14.00 - 9.21 = 4.79$,它的碱性几乎跟 NH_3 差不多。我们能够利用 pK_a 和 pK_b 值来计算含有弱酸盐或弱碱盐的水溶液的 pH 值,如示例 9.9 和 9.10 所示。

示例 9.9 0.010M NaOCl 溶液的 pH 是多少?已知 HOCl 的 $K_a = 3.0 \times 10^{-8}$。

分析:OCl^- 是弱酸 HOCl 的共轭碱,因此,预期它的水溶液是弱碱性的。因为,题中仅仅给出 HOCl 的 K_a,而要求的是其溶液的 pH。我们可以利用 K_b 来求解,因为通过 K_a 可以得到 K_b。与前述的方法一样,首先写出平衡方程式和平衡常数的表达式,然后来求解。

解答:写出 OCl^- 与 H_2O 的作用的化学方程式及 K_b 的表达式:

$$OCl^-(aq) + H_2O(l) \longrightarrow HOCl(aq) + OH^-(aq)$$

$$K_b = [HOCl][OH^-]/[OCl^-]$$

已知 HOCl 的 K_a,容易求得 K_b,因为 $K_a \times K_b = K_w$

$$K_b = K_w/K_a = 1.0 \times 10^{-14}/3.0 \times 10^{-8}$$

列出化合物浓度关系表。因为,HOCl 和 OH^- 都来自 OCl^-,所以反应达到平衡时,它们的浓度改变量都是 $+x$,OCl^- 则为 $-x$。

	H_2O +	OCl^- ⟶	HOCl +	OH^-
起始浓度($mol \cdot L^{-1}$)		0.10	0	0
变化量($mol \cdot L^{-1}$)		$-x$	$+x$	$+x$
平衡浓度($mol \cdot L^{-1}$)		$0.10-x$	x	x

反应达到平衡时,HOCl 和 OH^- 是相同的,都为 x:

$$[HOCl] = [OH^-] = x$$

因为 OCl^- 是弱碱,与水反应的程度很小,因此 x 的值很小。我们可以近似处理,视 $0.10 - x \approx 0.10$,所以 $[OCl^-] = 0.10M$。将这些值代入 K_b 表达式中,得到:

$$K_b = [HOCl][OH^-]/[OCl^-]$$

$$= (x)(x)/(0.10 - x) = (x)(x)/0.10 = 3.3 \times 10^{-7}$$

解方程:

$$x = (3.3 \times 10^{-8})^{1/2} = 1.8 \times 10^{-4}\ M$$

x 即为 OH^- 的浓度。利用 x 值即可计算出 pOH 和 pH。

$$pOH = -\lg[OH^-] = -\lg(1.8 \times 10^{-4}) = 3.74$$

$$pH = 14.00 - pOH = 14.00 - 3.74 = 10.26$$

示例 9.10 0.20M 的 N_2H_5Cl 溶液的 pH 是多少?已知 N_2H_4 是一种弱酸,$K_b = 1.7 \times 10^{-6}$。

分析:$N_2H_5^+$ 是弱碱 N_2H_4 的共轭酸,应是偏酸性的,可以按照示例 9.9 的方法来处理。已经知道 Cl^- 是一种极弱的碱,不会影响溶液的 pH,故在此计算中不予考虑。

解答:首先给出 $N_2H_5^+$ 与水反应的平衡方程式和 K_a 的表达式:

$$N_2H_5^+(aq) + H_2O(l) \longrightarrow H_3O^+(aq) + N_2H_4(aq)$$

$$K_a = [H_3O^+][N_2H_4]/[N_2H_5^+]$$

题中已给出 N_2H_4 的 K_b,但不知道 $N_2H_5^+$ 的 K_a。通过 K_a 与 K_b 的关系可以求得 K_a:

$$K_a = K_w/K_b = 1.0 \times 10^{-14}/1.7 \times 10^{-6} = 5.9 \times 10^{-9}$$

列出平衡方程式中化合物浓度关系。H_3O^+ 和 N_2H_4 的起始浓度等于零,反应达到平衡时,$N_2H_5^+$ 浓度的变化量为 $-x$,H_3O^+ 和 N_2H_4 浓度的变化量为 $+x$:

	$H_2O + N_2H_5^+ \longrightarrow$	H_3O^+ +	N_2H_4
起始浓度($mol \cdot L^{-1}$)	0.20	0	0
改变量($mol \cdot L^{-1}$)	$-x$	$+x$	$+x$
原始浓度($mol \cdot L^{-1}$)	$0.20 - x$	x	x

平衡时 H_3O^+ 和 N_2H_4 的浓度是相同的,都是 x:

$$[H_3O^+] = [N_2H_4] = x$$

因为 $N_2H_5^+$ 是弱酸,因此,我们可以假定 $0.20 - x \approx 0.20$,平衡时即有 $[N_2H_5^+] \approx 0.20M$,将这些值代入平衡常数表达式,则有:

$$K_a = [H_3O^+][N_2H_4]/[N_2H_5^+] = (x)(x)/(0.20 - x) = x^2/0.20 = 5.9 \times 10^{-9}$$

解方程式:

$$x = (1.2 \times 10^{-9})^{1/2} = 3.4 \times 10^{-5}M$$

因为 $x = [H_3O^+]$,溶液的 pH 则为:

$$pH = -lg[H_3O^+] = -lg(3.4 \times 10^{-5}) = 4.47$$

9.5　弱酸和弱碱盐溶液

前面讨论过,阳离子 NH_4^+ 和阴离子 CH_3COO^- 会影响水溶液的 pH。现在讨论当阳离子 NH_4^+ 和阴离子 CH_3COO^- 离子同时存在于一种盐中对溶液 pH 的影响。最终的结果是,在这种盐溶液中一种离子是酸性的,另一种则是碱性的,溶液的 pH 最终取决于这两种离子的相对强度。若一种离子的酸性与另一离子的碱性相当,该盐对溶剂的 pH 没有什么影响。例如,醋酸铵(NH_4OOCCH_3)溶液,离解出来的 NH_4^+ 是酸性的阳离子,CH_3COO^- 则是碱性阴离子。可是,NH_4^+ 的 $K_a = 5.6 \times 10^{-10}$,而 CH_3COO^- 的 K_b 也是 5.6×10^{-10}。阳离子 NH_4^+ 趋向于产生 H_3O^+,阴离子 CH_3COO^- 趋向于产生 OH^-,所以,在 NH_4OOCCH_3 溶液中 $[H_3O^+] = [OH^-]$,溶液的 pH 等于 7。

再来讨论甲酸铵(NH_4OOCH)。甲酸根离子($HCOO^-$)是甲酸的共轭碱,甲酸是一种弱酸,$HCOO^-$ 的 $K_b = 5.6 \times 10^{-11}$,$NH_4^+$ 的 $K_a = 5.6 \times 10^{-10}$,两者比较后可见,$NH_4^+$ 的 K_a 要稍大于 $HCOO^-$ 的 K_b,因此,甲酸氨的溶液是偏酸性的。这种溶液的 pH 的准确计算比较困难,在这里只能说这类溶液是酸性的、碱性的,还是中性的。

示例 9.11　0.20M 的 NH_4F 水溶液是酸性的、碱性的还是中性的?

分析:这是一种弱酸的盐,其阳离子是弱碱 NH_3 的共轭酸,阴离子 F^- 是弱碱。问题是此两种离子对溶液 pH 的影响能力。我们可以通过比较它们的 K_a 和 K_b 来比较它们的酸碱强度。

解答:NH_4^+ 的 $K_a = 5.6 \times 10^{-10}$(根据 NH_3 的 K_b 计算得到),同理,F^- 的 $K_b = 1.5 \times 10^{-11}$(根据 HF 的 $K_b = 6.8 \times 10^{-4}$ 计算得到)。比较两者的平衡常数,可以看出 NH_4^+ 的 K_a 要大于 F^- 的 K_b。因此 NH_4^+ 与水反应释放出的 H_3O^+ 要比 F^- 与水反应给出 OH^- 的量要大一些,这意味着,平衡时溶液中 $[H_3O^+] > [OH^-]$,因此能够预期该溶液是偏酸性的。

前面解题时,用酸或碱的起始浓度代替反应平衡时的浓度来计算。这是一种近似处理方法,在绝大多数情况下都是可行的,但是,这并不是说在所有场合下都是可行的,所以,应讨论采用这种近似的处理方法的条件。下面将研究不能使用这种近似处理方法时如何来解答的问题。

当某种弱酸 HA 与水反应时,随着离子的生成酸的浓度将降低,如果令 x 为每升体积中酸的反应量,则有平衡浓度:

$$[HA]_{平衡}=[HA]_{起始}-x$$

在前面已经假定 $[HA]_{平衡}\approx[HA]_{起始}$,因为 x 相对于 $[HA]_{起始}$ 是很小的。可是这仅仅限于 $[HA]_{起始}/K_a\geqslant 400$ 的体系。当弱酸的 K_a 增大时,这种假定不能使用,因为随着酸的离解程度增加,$[HA]_{平衡}$ 不再近似等于 $[HA]_{起始}$。

当 $[HA]_{平衡}$ 不等于 $[HA]_{起始}$ 时,必须像前面所讨论的那样,对一个一元二次方程求解。也可以完全忽略水自耦质子化作用产生的 $[H_3O^+]$ 和 $[OH^-]$,若是这样,只有酸或碱离解出来的 $[H_3O^+]$ 或 $[OH^-]$ 大于 1×10^{-5}M 才行。示例 9.12 进行了说明。

示例 9.12　氯代乙酸 $ClCH_2COOH$ 可用作除草剂,也可用于染料和有机化学品的合成。它是一种弱酸,$K_a=1.4\times10^{-3}$。0.010M 的 $ClCH_2COOH$ 溶液的 pH 是多少?

分析:解题前首先检查能不能利用常用近似处理方法:

$$400\times K_a=400\times1.4\times10^{-3}=0.56$$

将 0.56 与 $ClCH_2COOH$ 的起始浓度比较。$ClCH_2COOH$ 的起始浓度是 0.010M,小于 0.56,因此,不能应用近似处理方法。我们应列出平衡浓度关系式,通过一元二次方程式来求解。

解答:写出化学平衡方程式及 K_a 表达式:

$$H_2O(l)+ClCH_2COOH(aq)\longrightarrow H_3O^+(aq)+ClCH_2COO^-(aq)$$

$$K_a=[H_3O^+][ClCH_2COO^-]/[ClCH_2COOH]=1.4\times10^{-3}$$

反应的各个化合物的浓度关系式:

	$H_2O+ClCH_2COOH$	$\longrightarrow$ H_3O^+	$+ClCH_2COO^-$
起始浓度($mol\cdot L^{-1}$)	0.010	0	0
浓度改变量($mol\cdot L^{-1}$)	$-x$	x	x
平衡浓度($mol\cdot L^{-1}$)	$0.010-x$	x	x

将平衡浓度代入 K_a 表达式,得到:

$$K_a=[H_3O^+][ClCH_2COO^-]/[ClCH_2COOH]$$
$$=x\times x/(0.010-x)=1.4\times10^{-3}$$

在这里,我们不能假定 $(0.010-x)\approx0.010$。

解一元二次方程式,求得 x:

$$x_1=3.1\times10^{-3}M$$
$$x_2=-4.5\times10^{-3}M$$

x 不可能为负值,因为离子不可能是负浓度,故我们选择 x_1 值。即有下列关系:

$$[H_3O^+]=3.1\times10^{-3}M$$
$$[ClCH_2COO^-]=3.1\times10^{-3}M$$
$$[ClCH_2COOH]=0.010-x=0.010-0.0031=0.007M$$

最后计算出溶液的 pH 值。

$$pH=-\lg(1.3\times10^{-3})=2.51$$

将计算得到的平衡浓度代入平衡方程表达式来检验结果的正确性:

$$K_a = [H_3O^+][ClCH_2COO^-]/[ClCH_2COOH]$$
$$= x \times x/(0.010 - x) = (1.3 \times 10^{-3})^2/0.007 = 1.4 \times 10^{-3}$$

可见,我们计算得到的 K_a 与已知的 K_a 值是相同的。

9.6　酸强度的分子基础

之前我们把酸分为强酸或弱酸,但没有解释是什么因素决定了酸的强度。事实上,共轭碱的性质以及与质子相连接的化学键断裂的难易程度是影响酸强度的重要因素。

二元酸

把含有 H 和另一种元素的(一般为非金属元素)酸定义为二元酸。最简单的二元酸 HF、HCl、HBr、HI 是由第 17 族元素与 H 形成的,其中 HCl、HBr、HI 是极强的酸,HF 是一种弱酸。尽管所有极强的酸能与水完全反应,但这些强酸与水作用的程度是不同的。事实上可以将上述四种酸的酸强度排序:

$$HF < HCl < HBr < HI$$

这些分子要将 H^+ 转移给 H_2O,H—X 键必须断裂,这些分子中键的离解焓(见表 9.6)对酸强度的变化趋势给出合理的解释。

表 9.6　氢卤酸的键离解焓(ΔH_{H-X})和键长(d_{h-x})

酸	ΔH_{H-X}(kJ · mol^{-1})[a]	d_{h-x}(pm)[b]
HF	567	92
HCl	431	128
HBr	366	141
HI	298	160

注:(a)键离解焓:1mol 键在气相状态下断开为中性原子时的焓的改变量:

$$HX(g) \longrightarrow H(g) + X(g)$$

(b)$pm = 10^{-12}m$

H—F 键(567kJ/mol)是最强的单键之一,这是因为 H 和 F 具有很小的尺寸,使它们的原子轨道能有效重叠,它们间的键长很小(92pm)。从 F 到 I,它们的原子半径逐渐增大,导致 H—X 键长变长,相应的键离解焓减小。第 16 族二元酸 H_2O、H_2S、H_2Se 和 H_2Te 当中 H_2O 是最弱的酸,H_2Se 则是最强的。事实上,在元素周期表中任何一族元素,从上到下,二元酸的酸度都是增强的,这种变化趋势主要是由于 H—X 键离解焓的减小。可是若讨论的二元酸是周期表中相邻的元素,例如 S 和 Cl 在元素周期表中是相邻的,利用上述原理能够预期二元酸 H_2S 的酸性比第 17 族中 HCl 要大一些,因为 S 的尺寸要大于 Cl,这显然是不对的。事实完全相反,H_2S 是弱酸,而 HCl 是很强的酸。当我们讨论不同周期的元素时,其酸度主要是由非金属元素 X 的电负性决定的。X 的电负性增大,意味着 H—X 键的极性增大,于是 H 原子上所带的正电荷 δ^+ 增大,使得 H^+ 更加容易离去而与碱结合。因此,有两种因素决定着简单二元酸的强度,即 H—X 键的强度和 X 的电负性。

含氧酸

由氢、氧和其他元素组成的酸称之为含氧酸(见表9.7)。在水溶液中表现为强酸的用＊来标志。所有含氧酸结构的共同特征是存在与中心原子键合的O—H基团。例如,第16族元素的两种含氧酸的结构是:

```
        O                      O
        ‖                      ‖
H—O—S—O—H            H—O—Se—O—H
        ‖                      ‖
        O                      O
```

H_2SO_4　　　　H_2SeO_4

硫酸　　　　硒酸

表9.7　常见的非金属及准金属含氧酸*

第14族	第15族	第16族	第17族
H_2CO_3　碳酸	*HNO_3　硝酸[a]		HFO　次氟酸
	HNO_2　亚硝酸		
	H_3PO_4　磷酸	*H_2SO_4　硫酸	*$HClO_4$　高氯酸
	H_3PO_3　亚磷酸[b]	H_2SO_3　亚硫酸[c]	*$HClO_3$　氯酸
			$HClO_2$　亚氯酸
			$HClO$　次氯酸
	H_3AsO_4　砷酸	*H_2SeO_4　硒酸	*$HBrO_4$　高溴酸[d]
	H_3AsO_3　亚砷酸	*H_2SeO_3　亚硒酸	*$HBrO_3$　溴酸
			*HIO_4　高碘酸
			(H_5IO_6)[e]　水合高碘酸
			HIO_3　碘酸

注:(a)用＊标志的为强酸;(b)亚磷酸是一种二质子酸,写成$HPO(OH)_2$更确切一些;(c)假想状态。水溶液中实际上含有溶解的二氧化硫,$SO_2(aq)$;(d)纯的高溴酸是不稳定的,已知二水合物;(e) H_5IO_6由HIO_4+2H_2O生成。

含氧酸与水的反应涉及O—H键的断裂,含氧酸的强度则取决于这种键断裂的难易程度。酸的强度也与O—H的极性有关,键的极性越强,其酸的酸性就越强。

如果与O—H基团键合的G原子的电负性较大,能吸引O原子的电子,将O原子上的电子密度降低,O则将拉动O—H键的电子,使得O—H的极性更大,H^+容易离解出来:

$$\overset{\delta-}{\text{G–O}}\overset{\delta+}{\text{–H}}$$

有两个主要因素决定着O—H键的极性,一是含氧酸中心原子的电负性,二是直接与中心原子键合的O原子的数量。

为了研究中心原子电负性的影响,可以比较含有相同氧原子数量的含氧酸。我们发现

随着中心原子电负性的增大,该含氧酸将是一个更好的质子给予体(即为一种强酸)。下面的示意图能说明这一影响:

$$\begin{array}{c} \quad\ \delta- \ \ \delta+ \\ -\overset{|}{X}-O-H \\ \leftarrow\text{----}| \end{array}$$

随着X的电负性增大,电子密度从O向X偏移,导致O—H键上的电子向O偏移,从而使得O—H键的极性增大,其分子成为一个更好的质子给予体。

因为在元素周期表中,同一族从下到上,同一周期从左到右,元素的电负性是逐渐增大的,因此能够得到如下推论:对含有相同氧原子数量的含氧酸,同一族从下到上,同一周期从左到右,其酸的强度是逐渐增大的。

第16族中,H_2SO_4 的酸性比 H_2SeO_4 强,因为S的电负性比Se要大。同理,对于卤素元素,具有 HXO_4 形式的含氧酸的酸强度的变化趋势是:

$$HIO_4 < HBrO_4 < HClO_4$$

对于第3周期的元素,比较 H_3PO_4、H_2SO_4、$HClO_4$ 的酸性,能够发现它们的酸强度变化规律是:

$$H_3PO_4 < H_2SO_4 < HClO_4$$

9.7　缓冲溶液

在许多化学及生物体系内pH的控制和维持是至关重要的。例如,人体血液的pH一般为7.35~7.42,若改变至7.00或8.00,人就会死亡。幸运的是,人体已形成了一种精密的化学体系,它能维持人体血液的pH在一定范围之内。

缓冲溶液是一种由一定量的某种弱酸与其共轭碱或由一定量的某种弱碱与其共轭酸组成的溶液体系。在这种溶液体系中滴加少量的酸或碱或适当地稀释该溶液,其pH改变很小。我们可以通过缓冲溶液中共轭酸碱对的 K_a、K_b 以及共轭酸碱对的比率来计算缓冲溶液的pH值。

缓冲溶液pH值的计算

首先考虑含有等量弱酸HA和其共轭碱 A^- 的缓冲溶液体系。缓冲溶液能与添加的 H_3O^+ 或 OH^- 作用,若在缓冲溶液中加入 H_3O^+,H_3O^+ 将与 A^- 作用生成HA:

$$H_3O^+(aq) + A^-(aq) \longrightarrow HA(aq) + H_2O(l)$$

若在缓冲溶液中加入 OH^-,OH^- 将与HA作用生成 A^-:

$$OH^-(aq) + HA(aq) \longrightarrow A^-(aq) + H_2O(l)$$

上述两个反应能够"忽视"任何加入的酸或碱,使得溶液的pH值基本上不变。利用前述的方法可计算出该缓冲溶液加入酸或碱之前及加入酸或碱以后的pH值。例如,CH_3COOH 和 CH_3COONa 组成的缓冲溶液体系,在此溶液中加入酸将发生下列反应:

$$H_3O^+(aq) + CH_3COO^-(aq) \longrightarrow CH_3COOH(aq) + H_2O(l)$$

在此溶液中加入碱,则有:

$$OH^-(aq) + CH_3COOH(aq) \longrightarrow CH_3COO^-(aq) + H_2O(l)$$

示例9.13解释了缓冲溶液的pH的计算问题。

示例9.13　为了研究弱酸介质对于某金属合金腐蚀速度的影响,一学生配置了$[NaOOCCH_3] = 0.11M$和$[CH_3COOH] = 0.090M$的缓冲溶液,这种溶液的pH是多少?

分析:该缓冲溶液含有弱酸CH_3COOH和它的共轭碱CH_3COO^-,并给出了两者的浓度。我们能够通过CH_3COOH的K_a或CH_3COO^-的K_b来计算。此处我们利用K_a进行计算。查表得到CH_3COOH的K_a,列出浓度关系表,利用前述的简化方法求解$[H_3O^+]$:

$$CH_3COOH(aq) + H_2O(l) \longrightarrow CH_3COO^-(aq) + H_3O^+(aq)$$

$$K_a = [CH_3COO^-][H_3O^+]/[CH_3COOH] = 1.8 \times 10^{-5}$$

已知CH_3COOH和CH_3COO^-的浓度,假定起始的$[H_3O^+] = 0$,因此反应达到平衡后$[H_3O^+]$的变化量为$+x$,各个化合物浓度关系为:

	$H_2O + CH_3COOH$	$\longrightarrow$ H_3O^+	$+ CH_3COO^-$
起始浓度($mol \cdot L^{-1}$)	0.090	0	0.11
改变量($mol \cdot L^{-1}$)	$-x$	$+x$	$+x$
平衡浓度($mol \cdot L^{-1}$)	$0.090 - x$	x	$0.11 + x$

对于缓冲溶液,因为溶液中已经存在该酸的共轭碱,它抑制了弱酸的离解,使得其x值非常小。可以假定$0.090 - x \approx 0.090$,$0.11 + x = 0.11$。将这些值代入到K_a表达式,得到:

$$\begin{aligned} K_a &= [H_3O^+][CH_3COO^-]/[CH_3COOH] \\ &= x \times (0.11 + x)/(0.090 - x) \\ &= x \times 0.11/0.090 = 1.8 \times 10^{-5} \end{aligned}$$

解方程,得到

$$x = 1.5 \times 10^{-5}$$

因为$x = [H_3O^+]$,即　$[H_3O^+] = 1.5 \times 10^{-5}M$

求得pH值:

$$pH = -\lg[H_3O^+] = -\lg(1.5 \times 10^{-5}) = 4.82$$

即该缓冲溶液的pH是4.82。

我们可以利用K_a值对缓冲溶液的pH值进行简化表示。对电离平衡:

$$HA(aq) + H_2O(l) \rightleftharpoons H_3O^+(aq) + A^-(aq)$$

有其平衡常数K_a为:

$$K_a = \frac{[H_3O^+][A^-]}{[HA]}$$

即有:

$$[H_3O^+] = K_a \frac{[HA]}{[A^-]}$$

对上式两边同时取负对数,则有:

$$pH = pK_a + \lg \frac{[A^-]}{[HA]}$$

该关系式被称为Henderson-Hasselbalch方程,它表明了缓冲溶液的pH值不仅与弱酸的pK_a值有关,还与共轭碱和弱酸的比值有关。由于浓度与物质的量关系为:$c = n/V$,而缓冲溶液的体积不变,由此可得到缓冲溶液pH值与共轭酸碱对物质的量之间的关系。

$$pH = pK_a + \lg \frac{[A^-]}{[HA]} = pK_a + \lg \frac{n_{A^-}/V}{n_{HA}/V} = pK_a + \lg \frac{n_{A^-}}{n_{HA}}$$

因此,可以通过共轭酸碱对的浓度比或摩尔比来计算缓冲溶液的 pH 值。可以注意到,当[HA]=[A^-]时,有 $pH = pK_a$。而当共轭酸碱对的摩尔比接近于 1 时,缓冲溶液的缓冲能力最大。因此在配制缓冲溶液时,选择弱酸的电离常数 pK_a 应接近所配缓冲溶液的 pH 值。

当对缓冲溶液进行稀释时,只改变了溶液的体积,而未改变溶质的摩尔比,因此溶液中共轭酸碱对的摩尔比并未改变,pH 值也未发生变化。

示例 9.14　为了研究碱性介质对反应速度的影响,某学生配置了在 250mL 水溶液中溶解了 0.12 摩尔 NH_3 和 0.095 摩尔 NH_4Cl 的缓冲溶液,其缓冲溶液的 pH 是多少?

分析:缓冲溶液的 pH 由组成缓冲溶液的酸-碱对的摩尔比决定。要计算溶液的 pH,利用 Henderson-Hasselbalch 方程,需计算出 NH_3 和 NH_4Cl 的摩尔比,也需知道 NH_4^+ 的 K_a。

解答:已知 $pK_a(NH_4^+) = 9.26$,将值代入方程式:

$$pH = pK_a + \lg(n(A^-)/n(HA)) = 9.26 + \lg(0.12/0.095) = 9.36$$

注意,我们已经假定酸及它的共轭碱的平衡浓度等于它们的起始浓度。

示例 9.15　在一个实验中需要 pH=5.00 的缓冲溶液,可以用醋酸和醋酸钠来制备吗?若能,在 1L 含 1mol 醋酸的这种溶液中需要加入多少醋酸钠?

分析:这里存在两个问题,要核对醋酸的 pK_a 是否在 $pH = pK_a \pm 1$ 的范围内,如果是,计算必要的摩尔比;计算出 $n(A^-)/n(HA)$ 比值后,求出需要加入的 CH_3COO^- 的摩尔数,从而得知 CH_3COONa 的摩尔数。

解答:已知 $pK_a(CH_3COOH) = 4.74$,在预期的范围内,因此,能够用醋酸-醋酸钠体系来制备这种缓冲溶液。

利用 Henderson-Hasselbalch 方程计算出需要的溶质的摩尔比:

$$pH = pK_a + \lg[n(A^-)/n(HA)]$$

$$5.00 = 4.74 + \lg[n(CH_3COO^-)/n(CH_3COOH)]$$

因此

$$\lg[n(CH_3COO^-)/n(CH_3COOH)] = 0.26$$

于是有:

$$n(CH_3COO^-)/n(CH_3COOH) = 1.82$$

已知:
$$n(CH_3COOH) = 1.0mol$$

则有:
$$n(CH_3COO^-) = 1.82mol$$

因为 1mol CH_3COONa 含有 1mol 的 CH_3COO^-,因此需要 1.82mol 的 CH_3COONa。

示例 9.16　在 1L 含有 0.10mol CH_3COOH 和 0.10mol 的 $NaOOCCH_3$ 的缓冲溶液中加入 0.10L 0.10M HCl。pH 有什么变化?若在 1L 纯水溶液中加入相同量的 HCl,pH 有什么变化?

分析:我们要求 pH 的变化,首先应计算出原始缓冲溶液的 pH。假定 HCl 能完全与 CH_3COO^- 反应生成 CH_3COOH,计算加入的 HCl 的量,然后建立浓度关系表,利用 CH_3COO^- 和 CH_3COOH 在新条件下的浓度来计算 pH 值。

解答:根据原始的[CH_3COOH]和[CH_3COO^-]知道溶液原始的 pH 值:

$$pH = pK_a + \lg[A^-]/[HA] = 4.74 + \lg(0.1/0.1) = 4.74$$

可以直接计算平衡时的[CH_3COOH]和[CH_3COO^-]。HCl 与 CH_3COO^- 的反应为:

$$HCl(aq) + CH_3COO^-(aq) \longrightarrow CH_3COOH(aq) + Cl^-(aq)$$

假定此反应是完全进行的,以致有:

$$n(\text{加入的 HCl}) = n(\text{反应的 }CH_3COO^-) = n(\text{生成的 }CH_3COOH)$$

$$n(\text{加入的 HCl}) = c \times V = 0.10mol \cdot L^{-1} \times 0.10L = 0.010mol$$

因此，0.010mol 的 HCl 与 0.010mol CH_3COO^- 反应生成 0.010mol $CH_3COOH(aq)$。而初始有 0.10mol 的 CH_3COOH 和 0.10mol 的 CH_3COO^-，因此最后各个化合物的量是：

$$n(\text{最终的 } CH_3COOH) = 0.10\text{mol} + 0.010\text{mol} = 0.11\text{mol}$$

$$n(\text{最终的 } CH_3COO^-) = 0.10\text{mol} - 0.010\text{mol} = 0.090\text{mol}$$

将这些值代入上述表达式

$$pH = 4.74 + \lg(0.090/0.11) = 4.65$$

因此，溶液 pH 的改变量为 -0.0091 单位。

当在 1L 纯水溶液加入 0.10L 的 0.10mol · L^{-1} HCl 后，1.1L 溶液含有 0.010mol HCl，因为 HCl 是强酸，与水反应形成 H_3O^+，因此有：

$$[H_3O^+] = 0.010\text{mol}/1.1\text{L} = 0.0091\text{mol} \cdot L^{-1}$$

$$pH = -\lg[H_3O^+] = -\lg(0.0091) = 2.04$$

纯水的 pH = 7，加入 0.10L 的 0.10mol · L^{-1} HCl 后，溶液的 pH 改变了 -4.96 单位。该例题很好地说明了缓冲溶液的作用。

9.8 酸碱滴定

化学工作者常常会遇到不知浓度的酸或碱溶液，这时可以利用酸碱滴定的方法来测定其酸或碱溶液的浓度，这需要利用一种已知浓度和体积的酸或碱通过滴定管进行准确的滴定。如果正确地选择一种指示剂，当滴定到达终点时，酸碱指示剂改变颜色。其终点接近于滴定的等当点。等当点就是满足化学计量的关系点，也就是滴加物的摩尔数正好等于原始溶液中酸或碱的摩尔数。有时等当点也称为化学计量点。在酸碱滴定中，不考虑涉及的酸或碱的强度，基本的反应式为：

$$H_3O^+(aq) + OH^-(aq) \longrightarrow 2H_2O(l)$$

知道化学反应式的化学计量关系式及滴加的酸或碱溶液的体积，就能计算出待测溶液的浓度。下面将详细地讨论酸碱滴定问题，尤其强调滴定过程中 pH 的变化。

强酸 - 强碱对强碱 - 强酸的滴定

图 9.2 为 25.00mL 0.200M NaOH 溶液滴定 25.00mL 0.200M HCl 溶液时的 pH 变化与滴加的碱溶液体积的关系图。把这种图称之为滴定曲线，用任何强碱滴定任何强酸时都具有这种相同的形状曲线。同样，用 25.00mL 0.200M HCl 溶液去滴定 25.00mL 0.200M NaOH 溶液的滴定曲线如图 9.3 所示。用任何强酸滴定任何强碱时都具有这种相同的形状曲线。我们将详细地讨论强酸 - 强碱滴定曲线。

强酸 - 强碱的滴定曲线有原始 pH 值、酸性区域、等当点、碱性区域四个重要点和区域。

原始 pH 值

在强酸 - 强碱滴定中，原始的 pH 值就是被滴定的强酸的 pH。因为被滴定的是强酸，它完全能与 H_2O 作用形成 H_3O^+，因此可以利用酸浓度的负对数来计算其 pH 值。在图 9.2 中酸原始的 pH 值为：

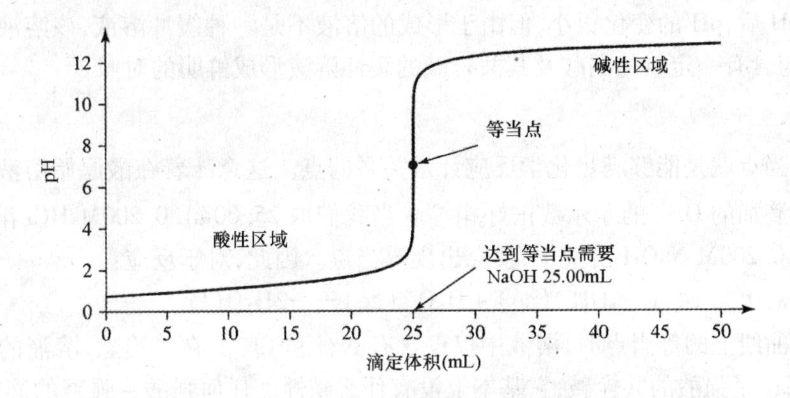

图 9.2　强酸－强碱的滴定曲线图

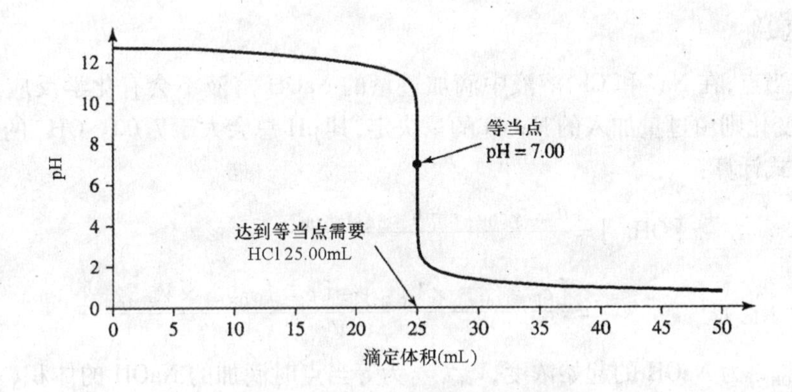

图 9.3　强碱－强酸的滴定曲线图

$$pH = -\lg[H_3O^+] = -\lg[0.200] = 0.70$$

酸性区域

在酸性区域，滴加 OH^- 到 H_3O^+ 溶液中，基本反应是：

$$OH^-(aq) + H_3O^+(aq) \longrightarrow 2H_2O(l)$$

如图 9.2 所示，随着 NaOH 溶液的滴加，其 pH 值最初非常缓慢地变化，到等当点时 pH 值发生突变。在酸性区域，溶液中含有来自酸的 H_3O^+ 和 Cl^- 以及来自碱的 Na^+ 离子，其 pH 是由溶液中未反应的 H_3O^+ 的量控制的。随着 NaOH 的滴加，H_3O^+ 的量逐渐降低，在此区域的任何一点可根据下列方程式计算：

$$[H_3O^+] = \frac{n_{原始的[H_3O^+]} - n_{滴加的[OH^-]}}{V_{总量}}$$

$$= \frac{[c_{原始的[H_3O^+]} \times V_{原始}] - [c_{滴加的[OH^-]} \times V_{滴加}]}{V_{总量}}$$

式中，$c_{原始的[H_3O^+]}$ 为酸的原始浓度，$n_{滴加的[OH^-]}$ 为 NaOH 的浓度，$V_{原始}$ 为酸溶液的原始体积，$V_{滴加}$ 为滴加的 NaOH 的体积，$V_{总量}$ 是溶液的总体积（$V_{总量} = V_{原始} + V_{滴加}$）。尽管此方程式看起来有些麻烦，仔细看一看，它就是 $c = \frac{n}{V}$ 的表示形式。分母是溶液中 H_3O^+ 的摩尔数，可以通过从原始存在的 H_3O^+ 的摩尔数减去滴加的 OH^- 摩尔数计算出来。注意，尽管在酸性区域内滴加 NaOH 后,pH 的变化很小,但由于形成的溶液不是一种缓冲溶液,该溶液的 pH 会急剧变化,这与含有一定量的弱酸及其共轭碱的缓冲溶液形成鲜明的对照。

等当点

所谓等当点就是能够满足化学反应计量关系的点。这意味着在酸原始溶液中的 H_3O^+ 的摩尔数与滴加的 OH^- 的摩尔数正好相等。当我们取 25.00mL 0.200M HCl 溶液,滴加到 25.00mL 的 0.200M NaOH 溶液中,就会出现等当点。因此,对于反应:

$$OH^-(aq) + H_3O^+(aq) \longrightarrow 2H_2O(l)$$

当达到滴定曲线上的等当点时,溶液中仅仅含有 Na^+ 和 Cl^-。在等当点,溶液的 pH 正好是 7.00,因为 Cl^- 是强酸的共轭碱,它基本上没有什么碱性。任何强酸 - 强碱的滴定等当点的 pH 往往都是 7.00。

碱性区域

越过等当点,在 Na^+ 和 Cl^- 溶液中滴加过量的 NaOH 溶液不会有化学反应发生。此区域内的 pH 变化则由过量加入的 NaOH 的量决定,其 pH 总会大于 7.00。OH^- 的浓度可以根据下列反应式计算:

$$[OH^-] = \frac{n_{原始的[OH^-]} - n_{等当点时的[OH^-]}}{V_{总量}}$$

$$= \frac{[c_{原始[OH^-]} \times V_{总量}] - [c_{原始的[OH^-]} \times V_{等当点时}]}{V_{总量}}$$

式中,$c_{原始的[OH^-]}$ 为 NaOH 的起始浓度,$V_{等当点时}$ 为等当点时滴加的 NaOH 的体积(本例题中为 25.00mL),$V_{总量}$ 为溶液的总体积。方程式中分子给出的是超过等当点要求的 OH^- 的摩尔数,它可以从滴加的 OH^- 的总摩尔数减去用来达到等当点所需的 OH^- 的摩尔数来得到。

弱酸 - 强碱及弱碱 - 强酸的滴定

如图 9.4 所示,为 25.00mL 0.200M CH_3COOH 用 0.200M NaOH 滴定的滴定曲线。而 25.00mL 0.200M NH_3 用 0.200M HCl 滴定的滴定曲线如图 9.5 所示。我们将聚焦弱酸 - 强碱滴定曲线,得到的结论可以引申到到弱碱 - 强酸例子之中。能够看到,弱酸 - 强碱滴定曲线看起来有些不同于强酸 - 强碱滴定曲线,尤其是在酸性区域。我们将讨论此类曲线中四个重要的点和区域。

原始 pH 值

此滴定的原始 pH 值是 2.72,比强酸 - 强碱滴定要高得多。这是因为 CH_3COOH 是一种弱酸,仅有很少部分离解。我们能够利用弱酸溶液 pH 值的计算方法来计算在此弱酸 - 强碱滴定中该酸的原始 pH 值,因此可以列出在 0.200M CH_3COOH 溶液中浓度关系表。

其平衡化学方程式为:

$$CH_3COOH(aq) + H_2O(l) \longrightarrow CH_3COO^-(aq) + H_3O^+(aq)$$

其平衡常数表达式为:

$$K_a = [H_3O^+][CH_3COO^-]/[CH_3COOH] = 1.8 \times 10^{-5}$$

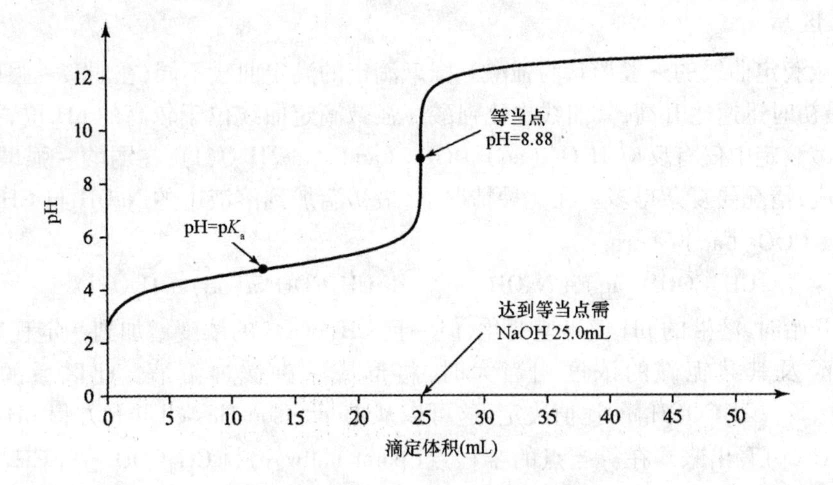

图 9.4　弱酸 - 强碱的滴定曲线图

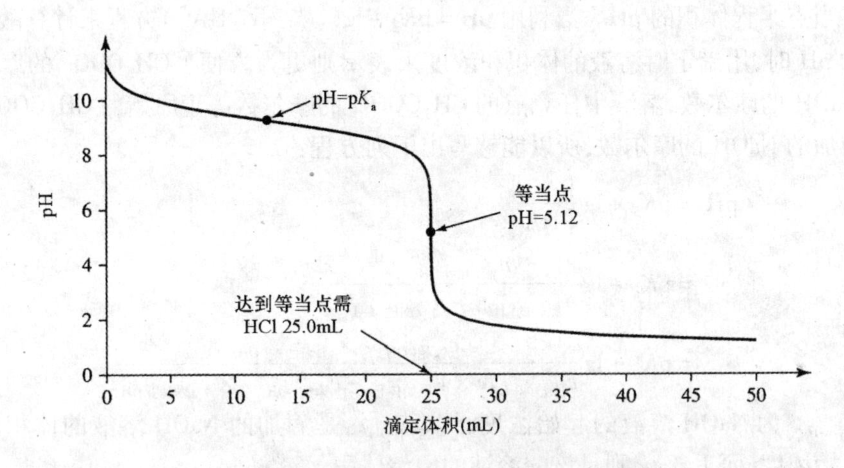

图 9.5　弱碱 - 强酸的滴定曲线图

浓度关系表为：

	$H_2O + CH_3COOH$ $\longrightarrow$	H_3O^+	$+ CH_3COO^-$
起始浓度($mol \cdot L^{-1}$)	0.200	0	0
浓度改变量($mol \cdot L^{-1}$)	$-x$	$+x$	$+x$
平衡浓度浓度($mol \cdot L^{-1}$)	$0.200-x$	x	x

采用常用的假定，即 x 值相对于 0.200 是很小，因此有 $(0.200-x)\approx 0.200$。将平衡浓度值代入平衡常数表达式，得到：

$$K_a = [H_3O^+][CH_3COO^-]/[CH_3COOH]$$
$$= x \times x/0.200 = 1.8\times 10^{-5}$$

解方程：

$$x = (3.6\times 10^{-6})^{1/2} = 1.90\times 10^{-3}$$

因为 $x=[H_3O^+]$，此溶液的 pH 则为：

$$pH = -\lg[H_3O^+] = -\lg 1.90\times 10^{-3} = 2.72$$

酸性区域

此区域滴定曲线的一般形状与强酸－强碱滴定的滴定曲线不同，在弱酸－强碱滴定中，pH 值在最初时迅速地升高，其曲线也比强酸－强碱滴定曲线位于较高的 pH 位置。因为在强酸－强碱滴定中仅有反应 $H_3O^+(aq) + OH^-(aq) \longrightarrow 2H_2O(l)$，在弱酸－强碱滴定中涉及弱酸反应，情况要复杂得多。在此种情况下，最初滴加到溶液中的 NaOH 与 CH_3COOH 反应生成 $CH_3COO^-(aq)$：

$$CH_3COOH(aq) + NaOH(aq) \longrightarrow CH_3COONa(aq) + H_2O(l)$$

滴定开始时，溶液的 pH 值迅速变化，但一旦 CH_3COO^- 的浓度增加到一定程度时，即该溶液中弱酸及其共轭碱的浓度相当大时，将形成一种缓冲溶液。此区域的 pH 值由 $[CH_3COO^-]/[CH_3COOH]$ 的比值决定，这可以从 Henderson-Hasselbalch 方程 $pH = pK_a + lg([A^-]/[HA])$ 看出来。在等当点的半程点(point halfway)，$[CH_3COO^-]/[CH_3COOH]$ 的比值等于 1，于是 $pH = pK_a$。因此，用强碱滴定弱酸需要知道弱酸的浓度及其 K_a。我们可简单地取等当点半程体积的 pH。当利用 $pH = pK_a + lg([A^-]/[HA])$ 方程来计算酸性区域任何一点的 pH 时，用滴定时溶液的体积和浓度来表示则更为方便。CH_3COO^- 的摩尔数等于滴加的 NaOH 的摩尔数，溶液中任意点的 CH_3COOH 的摩尔数等于原始的 CH_3COOH 的摩尔数减去滴加的 NaOH 的摩尔数，所以能够写出下列方程：

$$\begin{aligned} pH &= pK_a + lg\frac{[A^-]}{[HA]} \\ &= pK_a + lg\frac{n_{滴加的[OH^-]}}{n_{原始的[HA]} - n_{滴加的[OH^-]}} \\ &= pK_a + lg\frac{c_{原始[OH^-]} \times V_{滴加的[OH^-]}}{c_{原始的[HA]} \times V_{原始体积} - c_{原始[OH^-]} \times V_{滴加的[OH^-]}} \end{aligned}$$

式中，$c_{原始[OH^-]}$ 为 NaOH 溶液的起始浓度，$V_{滴加的[OH^-]}$ 是滴加的 NaOH 溶液的体积，$c_{原始的[HA]}$ 为酸的起始浓度，而 $V_{原始体积}$ 则是该酸溶液的原始体积。

此方程不是很准确，因为没有考虑该酸的离解或其共轭碱与 H_2O 的反应。可是，在缓冲溶液中此两种反应被同离子效应抑制，致使能做近似处理，特别是当酸及共轭碱的浓度较小的时候。注意，上述方程不必记忆，它可以由 Henderson-Hasselbalch 方程式推导出来，而 Henderson-Hasselbalch 方程式则可从弱酸的 K_a 表达式得到。

随着反应：

$$CH_3COOH(aq) + NaOH(aq) \longrightarrow CH_3COONa(aq) + H_2O(l)$$

进一步进行，当接近滴定的等当点时，其 pH 值迅速增大，缓冲溶液的缓冲能力消失贻尽，几乎所有的 CH_3COOH 已经反应完全，溶液中已没有足量的 H_3O^+ 用于中和滴加的 OH^-。

等当点

当反应：

$$CH_3COOH(aq) + NaOH(aq) \longrightarrow CH_3COONa(aq) + H_2O(l)$$

到达等当点时，反应已经完成，该溶液中含有 0.100M 的 Na^+ 和 0.100M 的 CH_3COO^-。换言之，在等当点时 CH_3COONa 的浓度是 0.100M。从前面的讨论我们已经知道，CH_3COO^- 是该

弱酸的共轭碱,是显碱性的,所以有下列反应:

$$CH_3COO^-(aq) + H_2O(l) \longrightarrow CH_3COOH(aq) + OH^-(aq)$$

这意味着,在等当点时溶液中尚有少量的 OH^-,因此溶液的 pH 要大于 7.00(在本例中,pH 是 8.88)。任何用强碱滴定弱酸的滴定,其等当点的 pH 往往都会大于 7.00,这是因为弱酸的共轭碱是偏碱性的。溶液的 pH 取决于 K_b 和共轭碱的浓度。溶液中的酸越弱,其对应的共轭碱就越强,因此,等当点时溶液的碱性也就越大。可以利用前述的计算弱酸盐溶液 pH 的方法来计算等当点时的 pH。其平衡化学方程式为:

利用 K_b 求得 $[OH^-]$,因此有:

$$K_b = [CH_3COOH][OH^-]/[CH_3COO^-] = 5.6 \times 10^{-10}$$

浓度关系表如下所示。应注意,CH_3COO^- 的浓度是 0.100M,这是因为等当点时,由于滴加了等体积 NaOH,溶液体积变为起始体积的两倍。

	$H_2O(l) + CH_3COO^-$	$\longrightarrow$ CH_3COOH	+ OH^-
起始浓度($mol \cdot L^{-1}$)	0.100	0	0
浓度改变量($mol \cdot L^{-1}$)	$-x$	$+x$	$+x$
平衡浓度($mol \cdot L^{-1}$)	$0.100 - x$	x	x

因为 CH_3COO^- 是弱碱,假定相对于 0.100 而言,x 很小,因此 $0.100 - x \approx 0.100$,将上述浓度值代入 K_b 表达式:

$$K_b = [CH_3COOH][OH^-]/[CH_3COO^-] = x^2/0.100 = 5.6 \times 10^{-10}$$

解方程:

$$x = (5.6 \times 10^{-11})^{1/2} = 7.5 \times 10^{-6}$$

因为 $x = [OH^-]$,可以计算出溶液的 pH 值:

$$pOH = -\lg[OH^-] = -\lg(7.5 \times 10^{-6}) = 5.12$$

$$pH = 14.00 - pOH = 14.00 - 5.12 = 8.88$$

用类似的原理可以推演出,用强酸滴定弱碱时,等当点的 pH 小于 7。其准确的 pH 可以利用 K_a 与该弱碱的共轭碱的浓度来计算。

碱性区域

超过等当点,在弱碱性溶液中滴加过量的 OH^-,在此区域内,溶液的 pH 值由过量的 NaOH 控制。此区域的滴定曲线基本上类似于强酸－强碱的滴定曲线。因此,在此区域的任何一点的 pH 可以利用前述的方法来计算。

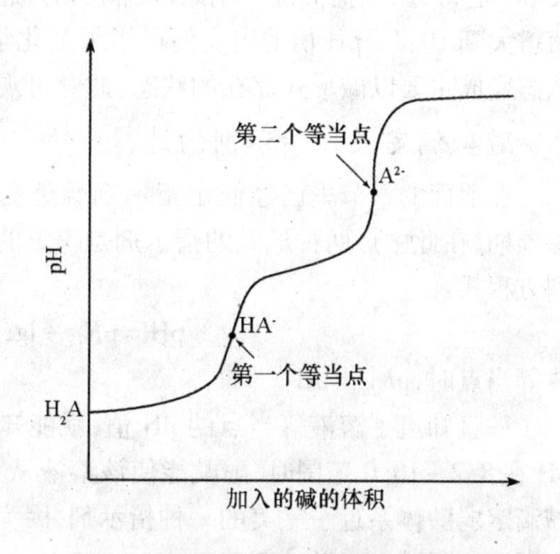

图 9.6　双质子弱酸－强碱滴定曲线图

当用一种强碱滴定一种弱的双质子酸,如抗坏血酸(维生素 C)时,两个质子参与反应,有两个等当点。假如 pK_{a1} 和 pK_{a2} 相差若干个数量级,中和反应是逐步进行的,得到的滴定曲线如图 9.6 所示,pH 有两个急剧增大的过程。要计算含有两个或两个以上质子的酸的溶液体系的 pH 值比较困难,不是本书讨论的内容。

酸碱指示剂

用于酸－碱滴定的指示剂本身就是一种弱酸,可以用分子式 H*In* 来表示。能用作酸碱指示剂的必要条件是 H*In* 和其共轭碱形式的 In^- 能显示不同的颜色。在溶液中,指示剂具有典型的酸－碱平衡反应:

$$HIn(aq) + H_2O(l) \longrightarrow H_3O^+(aq) + In^-(aq)$$

酸形式　　　　　　　　　碱形式

颜色1　　　　　　　　　　颜色2

相应的酸电离平衡常数为:

$$K_{In} = [H_3O^+][In^-]/[HIn]$$

	pH	颜色	pH	颜色
酚酞	8.2	无色	10.0	粉红色
甲基橙	3.2	橙色	4.4	桔黄色
溴百里酚蓝	6.0	黄色	7.6	蓝色
甲基红	4.8	紫色	5.4	绿色

在强酸溶液中,当$[H_3O^+]$较大时,平衡将向左移动,绝大多数指示剂将以“酸”的形式存在,在此条件下我们看到的颜色就是 H*In* 的颜色。如果将碱滴加到溶液中,$[H_3O^+]$降低,平衡向右移动,形成 In^-,此时看到的颜色则是指示剂“碱式”形式的颜色。

酸碱指示剂显色原理

在典型的酸－碱滴定中,当超过等当点时,溶液的 pH 有一个突然的、极大的变化。例如,前面已经讨论的用 NaOH 去滴定 HCl,恰好在等当点之前时(当碱已经滴加 24.97mL),其 pH 是 3.92,只需滴加一滴碱液(滴加的碱液达到 25.03mL),就超过了等当点,溶液的 pH 值增大到 10.8。pH 值的突变使得指示剂化学平衡突然移动,指示剂主要以酸形式存在的状态变成主要以碱形式存在的状态,此时可观察到颜色的变化。

酸碱滴定最佳指示剂的选择

在前面的章节里已经假定指示剂颜色变化的中点(midpoint)对应于等当点的 pH。能够预期,在此中点两种形式的指示剂是等量的。也就是$[In^-] = [HIn]$。在一定条件下有下列方程式:

$$pH = pK_{In} + \lg([In^-]/[HIn])$$

在等当点时,$pK_{In} = pH$ 。

一旦知道了溶液等当点的 pH 值,就能知道需要选择的指示剂的 pK_{In}。例如,当溶液的 pH 在 8.2－10.0 范围时,酚酞能使该溶液从无色变成粉红色(见表 9.8)。因此,酚酞是强碱滴定弱酸体系近乎完美的一种指示剂,因为滴定到达等当点时,其 pH 在较大一侧。酚酞也可用于强碱－强酸的滴定。

表9.8　常见酸碱指示剂

指示剂	变色范围	颜色变化
甲基绿	0.2~1.8	黄色→蓝色
百里酚蓝	1.2~2.8	红色→黄色
甲基橙	3.2~4.4	红色→黄色
乙基红	4.0~5.8	无色→红色
甲基紫	4.8~5.4	紫色→绿色
溴甲酚紫	5.2~6.8	黄色→紫色
溴百里酚蓝	6.0~7.6	黄色→蓝色
酚红	6.4~8.2	黄色→红/紫色
石蕊蓝	4.7~8.3	红色→蓝色
甲酚红	7.0~8.8	黄色→红色
百里酚蓝(麝香草酚蓝)	8.0~9.6	黄色→蓝色
酚酞	8.2~10.0	无色→粉红色
百里酚酞	9.4~10.6	无色→蓝色
茜素黄R	10.1~12.0	黄色→红色

滴定时应尽可能使用较少的指示剂。因为指示剂是一种弱酸,它也会与被滴定物作用,如果使用较多的指示剂,将影响其滴定结果。因此,最好的指示剂应具有鲜明的颜色。这样,极少量的指示剂便能够指示出颜色的变化,消耗很少量的被滴定物。

9.9　Lewis 酸和 Lewis 碱

前面的内容介绍了是 Brønsted-Lowry 酸碱理论,美国化学家 Gilbert Lewis 首次提出了更为广义的酸碱理论——Lewis 理论。Lewis 理论关于酸碱的定义是:酸是电子对接受体;碱是电子对给予体。

下面将以 BF_3 和 NH_3 的反应为例来讨论:

$$BF_3(g) + NH_3(g) \longrightarrow F_3B—NH_3(s)$$

在此反应中,NH_3 付出一对电子给 BF_3,形成一个 B－N 共价键。因此,BF_3 是一种 Lewis 酸,反应中,它接受 Lewis 碱 NH_3 的一对电子,生成的 F_3B-NH_3 为 Lewis 酸 BF_3 与 Lewis 碱 NH_3 反应的产物,有时称之为 Lewis 加合物或简称加合物。这些化合物就是过渡金属离子 Lewis 酸与一个或更多的称之为配体的含有一孤对电子的 Lewis 碱反应的产物。例如,配位化合物$[Ni(NH_3)_4]^{2+}$是由 Ni^{2+} 和四个 NH_3 配体反应得到的:

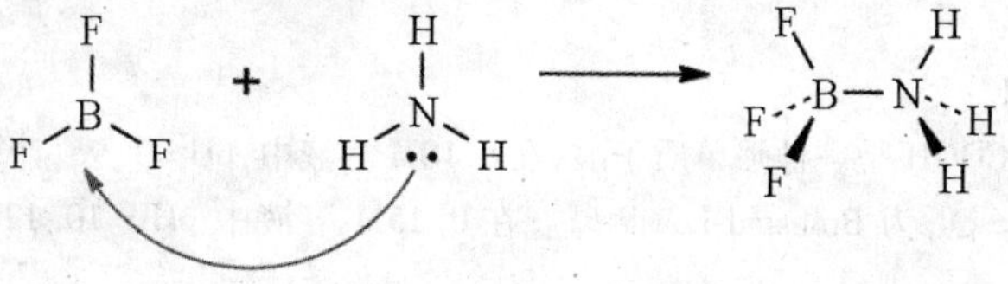

$$Ni^{2+}(aq) + 4NH_3 \longrightarrow [Ni(NH_3)_4]^{2+}(aq)$$

Lewis 酸　　Lewis 碱　　Lewis 加合物(配位化合物)

在将要学习的有机化学章节部分中有很多关于 Lewis 酸和 Lewis 碱的例子。许多有机化学反应是与 C 相关的共价键断裂方面的内容,这些反应可以根据 Lewis 酸与 Lewis 碱反应的观点来考虑。例如,酮与伯胺反应生成亚胺,其中有 C ═ N 化学键的形成。此反应的第一步是 Lewis 碱伯胺与 Lewis 酸酮反应:

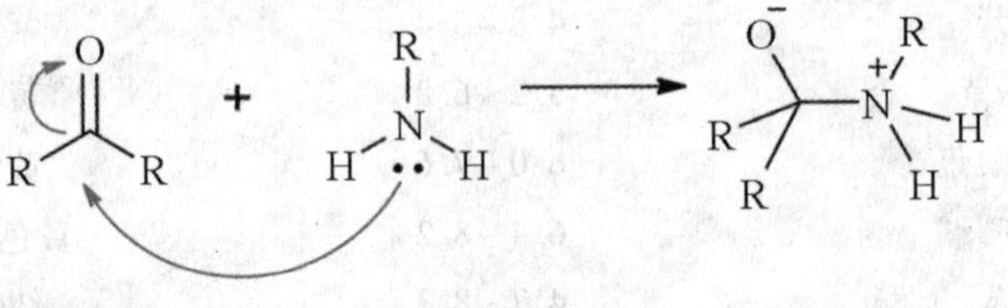

Lewis酸　　Lewis碱　　Lewis加合物

这显然类似于 BF_3/NH_3 的反应。按照有机化学命名系统,Lewis 酸为亲电子体,Lewis 碱则为亲核体。

因为 Lewis 酸碱定义是至今已经讨论的三种酸碱理论中最为广义的,所以,Brønsted-Lowry 酸碱必然也是 Lewis 酸碱。可是,反过来不一定正确。例如,Lewis 酸 BF_3 没有任何质子可以给出,因此它不可能是一种 Brønsted-Lowry 酸。Lewis 酸常常是含有电子亚层能填充电子对能力的原子的分子或离子。带正电荷的金属离子是最普通的 Lewis 酸。含有第 13 族元素,例如 B 和 Al 的分子也常常是 Lewis 酸,因为它们接受一个电子对使得它们成为八偶体结构。Lewis 碱通常含有孤对电子(不一定完全是),很多含有第 15 族、16 族和 17 族元素的分子都是 Lewis 碱。

Lewis 酸碱强度不像 Brønsted-Lowry 酸碱那样容易定量讨论。Brønsted-Lowry 酸碱可以相对于一种单一溶剂(水)来测定,而 Lewis 酸碱对应的则是各种溶剂体系,难以寻找一个能通用的强度标准。

习　题

9.1　H_2SO_4 是 SO_4^{2-} 的共轭酸吗? 解释你的答案。

9.2　解释为什么 25℃纯水中 H_3O^+ 的浓度不超过 1×10^{-7}M。

9.3　40℃, $K_w=3.0\times10^{-14}$,计算此温度下纯水的 pH。

9.4　写出弱酸与水反应的总方程式。写出 K_a 的表达。

9.5　下列哪些酸或碱能用起始浓度来计算其 pH。

(a)0.020M CH_3COOH;

(b)0.002M C_2H_4;

(c)0.10M CH_3NH_2;

(d)0.050M HCOOH。

9.6　氯乙酸 $ClCH_2COOH$ 是一种强单质子酸,在 0.10M 溶液中, pH = 1.96,计算氯乙酸的 K_a 和 pK_a。

9.7　NH_2OH 类似于氨,为 Brønsted-Lowry 碱。在 0.15M 溶液中 pH = 10.12,计算 NH_2OH 的 K_b 和 pK_b。

9.8 0.15M 的 HN_3 的 pH 为多少？其 $K_a = 1.8 \times 10^{-5}$。

9.9 要得到500mL pH 为11.22 的氨水,需要多少摩尔的 NH_3。

9.10 吡啶 C_5H_5N,其 pK_b 为 8.82,0.20M 吡啶水溶液的 pH 为多少?

9.11 弱碱 B 形成盐 BHCl,离解为 BH^+ 和 Cl^-,0.15M 该盐的 pH 为 4.28,计算碱 B 的 K_b 值。

9.12 选出下列各组中较强的碱:

(a) H_2S 和 H_2Se;

(b) H_2Te 和 HI;

(c) PH_3 和 NH_3。

9.13 往 500mL 缓冲溶液 0.15M CH_3COOH 和 0.25M CH_3COO^- 中加入 100mL 0.1M NaOH 后, CH_3COOH 和 CH_3COO^- 的浓度会怎样变化？变化多少?

9.14 30.0mL 的 0.2M CH_3COOH 与 15.0mL 的 0.4 M KOH 反应后,pH 为多少?

9.15 用 Lewis 酸碱理论来表示下列反应,标明下列反应的 Lewis 酸和 Lweis 碱

$$NH_2^- + H_3O^+ \longrightarrow NH_3 + H_2O$$

9.16 预测浓度为 0.12M NH_4CN 的 pH 值是大于 7、等于 7 还是小于 7。

9.17 往 1.243g NaCl 和 Na_2CO_3 的混合物加入 50.00mL 0.240M HCl。反应放热并放出 CO_2,然后用 0.100M NaOH 中和未反应完的 HCl,需要 NaOH 溶液的量为 22.90mL,计算原始混合物中 NaCl 的质量。

9.18 将 25.0mL 0.18M CH_3COOH 与 35.0mL 的 0.250M NaOH 混合后,溶液的 pH 为多少?

9.19 要使 NH_3Cl 和 NH_3 形成的缓冲溶液的 pH 为 9.25,那么 NH_3Cl 和 NH_3 的摩尔比应为多少?

9.20 用 0.1M HCl 滴定 25mL 的 0.1M 氨水,计算下列条件下的 pH:

(a) 未加 HCl 之前;

(b) 加入 10.00mL 酸之后;

(c) 一半的 NH_3 被中和后;

(d) 等当点。

第 10 章　氧化还原反应

本章将讨论一种在反应物间进行电子转移的化学反应。这一类含有电子转移过程的反应称作氧化还原反应。氧化还原反应在我们的生活中无处不在。比如因生锈而废弃的旧车,铁锈的生成就是电子从铁元素转移到氧上的氧化还原反应。

本章将学习氧化还原反应原理,了解原电池(一般称作电池)中氧化还原反应是如何产生电能的,并了解如何将电能用于进行非自发的氧化还原反应。

10.1　氧化还原反应

氧化反应(有氧气参与的反应)是化学家们最早研究的反应类型之一。如果金属原子 M 与氧气(O_2)发生反应,根据反应式 $M + \frac{1}{2}O_2 \longrightarrow MO$,金属氧化物 MO 的生成是将电子($e^-$)从金属原子上拿走:

$$M \longrightarrow M^{2+} + 2e^-$$

并转移给氧原子:

$$\frac{1}{2}O_2 + 2e^- \longrightarrow O^{2-}$$

因此

$$M + \frac{1}{2}O_2 \longrightarrow M^{2+} + O^{2-}$$

由于得到了两个电子,氧原子的价电子层被 8 个电子完全充满。上述反应的逆反应(去除金属氧化物中的氧元素而得到元素形式的金属)被称为还原反应。

化学家们在不久以后认识到这个氧气参与的反应实际上是那些在反应物之间有电子转移的化学反应现象中的一个特例。例如在钠和氯气反应生成氯化钠的反应中,将钠原子的电子拿走(钠的氧化)转移到氯原子上(氯的还原):

$$Na \longrightarrow Na^+ + e^- \quad (氧化反应)$$

$$\frac{1}{2}Cl_2 + e^- \longrightarrow Cl^- \quad (还原反应)$$

上面的过程显示在氧化反应中电子可以作为“产物”,而在还原反应中电子则可作为“反应物”。

把失去电子的过程定义为氧化,可使其他物质失去电子的为氧化剂;还原是一个得到电子的过程,可使其他物质得到电子的为还原剂。氧化剂实际上被还原了,而还原剂被氧化了。总体上讲,涉及电子转移的反应称为氧化还原反应。

氧化还原反应可以概括为下面的方程:

$$还原剂 \underset{还原}{\overset{氧化}{\rightleftharpoons}} 氧化剂 + ne^-$$

因为在化学反应体系中电荷总是平衡的,所以氧化反应与还原反应总是同时发生、相辅相成的。在还原反应进行的情况下才可能发生氧化反应,并且氧化反应中失去的电子数一定等于还原反应得到的电子数。例如在钠与氯气的反应中,总的反应式如下:

$$2Na + Cl_2 \longrightarrow 2NaCl$$

两个钠原子被氧化而失去两个电子,同时 Cl_2 在还原反应中得到了两个电子,二者转移的电子数相等。

示例 10.1 镁和氧气反应发出的亮光常常用于焰火表演,反应的产物为氧化镁(MgO):

$$2Mg + O_2 \longrightarrow 2MgO$$

哪一种元素被氧化或还原了?哪个组分是氧化剂或还原剂?

分析:氧化镁是由一种金属元素和一种非金属元素组成的离子化合物,这两种元素分别位于元素周期表中的第 2 族和 16 族,从而决定了 MgO 中的离子为 Mg^{2+} 和 O^{2-}。

解答:镁原子若要转变为镁离子,必须失去两个电子:

$$Mg \longrightarrow Mg^{2+} + 2e^-$$

因为镁被氧化了,所以镁是还原剂。氧原子可以得到两个电子转变为 O^{2-} 离子:

$$\frac{1}{2}O_2 + 2e^- \longrightarrow O^{2-}$$

O_2 被还原了,所以它是氧化剂。

思考题 10.1 铝与氯气反应生成三氯化铝,找出反应中被氧化的物质和被还原的物质以及氧化剂和还原剂。

氧化数

示例 10.1 中镁与氧气的反应是一个氧化还原反应。但是,并非所有与氧的反应都能得到离子型产物。例如硫和氧气的反应是一个氧化还原反应,但产物二氧化硫(SO_2)是一个共价化合物。我们可以利用氧化数概念来追踪反应中电子的转移。氧化数(氧化态)是指当在共价键中共用的电子对被认为分配到键中电负性更大的元素上时原子在分子中的电荷数。因此,氧化态是化合物被离解为单个离子后每个原子应当拥有的电荷数。

在特定化合物中元素的氧化数通过以下规则进行分配。

(1)任何未成键元素(该元素未与其他元素形成化学键)的氧化数为 0。例如 Ar、Fe、O_2 中的 O、P_4 中的 P、S_8 中的 S 的氧化数都是 0。

(2)任何简单的单个离子(如 Na^+ 和 Cl^-)的氧化数等于其离子电荷数。

(3)在中性分子中各种原子的氧化数之和为 0。多原子离子的氧化数之和等于其离子电荷数。

(4)化合物中,氟元素的氧化数为 -1。

(5)在大多数氢化合物中,氢元素的氧化数为 +1。

(6)在大多数含氧化合物中,氧元素的氧化数为 -2。

作为对上述规则的补充,还有一些化学知识用于氧化数的判断。在第 2 章中提到的元素周期表可以用来确定某种原子特定的离子形式的氧化数。例如第1族金属元素的离子带有1+的电荷,而第2族金属元素的离子带有2+的电荷。钠元素的离子形式Na^+拥有1+的电荷,其氧化数为+1。相似的,化合物中的Ca^{2+}的氧化数为+2。在含有金属元素的二元离子化合物中,非金属元素的氧化数与其阴离子的电荷数一致。例如Fe_2O_3含有氧离子(O^{2-}),其氧化数为-2。相似的,Mg_3P_2含有P^{3-},它的氧化数为-3。

事实上,氧化数并不等同于原子所带的电荷数。下面的规定可以用来区分氧化数与实际所带电荷数——氧化数中符号在数字的前面,而电荷数中符号在数字的后面。例如钠离子的电荷数为1+,而氧化数为+1。在分子式中,氧化数是写在相应元素符号上方的阿拉伯数字:

$$H_2\overset{+6}{S}O_4 \quad K\overset{+7}{Mn}O_4 \quad Na\overset{+5}{N}O_3 \quad \overset{-3}{N}H_4Cl$$

有时也可以用罗马字体将氧化数写在元素后面的括号里来注明,例如Fe(Ⅲ)说明铁元素的氧化数是+3。

前文给出的规则在元素具有多种氧化数时也可通用,比如过渡金属元素。铁具有Fe^{2+}和Fe^{3+}两种离子价态,因此在含铁化合物中需要使用上面的规则确定铁所处的价态。相似的,当非金属元素与氢元素和氧元素构成化合物或离子团时,它们的氧化数可能发生改变,所以必须使用上述规则进行判断。

示例10.2 二硫化钼(MoS_2)因具有石墨状结构而可用作干性润滑剂。MoS_2中原子的氧化数分别是多少?

分析:这是一个由金属和非金属元素构成的二元化合物,为了判断其氧化数,假设MoS_2由离子构成。钼是过渡金属元素,因此没有简单的方法找出其离子的价态。而硫是第16族的非金属元素,其离子态为S^{2-}。

解答:因为S^{2-}是简单的单原子离子,其电荷数等于其氧化数,所以硫的氧化数为-2。现在使用规则(3)(中性分子氧化数之和为零)来判定钼的氧化数,将其设为x。

$$\begin{array}{ll} \text{S} & (2\text{S})\times(-2) = -4\text{(规则2)} \\ \text{Mo} & (1\text{Mo})\times(x) = x \\ & \text{Sum}=0\text{(规则3)} \end{array}$$

x的值必须为+4才能使分子的氧化数总和为0。因此氧化数为Mo=+4,S=-2。

思考题10.2 标明下列分子式中原子的氧化数:

(a)$NiCl_2$ (b)Mg_2TiO_4 (c)$K_2Cr_2O_7$ (d)HPO_4^{2-} (e)$(NH_4)_2Ce(NO_3)_6$

某些化合物中原子的氧化态并不符合氧化数的赋值规则,常见的例子如过氧化物中的氧原子(如过氧化氢,H_2O_2,O原子的氧化数是-1而不是-2)和氢化物中的氢原子(如氢化钙,CaH_2,H原子的氧化数是-1而不是+1)。利用以上规则计算的氧化数也可能出现分数(例如,离子化合物叠氮化钠NaN_3中氮原子,其氧化数为-1/3)。

由于使用了氧化数的概念,我们可以将氧化还原反应看做是氧化数发生改变的化学反应。氧化反应中氧化数增大,而还原反应中氧化数减小。

示例10.3 确定方程式中被氧化和被还原的物质,同时确定氧化剂和还原剂:

$$2KCl + MnO_2 + 2H_2SO_4 \longrightarrow K_2SO_4 + MnSO_4 + Cl_2 + 2H_2O$$

分析:首先需要考虑氧化数的变化,进而了解被氧化和被还原的物质。然后根据被氧化的物质是还原剂而被还原的物质是氧化剂的原则,可以找到氧化剂和还原剂。

解答:使用氧化数确定氧化还原反应中的变化,先将每个原子的氧化数标在方程的上方:

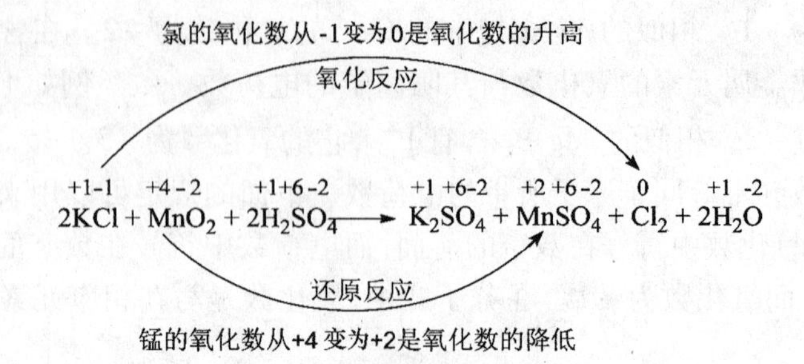

然后查看各元素氧化数的变化,牢记氧化数升高的是氧化反应,而降低的是还原反应。

因此,KCl 中的 Cl 被氧化,而 MnO_2 中的 Mn 被还原。还原剂为 KCl,氧化剂为 MnO_2(注意,在确定氧化剂和还原剂的时候,应在整个方程式中标示出氧化数发生变化的原子)。

思考题 10.3 二氧化氯(ClO_2)是一种广泛应用于乳制品、肉类以及其他食物和饮料工业的消毒剂。二氧化氯并不稳定,但可通过下面的反应制备:

$$Cl_2 + 2NaClO_2 \longrightarrow 2ClO_2 + 2NaCl$$

指出被氧化和被还原的物质以及氧化剂和还原剂。

10.2 氧化还原反应中净离子方程式的配平

许多氧化还原反应发生在水溶液中,并且多数有离子参与其中,这种反应被称为离子反应。书写离子反应方程式或净离子反应方程式有助于学习氧化还原反应。把氧化反应和还原反应分别写成离子反应式,并将其称为半反应方程式,然后将其配平,将配平后的半反应方程式合并后可得到配平的净离子反应方程式。

以配平 $FeCl_3$ 与 $SnCl_2$ 的净离子反应方程式为例说明上述方法。该反应发生在水溶液中,Fe^{3+} 被还原为 Fe^{2+},Sn^{2+} 被氧化为 Sn^{4+}。Cl^- 在反应中没有发生变化,仅为正负电荷的平衡而存在。

首先写出参与反应的离子的反应方程式。在本反应中反应物为 Fe^{3+} 和 Sn^{2+},产物为 Fe^{2+} 和 Sn^{4+}。因此反应式为:

$$Fe^{3+} + Sn^{2+} \longrightarrow Fe^{2+} + Sn^{4+}$$

注意到反应方程式中物质是配平的,但电荷却不守恒。为了使方程式中的物质和电荷都守恒,分别写出氧化反应和还原反应的反应物和产物:

$$Sn^{2+} \longrightarrow Sn^{4+} \quad (氧化反应)$$

$$Fe^{3+} \longrightarrow Fe^{2+} \quad (还原反应)$$

将上面的半反应方程配平,使之符合配平离子方程式的标准:方程两边原子数和电荷数守恒。显然,两个方程中的原子都已配平,而电荷却没有,因此分别加入电子使之平衡。氧化半反应中,在方程的右侧加入两个电子,这样方程两端的净电荷都为 2 +;还原半反应中,在方程的左侧加入一个电子,使得方程两端净电荷数均为 2 +。

$$Sn^{2+} \longrightarrow Sn^{4+} + 2e^-$$

$$Fe^{3+} + e^- \longrightarrow Fe^{2+}$$

氧化半反应中电子总是出现在方程的右侧,而还原半反应中电子出现在左侧。

在所有的氧化还原反应中,得到的电子数总是等于失去的电子数。因为在氧化反应中Sn^{2+}失去了两个电子,所以在还原反应中也应得到两个电子,还原反应中所有的系数都应乘以2:

$$2Fe^{3+} + 2e^- \longrightarrow 2Fe^{2+}$$

将配平的半反应加合起来:

$$Sn^{2+} \longrightarrow Sn^{4+} + 2e^-$$

$$2Fe^{3+} + 2e^- \longrightarrow 2Fe^{2+}$$

$$Sn^{2+} + 2Fe^{3+} + 2e^- \longrightarrow Sn^{4+} + 2e^- + 2Fe^{2+}$$

方程的两端都有两个电子,将其消去后得到最终配平的离子方程式:

$$Sn^{2+} + 2Fe^{3+} \longrightarrow Sn^{4+} + 2Fe^{2+}$$

方程中的电荷数和原子数都已配平。

思考题 10.4　配平氧化还原反应:

$$Al(s) + Cu^{2+}(aq) \longrightarrow Al^{3+}(aq) + Cu(s)$$

酸碱溶液中的氧化还原反应

许多在水溶液里进行的氧化还原反应中,H_3O^+或OH^-和水分子一起发挥了重要的作用。例如当$K_2Cr_2O_7$和$FeSO_4$的水溶液混合时,重铬酸根离子氧化Fe^{2+},同时溶液的酸度下降。这是因为H_3O^+也参与了反应并生成了H_2O。在许多氧化还原反应中,产物(甚至于反应物)受到溶液酸碱度的影响,例如MnO^{4-}在酸性溶液中被还原为Mn^{2+},但在中性或弱碱性溶液中则被还原为不溶的MnO_2,Mn的氧化数为+4。在酸性和碱性条件下,对氧化还原反应的配平方法略有不同。

酸性溶液

$Cr_2O_7^{2-}$与Fe^{2+}在酸性溶液中反应得到Cr^{3+}和Fe^{3+}。因此,需要配平的方程式为:

$$Cr_2O_7^{2-} + Fe^{2+} \longrightarrow Cr^{3+} + Fe^{3+}$$

通过以下步骤可将其配平。

步骤1　分别找到氧化反应和还原反应的产物与反应物。

$$Cr_2O_7^{2-} \longrightarrow Cr^{3+} \quad (还原反应)$$

$$Fe^{2+} \longrightarrow Fe^{3+} \quad (氧化反应)$$

步骤2　配平除H、O以外的元素。

方程的左边有2个Cr,而右边只有1个Cr,所以在Cr^{3+}前加上系数2。氧化半反应原子数还原反应已经配平。

$$Cr_2O_7^{2-} \longrightarrow 2Cr^{3+}$$

$$Fe^{2+} \longrightarrow Fe^{3+}$$

步骤3 加入 H_2O 以配平氧元素。

还原半反应的左端有7个氧原子,而右边没有氧原子。因此在方程的右边加入7个 H_2O。

$$Cr_2O_7^{2-} \longrightarrow 2Cr^{3+} + 7H_2O$$

$$Fe^{2+} \longrightarrow Fe^{3+}$$

步骤4 通过加 H^+ 配平氢元素。为简单起见,在配平氧化还原反应中使用 H^+ 代替 H_3O^+。加入 H_2O 之后第一个半反应方程并没有被配平,右端有14个氢原子,而左端为零。因此在半反应的左边加入14个 H^+ 以平衡方程式。

$$14H^+ + Cr_2O_7^{2-} \longrightarrow 2Cr^{3+} + 7H_2O$$

$$Fe^{2+} \longrightarrow Fe^{3+}$$

现在所有方程式中所有种类原子的数目已配平。下面将配平电荷。

步骤5 加入电子配平电荷。

首先计算方程两端的净电荷数。在还原半反应中:

$$\underbrace{14H^+ + Cr_2O_7^{2-}}_{\text{净电荷} = (14+)+(2-)=12+} \longrightarrow \underbrace{2Cr^{3+} + 7H_2O}_{\text{净电荷} = 2(3+)+0=6+}$$

为了平衡净电荷数,在半反应的左端加入6个电子。在还原半反应中电子总是位于方程的左端。

$$6e^- + 14H^+ + Cr_2O_7^{2-} \longrightarrow 2Cr^{3+} + 7H_2O$$

在氧化半反应的右端增加1个电子以配平其电荷数:

$$Fe^{2+} \longrightarrow Fe^{3+} + e^-$$

步骤6 配平得失电子数,使之相等。

两个已经分别配平的半反应方程中因为还原反应中得到6个电子,而氧化反应仅失去了1个电子,所以氧化半反应方程式的所有系数均应乘以6。

$$6Fe^{2+} \longrightarrow 6Fe^{3+} + 6e^-$$

步骤7 加合配平的半反应方程式。

$$6e^- + 14H^+ + Cr_2O_7^{2-} \longrightarrow 2Cr^{3+} + 7H_2O$$

$$6Fe^{2+} \longrightarrow 6Fe^{3+} + 6e^-$$

$$6e^- + 14H^+ + Cr_2O_7^{2-} + 6Fe^{2+} \longrightarrow 2Cr^{3+} + 7H_2O + 6Fe^{3+} + 6e^-$$

步骤8 消去方程式两端相同的物质。

两端均消去6个电子,最终得到配平的方程式。

$$14H^+ + Cr_2O_7^{2-} + 6Fe^{2+} \longrightarrow 2Cr^{3+} + 7H_2O + 6Fe^{3+}$$

步骤9 检查方程中所有元素的原子数和电荷数是否已配平。

思考题 10.5 ^{99m}Tc 是放射性元素锝(原子序数为43)的一种同位素,用于透视显像诊断用药。^{99m}Tc 通常可以从高锝酸盐阴离子(TcO_4^-)中得到,但有时要用到低氧化态的锝。可以在酸性溶液中用 Sn^{2+} 还原锝,其反应方程式为:

$$TcO_4^- + Sn^{2+} \longrightarrow Tc^{4+} + Sn^{4+}$$

配平此反应方程式。

碱性溶液

碱性溶液中存在大量的 H_2O 和 OH^-。严格地说,应该利用 H_2O 和 OH^- 来配平碱性溶液中的半反应方程。但若想通过简单的方法得到在碱性溶液中配平的方程式，首先需要假设反应在酸性溶液中发生，并利用前文的九步法将其配平，然后再使用下面列出的四个简单步骤将其转换为在碱性溶液中配平的方程式。这个转换的过程使用了 H^+ 与 OH^- 的反应，当二者摩尔比为 1:1 时完全反应生成 H_2O。

假设下面的反应是在碱液中发生的，将其配平。

$$SO_3^{2-} + MnO_4^- \longrightarrow SO_4^{2-} + MnO_2$$

利用在酸性溶液中配平方程式的步骤1至步骤9将其配平：

$$2H^+ + 3SO_3^{2-} + 2MnO_4^- \longrightarrow 3SO_4^{2-} + 2MnO_2 + H_2O$$

将上面的方程通过以下步骤转换为碱性溶液中的反应方程式。

步骤10　在配平的方程中找出 H^+ 的数量，然后在方程两端加上相等数目的 OH^-。

反应在酸性溶液中进行时，其方程的左端有两个 H^+，所以在方程的两端加上两个 OH^-。

$$2OH^- + 2H^+ + 3SO_3^{2-} + 2MnO_4^- \longrightarrow 3SO_4^{2-} + 2MnO_2 + H_2O + 2OH^-$$

步骤11　将 H^+ 和 OH^- 反应生成 H_2O。

方程左端的两个 H^+ 和两个 OH^- 可以反应生成两个 H_2O。

$$2H_2O + 3SO_3^{2-} + 2MnO_4^- \longrightarrow 3SO_4^{2-} + 2MnO_2 + H_2O + 2OH^-$$

步骤12　消去方程两端的 H_2O。

方程的两端同时消去一个 H_2O，最终得到在碱性溶液中配平的反应方程式：

$$H_2O + 3SO_3^{2-} + 2MnO_4^- \longrightarrow 3SO_4^{2-} + 2MnO_2 + 2OH^-$$

步骤13　检查方程两端不同种类原子的数目和电荷是否相等。

思考题 10.6　配平在碱性溶液中进行的反应：

$$MnO_4^- + C_2O_4^{2-} \longrightarrow MnO_2 + CO_3^{2-}$$

10.3　原　电　池

在氧化还原反应中，氧化反应发生的同时必然有还原反应发生，反之亦然。这是因为在氧化还原反应中一种物质（还原剂，在反应后变为氧化产物）放出的电子，会由另一种物质（氧化剂，在反应后变为还原产物）得到。如果反应物不能得到或失去电子，那么在反应中也就不存在氧化剂或还原剂。事实上，在氧化还原反应中，氧化剂的氧化能力与还原剂的还原能力是密切相关的。下面用三个例子来说明：

例1　如果将金属锌条浸入硫酸铜溶液中，在锌条表面上将会生成微红至棕色的金属铜沉积物（见图10.1）。分析发现溶液中含有锌离子和一些未参与反应的铜离子。显然，电子从金属锌转移到了铜离子上，这个反应可以总结为下面的方程式：

$$Zn(s) + CuSO_4(aq) \longrightarrow ZnSO_4(aq) + Cu(s)$$

分析此反应中的氧化反应和还原反应，可清楚地发现反应中发生的变化。硫酸铜和硫酸锌是可溶盐并且在水溶液中可以完全解离。SO_4^{2-} 未参与氧化还原反应。

$$Zn(s) \longrightarrow Zn^{2+}(aq) + 2e^- \quad (氧化反应)$$

$$Cu^{2+}(aq) + 2e^- \longrightarrow Cu(s) \quad \text{(还原反应)}$$

$$Zn(s) + Cu^{2+}(aq) \longrightarrow Zn^{2+}(aq) + Cu(s) \quad \text{(氧化还原反应)}$$

图 10.1　锌与铜离子的反应

图 10.2 为发生在锌表面的反应的原子级视图。图(a)中铜离子碰撞锌的表面,并从锌原子(灰色)得到电子,锌原子变为 Zn^{2+}(浅色)并且进入溶液;铜离子变为铜原子并粘附在锌条的表面(为清楚起见,没有标出溶液中的水分子和 SO_4^{2-})。图(b)为反应发生的电子转移过程的放大视图。

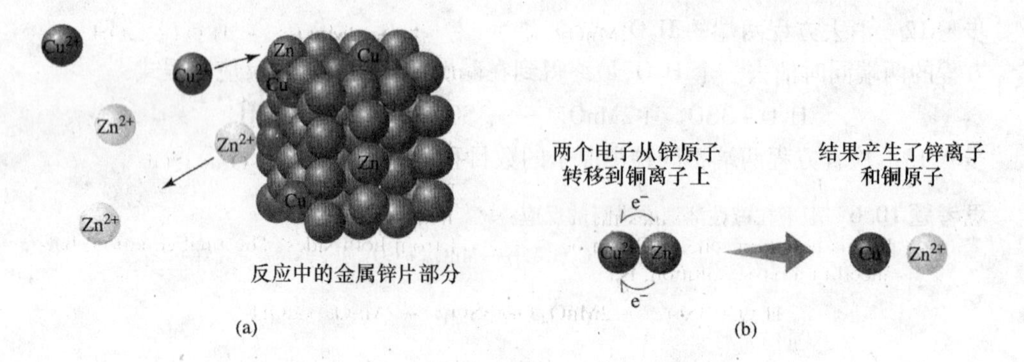

图 10.2　在原子级别观察 Cu^{2+} 与 Zn 的反应

例 2　将铜片浸入硫酸锌溶液中,没有反应发生。金属铜不能将锌离子还原为金属锌。

$$Cu(s) + ZnSO_4^{2-}(aq) \longrightarrow \text{不反应}$$

例 3　将一卷铜线浸入含有银离子的溶液中,可将银单质还原出来。该氧化还原反应过程如下:

$$Cu(s) \longrightarrow Cu^{2+}(aq) + 2e^- \quad \text{(氧化反应)}$$

$$2Ag^+(aq) + 2e^- \longrightarrow 2Ag(s) \quad \text{(还原反应)}$$

$$Cu(s) + 2Ag^+(aq) \longrightarrow Cu^{2+}(aq) + 2Ag(s) \quad \text{(氧化还原反应)}$$

为了深入了解物质间不同的氧化还原现象,需要了解促使电子转移的驱动力。例 1 中,锌铜两个系统间存在电流(移动的电子),表明在这两个系统间存在电位差(例如在高度、温度、压力或电位存在差异的情况下,水、热、气、电都可以流动)。电位差(单位为伏特(V))的大小可由能量(单位为焦耳(J))和电荷(单位为库仑(C))的比值来度量。因此,在 1V 电位差下,1C 电荷流动可释放 1 焦耳的能量。

$$1V = 1J/1C = 1J \cdot C^{-1}$$

原电池的组装

氧化还原反应中电子的转移过于迅速，因此锌与铜之间的电位差不能简单地通过将锌片浸入铜离子溶液中测得。若将锌棒（电极）浸入 $ZnSO_4$ 溶液中，将铜棒（电极）浸入 $CuSO_4$ 溶液中，再用盐桥将这两个溶液系统（半电池）连接起来，电子就只能通过外电路从锌传递到铜离子（如图10.3(a)所示）。

该化学反应与例1（图10.1）是相同的。但在本系统中可以使用高灵敏度电流计，或在电压的反方向接入一个外部供电且电压可变的装置——电位计（在实际操作中常使用伏特计，但不能满足高精度的测试）。调节电位计上的电压，使电池外电路中无电流通过。在此情况下，外电路电压在数值上与电池电动势相等，但符号相反。将两个半电池连通即可组成原电池，原电池中发生的反应就是电池反应。

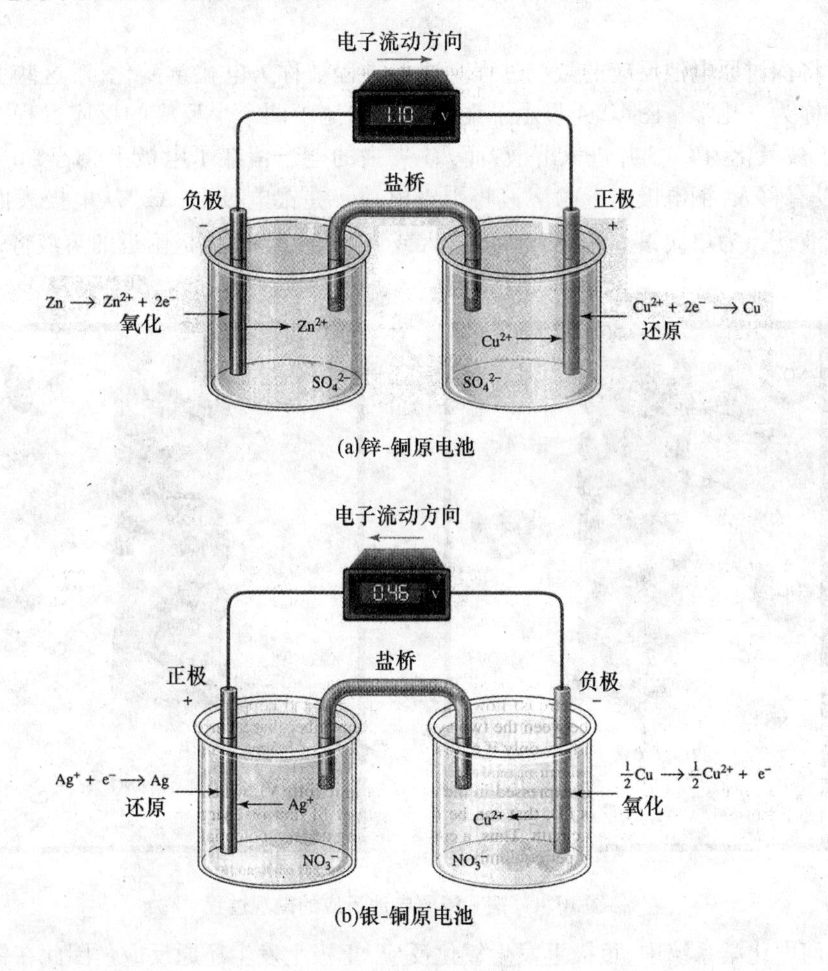

图10.3　原电池

若溶液中 Cu^{2+}、Zn^{2+} 的浓度均为 $1mol \cdot L^{-1}$，锌铜原电池的电位差（也称电动势（emf））为1.10V。两种电极间的电位差类似于两种气体压力不同的容器的压力差。若将两个容器连通，气体将从高压容器流向低压容器，并最终使系统压力平衡。在原电池中，“电子气体”

从高"电子压力"(锌)的电极流向低"电子气体"的电极(铜),流动的方向在图 10.3(a)中用箭头标出。因此,电位差是用来表示两个电极间的电子压力差的。当电极间电子压力平衡时,Zn 与 Cu^{2+} 的氧化还原反应就结束了。

当 Cu、$Cu(NO_3)_2$ 与 Ag、$AgNO_3$(代替 $ZnSO_4$)组成电池时,电流将反向流动(见图 10.3(b))。Cu^{2+}、Ag^+ 在溶液中的浓度分别为 $1mol \cdot L^{-1}$ 时,电位差为 0.46V。同样的,锌与银也可以组合为原电池,其电动势为 1.56V(Zn/Cu 与 Cu/Ag 的电位差之和为 1.56V),并且电子从锌电极流向银电极。后面将解释这一过程。

原电池的反应过程

两种金属及其盐溶液的氧化还原反应体系可以组成原电池,并在电路中产生电流。换句话说,原电池由装在分隔室中的氧化剂推动另一隔室的还原剂所产生的电子在外电路中流动。

下面将探讨原电池反应的微观过程。这些过程被称为电化学变化,对这些变化进行研究的学科称为电化学。图 10.4 显示了铜－银原电池中两个半反应的反应过程。在铜电极上,铜原子被氧化为 Cu^{2+} 并进入溶液,而 Cu 失去的电子留在了电极上。若 Cu^{2+} 没有移出或 NO_3^- 没有移入,铜电极附近的溶液将带正电荷。在银电极上,Ag^+ 从电极表面获得电子并离开溶液还原为单质银。若没有 Ag^+ 移入或 NO_3^- 移出,银电极附近的溶液将带负电荷。

正极(银)

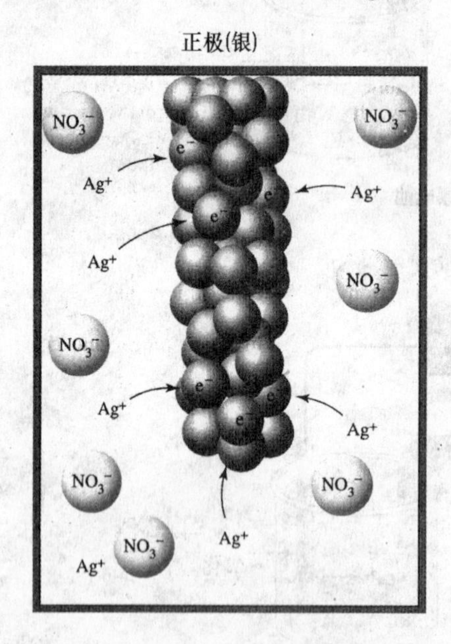

负极(铜)

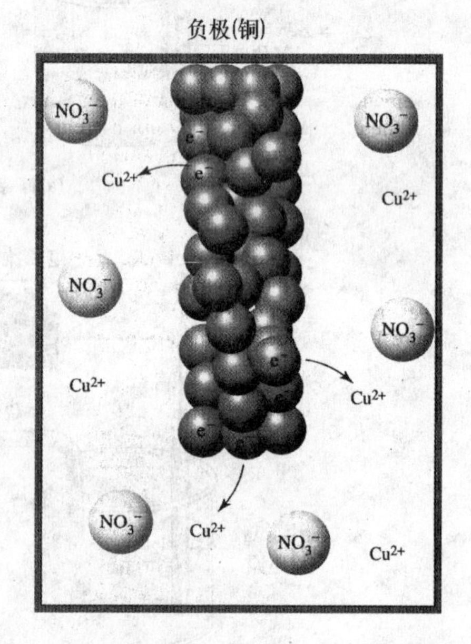

图 10.4　铜－银原电池反应的微观过程

在任何电化学系统中,负极上发生氧化反应,正极上发生还原反应。因此在铜－银原电池中,银电极是正极,而铜电极是负极。铜在负极上氧化而释放的电子使负极带有少量负电荷;在正极上,电子自发与 Ag^+ 结合并成为电极的一部分,这就如同 Ag^+ 成为电极的一部分,使电极略带正电荷。若 Cu 在负极氧化为 Cu^{2+},Ag^+ 在正极还原为 Ag 的反应继续进行下去,负极的溶液会由于阳离子的富集很快变为正电性,而正极的溶液由于阴离子的富集显负电性。

自然情况下,正负电荷均不可能大量积聚,所以随着反应的进行和电流在外电路中的流动,必须平衡电极周围溶液中的电荷。为了理解这个过程,我们将探究电荷是如何在原电池中传导的。

在外电路中,电荷从一个电极通过导线流向另一个电极。这种类型的传导称为金属传导是金属导电的主要形式。在电池中,电子总是从由于进行氧化反应而显负电性的负极流向因进行还原反应而显正电性的正极。

在电化学电池中还有另一种电子传导方式。在含有离子的溶液中(或在熔融的离子化合物中),电荷在液体中的传导是通过离子而不是电子进行的。这种通过离子进行传导的方式叫做电解传导。

原电池在工作的时候,其半电池的溶液必须是电中性的。这就要求离子可以自由进入或离开溶液。例如,当铜氧化时,电极周围的溶液中将充满 Cu^{2+},所以需要阴离子来平衡电荷。相似的,当 Ag^{+} 还原时,NO_3^- 被留在溶液中,需要引入阳离子平衡电荷。图 10.3 中的盐桥可以允许离子在其中移动,以维持其两端溶液的电中性。

盐桥是装有盐溶液的管子,但盐溶液中离子不能包括进行电池反应的离子。盐桥常用 KNO_3 或 KCl 溶液。用多孔塞子封住管子的两端,使盐桥中的溶液与半电池溶液可进行离子交换,同时又能防止溶液漏出。

在电池反应进行中,阴离子可从盐桥扩散到铜半电池中,或 Cu^{2+} 可离开溶液进入盐桥中。这两个过程都有利于保持铜半电池溶液的电中性。在银半电池中,盐桥中阳离子可以进入溶液或 NO_3^- 离开溶液而保持银半电池的电中性。

若不使用盐桥,则无法保持半电池的电中性,电池也无法产生电流。因此,通过含有离子的溶液进行的电解接触是维持电池工作的必需条件。通过探究原电池反应中的离子运动,可以发现在正极附近产生了过多的阴离子,这些阴离子需要离开正极,向负极迁移以平衡负极区产生的阳离子。同样的,在负极附近产生了过多的阳离子,这些阳离子需要离开负极,向正极迁移以平衡正极区产生的阴离子。总结如下:还原反应发生在正极,阳离子向正极迁移;氧化反应发生在负极,阴离子向负极迁移。

图 10.5 为一般原电池的结构组成及反应过程。图中左侧电极为负极,发生氧化反应;右侧电极为正极,发生还原反应。电子从负极向正极移动。

经过上述对原电池的理论性描述,人们或许会想知道在日常生活中哪些地方会用到原电池。实际上原电池与电池基本上是相同的,本章在后面的内容将对此进行讨论。若牙齿里有金属填充物,当牙齿意外地咬在铝片上的时候,人们可能会有一种奇怪的甚至如同被电击中的感觉。因为大多数牙齿填充物是用银汞合金制造的。当铝片与填充物接触时,铝是负极,填充物是正极,口水是电解液盐桥,嘴里就形成了一个有害的原电池。二者接触时原电池被短路并有少量电流产生,从而刺激牙齿中的神经。

原电池和电池反应的符号

为了方便表达,化学家们使用电池符号来描述原电池的组成。这种电池符号被称为标准电池符号,图 10.5 中的原电池可表示为:

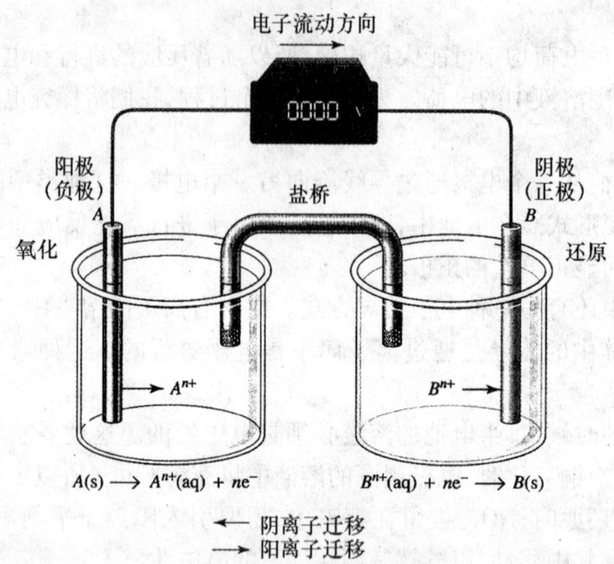

图 10.5　普通原电池

$$A(s) \mid A^{n+}(aq) \parallel B^{n+}(aq) \mid B(s)$$

根据惯常的写法，电池符号的左边代表负极半反应，并将负极材料写在最前。单竖线代表两相界面，即固体电极与溶液之间的界面。双竖线代表连通半电池的盐桥。电池符号的右边代表正极半反应，并将正极材料写在最后。通过假定电池符号右边的电极发生的是还原反应，就可以得到电池符号定义的电池反应。因此，图 10.5 中的电池符号定义电池反应为：

$$A(s) + B^{n+}(aq) \longrightarrow A^{n+}(aq) + B(s)$$

在 10.4 节中将学习怎样判定定义的电池反应能否自发进行。

前面讨论过的铜 - 银电池可以用电池符号表示如下：

$$Cu(s) \mid Cu^{2+}(aq) \parallel Ag^{+}(aq) \mid Ag(s)$$

有些半电池反应物的还原形式和氧化形式都是可溶的，例如将锌作为负极浸入含有 Zn^{2+} 的溶液中，同时将惰性的铂电极浸入含有 Fe^{2+} 和 Fe^{3+} 的溶液中，然后将其连通为原电池。电池反应如下：

$$2Fe^{3+}(aq) + Zn(s) \longrightarrow 2Fe^{2+}(aq) + Zn^{2+}(aq)$$

这个电池反应的电池符号为：

$$Zn(s) \mid Zn^{2+}(aq) \parallel Fe^{2+}(aq), Fe^{3+}(aq) \mid Pt(s)$$

两种铁离子的分子式用逗号隔开，当其他同种物质出现在一相时也可以这样写。在这个电池中 Fe^{3+} 在惰性的铂电极表面还原为 Fe^{2+}。

示例 10.4　当金属锌浸入硝酸银溶液中，将自发进行下面的化学反应：

$$Zn(s) + 2Ag^{+}(aq) \longrightarrow Zn^{2+}(aq) + 2Ag(s)$$

书写原电池符号可以更好地理解上述反应。半电池中进行的是什么反应？电池符号怎样书写？说明正负极、电极电荷符号和电子的流动方向。

分析：回答这些问题首先需要从反应方程式中区分正负极。根据定义，负极发生氧化反应，正极发生还原反应，所以第一步是确定氧化剂与还原剂。在这一步骤中将电池反应分开写成半反应并通过加入电子将其配平。若电子在产物一端出现，这个半反应就是氧化反应；若电子在反应物一端出现，该半反应就是还原反应。

解答：配平的半反应方程：

$$Zn(s) \longrightarrow Zn^{2+}(aq) + 2e^-$$

$$2Ag^+(aq) + 2e^- \longrightarrow 2Ag(s)$$

锌失去电子被氧化，所以锌是负极。因此负极半电池是锌电极浸入含有 Zn^{2+} 的溶液中（如 $Zn(NO_3)_2$ 或 $ZnSO_4$ 溶液）。书写电池符号时，负极半电池的电极材料写在竖线的左边，氧化产物写在竖线的右边：

$$Zn(s) \mid Zn^{2+}(aq)$$

银离子得到电子被还原为银单质。因此正极半电池由银电极及其浸入的含有 Ag^+ 的溶液（如 $AgNO_3$ 溶液）构成。这个银半电池可由下面的电池符号表示，电极材料写在竖线的右边，被还原的物质写在竖线的左边。

$$Ag^+(aq) \mid Ag(s)$$

将锌半电池放在电池符号的左端，将银半电池放在电池符号的右端，用代表盐桥的双竖线将两个半电池隔开。

$$\underset{\text{负极}}{Zn(s) \mid Zn^{2+}(aq)} \parallel \underset{\text{正极}}{Ag^+(aq) \mid Ag(s)}$$

原电池中的负极总带有负电荷，所以锌电极带负电荷，银电极带正电荷。外电路中的电子从负极流向正极（即从锌电极流向银电极）。

思考题 10.7 画出并标明使用下面自发进行的氧化还原反应的原电池：

$$Mg(s) + Fe^{2+}(aq) \longrightarrow Mg^{2+}(aq) + Fe(s)$$

写出正负极的半反应方程式，写出电池符号，并说明正负极、电极所带的电荷种类和电子流动的方向。

10.4 还原电势

电池电势和标准电池电势

原电池的电压或电势随着电路中电流大小而变化。电池所能产生的最大电势被称为电池电势（E_{cell}）或是在前文介绍过的电动势。电池符号中右边半电池的电势减去左边半电池的电势就是电池电势。

$$E_{cell} = E_R - E_L$$

E_{cell} 由电极的组成、半电池中离子的浓度和温度所决定。为了比较不同电池的电势，需要使用标准电池电势（$E^{\ominus}_{cell}$）。当电池中所有离子的浓度都为 $1mol \cdot L^{-1}$，并且参与电池反应的气体的压力均为 $1 \times 10^5 Pa$ 时，得到电池电势就是标准电池电势。温度一般为25℃，但在反应中应该标明。IUPAC 关于计算 $E^{\ominus}_{cell}$ 的公式为：

$$E^{\ominus}_{cell} = E^{\ominus}_R - E^{\ominus}_L$$

$E^{\ominus}_{cell}$ 的符号由右边电极的极性决定。当 $E^{\ominus}_{cell}$ 的符号为正，电池符号右边的电极处应发生还原反应，若 $E^{\ominus}_{cell}$ 的符号为负，电池符号左边的电极处应发生还原反应。图 10.5 中的电池反应的电池符号可以写为：

$$A(s) \mid A^{n+}(aq) \parallel B^{n+}(aq) \mid B(s)$$

因为右边的电极为正极,$E^{\ominus}_{cell}$的符号为正。对任意电池,$E^{\ominus}_{cell}$符号为正,说明其定义的电池反应是自发的。因此,可预测上述电池符号定义的电池反应为:

$$A(s) + B^{n+}(aq) \longrightarrow A^{n+}(aq) + B(s)$$

反应是自发的,并且电池符号右边的 B^{n+} 离子将被还原为 B。另外,若 $E^{\ominus}_{cell}$的符号为负,则表明所定义的电池反应不自发,其逆反应自发。在原电池中,自发反应的电池电势总是正的。若电池电势经计算为负,则其逆反应自发。我们将在 10.5 节讨论自发反应和非自发反应电化学过程的热力学。

还原反应和标准还原电势

可以将电池电势的测量想象为来自于两个半电池之间对电子的竞争或“拔河比赛”。因此,每个半电池都有一种自然获得电子的趋势——发生还原反应。这种趋势的大小用半电池的还原电势(E_{red})来表示。在标准状态下(1×10^5Pa,溶液浓度为 $1mol \cdot L^{-1}$)测量得到的还原电势为标准还原电势。一般情况下,表中所列出的标准还原电势均为 25℃条件下测得。为了表示标准还原电势,在 $E^{\ominus}$ 中添加下标以标示出进行还原反应的物质。铜电极半反应的标准还原电势可写为 $E^{\ominus}_{Cu^{2+}/Cu}$。

$$Cu^{2+}(aq) + 2e^- \longrightarrow Cu(s)$$

当两个半电池连通后,具有较大还原电势(具有更大的趋势进行还原反应)的半电池从还原电势较低的半电池得到电子,还原电势较低的半电池因而被迫进行氧化反应。

测量电池电势可以得到两个半电池还原电势之差的大小和符号。如同前面所讨论的,当 $E^{\ominus}_{cell}$为正时,对应的电池反应是自发的。从方程 $E^{\ominus}_{cell} = E^{\ominus}_R - E^{\ominus}_L$ 可以看出,若 $E^{\ominus}_{cell}$为正,则 $E^{\ominus}_R$ 大于 $E^{\ominus}_L$。以前文讨论过的铜 - 银电池为例:

$$Cu(s) \mid Cu^{2+}(aq) \parallel Ag^+(aq) \mid Ag(s)$$

电池中可能存在的两个还原反应为:

$$Ag^+(aq) + e^- \longrightarrow Ag(s)$$

$$Cu^{2+}(aq) + 2e^- \longrightarrow Cu(s)$$

总反应方程式为:

$$2Ag^+(aq) + Cu(s) \longrightarrow 2Ag(s) + Cu^{2+}(aq)$$

电池自发反应过程是 Ag^+ 的还原和 Cu(s)的氧化,这说明 Ag^+ 的标准还原电势大于 Cu^{2+} 的标准还原电势。换句话说,如果我们知道 $E^{\ominus}_{Ag^+/Ag}$和 $E^{\ominus}_{Cu^{2+}/Cu}$的值,就可以通过

$$E^{\ominus}_{cell} = E^{\ominus}_{Ag^+/Ag} - E^{\ominus}_{Cu^{2+}/Cu}$$

计算得知 $E^{\ominus}_{cell}$为正值。

测量标准还原电势

实际上没有办法直接测得单个半电池的标准还原电势，只能在两个半电池连接时测得二者的电势差。因此为了给不同的标准还原电势赋值，人为地选择了一个参比电极 $E^{\ominus}_{H^+/H_2}$，并且规定其标准还原电势为0V。这个参比电极就是标准氢电极（见图10.6）。压力为 1×10^5Pa 的氢气在铂电极的表面鼓泡，铂电极表面镀有蓬松的铂黑以增加催化反应面积，确保反应可以顺利进行。电极浸入的液体中 H^+ 含量为 $1mol\cdot L^{-1}$。铂电极表面发生的反应可以写为还原反应：

$$2H^+(aq,\ 1mol\cdot L^{-1})+2e^-\rightleftharpoons H_2(g,\ 1\times10^5Pa)$$

$$E^{\ominus}_{H^+/H_2}=0V$$

$E^{\ominus}_{H^+/H_2}=0\ V$

$H_2(g), 1\times10^5$ Pa

1.00 M H^+

Pt电极表面的细小铂黑

图10.6 标准氢电极

方程中的双箭头表示这个反应可以逆向进行，而不是指平衡过程。该半反应是还原反应或是氧化反应，取决于与之相连的另一个半电池的还原电势。

图10.7(a)中氢电极与铜半电池连接成为原电池。当计算标准还原电势时，习惯将氢半电池置于电池符号的左边。因此，这个电池的电池符号为：

$$Pt(s)\mid H_2(aq)\mid H^+(aq)\parallel Cu^{2+}(aq)\mid Cu(s)$$

根据 $E^{\ominus}_{cell}=E^{\ominus}_{R}-E^{\ominus}_{L}$：

$$E^{\ominus}_{cell}=E^{\ominus}_{Cu^{2+}/Cu}-E^{\ominus}_{H^+/H_2}$$

已知 $E^{\ominus}_{H^+/H_2}=0V$，所以：

$$E^{\ominus}_{cell}=E^{\ominus}_{Cu^{2+}/Cu}-0=E^{\ominus}_{Cu^{2+}/Cu}$$

经过实验测得图10.7(a)中的 $E^{\ominus}_{cell}=+0.34V$，所以 $E^{\ominus}_{Cu^{2+}/Cu}=+0.34V$。电池电势为正值，说明电池符号右边电极发生还原反应，该自发进行的电池反应为：

$$Cu^{2+}(aq)+H_2(g)\longrightarrow Cu(s)+2H^+(aq)$$

图10.7(b)是一个由锌电极和氢电极组成的原电池。习惯上将氢电极置于电池符号的左边，该电池符号为：

$$Pt(s)\mid H_2(aq)\mid H^+(aq)\parallel Zn^{2+}(aq)\mid Zn(s)$$

根据 $E^{\ominus}_{cell}=E^{\ominus}_{R}-E^{\ominus}_{L}$：

$$E^{\ominus}_{cell}=E^{\ominus}_{Zn^{2+}/Zn}-E^{\ominus}_{H^+/H_2}$$

已知 $E^{\ominus}_{H^+/H_2}=0V$，所以：

$$E^{\ominus}_{cell}=E^{\ominus}_{Zn^{2+}/Zn}-0=E^{\ominus}_{Zn^{2+}/Zn}$$

通过实验测得图10.7(b)中电池的 $E^{\ominus}_{cell}=-0.76V$，所以 $E^{\ominus}_{Zn^{2+}/Zn}=-0.76V$。电池电势为负，说明实际上是电池符号左边的电极发生了还原反应，所以自发的电池反应是：

$$2H^+(aq)+Zn(s)\longrightarrow H_2(g)+Zn^{2+}(aq)$$

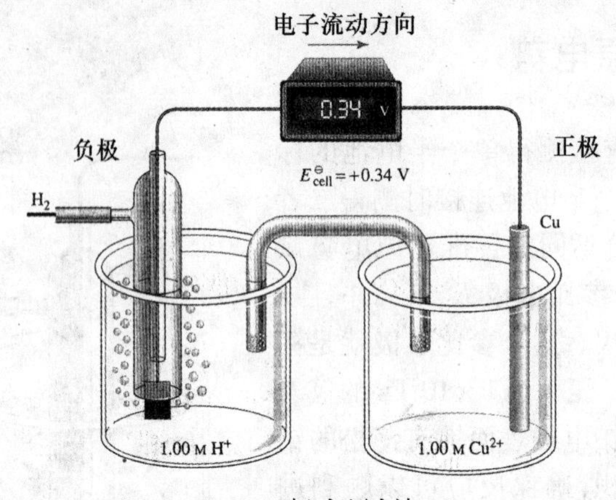

(a) 铜-氢原电池

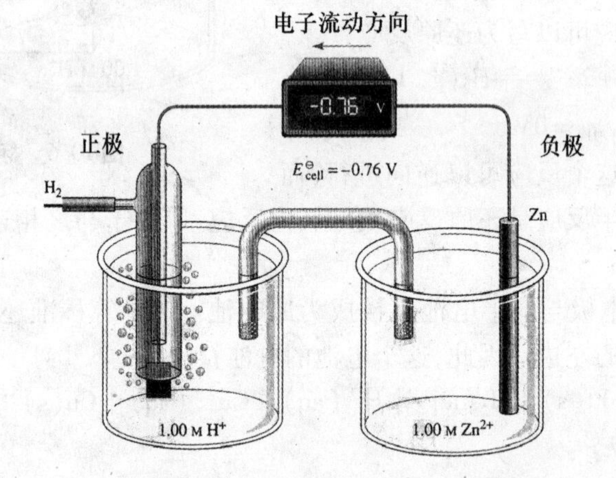

(b) 锌-氢原电池

图 10.7　原电池

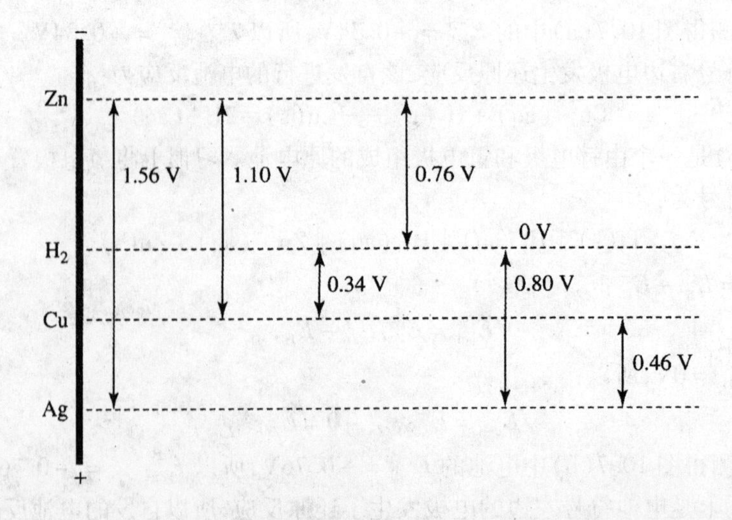

图 10.8　选择一个任意的零点以确定标准还原电势 $E^{\ominus}_{cell}$

通过还原电势的电势图(图10.8)得到同一结果,图中位于较高位置的元素可以提供电子给位于较低位置的元素。通过图10.8可以直接计算任何原电池的电动势,图中已经标出了不同原电池的 $E^{\ominus}_{cell}$。我们知道锌-铜原电池的 $E^{\ominus}_{cell}$ 为1.10V,铜-银原电池的 $E^{\ominus}_{cell}$ 为0.46V,所以锌-银原电池的 $E^{\ominus}_{cell}$ 为上述两个原电池 $E^{\ominus}_{cell}$ 之和(1.10V+0.46V = 1.56V)。

这个方法只能计算电势差,并不能得到各个电极的绝对电势。但是由于我们只对原电池自身的 $E^{\ominus}_{cell}$ 感兴趣,不需要知道绝对电动势,所以选择一个任意的零点进行计算即可(这与定义冰的熔点是摄氏度的零点相类似,也与利用海平面来测量相对高度,而不用与地球中心的距离来测量是类似的)。

许多半反应的标准还原电势可以利用标准氢电极进行测量。表10.1中列出了一些典型半反应的电势。表中数据以降序排列——顶部的半反应发生还原反应的趋势最大,底部的半反应发生氧化反应的趋势最大。表10.1中数据表明:

- 位于箭头左边的物质是氧化剂,当反应正向进行时它将被还原。
- 最好的氧化剂是那些易于被还原的物质,它们位于表中左上部(如 F_2)。
- 位于箭头右端的物质是还原剂,当反应从右向左进行时,它们将被氧化。
- 最好的还原剂位于表中右下部(如Li)。

表10.1　25℃下的标准还原电势 $E^{\ominus}_{cell}$

半反应	$E^{\ominus}$(V)
$F_2(g) + 2e^- \rightleftharpoons 2F^-(aq)$	+2.87
$S_2O_8^{2-}(aq) + 2e^- \rightleftharpoons 2SO_4^{2-}(aq)$	+2.01
$PbO_2(s) + HSO_4^-(aq) + 3H^+(aq) + 2e^- \rightleftharpoons PbSO_4(s) + 2H_2O(l)$	+1.69
$2HOCl(aq) + 2H^+(aq) + 2e^- \rightleftharpoons Cl_2(g) + 2H_2O(l)$	+1.63
$MnO_4^-(aq) + 8H^+(aq) + 5e^- \rightleftharpoons Mn^{2+}(aq) + 4H_2O(l)$	+1.51
$BrO_3^-(aq) + 6H^+(aq) + 6e^- \rightleftharpoons Br^-(aq) + 3H_2O(l)$	+1.47
$PbO_2(s) + 4H^+(aq) + 2e^- \rightleftharpoons Pb^{2+}(aq) + 2H_2O(l)$	+1.46
$ClO_3^-(aq) + 6H^+(aq) + 6e^- \rightleftharpoons Cl^-(aq) + 3H_2O(l)$	+1.45
$Au^{3+}(aq) + 3e^- \rightleftharpoons Au(s)$	+1.42
$Cl_2(g) + 2e^- \rightleftharpoons 2Cl^-(aq)$	+1.36
$O_2(g) + 4H^+(aq) + 4e^- \rightleftharpoons 2H_2O(l)$	+1.23
$Br_2(aq) + 2e^- \rightleftharpoons 2Br^-(aq)$	+1.07
$NO_3^-(aq) + 4H^+(aq) + 3e^- \rightleftharpoons NO(g) + 2H_2O(l)$	+0.96
$Ag^+(aq) + e^- \rightleftharpoons Ag(s)$	+0.80
$Fe^{3+}(aq) + e^- \rightleftharpoons Fe^{2+}(aq)$	+0.77
$I_2(s) + 2e^- \rightleftharpoons 2I^-(aq)$	+0.54
$NiO_2(s) + 2H_2O(l) + 2e^- \rightleftharpoons Ni(OH)_2(s) + 2OH^-(aq)$	+0.49
$Cu^{2+}(aq) + 2e^- \rightleftharpoons Cu(s)$	+0.34

（续表）

半反应	$E^{\ominus}$(V)
$Hg_2Cl_2(s) + 2e^- \rightleftharpoons 2Hg(l) + 2Cl^-(aq)$	+0.27
$AgCl(s) + e^- \rightleftharpoons Ag(s) + Cl^-(aq)$	+0.23
$SO_4^{2-}(aq) + 4H^+(aq) + 2e^- \rightleftharpoons H_2SO_3(aq) + H_2O(l)$	+0.17
$AgBr(s) + e^- \rightleftharpoons Ag(s) + Br^-(aq)$	+0.07
$2H^+(aq) + 2e^- \rightleftharpoons H_2(g)$	0
$Sn^{2+}(aq) + 2e^- \rightleftharpoons Sn(s)$	-0.14
$Ni^{2+}(aq) + 2e^- \rightleftharpoons Ni(s)$	-0.25
$Co^{2+}(aq) + 2e^- \rightleftharpoons Co(s)$	-0.28
$PbSO_4(s) + H^+(aq) + 2e^- \rightleftharpoons Pb(s) + HSO_4^-(aq)$	-0.36
$Cd^{2+}(aq) + 2e^- \rightleftharpoons Cd(s)$	-0.40
$Fe^{2+}(aq) + 2e^- \rightleftharpoons Fe(s)$	-0.44
$Cr^{3+}(aq) + 3e^- \rightleftharpoons Cr(s)$	-0.74
$Zn^{2+}(aq) + 2e^- \rightleftharpoons Zn(s)$	-0.76
$2H_2O(l) + 2e^- \rightleftharpoons H_2(g) + 2OH^-(aq)$	-0.83
$Al^{3+}(aq) + 3e^- \rightleftharpoons Al(s)$	-1.66
$Mg^{2+}(aq) + 2e^- \rightleftharpoons Mg(s)$	-2.37
$Na^+(aq) + e^- \rightleftharpoons Na(s)$	-2.71
$Ca^{2+}(aq) + 2e^- \rightleftharpoons Ca(s)$	-2.76
$K^+(aq) + e^- \rightleftharpoons K(s)$	-2.92
$Li^+(aq) + e^- \rightleftharpoons Li(s)$	-3.05

示例 10.5 银－铜原电池的标准电池电势 $E^{\ominus}_{cell}$ 为 0.46V。电池反应为：

$$2Ag^+(aq) + Cu(s) \longrightarrow 2Ag(s) + Cu^{2+}(aq)$$

已知 $E^{\ominus}_{Cu^{2+}/Cu} = +0.34V$。请计算半电池 $E^{\ominus}_{Ag^+/Ag}$ 是多少？

分析：因为 $E^{\ominus}_{cell}$ 为正，右边的电极应发生还原反应。从方程得知 Ag^+ 被还原，因此 Ag^+/Ag 一定位于电池符号的右边。然后通过方程 $E^{\ominus}_{cell} = E^{\ominus}_R - E^{\ominus}_L$ 来计算 $E^{\ominus}_{Ag^+/Ag}$。

解答：由 $E^{\ominus}_{cell} = E^{\ominus}_R - E^{\ominus}_L$

$$E^{\ominus}_{cell} = E^{\ominus}_{Ag^+/Ag} - E^{\ominus}_{Cu^+/Cu} = +0.46V + (+0.34V) = 0.80V$$

具有较大 $E^{\ominus}$ 的半电池总是进行还原反应。$E^{\ominus}_{Ag^+/Ag}$ 比 $E^{\ominus}_{Cu^+/Cu}$ 大，所以 Ag^+ 应当被还原。由此所知计算的结果是正确的。

思考题 10.8 思考题 10.7 中的原电池的标准电池电势 $E^{\ominus}_{cell} = 1.93V$。已知 $E^{\ominus}_{Fe^{2+}/Fe} = -0.44V$，请计算 $E^{\ominus}_{Mg^{2+}/Mg}$，并利用表 10.1 中数据验证得到的结果。

无论电池符号怎样书写，都可以利用表 10.1 中的数据得到可以自发进行的电池反应。例如，将银电极写在银－铜电极的右边，铜电极写在左边：

$$Cu(s)\mid Cu^{2+}(aq)\parallel Ag^{+}(aq)\mid Ag(s)$$

根据公式：

$$E^{\ominus}_{cell}=E^{\ominus}_{Ag^{+}/Ag}-E^{\ominus}_{Cu^{2+}/Cu}=+0.80V-(+0.34V)=+0.46V$$

$E^{\ominus}_{cell}$的值为正，说明 Ag^{+}(aq)将被还原，Cu(s)将被氧化。相反的，若我们将铜电极写在银－铜电极的右边，银电极写在左边：

$$Ag(s)\mid Ag^{+}(aq)\parallel Cu^{2+}(aq)\mid Cu(s)$$

根据公式：

$$E^{\ominus}_{cell}=E^{\ominus}_{Cu^{+}/Cu}-E^{\ominus}_{Ag^{+}/Ag}=+0.34V-(+0.80V)=-0.46V$$

$E^{\ominus}_{cell}$的值为负，说明右边电极上没有发生还原反应，所定义电池反应的逆反应是自发进行的。因此，Cu(s)被氧化，而 Ag^{+}(aq)被还原。

标准氢电极并不是唯一的参比电极。饱和甘汞电极也是一种常用的参比电极，它由金属汞、氯化亚汞(Hg_2Cl_2，Cl－Hg－Hg－Cl)和饱和 KCl 溶液构成。反应：

$$Hg_2Cl_2(s)+2e^{-}\rightleftharpoons 2Hg(l)+2Cl^{-}(aq)$$

饱和 KCl 溶液中，饱和甘汞电极与标准氢电极组成的原电池在 25℃ 时的还原电势为 0.244V。另一个常用的参比电极是银/氯化银电极，即是在饱和 KCl 溶液中包裹着氯化银的银棒。该电极与标准氢电极组成的电池在 25℃时的还原电势为 0.199V：

$$AgCl(s)+e^{-}\rightleftharpoons Ag(s)+Cl^{-}(aq)$$

自发与非自发反应

研究化学的目的之一就是预测反应。无论氧化还原反应是在原电池中进行，或是所有反应物质在容器中直接进行混合反应，使用表 10.1 中的半反应和标准还原电势就可以对氧化还原反应进行预测。

将还原电势从最正到最负进行排序，如表 10.1 所示，那么自发氧化还原反应的反应物和产物是很容易辨认的。在任意一对半反应中，具有较正还原电势的一个半反应将进行还原反应，另一个半反应则要反向进行发生氧化反应。需要注意的是，当反应反向进行时，在计算中其还原电势 $E^{\ominus}_{cell}$的符号不变。具体见示例 10.6 和示例 10.7。

示例 10.6　当 Ni 和 Fe 被加入到含有 Ni^{2+} 和 Fe^{2+} 的溶液中，请预测将会发生什么反应。

分析：问题应当是“可能会发生哪些反应?”。通过表中的数据预测这个体系中能否发生氧化还原反应。其中一个方法是观察半反应在表 10.1 中的相对位置。

$$Ni^{2+}(aq)+2e^{-}\longrightarrow Ni(s)\qquad E^{\ominus}_{Ni2+/Ni}=-0.25V$$

$$Fe^{2+}(aq)+2e^{-}\longrightarrow Fe(s)\qquad E^{\ominus}_{Fe2+/Fe}=-0.44V$$

在表 10.1 中，具有较正还原电势的半反应将发生还原反应。因此 Ni^{2+}(aq)将被还原，而铁将被氧化。反应产物为两个半反应中相反端的物质，即 Ni(s)和 Fe^{2+}(aq)。

解答：反应物为 Ni^{2+} 和 Fe，产物为 Ni(s)和 Fe^{2+}：

$$Ni^{2+}(aq)+Fe(s)\longrightarrow Ni(s)+Fe^{2+}(aq)$$

方程中所有的元素和电荷都已配平，这是一个可以在体系中自发进行的反应。

$E^{\ominus}_{cell}$的值为正，说明我们的预测是正确的。尽管 $Fe^{2+}+2e^{-}\longrightarrow Fe$ 反向进行，但是计算 $E^{\ominus}_{cell}$ 时 $E^{\ominus}_{Fe2+/Fe}$(－0.44V)的符号没有改变。

思考题 10.9 若将 Cl_2 和 Br_2 加入含有 Cl^- 和 Br^- 的溶液中，将自发进行什么反应？

如示例 10.7 中，若将一个特定的氧化还原反应应用于原电池中，其还原电势可被用来预测标准电池电势。

示例 10.7 电极由铅和氧化铅（PbO_2）制成、电解液为硫酸的一种典型的铅蓄电池，可以用于汽车的启动。该系统中的半反应和还原电势为：

$$PbO_2(s) + 3H^+(aq) + HSO_4^-(aq) + 2e^- \longrightarrow PbSO_4(s) + 2H_2O(l) \qquad E^{\ominus}_{PbO_2/PbSO_4} = +1.69V$$

$$PbSO_4(s) + H^+(aq) + 2e^- \longrightarrow Pb(s) + HSO_4^-(aq) \qquad E^{\ominus}_{PbSO_4/Pb} = -0.36V$$

预测自发进行的电池反应和标准电池电势。

分析：在自发进行的电池反应中，具有较大（较正）还原电势的半反应发生还原反应，同时另一半反应反向进行，发生氧化反应。电池电势是两个半电池还原电势的差值。

解答：PbO_2 的还原电势大于 $PbSO_4$，所以上面的第一个半反应将正向进行，第二个半反应将反向进行发生氧化反应。因此电池中进行的半反应为：

$$PbO_2(s) + 3H^+(aq) + HSO_4^-(aq) + 2e^- \longrightarrow PbSO_4(s) + 2H_2O(l) \qquad \text{（还原反应）}$$

$$Pb(s) + HSO_4^-(aq) \longrightarrow PbSO_4(s) + H^+(aq) + 2e^- \qquad \text{（氧化反应）}$$

$$PbO_2(s) + Pb(s) + 2H^+(aq) + 2HSO_4^-(aq) \longrightarrow 2PbSO_4(s) + 2H_2O(l) \qquad \text{（电池反应）}$$

电池电势通过 $E^{\ominus}_{cell} = E^{\ominus}_{R} - E^{\ominus}_{L}$ 计算。

因第一个半反应是还原反应，因此该半反应应在右边的电极发生：

$$E^{\ominus}_{cell} = E^{\ominus}_{PbO_2/PbSO_4} - E^{\ominus}_{PbSO_4/Pb} = +2.05V$$

尽管我们改变了反应：

$$PbSO_4(s) + H^+(aq) + 2e^- \longrightarrow Pb(s) + HSO_4^-(aq)$$

的方向，但在计算中还原电势 $E^{\ominus}_{cell}$ 的符号并没有改变。

思考题 10.10 某原电池的半反应和标准电池电势如下：

$$Al^{3+}(aq) + 3e^- \longrightarrow Al(s) \qquad E^{\ominus}_{Al3+/Al} = -1.66V$$

$$Cu^{2+}(aq) + 2e^- \longrightarrow Cu(s) \qquad E^{\ominus}_{Cu2+/Cu} = +0.34V$$

请问其中哪个电极是负极？

利用标准还原电势可以预测混合反应物中自发进行的氧化还原反应，因此标准还原电势也可以用来判断一个特定反应是否为自发反应。通过对相应电池电势进行计算，可以得知电势是否为正。

氧化性和非氧化性酸

表 10.1 中的标准还原电势说明酸（以 H^+ 或 H_3O^+ 代替）可以氧化一部分金属，如 Fe、Zn、Sn 和 Mg，但不能氧化另一些金属，如 Ag、Cu 和 Au。

例如稀硫酸与锌反应生成硫酸锌，且锌表面有气体逸出：

$$Zn(s) + H_2SO_4(aq) \longrightarrow ZnSO_4(aq) + H_2(g)$$

硫酸稀溶液在水中电离生成带有正电荷的氢离子（氢质子）和带有负电荷的硫酸根离子。氢质子在反应中为氧化剂并被还原为 H_2。虽然硫酸根离子也可以被还原（例如还原为 SO_3^{2-}），但是 H^+ 在该反应中更易被还原。因此，当像锌那样的金属置于硫酸稀溶液中，溶液中的 H^+ 比 SO_4^{2-} 更容易从金属锌得到电子。

与其他物质相比,水中的氢质子只是一个较弱的氧化剂,所以氯化氢和稀硫酸的氧化能力较弱。尽管可以氧化一些特定的金属,它们仍然被称为非氧化性酸。实际上,所谓的非氧化性酸的阴离子是一个比 H^+ 更弱的氧化剂(也就是说它的阴离子比 H^+ 更难被还原)。关于非氧化性酸的例子列于表10.2。

并不是所有的酸都像盐酸和稀硫酸溶液。氧化性酸的阴离子具有比 H^+ 更强的氧化性(见表10.2)。例如浓硝酸(HNO_3),当硝酸在水中溶解时将电离为 H^+ 和 NO_3^-,在此溶液中 NO_3^- 是比 H^+ 更强的氧化剂,因此在争夺电子的过程中,NO_3^- 将在竞争中胜出并得到电子。当硝酸与金属发生反应时,NO_3^- 将被还原。

表10.2 非氧化性酸和氧化性酸

非氧化性酸	
$HCl(aq)$	
$H_2SO_4(aq)$[a]	
$H_3PO_4(aq)$	
多数有机酸,如 CH_3COOH(乙酸),$HCOOH$(甲酸)	
氧化性酸	**还原反应**
HNO_3	(浓)$NO_3^-(aq) + 2H^+(aq) + e^- \longrightarrow NO_2(g) + H_2O(l)$
	(稀)$NO_3^-(aq) + 4H^+(aq) + 3e^- \longrightarrow NO(g) + 2H_2O(l)$
	(极稀,含强还原剂)
	$NO_3^-(aq) + 10H^+(aq) + 8e^- \longrightarrow NH_4^+(aq) + 3H_2O(l)$
H_2SO_4	(热,浓)$SO_4^{2-}(aq) + 4H^+(aq) + 2e^- \longrightarrow SO_2(g) + 2H_2O(l)$
	(热,浓,含强还原剂)
	$SO_4^{2-}(aq) + 10H^+(aq) + 8e^- \longrightarrow H_2S(g) + 4H_2O(l)$

注:(a)冷的稀 H_2SO_4 是非氧化性酸。

因为 NO_3^- 是一种比 H^+ 更强的氧化剂,它可以氧化一些 H^+ 无法氧化的金属。例如,如果将铜币浸入浓硝酸中,二者将会发生强烈的反应,且 NO_3^- 经过还原得到红棕色的二氧化氮(NO_2)气体。

$$\overset{0}{Cu}(s) + 4H\overset{+5}{N}O_3(aq) \longrightarrow \overset{+2}{Cu}(NO_3)_2(aq) + 2\overset{+4}{N}O_2(g) + 2H_2O(l)$$

注意到氮元素的氧化数在下降,可以确定含有氮的物质——NO_3^- 是氧化剂。

氧化性酸与金属进行反应时很难预测其反应产物,所发生的反应很大程度上与酸的浓度和其他实验条件(如是否加热)有关。例如由于金属的还原能力和酸的浓度不同,硝酸根离子的还原将产生多种含氮化合物,它们中的氮元素的氧化数是不同的。浓硝酸与金属反应时经常产生的还原产物是二氧化氮,而稀硝酸与金属反应则经常得到一氧化氮(也叫做氧化氮),例如铜与硝酸进行反应就存在这两种情况。反应的净离子方程式如下。

铜与浓硝酸反应:

$$Cu(s) + 4H^+(aq) + 2NO_3^-(aq) \longrightarrow Cu^{2+}(aq) + 2NO_2(g) + 2H_2O(l)$$

铜与稀硝酸反应:

$$3Cu(s) + 8H^+(aq) + 2NO_3^-(aq) \longrightarrow 3Cu^{2+}(aq) + 2NO(g) + 4H_2O(l)$$

如果非常稀的硝酸与还原能力很强的金属(如锌)发生反应,氮元素的氧化数可通过反应降至 -3 并以 NH_4^+(或 NH_3)的形式存在。该净离子方程式为:

$$4Zn(s) + 10H^+(aq) + NO_3^-(aq) \longrightarrow 4Zn^{2+}(aq) + NH_4^+(aq) + 3H_2O(l)$$

在氢质子存在的情况下,硝酸根离子是一个非常强的氧化性酸,除去一些惰性非常强的金属(如 Pt 和 Au),其余的金属都可以与之发生反应。硝酸对有机物也有较强的氧化作用,因此在实验室中使用硝酸的时候需要特别小心。

虽然硫酸稀溶液的氧化性很弱,但热的浓硫酸的氧化性很强。例如铜不与冷的稀硫酸反应,但可以与热的浓硫酸反应:

$$Cu(s) + 2H_2SO_4(\text{热,浓}) \longrightarrow CuSO_4(aq) + SO_2(g) + 2H_2O(l)$$

10.5 电池电势和热力学数值的关系

事实上,电池电势可以用来预测氧化还原反应的自发性并不是一个巧合。反应中电池电势和自由能变之间有一定关联。第 6 章中讲到 ΔG 是度量化学反应在恒温恒压下所能做的最大有用功,即下面的关系式:

$$\Delta G = -W_{\text{有用}}$$

吉布斯自由能变(ΔG)

在电气系统中,电流做功是由电池电势推动的。可以利用以下公式计算:

$$W_{\text{有用}} = nFE_{\text{cell}}$$

式中,n 为反应中所转移电子的摩尔数;F 为法拉第常数,它的值等于 1 摩尔电子的电量($96485C \cdot mol^{-1}$);E_{cell} 为电池电势。分析方程中的单位,其计算结果的单位为焦耳,是能量的单位。1 伏特 $= 1J \cdot C^{-1}$,所以:

$$\text{最大有用功} = (mol) \times (C \cdot mol^{-1}) \times (J \cdot C^{-1}) = \text{焦耳}$$

将上述两个方程合并,可得:

$$\Delta G = -nFE_{\text{cell}}$$

这个方程说明反应物与生成物之间的自由能变与电池电势有关。当 E_{cell} 为正时 ΔG 为负,电池反应是自发进行的;当 E_{cell} 为负时 ΔG 为正,电池反应的逆反应是自发的。在方程中使用标准电池电势 $E_{\text{cell}}^{\ominus}$,将得到标准自由能变:

$$\Delta G^{\ominus} = -nFE_{\text{cell}}^{\ominus}$$

示例 10.8 计算下面反应的 $\Delta G_{\text{cell}}^{\ominus}$,已知在 25℃时其标准电池电势为 0.32V。

$$NiO_2(s) + 2Cl^-(aq) + 4H^+(aq) \longrightarrow Cl_2(g) + Ni^{2+}(aq) + 2H_2O(l)$$

分析:这是对 $\Delta G^{\ominus} = -nFE_{\text{cell}}^{\ominus}$ 的简单应用。因为 2mol Cl^- 被氧化为 Cl_2,在反应中有 2mol 电子进行了转移,所以摩尔数为 2mol。计算还要用到法拉第常数,$1F = 96485C \cdot mol^{-1}$。

解答: $\Delta G^{\ominus} = -nFE_{\text{cell}}^{\ominus} = -(2mol) \times (96485\ C \cdot mol^{-1}) \times (0.32J \cdot C^{-1}) = -61.8kJ$

思考题 10.11　计算思考题 10.10 中原电池的电池反应的 $\Delta G^{\ominus}$。

平衡常数(K)

计算平衡常数是电化学的一个重要应用。在第 7 章中我们学习过 $\Delta G^{\ominus}$ 与平衡常数的关系为：

$$\Delta G^{\ominus} = -RT\ln K_c$$

电化学反应发生在溶液中，因此使用 K_c 代表平衡常数。

将 $\Delta G^{\ominus} = -nFE^{\ominus}_{cell}$ 与 $\Delta G^{\ominus} = -RT\ln K_c$ 合并，得到：

$$E^{\ominus}_{cell} = \frac{RT}{nF}\ln K_c$$

该方程描述了 $E^{\ominus}_{cell}$ 与平衡常数之间的关系。方程中：$R = 8.314\text{J}\cdot\text{mol}^{-1}\cdot\text{K}^{-1}$；$T$ 为开尔文温度；$F = 96485\text{C}\cdot\text{mol}^{-1}$；$n$ 为反应中转移电子的摩尔数。

在 25℃(298K)下，将方程可简化为：

$$E^{\ominus}_{cell} = \frac{0.0592\text{V}}{n}\lg K_c$$

n 为所写电池反应中转移电子的摩尔数。

示例 10.9　计算示例 10.8 中反应的平衡常数。

分析：将数据代入 $E^{\ominus}_{cell} = \frac{RT}{nF}\ln K_c$ 求解即可得到平衡常数。

解答：示例 10.8 中的 $E^{\ominus}_{cell} = 0.32\text{V}$，$n = 2$。在 25℃(298K)下：

$$E^{\ominus}_{cell} = \frac{RT}{nF}\ln K_c$$

代入数据得：

$$\ln K_c = \frac{0.32\text{J}\cdot\text{C}^{-1}\times 2\times 96485\text{C}\cdot\text{mol}^{-1}}{8.314\text{J}\cdot\text{mol}^{-1}\cdot\text{K}^{-1}\times 298\text{K}} = 24.9$$

$$K_c = e^{24.9} = 7\times 10^{10}$$

思考题 10.11　已知反应：

$$Cu^{2+}(aq) + 2Ag(s) \longrightarrow Cu(s) + 2Ag^{+}(aq)$$

的电池电势 $E^{\ominus}_{cell} = -0.46\text{V}$。分别计算 25℃和 100℃下该反应的 K_c。温度上升将如何影响这个反应的平衡位置？

能斯特方程

当电池中所有离子的浓度都为 $1\text{mol}\cdot\text{L}^{-1}$，并且参与反应的气体分压都为 $1\times 10^{5}\text{Pa}$ 时，电池电势就与标准电池电势相等。当浓度和压力发生变化时，电势也会随之变化。例如在一个正在运行的电池或电池组中，随着反应物浓度的下降，电池的电势也逐渐下降，同时电池反应也逐渐达到其平衡状态。当反应达到平衡时，电池电势将降为 0，即电池能量被耗尽。

浓度对电池电势的影响可以从热力学公式推得。在第 7 章中我们学习了反应商(Q)和自由能变的关系：

$$\Delta G = \Delta G^{\ominus} + RT\ln Q$$

将 $\Delta G = -nFE_{cell}$ 和 $\Delta G = -nFE_{cell}^{\ominus}$ 代入方程,处理得到能斯特方程(以 Walter Nernst 的名字命名)：

$$E_{cell} = E_{cell}^{\ominus} - \frac{RT}{nF}\ln Q$$

能斯特(Walter Nernst)是德国化学家与物理学家,因在热力学领域的工作赢得了 1920 年诺贝尔化学奖。用常用对数代替自然对数并计算在 25℃ 下的常数,可以得到能斯特方程的另一种形式：

$$E_{cell} = E_{cell}^{\ominus} - \frac{0.0592\text{V}}{n}\lg Q$$

在书写原电池的能斯特方程时需要首先构建反应商,式中使用摩尔浓度和气体分压。因此,若在使用氢电极(氢气的分压不一定为 1×10^5Pa)的电池中发生如下反应：

$$Cu^{2+}(aq) + H_2(g) \longrightarrow Cu(s) + 2H^+(aq)$$

其能斯特方程为：

$$E_{cell} = E_{cell}^{\ominus} - \frac{RT}{nF}\ln \frac{[H^+]^2}{[Cu^{2+}]\frac{p_{H2}}{p^{\ominus}}}$$

因存在离子间作用力,离子在实际反应中表现出来的浓度并不总与其摩尔浓度相等。严格来说,在平衡常数的表达式中应使用有效浓度(活度)。由于有效浓度难以计算,所以为简单起见仍然使用摩尔浓度,其计算结果的误差在可接受的范围内。

示例 10.10 某个原电池中具有下列半反应：

$$Ni^{2+}(aq) + 2e^- \longrightarrow Ni(s) \qquad E_{Ni2+/Ni}^{\ominus} = -0.25\text{V}$$

$$Cr^{3+}(aq) + 3e^- \longrightarrow Cr(s) \qquad E_{Cr3+/Cr}^{\ominus} = -0.74\text{V}$$

当 $[Ni^{2+}] = 1.0\times10^{-4}$mol · L^{-1},$[Cr^{3+}] = 2.0\times10^{-3}$mol · L^{-1}时,请计算其电池电势。

分析：因为离子浓度不是 1mol · L^{-1},必须使用能斯特方程。首先写出电池反应,以确定反应中转移的电子摩尔数 n,并写出反应商的正确形式。注意到反应是非均相的,体系中有固体金属和溶解有上述离子的溶液。反应商中不含固体物质的浓度,如 Ni(s)和 Cr(s)。

解答：镍半电池具有较正的还原电势而应发生还原反应,因此 Cr(s)将被氧化,使失电子数目相同,得到电池反应：

$$3[Ni^{2+}(aq) + 2e^- \longrightarrow Ni(s)] \qquad (\text{还原反应})$$

$$2[Cr(s) \longrightarrow Cr^{3+}(aq) + 3e^-] \qquad (\text{氧化反应})$$

$$3Ni^{2+}(aq) + 2Cr(s) \longrightarrow 3Ni(s) + 2Cr^{3+}(aq) \qquad (\text{电池反应})$$

在这个反应中,共有 6e$^-$ 被转移($n=6$)。因此该反应的能斯特方程为：

$$E_{cell} = E_{cell}^{\ominus} - \frac{RT}{6F}\ln \frac{[Cr^{3+}]^2}{[Ni^{2+}]^3}$$

在这个步骤中使用了第 7 章中的非均相概念。

$E_{cell}^{\ominus}$ 通过方程计算得到：

$$E_{cell}^{\ominus} = E_{Ni2+/Ni}^{\ominus} - E_{Cr3+/Cr}^{\ominus} = 0.49\text{V}$$

将计算得到的 $E_{cell}^{\ominus}$ 和 $R = 8.314$J · mol^{-1}K^{-1},$T = 298$K,$n = 6$,$F = 96485$C · mol^{-1},$[Ni^{2+}] = 1.0\times10^{-4}$

$mol \cdot L^{-1}$，$[Cr^{3+}] = 2.0 \times 10^{-3} mol \cdot L^{-1}$ 代入能斯特方程，得到：

$$E^{\ominus}_{cell} = 0.49V - \frac{8.314J \cdot mol^{-1} \cdot K^{-1} \times 298K}{6 \times 96485C \cdot mol^{-1}} \ln \frac{(2.0 \times 10^{-3})^2}{(1.0 \times 10^{-4})^3} = 0.42V$$

电池电势为 0.42V。

思考题 10.12　在锌-铜电池中

$$Zn(s) + Cu^{2+}(aq) \longrightarrow Zn^{2+}(aq) + Cu(s)$$

离子的浓度分别为：$[Cu^{2+}] = 0.01mol \cdot L^{-1}$，$[Zn^{2+}] = 1.0mol \cdot L^{-1}$。使用表 10.1 中的标准还原电势计算 25℃下该电池的电势。

浓度和电池电势之间的关系可以用于浓度的测量。实验测定电池电势与现代电子学的最新进展相辅，提供了一种控制和分析溶液中物质浓度的手段，即使是非离子的物质和没有直接参与电化学反应的物质也可以进行测定。

一些特殊物质在反应中作为氧化剂还是作为还原剂取决于反应溶液的 pH 值。例如在表 10.1 中下面半反应的标准还原电势 $E^{\ominus}_{MnO_4/Mn^{2+}}$ 为 +1.51V：

$$MnO_4^-(aq) + 8H^+ + 5e^- \longrightarrow Mn^{2+}(aq) + 4H_2O(l)$$

该电池体系（$n=5$）的能斯特方程为：

$$E_{cell} = 1.51V - \frac{RT}{5F} \ln \frac{[Mn^{2+}]}{[MnO_4^-][H^+]^8}$$

因此，溶液中含有的酸越多（即 $[H^+]$ 越高），电池电势越大。换句话说，MnO_4^- 在酸性溶液中比在中性或碱性溶液中具有更强的氧化性。

浓差电池

迄今我们只学习了左右电极化学物质不同的电池，因为半电池的电势不同，其组成的电池的正负极是一定的，因此电池的电流方向也是恒定不变的。若电池中左右两极的化学物质相同，但溶液浓度不同，也可以得到电流。这种电池叫做浓差电池。

在 298K 下，一种浓差电池的电池符号可以写为：

$$Cu(s) \mid Cu^{2+}(aq, 0.01mol \cdot L^{-1}) \parallel Cu^{2+}(aq, 0.1mol \cdot L^{-1}) \mid Cu(s)$$

两个半电池反应为：

$$Cu(s) \longrightarrow Cu^{2+}(aq, 0.01mol \cdot L^{-1}) + 2e^-$$

$$Cu^{2+}(aq, 0.1mol \cdot L^{-1}) + 2e^- \longrightarrow Cu(s)$$

因此电池反应为：

$$Cu^{2+}(aq, 0.1mol \cdot L^{-1}) \longrightarrow Cu^{2+}(aq, 0.01mol \cdot L^{-1})$$

此反应的能斯特方程为：

$$E = E^{\ominus} - \frac{RT}{nF} \ln Q = E^{\ominus} - \frac{RT}{nF} \ln \frac{[0.01mol \cdot L^{-1}]}{[0.1mol \cdot L^{-1}]}$$

因为左右半电池的氧化还原反应相同，根据方程 $E^{\ominus}_{cell} = E^{\ominus}_R - E^{\ominus}_L = 0V$：

$$E_{cell} = 0V - 0.0128 \ln \frac{0.01}{0.1} = 0.0296V$$

因此在两个电极间有一个小的但却可以测量的电势差，这个电势差完全是由两种溶液

中 Cu^{2+} 浓度的差异导致的。随着反应的进行,两种溶液中的 Cu^{2+} 的浓度将最终相同,这时两电极间将不存在电势差。

10.6　电　解

前文讲述了如何利用自发氧化还原反应产生电能。现在我们关注此过程的相反过程:使用电能推动非自发反应的发生。事实上,这些反应正好发生在电池的充电阶段。

当电流通过熔融的离子化合物或电解质水溶液,将发生名为电解的化学反应。图 10.9 所示的装置是一个典型的电解装置,叫做电解槽或电解池。这个特殊的电解池含有熔融的氯化钠(用来进行电解的物质,自身熔融或溶解在水中,使其离子可以自由移动并能导电)。将惰性电极(不与熔融的氯化钠发生反应)插入电解池并与直流电连通。

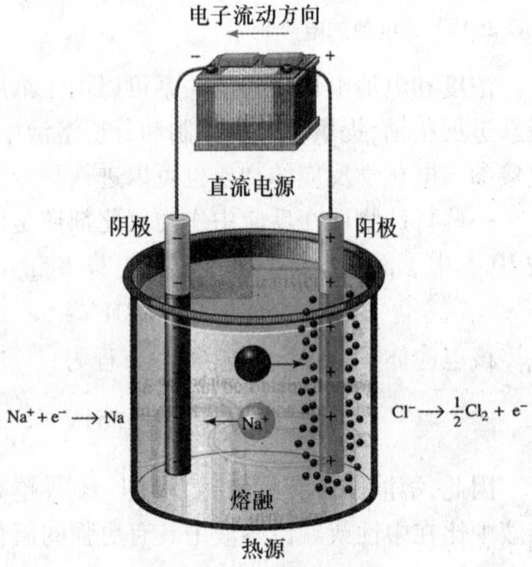

图 10.9　电解氯化钠

直流电充当了"电子泵"的作用,它推动电子从一个电极通过外电路向另一个电极移动。电子离开的电极将呈正电性,而另一个电极将呈负电性。在呈正电性的电极上将发生氧化反应,电子从带有负电荷的氯离子中离开。由于电解池中化学反应的性质,带正电荷的电极称为阳极,阴离子向阳极移动。直流电源通过外电路推动电子向带负电荷的电极移动,并在此电极上发生还原反应,电子被强加于带有正电荷的钠离子。所以这个带有负电荷的电极是阴极,溶液中阳离子向阴极移动。

电极上发生的化学变化可以用以下反应来描述:

$$2Na^{+}(l) + 2e^{-} \longrightarrow 2Na(l) \qquad (阴极)$$

$$2Cl^{-}(l) \longrightarrow Cl_2(g) + 2e^{-} \qquad (阳极)$$

$$2Na^{+}(l) + 2Cl^{-}(l) \longrightarrow 2Na(l) + Cl_2(g) \qquad (电解池反应)$$

反应发生的温度为 NaCl 的熔点(801℃),在此温度下金属钠为液态。

在原电池中,自发的电池反应将电子堆积在负极上,并将正极上的电子除去,结果使负极略带负电荷,正极略带正电荷。在电解池中,情况刚好相反。在阳极上强制发生氧化反应,这使得阳极具有正电性,所以阳极可以从反应物中获得电子。另一方面,阴极必须是负电性的,所以它强迫阴极附近的反应物接受电子。科学家们一致同意根据电极上所发生反应性质的不同而分别将两个电极命名为阳极和阴极。如果电极上发生的是氧化反应,这个电极就是阳极;而发生还原反应的电极是阴极。电解池和原电池区别如下:

- 在电解池中,阴极是负电性的(发生还原反应),阳极是正电性的(发生氧化反应)。
- 在原电池中,正极是正电性的(发生还原反应),负极是负电性的(发生氧化反应)。

水溶液中的电解

当在水溶液中发生电解反应时，电极反应可能会很复杂，在考虑溶质的氧化反应和还原反应的同时也必须考虑水的氧化反应和还原反应。例如电解硫酸钾水溶液（图 10.10）将得到氢气和氧气。

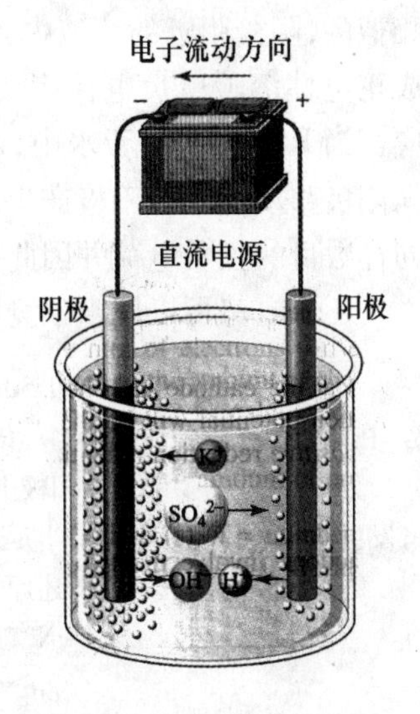

图 10.10　硫酸钾水溶液的电解

在阴极上，发生还原反应的是水，而不是 K^+：

$$2H_2O(l) + 2e^- \longrightarrow H_2(g) + 2OH^-(aq) \quad \text{（阴极）}$$

在阳极上，发生氧化反应是水，而不是硫酸根离子：

$$2H_2O(l) \longrightarrow O_2(g) + 4H^+(aq) + 4e^- \quad \text{（阳极）}$$

若分析表 10.1 中还原电势的数据，就可以理解为什么发生这个氧化还原反应。例如在阴极发生的竞争反应：

$$K^+ + e^- \longrightarrow K(s)$$

$$E^{\ominus}_{K^+/K} = -2.92V$$

$$2H_2O(l) + 2e^- \longrightarrow H_2(g) + 2OH^-(aq)$$

$$E^{\ominus}_{H_2O/H_2} = -0.83V$$

相比 K^+，水具有较正的还原电势，这说明 H_2O 比 K^+ 更容易被还原。在电解时，H_2O 被还原并在阴极生成了 H_2。

在阳极上可能发生的氧化半反应：

$$2SO_4^{2-}(aq) \longrightarrow S_2O_8{}^{2-}(aq) + 2e^-$$

$$2H_2O(l) \longrightarrow 4H^+(aq) + O_2(g) + 4e^-$$

在表 10.1 中找到的反应是逆向进行的：

$$S_2O_8^{2-}(aq) + 2e^- \longrightarrow 2SO_4^{2-}(aq) \quad E^{\ominus}_{S_2O_8^{2-}/SO_4^{2-}} = +2.01V$$

$$O_2(g) + 4H^+(aq) + 4e^- \longrightarrow 2H_2O(l) \quad E^{\ominus}_{O_2/H_2O} = +1.23V$$

根据 $E^{\ominus}$ 的值，$S_2O_8^{2-}$ 应比 O_2 更容易被还原。但是如果 $S_2O_8^{2-}$ 容易被还原，那么 SO_4^{2-} 就不容易被氧化。换句话说，具有较小（较负）还原电势的半反应更容易发生氧化反应。因此在电解中，水代替 SO_4^{2-} 被氧化并在阳极生成了 O_2。

电解 K_2SO_4 水溶液的总反应为：

$$4H_2O(l) + 4e^- \longrightarrow 2H_2(g) + 4OH^-(aq) \quad \text{（阴极）}$$

$$2H_2O(l) \longrightarrow 4H^+(aq) + O_2(g) + 4e^- \quad \text{（阳极）}$$

$$6H_2O(l) \longrightarrow 2H_2(g) + O_2(g) + \underbrace{4H^+(aq) + 4OH^-(aq)}_{4H_2O(l)} \quad \text{（电解池反应）}$$

因此净反应为：

$$2H_2O(l) \xrightarrow{\text{电解}} 2H_2(g) + O_2(g)$$

方程里箭头上的“电解”说明在这个反向的非自发反应中电能是驱动力。

硫酸钾电离出的 K^+ 和 SO_4^{2-} 在反应中均未发生反应，那么硫酸钾在这个反应中起到了什么作用？若将纯水进行电解，将不会发生反应，电路中没有电流，也不会有 H_2 或 O_2 产生。显然,硫酸钾必然有其存在的理由。

K_2SO_4(或其他电解液)的作用是保持电极附近的电中性。若没有 K_2SO_4 存在,电解将不会发生,阳极附近的溶液将带正电荷,电极附近将充满 H^+,却没有阴离子来平衡电荷。相似的,阴极附近的溶液中将充满 OH^- 并带负电荷,而附近却没有带有正电荷的离子。形成正电性溶液或负电性溶液需要高能量,所以在没有电解液的情况下,将无法进行电极反应。当 K_2SO_4 溶解于水中,K^+ 将向阴极移动并与在阴极生成的 OH^- 混合。类似的,SO_4^{2-} 向阳极移动并与在阳极产生的 H^+ 混合。所以在任何时刻,溶液中每一个微小区域都含有同样数目的正负电荷并因此呈电中性。

还原电势可以用来预测电解反应的产物,具体见示例 10.11。

示例 10.11　对含有 $0.50mol \cdot L^{-1} ZnSO_4$ 和 $0.50mol \cdot L^{-1} NiSO_4$ 的水溶液进行电解。根据还原电势,在电极处将得到什么产物?该净电池反应如何书写?

分析:首先需要考虑阴阳极上的竞争反应。在阴极上将发生具有最正还原电势的半反应。在阳极上将发生具有最负还原电势的半反应。

解答:在阴极上,竞争的还原反应包括两个阳离子和水的还原。这些反应和相应的还原电势为:

$$Ni^{2+}(aq) + 2e^- \longrightarrow Ni(s) \qquad E^\ominus_{Ni^{2+}/Ni} = -0.25V$$

$$Zn^{2+}(aq) + 2e^- \longrightarrow Zn(s) \qquad E^\ominus_{Zn^{2+}/Zn} = -0.76V$$

$$2H_2O(l) + 2e^- \longrightarrow H_2(g) + 2OH^-(aq) \qquad E^\ominus_{H_2O/H_2} = -0.83V$$

具有最正还原电势的离子是 Ni^{2+},因此在阴极上 Ni^{2+} 将还原并得到固体的金属镍。

在阳极上,竞争的氧化反应包括水和 SO_4^{2-} 的氧化。氧化产物位于半反应的右端。这两个半反应和氧化产物为:

$$S_2O_8{}^{2-}(aq) + 2e^- \longrightarrow 2SO_4^{2-}(aq) \qquad E^\ominus_{S_2O_8^{2-}/SO_4^{2-}} = +2.01V$$

$$O_2(g) + 4H^+(aq) + 4e^- \longrightarrow 2H_2O(l) \qquad E^\ominus_{O_2/H_2O} = +1.23V$$

具有较负还原电势的半反应易于发生氧化反应,所以发生的氧化半反应为:

$$2H_2O(l) \longrightarrow O_2(g) + 4H^+(aq) + 4e^-$$

在阳极上将有氧气生成。

将预测的两个半反应合并得到预测的净电池反应,将得失电子数配平后,有:

$$2H_2O(l) \longrightarrow O_2(g) + 4H^+(aq) + 4e^- \qquad (阳极)$$

$$Ni^{2+}(aq) + 2e^- \longrightarrow Ni(s) \qquad (阴极)$$

$$2H_2O(l) + 2Ni^{2+}(aq) \longrightarrow O_2(g) + 4H^+(aq) + 2Ni(s) \qquad (电解池反应)$$

思考题 10.13　对含有 Cd^{2+} 和 Sn^{2+} 的水溶液进行电解,在阴极上将得到什么产物?

电化学反应的化学计量学

约在 1833 年,英国科学家法拉第(Michael Faraday)发现,在电解中化学变化的数量直接与通过电解池的电量成比例。例如,铜离子在阴极的还原方程式为:

$$Cu^{2+}(aq) + 2e^- \longrightarrow Cu(s)$$

沉积 1mol 的金属铜需要 2mol 的电子,因此,沉积 2mol 的金属铜需要 4mol 的电子,反应中使用了两倍于铜离子数的电子。因此,氧化半反应或还原半反应中所消耗或生成化学物质的量与电流提供的电子数量有关。

电流的国际单位是安培，电荷是库仑。当电流为1安培时，在1秒内通过导线中任意截面的电量是1库仑：

$$1\text{库仑}=1\text{安培}\times1\text{秒}$$

$$1C=1A\times1s$$

例如，若通过导线的电流为4A，则在10s内电路中通过的电量为40C。

前文提到1mol电子的电量为96485C。基于这一点，在实验室中可以测量电解中化学反应进行的量。可以通过法拉第定律计算生成物的量：

$$\text{生成物的物质的量}=\frac{It}{nF}$$

式中：I为电流；t为电解时间；n为电池反应中转移的电子数；F为法拉第常数。示例10.12将利用这一方程进行计算。

示例10.12 在电解池中，当通过$CuSO_4$溶液的电流为2.00A时，20.0min后将有多少铜沉积在阴极上？

分析：通过法拉第定律可以计算沉积铜的物质的量，然后将沉积铜的物质的量与铜的摩尔质量相乘，即可得到沉积铜的质量。

解答：首先将分钟化为秒：$20.0\text{min}=1.20\times10^{3}\text{s}$。然后使用法拉第定律计算沉积铜的物质的量：

$$\text{生成物的物质的量}=\frac{It}{nF}=1.24\times10^{-2}\text{mol}$$

将沉积铜物质的量与铜的摩尔质量相乘：

$$\text{沉积铜的质量}=1.24\times10^{-2}\text{mol}\times63.55\text{g}\cdot\text{mol}^{-1}$$

电解中在阴极上沉积的铜的质量为0.788g。

思考题10.14 利用电解可以在导电物质的表面沉积一层金属薄膜，这种技术就是电镀。当电流为3.00A时，在一个金属物体上沉积质量为0.500g的金属镍需要多少时间？金属镍由Ni^{2+}还原得到。

10.7 电　池

一个原电池产生的电动势不足以驱动许多电器，如玩具、手电筒、电子计算器、笔记本电脑、心脏起搏器、摄影机和手机等，更不要说驱动汽车了。电池是将一组原电池串联起来，其电势等于各个原电池电势之和。这种电池可分为一次电池（不可充电的电池；电池能量用尽后即废弃）和二次电池（可充电的电池；电池可反复充放电）。在本节中，我们将学习一些重要的电池，如汽车电池、干电池、可充电电池和燃料电池等。

铅蓄电池

用来启动汽车的普通铅蓄电池（见图10.11）由相当数量的二次电池组成，这种二次电池的电势约为2V，将它们串联之后，总电势为各个二次电池的电势之和。大多数汽车电池由6个这样的电池组成，其总电势为12V，但6V、24V、36V的电池也可经组装得到。

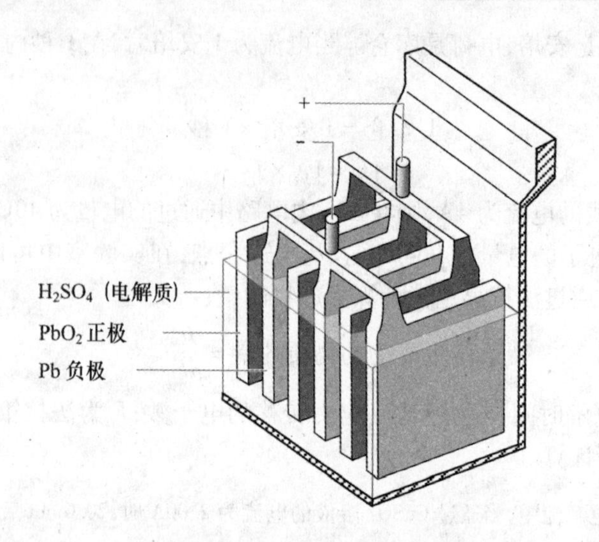

图 10.11　铅蓄电池构造图

在典型铅蓄电池中，每个电池的负极均由一组金属铅板组成，正极由覆盖了 PbO_2 的金属铅板组成，电解液为硫酸。电池放电时，电池反应为：

$$PbO_2(s) + 3H^+(aq) + HSO_4^-(aq) + 2e^- \longrightarrow PbSO_4(s) + 2H_2O(l) \quad (正极)$$

$$Pb(s) + HSO_4^-(aq) \longrightarrow PbSO_4(s) + H^+(aq) + 2e^- \quad (负极)$$

净电池反应为：

$$PbO_2(s) + Pb(s) + \underbrace{2H^+(aq) + 2HSO_4^-(aq)}_{2H_2SO_4} \longrightarrow 2PbSO_4(s) + 2H_2O(l)$$

当电池放电时，硫酸浓度将下降，可以利用密度计测得硫酸的密度检查电池的工作状态。铅蓄电池的主要优势在于其放电时自发进行的电池反应在外部电源的作用下可以反向进行。换句话说，铅蓄电池可通过电解进行充电。电池充电反应为：

$$2PbSO_4(s) + 2H_2O(l) \xrightarrow{电解} PbO_2(s) + Pb(s) + 2H^+(aq) + 2HSO_4^-(aq)$$

铅蓄电池的缺点是重量太大和腐蚀性的硫酸溶液可能发生渗漏。最新的铅蓄电池使用了一种铅－钙合金作为阳极，这样可以降低给电池开排气孔的需要，因此可以制造密封的电池，以防止电解液的渗漏。

干电池

家用电器，如遥控器、手表、CD 机、MP3 播放器、手电筒、收音机所使用的电池是一种小型高效的干电池。

相对便宜的普通 1.5V 干电池是锌－二氧化锰干电池，也称做勒克朗歇电池（以它的发明者（George Leclanché，1839—1882）命名）。它的外壳由金属锌制造，并作为电池的负极（图 10.12）。暴露在外面的电池底部是电池的负极端。正极由石墨粉、二氧化锰和氯化铵的糊状物质包裹着的碳（石墨）棒构成。

负极反应是锌的氧化反应：

$$Zn(s) \longrightarrow Zn^{2+}(aq) + 2e^- \quad (负极)$$

正极反应比较复杂，产物是混合物。主反应之一为：

$$2MnO_2(s)+2NH_4^+(aq)+2e^- \longrightarrow Mn_2O_3(s)+2NH_3(aq)+H_2O(l) \quad (正极)$$

正极产生的氨与负极产生的Zn^{2+}发生反应生成一个配离子$Zn(NH_3)_4^{2+}$。由于正极半电池反应的复杂性，不可能写出简单的电池反应。

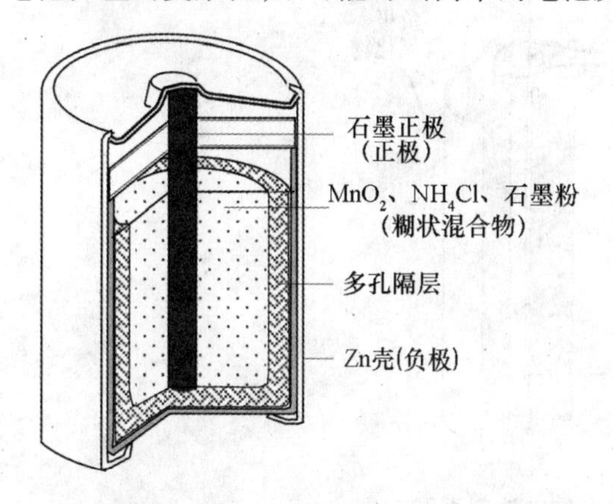

图 10.12　锌 - 二氧化锰干电池剖面图

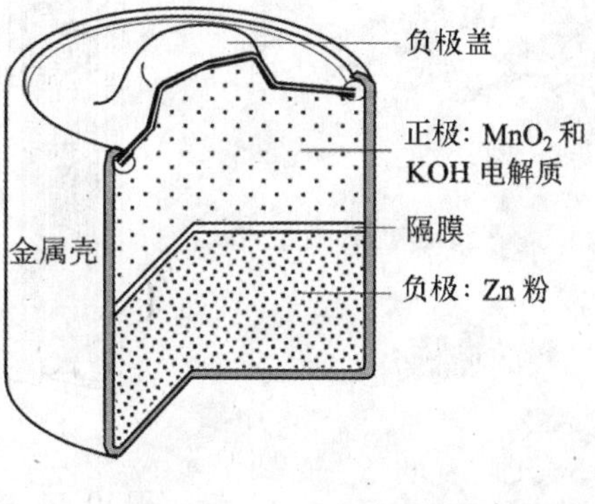

图 10.13　碱性锌 - 二氧化锰干电池简图

另一种常用的勒克朗歇电池因使用碱性电解液而被叫做碱性电池或碱性干电池。这种电池在碱性条件使用 Zn 和 MnO_2 为反应物产生电能，其半反应为：

$$Zn(s)+2OH^-(aq) \longrightarrow ZnO(s)+H_2O(l)+2e^- \quad (负极)$$

$$2MnO_2(s)+H_2O(l)+2e^- \longrightarrow Mn_2O_3(s)+2OH^-(aq) \quad (正极)$$

其输出电压为 1.54V。这种电池具有较长的保质期，与更加便宜的锌 - 碳电池相比较，可以长时间大电流放电。

图 10.13 所示为碱性锌 - 二氧化锰干电池简图。

镍 - 镉蓄电池是一种电池电势为 1.4V 的二次电池。放电时其电极反应为：

$$Cd(s)+2OH^-(aq) \longrightarrow Cd(OH)_2(s)+2e^- \quad (负极)$$

$$NiO_2(s)+2H_2O(l)+2e^- \longrightarrow Ni(OH)_2(s)+2OH^-(aq) \quad (正极)$$

镍 - 镉蓄电池可通过逆转上述正负极反应进行充电，使反应物再生。该电池可以密封以防止渗漏，这对于电子器件来说非常重要，特别适用于便携式电动工具、CD 播放器甚至电动汽车。此外，该电池的能量密度（单位体积的有效能量）高，可快速充放电。

新型高性能电池

镍 - 氢化金属电池（Ni - MH）是二次电池，近些年来，它大量应用在手机、摄影机甚至电动交通工具上。它在许多方面与碱性镍 - 镉电池非常相似，而不同之处在于它的负极反应物是氢气。怎样将气相的氢气用于固态的电池中，这依赖于合金储氢材料。一些合金（如 $LaNi_5$——镧和镍的合金，Mg_2Ni——镁和镍的合金）可以吸附并蓄存大量的氢气，因此氢气可以参与可逆的电化学反应。

Ni - MH 电池的正极是一种镍氧化态为 +3 的化合物 NiO(OH)，电解液为 KOH 溶液。图 10.14 所示为圆柱形镍 - 氢化金属电池剖面图。用符号 MH 代替氢化金属，放电时的电

池反应为:

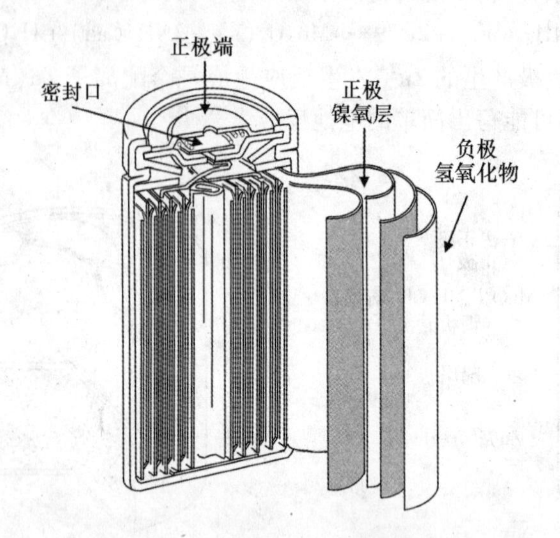

图 10.14　镍－氢化金属电池剖面图

$$MH(s) + OH^-(aq) \longrightarrow M(s) + H_2O + e^- \quad (负极)$$

$$NiO(OH)(s) + H_2O(l) + e^- \longrightarrow Ni(OH)_2(s) + OH^-(aq) \quad (正极)$$

$$MH(s) + NiO(OH)(s) \longrightarrow Ni(OH)_2(s) + M(s) \quad E^{\ominus}_{cell} = 1.35V \quad (电池反应)$$

当电池充电时,该反应逆转。相比 Ni－Cd 电池,Ni－MH 电池的优点是它可以在相同体积条件下多储存 50% 的能量。

锂离子电池

锂在金属中还原电势最小(见附录 F),这说明锂在电化学反应中很容易被氧化,并且它的较负的还原电势适宜作为负极材料使用。此外,锂是一种轻质金属,能减轻电池的重量。

使用金属锂电极制造可充电电池的工作遇到了难以解决的安全问题,但锂离子电池(如图 10.15 所示)的研究却取得了进展,该电池使用了锂离子而不是金属锂。Li^+ 通过电解液在电极间传递,同时电子也通过外电路在电极间传递以平衡电荷,保持电解液的电中性。下面将讲解锂离子如何应用在二次电池中。

研究发现 Li^+ 可以插入一些结晶物质的原子层(该过程被称为插层反应)。石墨就是这样一种结晶物质,它是由碳原子的六元环结构相互连接形成的片层组成的。另一种经常用来与 Li^+ 发生插层反应的物质是 $LiCoO_2$。这些物质就是用来制造电极的材料。

当电池组装完成后,电池处在未充电的状态,在石墨中碳原子所构成的片层之间没有 Li^+。在电池开始充电时(图 10.15(a)),Li^+ 离开 $LiCoO_2$(x 为 Li^+ 在反应中转移的量)并通过电解液向石墨(以分子式 C_6 代替)移动:

$$LiCoO_2 + C_6 \longrightarrow Li_{1-x}CoO_2 + Li_xC_6 \quad (开始充电时)$$

当电池自发放电并释放出电能时(图 10.15(b)),Li^+ 通过电解液向氧化钴移动,同时电子通过外电路从石墨电极(负极)向氧化钴电极(正极)移动。如果我们用 y 表示 Li^+ 在放电反应中转移的量,此放电反应为:

$$Li_{1-x}CoO_2 + Li_xC_6 \longrightarrow Li_{1-x+y}CoO_2 + Li_{x-y}C_6 \quad (放电时)$$

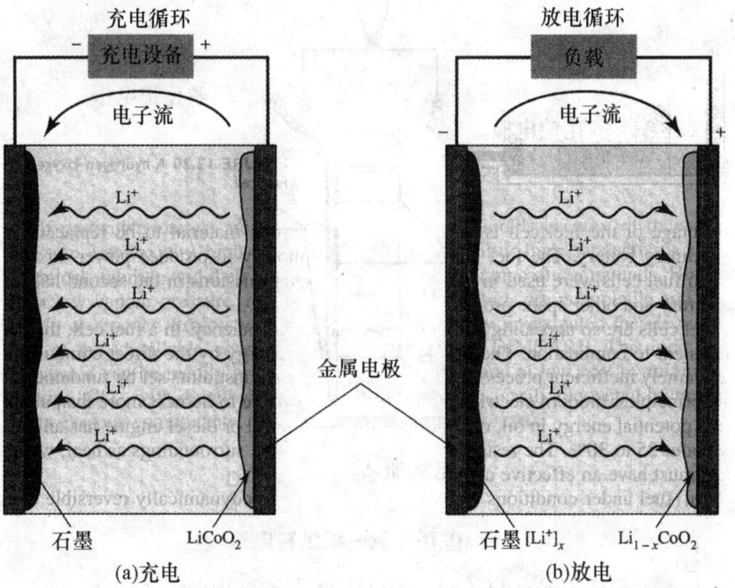

图 10.15　锂离子电池

如此，这个充放电的循环推动着 Li^+ 在两个电极间来回移动和反应，同时电子通过外电路在两个电极间的转移维持电池系统中的电荷平衡。

目前已经开发了两类锂离子电池。其中使用液体电解液（一般含有 $LiPF_6$——一种含有 Li^+ 和 PF_6^- 的化合物）的锂离子电池已被广泛应用在手机和笔记本电脑上。这种电池产生的电压为 3.7V，与三个 Ni－Cd 电池串联的电池组的输出电压相当。此外，锂离子电池的能量密度是标准 Ni－Cd 电池的两倍。

燃料电池

随着反应的进行，电极反应物将最终耗尽，因此原电池只能在有限的时间内输出能量。燃料电池与此不同，它们是电化学电池，可以连续供给电极反应物，并且只要一直维持反应物的供给，该电池反应在理论上可以一直进行下去。在需要长期提供电能的情况下，燃料电池的这一优点非常具有吸引力。

图 10.16 是一个氢－氧燃料电池的早期设计图。电池中心反应室中的电解液是热的（~200℃）浓氢氧化钾溶液，与两个含有催化剂（通常为铂）的多孔电极接触以促进电极反应的进行。在正极上，氧气被还原：

$$O_2(g) + 2H_2O(l) + 4e^- \longrightarrow 4OH^-(aq) \quad (正极)$$

在负极上，氢气被氧化：

$$H_2(g) + 2OH^-(aq) \longrightarrow 2H_2O(l) + 2e^- \quad (负极)$$

在负极上生成的水将以水蒸汽形式被循环的氢气带走。

将得失电子数配平后得到其净电池反应：

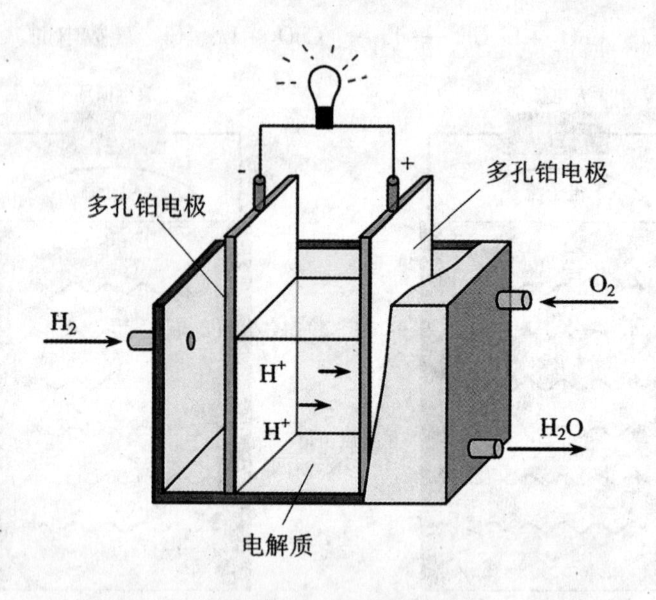

图 10.16　氢 - 氧燃料电池

$$2H_2(g)+O_2(g)\longrightarrow 2H_2O(l)\quad(电池反应)$$

燃料电池的主要优点是不必更换电极材料,并且可以连续供给燃料以产生能量。由于这个优点,氢 - 氧燃料电池事实上已经在 20 世纪下半叶的双子星、阿波罗计划和其他航天计划中得到了应用。

燃料电池如此具有吸引力的另一个原因是其热力学效率。燃料电池的净反应与燃烧反应相同。燃料直接燃烧产生可用能量效率很低。由于热力学基本定律的限制,现代电厂使用石油、煤、天然气作为燃料,能量的转化率约为 35% ~40%,汽、柴油发动机的能量转化率仅为 25% ~30%。其余的能量基本上都以热量的形式损失了,这就是为什么汽车需要高效冷却系统的原因。燃料在燃料电池中的"燃烧"比普通的燃烧在热力学上更具有可逆性,因此也具有更高的燃烧效率——完全可以达到 75%。此外,氢 - 氧燃料电池基本上没有污染,电池中产生的唯一产物是水。

在燃料电池研究中取得的进展使电池反应可以在低温下进行,并且可以使用室温下为液态的甲醇作为氢源。甲醇蒸汽通过一个催化反应可以产生氢气,其净反应方程为:

$$CH_3OH(g)+H_2O(g)\longrightarrow CO_2(g)+3H_2(g)$$

10.8　腐　蚀

在日常生活中,铁和其他金属的腐蚀是一种最常见的氧化还原反应,从这些金属被发现到现在,金属腐蚀问题仍然困扰着人类。乍看汽车的生锈并不是很复杂的过程,因为铁与氧反应生成氧化铁:

$$2Fe\longrightarrow 2Fe^{2+}+4e^-\quad(氧化反应)$$

$$O_2+4e^-\longrightarrow 2O^{2-}\quad(还原反应)$$

$$2Fe+O_2\longrightarrow 2FeO\quad(净反应)$$

铁被氧化而放出的电子通过金属传导向暴露在空气中铁转移，并在这里参与还原反应。但这个过程真的如此简单吗？为什么汽车在潮湿的空气中更容易生锈？为什么在不含氧的纯水中铁不会生锈？显然腐蚀过程在本质上是一个电化学反应，铁为负极，如图10.17中，电子通过金属转移至正极区域使氧气还原生成 OH^-，Fe^{2+} 与 OH^- 发生反应后经空气氧化生成铁锈。

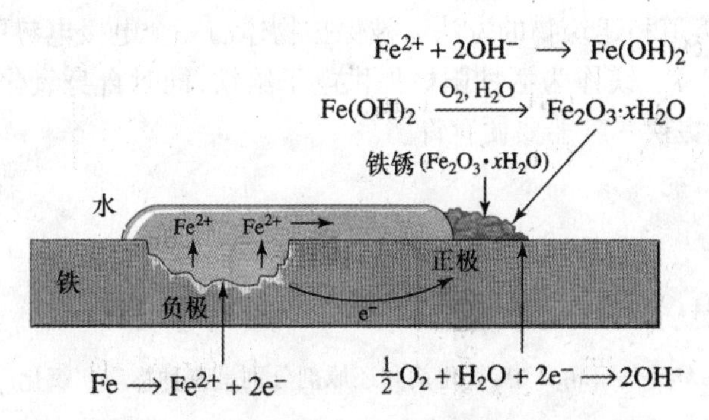

图10.17　铁的腐蚀。铁溶解在负极区产生 Fe^{2+}

在水溶液中，氧气的还原反应与上面方程中所描述的反应是不同的。氧负离子（O^{2-}）在水溶液中并不稳定，它与水反应后将生成羟基负离子。因此 O_2 在水中进行还原反应为：

$$O_2 + 4e^- + 2H_2O \longrightarrow 4OH^-$$

铁生锈的反应可以写为：

$$2Fe \longrightarrow 2Fe^{2+} + 4e^- \quad \text{（氧化反应）}$$

$$O_2 + 4e^- + 2H_2O \longrightarrow 4OH^- \quad \text{（还原反应）}$$

$$2Fe + O_2 + 2H_2O \longrightarrow 2Fe(OH)_2 \quad \text{（净反应）}$$

但是反应还没有结束。铁锈中不但含有二价铁离子，还含有三价铁离子。因此在负极区形成的二价铁离子逐渐通过水溶液扩散并最终与羟基负离子接触反应，生成 $Fe(OH)_2$ 沉淀，$Fe(OH)_2$ 经过空气氧化后将生成 $Fe(OH)_3$。

$$4Fe(OH)_2 \longrightarrow 4Fe(OH)_2{}^+ + 4e^- \quad \text{（氧化反应）}$$

$$O_2 + 4e^- + 2H_2O \longrightarrow 4OH^- \quad \text{（还原反应）}$$

$$4Fe(OH)_2 + O_2 + 2H_2O \longrightarrow 4Fe(OH)_3 \quad \text{（净反应）}$$

反应仍然没有结束。铁锈中没有 $Fe(OH)_3$ 存在，最终产物是一种不常见的物质，它的分子式为 $FeO(OH)$，由 $Fe(OH)_3$ 脱水生成：

$$Fe(OH)_3 \longrightarrow FeO(OH) + H_2O$$

多种技术可用来抑制腐蚀。在镀锌的过程中，铁件表面覆盖一层金属锌。因为 Zn^{2+} 的还原电势比 Fe^{2+} 更小：

$$Zn^{2+} + 2e^- \longrightarrow Zn \quad E^{\ominus}_{Zn^{2+}/Zn} = -0.76V$$

$$Fe^{2+} + 2e^- \longrightarrow Fe \quad E^{\ominus}_{Fe^{2+}/Fe} = -0.44V$$

锌首先被氧化，而铁因此被保护起来。相反，若镀锡罐中的锡层破裂，使内层的铁暴露出来，将导致铁快速氧化，这是因为 Sn^{2+}/Sn 的还原电势

$$Sn^{2+} + 2e^- \longrightarrow Sn \quad E^{\ominus}_{Sn^{2+}/Sn} = -0.14V$$

比 Fe^{2+}/Fe 的还原电势大，所以 Sn^{2+} 可以氧化 Fe。一些金属在某种意义上是稳定的，因为

其氧化层附着在金属表面上形成了一层致密的保护膜，并可在相当宽的 pH 范围内稳定存在。这就是为什么尽管铝的还原电势很负（$E^{\ominus}_{Al^{3+}/Al} = -1.66V$），但它却可以在空气中稳定存在的原因，这种现象被称为钝化。

另一个方法是阴极保护法——通过向被保护金属中注入电子以改变其电势，这样可以满足 O_2 进行还原反应时对电子的需要，而不必使金属氧化而提供电子。阴极保护法是用来保护较大物体如船、管道和建筑物的方法。被保护物体与一个电极电势更负的金属相连，如镁（$E^{\ominus}_{Mg^{2+}/Mg} = -2.37V$）。镁作为牺牲阳极提供电子给铁，同时自身氧化为 Mg^{2+}。显然，定期更换一块金属镁比更换一艘船要便宜许多。

习 题

10.1 在反应 $2Mg + O_2 \longrightarrow 2MgO$ 中，氧化剂和还原剂分别是哪种物质？氧化产物和还原产物分别是哪种物质？

10.2 在氧化还原反应中，氧化反应与还原反应为什么要同时发生？什么是氧化剂？氧化剂发生了什么反应？什么是还原剂？还原剂发生了什么反应？

10.3 下列反应是氧化还原反应吗？试解释。

(a) $2NO_2 \longrightarrow N_2O_4$

(b) $2CrO_4^{2-} + 2H^+ \rightarrow Cr_2O_7^{2-} + H_2O$

10.4 某分子中氮的氧化数在反应中从 +3 变为 -2，氮是被氧化还是被还原？每个氮原子得到（或失去）几个电子？

10.5 为什么将氧化反应称为失电子反应？

10.6 下面的反应是否已配平：

$$MnO_4^- + Sn^{2+} \longrightarrow SnO_2 + MnO_2$$

如果方程未配平，请将其配平。

10.7 在铜 - 银电池中，为什么 Cu^{2+} 和 Ag^+ 要分开储存在不同的容器中？

10.8 原电池和电解池的电极间的离子分别是如何运动的？

10.9 金属镁置于硫酸铜溶液中，镁将溶解生成 Mg^{2+}，同时伴有金属铜的生成。写出该反应的净离子反应方程式，并说明怎样将该反应应用在原电池中。镁和铜中哪种金属应作为正极？

10.10 铝可以将锡从其溶液中置换出来，该方程式为：

$$2Al(s) + 3Sn^{2+}(aq) \longrightarrow 2Al^{3+}(aq) + 3Sn(s)$$

如果该反应为原电池的电池反应，其半电池反应是什么？正负极金属分别是什么？

10.11 画出下面电池的原电池简图：

$$Fe(s) \mid Fe^{3+}(aq) \parallel Ag^+(aq) \mid Ag(s)$$

(a) 标出正负极；

(b) 标出正负极上所带的电荷；

(c) 标出外电路中电子的流动方向；

(d) 写出其电池反应。

10.12 如果将 $E^{\ominus}_{Cu^{2+}/Cu}$ 当作标准参比电极并将其电势定为 0V，氢电极的的还原电势是多少？

10.13 通过什么实验信息可以得知原电池电极中正负极分别是哪一种金属？

10.14 若一种金属可以与 HCl 反应，金属的还原电势比氢气的还原电势更正还是更负？

10.15 我们已经学习过下面的方程及其推导过程：

$$\Delta G = \Delta G^{\ominus} + RT\ln Q$$

式中 Q 为反应商。利用上述方程和 ΔG 与电池电势的关系式推导能斯特方程。

10.16　铅蓄电池的放电反应为：

$$Pb(s) + PbO_2(s) + 2H^+(aq) + 2HSO_4^-(aq) \longrightarrow 2PbSO_4(s) + 2H_2O(l)$$

该电池的标准电池电势为2.05V。写出25℃下该电池反应的能斯特方程。

10.17　在相同的电流下，下面哪种电解反应需要的时间更多：从 Cu^{2+} 溶液中还原出0.10mol的Cu；或从 Cr^{3+} 溶液中还原出0.10mol的Cr？解释得到的答案。

10.18　电流通过两个串联起来的电解池（电解池中通过的电流相等）。一个电解池中含有 Cu^{2+}，另一个含有 Fe^{2+}。哪个电解池中将沉积出更多的金属？解释得到的答案。

10.19　铅蓄电池放电时其正负极分别发生了什么反应？若电池反应的标准电势仅为2V，怎样利用这样的电池得到电势为12V的电池组？

10.20　镍－氢化金属电池是怎样将氢气储存并作为反应物的？写出电池中氢化金属的化学式。电解液的组成是什么？

10.21　锂离子电池的电极材料是什么？电池充电时将发生什么反应？放电时又发生什么反应？

10.22　指出下面反应中被氧化的物质和被还原的物质，以及氧化剂和还原剂。

(a) $2HNO_3 + 3H_2AsO_3 \longrightarrow 2NO + 3H_3AsO_4 + H_2O$

(b) $NaI + 3HOCl \longrightarrow NaIO_3 + 3HCl$

(c) $2KMnO_4 + 5H_2C_2O_4 + 3H_2SO_4 \longrightarrow 10CO_2 + K_2SO_4 + 2MnSO_4 + 8H_2O$

(d) $6H_2SO_4 + 2Al \longrightarrow Al_2(SO_4)_3 + 3SO_2 + 6H_2O$

10.23　标出加粗字体所代表元素的氧化数。

(a) **S**$^{2-}$　(b) **S**O$_2$　(c) **P**$_4$　(d) **P**H$_3$　(e) **Cl**O$_4^-$

(f) **Cr**Cl$_3$　(g) **Sn**S$_2$　(h) **Au**(NO$_3$)$_3$　(i) **N**H$_2$OH　(j) **N**$_2$O$_3$

10.24　为了杀菌，可向饮用水中通入氯气，一些氯气通过下面的平衡过程变成了氯离子：

$$Cl_2(aq) + H_2O(l) \leftrightarrow H^+(aq) + Cl^-(aq) + HOCl(aq)$$

反应从左至右进行时，氧化剂和还原剂分别为哪种物质？反应逆向进行时，氧化剂和还原剂又分别为什么物质？

10.25　配平在酸性溶液中进行的下列反应方程式。

(a) $CrO_4^{2-} + S^{2-} \longrightarrow S + CrO_2^-$

(b) $MnO_4^- + C_2O_4^- \longrightarrow CO_2 + MnO_2$

(c) $ClO_3^- + N_2H_4 \longrightarrow NO + Cl^-$

(d) $NiO_2 + Mn(OH)_2 \longrightarrow Mn_2O_3 + Ni(OH)_2$

10.26　臭氧（O_3）是一种高效氧化剂，可用于饮用水杀菌。但这种饮用水净化方法将使水中的 Br^- 氧化为 BrO_3^-，而这种物质在动物实验中可导致癌症的发生。假设 O_3 被还原为水，写出上述反应的反应方程式，并将其配平（假设该反应在酸性溶液中发生）。

10.27　根据本章学习的内容，分别写出稀硫酸和浓硝酸与金属银发生反应生成 Ag^+ 的反应方程式。

10.28　根据表10.1预测下列反应的产物。若不能发生反应，请写不能反应。若反应可以发生，请写出产物并将反应方程式配平。

(a) $Fe + Mg^{2+} \longrightarrow$

(b) $Cr + Pb^{2+} \longrightarrow$

(c) $Ag^+ + Fe \longrightarrow$

(d) $Ag + Au^{3+} \longrightarrow$

(e) $Mn + Fe^{2+} \longrightarrow$

(f) $Cd + Z_n^{2+} \longrightarrow$

(g) $Mg + Co^{2+} \longrightarrow$

(h) $Cr + Sn^{2+} \longrightarrow$

(i) $Zn + Sn^{2+} \longrightarrow$

(j) $Cr + H^{+} \longrightarrow$

(k) $Pb + Cd^{2+} \longrightarrow$

(l) $Mn + Pb^{2+} \longrightarrow$

(m) $Zn + Co^{2+} \longrightarrow$

10.29　下列反应均为自发反应：

$$Pu + 3Tl^{+} \longrightarrow Pu^{3+} + 3Tl$$

$$Ru + Pt^{2+} \longrightarrow Ru^{2+} + Pt$$

$$2Tl + Ru^{2+} \longrightarrow 2Tl^{+} + Ru$$

列出 Pu、Pt、Tl 三种金属的氧化性从高到低的顺序。

10.30　已知下面的反应是自发反应：

$$Ru^{2+}(aq) + Cd(s) \longrightarrow Ru(s) + Cd^{2+}(aq)$$

当 Cd(s)、$Cd(NO_3)_2$(aq)、Pt(s)、$PtCl_2$(aq)混合时将发生什么反应？

10.31　写出下面原电池的半反应方程式和配平的电池反应。

(a) $Cd(s) \mid Cd^{2+}(aq) \parallel Au^{3+}(aq) \mid Au(s)$

(b) $Pb(s), PbSO_4(s) \mid HSO_4^-(aq) \parallel H^+(aq), HSO_4^-(aq) \mid PbO_2(s), PbSO_4(s)$

(c) $Cr(s) \mid Cr^{3+}(aq) \parallel Cu^{2+}(aq) \mid Cu(s)$

(d) $Zn(s) \mid Zn^{2+}(aq) \parallel Cr^{3+}(aq) \mid Cr(s)$

(e) $Fe(s) \mid Fe^{2+}(aq) \parallel Br_2(aq), Br^-(aq) \mid Pt(s)$

(f) $Mg(s) \mid Mg^{2+}(aq) \parallel Sn^{2+}(aq) \mid Sn(s)$

10.32　利用表 10.1 中的数据计算 25℃时下列反应的标准电池电势。

(a) $Cd^{2+}(aq) + Fe(s) \longrightarrow Cd(s) + Fe^{2+}(aq)$

(b) $Br_2(aq) + 2Cl^-(aq) \longrightarrow Cl_2(g) + 2Br^-(aq)$

(c) $Au^{3+}(aq) + 3Ag(s) \longrightarrow Au(s) + 3Ag^+(aq)$

(d) $NO_3^-(aq) + 4H^+(aq) + 3Fe^{2+}(aq) \longrightarrow 3Fe^{3+}(aq) + NO(g) + 2H_2O(l)$

10.33　利用下面的半反应对书写原电池的电池符号。若半反应中的所有反应物都为可溶物时，使用惰性的铂电极进行电极反应。计算下列反应的标准电池电势，并判断半反应的正负极。

(a) $Co^{2+}(aq) + 2e^- \longrightarrow Co(s)$

$Zn^{2+}(aq) + 2e^- \longrightarrow Zn(s)$

(b) $Ni^{2+}(aq) + 2e^- \longrightarrow Ni(s)$

$Mg^{2+}(aq) + 2e^- \longrightarrow Mg(s)$

(c) $Au^{3+}(aq) + 3e^- \longrightarrow Au(s)$

$Sn^{2+}(aq) + 2e^- \longrightarrow Sn(s)$

(d) $BrO_3^-(aq) + 6H^+ + 6e^- \longrightarrow Br^-(aq) + 3H_2O$

$Cu^{2+}(aq) + 2e^- \longrightarrow Cu(s)$

10.34　通过下面的半反应确定电池反应并计算标准电池电势。

(a) $BrO_3^- + 6H^+ + 6e^- \longrightarrow Br^- + 3H_2O$　　$E^{\ominus}_{BrO_3^-/Br^-} = +1.44V$

$I_2 + 2e^- \longrightarrow 2I^-$　　$E^{\ominus}_{I_2/I^-} = +0.54V$

(b) $MnO_2 + 4H^+ + 2e^- \longrightarrow Mn^{2+} + 2H_2O$　　$E^{\ominus}_{MnO_2/Mn^{2+}} = +1.23V$

$PbCl_2 + 2e^- \longrightarrow Pb + 2Cl^-$　　$E^{\ominus}_{PbCl_2/Pb} = -0.27V$

10.35　计算下列反应的 $\Delta G^{\ominus}$：

$$2MnO_4^- + 6H^+ + 5HCOOH \longrightarrow 2Mn^{2+} + 8H_2O + 5CO_2$$

该反应的 $E^{\ominus}_{cell} = +1.69V$。

10.36　已知下面反应的半反应方程式和标准还原电势：

$$2ClO_3^- + 12H^+ + 10e^- \longrightarrow Cl_2 + 6H_2O \qquad E^{\ominus}_{ClO_3^-/Cl_2} = +1.47V$$

$$S_2O_8^{2-} + 2e^- \longrightarrow 2SO_4^{2-} \qquad E^{\ominus}_{S_2O_8^{2-}/SO_4^{2-}} = +2.01V$$

计算 $E^{\ominus}_{cell}$，电池反应的 $\Delta G^{\ominus}$ 和电池反应的 K_c。

10.37　电池反应：

$$NiO_2(s) + 4H^+(aq) + 2Ag(s) \longrightarrow Ni^{2+}(aq) + 2H_2O(l) + 2Ag^+(aq)$$

的 $E^{\ominus}_{cell} = +2.48V$。当 pH 为 5.00 且 Ni^{2+} 和 Ag^+ 的浓度均为 $1.00mol \cdot L^{-1}$ 时，电池电势是多少？

10.38　某电池的电池反应为：

$$Mg(s) + Cd^{2+}(aq) \longrightarrow Mg^{2+}(aq) + Cd(s) \qquad E^{\ominus}_{cell} = +1.97V$$

镁电极浸入 $1.00mol \cdot L^{-1}$ 的 $MgSO_4$ 溶液中，镉电极浸入 Cd^{2+} 浓度未知的溶液中。经测量该电池的电势为 +1.54V，问 Cd^{2+} 的浓度应为多少？

10.39　覆盖有一层 AgCl 的银线对氯离子比较敏感，其反应为：

$$AgCl(s) + e^- \longrightarrow Ag(s) + Cl^-$$

一个学生利用上述反应作为一个半反应，将铜线浸入 $1.00mol \cdot L^{-1}$ 的 $CuSO_4$ 溶液中作为另一个半反应，构成一个原电池以测量多个水样中氯离子的含量。在测试中，测得一个电池电势为 +0.0925V，其中铜半电池作为负极。在25℃下，该水样中的氯离子含量是多少？参考表10.1中的数据。

10.40　假设25℃下一个原电池由 Cu^{2+}/Cu 半电池（铜离子含量为 $1.00mol \cdot L^{-1}$）和一个氢电极（氢气分压为 $1 \times 10^5 Pa$）构成。氢电极浸入氢离子浓度未知的溶液中，利用盐桥将两个半电池连接起来。可使用表10.1中的数据。

(a) 在氢离子浓度未知的情况下推导关于 pH 的方程，用 E_{cell} 和 $E^{\ominus}_{cell}$ 表示。可能会用到关系式 $\ln x = 2.303\lg x$ 解答该问题。

(b) 若溶液的 pH 为 5.15，电池电势是多少？

(c) 若电池电势为 0.645V，溶液的 pH 是多少？

10.41　以下情况中，电解池中通过了多少库仑的电量：

(a)电流为 4.0A，通电为 600s；

(b)电流为 10.0A，通电为 20.0min；

(c)电流为 1.50A，通电为 6.00h？

在上述条件下，相应通过了多少摩尔的电子？

10.42　当通过的电量与从 $AgNO_3$ 溶液中还原得到 12.0g Ag 所用电量相同时，多少摩尔的 Cr^{3+} 将被还原为 Cr？若使用的电流为 4.00A，电解过程将需要多少时间？

10.43　当铅蓄电池的充电电流为 1.50A 时，从 $PbSO_4$ 中得到 35.0g Pb 需要多少时间？半反应如下：

$$PbSO_4 + H^+ + 2e^- \longrightarrow Pb + HSO_4^-$$

10.44　下面的反应可在水溶液中发生：

$$2Al + 3Cu^{2+} \longrightarrow 2Al^{3+} + 3Cu$$

$$2Al + 3Fe^{2+} \longrightarrow 3Fe + 2Al^{3+}$$

$$Pb^{2+} + Fe \longrightarrow Pb + Fe^{2+}$$

$$Fe + Cu^{2+} \longrightarrow Fe^{2+} + Cu$$

$$2Al + 3Pb^{2+} \longrightarrow 3Pb + 2Al^{3+}$$

$$Pb + Cu^{2+} \longrightarrow Pb^{2+} + Cu$$

将 Al、Pb、Fe、Cu 按照被氧化的难易程度排序。判断顺序时，需要用到上面所有的反应吗？

10.45　在下面的金属对中选择一对在非氧化性酸（如 HCl）中可以迅速发生反应的金属：

(a)铝和铁；

(b)锌和钴；

(c)镉和镁。

10.46 氧化铅与氯化氢反应生成氯气。该反应的方程式为:

$$PbO_2 + 4Cl^- + 4H^+ \longrightarrow PbCl_2 + 2H_2O + Cl_2$$

需要多少克 PbO_2 才能得到 15.0g Cl_2。

10.47 假设一个原电池的净电池反应为:

$$Zn(s) + 2Ag^+(aq) \longrightarrow Zn^{2+}(aq) + 2Ag(s)$$

方程中 Ag^+ 和 Zn^{2+} 的浓度均为 1.00mol · L^{-1},且两个半电池均含有 100ml 电解溶液。若电池能稳定提供 0.10A 的电流,15.00h 后电池电势将变为多少?

10.48 为测量 Pt^{2+} 的还原电势,设计一个原电池进行测试。一个半电池由 Pt 电极浸入 0.0100mol · L^{-1}的 $Pt(NO_3)_2$ 溶液中构成,另一个半电池由覆盖了 AgCl 的银丝浸入 0.100mol · L^{-1}的 HCl 中构成。测得这个电池的电势为 0.778V,并且 Pt 电极带正电荷。银电极的电极反应和还原电势为:

$$AgCl(s) + e^- \longrightarrow Ag(s) + Cl^-(aq) \qquad E^{\ominus}_{AgCl/Ag} = +0.23V$$

计算下面半反应的标准还原电势:

$$Pt^{2+}(aq) + 2e^- \longrightarrow Pt(s)$$

10.49 下面的反应在 25℃下进行:

$$MnO_4^- + 8H^+ + 5e^- \longrightarrow Mn^{2+} + 4H_2O$$

$$ClO_3^- + 6H^+ + 6e^- \longrightarrow Cl^- + 3H_2O$$

(a) 使用表 10.1 中的数据计算 $E^{\ominus}_{cell}$、该反应的 $\Delta G^{\ominus}$ 和反应在 25℃下的 K_c。

(b) 写出该反应的能斯特方程。

(c) 当$[MnO_4^-] = 0.20mol \cdot L^{-1}$, $[Mn^{2+}] = 0.050mol \cdot L^{-1}$, $[Cl^-] = 0.0030mol \cdot L^{-1}$, $[ClO_3^-] = 0.110mol \cdot L^{-1}$且 pH 为 4.25 时,该电池的电池电势是多少?

10.50 某原电池为:

$$Ag(s) \mid Ag^+(3.0\times10^{-4}mol \cdot L^{-1}) \parallel Fe^{3+}(1.1\times10^{-3}mol \cdot L^{-1}), Fe^{2+}(0.040mol \cdot L^{-1}) \mid Pt(s)$$

计算其电池电势。判断该电池中电极的符号,并写出自发进行的电池反应。

第 11 章　配位化学

11.1　元素周期表中的金属

在已知的 118 种元素中，有 90 种以上是金属元素。按照价层轨道的种类，金属元素在周期表中可以分为 5 个不同的区：*s* - 主族金属、*p* - 主族金属、过渡金属、镧系金属和锕系金属，如图 11.1 所示。

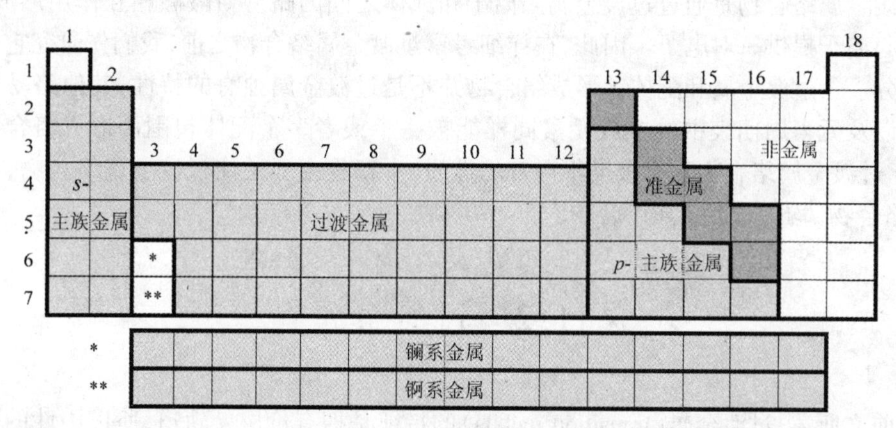

图 11.1　元素周期表中的元素分为金属、非金属和准金属，其中金属又分为 5 个区

周期表中 1 族和 2 族的金属元素拥有 *s* 价层轨道，13 族 ~16 族金属元素拥有 *p* 价层轨道（前者有时被称为前过渡金属，后者被称为后过渡金属）。这些金属被统称为主族金属。镧系金属和锕系金属的特征是具有半充满的 *f* 轨道。镧系元素除了钷（Pm）外都是天然形成的，而锕系元素大部分是人工合成的。

周期表中 3 族 ~12 族的金属元素被统称为过渡金属，它们的化学性质与周期表中其他的金属明显不同。例如，如果将 1 族或者 2 族的任意金属小心地溶解在硝酸里，任何情况下获得的都是无色的溶液。然而，用金属钴、镍和铜重复上述实验将会分别获得紫色、绿色和蓝色的溶液。事实上，许多过渡金属元素溶解于硝酸都会形成有颜色的溶液。当然也有例外，如银、锌、镉和汞的硝酸盐溶液是无色的，而金则不溶于硝酸。如果将含有金属钴、镍、铜的上述溶液蒸干，将会发现剩下的固体是顺磁性（paramagnetic）的，表明它们被磁场吸引。事实上许多过渡金属溶于硝酸后蒸干的产物（不是全部）都具有顺磁性。然而 1 族和 2 族的金属元素形成的硝酸盐固体显示出抗磁性（diamagnetic），被磁场轻微地排斥。

颜色和磁行为是含有过渡金属化合物的两个最典型的特征。从第 2 章可知，过渡金属元素有时被称为 *d* 区元素，因为它们的价层轨道是 *d* 轨道，而且过渡金属化合物的许多光谱性质和磁性质都与过渡金属离子的 5 个 *d* 轨道的能量相关。

过渡金属可按照它们形成络合物(complexes)的能力区分开来。一个单核的过渡金属络合物包含一个中心金属离子以及一个或者多个与之键合的离子或者分子,后者称为配体(ligands)。我们将金属离子和配体用一个方括弧括起来表示过渡金属络合物,例如$[CuCl_4]^{2-}$、$[Fe(OH_2)_6]^{2+}$和$[Co(O_2NO)_3]$。

从这些例子中可以看出:

(1)过渡金属络合物既可以带正电荷,也可以带负电荷,还可以呈现电中性。

(2)中心金属离子的配体的数目是多样的。

过渡金属络合物在许多生命过程中起着非常重要的作用,例如,一种含铁的络合物可以帮助O_2在人体内传输;一种含锌的络合物可以帮助我们处理有潜在毒性的CO_2;在绿色植物中一种含镁的络合物能帮助实现从H_2O向O_2的转变。过渡金属络合物在工业生产中也有着广泛的应用,通常作为合成塑料、化学品、药物的催化剂。过渡金属络合物还可以用作化学疗法和光动力疗法的药物。

过渡金属络合物是通过过渡金属阳离子和配体之间的路易斯酸碱相互作用形成的,配体向中心离子提供一对电子。因此,在详细考察过渡金属络合物之前,我们先研究它的两个组成部分——过渡金属和配体。形成络合物并不是过渡金属独有的特性,其他路易斯酸金属离子以及元素周期表中的主族元素同样能被一个或者多个配体包围而形成络合物。然而,由于过渡金属络合物具有极度不寻常的性质,本章将主要关注过渡金属络合物,本章提到的“络合物”均指过渡金属络合物。

11.2　过渡金属

如前文所述,过渡金属(transition metals)的特征是拥有价层d轨道,所以中性的过渡金属价层电子排布为$(n+1)s^2nd^{(x-2)}$,这里x代表金属元素在周期表中的族号,n代表主量子数。例如,第4族元素钛,价层电子排布为$4s^23d^2$。回顾第2章,我们发现第一过渡系$(3d)$元素,包括$Cr(4s^13d^5)$和$Cu(4s^13d^{10})$并不符合该规则。对于过渡金属络合物来说更加重要的是中心离子的电子排布。在第2章提到过渡金属阳离子中nd轨道的能量通常要比$(n+1)s$轨道低,因此经常存在空的$(n+1)s$轨道。认识过渡金属离子的电子排布非常重要,因为与周期表中其他金属相比,过渡金属具有形成多种氧化态的能力,这是它的另外一个重要特征。例如许多Fe的络合物既可以以+2价氧化态存在,也可以以+3价氧化态存在,而Mn的氧化态为0~+7的络合物都是已知的。表11.1显示了第一过渡系金属的常见氧化态及其相应的电子排布。

示例11.1　下列过渡金属离子如Mn^{2+}、Cu^{2+}、Co^{3+}、Ti^{3+}、Cr^{2+}的d电子排布是怎样的?

分析:虽然可以从表11.1中获得上述离子的d电子排布,但为了确认答案,需要首先计算每一种离子的电子数目,再用这些电子填充d轨道。

解答:上述过渡金属都是第一过渡系金属,它们内层的18个电子排布与[Ar]的外层电子排布相同。已知过渡金属离子中$4s$轨道的能量要高于$3d$轨道,因此可以从$3d$轨道开始填充电子。从中性原子的原子序数可以知道它们的电子数,根据离子的氧化态移走相应的电子数目。已知前18个电子是内层电子,因此超过18的任意电子直接进入$3d$轨道。

Mn：$Z=25$，中性原子里有25个电子，所以Mn^{2+}有23个电子。Mn^{2+}有5个d电子(23－18)，故电子排布为[Ar]$3d^5$。

Cu：$Z=29$，中性原子里有29个电子，所以Cu^{2+}有27个电子。Cu^{2+}有9个d电子(27－18)，故电子排布为[Ar]$3d^9$。

Co：$Z=27$，中性原子里有27个电子，所以Co^{3+}有24个电子。Co^{3+}有6个d电子(24－18)，故电子排布为[Ar]$3d^6$。

Ti：$Z=22$，中性原子里有22个电子，所以Ti^{3+}有19个电子。Ti^{3+}有1个d电子(19－18)，故电子排布为[Ar]$3d^1$。

Cr：$Z=24$，中性原子里有24个电子，所以Cr^{2+}有22个电子。Cr^{2+}有4个d电子(22－18)，故电子排布为[Ar]$3d^4$。

思考题11.1　下列过渡金属离子如Fe^{3+}、Ni^{2+}、Pt^{2+}、Ir^{+}，Re^{+}的d电子排布是怎样的？

表11.1　第一过渡系金属离子的常见氧化态和电子排布

元素	Sc	Ti	V	Cr	Mn	Fe	Co	Ni	Cu	Zn
族	3	4	5	6	7	8	9	10	11	12
氧化态					配位价键					
+1			d^4	d^5	d^6	d^7	d^8	d^9	d^{10}	
+2		d^2	d^3	d^4	d^5	d^6	d^7	d^8	d^9	d^{10}
+3	d^0	d^1	d^2	d^3	d^4	d^5	d^6	d^7	d^8	
+4		d^0	d^1	d^2	d^3	d^4	d^5	d^6		
+5			d^0	d^1	d^2	d^3	d^4			
+6				d^0	d^1	d^2				
+7					d^0					

11.3　配　体

过渡金属离子是路易斯酸，因此能够作为电子对的受体与一个或者多个配体(ligands)形成络合物。配体的英文单词来自拉丁文"ligare"，意思是"键合"。配体是路易斯碱，能向作为路易斯酸的过渡金属离子提供电子对。电子对通常是位于一个原子或者离子上的孤对电子，不过也有用σ或者π键的电子对与过渡金属成键的配体的例子。提供孤对电子的原子被称为配位原子(donor atom)。一个配体可以有一个或者多个配位原子。孤对电子存在的必要性意味着周期表中只有相对较少的几种元素可以作为配位原子，最常见的是F、Cl、Br、I、O、S、N、P。

配体既可以是离子，也可以是分子，既可以带负电荷，也可以呈现电中性，极少数情况下还可以带正电荷。作为配体的阴离子，包括很多简单的单原子离子，如卤族离子(F^-、Cl^-、Br^-、I^-)和硫离子(S^{2-})都含有四对孤对电子。常见的作为配体的多原子阴离子有NO_2^-、CN^-、OH^-、SCN^-、CH_3COO^-、$S_2O_3^{2-}$。最常见的作为配体的中性分子是H_2O分子，O原子上包含两对孤对电子。大多数金属离子在水溶液中的反应，实质是金属离子与几个水分子形成的络离子的反应,水分子的数目与金属离子的特性有关。例如,Cu^{2+} 在水溶液中以络离子 $[Cu(OH_2)_5]^{2+}$ 的形式存在,但是在相同条件下 Co^{2+} 以 $[Co(OH_2)_6]^{2+}$ 的形式存在。

另外一个常见的中性分子配体是氨分子,N 原子上含有一对孤对电子。如果将 NH_3 加入到含有 $[Ni(OH_2)_6]^{2+}$ 的水溶液中,溶液的颜色立即由绿色变成蓝色。因为根据以下反应式,NH_3 分子优先与金属离子成键置换其中的 H_2O 分子:

$$[Ni(OH_2)_6]^{2+}(aq) + 6NH_3(aq) \longrightarrow [Ni(NH_3)_6]^{2+}(aq) + 6H_2O(l)$$

仅用一个原子与金属离子成键的配体被称为单齿(monodentate)配体。含有两个或者两个以上配位原子的配体统称为多齿(polydentate)配体。含有两个配位原子的配体称为双齿(bidentate)配体,当它们形成络合物时,两个配位原子都可以与同一个金属原子成键。最为人熟知的双齿配体是乙二胺 $NH_2CH_2CH_2NH_2$,通常简记为 en(这是历史命名,其应用比 IUPAC 命名 1,2 - 二氨基乙烷要广泛得多)。草酸根离子 $C_2O_4^{2-}$(ox)是另外一个常见的双齿配体,两者的结构及其与金属形成的配合物结构如图 11.2 所示。

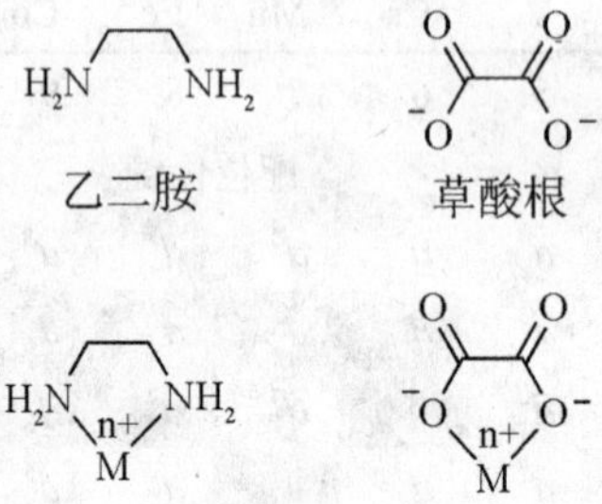

乙二胺 草酸根

图 11.2 双齿配体乙二胺、草酸根与金属离子 M 形成的五元螯合环

双齿配体与一个金属离子成键形成螯合环(chelate rings)(图 11.2)。含有螯合环的络合物通常被称为螯合物(chelates,这个单词源于希腊语"爪子")。含有三个及三个以上配位原子的配体与金属离子有形成多个螯合环的可能,这些配体通常和过渡金属离子有着特别高的亲合力。一个很好的例子是乙二胺四乙酸,简记为 H_4EDTA(图 11.3)。

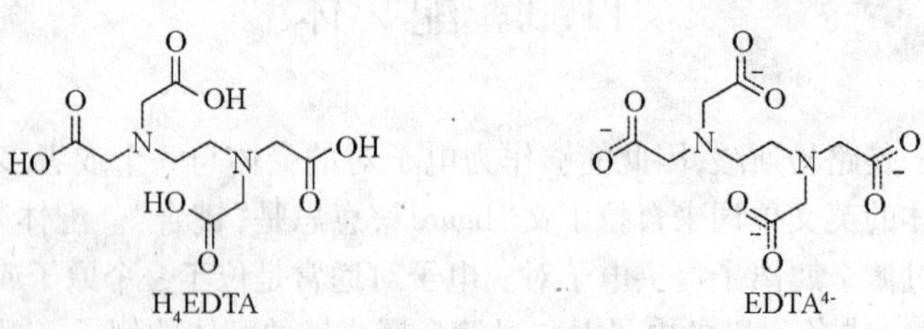

H_4EDTA $EDTA^{4-}$

图 11.3 H_4EDTA 和 $EDTA^{4-}$ 的结构

中性的 H_4EDTA 失去四个质子变成 -4 价的 $EDTA^{4-}$,后者是一个六齿配体,通过 4 个 O 原子和 2 个 N 原子能与很多金属离子形成很强的配位键。$EDTA^{4-}$ 是一个特别有用的配体。它几乎是无毒的,可以作为食品防腐剂少量使用。许多品牌的洗发剂含有 EDTA 四钠盐 Na_4EDTA,它与水中的 Ca^{2+}、Mg^{2+}、Fe^{3+} 结合来软化水质,用于防止干扰洗发剂中表面活性剂的活性。另外,少量 $EDTA^{4-}$ 被注射到体内,可与凝血过程所必需的钙离子结合以阻止凝血的发生。$EDTA^{4-}$ 还能用于中毒治疗,因为它能帮助将不小心被身体吸收的 Pb^{2+} 等重金属离子排出体外。图 11.4 显示了 $EDTA^{4-}$ 配体在金属离子周围是怎样排列的。注意:图

中 Co 离子以八面体的形式与两个 N 原子和四个 O 原子配位。

含有两个或者以上配位原子的配体可能作为两个或者多个金属离子的桥，使配位原子有一定的取向，如图 11.5 所示，图中 H 原子未显示。

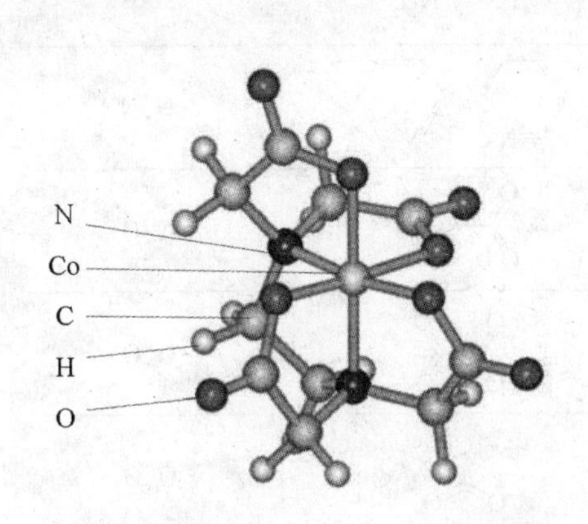

图 11.4　络合物$[Co(EDTA)]^-$的分子模型

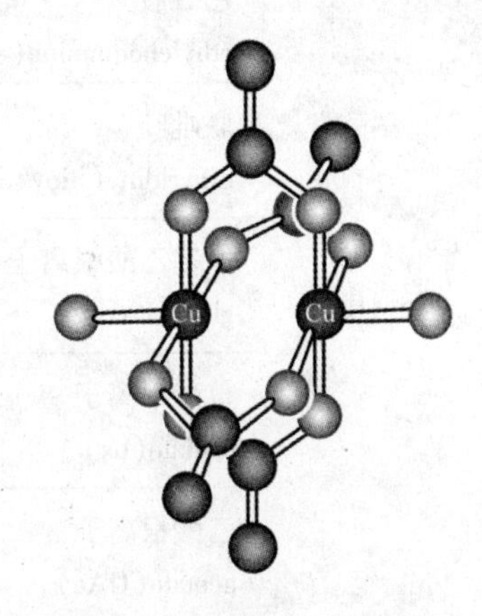

图 11.5　$[Cu_2(OOCCH_3)_4(OH_2)_2]$的结构

表 11.2　过渡金属络合物中的常见配体

配体种类	名称	分子式或结构	配位原子
单齿配体	溴 bromido	Br^-	Br
	氯 chlorido	Cl^-	Cl
	氟 fluorido	F^-	F
	碘 iodido	I^-	I
	氰根 cyanido	CN^-	C
	羰基 carbonyl	CO	C
	氨 ammine	NH_3	N
	硝基 – *N* nitrito – *N*	NO_2^-	N
	吡啶 pyridine(pyr)	C_5H_5N	N
	硫氰根 – *N* thiocynanto – *N*	NCS^-	N
	水 aqua	H_2O	O
	氧离子 oxido	O^{2-}	O
	氢氧根 hydroxido	OH^-	O
	硝基 – *O* nitrito – *O*	NO_2^-	O
	碳酸根 carbonato	CO_3^{2-}	O
	氢负离子 hydrido	H^-	H
	硫氰根 – *S* thiocyanato – *S*	NCS^-	S
	三甲基膦 trimethylphosphane	$P(CH_3)_3$	P

（续表）

配体种类	名称	分子式或结构	供电子原子
双齿配体	乙二胺 ethylenediamine(en)	H_2N　NH_2	N,N
	联吡啶 bipyridine(bipy)	N　N	N,N
	氨基乙酸根离子 glycinato	O, $^-$O, NH_2	N,O
	草酸根离子 oxalato(ox)	O, O, $^-$O, O$^-$	O,O
	乙酸根离子 acetato(OAc)	CH_3, O, O$^-$	O,O
四齿配体	卟啉 porphinato	R, N, N, N, N, R, R, R	N,N,N,N
六齿配体	乙二胺四乙酸根离子 ethylenediaminetetraacetato (EDTA)	O, O$^-$, $^-$O, O, N, N, O, O$^-$, O, $^-$O	N,N,O,O,O,O

目前大量的配体种类已被人们熟知，表11.2总结了在过渡金属络合物合成中使用的一些常见和重要的配体。配体的命名规则见11.4节。

新西兰化学家Neil Curtis及其同事于20世纪60年代早期首次报道了含有大环配体的金属络合物（如图11.6所示）。简单地说，大环配体就是含有两个或者两个以上配位原子的巨大的环状配体。作为无机化学的一个重要分支，Curtis的工作有力地推动了大环化学的发展。自他的开创性工作之后，文献已经报道了数以千计的含有大环配体的络合物。

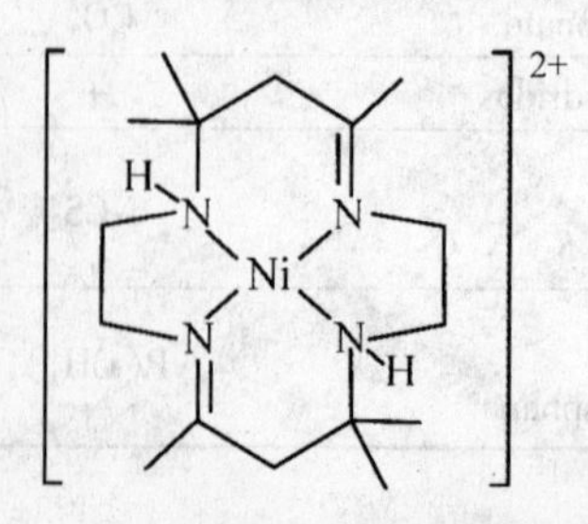

图11.6　第一个包含大环配体的过渡金属络合物

1977 年，Alan Sargeson 及其同事合成了首例坟墓型配体和棺材型配体，如图 11.7 所示。

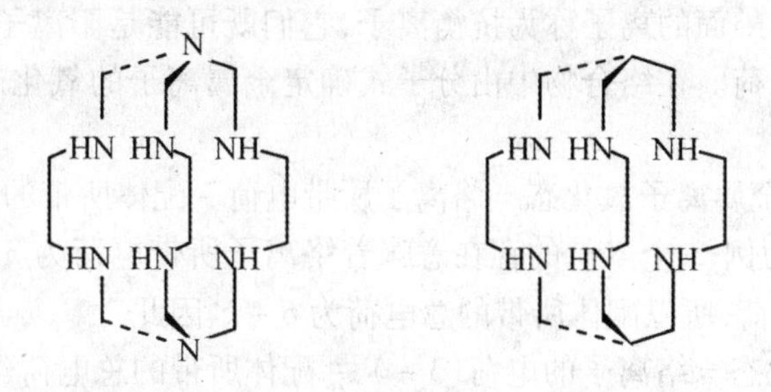

图 11.7　坟墓型配体（左）和棺材型配体（右）

这些六齿配体习惯上被称为笼状配体，可以完全包裹过渡金属离子，而且一旦过渡金属离子进入配体笼中将很难移动。笼状配体络合物在生物体系中显示出非常有趣的性质，它们对某些病毒，如肝炎病毒和疱疹病毒具有特别的抗病毒效果，其抗病毒机理是抑制病毒的复制。微量的笼状络合物还能杀死绦虫和贾第鞭毛虫（giardia）。

11.4　过渡金属络合物

过渡金属离子和配体的相互作用可以理解为路易斯酸碱的相互作用，其中配体形式上向金属离子提供一对电子对而形成共价键。通常认为共价单键的形成是两个原子共用一对电子，每一个原子提供一个电子以成键。在过渡金属络合物（transition metal complexes）中，和路易斯酸碱加合物一样，共价键中的两个电子在形式上都是由配体（路易斯碱）提供的。虽然金属络合物中的金属——配体共价键和有机物中的简单共价键都涉及共用一对电子，但两者并不一样，前者有时被称为配位键（coordinate bonds）、配位共价键（donor covalent bonds）或者配价键（dative bonds）。通常我们说一个配体与金属离子“配位”，而不是“结合”。过渡金属络合物经常被称为配位化合物（coordination compounds），研究过渡金属络合物的原理的学科称为配位化学（coordination chemistry）。有时将配位键画成单箭头的形式来表示电子给予的方向，但是更多时候表述配位键的方法和其他共价键是一样的，如图 11.8 所示。络合物所带的总电荷与金属离子和配体所带电荷的总和相同。

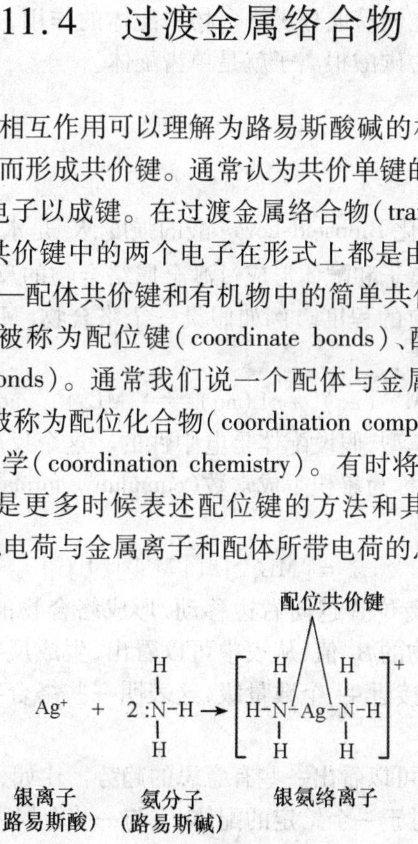

配位共价键

$$Ag^+ + 2\,:NH_3 \rightarrow [H_3N-Ag-NH_3]^+$$

银离子（路易斯酸）　氨分子（路易斯碱）　银氨络离子

图 11.8　Ag^+ 和 NH_3 之间配位键的形成

当书写一个过渡金属络合物的化学式时，通常将金属和配体放入方括号里，络合物所带的总电荷（如果电荷不为零）标在方括号的右上角。例如，我们把含有一个 Fe^{3+} 和六个 Cl^-

的络合物写成$[FeCl_6]^{3-}$。这种络合物阴离子的钠盐可写作$Na_3[FeCl_6]$,其中络离子所带的电荷被抵消。方括号外面的离子称为抗衡离子,它们既可能是阳离子,也可能是阴离子,取决于络离子所带的电荷。在络合物中由分子式确定金属离子的氧化态非常重要,通常可用下面这个方程确定:

过渡金属离子氧化态 = 络离子所带电荷 - 配体所带的总电荷

以$Na_3[FeCl_6]$为例,3 个Na^+的存在意味着络离子所带电荷为 3 -。已知有 6 个Cl^-,每个Cl^-带一个负电荷,所以配体所带的总电荷为 6 -。因此:

Fe 的氧化态 = 络离子的电荷(3 -) - 配体所带的总电荷(6 -) = 3 +

思考题 11.2 确定过渡金属离子在络合物$[Co(NH_3)_6]Cl_3$、$Na_2[MnCl_5]$、$[Rh(en)_2Cl_2]Cl$、$K_3[Cr(ox)_3]$、$[Co(en)(NH_3)_2(NCS)Cl]NO_3$中的氧化态。

书写过渡金属络合物化学式时,通常将配位原子写在配体的前面。例如,我们将亚铁离子水络离子写成$[Fe(OH_2)_6]^{2+}$,而不是$[Fe(H_2O)_6]^{2+}$。对于可能的双齿配体,例如CO_3^{2-}和$C_2O_4^{2-}$,我们将两个配位原子写在前面,其他原子则写在后面。因此,化学式$[Co(O_2CO)_3]^{3-}$和$[Fe(O_2C_2O_2)_3]^{3-}$意味着碳酸根和草酸根是分别与 Co(Ⅲ)和 Fe(Ⅲ)螯合的。这种记法使我们能轻易地分辨络合物中配体的作用,是单齿配体还是螯合剂。例如,在$[Co(NH_3)_5OCO_2]^+$中碳酸根离子就是单齿配体。

螯合效应

前面章节讲到用K_a量化 Brønsted-Lowry 酸的强度,K_a是水接受一个质子形成水合氢离子的平衡常数。由于金属离子和配体形成过渡金属络合物的反应也是一个平衡过程,可以用类似的方法量化这些反应的程度。例如假设一个络合物$[ML_n]^{x+}$,由金属离子M^{x+}和n个配体 L 根据如下方程生成:

$$M^{x+}(aq) + nL(aq) \rightleftharpoons [ML_n]^{x+}(aq)$$

注意到此处为了简化模型,假设配体是电中性的。这个反应的平衡常数可以用前面章节中所用的方法写出来,被称为累积生成常数(cumulative formation constant)(β_n)。因此,对于上面的平衡反应,有:

$$\beta_n = [ML_n^{x+}]/([M^{x+}][L]^n)$$

很明显,β_n值越大,平衡位置越向右边移动,形成络合物的反应也就越完全。表 11.3 给出了一些过渡金属络合物的β_n值,从表中可以看出,生成反应的平衡有很大程度偏向产物。同时β_n值的最大差别接近 44 个数量级,这表明一些络合物的生成反应比其他的反应要完全得多。

考察表 11.3 中的数据可以看出一些有意思的趋势。比如,相同配体与不同的金属离子络合时β_n差别很大,表明对于一个给定的配体,它与一些金属离子结合得比另外一些牢固。对于相同金属离子的不同氧化态,同种配体也显示出不同的吸引力。例如,注意到表中Co^{2+}和Co^{3+}具有完全不同的β_n值,Co^{3+}形成的络合物的β_n值可以是Co^{2+}的10^{34}倍。特别有意思的是单齿配体NH_3和双齿配体 en 形成的络合物的β_n值,例如,$[Ni(NH_3)_6]^{2+}$和$[Ni(en)_3]^{2+}$有着非常相似的结构,Ni 离子都与 6 个 N 原子成键,但是$[Ni(en)_3]^{2+}$的β_3值是$[Ni(NH_3)_6]^{2+}$的β_6值的10^9倍。这种倾向在表11.3列出的所有NH_3和en的络合物里重复出现,可以发现对于含有这些配体的络合物来说,这是一个相当普遍的结论。

表11.3 25℃时一些过渡金属络合物的β_n值

配体	金属离子	方程式	n	β_n
NH_3	Co^{2+}	$Co^{2+}+6NH_3 \rightleftharpoons [Co(NH_3)_6]^{2+}$	6	5.0×10^4
NH_3	Co^{3+}	$Co^{3+}+6NH_3 \rightleftharpoons [Co(NH_3)_6]^{3+}$	6	4.6×10^{33}
NH_3	Ni^{2+}	$Ni^{2+}+6NH_3 \rightleftharpoons [Co(NH_3)_6]^{2+}$	6	2.0×10^8
NH_3	Cu^{2+}	$Cu^{2+}+4NH_3 \rightleftharpoons [Co(NH_3)_4]^{2+}$	4	1.1×10^{13}
en	Co^{2+}	$Co^{2+}+3en \rightleftharpoons [Co(en)_3]^{2+}$	3	1.0×10^{14}
en	Co^{3+}	$Co^{3+}+3en \rightleftharpoons [Co(en)_3]^{3+}$	3	5.0×10^{48}
en	Ni^{2+}	$Ni^{2+}+3en \rightleftharpoons [Ni(en)_3]^{2+}$	3	4.1×10^{17}
en	Cu^{2+}	$Cu^{2+}+2en \rightleftharpoons [Cu(en)_2]^{2+}$	2	4.0×10^{19}
$EDTA^{4-}$	Co^{2+}	$Co^{2+}+EDTA^{4-} \rightleftharpoons [Co(EDTA)]^{2-}$	1	2.8×10^{16}
$EDTA^{4-}$	Co^{3+}	$Co^{3+}+EDTA^{4-} \rightleftharpoons [Co(EDTA)]^{-}$	1	2.5×10^{41}

含有多齿配体的络合物比相似的含有单齿配体的络合物β_n值要大,这种现象称为螯合效应。比起上面讨论的Ni的络合物的生成反应,它的离解反应能够很好地解释这种现象:

$$[Ni(NH_3)_6]^{2+}(aq) \rightleftharpoons Ni^{2+}(aq)+6NH_3(aq)$$

$$K_{[Ni(NH_3)_6]^{2+}}=[Ni^{2+}][NH_3]^6/[Ni(NH_3)_6^{2+}]=5.0\times10^{-9}(25.0℃)$$

$$[Ni(en)_3]^{2+}(aq) \rightleftharpoons Ni^{2+}(aq)+3en(aq)$$

$$K_{[Ni(en)_3]^{2+}}=[Ni^{2+}][en]^3/[Ni(en)_3^{2+}]=2.4\times10^{-18}(25.0℃)$$

注意到,对于每一个络合物K的表达式恰好是β_n的倒数。因此,每一个络合物的K值可简单地用$1/\beta_n$求得。

从第7章可知,对于一个化学反应来说,$\Delta G^{\ominus}$与平衡常数是相关的,它们的关系可用方程$\Delta G^{\ominus}=-RT\ln K$来表示。因此,$\Delta G^{\ominus}$负得越大,反应的平衡常数越大,正方向反应越趋向于完全。前面学习过$\Delta G^{\ominus}=\Delta H^{\ominus}-T\Delta S^{\ominus}$。$\Delta H^{\ominus}$和$\Delta S^{\ominus}$的大小和正负对确定$\Delta G^{\ominus}$的大小和正负号是至关重要的,从而对$K$值的大小也是至关重要的。如果我们考察上面两个离解反应,可知两个反应都伴随着6个Ni—N键的断裂,所以它们有着差不多的正的$\Delta H^{\ominus}$。类似的,它们应该有着正的$\Delta S^{\ominus}$,因为两个反应都导致溶液中粒子数的净增加。然而,一分子$[Ni(NH_3)_6]^{2+}$的离解净增加了六分子的粒子,一分子$[Ni(en)_3]^{2+}$的离解只净增加了三分子的粒子。所以,我们预期$[Ni(NH_3)_6]^{2+}$的离解比$[Ni(en)_3]^{2+}$的离解熵增要大。考虑到两者的$\Delta H^{\ominus}$值相差无几,于是我们预期$[Ni(NH_3)_6]^{2+}$的离解比$[Ni(en)_3]^{2+}$的离解$\Delta G^{\ominus}$负得更大。这表明$K_{[Ni(NH_3)_6]^{2+}}$应该比$K_{[Ni(en)_3]^{2+}}$更大,我们发现事实也的确如此。

我们还能从离解反应的机制来阐释螯合效应。两个反应最初的过程都是一个Ni—N单键断裂。在$[Ni(NH_3)_6]^{2+}$的离解中,这将导致一个NH_3配体的离去,然后迅速被一个水分子所取代:

$$[Ni(NH_3)_6]^{2+}(aq) + H_2O(l) \rightleftharpoons [Ni(NH_3)_5(OH_2)]^{2+}(aq) + NH_3(aq)$$

然而，在 $[Ni(en)_3]^{2+}$ 的离解过程中，一个 Ni—N 键的断裂将会导致这种情况的发生：一个 en 配体的一端离开络合物，但是又接近金属离子，因为这个 en 配体的另外一个配位原子仍然与金属离子成键。因此在另外一个配位原子离开络合物之前，这个“垂悬”的配位原子极有可能重新接在金属离子上（图 11.9）。从这一点可以明显地看出，失去一个双齿配体比失去一个单齿配体要难得多。随着配体中配位原子数增多，配体的失去会变得更加困难。因此，一般来说，一个配体中所含的配位原子越多，络合物的 β_n 就越大。

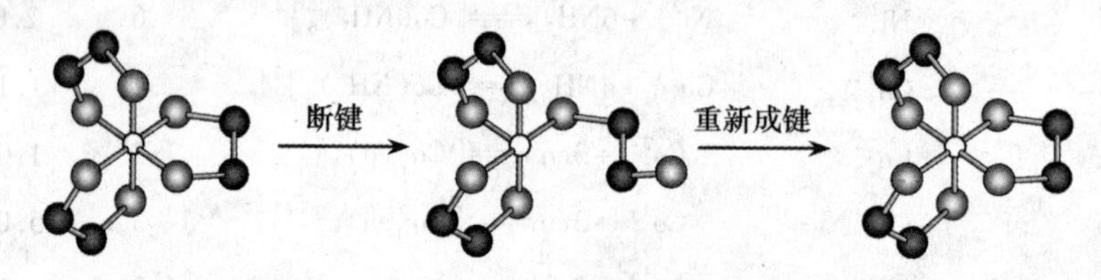

图 11.9　螯合效应

与其他类型的平衡计算类似，可通过对配位平衡进行计算来获得对 β_n 值的一些正确评估。示例 11.2 关注的便是从矿石中提取黄金的一个反应。

示例 11.2　利用氧化和络合反应的组合可以将少量的黄金从低品位矿石中提炼出来。Au 原子首先被氧化为 Au^+，接着与 CN^- 络合，发生下列反应：

$$Au^+(aq) + 2CN^-(aq) \rightleftharpoons [Au(CN)_2]^-(aq) \qquad \beta_2 = 2\times10^{38}$$

假设矿石样品含有 2.5×10^{-3} mol 的黄金，被 1.0L 浓度为 4.0×10^{-2}M 的 KCN 水溶液在氧化环境下萃取。分别计算配位平衡条件下包含的三种物质的浓度。

分析：根据前面章节的方法运用浓度表。不同的是，由于此时 β_2 数值应非常大，我们可以认为 Au^+ 完全生成了 $[Au(CN)_2]^-$。考虑 $[Au(CN)_2]^-$ 的离解，用 β_2 的倒数来确定平衡浓度。

$$[Au(CN)_2]^-(aq) \rightleftharpoons Au^+(aq) + 2CN^-(aq) \qquad 1/\beta_2 = 5\times10^{-39}$$

解答：假设所有的 Au 完全转化成了 $[Au(CN)_2]^-$，因此浓度表起始浓度为：

$$[Au(CN)_2^-] = 2.5\times10^{-3}\ M;\ [Au^+] = 0M$$

已经假定所有的 Au 都转化成 $[Au(CN)_2]^-$ 了，所以 $[Au^+]$ 必须为 0。不过，这在实际中并不完全正确，总是有极少量的 Au^+ 存在。

起始 $[CN^-]$ 可以通过将加入的 CN^- 浓度减去转化成 $[Au(CN)_2]^-$ 的浓度得到：

$$[CN^-] = [4\times10^{-2} - (2\times2.5\times10^{-3})] = 3.5\times10^{-2}M$$

浓度表如下：

	$[Au(CN)_2]^-(aq) \rightleftharpoons$	$Au^+(aq)$	$+\ 2CN^-(aq)$
起始浓度(M)	2.5×10^{-3}	0	3.5×10^{-2}
浓度改变量(M)	$-x$	$+x$	$+2x$
平衡浓度(M)	$2.5\times10^{-3}-x$	$+x$	$3.5\times10^{-2}+2x$

因为 $1/\beta_2$ 非常小，离解反应的程度很低。因此可以假设

$$2.5\times10^{-3} - x \approx 2.5\times10^{-3}$$
$$3.5\times10^{-2} + 2x \approx 3.5\times10^{-2}$$

将数值代入 β_2 的表达式中，解出唯一的未知数 $[Au^+]$：

$$\beta_2 = [Au(CN)_2^-]/([Au^+][CN^-]^2) = 2.5 \times 10^{-3}/[Au^+](3.5 \times 10^{-2})^2$$

故：

$$[Au^+] = 2.5 \times 10^{-3}/[(2 \times 10^{38})(3.5 \times 10^{-2})^2] = 1.0 \times 10^{-38}M$$

$$[CN^-] = 3.5 \times 10^{-2}M$$

$$[Au(CN)_2^-] = 2.5 \times 10^{-3}M$$

极少量的$[Au^+]$显示了在水溶液中CN^-与Au^+超强的结合能力。

思考题 11.3　将0.275g硝酸银溶于0.85L浓度为0.250M的氨水中，形成了$[Ag(NH_3)_2]^+$络离子，反应式为：

$$Ag^+(aq) + 2NH_3(aq) \rightleftharpoons [Ag(NH_3)_2]^+(aq) \qquad \beta_2 = 1.6 \times 10^7$$

计算配位平衡时各物质的平衡浓度。

惰性和活泼过渡金属络合物

β_n的大小是络合物生成反应反应完全程度的一个量度。例如，如果β_n很小，则从自由的金属离子和配体生成络合物的趋势将会很小；如果β_n很大，则几乎完全生成了络合物。

一般来说β_n值越大，络合物越稳定。从热力学的观点来说，这是正确的，因为对于一个特定的络合物，β_n值越大则$\Delta G^{\ominus}$负得越大。然而实际上，我们发现许多有着很大β_n的络合物从配体交换的角度来看是相当不稳定的。例如，对于络离子$[Ni(CN)_4]^{2-}$，$\beta_4 = 3.2 \times 10^{30}$，极大的$\beta_4$意味着在含有$Ni^{2+}$的溶液中加入$CN^-$，将会几乎完全生成$[Ni(CN)_4]^{2-}$。然而向$[Ni(CN)_4]^{2-}$溶液中加入$^{14}CN^-$（氰化物中含有放射性的$^{14}C$示踪原子），却发现$^{14}CN^-$很快与络合物结合，反应式如下：

$$[Ni(CN)_4]^{2-} + {}^{14}CN^- \longrightarrow [Ni({}^{14}CN)(CN)_3]^{2-} + CN^-$$

这表明在$[Ni(CN)_4]^{2-}$中CN^-配体与Ni^{2+}并没有很强的结合力，所以与加入的CN^-交换得非常快。我们说$[Ni(CN)_4]^{2-}$是活泼的，意思是它能经历快速的配体交换。因此，$[Ni(CN)_4]^{2-}$是一个热力学惰性而动力学活泼的过渡金属络合物。相反的情况在Co(Ⅲ)络合物$[Co(NH_3)_6]^{3+}$中被观察到了。反应：

$$[Co(NH_3)_6]^{3+} + 6H_3O^+ \longrightarrow [Co(OH_2)_6]^{3+} + 6NH_4^+$$

25℃下，其平衡常数在10^{25}数量级，相应的$\Delta G^{\ominus}$为$-143kJ \cdot mol^{-1}$，表明从生成$[Co(NH_3)_6]^{3+}$的角度来看，$[Co(NH_3)_6]^{3+}$在酸性溶液中是热力学不稳定的。尽管如此，在1.0M的H_3O^+溶液中$[Co(NH_3)_6]^{3+}$放置几天并没有变化，意味着NH_3配体并不能很容易地被H_2O交换。我们说对于配体的交换反应，$[Co(NH_3)_6]^{3+}$是惰性的，它是一个热力学活泼而动力学惰性的过渡金属络合物。大多数第一过渡系金属络合物是活泼的，但是价层电子排布为d^3或者d^6的络合物通常是惰性的，Cr(Ⅲ)和Co(Ⅲ)便是惰性金属中心的典型例子。值得注意的是，需要谨慎地使用"稳定"这个词，因为热力学稳定和动力学稳定是完全不同的两个概念。

过渡金属络合物的结构

正如我们预料的那样，由于中心离子能够被一到九中的任意几个单齿配体包围，过渡金属络合物可以表现出多种多样的结构。决定过渡金属络合物结构的主要因素是金属离子的配位数,也就是直接与金属离子连接的配位原子的数目。比如说,络离子$[CuCl_4]^{2-}$中有四个Cl^-与一个Cu^{2+}结合,所以这个络合物中金属离子的配位数是4,也可以说金属离子是四配位的。类似地,络离子$[Co(NH_3)_6]^{3+}$包含一个六配位的Co^{3+},与包围在其周围的6个NH_3配体上的6个N原子成键。当金属络合物含有多齿配体时,金属离子的配位数就不那么明显了。如$[Ni(en)_3]^{2+}$中Ni^{2+}是六配位的,而不是三配位的,因为每一个en配体含有两个配位原子,故Ni^{2+}是与六个N原子结合的。同样的理由适用于$[Co(EDTA)]^-$,如图11.4所示,其中Co^{3+}也是六配位的。过渡金属络合物中最常见的配位数是6,其次是4。特定的几何构型是与配位数相关的,这些将在下面详细介绍。

六配位

大多数六配位的络合物采用八面体(octagedron)的几何构型,六个配位原子分别位于八面体的六个顶点(图11.10)。位于纸面上的两个配体称为轴向(axial)配体,剩余的四个配体称为赤道(equatorial)配体。

这种排列方式使得配体之间尽量互相远离,减少了配体与配体之间的排斥力,这种几何构型事实上可由价层电子对互斥理论(VSEPR)预测。八面体构型既能容纳单齿配体,又能容纳多齿配体,如图11.11所示。图中这种几何构型的络合物可由水等单齿配体形成(左),也可以由乙二胺等多齿配体形成(右)。为了简单画出乙二胺,与氮原子相连的乙撑基可以以曲线表示(中)。双齿配体的两个N原子只能出现在八面体相邻位置,这是因为两个亚甲基链的长度不够,不能连接两个对位的N原子。

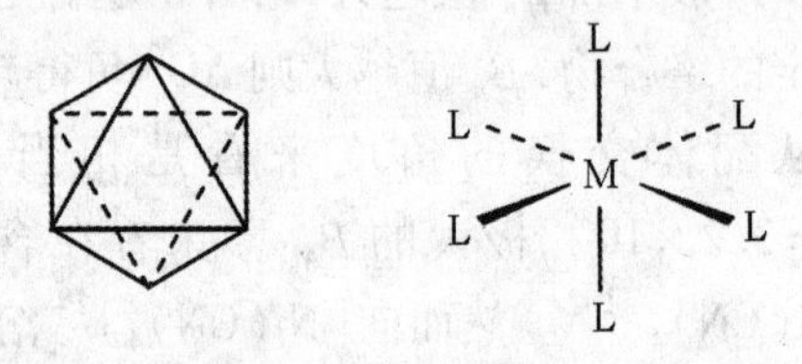

图11.10 一个八面体络合物ML_6的结构图

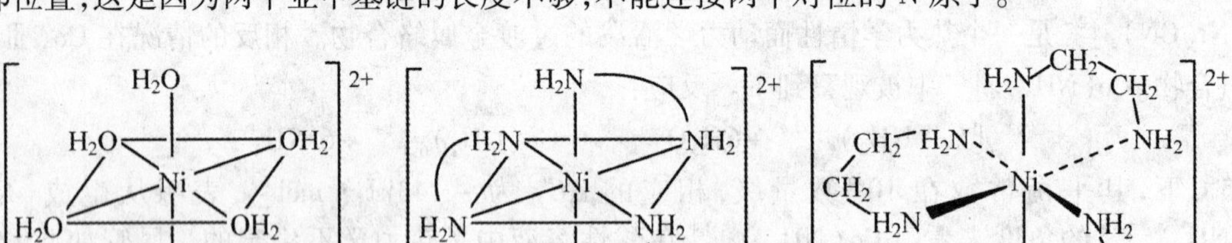

图11.11 八面体络合物

四配位

对配位数为4的络合物,应用VSEPR理论可预测其偏向选择四面体构型,但事实上人们既发现了四面体(tetrahedral)构型,也发现了平面四边形(square planar)的构型,如图11.12所示。

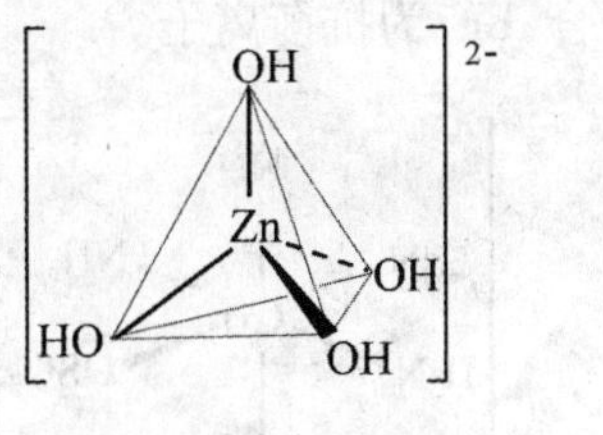

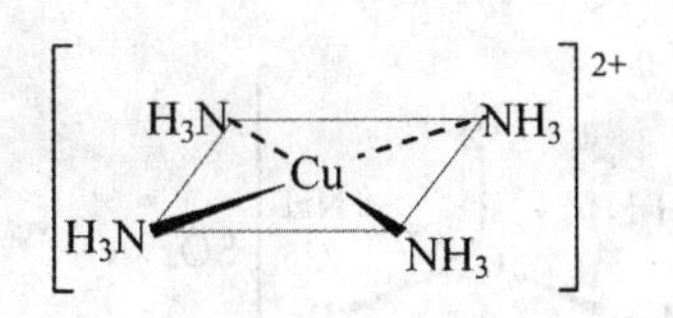

(a) 四面体 $[Zn(OH)_4]^{2-}$　　(b)平面四边形 $[Cu(NH_3)_4]^{2+}$

图 11.12　四配位体的两种构型

四面体构型经常在金属离子价层电子排布为 d^{10}（如 Cu^+、Zn^{2+}）的络合物中被发现，而平面四边形构型络合物经常由 Ni^{2+}、Pt^{2+}、Au^{3+} 等价层电子排布为 d^8 的金属离子形成。事实上，很少观察到完美的四面体构型或者平面四边形构型（图 11.12（b）），许多四配位络合物采用的构型介于两者之间。

五配位

这有可能是紧随六配位和四配位之后最重要的配位数。对于五配位的络合物来说，有两种可能的几何构型：三角双锥（trigonal bipyramidal），如图 11.13（a）所示；四方锥（square pyramidal），如图 11.13（b）所示。

三角双锥构型已经被 VSEPR 所预言，但与四配位络合物中的情况类似，VSEPR 在预测过渡金属络合物的构型时也有局限性，特别是当金属离子的电子排布不是 d^0 和 d^{10} 时。如 $[CuCl_5]^{3-}$ 络离子构型为三角双锥，而化合物 $[Cr(en)_3][Ni(CN)_5]$ 中络离子 $[Ni(CN)_5]^{3-}$ 在同种化合物中同时存在四方锥和三角双锥构型。

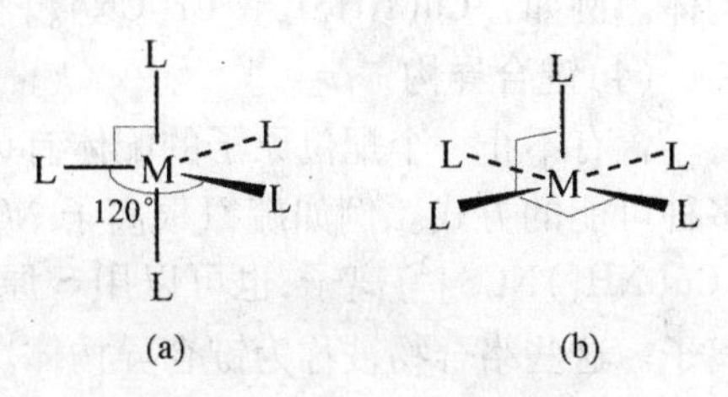

图 11.13　五配位体的两种构型

在三角双锥络合物中，我们通常将位于三角平面上下的配体称为轴向配体，将剩余的三个配体称为赤道配体。

过渡金属络合物的同分异构

在第 1 章讨论烷烃的构造异构体时首次接触了同分异构这个概念。过渡金属络合物中有许多不同类型的同分异构，下面将对其中的一些进行详细讲解。

结构异构

结构异构体（structural isomerism）是指那些化学式相同，但是原子结合方式不同的分子。在配位化学中，我们考虑四种类型的结构异构。

（1）电离异构

紫色的络合物 $[Co(NH_3)_5Br]SO_4$（图 11.14（a））和红色的络合物 $[Co(NH_3)_5SO_4]Br$（图 11.14（b））是电离异构体的一个很好的例子。前者以 Br^- 为配体，以 SO_4^{2-} 为抗衡离子，

而后者中两者的角色相反：SO_4^{2-} 与金属离子络合，Br^- 为抗衡离子。

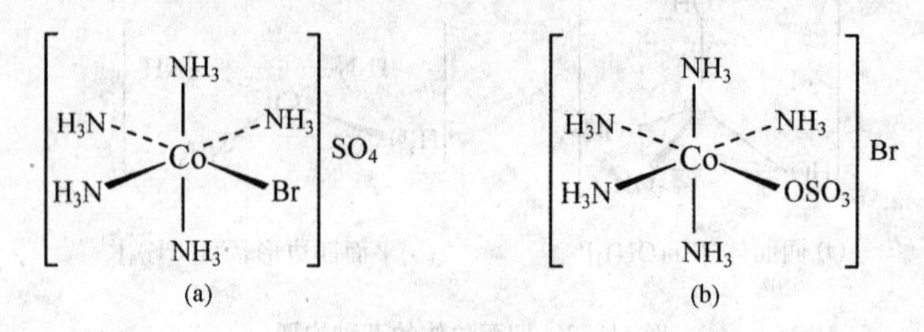

图 11.14 电离异构体

(2)水合异构

水合异构与电离异构类似，它是由与金属离子络合的水分子数目不同导致的。例如，下面三种络合物都有着经验化学式 $CrCl_3 \cdot 6H_2O$。

$[Cr(OH_2)_6]Cl_3$(紫色)

$[Cr(OH_2)_5Cl]Cl_2 \cdot H_2O$(蓝绿)

$[Cr(OH_2)_4Cl_2]Cl \cdot 2H_2O$(绿色)

这些络合物便是水合异构体。

(3)配位异构

同种配位化合物中，当络合物阳离子和络合物阴离子能够交换配体时，就能形成配位异构体。例如，$[Co(NH_3)_6][Cr(CN)_6]$和$[Cr(NH_3)_6][Co(CN)_6]$就是配位异构体。

(4)键合异构

含有不止一个配位原子的配体有可能形成键合异构体，原因是配体与金属离子成键有多种可能的方式。例如硫氰根离子 NCS^-，既可以用 N 原子上的孤对电子成键形成砖红色$[Co(NH_3)NCS]^{2+}$离子，也可以用 S 原子上的孤对电子成键形成紫色的$[Co(NH_3)SCN]^{2+}$离子。这些络合物被称为键合异构体。NO_2^- 配体能够用 N 原子或者其中的一个 O 原子与过渡金属离子成键，也能形成键合异构体。类似于 NCS^-、NO_2^- 的配体，含有两个或者两个以上不同的潜在配位原子的配体称为两亲配体(ambidentate)。

立体异构

组成原子连接方式相同但是空间排列不同的异构体称为立体异构体。在第 1 章曾经接触过一个立体异构的例子。1,2－二甲基环戊烷中两个甲基既可以在五元环的同侧，也可以在五元环的异侧，我们分别称这两种可能的异构体为顺式和反式。过渡金属络合物中同样存在这种类型的异构，其中平面四边形络合物$[Pt(NH_3)_2Cl_2]$最具代表性。如图 11.15 所示，这是它的两种可能的顺反异构体(cis-trans isomers)。

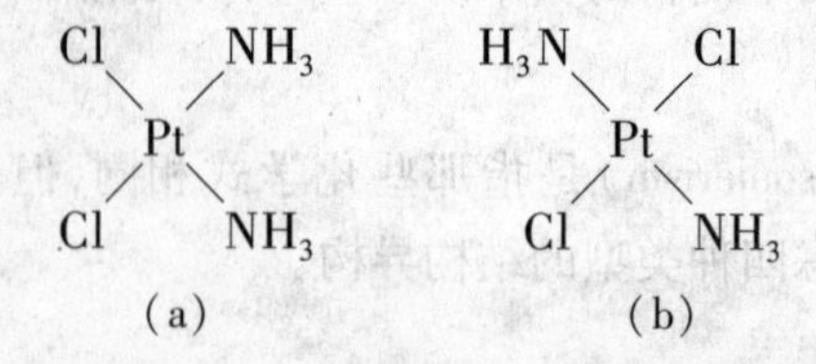

图 11.15 $[Pt(NH_3)_2Cl_2]$的顺式(cis)和反式(trans)异构体

顺式异构体中相同的配体处在相邻的位置，而反式异构体中相同的配体处在相反的位置。在识别和命名异构体时,顺式意思是“在同侧”,反式意思是“在异侧”。所以,我们称这两种异构体分别为顺式[$Pt(NH_3)_2Cl_2$](如图11.15(a)所示)和反式[$Pt(NH_3)_2Cl_2$](如图11.15(b)所示)。这两种异构体的化学性质相差极大,其中有趣的是:顺式异构体(俗名“顺铂”)对特定类型的癌症是一种特别有效的化学治疗试剂,而反式异构体几乎没有活性。

八面体络合物也能出现顺反异构体。当然对于[ML_6]和[ML_5X]这种类型的络合物,没有存在这种异构体的可能。顺反异构在样式为[ML_4X_2]的络合物中是可能存在的。一个经典的例子是顺式[$Co(NH_3)_4Cl_2$]$^+$(紫罗兰色,如图11.16(a))和反式[$Co(NH_3)_4Cl_2$]$^+$(绿色,如图11.16(b))。注意,这是这种络合物唯一可能的异构。配体的任何其他排列都与图11.16所示的两种结构中的一种等同。

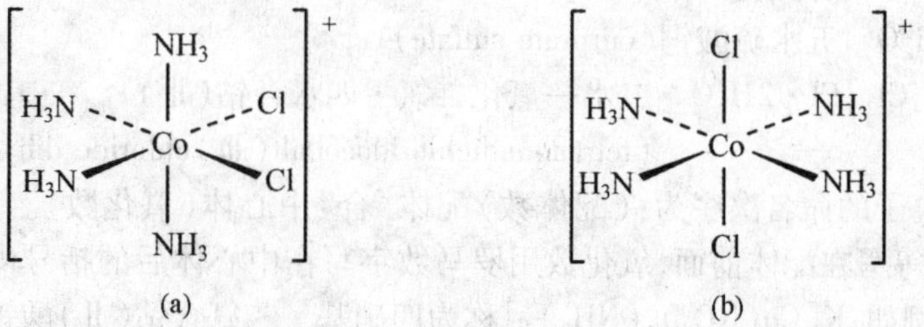

图11.16　[$Co(NH_3)_4Cl_2$]$^+$的顺式和反式两种络离子的结构

化学式为[ML_3X_3]的八面体络合物也能产生异构体,[$Co(NH_3)_3Cl_3$]的异构体如图11.17所示。

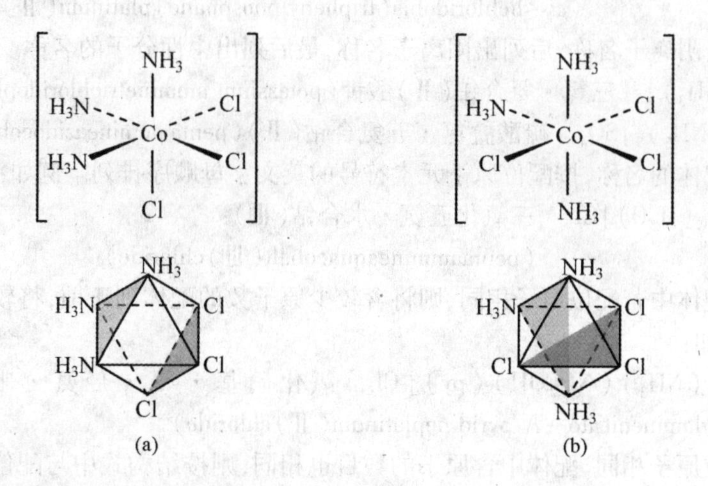

图11.17　[$Co(NH_3)_3Cl_3$]的fac异构体和mer异构体

这两种异构体分别被称为经式mer(meridional,如图11.17(a)所示)和面式fac(facial,如图11.17(b)所示)。经式异构体中两组三个相同配体组成的三角形位于环绕络合物子午线的垂直平面上;而面式异构体中两组三个相同配体组成的三角形分别占领八面体的一个面,因此这两个三角形是平行的。同样,这些也是该络合物唯一可能的几何异构体。配体的任何其他排列都与这两种中的一种相同。

在第14章中我们将学习过渡金属络合物的另外一种类型的立体异构。这种络合物异构体互为镜像,但又彼此不能重合,我们称之为手性。

配位化合物的命名法

配位化合物组成较复杂,需按统一的规则命名。1980 年中国化学会无机专业委员会制订了汉语命名原则,简要介绍如下。

整个配合物的命名与无机物命名规则相同,即阴离子在前,阳离子在后。例如:

$NaCl$　氯化钠(sodium chloride)

$[Co(NH_3)_6]Cl_3$　三氯化六氨合钴(Ⅲ)(hexaamminecobalt(Ⅲ)chloride)

Na_2SO_4　硫酸钠(sodium sulfate)

$K_2[PtCl_6]$　六氯合铂(Ⅳ)酸钾(potassium hexachloroplatinate(Ⅳ))

$CuSO_4 \cdot 5H_2O$　五水硫酸铜(curprate sulfate)

$[Co(OH_2)_4Cl_2]Cl \cdot 2H_2O$　二水一氯化二氯·四水合钴(Ⅲ)

(tetraaquadichloridocobalt(Ⅲ)chloride dihydrate)

内界配位离子的命名次序为:(配体数)配体"合"中心体(氧化数)。其中配体数用中文一、二、三、四等写在配体前面,氧化数用罗马数字写在中心体后的括号内,不同的配体间用"·"隔开。例如:$K[Co(NO_2)_4(NH_3)_2]$称为四硝基·二氨合钴(Ⅱ)酸钾。

如果内界配位离子中含有两种以上的配体,则配体列出的顺序遵照如下规则:

(1)无机配体在前,有机配体列后。例如:

cis-$[PtCl_2(Ph_3P)_2]$　顺-二氯·二(三苯基磷)合铂(Ⅱ)

(*cis*-dichloridobis(triphenylphosphane)platinum(Ⅱ)

(2)先列出阴离子名称,后列出阳离子名称,最后列出中性分子的名称。例如:

$K[PtCl_3(NH_3)]$　三氯·氨合铂(Ⅱ)酸钾(potassium amminetrichloridoplatinate(Ⅱ))

$[Co(N_3)(NH_3)_5]SO_4$　硫酸叠氮·五氨合钴(Ⅱ)(pentaammineazidocobalt(Ⅲ)sulfate)

(3)同类配体的名称,按配位原子元素符号的英文字母顺序排列。例如:

$[Co(NH_3)_5(H_2O)]Cl_3$　三氯化五氨·水合钴(Ⅲ)

(pentaammineaquacobalt(Ⅲ)chloride)

(4)同类配体中若配位原子相同,则将含较少原子数的配体列于前,将较多原子数的配体列于后。例如:

$[Pt(NO_2)(NH_3)(NH_2OH)(py)]Cl$　氯化硝基·氨·羟氨·吡啶合铂(Ⅱ)(amminehydroxylaminenitrito-*N* pyridineplatinum(Ⅱ)chloride)

(5)若配位原子相同,配体中含原子的数目也相同,则按结构式中与配位原子相连的原子的元素符号的字母顺序排列。例如:

$[Pt(NH_2)(NO_2)(NH_3)_2]$　氨基·硝基·二氨合铂(Ⅱ)

(amidodiamminenitrito-*N* platinum(Ⅱ))

(6)配体化学式相同但配位原子不同(如-SCN、-NCS),则按配位原子元素符号的字母顺序排列。若配位原子尚不清楚,则以配体化学式中所列的顺序为准。

思考题 11.4　命名下列配位化合物。

(a) $[Co(NH_3)_5(OCO_2)]NO_3$

(b) $[Mo(CO)_3(NH_3)_3]$

(c) $[Cr(OH_2)_5(OH)]Cl_2$

(d) $K_3[Fe(CN)_6]$

(e) $[Cr(en)_2Cl_2]_2SO_4$

过渡金属络合物中的键合

在本章的开头曾提及过渡金属络合物有两个最典型的特征:第一,它们通常是有颜色的;第二,它们通常是顺磁性的。一个给定的金属离子可以与不同的配体形成五颜六色的颜色。例如,在 Co(Ⅲ)离子的一系列络合物中,$[Co(NH_3)_5OH_2]^{3+}$ 显红色,$[Co(NH_3)_6]^{3+}$ 为亮黄色,顺式 - $[Co(en)_2Cl_2]^+$ 为绿色,$[Co(NH_3)_5Cl]^{2+}$ 显紫色。并且,因为大多数过渡金属离子通常有未充满的 d 轨道,存在未成对的 d 电子,这种类型的化合物应该具有顺磁性。然而,对于特定氧化态的给定金属离子,形成的不同络合物中未成对电子数并不一定相同。例如,考虑 Fe^{2+} 络合物 $[Fe(OH_2)_6]^{2+}$ 和 $[Fe(CN)_6]^{4-}$。因为 Fe^{2+} 电子排布为 $[Ar]3d^6$,两者都含有 6 个 d 电子,但是 $[Fe(OH_2)_6]^{2+}$ 中有 4 个是未成对的,而 $[Fe(CN)_6]^{4-}$ 中所有的 d 电子都是成对的。因此 $[Fe(OH_2)_6]^{2+}$ 离子是顺磁性的,$[Fe(CN)_6]^{4-}$ 离子是抗磁性的。采用晶体场理论可以解释过渡金属络合物的颜色和磁性质,这是一种关注金属离子 d 轨道的能量如何被所围绕的配体影响的化学键理论。

八面体配位化合物键合的晶体场理论

晶体场理论建立在如下前提下:过渡金属络合物中围绕在金属离子周围的配体产生电场,进而对金属离子的 d 轨道能量有着不同程度的影响。假定金属和配体之间的作用力为纯静电引力,可认为所有的金属 - 配体键都具有一定的共价性。当然这并不是一种真实的情形,虽然如此,晶体场理论仍然能解释过渡金属络合物的一些不平常的性质,而且概念简单明确。

首先观察一个自由的过渡金属离子中的电子分布(图 11.18)和五个 d 轨道的能量。

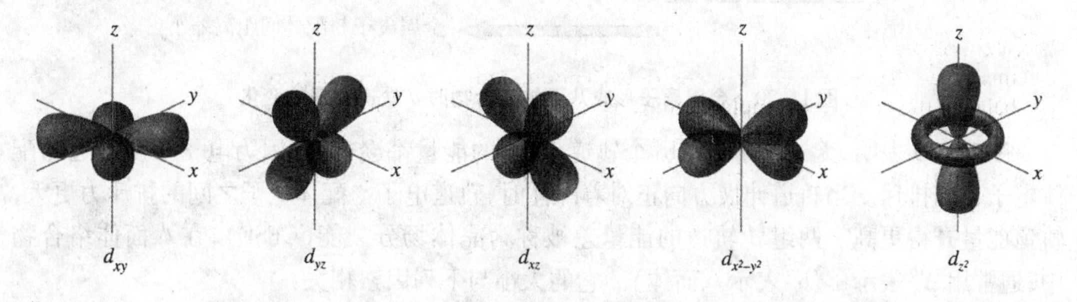

图 11.18　自由的过渡金属离子中 5 条 d 轨道的取向性质

d_{xy}、d_{yz}、d_{xz} 轨道的伸展方向分别位于 x、y、z 轴之间,$d_{x^2-y^2}$ 和 d_{z^2} 轨道的伸展方向沿着坐标轴。当没有配体时,5 个 d 轨道是简并的,意味着它们有着相同的能量。然而当配体存在时,轨道的简并性发生了改变。以六个配体分别沿着 x、y、z 轴靠近金属离子形成八面体过渡金属络合物为例,如图 11.19 所示,观察它们对 5 个 d 轨道能量的影响。

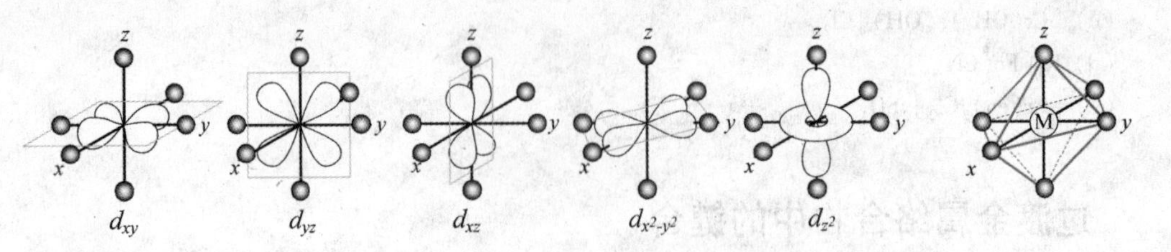

图 11.19　八面体配合物 ML_6 中配体位于 x、y、z 坐标轴上的示意图

在一个孤立的原子或者离子中，一个给定的 d 亚层的所有 d 轨道都是简并的。因此，一个电子无论占据哪一个 d 轨道能量都是一样的。但是在八面体络合物中，这种情况不复存在。由于 $d_{x^2-y^2}$ 和 d_{z^2} 轨道的伸展方向正对着配体，d_{xy}、d_{yz} 和 d_{xz} 轨道的伸展方向处于两个配体之间，故处于 $d_{x^2-y^2}$ 和 d_{z^2} 轨道中的电子比 d_{xy}、d_{yz} 和 d_{xz} 轨道中的电子距离配体中的电子更近。又由于电子本身是带负电的，它们之间互相排斥，则 $d_{x^2-y^2}$ 和 d_{z^2} 轨道中的电子能量要比 d_{xy}、d_{yz} 和 d_{xz} 轨道中的电子能量要高。因此，配体的介入改变了 5 个 d 轨道的简并性，使它们分裂成了两组简并的轨道：能量较低的一组轨道由 d_{xy}、d_{yz} 和 d_{xz} 组成；较高的一组轨道由 $d_{x^2-y^2}$ 和 d_{z^2} 组成，如图 11.20 所示，随着配体靠近金属离子，d 轨道的初始简并发生分裂从而形成两个新的简并。能量较低的三个轨道统称为 t_{2g} 轨道，较高的两个轨道被称为 e_g 轨道。这些符号指的是轨道组的对称性，应用了数学群论的表示方法。

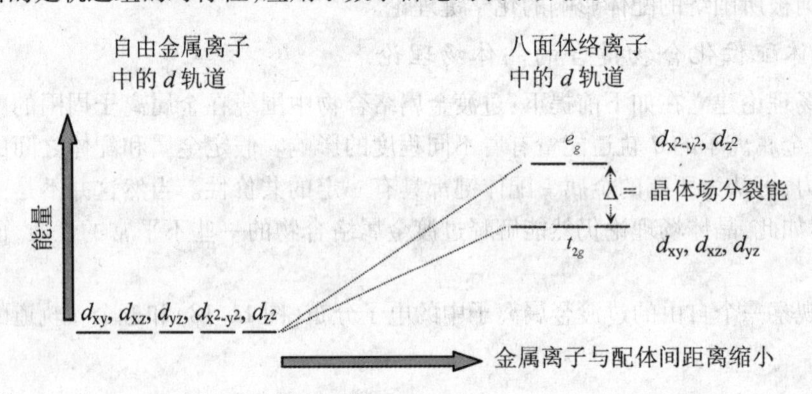

图 11.20　金属离子形成八面体络合物时 d 轨道能量的变化

图 11.20 表明，无论电子占据哪个轨道，它们的能量都会升高，因为电子与所接近的配体电子互相排斥。当轨道伸展方向正对着配体时，轨道电子与配体电子之间的排斥力更大，轨道能量升得更高。两组 d 轨道的能量差被称为晶体场分裂能（CFSE），在八面体络合物中，通常用 Δ_o 表示（“o”表示八面体）。它的大小与下列因素相关：

（1）配体的特性

有些配体能产生更大的 d 轨道分裂能。例如，对于给定的金属离子，CN^- 几乎总是产生很大的 Δ_o 值，而 F^- 总是产生较小的 Δ_o 值。这归因于当配体为 CN^- 时，金属与配体之间存在更加广泛的轨道作用力。

（2）金属的氧化态

对于给定的金属和配体，Δ_o 的大小随着金属氧化态的增加而增大。伴随着电子从金属移走，金属离子所带的正电荷越多，离子越来越小，这就意味着配体能够与金属结合得更强，距离金属离子越近。因此它们能够沿着 x、y、z 轴与 d 轨道距离更近,这就导致了更大的排斥力,从而使得 t_{2g} 和 e_g 轨道之间产生更强的分裂,相应地产生更大的 Δ_o 值。

(3)过渡金属在元素周期表中的位置

对于一个给定的配体和金属氧化态,同族金属的 Δ_o 值从上至下越来越大。换句话说,第一序列过渡元素离子比同族较重元素离子的 Δ_o 值要小。因此,对于含有相同配体的 Ni^{2+} 和 Pt^{2+} 络合物,后者将会有一个更大的晶体场分裂能。解释如下:在更大的 Pt^{2+} 离子中,d 轨道会更大、更分散,伸展方向距离核更远,这就使得配体与指向配体的轨道之间的排斥力更大。

这里最终关注的是轨道总的分裂能。图 11.20 给出了从自由金属离子简并的 d 轨道到八面体络合物中 d 轨道总的能量变化,这主要是由电子之间的排斥导致的。然而,对于整个络合物来说,主要的能量贡献来自带正电的金属离子与配体之间大得多的静电作用力。因此,即使是络合物形成时 d 轨道总的能量提高了,相比完全分离的金属离子和配体,金属络合物的能量还是要低很多。

八面体过渡金属络合物中的电子排布

根据前面的内容知道在过渡金属络合物中 d 轨道不是简并的,下面关注 d 电子在这些 d 轨道里如何排布。在第 2 章中,我们知道:轨道填充按照能量升高的顺序(能量最低原理);电子优先排布在更多的简并轨道上,而不是优先成对(洪特规则);同一个轨道上的两个电子自旋方向相反(泡利不相容原理)。这些规则给出了任意化学物种的基态电子排布。因此,我们依此来考虑八面体络合物中含有 d^1、d^2 和 d^3 电子构型的情形,如图 11.21 所示。

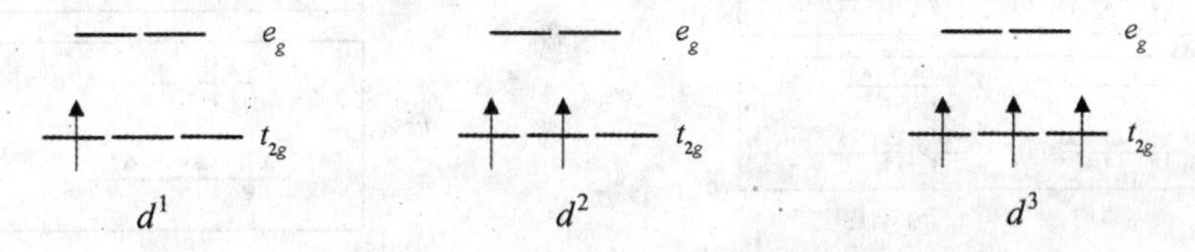

图 11.21　d^1、d^2、d^3 三种电子构型所填充的轨道

图 11.21 中电子在轨道中的排布没有其他的可能性,电子自旋平行地填充在能量较低的 t_{2g} 轨道上。一般来说,第四个电子将会自旋相反地填入其中的一个 t_{2g} 轨道上。然而,由于过渡金属络合物中 t_{2g} 和 e_g 轨道的能级差相对较小,因此必须权衡将第四个电子填入低能级的 t_{2g} 轨道带来的能量上的有利因素和将一个电子填入已经被占有轨道所带来的能量上的不利因素。后一种能量被称为电子成对能(P),主要是由相同轨道上两个电子的排斥造成的。电子成对能 P 和晶体场分裂能 Δ_o 的相对大小决定了电子按照两种排布方式中的哪一种进行排布。如果 $P > \Delta_o$,如图 11.22(a)所示,Δ_o 较小时,有利于形成高自旋态,能量占优的电子排布应是第四个电子占据 e_g 轨道,这种排布称为高自旋排布,电子自旋数最大。相反,如果 $P < \Delta_o$,如图 11.22(b)所示,Δ_o 较大时,有利于形成低自旋态,络合物采用低自旋排布,第四个电子填入较低能级的 t_{2g} 轨道与其中的一个电子成对。在这种情况下,电子自旋数最小,未成对电子数目最少。这两种排布方式分别见于含有 d^4 电子的 Cr^{2+} 的络合物 $[Cr(OH_2)_6]^{2+}$ 和 $[Cr(CN)_6]^{2+}$ 中。

由于络合物 $[Cr(OH_2)_6]^{2+}$ 的 Δ_o 值相对较小,它采用高自旋排布;而 $[Cr(CN)_6]^{2+}$ 的 Δ_o 值明显大得多,采用低自旋排布。在八面体络合物中,高自旋和低自旋的可能性仅在 d^4、

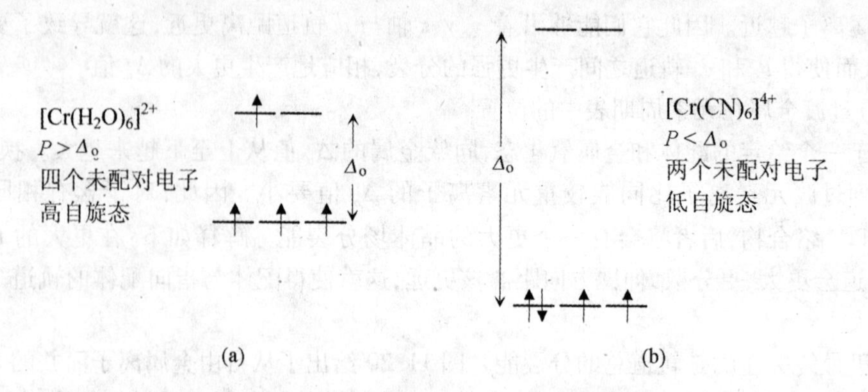

图 11.22　Cr^{2+} 络合物两种可能的 d^4 电子构型

d^5、d^6、d^7 电子排布中出现，如图 11.23 所示（注意两种自旋态的未成对电子数是不同的）。对于 d^8、d^9、d^{10} 电子排布来说，仅有一种可能的 d 电子排布，如图 11.24 所示。

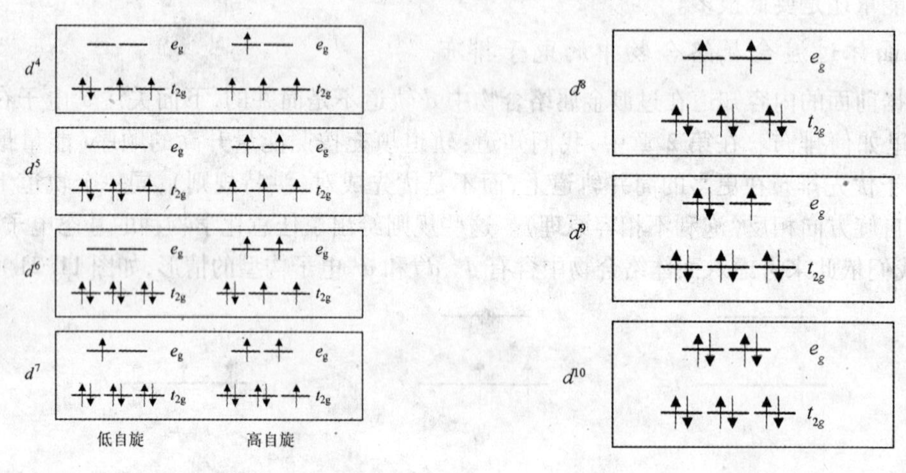

图 11.23　$d^4 \sim d^7$ 八面体过渡金属配合物的低自旋和高自旋电子构型

图 11.24　$d^8 \sim d^{10}$ 八面体过渡金属配合物的电子构型

适用于四配位络合物的晶体场理论

前面已经提到过，配位化合物中四配位是金属离子第二常见的配位数。我们可以用之前学到的相同的原则将晶体场理论应用在平面四边形和四面体这两种四配位几何构型中。

平行四边形络合物可以简单地通过将八面体络合物中沿着 z 轴的两个轴向配体移走来获得。这就降低了包含 z 成分的任意一个 d 轨道的能量（d_{z^2}、d_{xz}、d_{yz}），因为这些轨道中的电子和配体电子的排斥力减小了。移走 z 轴上的配体使得 xy 平面上金属和配体之间的距离更近，这就意味着这个平面的轨道（$d_{x^2-y^2}$，d_{xy}）的能量有轻微的上升，由于 $d_{x^2-y^2}$ 轨道的伸展方向正对着这些配体，受影响更大。图 11.25 给出了平面四边形络合物中 d 轨道能量的改变和 d 轨道分裂图。

四面体络合物 d 轨道分裂图不像八面体或者平面四边形络合物在概念上那么简单，因为这四个配体没有一个是正对着 x、y、z 轴的（如图 11.26 所示）。注意到其轨道能级恰好与八面体络合物（图 11.20）中完全相反。在四面体络合物中，晶体场分裂能以 Δ_t 表示，对于相同的金属离子和相同的配体，$\Delta_t \approx 4/9\Delta_o$。由于 Δ_t 一般较小，通常比电子成对能 P 要小，故四面体络合物通常采用高自旋电子排布。注意对于 d^3、d^4、d^5、d^6 四面体络合物，高自旋和低自旋在理论上都是可能的。

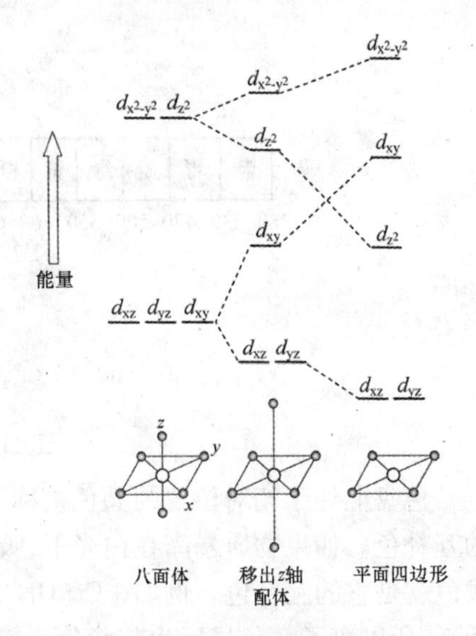

图 11.25　从八面体移出 z 轴向配体后形成平面四边形络合物的 d 轨道能量分裂

过渡金属络合物的颜色

在第 2 章学习了激发态原子只能发射特定能量的光子。当原子、离子或者分子吸收光时，情况也是类似的，它们只能吸收特定能量的光子，而不是吸收所有能量的光子。八面体过渡金属络合物中，如果光子的能量与 Δ_o（t_{2g} 轨道组和 e_g 轨道组之间的能量差）精确匹配，光子也能被络合物吸收，因此产生了从 t_{2g} 轨道向高能级的 e_g 轨道的电子跃迁。在很多八面体过渡金属络合物中，能级差 Δ_o 与可见光区的光子相对应，这就是为什么许多过渡金属络合物显示出颜色的原因。以电子排布为 d^3 的$[Cr(OH_2)_6]^{3+}$为例，如图 11.27 所示。

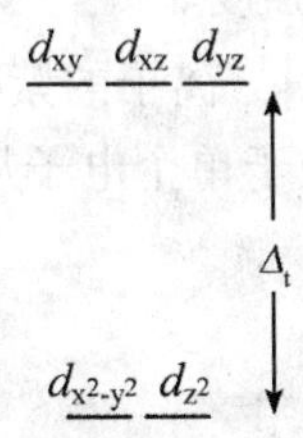

图 11.26　四面体络合物 d 轨道能量分裂图

我们知道，白光包含了可见光谱中全部颜色所对应能量的光子，可见光色谱如图 11.28(a)所示。如果使白光通过一种有颜色的过渡金属络合物的溶液，将显示出除被吸收光之外的其他光的颜色，这些透过的颜色正是我们所看到的溶液所发出的颜色。如果知道溶液显示什么颜色，用色盘就可以知道溶液吸收了什么颜色的光，如图 11.28(b)所示。

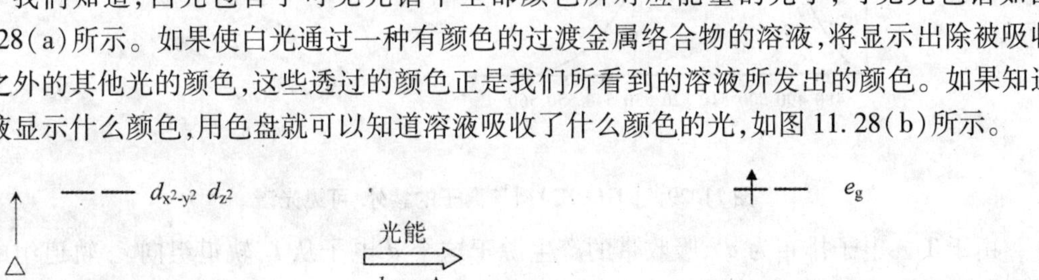

$d_{x^2-y^2}$ d_{z^2}　　　　光能 $h\nu = \Delta_0$　　　　e_g

Δ

d_{xy} d_{xz} d_{yz}　　　　　　　　t_{2g}

(a)基态的电子排布　　　　(b)吸收光子后一个电子被激发到较高能量d轨道的状态

图 11.27　$[Cr(OH_2)_6]^{3+}$吸收光子发生电子跃迁示意图

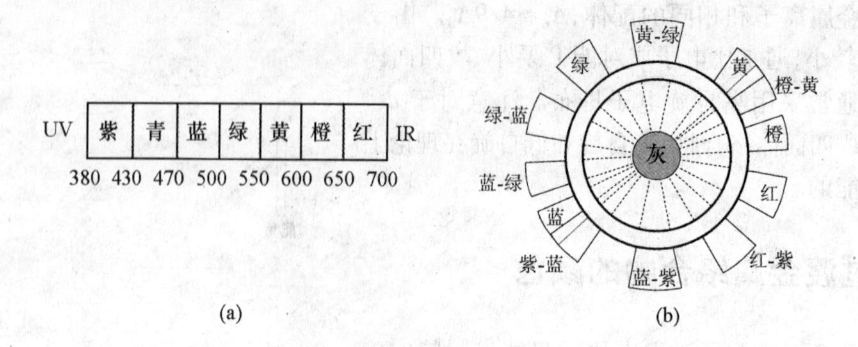

图 11.28　可见光谱与色盘

色盘上处于相对位置的颜色被称为互补色，例如紫红色是绿色的互补色，蓝绿色是红色的互补色。如果物质暴露在白光下，吸收了其中某种特定颜色的光，那么反射或者透射光的颜色就是它的互补色。例如 $[Cr(OH_2)_6]^{3+}$ 离子吸收了黄光，导致从 t_{2g} 到 e_g 轨道组的电子跃迁，所以离子颜色显示为蓝紫色。紫外/可见分光光度计是一种测量化学物质吸收光的波长和强度的设备，运用它可以对可见光的吸收进行量化。分光光度计能够输出吸光度(A)相对于波长的一条曲线，这里将吸光度定义为：

$$A = \lg \frac{I_0}{I}$$

式中，I_0 代表入射光强度，I 代表透射光强度。

图 11.29 给出了粉红色 $[Ti(OH_2)_6]^{3+}$ 离子的紫外/可见光谱，谱图表现为一个大单峰，最大吸收波长为 514nm。图中峰值对应于单个电子从 t_{2g} 到 e_g 轨道的跃迁。

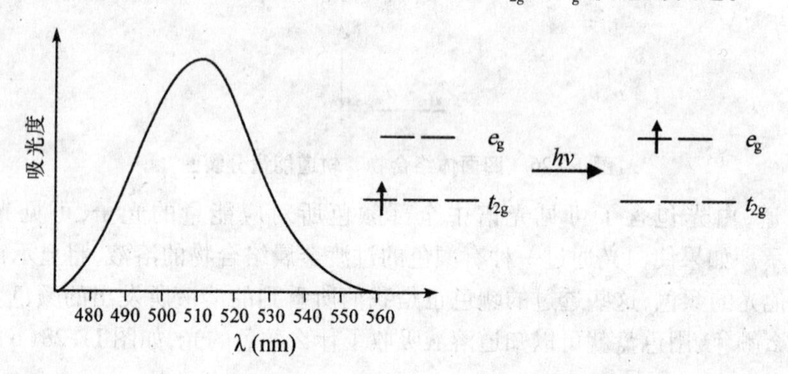

图 11.29　$[Ti(OH_2)_6]^{3+}$ 离子的紫外/可见光谱

由于 Ti^{3+} 电子排布为 d^1，吸收带的产生源于这个 d 电子从 t_{2g} 轨道组向 e_g 轨道组的跃迁，因此可以用吸收峰的最高点计算这两组轨道的能级差，即可以从谱图中计算出 $[Ti(OH_2)_6]^{3+}$ 离子的 Δ_o 值。回顾第 2 章，能量和波长成反比例关系，关系式如下：

$$E = hc/\lambda$$

这里，$h = 6.626 \times 10^{-34}$ J · s(普朗克常数)，$c = 2.998 \times 10^8$ m · s^{-1}(真空中光速)。于是，运用上述方程可以算出对应 514 nm 波长的光子的能量：

$$E = (6.626 \times 10^{-34} \text{J} \cdot \text{s}) \times (2.998 \times 10^8 \text{m} \cdot \text{s}^{-1}) / (514 \times 10^{-9} \text{m}) = 3.86 \times 10^{-19} \text{J}$$

这个数值告诉我们，在一个 $[Ti(OH_2)_6]^{3+}$ 离子里 t_{2g} 和 e_g 轨道组之间的能级差为

3.86×10^{-19}J。通常以摩尔为单位给出络合物的 Δ_o 值,而不是单个离子。用 E 乘以阿弗加德罗常数($6.022\times10^{23}\text{mol}^{-1}$)即得:

$$E=(3.86\times10^{-19}\text{J})\times(6.022\times10^{23}\text{mol}^{-1})=232\text{kJ}\cdot\text{mol}^{-1}$$

因此,$[Ti(OH_2)_6]^{3+}$ 离子的 $\Delta_o=232\text{kJ}\cdot\text{mol}^{-1}$。但是应该注意到仅仅少数金属络合物的 Δ_o 值能够被这样精确测定。对于不止一个 d 电子的络合物,电子之间的排斥力使得这类络合物的 Δ_o 值很难被精确测定,而且也超出了本书的范围,不过之前的处理方法的确直接给出了 Δ_o 的一个近似值。

通过观察 Co(Ⅲ) 的一系列络合物,我们知道配体的特性对于过渡金属络合物的颜色有着重要影响,以 Cr(Ⅲ)络合物 $[Cr(CN)_6]^{3-}$、$[Cr(OH_2)_6]^{3+}$ 和 $[CrF_6]^{3-}$ 为例进行说明。这些络合物的紫外/可见光谱如图 11.30 所示,从谱图中可以看出三种络合物的最大吸收波长分别为 380nm、570nm 和 650nm,对应的颜色分别为淡黄色、蓝紫色和绿色。对应于这三种最大吸收波长的 Δ_o 值分别为 $315\text{kJ}\cdot\text{mol}^{-1}$、$210\text{kJ}\cdot\text{mol}^{-1}$ 和 $184\text{kJ}\cdot\text{mol}^{-1}$。这表明相同金属在相同氧化态的情况下,$t_{2g}$ 和 e_g 轨道组之间的能级差随着配体特性的不同而变化很大。

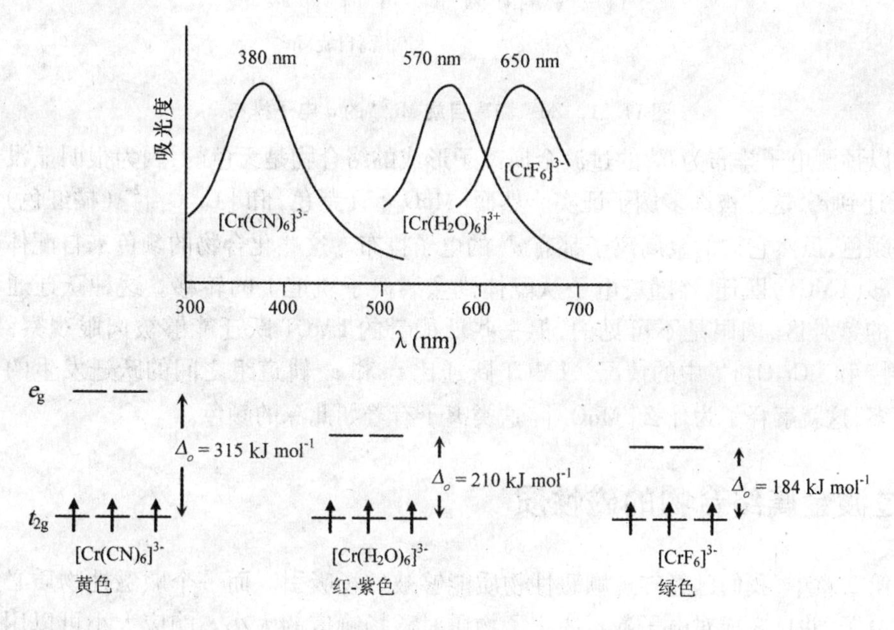

图 11.30　三种不同颜色 Cr(Ⅲ)配合物的紫外可见吸收光谱及其 t_{2g} 和 e_g 的能级差

与一种金属离子能产生大的晶体场分裂的配体也能在与其他金属形成的络合物中产生大的 Δ_o 值。例如,不论 CN^- 与什么金属络合,几乎总能产生很大的 Δ_o 值,含有 NH_3 的络合物总是比含有 CN^- 的络合物 Δ_o 值小,含有 H_2O 的络合物 Δ_o 值则更小。因此,配体可以根据产生晶体场分裂能的大小来进行排列,这种序列被称为光谱化学序列。一些常见配体按照 Δ_o 值减小的顺序排列如下:

$$CO>CN^->NO_2^->en>NH_3>H_2O>C_2O_4^{2-}>OH^->F^->Cl^->Br^->I^-$$

对于给定的金属离子,CO 配体能产生最大的 Δ_o 值,I^- 产生最小的 Δ_o 值。像 CO、CN^-、NO_2^- 这种能产生大的 Δ_o 值的配体被称为强场配体,像卤素和其他导致 d 轨道小的分裂的配体被称为弱场配体。通常被强场配体诱导的 d 轨道分裂很大,以至于 t_{2g}和 e_g 轨道组之间的能级差比可见光的光子能量大。因此仅仅包含 CO 或者 CN^- 配体的八面体络合物 t_{2g}到 e_g 轨道组的电子跃迁通常只能被紫外光激发,所以这类络合物通常是很浅的黄色或者是无色的。

Zn^{2+}和高自旋 Mn^{2+}的八面体络合物通常也是无色的,或者接近无色,但是原因却和上述完全不同。Zn^{2+}的电子排布为 d^{10},t_{2g}和 e_g 轨道组都是满的,故 t_{2g}到 e_g 的电子跃迁是不可能的,因为 e_g 轨道无法再容纳一个额外的电子。而高自旋 Mn^{2+}电子排布为 d^5,如图 11.31 所示。要将一个 t_{2g}轨道上的电子激发到 e_g 轨道上,在跃迁过程中需要改变这个电子的自旋状态,否则在同一个轨道上就有两个自旋相同的电子,这是违背泡利不相容原理的。因此,这种络合物中 $t_{2g} \rightarrow e_g$ 的电子跃迁是自旋禁阻的,发生跃迁的可能性非常小,所以这类络合物颜色通常也非常浅。

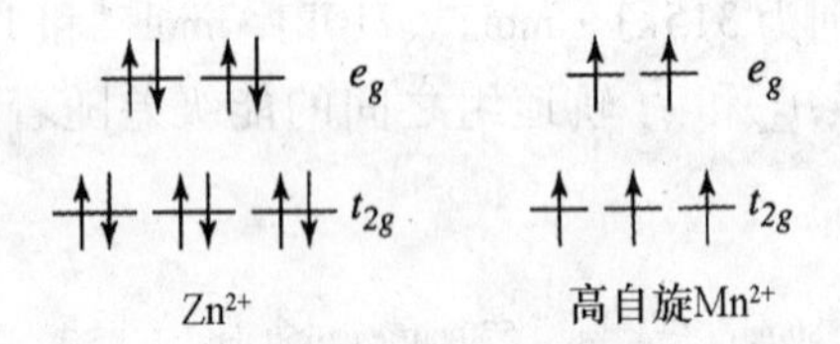

图 11.31 Zn^{2+}和高自旋 Mn^{2+}的 d 电子排布

可以预测电子排布为 d^0 的过渡金属离子形成的络合物是无色的,因为很明显没有电子从 t_{2g}跃迁到 e_g,这已被许多例子证实。然而$[MnO_4]^-$(紫色)和$[Cr_2O_7]^{2-}$(橘红色)都具有很深的颜色,虽然它们的金属离子都有 d^0 的电子排布。这些化合物的颜色来自配体 - 金属电荷转移(LMCT)跃迁,伴随着电子从配体到金属离子轨道上的转移。这种跃迁通常发生在光谱的紫外区,肉眼是不可见的,但一些低能量的 LMCT 跃迁能够被肉眼观察到,例如$[MnO_4]^-$和$[Cr_2O_7]^{2-}$中的情况。LMCT 跃迁比 t_{2g}和 e_g 轨道组之间的跃迁发生的可能性要大得多,这就解释了为什么$[MnO_4]^-$这类离子有着如此深的颜色。

过渡金属络合物的磁性质

在第 2 章中,我们已经知道顺磁性物质能够被磁场吸引。而一个顺磁性物质必须包含未成对电子,并且未成对电子数目决定了物质对磁场响应的大小。响应大小可以用一个精度很高的天平来测量,分别称量络合物在磁场中和磁场外的质量,差值就是响应的大小。由此可以计算出络合物的磁矩(μ),故络合物所包含的未成对电子数能够得到确定。络合物的磁矩定义如下:

$$\mu = \sqrt{n(n+2)}\mu_B$$

单位是波尔磁子(μ_B),n 代表络合物中未成对电子数。因此,包含一个未成对电子的络合物磁矩为 $\mu = \sqrt{3}\mu_B = 1.73\mu_B$,包含 3 个未成对电子的络合物磁矩为 $\mu = \sqrt{15}\mu_B = 3.87\mu_B$。注意这个方程仅在络合物中未成对电子在简并的 d 轨道之间的轨道运动可以忽略时才完全适用。我们假设在所给的例子中满足上述条件。

前面已经学习了高自旋和低自旋电子排布的概念,现在我们能够解释 $[Fe(OH_2)_6]^{2+}$ 和 $[Fe(CN)_6]^{4-}$ 两种离子不同寻常的磁性质。两种络合物都包含 d^6 的 Fe(Ⅱ)金属离子,$[Fe(OH_2)_6]^{2+}$ 是顺磁性的($\mu = 4.9\mu_B$),而 $[Fe(CN)_6]^{4-}$ 却是抗磁性的($\mu = 0\mu_B$)。根据光谱化学序列我们知道 H_2O 产生一个较 CN^- 小得多的 Δ_o 值,这意味着 $[Fe(OH_2)_6]^{2+}$ 是高自旋的,而 $[Fe(CN)_6]^{4-}$ 是低自旋的,如图 11.32 所示。因此,$[Fe(OH_2)_6]^{2+}$ 包含四个未成对电子,是顺磁性的;$[Fe(CN)_6]^{4-}$ 没有未成对电子,是抗磁性的。

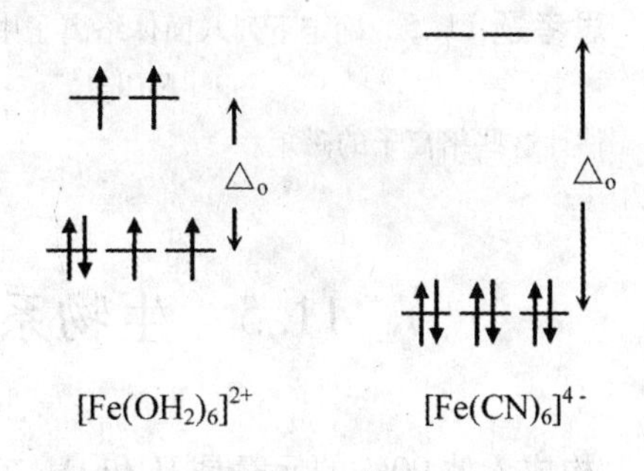

图 11.32　两种铁络合物的电子排布

磁性的测量能够区分过渡金属络合物采用的是高自旋还是低自旋。例如,d^4 的 Cr(Ⅱ)络合物 $[Cr(OH_2)_6]^{2+}$ 和 $[Cr(CN)_6]^{4-}$ 的磁矩分别为 $4.9\mu_B$ 和 $2.8\mu_B$。$[Cr(OH_2)_6]^{2+}$ 的磁矩 $4.9\mu_B$ 与其 4 个未成对电子相吻合,因此是一个高自旋的电子排布 $(t_{2g})^3(e_g)^1$。$[Cr(CN)_6]^{4-}$ 的磁矩 $2.8\mu_B$ 来自两个未成对电子,这表明该铬离子为低自旋的电子排布 $(t_{2g})^4(e_g)^0$。

示例 11.5　预测下列八面体过渡金属络合物离子是顺磁性的还是抗磁性的:

$[Co(CN)_6]^{3-}$　　$[TiCl_6]^{3-}$　　$[V(OH_2)_6]^{3+}$　　$[CoF_6]^{3-}$

如果它们是顺磁性的,估计它们的磁矩。

分析:首先确定金属离子的氧化态,接着数出每个金属离子的 d 电子数目,这样便能够知道络合物的 d 电子排布。运用配体在光谱化学序列中的位置确定络合物采用的是高自旋还是低自旋。

解答:Co(Ⅲ)、Ti(Ⅲ)、V(Ⅲ)和 Co(Ⅲ)分别对应 d^6、d^1、d^2、d^6 电子排布。$[Co(CN)_6]^{3-}$ 和 $[CoF_6]^{3-}$ 存在高自旋和低自旋的可能性。已知 CN^- 是强场配体,而 F^- 是弱场配体。因此,我们预测 $[Co(CN)_6]^{3-}$ 是低自旋的 d^6 电子排布,是抗磁性的。$[CoF_6]^{3-}$ 是高自旋的 d^6 电子排布,存在 4 个未成对电子,是顺磁性的。$[TiCl_6]^{3-}$ 肯定是顺磁性的,因为它只包含一个成单的 d 电子。$[V(OH_2)_6]^{3+}$ 也是顺磁性的,因为两个 d 电子自旋平行地占据两个 t_{2g} 轨道。因此,络离子的电子排布和磁矩如下图所示。

e_g

$[Co(CN)_6]^{3-}$　t_{2g}　$\mu = 0\mu_B$

e_g

$[TiCl_6]^{3-}$　t_{2g}　$\mu = \sqrt{3} = 1.73\mu_B$

e_g

$[V(OH_2)_6]^{3+}$　t_{2g}　$\mu = \sqrt{8} = 2.83\mu_B$

e_g

$[CoF_6]^{3-}$　t_{2g}　$\mu = \sqrt{24} = 4.90\mu_B$

思考题 11.5　确定下列八面体络离子中包含多少未成对电子：

$[NiCl_6]^{2-}$　　$[CuCl_6]^{4-}$　　$[ZnCl_6]^{4-}$

估计这些络离子的磁矩。

11.5　生物系统里的过渡金属离子

构成人体 90% 的元素是 H 和 O。它们绝大部分以 H_2O 的形式存在，约占人体组成的 70%。构成人体和参与生物合成以及产生能量的有机分子几乎完全由 C、H、O、N 组成。这四种元素占了人体元素的 99%。其他七种元素——Na、K、Ca、Mg、P、S 和 Cl 在生命形式中也是必需的。这七种元素占了人体原子总数另外的 0.9%。剩余的 0.1% 被称为痕量元素，对于大多数有机体来说也是不可或缺的。

虽然痕量元素的存在量非常少，但它们对于维持健康的生物功能却是必需的。在这些痕量元素中有 9 种是过渡金属，分别是第一过渡系的 V、Cr、Mn、Fe、Co、Ni、Cu、Zn 和第二过渡系的 Mo。它们中的许多是由氨基酸长链组成的蛋白质和生物大分子的天然组成成分。这些金属蛋白质在生物化学里扮演着重要的角色：一些作为运输和存储介质，在有机体内将小分子从一处移动到另外一处；一些作为不同种类生物反应的酶和催化剂。过渡金属在体内的运输和催化功能都取决于其结合和释放配体的能力；一些是作为氧化还原剂，在许多不同的反应中转移电子，过渡金属是这类角色的理想扮演者，因为它们可在两个或者更多的氧化态之间转换。

运输和存储金属蛋白质

有机体通过 O_2 氧化食物中的脂肪和碳水化合物来汲取能量。对于大多数动物来说，O_2 的运输和存储是通过含铁的蛋白质血红蛋白和肌红蛋白来完成的。血红蛋白里的 Fe 原子与 O_2 结合，然后将这个重要的分子从肺中运到身体的各个氧化反应发生的部位。血红蛋白的存在使得 O_2 在血中的溶解度是水中的 70 倍。在动物体内，血红蛋白负责运输 O_2，肌红蛋白负责将 O_2 存储在大量需求氧的组织里，如肌肉。血红蛋白和肌红蛋白有着非常相近的结构，包含有一个（肌红蛋白里）或者四个（血红蛋白里）血红素基团（图 11.33），其本质是 Fe－卟啉络合物。

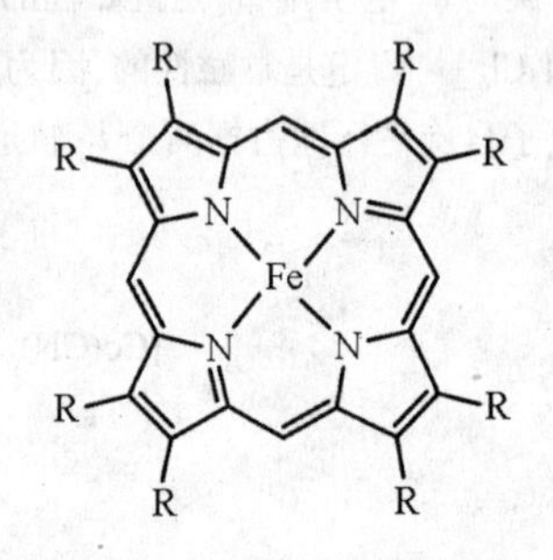

图 11.33　血红素基团的结构

在肌红蛋白中，血红素基团与一个含有 153 个氨基酸的呈螺旋状排列的多肽结合。肌红蛋白的这种带状结构如图 11.34 所示，为了与血红素基团结合，多肽链通过折叠在蛋白质中形成了一个“口袋”。

血红蛋白由四条多肽链组成，每条多肽链的结构与肌红蛋白分子结构类似。肌红蛋白和血红蛋白的每一个血红素单元包含 1 个 Fe^{2+} 离子和处于同一个平面内的 4 个 N 配位原子，这就在轴向给金属留下了与其他配体配位的位点。其中的一个位点被蛋白质侧链上的一个含 N 的配体占据，以确保将血红素纳入蛋白质的“口袋”。第六个配位位点则是与 O_2 进行可逆结合的位点。一般来说，和 O_2 作用将会导致 Fe^{2+} 不可逆地氧化为 Fe^{3+}（pH = 7 时 $E^{\ominus}_{O_2/H_2O} = 0.82V$，$E^{\ominus}_{Fe^{3+}/Fe^{2+}} = 0.77V$）。但是值得注意的是，由于血红素被蛋白质所包围，无论是血红蛋白还是肌红蛋白都能结合氧而无须经历不可逆的氧化（血红蛋白氧化后得到一种名为高铁血红蛋白的化合物，后者无法和 O_2 结合）。

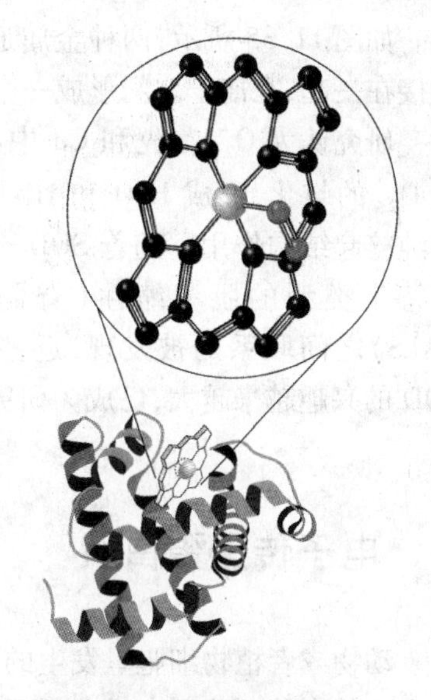

图 11.34　肌红蛋白的带状结构

在肺中，血红蛋白“装载”4 个氧分子，然后通过血液流动进行运输。在组织里 O_2 的浓度很低，但是有很多新陈代谢的最终产物 CO_2。CO_2 对血红蛋白与 O_2 的结合有着重要的影响。与 O_2 类似，CO_2 也能与血红蛋白结合。不同的是，CO_2 与蛋白质中特定的氨基酸侧链结合，而不是和血红素基团结合。CO_2 和蛋白质结合，使得血红蛋白分子的形状发生改变，进而减小了与 O_2 结合的平衡常数。结合常数的减小使得血红蛋白在缺氧但富含二氧化碳的组织里释放 O_2 分子。血液流动带着脱去氧的血红蛋白回到肺中，在肺里释放 CO_2，再次结合 4 个 O_2 分子。肌红蛋白主要结合和存储被血红蛋白释放的 O_2，CO_2 在里面不起作用。

CO 能够严重妨碍 O_2 在血液中的运输。吸入 CO 的致死效应源于它与血红蛋白的反应。CO 分子与 O_2 有着几乎相同的大小和形状，因此它也能够与血红蛋白中的“口袋”匹配。另外，CO 中 C 原子比 O_2 能够与 Fe^{2+} 形成更强的化学键。在肺中的典型条件下，血红蛋白与 CO 结合的能力是与 O_2 结合的 200 倍。与 CO 的络合导致血红蛋白无法运输氧气，所以当一定比例的血红蛋白络合 CO 后，细胞里氧气的缺乏将导致机体失去意识和死亡。

一个成年人体内仅仅含有 4g 的铁，且绝大部分以含血红素的蛋白质形式存在。然而人体每天铁的摄入量仅为 7 ~ 18mg，说明人体能够重复利用铁。铁的循环需要一个运输和存储机制。血红蛋白在脾和肝中被降解，铁传递蛋白将其中的铁元素收集起来运输到新的血红细胞诞生的地方——骨髓处。铁蛋白在基体中负责存储铁元素，它包含一个蛋白质外壳和一个含铁的核。外壳由 24 条多肽链组成，每一条多肽链由 175 个氨基酸组成，这些多肽链结合成中空的球。贯通蛋白质外壳的通道允许铁从分子里移进或者移出。蛋白质的核包含水合三氧化二铁（$Fe_2O_3 \cdot H_2O$）。无论其中是否存储铁元素，蛋白质的形状保持不变。当装满时，一个铁蛋白里能装载 4500 个铁原子，但是在通常条件下，核仅仅是部分充满。这样，当合成血红蛋白时铁蛋白便能提供铁，机体吸收的铁过量时又能将之存储起来。

金属酶

本节已讲述了氧分子对生命的重要性。然而，O_2 得到一个电子的产物——超氧负离子 O_2^- 却起着破坏细胞的作用，被认为是导致人体衰老的一个因素。超氧化歧化酶（SOD）在所有需氧型有机体里非常丰富，它在细胞里起到消除超氧离子的作用。SOD 酶的活性中心，即酶催化反应发生的区域包含一个铜离子和一个锌离子，两者都表现为四面体几何构型。如图 11.35 所示,两种金属通过组氨酸配体连接在一起,在离子之间形成一个桥。

研究认为 O_2^- 首先和 Cu 中心结合,最终导致 O_2^- 的歧化,形成 H_2O 和 H_2O_2。锌离子在其中纯粹起结构作用。随着 SOD 遗传基因的突变与特定类型的肌萎缩性(脊髓)侧索硬化症(ALS)之间联系的被发现,近些年来科学家对 SOD 的兴趣越来越大,已成为研究的一个热门领域。

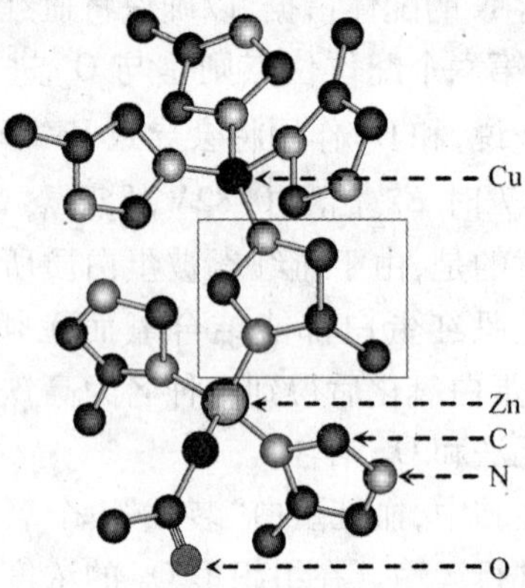

Cu
Zn
C
N
O

图 11.35 超氧化歧化酶中含金属位点的结构

电子传递蛋白质

动物或者植物细胞里发生的许多氧化还原反应都利用了金属蛋白质大范围电子传递的能力。其中的一些蛋白质在呼吸作用、光合作用和固氮作用中起到关键作用,其他的蛋白质则简单地为那些需要电子传递作为其催化活性一部分的酶传递电子。在许多其他情况下,络合酶可能含有自身的电子传递中心。有三类典型的过渡金属氧化还原中心——细胞色素、蓝铜蛋白质、硫铁蛋白质。细胞色素是含铁的蛋白质,它包含血红素基团,后者通过使铁在 +2 价和 +3 价之间的循环来方便地转移电子。一个典型的蓝铜氧化还原蛋白质包含一个处在扭曲四面体环境中的铜原子,铜中心能够在 Cu^+ 和 Cu^{2+} 之间循环,从而帮助电子转移。硫铁蛋白表现出多种多样的核构型(一个、两个或者四个铁中心)和几何构型,铁的两种可利用的氧化态——Fe^{2+} 和 Fe^{3+} 使得电子转移得以发生。

11.6 过渡金属的分离和提纯

从矿石中生产和提纯金属的过程被称为冶金。这种技术有着古老的历史,可能是化学最早的有益应用之一。冶金技术的发展对人类的文明进程有着深远的影响,以至于历史学家以铜器时代(约 3000—5000 年前)和铁器时代(开始于 3000 年前)等来表述人类历史。这一节我们将讨论适合于过渡金属的一些冶金技术,并且关注过渡金属应用的一些领域。

几乎所有的过渡金属都很容易被氧化,因此大多数矿石是过渡金属的化合物,过渡金属在其中呈现出正的氧化态。例如氧化物(TiO_2,金红石;Fe_2O_3,赤铁矿;Cu_2O,赤铜矿);硫化物(ZnS,闪锌矿;MoS_2,辉钼矿);碳酸盐($FeCO_3$,菱铁矿),还包括含有氧络合负离子的矿产($MnWO_4$,钨锰铁矿)和一些结构更复杂的矿物,如钒钾铀矿 $K_2(UO_2)_2(VO_4)_2 \cdot 3H_2O$。图 11.36 以框图的形式给出了一些从矿石中获得纯金属的途径,所有的途径都包含着还原反应这一核心化学过程。

矿石转变成纯金属的四个主要步骤是分离、转化、还原和精炼。分离就是将所需金属的化合物与其他组分分开。转化就是将所分离的物质经化学处理转换成易于还原的形式。采用化学法或者电解法还原得到不纯的金属,然后再经过精炼便得到纯金属。

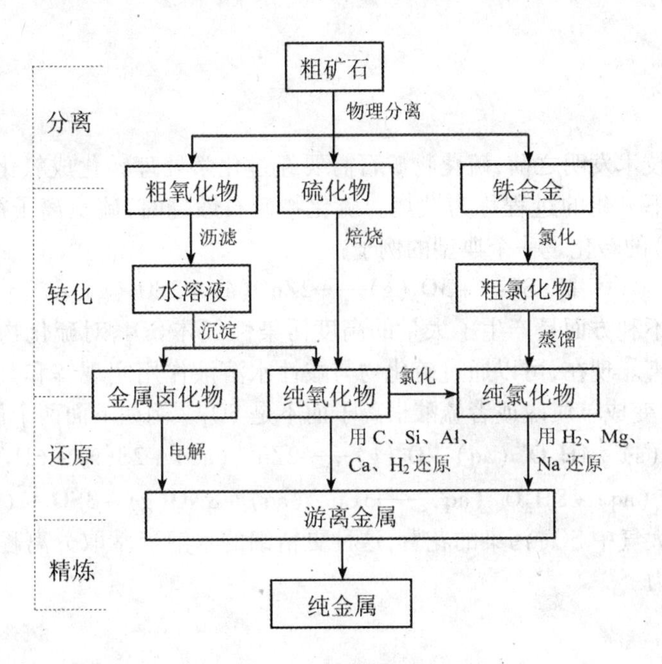

图 11.36　从矿石中提炼纯金属的流程图

分　离

经过采矿作业获得的矿石包含被其他组分如沙、泥土、有机物等污染的矿物。矿物分离可以采用物理的方法,也可以采用化学的方法。

浮选是一种常见的物理分离方法,最先发现和发展于澳大利亚。在浮选过程中,矿石被碾碎并且与水混合在一起形成粘稠的浆状物。如图 11.37 所示,表面附着表面活性剂的矿石颗粒浮在浆状混合物上部,形成泡膜,杂质沉于底部。

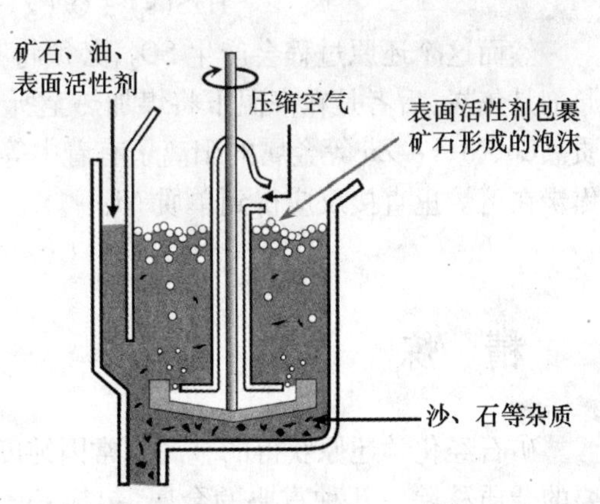

图 11.37　浮选过程示意图

表面活性剂的极性端包在矿物颗粒表面,非极性端指向外面,使得表面活性剂包覆的矿物颗粒憎水。空气从混合物下方进入,将油和被包覆的矿物带到表面,富集在泡沫里。由于尾矿对表面活性剂的亲和力低得多,它便吸收水分并且沉到浮选容器的底部。泡沫从顶部移走,尾矿从底部移走。

浸出是运用溶解性质分离矿物成分的一种化学分离技术。例如,黄金的生产是依靠从含金的岩石沉淀物中提取细小的金沙。岩石被碾碎后,用富氧的氰化钠水溶液处理,生成可溶的$[Au(CN)_2]^-$络离子:

$$4Au(s) + 8CN^-(aq) + O_2(g) + 2H_2O(l) \longrightarrow 4[Au(CN)_2]^-(aq) + 4OH^-(aq)$$

转　化

在萃取提取技术发明之前,硫化物矿石需要经过化学处理转化成氧化物。矿石在高温鼓入空气的条件下氧化的过程称为煅烧。硫化物矿石煅烧时,硫负离子被氧化,氧气被还原。闪锌矿(ZnS)的转化是一个典型的例子:

$$2ZnS(s) + 3O_2(g) \longrightarrow 2ZnO(s) + 2SO_2(g)$$

煅烧的一个不利方面是产生了大量的高度污染性气体 SO_2,对硫化物矿石熔炼厂周围环境造成严重危害。现在,可以通过硫化物与酸性水溶液作用实现锌和其他一些金属的萃取,其中硫离子转变成单质硫或者硫酸根离子而不是 SO_2。例如下面两个例子:

$$2ZnS(s) + 4H_3O^+(aq) + O_2(g) \longrightarrow 2Zn^{2+}(aq) + 2S(s) + 6H_2O(l)$$

$$3CuS(s) + 8NO_3^-(aq) + 8H_3O^+(aq) \longrightarrow 3Cu^{2+}(aq) + 8NO(g) + 3SO_4^{2-}(aq) + 12H_2O(l)$$

考虑到治理大气中 SO_2 污染的花费,这种更精细的水溶液萃取分离程序比煅烧转化在经济上更有竞争力。

还　原

一旦矿石达到一定的纯度,就能被还原成金属单质。既可以用化学的方法也可以用电解的方法来实现。因为需要大量的电能,电解方法非常昂贵。所以一般采用化学法还原,除非金属太活泼导致化学还原剂失效。水银很容易通过煅烧硫化物矿石来将其还原成单质。硫离子是还原剂,失去电子,O_2 和金属离子都得到电子:

$$HgS(s) + O_2(g) \longrightarrow Hg(l) + SO_2(g)$$

然而这个还原过程会产生 SO_2,必须将其从尾气中除去。冶金中最常用的一种化学还原剂是焦炭,后者是在高温下将煤加热至所有挥发性杂质都除去后由碳元素形成的一种物质。Co、Ni、Fe、Zn 等金属的阳离子有着中等负的还原电势,可以被焦炭还原。例如,NiO 与焦炭在熔炉里直接反应得到单质 Ni:

$$NiO(s) + C(s) \longrightarrow Ni(l) + CO(g)$$

精　炼

矿石经化学还原获得的金属常常因纯度不够而不能直接使用,进一步精炼能够将不需要的杂质移除。几种重要的金属,包括 Cu、Ni、Zn、Cr 都是通过电解来精炼的,它们要么来自金属盐的水溶液,要么来自不纯的金属的阳极泥。例如,将 ZnS 或者 ZnO 溶解在酸性溶液中得到 Zn^{2+},它能够进一步被电解还原得到金属 Zn,同时水被氧化。

$$Zn^{2+}(aq) + 2e^- \longrightarrow Zn(s)$$

$$6H_2O(l) \longrightarrow O_2(g) + 4H_3O^+(aq) + 4e^-$$

$$2Zn^{2+}(aq) + 6H_2O(l) \longrightarrow 2Zn(s) + O_2(g) + 4H_3O^+(aq)$$

铁和钢

铁是现代主要的结构材料,尽管铝和塑料的重要性在增加,但铁在结构材料中仍然排在第一。全球的钢（铁被添加剂所增强的产物）产量大约为每年9亿吨。

最重要的铁矿石是两种氧化物——赤铁矿 Fe_2O_3 和磁铁矿 Fe_3O_4。从矿石中生产铁，其过程包含几个发生在鼓风炉里的化学反应。如图 11.38 所示，这是一个集加热、还原、提纯于一体的巨大的化学反应器。

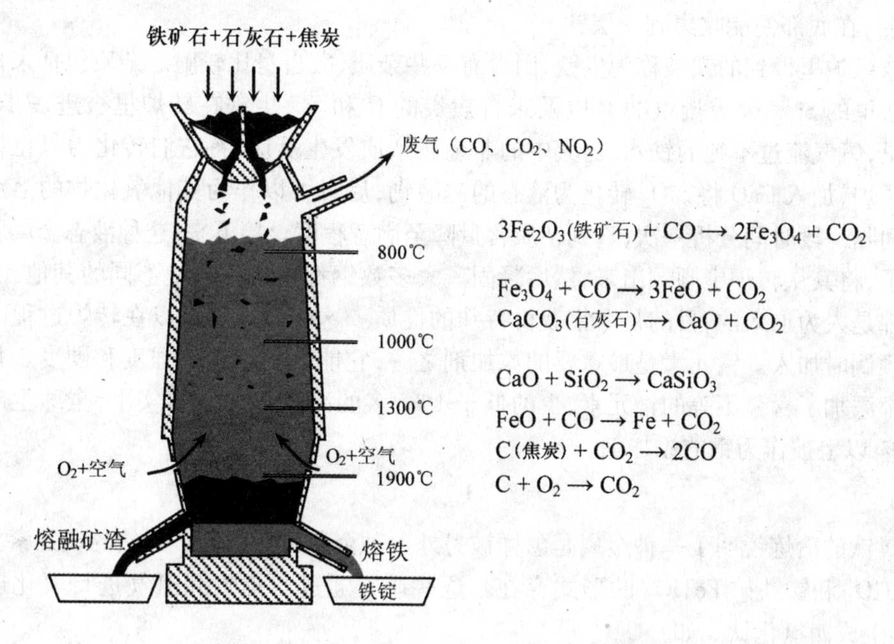

图 11.38　鼓风高炉及其内部发生的化学反应

鼓风炉里的初始物质包括矿石（通常是赤铁矿）和焦炭（作为还原剂）等。矿石中通常含有大量的二氧化硅 SiO_2，需要加入石灰石 $CaCO_3$ 通过反应将其除掉。将矿石、焦炭和石灰石颗粒混合均匀从熔炉顶部加入，热空气从底部鼓入，反应就开始了。随着初始原料从熔炉上方下落，焦炭发生燃烧，产生大量的热：

$$2C(s) + O_2(g) \longrightarrow 2CO(g) \qquad \Delta H^{\ominus} = -221kJ$$

结果是熔炉顶部温度为800℃，底部温度为1900℃，产生一个从顶部到底部的温度梯度。熔炉中，不同的温度区间氧化铁的还原程度不同，还原剂 CO 是由焦炭燃烧产生的。关键的反应如下：

$$3Fe_2O_3(s) + CO(g) \longrightarrow 2Fe_3O_4(s) + CO_2(g)$$
$$Fe_3O_4(s) + CO(g) \longrightarrow 3FeO(s) + CO_2(g)$$
$$FeO(s) + CO(g) \longrightarrow Fe(l) + CO_2(g)$$

铁从氧化物中分离出来后，当温度达到1500℃时，它便发生熔化并且聚集于熔炉底部的池子里。

伴随着加热和还原反应的发生，石灰石分解为氧化钙和 CO_2。紧接着 CaO 与矿石中的 SiO_2 杂质发生作用生成硅酸钙：

$$CaCO_3(s) \xrightarrow{\text{加热}} CaO(s) + CO_2(g)$$

$$CaO(s) + SiO_2(s) \xrightarrow{\text{加热}} CaSiO_3(l)$$

在鼓风炉的高温下，硅酸钙是液态的，被称为炉渣。由于密度比铁小，炉渣集中在熔融金属的表面。两种产物通过熔炉底部的出料口被定期排出。虽然这些化学反应很复杂,但其基本过程是氧化铁在无氧气氛下被碳还原。考古学家在坦桑尼亚发现了两千年前左右利用这个化学反应生产铁的古熔炉。早期的非洲人在地上挖一个洞,利用白蚁残渣作为燃料,加入铁矿石,用烧焦的芦苇和木炭作为还原剂,最后加上一个泥做的烟囱。当这个熔炉被"烧成"后,在底部便能收集到一层铁。

在鼓风炉里得到的铁被称为生铁,因含有一些杂质,故自身比较脆。杂质包括来自原矿中硅酸盐里的 Si 和磷酸盐里的 P 以及来自焦炭的 C 和 S。生铁在转炉里被进一步精炼。在转炉里,氧气流过不纯的铁水,与其中的非金属杂质发生反应,将它们转化为氧化物。类似于鼓风炉,加入 CaO 将 SiO_2 转化为液态的硅酸钙,后者可以作为其他氧化物的溶剂。熔融的铁间隔一段时间分析一次,直到杂质含量降至满意程度。接下来,这种液态金属就可以称为钢了,将其从转炉中倾倒出来,然后凝固。大多数钢都包含了含量不同的其他元素,这些元素都是人为加入的,目的是令钢获得特殊的性质。这些添加剂可以在转炉过程中加入或者在倾倒时加入。锰元素是最重要的添加剂之一,它能够增强钢的强度和硬度。几乎所有的钢都添加了含量不等的锰元素,少的低于 1%,多的高于 10%。事实上,全球生产的锰元素 80% 以上被作为钢的添加剂。

钛

金属钛的冶炼说明了一种金属是怎样被另外一种金属所还原的。天然的钛元素主要以金红石 TiO_2 和钛铁矿 $FeTiO_3$ 的形式存在。这些矿石通过与焦炭和氯气进行氧化还原反应,能够生成四氯化钛。如:

$$TiO_2(s) + C(s) + 2Cl_2(g) \xrightarrow{500℃} TiCl_4(g) + CO_2(g)$$

在这个反应里,碳被氧化,氯被还原。当产物气体冷却时,四氯化钛冷凝成液体,可以通过蒸馏进行提纯。金属钛是通过四氯化钛高温下被熔融的金属镁还原而制得的。利用这个反应可得到固态的金属钛(mp = 1660℃)和液态的氯化镁(mp = 714℃):

$$TiCl_4(g) + 2Mg(l) \xrightarrow{850℃} Ti(s) + 2MgCl_2(l)$$

铜

铜在自然界中主要以黄铜矿($FeCuS_2$)的形式存在,其他重要的铜矿有辉铜矿(Cu_2S)、赤铜矿(Cu_2O)和孔雀石($Cu_2CO_3(OH)_2$),天然的单质铜在某些地方也被发现过。铜矿中通常含铜的质量分数低于 1%,因此为了实现一定的经济效益,需要大规模地采矿作业。从黄铜矿中提取和提纯金属铜是非常复杂的,因为需要除掉其中的铁元素。操作的第一步是浮选,使得矿石中 Cu 的质量分数达到 15%。第二步是将浓缩的矿石进行煅烧,$CuFeS_2$ 转化为 CuS 和 FeO:

$$2FeCuS_2(s) + 3O_2(g) \longrightarrow 2CuS(s) + 2FeO(s) + 2SO_2(g)$$

当温度低于 800℃时,硫化铜是不受影响的。将 CuS 和 FeO 的混合物在 SiO_2 存在的情况下加热至 1400℃后,物质发生熔融,并且分成两层。上层是由 SiO_2 和 FeO 反应生成的熔融 $FeSiO_3$,伴随着上层反应的发生,下层的 CuS 被还原生成 CuS_2。故下层是由熔融的 CuS_2 组成的,其中存在少量 FeS。CuS_2 的还原在转炉里进行,遵循与生铁炼钢相同的原则。加入硅土,氧气吹过熔融的混合物。含铁的杂质首先转化为 FeO,接着生成 $FeSiO_3$,后者以液态形式存在，浮在表面。同时 CuS_2 转化为 Cu_2O，Cu_2O 能进一步与 CuS_2 反应生成金属铜和 SO_2：

$$2Cu_2S(l) + 3O_2(g) \longrightarrow 2Cu_2O(l) + 2SO_2(g)$$

$$2Cu_2O(l) + Cu_2S(l) \longrightarrow 6Cu(l) + SO_2(g)$$

从转炉里出来的铜必须进一步精炼至纯度高于 99.95% 才能用做电线。这一步是通过电解来实现的，如图 11.39 所示。

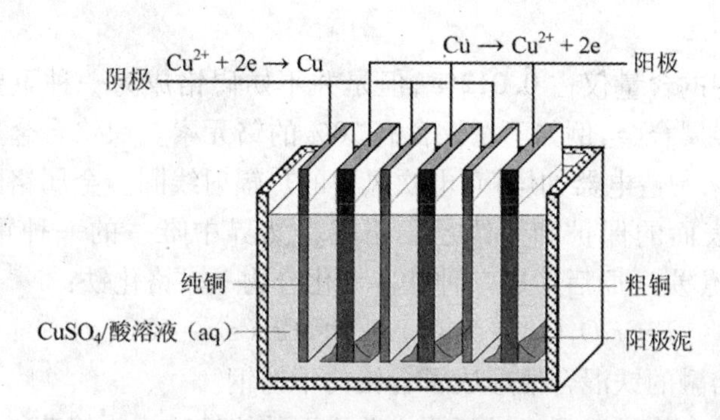

图 11.39　铜电解提纯示意图

将粗铜制成厚板状作为电解池的阳极。阴极由纯铜的薄片构建而成。这些电极被浸入溶有硫酸铜的稀硫酸溶液中。控制电压使得阳极的铜和铁、镍等杂质被氧化为阳离子。活性较低的杂质不被氧化，包括银、金和铂等。随着电解的进行，阳极不断地溶解，未被氧化的金属和其他杂质沉入电解池的底部。阳极释放的阳离子经过电解液迁移至阴极。因为 Cu^{2+} 较 Fe^{2+} 和 Ni^{2+} 易于被还原，小心地控制电解的电压可以使 Cu^{2+} 沉积在阴极 Cu 片上，而将 Fe^{2+} 和 Ni^{2+} 留在溶液里。

11.7　过渡金属的应用

对所有的过渡金属进行完整讨论已超出了本书的范围。这里我们只对那些突出显示了过渡金属差异性和效用的几种金属进行简要的概述。

钛

钛在地壳中的含量位居第九位。金属钛的特点是强度高、密度低（约为钢的 57%）、高温稳定性好。当加入少量的铝或者锡时，金属钛便成了强度质量比最高的工程金属。金属钛主要应用在航天器框架和喷气发动机的建造上。由于金属钛具有高度的耐腐蚀性，它也被用于制造化学工业和外科植入手术中使用的管、泵、器皿等。因为很难提纯和加工，钛是一种很贵的金属。例如，金属钛制成的自行车虽然受到自行车爱好者的热捧，然而造价却十分昂贵，仅仅一个车架的价格就超过了 1000 美元。最重要的钛化合物是二氧化钛 TiO_2，全球每年的产量超过 200 万吨，绝大部分是由 $TiCl_4$ 的可控燃烧制备的：

$$TiCl_4(g) + O_2(g) \xrightarrow{1200℃} TiO_2(s) + 2Cl_2(g)$$

燃烧反应产生的 Cl_2 可以循环使用,从金红石矿中制备出更多的 $TiCl_4$。由于 Ti^{4+} 离子的 d^0 电子排布,二氧化钛呈现出亮白色。此外,它高度不透明,具有化学惰性,无毒,因此广泛应用于涂料、造纸、遮光剂、化妆品、牙膏等领域,几乎所有白色的商业产品中都包含有 TiO_2。

铬

虽然铬在地壳中的含量仅占 0.012%,但是并不妨碍铬成为一种重要的工业金属。铬的主要用途是制造金属合金,例如不锈钢含有 20% 的铬元素。镍铬合金里镍与铬的比例为 60∶40,它主要被用来制造电器如烤箱、电吹风中的热辐射线圈。金属铬的另外一个重要应用是作为金属物品表面的保护和装饰层。铬在自然界中唯一的一种重要矿石是铬铁矿($FeCr_2O_4$)。后者被焦炭还原后形成一种铁－铬化合物——铬化铁:

$$FeCr_2O_4(s) + 4C(s) \longrightarrow FeCr_2(s) + 4CO(g)$$

铬化铁直接与熔融的铁混合便形成了含铬的不锈钢。

高纯度的铬的化合物可以不经过还原成单质而从铬铁矿中直接获得。该流程的第一步是在碳酸钠存在的情况下对铬铁矿石进行煅烧:

$$4FeCr_2O_4 + 8Na_2CO_3 + 7O_2 \xrightarrow{1100℃} 8Na_2CrO_4 + 2Fe_2O_3 + 8CO_2$$

产物在硫酸的作用下转变成重铬酸钠:

$$2Na_2CrO_4 + H_2SO_4 \longrightarrow Na_2Cr_2O_7 + Na_2SO_4 + H_2O$$

对溶液进行蒸发浓缩,即可析出 $Na_2Cr_2O_7 \cdot 2H_2O$ 晶体。这个化合物是化学工业中最重要的铬化合物的来源。它是大多数含铬化合物的起始原料,包括 $(NH_4)_2Cr_2O_7$(重铬酸铵)、Cr_2O_3(三氧化二铬)和 CrO_3(三氧化铬)。

纯的金属铬是经过两步还原而成的。首先,重铬酸钠在木炭存在的情况下加热被还原为三氧化二铬:

$$Na_2Cr_2O_7 + 2C \xrightarrow{加热} Cr_2O_3 + Na_2CO_3 + CO$$

将 Cr_2O_3 溶于硫酸溶液中得到 Cr^{3+} 的水溶液:

$$Cr_2O_3(s) + 6H_3O^+(aq) \longrightarrow 2Cr^{3+}(aq) + 9H_2O(l)$$

将溶液电解还原便能得到纯的金属铬,后者沉积在作为阴极的物体表面形成一个坚硬而稳定的薄膜。金属铬的名称源于希腊语 charoma,意思是“颜色”,因为金属铬的化合物表现出各种各样的颜色。

铬化合物作为颜料使用已经很多年了。例如,$Na_2Cr_2O_7$ 呈现出鲜艳的橘红色,Cr_2O_3 是绿色的,CrO_4^{2-} 的盐呈现出亮黄色。然而,近些年来铬颜料的使用正在减少,因为 +6 价的铬是致癌物质。

铬在将兽皮转化为皮革制品的工艺中也是非常重要的。在制革过程中,用 Cr(Ⅲ) 盐的碱性溶液处理兽皮,使胶原蛋白发生交联。从而使兽皮的韧性得到加强,并且变得柔软和具备抗生物腐蚀性。

铜、银和金

人类最早知道的三种纯金属也许是铜、银和金,它们被统称为造币金属,因为它们很早就用作金属钱币。三种金属在自然界中都有游离态存在的形式,在人类文明历史上价值一直很高。已知的最早的金币出现于大约 5400 年前的埃及。在大约相同的年代,中东人利用木炭还原铜矿获得了金属铜。约 500 年后在小亚细亚(土耳其),人们开发出了最早的金属银的冶炼术。三种金属都是优良的导电体,都具有很好的耐腐蚀性。这些性质再加上相对较低的成本,使得金属铜成为现代社会最有用的金属之一。全球生产的约一半的金属铜用于制造电线,铜也广泛用于制备管材。

铜还用于制造几种重要的合金,其中最重要的是青铜和黄铜。两种合金是由铜与少量的锌和锡按照不同的比例混合而成的。青铜中锡的含量超过锌,而黄铜中则相反。约 5000 年前,青铜的发现推动了人类文明的发展,今天我们称之为青铜时代。在古代,由于青铜比其他已知的金属更坚硬和坚固,它成为印度文明和地中海文明的支柱,广泛用于制作工具、炊具、武器、硬币和艺术品。今天,青铜的主要应用是作为支撑物、配件和机器的部件。

铜具有一定的抗氧化性,但是时间长了金属表面会形成一层绿色的腐蚀层,称为铜绿。这种绿色的化合物由 Cu^{2+}、氢氧根离子、硫酸根离子和碳酸根离子组成,是在 CO_2 和少量 SO_2 存在的情况下被空气氧化形成的:

$$3Cu + 2H_2O + SO_2 + 2O_2 \longrightarrow Cu_3(OH)_4SO_4$$

$$2Cu + H_2O + CO_2 + O_2 \longrightarrow Cu_2(OH)_2CO_3$$

虽然痕量的铜对所有的生命都是必需的,但是过量的铜是有害的。因此,Cu(Ⅱ)盐特别是 $CuSO_4 \cdot 5H_2O$ 可以用作杀虫剂和木材防腐剂的原料。木材被 Cu^{2+} 溶液浸泡或者涂上含有 Cu^{2+} 的涂料能够抵抗细菌、海藻、真菌的降解。

银通常作为其他大型矿石如铜和锌的伴生矿出现。商业上的大多数金属银是作为常见金属的副产物出现的。例如,电解精炼金属铜产生的固体阳极残留物富含银和其他贵金属。从残留物中分离银可以将金属氧化成硝酸盐,硝酸银是几种可溶的银盐之一。纯的金属银可以通过进一步电解上述溶液沉积获得。银可以以纯银的形式用作餐具,或者加入少量的铜以提高硬度。银也用于制造饰品、镜子、电池。在数码相机出现之前,它的主要用途之一是作为相机底片的感光材料。在空气中银并不能被直接氧化为简单的氧化物,而是在少量硫化氢存在的情况下形成黑色的污点:

$$4Ag + 2H_2S + O_2 \longrightarrow 2Ag_2S + 2H_2O$$

采用浸出法提取黄金前面已经介绍过了。黄金广泛用于珠宝制造。有趣的是,Au(Ⅰ)的化合物在治疗风湿性关节炎方面非常有效,这也是某些含金化合物具有抗癌性质的最新证据。

锌和汞

锌和汞在地壳中以硫化物矿的形式存在,其中最常见的是闪锌矿 ZnS 和辰砂 HgS。从这些矿物中分离和提纯金属的方法在前面已经介绍了,这里不再赘述。全球的大多数锌用

来防止钢铁的腐蚀。锌比铁容易腐蚀,因为 Zn^{2+} 具有更负的还原电势:

$$Fe^{2+} + 2e^- \longrightarrow Fe \qquad E^\ominus = -0.447V$$

$$Zn^{2+} + 2e^- \longrightarrow Zn \qquad E^\ominus = -0.7618V$$

因此,锌的镀层优先被氧化,从而保护钢铁免于腐蚀。锌镀层有几种镀法:一是浸入熔融的锌;二是涂上含锌的粉末;三是电镀。可用锌与铜和锡结合来制备黄铜和青铜,大量的锌还用于制备几种类型的电池。氧化锌是最重要的锌化合物。它的工业应用主要是作为催化剂,目的是缩短橡胶硫化的时间。它也可用作涂料中的白色颜料或者用于化妆品和影印纸。在日常生活中,ZnO 主要作为遮光剂使用。

早在几个世纪前,人们就利用金属汞从金矿和银矿中提取金和银。金和银能与液态汞形成汞齐,通过蒸馏又能将汞除去而得到纯的贵金属。两千年前罗马人从沉积物中开采了辰砂 HgS。16 世纪,西班牙人将获得的汞运往美洲用于提取金属银。汞是街灯和荧光灯里的一种重要组成成分,也可用于温度计、气压计、气压校准仪、电器开关和电极等。

铂族金属

Ru、Os、Rh、Ir、Pd 和 Pt 这六种过渡金属被统称为铂族元素。这样命名是因为铂在这六种金属中最为人们所熟悉,自然界中的丰度也最高。这些元素在矿床上经常混合在一起,表现出许多共同的性质。虽然铂族金属非常稀少(全世界产量仅为约 200 吨每年),但它们却在现代社会中发挥出了重要作用。铂族金属是提取一些普通金属如铜、镍珍贵的副产物,精炼铜剩余的阳极泥是它们的一个特别重要的来源。这些金属的提纯过程太过于复杂,这里不予介绍,只需知道最后一步还原由氢气和金属卤素的络合物发生反应即可。

到目前为止,铂族金属最重要的用途是作为催化剂,最广泛的应用是作为汽车尾气处理系统的催化转换器。铂是催化转换器的主催化剂,其中还包括铑和钯。这些元素在化学和石油工业中对许多种反应具有催化作用。例如,铂用作硝酸生产中氨氧化的催化剂:

$$4NH_3 + 5O_2 \xrightarrow{\text{Pt 网,约 900℃}} 4NO + 6H_2O$$

钯可以用作食品工业催化加氢的催化剂,铑可以用作醋酸生产的催化剂:

$$CH_3OH + CO \xrightarrow{\text{Rh,175℃}} CH_3COOH$$

锇和铱是元素周期表中密度最大的两种元素,体积如网球大小的该金属质量可以达到惊人的 3.4kg。

习　题

11.1　给出下列每一种化合物中过渡金属的氧化态。

(a) $MnCO_3$　(b) $MoCl_5$　(c) Na_3VO_4　(d) Au_2O_3　(e) $Fe_2(SO_4)_3 \cdot 5H_2O$

(f) $NiSO_4$　(g) $KMnO_4$　(h) $(NH_4)_2WO_4$　(i) $PbCrO_4$　(j) $ZrOCl_2 \cdot 8H_2O$

11.2　写出下列过渡金属阳离子的价层电子排布。

(a) Mn^{2+}　(b) Ir^{3+}　(c) Ni^{2+}　(d) Mo^{2+}

(e) Ti^{2+}　(f) Fe^{3+}　(g) Pt^{2+}　(h) Nb^{3+}

11.3　能作为配体的物质必须是路易斯碱。试解释原因。

11.4　分别给出 4 种电荷为 1 - 的单原子配体和单齿配体。

11.5　什么是螯合物？运用路易斯结构举例说明草酸根离子 $C_2O_4^{2-}$ 怎样作为螯合配体。

11.6　$EDTA^{4-}$ 含有多少个可能的配位原子？

11.7　络离子 $[Cu(OH_2)_4]^{2+}$ 的形成可以看作是路易斯酸碱反应的结果：

(a)解释这种说法。

(b)给出这个反应中的路易斯酸和路易斯碱的结构式。

(c)给出配体的化学式。

(d)给出提供配位原子的化学物质名称。

(e)哪一个原子是配位原子？为什么？

(f)给出接受体的化学物质的名称。

11.8　为什么在洗发液中加入 $EDTA^{4-}$ 盐能提高在硬水中的洗发效果？(硬水中一般含有很高浓度的金属离子，如 Ca^{2+}、Mg^{2+})

11.9　钴离子 Co^{3+} 能和 $EDTA^{4-}$ 形成 1∶1 的络合物。如果络合物净电荷不为零，请给出它的净电荷和其合适的化学式(用符号 EDTA 表示)。

11.10　$[Cr(NH_3)_6]^{3+}$ 和 $[Cr(en)_3]^{3+}$ 哪一个的 β_n 值比较大？为什么？

11.11　什么是配位数？中心离子配位数为 4 的络合物的常见几何构型有哪些？

11.12　画出仅包含一种单齿配体的八面体络合物的结构。

11.13　什么是异构体？

11.14　什么是顺铂？画出它的结构式。

11.15　选择合适的坐标轴，画出 5 个 d 轨道的轮廓图。

11.16　哪些 d 轨道指向 x、y、z 轴之间，哪些沿着坐标轴？

11.17　解释为什么八面体络合物中 $d_{x^2-y^2}$ 和 d_{z^2} 轨道的电子与配体电子之间的排斥力比 d_{xy}、d_{xz}、d_{yz} 中的电子要大。

11.18　如果络合物呈现出红色，那么它吸收什么颜色的光？如果是黄色呢？

11.19　八面体络合物中哪些 d 电子排布既可以形成低自旋络合物也可以形成高自旋络合物？

11.20　用能级图说明当络离子 $[Fe(CN)_6]^{4-}$ 吸收可见光的光子时，它的 d 轨道电子排布发生了什么变化。

11.21　络离子 $[Co(O_2C_2O_2)_3]^{3-}$ 是顺磁性的。画出它的 d 轨道能级图，给出电子占据的轨道。

11.22　考虑络合物 $[M(OH_2)_2Cl_4]^-$，如下图所示。假设络合物结构发生了扭曲，形成下图右边的结构，配体水分子沿着 z 轴向外移动了一定的距离，而四个氯离子沿着 x，y 轴向里移动了一定的距离。这种扭曲对 d 轨道的分裂类型有什么影响？画出两种分裂类型的草图并说明得出的结论。

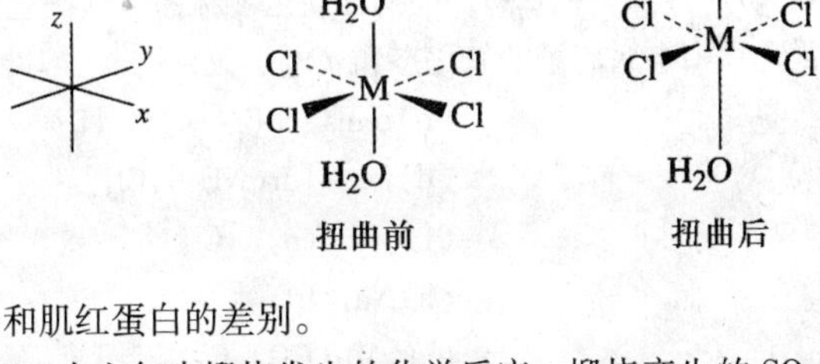

扭曲前　　扭曲后

11.23　总结血红蛋白和肌红蛋白的差别。

11.24　写出 Cu_2S 和 PbS 在空气中煅烧发生的化学反应。煅烧产生的 SO_2 可以怎样处理而不向环境释放？写出化学方程式。为什么硫酸厂一般建在硫化物矿石煅烧厂附近？

11.25　写出 Fe_2O_3 在鼓风炉里发生的还原反应。在鼓风炉里活性的还原剂是什么？

11.26　生铁和钢的区别是什么？

11.27　Fe(Ⅲ)离子与六个氰酸根离子形成铁氰酸根络离子。络离子携带的静电荷是多少？写出它的分子式。

11.28　写出下列分子或者离子作为配体时的名称：

(a)$C_2O_4^{2-}$　(b)S^{2-}　(c)Cl^-　(d)$(CH_3)_2NH$　(e)NH_3

(f)N^{3-}　(g)SO_4^{2-}　(h)CH_3COO^-

11.29　给出下列分子或者离子的 IUPAC 名称：

(a)$[Ni(NH_3)_6]^{2+}$　(b)$[CrCl_3(NH_3)_3]$　(c)$[Co(NO_2)_6]^{3-}$

(d)$[Mn(CN)_4(NH_3)_2]^{2-}$　(e)$[Fe(O_2C_2O_2)_3]^{3-}$　(f)$[AgI_2]^-$

11.30　络合物$[FeCl_2(OH_2)_2(en)]$中，铁的配位数是多少？氧化数是多少？

11.31　下列化合物通常被称为二乙撑三胺(diethylenetriamine)，简称为“dien”

$$H_2N—CH_2—CH_2—NH—CH_2—CH_2—NH_2$$

当它与过渡金属离子成键时，使用三个配位原子。

(a)确定配位原子。

(b)$[Co(dien)_2]^{3+}$络离子中 Co 的配位数是多少？

(c)画出络离子$[Co(dien)_2]^{3+}$。

(d)$[Co(dien)_2]^{3+}$和$[Co(NH_3)_6]^{3+}$两者的 β_n 值哪一个更大？

(f)画出三乙撑四胺的结构。

11.32　画出平面四边形络合物$[Pt(NH_3)_2ClBr]$的异构体结构。

11.33　$[Co(NH_3)_3Cl_3]$存在两种异构体，分别画出它们的结构。

11.34　下列几组络离子中，哪一个络离子的 Δ_o 值较大？

(a)$[Cr(OH_2)_6]^{2+}$和$[Cr(OH_2)_6]^{3+}$

(b)$[Cr(en)_3]^{3+}$和$[CrCl_6]^{3-}$

11.35　将下列络合物按照最大吸收波长从小到大的顺序排列。

$[Cr(OH_2)_6]^{3+}$　$[CrCl_6]^{3-}$　$[Cr(en)_3]^{3+}$　$[Cr(CN)_6]^{3-}$

$[Cr(NO_2)_6]^{3-}$　$[CrF_6]^{3-}$　$[Cr(NH_3)_6]^{3+}$

11.36　下列几组络合物中，哪一个具有较短的光吸收波长？证明你的结果。

(a)$[Ru(NH_3)_5Cl]^{2+}$和$[Fe(NH_3)_5Cl]^{2+}$

(b)$[Ru(NH_3)_6]^{2+}$和$[Ru(NH_3)_6]^{3+}$

11.37　假设八面体络合物$[CoA_6]^{3+}$是红色的，$[CoB_6]^{3+}$是绿色的。试问，配体 A 和 B 中哪一个产生的晶体场分裂能 Δ_o 值更大？试解释之。

11.38　络离子$[CoF_6]^{4-}$更可能是低自旋的还是高自旋的？它有可能是顺磁性的吗？

11.39　分别画出$[Fe(OH_2)_6]^{3+}$和$[Fe(CN)_6]^{3-}$的 *d* 轨道能级图。预测它们的未成对电子数目。

11.40　确定下列配位化合物中金属离子的氧化态和 *d* 电子数目：

(a)$[Ru(NH_3)_6]Cl_2$　(b)trans-$[Cr(en)_2I_2]I$

(c)cis-$[PdCl_2(P(CH_3)_3)_2]$　(d)fac-$[Ir(NH_3)_3Cl_3]$

(e)$[Ni(CO)_4]$　(f)$[Rh(en)_3]Cl_3$

(g)cis-$[Mo(CO)_4Br_2]$　(h)$Na_3[IrCl_6]$

(i)mer-$[Ir(NH_3)_3Cl_3]$　(j)$[Mn(CO)_5Cl]$

11.41　写出下列络合物的化学式：

(a)顺--一氯一硝基四氨合钴(Ⅲ)　(b)三氯一氨合铂(Ⅱ)酸根

(c)反-二乙二胺基二水合铜(Ⅱ)离子　　(d)四氯合铁(Ⅲ)酸根

11.42　对于下列金属离子的八面体络合物，画出它们的晶体场能量图和电子所占据的轨道，如果同时存在高自旋和低自旋，则分别给出两种情况下电子所占据的轨道。

(a)Ti^{2+}　(b)Cr^{3+}　(c)Mn^{2+}　(d)Fe^{3+}　(f)Cr^{2+}　(g)Co^{2+}　(h)Rh^{3+}

11.43　预测下列络合物是顺磁性还是抗磁性。如果是顺磁性的，给出它们的未成对电子数目，并且估计它们的磁矩：

(a)$[Ir(NH_3)_6]^{3+}$　(b)$[Cr(OH_2)_6]^{2+}$

(c)$[PtCl_4]^{2-}$(平面四边形构型)　(d)$[Pd(P(CH_3)_3)_4]$(平面四边形构型)

(e)$[Ru(CN)_6]^{4-}$　(f)$[Co(NH_3)_6]^{3+}$

(g)$[CoBr_4]^{2-}$(四面体构型)　(h)$[Pt(en)Cl_2]$(平面四边形构型)

11.44　络离子$[Cr(OH_2)_6]^{3+}$和$[Cr(NH_3)_6]^{3+}$中一个是紫罗兰色的，另一个是橘红色的。分别予以确定，并解释之。

11.45　络合物$[Fe(en)_3]Cl_3$是低自旋的。试问：

(a)金属的配位数　(b)金属的氧化态和d电子数目

(c)络合物的几何构型　(d)络合物的是顺磁性的还是抗磁性的

(e)络合物中未成对电子数目　(f)络合物的磁矩

11.46　Cr^{2+}(aq)的水溶液是顺磁性的，加入氰化钠后溶液变成抗磁性。运用晶体场理论解释为什么前后溶液的磁性不同。

11.47　络离子$[Cr(NH_3)_6]^{3+}$最大吸收波长为465nm。计算这种化合物的晶体场分裂能并预测它的颜色。

11.48　画出下列化合物的可能异构体：

(a)$[Ir(NH_3)_3Cl_3]$　(b)$[Pd(P(CH_3)_3)_2Cl_2]$

(c)$[Cr(CO)_4Br_2]$　(d)$[Cr(en)(NH_3)_2I_2]$

11.49　碳酸根离子可以作为单齿配体，也可以作为双齿配体。画出两种情况下配体与金属阳离子成键的草图。

11.50　写出下列物质的电子排布：

(a)Cr，Cr^{2+}，Cr^{3+}　(b)V，V^{2+}，V^{3+}，V^{4+}，V^{5+}　(c)Ti，Ti^{2+}，Ti^{4+}

(d)Au，Au^{+}，Au^{3+}　(e)Ni，Ni^{2+}，Ni^{3+}　(f)Mn，Mn^{2+}，Mn^{4+}，Mn^{7+}

11.51　Cu^{2+}能够与一些阴离子配体形成四面体络合物。将$CuSO_4 \cdot 5H_2O$溶于水中形成一种蓝色的溶液。当加入KF水溶液时，得到一种绿色沉淀，但是加入KCl水溶液却得到亮绿色溶液。试问这两种绿色物质分别是什么？写出其中的化学反应方程式。

11.52　画出$[NiCl_3F_3]^{4-}$的经式异构体的结构式，使得氟离子分别处于顶部、底部和左侧纸面外侧。

11.53　配体Cl^-和CN^-分别位于光谱化学序列的两端。然而，实验表明$[CrCl_6]^{3-}$和$[Cr(CN)_6]^{3-}$却表现出相同的磁性质。解释原因。

11.54　在八面体几何构型中，电子排布为d^4-d^7的第一系列过渡金属磁性取决于配体和金属的氧化态。另一方面，d^1-d^3和d^8-d^9的过渡金属络合物总是表现出相同的磁性质。解释原因。

11.55　在八面体络合物中，$d_{x^2-y^2}$和d_{z^2}轨道是简并的，然而在四面体络合物中，$d_{x^2-y^2}$的能量比d_{z^2}要高。运用轨道轮廓图解释这种差别。

11.56　已知重铬酸根离子$[Cr_2O_7]^{2-}$含有一个O原子桥，试确定它的路易斯结构，画出显示其几何构型的模型。

11.57　蓝铜蛋白当包含Cu^{2+}时是蓝色的，当包含Cu^{+}时则是无色的。颜色的产生源于光子导致的巯基丙氨酸上S原子的孤对电子向中心离子的转移。为什么电荷转移作用只发生在Cu^{2+}上而不发生在Cu^{+}上？

11.58　研究金属蛋白最常见的一种方法是将天然的金属离子换成另外一个对于化学研究有利的金属元素。例如,经常用 Co^{2+} 取代锌蛋白中的 Zn^{2+} 后,再用可见光谱进行研究。运用晶体场能量图解释为什么 Co^{2+} 比 Zn^{2+} 更加适合可见光谱。

11.59　对于铬的八面体络合物 $[Cr(NH_3)_5L]^{n+}$,当 L 分别为 Cl^-、H_2O、NH_3 时,最大吸收波长分别为 515nm、480nm、465nm。

(a)每种络合物中 n 值分别是多少?

(b)预测三种络合物的颜色。

(c)计算每种络合物中晶体场分裂能的大小,并解释它们值的相对大小。

11.60　预测四羰基合镍(0)和四氰基合锌(Ⅱ)酸根离子的几何构型和颜色。

11.61　预测下列络合物是高自旋的还是低自旋的,并估计它们的磁矩。

(a) $[Fe(CN)_6]^{4-}$　　(b) $[MnCl_4]^{2-}$　　(c) $[Rh(NH_3)_6]^{3+}$　　(d) $[Co(OH_2)_6]^{2+}$

11.62　19 世纪 90 年代,瑞士化学家 Alfred Werner 制备了几种含有氨基和氯离子的铂络合物。他通过 Cl^- 与 Ag^+ 形成沉淀的办法确定了它们的准确分子式。下表给出了这些络合物的经验化学式和每一个分子中参与沉淀的氯离子数目。

经验分子式	参与沉淀的氯离子数目
$PtCl_4 \cdot 2NH_3$	0
$PtCl_4 \cdot 3NH_3$	1
$PtCl_4 \cdot 4NH_3$	2
$PtCl_4 \cdot 5NH_3$	3
$PtCl_4 \cdot 6NH_3$	4

确定这些铂络合物的分子式,给出名称并画出其结构式。

第 12 章　化学反应动力学

12.1　反应速率

第 6 章中,我们学习了自发反应的定义,知道 ΔG 值决定着反应能否自发进行,但 ΔG 值并不能描述反应进行的快慢程度。例如,钻石(金刚石)转化为石墨的热力学数据告诉我们这是一个自发反应,但是我们知道这样的反应非常慢!由氢气和氮气生成氨气的反应:

$$3H_2(g) + N_2(g) \longrightarrow 2NH_3(g)$$

也有热力学上自发进行的趋势,但是在室温和大气压下观察不到任何产物。还有许多其他自发反应的例子,自发反应的速率非常慢,以致于在有限的时间内(在某些情况下,数年)我们不能观察到任何变化。

化学动力学能够帮助我们理解反应为什么能以一种特殊的方式发生。研究反应速率通常是通过监测反应进行过程中反应物或产物的浓度而进行的,对假设反应 $A \rightarrow 2B$,如图 12.1 所示。

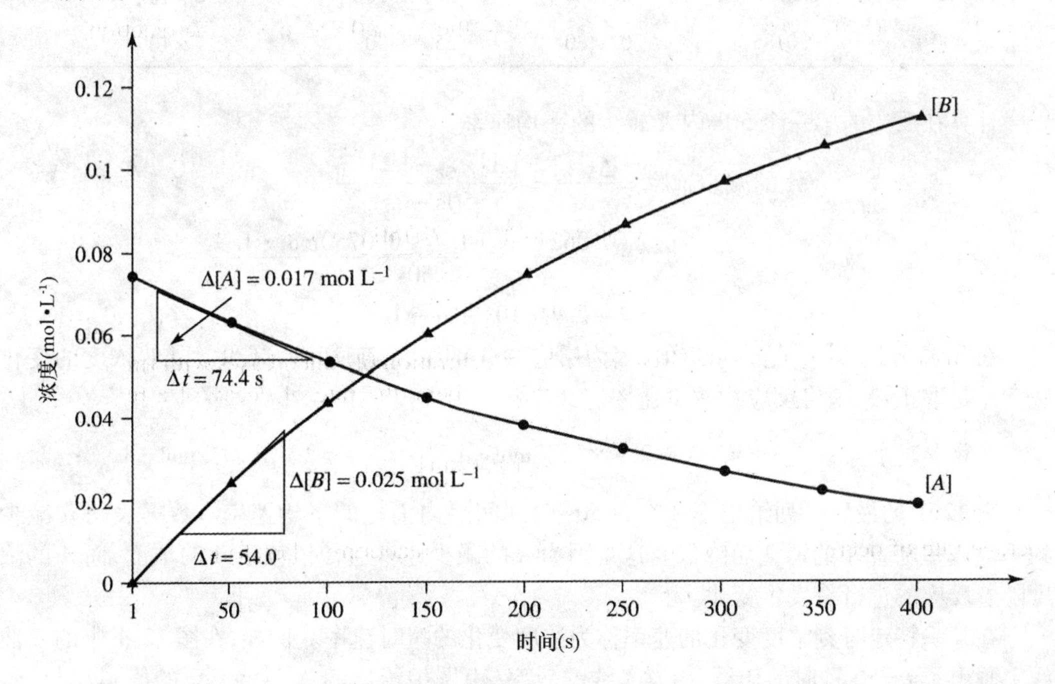

图 12.1　反应 $A \rightarrow 2B$ 反应过程中 A 和 B 浓度变化与时间的关系

图 12.1 表明了反应物 A 的浓度随着时间的增加而降低,与此同时,产物 B 的浓度随着时间的增加而增加。根据图 12.1 中曲线的斜率可确定 A 的消耗速率和 B 的生成速率。反

应物 A 的消耗速率如下所示：

$$反应物 A 的消耗速率 = ([A]_{t_2} - [A]_{t_1})/(t_2 - t_1) = \frac{\Delta[A]}{\Delta t}$$

式中，方括号表示浓度，单位为 $mol \cdot L^{-1}$，符号 Δ 表示给定量(最终值－起始值)的变化。同样，生成物 B 的生成速率如下所示：

$$生成物 B 的生成速率 = ([B]_{t_2} - [B]_{t_1})/(t_2 - t_1) = \frac{\Delta[B]}{\Delta t}$$

根据惯例，不论浓度是增加还是减小，生成和消耗的速率总是取正值。

表 12.1　对应于图 12.1 各时间段中 A 和 B 的浓度测量值以及平均速率

时间/s	$[A]$ $(mol \cdot L^{-1})$	$[B]$ $(mol \cdot L^{-1})$	时间段(s)	$-\frac{\Delta[A]}{\Delta t}$ $(mol \cdot L^{-1} \cdot s^{-1})$
0	0.0750	0.0		
50	0.0629	0.0242	0→50	2.4×10^{-4}
100	0.0529	0.0442	50→100	2.0×10^{-4}
150	0.0444	0.0612	100→150	1.8×10^{-4}
200	0.0372	0.0756	150→200	1.4×10^{-4}
250	0.0313	0.0874	200→250	1.2×10^{-4}
300	0.0262	0.0976	250→300	1.0×10^{-4}
350	0.0220	0.1060	300→350	0.8×10^{-4}
400	0.0185	0.1130	350→400	0.7×10^{-4}

计算在反应的第一个 50s 内 A 减少的平均速率。

$$A 的减少速率 = \frac{\Delta[A]}{\Delta t} = \frac{[A]_{t=50} - [A]_{t=0}}{50s - 0s}$$

$$= \frac{0.0629 mol \cdot L^{-1} - 0.0750 mol \cdot L^{-1}}{50s}$$

$$= -2.4 \times 10^{-4} mol \cdot L^{-1} \cdot s^{-1}$$

在此情况下，$\Delta[A]$是一个负值，因为反应物 A 的浓度随时间而减少。既然浓度的变化速率总是取正数，则将反应物减少速率定义为：

$$A 的减少速率 = -\frac{\Delta[A]}{\Delta t} = -(-2.4 \times 10^{-4} mol \cdot L^{-1} \cdot s^{-1}) = 2.4 \times 10^{-4} mol \cdot L^{-1} \cdot s^{-1}$$

表 12.1 的最后一列给出了 A 在每 50s 时间间隔内消耗的平均速率。数据表明 A 减少的平均速率随着 A 的消耗而降低。这是因为 A 的减少速率通常依赖于 A 的浓度，而 A 的浓度随着反应的进行将发生变化。

在某一特定时刻浓度变化的速率称为浓度变化的瞬时速率。例如，在图 12.1 中的 A 曲线上画出了 $t = 50$ 秒时的切线，由这条线的斜率(由图中给出的 $\Delta[A]$和 Δt 的值)可以得到在$t = 50$秒时 A 减少的瞬时速率。

$$A 减少的速率 = -(切线的斜率) = -\frac{d[A]}{dt} = 2.3 \times 10^{-4} mol \cdot L^{-1} \cdot s^{-1}$$

反应速率的单位是 $mol \cdot L^{-1} \cdot s^{-1}$。

现在来看产物 B 的生成速率。因为化学计量比决定了反应物消耗和产物生成的相对速率，因此必须考虑反应平衡方程式中的系数。在 $t=50s$ 时刻，曲线 B 的切线斜率给出了在 50s 时 B 生成的瞬时速率，即：

$$B\text{ 生成的速率} = (\text{切线的斜率}) = \frac{d[B]}{dt} = 4.6 \times 10^{-4} mol \cdot L^{-1} \cdot s^{-1}$$

这表明 B 的生成速率确实是 A 减少速率的两倍。

从前面的例子可以看出，在一个特定反应中，反应物减少的速率和产物生成的速率不必相同。为了使用更方便，我们需要定义反应速率，使得它的值对反应物和产物都是相同的。对于一般反应：

$$aA + bB \rightarrow cC + dD$$

式中，a 到 d 是反应物 A、B 和产物 C、D 各自的化学计量系数，定义反应速率：

$$\text{反应速率} = -\frac{1}{a}\frac{d[A]}{dt} = -\frac{1}{b}\frac{d[B]}{dt} = \frac{1}{c}\frac{d[C]}{dt} = \frac{1}{d}\frac{d[D]}{dt}$$

所以，对于反应 $A \rightarrow 2B$，可以写成：

$$\text{反应速率} = -\frac{d[A]}{dt} = \frac{1}{2}\frac{d[B]}{dt} = 2.3 \times 10^{-4} mol \cdot L^{-1} \cdot s^{-1}$$

认识到反应速率与反应物减少速率和产物生成速率之间的区别很重要。对任何特定反应，反应速率仅有一个值，不依赖于反应的化学计量数。但是假如化学计量系数不同，反应物减少速率和产物生成速率则不相同。

示例 12.1　对于反应 $2HI(g) \rightarrow H_2(g) + I_2(g)$，在 508℃下，测得下列数据：

时间(s)	[HI](mol·L⁻¹)	时间(s)	[HI](mol·L⁻¹)
0	0.100	200	0.0387
50	0.0716	250	0.0336
100	0.0558	300	0.0296
150	0.0457	350	0.0265

请计算 HI 的初始减少速率是多少？在此温度下初始反应速率是多少？

分析：HI 的初始减少速率是 HI 在时间 $t=0s$ 时的瞬时速率。以此数据作图，我们能够作出在时间 $t=0$ 时[HI]与时间曲线的切线。利用下列等式由切线上任意两点 (x_1, y_1) 和 (x_2, y_2) 的坐标值计算切线的斜率：

$$\text{斜率} = \frac{y_2 - y_1}{x_2 - x_1} = \frac{d[HI]}{dt}$$

利用反应的化学计量数计算初始反应速率：

$$\text{反应速率} = -\frac{1}{2}\frac{d[HI]}{dt}$$

解答：既然曲线的切线仅在零点时与曲线相交，我们画出下图中所示的直线。

为了准确地确定切线的斜率，我们选择尽可能分开的两点，曲线上点 $(0s, 0.10mol \cdot L^{-1})$ 和切线与时间轴的交叉点 $(150s, 0mol \cdot L^{-1})$ 分隔较宽。

$$\text{斜率} = \frac{d[HI]}{dt} = \frac{0.10mol \cdot L^{-1} - 0.00mol \cdot L^{-1}}{0s - 150s} = -6.7 \times 10^{-4} mol \cdot L^{-1} \cdot s^{-1}$$

因为 HI 的浓度随着时间的增加而下降，所以斜率是负值。由于减少速率是正值，所以 HI 的初始减少速率是 $6.7\times10^{-4}\text{mol}\cdot\text{L}^{-1}\cdot\text{s}^{-1}$。计算时，在曲线 $t=0$ 点精确地画出其切线，这必然会引入一些误差，因此我们的结论有一定的不确定度。初始反应速率由下式定义：

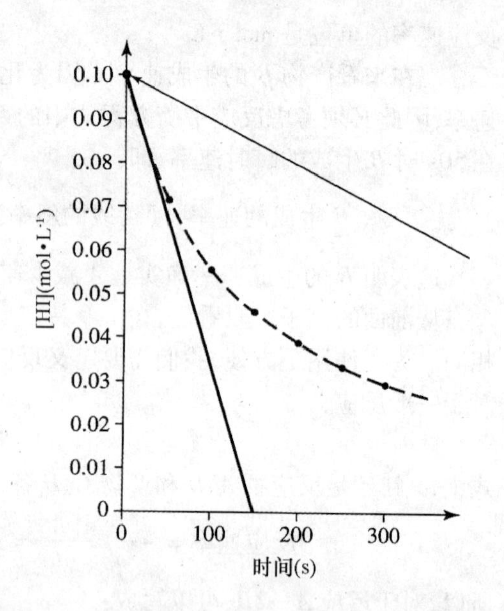

$$\text{反应速率}=-\frac{1}{2}\frac{\text{d[HI]}}{\text{d}t}$$

计算出初始$\frac{\text{d[HI]}}{\text{d}t}$值是 $-6.7\times10^{-4}\text{mol}\cdot\text{L}^{-1}\cdot\text{s}^{-1}$，所以初始反应速率是：

$$-\frac{1}{2}(-6.7\times10^{-4})=3.4\times10^{-4}\text{mol}\cdot\text{L}^{-1}\cdot\text{s}^{-1}$$

可以根据题表中数据计算出起始 50s 内 HI 的平均减少速率。

$$\text{斜率}=\frac{0.0716\text{mol}\cdot\text{L}^{-1}-0.100\text{mol}\cdot\text{L}^{-1}}{50\text{s}-0\text{s}}$$

$$=-5.7\times10^{-4}\text{mol}\cdot\text{L}^{-1}\cdot\text{s}^{-1}$$

所以，0s ~ 50s 内 HI 的平均减少速率是 $5.7\times10^{-4}\text{mol}\cdot\text{L}^{-1}\cdot\text{s}^{-1}$。正如所希望的那样，此值接近但略小于在时间 $t=0$s 时 HI 的瞬时减少速率 $6.7\times10^{-4}\text{mol}\cdot\text{L}^{-1}\cdot\text{s}^{-1}$。

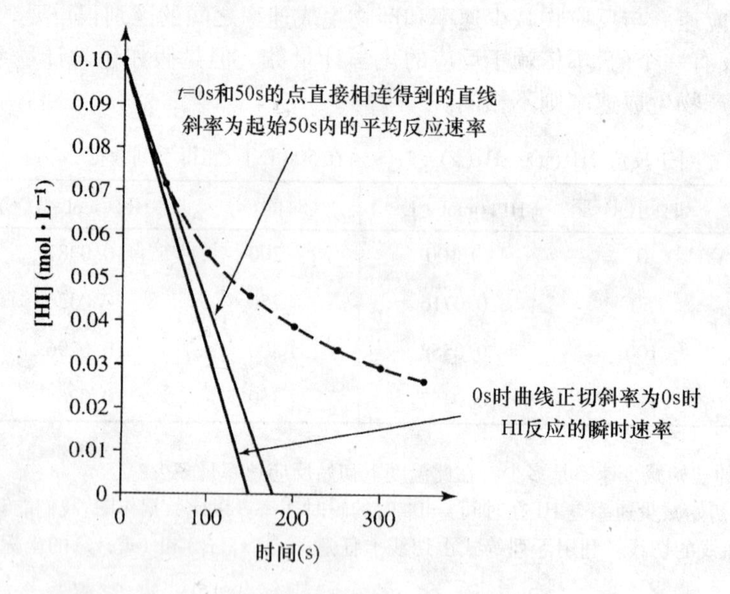

12.2　影响反应速率的因素

有五个主要因素影响反应速率，即反应物的化学性质、物理性质、浓度、反应温度和催化剂。

反应过程中，包含旧键的断裂和新键的形成。各化学反应的反应速率间最基本的区别在于反应物自身，一些反应是快速的，而另一些反应是慢速的。例如，钠容易氧化，当它暴露于空气和湿气中,其表面几乎立刻失去光泽。对比金属钠与水的自发反应,银与水的反应非常慢,将一枚银戒指放到水中,观察不到有什么现象发生。

许多反应涉及两种或更多种反应物,为了使反应发生,其组成原子、离子或分子必须发生碰撞。这就是为什么在固体状态下难以发生的反应,在液体溶液或气相中由于反应物相互之间很容易混合和碰撞,反应较易发生。例如液体汽油能够燃烧快速,但当它与空气完全均匀混合并点火时将会发生爆炸。

当反应物处于不同相的时候,例如,一种是气体,另一种是液体或固体,反应称为非均相反应。在非均相反应中,反应物仅仅能够在两相界面间接触,所以两相相互接触的面积影响它们的反应速率,接触面积由反应物组分的颗粒大小决定。通过粉碎固体,可以使总表面积显著增加,增加其与不同相态的微粒之间的接触面积。

虽然非均相反应也非常重要,但是它们非常复杂且很难分析,所以本章我们将主要讨论均相系统。

反应物的浓度对反应速率的影响非常大。例如,毛织品在空气中燃烧的速率明显低于在氧气中的燃烧速率。红热的钢丝绒在空气中仅发出劈啪声和发光,而插入纯氧中立即出现火焰。

在高温下反应较快,低温下反应较慢,生活中我们可以发现牛奶在冷的时候容易保存。

催化剂是一种能够加快化学反应速率而本身没有被消耗的物质。如酶是生物体系中最重要的一种催化剂。化学工业在制造汽油、塑料、能料和其他日常用品时使用了大量的催化剂。12.6 节将讨论催化剂是怎样影响反应速率的。

12.3　速率方程

碘化氢的分解反应为可逆反应,方程式如下:

$$2HI(g) \longrightarrow H_2(g) + I_2(g) \quad \text{(正反应)}$$

HI 在分解过程中,生成的 H_2 和 I_2 又能反应生成 HI:

$$H_2(g) + I_2(g) \longrightarrow 2HI(g) \quad \text{(逆反应)}$$

当碘化氢气体刚刚放空容器中时,正反应是主要的,HI 浓度的变化 $\Delta[HI]$ 仅仅依赖于正反应。当大量的产物已经形成时,逆向反应也变得重要,$\Delta[HI]$ 依赖于正反应和逆反应速率之间的差值。

一般地,在忽略逆反应的情况下,反应速率仅仅依赖于反应物的浓度。

$$\text{反应速率} = k[HI]^n$$

在反应时间 $t=0$ 时的速率称为初始反应速率,在研究化学反应动力学时它是一个较为重要的参数。

用反应物浓度(示例中的[HI])表示反应速率的方程称为速率方程(rate′law)。注意到由于是在逆反应对总反应没有贡献的条件下来研究反应,所以产物浓度在速率方程中不出现。速率方程含有比例常数 k,k 称为速率常数,指数 n 称为相关反应的级数。速率常数和级数都必须由实验确定。速率常数取决于于反应的本质和反应发生的温度。级数可以是正值、负值、整数或分数,而不能由平衡方程式推断。反应速率不依赖于是否监测产物的浓度和反应物的浓度变化，选择反应物还是产物作监测通常取决于谁的浓度最容易获得。例如，为了研究 HI 分解生成 H_2 和 I_2 的反应，由于在反应中 I_2 是仅有的带颜色的物质，因此监测 I_2 的浓度较容易。在反应进行的过程中，生成紫色碘蒸气，可以依据碘的浓度与颜色强度的关系利用相关仪器测量出生成的纯碘蒸气的浓度。

根据 I_2 的生成浓度定义反应速率，得到：

$$\text{反应速率} = \frac{d[I_2]}{dt} = k[HI]^n$$

正如我们前面所讨论的那样，在此方程中，d 代表无穷小变化。我们也能够由 HI 的减少定义反应速率：

$$\text{反应速率} = -\frac{1}{2}\frac{d[HI]}{dt} = k'[HI]^n$$

HI 的减少速率是 I_2 的生成速率的两倍。一旦我们知道 I_2 的生成速率，由于 I_2 的系数与 H_2 相同，也就可以知道 H_2 的生成速率。

示例 12.2　丁烷 C_4H_{10} 在氧中燃烧放出 CO_2 和 H_2O，反应方程式为：

$$2C_4H_{10}(g) + 13O_2(g) \longrightarrow 8CO_2(g) + 10H_2O(g)$$

如果丁烷的浓度以 $0.20mol \cdot L^{-1} \cdot s^{-1}$ 的速率降低，氧的浓度降低的速率是多少？产物浓度增加的速率又是多少？

分析：我们需要把氧的减少速率和产物的生成速率与所给的丁烷的减少速率关联起来。化学方程式联结了这些物质的量与丁烷的量，相互间速率的大小与平衡方程式中的系数有同样的关系。

解答：由反应速率的定义，有：

$$\text{反应速率} = -\frac{1}{2}\frac{d[C_4H_{10}]}{dt} = -\frac{1}{13}\frac{d[O_2]}{dt} = \frac{1}{8}\frac{d[CO_2]}{dt} = \frac{1}{10}\frac{d[H_2O]}{dt}$$

已知：$-\frac{d[C_4H_{10}]}{dt} = 0.20mol \cdot L^{-1} \cdot s^{-1}$，所以，利用上述关系式以及反应速率表达式，有：

$$-\frac{d[O_2]}{dt} = \frac{13}{2}\frac{d[C_4H_{10}]}{dt} = 1.3mol \cdot L^{-1} \cdot s^{-1}$$

H_2O 和 CO_2 可以根据类似的计算得到：

$$\frac{d[CO_2]}{dt} = -\frac{8}{2}\frac{d[C_4H_{10}]}{dt} = 0.8mol \cdot L^{-1} \cdot s^{-1}$$

$$\frac{d[H_2O]}{dt} = -\frac{10}{2}\frac{d[C_4H_{10}]}{dt} = 1.0mol \cdot L^{-1} \cdot s^{-1}$$

思考题 12.1　H_2S 在氧中燃烧生成 SO_2 和 H_2O：

$$2H_2S(g) + 3O_2(g) \longrightarrow 2SO_2(g) + 2H_2O(g)$$

假设 SO_2 的生成速率是 $0.30mol \cdot L^{-1} \cdot s^{-1}$，$H_2S$ 和 O_2 的减少速率是多少？

速率方程的类型：微分形式和积分形式

定义 HI 分解的速率方程为：

$$\text{反应速率} = -\frac{1}{2}\frac{d[HI]}{dt} = k[HI]^n$$

将反应速率表示成浓度的函数称为微分速率方程（通常简称为速率方程）。一旦级数 n

已知，就能确定反应速率与[HI]的关系。速率方程的第二个重要形式是把浓度表示成时间的函数，称为积分速率方程。

当浓度发生变化时，通过测量速率变化可以确定微分速率方程，通过测量浓度随时间的变化可以确定积分速率方程。速率方程的两种类型是相互关联的，如果知道一个反应的一种速率方程，我们就能确定另一种速率方程。

速率方程能够帮助我们识别一个化学反应发生的步骤，理解反应。许多反应包含一系列连续步骤，这些单个反应步骤的总和称之为反应机理。在本章的开始部分谈到，在室温和大气压下由氮气和氢气生成氨气的反应相当慢，这是因为反应时强的 H—H 键和 N≡N 键必须断裂的缘故。为了使用催化剂加快此反应使之成为有用的合成反应，必须了解反应中包含的每一个步骤。

微分速率方程

要了解一个化学反应的机理，必须首先确定速率方程的形式。考虑假定反应：

$$C \rightarrow 2D$$

表 12.2 和图 12.2 列出了此反应的相关数据。我们假设此反应的逆反应 $2D \rightarrow C$ 与正反应相比要慢得多，所以逆反应对反应速率的影响可以忽略。

表 12.2　反应 $C \rightarrow 2D$ 的浓度与时间关系数据

时间(s)	[C](mol · L⁻¹)	时间(s)	[C](mol · L⁻¹)	时间(s)	[C](mol · L⁻¹)
0	0.70	0.75	0.40	1.50	0.23
0.25	0.58	1.00	0.33	1.75	0.19
0.50	0.48	1.25	0.27	2.00	0.16

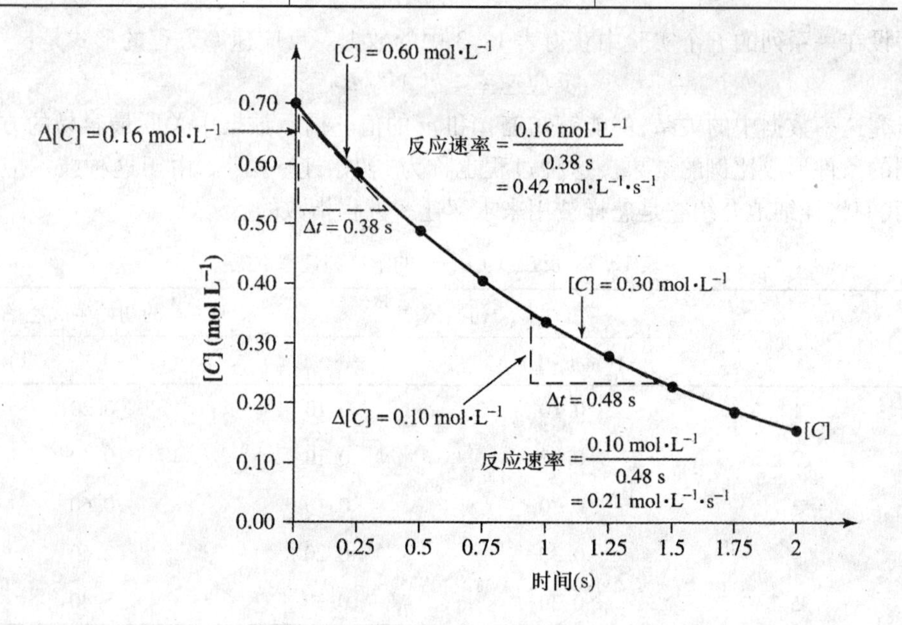

图 12.2　确定 $C \rightarrow 2D$ 的反应级数

图 12.2 中，由曲线在[C] = 0.60M 和 0.30M 时的切线斜率可以得出各自的反应速率，

$0.42mol \cdot L^{-1} \cdot s^{-1}$和$0.21mol \cdot L^{-1} \cdot s^{-1}$。

当C的浓度减半时,反应速率也减半,所以此反应的微分速率方程是:

$$反应速率 = -\frac{d[C]}{dt} = k[C]^1 = k[C]$$

即反应速率正比于C的浓度,因此该反应对C是一级反应。注意:级数不能由C的化学计量系数确定,级数只能由实验确定——在此例子中它们恰好一致,是相同的。

示例 12.3　在同温层中,分子氧(O_2)可被来自太阳的紫外辐射分裂成两个氧原子。当这样的一个氧原子在同温层中撞击一个臭氧分子O_3时,将毁灭臭氧分子,并生成两个氧气分子。

$$O(g) + O_3(g) \longrightarrow 2O_2(g)$$

这个反应是在同温层中臭氧分子毁灭和生成的自然循环的一部分。通过实验已经证实了此反应的速率方程是:

$$速率方程 = k[O_3][O]$$

其中,速率常数k值等于$4.15 \times 10^5 mol^{-1} \cdot L \cdot s^{-1}$。在25km海拔高度反应物的浓度是$[O_3] = 1.2 \times 10^{-8} mol \cdot L^{-1}$和$[O] = 1.7 \times 10^{-14} mol \cdot L^{-1}$。那么在25km海拔高度臭氧毁灭的速率是多少?

分析:因为已知速率方程且反应对O_3和O都是一级反应,所以把给定的物质的量浓度代入速率方程就可得到问题的答案。

解答:把给定的值代入速率方程得:

$$\begin{aligned}反应速率 &= (4.15 \times 10^5 mol^{-1} \cdot L \cdot s^{-1})(1.2 \times 10^{-8} mol \cdot L^{-1})(1.7 \times 10^{-14} mol \cdot L^{-1}) \\ &= 8.5 \times 10^{-17} mol \cdot L^{-1} \cdot s^{-1}\end{aligned}$$

注意:解出的反应速率的单位是$mol \cdot L^{-1} \cdot s^{-1}$,与我们之前学习的一致。

更进一步,考虑下列假设反应:

$$A + B \rightarrow C$$

假设在一系列的五个实验中获得表12.3中的数据。反应速率方程的形式是:

$$反应速率 = k[A]^n[B]^m$$

通过研究速率数据中的关系,就能够知道n和m的值。揭示数据中关联最容易的方法是调整不同的条件形成比例的结果。这种过程也称为"初始速率法"。由于这种技术应用十分普遍,我们将详细地介绍它是怎样被用来求解速率方程指数的。

表12.3　反应$A + B \rightarrow C$的浓度和速率数据

实验	初始浓度		C的初始生成速率
	$A(mol \cdot L^{-1})$	$B(mol \cdot L^{-1})$	$(mol \cdot L^{-1} \cdot s^{-1})$
1	0.10	0.10	0.20
2	0.20	0.10	0.40
3	0.30	0.10	0.60
4	0.30	0.20	2.40
5	0.30	0.30	5.40

如表12.3所示,实验1、2和3中,B的浓度保持在0.10M。对于这前三个实验,反应速率的任何改变一定归于$[A]$的变化。速率方程告诉我们,当$[B]$保持恒定时,反应速率一定

与$[A]^n$成比例，因此如果我们对实验 1 和实验 2 取速率之比，则得：

$$\frac{反应速率_{实验2}}{反应速率_{实验1}}=\left(\frac{[A]_{实验2}}{[A]_{实验1}}\right)^n=\frac{0.40\text{mol}\cdot\text{L}^{-1}\cdot\text{s}^{-1}}{0.20\text{mol}\cdot\text{L}^{-1}\cdot\text{s}^{-1}}=2.0$$

而

$$\frac{[A]_{实验2}}{[A]_{实验1}}=\frac{0.20\text{mol}\cdot\text{L}^{-1}\cdot\text{s}^{-1}}{0.10\text{mol}\cdot\text{L}^{-1}\cdot\text{s}^{-1}}=2.0$$

所以，从实验 1 到实验 2，$[A]$加倍，反应速率加倍，关系简化为$2.0=2.0^n$。对于实验 1、2 和 3 的每一个独特的组合，有：

$$2.0=2.0^n（对于实验 1 和 2）$$

$$3.0=3.0^n（对于实验 1 和 3）$$

$$1.5=1.5^n（对于实验 2 和 3）$$

使所有这些方程成立的唯一 n 值等于 1，因此反应对于 A 是一级反应。

在最后的三个实验中，当 A 的浓度保持不变时，B 的浓度改变，此时方程中只有$[B]$影响反应速率。对于实验 3 和实验 4 取速率比，有：

$$\frac{反应速率_{实验4}}{反应速率_{实验3}}=\left(\frac{[B]_{实验4}}{[B]_{实验3}}\right)^m=4.0$$

依前所述，对于实验 3、实验 4 和实验 5 的每一个独特的组合，有：

$$4.0=2.0^m（对于实验 3 和实验 4）$$

$$9.0=3.0^m（对于实验 3 和实验 5）$$

$$2.25=1.5^m（对于实验 4 和实验 5）$$

使所有这些方程成立的 m 值只有唯一值 2，因此反应对于 B 是二级反应。

确立了浓度项的指数后，我们就可得到反应速率方程：

$$反应速率=k[A]^1[B]^2$$

反应对于 A 是一级反应，对于 B 是二级反应。反应的总级数是速率方程中每一个反应物的级数和，因此反应 $A+B\rightarrow C$ 的总级数是 3。而示例 12.3 中，氧原子和臭氧生成氧分子的反应，它的总级数为 2。

思考题 12.2　下列反应：$BrO_3^- + 3SO_3^{2-} \longrightarrow Br^- + 3SO_4^{2-}$，其速率方程是：

$$反应速率=k[BrO_3^-][SO_3^{2-}]$$

请问：每一个反应物的反应级数是多少？总反应级数是多少？

为了计算反应 $A+B\rightarrow C$ 的 k 值，只需要将速率和浓度数据代入速率方程中。

$$k=\frac{反应速率}{[A]^1[B]^2}$$

使用表 12.3 中实验 1 的数据：

$$k=\frac{0.20\text{mol}\cdot\text{L}^{-1}\cdot\text{s}^{-1}}{(0.10\text{mol}\cdot\text{L}^{-1})(0.10\text{mol}\cdot\text{L}^{-1})^2}=\frac{0.20\text{mol}\cdot\text{L}^{-1}\cdot\text{s}^{-1}}{0.0010\text{mol}^3\cdot\text{L}^{-3}}$$

得到 k 值为：

$$k=2.0\times10^2\text{mol}^{-2}\cdot\text{L}^2\cdot\text{s}^{-1}$$

思考题 12.3　使用表 12.3 中其他四组实验数据计算反应的 k 值。关于 k 的值你注意到了什么？

示例 12.4 氯化亚砜(磺酰氯)SO_2Cl_2,是一种带有辛辣气味的粘稠液体,对皮肤和肺有腐蚀性,被用来制造防腐的氯酚。下列数据收集于在一定温度下 SO_2Cl_2 的分解过程中。

$$SO_2Cl_2(g) \longrightarrow SO_2(g) + Cl_2(g)$$

SO_2Cl_2 的初始浓度($mol \cdot L^{-1}$)	SO_2 的初始生成速率($mol \cdot L^{-1} \cdot s^{-1}$)
0.100	2.2×10^{-6}
0.200	4.4×10^{-6}
0.300	6.6×10^{-6}

求反应的速率方程和速率常数的值?

分析:第一步写出速率方程的一般形式,以便知道需要确定哪些指数。然后通过研究数据来观察当某一个因素引起浓度变化时,反应速率是怎样变化的。

解答:速率方程的一般形式是:

$$\text{反应速率} = k[SO_2Cl_2]^n$$

通过检查开始的两组实验数据发现,当 SO_2Cl_2 的浓度由 $0.100mol \cdot L^{-1}$ 到 $0.200mol \cdot L^{-1}$ 发生两倍变化时,初始反应速率也发生两倍变化(由 $2.2 \times 10^{-6} mol \cdot L^{-1} \cdot s^{-1}$ 到 $4.4 \times 10^{-6} mol \cdot L^{-1} \cdot s^{-1}$)。若考虑第一组和第三组实验,可以发现当 SO_2Cl_2 的浓度发生三倍($0.100mol \cdot L^{-1}$ 到 $0.300mol \cdot L^{-1}$)变化时,反应速率也发生三倍变化(由 $2.2 \times 10^{-6} mol \cdot L^{-1} \cdot s^{-1}$ 到 $6.6 \times 10^{-6} mol \cdot L^{-1} \cdot s^{-1}$)。这种特点说明对于 SO_2Cl_2 该反应是一级反应。所以速率方程是:

$$\text{反应速率} = k[SO_2Cl_2]^1 = k[SO_2Cl_2]$$

可以利用三组数据的任意一组来估算速率常数 k 值。选择第一组:

$$k = \frac{\text{反应速率}}{[SO_2Cl_2]} = \frac{2.2 \times 10^{-6} mol \cdot L^{-1} \cdot s^{-1}}{0.100 mol \cdot L^{-1}}$$
$$= 2.2 \times 10^{-5} s^{-1}$$

思考题 12.4 测得一氧化氮与氢气还原反应的数据如下:

初始浓度		H_2O 的初始生成速率
[NO]($mol \cdot L^{-1}$)	[H_2]($mol \cdot L^{-1}$)	($mol \cdot L^{-1} \cdot s^{-1}$)
0.10	0.10	1.23×10^{-3}
0.10	0.20	2.46×10^{-3}
0.20	0.10	4.92×10^{-3}

请问反应的速率方程如何表示?

积分速率方程

迄今为止,我们考虑了微分速率方程,即将反应速率表示为反应物浓度的函数。将浓度表示为时间的函数的积分速率方程也很有用。考虑反应:

$$A \rightarrow \text{产物}$$

其微分速率方程为:

$$\text{反应速率} = -\frac{d[A]}{dt} = k[A]^n$$

下面对一级反应($n=1$)、二级反应($n=2$)和零级反应($n=0$)的积分速率方程逐一展开说明。

一级反应的积分速率方程

假设反应 A→产物对于 A 是一级反应。其微分速率方程为:

$$\text{反应速率}=-\frac{d[A]}{dt}=k[A]$$

调整得:

$$-\frac{d[A]}{[A]}=kdt$$

考虑从反应开始($t=0$)到某一个确定的反应时间 t 时 A 浓度的变化,从 $t=0$ 到 t 时刻对速率方程进行积分:

$$-\int_{[A]_0}^{[A]_t}\frac{d[A]}{[A]}=k\int_{t=0}^{t}dt$$

由于

$$\int\frac{d[A]}{[A]}=\ln[A],$$

得:

$$-(\ln[A]_t-\ln[A]_0)=kt-kt_0$$
$$-\ln[A]_t+\ln[A]_0=kt$$
$$\ln[A]_t=-kt+\ln[A]_0$$

式中,$[A]_t$ 是在时间 t 时的浓度,$[A]_0$ 是起始浓度。一级反应的积分速率方程是 $\ln[A]_t=-kt+\ln[A]_0$,表示 A 浓度随着时间的变化。假如已知初始浓度和速率常数,就能计算出任意时刻 t 时 A 的浓度。一级反应的积分速率方程也可以用$[A]_t$ 与$[A]_0$ 之比来表示:

$$\ln\frac{[A]_0}{[A]_t}=kt$$

或者

$$[A]_t=[A]_0e^{-kt}$$

最后一个方程说明对于一级反应,反应物浓度与时间指数相关联。

示例 12.5　五氧化二氮,N_2O_5,不是很稳定。在气相或溶解在非极性溶剂(如四氯化碳)中时,五氧化二氮可通过一级反应分解成 N_2O_4 和 O_2。

$$2N_2O_5\longrightarrow 2N_2O_4+O_2$$

通过实验确定的速率方程是:

$$\text{反应速率}=k[N_2O_5]$$

45℃时,在四氯化碳中反应的速率常数是 $6.22\times10^{-4}\ s^{-1}$。假如溶液中 N_2O_5 的初始浓度是 0.100M,其浓度降低至 0.0100M 时需要多长时间?

分析:该反应为一级反应,应用其积分速率方程,有:

$$\ln\frac{[A_0]}{[A_t]}=kt$$

解出 t 即可。

解答:首先收集数据:

$$[N_2O_5]_0 = 0.100\text{M}$$
$$[N_2O_5]_t = 0.0100\text{M}$$
$$k = 6.22 \times 10^{-4}\text{s}^{-1}$$

把数据代入方程解得：

$$t = \frac{2.303}{6.22 \times 10^{-4}\ \text{s}^{-1}} = 3.70 \times 10^3\text{s}$$

思考题 12.5　假如 N_2O_5 在四氯化碳溶液中25℃时的初始浓度是0.500M(参见示例12.5)，请问一小时后 N_2O_5 的浓度是多少？

方程 $\ln[A]_t = -kt + \ln[A]_0$ 是 $y = mx + b$ 形式，y 对 x 作图得到一条斜率为 m、截距为 b 的直线。

$$\ln[A]_t = -kt + \ln[A]_0$$
$$\updownarrow \qquad \updownarrow\updownarrow \qquad \updownarrow$$
$$y \quad = \quad mx \quad + \quad b$$

对于一级反应，浓度的自然对数对反应时间的图形总是一条直线。这一特征通常被用来确定反应的级数。对于反应 A→产物，假如 $\ln[A]_t$ 对 t 的图形是一条直线，那么该反应就是一级反应。相反地，假如图形不是一条直线，那么该反应就不是一级反应。

示例 12.6　对于反应 $N_2O_5(g) \longrightarrow N_2O_4(g) + \frac{1}{2}O_2(g)$，有下列数据：

时间(s)	$[N_2O_5]$($mol \cdot L^{-1}$)	时间(s)	$[N_2O_5]$($mol \cdot L^{-1}$)
0	0.2000	200	0.0500
50	0.1414	300	0.025
100	0.1000	400	0.0125

(a) 说明对 $[N_2O_5]$ 而言速率方程是一级反应。

(b) 计算出速率常数的值。

分析：

(a)根据 $\ln[N_2O_5] = -kt + \ln[N_2O_5]_0$，如果 $\ln[N_2O_5]$ 对时间作图得到一条直线，则反应对 $[N_2O_5]$ 一定是一级反应。

(b)由(a)中图形的斜率给出速率常数。

解答：首先我们计算 $[N_2O_5]$ 的自然对数值，得出下列数据：

时间(s)	$\ln[N_2O_5]$	时间(s)	$\ln[N_2O_5]$
0	−1.609	200	−2.996
50	−1.956	300	−3.689
100	−2.303	400	−4.383

$\ln[N_2O_5]$ 对时间作图，如下图所示。

图形是一条直线，证实反应对$[N_2O_5]$是一级反应。而且直线的斜率等于$-k$，得：

$$k = -\text{斜率} = 6.93 \times 10^{-3}\ s^{-1}$$

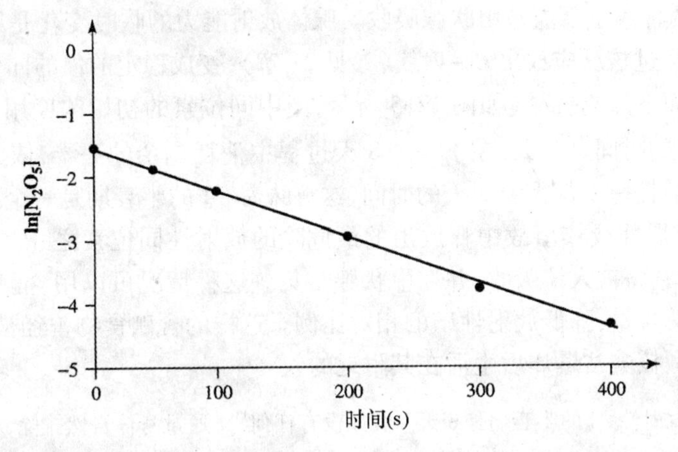

半衰期($t_{1/2}$)是描述反应快慢的简便方法，可应用于全部的一级反应过程。反应物的半衰期($t_{1/2}$)是指反应物消耗一半所需的时间。反应快，则 k 值大，$t_{1/2}$小。

对于一级反应，可由下列式子得到反应物的半衰期：

$$\ln \frac{[A]_0}{[A]_t} = kt$$

设$[A]_t$ 等于初始浓度$[A]_0$ 的一半，即$[A]_t = \frac{1}{2}[A]_0$，将其与 $t = t_{1/2}$代入原始方程，得：

$$\ln \frac{[A]_0}{\frac{1}{2}[A]_0} = kt_{\frac{1}{2}}$$

求解方程，得：

$$t_{\frac{1}{2}} = \frac{\ln 2}{k} = \frac{0.693}{k}$$

对于给定的反应，由于 k 是一个定值，所以对于任意给定温度下的任何独特的一级反应，其半衰期是一个定值。换句话说，一级反应的半衰期不受反应物初始浓度的影响。这一点可从自然界放射性同位素衰变所经历的变化来证实。

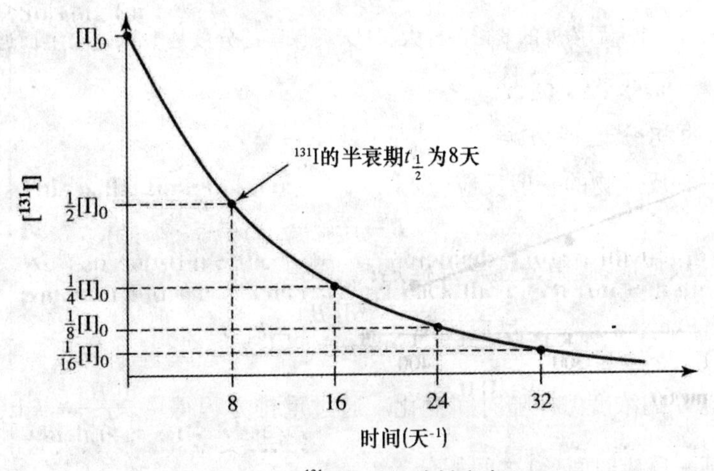

图 12.3　^{131}I 的一级放射衰变

^{131}I是一种不稳定的碘的放射性同位素,可用于甲状腺紊乱的诊断和治疗,例如甲状腺癌和甲状腺功能亢进。甲状腺利用碘离子来产生激素,所以当给病人服用混合有$^{131}I^-$和非放射性的I^-时,两种离子都能被甲状腺吸收。腺体放射能力的临时变化是甲状腺活跃程度的一种量度。^{131}I经过核反应放出β-射线(参见21章),变成稳定的氙的同位数。放射性强度随着时间增加而下降或衰减(如图12.5所示,图中同位素的初始浓度用$[I]_0$表示)。注意到^{131}I消耗一半的时间是8天,在下一个8天过程中消耗剩余的一半,依此类推。不管初始量是多少,^{131}I消耗一半都需要8天的时间,这意味着^{131}I的半衰期是一个定值。

^{131}I也是在核爆炸或核事故中释放出的最危险的放射性同位素之一。如果^{131}I在环境中呈现高水平时,它将被人体吸收,并在甲状腺富集。这种情况可以用含碘食物来处理,以提高人体中碘的总含量,降低放射性碘的相对比例。这样的含碘食物曾经被分发给1986年乌克兰切尔诺贝利核电站爆炸后生活在其附近的人。

示例12.6　放射性^{131}I的半衰期是8天。假如没有任何^{131}I通过身体自然排除,24天后^{131}I在病人体内还存在多少?

分析:已知^{131}I是一种放射性同位素,通过一级反应过程衰减,半衰期是定值,且不依赖于^{131}I浓度。

解答:24天正好是其半衰期的三倍。把最初存在的分数看作是1,建立下表:

半衰期	0	1	2	3
分数	1	1/2	1/4	1/8

^{131}I在第一个半衰期丢失一半,它的另一半在第二个半衰期消失,依此类推。所以,三个半衰期后保留的分数是1/8。

也可以使用一级反应的积分速率方程来求解,由速率常数公式转换后得:

$$t_{\frac{1}{2}}=\frac{\ln 2}{k}=\frac{0.693}{k}$$

$$k=\frac{0.693}{t_{\frac{1}{2}}}=\frac{0.693}{8.0\text{天}}=0.0866\text{天}^{-1}$$

然后由$\ln\frac{[A]_0}{[A]_t}=kt$计算分数$\frac{[A]_0}{[A]_t}$:

$$\ln\frac{[A]_0}{[A]_t}=kt=(0.0866\text{天}^{-1})(24.0\text{天})=2.08$$

初始浓度$[A]_0$和24天后浓度的8倍一样大,24天后保留的分数是1/8,这与上面通过简单方法获得的结果一致。

二级反应的积分速率方程

对于只含一种反应物的一般反应:

$$B\rightarrow\text{产物}$$

若对B是二级反应,则微分速率方程是:

$$\text{反应速率}=-\frac{d[B]}{dt}=k[B]^2$$

再一次考虑B的浓度怎样随时间变化。通过重排方程得$-\frac{d[B]}{[B]^2}=kdt$,然后在反应开始($t=0$)时和某一反应时间(t)之间积分。

$$-\int_{[B]_0}^{[B]_t} \frac{d[B]}{[B]^2} = k\int_{t=0}^{t} dt$$

因为$\int \frac{d[B]}{[B]^2} = -\frac{1}{[B]}$，得：

$$-\left(\frac{-1}{[B]_t} - \frac{-1}{[B]_0}\right) = kt - kt_0; \qquad \frac{1}{[B]_t} = kt + \frac{1}{[B]_0}$$

此等式是二级反应的积分速率方程。

示例 12.7　亚硝酰氯 NOCl 缓慢分解成 NO 和 Cl_2：

$$2NOCl \longrightarrow 2NO + Cl_2$$

实验表明反应的速率对 NOCl 是二级反应：

$$反应速率 = k[NOCl]^2$$

速率常数 k 在一定温度下等于 $0.020mol^{-1} \cdot L \cdot s^{-1}$。假定在一个密闭反应容器中 NOCl 的初始浓度是0.050M，计算30分钟后其浓度是多少？

分析：给定了速率方程，这是一个二级反应。我们必须用$\frac{1}{[B]_t} = kt + \frac{1}{[B]_0}$计算30分钟后的$[NOCl]_t$，即 NOCl 的摩尔浓度。

解答：已知$[NOCl] = 0.050M$，$k = 0.020mol^{-1} \cdot L \cdot s^{-1}$，$t = 1800s$。

代入方程$\frac{1}{[B]_t} = kt + \frac{1}{[B]_0}$中，可得：

$$\frac{1}{[NOCl]_t} = (0.020mol^{-1} \cdot L \cdot s^{-1} \times 1800s) + \frac{1}{0.050mol \cdot L^{-1}}$$

解得：

$$[NOCl]_t = 1/56mol^{-1} \cdot L = 0.018M$$

即30分钟后 NOCl 的摩尔浓度从0.050M 下降到0.018M。

在一个二级反应的半衰期时间过去后，有：

$$[B]_t = \frac{[B]_0}{2}$$

将上式代入$\frac{1}{[B]_t} = kt + \frac{1}{[B]_0}$中，得

$$\frac{1}{\frac{[B]_0}{2}} = kt_{\frac{1}{2}} + \frac{1}{[B]_0}$$

$$t_{\frac{1}{2}} = \frac{1}{k[B]_0}$$

可以看出，与一级反应不同，二级反应的半衰期与反应物的初始浓度成反比。

零级反应的积分速率方程

只含有一种反应物的大多数反应是一级反应或二级反应，另外还有一些反应，它们的反应速率是定值，即不随浓度而变化。例如在锌表面溴乙烷的热分解，锌表面充当催化剂：

$$C_2H_5Br(g) \xrightarrow{Zn} CH_2 = CH_2(g) + HBr(g)$$

锌表面充满了溴乙烷,反应仅在金属锌的表面发生。因此,反应速率仅取决于催化剂的有效表面积,与反应物浓度无关,这样的反应称之为零级反应。对于普通的零级反应 $C \rightarrow$ 产物,其速率方程为:

$$反应速率 = -\frac{d[C]}{dt} = k[C]^0 = k$$

那么 C 的浓度是怎样随时间变化的? 如前所述,我们调整速率方程可得: $-d[C] = kdt$,即可通过积分得到零级反应的积分速率方程:

$$-\int_{[C]_0}^{[C]_t} d[C] = k\int_{t=0}^{t} dt$$

$$-([C]_t - [C]_0) = kt - kt_0$$

$$[C]_t = -kt + [C]_0$$

$[C]$对时间的图形给出一条斜率为 $-k$ 的直线,如图 12.4 所示。

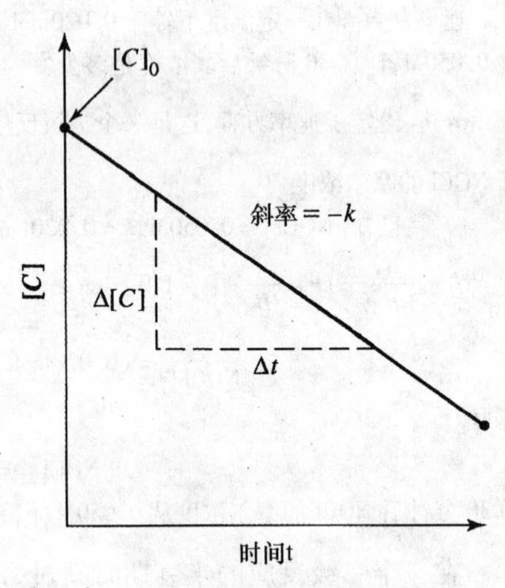

图 12.4　对零级反应$[C]$与 t 呈直线关系

当 $t = t_{\frac{1}{2}}$ 时,$[C]_t = \frac{[C]_0}{2}$,将之代入方程 $[C]_t = -kt + [C]_0$ 中,得:

$$\frac{[C]_0}{2} = -kt_{\frac{1}{2}} + [C]_0$$

$$t_{\frac{1}{2}} = \frac{[C]_0}{2k}$$

因此对于一个零级反应,半衰期与反应物的浓度成正比。

大多数发生在金属表面的反应都显示零级反应动力学。另一个例子如图 12.5 所示,在热的铂表面一氧化二氮分解成氮气和氧气的反应。

$$2N_2O(g) \xrightarrow{Pt} 2N_2(g) + O_2(g)$$

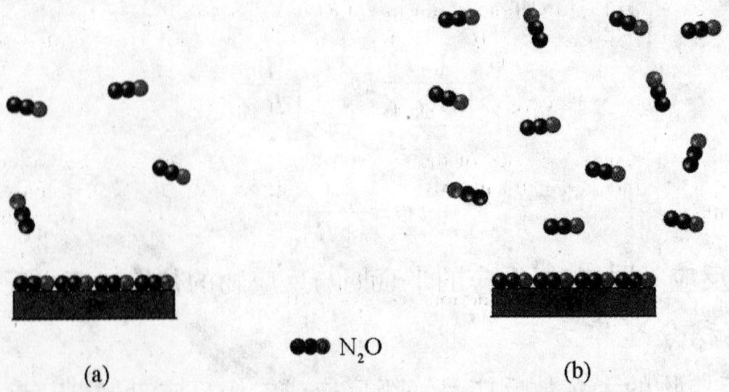

N_2O

(a)　　(b)

图 12.5　$N_2O(g)$在热铂表面的分解反应

12.4　化学动力学理论

前面提到温度是影响反应速率的一个重要因素。一般来说,温度每升高 10℃,化学反应速率增加 2 ~3 倍,可用最简单的模型——碰撞理论来说明温度对反应速率的影响。

碰撞理论

碰撞理论的基本原理是反应速率与单位时间内反应物分子间有效碰撞的数目成正比。有效碰撞是指实际上能产生产物分子的碰撞,所以任何增加有效碰撞频率的因素应该都能增加反应速率。

浓度是影响反应物微粒单位时间内有效碰撞数目的一个因素。当反应物的浓度增加时,有效碰撞的微粒数增加。

实际上,反应物分子之间并不是每一次碰撞都能导致化学变化。在气体或液体中,单位时间内反应物原子或分子相互间碰撞的数目甚大,假如每一次碰撞是有效的,那么所有反应将在瞬间完成,但事实并非如此。所有碰撞中仅有非常小的部分能真正地导致反应发生。

分子的方向性

在大多数反应中,当两个反应物分子碰撞时,为了保证反应的发生,它们必须有正确的取向。例如下列反应:

$$2NO_2Cl \longrightarrow 2NO_2 + Cl_2$$

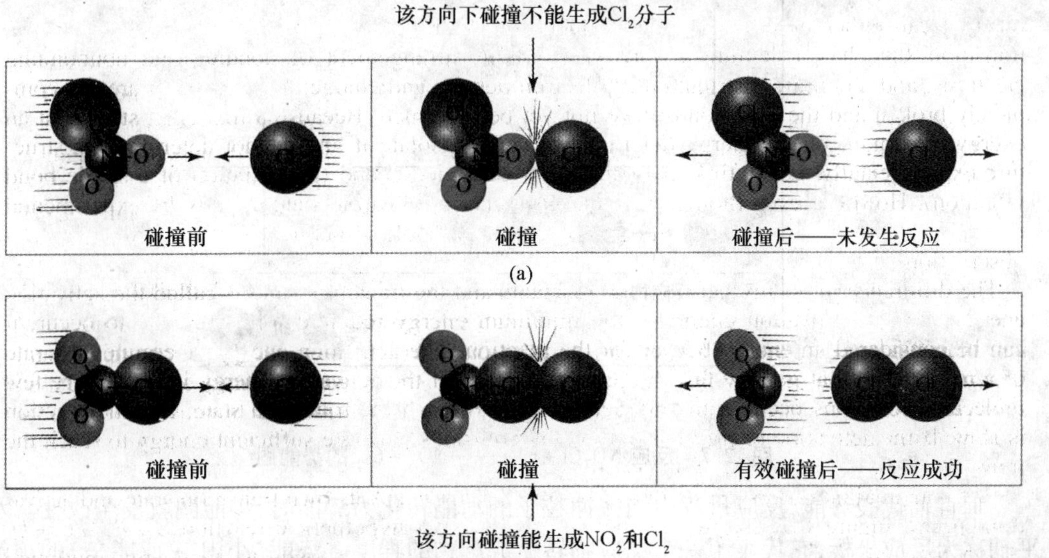

该方向下碰撞不能生成Cl_2分子

碰撞前　碰撞　碰撞后——未发生反应

(a)

碰撞前　碰撞　有效碰撞后——反应成功

该方向碰撞能生成NO_2和Cl_2

(b)

图 12.6　NO_2Cl 分子与氯原子碰撞时的取向示意图

按两步进行，其中一步的反应为一个 NO_2Cl 分子与一个氯原子（Cl·）碰撞（圆点代表在氯原子中未成对电子）。

$$NO_2Cl + Cl\cdot \longrightarrow NO_2 + Cl_2$$

当 NO_2Cl 分子与氯原子碰撞时，NO_2Cl 分子的取向很重要（如图 12.6 所示）。图 12.6（a）中显示的取向不能导致 Cl_2 的生成，这是因为两个氯原子没有紧密靠近在一起，使得当 N—Cl 键断裂时新的 Cl—Cl 键形成。要成功地生成产物，NO_2Cl 与 Cl·的取向必须如图 12.6（b）所示。

活 化 能

不是所有的碰撞，甚至包括那些取向正确的碰撞，都有足够的能量生成产物。为什么是这样呢？19 世纪 80 年代，Svante Arrhenius（1903 年获诺贝尔化学奖）首次提出了这个问题。假设了阀能的存在，即活化能（E_a），是反应发生必须克服的最低能量。可通过考虑先前 NO_2Cl 与·Cl 的反应对其进行阐述。在此反应中一个 N—Cl 键断裂，新的 Cl—Cl 键形成。断开一个 N—Cl 键需要 188kJ · mol^{-1} 的能量，这个能量必须来源于其他形式的能量。碰撞理论假定断开一个键需要的能量来源于碰撞前分子的动能（KE）。在一次碰撞过程中，当分子发生形变时，这种动能就被转化为势能（PE）；反应物分子中旧键断开，产物分子中新键生成。对大多数化学反应，活化能非常大，只有所有恰当取向的碰撞中的一小部分碰撞分子才具有如此大的能量。

反应过程如图 12.7 所示，它称之为势能图。

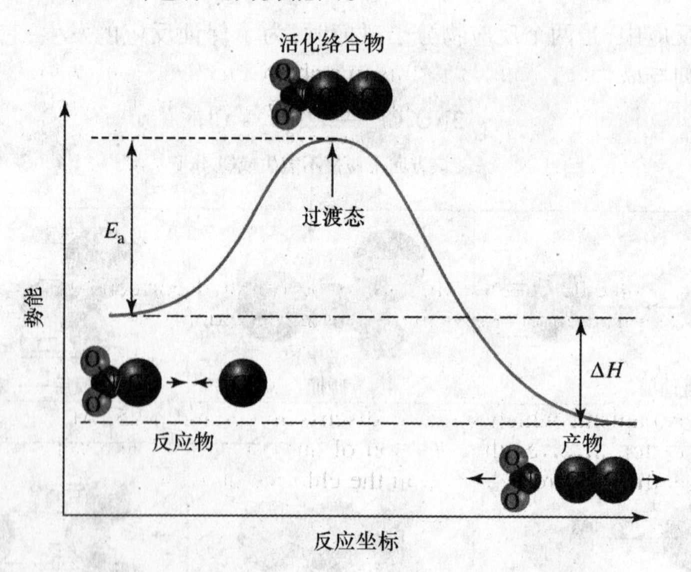

图 12.7 反应 $NO_2Cl + Cl\cdot \longrightarrow NO_2 + Cl_2$ 的势能图

垂直轴代表势能，反应过程中当碰撞粒子的动能转化为势能时，势能图就发生改变。水平轴称为反应坐标，它代表了一个反应物转化成产物的程度。势能“小山”（或能垒）的顶端的重排结构称为活化络合物或过渡态。在过渡态，有相当大的能量集中在适当的键上，并导致反应物中键的断裂。旧键断裂时，能量可被重新分配，新键形成并生成产物。一旦到达过渡态,反应既可以正向进行生成产物,也可反方向进行得到反应物。过渡态有确定的几何构型、确定的成键和非成键电子排列、确定的电子密度和电荷的分配;此时旧键还没有完全断裂,新键仍没有形成。由于过渡态位于能量图上能量最大处,它的寿命只有皮秒级,因此无法分离出来,其结构也难以用实验确定。然而,尽管不能通过实验手段直接观察到过渡态,但是能够通过观察其他实验推断出它的大概结构。

反应物和过渡态之间能量的差异称之为活化能。活化能是反应发生需要的最小能量,它被看作是反应的能垒。活化能决定一个反应的速率,活化能愈大,反应愈慢。反之,活化能愈小,反应愈快。

在一个经历一步或多步的反应中,每一步都有它自身的过渡态和活化能。图 12.8 给出了反应 $A+B \to C+D$ 的能量图,它经历了二步过程。反应中间体对应于两个过渡态(过渡态 1 和过渡态 2)之间的能量最小值。因为反应中间体的能量比任意一个反应物或产物的能量都高,所以这些中间体具有较高的反应性,它们几乎很少能被分离出来。然而,因为中间体有一定的寿命(与过渡态形成对比),可以利用光学或其他快速记录方法寻找反应中间体,为研究反应机理提供实验支撑。为了避免混淆反应中间体和过渡态,需要熟悉和掌握反应中间体和过渡态的定义。

图 12.7 所示的 NO_2Cl 与 Cl 的反应放出 NO_2 和 Cl_2 和图 12.8 所示的反应 $A+B \to C+D$ 都是放热反应,产物与反应物相比势能较低(能量差或反应焓变 $\Delta H<0$)。吸热反应的势能图如图 12.9 所示,此时产物的势能比反应物的势能高($\Delta H>0$)。

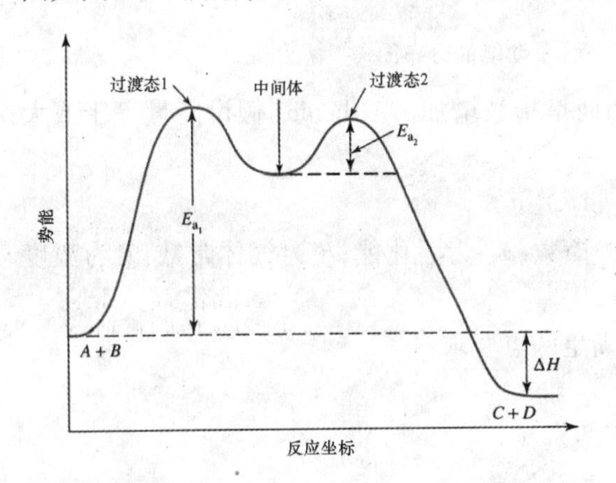

图 12.8　放热反应 $A+B \to C+D$ 的势能图

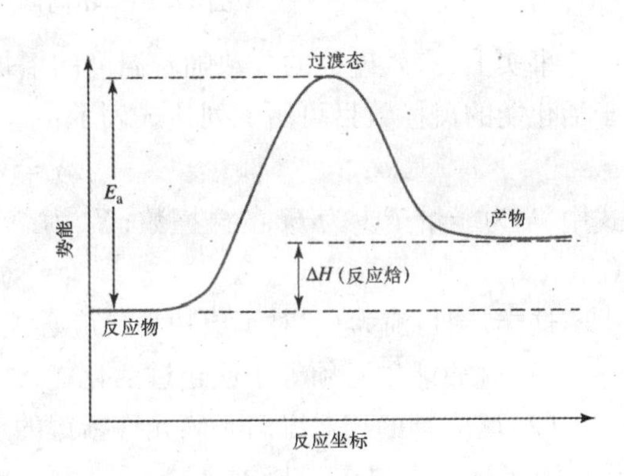

图 12.9　吸热反应的势能图

需要重点理解的是 ΔH 对反应速率没有影响,反应速率仅仅由活化能 E_a 决定。

回到图 12.7 所示的 NO_2Cl 与 Cl 原子的反应。E_a 是一个 NO_2Cl 和一个 Cl · 越过能垒生成产物所需的最小能量,此能量由这些物质之间碰撞提供。具有较小动能的 NO_2Cl 分子和 Cl · 之间的碰撞不能提供足够的能量越过能垒,所以没有反应发生,即使它们的取向是理想的。在给定的温度下,仅仅一部分拥有足够能量的碰撞才是有效的并可生成产物。

温度的影响

借助于活化能的概念,能够解释为什么反应速率随着温度的升高而增大。图 12.10 中的两条曲线对应于相同的反应物混合物在不同温度下的分子动能分布。曲线上的点代表着具有特定动能值(横坐标)的碰撞在所有碰撞中的比例(纵坐标)。曲线下的总面积代表碰撞的总数目,所有的分数加起来等于总体。当温度升高时,图中曲线最高点向右移动,曲线变得稍微平坦。

图 12.10 中曲线下的阴影面积代表了总碰撞中等于或超过活化能的所有碰撞的分数之和,我们称之为反应分数。从图中可以看到反应分数在高温时比低温时大得多,这是因为曲线中超出活化能温度的有效分数明显增加了。换句话说,高温下,碰撞时有发生化学变化的概率更大,所以在高温下反应物消耗得较快。

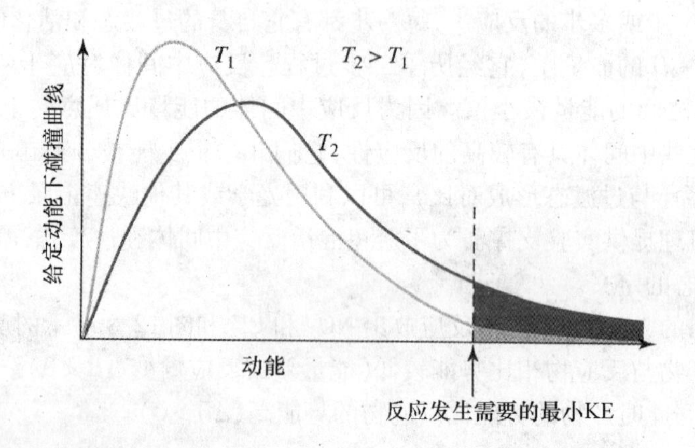

图 12.10 不同温度下分子动能的分布图

事实上,有效碰撞的分数随着温度的增加而呈指数增加。Arrhenius 假设能量等于或大于活化能的碰撞数目可用下列达式表示:

$$N = N_0 e^{-E_a/RT}$$

式中,N 为能量至少为 E_a 的碰撞数;N_0 为总碰撞数;E_a 为活化能;R 为气体常数;T 为温度(开尔文)。

这样,到目前为止,对于成功的反应必须满足两点要求:

(1)碰撞能量必须等于或超过活化能;

(2)反应物的相对方向必须允许新键的形成。

有了这两点要求,速率常数 k 可以用下式表示:

$$k = zpe^{-E_a/RT}$$

式中,z 代表碰撞频率(每秒中的总碰撞数目);系数 p 称为空间因子,代表使真实化学反应能够发生的正确取向的碰撞分数;系数 $e^{-E_a/RT}$ 反映了具有足够的能量克服活化能垒的碰撞分数。该关系式通常表示为:

$$k = Ae^{-E_a/RT}$$

此式称为阿累尼乌斯方程。系数 zp 用 A 代替,A 称为反应的指前或频率因子。

怎样用实验方法确定活化能呢?在阿累尼乌斯方程两边取自然对数,得:

$$\ln k = -\frac{E_a}{R}\left(\frac{1}{T}\right) + \ln A$$

这是一个 $y = mx + b$ 的线性方程:

$$\ln k = -\frac{E_a}{R}\left(\frac{1}{T}\right) + \ln A$$

$$\updownarrow \quad \updownarrow \quad \updownarrow \quad \updownarrow$$

$$y = \quad m \quad x \; + \; b$$

通过计算反应在不同温度下的速率常数，$\ln k$ 对 $1/T$ 作图得到一条直线（假设反应服从阿累尼乌斯方程），由斜率和截距即可确定活化能 E_a 和指前因子 A。实际上，许多反应近似服从阿累尼乌斯方程，这意味着碰撞理论是一个合理的理论模型。

示例 12.10　考虑 NO_2 分解成 NO 和 O_2 的二级反应，反应方程式是：

$$2NO_2(g) \longrightarrow 2NO(g) + O_2(g)$$

收集到下列反应数据：

$k(mol^{-1} \cdot L \cdot s^{-1})$	温度（℃）
7.8	400
10	410
14	420
18	430
24	440

确定反应的活化能（$kJ \cdot mol^{-1}$）和指前因子 A。

分析：运用阿累尼乌斯方程：$\ln k = -\frac{E_a}{R}\left(\frac{1}{T}\right) + \ln A$。利用速率数据确定活化能的方法是，在作图之前先把给定的数据转换成 $\ln k$ 和 $1/T$，然后作 $\ln k$（不是 k）对开尔文温度倒数的图。由直线的斜率可得到活化能 E_a，指前因子 A 也可以由用图表表示的截距或运用代数学把数据代入阿累尼乌斯方程得到。注意，指前因子 A 必须和速率常数 k 有同样的单位。

解答：图解，用第一组数据，变换：

$$\ln k = \ln(7.8) = 2.05$$

$$\frac{1}{T} = \frac{1}{(400+273)\,K} = \frac{1}{673K} = 1.486 \times 10^{-3} K^{-1}$$

为了确保图解数据准确，我们取 4 位有效数字。变换得到下列数据：

$\ln k$	$1/T(K^{-1})$
2.05	1.486×10^{-3}
2.30	1.464×10^{-3}
2.64	1.443×10^{-3}
2.89	1.422×10^{-3}
3.18	1.403×10^{-3}

然后，用 $\ln k$ 对 $1/T$ 作图可计算直线的斜率。

（a）确定活化能 E_a——直线的斜率为：

$$斜率 = \frac{\Delta(\ln k)}{\Delta\left(\frac{1}{T}\right)} = \frac{-0.70}{5.0 \times 10^{-5} K^{-1}} = -1.4 \times 10^4 K = -\frac{E_a}{R}$$

变换符号后，解得活化能 E_a：

$$E_a = 8.314 J \cdot mol^{-1} \cdot K^{-1} \times 1.4 \times 10^4 K = 1.2 \times 10^2 kJ \cdot mol^{-1}$$

（b）确定 A。通过运用方程 $y = mx + b$，由（a）部分计算出的斜率和表中给出的的数据确定（b）。把数据代入方程得到5个不同的b值:22.82、22.80、22.85、22.84和22.80,取平均值22.82。此值即为$\ln A$,所以取此值的指数,得到$A=8.1\times10^{9}\text{mol}^{-1}\cdot\text{L}\cdot\text{s}^{-1}$。

示例 12.11 在508℃下,HI的分解速率常数$k=0.079\text{mol}^{-1}\cdot\text{L}\cdot\text{s}^{-1}$,在540℃下,HI的分解速率常数$k=0.24\text{mol}^{-1}\cdot\text{L}\cdot\text{s}^{-1}$。此反应的活化能是多少$\text{kJ}\cdot\text{mol}^{-1}$?

分析:当只有两组数据时,计算活化能E_a最简单的方法是解方程:

$$\ln\frac{k_2}{k_1}=-\frac{E_a}{R}\left(\frac{1}{T_2}-\frac{1}{T_1}\right)$$

解答:让我们开始组织数据,选择其中的一个速率数据作为k_1,填入表中。

$k(\text{mol}^{-1}\cdot\text{L}\cdot\text{s}^{-1})$	$T(\text{K})$
0.079	508+273=781
0.24	540+273=813

且$R=8.314\text{J}\cdot\text{mol}^{-1}\cdot\text{K}^{-1}$。代入到原始方程中得:

$$\ln\frac{0.24\text{mol}^{-1}\cdot\text{L}\cdot\text{s}^{-1}}{0.079\text{mol}^{-1}\cdot\text{L}\cdot\text{s}^{-1}}=-\frac{E_a}{8.314\text{J}\cdot\text{mol}^{-1}\cdot\text{K}^{-1}}\left(\frac{1}{813\text{K}}-\frac{1}{781\text{K}}\right)$$

解出E_a,得到:

$$E_a=1.8\times10^{5}\text{J}\cdot\text{mol}^{-1}=1.8\times10^{2}\text{kJ}\cdot\text{mol}^{-1}$$

思考题 12.9 反应$2NO_2\rightarrow2NO+O_2$的活化能为$111\text{kJ}\cdot\text{mol}^{-1}$,在400℃时,$k=7.8\text{mol}^{-1}\text{L}\cdot\text{s}^{-1}$。在430℃时,反应的$k$值等于多少?

回顾本章的开始,尽管石墨在室温和标准条件下热力学很稳定,但金刚石转变为石墨是非常慢的。原因在于此过程的活化能很高(在无氧条件下要求温度高于1500℃)。因此产物是热力学稳定的并不意味着它的形成是快速的。

12.5 反应机理

本章的开头曾提到大多数反应不是简单地一步发生的,而一般来说,净总反应是一系列简单反应的结果,反应的每一步称之为基元反应。基元反应是可根据化学方程式写出速率方程的反应,其中用它的计量系数作为浓度项的指数,而不需要通过实验来确定。一个反应所有基元反应的总和称之为反应机理。事实上大多数反应不能观察到单独的基元反应,仅可看到净总反应。因此,化学家写的机理实际上是关于当反应物变为产物时中间经历的、逐步发生的过程理论。

一般来说,一个反应的反应速率方程中浓度项的指数(级数)与平衡方程中的系数没有必然的联系,总速率方程中的指数必须由实验确定。因此,基元反应之所以成为“基元”,是由于系数和指数间确实存在着这样一个简单的关系。

因为机理中的单一步骤有时不能被直接观察到,所以提出一个反应机理需要一些创造性。判定一个假设的机理是否切实可行的标准是:由反应机理得出的总速率方程必须适合观察到的总反应的速率方程。

对于一个基元反应,速率方程中浓度项的指数是怎样确定的?考虑下列基元反应,该基元反应涉及到两个同样的分子直接碰撞导致产物生成：

$$2NO_2 \longrightarrow NO_3 + NO$$

$$\text{反应速率} = k[NO_2]^n$$

怎样预测指数 n 的值？假如 NO_2 的浓度加倍，单独的 NO_2 分子数也变为两倍，并且与每一个 NO_2 分子相邻的分子数也加倍，因此每秒内 NO_2 与 NO_2 碰撞的数目增加为四倍，结果导致速率增加 4 倍，它是 2 的平方。之前我们看到，浓度加倍导致速率增加四倍，反应物浓度在速率方程中以二次幂增加。这样，假如 $2NO_2 \longrightarrow NO_3 + NO$ 代表基元反应，它的速率方程应该是：

$$\text{反应速率} = k[NO_2]^2$$

根据定义，基元反应速率方程中的指数与化学平衡方程式中的系数一样。如果通过实验发现，这个速率方程中的指数不等于 2，那么该反应就不是真正的基元反应。另一个定义基元反应的方法是根据它的反应分子数。反应分子数是在一个基元反应中碰撞产生反应所必需的反应物种数。基元反应的级数和反应分子数相同：

- 只含有一个分子的基元反应是单分子反应，服从一级速率方程。
- 包含有两个分子的基元反应是双分子反应，服从二级速率方程。
- 包含有三个分子的基元反应是三分子反应，服从三级速率方程。

这一规则仅适用于基元反应。通常我们所见到的都是总反应的平衡方程式，能够得到速率方程中指数的唯一方法是做实验。

速率决定步骤

基元反应的速率方程能帮助化学家确定反应可能的机理。考察下面反应：

$$2NO_2Cl \longrightarrow 2NO_2 + Cl_2$$

由实验可知，速率对 NO_2Cl 是一级，所以速率方程是：

$$\text{反应速率} = k[NO_2Cl]$$

第一个问题：总反应（$2NO_2Cl \longrightarrow 2NO_2 + Cl_2$）是否能够发生在两个 NO_2Cl 分子碰撞的单一步骤中？答案是不可能。因为如果可以，则它是一个基元反应，预测的速率方程涉及平方项 $[NO_2Cl]^2$。但实验速率方程对 $[NO_2Cl]$ 是一级，所以预测的和实验的速率方程不相符，必须进一步判定反应的机理。

反应的实际机理是下列两步基元反应：

$$NO_2Cl \longrightarrow NO_2 + Cl\cdot \quad (\text{慢})$$

$$NO_2Cl + Cl\cdot \longrightarrow NO_2 + Cl_2 \quad (\text{快})$$

在第一步形成的 Cl· 原子称为反应的中间体。

注意：当两个反应相加时，中间体 Cl· 不参与净总反应：

$$2NO_2Cl \longrightarrow 2NO_2 + Cl_2$$

在任何多步机理中，一般存在比其他反应慢得多的某一步反应。例如，在这一机理中，可以确信第一步是慢的，一旦 Cl· 原子形成，它就与另一个 NO_2Cl 分子快速反应生成最终产物。

多步反应的最终产物不会比慢步骤的产物较快地出现，所以慢步骤称为决速步。对于此反应的二步机理,第一步反应是速率决定步骤,因为最终产物不会比 Cl·原子生成得快。

因此,控制决速步的因素也决定总反应速率。这意味着速率控制步骤的速率方程直接决定了总反应速率方程。

由于速率决定步骤是一个基元反应,可以由反应物的系数预测它的速率方程。NO_2Cl 断裂成 NO_2 和 Cl·为一级反应。因此,由第一步反应预测的速率方程是:

$$速率 = k[NO_2Cl]$$

注意到由二步机理得到的预测速率方程与实验测得的速率机理相一致。虽然科学家实际上从不证实一个假设机理的正确性,但是当它被提出时会得到大家认同。从动力学的观点上看,反应机理应该是合理的。

快速、可逆步骤的机理

首先研究下面的气体反应

$$2NO + 2H_2 \longrightarrow N_2 + 2H_2O$$

由实验求出的反应速率公式如下:

$$反应速率 = k[NO]^2[H_2] \quad (实验测定得到)$$

从上式明显可看出该反应为非基元反应,若是基元反应,在反应速率公式中$[H_2]$应该为二次方,但是在反应速率公式中却明显不是,因此需要研究其多步反应的机理。

由于需要根据化学反应机理推导出正确的反应速率公式,可将上述反应分解为如下两步反应:

$$2NO + H_2 \longrightarrow N_2O + H_2O \quad (慢)$$

$$N_2O + H_2 \longrightarrow N_2 + H_2O \quad (快)$$

为了测定反应机理,可将两个方程相加得到最终的反应速率公式,第二步反应可通过独立的实验观察得到。N_2O 被称为“笑气”,可作为麻醉剂应用于医药和牙科领域。实验证实它可与 H_2 反应生成 N_2 和 H_2O。第一步反应为总反应的决速步,第一步测试机理包括 NO 和 H_2 在预测反应速率公式中的系数,反应如下:

$$反应速率 = k[NO]^2[H_2] \quad (预测)$$

该反应速率方程与实验得到的反应速率方程完全符合,但是在设想的机理中它们仍有很大的不同。若假定的反应决速步(即第一步反应)被描述成基元反应,那么这就是一个三分子(2 个 NO 分子和 1 个 H_2 分子)反应,而三分子过程是非常少的。因此,化学家将该反应过程分解为 3 个二分子基元反应,反应方程式如下:

$$2NO \rightleftharpoons N_2O_2 \quad (快)$$

$$N_2O_2 + H_2 \longrightarrow N_2O + H_2O \quad (慢)$$

$$N_2O + H_2 \longrightarrow N_2 + H_2O \quad (快)$$

第一步反应能快速达到平衡,在正反应中生成的不稳定中间体 N_2O_2 在逆反应中能快速分解为 NO 分子。总反应的决速步为第二步 N_2O_2 与 H_2 生成 N_2O 和水的反应,第三步反应很快。将这三步反应相加可得到总反应式。

既然第二步为反应的决速步,那么可以预测该步的反应速率如下:

$$反应速率 = k[N_2O_2][H_2]$$

但从实验得到的反应速率方程中并无$[N_2O_2]$。总的来说,包含反应中间体浓度的反应速率是无效的,因为中间体的浓度不可能通过实验检测到。因此,需要找出$[N_2O_2]$浓度的表达式。回顾第一步的可逆反应,正反应中反应物为 NO,反应速率表达如下:

$$正反应速率 = k_f[NO]^2$$

逆反应中反应物为 N_2O_2,反应速率表达如下:

$$逆反应速率 = k_r[N_2O_2]$$

作为动态平衡反应过程,正、逆反应速率应该相等,即:

$$k_f[NO]^2 = k_r[N_2O_2]$$

$$[N_2O_2] = [NO]^2 k_f/k_r$$

代入反应速率 $= k[N_2O_2][H_2]$ 中可得到:

$$反应速率 = k\ (k_f/k_r)[NO]^2[H_2] \qquad 定义\ k' = k\ (k_f/k_r)$$

故反应速率 $= k'[NO]^2[H_2]$,现在通过反应机理推导得到的反应速率表达式与实验求出的反应速率表达式是相符合的。

前面提到的多步反应,我们称之为非基元反应,其反应速率方程由所有基元反应速率方程式组合而成,反应决速步涉及不稳定中间体时,要建立快速动态平衡方程式。

思考题 12.10　臭氧 O_3 与 NO 反应生成 NO_2 和 O_2,反应方程式如下:

$$NO + O_3 \longrightarrow NO_2 + O_2$$

这是一个形成光化学烟雾的反应,若该反应是一个单步反应,请预测其反应速率公式。

思考题 12.11　NO_2Cl 分解的机理方程式如下:

$$NO_2Cl \longrightarrow NO_2 + Cl^- \cdot$$

$$NO_2Cl + Cl\cdot \longrightarrow NO_2 + Cl_2$$

请推导机理方程式中第二步的反应速率公式。

近似稳态

通常在简单的反应机理中只有一步决速步,但在复杂的反应机理中却不是如此。反应条件不同时,决速步会有很大变化。在此情况下决速步将难以确定,此时需要用近似稳态(The steady-state approximation)来分析该反应,该方法的基本思路是,假设在反应过程中任何中间体的浓度保持恒定(注意,中间体既不是反应物也不是生成物,而是在反应过程中产生并消耗的物质)。

假设以下反应方程式

$$2AB + C_2 \longrightarrow A_2B + C_2B$$

反应机理如下:

$$2AB \underset{k_1}{\overset{k_1}{\rightleftharpoons}} A_2B_2$$

$$A_2B_2 + C_2 \xrightarrow{k_2} A_2B + C_2B$$

该反应的中间体为 A_2B_2,应用近似稳态法,A_2B_2 的浓度保持恒定,此时有 $d[A_2B_2]/dt = 0$。需要考虑产生和消耗 A_2B_2 的所有反应过程,每一步的反应速率方程都要写出来,应用近似稳态方程,中间体 A_2B_2 的生成速率等于其消耗速率。

因为 A_2B_2 生成速率 $=A_2B_2$ 消耗速率,所以有 $d[A_2B_2]/dt=0$。

整个过程分解如下:

(1) A_2B_2 的生成速率

在反应机理中,A_2B_2 仅产生在第一步基元反应中,速率方程为:

$$d[A_2B_2]/dt=k_1[AB]^2$$

(2) A_2B_2 的消耗速率

A_2B_2 的消耗在第一步的可逆反应中和第二步反应中,速率方程为:

$$-d[A_2B_2]/dt=k_{-1}[A_2B_2]$$

$$-d[A_2B_2]/dt=k_2[A_2B_2][C_2]$$

(3)应用稳态条件

应用稳态条件,即中间体 A_2B_2 的生成速率等于其消耗速率。

$$k_1[AB]^2=k_{-1}[A_2B_2]+k_2[A_2B_2][C_2]=[A_2B_2](k_{-1}+k_2[C_2])$$

求解上述中间体 A_2B_2 的速率方程,可得到:

$$[A_2B_2]=k_1[AB]^2/(k_{-1}+k_2[C_2])$$

(4)计算总速率方程

经过前面三步计算后,现在可计算 $2AB+C_2\longrightarrow A_2B+C_2B$ 的反应速率。以反应物或以产物浓度来表示,总反应速率的表达有多种方式,在该例子中我们用 C_2 的浓度来表示反应速率:

$$反应速率=-d[C_2]/dt$$

在机理反应中 C_2 仅仅在第二步才有消耗,因此有:

$$-d[C_2]/dt=k_2[A_2B_2][C_2]$$

而
$$[A_2B_2]=k_1[AB]^2/(k_{-1}+k_2[C_2])$$

可得到反应速率方程为:

$$反应速率=-d[C_2]/dt=k_2[C_2](k_1[AB]^2/(k_{-1}+k_2[C_2]))$$
$$=k_2k_1[AB]^2[C_2]/(k_{-1}+k_2[C_2])$$

该总反应速率方程是建立在近似稳态理论上的,比较复杂。通常检验速率方程的有效性涉及浓度的选择。选择合适的反应物或产物浓度来表达速率方程可得到简化的速率方程。

举例说明,前面反应中 C_2 的浓度很大,既然在第一步快速形成的 A_2B_2 与 C_2 反应中形成产物 A_2B 和 C_2B,那么第一步中的可逆反应可以被忽略,因此有:

$$k_2[C_2]\gg k_{-1}$$

k_{-1}的大小可忽略不计,简化的速率方程可写为:

$$反应速率=-d[C_2]/dt=k_2k_1[AB]^2[C_2]/k_2[C_2]=k_1[AB]^2$$

在以上机理有效的情况下,C_2 的浓度足够大时,该反应为 AB 的二级反应。

另一方面,若 C_2 的浓度比较低,那么中间体 A_2B_2 会在第一步的逆反应中优先分解为 AB,而不是与 C_2 反应。因此有:

$$k_{-1}\gg k_2[C_2]$$

速率方程可简化为：

$$反应速率 = k_2k_1[AB]^2[C_2]/k_{-1} = k'[AB]^2[C_2]$$

在反应机理正确的情况下，总反应速率为 C_2 的一级方程，为 AB 的二级方程。

12.6　催化剂

催化剂(catalyst)是一种能够改变化学反应速率但不参与反应的物质，换句话说，从反应开始到反应结束，催化剂的化学性质保持不变。催化剂引起的作用可称作催化作用(catalysis)。广义地讲，催化剂可分为两类：能加速反应进行的催化剂称作"正催化剂"(positive catalysts)；能减缓反应进行的催化剂称作"负催化剂"(negative catalysts)，也叫"抑制剂"(inhibitors)。一般意义上所说的催化剂指的是正催化剂。

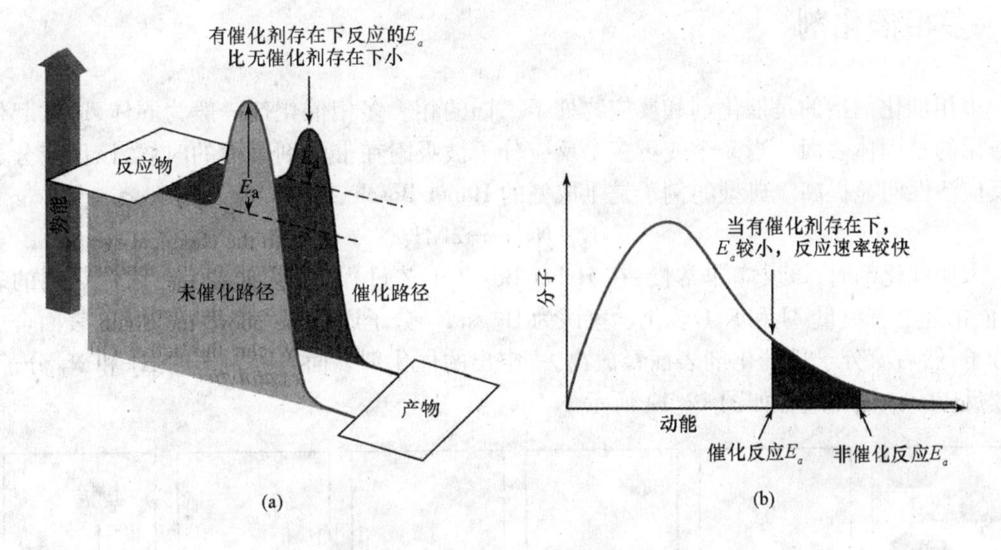

图 12.11　催化剂对反应活化能的影响

虽然催化剂不参与反应，但其确实能改变反应机理。催化剂能够提供一种新的生成目标产物的反应途径，相比未加入催化剂的反应，新的反应途径能明显降低形成目标产物决速步的反应活化能，如图 12.11(a)所示。因为在新的反应途径中，活化能被降低，大部分反应物分子碰撞并反应所需要的能量相对较少，从而加快了反应速率，如图 12.11(b)所示。需要注意的是：催化剂不能改变反应的 ΔH，也就是说一个吸热反应不能因为加了催化剂就变成了放热反应。

催化剂通常分为两种：均相催化剂(homogeneous catalysts)和多相催化剂(heterogeneous catalysts)。

均相催化剂

均相催化剂指的是催化剂和反应物处于同一相，一个均相催化剂应用的典型例子是"铅室法"(lead chamber process)生产硫酸的过程。在此工艺中，硫燃烧生成 SO_2，SO_2 再被

氧化生成 SO_3,SO_3 溶解在水中得到硫酸 H_2SO_4。

$$S + O_2 \longrightarrow SO_2$$

$$2SO_2 + O_2 \longrightarrow 2SO_3$$

$$SO_3 + H_2O \longrightarrow H_2SO_4$$

SO_2 氧化成 SO_3 的反应非常慢。在铅室法中,SO_2 与气体 NO、NO_2、空气混合,NO_2 能稳定地和 SO_2 反应生成 NO 和 SO_3,然后 NO 继续被氧气氧化生成 NO_2。

$$NO_2 + SO_2 \longrightarrow NO + SO_3$$

$$2NO + O_2 \longrightarrow 2NO_2$$

在反应过程中,NO_2 为催化剂,它作为氧气的载体,为 SO_2 生成 SO_3 的反应提供了一种更好的途径。注意:如同其他任何一种催化剂,虽然 NO_2 是重新生成的,但其质量和化学性质均未改变。

多相催化剂

多相催化剂指的是催化剂和反应物处于不同的相。多相催化剂一般为固体,通常起催化作用的是固体表面。当 1 个或更多个反应分子被吸附在催化剂表面的时候,该反应分子的反应活性明显提高。典型的例子是生成氨的 Haber-Bosch 工艺。

$$3H_2 + N_2 \longrightarrow 2NH_3$$

未加催化剂时,该反应非常慢,在 Haber-Bosch 工艺过程中,反应发生在铁催化剂的表面,催化剂上有痕量 Al 和 K_2O。化学家认为 H_2 和 N_2 分子通过压力吸附在催化剂表面合成氨分子,然后氨分子从催化剂表面释放出去,空出的催化剂表面再吸附新的 H_2 和 N_2 分子,继续反应。该催化过程如图 12.12 所示。

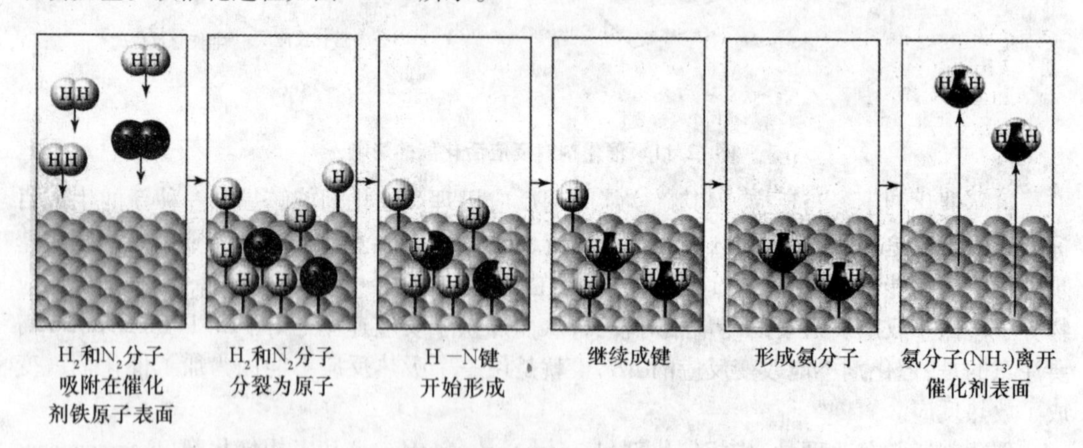

图 12.12 H_2 和 N_2 分子在催化剂表面形成 NH_3 的过程

多相催化剂在商业上有很多应用,石油工业用多相催化剂将碳氢化合物催化裂解,得到的小分子再经工业化处理成为汽油的组成成分。多相催化剂在石油工业中的应用非常广泛,利用它可将原油提炼、精制成汽油、航空燃油及燃料。

使用无铅汽油的汽车都配备有一个催化转换器,该转化器可降低向外排放的污染气体的浓度,如一氧化碳、未燃烧完全的碳氢化合物和氧化氮类化合物。在转换器中,通过催化剂将污染气体转换为可安全排放的气体。过程如下:将空气通入未燃烧完的尾气中,催化剂能够吸收 CO、NO 和 O_2,并将 NO 分解为 N 和 O 原子,O_2 也被分解为原子,两个 N 原子结合形成 N_2,CO 被 O_2 氧化成 CO_2,未完全燃烧的碳氢化合物被氧化成 CO_2 和 H_2O。但含铅汽油含有四乙基铅($Pb(C_2H_5)_4$),它会使转换器中的催化剂失活或“中毒”,所以现在含铅汽油已不能用作汽车燃料。

酶动力学

酶(enzymes)是催化效果最好的催化剂之一,酶(通常称作“生物催化剂”)由蛋白质组成,含有特殊形状的催化区域——活性位点。酶能降低被催化反应过渡态的活化能,且具有特异性,对其控制的反应有显著效果。

例如,蔗糖酸水解成葡萄糖和果糖的活化能为 $107kJ\cdot mol^{-1}$,当使用蔗糖酶时,该反应活化能能降低到 $36kJ\cdot mol^{-1}$,该酶在血液温度下(310K)能将反应速率提高 10^{12} 倍。在生物体内很多过程都涉及酶催化。起始原料或底物(substrates)S 能与酶的活性位点(active sites)结合,形成酶 - 底物的复合物(enzyme-substrate complex)ES。在复合物中,酶将底物转化为产物 P,最后产物从复合物中释放出来。同其他催化剂一样,酶在反应前后性质不变。

酶与底物的结合方式目前有两种猜测。

第一种是“锁 - 钥”模式,该模式想象底物简单地与酶的活性位点结合形成酶 - 底物复合物,如图 12.13 所示。

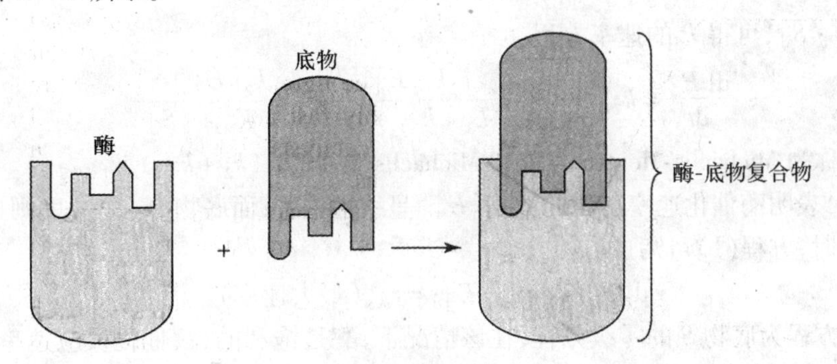

图 12.13　酶催化底物的“锁 - 钥”模式图

另一种模式为“诱导模式”(induced fit),该模式认为当底物靠近时,酶分子的形状会改变,底物诱导(induces)酶结构的改变,这个更具想象力的模型是建立在可旋转的单键使分子更柔顺的基础之上的。

该机理称作“Michaelis-Menten 机理”。酶催化反应中,目标底物(S)转化为目标产物(P)的反应速率与酶 E 的浓度有关。但反应前后酶不会发生变化,因此酶参与的反应机理可以表述如下:

$$E+S \underset{k^{-1}}{\overset{k_1}{\rightleftharpoons}} E\cdot S$$

$$E\cdot S \xrightarrow{k_2} P+E$$

既然产物 P 在反应的第二步中生成而不是第一步,因此形成产物 P 的速率方程为:

$$\frac{d[P]}{dt}=k_2[E\cdot S]$$

$E\cdot S$ 为反应中间体,用近似稳态理论,得出 $d[E\cdot S]/dt=0$,因此有:

$$\frac{d[E\cdot S]}{dt}=k_1[E][S]-(k_{-1}[E\cdot S]+k_2[E\cdot S])=0$$

可得:
$$[E\cdot S]=\frac{k_1[E][S]}{k_2+k_{-1}}$$

$[E]$和$[S]$分别为酶和底物的浓度。若$[E]_0$ 为酶的起始浓度,则:

$$[E]_0=[E\cdot S]+[E]=\text{定量(因为 }E\text{ 为催化剂,无质量变化)}$$

由上可得出

$$[E]=[E]_0-[E\cdot S]$$

底物 S 的浓度远大于酶的浓度,底物浓度可近似为全部底物浓度$[S]_{total}$,有

$$[S]=[S]_{total}$$

可推导出:

$$[E\cdot S]=\frac{k_1([E]_0-[E\cdot S])[S]}{k_2+k_{-1}}$$

$$[E\cdot S]=\frac{k_1[E]_0[S]-k_1[E\cdot S][S]}{k_2+k_{-1}}$$

得:
$$[E\cdot S]=\frac{k_1[E]_0[S]}{k_2+k_{-1}+k_1[S]}$$

代入$[E\cdot S]$,可得 P 的速率方程:

$$\frac{d[P]}{dt}=k_2[E\cdot S]=\frac{k_2k_1[E]_0[S]}{k_2+k_{-1}+k_1[S]}=\frac{k_2[E]_0[S]}{K_M+[S]} \quad (1)$$

该公式称为 Michaelis-Menten 方程和 Michaelis 量:$K_M=(k_2+k_{-1})/k_1$。

方程(1)表明酶催化速率与酶的浓度$[E]_0$ 呈线性关系,而底物$[S]$的浓度则比较复杂,当$[S]\gg K_M$ 时,方程(1)可写成:

$$d[P]/dt=k_2[E]_0=r_{max}\text{(最大速率)}$$

该速率方程为底物 S 的零级方程,在该情况下,酶是饱和的,酶催化反应速率方程为恒定值,达到最大反应速率,因此,方程(1)还可写为:

$$\text{反应速率}=\frac{d[P]}{dt}=\frac{r_{max}[S]}{K_M+[S]} \quad (2)$$

另一方面,当$[S]\ll K_M$ 时,上述方程可写成:

$$\frac{d[P]}{dt}=\frac{k_2}{K_M}[E]_0[S]$$

该方程中,形成产物的速率由酶和底物的浓度共同决定,图 12.14 显示了该关系。

Michaelis-Menten 方程是酶动力学的基础方程,其中 K_M 比较容易确定。当底物浓度$[S]=K_M$时,方程(2)变成:

$$\text{反应速率}=r_{max}/2$$

该方程表明,K_M 为反应速率达到最大速率一半时底物的浓度(K_M 与酶的种类和底物的性质有关),酶的 K_M 越小,表明其在低的底物浓度下催化效果越好。

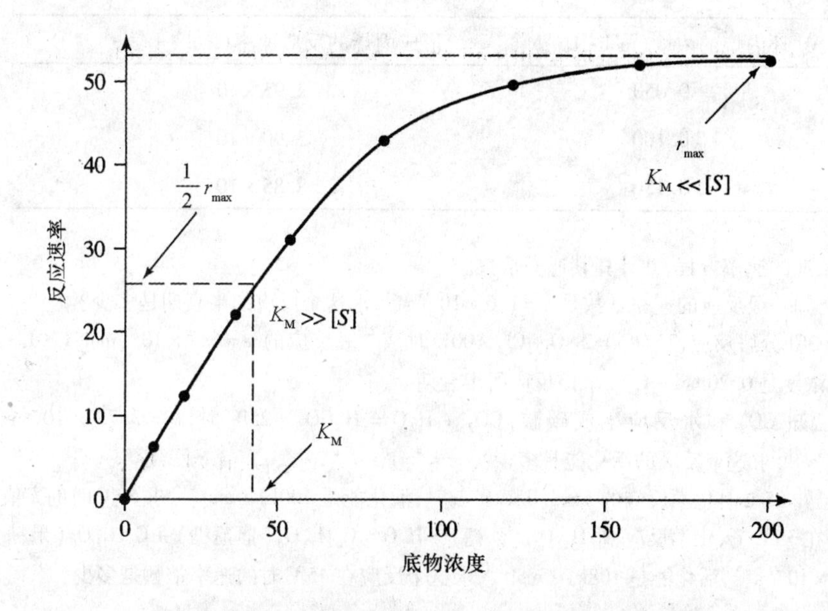

图 12.14　酶和底物浓度与反应速率的关系图

酶不仅用于生物系统，因其具有高度的特异性，已被科学家广泛地用于化学工业和其他方面，但由于本身性质的限制，使得酶在有机溶剂和高温中缺乏稳定性。因此蛋白质工程逐渐成为了研究热点，人们希望能够设计出具有独特活性的酶。

酶在日常生活中常见的应用是作为清洁剂的添加剂，例如蛋白酶能清除晶状蛋白；另外，酶可用于生物去垢剂，如加入干洗剂中能清除衣服上的蛋白污渍；还可应用于机器的清洗剂，在清洗剂中添加酶，能分解淀粉污渍和脂肪污渍，从而除去机器上的油污。

习　题

12.1　化学反应速率的概念是什么？

12.2　对应下列描述，举几个日常生活中的例子。

(a)反应速率很快的化学反应；

(b)中等速率的化学反应；

(c)反应很慢的化学反应。

12.3　举例说明什么叫做“均相反应”。

12.4　举例说明什么叫做“多相反应”。

12.5　已知环丙烷作为一种常见的麻醉剂，它经过一个缓慢的分子重排过程生成丙烯：

$$\text{环丙烷 }(CH_2)_3 \longrightarrow H_3C{-}CH{=}CH_2$$

已知一定温度下的反应速率：

环丙烷的浓度($mol \cdot L^{-1}$)	形成丙烯的反应速率($mol \cdot L^{-1} \cdot s^{-1}$)
0.050	2.95×10^{-5}
0.100	5.90×10^{-5}
0.150	8.85×10^{-5}

写出该反应的速率方程,并计算其速率常数。

12.6　已知一级反应的速率常数是 $k = 1.6 \times 10^{-3} s^{-1}$,求这个反应的半衰期是多少?

12.7　NOCl 分解反应,$2NOCl = 2NO + Cl_2$,400K 时该二级反应的 $k = 6.7 \times 10^{-4} mol^{-1} \cdot L \cdot s^{-1}$。如果 NOCl 的起始浓度是 $0.20 mol \cdot L^{-1}$,求该反应的半衰期。

12.8　已知 CO_2 和水反应生成碳酸,$CO_2 + H_2O = H_2CO_3$。25℃时,$k = 3.75 \times 10^{-2} s^{-1}$,0℃时,$k = 2.1 \times 10^{-3} s^{-1}$,求这个反应的活化能是多少?

12.9　已知25℃时化学反应的 $k = 3.0 \times 10^{-4} s^{-1}$,活化能是 $100 kJ \cdot mol^{-1}$,求50℃时的 k 值。

12.10　在35℃下,化学反应 $C_{12}H_{22}O_{11}$(蔗糖) + H_2O = $C_6H_{12}O_6$(葡萄糖) + $C_6H_{12}O_6$(果糖)的速率常数是 $k = 6.2 \times 10^{-5} s^{-1}$,活化能是 $108 kJ \cdot mol^{-1}$,求这个反应在45℃时的速率常数是多少?

第 13 章　碳原子化学

从分子层面来看生命科学，自然界中所有的生命都是由碳化合物组成的，生物的多样性来源于碳原子之间以及碳原子和其他元素之间形成的共价结合。我们使用的染料、药物、人造或天然纤维、塑料、食物、燃料、佐料和香水等上百万种化合物，以及组成我们身体的碳氢化合物、维他命、脂肪、细胞膜和酶等化合物都离不开碳原子。

有机化学是研究碳化合物的性质、制备、表征和修饰的一门学科。含碳原子化合物的种类无法计数，科学家依据官能团（functional groups）将这些有机分子归类。有关官能团的介绍将在后续章节中逐一讲述。在讨论官能团之前，首先需要了解饱和碳氢化合物，它们是支撑官能团的基本骨架。

本章从最简单的有机物——碳氢化合物的物理性质开始介绍，然后介绍最简单的官能团（碳 - 碳双键和三键），最后讲述环状不饱和化合物芳烃。

最简单的有机分子是仅含 C 和 H 原子的碳氢化合物，而最简单的碳氢化合物是甲烷（CH_4，也就是天然气），它是我们生活中最重要的能源物质之一，同时也是温室效应的制造者。

13.1　碳氢化合物简介

碳氢化合物（hydrocarbon）是一类仅由碳原子和氢原子组成的化合物，图 13.1 显示了碳氢化合物的分类。

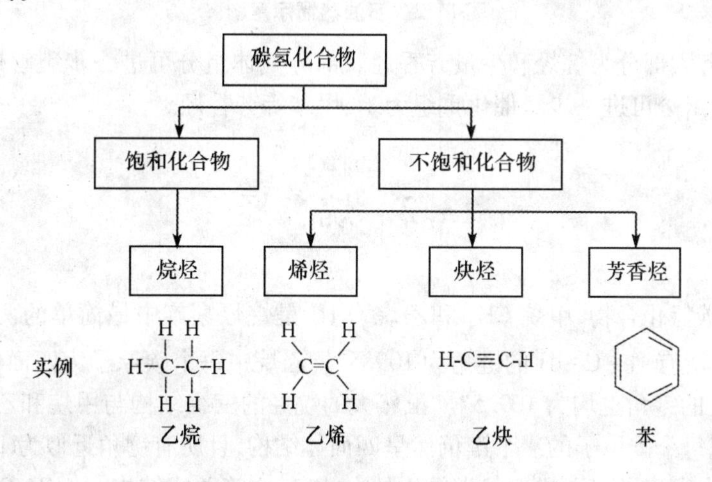

图 13.1　碳氢化合物的分类

烷烃（alkanes）是由 C—C 单键组成的碳氢化合物，也被称作饱和碳氢化合物（saturated hydrocarbons），这意味着每个碳原子连接了最大数目的原子（四个）。通常烷烃被称作脂肪类碳氢化合物(aliphatic hydrocarbons),aliphatic 来自希腊单词“aleiphar”,意思是“脂肪”和“油”,这是因为烷烃的物理性质与在动物脂肪和植物油中发现的长链碳分子相似。

烯烃(alkenes)是一类含有一个或多个 C═C 双键的碳氢化合物。

炔烃(alkynes)是一类含有一个或多个 C≡C 三键的碳氢化合物。

芳烃(arenes)是含特殊稳定 C—C 键的环状化合物。

烯烃、炔烃和芳烃统称为不饱和碳氢化合物(unsaturated hydrocarbons)。

石油、煤、天然气中包括了大部分的烃类化合物,其中石油经过炼油厂处理(图 13.2)后可以获得多种烃类化合物,可用作燃料和石油化工原料。

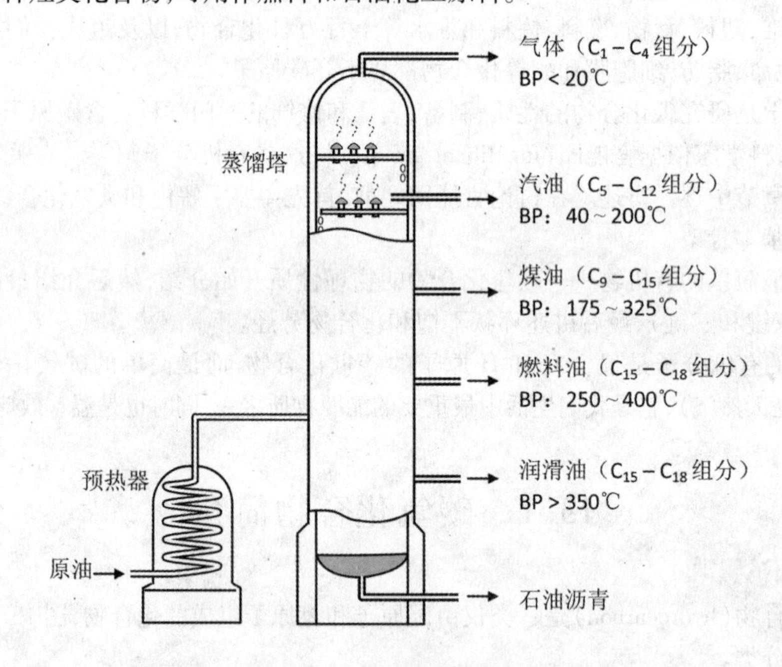

图 13.2　石油蒸馏示意图

馏出的组分大部分为烷烃和少量芳香烃。部分气体组分可进一步裂解成乙烯、丙烯等烯烃;部分汽油组分可进一步经催化重组为苯、甲苯等芳香烃。

13.2　烷　烃

作为饱和碳氢化合物,甲烷 CH_4 和乙烷 C_2H_6 是烷烃家族中最简单的两种分子。甲烷是四面体构型,所有 H－C－H 的键角为 109.5°。乙烷中每个碳原子为四面体中心,分子中所有 H－C－H 的键角也均为 109.5°。虽然大的烷烃的三维结构与甲烷和乙烷相比要复杂很多,但是围绕每个碳原子的 4 个键仍然呈四面体结构,且所有键角近似为 109.5°。

在第 1 章中我们学习了描述化学结构的方式,其中简并式结构(如 $CH_3CH_2CH_3$)和键线式结构(如 ∧)能显示分子中原子的排列顺序,但不能表达其三维结构。三维结构对理解和研究分子结构与性质之间的关系非常有用。我们应充分意识到分子是一个三维结构,常用球棍式模型来直观地表示三维结构。

由两个及两个以上碳原子组成的烷烃的 C—C 单键可以旋转，从而使分子扭曲成不同的三维结构。由单键旋转引起原子的任何三维排列称作构象(conformation)。图 13.3 中乙烷的不同构象可以用球棍式模型表示，也可以用纽曼投影式对这种表示进行简化。图中左边为交叉式构象，两个碳上的氢原子相距最远，因而处于最低能量状态；右边为重叠式构象，两个碳上的氢原子相距最近(纽曼投影式中后面碳原子上的 H 原子被前面碳原子上的 H 原子覆盖，图中为了清晰起见，有意错开一个小角度)，处于最高能量状态。非键原子间范德华距离在约 0.3nm 时能量最低(C—C 平均键长为 0.154nm)，此距离越小，能量越大。这两种构象的能量相差约为 12.6kJ · mol^{-1}。这个能量差导致乙烷分子在室温下，交叉式构象的分子与重叠构象的分子的比例为 100 : 1。实际上，室温下分子的热运动可以克服C—C键旋转的能垒，故乙烷可以取任意构象，只是相对数量不同而已。

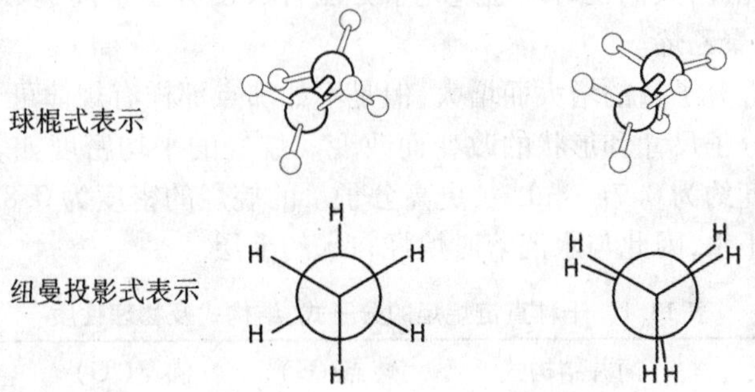

球棍式表示

纽曼投影式表示

图 13.3　乙烷两种构象(左为交叉构象；右为重叠构象)的不同表示

乙烷只有两个碳原子，C—C 键的旋转只能引起氢原子的相对位置改变，而对碳骨架无影响。丙烷也是如此。但是，当碳骨架为 4 个碳以上时，C—C 键的旋转将导致碳骨架的构象发生变化。图 13.4 表示了丁烷碳骨架任意构象中的四种，任何具有四个连续碳链的结构均可以用扭曲角表示。

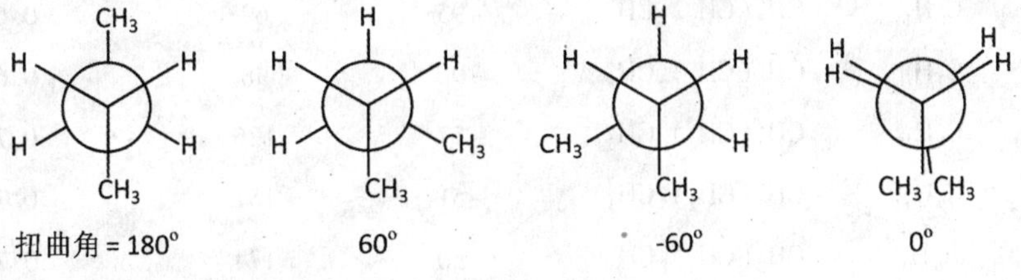

扭曲角 = 180°　　60°　　-60°　　0°

图 13.4　丁烷 C－C－C－C 链的多种构象

烷烃的通式为 C_nH_{2n+2}，如果给出了碳原子数目，则通过分子通式很容易计算出分子中 H 原子的数目。例如，癸烷中含有 10 个碳原子，那么其中应含有(2 × 10) + 2 = 22 个氢原子，其分子式应该为 $C_{10}H_{22}$。

烷烃的物理性质

烷烃最重要的性质是其几乎无极性。戊烷键上的外层电子云密度是均匀分布的，从第 3 章可知，碳原子与氢原子的电负性相差为 2.5 − 2.1 = 0.4(在泡利范围内)，也就是说在这么小的差别范围内可认为C—H键为非极性共价键。因此烷烃为非极性化合物,分子间仅有较弱的作用力——色散力,因此烷烃的沸点与具有相同摩尔质量的其他类型的化合物相比要低。随着烷烃的碳原子数和摩尔质量的增高,分子的总长度增加,使烷烃分子之间的色散力增强,从而提高了沸点。

室温和常压下,含1~4个碳原子的烷烃通常为气体,而含5~17个碳原子的烷烃通常为液体,含18个及以上碳原子的高摩尔质量的烷烃为白色蜡状固体。一些植物的蜡即为高摩尔质量的烷烃,最早发现这种蜡是在苹果的表皮上,该分子是一个没有分支(unbranched)的链状烷烃,分子式为$C_{27}H_{56}$。石蜡是一种由高摩尔质量的烷烃组成的混合物,可用来做蜡烛、润滑油和家装果酱的密封蜡等。矿脂是石油精制过程中产生的一种高摩尔分子质量的烷烃提取物,可作为矿物油和凡士林销售,也可作为药剂和化妆品的基础添加剂,还可作为润滑剂和防锈剂。此外,人们也可以通过化学方法合成出分子量高达数万甚至数千万的烷烃,如可用作塑料的聚乙烯。

烷烃的熔点随着分子量的增大而增大,但是不如沸点那样有规律可寻,因为固体中分子的堆积方式会随着分子尺寸和形状的改变而改变。烷烃的平均密度如表13.1所示。由表可知一般烷烃的密度约为$0.7g\cdot mL^{-1}$,更高分子量的烷烃的密度为$0.8g\cdot mL^{-1}$,固体和液体烷烃的密度均低于水,因此与水混溶时烷烃在水的上层。

表13.1 十种直链烷烃的分子式、结构式及物理性质

名称	分子式	简并结构式	熔点(℃)	沸点(℃)	密度($g\cdot mL^{-1}$, 0℃)
甲烷	CH_4	CH_4	-182	-164	气体
乙烷	C_2H_6	CH_3CH_3	-183	-88	气体
丙烷	C_3H_8	$CH_3CH_2CH_3$	-160	-42	气体
丁烷	C_4H_{10}	$CH_3(CH_2)_2CH_3$	-138	0	气体
戊烷	C_5H_{12}	$CH_3(CH_2)_3CH_3$	-130	36	0.626
已烷	C_6H_{14}	$CH_3(CH_2)_4CH_3$	-95	69	0.659
庚烷	C_7H_{16}	$CH_3(CH_2)_5CH_3$	-90	98	0.684
辛烷	C_8H_{18}	$CH_3(CH_2)_6CH_3$	-57	126	0.703
壬烷	C_9H_{20}	$CH_3(CH_2)_7CH_3$	-51	151	0.718
癸烷	$C_{10}H_{22}$	$CH_3(CH_2)_8CH_3$	-30	174	0.730

烷烃的同分异构体

同分异构体是具有相同分子式但结构不同的分子;构造异构体是具有相同分子式但原子排列方式不同的分子。烷烃存在同分异构体现象主要是由碳主链上支链排列方式不同引起的,第1章已阐述过,每个异构体均具有特定的名称和特定的命名规则。

碳原子之间能形成强稳定的键的能力导致烷烃构造异构体的数目随着碳原子的增加急剧增加,表13.2列出了一些烷烃的构造异构体的数目。

表 13.2　一些烷烃 C_nH_{2n+2} 的构造异构体的数目

分子式	异构体数目
CH_4	0
C_5H_{12}	3
$C_{10}H_{22}$	75
$C_{15}H_{32}$	4347
$C_{25}H_{52}$	36797588

表 13.3 列出了分子式为 C_6H_{14} 的烷烃的 5 个构造异构体的熔点、沸点和密度。从表中可看出,含有支链分子的沸点均低于正己烷,支链越多,沸点越低,这些沸点的差异与分子形状有关。烷烃分子间唯一的作用力是色散力,当支链增多时,分子形状变得复杂,所占空间增大,位阻增大,分子间的接触面积降低,使得分子间的色散力降低,因此沸点降低。对于含任何官能团的构造异构体而言,最少分支的异构体的沸点最高,而最多分支的异构体沸点最低。但是熔点的规律则非常不明显,就像前面提到的,熔点与固体中分子的排列规律有关。

表 13.3　分子式为 C_6H_{14} 的烷烃的 5 个构造异构体的物理性质

名称	熔点(℃)	沸点(℃)	密度(g/mL,0℃)
正己烷	-95	69	0.659
3-甲基戊烷	-118	63	0.664
2-甲基戊烷	-153	60	0.653
2,3-二甲基丁烷	-128	58	0.662
2,2-二甲基丁烷	-100	50	0.649

环烷烃

由碳原子相连形成的环状的碳氢化合物称作环状碳氢化合物,当环上所有碳原子为饱和碳时,该碳氢化合物称作环烷烃(cycloalkane)。理论上讲环的尺寸没有限制,但是自然界的烷烃中,碳原子个数在 3~30 个左右。自然界中存在最多的是五元环(环戊烷)和六元环(环己烷)。图 13.5 列出了环丁烷、环戊烷、环己烷的结构式。当书写环烷烃结构式的时候很少写出碳原子和氢原子,一般用键线式结构来表示环烷烃。每个环由一个常规的多边形表示,边数和环烷烃上碳原子数相同。例如,环丁烷用四边形表示,环戊烷用五边形表示,环己烷用六边形表示。

环烷烃比含相同碳原子的饱和烷烃少 2 个氢原子。例如,环己烷的分子式是 C_6H_{12},而己烷的分子式为 C_6H_{14}。环烷烃的分子通式为 C_nH_{2n},环烷烃的命名是在烷烃前加上"环"。

环烷烃的碳原子也是 sp^3 杂化,故环上的 C—C—C 键角也尽可能倾向于接近 109.5°。这样,环烷烃并不是平面型(除了环丙烷之外)。如环丁烷的碳骨架为蝴蝶状;环戊烷的碳骨架为信封状；而环己烷的碳骨架为椅状等。

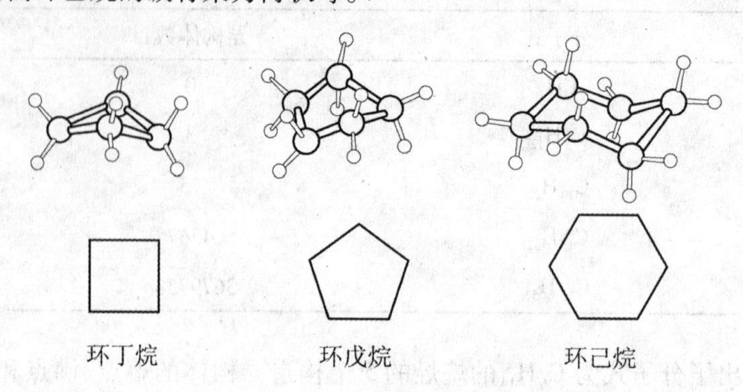

图 13.5　环烷烃的非平面立体结构(上)及其键线式结构(下)

与直链烷烃不同的是，环烷烃的分子构象不会因 C—C 键的旋转而发生改变。因此环上每个碳原子上的 2 个氢原子的相对位置是可区别的，所以，当环上有取代基时就产生了很多不同的异构体，如顺式(*cis*)和反式(*trans*)1,2－二甲基环戊烷等，如图 13.6 所示。

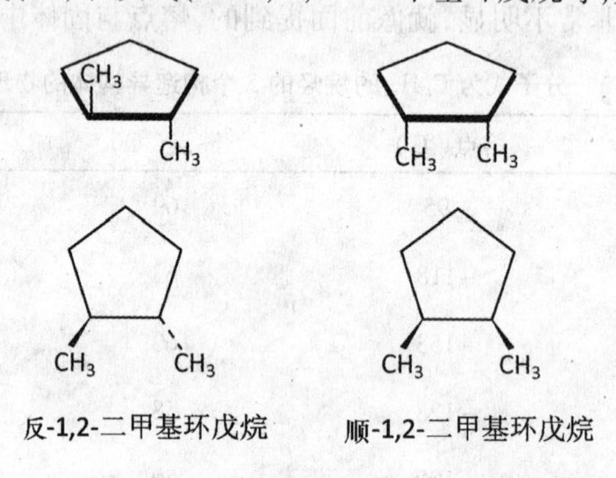

图 13.6　1,2－二甲基环戊烷的两种异构体

13.3　烯烃和炔烃

烯烃类化合物含有 1 个或多个碳碳双键，炔烃类化合物含有 1 个和多个碳碳三键。乙烯和乙炔分别是最简单的烯烃和炔烃。

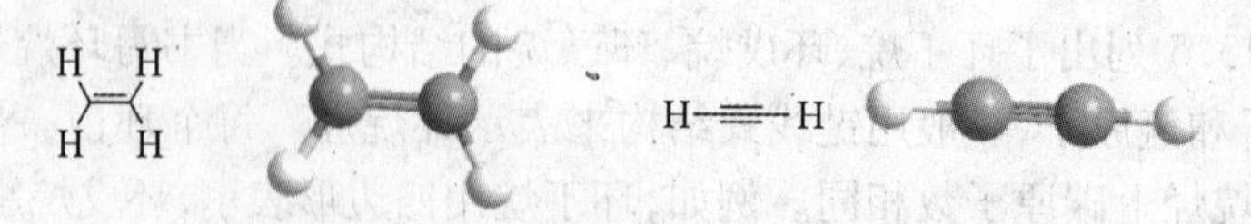

芳烃是一类含有 1 个和多个苯环的化合物。苯及其衍生物的化学性质与烯烃和炔烃有很大的不同，将在后续章节中讨论。

含有碳碳双键的化合物在自然界中分布非常广泛，自然界中最常见的烯烃衍生物是天然橡胶，主要成分为异戊二烯。一些低分子量的烯烃，例如乙烯和丙烯，在现代工业中有很广泛的商业用途。

在自然界中乙烯的含量不多，工业上需要的大量乙烯是从原油到石油的炼制过程中得到的，也可通过天然气中乙烷的脱氢得到。乙烯的工业应用形成了巨大的高分子产业。

$$CH_3CH_3 \xrightarrow[\text{热裂解}]{800-900℃} H_2C=CH_2 + H_2$$

烯烃和炔烃的形状

利用 VSPER 模型（见第 3 章）可以预测双键上碳原子与其他原子间的键角为 120°，实际测得的键角为 121.7°，该值与通过 VSPER 模型预测的角度接近。取代烯烃，如丙烯的 C—C—C 键角为 124.7°，回顾前面提到的烷烃重叠式构象（0°扭曲角）时能量最大，就很容易理解。这是由于双键碳原子上大的取代基之间以增大距离来降低相互排斥所致。

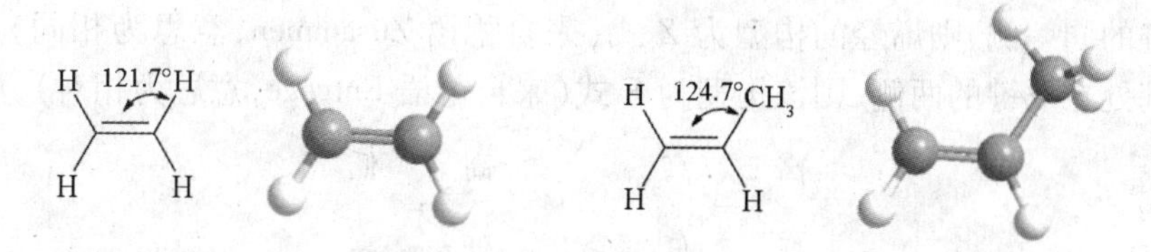

用 VSEPR 模型同样可以预测三键上每个碳原子与其相连原子的键角为 180°，最简单的乙炔经确证为线性分子，所有键角均为 180°。

烯烃的顺反异构

第 3 章中利用原子杂化轨道理论讲解了 C═C 双键的形成。C═C 包含一个 σ 键和一个 π 键。双键上每个碳原子利用其三个 sp^2 杂化轨道与三个原子形成 σ 键。未杂化的 2*p* 轨道与 sp^2 杂化轨道的平面垂直，形成了 C═C 双键的 π 键。

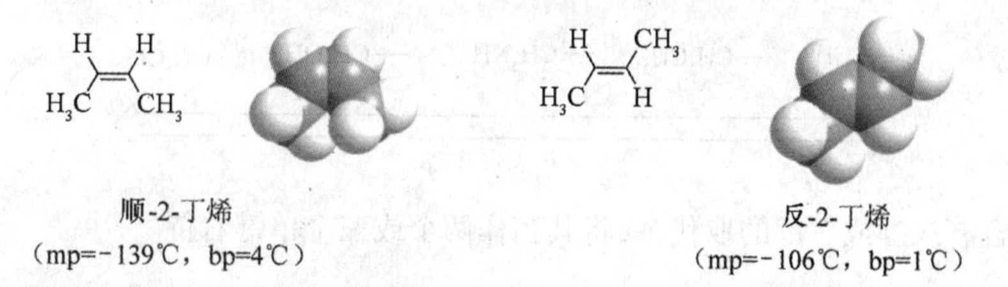

顺-2-丁烯（mp=-139℃，bp=4℃）　　反-2-丁烯（mp=-106℃，bp=1℃）

单键的旋转是无方向性的，乙烷旋转的能量壁垒约为 12.5kJ·mol^{-1}，而双键的旋转则需更多的能量。C═C 双键中 π 键的断裂（即一个碳原子旋转 90°使相邻碳原子中的 2*p* 轨道无重叠）大约需要 264kJ·mol^{-1}的能量。因为需要的能量太大，使得 C═C 双键旋转非常困难，故在烯烃上连接两个基团时存在顺反异构现象。例如 2－丁烯，在顺－2－丁烯中两个甲基处在 C═C 双键的同一方，在反－2－丁烯中两个甲基处在 C═C 双键的两边。室温下，2－丁烯的两种顺反异构体不能发生旋转，它们是不同的化合物，有不同的物理性质和化学性质，称作构型异构体。

在顺式结构中，由于烷基取代基处在双键的同一方，使得排斥力增大，因此顺式烯烃相对于反式结构是不稳定的，这可以从顺－2－丁烯比例模型中甲基上氢原子之间的排斥看出。

最常用的表示烯烃上二取代基构型的方法是顺式和反式。该描述体系中，母链上原子的方向性决定烯烃是顺式的还是反式的，下图是4－甲基－2－戊烯的顺式结构。

$$\mathrm{H_3C{-}CH{=}CH{-}CH(CH_3)_2}$$

顺-4-甲基-2-戊烯

E,*Z* 体系

对于含有3个或4个取代基的烯烃，如2－氯－1－溴－1－氟乙烯，顺－反体系则不能说明其构型，此时需要用 *E*,*Z* 体系（*E*,*Z* System），该体系用来描述双键上有3个或4个取代基的烯烃。*E*,*Z* 体系中要将双键上每个取代基的优先顺序进行排列，若高优先级的取代基处在双键的同一侧，则烯烃的构型为 *Z* 式（来自德语 Zusammen，意思为相同）；若高优先级的取代基处在双键的两侧，则该构型为 *E* 式（来自德语 Entgege，意思为相对），如下图：

高　高　　　高　低

低　低　　　低　高

Z 式　　　*E* 式

取代基的优先规则称作 CIP（Cahn-Ingold-Prelog rule）规则，如下：

（1）取代基中与双键连接的第一个原子的原子序数越大，优先级越大。如：

$$\mathrm{{-}H,\ {-}CH_3,\ {-}NH_2,\ {-}OH,\ {-}SH,\ {-}Cl,\ {-}Br,\ {-}I}$$

优先级升高

（2）若双键上取代基的第一个原子相同，则利用第一条规则逐个比较第二个原子的优先级。如：

$$\mathrm{{-}CH_3,\ {-}CH_2CH_3,\ {-}CH_2NH_2,\ {-}CH_2OH,\ {-}CH_2Cl,}$$

优先级升高

（3）对含有双键或三键的取代基，将其当作两个或三个单键看待。

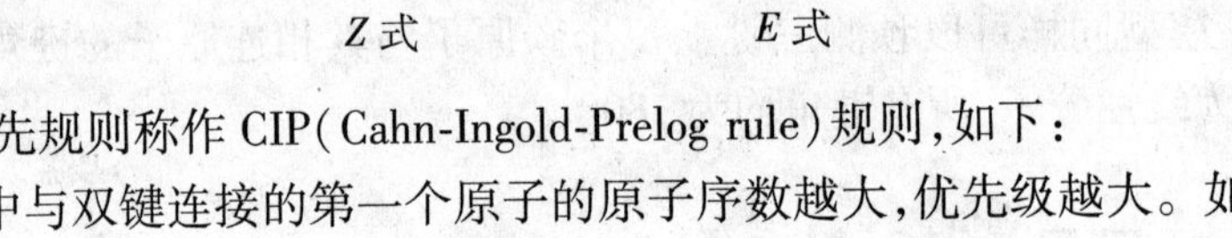

$$\mathrm{{-}CH{=}CH_2} \xrightarrow{\text{可视为}} \mathrm{{-}CH(C){-}CH_2(C)} \quad 和 \quad \mathrm{{-}CH{=}O} \xrightarrow{\text{可视为}} \mathrm{{-}CH(O){-}O}$$

13.4　烷烃的反应

因为烷烃中只有非极性的 σ 键存在，烷烃的化学活性较低，与大部分试剂不发生化学反应。

在特定条件下,烷烃和环烷烃与氧气(O_2)反应,生成二氧化碳和水。这是烷烃类化合物最重要的反应。饱和碳氢化合物的氧化反应能释放出较大的热量,这是其成为能源分子的主要原因,如天然气、液化石油气(LPG)和石油。下面是甲烷和丙烷完全燃烧的化学反应式。甲烷为天然气的主要组成成分,丙烷为 LPG 的主要成分。

$$CH_4 + 2O_2 \longrightarrow CO_2 + 2H_2O \qquad \Delta H^{\ominus} = -886\text{kJ} \cdot \text{mol}^{-1}$$

$$CH_3CH_2CH_3 + 5O_2 \longrightarrow 3CO_2 + 4H_2O \qquad \Delta H^{\ominus} = -2220\text{kJ} \cdot \text{mol}^{-1}$$

烷烃的另一个反应为取代反应,烷烃中氢原子被卤素取代,第 15 章中将详细讨论。

13.5 烯烃的反应

烯烃最重要的特征反应是双键的加成反应,如表 13.4 所示,该反应中 π 键断裂,形成 δ 键,在 π 键断裂的位置加上了两个原子或取代基。

表 13.4　烯烃的一些特征——加成反应

反应	反应名称
$>C=C< + HCl \longrightarrow -\underset{H}{C}-\underset{Cl}{C}-$	氢氯化反应 (氢卤化反应的一个例子)
$>C=C< + H_2O \longrightarrow -\underset{H}{C}-\underset{OH}{C}-$	水解反应
$>C=C< + Br_2 \longrightarrow -\underset{Br}{C}-\underset{Br}{C}-$	溴化反应 (卤化反应的一个例子)
$>C=C< + H_2 \longrightarrow -\underset{H}{C}-\underset{H}{C}-$	氢化加氢(还原反应)

从工业的发展前景来看,低分子量烯烃的一个最重要用途是生产高分子(如聚乙烯和聚苯乙烯)。高分子是由低分子烯烃加成聚合得到。下面为乙烯聚合生成聚乙烯的过程:

$$nH_2C=CH_2 \xrightarrow{\text{引发剂}} \left[CH_2CH_2 \right]_n$$

为了使该反应得以进行,首先要加入引发剂,然后发生稳定的链增长反应,一般 n 在数千到数十万。在第 20 章中将详细讨论烯烃制备高分子的过程。

烯烃的另一个反应是还原得到烷烃,反应的本质即为双键的 H_2 加成反应,这将在后面有关加成反应的内容中进行讨论。

亲电加成反应

此反应的本质是正负电荷间的吸引。烯烃的双键是富电子(负电性)基团,可被带正电性物质进攻,正电性物质被称作亲电试剂(electrophiles)(字面意思为被电子吸引)。烯烃与亲电试剂发生加成反应生成饱和化合物。本节将介绍三类重要的亲电加成反应——卤化氢(HCl、HBr 和 HI)、水(H_2O)和卤素(Br_2、Cl_2)的加成。首先观察这些加成实验,然后探讨其反应机理。对下列特定反应进行讲解有助于我们理解烯烃加成反应是如何发生的。

卤化氢的加成

卤化氢(HX)加成到烯烃上得到卤代烷烃,该加成反应可在纯试剂下进行,也可在质子溶剂(如醋酸)中进行。HCl 与乙烯经过加成反应得到氯乙烷:

$$H_2C=CH_2 + HCl \longrightarrow \underset{}{\overset{H}{\overset{|}{H_2C}}}-\overset{Cl}{\overset{|}{CH_2}}$$

HCl 与丙烯经过加成反应得到的产物为 2－氯丙烷,氢加到丙烷的 1 位 C 上,氯加到 2 位 C 上。若加成的位置可以调换,则得到的应该为 1－氯丙烷,而该反应实际上得到的产物为 2－氯丙烷,1－氯丙烷仅为痕量。可以说丙烯与 HCl 的加成是高度选择性的,2－氯丙烷为主要产物。

$$H_3CHC=CH_2 + HCl \longrightarrow H_3CH\overset{Cl}{\overset{|}{C}}-\overset{H}{\overset{|}{CH_2}} + \underset{\text{(痕量)}}{H_3CH\overset{H}{\overset{|}{C}}-\overset{Cl}{\overset{|}{CH_2}}}$$

区域选择性反应(regioselective reaction)是一类键的加成和断裂几乎优先在某一个方向上发生的反应。19 世纪,俄罗斯化学家 Vladimir Markovnikov 发现了烯烃加成反应立体选择性的规律,称作马氏规则(Markovnikov rule),即 HX 与烯烃的加成反应中,氢加到双键中氢多的碳原子上。

以下反应为烯烃与 HX 按照马氏规则加成的实例:

$$CH_3\overset{CH_3}{\overset{|}{C}}=CH_2+HI \longrightarrow CH_3\underset{I}{\underset{|}{\overset{CH_3}{\overset{|}{C}}}}CH_3$$

$$\text{1-甲基环戊烯}(-CH_3) + HCl \longrightarrow \text{1-氯-1-甲基环戊烷}(Cl, CH_3)$$

$$\text{亚甲基环己烷}(=CH_2)+HI \longrightarrow \text{1-碘-1-甲基环己烷}(I, CH_3)$$

用马氏规则可预测烯烃加成产物,如想要知道其原因,必须了解其反应机理。

可用箭头表示两个电子在键形成和断裂过程中的移动。如假设化合物 AB,其 A—B 键的电子对密度的分布倾向于 B(用箭头表示),则断裂后产物可表示为:

$$A\overset{\frown}{-}B \longrightarrow A^+ + B^-$$

注意,箭头从要断裂的键开始,指向成对电子转移的目标基团。

可用两步反应解释 HX 与烯烃加成反应的机理。

以 HCl 与丙烯反应生成 2－氯丙烷的反应为例。

第一步　HCl 中的质子(正电性)加到丙烯的双键上,形成一个新的 C—H 键,该步最终生成一个氯离子和一个碳正离子:

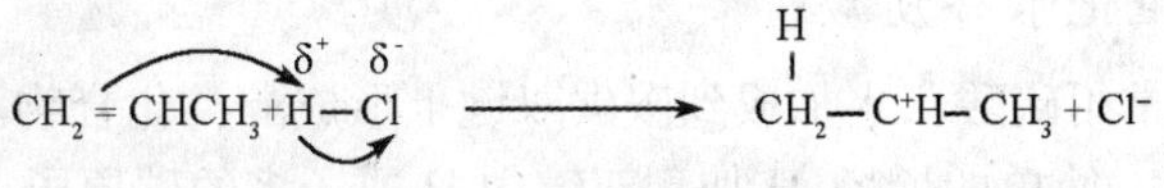

$$CH_2=CHCH_3+\overset{\delta^+}{H}-\overset{\delta^-}{Cl} \longrightarrow CH_2-\overset{H}{\overset{|}{C^+}}H-CH_3+Cl^-$$

第二步　碳正离子(一种 Lewis 酸)与带负电的氯离子(一种 Lewis 碱)反应得到产物 2 - 氯丙烷。

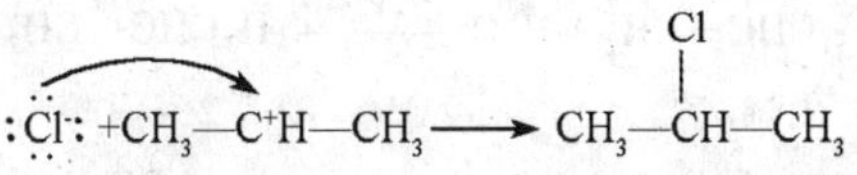

$$:\ddot{\underset{..}{Cl}}:^- + CH_3-C^+H-CH_3 \longrightarrow CH_3-\overset{Cl}{\overset{|}{C}}H-CH_3$$

注意:以上反应中出现了一个碳正离子(carbocation)。碳正离子为 Lewis 酸,是亲电试剂。除了甲基碳正离子($^+CH_3$)外,还有伯碳正离子(1°,C—C^+H_2)、仲碳正离子(2°,C_2—C^+H)和叔碳正离子(3°,C_3—C^+)三种。通过 VSEPR 模型预测,碳正离子与其相连的三个原子为共平面结构,键角近似 120°;通过原子价键理论,缺电子的碳正离子用 sp^2 杂化轨道与其相邻三个原子连接形成 σ 键。图 13.7 显示了叔碳正离子 $C_4H_9^+$ 的 Lewis 结构和杂化轨道图,该碳正离子称为叔丁基碳正离子。

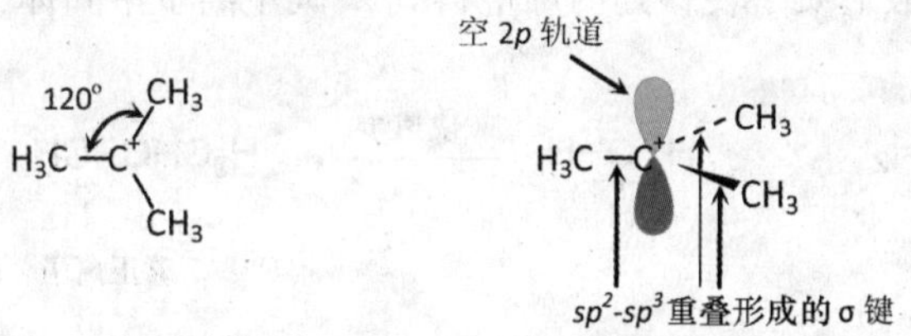

图 13.7　叔碳正离子结构

在以上反应中,为什么 HCl 中的 H^+ 按照马氏规则加到 1 - 位碳原子上,而使 2 - 位碳原子成为正碳离子呢? 为什么极少发生相反的情况? 这必须从碳正离子的稳定性来解释。

碳正离子的稳定性:区域立体选择性和马氏规则

从原理上讲,HX 与烯烃反应能得到两种不同的碳正离子。H^+ 有选择性地加在双键上含氢原子较多的碳上,是因为这样形成的碳正离子更稳定。如图 13.8 所示为四种烷基碳正离子的稳定性顺序。

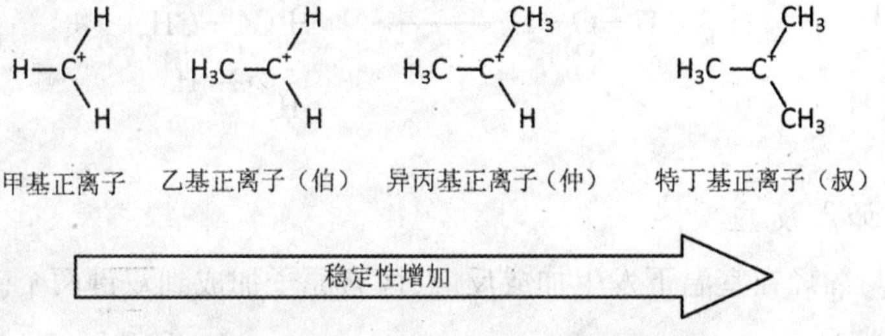

图 13.8　四种烷基碳正离子的稳定性顺序

由于碳正离子上连接的烷基能向碳正离子提供部分负电荷,从而分散了碳正离子的电荷,稳定了碳正离子,因此碳正离子上烷基取代基越多越稳定。

水的加成:酸催化水合反应

在酸催化下(通常用硫酸),水加成到碳碳双键上形成醇类化合物。水的加成反应称作水合反应(hydration)。简单的烯烃,H 加到双键中 H 原子多的碳原子上,OH 加到双键中 H 原子少的碳原子上,水与烯烃的加成符合马氏规则。

$$H_3CHC=CH_2 + H_2O \xrightarrow{H_2SO_4} H_3CHC(OH)—CH_2(H)$$

丙烯 2-丙醇

$$H_3CC(CH_3)=CH_2 + H_2O \xrightarrow{H_2SO_4} H_3CC(OH)(CH_3)—CH_2(H)$$

2-甲基丙烯 2-甲基-2-丙醇

酸催化水合反应机理与卤化氢与烯烃的加成机理相似,下面以丙烯和水的加成为例。该机理涉及到酸作催化剂,第一步消耗 H_3O^+,第三步生成 H_3O^+。

第一步 催化剂酸上质子转移到丙烯上得到2°碳正离子中间体(Lewis 酸):

$$H_3CCH=CH_2 + H—\overset{+}{O}(H)—H \xrightarrow{决速步} H_3C\overset{+}{C}H—CH_2(H) + H—\ddot{O}—H$$

2°碳正离子

第二步 第一步形成的2°碳正离子中间体与水反应,得到氧鎓离子(oxonium ion):

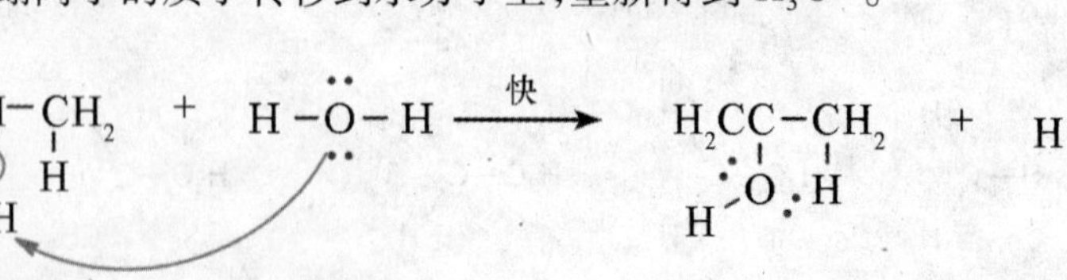

$$H_3C\overset{+}{C}H—CH_2(H) + H—\ddot{O}—H \xrightarrow{快} H_3CCH(\overset{+}{O}H_2)—CH_2(H)$$

氧鎓离子

第三步 氧鎓离子的质子转移到水分子上,重新得到 H_3O^+。

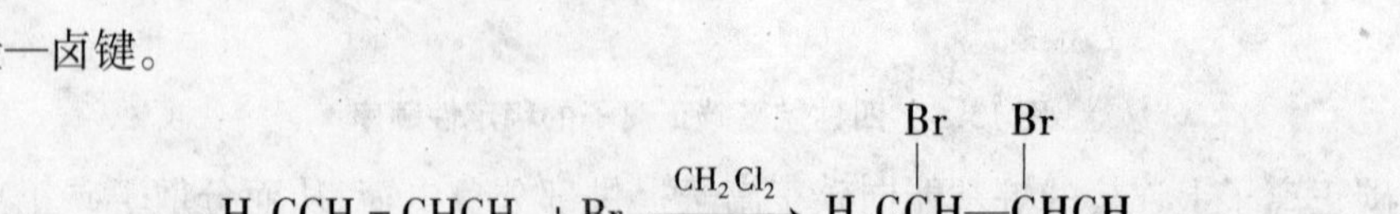

$$H_3CCH(\overset{+}{O}H_2)—CH_2(H) + H—\ddot{O}—H \xrightarrow{快} H_3CC(\ddot{O}H)—CH_2(H) + H—\overset{+}{O}(H)—H$$

溴和氯的加成反应

Cl_2 和 Br_2 与烯烃在室温下发生加成反应,卤素原子加成到双键两个碳原子上,形成两个新的碳—卤键。

$$H_3CCH=CHCH_3 + Br_2 \xrightarrow{CH_2Cl_2} H_3CCH(Br)—CH(Br)CH_3$$

F_2 也可与烯烃发生加成反应,但因其加成速度太快而难以控制,因此 F_2 的加成反应并不是一个有用的实验室反应。另外，I_2 也可与烯烃反应，但其产物在某些条件下不稳定，很容易分解得到其他产物。

Br_2 和 Cl_2 与环状烯烃加成的产物为反式－二卤代环烷烃。例如，Br_2 与环己烯的加成产物为反式 1,2－二溴环己烷，而不是其顺式异构体。因此卤素与环己烯的加成反应是一个立体选择性反应。立体选择性反应（stereospecific reaction）是指一个反应中，某种立体异构体与其他异构体相比，其生成或消耗均优先。

Br_2 与环状烯烃的加成是高度立体选择性的，得到的总是反式产物。

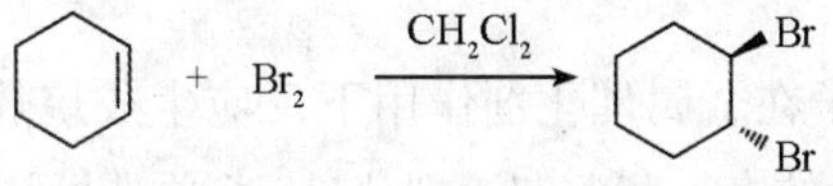

Br_2 与烯烃的反应可用来定性地检验 C ═C 双键的存在。将 Br_2 溶解在二氯甲烷（CH_2Cl_2）中，因为 Br_2 的存在使溶液变红。因为所有的烯烃和二溴烷烃均为无色的，因此往烯烃中滴加溴，溶液变成红色，放置一段时间后，随着溴的消耗，生成二溴烷烃，最后溶液变为无色。

卤素鎓盐离子中间体和反式选择性

前面介绍了溴和氯与环状烯烃的加成反应及其选择性（总是反式加成产物）。该反应涉及的两步反应机理中存在一种卤素带正电荷的离子，称作卤鎓离子（halonium ion），该离子的环状结构称作桥式卤鎓离子（bridged halonium ion），在下面的第一步反应机理中可看到其 Lewis 结构，正电荷位于溴原子上。第二步中，该鎓盐离子与溴离子反应，溴离子从其背面进攻，得到二溴烷烃。因此，从反应机理可看出，溴中两个溴原子分别从 C ═C 双键的两边进攻，故该加成反应为反式选择性（anti selectivity）。因此，卤素的加成是立体选择性的，为反式加成。

第一步　C ═C 双键上 π 电子与溴形成鎓盐离子中间体，该中间体中溴带一个正电荷。

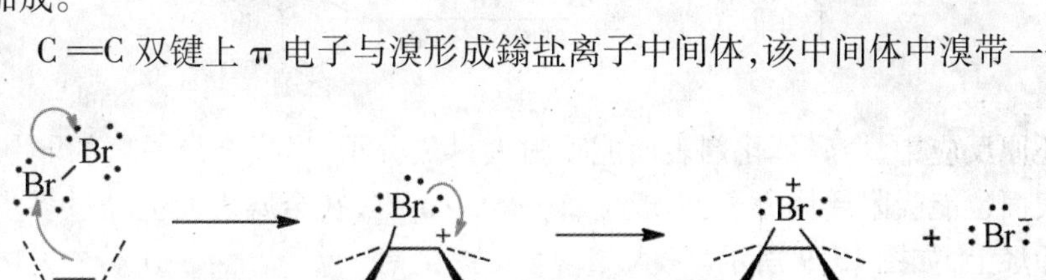

第二步　溴离子（Lewis 碱）从背面进攻三元环的鎓盐离子，使环断开，形成二溴烷烃。

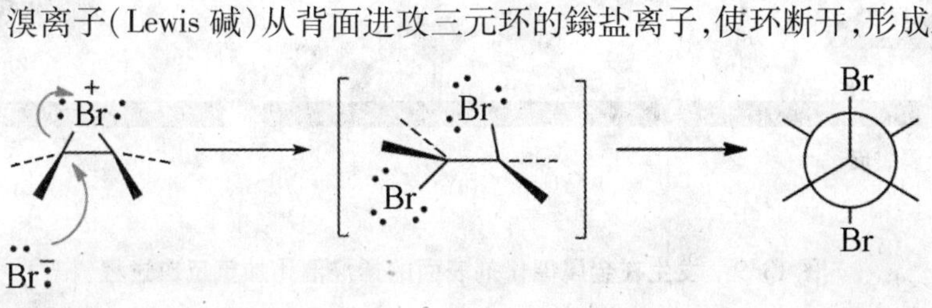

从以上纽曼投影式中可看出，在开链烷烃中溴原子互为反式结构，但是该相对位置很快被 C—C 键的旋转干扰破坏，导致溴代链烷烃中不存在顺反异构问题。但在环状烯烃中该 C—C 键的旋转是不可能的，因此溴原子在环中能保持反式位置。

环戊烯 + Br_2 ⟶ 反-1,2-二溴戊烷

烯烃的还原反应

大部分烯烃能与 H_2 分子在金属催化剂作用下反应生成烷烃。通常使用的金属催化剂有 Pt、Pd、Ru 和 Ni，产率一般较高。烯烃转化为烷烃通常是烯烃在催化剂作用下的被氢还原反应。该过程称作催化还原(catalytic reduction)或催化加氢(catalytic hydrogenation)。

$$\text{环己烯} + H_2 \xrightarrow[25^\circ C, 3\times10^5 Pa]{Pd} \text{环己烷}$$

金属催化剂通常用金属的固体粉末与碳粉或铝粉混合，反应时将烯烃溶解在有机溶剂中，然后加固体催化剂，最后往该混合溶液中通入氢气，气压可从 1×10^5 Pa 到 100×10^5 Pa 不等。金属也可与其他有机分子形成可溶性的配合物来作为催化剂使用。

催化还原反应是立体选择性的，最常见的形式是氢与 C ═C 双键的顺式加成(syn addition)，即两个氢原子加到双键的同一方。例如 1,2 - 二甲基环己烯的催化加成，最后得到的是顺 - 1,2 - 二甲基环己烷。

$$\text{1,2-二甲基环己烯} + H_2 \xrightarrow[25^\circ C, 3\times10^5 Pa]{Pd} \text{顺-1,2-二甲基环己烷}$$

催化还原反应中，金属催化剂表面能吸附大量氢分子，形成金属—氢的 σ 键。同样，金属催化剂表面也能吸附烯烃分子，形成金属—碳的 σ 键，在金属表面上经过多步反应，氢原子加成到烯烃上，如图 13.9 所示。

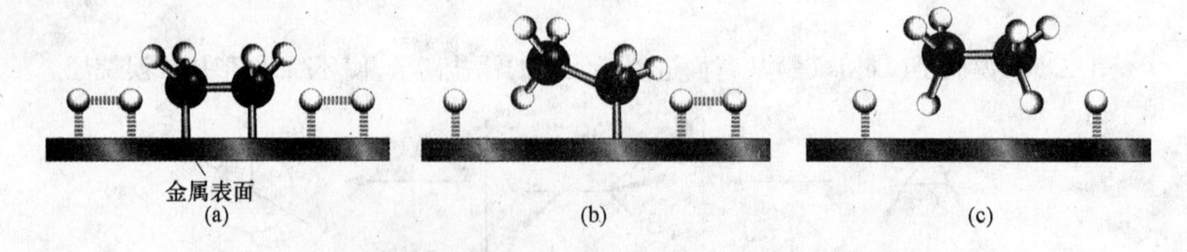

图 13.9　发生在金属催化剂表面的烯烃催化加氢反应过程

加氢反应的焓变以及烯烃的相对稳定性

烯烃加氢反应的焓变(enthalpy of hydrogenation)被称作反应焓，以 $\Delta H^\ominus$ 表示。表 13.5 列出了一些烯烃的加成反应焓变。

表 13.5　一些烯烃的加成反应焓变

名称	结构式	$\Delta H^{\ominus}(\text{kJ}\cdot\text{mol}^{-1})$
乙烯	$H_2C=CH_2$	-137
丙烯	$H_3CHC=CH_2$	-126
1-丁烯	$H_3CH_3CHC=CH_2$	-127
顺-2-丁烯	H_3C　CH_3 C=C H　H	-120
反-2-丁烯	H_3C　H C=C H　CH_3	-116
2-甲基-2-丁烯	H_3C　CH_2 C=C H_3C　H	-113
2,3-二甲基-2-丁烯	H_3C　CH_3 C=C H_3C　CH_3	-111

由表 13.5 可知：

(1)烯烃加氢还原得到烷烃的反应为放热反应，因为在加氢过程中，弱的 π 键转化为强的 σ 键，即一个 σ 键(H—H)和一个 π 键(C═C)断裂，形成两个新的 σ 键(C—H)。

(2)加氢反应焓变与双键上取代基数目相关，取代基越多，反应焓变越低。比较乙烯、丙烯、1-丁烯及 2-丁烯的催化加氢反应焓变，即可说明该结论。

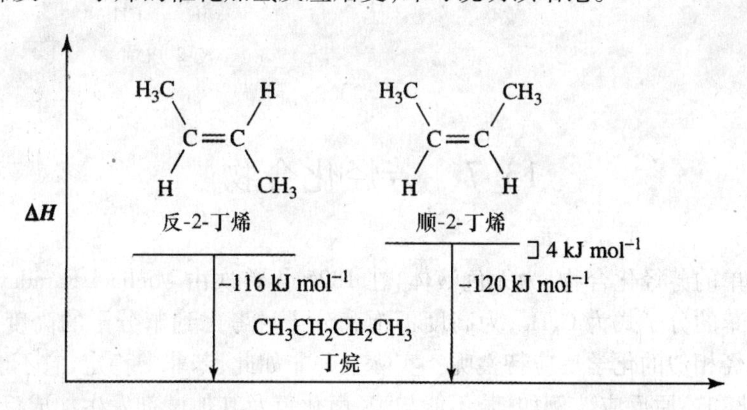

图 13.10　因能量更低，反-2-丁烯比顺-2-丁烯更稳定

(3)反式烯烃比顺式烯烃催化加氢的反应焓变要低，比较表 13.5 中反-2-丁烯和顺-2-丁烯的反应焓变可知。因为两种烯烃经还原加氢后均得到丁烷，反应焓变不同是由两种烯烃的结构不同引起的，反应的 $\Delta H^{\ominus}$ 值负得越小的烯烃更稳定，因为其能量更低。因此，反式烯烃比顺式烯烃更稳定。在顺-2-丁烯中，2 个甲基($-CH_3$)相离较近，存在电子云的排斥作用，相比反-2-丁烯，该斥力使得顺-2-烯烃有更大的反应焓变，因此稳定性降低。

前面我们所讲的分子均含有一个双键，分子含有不止一个双键也会经历相同的加成反应。但是有一类不饱和分子不会发生该加成反应，该类分子称作芳烃化合物，将在13.7节中进行介绍。

13.6　炔烃的还原

炔烃的大部分化学性质与烯烃相同。炔烃也可发生加氢还原反应、卤化氢与卤素的加成反应。炔烃也能发生水合反应，但得到的不是烷烃而是酮，这一点将在17章中讲解。

炔烃的还原在药物分子的合成中相当重要，炔烃在金属催化下很容易被还原为烯烃。与烯烃催化加氢反应的一个显著不同是，炔烃可以通过控制反应条件来控制得到的产物为烯烃还是烷烃。如在Pd/C作催化剂下，炔烃会被完全还原为烷烃，但若用Lindlar催化剂(经过处理部分失活的Pd催化剂)，则可得到顺式的烯烃。反式的烯烃可用Na或Li溶解在液氨中作催化剂得到。

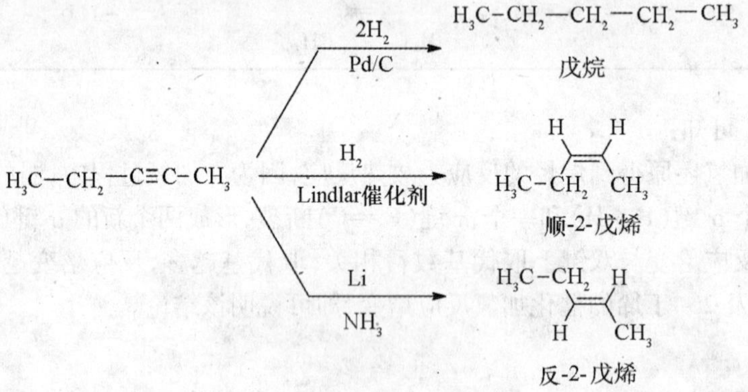

$$H_3C-CH_2-C\equiv C-CH_3 \xrightarrow[Pd/C]{2H_2} H_3C-CH_2-CH_2-CH_2-CH_3$$

戊烷

$$H_3C-CH_2-C\equiv C-CH_3 \xrightarrow[\text{Lindlar催化剂}]{H_2} \text{(H)(}H_3C-CH_2\text{)}C=C\text{(H)(}CH_3\text{)}$$

顺-2-戊烯

$$H_3C-CH_2-C\equiv C-CH_3 \xrightarrow[NH_3]{Li} \text{(}H_3C-CH_2\text{)(H)}C=C\text{(H)(}CH_3\text{)}$$

反-2-戊烯

13.7　芳烃化合物

苯是最简单的芳烃化合物，为无色液体，在1825年首次由Michael Faraday从石油残渣中提取得到。苯的分子式为C_6H_6，为高度不饱和分子。考虑到苯分子的高度不饱和性，苯是否也具有烯烃相似的化学反应特性呢？实际上并非如此，苯非常稳定，它不能像烯烃那样发生加成、氧化和还原反应。例如，苯不能与溴、卤化氢及其他试剂发生加成反应，但苯可发生取代反应，即苯上氢原子能被其他原子或基团取代。

早期，芳香性用来指具有特殊香味的苯环及其衍生物，但后来特指一类具有特定结构和化学活性的化合物，而不是指香味化合物。现在“芳香性”(aromatic)指苯环及其衍生物，是一类高度不饱和的化合物，它对能与烯烃反应的试剂是稳定的。

通常用芳烃来统称芳香性碳氢化合物，与烯烃和炔烃类似。苯环为母环时，其环上取代基一般用“R”表示，芳基(aryl group)通常用Ar表示。

苯

在 19 世纪中叶，化学家试图通过一些证据建立起苯环的结构模型。首先，苯分子为 C_6H_6，是高度的不饱和分子，但苯环并没有显示出烯烃的化学性质，而烯烃为当时知道的唯一一类不饱和碳氢化合物。苯有化学活性，但是其特征反应不是加成反应，而是取代反应。苯与溴在 $FeCl_3$ 作催化剂时，能生成唯一的产物 C_6H_5Br。

$$\underset{\text{苯}}{C_6H_6} + Br_2 \xrightarrow{FeCl_3} \underset{\text{溴苯}}{C_6H_5Br} + HBr$$

因此化学家得出苯环上 6 个碳原子和 6 个氢原子分别是等价的这一结论。但是当溴苯与溴在 $FeCl_3$ 催化下反应时，会有三种二溴苯的异构体生成：

$$\underset{\text{溴苯}}{C_6H_5Br} + Br_2 \xrightarrow{FeCl_3} \underset{\text{二溴苯}}{C_6H_4Br_2} + HBr$$

1872 年，凯库勒(August Kekule)提出了苯的单双键交替出现的六元环结构，如图 13.11(a)所示。他认为苯环上的单双键之间能够快速转化，使得环上的碳原子和氢原子分别保持等价。凯库勒结构很好地解释了苯的许多实验现象，但无法说明苯区别于烯烃的独特反应性能。

在 20 世纪 30 年代，泡林提出的杂化轨道理论很好地解决了苯的结构问题。杂化轨道理论认为，苯环上 6 个碳原子采取 sp^2 杂化形式，一个碳原子的三个 sp^2 杂化轨道分别与相邻两个碳原子的一个 sp^2 杂化轨道和一个氢原子的 s 轨道重叠，形成三个 σ 键，键角都是 120°。6 个碳原子中剩余的未成对 p 电子在苯环两侧互相重叠形成一个大的共轭 π 键，将 6 个碳原子都包裹其中，如图 13.11(b)所示，共轭 π 键的电子云密度在苯环的上下两侧形成两个圆环。

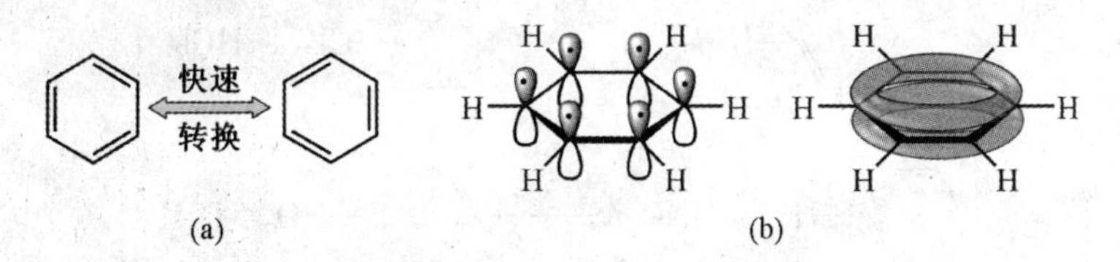

图 13.11　苯的凯库勒结构和杂化轨道理论结构

多取代苯

当苯环上含有 3 个或更多个取代基时，可以将取代基的位置用数字表示。以其中一个取代基的苯环为母环，那么该取代基所在环上的位置标为 1，其他取代基按基团从小到大顺序排列，命名如下：

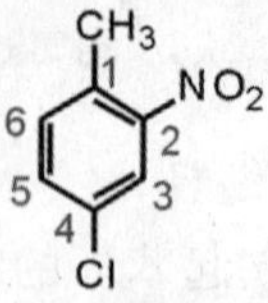

4-氯-2-硝基甲苯 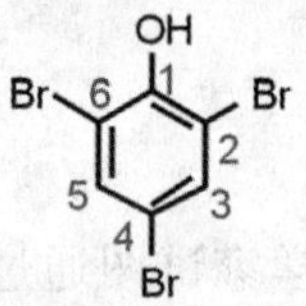　　2,4,6-三溴苯酚

稠环芳基碳氢化合物

稠环芳基碳氢化合物(PAHs)是指含有两个或更多个芳环的化合物,且每个环与相邻环共享两个碳原子。萘、蒽、菲是最常见的PAHs,该系列化合物存在于煤炭沥青中和高沸点的石油残渣中。萘可作为蛾的驱虫剂和羊毛制品的防腐剂。现在,由于二氯苯的发现,萘的应用减少。另外一种在煤炭沥青中发现的物质称作苯并芘,可在汽车发动机的汽油燃烧物中产生,也可在吸烟过程中产生。苯并芘是一种很强的致癌物和有机突变诱导物。

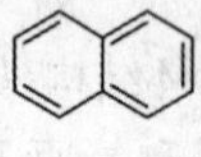

萘 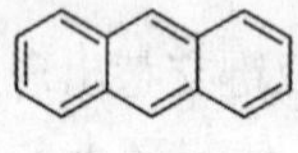　　蒽 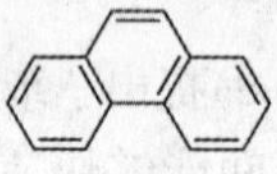　　菲 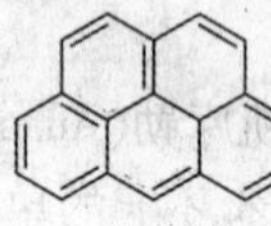　　苯并芘

13.8　芳香亲电取代反应

芳香类化合物最具特征的反应是环上的亲电取代反应,能直接接在苯环上的基团有卤素(—X)、硝基(—NO_2)、磺酸基(—SO_3H)、烷基(—R)和酰基(RCO—)等。反应方程式如下:

卤化: $$C_6H_5\text{—}H + Cl_2 \xrightarrow{FeCl_3} C_6H_5\text{—}Cl + HCl$$

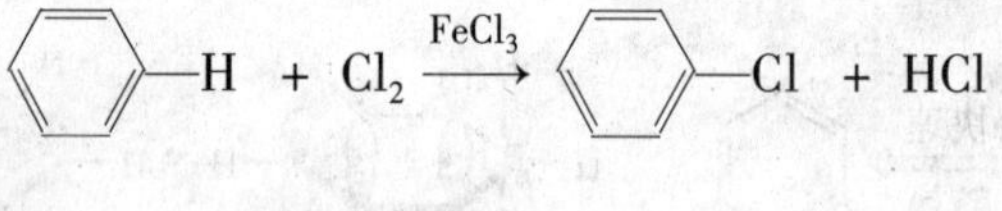

硝化: $$C_6H_5\text{—}H + HNO_3 \xrightarrow{H_2SO_4} C_6H_5\text{—}NO_2 + H_2O$$

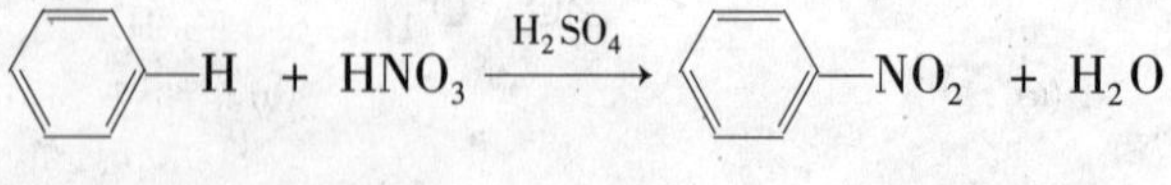

磺化: $$C_6H_5\text{—}H + H_2SO_4 \longrightarrow C_6H_5\text{—}SO_3H + H_2O$$

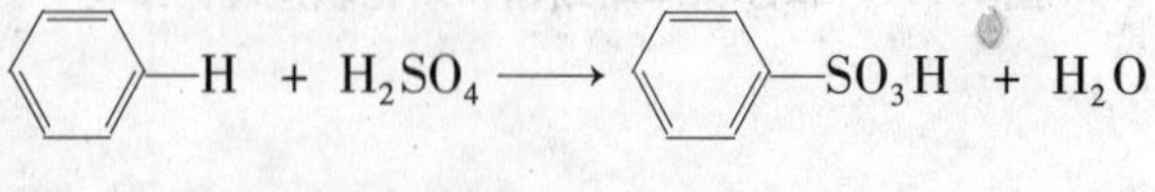

烷基化: $$C_6H_5\text{—}H + RX \xrightarrow{AlCl_3} C_6H_5\text{—}R + HX$$

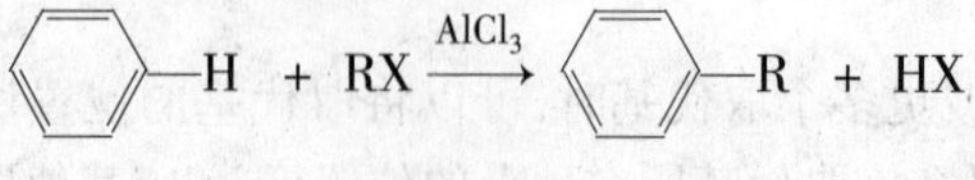

酰化: $$C_6H_5\text{—}H + R\text{—}\overset{O}{\overset{\|}{C}}\text{—}X \xrightarrow{AlCl_3} C_6H_5\text{—}\overset{O}{\overset{\|}{C}}R + HX$$

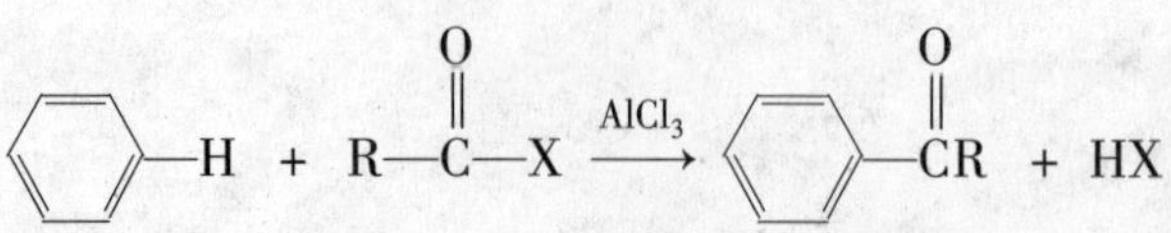

上面列出了一些芳基亲电取代反应(Electrophilic aromatic substitution)的种类,芳香环上一个 H 原子被亲电试剂 E^+ 取代,这些反应的机理非常相似,可分为三步:

第一步　亲电试剂的形成。

$$\text{反应试剂} \longrightarrow E^+$$

第二步　亲电试剂与芳香环反应得到共振式稳定的阳离子中间体。

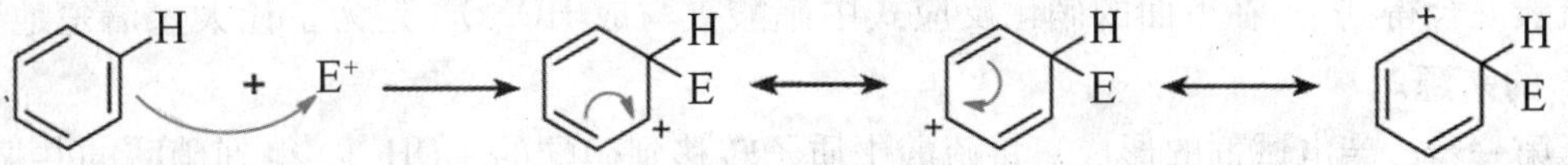

第三步　芳香环上质子转移到碱试剂上,重新形成芳香环。

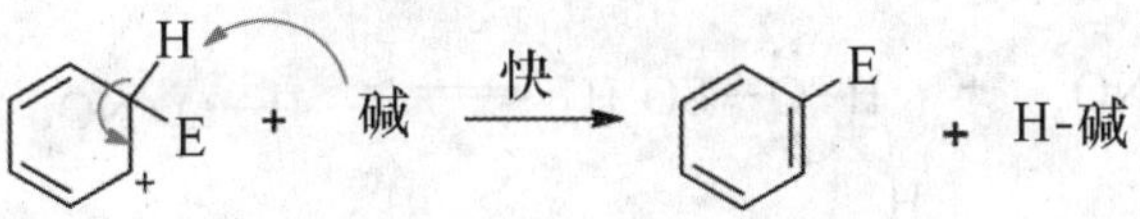

快

碱　　H-碱

芳基上质子被碱夺走,形成新的芳基取代物。每类亲电取代反应的机理均可用上述反应机理来解释。

氯代和溴代

单独的氯与苯不反应,但在 Lewis 酸催化下,如 $FeCl_3$ 或 $AlCl_3$,氯能与苯发生反应生成氯苯和 HCl。以下三步可以说明该反应机理。

第一步　Cl_2 与 $FeCl_3$ 反应形成亲电试剂,得到带正电的氯离子对。

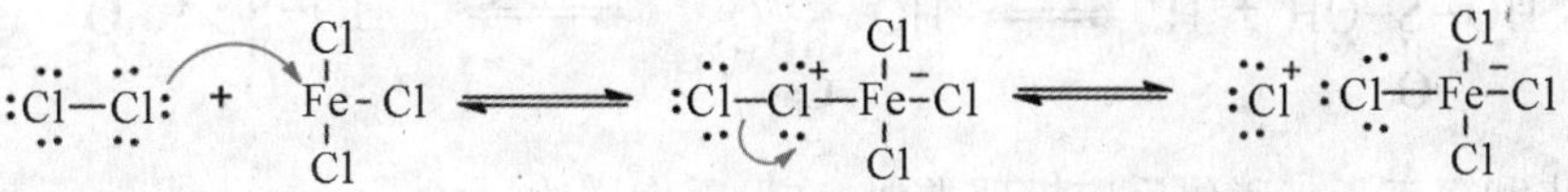

第二步　Cl_2 - $FeCl_3$ 离子对与芳基环上 π 电子云反应形成共振稳定的碳正离子中间体,其共振式如下:

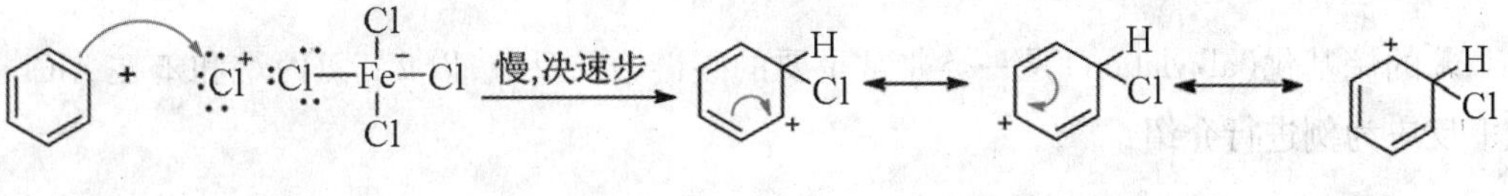

慢,决速步

第三步　氢质子从碳正离子中间体转移到 $FeCl_4^-$ 上,形成 HCl 和 $FeCl_3$,同时生成氯苯。

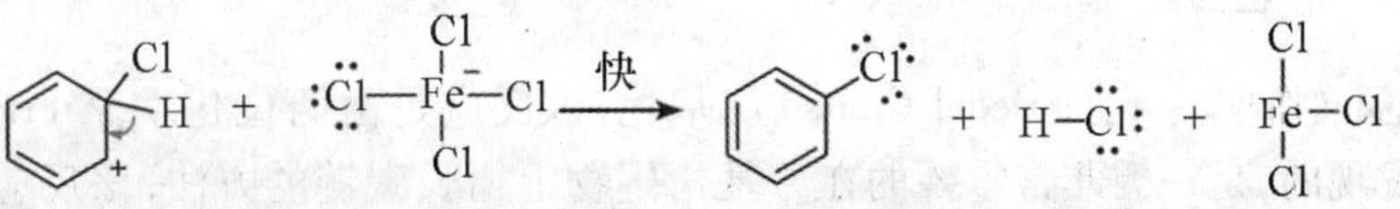

快

苯与溴在 Lewis 酸催化下得到溴苯和 HBr,反应机理与苯的氯化相似。

卤素与烯烃的加成反应和卤素与芳基化合物的取代反应不同,区别主要是机理中第一步形成的正离子中间体的命运不同。氯(或溴)与烯烃的加成是两步反应,第一步形成鎓盐离子中间体;第二步中间体与卤素阴离子反应形成产物。对于芳基化合物,正离子中间体能

失去 H^+，从而使芳香环重新形成最大的共振稳定式，而烯烃中无此共振稳定式存在。

硝化和磺化

苯的硝化和磺化反应步骤与氯代（或溴代）相似。硝化反应中其亲电试剂为 NO_2^+（硝酸与硫酸混合得到）。在下面的硝化反应式中硝酸被写成 $HONO_2$，是为了让大家清楚地了解 NO_2^+ 的来源。

第一步　亲电试剂的形成。将硫酸中质子转移到硝酸的 -OH 上，得到硝酸的共振酸，然后共振酸中脱掉一分子水形成硝基正离子 NO_2^+。

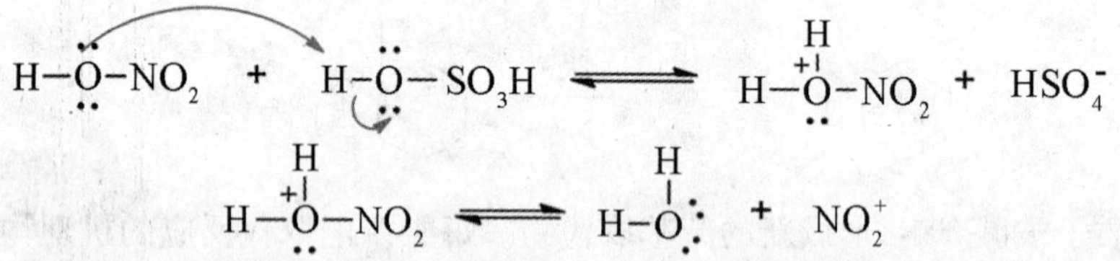

$$H-\ddot{O}-NO_2 + H-\ddot{O}-SO_3H \rightleftharpoons H-\overset{H}{\overset{+|}{\ddot{O}}}-NO_2 + HSO_4^-$$

$$H-\overset{H}{\overset{+|}{\ddot{O}}}-NO_2 \rightleftharpoons H-\overset{H}{\overset{|}{\ddot{O}:}} + NO_2^+$$

第二步　硝基正离子与苯环反应得到共振 - 稳定的正离子中间体。

第三步　质子从正离子中间体转移到 H_2O 上，正离子中间体脱 H^+ 得到硝基苯。

苯环的磺化需要用热的浓硫酸，在该催化剂作用下亲电试剂为 SO_3 或 HSO_3^+，这取决于反应条件，HSO_3^+ 亲电试剂是硫酸通过以下步骤形成的。

第一步　酸催化水解形成亲电试剂。

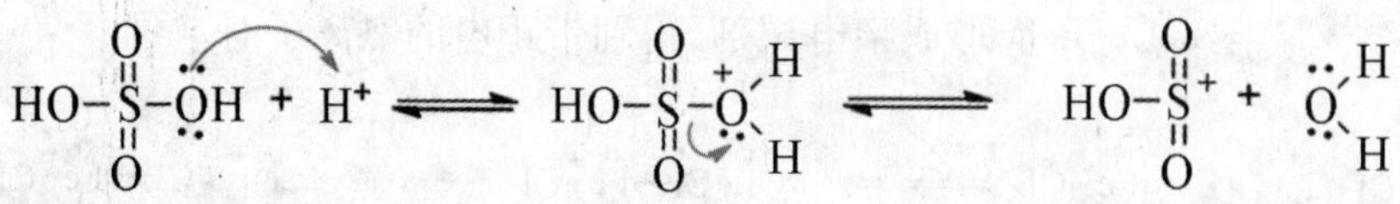

$$HO-\underset{O}{\underset{\|}{\overset{O}{\overset{\|}{S}}}}-\ddot{O}H + H^+ \rightleftharpoons HO-\underset{O}{\underset{\|}{\overset{O}{\overset{\|}{S}}}}-\overset{+}{O}\begin{matrix}H\\H\end{matrix} \rightleftharpoons HO-\underset{O}{\underset{\|}{\overset{O}{\overset{\|}{S^+}}}} + \ddot{O}\begin{matrix}H\\H\end{matrix}$$

第二步和第三步与硝化反应机理类似，这里不作详述。

烷 基 化

苯的烷基化（alkylation）是一类非常重要的碳链增长反应，以 2 - 氯丙烷和苯在 $AlCl_3$ 催化下反应为例进行介绍：

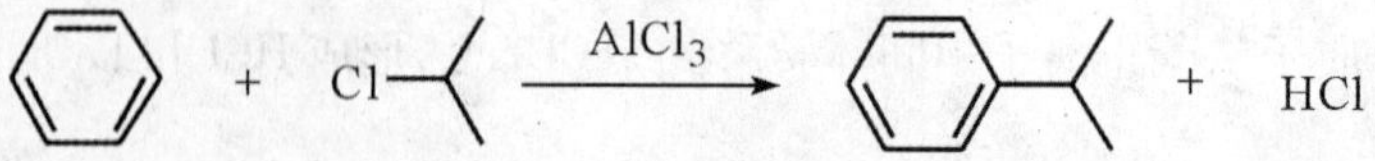

$$C_6H_6 + Cl-CH(CH_3)_2 \xrightarrow{AlCl_3} C_6H_5-CH(CH_3)_2 + HCl$$

烷基化又称作傅 - 克（Friedel-Crafts）烷基化，该反应是由两位化学家 Friedel 和 Crafts 在 1877 年发现的，是一类非常重要的在芳基衍生物上增长碳链的方法，该反应涉及以下反应步骤：

第一步　卤代烷与 $AlCl_3$ 反应形成亲电试剂，得到一个配合物，其中 Al 带一个负电荷，卤代烷烃中卤素带一个正电荷，电子重新分配后，该配合物中烷基形成碳正离子。

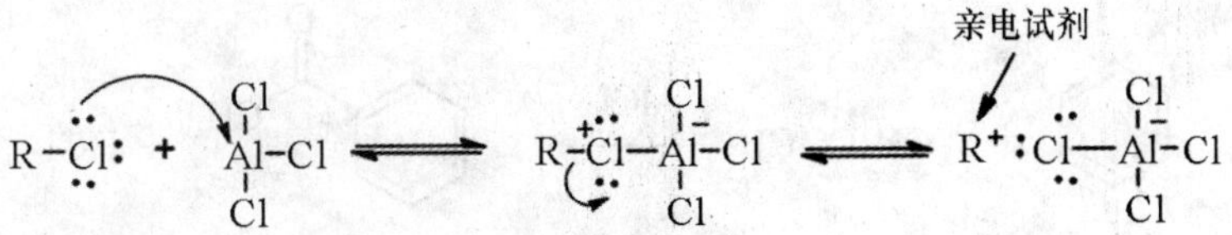

亲电试剂

$$R-\ddot{Cl}: + AlCl_3 \rightleftharpoons R-\overset{+}{Cl}-\overset{-}{Al}Cl_3 \rightleftharpoons R^+ :Cl-\overset{-}{Al}Cl_3$$

第二步　烷基碳正离子与芳基环上 π 电子反应,形成共振稳定的碳正离子中间体。

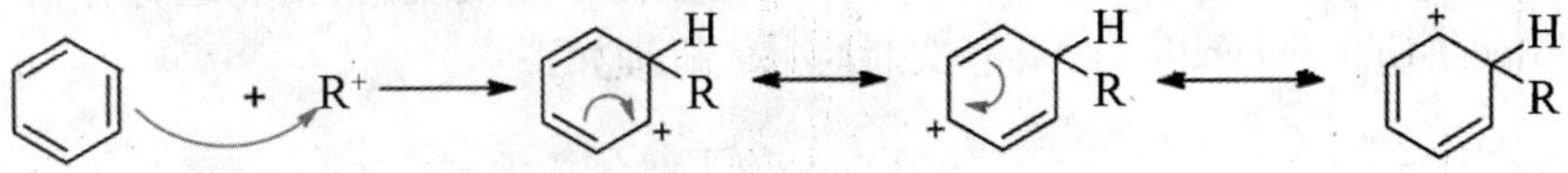

第三步　质子转移,生成烷基苯和 $AlCl_3$ 以及 HCl。

$$+ :Cl-\overset{-}{Al}Cl_3 \longrightarrow C_6H_5R + H-\ddot{Cl}: + AlCl_3$$

傅 - 克烷基化反应有两个限制条件,第一,必须是能形成稳定的碳正离子,如 2°、3°碳正离子;第二,当苯环上带有 1 个或多个强吸电子基团(用 Y 表示)时,该反应不能进行。

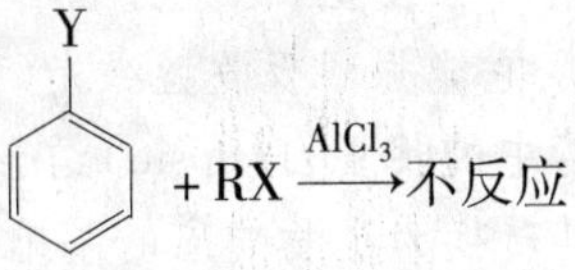

$$C_6H_5Y + RX \xrightarrow{AlCl_3} \text{不反应}$$

当苯环上含有以下基团时,苯不会发生傅 - 克烷基化反应。

$-CHO$　$-COR$　$-COOH$　$-COOR$　$-CONH_2$

$-SO_3H$　$-C\equiv N$　$-NO_2$　$-NR_3^+$

$-CF_3$　$-CCl_3$

以上基团有一个共同点,即其与苯环连接的原子均带有全部或部分正电荷。对于羰基化合物,其碳上带部分正电荷是由于羰基氧和碳原子的电负性不同;对于 $-CF_3$ 和 $-CCl_3$ 基团,C 原子上带部分正电荷是因为 C 原子的电负性小于卤素原子的电负性;对于 $-NO_2$ 和三烷基铵盐,如 $-N(CH_3)_3^+$,是因为 N 原子上带有一个正电荷。

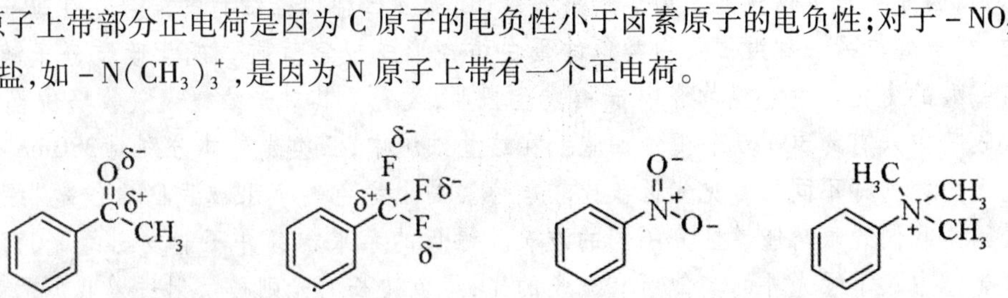

O δ⁻ δ⁺ CH_3　δ⁻ F δ⁺ F δ⁻ F δ⁻　O^- N^+ O^-　H_3C N^+ CH_3 CH_3

酰　化

芳香性碳氢化合物在 $AlCl_3$ 催化下与酰氯反应得到芳基酮的反应称为酰化反应(acylation)。RCOCl 基是最常见的酰基化试剂。下面以苯与乙酰氯在 $AlCl_3$ 催化下反应生成苯乙酮为例来说明酰氯与芳基碳氢化合物的反应。

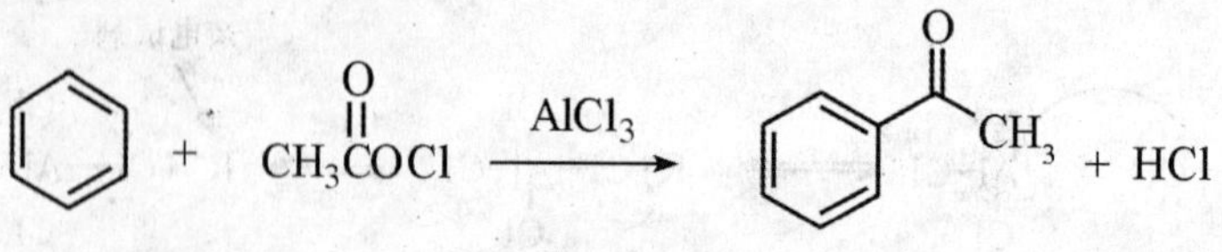

$$C_6H_6 + CH_3COCl \xrightarrow{AlCl_3} C_6H_5COCH_3 + HCl$$

该反应与傅－克烷基化反应一样,均是在 $AlCl_3$ 催化下生成亲电试剂的,该亲电试剂可称作酰基阳离子。该反应是由 Friedel 和 Crafts 两位化学家发现的,因此也称作傅－克酰基化反应(Friedel-Crafts acylation),亲电试剂的生成机理如下:

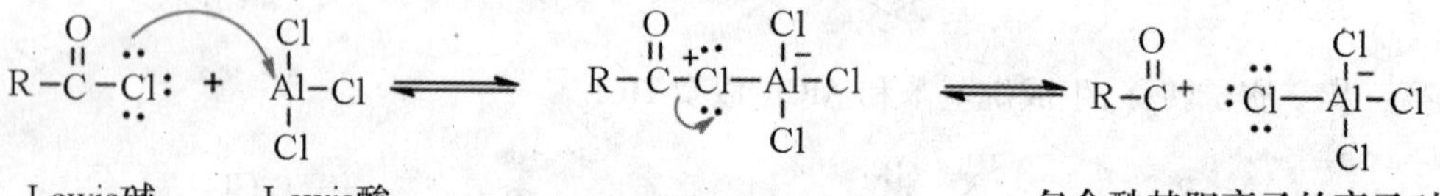

$$R-\overset{O}{\overset{\|}{C}}-Cl: + AlCl_3 \rightleftharpoons R-\overset{O}{\overset{\|}{C}}-\overset{+}{Cl}-\overset{-}{Al}Cl_3 \rightleftharpoons R-\overset{O}{\overset{\|}{C}}^{+} \; :Cl-\overset{-}{Al}Cl_3$$

Lewis碱 Lewis酸 包含酰基阳离子的离子对

相关知识链接——视觉化学

很显然,所有的脊椎动物、节肢动物以及一些软体动物在感受视觉过程中都经历了一些相同的、令人惊奇的化学过程。某种程度上,这些生物都依靠一种不饱和的烯醛分子——11－cis－视黄醛(retinal,见下图),它能强烈吸收蓝绿光(波长在 450nm ~ 550nm 间,吸收峰位于 498nm)。该分子与人类眼睛中的视蛋白(opsin)结合形成视紫红质——一种紫色的物质,这是我们能够感受到光并将其转换为生物响应的基础。

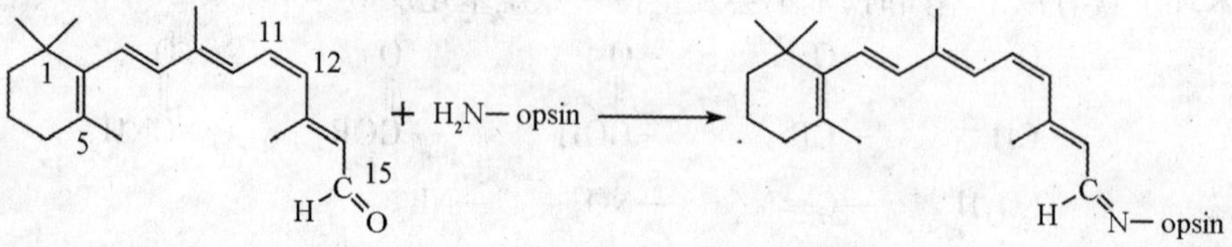

1 5 11 12 15 H O + H_2N—opsin → H N—opsin

我们的眼睛里存在两种类型的光感细胞,依据其形状可分为视杆细胞和视锥细胞。在视网膜的外围大约有 1 亿个视杆细胞,它们负责弱光时的视觉。但该视觉过程不包括对颜色的识别,因此只是单色视觉。为了辨别颜色,还需要三种视锥细胞的配合。在每一种视锥细胞中,视黄醛与另一种跟视蛋白类似的蛋白结合形成视紫蓝质。视紫蓝质分子链上一些关键氨基酸的变化导致了视黄醛中 π 键发生扭曲,改变了其对光的最大吸收峰位置。

人眼睛中只有约 300 万个视锥细胞。在这些细胞中,三类光受体分别对 380nm ~ 750nm 波长范围内的三种不同的可见光区段比较敏感。一个绿色的苹果被我们看作是“绿色”的,仅仅是因为我们的眼睛能够区分不同的波长。绿色的苹果本身并不能发出绿光,而是它能够吸收光谱中除了绿光外的其他所有波长的光,绿色波长的光则被反射进入我们的眼睛,再通过大脑识别为绿色。

视网膜中视杆细胞和视锥细胞产生的信号通过大脑转化为可视的、带有色彩和明暗度的图像。这一过程依赖于物理、化学和生物的融合:光与物质的物理作用,化学键对分子形状的化学控制,而分子形状控制细胞膜离子流和神经反应则是生物方式。若要能与光作用,一个分子必须具有与吸收光能量精确匹配的化学键。而大部分有机分子都不能吸收可见光区域的任何光,因此它们不能作为化学光检测体的物质基础。但是,当 11－cis－视黄醛与视蛋白结合后，它能够吸收我们视觉范围中部、波长在500nm附近的光子的能量。然而，这仅仅是这个复杂过程中的第一步。视黄醛吸收光能后，将从一个弯曲的顺式状态回复到全反式的低能量松弛状态。此时这种笔直的全反式构型视黄醛不能适应蛋白中的顺式受体空腔，将被排出受体外，由此导致了细胞膜内外的电势差异，使离子被泵入细胞中，这种响应最后转变为神经刺激并传导到大脑中。这并不是过程的终结，该过程产生的全反式的视黄醛被特殊的酶重新转化为11－cis－视黄醛，可以再与受体蛋白结合，继续开始下一个循环过程。

习　题

13.1　说明饱和碳氢化合物和不饱和碳氢化合物的区别。

13.2　下列关于构造异构体的描述正确的是：

(a)有相同的分子式；

(b)有相同的摩尔质量；

(c)原子排列顺序相同；

(d)有相同的物理性质。

13.3　将下面结构式写成简并式结构并写出其分子式。

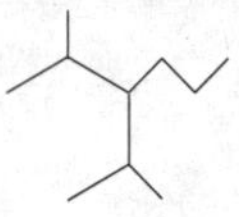

(a) 　(b) 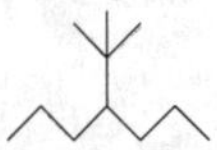　(c)

13.4　写出C_7H_{16}的所有9种同分异构体的键线式结构并命名。

13.5　下面哪组属于构造异构体。

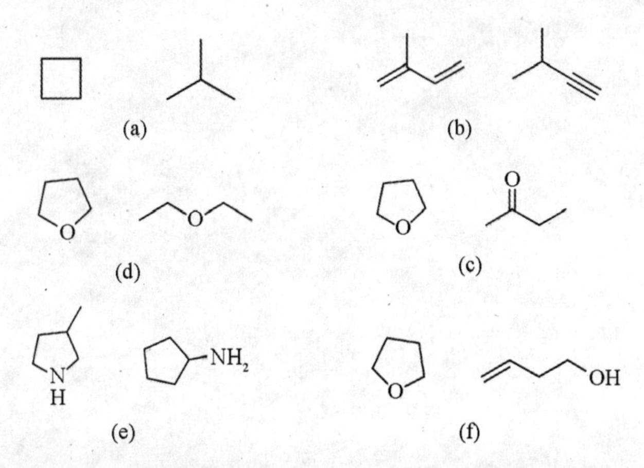

13.6　由下列烷烃的名称写出结构式。

(a)2,2,4－三甲基己烷；

(b)2,2－二甲基丙烷；

(c)2,4,5－三甲基－3－乙基辛烷；

(d)2,2－二甲基－5－丁基壬烷；

(e)4－异戊烷；

(f)3,3－二甲基庚烷；

(g)2,2－二甲基环丙烷；

(h)5－甲基－1－乙基环戊烷。

13.7　环烷烃的顺－反异构体的结构特点是什么？

13.8　烷烃可能存在顺－反异构体吗？

13.9　画出分子式为 C_5H_{10} 的所有环烷烃的结构式(包括顺反异构体和构造异构体)。

13.10　为什么1,2－二甲基环己烷存在顺反异构体,而1,2－二甲基环十二烷却不存在顺反异构体？

第14章　手　性

1960年瑞士Ciba公司推出了一种镇静剂沙利多胺(Thalidomide),它被广泛地用于治疗孕妇在早期的不适反应。但很不幸的是,这种镇静剂存在两种分子立体构型,一种对病症有效,而另一种却能导致在怀孕早期用药的孕妇产下的婴儿患有生理缺陷。尽管组成这两种分子的原子排列顺序相同,可是从空间上看它们却具有不同的三维立体结构。以沙利多胺为例,其分子的两种立体构型是互为镜像的。目前,许多制药公司都在致力于寻找针对某一病症真正有效且安全的药物分子。

在前面的章节中,我们学习了同分异构体,也知道了原子连接顺序不同将导致化学性质不同。本章将学习原子连接相同而空间构型不同的分子结构,即立体异构体。立体异构体(如前述的镇静剂)存在不同的空间立体构型,从而导致其表现出某些不同的性质。

14.1　立体异构体

所谓同分异构体(isomers),是指那些分子式相同而结构不同的化合物。其中因为分子式中原子的连接次序不同而导致性质不同的异构体,称之为构造异构体(constitutional isomers)。例如,正丁烷和异丁烷的分子式均为(C_4H_{10}),但是它们的碳骨架不同。正丁烷是直链型的,异丁烷却含有一个支链,如图14.1所示。正是这种不同的原子连接顺序导致了正丁烷和异丁烷的性质不同,如两者的沸点不同。

图14.1　正丁烷(bp = 0℃)和异丁烷(bp = -11.6℃)

而另一类同分异构体,它们具有相同的原子数目、相同的原子或原子团连接次序,但是其原子或原子团的空间排列不同,这也导致了它们具有不同的性质。这一类同分异构体叫做立体异构体(stereoisomers)。立体异构体又可分为对映异构体(enantiomers)和非对映异构体(diastereomers)。

用一个简单的例子来说明对映异构体。看一下我们的左手和右手,如图14.2所示,左手的镜像是右手。也就是说,我们的左、右手是互为实物与镜像的。图14.2中左手的五个手指按照一定的顺序排列,右手也是。显而易见,它们的排列方式并不完全相同。我们很容易将左手和右手看成是一样的,这一点相当具有欺骗性。但实际上不管手怎样旋转,左手、右手都不会完全重合。因此,把一种物质不能与其镜像重合的特性叫做手性(chiral,/tʃirəl/,来自希腊语cheir,意为“手”)。

手性在三维的物质中是无所不在的，笔记本上面螺旋状的装订线和钟面就是手性的。只要仔细观察周边的世界，就会发现在生活中很多物体都具有手性，比如剪刀、吊扇、螺丝钉、电脑键盘等。分子也同样具有这一特性。立体异构体中，与其镜像不能重合的叫做对映异构体（简称对映体）。

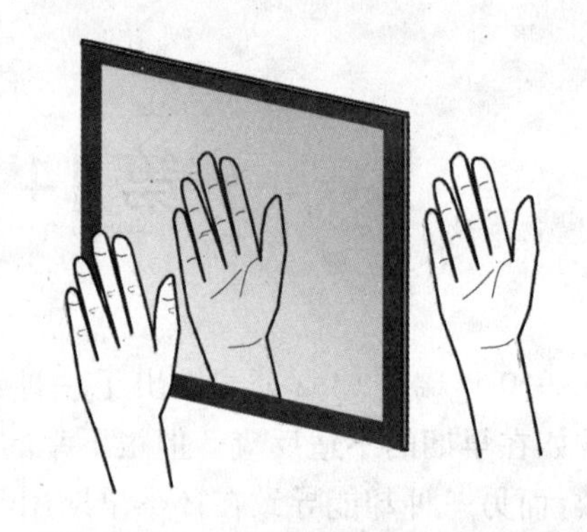

图 14.2　左、右手互为实物与镜像

镇静剂沙利多胺就是互为对映异构体的结构。另一个常见的例子是葡萄糖（即 β - D - 吡喃型葡萄糖）和它的镜像也是互为对映异构体的，如图 14.3 所示。

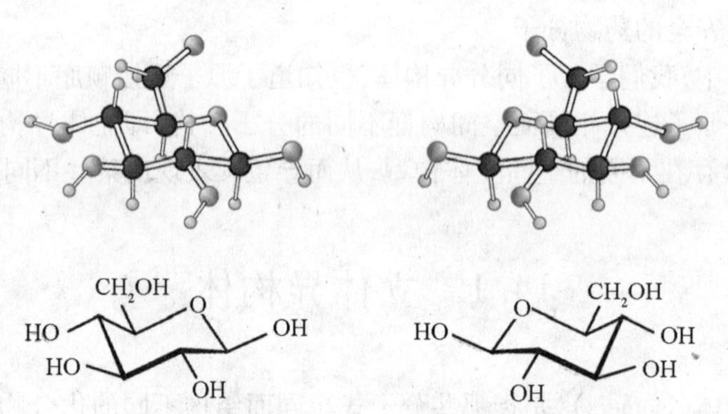

图 14.3　葡萄糖与其互为对映异构体的镜像图

任何化合物都有镜像。如果一个分子与它的镜像是重叠的，那么它们实际上是同一种分子。物体与它本身的镜像相重叠的现象，称做非手性，它们不会表现出手性的特性。

另外，如果我们把右手的拇指弯曲，与其他四指成 90°夹角，然后再与左手放到一起，这时候尽管左右手分别仍有五个手指且手指仍按特定顺序排列，但左手的镜像与右手看起来不再是一样的，如图 14.4 所示。

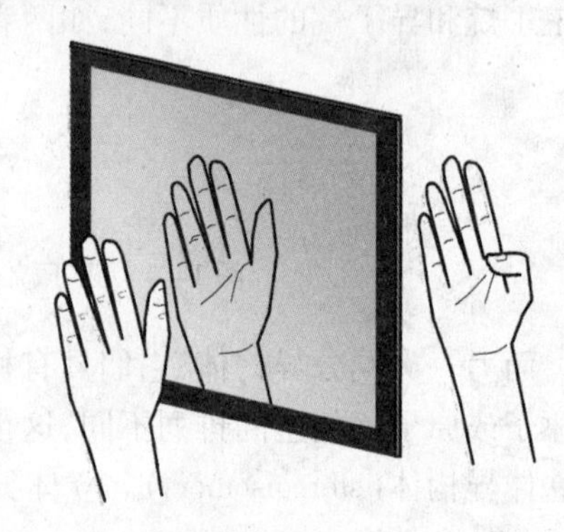

图 14.4　左手与右手不再是镜像关系

像这样，彼此间没有镜像关系的一类立体异构体叫做非对映异构体。前面讲到的顺式 - 1,2 - 二甲基环戊烷和反式 - 1,2 - 二甲基环戊烷即是一对非对映异构体，如图 14.5 所示，顺式 - 1,2 - 二甲基环戊烷的两个甲基在纸平面的上方，而反式 - 1,2 - 二甲基环戊烷的两个甲基在纸平面的两边。图 14.6 反映了异构体的分类情况，本章主要讨论的是对映异构体和非对映异构体。

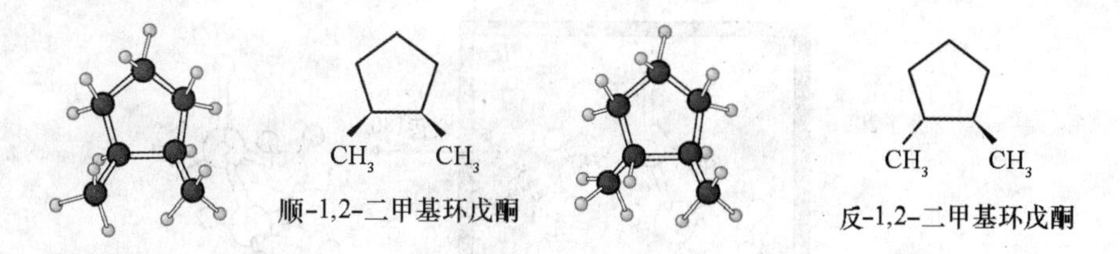

图 14.5　互为非对映异构体的顺－1,2－二甲基环戊烷和反－1,2－二甲基环戊烷

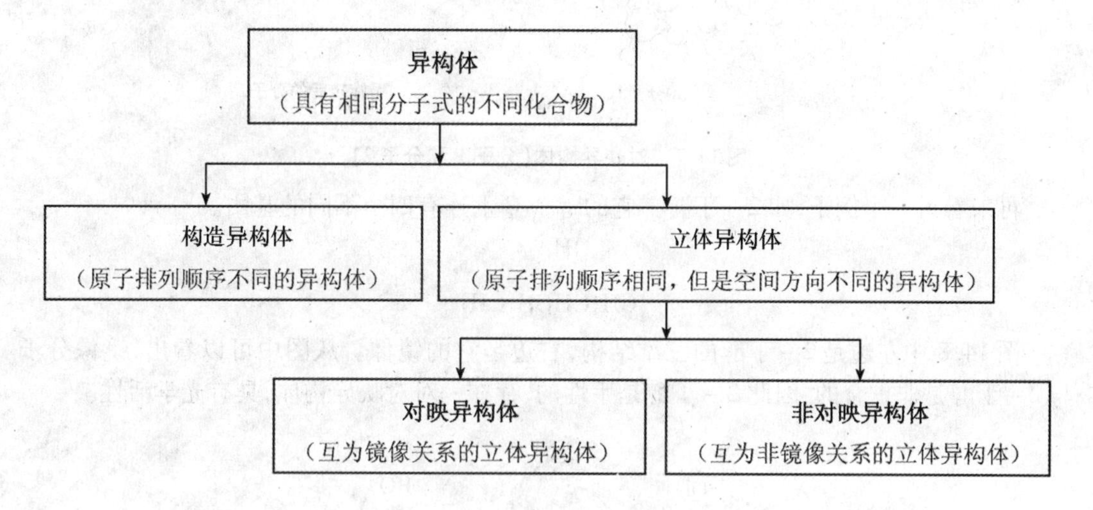

图 14.6　异构体的分类

14.2　对映异构体

对映异构体是一类互为镜像但实体不能重合的分子。除了无机物和那些简单的有机物,生物界中绝大多数的分子都表现出光学活性(或旋光性),包括糖类、脂类、氨基酸和蛋白质、核酸等,甚至几乎一半以上的药物都具有光学活性。

要理解光学活性的重要性,就必须知道对映异构体某些性质是有区别的。互为对映异构体的两个化合物,尽管其沸点、熔点和溶解性一样,但它们对某些化学反应的反应性却不同,这一点在生物学中相当重要。比如,镇静剂沙利多胺的一对对映异构体中,其中一种对身体有镇静催眠作用,可以帮助孕妇消除妊娠早期不适的症状,但另一种却能导致新生儿畸形。

在图 14.7 中,不同的原子用不同大小的小球来表示,以便我们能更直接地观察三维立体结构。在(a)图的分子中一个碳原子连着四个不同的基团,它在镜子里的镜像如(b)图所示。想象着把(b)图拿到镜子外面来,却发现不管我们怎么旋转(b)图,它都不可能和(a)图中的分子重合。因为(a)图和(b)图中的分子互为镜像且不重合,那么它们就是一对对映异构体。

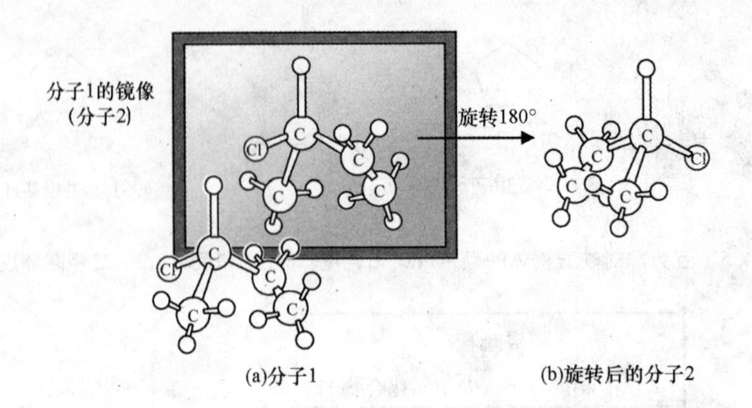

图 14.7　对映异构体(分子 1 和分子 2)

再来看另一个例子,如 2 - 丁醇。它的一个 C 上连有四个不同的基团。

$$\begin{array}{c} \quad OH \\ \quad | \\ CH_3CHCH_2CH_3 \end{array}$$

图 14.8 中左边是 2 - 丁醇的三维结构,右边是它的镜像。从图中可以看出,镜像分子与 2 - 丁醇是非重合的,因此 2 - 丁醇是手性的,存在一对对映异构体,具有光学活性。

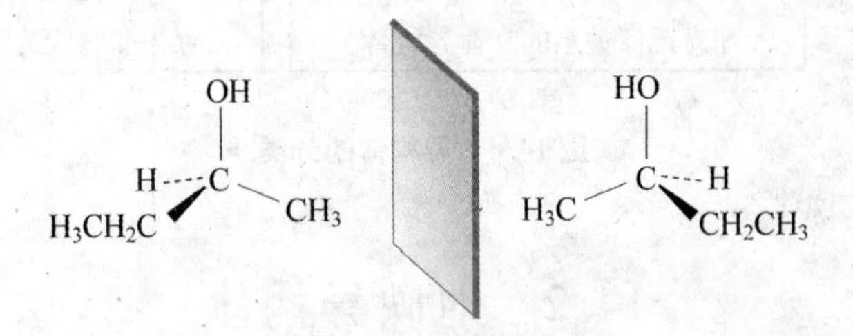

图 14.8　2 - 丁醇与其镜像分子

如果一个分子和它的镜像重合,那么该分子与它的镜像就是同一种物质,也就不存在旋光性,那么这个分子就是非手性的(achiral)。

非手性分子通常至少含有一个对称面。对称面(也叫镜面)是一个想象出来的平面,它通过一个物体的内部并将该物体一分为二,物体的一半透过对称面反映出来的刚好就是它的另一部分。如图 14.9 所示,圆柱体有一个对称面,而立方体有好几个对称面。2 - 丙醇只有一个对称面。

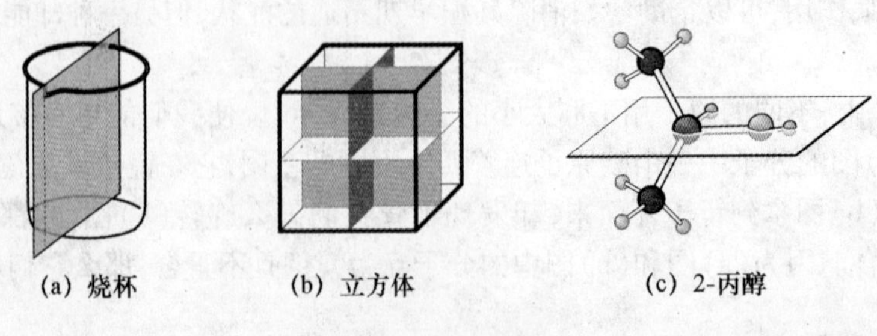

图 14.9　对称面

立体中心

一个C上连有四个不同的基团,那么这个分子就具有旋光性,这个C就叫做立体中心(stereocentres)。分子中的一个立体中心可使分子表现出两种不同的立体异构体。

无机分子同样能表现出旋光性。尽管由于有机物中C能相连四个不同的基团,使得大多数的对映异构体存在于有机物中,但金属原子同样可以充当无机分子中的立体中心。绝大部分无机对映异构体都具有立体几何构型。一个经典的例子是Co的配合物能显示出旋光性,$[Co(en)_3]^{3+}$离子呈金黄色,en为乙二胺的简写,其结构如下:

$[Co(en)_3]^{3+}$的中心离子Co^{3+}是六配位的,Co^{3+}与三个双齿配体乙二胺相连。Co^{3+}是立体中心,由于配体的两种排列方式,使得$[Co(en)_3]^{3+}$表现出旋光性(注意,双齿配体乙二胺是非手性的)。同样,只含有两个en配体或一个en配体的配合物也能表现出手性,比如顺式的$[Co(en)_2Cl_2]^+$和顺式的$[Co(en)(NH_3)_2Cl_2]^+$。

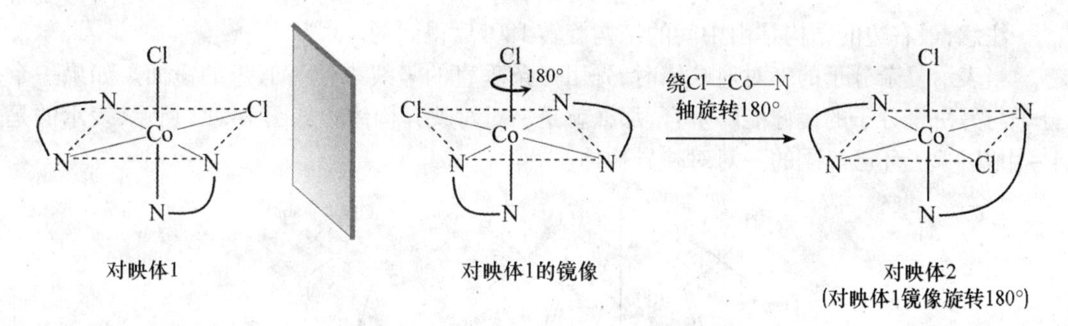

图14.10　顺式$[Co(en)_2Cl_2]^+$的对映异构体

图14.10中,顺式$[Co(en)_2Cl_2]^+$(对映体1)与其镜像(对映体2)不能重合,具有手性。而反式$[Co(en)_2Cl_2]^+$(图中未显示)可与其镜像重合,所以反式$[Co(en)_2Cl_2]^+$是非手性的。

复杂有机分子对映体的表示

如何清晰明了地用二维图像来表示对映体的三维结构?对某些简单的对映体而言,可以简单直接地表示出来,但是如果要表示一些相对复杂的有机分子的对映体,就比较困难了。

可以用图 14.11(a)来表示 2－丁醇的四面体结构,中心碳原子为立体中心,－CH_3 和－OH在纸平面上,－CH_2CH_3 在纸平面外指向我们,－H 在纸平面里远离我们。

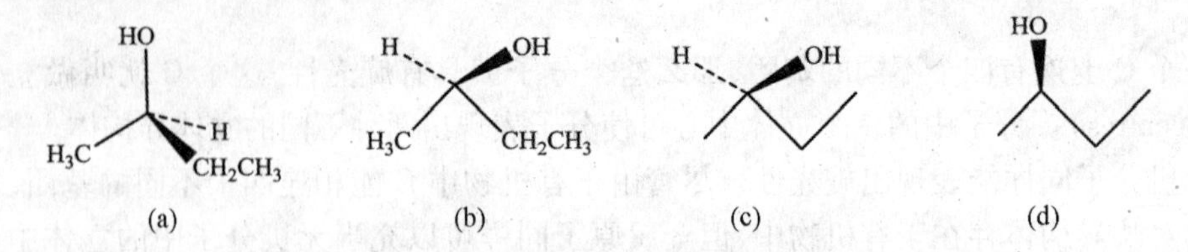

图 14.11　2－丁醇的四种表达方式

旋转图 14.11(a)的中心碳,使其如图 14.11(b)所示结构,这时－CH_3 和－CH_2CH_3 在纸平面上,－OH 在纸平面外,－H 在纸平面里。简化－CH_3 和－CH_2CH_3,可以由图(b)得到图(c)。通常 H 原子不需表示出来,这样,图(c)又可以简化为图(d)。在图(d)中 H 连在中心 C 上,并且是在纸平面里。图(c)和图(d)所示方式简洁易懂,特别是在表示复杂分子时。

当需要用三维结构来表示立体中心时,应把中心碳链置于纸平面上,另外的两个原子或者原子团分别在纸平面里和纸平面外。图 14.11(d)所示 2－丁醇的对映异构体结构的两种表示方法如下:

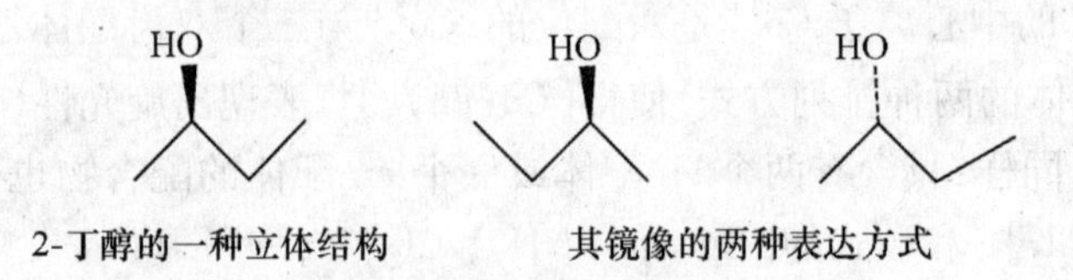

2-丁醇的一种立体结构　　　　其镜像的两种表达方式

注意,最右边的结构是由中间的结构旋转 180°后得到的。

当表示复杂分子的一对对映体时,先用一条垂直的竖线来代替假想的镜面。如果一个分子与另一个分子的镜像能够重合,那么就是一对对映异构体。如图 14.12 所示,表示的是 4－甲基－2－环己烯酮的一对对映异构体。

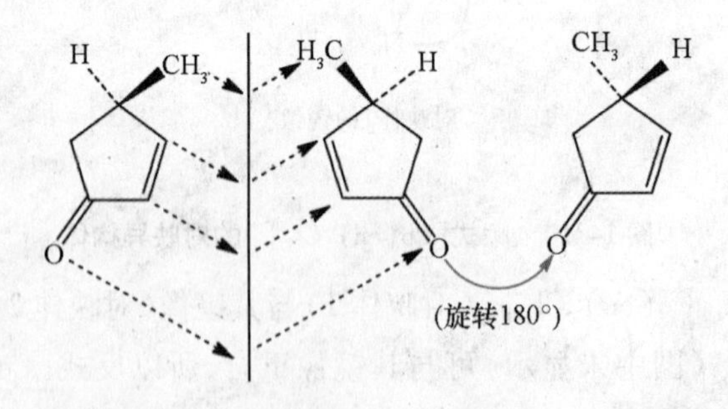

图 14.12　4－甲基－2－环己烯酮的对映异构体

将镜像旋转 180°后,环上双键的排列与左侧分子相同。但是,左边分子中的甲基本来在纸平面外,旋转后的分子中甲基在纸平面里了,而 H 的位置恰好与此相反。

像紫杉醇(重要的抗癌药物,图 14.13)这样的复杂分子,非常需要用简单的方法来表示其立体结构。

图 14.13　紫杉醇的结构，具有多个立体中心

14.3　*R*,*S* 对应体的命名

既然对映体是不同的化合物，那么它们就应该有各自的名字。比如药物布洛芬，存在着以下两种对映体。对映体中只有一种结构才是有疗效的，它在人体内大约 12min 就能达到有效的浓度。而其另一种对映体也能缓慢地转为其活性结构。

无活性的结构　　布洛芬的活性结构

因此，我们需要对映体分别命名。化学家采用了 *R*,*S* 命名法来命名对映体，以区别具有立体中心分子的不同结构，即 *R* 型或 *S* 型。要判断是 *R* 型还是 *S* 型，需要对连在中心 C 原子上的基团进行优先排序，优先基团排序方法与确定烯烃的 *E*,*Z* 构型一样。确定分子的 *R*,*S* 构型方法如下：

(1)确定立体中心和它的四个基团，按照基团优先顺序（从大到小）分别记作 1、2、3、4。

(2)旋转分子，使得 4 号基团与中心原子轴垂直于纸平面，像汽车方向盘上的轴柱。而其余较优的三个基团朝向自己，像汽车的方向盘。

(3)观察朝向自己的三个基团。

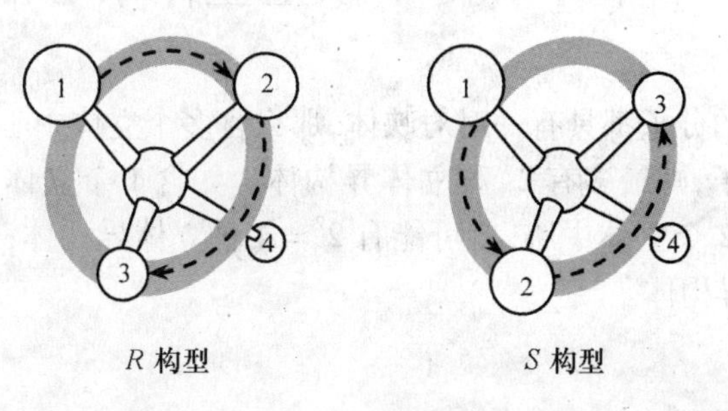

R 构型　　*S* 构型

(4)如果 1、2、3 三个基团是按照顺时针方向排列的，就是 *R* 型（来自拉丁文"rectus"，意

为“右”)；如果1、2、3三个基团是按照逆时针方向排列的，则为S型(来自拉丁文“sinister”，意为“左”)。也可以这样判断：按照1、2、3的顺序，方向盘向右转，为R型，反之为S型。

对布洛芬的结构进行R,S命名，按照基团的优先顺序，连在立体中心C上的基团为$-COOH > -C_6H_4 > -CH_3 > -H$。那么在如下图所示的对映体中，左边的基团按照顺时针排列，是R型，右边的按逆时针排列，为S型。

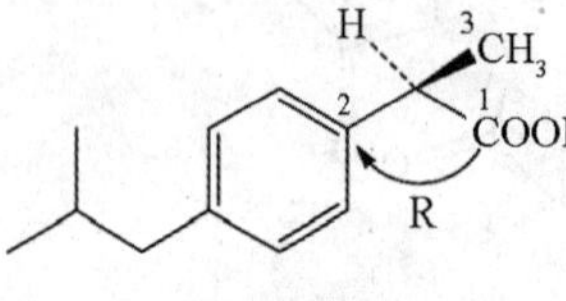

(*R*)-布洛芬(无活性) 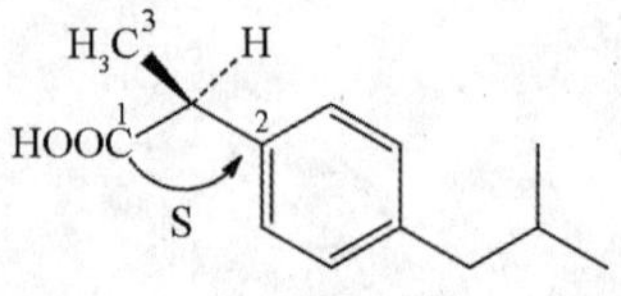　　(*S*)-布洛芬(活性结构)

示例14.1　判断下列化合物是R型还是S型。

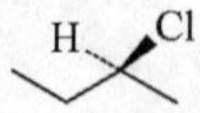

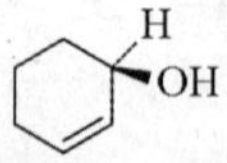

分析与解答：确定立体中心和连在上面的四个基团的优先顺序。

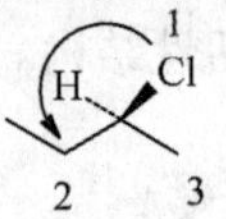

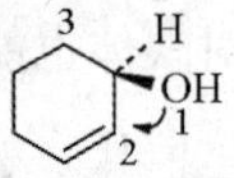

$-Cl > -CH_2CH_3 > -CH_3 > -H$。$-H$在纸平面里，其余的三个基团按照1、2、3的顺序是逆时针方向排列的，所以是S型。

$-OH > -CH=CH > -CH_2-CH2 > -H$。$-H$在纸平面里，其余的三个基团按照1、2、3的顺序是顺时针方向排列的，所以是R型。

思考题14.1　指出下列化合物是R型还是S型。

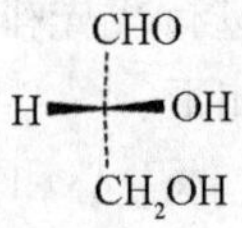

14.4　含2个和2个以上立体中心的分子

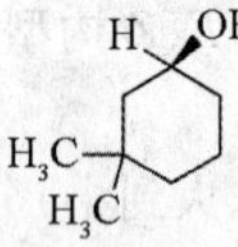

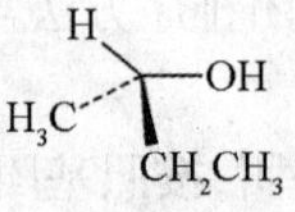

含1个立体中心的分子都具有一对对映体，那么含多个立体中心的分子呢？一般而言，有n个立体中心的分子，则最多有2^n种立体异构体。如含1个立体中心时，有$2^1=2$种立体异构体。如果含有2个立体中心，就可能有$2^2=4$种立体异构体；含3个立体中心时，则可能有$2^3=8$种立体异构体。

含两个立体中心的非环状分子

以2,3,4－三羟基丁醛为例,它的主链含有4个C,其中2个是立体中心,最多含有2^2 = 4个立体异构体。立体中心用“＊”标记,如图14.14所示。对C(2)和C(3)用R和S型表示后,图14.14中的每个结构都有不同的命名,比如2R表示C(2)是R型的。

HOH_2C—$\overset{*}{C}$H(OH)—$\overset{*}{C}$H(OH)—CHO

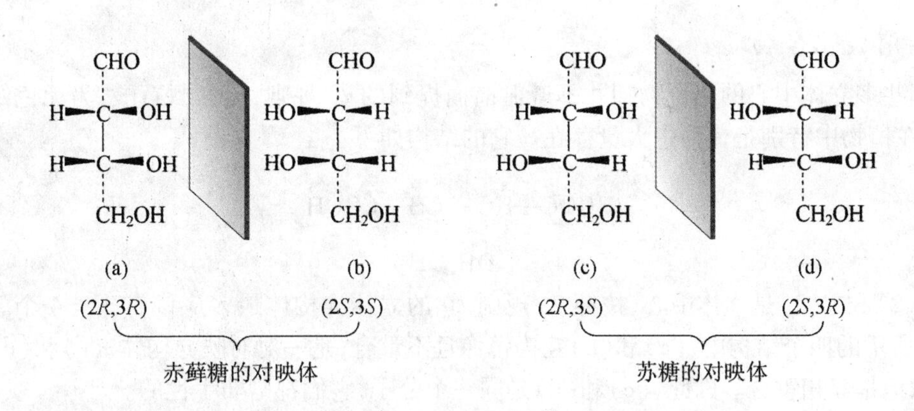

图14.14　2,3,4－三羟基丁醛的四种对映体

(a)和(b)的镜像不重合,是一对对映异构体;同样,(c)和(d)也是一对对映异构体。也就是说2,3,4－三羟基丁醛有两对对映异构体。(a)和(b)叫做赤藓糖(因在红细胞内合成而得名),(c)和(d)叫做苏糖。赤藓糖和苏糖都属于碳水化合物。

(a)和(c)是立体异构体,但非互为镜像,我们把(a)和(c)叫做非对映异构体,(b)和(c)也是非对映异构体。与对映异构体相似,非对映异构体的原子连接顺序相同,但是具有不同的性质。这一点在糖类化学物中体现得很明显。

示例14.2　1,2,3－三丁醇有4个立体异构体,请指出:

(a)哪两个互为对映异构体?

(b)哪两个互为非对映异构体?

	(i)	(ii)	(iii)	(iv)
上	CH_2OH	CH_2OH	CH_2OH	CH_2OH
C(2)	H—C—OH (S)	H—C—OH	HO—C—H	HO—C—H (R)
C(3)	HO—C—H (S)	H—C—OH	HO—C—H	H—C—OH (R)
下	CH_3	CH_3	CH_3	CH_3

分析与解答:

(a)互为镜像的是对映异构体。(i)和(iv)、(ii)和(iii)分别为一对对映异构体。

(b)不互为镜像的是非对映异构体。(i)和(ii)、(i)和(iii)、(iv)和(ii)、(iv)和(iii)互为非对映异构体。

思考题 14.2　3－氯－2－丁醇有 4 个立体异构体，请指出：

(a)哪两个互为对映异构体？

(b)哪两个互为非对映异构体？

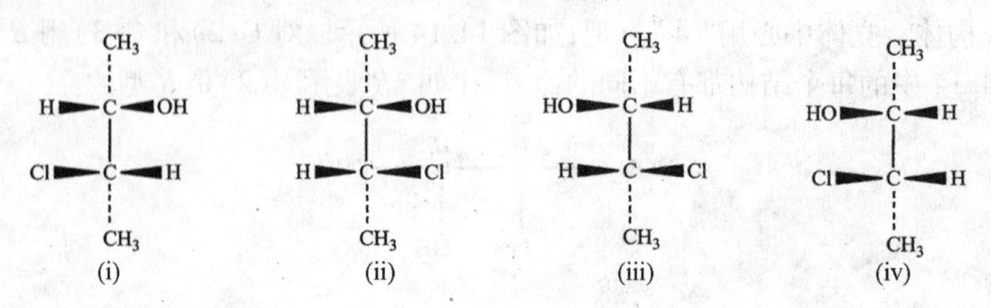

内消旋化合物

有些多立体中心的化合物却并不遵循前面提到的 2^n 规则，比如酒石酸，为无色结晶化合物，在植物中特别是葡萄中大量存在。它的结构如下：

```
        *    *
HOOC—HC—  CH—COOH
      |    |
      OH   OH
```

C(2)和 C(3)是立体中心，按照 2^n 规则，它的立体异构体最多应该有 $2^n = 4$ 个。在图 14.15 所示的四个结构中，(a)和(b)互为镜像且不重合，是一对对映异构体；(c)和(d)也互为镜像但是互相重合。因此，(c)和(d)是同一个分子，它们都是非手性的。

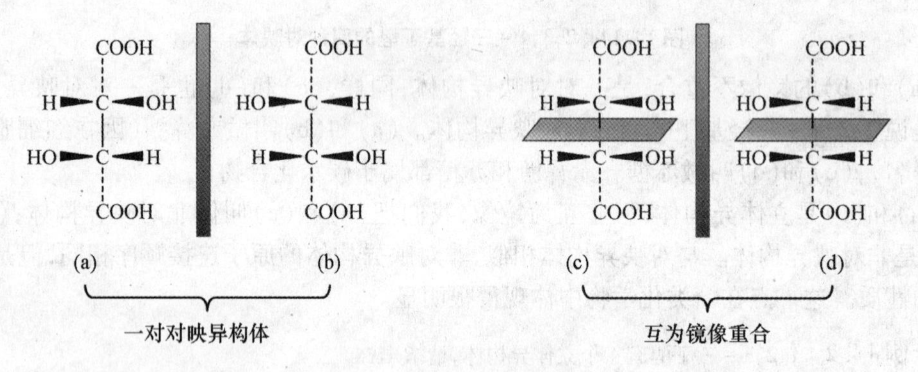

图 14.15　酒石酸的立体结构

前面讲过，内部有对称面的分子是非手性分子，是没有对映体的。所以尽管(c)和(d)有两个立体中心，但它们也是非手性的，它的对称面如图 14.15 中所示。酒石酸的(c)或(d)结构的分子本身含有多个立体中心，但显示出非手性，这样的分子称做内消旋化合物(*meso* compound)。所以，酒石酸一共有 3 个立体异构体——1 个内消旋化合物和 1 对对映异构体，它们互为立体异构体。

示例 14.3　下面是 2,3－丁二醇的 3 个立体异构体，请指出：

(a)哪两个是互为对映异构体的？

(b)哪个是内消旋化合物？

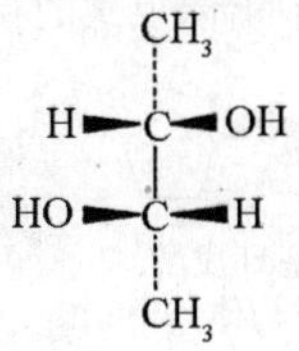

(i) 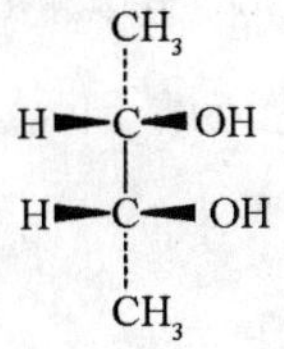　　(ii) 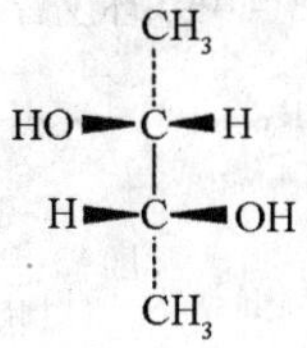　　(iii)

分析与解答：

(a)(i)和(iii)是对映异构体。

(b)(ii)是内消旋化合物。

思考题 14.3　下面是酒石酸的四种立体结构的纽曼投影式。请指出：

(a)哪些是相同的分子？

(b)哪两个是互为对映异构体的？

(c)哪个是内消旋化合物？

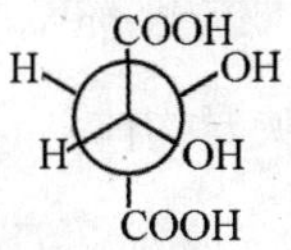

(i) 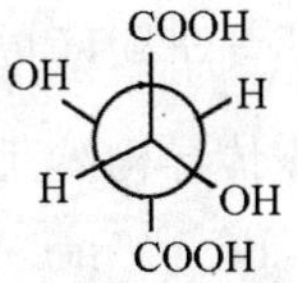　　(ii) 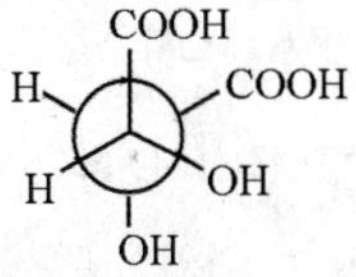　　(iii) 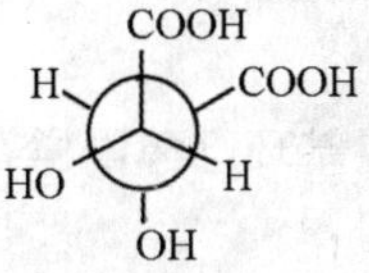　　(iv)

含两个立体中心的环状化合物

下面，按照非环手性化合物的方法来讨论含两个手性中心的环戊烷和环己烷衍生物。

双取代的环戊烷衍生物

2－甲基环戊醇含有两个立体中心，应该有 $2^2=4$ 个立体异构体。顺式和反式都是手性的，如下图：

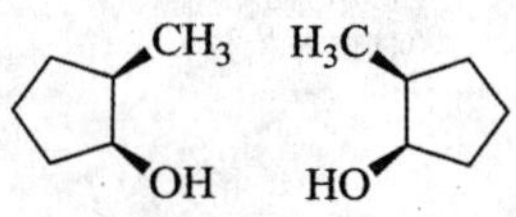

顺－2－甲基环戊醇 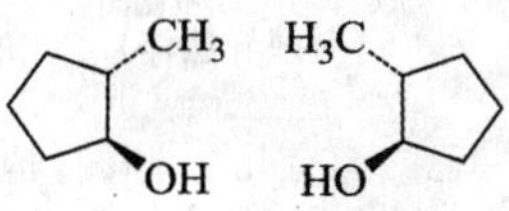　　反－2－甲基环戊醇

1,2－环戊二醇同样含有两个立体中心，却只有3个立体异构体（如下图）：

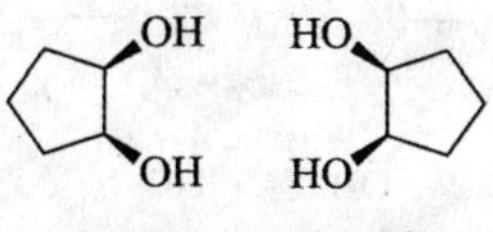

顺－1,2－环戊二醇（内消旋）　　反－1,2－环戊二醇

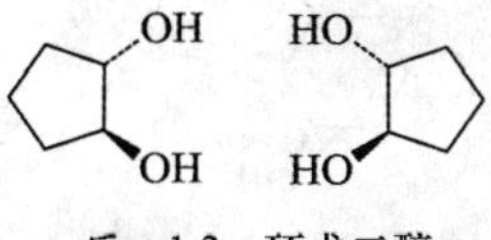

这是因为顺－1,2－环戊二醇内部有对称面，与它的镜像重合，因此它是非手性的内消旋化合物。而反－1,2－环戊二醇却存在对映异构体。

示例 14.4　3－甲基环戊醇存在几个立体异构体？

分析与解答:3 - 甲基环戊醇有 2 个立体中心,其中顺式的互为对映异构体,反式的互为对映异构体。

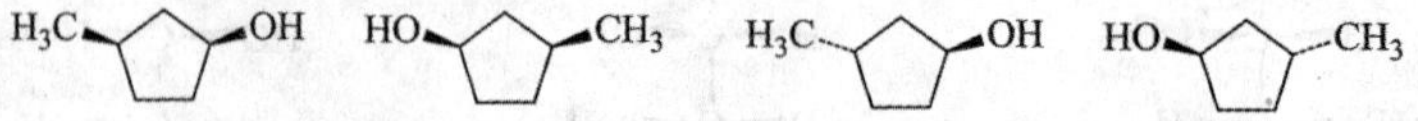

顺-3-甲基环戊醇
(对映异构体)

反-3-甲基环戊醇
(对映异构体)

思考题 14. 4　1,3 - 环戊二醇存在几个立体异构体?

双取代的环己烷衍生物

4 - 甲基环己醇,它有两个立体异构体,顺式和反式都是非手性的。对称面经过 $-CH_3$、$-OH$ 所在的平面。

顺-4-甲基环己醇

反-4-甲基环己醇

3 - 甲基环己醇同样有两个立体中心,$2^2=4$ 个立体异构体互为对映异构体:

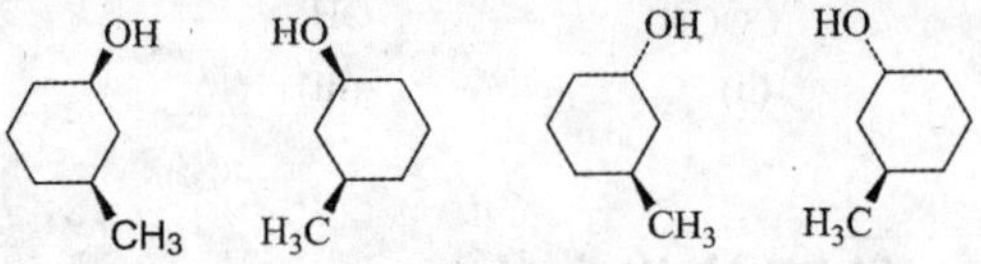

顺-3-甲基环己醇
(对映异构体)

反-3-甲基环己醇
(对映异构体)

2 - 甲基环己醇与 3 - 甲基 - 环己醇相类似,有 4 个立体异构体:

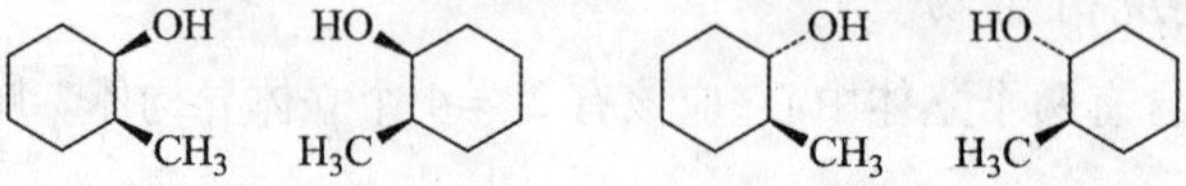

顺-2-甲基环己醇
(对映异构体)

反-2-甲基环己醇
(对映异构体)

示例 14. 5　1,3 - 己二醇有几个立体异构体?

分析与解答:1,3 - 己二醇最多有 $2^2=4$ 个立体异构体,但是反式的互为对映异构体,顺式的为内消旋,故一共有 3 个立体异构体。

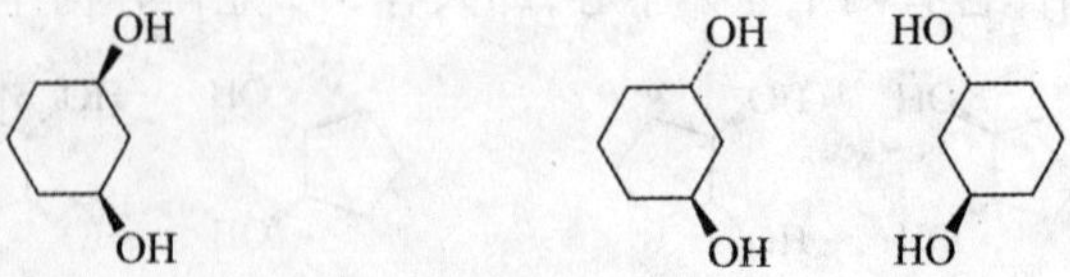

顺-1,3-环己二醇
(内消旋)

反-1,3-环己二醇
(对映异构体)

思考题 14. 5　1,4 - 环己二醇有几个立体异构体?

含三个及三个以上立体中心的分子

2^n 规则也适用于三个及三个以上立体中心的分子。双取代的环己醇的三个立体中心在下图中用"＊"标注。

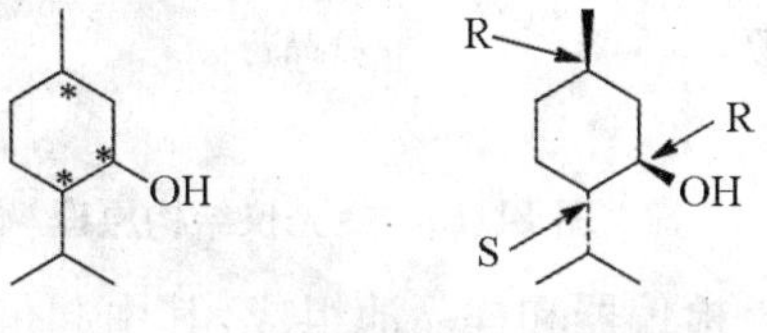

2-异丙基-5-甲基-环己醇　　薄荷醇

该分子最多有 $2^3=8$ 个立体异构体,薄荷醇是它当中的一个结构。薄荷醇是薄荷油和薄荷糖的主要成分,有着独特的薄荷味,而其他异构体却无此味道。

胆固醇有 8 个立体中心,最多存在 256 个立体异构体,要区分这些异构体,最好将立体中心 C 上的 H 标示出来。

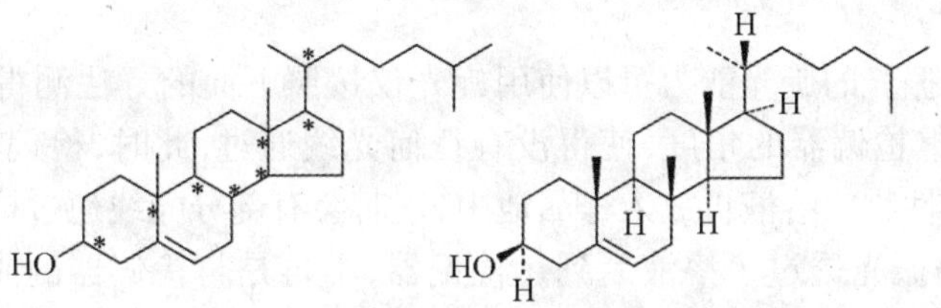

胆固醇　　人体新陈代谢中的立体异构体

14.5　光学活性:实验室检测手性的方法

前面论及 2-异丙基-5-甲基环己醇的一个立体异构体——薄荷醇与其非对映异构体的性质明显不同。对映异构体尽管具有不同的性质,但是这种性质的差异是很微小的。一般情况下,对映异构体有相同的化学性质和物理性质,比如相同的熔点、沸点、溶解度。不同的是它们的光学活性(或旋光性)——对平面偏振光的旋光能力。这也是化学家在实验室里检测对映异构体的有效方法。

互为对映异构体的两个分子,它们对平面偏振光的旋光能力相同,但旋光方向相反。要理解实验室检测光学活性的方法,应首先了解平面偏振光和检测旋光性的仪器——旋光仪。

平面偏振光

普通的光线含有各种波长的光,这些不同波长的光在各个不同的平面上振动(如图 14.16 所示)。当光线通过方解石或偏振片(一种含有有机物取向晶体的塑料胶片)时,只有与其晶轴平行振动的光线才能通过。只在某一平面内产生的电磁振动叫做平面偏振。

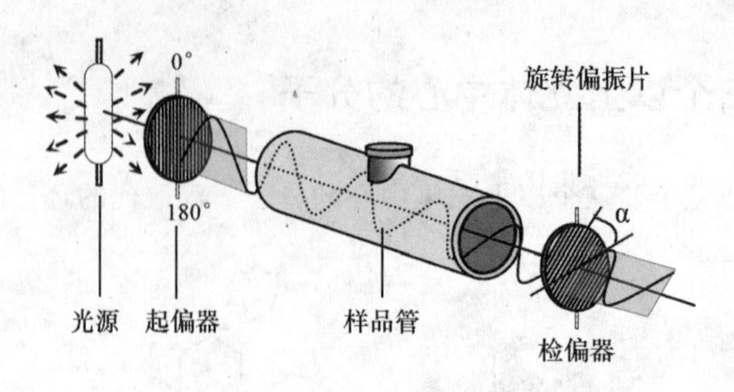

图 14.16 旋光仪结构原理

旋光仪由光源、起偏器、检偏器和样品池组成,其中起偏器和检偏器均是由方解石或偏振片制作的。若没有装入样品且起偏器和检偏器的晶片平行时,到达检测器的光线强度最大。如果将检偏器按顺时针或逆时针旋转一定的角度,则只有一部分的光线可以通过。当检偏器的晶轴与起偏器的晶轴成90°时,视野完全变暗,此时检偏器所在的位置记作0°。

平面偏振光旋光度的测量

分子对平面偏振光的旋光能力可以使用旋光仪按照下面的方法测得。首先,将纯溶剂放入样品池中,调整检偏器的角度,使得没有任何光线通过,此时,检偏器的位置记作0°。然后将加了光学活性物的溶液再放入样品池中,这时会有部分光线通过检偏器,这是因为起偏器形成的平面偏振光透过了溶液后到达检偏器,不再是与检偏器的晶轴成90°的直角。旋转检偏器,使得视窗内没有光线。旋转的角度 α 即为我们所说的旋光度。如果是顺时针旋转的,就是右旋光;如果是逆时针旋转的,就是左旋光。

影响旋光度的因素很多,除分子本身的结构外,旋光度的大小还和所放物质的浓度、样品池的长度、温度、溶剂的性质及光波的长短有关。为此提出了比旋光度(specific rotation)的概念$[\alpha]^T$

$$[\alpha]_\lambda^T = \frac{\text{测量旋光度}(°)}{\text{长度}(\text{dm}) \times \text{浓度}(\text{g/mL})}$$

它是指在温度 T(摄氏温度)、波长 λ(nm)时,单位长度(dm)和单位浓度(g/mL)下的旋光度。通常使用钠光灯 $D(\lambda = 589\text{nm})$ 作为光源,街灯中的黄色钠气灯与此相同。

书写物质的旋光度时,右旋用"+"表示,左旋用"-"表示。一对对映异构体的旋光能力相等,但旋光方向相反,即若一个是左旋的,则另一个一定是右旋的,且旋光度的绝对值相等。例如2-丁醇在25℃、钠光灯D做光源时,它的一对对映异构体的旋光度:

H OH　　　　HO H

(*S*)-(+)-2-丁醇　　(*R*)-(-)-2-丁醇

$[\alpha]_n^{25} = +13.52°$　　$[\alpha]_n^{25} = -13.52°$

这里,*S* 型是右旋的,*R* 型是左旋的。由此可见,*R* 和 *S* 与光学活性并无必然联系,*S* 型可以是左旋,也可以是右旋,反之亦然。

示例 14.6 将4.00g睾丸激素(一种男性荷尔蒙)溶于100mL乙醇后,置于1.00dm的样品池内。

在25℃、钠光D下,该样品的旋光度为+4.36°。计算它的比旋光度。

分析与解答:溶液的浓度为4.00g/100mL=0.0400g/mL。将相关数据代入比旋光度的计算公式:

$$[\alpha]_{\lambda}^{T}=\frac{\text{测量旋光度}(^\circ)}{\text{长度}(\mathrm{dm})\times\text{浓度}(\mathrm{g/mL})}=\frac{+4.36^\circ}{1.00\times0.0400}=+109^\circ$$

思考题 14.6 孕酮(一种女性荷尔蒙)的比旋光度为+172°(20℃),将4.00g孕酮溶于100mL 1,4-二氧六环后,置于1.00dm的样品池中,计算它的旋光度。

等当量的对映异构体混合后,形成的是消旋混合物(racemic mixture,来自拉丁文"racemus"),消旋混合物中既有左旋物质又有右旋物质,所以它的比旋光度为0°。换句话说,消旋混合物是没有光学活性的,一般在化合物的名字前加(±)来表示消旋混合物。

14.6 生物界里的手性

在植物和动物体内,几乎所有的分子都是手性的,它们有很多的立体异构体,但一般仅以一种异构体的形式存在于自然界中。当然,多个异构体的可能性也是有的,但是在相同的生物体系中这种可能性很小。

酶是生物界里最广泛且大量存在的手性物质,有多个立体中心,比如在动物体的肠内催化合成蛋白质的酶——胰凝乳蛋白酶中含有251个立体中心,因此立体异构体数量相当庞大。所幸的是自然界中特定的有机体里只含有一种立体异构体。由于酶是手性的,所以由此而进行的化学反应必须遵循立体化学的要求。

酶能催化生物体内的反应,那么参加反应的分子必须与酶的手性位点相匹配。酶分子中一个手性位点连着的3个特殊位点基团,能识别并区分分子与它的对映异构体以及非对映异构体。图14.17所示是酶催化的甘油醛反应,酶表面上,一个位点识别-H,一个位点识别-OH,一个位点识别-CHO。这样,通过手性匹配,酶分子就能将(R)-(+)-甘油醛与它的对映异构体区别开来,而前者具有生物活性。(S)-(-)-甘油醛只有2个基团能与酶的这些位点匹配。

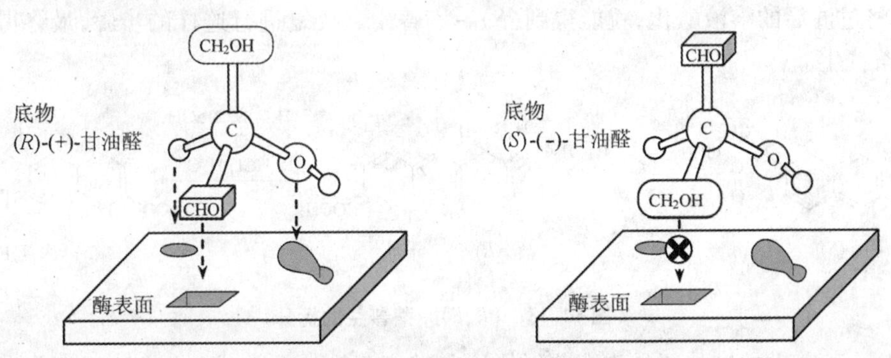

图14.17 酶与甘油醛反应的作用位点图

图中有三个作用位点与(R)-(+)-甘油醛反应,正好进入酶内部;而只有两个作用位点与(S)-(-)-甘油醛反应,不能与酶结合。生物体是一个手性环境,因此药物分子的对映异构体和非对映异构体应该在生物体中表现出不同的生理性质。比如,(S)-布洛芬有缓释镇痛的功效,而(*R*)-布洛芬则没有这种作用;(*S*)-萘普生能镇痛,但(*R*)型的萘普生却能使肝脏中毒。

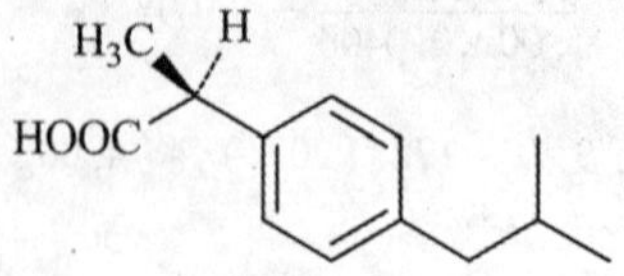

(*S*)-布洛芬 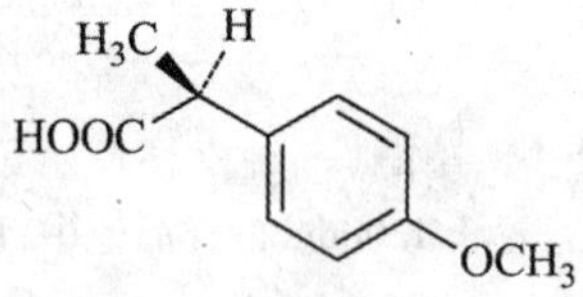　　　　(*S*)-萘普生

14.7 手性药物的合成

许多药物都具有手性,其中某些可以以对映异构体的混合物形式存在,比如布洛芬,而有些则必须以具有疗效的单一对映异构体存在。药物公司有两种方法来得到纯的对映化合物:先合成消旋的混合物,再利用拆分的方法分离对映异构体;利用不对称合成方法得到单一的对映异构体。

拆 分

拆分(resolution)是一种将手性混合物分离的方法。拆分对映异构体虽然比较困难,但在实验室中仍然可以做到。这里只讨论其中的一种以酶作为手性催化剂的拆分。基于的原理是酶在催化手性分子的化学反应时具有专一性。

以酯酶为例。这类酶能促进酯的水解反应,生成醇和羧酸。如图14.18所示是(*R*,*S*)-萘普生的拆分。(*R*,*S*)-萘普生的酯类化合物为固体,在水中的溶解度很小。酯酶在碱性溶液中选择性地水解(*S*)-萘普生酯,生成的(*S*)-萘普生和钠盐都是易溶于水的物质。(*R*)-萘普生酯却不能发生这样的反应,将反应后的溶液过滤,即得到(*R*)-萘普生酯晶体。再将过滤后的溶液酸化,就能得到(*S*)-萘普生。反复进行这样的步骤,最终得到纯的(*S*)-萘普生。

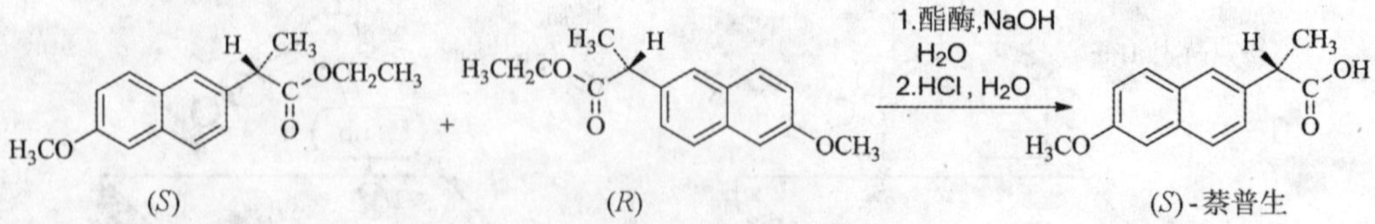

1.酯酶,NaOH H_2O 2.HCl, H_2O

(*S*)　　(*R*)　　(*S*)-萘普生

图 14.18　(*R*,*S*)-萘普生的拆分

(*S*)-萘普生的钠盐还是许多非甾体抗艾滋病药物的有效成分。(*S*)-萘普生的效果优于(*R*)型,而且,(*R*)型对肝脏有损害作用,在药物中应避免使用。

通过除去(*R*)-萘普生可获得纯的(*S*)型萘普生的异构体,但这种方法并不是对所有的对映异构体都有效。比如将镇静剂拆分后得到的单一对映异构体也有副作用,它在人体内会转换为另一种对映异构体。

不对称合成

无机立体异构体在工业合成某些重要的手性药物中也是必需的。2001 年的诺贝尔化学奖授予了 William Knowles、Ryoji Noyari 和 Barry Sharpless，以表彰他们在发展无机手性催化剂中的贡献。这些催化剂能高效地不对称催化合成纯的手性化合物，再进一步得到 L－DOPA（治疗帕金斯综合症的药）和萘普生等药物。

不对称合成是得到对映异构体的一个非常有效的方法，在药物合成中相当重要。在手性过渡金属催化剂的作用下，利用非手性的苯乙烯类化合物，通过不对称反应得到手性 *L*－DOPA是制备 *L*－DOPA 的一种经济实用的方法。该路线叫做 Monsanta 还原（以发现它的公司命名），1974 年用于工业化生产，同时也催生了越来越多的不对称催化反应。

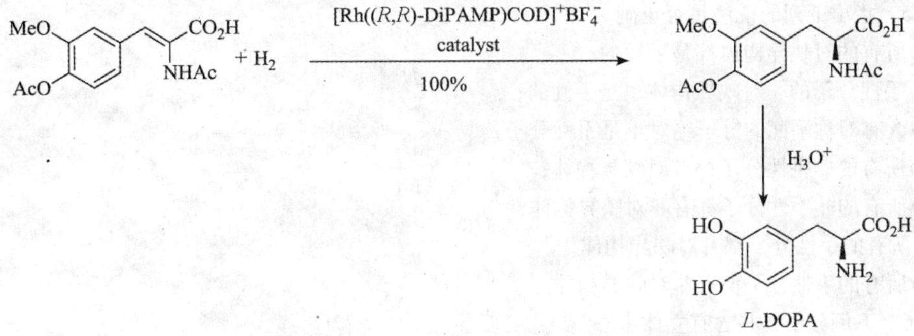

MeO AcO CO_2H NHAc + H_2 —[Rh((*R*,*R*)-DiPAMP)COD]$^+$$BF_4^-$ catalyst 100%→ MeO AcO CO_2H NHAc —H_3O^+→ HO HO CO_2H NH_2 *L*-DOPA

图 14.19 制备 *L*－DOPA 的 Monsanta 还原路线

萘普生也能通过手性催化剂不对称合成得到。图 14.20 中使用的是 BINAP 配合物，方法简单经济，能制备 100mg～100kg 的萘普生，已经用于工业生产，每年产量超过 100 吨。这种手性合成方法也大大促进了医药、农药、香料产业的发展。

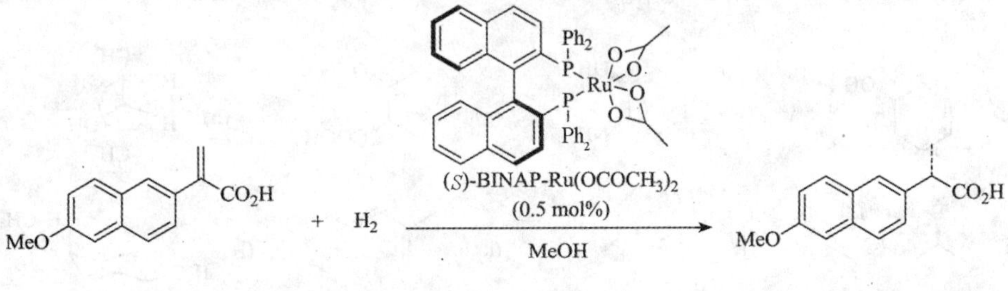

Ph$_2$ P Ru O O O O P Ph$_2$

MeO CO_2H + H_2 —(*S*)-BINAP-Ru($OCOCH_3$)$_2$ (0.5 mol%) MeOH→ MeO CO_2H

图 14.20 抗艾滋病药物萘普生的不对称合成路线

不对称合成的过程相对较难，甚至对小分子也一样，所以利用不对称合成的方法来制备紫杉醇（抗癌药物）这类复杂分子是极具挑战性的工作。化学家们现在已经能够从天然存在的简单原料出发，通过不对称合成得到目标化合物了。

不对称合成使得我们能制备一些有特殊生理功效的药物及化合物。但是，如何控制化学立体选择性仍是化学家们需要面对的难题。掌握这种合成方法，必须首先学习各类重要的官能团，了解它们有什么样的性质，它们怎样进行反应。在后续的有关章节中将讨论这些问题。

习 题

14.1 什么是立体异构体？

14.2 构造异构体和立体异构体有何异同点？

14.3 下列哪些物体是手性的？（假设都没有记号或标识存在）

(a)一对剪刀　　(b)长尾夹

(c)网球　　(d)烧杯

(e)回形针　　(f)螺丝钉

14.4 请观察电话的话筒线和笔记本上的螺纹线。如果从一端看过去，它是左手螺旋的（逆时针），那么从另一端看过去，它是右手螺旋（顺时针）还是左手螺旋（逆时针）的？

14.5 指出下列的说法是否正确。

(a)所有的对映异构体都是手性的；

(b)手性分子的非对映异构体也是手性的；

(c)含有对称平面的分子绝对不是手性分子；

(d)所有的非手性分子都有对映异构体；

(e)所有的非手性分子都有非对映异构体；

(f)所有的手性分子都有对映异构体；

(g)所有的手性分子都有非对映异构体。

14.6 下例分子哪些含有立体中心？

(a)2－氯正戊烷　　(b)3－氯正戊烷

(c)3－氯正戊烯　　(d)1,2－二氯丙烷

14.7 画出下列化合物的对映异构体。

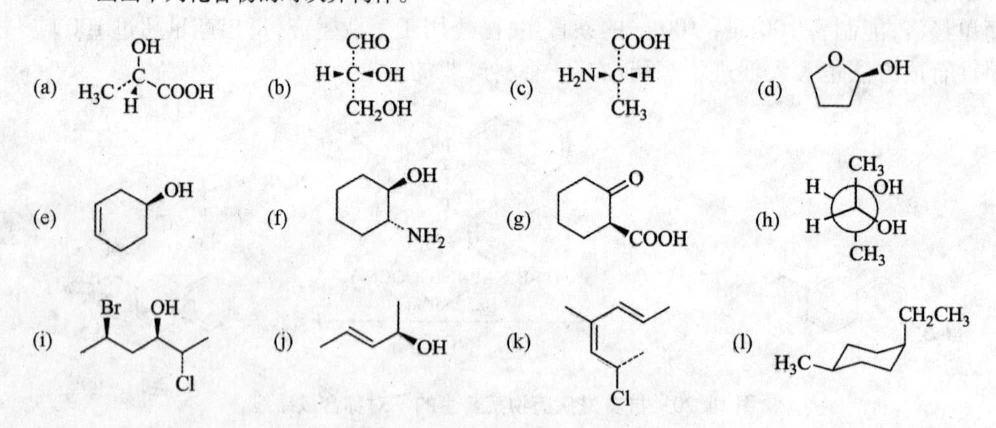

14.8 画出$[Co(C_2O_4)_3]^{3-}$的一对对映异构体。

14.9 标出下列分子的立体中心。（注：不是都含有立体中心）

(a) 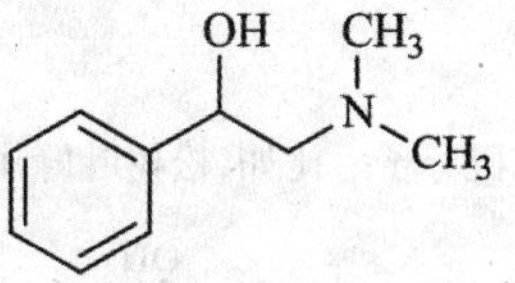 OH, CH_3, N, CH_3　(b) 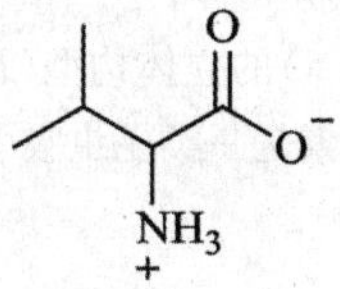 O, O^-, $\overset{+}{N}H_3$

(c) 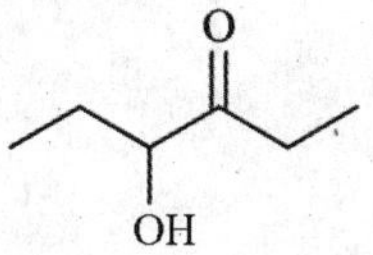 O, OH　(d) 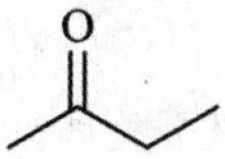 O

14.10　下列哪个分子是 R 构型？

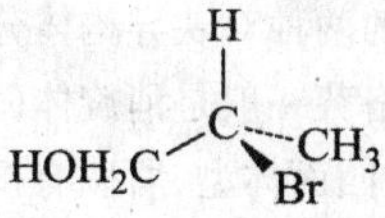

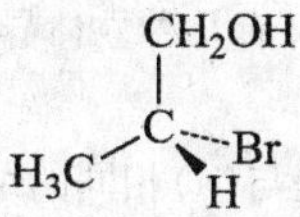

(a) 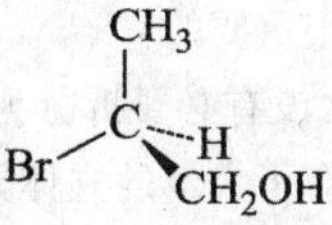 CH_3, Br, C, H, CH_2OH　(b) H, HOH_2C, C, CH_3, Br

(c) CH_2OH, H_3C, C, Br, H　(d) 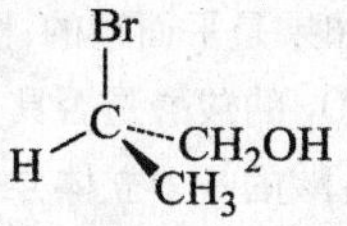 Br, H, C, CH_2OH, CH_3

14.11　将下列每组基团按优先顺序排序。

(a) $-H$, $-CH_3$, $-OH$, $-CH_2OH$

(b) $-CH_2CH=CH_2$, $-CH=CH_2CH_3$, $-CH_2COOH$

(c) $-CH_3$, $-H$, $-COO^-$, $-^+NH_3$

(d) $-CH_3$, $-CH_2SH$, $-^+NH_3$, $-COO^-$

14.12　几百年来，中医一直用麻黄的提取物来治疗哮喘，这类植物中含有麻黄素，麻黄素能加强肺内空气的流通。麻黄素是左旋光型的，结构式如下。指出其每个立体中心的 R, S 型。

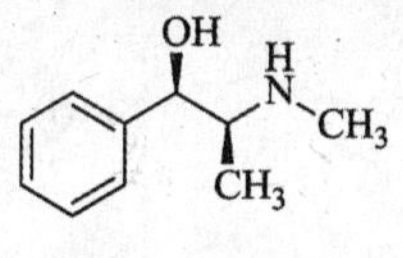

OH, H, N, CH_3, CH_3

14.13　天然麻黄素在25℃，钠光D下，比旋光度为 $-41°$，它的对映异构体的比旋光度是多少？

14.14　阿莫西林是一种半合成青霉素，指出它的四个立体中心。

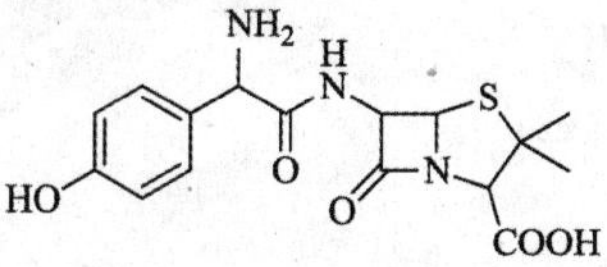

NH_2, H, N, S, O, N, O, HO, COOH

14.15　葡萄糖的椅式结构是较稳定的，环上的6个基团均处于e键：

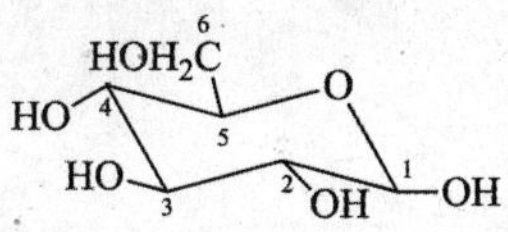

6, HOH_2C, O, HO, 4, 5, HO, 3, 2, OH, 1, OH

(a)指出该分子的立体中心；

(b)它有多少种立体异构体；

(c)它有多少对对映异构体；

(d)指出 C(1)和 C(5)的立体构型(R,S)。

14.16　昆虫信息激素是一类昆虫吸引异性的有机分子。比如，松树叶蜂用下面这种醇类作为性激素：

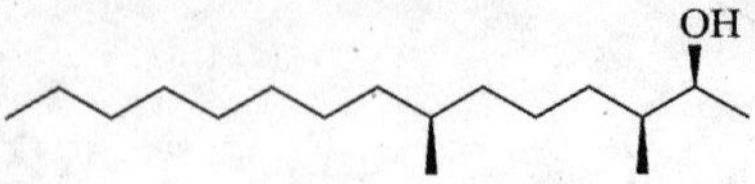

(a)该分子有多少种立体异构体？

(b)用 R,S 规则命名该分子。

(c)该分子的活性结构中仍含有 0.1%(2S,3R,7S)的结构，画出(2S,3R,7S)的结构。

14.17　制备对映纯化合物的方法主要有哪两种？

14.18　为什么将药物的两种对映异构体分离出来是很重要的？

14.19　药店售卖的布洛芬一般是消旋体(±)，为什么没有必要拆分为纯的对映异构体？

14.20　sp^3 杂化的 C 是四面体型，所以有机分子才具有了大量的立体异构体。

(a)$CHCl_3$、CH_2Cl_2、CHBrClF 的中心碳如果是 sp^3 杂化，则它们各自有几种立体异构体？

(b)上述分子的中心碳如果是平面型的，则它们各自又有几种立体异构体？

14.21　分子式为 $C_6H_{12}O_2$ 的羧酸是否具有手性？

14.22　下面所列的是乳酸的 8 个立体异构体，哪些是与(a)相同的结构，哪些是(a)的镜像？

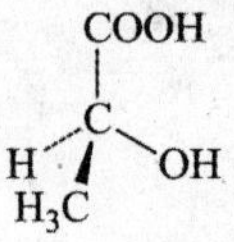

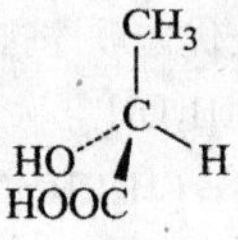

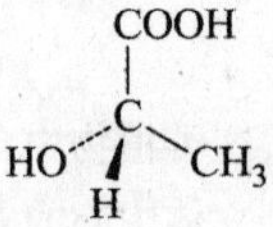

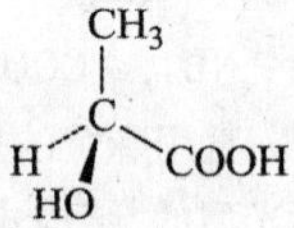

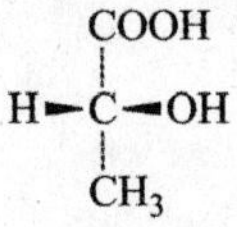

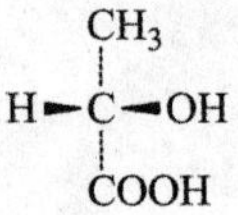

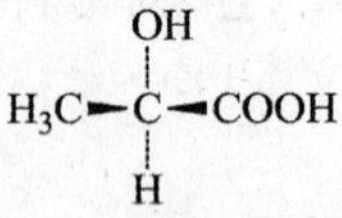

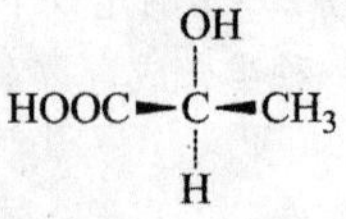

14.23　下列是香芹酮的一对对映异构体：

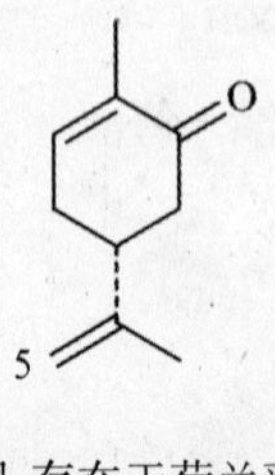

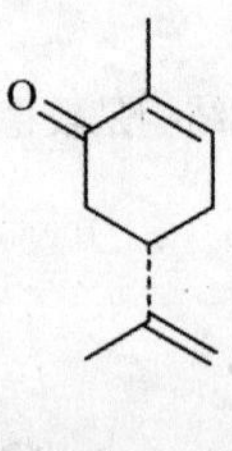

(-)-香芹酮，存在于荷兰薄荷油中　　(+)-香芹酮，存在于香菜和胚芽油中

每个对映异构体都具有其特殊的香味。指出它们的 R,S 构型，为什么它们具有相似的结构但性质却不同？

14.24 下图是2－丁醇其中一个立体异构体的伞形式结构图。

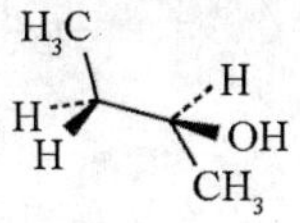

(a)该分子是 R 构型还是 S 构型？

(b)以C(2)和C(3)表示出该分子的纽曼投影式。

(c)表示该分子其他立体异构体的纽曼投影式，哪一种结构更稳定？假设－OH和－CH_3 大小一样。

14.25 下面是三种广泛用作抗抑郁药物的分子结构，标出它们的立体中心，并指出它们各自的立体异构体。

(a) 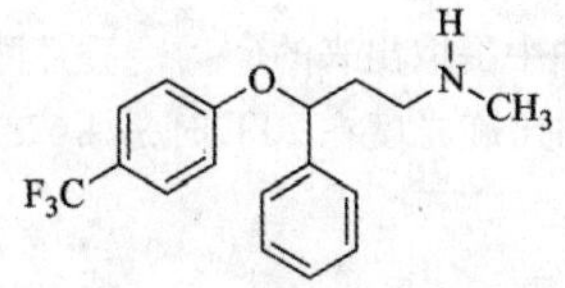 fluoxetine　(b) 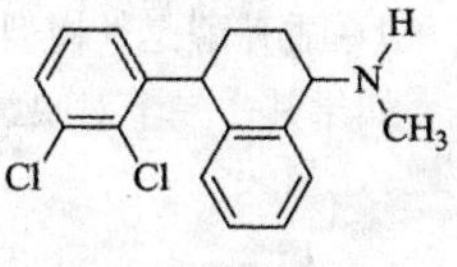 Sertraline　(c) 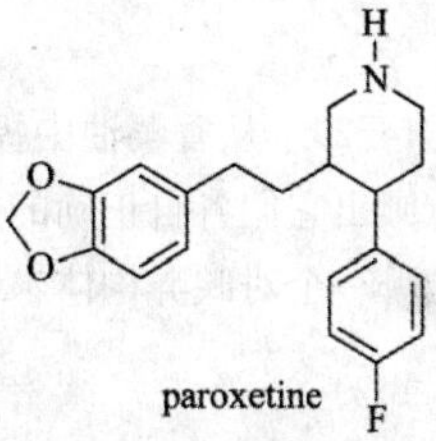 paroxetine

14.26 下面这个化合物常用于治疗支气管哮喘：

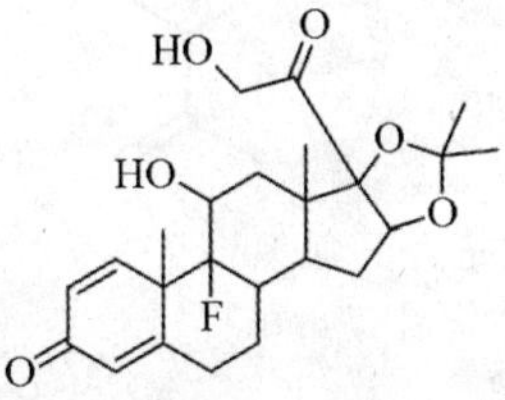

(a)标出该分子的8个立体中心；

(b)该分子有多少种可能的立体异构体。

14.27 下列哪些化合物是内消旋的？

(a) 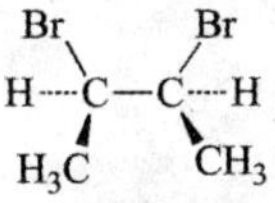　(b) 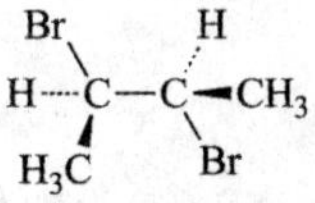　(c)

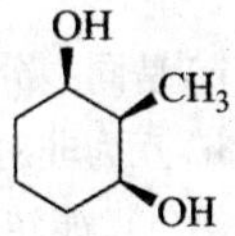

(d) 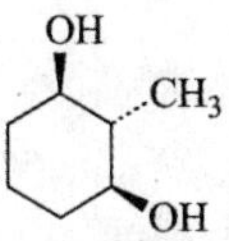　(e) 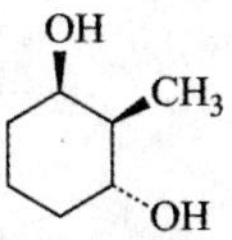　(f)

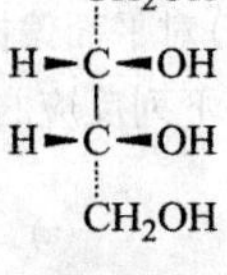

14.28 麻黄素具有光学活性，比旋光度为－41°。下列哪个物质的比旋光度为＋41°。

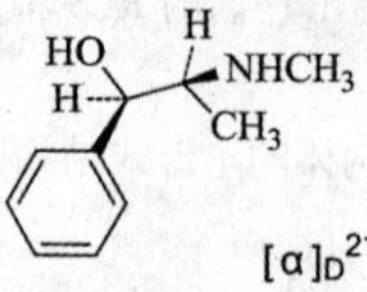

HO　H　$NHCH_3$　H　CH_3

$[\alpha]_D^{21}=-41°$

(a) 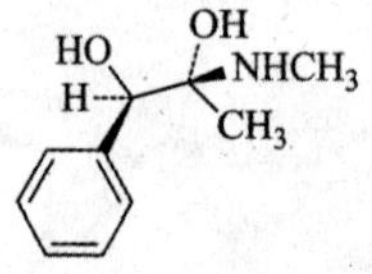 HO　OH　$NHCH_3$　H　CH_3

(b) 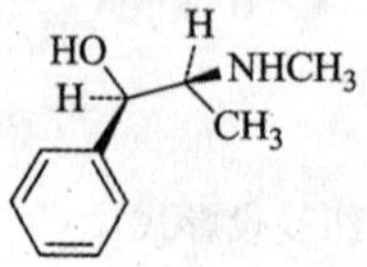 HO　H　$NHCH_3$　H　CH_3

(c) 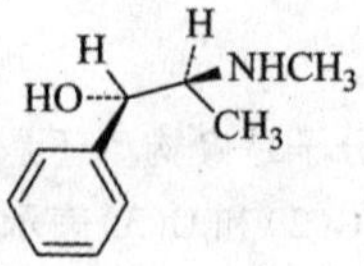 H　H　$NHCH_3$　HO　CH_3

(d) 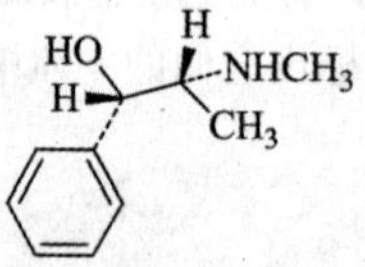 HO　H　$NHCH_3$　H　CH_3

(e) 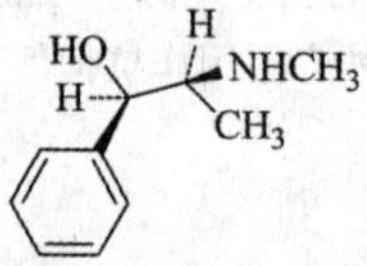 HO　H　$NHCH_3$　H　CH_3

14.29　从香菜油中提取出来的(+)-香芹醛是 *S* 构型,从薄荷油中提取出来的(-)-香芹醛是 *R* 构型。画出它们各自正确的立体结构式。如果其中一个对映纯异构体的比旋光度在 20℃时是 +62.5°,那么它是哪一个对映异构体?

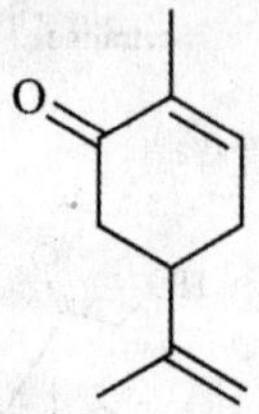

O

14.30　对下列两个分子,如下说法是否正确。

(i) 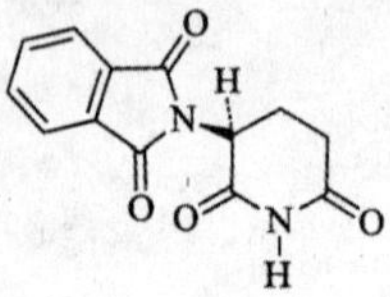 O　N　H　O　O　N　O　H

(ii) 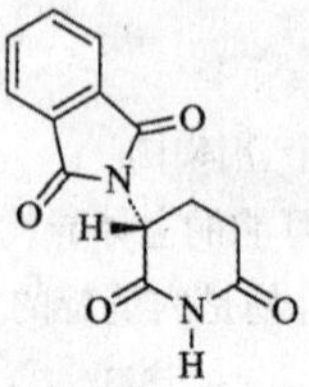 O　N　O　H　O　N　O　H

(a)(i)和(ii)是同一分子。
(b)(i)和(ii)互为非对映异构体。
(c)稍微加热(i),能转化为(ii),因此(i)和(ii)为热力学异构体。
(d)(i)和(ii)都含有环酰胺,因此它们不是对映异构体。
(e)(i)和(ii)对平面偏振光的旋光方向相反。

14.31　写出下列反应的产物。

(a) 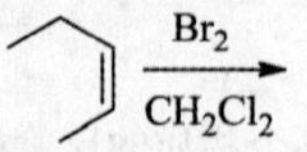 $\xrightarrow[CH_2Cl_2]{Br_2}$　(b) 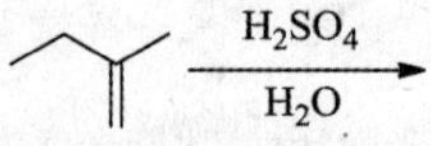 $\xrightarrow[H_2O]{H_2SO_4}$

14.32　(a)、(b)两种烯烃在 H_2/Pd 的反应条件下,哪个能高效地得到 cis-萘烷?

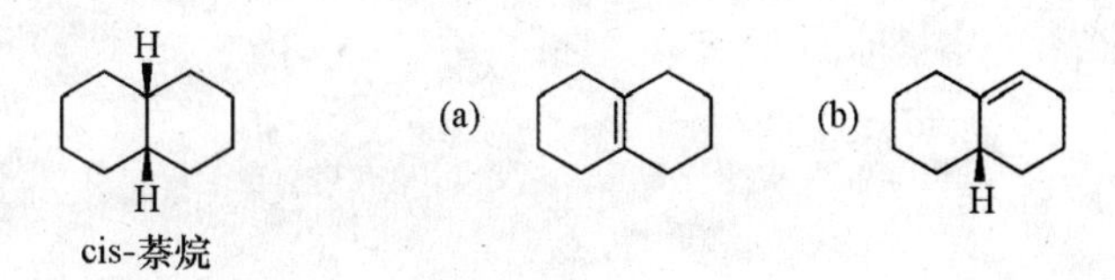

14.33 画出下列反应产物的所有立体异构体,该反应能否作为一种有效的合成方法?

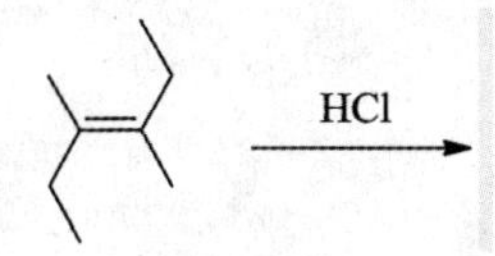

14.34 解释下列反应的产物为什么不能使平面偏振光发生偏转?

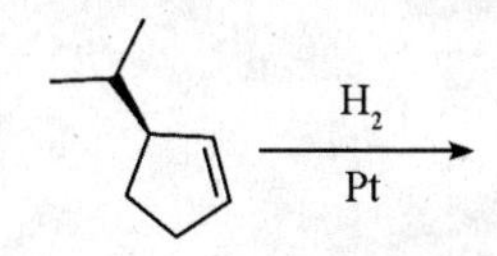

14.35 用乙二胺和 Br^- 作为配体,画出 Co(Ⅲ)的八面体配合物阳离子,其中配离子带一个正电荷,且该配合物具有手性。画出该配合物的立体结构和它的非对映异构体的立体结构。

14.36 画出 $[CoCl_2(en)(NH_3)_2]^+$ 的所有立体异构体,哪些异构体是手性的?($en = H_2NCH_2CH_2NH_2$)

第 15 章　卤代烷烃、醇、胺及相关化合物

15.1　基本知识

卤代烷烃

卤素与 sp^3 杂化的 C 原子相连形成的化合物叫做卤代烷烃，用 R－X 来表示，X 为 F、Cl、Br、I。

$$R - \ddot{\underset{..}{X}}:$$

在众多的卤代烷烃中，氯氟烃（CFCs，氟利昂）是人们所熟知的。氯氟烃无毒，无味，不可燃且无腐蚀性。最初的时候，氯氟烃被认为是胺、SO_2 等冰箱制冷剂的理想替代品，其中使用最广的是 $CClF_3$（氟利昂－11）和 CCl_2F_2（氟利昂－12）。此外，CFCs 还常被用作工业清洁剂、除臭剂和油漆喷涂剂。直到 1974 年，人们才发现 CFCs 会破坏地球的大气臭氧层。臭氧层很好地为地球阻挡了从太阳发出的短波紫外线辐射，而这类辐射的增加将引发皮肤癌以及各种潜在的灾难性环境污染。1987 年，联合国同意淘汰 CFCs，继而使用对臭氧层破坏小的氢氟烃（HFCs）作为替代物。

醇

在有机化学和生物化学当中，醇都是一类非常重要的化合物。醇能够与烯烃、卤代烷、醛、酮、羧酸和酯相互转化，因此，醇在有机官能团的相互转换过程中扮演了中心角色。

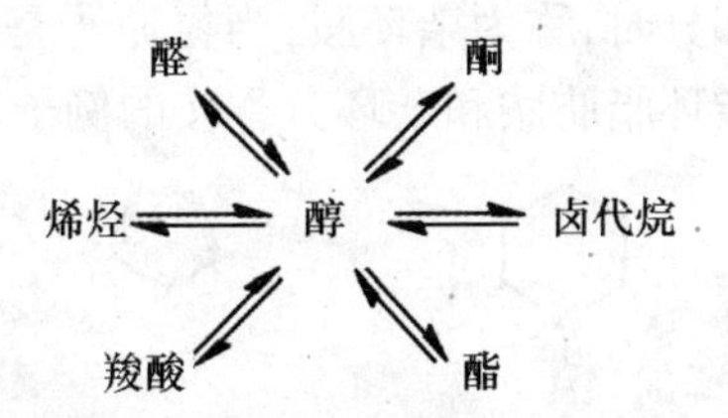

醇官能团是与一个 sp^3 杂化的碳连接形成键的羟基－OH。羟基氧也是 sp^3 杂化，其中两个 sp^3 杂化轨道分别与碳和氢形成 σ 键，另外两个 sp^3 杂化轨道分别带有一对孤对电子。图 15.1 给出了最简单的甲醇（CH_3OH）的路易斯酸（Lewis）结构和球棍模型结构。

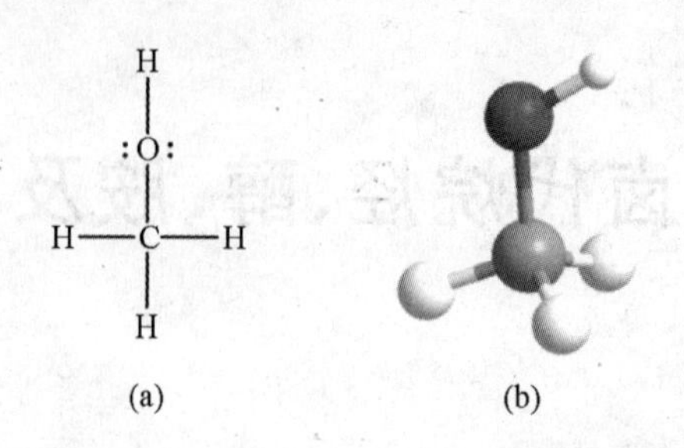

图 15.1 甲醇的路易斯酸结构和球棍模型结构

胺

胺是氨的衍生物,可以认为是它用烷基或芳基取代氨中的一个或多个氢原子而得到的。根据氨的氢原子被取代的数目,胺被分为伯胺(一级胺,1°)、仲胺(二级胺,2°)、叔胺(三级胺,3°)。值得注意的是,这里提到的一级、二级、三级代表氮原子被取代的程度,并非是指与氮成键的碳原子(与卤代烷和醇的提法不一样)。

NH_3	$CH_3—NH_2$	$CH_3—NH(CH_3)$	$CH_3—N(CH_3)—CH_3$
氨	甲胺	二甲基胺	三甲基胺
	一级胺	二级胺	三级胺

胺还可以进一步分为脂肪胺和芳香胺,脂肪胺是指烷基碳直接与氮成键,芳香胺是指一个或多个芳基直接与氮成键。

$C_6H_5—NH_2$	$C_6H_5—NH—CH_3$	$C_6H_5—CH_2—N(CH_3)_2$
苯胺	N-甲基苯胺	苄基二甲基胺
一级芳香胺	二级芳香胺	三级脂肪胺

当胺中氮原子是环组成部分时,称为杂环胺;当氮原子是芳香环的组成部分时,称为杂环芳香胺。下面给出了两个杂环脂肪胺和杂环芳香胺的例子。

杂环脂肪胺　　杂环芳香胺

15.2 命　名

卤代烷烃的命名

卤代烷烃的普通命名法用相应的烃作为母体,称为卤(代)某烷,或看做是烷基的卤代物,称为某基卤。英文名称是在基团名称之后加上氟化物(fluoride)、氯化物(chloride)、溴化物(bromide)或碘化物(iodide)等后缀。系统命名法中,将相应的烃作为母体,卤原子作为取代基。命名的基本原则、方法与一般烃类的相同。英文中卤代基分别为:fluoro -、chloro -、bromo - 和 iodo -。

如果分子中含有其他的基团(如双键、醇、醛、酮、羧酸等),则卤素应被看做是取代基。如:

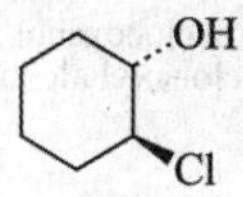

OH / Cl　反-2-氯-环己醇　*trans*-2-chlorocyclohexanol

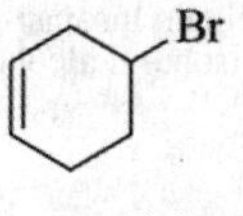

Br　4-溴-环己烯　4-bromocyclohexene

甲烷被一个或多个卤原子取代后形成的化合物,有它们的常用名,如 $CHCl_3$ 叫做氯仿。一般而言,CHX_3 就叫做卤仿,CH_3CCl_3 叫做甲基氯仿。

示例 15.1　命名下列化合物

(a) 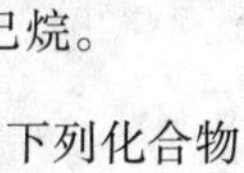 Br　(b) Br　(c) H Br

分析及解答:

(a)1 - 溴 - 2 - 甲基丙烷(异丁基溴)。

(b)(*E*) - 4 - 溴 - 3 - 甲基 - 2 - 戊烯。

(c)(*S*) - 2 - 溴 - 正己烷。

思考题 15.1　命名下列化合物

(a) 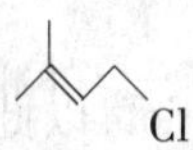 Cl　(b) 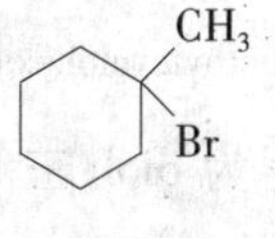 CH_3 Br　(c) 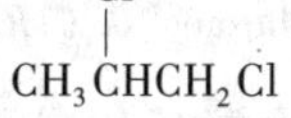 Cl CH_3CHCH_2Cl　(d) 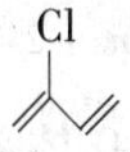 Cl

醇的命名

在第 1 章,我们介绍了 IUPAC 的基本命名规则。在此为了方便记忆,简要介绍醇的命名。除了以下几点,醇的命名与烷烃的命名基本一致。

(1)选择含羟基最长的碳链作为主链。从靠近羟基的碳原子一端开始,依次给主链碳原子编号。同时,羟基的位置优先于烷基和卤原子。

(2)英文命名是用词尾 ol 代替烷烃中词尾 ane 中的 e,用数字标记羟基的位置。词尾 ol 表示此化合物是醇类化合物。命名含环烷烃的醇类化合物时,从带羟基的碳开始。

(3)给取代基命名和编号,按字母顺序排列。

按和羟基相连的烷基的普通名称命名,即在烷基后面加一个醇字,英文加 alcohol。下面给出了八个低摩尔质量醇的 IUPAC 命名和普通命名(括号所示)例子。

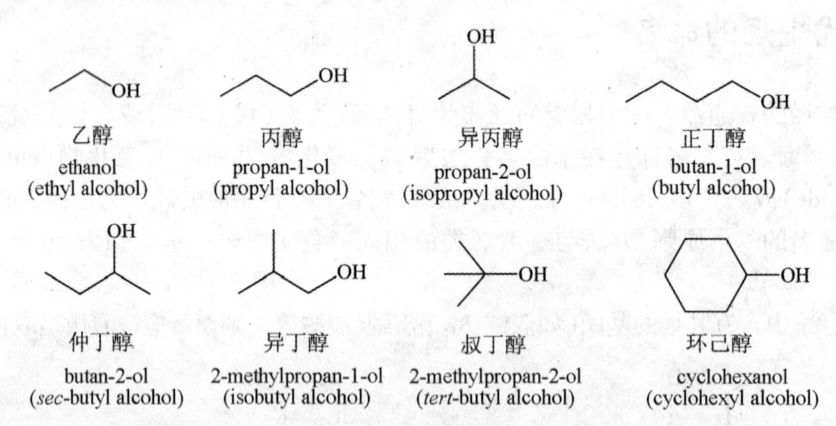

示例 15.2　(1)醇的命名

用 IUPAC 规则给下列醇命名。

(a) $CH_3(CH_2)_6CH_2OH$　　(b) 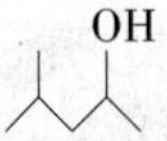 OH　　(c) 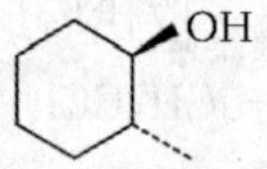 OH

分析:命名的一个总体策略是首先画出结构式,确认主要的官能团(这里是羟基),然后从离官能团最近的碳开始编号,最后确定所有其他取代基。在这个例子中,化合物是醇,命名将以醇(ol)结尾。化合物(a)来源于一个不含取代基的烷烃,因此只需要确定是什么烷烃以及羟基的位置。化合物(b)主链倒数第二个碳带有一个侧链,羟基在主链第二个碳位置。化合物(c)结构比较复杂,是一个环烷烃的醇,所以从与羟基成键的碳开始编号,第二位碳上连有相对于羟基呈反式构型的甲基。需要指出相对构型、取代基的位置,更准确地说,应使用(R,S)体系确定两个手性中心的绝对构型。

解答:

(a)正辛醇(octan-1-ol);

(b)4-甲基-2-戊醇(4-methylpentan-2-ol);

(c)反-2-甲基环己醇 或者 (1*R*,2*R*)-2-甲基环己醇,即

trans-2-methylcyclohexanol or (1*R*,2*R*)-2-methylcyclohexanol)。

IUPAC 体系中,含两个羟基的二元醇的词尾为 diol,三元醇的为 triol,以此类推。命名时便于发音,保留烷烃名称词尾中的 e,如乙二醇(ethane-1,2-diol)。

与许多有机化合物一样,二醇和三醇的普通命名法也被保留。相邻碳上各带一个羟基的化合物归为 1,2-乙二醇类化合物,如用乙烯和丙烯分别合成得到乙二醇、丙二醇,下面给出这些化合物的普通名称。

根据羟基是否与伯碳、仲碳或叔碳相连,将醇分为一级醇(1°)、二级醇(2°)或者三级醇(3°)。

示例 15.3　根据一级醇、二级醇、三级醇的定义,对下面的醇进行分类。

(a) 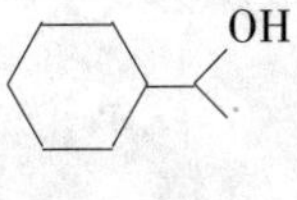 OH　(b) 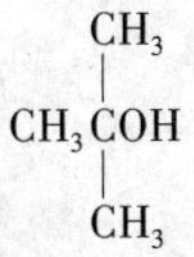 CH_3 CH_3COH CH_3　(c) 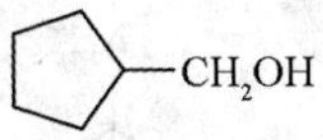 CH_2OH

分析:确定醇是一级醇、二级醇还是三级醇,关键是确认与羟基成键的碳原子:计算与此碳原子成键的烷基数目。如果只有一个烷基,归为一级醇;有两个烷基,归为二级醇;有三个烷基,归为三级醇。另一种方法是考虑此碳上氢原子数目:两个氢原子为一级醇,一个氢原子为二级醇,没有氢原子为三级醇。

解答:

(a)为二级醇;

(b)为三级醇;

(c)为一级醇。

思考题 15.2　按一级醇、二级醇或三级醇给下面的醇分类。

(a) 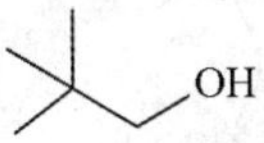 OH　(b) 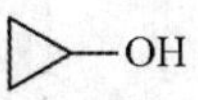 OH　(c) CH_2=$CHCH_2OH$　(d) 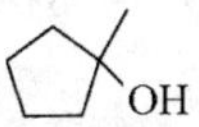 OH

胺的命名

脂肪胺的系统命名规则与醇一致。中文名称用胺代替醇,写在烃基名称后面,烃基按第一个字母顺序先后列出。英文命名中用 -amine 作后缀。

示例 15.4　用 IUPAC 命名法给下列胺命名

$H_2N(CH_2)_6NH_2$　NH_2　NH_2

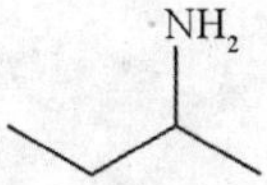

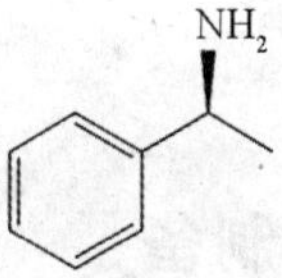

分析:选择含氮最长的碳链作为母体,称为某胺,氮上其他烃基作为取代基,并用 N 定其位。比较复杂的胺以烃作为母体,氨或取代氨基作取代基命名。

解答:

(a)1,4 - 己二胺;

(b)1 - 甲基丙胺;

(c)(*R*) - 1 - 苯基 - 1 - 氨基 - 乙烷。

思考题 15.3　根据名称画出下列胺的结构式

(a)异丁基胺　(b)环己胺　(c)(*R*) - 2 - 氨基丁烷

IUPAC 命名法保留了 $C_6H_5NH_2$ 的普通名称——苯胺,它一种最简单的芳香胺。苯胺衍生物的命名即在取代基前加邻(*o* -)、间(*m* -)、对(*p* -)或者数字。现在许多苯胺衍生物的通用名称仍被广泛应用,如甲基取代的苯胺称作甲苯胺,甲氧基取代的苯胺称作甲氧基苯胺,等等。苯胺类化合物英文名用 aniline 作后缀。

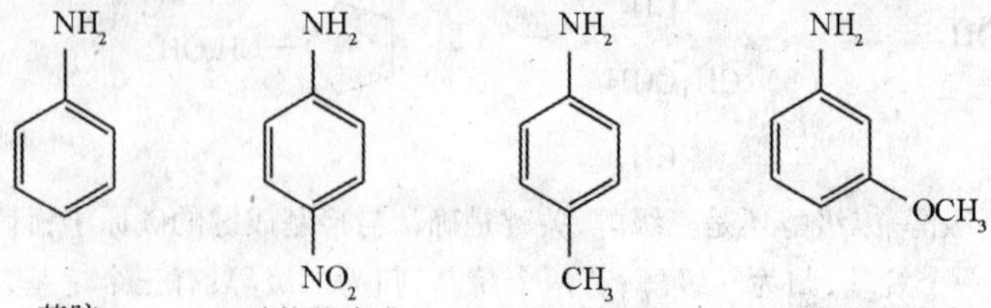

NH2 NH2 NH2 NH2

NO2 CH3 OCH3

苯胺　4-硝基苯胺或对硝基苯胺　4-甲基苯胺或对甲基苯胺　3-甲氧基苯胺或甲氧基苯胺

aniline　4-nitroaniline　4-methylaniline　3-methoxyaniline

仲胺和叔胺一般命名为 N－取代的伯胺。不对称胺以最大的基团作为母体胺,以较小的基团作为取代基,同时在取代基前加前缀 N－表明其位置(注意,无论是最大基团还是较小基团,都必须与氨基氮成键)。

NHCH3　CH3 N CH3

N-甲基苯胺　*N,N*-二甲基环戊基胺

N-methglaniline　*N,N*-dimethglcyclopentanamine

在这一节我们讨论的各种各样的官能团当中,$-NH_2$ 官能团是最后一个考虑的官能团。当化合物含有比氨基优先命名的官能团时,$-NH_2$ 官能团一般作为取代基。

15.3　卤代烷烃、醇、胺的制备

卤代烷烃的制备

烷烃的反应性很弱,不易被官能团化。烷烃有非常强的 σ 键,C 的电负性与 H 相近,σ 电子在 C 和 H 之间的分布是均等的。这样 C—H 之间不会形成偶极子,发生亲电反应或亲核反应的可能性很小。但是,烷烃在较剧烈的条件下能发生氧化反应,生成 CO_2 和 H_2O,也能发生卤化反应。烷烃中的氢原子被卤素原子取代的反应称为卤化反应(halogenation),常用的卤化反应是氯化和溴化。

Cl_2 和 CH_4 气体室温下混合,在无强光的条件下没有任何反应发生。但是如果将体系加热或者在光线的作用下,就会发生反应,释放出热量,得到一氯甲烷(CH_3Cl)和 HCl。假设 Cl_2 过量,一氯甲烷会继续反应,得到二氯甲烷(CH_2Cl_2)和三氯甲烷($CHCl_3$)、四氯甲烷(CCl_4)的混合物。

$$CH_4 + Cl_2 \xrightarrow{\text{光或热}} CH_3Cl + HCl$$

$$CH_3Cl + Cl_2 \xrightarrow{\text{光或热}} CH_2Cl_2 + HCl$$

$$CH_2Cl_2 + Cl_2 \xrightarrow{\text{光或热}} CHCl_3 + HCl$$

$$CHCl_3 + Cl_2 \xrightarrow{\text{光或热}} CCl_4 + HCl$$

剧烈的反应条件使得反应不易控制，只有在甲烷非常过量的情况下才能得到单一取代的产物。该反应为自由基机理，分为三步：链引发、链转移、链终止。以甲烷的氯化为例来说明这个反应机理。

$$CH_4 + Cl_2 \xrightarrow{\text{光或热}} CH_3Cl + HCl$$

链引发

在高温或光照下，Cl—Cl 键发生均裂，形成两个核外有未成对电子的 Cl 原子（2Cl·），

$$Cl—Cl \xrightarrow{\text{光或热}} 2Cl\cdot$$

这种含有未成对电子的原子或原子团叫做自由基（radicals），这个反应叫做自由基取代反应。

链转移

机理的第二步是自由基的转移。第一步中形成的 Cl·反应活性很高，能从其他分子上夺取 H 原子以形成稳定的核外电子结构。在甲烷的氯化中，Cl·与甲烷反应，释放出 HCl（用单电子转移箭头来表示电子的移动），同时生成甲基自由基·CH_3。·CH_3 从 Cl_2 处再夺取一个 Cl 原子，如此循环反复。这个过程称作链式反应。

$$Cl\cdot + H-CH_3 \longrightarrow Cl-H + \cdot CH_3$$

$$H_3C\cdot + Cl-Cl \longrightarrow CH_3-Cl + \cdot Cl$$

均裂得到的少量自由基在这一步中会与大量的 CH_4 反应得到 CH_3Cl。

链终止

两个自由基互相碰撞后自由基消失，反应结束，称作链终止。需要注意的是，自由基互相碰撞的几率小于自由基与烷烃分子碰撞的几率，

$$Cl\cdot + \cdot Cl \longrightarrow Cl—Cl$$

$$H_3C\cdot + \cdot Cl \longrightarrow CH_3—Cl$$

$$H_3C\cdot + \cdot CH_3 \longrightarrow H_3C—CH_3$$

溴也能发生此类取代反应。比如，溴与乙烷反应生成溴乙烷，若反应不加控制，会得到与二溴乙烷和三溴乙烷的混合物。

$$CH_3CH_3 + Br_2 \xrightarrow{\text{光或热}} CH_3CH_2Br + HBr$$

虽然其他卤素都能与烷烃发生卤代反应，但真正有实用价值的只有氯化和溴化。比如 F_2，它与烷烃反应时剧烈放热（C－F 健非常强），不易控制反应条件。而 I_2 与烷烃反应吸热且链引发过程需要较高能量，所以碘化反应不易发生。

当烷烃与卤素发生卤代反应时，几乎能得到各种卤代产物。例如，2－甲基正丁烷与 Cl_2 在 300℃反应可得到四种混合的产物：

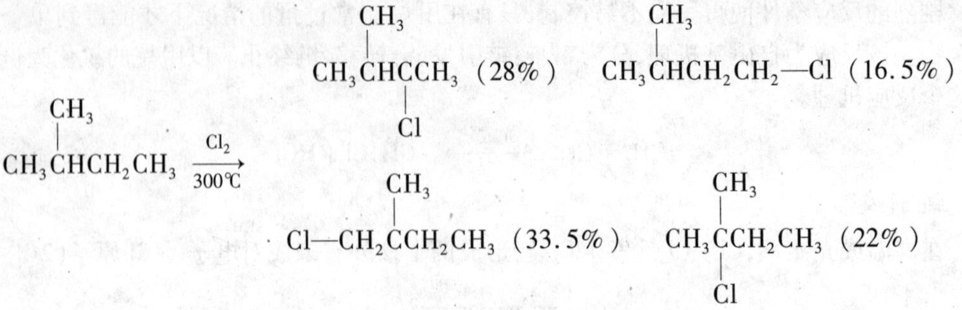

$$CH_3CH(CH_3)CH_2CH_3 \xrightarrow[300℃]{Cl_2} CH_3CH(CH_3)CHClCH_3\ (28\%) + CH_3CH(CH_3)CH_2CH_2—Cl\ (16.5\%) + Cl—CH_2CH(CH_3)CH_2CH_3\ (33.5\%) + CH_3CCl(CH_3)CH_2CH_3\ (22\%)$$

这并不是各类型C—H键反应活性的统计学分布。2-甲基正丁烷分子中含有9个甲基—CH_3上的C—H键,2个亚甲基—CH_2—上的C—H键,以及1个次甲基—CH—上的C—H键,因此各类型C—H键所占比例分别为:75%、16.7%和8.3%。由此可见,一些类型的C—H键比其他C—H键更易发生卤化反应。反应产物的比例与C—H键的数量和生成自由基的稳定性有关。在氯化反应中,三级(3°)C—H键的反应活性是一级(1°)C—H键的4倍,二级(2°)C—H是一级(1°)C—H的2.5倍。这种趋势随着自由基的稳定程度而变化。虽然Cl·和Br·的反应能力不同,但不同碳自由基的稳定性也会影响反应的产物。自由基越稳定,表明形成它的过渡态越稳定,自由基越易形成。因此,从2°C上移走一个H原子比从1°C上移走更容易,而3°C自由基又比2°C自由基更稳定。其他自由基,特别是含有杂原子的自由基(比如苯酚形成的自由基),更加稳定,常用作自由基捕捉剂,防止更加活拨的自由基生成。

示例15.5 写出下列自由基取代反应的产物,并对产物命名(毋需考虑立体化学,假设都是单取代反应)。

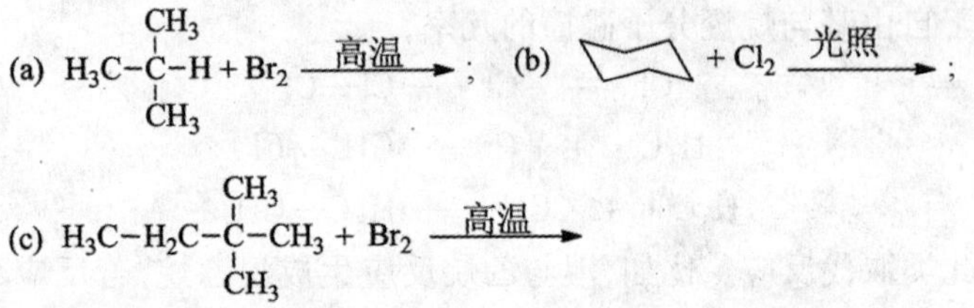

(a) $H_3C—C(CH_3)_2—H + Br_2 \xrightarrow{高温}$; (b) 环己烷 $+ Cl_2 \xrightarrow{光照}$;

(c) $H_3C—H_2C—C(CH_3)_2—CH_3 + Br_2 \xrightarrow{高温}$

分析与解答:

(a) $H_3C—C(CH_3)_2—Br$ + $H_3C—CH(CH_3)—CH_2Br$;

2-溴-2-甲基丙烷　　1-溴-2-甲基丙烷

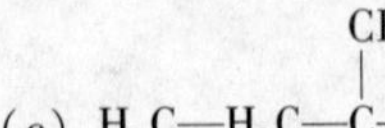

(b) 环己基—Cl 氯代环己烷

(c) $H_3C—H_2C—C(CH_3)_2—CH_2Br$ + $H_3C—CHBr—C(CH_3)_2—CH_3$ + $BrH_2C—H_2C—C(CH_3)_2—CH_3$

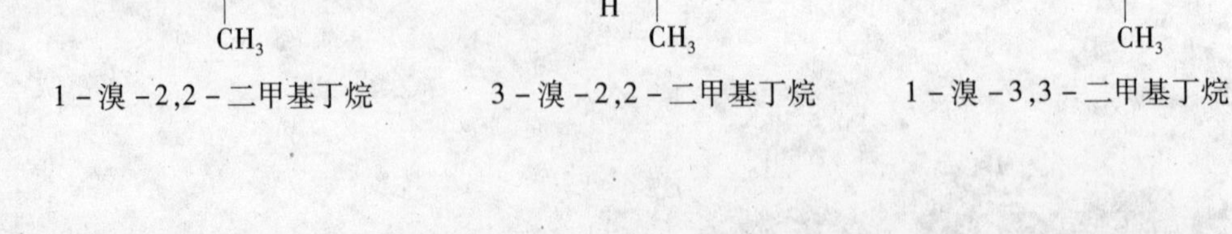

1-溴-2,2-二甲基丁烷　　3-溴-2,2-二甲基丁烷　　1-溴-3,3-二甲基丁烷

思考题 15.4　给出下列反应的产物和产物的命名(不需考虑立体化学,假设都是单取代反应)。

(a) $CH_4 + Br_2 \xrightarrow{\text{高温}}$；　(b) $CH_3CH_3 + Cl_2 \xrightarrow{\text{光照}}$；　(c) $H_3C—C(CH_3)_2—CH_3 + Br_2 \xrightarrow{\text{高温}}$

醇的制备

许多官能团都可转化成醇,在这里将简要讨论其中一部分反应。乙醇是最重要的一种醇。某些国家采用糖的发酵法生产乙醇。糖主要有两种来源:甘蔗和谷物。甘蔗和糖蜜(制糖工业的一种副产品)中的糖可以直接转变成乙醇;而谷物的主要成分是淀粉,因此要制备乙醇,必须先将淀粉水解成可发酵的糖。

工业上,一般是在酸性催化剂作用下通过气相水合制备乙醇。

$$CH_2═CH_2 + H_2O \xrightarrow[\text{催化剂}]{\text{酸}} CH_3CH_2OH$$

烯烃制备醇

在酸催化烯烃水合制备醇的方法中,当烯烃为不对称取代时,水的加成遵循马尔科夫尼科夫(Markovnikov's rule)规则(氢原子加在含氢较多的双键碳原子上)。

正丁烯 $\xrightarrow[H_2SO_4]{H_2O}$ 丁烷-2-醇　　1-甲基-1-环己烯 $\xrightarrow[H_2SO_4]{H_2O}$ 1-甲基环己醇

卤代烷制备醇

水或氢氧根离子与卤代烷发生亲核取代反应得到醇。

三级卤代烷可以和水反应生成醇。

$$(CH_3)_3C—Br + H_2O \rightleftharpoons (CH_3)_3C—OH + HBr$$

而二级醇和一级醇最好是通过氢氧根离子反应来制备。

1-溴-2-甲基丙烷 $\xrightarrow[25℃]{\text{稀}NaOH}$ 2-甲基丙烷-1-醇

羰基还原制备醇

羰基还原得到醇的方法中,最常用的还原剂为金属氢化物,如硼氢化钠($NaBH_4$)、氢化铝锂($LiAlH_4$),可将醛还原生成一级醇,将酮还原生成二级醇。

丁醛 $\xrightarrow[2.H_3O^+]{1.NaBH_4}$ 丁烷-1-醇(85%)　　2-环己烯-1-酮 $\xrightarrow[2.H_3O^+]{1.LiAlH_4}$ 2-环己烯醇

将羧酸和酯还原生成一级醇需要更强的还原剂,如氢化铝锂($LiAlH_4$)。

$$CH_3(CH_2)_7CH{=}CH(CH_2)_7COOH \xrightarrow[2.H_3O^+]{1.LiAlH_4} CH_3(CH_2)_7CH{=}CH(CH_2)_7CH_2OH$$

油酸 油醇(87%)

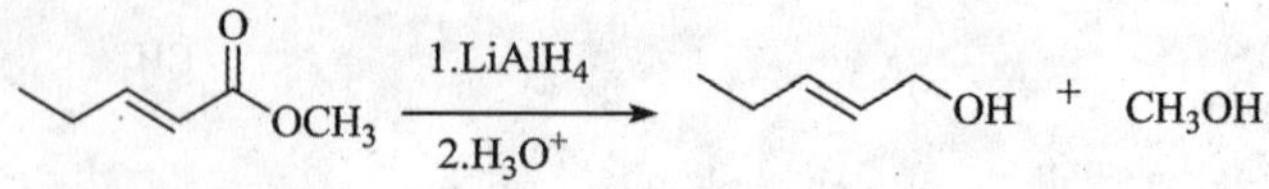

2-戊烯酸甲酯 $\xrightarrow[2.H_3O^+]{1.LiAlH_4}$ 戊烷-2-烯-1-醇(91%) + CH_3OH

羰基与格氏试剂加成制备醇

羰基和格氏试剂发生加成反应制备醇。醛与格氏试剂反应生成二级醇(甲醛例外,生成一级醇),而酮则生成三级醇。

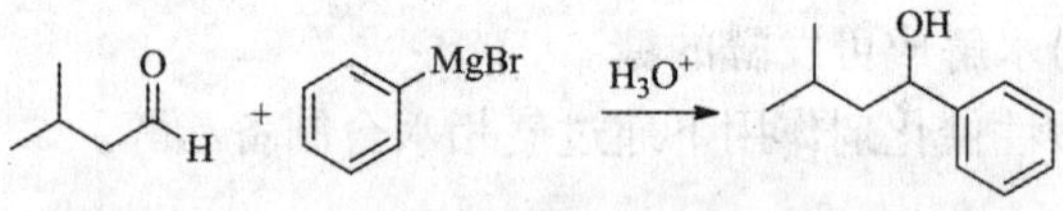

3-甲基丁醛 + 苯基溴化镁 $\xrightarrow{H_3O^+}$ 3-甲基-1-苯基丁醇(73%)(二级醇)

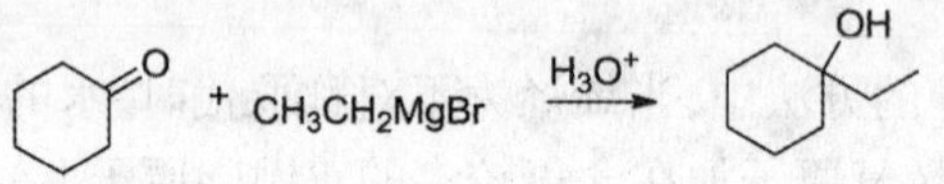

环已酮 + CH_3CH_2MgBr(乙基溴化镁) $\xrightarrow{H_3O^+}$ 1-乙基环已醇(89%)(三级醇)

酯与格氏试剂反应生成三级醇的反应中,酯分子与格氏试剂的用量比为1∶2。

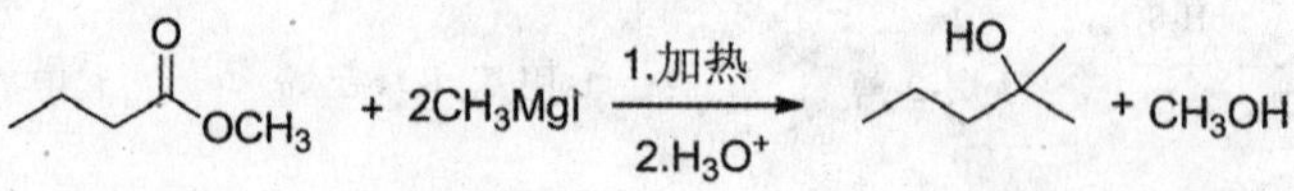

丁酸甲酯 + $2CH_3MgI$(甲基碘化镁) $\xrightarrow[2.H_3O^+]{1.加热}$ 2-甲基戊烷-2-醇 + CH_3OH

胺的制备

胺的制备方法有很多种,所用的起始原料范围很广。下面介绍最常用的方法。

卤代烷制备胺

鉴于氨(NH_3)是一种好的亲核试剂,可以用它与卤代烷反应制备胺。

$$CH_3CH_2CH_2Br + NH_3 \longrightarrow CH_3CH_2CH_2NH_3^+ + Br^-$$

注意电荷平衡(反应式两边总电荷都为零),烷基铵盐与强碱(NaOH)反应生成胺。

$$CH_3CH_2CH_2NH_3^+ + HO^- \longrightarrow CH_3CH_2CH_2NH_2 + H_2O$$

用氨制备一级胺存在的问题是,这些一级胺本身就是一种活泼的亲核试剂,因此可以进一步反应生成二级胺甚至三级胺。总之,最后得到的是1°、2°、3°胺的混合物。

$$CH_3CH_2CH_2Br + CH_3CH_2CH_2NH_2 \longrightarrow (CH_3CH_2CH_2)_2NH_2^+ + Br^-$$

一级胺可用叠氮离子(N_3^-)或邻苯二甲酰亚胺离子作为亲核试剂经过两步反应制备,在这种条件下不能得到二级胺或三级胺。

$$CH_3CH_2CH_2Br + N_3^- \longrightarrow CH_3CH_2CH_2N_3 + Br^-$$

$$CH_3CH_2CH_2N_3 \xrightarrow[Pd/C]{H_2} CH_3CH_2CH_2NH_2 + N_2$$

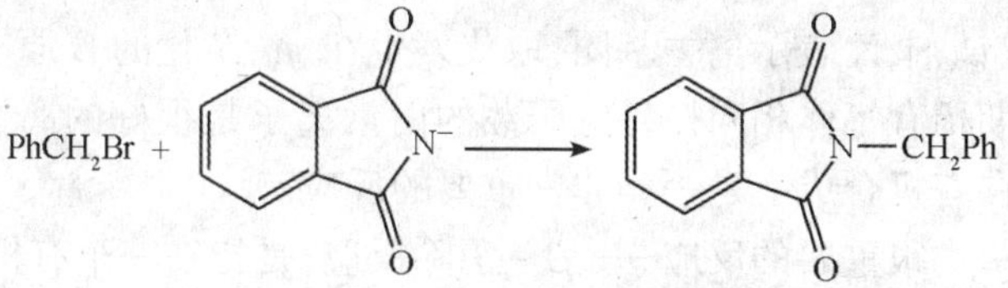

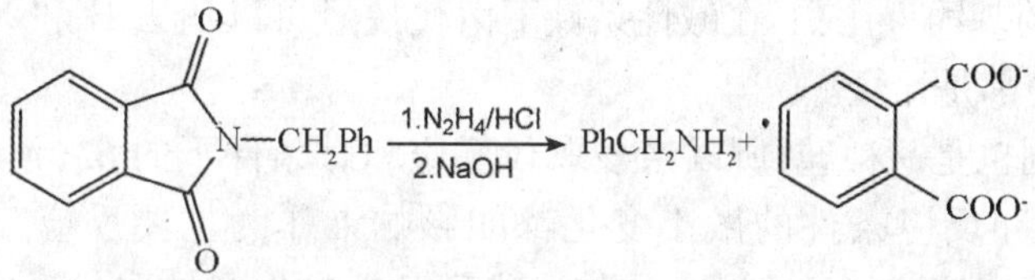

$$PhCH_2Br + \text{(邻苯二甲酰亚胺负离子)} \longrightarrow \text{N—}CH_2Ph\text{（N-苄基邻苯二甲酰亚胺）}$$

$$\text{N-苄基邻苯二甲酰亚胺} \xrightarrow[2.NaOH]{1.N_2H_4/HCl} PhCH_2NH_2 + \text{邻苯二甲酸根}(COO^-)_2$$

芳香胺的合成——硝基还原

硝化反应能够在芳环上引入硝基（$-NO_2$）。硝基在过渡金属（镍、钯、铂）催化下加氢可以还原成氨基。

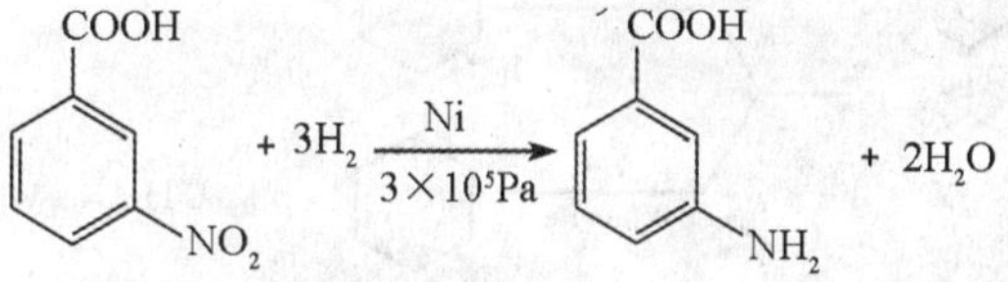

$$\text{间硝基苯甲酸}(COOH, NO_2) + 3H_2 \xrightarrow[3\times10^5Pa]{Ni} \text{间氨基苯甲酸}(COOH, NH_2) + 2H_2O$$

这种方法的弊端是一些比较脆弱的官能团，如碳碳双键、醛酮羰基也可以被还原。但羧酸（$-COOH$）和芳香环在这种条件下不被还原。

另一种方法是在酸性条件下用金属和无机酸还原硝基制备一级胺。

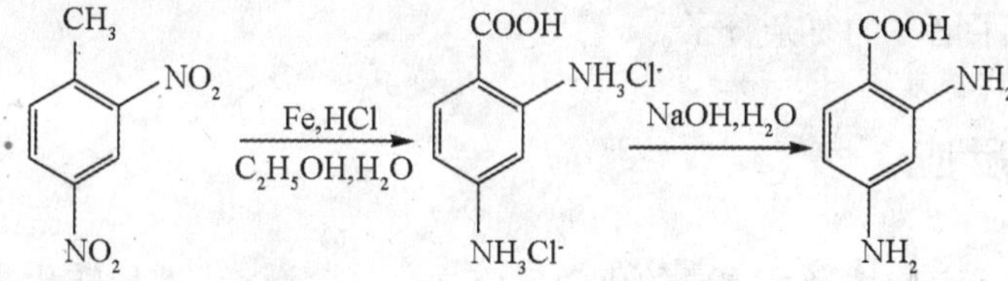

$$\text{(}CH_3, NO_2, NO_2\text{)} \xrightarrow[C_2H_5OH,H_2O]{Fe,HCl} \text{(}COOH, NH_3Cl^-, NH_3Cl^-\text{)} \xrightarrow{NaOH,H_2O} \text{(}COOH, NH_2, NH_2\text{)}$$

最常用的金属还原剂包括铁、锌、锡，用稀盐酸作为反应介质。用此方法首先得到的是铵盐，还需要用强碱除去质子，最终得到胺。

制备胺的方法有很多，包括醛和酮的还原胺化、酰胺的还原或水解。

15.4　卤代烷烃的化学反应

卤代烷烃在构建复杂有机分子时有重要的作用，这是因为 C—X 键易于被负电基团进攻，这种负电基团称作亲核试剂（nucleophiles）。亲核试剂带有一对未共用的电子，能与另一个原子或离子形成新的共价键，因此亲核试剂也叫做路易斯碱（Lewis base）。有机化合物分子中的原子或原子团被亲核试剂取代的反应称为亲核取代反应（nucleophilic substitution)。反应的一般式如下：

$$Nu{:}^{-} + -\overset{|}{\underset{|}{C}}-X \xrightarrow{\text{亲核取代}} -\overset{|}{\underset{|}{C}}-Nu + {:}X^{-}$$

其中 $Nu{:}^{-}$ 表示亲核试剂,X 表示离去基团,取代发生在 sp^3 杂化的 C 原子上。

具有与它同周期稀有气体相同核外电子数的卤素离子是很好的离去基团,因此卤代烷烃的亲核取代反应在有机合成上是一类非常重要的反应。

卤代烷烃还有一类很重要的反应——β－消除反应,是指在一个有机分子中消去连在两个相邻 C 原子上的基团。比如,在碱性条件下卤代烷烃可以消去 H 和 X,醇可以消去 H 和 －OH,两者的产物都是烯烃。

因为亲核试剂也是一种碱,所以亲核取代反应和碱条件下的 β－消除反应是一对竞争反应,反应物结构和反应条件的微小变化都能影响谁作为主要反应。比如,乙氧基离子($CH_3CH_2O^-$)既是亲核试剂又是碱。它与溴代环己烷发生亲核取代反应时作为亲核试剂,得到乙氧基环己烷;而与溴代环己烷发生 β－消除反应时作为碱,得到环己烯和乙醇,如下图所示：

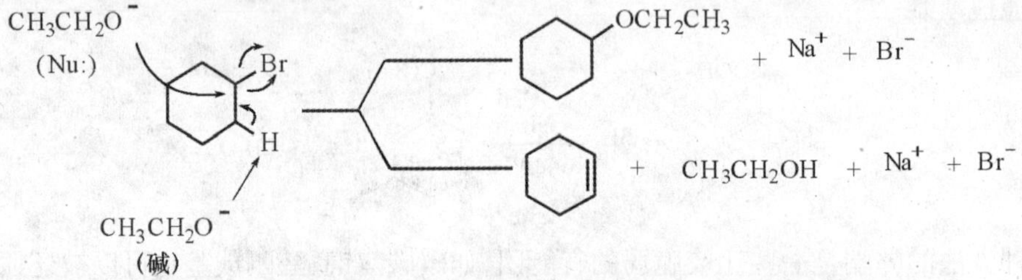

$CH_3CH_2O^-$ (Nu:) + 溴代环己烷 → 乙氧基环己烷(OCH_2CH_3) + Na^+ + Br^-

$CH_3CH_2O^-$ (碱) + 溴代环己烷 → 环己烯 + CH_3CH_2OH + Na^+ + Br^-

亲核取代反应和 β－消除反应能将卤代烷烃转化为其他的官能团,比如醇、醚、硫醇、砜、胺、腈、烯和炔,含有这些官能团的化合物是医药、化工、材料工业的重要物质。化学家运用这两个反应合成了诸多的复杂分子。

亲核取代反应

亲核取代反应是卤代烷烃最重要的化学反应之一,能将卤代烷烃转化为许多新的官能团,如表 15.1 所示。

$$Nu^- + CH_3X \longrightarrow CH_3Nu + X^-$$

注意：不是所有的 $Nu{:}^{-}$ 都带负电荷;如果亲核试剂是 OH^- 和 RS^- 等带负电荷的离子,产物则为电中性的;如果亲核试剂是中性的,如 NH_3 和 CH_3OH 等,产物为电正性的。进行质子转移后,就能得到中性的取代产物。

表 15.1　一些重要的亲核取代反应

亲核试剂 Nu^-	产物	形成的化合物种类
OH^-	CH_3OH	醇
RO^-	CH_3OR	醚
HS^-	CH_3SH	硫醇
RS^-	CH_3SR	硫醚
I^-	CH_3I	碘代烷烃
NH_3	$CH_3NH_3^+$	烷基胺正离子
HOH	CH_3HOH^+	醇(质子转移后)
CH_3OH	$H_3C\overset{+}{O}(H)—CH_3$	醚(质子转移后)

示例 15.6　完成下列亲核取代反应

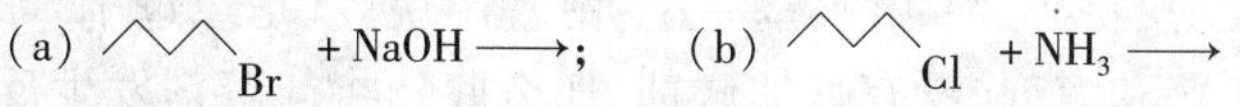

(a) Br + NaOH ⟶；　(b) Cl + NH_3 ⟶

分析及解答：

(a) Br + NaOH ⟶ OH + NaBr；　(b) Cl + NH_3 ⟶ $\overset{+}{N}H_3Cl^-$

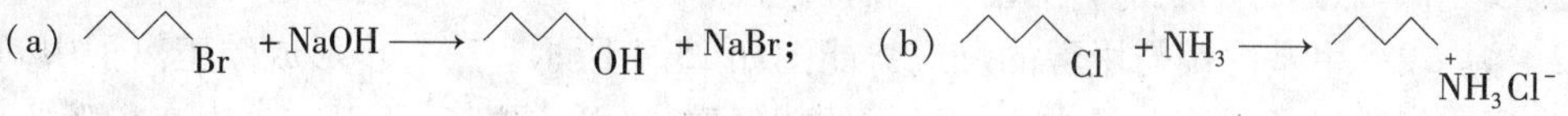

思考题 15.5　完成下列亲核取代反应

(a) —Br + $CH_3CH_2S^-Na^+$ ⟶；　(b) —Br + $CH_3\overset{O}{\overset{\|}{C}}O^-Na^+$ ⟶

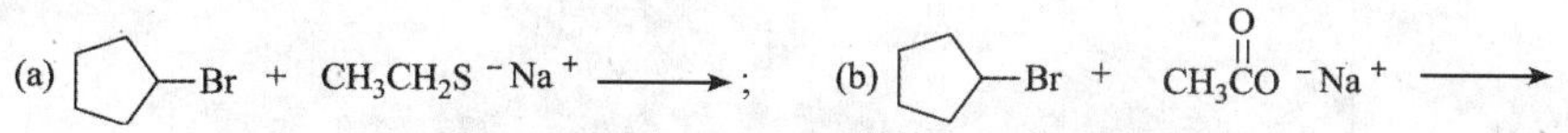

基于大量实验，科学家们提出了亲核取代反应可能存在的两种机理，两者的不同之处在于：中心碳－离去基团之间化学键的断裂是否与中心碳－亲核试剂之间化学键的形成同步发生。

S_N2 反应机理

在第一种机理中，键的断裂和键的形成是同步过程，即亲核试剂的进攻伴随着离去基团的离去，一般用 S_N2 来表示这种机理。其中，S 表示取代反应，N 表示亲核，2 表示双分子反应。双分子反应是指有两种分子参与了反应决速步中的过渡态。S_N2 是指卤代烷烃和亲核试剂参与了取代反应的决速步骤，影响了反应的速率方程：

$$反应速率 = k[卤代烷烃][亲核试剂]$$

如图 15.2 所示是 OH^- 进攻溴甲烷生成甲醇和 Br^- 的 S_N2 反应。亲核试剂从离去基团的背面进攻中心 C，立体中心完全发生翻转，得到的产物构型与起始物相反。

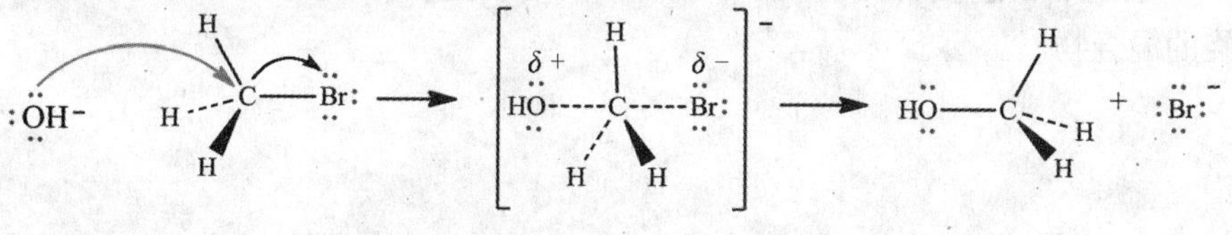

$:\ddot{O}H^-$ + $H_3C—\ddot{Br}:$ ⟶ $[\overset{\delta+}{HO}\cdots CH_3\cdots \overset{\delta-}{Br}]^-$ ⟶ $HO—CH_3$ + $:\ddot{Br}:^-$

图 15.2　亲核试剂的负离子进攻的 S_N2 反应

S_N2 反应的势能变化如图 15.3 所示，中间过渡态是没有反应性的。

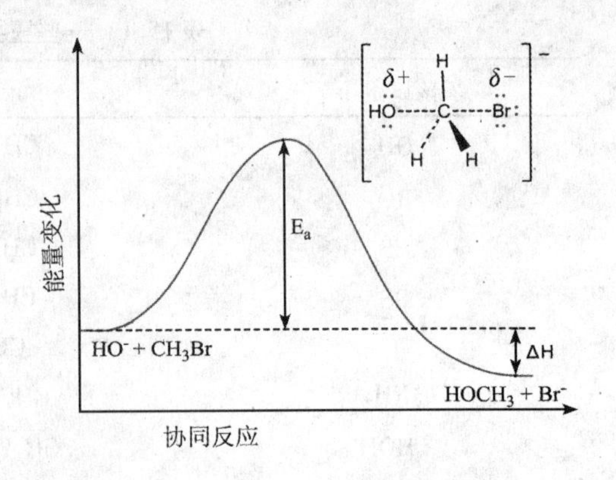

图 15.3　S_N2 反应的势能变化图

S_N1 反应机理

如果中心碳－离去基团之间化学键的断裂时间先于中心碳－亲核试剂之间化学键的形成时间，则表明反应按照 S_N1 机理进行，其中 S 表示取代反应，N 表示亲核，1 表示单分子反应。只有一种分子参与了决定反应速率关键步骤的反应叫做单分子反应。也就是说，在卤仪烷烃的亲核取代反应中，卤代烷烃决定了 S_N1 反应的速度，反应的速率方程可表示为：

$$反应速率 = k[卤代烷烃]$$

2－溴－2－甲基丙烷与甲醇反应，得到 2－甲氧基－2－甲基丙烷，就是经过了 S_N1 反应机理。如果在反应体系中只有底物和溶剂，没有另加试剂，那么底物将与溶剂发生反应，溶剂就成了试剂，这样的反应称为溶剂分解反应。

2－溴－2－甲基丙烷与甲醇的反应势能图如 15.4 所示。第一步形成碳正离子中间体，第二步形成氧鎓离子。第一步中间体形成的能量壁垒（E_{a1}）更高，所以它是决速步骤。

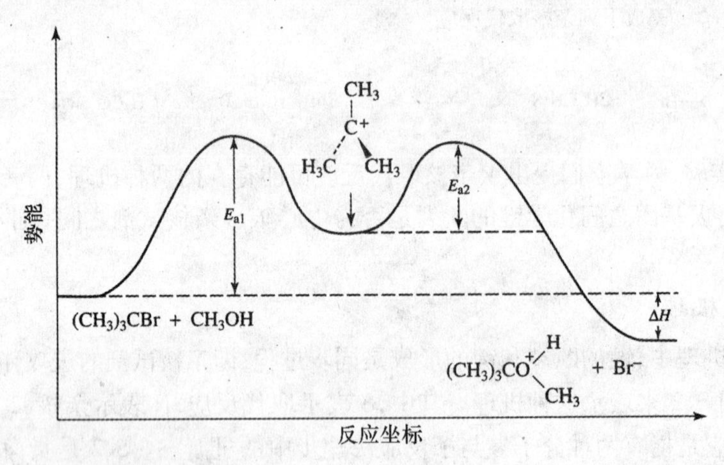

图 15.4　2－溴－2－甲基丙烷与甲醇的 S_N1 反应势能图

如果 S_N1 反应中中心碳原子是手性碳，那么得到的产物是外消旋的混合物。以下面的反应为例，底物为 *R* 构型，它所形成的碳正离子是非手性的。亲核试剂若从左面进攻，得到 *S* 型的产物；若从右面进攻，得到 *R* 型的产物。由于从左右两面进攻的几率相当，因此产物为外消旋的混合物。

（反应式：R 构型氯代物 → [碳正离子中间体] $\xrightarrow[2.去质子化]{1.CH_3OH}$ $H_3CO—C$（S）+ $C—OCH_3$（R））

R　　　　　　　　　　　　　　　　S　　R

S_N1 和 S_N2 机理的影响因素

影响 S_N1 和 S_N2 机理的因素有以下方面：亲核试剂的影响；卤代烷烃结构的影响；离去基团的影响；溶剂的影响。

亲核试剂

亲核性是动力学因素，体现的是反应快慢。在一定的条件下，根据各种亲核试剂与卤代烷烃的反应速率，可以得出其亲核性的相对强弱。例如，25℃下氨和溴乙烷在乙醇中的反应，其中氨作为亲核试剂：

$$CH_3CH_2Br + NH_3 \xrightarrow[25℃]{乙醇} CH_3CH_2NH_3^+ + Br^-$$

如表 15.2 所示是各种常见亲核试剂在此条件下的亲核性大小。亲核性越强，反应速度越快。

表 15.2　常见亲核试剂在此条件下的亲核性大小

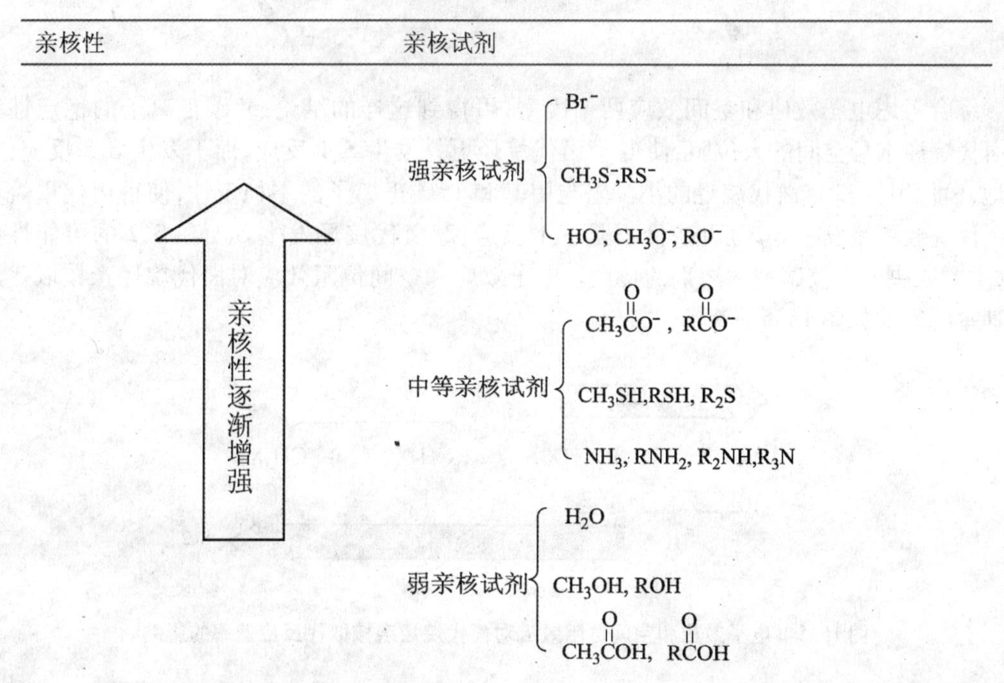

亲核性	亲核试剂
强亲核试剂	Br^-；CH_3S^-, RS^-；HO^-, CH_3O^-, RO^-
中等亲核试剂	CH_3COO^-, $RCOO^-$；CH_3SH, RSH, R_2S；NH_3, RNH_2, R_2NH, R_3N
弱亲核试剂	H_2O；CH_3OH, ROH；CH_3COOH, $RCOOH$

亲核试剂在 S_N2 中参与了反应的决速步骤,所以亲核试剂的亲核能力将影响反应的快慢;而 S_N1 的反应机理中,亲核试剂不是决速步骤的参与者,因此其亲核性的强弱与反应快慢没有必然的联系。

卤代烷烃的结构

S_N1 反应速度与碳正离子中间体的稳定性有关。反之,S_N2 反应速率与分子的大小、体积有关,因为 S_N2 反应中的过渡态稳定性与反应位点的拥挤程度关系很大。这种影响 S_N2 反应的因素称作空间效应,具体来说卤代烷烃结构对 S_N1、S_N2 的影响有以下两点:

(1)碳正离子的相对稳定性

图 13.8 中提到,3°碳正离子最稳定,形成 3°碳正离子所需的能量最低;1°碳正离子最不稳定,形成 1°碳正离子所需的能量最高。事实上,1°碳正离子的不稳定性使得在溶液反应中也很难观察到它的生成。因此,3°卤代烷烃最易反应生成碳正离子,2°卤代烷烃次之,而 1°卤代烷烃相对最难。

(2)空间位阻

S_N2 反应中,亲核试剂从离去基团背面接近取代中心形成新的共价键,与离去基团成 180°夹角。比较 1°和 3°卤代烷烃,我们会发现,1°卤代烷烃由于只有 2 个 H 原子和一个烷基与取代中心 C 原子相连,更容易被进攻。而 3°卤代烷烃连有三个烷基,亲核试剂的进攻变得相对困难。例如,溴乙烷比 2-溴-2-甲基丙烷更容易发生 S_N2 反应。

位阻小 CH_3 C—Br H H

位阻大 CH_3 C—Br H_3C H_3C

综合考虑电子效应和空间效应两个因素,可得到这样的结论:3°碳正离子的稳定性和 3°卤代烷烃本身空间的大位阻,使得 3°卤代烷烃更易发生 S_N1 反应,而不发生 S_N2 反应;相对地,卤代甲烷和 1°卤代烷烃的小位阻与甲基和 1°碳正离子的不稳定性,使得卤代甲烷和 1°卤代烷烃更易发生 S_N2 反应,而不是 S_N1 反应;2°卤代烷烃发生 S_N1 和 S_N2 的可能性都有,主要取决于亲核试剂和溶剂的特性。电子效应和空间位阻效应对卤代烷烃亲核取代反应速率的影响如图 15.5 所示。

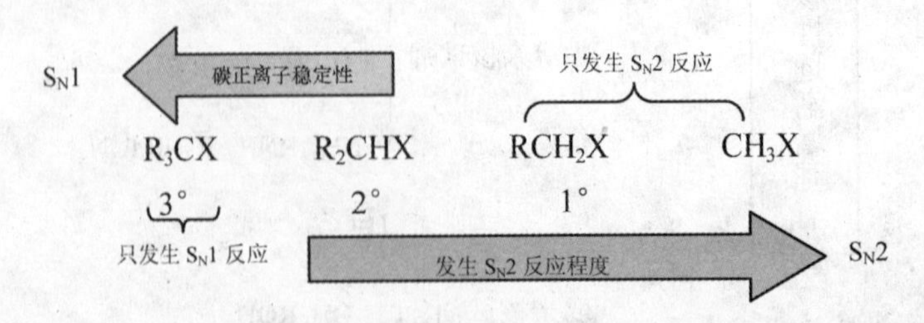

图 15.5 电子效应和空间位阻效应对卤代烷烃亲核取代反应速率的影响

离去基团

在卤代烷烃的亲核取代反应中,离去基团较强的离去能力对 S_N1 反应和 S_N2 反应都是有利的,而离去基团的离去能力取决于离去基团负离子的稳定性。强酸的共轭碱都是很稳定的负离子,也是很好的离去基团。下图是根据附录 E(有机酸和无机酸酸性强弱)得出的离去基团的离去能力:

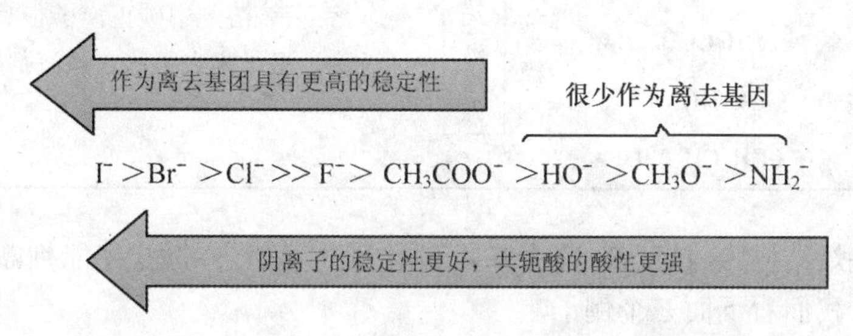

上图显示最好的离去基团是 I^-、Br^- 和 Cl^-。而 OH^-、CH_3O^-、NH_2^- 等离去能力较弱,在亲核反应中不容易被取代。

溶剂

作为亲核取代反应的媒介,溶剂一般分为极性溶剂和非极性溶剂。

(1)质子溶剂

质子溶剂含有 -OH,为 H 键给体。常用于亲核取代反应的质子溶剂有水、低分子量的醇类和羧酸类(表 15.3)。

表 15.3　常见的质子溶剂

质子溶剂	结构	溶剂极性	说明
水	H_2O	极性逐渐增强（↑）	这些溶剂是常用的 S_N1 反应溶剂。极性越大,越能很好地溶解反应物键断裂后形成的负离子和碳正离子。
甲酸	HCOOH		
甲醇	CH_3OH		
乙醇	CH_3CH_2OH		
乙酸	CH_3COOH		

质子溶剂利用本身带负电的 O 原子和带正电的 H 原子与反应物的正离子和负离子之间的静电作用,能很好地溶解反应物。C—X 键断裂后变成的 X^- 和碳正离子,在质子溶液中较好地溶剂化,因此,质子溶剂是常用的 S_N1 反应溶剂。

(2)非质子溶剂

非质子溶剂不含有 -OH,不是 H 键给体。如表 15.4 所示是常用的非质子溶剂,其中二甲基亚砜(DMSO)和丙酮属于极性非质子溶剂,而二氯甲烷和二乙醚属于非极性非质子溶剂。非质子溶剂在 S_N2 反应中使用较多,极性非质子溶剂只能溶解正离子,不能溶解负离子,因此负离子在非质子溶剂中反应能力得到提高。

表 15.4 常见的非质子溶剂

质子溶剂	结构	溶剂极性	说明
DMSO	$CH_3\overset{O}{\overset{\|\|}{S}}CH_3$	极性逐渐增强（↑）	这些溶剂是常用的 S_N2 反应溶剂。虽然表上溶剂是极性的，但是相比质子溶剂，该溶剂中碳正离子很难形成，因为负离子离去基团在该溶剂中很难溶解。
丙酮	$CH_3\overset{O}{\overset{\|\|}{C}}CH_3$		
二氯甲烷	CH_2Cl_2		
乙醚	$(CH_3CH_2)_2O$		

基于卤代烷烃结构、亲核试剂、离去基团和溶剂进行综合考虑，才能判断出亲核取代反应的具体机理。我们看下面三个例子。

甲醇是极性质子溶剂，易于碳正离子的形成，比如 2－氯丁烷在甲醇中形成 2°碳正离子中间体，并且甲醇是较弱的亲核试剂，因此可以推断 2－氯丁烷在甲醇中的反应是 S_N1 机理。2°碳正离子（亲电试剂）与甲醇（亲核试剂）反应，接着通过质子转移得到产物。产物 *R* 构型与 *S* 构型的比为 50：50，是外消旋体混合物。

$$2\ \text{(Cl)} + 2CH_3OH \longrightarrow \text{(}OCH_3\text{)} + \text{(}OCH_3\text{)} + 2HCl$$

1－溴－2－甲基丙烷与碘化钠的反应。1°碳正离子不稳定，它不会发生 S_N1 反应；二甲基亚砜（DMSO）是极性非质子溶剂，易于发生 S_N2 反应。基于上述分析，我们认为 1－溴－2－甲基丙烷与碘化钠的反应是 S_N2 机理。

$$\text{(Br)} + NaI \xrightarrow{DMSO} \text{(I)} + NaBr$$

2°碳上的溴离子易于离去，CH_3S^- 亲核性较好，丙酮是极性非质子溶剂（易于 S_N2 反应的发生），因此认为下面这个反应通过的是 S_N2 机理，得到构型相反的产物。

$$\underset{S}{\text{(Br)}} + CH_3SNa \xrightarrow{\text{丙酮}} \underset{R}{\text{(}SCH_3\text{)}} + NaBr$$

示例 15.7 写出下面亲核取代反应的产物。并推断它们的机理。

(a) $\text{(I)} + CH_3OH \xrightarrow{CH_3OH}$； (b) $\text{(Br)} + CH_3COONa \xrightarrow{DMSO}$

分析与解答：

(a) 甲醇亲核性较弱，是极性质子溶剂，易于溶解碳正离子；C—I 键断裂形成 2°碳正离子。因此，反应通过的是 S_N1 机理。

$$\text{(I)} + CH_3OH \xrightarrow[S_N1]{CH_3OH} \text{(}OCH_3\text{)} + HI$$

(b) 2°碳上的溴离子易于离去，乙酸根负离子亲核能力中等；DMSO 溶剂中易于发生 S_N2 反应。因此，反应通过的是 S_N2 机理，产物的构型翻转。

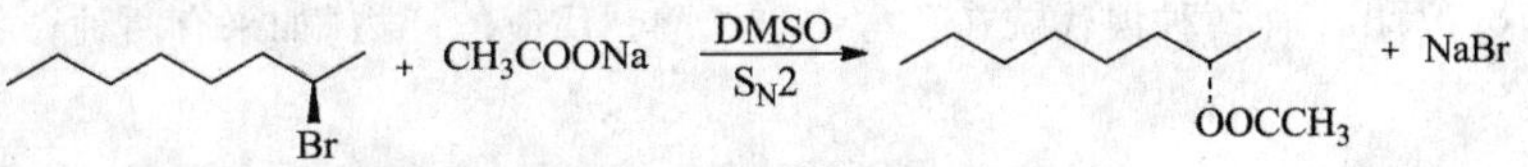

$$\text{(2-bromooctane)} + CH_3COONa \xrightarrow[S_N2]{DMSO} \text{(2-octyl acetate, }OOCCH_3\text{)} + NaBr$$

思考题 15.6　写出下面亲核取代反应的产物,并推断它们的机理。

(a) 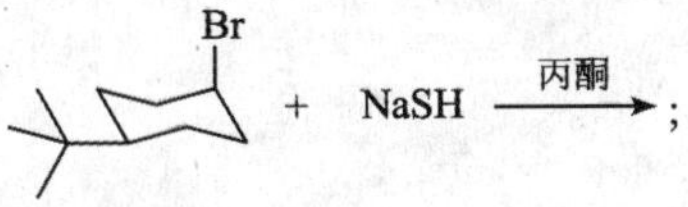 (4-tert-butyl bromocyclohexane, Br) + NaSH $\xrightarrow{\text{丙酮}}$；　(b) $CH_3CHCH_2CH_3$ (Cl on C-2) + $HCOH$ (C=O) $\xrightarrow{\text{甲酸}}$

β - 消除反应

本章前面提到卤代烷烃通过消除反应得到烯烃,称做 β - 消除反应。本节将要学习一种 β - 消除反应——脱卤化氢反应。在强碱中,如 OH^- 或 $CH_3CH_2O^-$ 中,卤代烷烃的卤原子与跟它邻近 C 上的 H 一起离去,形成 C ═C 双键:

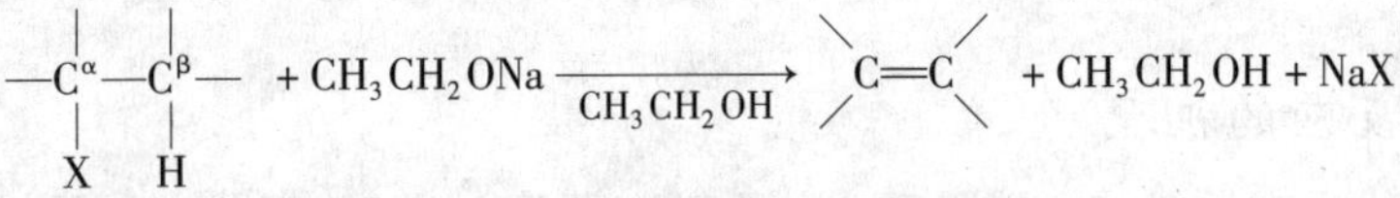

$$-\underset{X}{C^{\alpha}}-\underset{H}{C^{\beta}}- + CH_3CH_2ONa \xrightarrow{CH_3CH_2OH} >C=C< + CH_3CH_2OH + NaX$$

卤代烷　　碱　　烯烃

与 X 相连的 C 叫做 α - C,与 α - C 相邻近的 C 叫做 β - C。

大多数亲核试剂本身也是一种碱,因此 β - 消除反应与亲核取代反应是一对竞争反应。OH^-、OR^- 和 NH_2^- 是常用于 β - 消除反应的强碱。请看下面三个例子:

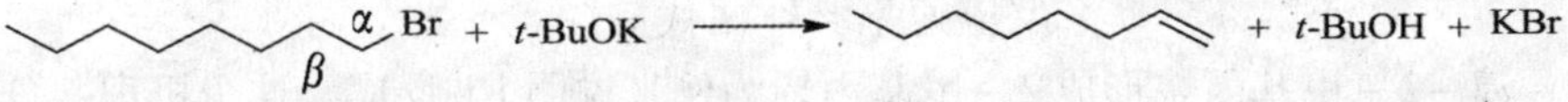

$$\text{(1-bromooctane, }\alpha,\beta) + t\text{-BuOK} \longrightarrow \text{(1-octene)} + t\text{-BuOH} + KBr$$

(a)

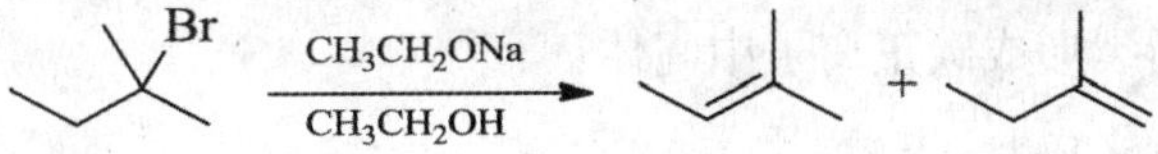

$$\text{(2-bromo-2-methylbutane)} \xrightarrow[CH_3CH_2OH]{CH_3CH_2ONa} \text{(2-methyl-2-butene)} + \text{(2-methyl-1-butene)}$$

主要产物

(b)

$$\text{(1-bromo-1-methylcyclopentane)} \xrightarrow[CH_3OH]{CH_3ONa} \text{(1-methylcyclopentene)} + \text{(methylenecyclopentane, }=CH_2)$$

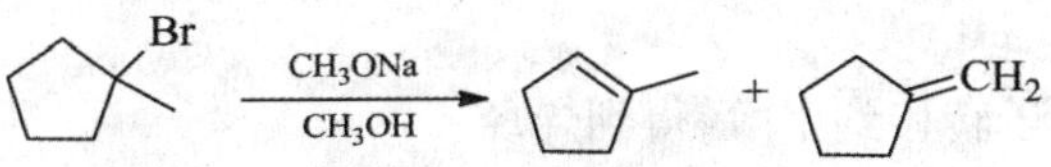

主要产物

(c)

在第一个例子中,碱为 t - BuOK,方程式两边是平衡的。在第二和第三个例子中,碱也为反应物,但是方程式两边不再平衡了。在有机化学里我们主要关注结构的变化,而没有必要表示所有的反应物和离子。后面两个例子明显比前一个例子反应更加复杂,因为它们的反应起始分子中含有两个不等价的 β - C,因此 β - 消除后得到的是两种不同的烯烃。但是两个反应的主要产物均为取代基较多的烯烃(同时也是更稳定的烯烃)。这个规则我们称作 Zaitsev(扎依采夫)规则。

示例 15.8 写出下面两种溴代烷在乙醇中与乙醇钠反应的产物(如果有两种产物,指明主要产物)。

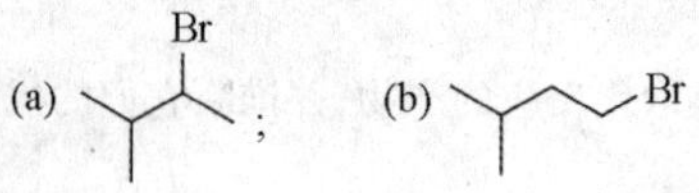

(a) 2-溴-3-甲基丁烷(键线式,Br);(b) 1-溴-3-甲基丁烷(键线式,Br)

分析及解答:

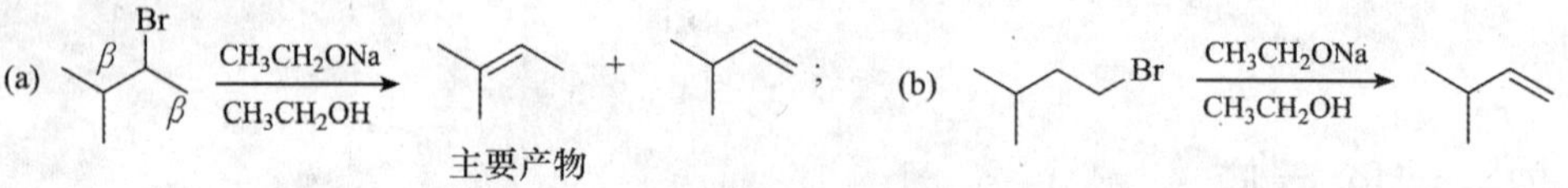

(a) 2-溴-3-甲基丁烷(两个 β 位已标出)$\xrightarrow[CH_3CH_2OH]{CH_3CH_2ONa}$ 2-甲基-2-丁烯(主要产物) + 3-甲基-1-丁烯; (b) 1-溴-3-甲基丁烷 $\xrightarrow[CH_3CH_2OH]{CH_3CH_2ONa}$ 3-甲基-1-丁烯

思考题 15.7 写出下面三种氯代烷在乙醇中与乙醇钠反应的产物(如果有两种产物,指明主要产物)。

(a) 1-氯-1-甲基环己烷(Cl、CH_3); (b) 环己基-CH_2Cl; (c) 1-氯-3-甲基环己烷(Cl、CH_3)

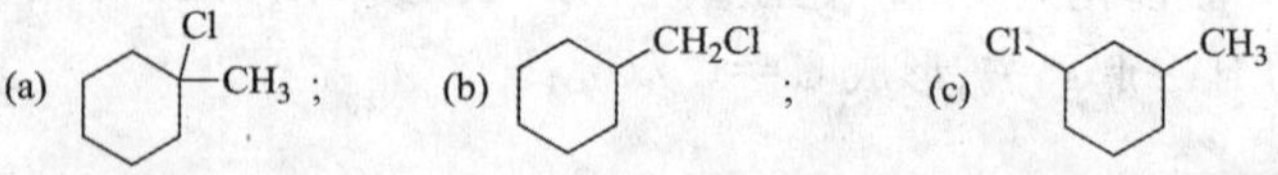

β-消除反应的机理

与亲核取代反应类似,β-消除反应的机理有两种,它们的不同之处是键的断裂与生成的时间性。

(1)E1 机理

形成烯烃时,C—X 键的断裂先于碱与 H 的结合,称作 E1 机理,其中 E 表示消除反应,1 表示单分子反应。E1 反应的决速步骤只与卤代烷烃有关,速率方程与 S_N1 方程相同:

$$反应速率 = k[卤代烷烃]$$

以 2-溴-2-甲基丙烷形成 2-甲基丙烯为例来说明 E1 反应。这个机理共分两步,其中 C—X 键断裂形成碳正离子中间体是决速步骤,与 S_N1 机理相同。

第一步 C—X 键断裂形成碳正离子中间体:

$$(CH_3)_3C{-}Br \xrightarrow[慢]{决速步骤} (CH_3)_3C^+ + :Br:^-$$

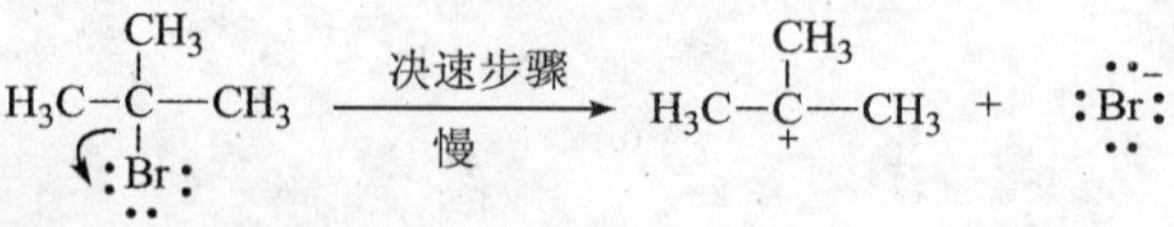

第二步 质子从碳正离子转移到甲醇,得到烯烃:

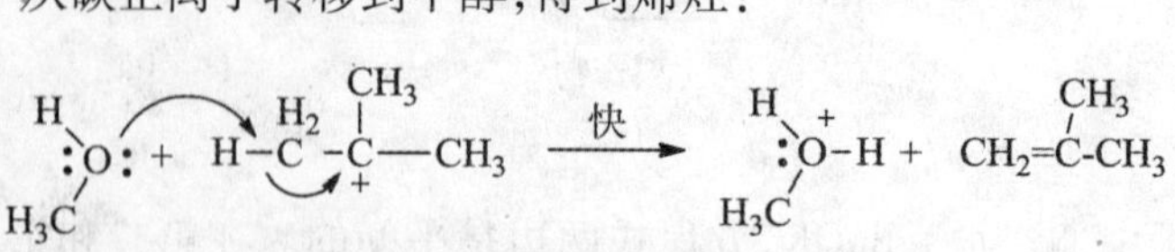

$$CH_3OH + H{-}CH_2{-}\overset{+}{C}(CH_3){-}CH_3 \xrightarrow{快} CH_3\overset{+}{O}H_2 + CH_2{=}C(CH_3){-}CH_3$$

(2)E2 机理

C—X 键的断裂和碱与 H 的结合同时进行,称为 E2 机理,其中 E 表示消除反应,2 表示双分子反应。E2 反应决速步骤与卤代烷烃和碱同时相关:

$$反应速率 = k[卤代烷烃][碱]$$

碱性越强,发生 E2 反应的可能性就越大。以 1-溴丙烷在乙醇钠中的消除反应来解释 E2 机理:质子转移到碱的同时,C-Br 键断裂生成 Br^-,键的生成和断裂是同步发生的。

$$CH_3CH_2\ddot{O}:^- + H-\underset{H}{\overset{CH_3}{C}}-CH_2-\ddot{Br}: \longrightarrow CH_3CH_2O-H + CH_3CH{=}CH_2 + :\ddot{Br}:^-$$

E1 和 E2 反应中，主要产物的生成都遵循 Zaitsev 规则：

$$\text{2-溴己烷} \xrightarrow[CH_3OH]{CH_3ONa} \text{2-己烯 (74\%)} + \text{1-己烯 (26\%)}$$

表 15.5 总结了影响卤代烷烃发生 E1 或 E2 反应的因素。

表 15.5　影响卤代烷烃发生 E1 或 E2 反应的因素

卤代烷烃	E1	E2
RCH_2X	不能发生 E1 反应，一级碳正离子不稳定，在溶剂中不能存在	E2 反应优先
R_2CHX	与 H_2O 或 ROH 等弱碱反应，E1 为主要反应	与强碱 HO^- 或 RO^- 等反应，E2 为主要反应
R_3CX	与 H_2O 或 ROH 等弱碱反应，E1 为主要反应	与强碱 HO^- 或 RO^- 等反应，E2 为主要反应

示例 15.9　写出下列 β – 消除反应的主要产物，并指明是 E1 机理还是 E2 机理。

(a) $CH_3\underset{Cl}{\overset{CH_3}{C}}CH_2CH_3 + NaOH \xrightarrow[H_2O]{80℃}$；　(b) $CH_3\underset{Cl}{\overset{CH_3}{C}}CH_2CH_3 \xrightarrow{CH_3COOH}$

分析与解答：

(a) 3°氯代烷与强碱共热，发生 E2 反应。

$$CH_3\underset{Cl}{\overset{CH_3}{C}}CH_2CH_3 + NaOH \xrightarrow[H_2O]{80℃} CH_3\overset{CH_3}{C}{=}CHCH_3 + NaCl + H_2O$$

(b) 3°氯代烷溶解在乙酸中，乙酸易于碳正离子的生成，发生的是 E1 反应。

$$CH_3\underset{Cl}{\overset{CH_3}{C}}CH_2CH_3 \xrightarrow{CH_3COOH} CH_3\overset{CH_3}{C}{=}CHCH_3 + HCl$$

思考题 15.8　写出下列 β – 消除反应的主要产物，并指明是 E1 机理还是 E2 机理。

(a) 3-溴戊烷 $+ NaOCH_3 \xrightarrow{CH_3OH}$；　(b) 1-氯-4-甲基环己烷 $+ NaOCH_2CH_3 \xrightarrow{CH_3CH_2OH}$

取代反应与消除反应的竞争

许多亲核试剂,如 OH^- 和 RO^- 等也是强碱。因此,亲核取代反应和 β - 消除反应互相竞争,两种反应类型速率的快慢决定了两种反应产物的比率。

$$\text{H-}\overset{|}{\underset{|}{\text{C}}}\text{-}\overset{|}{\underset{|}{\text{C}}}\text{-X} + :\text{Nu}^- \begin{cases} \xrightarrow{\text{亲核取代}} \text{H-}\overset{|}{\underset{|}{\text{C}}}\text{-}\overset{|}{\underset{|}{\text{C}}}\text{-Nu} + :\text{X}^- \\ \xrightarrow{\beta\text{-消除}} \text{>C=C<} + \text{H-Nu} + :\text{X}^- \end{cases}$$

S_N1 和 E1 的竞争

2°和 3°卤代烷烃在极性质子溶剂中,得到的是取代反应和消除反应的混合产物。S_N1 和 E1 反应的第一步都是生成碳正离子中间体,然后如果失去一个 H 原子就得到消除反应产物(E1),或者与溶剂反应得到取代反应的产物(S_N1)。在极性质子溶剂中,碳正离子的结构决定着产物的组成。比如,碘代异丁烷在 80% 乙醇水溶液里,得到了取代产物和消除产物的混合体。尽管碘离子比氯离子是更好的离去基团,碘代异丁烷的反应速度是氯代异丁烷的 100 倍,但是两者生成的产物比例却都是一样的。

$$(CH_3)_3C\text{-I} \xrightarrow{-I^-} (CH_3)_3C^+ ;\quad (CH_3)_3C\text{-Cl} \xrightarrow{-Cl^-} (CH_3)_3C^+$$

$$(CH_3)_3C^+ \xrightarrow{E1} H_2C{=}C(CH_3)_2 + H^+$$

$$(CH_3)_3C^+ \xrightarrow[H_2O]{S_N1} (CH_3)_3C\text{-OH} + H^+$$

$$(CH_3)_3C^+ \xrightarrow[CH_3CH_2OH]{S_N1} (CH_3)_3C\text{-OCH}_2CH_3 + H^+$$

S_N2 和 E2 的竞争

推断取代产物和消除产物的比例时,应考虑反应试剂的亲核性与碱性,可以遵循以下的原则;

(1)α - 或 β - C 上的取代基越多,α - C 上的空间位阻越大,S_N2 反应受抑制程度越大,得到稳定的 E2 反应产物越多。

(2)进攻试剂的亲核性越强,越有利于 S_N2 反应。相反地,进攻试剂的碱性越强,越有利于 E2 反应。

1°卤代烷烃与碱/亲核试剂反应后只得到取代产物。强碱(如 OH^-、RO^- 等)主要生成 S_N2 产物,仅有 E2 少量产物生成。但大位阻的强碱(如异丁烷氧基负离子),主要生成 E2 产物。3°卤代烷烃与所有碱/亲核试剂反应,只生成消除反应产物。

2°卤代烷烃的取代产物和消除产物的产率与反应的碱/亲核试剂、溶剂、温度等有关。碱性越强,亲核试剂亲和能力越强,得到的消除产物越多;反之,取代产物越多。表 15.6 总结了关于取代产物和消除产物的一般性规律。

表 15.6　卤代烷烃的取代或消除反应规律总结

卤代烷烃	机理	说明
CH_3X	S_N2	仅能发生 S_N2 的取代反应
	/	甲基卤代烷烃绝不能发生 S_N1 反应,因为甲基正离子不稳定,在溶剂中也不存在。
RCH_2X	S_N2	与强碱 OH^- 和 EtO^- 及亲核性很好的试剂/弱碱 I^- 和 CH_3COO^- 反应,主要以 S_N2 机理反应。
	E2	与强碱如叔丁基碱(像 BuOK)反应,主要以 E2 机理反应。
	/	一级碳正离子在溶液中不能存在,因此 1°卤代烷烃不能发生 S_N1 和 E1 反应。
R_2CHX	S_N2	与亲核性很好的试剂/弱碱 I^- 和 CH_3COO^- 反应,主要以 S_N2 机理反应。
	E2	与亲核性很好的试剂/强碱 OH^- 和 $CH_3CH_2O^-$ 反应,主要以 E2 机理反应。
	S_N1/E1	在极性非质子溶剂中与弱的亲核试剂(如水、甲醇和乙醇)以 S_N1 和 E1 反应。
R_3CX	/	因为空间位阻太大,3 级卤代烷烃绝不会发生 S_N2 反应。
	E2	与强碱 OH^- 和 RO^- 主要发生 E2 反应。
	S_N1/E1	与亲核性差的试剂/弱碱发生 S_N1 和 E1 反应。

示例 15.10　预测下列反应主要以亲核取代还是消除反应进行,并写出主产物。

(a) Cl + NaOH $\xrightarrow[H_2O]{80℃}$;　　(b) Br + $(C_2H_5)_3N$ $\xrightarrow[CH_2Cl_2]{30℃}$

分析与解答:

(a)反应起始物为 3°卤代烷烃,NaOH 为强碱,亲核性强,E2 产物为主。

Cl + NaOH $\xrightarrow[H_2O]{80℃}$ + NaCl + H_2O

(b)反应起始物为 1°卤代烷烃,二乙胺为弱碱,亲核性一般,S_N2 产物为主。

Br + $(C_2H_5)_3N$ + $\xrightarrow[CH_2Cl_2]{30℃}$ $\overset{+}{N}(C_2H_5)_3Br^-$

思考题 15.9　预测下列反应主要以亲核取代还是消除反应进行,并写出主产物。

(a) Br + CH_3ONa $\xrightarrow{CH_3OH}$;　　(b) Cl + NaI $\xrightarrow{丙酮}$

15.5 醇和胺的化学反应

醇的化学反应

这一节将学习醇的酸碱性，醇脱水生成烯烃，醇转化为卤代烷，醇氧化成醛、酮或羧酸等反应。

醇的酸碱性

和水一样，醇也存在酸电离常数（$pK_a = 15.7$），因此醇的水溶液和纯水的 pH 值相似。如甲醇的 pK_a 为15.5。

$$CH_3OH + H_2O \rightleftharpoons CH_3O^- + H_3O^+$$

$$K_a = \frac{[CH_3O^-][H_3O^+]}{[CH_3OH]} = 3.2 \times 10^{-16}$$

$$pK_a = 15.5$$

表15.7 醇的在稀溶液的 pK_a 值

化合物	结构式	pK_a	
氯化氢	HCl	−7	强酸
醋酸	CH_3COOH	4.74	↑
甲醇	CH_3OH	15.5	
水	H_2O	15.7	
乙醇	CH_3CH_2OH	15.9	
异丙醇	$(CH_3)_2CHOH$	17	
叔丁醇	$(CH_3)_3COH$	18	弱酸

表15.7给出了一些低摩尔质量的醇的酸电离常数，甲醇和乙醇的酸性与水相近。然而摩尔质量较高、溶于水的醇其酸性要比水弱（水溶液的 pH = 7）（见第9章酸碱平衡反应）。值得指出的是，虽然醋酸与诸如盐酸之类的酸相比是弱酸，但其 K_a 值是醇类的 10^{10} 倍。

在强酸环境下，醇的氧原子可作为弱碱接受强酸质子生成阳离子。

与活泼金属反应

与水类似，醇可以与锂、钠、钾、镁等活泼金属反应释放出氢气以及生成相应的金属醇盐。下面的氧化还原反应中钠被氧化成钠离子，质子被还原成氢气。

$$2CH_3OH + 2Na \longrightarrow 2CH_3O^-Na^+ + H_2$$

醇盐离子的碱性比氢氧根离子强，化学活性很活泼，在取代反应中被用作亲核试剂。除了上面提到的甲醇钠外，乙醇钠、叔丁醇钾常常用于无水有机反应中。

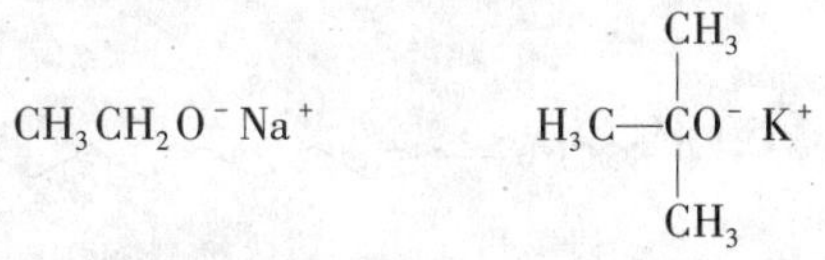

$CH_3CH_2O^-Na^+$　　$(CH_3)_3CO^-K^+$

乙醇钠　　叔丁醇钾

合成卤代烷

醇转化成卤代烷的反应就是卤原子取代饱和碳上羟基的过程。常用的卤代试剂为氢卤酸和二氯亚砜。

水溶性好的三级醇能够与HCl、HBr、HI快速反应。室温下将叔醇与浓盐酸混合，几分钟后可分离出一层不溶于水的卤代烷，但低摩尔质量、溶于水的一级醇和二级醇在此条件下不反应。

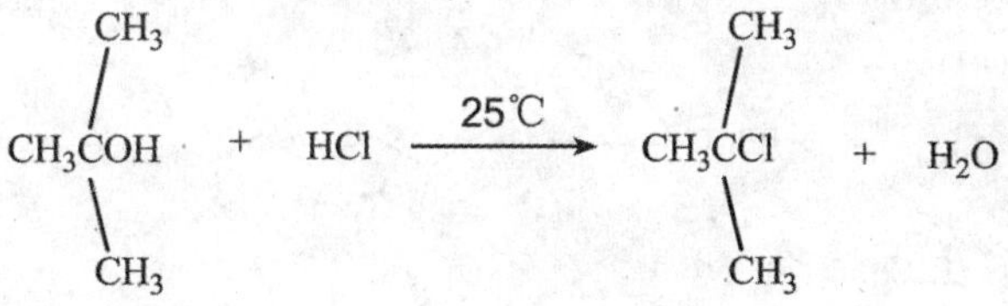

$$(CH_3)_3COH + HCl \xrightarrow{25℃} (CH_3)_3CCl + H_2O$$

2-甲基-2-丙醇　　2-氯-2-甲基丙烷

对于水溶性差的叔醇，可先将醇溶于乙醚或四氢呋喃（THF），然后采用鼓泡法，通入卤化氢气体，将叔醇转换成三级卤代烷。而不溶于水的一级醇、二级醇在此条件下缓慢反应。

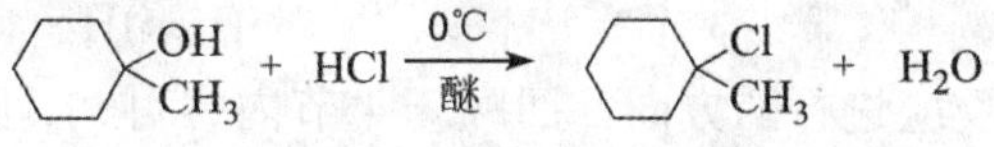

$$\text{1-甲基环己醇} + HCl \xrightarrow[\text{醚}]{0℃} \text{1-氯-1-甲基环己烷} + H_2O$$

1-甲基环己醇　　1-氯-1-甲基环己烷

一级醇和二级醇与浓的氢溴酸或氢碘酸反应生成溴代烷或碘代烷。如加热1－丁醇和浓氢溴酸的混合溶液可以制备1－溴丁烷。

$$CH_3CH_2CH_2CH_2OH + HBr \longrightarrow CH_3CH_2CH_2CH_2Br + H_2O$$

1-丁醇　　1-溴丁烷

叔醇与卤代氢反应将生成碳正离子中间体，而一级醇直接发生$-OH_2^+$的取代（$-OH_2^+$是质子化羟基）。这和前面提到的卤代烷发生亲核取代反应的原因一样，包括两方面因素：

（1）电子结构：三级碳正离子能够稳定存在，而一级碳正离子非常不稳定，且很难产生。因此叔醇最有可能通过碳正离子反应，仲醇处在中间，而伯醇很少通过碳正离子反应。

（2）立体结构：要形成碳—卤键，卤离子必须从带离去基团的碳原子的反方向一侧去进攻，并形成新的共价键。如果把将一级醇的鎓离子和三级醇的鎓离子进行比较，会发现一级醇的鎓离子更容易被卤离子进攻。对于一级醇，携带鎓离子碳的反面被两个质子和一个烷基屏蔽，空间位阻相对较小；而叔醇被三个烷基屏蔽，空间位阻很大。

与二氯亚砜反应（$SOCl_2$）

将一级醇和二级醇转变为氯代烷的常用试剂是二氯亚砜。亲核取代反应的副产物为氯化氢和二氧化硫，两者都以气体的形式放出。因此，常常在反应中加入碱（如吡啶）作缚酸剂，以中和氯化氢等副产物。

$$\text{—OH} + SOCl_2 \longrightarrow \text{—Cl} + SO_2 + HCl$$

$$HCl + \text{(N)} \longrightarrow \text{(N)} \cdot HCl \quad \text{(盐)}$$

与卤代磷反应

醇与卤代磷反应（PX_3、PX_5，X = Cl、Br）也能转变成卤代烷。这是制备溴代烷非常有效的方法。反应的副产物能溶于水，因此很容易与卤代烷分离。值得指出的是 3 摩尔的醇只需 1 摩尔的三溴化磷。

$$3\ \text{—OH} + PBr_3 \longrightarrow 3\ \text{—Br} + H_3PO_3$$

$$\text{(OH)} + PBr_5 \longrightarrow \text{(Br)} + POBr_3 + HBr$$

酸催化醇脱水生成烯烃

前面讨论了酸催化烯烃水合为醇，这一节将讨论酸催化醇脱水生成烯烃。事实上脱水－水合互为可逆反应，烯烃水合与醇脱水是一对竞争反应，存在平衡关系。

$$>C{=}C< + H_2O \underset{}{\overset{\text{酸催化}}{\rightleftharpoons}} -\underset{H}{\underset{|}{C}}-\underset{OH}{\underset{|}{C}}-$$

平衡反应怎样控制反应进行的方向？回顾 7.4 节内容可知，可以利用勒夏特列原理来使体系平衡移动，使反应体系朝着有利于产物的方向进行。因此，通过改变反应平衡可以得到想要的产物。在上面的平衡反应中，水的大量存在有利于醇的生成，而缺乏水或控制反应条件除去水时有利于烯烃的生成。总之，控制反应条件，调节水合－脱水平衡，能够选择性地制备醇或烯烃。

实验室一般将醇与 85% 磷酸或浓硫酸混合加热脱水。一级醇脱水很困难，需要在 180℃条件下和浓硫酸加热才能实现；二级醇在酸催化下稍低的温度可以脱水；三级醇酸催化脱水更容易，温度比室温稍高时就能进行。

$$CH_3CH_2OH \xrightarrow[180℃]{H_2SO_4} H_2C{=}CH_2 + H_2O$$

$$\text{(OH)} \xrightarrow[100℃]{H_2SO_4} \text{(环己烯)} + H_2O$$

$$H_3C-\overset{CH_3}{\underset{OH}{C}}-CH_3 \xrightarrow[50℃]{H_2SO_4} H_2C{=}C(CH_3)_2 + H_2O$$

因此，酸催化醇脱水的难易次序如下：

一级醇 < 二级醇 < 三级醇

酸催化醇脱水常常生成异构化烯烃，根据 Zaitsev 规则，双键上取代基数目越多，烯烃越稳定，产率越高。

$$CH_3CH_2CH(OH)CH_3 \xrightarrow[50℃]{H_2SO_4} \underset{80\%}{H_3CHC=CHCH_3} + \underset{20\%}{H_3CH_2CHC=CH_2}$$

示例 15.11　画出在酸催化下醇脱水生成烯烃的结构式，并预测主要产物。

$$\text{(3-甲基-2-丁醇)} \xrightarrow[\text{加热}]{H_2SO_4}$$

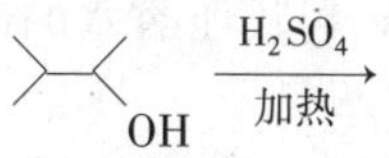

分析：首先确定带有羟基碳的位置，这里是 C(2)。在酸催化脱水反应中，和 C(2) 临近的碳 C(1) 或 C(3) 失去一个质子，双键在携带羟基碳和失去质子碳之间产生。通过 Zaitsev 规则预见主产物。

解答：

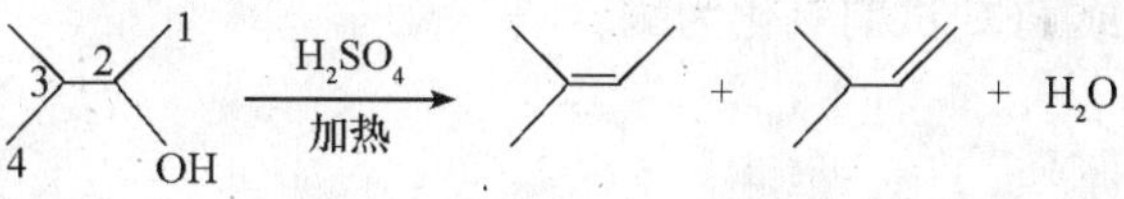

$$\text{(3-甲基-2-丁醇，碳编号 1,2,3,4)} \xrightarrow[\text{加热}]{H_2SO_4} \text{(2-甲基-2-丁烯)} + \text{(3-甲基-1-丁烯)} + H_2O$$

由 C(2) 和 C(3) 脱水生成的 2-甲基-2-丁烯双键上有三个烷基，因此是主产物；由 C(2) 和 C(1) 脱水生成的 3-甲基-1-丁烯双键上只有一个烷基，因此是副产物。

思考题 15.10　画出在酸催化下醇脱水生成烯烃的结构式，并预测主要产物。

(a) $\text{(HO-取代醇)} \xrightarrow[\text{加热}]{H_2SO_4}$；(b) $\text{(1-甲基环戊醇, OH)} \xrightarrow[\text{加热}]{H_2SO_4}$

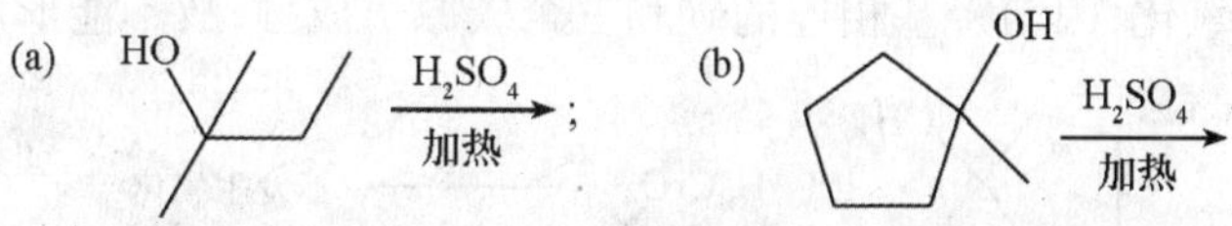

根据醇脱水的难易次序（3° > 2° > 1°），二级醇和三级醇的酸催化脱水反应采用 E1 机理，经历了三步反应。其中包括碳正离子中间体的形成，这一步为决速步。

醇的氧化反应

根据实验条件的不同，一级醇能够氧化成醛或羧酸，二级醇可以氧化成酮，三级醇不容易发生氧化。下面是一级醇首先氧化成醛，然后氧化为羧酸的一系列转换。箭头上方的[O]表示发生了氧化反应。

$$H_3C-CH_2-OH \xrightarrow{[O]} H_3C-\overset{O}{\overset{\|}{C}}-H \xrightarrow{[O]} H_3C-\overset{O}{\overset{\|}{C}}-OH$$

用于氧化醇的氧化剂种类很多，如高锰酸钾、次氯酸钠以及硝酸。实验室中常用铬酸（H_2CrO_4）将一级醇氧化为羧酸，二级醇氧化为酮。铬酸可由氧化铬（CrO_3）或重铬酸钾（$K_2Cr_2O_7$）溶于硫酸溶液中制备。

在硫酸溶液中，铬酸能以很高的产率将正辛醇氧化成正辛醛，由于该催化剂能把醛继续氧化为羧酸，因此得不到醛。

$$CH_3(CH_2)_6CH_2OH \xrightarrow[H_2SO_4,H_2O]{CrO_3} CH_3(CH_2)_6\overset{\overset{O}{\|}}{C}H \longrightarrow CH_3(CH_2)_6\overset{\overset{O}{\|}}{C}OH$$

将一级醇氧化为醛,需要比较温和的氧化剂氯铬酸吡啶盐(PCC)。制备这种试剂首先将氧化铬(CrO_3)溶于盐酸,滴加吡啶,析出橙色的 PCC 固体。一般在非质子溶剂如二氯甲烷中使用 PCC 进行氧化反应。

PCC 试剂能选择性地将一级醇氧化为醛,而对碳碳双键或其他容易氧化的官能团无氧化作用。下面举出了 PCC 试剂将蜜蜂体内分泌的香叶醇氧化成香叶醛而不破坏碳—碳双键的例子。香叶醛是一种带有柠檬味,可用于香水的原料。

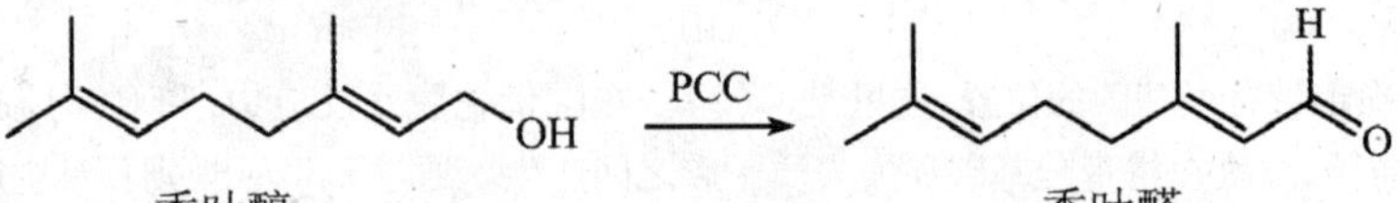

香叶醇 —PCC→ 香叶醛

二级醇可用铬酸或 PCC 试剂氧化为酮。

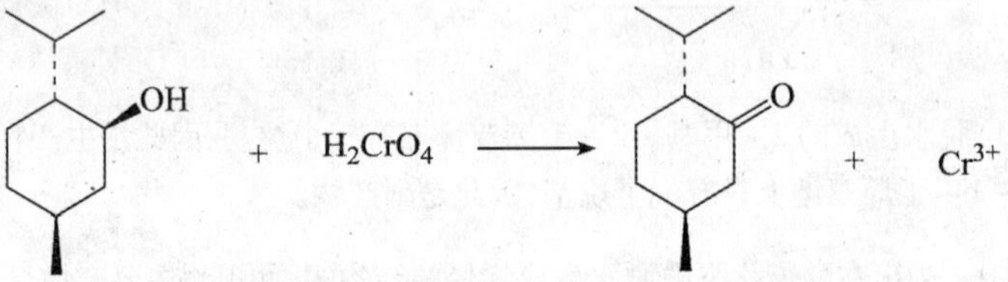

(OH) + H_2CrO_4 ⟶ (O) + Cr^{3+}

三级醇不能被氧化,因与羟基相连的碳和三个碳原子成键,故不能形成碳—氧双键。

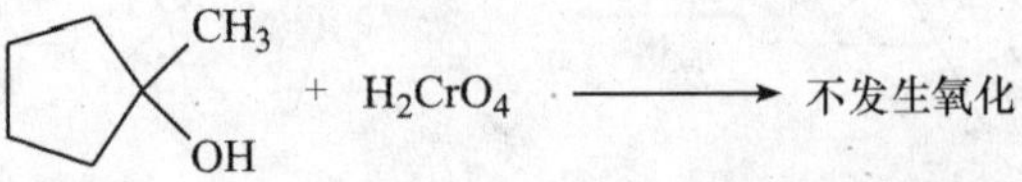

(CH_3, OH) + H_2CrO_4 ⟶ 不发生氧化

值得注意的是醇发生氧化反应的前提条件是,与羟基相连的碳上至少存在一个氢原子,三级醇缺少这种氢原子,所以不能发生氧化反应。

示例 15.12　画出用 PCC 处理下列醇后的产物结构。

(a)正己醇；　(b)2-己醇；　(c)环己醇

分析:当氧化剂是 PCC 时,一级醇氧化成醛,二级醇氧化成酮。首先确定与羟基相连碳的位置,氧化后的羰基就在此位置上。

解答:

(a) 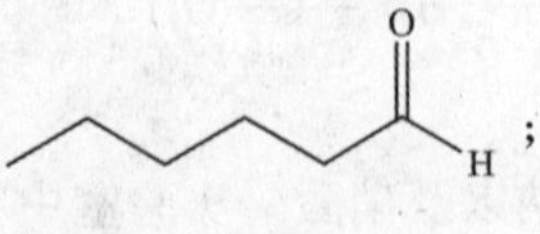 (O, H)；　(b) 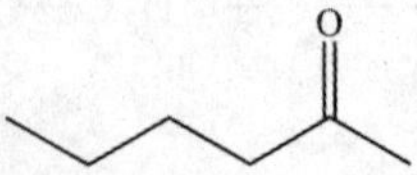 (O)；　(c) 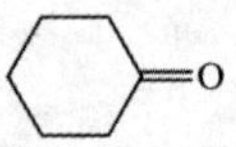 (O)

与羧酸反应合成酯

醇的另一个重要反应是和羧酸、酰氯或酸酐缩合成酯。

$$CH_3CH_2CH_2\overset{\overset{O}{\|}}{C}OH + HOCH_2CH_3 \underset{加热}{\overset{酸催化}{\rightleftharpoons}} CH_3CH_2CH_2\overset{\overset{O}{\|}}{C}OCH_2CH_3 + H_2O$$

醇和无机酸,如硝酸、磷酸、硫酸或磺酸也能形成酯,硝酸甘油由一分子甘油和三分子硝酸缩合得到。在生物大分子 DNA 和 RNA 中,磷酸和单糖通过酯键结合产生的重复单元构成了大分子链骨架。图 15.6 举出了一些醇与无机酸形成酯的例子,图(a)为季戊四醇四硝酸酯(一种炸药);图(b)为硫酸二甲酯(一种工业甲基化试剂);图(c)为 RNA 片段。

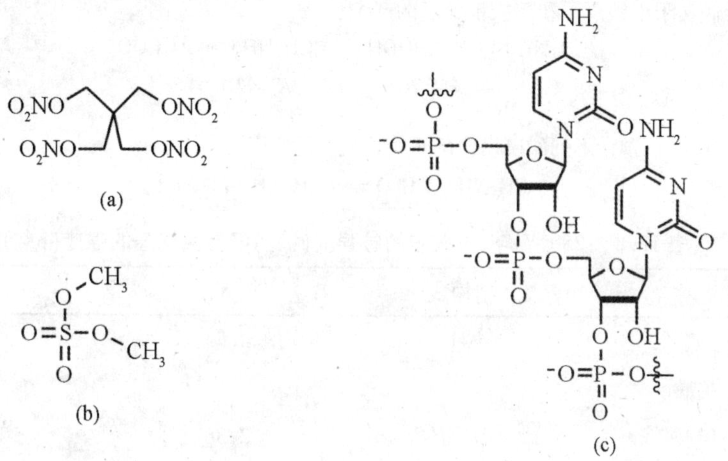

(a)

(b)

(c)

图 15.5　无机酸酯的例子

胺的化学反应

胺的碱性

胺的反应性由氮上孤对电子决定,由于 N 原子上存在孤对电子,使胺具有亲核性,可作为碱,能与酸反应生成盐,另一方面也可以和诸如卤代烷、酰卤代合物等亲电试剂反应。

与氨类似,所有的胺都是弱碱。胺的水溶液显碱性。下面是胺和水的酸碱反应方程式,胺氮上孤对电子与氢形成新的共价键。

$$CH_3NH_2 + H_2O \rightleftharpoons CH_3\overset{+}{N}H_3 + OH^-$$

甲胺的碱解离常数 K_b 为 4.37×10^{-4}($pK_b=3.36$)。

$$K_b=\frac{[CH_3NH_3^+][OH^-]}{[CH_3NH_2]}=4.37\times10^{-4}$$

讨论胺的碱性时,不能不提到胺相应的共轭酸的解离常数。这里以甲铵盐电离为例进行说明。

$$CH_3NH_3^+ + H_2O \rightleftharpoons CH_3NH_2 + H_3O^+$$

$$K_a=\frac{[CH_3NH_2][H_3O^+]}{[CH_3NH_3^+]}=2.29\times10^{-11}$$

$$pK_a=10.64$$

酸 - 碱共轭对 pK_a 和 pK_b 存在下列关系:

$$pK_a+pK_b=14\quad(25℃)$$

一些胺的 pK_a 和 pK_b 值见表 15.8。有关酸碱平衡的讨论可以回顾第 9 章的内容。

示例 15.13　预测下列酸碱反应的平衡位置：

$$CH_3NH_2 + CH_3COOH \rightleftharpoons CH_3NH_3^+ + CH_3COO^-$$

分析：用前面介绍的方法预见酸碱反应的平衡位置：反应一般偏向于强酸强碱向弱酸弱碱移动。

解答：平衡倾向于甲铵离子和醋酸根离子的产生。

$$CH_3NH_2 + CH_3COOH \rightleftharpoons CH_3NH_3^+ + CH_3COO^-$$

$$pK_a = 4.76 \qquad\qquad pK_a = 10.64$$

思考题 15.11　预计下列酸碱反应的平衡位置

$$CH_3NH_3^+ + H_2O \rightleftharpoons CH_3NH_2 + H_3O^+$$

表 15.8　25℃[a] 下，一些胺的碱强度（pK_b）及其共轭酸的强度（pK_a）

名称	结构式	pK_b	pK_a
氨	NH_3	4.74	9.26
伯胺			
甲胺	CH_3NH_2	3.36	10.64
乙胺	$CH_3CH_2NH_2$	3.16	10.81
环己基胺	$C_6H_{11}NH_2$	3.34	10.66
仲胺			
二甲基胺	$(CH_3)_2NH$	3.27	10.73
二乙基胺	$(CH_3CH_2)_2NH$	3.02	10.98
叔胺			
三甲基胺	$(CH_3)_3N$	4.16	9.81
三乙基胺	$(CH_3CH_2)_3N$	3.25	10.75
芳香胺			
苯胺	$C_6H_5NH_2$	9.36	4.64
4－甲基苯胺	$CH_3C_6H_5NH_2$	8.92	5.08
4－氯苯胺	$ClC_6H_5NH_2$	9.85	4.15
4－硝基苯胺	$NO_2C_6H_5NH_2$	13.0	1.0
杂环芳香胺			
吡啶	C_5H_5N	8.82	5.18
咪唑	$C_3H_4N_2$	7.05	6.95

(a) 对于每种胺，pK_a + pK_b = 14。

根据表 15.8 的内容，各种类型的胺的酸碱性质如下：

(1) 所有脂肪胺的碱强度相差不大，pK_b 约为 3.0～4.0，比氨碱性略强。

(2) 芳香胺和杂环芳胺的碱性比脂肪胺弱，下面列举了苯胺和环己基胺的 pK_b 值。

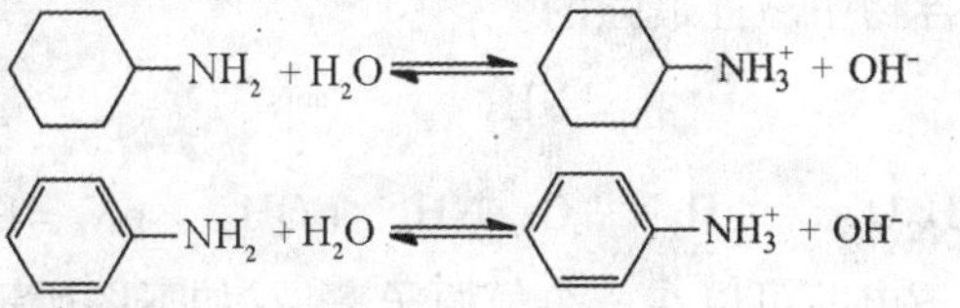

环己基-NH_2 + H_2O ⇌ 环己基-NH_3^+ + OH^-　　pK_b=3.34　K_b=4.5×10^{-4}

苯基-NH_2 + H_2O ⇌ 苯基-NH_3^+ + OH^-　　pK_b=9.36　K_b=4.5×10^{-10}

环己基胺的碱解离常数是苯胺的 10^6 倍。

芳香胺的碱性比脂肪胺的碱性弱，这是由于芳香环 π 电子和氮原子的孤对电子存在共振相互作用，而脂肪胺不存在这种共振作用，氮原子上的孤对电子更容易与酸反应。

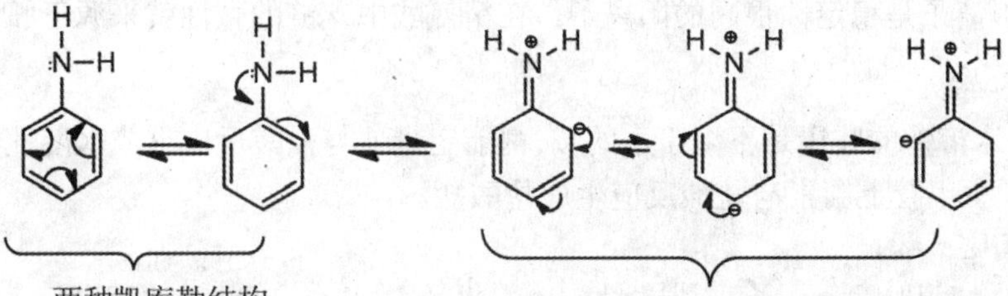

H–N̈–H　H–N̈–H　H–N⁺(=)–H　H–N⁺(=)–H　H–N⁺(=)–H

两种凯库勒结构　　芳香环 π电子与氮上孤对电子相互作用

(3)吸电子基团，如卤素、硝基、羰基，通过消弱氮上的孤对电子降低芳香胺的碱性。

苯基-NH_2　　O_2N-苯基-NH_2

苯胺 pK_b=9.37　　对硝基苯胺 pK_b=13.0

示例 15.14　从下列每组胺中选出碱性较强的一个。

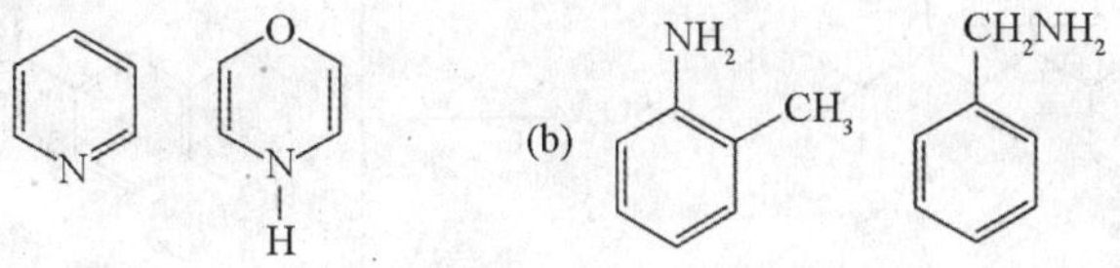

(a) A（吡啶，N）　B（O，N–H）　(b) C（NH_2，CH_3）　D（CH_2NH_2）

分析：胺分为伯胺、仲胺、叔胺、杂环胺、脂肪胺、芳香胺。因此一旦胺被归为某一类，那么其碱性也相应得到确定。

解答：吗啉的碱性相对较强（pK_b = 5.79），吗啉和二级脂肪胺的碱性差别不大。吡啶（A）是一种杂环芳香胺（pK_b = 8.82），碱性比脂肪胺弱。

苄胺（D）是一种一级脂肪胺，碱性相对较强（pK_b = 3 ~ 4）。芳香胺（C）中的邻甲苯胺碱性相对较弱（pK_b = 9 ~ 10）。

思考题 15.12　从下列每组胺中选出酸性较强的一个。

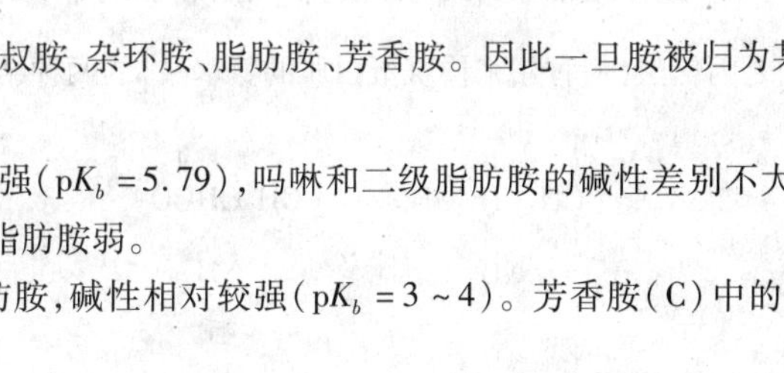

(a) O_2N-苯基-NH_3^+（A）　H_3C-苯基-NH_3^+（B）

(b) 吡啶-NH^+（C）　环己基-NH_3^+（D）

胍($pK_b = 0.4$)是所有中性化合物中碱性最强的。

$$H_2N-\overset{\overset{NH}{\|}}{C}-NH_2 + H_2O \rightleftharpoons H_2N-\overset{\overset{^+NH_2}{\|}}{C}-NH_2 + OH^- \quad pK_b = 0.4$$

胍突出的碱性归功于胍离子正电荷可以在三个氮原子离域,如下图所示。

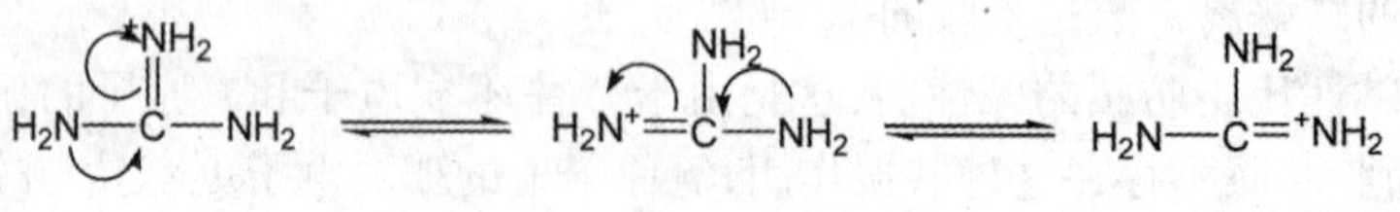

$$H_2N-\overset{\overset{^+NH_2}{\|}}{C}-NH_2 \rightleftharpoons H_2N^+{=}\overset{\overset{NH_2}{|}}{C}-NH_2 \rightleftharpoons H_2N-\overset{\overset{NH_2}{|}}{C}{=}^+NH_2$$

因此,胍离子是稳定性很高的阳离子。在精氨酸中支链的碱性就来源于胍基。

与酸反应

无论是水溶性的胺还是不溶于水的胺,都能定量地与强酸反应形成水溶性的盐,如下式所示,(R)-去甲肾上腺素与盐酸反应生成盐酸盐。

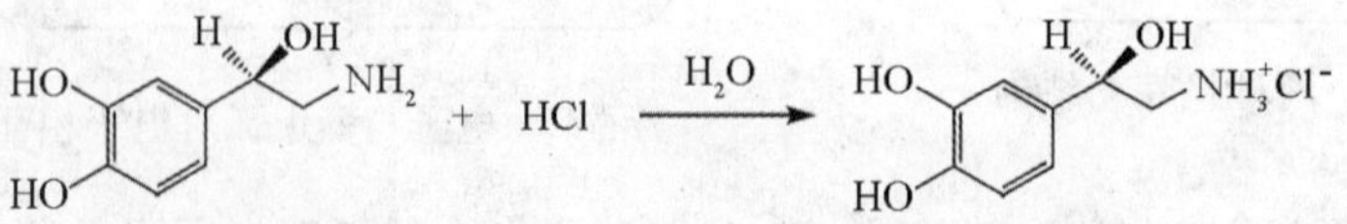

(R)-去甲肾上腺素 + HCl $\xrightarrow{H_2O}$ 盐酸盐($NH_3^+Cl^-$)

去甲肾上腺素是肾上腺髓质分泌的一种神经递质和应激激素,它在集中注意力方面扮演了重要角色。因此去甲肾上腺素是治疗注意力不集中或多动症(ADD/ADHD)的处方药,用来帮助增加大脑去甲肾上腺素的含量。

制药公司利用胺与强酸反应来改善胺类药物的水溶性,如可待因、沙丁醇胺。作为治疗哮喘的药物,沙丁醇胺以硫酸盐的形式出售,这样可以增加药物在肺部的水溶性。

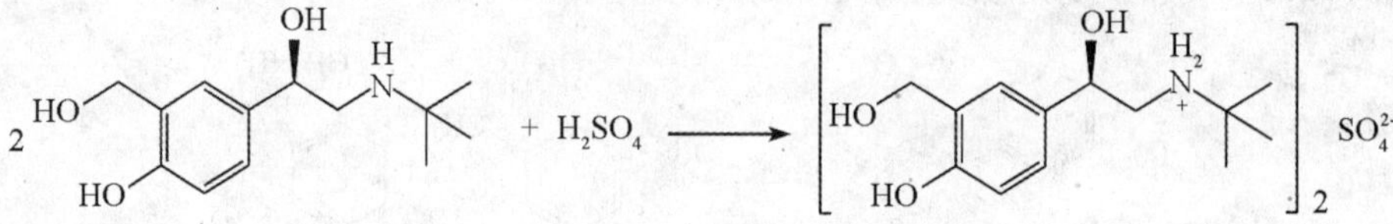

2 沙丁醇胺 + H_2SO_4 $\longrightarrow$ [沙丁醇胺 H_2N^+]$_2$ SO_4^{2-}

胺的碱性以及铵盐的水溶性常常用于把胺从不溶于水的非碱性化合物中分离出来。

示例 15.15　下面是丙氨酸(一种用来构筑蛋白质的氨基酸)的两种结构式。

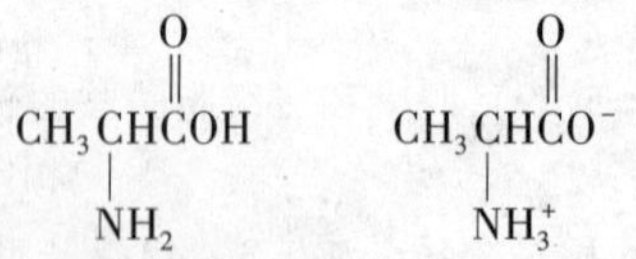

A: $CH_3CH(NH_2)COOH$　　B: $CH_3CH(NH_3^+)COO^-$

结构式 A 或结构式 B 哪种更能代表丙氨酸?

分析:这个问题与示例 15.13 类似,不同的是胺和羧酸出现在同一分子中。结构式 A 包含一个氨基(碱基团)和一个羧基(酸基团),而结构式 B 包含有一个铵离子和一个羧酸根离子(共轭碱)。

解答:质子从酸($-COOH$)转移到碱($-NH_2$)生成内盐,因此结构式 B 能更好地代表丙氨酸。在氨基酸化学中,习惯上将内盐 B 称为两性离子。

思考题 15.13　丙氨酸是一种两性离子,假设这种两性离子溶于水。

(a)加入浓盐酸将溶液的 pH 调节到 2.0,丙氨酸在溶液中以何种结构形式存在?

(b)加入浓氢氧化钠溶液,将溶液的 pH 调节到 12.0,丙氨酸在溶液中以何种结构形式存在?

与亚硝酸反应

亚硝酸(HNO_2)是一种不稳定化合物,将硫酸或盐酸滴加到亚硝酸钠溶液中可制备亚硝酸。亚硝酸属于弱酸,存在下列电离平衡。

$$HNO_2 + H_2O \rightleftharpoons H_3O^+ + NO_2^- \qquad K_a = 4.26 \times 10^{-4} \quad pK_a = 3.57$$

亚硝酸能以不同的方式与胺反应,这取决于胺是一级胺、二级胺还是三级胺,或是脂肪胺还是芳香胺。我们关注的是亚硝酸与一级芳香胺的反应,这类反应在有机合成中经常用到。

一级芳香胺,如苯胺与亚硝酸反应生成比较稳定的重氮盐。

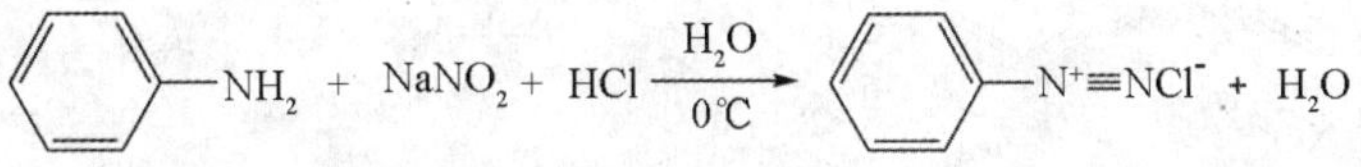

$$C_6H_5NH_2 + NaNO_2 + HCl \xrightarrow[0℃]{H_2O} C_6H_5N^+ \equiv NCl^- + H_2O$$

上面的反应可以缩写为下面形式。

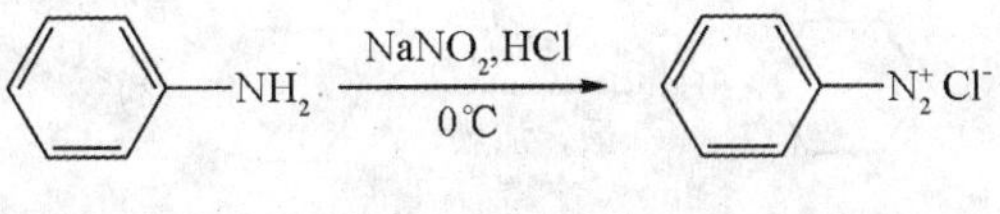

$$C_6H_5NH_2 \xrightarrow[0℃]{NaNO_2, HCl} C_6H_5N_2^+Cl^-$$

重氮盐不稳定,会立即分解生成复杂混合物。加热芳香叠氮盐溶液,$-N_2^+$ 被 $-OH$ 取代,这个反应是为数不多的用来制备苯酚的方法。用这种方法,可以把2-溴-4-甲基苯胺转变成2-溴-4-甲基苯酚。

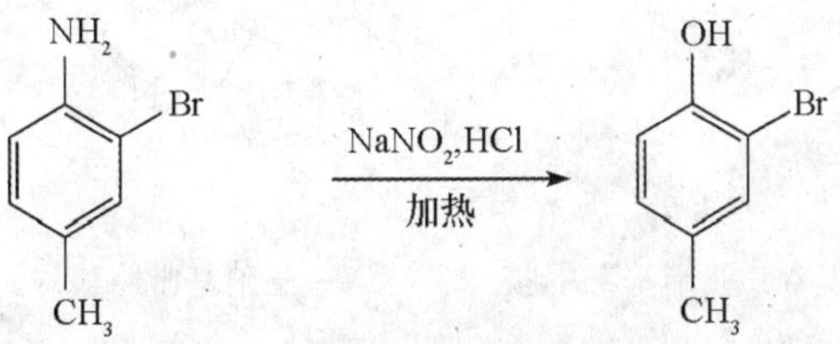

示例15.16　从甲苯出发合成4-羟基苯甲酸,写出下列反应的条件与试剂。

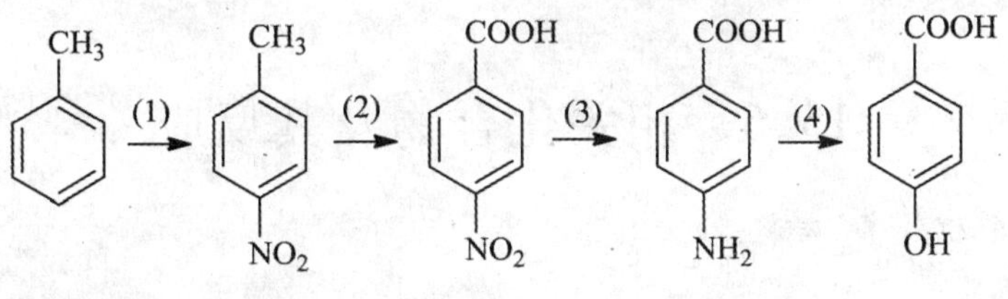

分析:对于这个问题,首先需要确定从原料到产物的反应中每一步发生了什么变化。

第一步　这是一个芳环的亲电取代反应(见13章),具体称为硝化反应。

第二步　这是一个苄基碳的氧化反应。

第三步　这是一个硝基还原反应(见15.3节)。

第四步　这是一个一级芳香胺转化为苯酚的反应。

解答:

第一步　用硝酸/硫酸硝化,将邻位、对位产物进行分离。

第二步　用铬酸或高锰酸钾氧化。

第三步　用过渡金属催化氢化,或者在盐酸溶液中用金属铁、锡或锌还原。

第四步　用亚硝酸钠/盐酸反应生成重氮盐,然后加热溶液。

思考题 15.14　以甲苯为原料合成3-羟基苯甲酸,写出反应过程。

重氮盐也可以与苯酚或苯胺发生偶联反应生成偶氮化合物(Ar-N=N-Ar)。这些化合物带有鲜艳的颜色,一般作为染料。这种偶联反应是芳香环亲电取代反应的又一例子,其中重氮盐作为亲电试剂。例如4-硝基苯胺得到的重氮盐滴加到用碱处理的苯酚溶液中,立即产生一种鲜艳的红色染料。

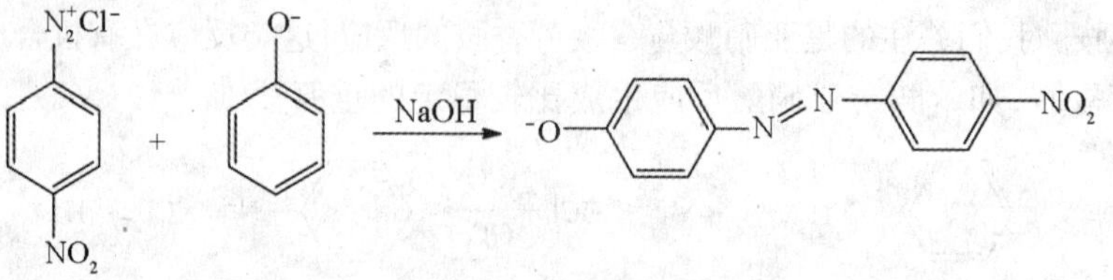

$$4\text{-}O_2N\text{-}C_6H_4\text{-}N_2^+Cl^- + C_6H_5O^- \xrightarrow{NaOH} {}^-O\text{-}C_6H_4\text{-}N{=}N\text{-}C_6H_4\text{-}NO_2$$

二级胺与亚硝酸反应生成 *N*-亚硝胺。

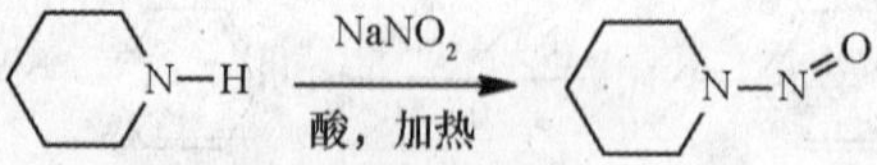

$$C_5H_{10}N\text{-}H \xrightarrow[\text{酸,加热}]{NaNO_2} C_5H_{10}N\text{-}N{=}O$$

亚硝胺作为动物体内一种致癌物质而出名,常见于一些含亚硝酸钠的熟食中。亚硝酸钠常被用来防止肉毒梭菌的生长而添加到肉类中,而肉毒梭菌能引起一种致命的食物中毒——肉毒杆菌中毒。

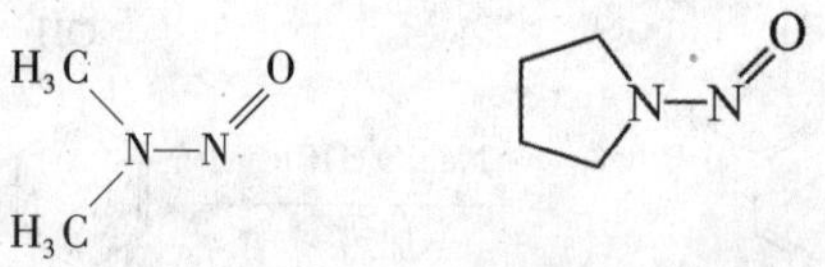

$(H_3C)_2N\text{-}N{=}O$　　$C_4H_8N\text{-}N{=}O$

N-亚硝基二甲胺　　*N*-亚硝基吡咯烷

胺的另一种重要反应是和酰氯或酸酐缩合生成酰胺。有关这方面的内容我们将在后续章节中详细讨论。

15.6　相关化合物及其反应

酚　类

酚是一个或多个羟基与芳香环相连的化合物。酚和醇虽然官能团相似,但它们的性质存在一些差异,特别是酸性。

下面列出了一些苯酚衍生物的结构式及其常用名。

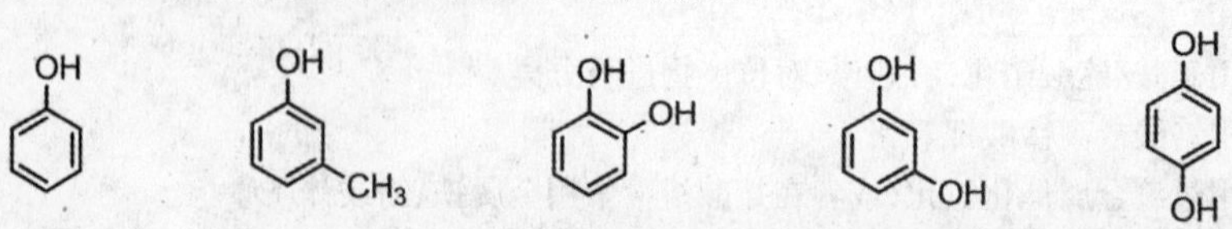

C_6H_5OH　　$3\text{-}CH_3C_6H_4OH$　　$1,2\text{-}C_6H_4(OH)_2$　　$1,3\text{-}C_6H_4(OH)_2$　　$1,4\text{-}C_6H_4(OH)_2$

苯酚　　3-甲基苯酚　　邻苯二酚　　间苯二酚　　对苯二酚

注意,苯甲醇(又名苄醇)不属于酚类。

酚在自然界广泛存在,酚及异构甲酚(邻-、间-、对-甲酚)是炼焦过程中所得焦油的重要成分,苯酚的衍生物麝香草酚和香兰素分别是麝香草和香草的重要成分。

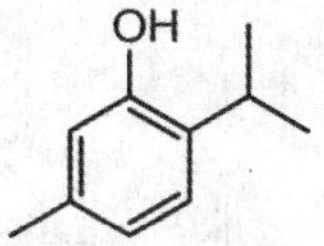

2-异丙基-5-甲基苯酚
(麝香草酚)

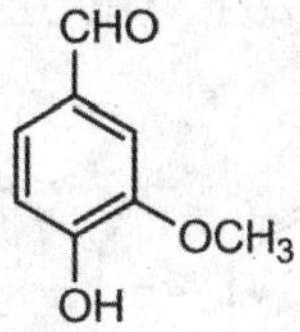

4-羟基-3-甲氧基苯甲醛
(香兰素)

苯酚又名石炭酸,是一种低熔点、微溶于水的固体。在足够高的浓度范围内它能腐蚀各种细胞。在稀溶液下,苯酚具有防腐性能并被用于外科手术中。如今苯酚已被效果更好、副作用更小的防腐剂所代替,如 4-正己基间苯二酚,被广泛作为一种温和的非处方制剂用于防腐和消毒。从丁香花蕾中分离得到的丁香酚可用作牙科消毒剂和镇痛剂。辣椒素是各种辣椒中的辛辣成分,也是辣椒喷雾剂的有效成分。

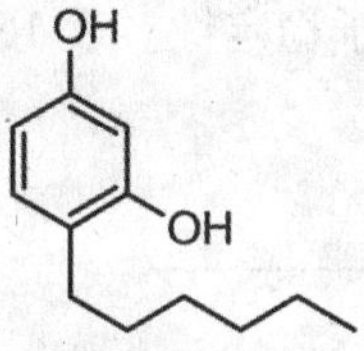

4-正己基间苯二酚 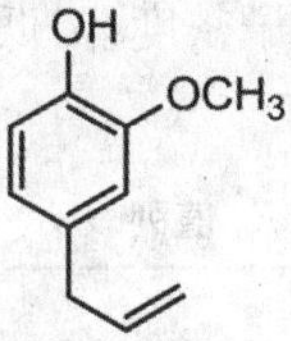　　丁香酚 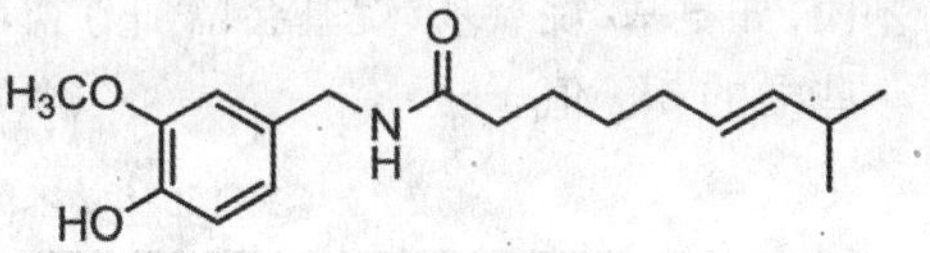　　辣椒素

酚的酸性

酚和醇都含有羟基,但把酚单独归为一类,是由于酚的化学性质与醇有很大的差别。酚的酸性比醇更强,酚的酸电离常数是醇的 10^6 倍。

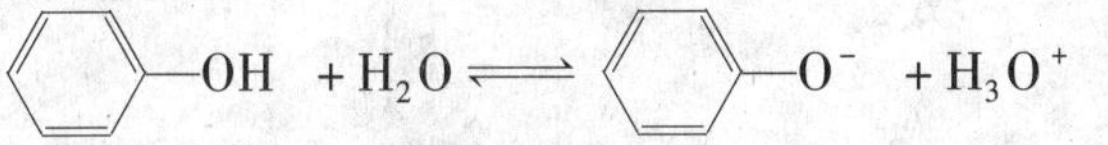

$$C_6H_5OH + H_2O \rightleftharpoons C_6H_5O^- + H_3O^+ \qquad K_a = 1.02\times10^{-10} \quad pK_a = 9.99$$

$$CH_3CH_2OH + H_2O \rightleftharpoons CH_3CH_2O^- + H_3O^+ \qquad K_a = 1.3\times10^{-16} \quad pK_a = 15.9$$

表 15.9 列出了一些 $0.1\text{mol}\cdot L^{-1}$ 醇、酚水溶液的氢离子浓度或 pH 值,为了方便比较,将 $0.1\text{mol}\cdot L^{-1}$ 的盐酸也列入其中。

在水溶液中,醇是中性物质,$0.1\text{mol}\cdot L^{-1}$ 乙醇溶液的氢离子浓度与纯水相似。而 $0.1\text{mol}\cdot L^{-1}$ 苯酚溶液显弱酸性,pH 为 5.4。通过比较可知,$0.1\text{mol}\cdot L^{-1}$ 的盐酸由于在溶液中完全电离是强酸,pH 为 1.0。

表 15.9　乙醇、苯酚和盐酸在 0.1M 浓度下的 pH 值

酸解离平衡	$[H_3O^+]$	pH
$CH_3CH_2OH \leftrightarrow CH_3CH_2O^- + H_3O^+$	1.0×10^{-7}	7.0
$C_6H_5OH + H_2O \leftrightarrow C_6H_5O^- + H_3O^+$	3.3×0^{-6}	5.4
$HCl + H_2O \leftrightarrow Cl^- + H_3O^+$	0.1	1.0

与醇相比,苯酚的酸性更强,这是由于酚离子上的负电荷通过共振而发生离域,使酚离子比醇盐离子更稳定。如下图所示,左边两个共振结构把负电荷集中在氧原子上,而右边三个共振结构把负电荷分别集中在苯环邻位碳或对位碳原子上。通过共振杂化,酚离子负电荷可以在四个原子上发生离域,这有利于酚离子稳定。然而醇盐离子不存在这种共振结构。

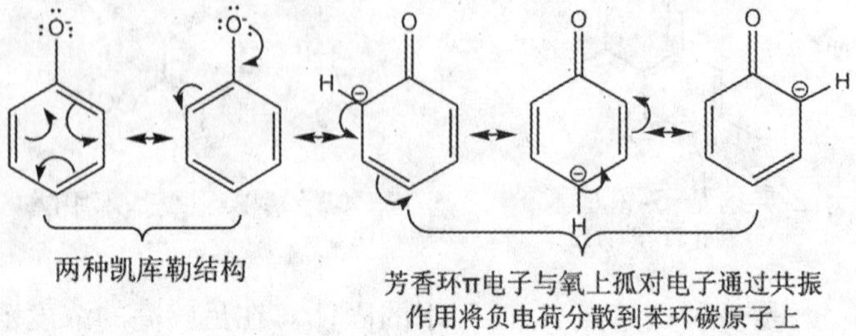

两种凯库勒结构

芳香环π电子与氧上孤对电子通过共振作用将负电荷分散到苯环碳原子上

虽然共振结构能解释为什么苯酚的酸性比醇强,但是它不能定量地预测其酸性到底有多强。要比较一种酸比另一种酸强多少,必须通过实验手段确定并比较它们的 pK_a 值。

通过诱导效应和共振效应,苯环上的取代基对苯酚的酸性有显著的影响。一些吸电子基团,如氯、氰基、硝基可以降低芳香环的电子密度,削弱 O—H 键并稳定酚离子。相反,给电子基团,如氨基、烷氧基、烷基会增加芳香环的电子密度,降低酚离子稳定性。表 15.10 列出了一些酚的 pK_a 值。

表 15.10 不同酚的 pK_a 值列表

名称	pK_a
2,4,6-三硝基苯酚	0.42
醋酸	4.76
4-硝基苯酚	7.15
4-氰基苯酚	7.97
4-氯苯酚	9.41
苯酚	9.99
4-甲氧基苯酚	10.21
4-甲基苯酚	10.26
4-氨基苯酚	10.30

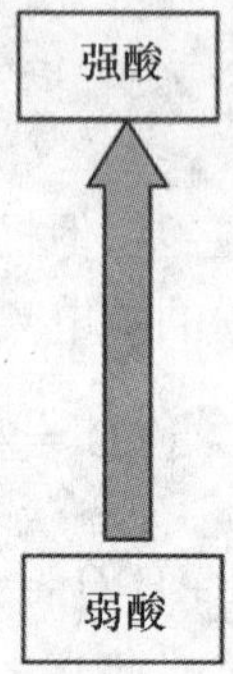

强酸

弱酸

示例 15.17 以酸性逐渐递增的顺序排列化合物 2,4-二硝基苯酚、苯酚、苯基醇。

分析:醇的酸性比酚弱,因此醇应该排在首位。对于酚,只需确定苯环上的取代基是吸电子基团还是给电子基团,吸电子基团使酚酸性增加,而给电子基团使酚酸性降低。

解答:苯甲醇是一级醇,其 pK_a 值大约是 16,苯酚的 pK_a 值是 9.99,硝基是吸电子基团,能够增加酚的酸性。因此按照酸性递增次序,下列化合物的顺序是:

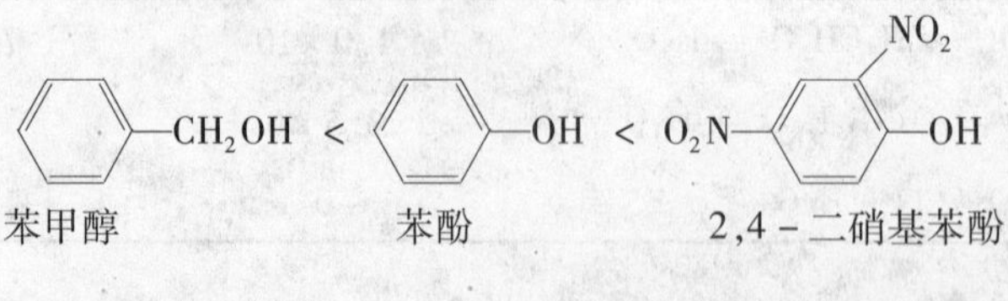

$C_6H_5-CH_2OH$ < C_6H_5-OH < $O_2N-C_6H_3(NO_2)-OH$

苯甲醇 苯酚 2,4-二硝基苯酚

思考题 15.15　以酸性逐渐递增的顺序排列化合物 2,4－二氯苯酚、苯酚、环己醇。

酚的酸碱反应

酚是弱酸,和强碱如氢氧化钠反应生成水溶性的盐。

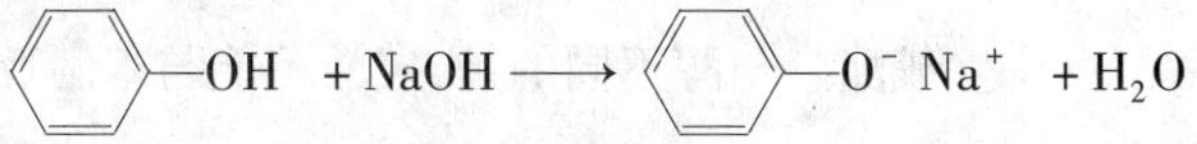

$$C_6H_5\text{—}OH + NaOH \longrightarrow C_6H_5\text{—}O^-Na^+ + H_2O$$

大多数酚不与弱碱反应,如碳酸氢钠,也不溶于碳酸氢钠水溶液。碳酸比大多数酚的酸性强,因此,苯酚与碳酸氢根离子建立的反应平衡偏向于左边。

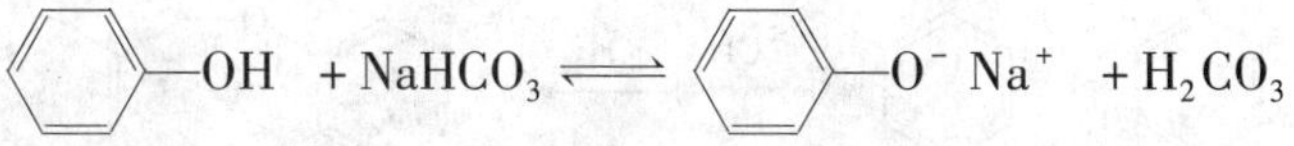

$$C_6H_5\text{—}OH + NaHCO_3 \rightleftharpoons C_6H_5\text{—}O^-Na^+ + H_2CO_3$$

酚是弱酸,而醇显中性,可以利用两者性质上的差别把酚从不溶于水的醇中分离出来。假设我们想要从环己醇中分离出 4－甲基苯酚,两者都微溶于水,直接利用水溶性差别分离不太容易实现,但可以利用二者酸性的差别进行分离。首先,将环己醇和 4－甲基苯酚混合物溶于乙醚或其他非极性溶剂中,然后,转入分液漏斗,与稀氢氧化钠溶液一起振荡。4－甲基苯酚在此条件下与氢氧化钠反应生成溶于水的 4－甲基酚钠。分液漏斗上层清夜是环己醇的乙醚溶液(密度 $=0.74\ g\cdot mL^{-1}$),下层是 4－甲基酚钠的水溶液。两层分离后,浓缩上层液得到纯的环己醇。下层用 $0.1mol\cdot L^{-1}$ 盐酸酸化,4－甲基酚钠转化为 4－甲基苯酚,用醚萃取,浓缩得到纯的样品。

酚的氧化

酚容易被氧化生成醌,醌是能够显出从红色到紫色的深颜色化合物。在久装苯酚的瓶子中常常看到粉红色,这是由于有痕量醌存在。pH 指示剂茜素就是一种醌,它有两个酸性质子,所以能够用于两种不同的 pH 值区域,pH <5.5 时显黄色,pH 介于 6.8～11 时显红色,pH >12 时显紫色。

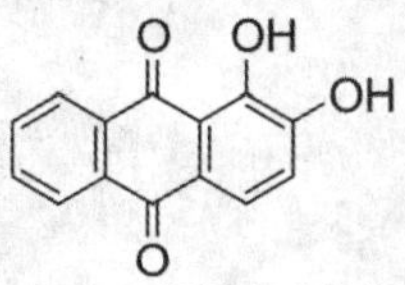

茜素，酸结构，黄色 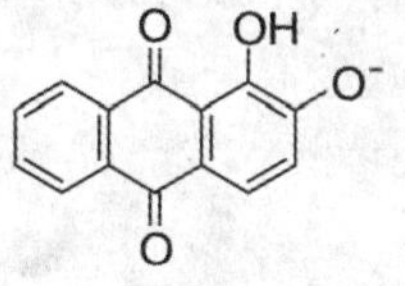　　茜素，单碱结构，红色 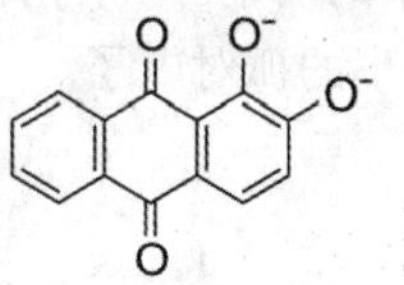　　茜素，双碱结构，紫色

酚的氧化明显不同于醇的氧化,这是由于与酚羟基相连的碳上没有氢原子。苯酚氧化后生成 2,5－二烯－1,4－二酮(对苯二醌)。

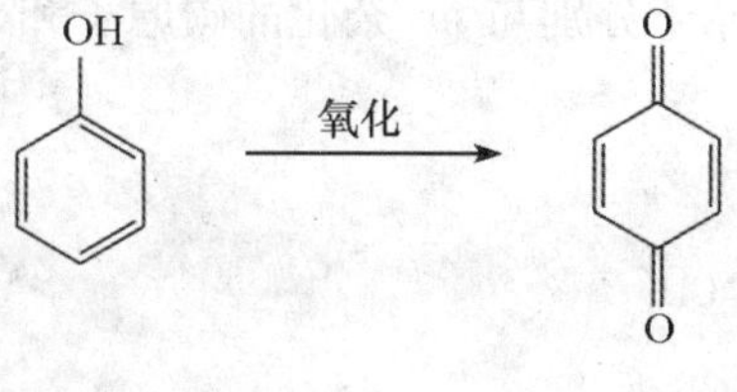

$$C_6H_5OH \xrightarrow{\text{氧化}} O{=}C_6H_4{=}O$$

邻苯二酚和对苯二酚也容易发生氧化生成邻苯二醌和对苯二醌。苯醌用温和的还原剂处理很容易还原成原来的酚。

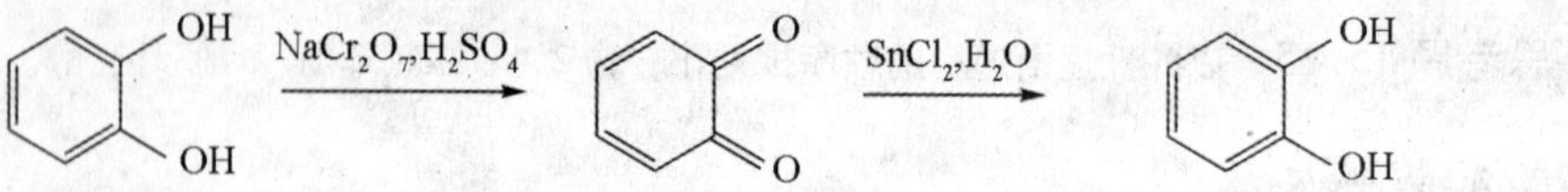

$$\text{邻苯二酚} \xrightarrow{NaCr_2O_7, H_2SO_4} \text{邻苯醌} \xrightarrow{SnCl_2, H_2O} \text{邻苯二酚}$$

酚的其他反应

苯酚与酰氯或酸酐反应生成酯。与醇不同的是,羧酸不能与苯酚反应制备酯,因为苯酚与羧酸不发生反应。

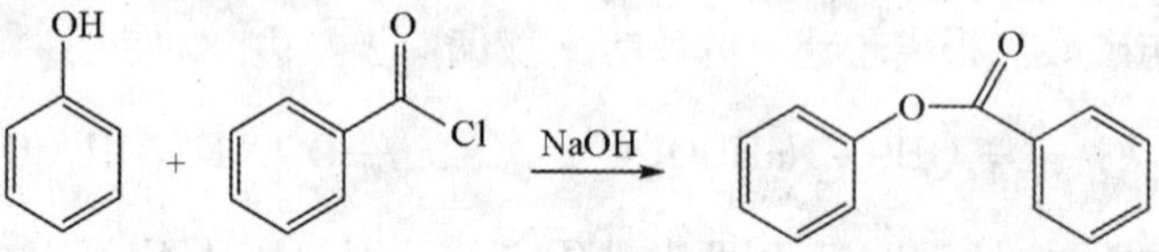

$$C_6H_5OH + C_6H_5COCl \xrightarrow{NaOH} C_6H_5OCOC_6H_5$$

酚显酸性,且容易失去质子生成酚离子,酚离子是一种优良的亲核试剂,可以从卤代烷上取代卤素生成醚。

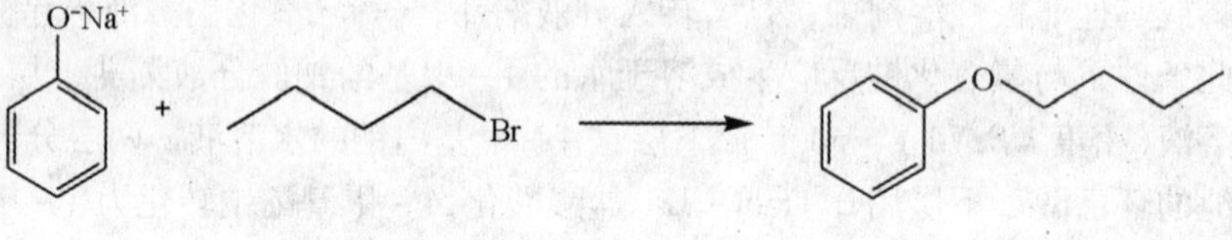

$$C_6H_5O^-Na^+ + CH_3CH_2CH_2CH_2Br \longrightarrow C_6H_5OCH_2CH_2CH_2CH_3$$

醚

前几节我们学习了水分子中的一个氢原子被烷基取代(醇)或被芳基取代(酚)的衍生物。这一节我们将学习水分子两个氢原子同时被烷基或芳基取代的衍生物——醚。醚的官能团是与两个碳原子(不能是其他杂原子,如O、N、S卤素原子)成键的氧原子。在甲醚结构中,氧原子的两个 sp^3 杂化轨道分别与两个碳原子形成 σ 键,剩下的两个 sp^3 杂化轨道含有一对未共享的孤对电子。

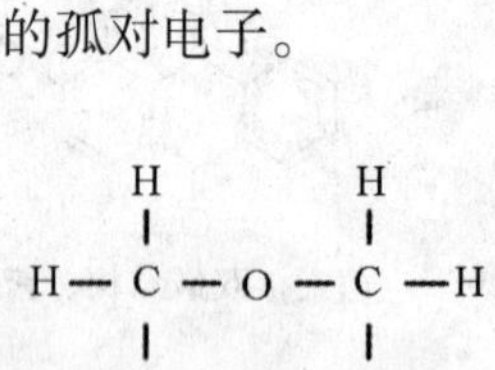

$$H_3C-O-CH_3$$

甲醚

在乙基乙烯基醚中,醚氧原子分别与 sp^3 杂化的碳原子和 sp^2 杂化的碳原子成键。

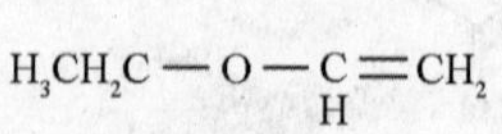

$$H_3CH_2C-O-CH=CH_2$$

乙基乙烯基醚

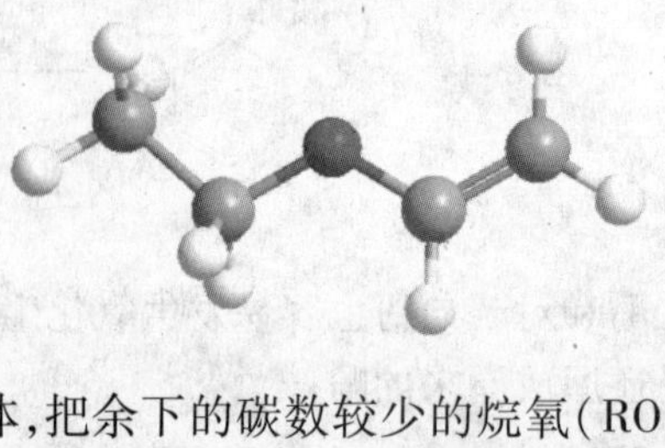

IUPAC命名系统中,取较长的烃基作为母体,把余下的碳数较少的烷氧(RO-)作为取代基。普通命名法中,简单醚只要在相同的烃基名称前写上“二”字,然后写上醚,习惯上

“二”字可以省略不写，混合醚按顺序规则将两个烃基分别列出，然后写上醚字。

$CH_3CH_2OCH_2CH_3$　　$H_3CO—C(CH_3)_2—CH_3$　　（环己烷环上 OH 与 OCH_2CH_3 反式取代）

乙醚　　甲基叔丁醚 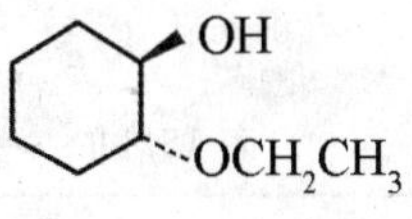　　反-2-乙氧基环己醇

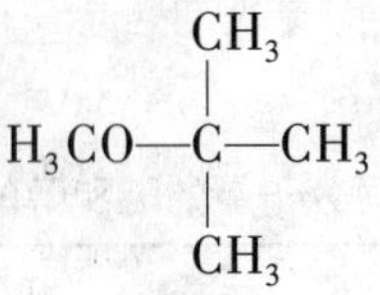

化学家一般用普通命名法命名低摩尔质量的醚。如按照 IUPAC 命名法将 $CH_3CH_2OCH_2CH_3$ 命名为乙氧基乙烷，但这种命名很少见，一般称为二乙基醚或乙醚，甚至简称作醚。

环醚属于杂环化合物，醚氧原子是环中一员，这些醚一般有通用名称。

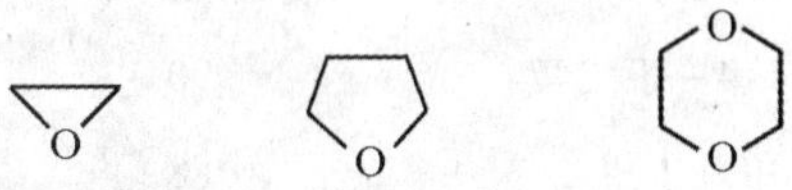

环氧丙烷　　四氢呋喃　　1,4-二氧六环

示例 15.18　用 IUPAC 命名法和普通命名法为下列化合物命名。

(a) 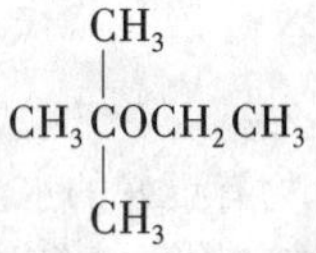 $CH_3C(CH_3)_2OCH_2CH_3$；　(b) 环己基—O—环己基

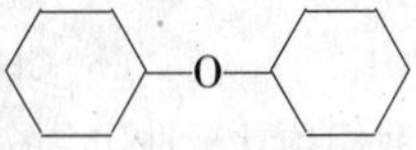

分析：给醚命名，应首先确定醚氧原子的位置以及氧原子两边烃基的类型。IUPAC 命名法中，较大的烃基作为母体，较小的作烷氧基。对于普通命名法，烃基按顺序规则依次列出，然后写上醚字。

解答：

(a) 2-乙氧基-2-甲基丙烷，普通命名法名称为叔丁基乙基醚。

(b) 环己氧基环己烷，普通命名法名称为二环己基醚。

思考题 15.16　用 IUPAC 命名法和普通命名法为下列化合物命名。

(a) 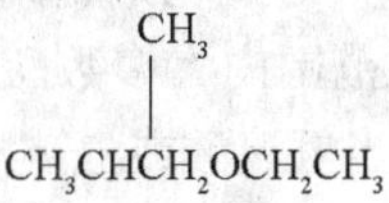 $CH_3CH(CH_3)CH_2OCH_2CH_3$；　(b) 环戊基—$OCH_3$

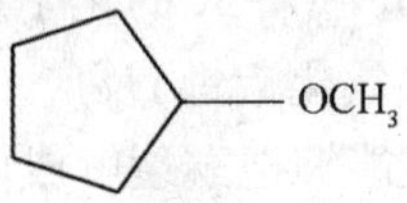

醚的物理性质

醚是中等极性化合物，氧原子带有部分负电荷，与之成键的碳原子带有部分正电荷。由于空间位阻，在纯液态下醚分子间仅存在弱的相互吸引力。因此，醚的沸点比分子量相似的醇的沸点低，与分子量相似的烃类相近。

由于醚氧原子带有部分负电荷，醚能够与水形成氢键，因此醚比分子量和结构相似的烃类更易溶于水（比较表 15.6 和表 15.11 数据）。

通过比较乙醇（78℃）及其异构体二甲醚（-24℃）的沸点，我们可以明显地看到氢键的影响。这两种化合物沸点的差别来源于醇上极性的羟基官能团。羟基能使醇分子间产生氢键，而氢键增加了醇分子间的吸引力。所以乙醇的沸点比乙醚高。

CH_3CH_2OH　　CH_3OCH_3
乙醇　　二甲醚
bp = 78℃　　bp = −24℃

表 15.11　一些具有相同分子量的醚和醇的沸点和在水中溶解度

结构式	名称	摩尔质量	沸点(℃)	水溶性
CH_3CH_2OH	乙醇	46	78	互溶
CH_3OCH_3	二甲醚	46	−24	7.8g/100g
$CH_3CH_2CH_2CH_2OH$	正丁醇	74	117	7.4g/100g
$CH_3CH_2OCH_2CH_3$	乙醚	74	35	8g/100g
$CH_3CH_2CH_2CH_2CH_2OH$	正戊醇	88	138	2.3g/100g
$HOCH_2CH_2CH_2CH_2OH$	1,4−丁二醇	90	230	互溶
$CH_3CH_2CH_2CH_2OCH_3$	甲基丁醚	88	71	微溶
$CH_3OCH_2CH_2OCH_3$	1,2−二甲氧基乙烷	90	84	互溶

示例 15.19　按在水中溶解度递增的顺序排列下列化合物。

(a) $CH_3OCH_2CH_2OCH_3$;　(b) $CH_3CH_2OCH_2CH_3$;　(c) $CH_3CH_2CH_2CH_2CH_2CH_3$

分析:水是极性溶剂,我们预计极性化合物比非极性化合物有更好的水溶性。由于乙醚和1,2−二甲氧基乙烷含有C−O−C极性基团,因此都属于极性化合物,都可以作为氢键的接受体与水分子作用。正己烷是非极性烃类,因此,其在水中溶解度很低。一般来说,极性化合物比非极性化合物更溶于水。

解答:

(a) $CH_3CH_2CH_2CH_2CH_2CH_3$;　(b) $CH_3CH_2OCH_2CH_3$;　(c) $CH_3OCH_2CH_2OCH_3$
不溶　　8 g/100g　　互溶

醚的反应

与烃类类似,醚R−O−R的化学性质不活泼,不与氧化剂(如重铬酸钾、高锰酸钾)或还原剂(如硼氢化钠、氢化铝锂)反应。在适宜温度范围内大多数酸碱对其没有影响。但是浓的氢溴酸或氢碘酸能够把醚裂解成卤代烷和醇;当氢溴酸或氢碘酸过量时,中间体醇进一步反应生成卤代烷和水(见15.2节)。

O + HBr ⟶ Br + HO

O + 2 HBr ⟶ 2 Br + H_2O

与卤代氢和醇反应相似,卤代氢与醚的反应也是一例亲核取代反应,反应的第一步是醚氧原子的质子化产生鎓离子(R_2OH^+)。

因为其优良的溶解性能和对反应的惰性,醚被广泛用作有机反应的溶剂。

糖

糖是一类多官能团化合物,有许多独特的性质。糖在生物化学领域有非常重要的作用。

糖化学所包括的范围和种类是巨大的,我们将学习其中最简单的一些内容。但是对于糖类化合物来说,无论简单还是复杂,糖的性质由组成其结构的官能团决定。

"糖"又名碳水化合物,其分子式是 $C_n(H_2O)_m$。下面是分子式可以写成碳水化合物形式的两个糖的例子:葡萄糖(或血糖),$C_6H_{12}O_6$ 或写成 $C_6(H_2O)_6$;蔗糖,$C_{12}H_{22}O_{11}$ 或写成 $C_{12}(H_2O)_{11}$。

然而,不是所有的糖都符合这种普通分子式的形式,一些糖中氧原子含量较少,而另一些含有更多氧原子,一些糖类有氮元素存在。但"糖"已经成了这一类化合物固定的化学名称,虽然从分子式的形式讲是不确切的。

在分子水平上,大多数糖是多羟基醛、多羟基酮或水解后可以生成这两种物质的化合物。因此,糖化学实际上是有关羟基和羰基的化学,以及由羟基与羰基通过缩合形成缩醛的化学。

几乎所有的糖都有手性中心,分子有旋光性,这意味着糖对平面偏振光有作用。手性对糖的生物活性起着非常重要的作用,因为许多细胞的相互作用通过糖的立体异构体进行。这就是为什么输血需要血型匹配,因为细胞表面粘附的不同类型糖导致了不同血型。另一个有关立体异构体之间性质差别的例子是糖的甜味:一种糖可能很甜,而此糖的另一个立体异构体可能没有甜味。值得注意的是所有的糖(从最简单的糖到最复杂的具有生物活性的糖)最初都是由非手性的 CO_2 通过植物光合作用生成的。

单糖

糖的英文名称"saccharide"来源于拉丁文,意为"甜味"。单糖是最简单的糖,不能再发生水解。

单糖的分子式可以写成 $C_nH_{2n}O_n$,其中含有一个醛羰基或酮羰基。大多数单糖含有3~9个碳原子。英文的普通命名中,后缀 - ose 代表糖,前缀 tri - 、tetr - 、pent - 等代表链中的碳原子数目。带有醛基的单糖称为醛糖,带有酮基的单糖称为酮糖。

丙糖只有两种:一种是甘油醛,又名丙醛糖;一种称为二羟基丙酮,又名酮基丙糖。

```
CHO            CH2OH
|              |
CHOH           C=O
|              |
CH2OH          CH2OH
甘油醛          二羟基丙酮
```

通常,"醛"或"酮"省略,简单地写成三糖、四糖等。虽然这种命名不能体现羰基的类型,但是能够说明单糖所含碳原子的数目。

糖类也有 IUPAC 命名规则,如上面提到的甘油醛的 IUPAC 名称是 2,3 - 二羟基丙醛,二羟基丙酮的 IUPAC 名称是 1,3 - 二羟基丙酮。

甘油醛含有一个手性中心,因而存在一对对映体。*R* 构型的立体异构体称为(*R*) - 甘油醛,*S* 构型的立体异构体称为(*S*) - 甘油醛。

化学家通常用二维费歇尔(Fischer)投影式表示糖的三维构型。要画费歇尔投影式,首先画出氧化态较高的碳原子,并放在最上端,与手性碳原子相连的两个横键伸向纸平面外,两个竖键伸向纸平面后方,横线与竖线的交点代表手性碳原子的三维结构。然后,根据三维结构画二维图,键的交点代表立体中心。这样画出的图就是费歇尔投影式,如下所示。

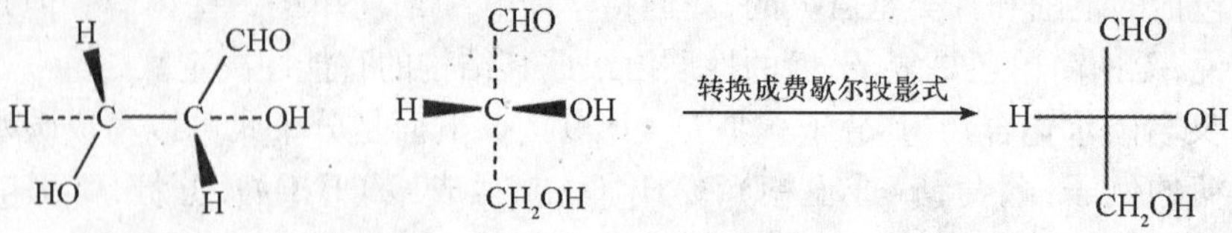

H—C—C—OH（H、HO；CHO、H）　　CHO / H—C—OH / CH_2OH　　转换成费歇尔投影式 →　　CHO / H—+—OH / CH_2OH

费歇尔投影式两个水平方向的化学键伸向纸面前方，垂直方向的两个化学键指向纸面后方，纸平面的交点代表立体中心。值得注意的是，不能把费歇尔投影式像左边的三维结构那样进行旋转处理。费歇尔投影式中的横线和竖线都有特定的含义，如果将费歇尔投影式旋转 90 度，将得到一种新的三维结构。

D－单糖和 *L*－单糖

虽然 *R*,*S* 表示法作为标准被普遍用来表示手性中心的构型，但是糖的构型通常用费歇尔于 1891 年提出的 *D*－和 *L*－来表示。费歇尔把甘油醛的右旋与左旋对映体分别命名为 *D* 型甘油醛和 *L* 型甘油醛。

CHO / H—+—OH / CH_2OH　　　　CHO / HO—+—H / CH_2OH

D 型甘油醛　　　　*L* 型甘油醛

以 *D* 型甘油醛和 *L* 型甘油醛作为参考对象，其他醛糖或酮糖与之比较得到相对构型。参考点为远离羰基的手性中心。由于参考手性中心临近分子链的最后一个碳原子，因此又称为倒数第二个碳原子。*D* 型单糖是指倒数第二碳原子的构型与 *D*－甘油醛相似（即—OH 位于费歇尔投影式的右边）。*L* 型单糖是指倒数第二碳原子的构型与 *L*－甘油醛相似（即－OH位于费歇尔投影式的左边）。在生物界中几乎所有的单糖都属于 *D* 型，绝大多数是己糖或戊糖。

生物界最常见的三种己糖是 *D*－葡萄糖、*D*－半乳糖、*D*－果糖。前两种是 *D*－己醛糖，第三个果糖属于 *D*－2－己酮糖。三者中含量最丰富的葡萄糖，由于其右旋又名右旋糖，其他的名称包括血糖等。人体血液正常情况下含有 65～110mg/100mL 的葡萄糖。*D*－果糖是蔗糖的两个构筑单元之一。

多糖

多糖是由许多单糖经糖苷键连接而成的化合物。三种非常重要的多糖是淀粉、糖原和纤维素，它们全部由葡萄糖组成。

淀粉

淀粉广泛存在于植物的种子和根部，是葡萄糖的储存形式。淀粉主要分为两类：直链淀粉和支链淀粉。虽然每种植物的淀粉都是独特的，但是大多数淀粉含有 20%～25% 的直链淀粉和 75%～80% 的支链淀粉。

直链淀粉和支链淀粉完全水解后只能得到 *D*－葡萄糖。直链淀粉是由连续的不带支链的大约 4000 个葡萄糖单元经 α－1,4－糖苷键连接而成的线性高分子链。支链淀粉含有一条由 α－1,4－糖苷键连接起来的多达 10000 个葡萄糖单元组成的链，在此线性网络上分出许多支链，每个支链上包含由 α－1,6－糖苷键连接的 24～30 葡萄糖单元。

习　题

15.1　命名下列化合物。

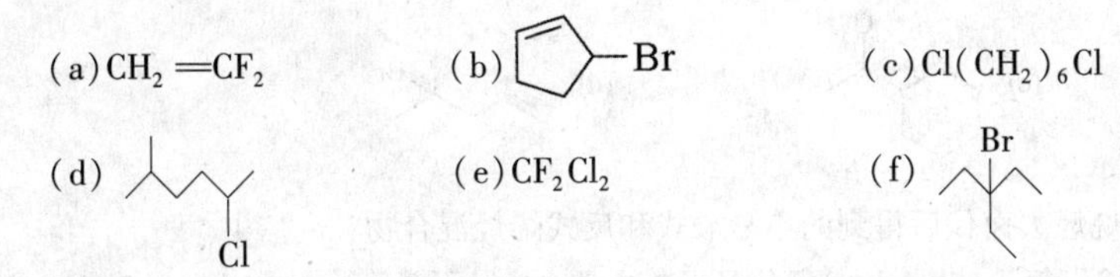

15.2　命名下列化合物(包括构型)。

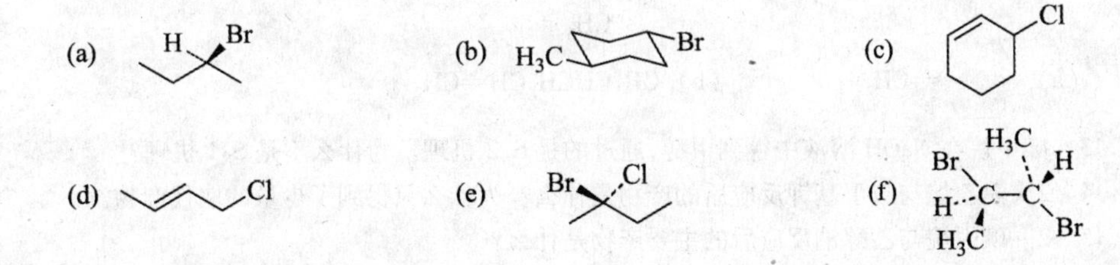

15.3　画出下列化合物的结构。

(a)3－溴丙烯　　(b)(*R*)－2－氯戊烷

(c)内消旋－3,4－二溴己烷　　(d)反－1－溴－3－异丙基环己烷

(e)1,2－二氯乙烷　　(f)溴代环丁烷

15.4　下面哪个化合物是2°卤代烷烃?

(a)异丁基氯　　(b)2－碘辛烷　　(c)反－1－氯－4－甲基环己烷

15.5　不考虑立体化学,写出下列反应的产物,并给产物命名。

(a) $CH_3—CH_2—CH_2—CH_3 + Cl_2 \xrightarrow{加热}$

(b) 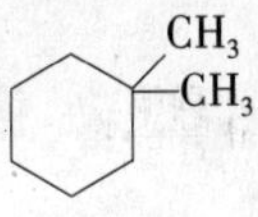 1,1-二甲基环己烷（环己基上连 CH_3、CH_3） $+ Cl_2 \xrightarrow{光照}$

(c) 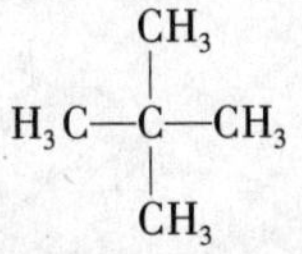 $H_3C—C(CH_3)_2—CH_3 \xrightarrow{加热}$（中心 C 上下各连 CH_3）

(d) 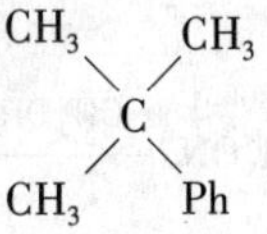 $(CH_3)_3C—Ph + Br_2 \xrightarrow{光照}$（C 上连 CH_3、CH_3、CH_3、Ph）

15.6　按极性增加的顺序排列质子溶剂:H_2O、CH_3CH_2OH、CH_3OH。

15.7　按极性增加的顺序排列非质子溶剂:丙酮、戊烷、乙醚。

15.8　比较下列化合物的亲核性。

(a)H_2O 和 OH^-　　(b)CH_3COO^- 和 OH^-　　(c)CH_3SH 和 CH_3S^-

15.9　关于卤代烷烃的 S_N2 反应,下列说法正确的有哪些?

(a)卤代烷烃和亲核试剂都影响决速步骤的过渡态;

(b)取代中心的构型翻转;

(c)手性在反应前后不变;

(d)反应性:3°>2°>1°>甲基;

(e)亲核试剂必须含有一对未共用电子,且带负电荷;

(f)亲核试剂的亲核性越强,反应的速度越快。

15.10 写出下列化合物在乙醇中与乙醇钠的产物，假设发生的是 E2 反应，遵循 Zaitsev 规则，哪种产物是主产物？

(a) [结构式：含 Br 的卤代烷]；(b) [结构式：1-甲基-1-氯环己烷]；

(c) [结构式：1-氯乙基环己烷]；(d) [结构式：含 Br 的烯烃]

15.11 下列哪些卤代烷烃去卤代后得到的不是顺式和反式烯烃混合物？

(a) 2－氯戊烷 (b) 2－氯丁烷 (c) 氯代环己烷 (d) 异丁基氯

15.12 推断下列产物的反应起始卤代物，要求产率较高，且不会得到顺反式烯烃异构体。

(a) 环己基$=CH_2$；(b) $CH_3CH(CH_3)CH_2CH{=}CH_2$

15.13 碘甲烷在 NaOH 溶液中得到甲醇，通过的是 S_N2 机理。为什么不是 S_N1 机理？

15.14 2－溴乙烷与叔丁基钾反应后的产物是什么？为什么只得到了少量的取代产物？

15.15 2－碘丙烷与乙醇钠反应后的主要产物是什么？

15.16 2－溴－2－甲基丙烷与 NaOH 反应，通过的是 S_N1、S_N2、E1 还是 E2 机理？

15.17 完成下列 S_N2 反应。

(a) 氯代环己烷 $+ CH_3COONa \xrightarrow{CH_3CH_2OH}$；

(b) $CH_3CH(I)CH_2CH_3 + CH_3CH_2SNa \xrightarrow{\text{丙酮}}$；

(c) $CH_3CH(CH_3)CH_2CH_2Br + NaI \xrightarrow{\text{丙酮}}$；

(d) $(CH_3)_3N + CH_3I \xrightarrow{\text{丙酮}}$；

(e) 环己基$-CH_2Br + CH_3ONa \xrightarrow{CH_3OH}$；

(f) H_3C－环己基（椅式）－Cl $+ CH_3SNa \xrightarrow{CH_3CH_2OH}$；

(g) 哌啶（NH）$+ CH_3(CH_2)_6CH_2Cl \xrightarrow{CH_3CH_2OH}$；

(h) 环戊基$-CH_2Cl + NH_3 \xrightarrow{CH_3CH_2OH}$。

15.18 根据卤代烷烃结构、亲核试剂和溶剂，解释 15.17 题目中的反应为什么属于 S_N2。

15.19 在下面的反应中，有两个亲核位点可以被取代。写出它们的产物，并指出哪个位点更易发生 S_N2 反应。

(a) $HOCH_2CH_2NH_2 + CH_3I \xrightarrow{CH_3CH_2OH}$

(b) 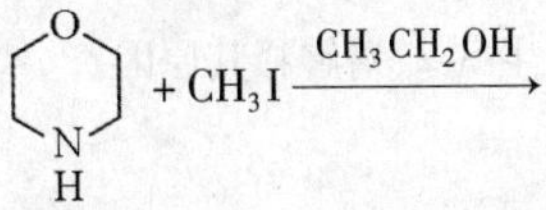 吗啉 $+ CH_3I \xrightarrow{CH_3CH_2OH}$

(c) $HOCH_2CH_2SH + CH_3I \xrightarrow{CH_3CH_2OH}$

15.20　关于卤代烷烃的 S_N1 反应,下列说法正确的有哪些?

(a)卤代烷烃和亲核试剂都影响决速步骤的过渡态;

(b)立体中心构型在反应前后保留;

(c)立体中心构型在反应前后消失;

(d)反应性:3° >2° >1° >甲基;

(e)反应中心的空间位阻越大,反应的速度越慢;

(f)亲核性强的试剂比亲核性弱的试剂更易发生 S_N1 反应。

15.21　写出下列 S_N1 反应的产物。

(a) 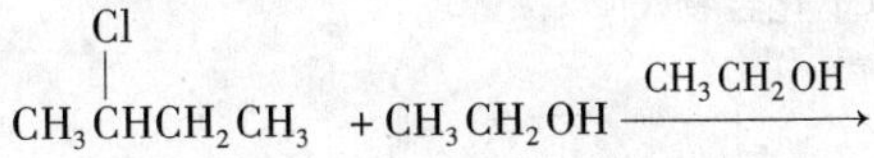 $CH_3CH(Cl)CH_2CH_3 + CH_3CH_2OH \xrightarrow{CH_3CH_2OH}$

(b) 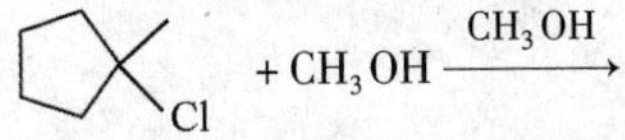 1-氯-1-甲基环戊烷 $+ CH_3OH \xrightarrow{CH_3OH}$

(c) 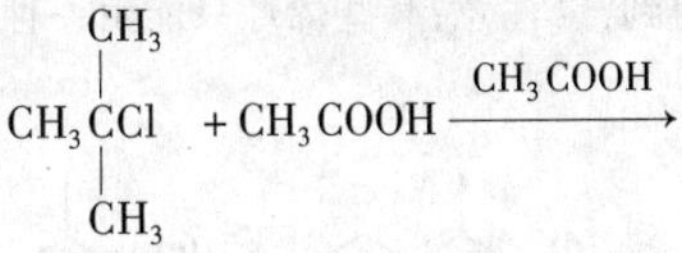 $(CH_3)_3CCl + CH_3COOH \xrightarrow{CH_3COOH}$

(d) 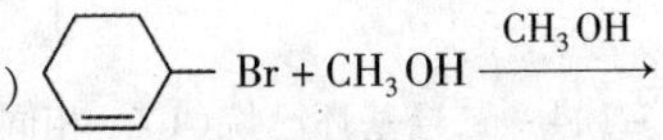 3-溴环己烯 $-Br + CH_3OH \xrightarrow{CH_3OH}$

15.22　根据卤代烷烃结构、亲核试剂和溶剂,解释 15.21 题目中的反应为什么属于 S_N1。

15.23　比较下面的化合物在乙醇水溶液中的亲核取代反应快慢。

(a) 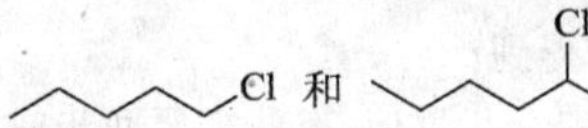 1-氯己烷（Cl） 和 2-氯己烷（Cl）

(b) 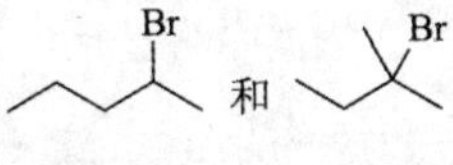 2-溴戊烷（Br） 和 2-溴-2-甲基丁烷（Br）

(c) 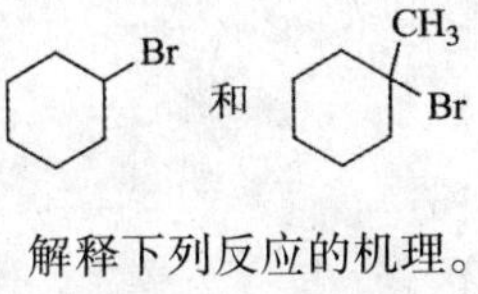 溴代环己烷（Br） 和 1-溴-1-甲基环己烷（CH_3、Br）

15.24　解释下列反应的机理。

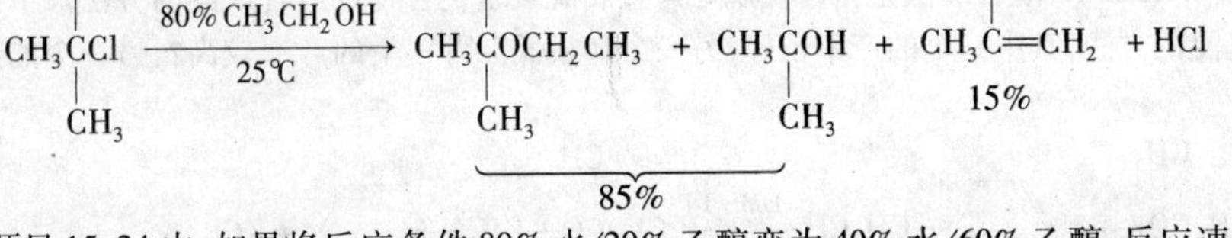

$$(CH_3)_3CCl \xrightarrow[25℃]{20\%\ H_2O,\ 80\%\ CH_3CH_2OH} \underbrace{(CH_3)_3COCH_2CH_3 + (CH_3)_3COH}_{85\%} + \underset{15\%}{CH_3C(CH_3){=}CH_2} + HCl$$

15.25　题目 15.24 中,如果将反应条件 80% 水/20% 乙醇变为 40% 水/60% 乙醇,反应速度增加 140 倍,请解释原因。

15.26 S_N2 反应的过渡态里,反应中心的 C 是什么杂化?

15.27 卤代烯烃,如乙烯基溴 $CH_2=CHBr$,既不发生 S_N1,也不发生 S_N2,请解释其原因。

15.28 选择合适的卤代烷烃和亲核试剂,合成以下化合物。

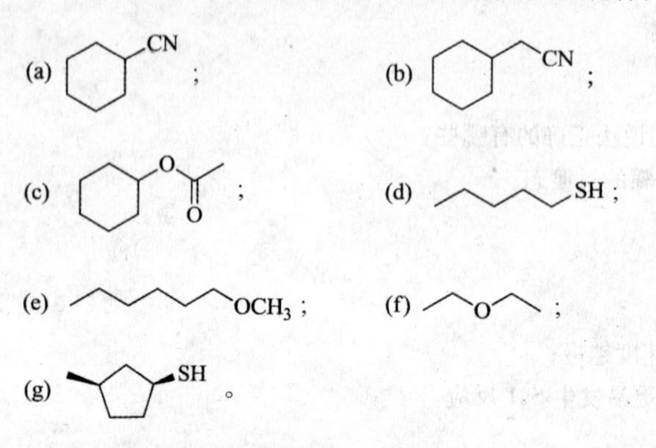

15.29 选择合适的卤代烷烃和亲核试剂,合成以下化合物。

(a) 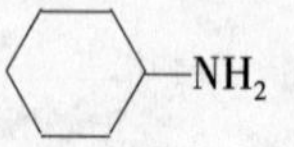 环己基—NH_2; (b) 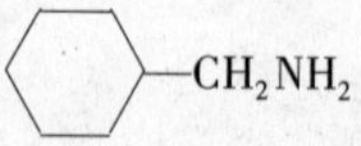 环己基—CH_2NH_2; (c) 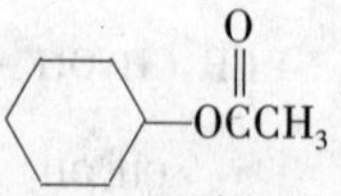 环己基—$OCCH_3$(C=O);

(d)  (正丙基)—S—(正丙基); (e) $(CH_3CH_2CH_2CH_2)_2O$。

15.30 以下的烯烃可以分别由哪些氯代烷与 KOH 反应得到?(注意:某些烯烃只能由一种氯代烷而来,某些可以由多种氯代烷而来。)

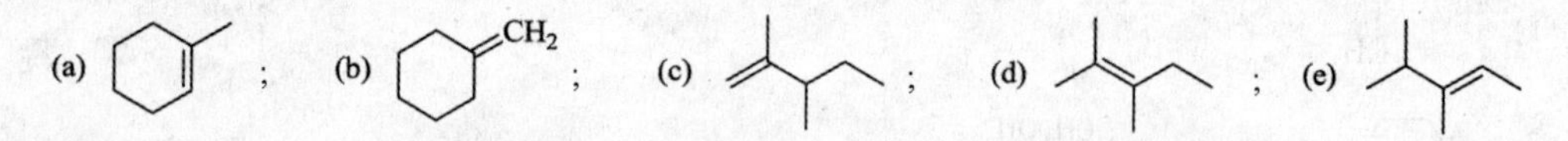

15.31 顺-4-氯环己醇与乙醇钠/乙醇溶液反应,只得到反-1,4-二羟基环己烷(1)。相同的反应条件,反-4-氯-环己醇却得到了 3-羟基环己烯(2)和二环醚(3)的混合物。

(a)推断产物(1)的形成机理,并解释其构型;

(b)推断产物(2)的形成机理;

(c)为什么产物(3)只由反式起始物得到,而不能由顺式起始物得到?

15.32 由下面的起始物怎样得到后面的产物?(注意:有些只要一步反应,有些需要两步或两步以上反应。)

(a) 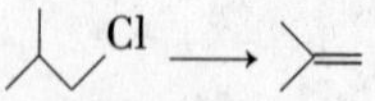 $(CH_3)_2CHCH_2Cl \longrightarrow (CH_3)_2C=CH_2$　　(b) 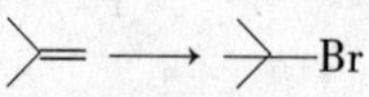 $(CH_3)_2C=CH_2 \longrightarrow (CH_3)_3C—Br$

(c) 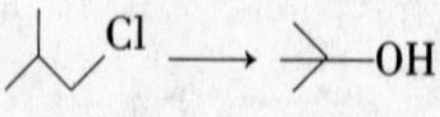 $(CH_3)_2CHCH_2Cl \longrightarrow (CH_3)_3C—OH$　　(d) 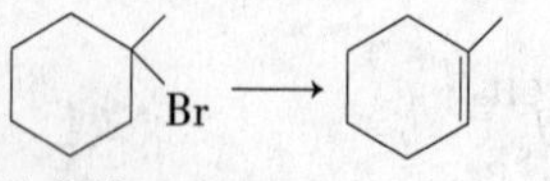 1-甲基-1-溴环己烷 $\longrightarrow$ 1-甲基环己烯

15.33 写出下列化合物与 1-碘丙烷反应的产物。

(a) NaOH　　(b) $NaNH_2$　　(c) NaCN

(d) $NaOOCCH_3$　　(e) NaI　　(f) $NaOC(CH_3)_3$

15.34 Williamson 醚合成法是指卤代烷烃与金属烷氧基化合物反应合成醚的方法。下面是两个合成叔丁基苄基醚的方法,其中一个的产率较好,另一个却很低。哪一个的产率较高?另一个的产物应该是什么,为什么?

(a) 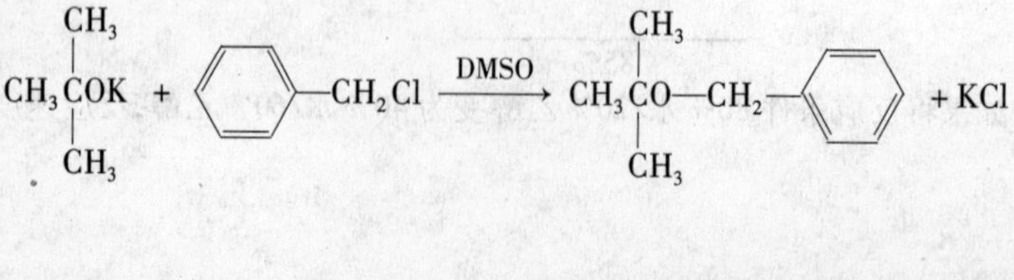 $(CH_3)_3COK + C_6H_5—CH_2Cl \xrightarrow{DMSO} (CH_3)_3CO—CH_2—C_6H_5 + KCl$

(b) $C_6H_5-CH_2OK + CH_3\overset{CH_3}{\underset{CH_3}{C}}Cl \xrightarrow{DMSO} CH_3\overset{CH_3}{\underset{CH_3}{C}}O-CH_2-C_6H_5 + KCl$

15.35　推断下列反应的机理。

$$Cl-CH_2-CH_2-OH \xrightarrow{Na_2CO_3,\ H_2O} H_2C\overset{O}{-}CH_2$$

15.36　-OH 的离去能力较弱，但下面的反应依然能顺利进行。请推测反应机理，解释 -OH 如何克服其离去能力不强的缺点？

$$(CH_3)_2C(OH)CH_2CH_3 \xrightarrow{HBr} (CH_3)_2C(Br)CH_2CH_3$$

15.37　(S) -2 溴丁烷在 NaBr/DMSO 中，其光学活性消失。请解释这个现象。

15.38　解释为什么苯酚负离子的亲核性比环己基氧负离子小？

15.39　醚中 O 原子两边均为 -OR，离去能力较弱。环氧乙烷是一种环醚。请解释为什么环氧乙烷与亲核试剂的反应性较强？

15.40　由哪种烯烃和反应条件可以高产率地得到以下烷基卤代物？

(a) 溴代环戊烷（环戊基—Br）；　(b) $CH_3\overset{Cl}{\underset{Br}{C}}CH_2CH_2CH_3$；　(c) 1-甲基-1-氯环己烷（环上同一碳连 CH_3 和 Cl）

15.41　以下 3 种化合物中哪个的沸点最高，为什么？哪个的沸点最低，为什么？

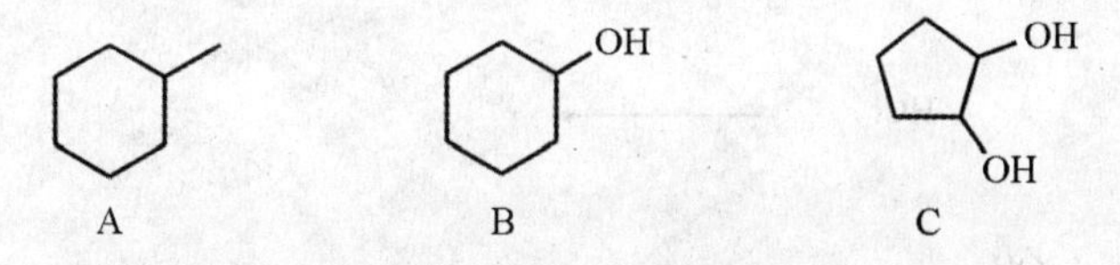

15.42　写出 1-甲基环己醇（三级醇）与以下各试剂反应的化学方程式

(a) 金属钠；　(b) H_2SO_4，加热；　(c) HBr，加热；

(d) $K_2Cr_2O_7$，H_2SO_4，加热；　(e) $SOCl_2$；　(f) PCC。

15.43　以下哪个化合物的水溶性更好，为什么？

15.44　将以下化合物按沸点从低到高的顺序排列

(a) CH_3CH_2OH；　(b) CH_3OCH_3；　(c) $CH_3CH_2CH_3$；　(d) CH_3COOH

15.45　以下每组化合物中，碱性较强的是哪个？

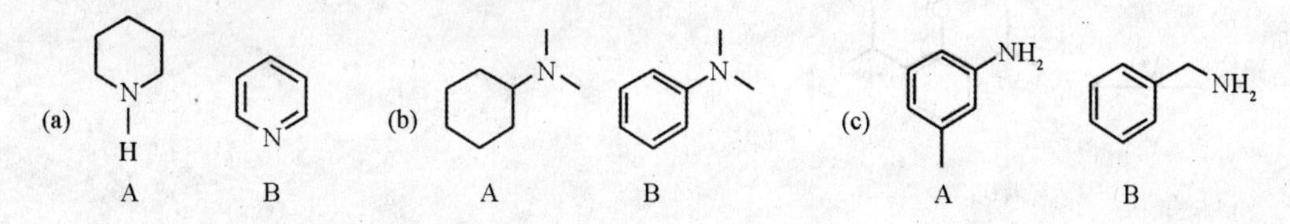

15.46　下面的结构是吡哆胺(维生素 B_6)的分子结构：

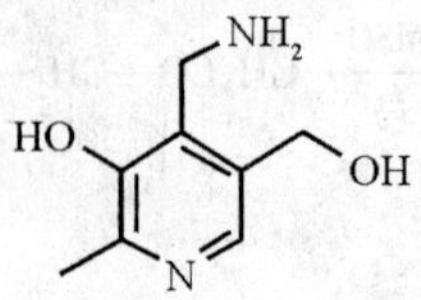

(a)吡哆胺中哪个 N 原子的碱性更强？

(b)画出吡哆胺与等摩尔量的 HCl 加热生成的吡哆胺盐的分子结构。

15.47　假设有以下三种化合物的混合物,设计一个方案,通过它们相关的酸碱性,将其分离提纯。

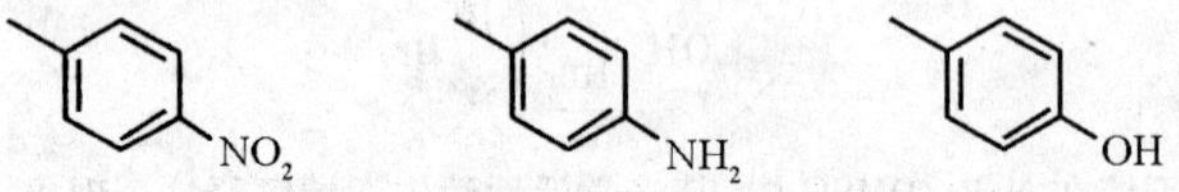

15.48　下面这个反应最可能的反应机理是什么？画出反应中中间体的分子结构。

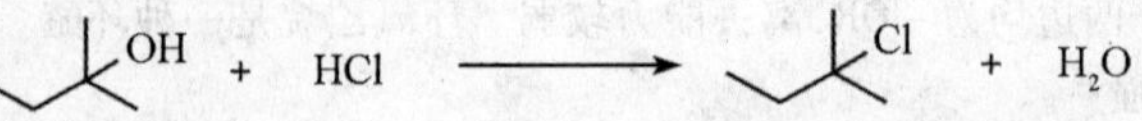

$$\text{OH} + \text{HCl} \longrightarrow \text{Cl} + H_2O$$

15.49　完成下列反应方程式。

(a) 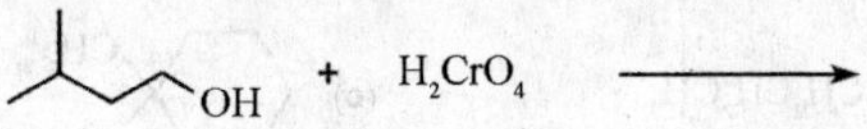 OH + H_2CrO_4 ⟶

(b)  OH + $SOCl_2$ ⟶

(c) 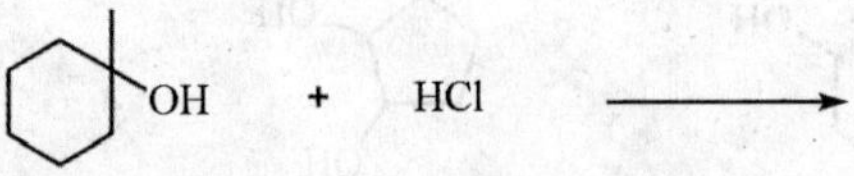 OH + HCl ⟶

(d) 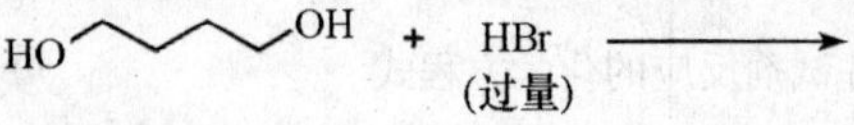 HO OH + HBr(过量) ⟶

(e) 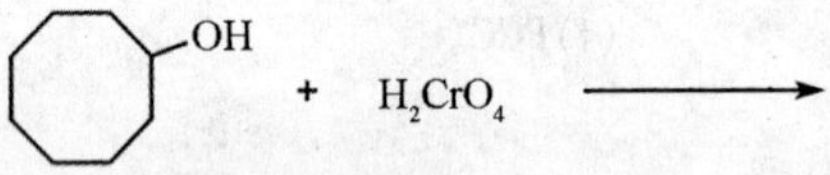 OH + H_2CrO_4 ⟶

15.50　静脉麻醉剂异丙酚通过苯酚由以下 4 步合成,写出(1)至(3)步反应所需要的试剂。

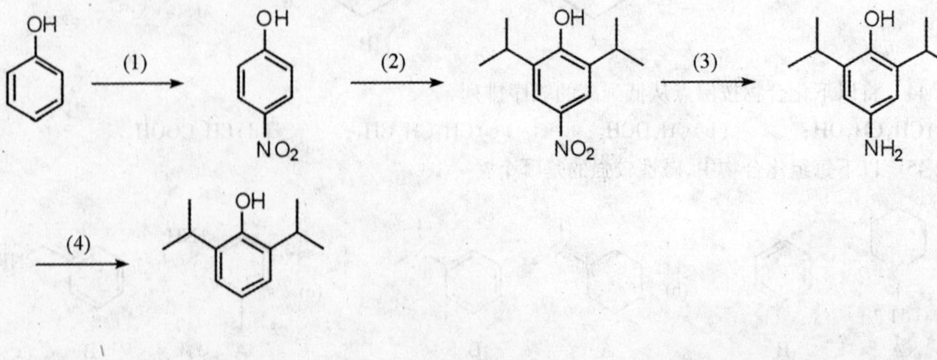

OH →(1)→ OH, NO_2 →(2)→ OH, NO_2 →(3)→ OH, NH_2 →(4)→ OH

第16章　波谱分析法

16.1　测定结构的方法

讨论两个已经学习过的反应:3－甲基－1－丁烯的水解反应和3－甲基－2－丁醇的脱水反应。

$$\text{3-甲基-1-丁烯} \xrightarrow[H_3O^+]{H_2O} \text{3-甲基-2-丁醇（OH）}\qquad \text{3-甲基-2-丁醇（OH）} \xrightarrow[-H_2O]{H_2SO_4} \text{2-甲基-2-丁烯}$$

化学家如何确定第一个反应的产物是醇,第二个反应的产物是烯烃呢？又如何确定产物中－OH与烯基的位置呢？用现代仪器分析方法完全可以解决上述问题。本章将重点介绍质谱法(MS)、红外光谱法(IR)和核磁共振波谱法(NMR),但这些决不是化学家们唯一使用的工具。可用的方法还有X－射线晶体衍射法、紫外/可见光谱法和电子自旋共振波谱法,后面将对这些方法进行简单介绍。

通过分析一个未知化合物的分子式,可以获得该化合物结构的相关信息。除了知道该化合物分子中各种原子的数目之外,还可以判断出它的氢亏损指数(index of hydrogen deficiency,IHD,也称为等价双键数或不饱和度),即分子中环和π键数的总和。对于碳氢化合物的氢亏损指数,可以将具有相同碳原子数的无环且不含π键的饱和烷烃作为参考化合物(reference compound),通过比较未知化合物分子式中氢原子数目与参考化合物分子式中的氢原子数目来确定。用于参考的碳氢化合物的分子式为C_nH_{2n+2}。

$$\text{氢亏损指数} = \frac{H_{\text{参考物}} - H_{\text{某分子}}}{2}$$

例如,饱和烷烃(C_nH_{2n+2})、环烷烃(C_nH_{2n})、烯烃(C_nH_{2n})和炔烃(C_nH_{2n-2})的IHD分别是0、1、1和2。IHD对于分子结构的确定是非常有用的。如果一个未知化合物的IHD为0,则可马上知道它不含环或π键;若为1,则表示分子中存在一个环或一个π键。由于苯的IHD为4(一个环和三个等价双键),因此含有苯环的化合物必有IHD≥4;当IHD<4时,说明分子中不存在苯环。

示例16.1　已知异丙基苯(枯烯)的分子式为C_9H_{12},计算其氢亏损指数,对照其结构式解释氢亏损的原因。

分析及解答:可参考的具有9个碳原子的饱和碳氢化合物的分子式为C_9H_{20}。因此,异丙基苯的氢亏损指数为(20－12)/2=4,来自该化合物苯环上的3个等价双键和1个环。

思考题16.1　计算环己烯(C_6H_{10})的氢亏损指数,并对照其结构式解释氢亏损原因。

为了确定含有碳、氢以外其他元素的参考化合物的分子式，可先写下可参考的饱和碳氢化合物的分子式，再把未知化合物中所含其他元素加上，并对氢原子数做如下调整：

(1)参考碳氢化合物分子式中每加上一个一价的第 17 族元素的原子(F、Cl、Br、I)，相应地要减去一个氢原子。换句话说，卤族元素的原子取代氢原子时，每取代一个卤原子就减少一个氢原子。例如无环的一氯代烷烃的通式是 $C_nH_{2n+1}Cl$.

(2)把第 16 族元素的原子(O、S、Se)加到参考碳氢化合物分子式中不需要任何修正。也就是说，在参考碳氢化合物分子式中插入二价的第 16 族元素的原子，不会改变氢原子数。

(3)参考碳氢化合物分子式中每加上一个三价的第 15 族元素的原子(N 和 P)，氢原子相应增加一个。例如无环的烷基胺的通式是 $C_nH_{2n+3}N$。

示例 16.2　乙酸异戊酯(3 - methylbutyl acetate，3 - 甲基丁基乙酸酯)是一种带有香蕉样气味的化合物，它是蜜蜂警报信息素的组成成分之一。其分子式是 $C_7H_{14}O_2$。计算该化合物的氢亏损指数。

分析及解答：具有 7 个碳原子的参考碳氢化合物的分子式为 C_7H_{16}，该分子式中加入氧原子不会改变氢原子数。故参考化合物的分子式为 $C_7H_{16}O_2$，氢亏损指数是 $(16-14)/2=1$，说明分子式中含有一个环或者一个 π 键。正如下面的乙酸异戊酯的结构式所示，它含有一个 π 键，即 C═O 双键。

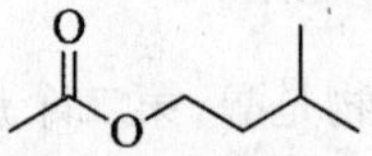

乙酸异戊酯

思考题 16.2　烟酰胺的氢亏损指数是 5，根据烟酰胺的结构式解释该指数。

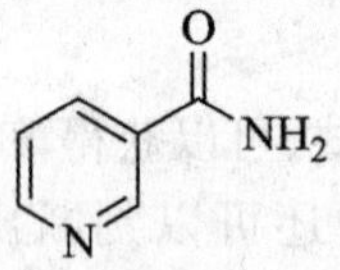

烟酰胺

16.2　质　谱　法

在第 8 章学习了溶液的依数性可以用于测定溶质的摩尔质量，一种应用更广的方法是质谱法。质谱法能够测定分子和分子碎片的质量。质谱法的三个主要步骤是：样品分子的离子化、所产生离子的分离和离子的检测。其基本原理是，当分子离子化后，它可以被加速通过一个电场或磁场，在电场或磁场中质量不同的离子发生不同程度的偏转，通过检测器算出离子数，并绘制出一张它们的丰度与质荷比(质量与电荷之比，m/z)对照的曲线图。图 16.1 给出了质谱仪的简单原理图。

在样品源中，电子束把气体分子电离为带正电的离子，这些离子被加速，然后被磁场偏转。每一个碎片离子按照一定轨道运行，该轨道取决于离子的质荷比(m/z)。当样品进入质谱仪后，它被高能电子束轰击发生电离，进而产生分子离子(molecular ion，分子失去一个电子后形成的离子)。分子离子是一种自由基阳离子(radical cation)，其质量基本上与样品分子的质量相同(电子的质量可以忽略不计)。

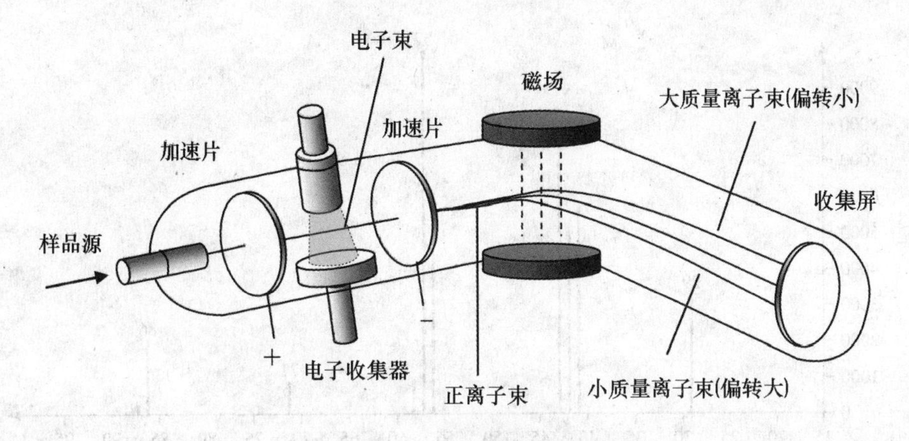

图16.1　质谱仪的简单原理图

$$\underset{\text{分子}}{M} + \underset{\text{高能电子}}{e^-} \longrightarrow \underset{\text{分子离子}}{M^+} + 2e^-$$

分子离子可用于快速区分具有相似摩尔质量的分子。例如,可以区分正己烷和环己烷,由于它们具有不同的摩尔质量(分别是86和84),质谱法可以方便地鉴别它们。如图16.2所示,图(a)显示了分子离子的信号位于m/z 86处,该谱图代表的是正己烷,(b)中分子离子的信号出现在m/z 84处,代表的是环己烷。谱图中其他信号峰是由分子碎片产生的。

示例16.3　某未知烷烃的质谱图显示分子离子峰的m/z为128,该化合物的分子式是什么?

分析及解答:由于它属于烷烃,因此只含有碳和氢,其通式为C_nH_{2n+2}。把已知的分子离子峰的质荷比代入C_nH_{2n+2}中,得到方程式$12\times n+[1\times(2n+2)]=128$,求出$n=9$。因此,该化合物的分子式是$C_9H_{20}$。

思考题16.3

(a) 某未知烷烃的质谱图显示分子离子峰的m/z为168,该化合物的分子式是什么?

(b) 某未知环烷烃的质谱图显示分子离子峰的m/z为140,该化合物的分子式是什么?

在质谱分析过程中,许多分子碎裂产生更低质量的阳离子(有时也称为子离子)和自由基(由于不带电,它们不会被检测出来)。这些分子碎裂后生成的阳离子按照它们的质荷比(m/z)被加以分类。由于它们所带电荷数几乎总是+1,故其质荷比等于离子的质量。分析离子的碎裂方式可以帮助我们测定化合物的结构。本章不对该过程进行详细介绍,而是重点讨论如何运用质谱法来测定分子的摩尔质量和分子式。

质谱中的同位素

在图16.2中,所有离子峰的质荷比均是以整数形式给出的。因此,它无法区分质量相同但分子式不同的分子(当质量是以整数加以引用时)。采有高分辨率质谱法(high resolution mass spectrometry)可以测定化合物分子离子的精确质量,从而确定其分子式。在此过程中,离子的质荷比(包括分子离子)是以高精确度加以测量的(通常精确到小数点后第四位)。例如表16.1所列的四种化合物,它们的分子式不同,但具有相同的标准摩尔质量,而摩尔质量和精确质量不尽相同,这是因为在确定精确质量时使用的是每一种元素的最

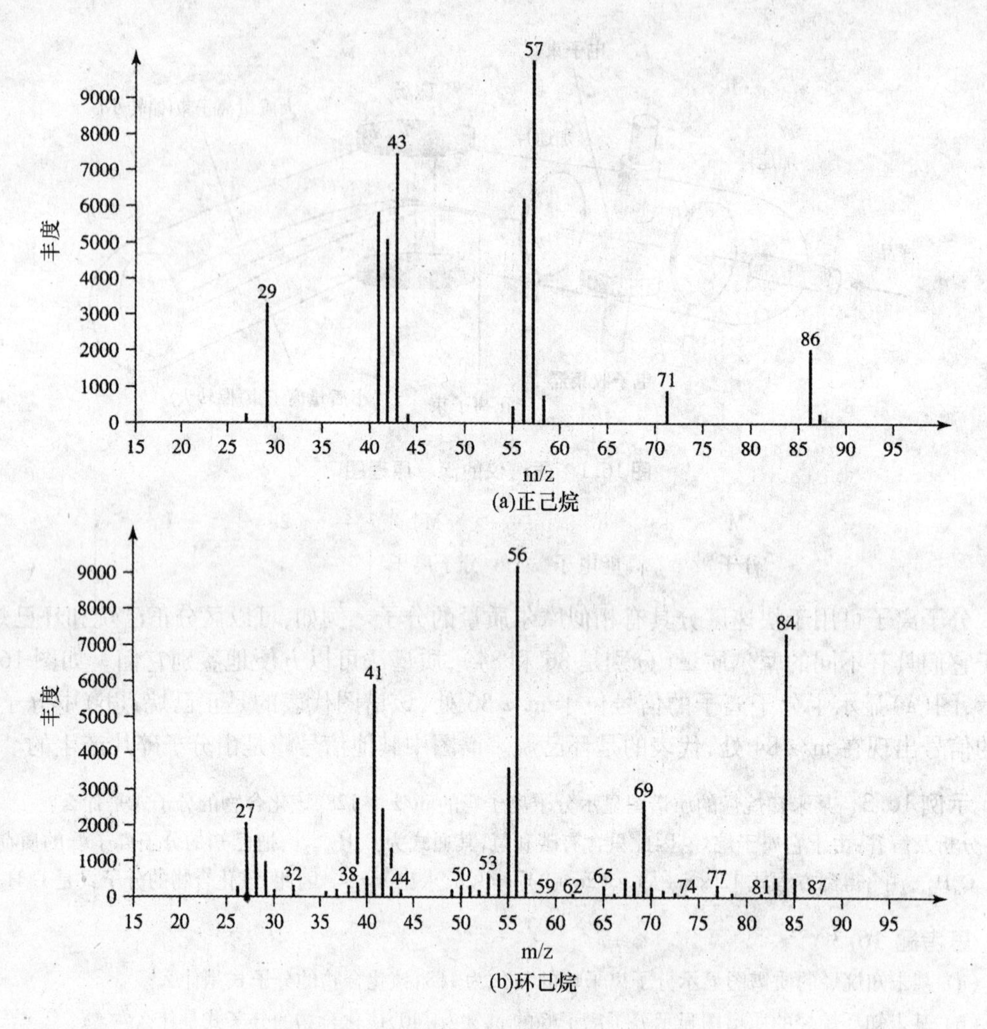

图 16.2　正己烷(a)和环己烷(b)的质谱图

丰同位素，而不是该元素的摩尔质量。表 16.2 列出了在有机化学中经常遇到的一些元素的精确质量以及它们的天然丰度。

表 16.1　摩尔质量均为 88 的四种化合物质量的比较

名称	分子式	摩尔质量(g·mol^{-1})	精确质量(g·mol^{-1})
丁酸	$C_4H_8O_2$	88.11	88.0524
2,3－二丁胺	$C_4H_{12}N_2$	88.15	88.1001
3－戊醇	$C_5H_{12}O$	88.15	88.0888
N,N'－二甲基脲	$C_3H_8N_2O$	88.11	88.0637

表16.2 有机化学中常见元素的同位素丰度和精确质量

元素	摩尔质量($g\cdot mol^{-1}$)	同位素	%天然丰度	精确质量($g\cdot mol^{-1}$)
氢	1.0079	^{1}H	99.985	1.0078
		^{2}H	0.015	2.0140
碳	12.011	^{12}C	98.89	12.0000
		^{13}C	1.11	13.0034
氮	14.0067	^{14}N	99.64	14.0031
		^{15}N	0.36	15.0001
氧	15.9994	^{16}O	99.76	15.9949
		^{17}O	0.04	16.9991
		^{18}O	0.20	17.9992
磷	30.9738	^{31}P	100.00	30.9738
硫	32.064	^{32}S	95.00	31.9721
		^{33}S	0.76	32.9715
		^{34}S	4.22	33.9679
		^{36}S	0.02	35.9671
氟	18.9984	^{16}F	100.00	18.9984
氯	35.453	^{35}Cl	75.77	34.9688
		^{37}Cl	24.23	36.9659
溴	79.904	^{79}Br	50.69	78.9183
		^{81}Br	49.31	80.9163
碘	126.9044	^{127}I	100.00	126.9044

示例16.4 在C_7H_{16}、$C_6H_{14}N$、$C_5H_{12}N_2$、$C_6H_{12}O$和$C_5H_8O_2$中,哪个分子式的精确质量是100.0888?

分析与解答:已知所有这些分子式的标准分子质量均为100。为了解答该问题,需要运用分子式中每一元素最丰同位素的精确质量来确定该分子式对应的精确质量。故可得$C_6H_{12}O$的精确质量是100.0888。反之,运用精确质量来确定分子式也是可能的,但需要利用计算机软件来计算(大量的反复验证)。

思考题16.4 在C_8H_{18}、$C_7H_{14}O$、$C_7H_{16}N$、$C_6H_{14}N_2$、$C_6H_{12}NO$和$C_6H_{10}O_2$中,哪个分子式的精确质量为114.1158?

表16.2所列的许多元素均有天然丰度大于99%的同位素。在其他情况下,运用同位素丰度可帮助我们测定一些特殊元素的存在。溴是一种特别容易辨认的元素,因为它具有两个丰度几乎相等的同位素:^{79}Br(M^+离子)和^{81}Br[$(M+2)^+$离子],通过强度相同而质量差为2的两个信号峰将可识别它。分子中有氯原子时会产生一个$(M+2)^+$的信号,其高度为M^+信号的三分之一(^{35}Cl和^{37}Cl的丰度比是3∶1)。同位素法也用于协助鉴别环境中存在的许多金属和有机金属物质,如污染物铅、汞和锡分别拥有四种、七种和十种天然同位素。

16.3　红外光谱法

红外光谱(IR)和核磁共振波谱(NMR)涉及分子与电磁辐射(electromagnetic radiation)的相互作用。因此要理解光谱学的原理,首先应复习一些有关电磁辐射的基本知识。

电磁辐射

光是电磁辐射的形式之一。γ-射线、X-射线、紫外光、可见光、红外辐射、微波和无线电波都属于电磁辐射,是电磁波谱的一部分。由于电磁辐射是以光速传播的波,可以用波长(wavelength)和频率(frequency)来描述。图16.3总结了电磁波谱部分区域的波长和频率。

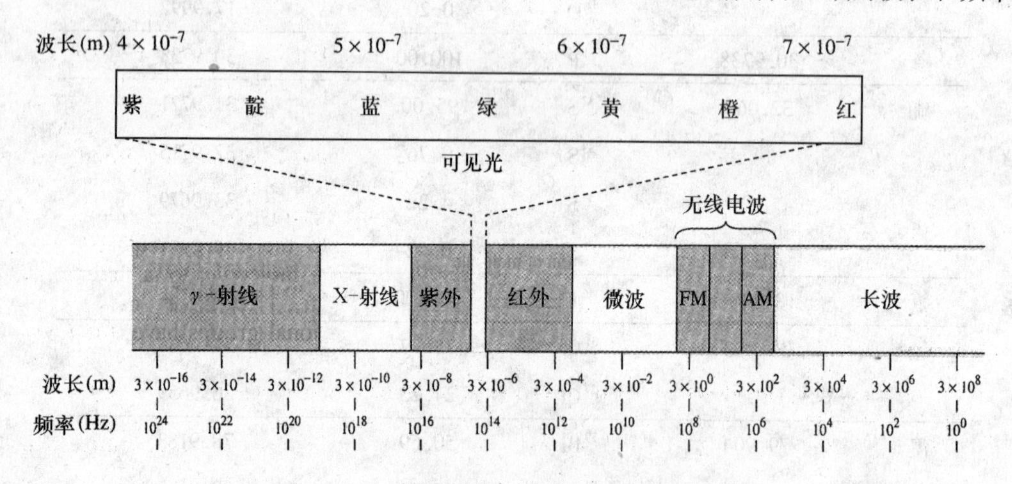

图16.3　电磁波谱部分区域的波长和频率

波长是指在波的图形中任何两个连续的等效点之间的距离(例如,波峰到波峰),用符号λ表示,通常使用基本单位"米",其他常用的单位列于表16.3。

表16.3　波长(λ)的常用单位

单位	单位换算
米(m)	
毫米(mm)	$1\text{mm}=10^{-3}\text{m}$
微米(μm)	$1\mu\text{m}=10^{-6}\text{m}$
纳米(nm)	$1\text{nm}=10^{-9}\text{m}$

λ波长

频率是指每秒内波通过某一特定点的完整周期数,符号为ν,单位为s^{-1}(也称为赫兹,Hz)。波长和频率成反比,与光速的关系式可用下面的公式表示:

$$c=\nu\lambda$$

式中,ν是频率(s^{-1}),c是光速($2.998\times10^{8}\text{m}\cdot\text{s}^{-1}$),$\lambda$是波长(m)。

另一种方式是用粒子性来描述电磁辐射,这些粒子称为光子。光子的能量与电磁波频率的关系可用以下公式表示:

$$E = h\nu = hc/\lambda$$

式中,E 是能量(kJ),h 是普朗克常数,$h = 6.626 \times 10^{-34}\ \mathrm{J \cdot s}$。可见,高能量光子对应的波长较短,反之亦然,因此,紫外光(高能量)的波长(约 10^{-7}m)比红外辐射(能量较低)的波长(约 10^{-5}m)要短。

振动红外光谱

前面介绍过分子具有柔性结构,分子中的原子和原子团能够围绕共价单键旋转。共价键伸缩和弯曲时就好像原子被灵活的弹簧连接着。实验观察和分子结构理论表明,分子中的所有能量变化都是量子化的,也就是说,它们可以细分得很小,但却是不连续的。例如,分子中化学键的振动跃迁只能在被允许的振动能级之间发生。

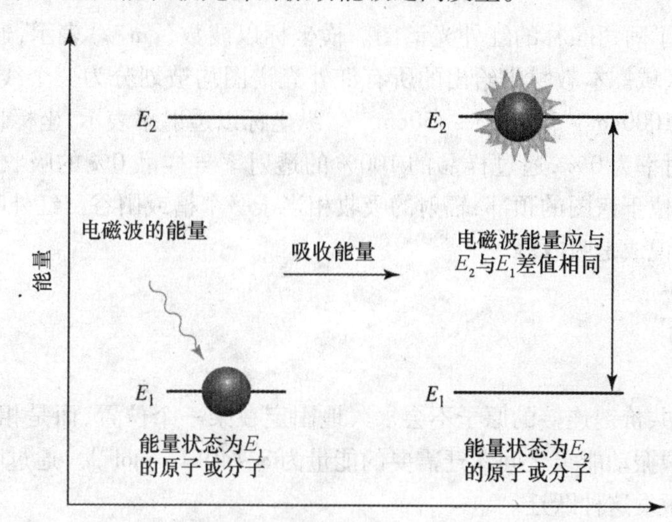

图16.4　原子或分子吸收电磁波能量从较低能级 E_1 激发到较高能级 E_2

如图16.4所示,当我们用电磁波照射原子或分子,且电磁波能量等于较高能级(E_2)和较低能级(E_1)的能量差时,原子和分子就可以吸收这部分能量,从较低能级跃迁到较高能级。同样,当原子或分子从高能级返回到低能级时,也放出相同的能量。当用不同波长的电磁波照射某化合物时,化合物吸收的是特定波长的能量,不被吸收的波长只是通过样品或被样品反射,而不发生变化。在红外光谱法中,当我们用红外辐射照射某一化合物,且红外辐射能量正好等于分子激发到较高能级所需能量时,分子就会吸收这部分能量,从而发生能级跃迁。因为不同官能团的化学键的强度不同,发生能级跃迁时所需要的能量也各不相同。因此,在红外光谱法中,可以通过化学键的振动来测定官能团。

电磁波谱(图16.3)的红外区覆盖了从 7.8×10^{-7}m(仅超过了可见光区)到 2.0×10^{-3}m(仅比微波区短)的波长范围。然而通常在化学中只用到 $2.5 \times 10^{-6} \sim 2.5 \times 10^{-5}$m 这部分,这个区域被称为振动红外区,常以波数($\bar{\nu}$)即每厘米内波的数量来表示。以波数表示时,红外光谱振动区的覆盖范围为 $4000 \sim 400\mathrm{cm}^{-1}$。使用波数的好处是它们正比于能量,即波数越高，电磁辐射的能量越高。

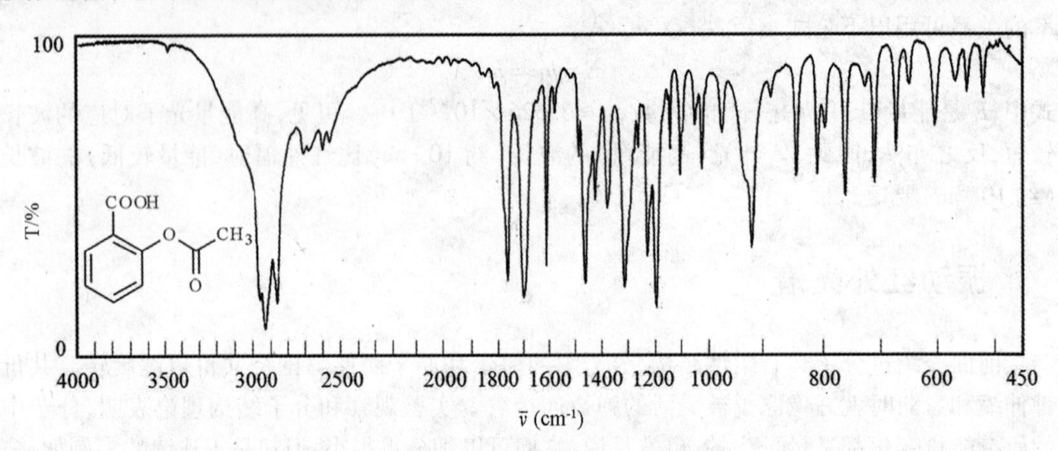

图 16.5　阿司匹林的红外光谱图

图 16.5 给出了阿司匹林的红外光谱图。横坐标以波数（cm^{-1}）表示，通常被划分为两个或更多的线性区域。本教材中给出的所有红外光谱图均被划分为三个线性区域：4000 ~ 2200cm^{-1}、2200 ~ 1000cm^{-1}和 1000 ~ 450cm^{-1}。纵坐标以透射率表示，坐标顶部的透射率为 100%，底部的透射率为 0%，通过样品的 100% 的透射率 = 样品 0% 的吸收。因此，对于一个红外光谱，基线位于谱图的顶部，辐射的吸收相当于一个槽或山谷。红外吸收实际上是低谷，但通常将它们说成是吸收峰。

分子振动

在分子中，以共价键连接的原子不会永久地固定在某一个位置，而是相互不停地振动。大多数共价分子中振动能级之间跃迁需要的能量为 8 ~ 40kJ · mol^{-1}。通过吸收电磁波谱红外区的辐射可以激发这种跃迁。

若要分子吸收红外辐射，分子中振动的键必须是极性的，而且键的振动必须引起偶极的周期性变化。键的极性越强，分子吸收的强度越大。满足上述条件的任何振动被称为具有红外活性。同核双原子分子如 H_2 和 Br_2 中的共价键以及对称烯烃和炔烃中一些碳—碳双键或三键是非极性键，因而无红外吸收。例如，下列两种分子中的双键或三键没有偶极矩，因此没有红外活性。

$$\begin{matrix} H_3C & & CH_3 \\ & C{=}C & \\ H_3C & & CH_3 \end{matrix}$$

2,3 - 二甲基 - 2 - 丁烯

$$H_3C{-}C{\equiv}C{-}CH_3$$

2 - 丁炔

对于一个由 n 个原子组成的非直线型分子，分子的基本振动数为 $3n-6$。比如乙醇（CH_3CH_2OH）这样简单的分子，其基本振动数为 21，己酸（$CH_3(CH_2)_4COOH$）的基本振动数为 54。因此即使是简单的分子，分子中也存在大量振动能级和能量模式。这些分子和较大分子的红外吸收都是相当复杂的。

分子中产生红外吸收最简单的振动形式是伸缩振动和弯曲振动。亚甲基中基本的伸缩振动和弯曲振动类型如图16.6所示。

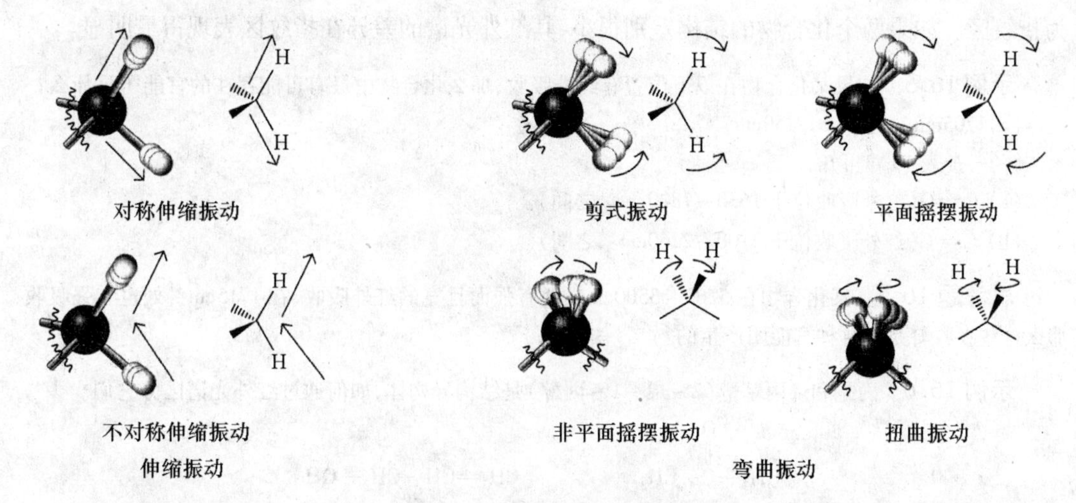

图16.6　亚甲基的基本振动模式

红外吸收的方式可以反映大量有关化学结构的信息。红外光谱的价值在于我们可以利用它来确定特征官能团是否存在。例如羰基通常在1630~1800cm^{-1}范围内显示出很强的吸收。特定结构中羰基吸收峰的位置取决于它属于醛、酮、羧酸、酯或酰胺中的哪一种。若羰基在环上,则取决于环的大小。

相关表

相关表中收集了被选定官能团的红外吸收数据。表16.4给出了常用的化学键和官能团的特征红外吸收数据。附录H中包含一个相关表。在这些表中,特定红外吸收强度的大小以强(s)、中等(m)和弱(w)等方式来表示。

表16.4　部分官能团的特征红外吸收

化学键	吸收频率(cm^{-1})	吸收强度
O—H	3200~3500	强和宽
N—H	3100~3500	中等
C—H	2850~3100	中到强
C≡C	2100~2260	弱
C═O	1630~1800	强
C═C	1600~1680	弱
C—O	1050~1250	强

在一般情况下,我们最关注的是3650~1000cm^{-1}范围的红外区,因为大多数官能团的特征伸缩振动都出现在这个区域。在1000~450cm^{-1}区域的振动吸收峰可能来自两个或两

个以上吸收带的重叠，或是由基频吸收带的共振所引起，这些振动十分复杂且很难分析。在这个区域，即使分子结构上微小的变化也会导致吸收峰明显的差异，所以这个区域通常被称为指纹区。如果两个化合物的结构差别很小，其红外光谱的差异在指纹区表现得最明显。

示例 16.5 如果某化合物在以下位置有红外吸收，那么化合物中最有可能存在的官能团是什么？

(a) $1705cm^{-1}$ (b) $2150cm^{-1}$

解答：查表 16.4 可知：

(a) C═O（红外吸收位于 $1630 - 1800cm^{-1}$ 之间）。

(b) C═C（红外吸收位于 $2100 - 2260cm^{-1}$ 之间）。

思考题 16.5 某化合物在 $3200 \sim 3500cm^{-1}$ 处有强而且宽的红外吸收，在 $1715cm^{-1}$ 处也有强吸收，那么这些吸收峰是由哪种官能团产生的？

示例 16.6 丙酮和烯丙基醇（2 - 烯 - 1 - 丙醇）是结构异构体，如何通过红外光谱区分它们。

$$CH_3-\overset{\overset{\displaystyle O}{\|}}{C}-CH_3 \qquad CH_2{=}CH-CH_2-OH$$

丙酮　　烯丙基醇（2 - 烯 - 1 - 丙醇）

分析及解答：首先，需要明确关键官能团的差别。在本示例中，丙酮和烯丙基醇的差别在于丙酮的关键官能团是 C═O，而烯丙基醇的关键官能团则是 OH 和 C═C。参考表 16.4，可见，异构体中只有丙酮会在 $1630 \sim 1800cm^{-1}$ 的 C═O 伸缩振动区产生很强的吸收。另外，只有丙烯醇会在 $3200 \sim 3500cm^{-1}$ 的O—H 伸缩振动区产生强吸收。

思考题 16.6 丙酸和醋酸甲酯是结构异构体，如何通过红外光谱区分它们。

$$CH_3CH_2\overset{\overset{\displaystyle O}{\|}}{C}OH \qquad CH_3\overset{\overset{\displaystyle O}{\|}}{C}OCH_3$$

丙酸　　醋酸甲酯

16.4 红外光谱解析

光谱数据解析是一种很容易通过实践来学习的技能。红外光谱不仅能揭示样品中存在的官能团，而且还可以排除样品中不存在的官能团。通常情况下，我们仅根据化合物的光谱数据就可以确定化合物的结构。但有时候，还可能需要一些其他的信息，比如化合物的分子式或者化合物合成时反应方面的知识。本节将讲解特征官能团红外光谱的具体实例。

下面是红外光谱分析和解析的一般规则和要点：

(1) 化学键越强，振动的频率越高。

C≡C	C═C	C—C
$2100 \sim 2260cm^{-1}$	$1600 \sim 1680cm^{-1}$	$800 \sim 1200cm^{-1}$

(2) 随着 C—Y 键中 Y 的质量增加，C—Y 伸缩振动的频率降低。

C—H	C═O	C—Cl
$2850 \sim 3000cm^{-1}$	$1050 \sim 1250cm^{-1}$	$600 \sim 800cm^{-1}$

(3) 与伸缩振动相比，弯曲振动的频率通常较低。

C—H 伸缩振动　　　C—H 弯曲振动

$2850 \sim 3000\text{cm}^{-1}$　　　$1340 \sim 1460\text{cm}^{-1}$

(4)当杂化类型从 sp^3 变化到 sp 时,由于杂化的影响导致伸缩振动频率增大。

$\equiv\overset{sp}{C}—H$　　　$=\overset{sp^2}{C}—H$　　　$—\overset{sp^3}{C}—H$

$3280 \sim 3320\text{cm}^{-1}$　　　$3000 \sim 3100\text{cm}^{-1}$　　　$2850 \sim 3000\text{cm}^{-1}$

烷　烃

烷烃的红外光谱通常比较简单,吸收峰少。最常见烷烃的特征红外吸收见表 16.5。

表 16.5　烷烃、烯烃和炔烃的特征红外吸收

碳氢化合物	振动类型	吸收频率(cm^{-1})	吸收强度
烷烃			
C—H	伸缩振动	2850 – 3000	强
CH_2	弯曲振动	1450	中等
CH_3	弯曲振动	1375 和 1450	弱到中
烯烃			
C—H	伸缩振动	3000 – 3100	弱到中
C ═C	伸缩振动	1600 – 1680	弱到中
炔烃			
C—H	伸缩振动	3300	中到强
C≡C	伸缩振动	2100 – 2260	弱到中

图 16.7 给出了癸烷的红外光谱图。在 $2850 \sim 3000\text{cm}^{-1}$之间伴有多重裂分的强吸收峰是烷烃中 C—H 伸缩振动所特有的。谱图中 C—H 伸缩振动的吸收峰之所以较强,是因为分子中有较多的 C—H 键,却没有其他的官能团。谱图中另一种明显的吸收峰是亚甲基在 1465cm^{-1}处的弯曲振动吸收和甲基在 1380cm^{-1}处的弯曲振动吸收。由于许多有机化合物中都有 CH、CH_2 和 CH_3 基团,因此,这些吸收峰是红外光谱中最常见的。

烯　烃

烯烃中一种容易识别的吸收带是碳碳双键上碳原子的 C—H 伸缩振动吸收带,其波数($3000 \sim 3100\text{cm}^{-1}$)略高于烷烃的 C—H 伸缩振动。此外在 $1600 \sim 1680\text{cm}^{-1}$范围内 C ═C 的伸缩振动吸收带也是烯烃的特征。然而这种振动的强度往往较弱,难以观察到。在环戊烯的红外光谱图(图 16.8)中可以看到 C ═C—H 基团中 C—H 的伸缩振动和 C ═C 的伸缩振动吸收。还可以看到 2900cm^{-1}附近的脂肪碳上 C—H 的伸缩振动吸收以及 1440cm^{-1}附近亚甲基的弯曲振动吸收。

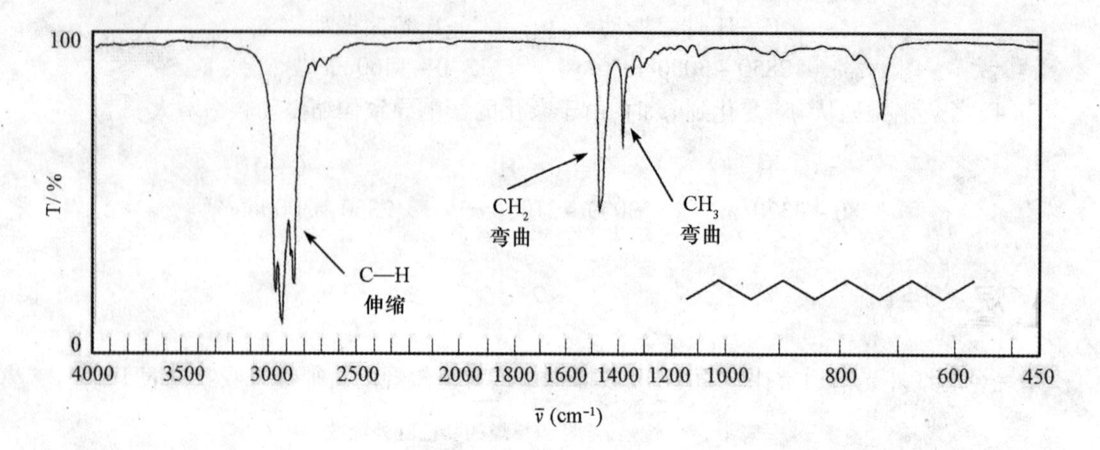

图 16.7　癸烷的红外光谱

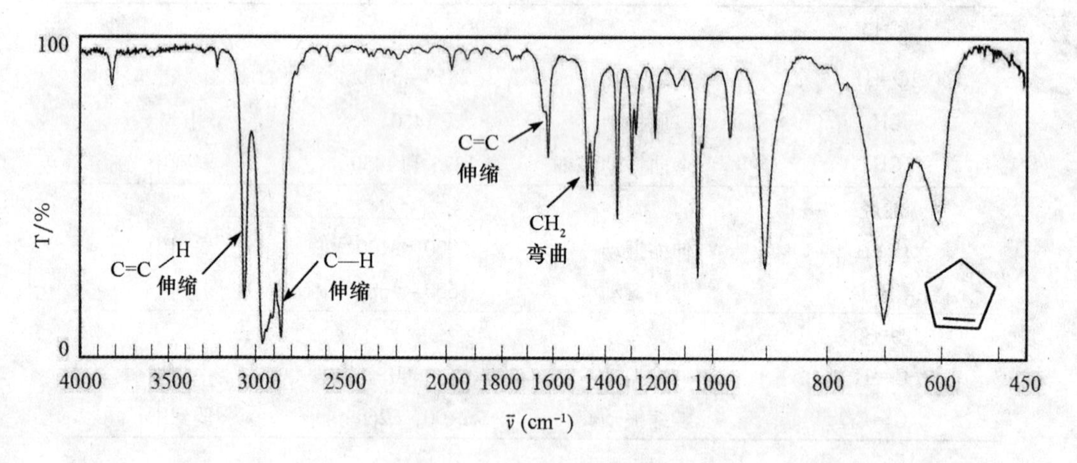

图 16.8　环戊烯的红外光谱

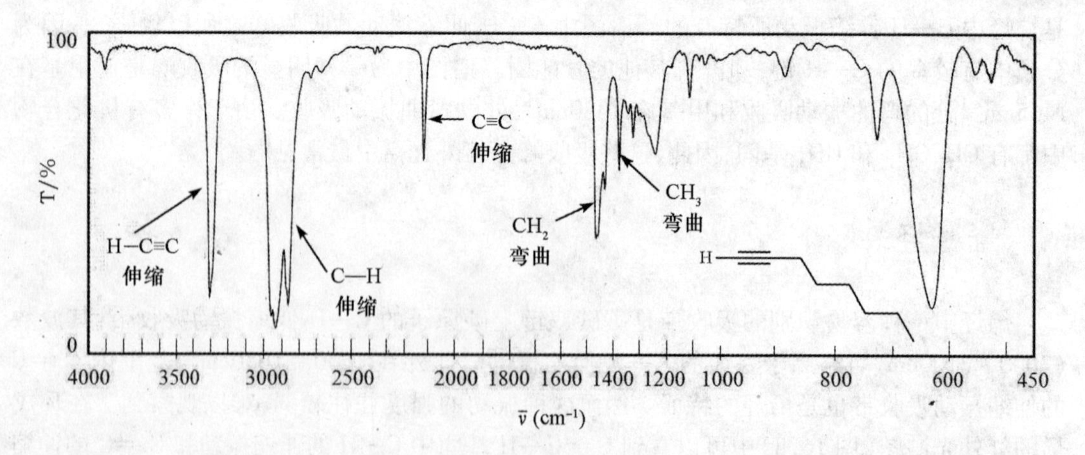

图 16.9　1－辛炔的红外光谱

炔　烃

末端炔烃由于C≡C—H中C—H的伸缩振动，将在$3300cm^{-1}$处产生一个吸收带，非末端炔烃由于三键上没有质子（末端炔烃在碳链的末端有C≡C，非末端炔烃的C≡C不在碳链的末端），其红外谱图上不会出现上述吸收带。炔烃中由于C≡C的伸缩振动，在2100～$2260cm^{-1}$范围内出现弱的吸收带。这个吸收带在1－辛炔的谱图（图16.9）中非常明显，在4－辛炔的谱图中却没有。

醇

通过特征的O—H伸缩振动吸收峰（表16.6）很容易识别醇。吸收带的位置和强度取决于氢键的强度。在正常情况下，醇类化合物分子之间存在着大量的氢键，O—H的伸缩振动在3200～$3500cm^{-1}$范围内产生宽峰。醇中的C—O伸缩振动吸收出现在1050～$1250cm^{-1}$之间，是伯醇中有价值的特征吸收带。

表16.6　醇的特征红外吸收

化学键	吸收波数（cm^{-1}）	吸收强度
O—H（氢键）	3200－3500	中等和宽
C—O	1050－1250	中等

图16.10是1－戊醇的红外光谱。有氢键作用的O—H伸缩振动的吸收峰强而宽，出现在以$3340cm^{-1}$为中心的较宽范围之中。C—O伸缩振动吸收出现在$1050cm^{-1}$附近，是伯醇中有价值的特征吸收带。

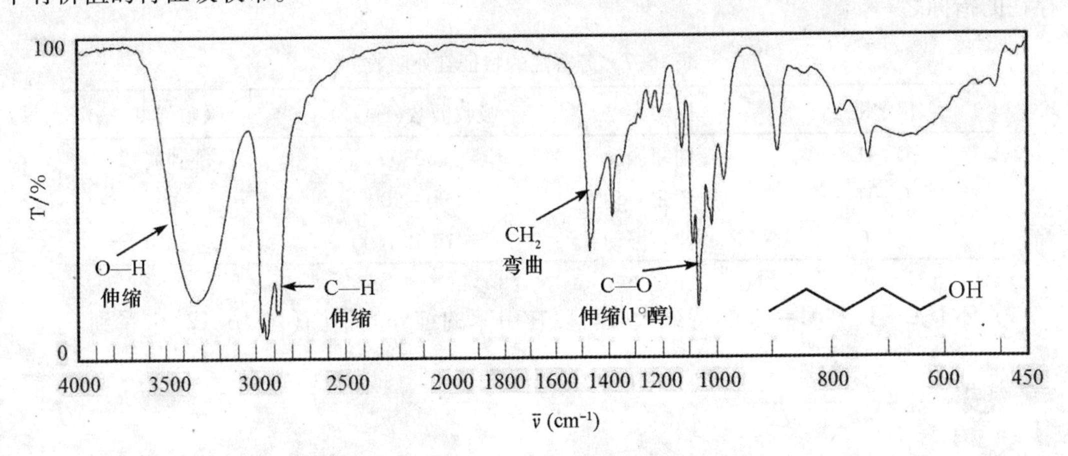

图16.10　1－戊醇的红外光谱

醚

醚中C—O伸缩振动的频率与醇类和酯类中所观察到的相近。二烷基醚通常在1070～

1150cm^{-1}区域出现单一的吸收峰。在3200～3500cm^{-1}范围内，可以用是否存在具有氢键作用的O—H伸缩振动吸收区来分醚和醇。酯中也有C—O的伸缩振动，可以利用C＝O(1735～1750cm^{-1}处)的存在与否来区分醚和酯。图16.11是二乙醚的红外光谱图，从图中可见没有O—H的伸缩振动吸收。

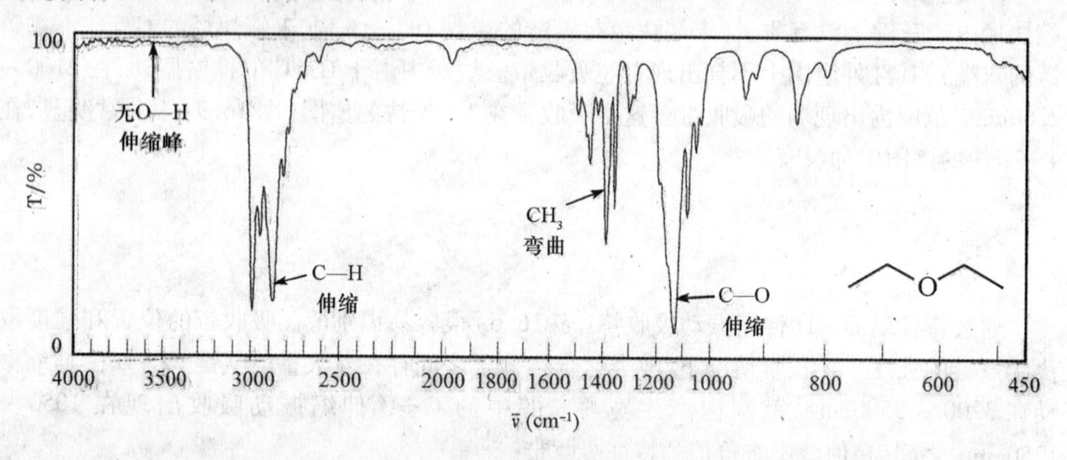

图16.11　二乙醚的红外光谱

苯及其衍生物

芳香环在约3030cm^{-1}处的C—H伸缩振动区产生强度中等至弱的吸收峰，这是sp^2杂化的碳原子上C—H的特征吸收。由于C＝C双键的伸缩振动，它们会在1450～1600cm^{-1}范围内产生几个吸收带。此外，由于C—H的弯曲振动(表16.7)，芳香环还会在690～900cm^{-1}区域出现强的吸收。最后，出现在1700～2000cm^{-1}之间弱且宽的吸收带也是苯环存在的指标之一。

表16.7　芳香烃的特征红外吸收

化学键	振动类型	吸收波数(cm^{-1})	吸收强度
C—H	伸缩振动	3030	中到弱
C—H	弯曲振动	690－900	强
C＝C	伸缩振动	1475和1600	强到中

芳环上C—H和C＝C的特征吸收可以在甲苯的红外光谱图(图16.12)中看到。

胺

伯胺和仲胺中最重要和最容易观察到的红外吸收是由N—H伸缩振动所产生的出现在3100～3500cm^{-1}范围内的吸收。伯胺在这个区域有两个吸收峰，一个由对称伸缩振动引起，另一个是由不对称伸缩振动所产生的。在丁胺的红外光谱图(图16.13)中可以看到伯胺所特有的两种N—H伸缩振动的吸收峰。仲胺在这个区域只有一个吸收峰。叔胺没有N—H键，因此其红外光谱的这一区域是透明的。

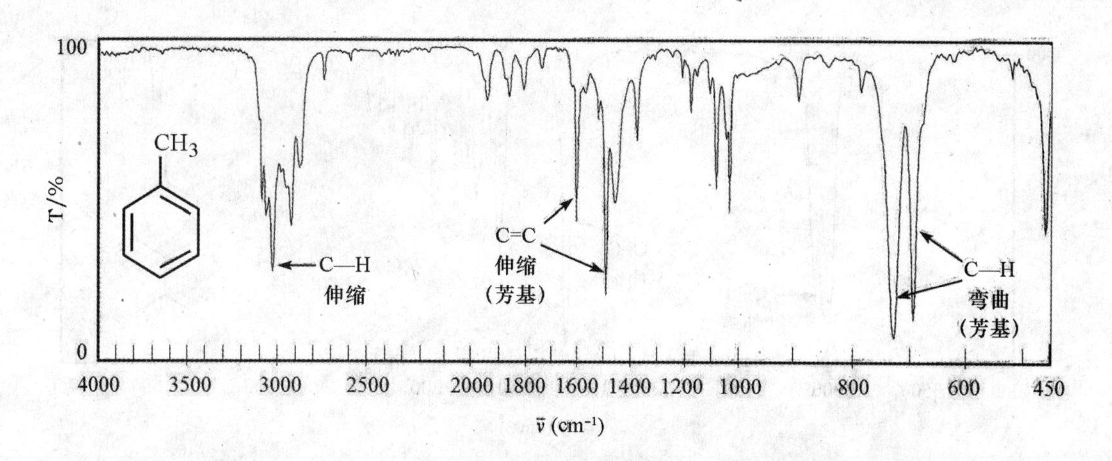

图 16.12　甲苯的红外光谱

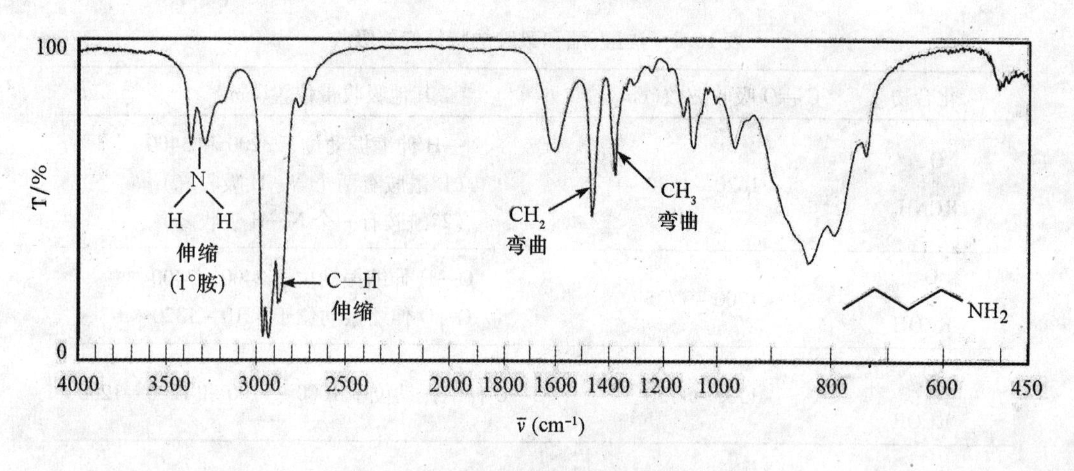

图 16.13　丁胺的红外光谱

醛和酮

醛和酮在 1705 ~ 1780cm^{-1}范围内有强的由 C ═O 伸缩振动产生的红外吸收。薄荷酮中 C ═O 伸缩振动的吸收出现在 1705cm^{-1}处(图 16.14)。

因为醛、酮、羧酸和酯中都有羰基,所以无法通过羰基的吸收来区分它们。

羧酸及其衍生物

羧酸及其衍生物中最重要的红外吸收是由 C ═O 的伸缩振动产生的。这些特征的总结如表 16.8 所示。

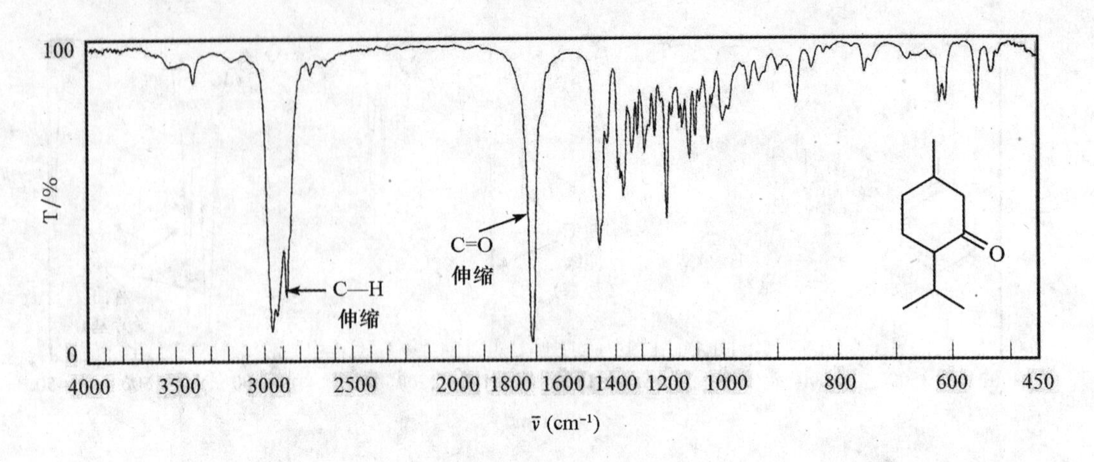

图 16.14 薄荷酮的红外光谱

表 16.8 羧酸、酯和酰胺的特征红外吸收

化合物	C ═O 吸收波数(cm^{-1})	其他吸收带位置(cm^{-1})
$RCNH_2$（C=O）	1630 – 1680	N—H 伸缩振动位于 3200 和 3400 (1°酰胺有两个 N—H 吸收峰) (2°酰胺有一个 N—H 吸收峰)
RCOH（C=O）	1700 – 1725	O—H 伸缩振动位于 2400 – 3400 C—O 伸缩振动位于 1210 – 1320
RCOR（C=O）	1735 – 1750	C—O 伸缩振动位于 1000 – 1100 和 1200 – 1250

羧酸中的羧基产生两个特征的红外吸收带，其中之一出现在 1700 ~ 1725cm^{-1} 范围内，与羰基的伸缩振动有关。这个区域的吸收在本质上与醛和酮中羰基的吸收是相同的。羧基的另外一个特征吸收由 O—H 基团的伸缩振动产生，位于 2400 ~ 3400cm^{-1}之间。这个吸收峰往往与 C—H 伸缩振动的吸收带重叠，而且由于羧酸分子间存在氢键作用，该吸收峰通常

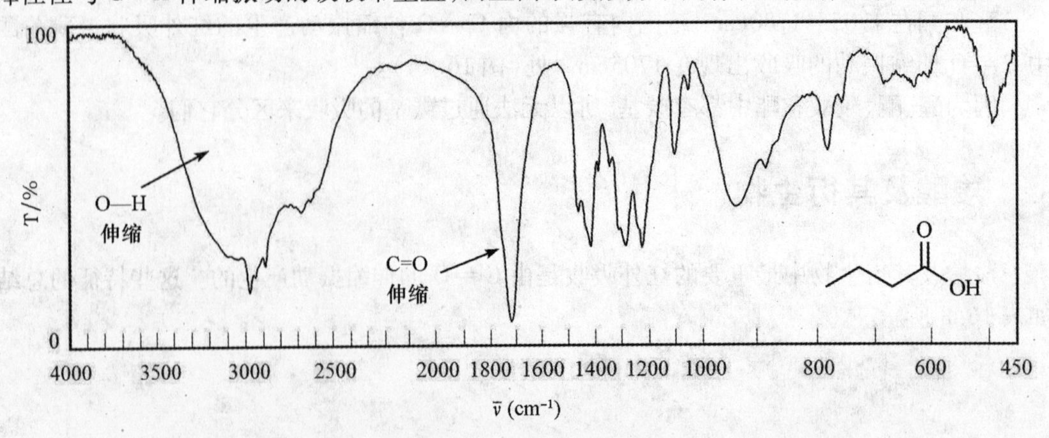

图 16.15 丁酸的红外光谱

会变得很宽。在丁酸的红外光谱中可以看到 C ═O 和 O—H 伸缩振动产生的两个吸收带，如图 16.15 所示。

酯在 1735 ~ 1750cm^{-1} 区域有强的 C ═O 伸缩振动吸收。此外，在 1000 ~ 1250cm^{-1} 区域有强的 C—O 伸缩振动吸收（图 16.16）。

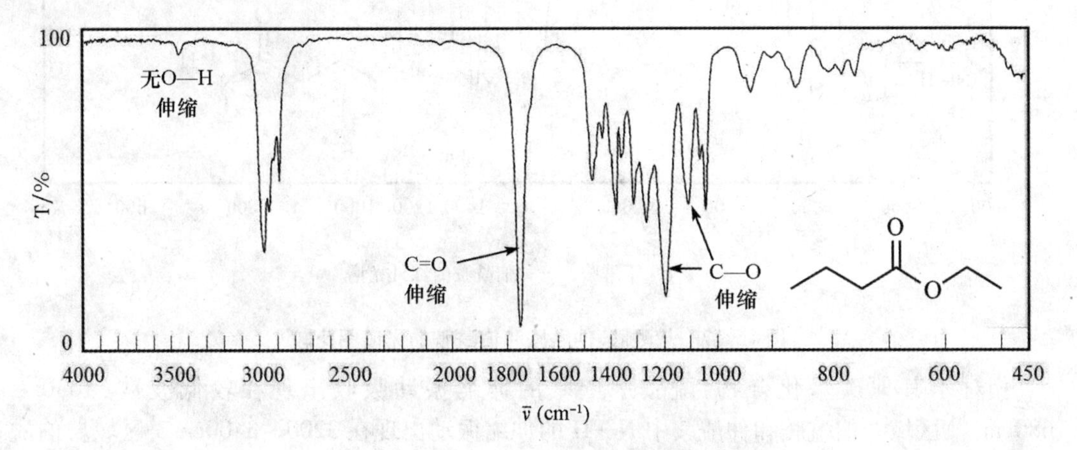

图 16.16　丁酸乙酯的红外光谱

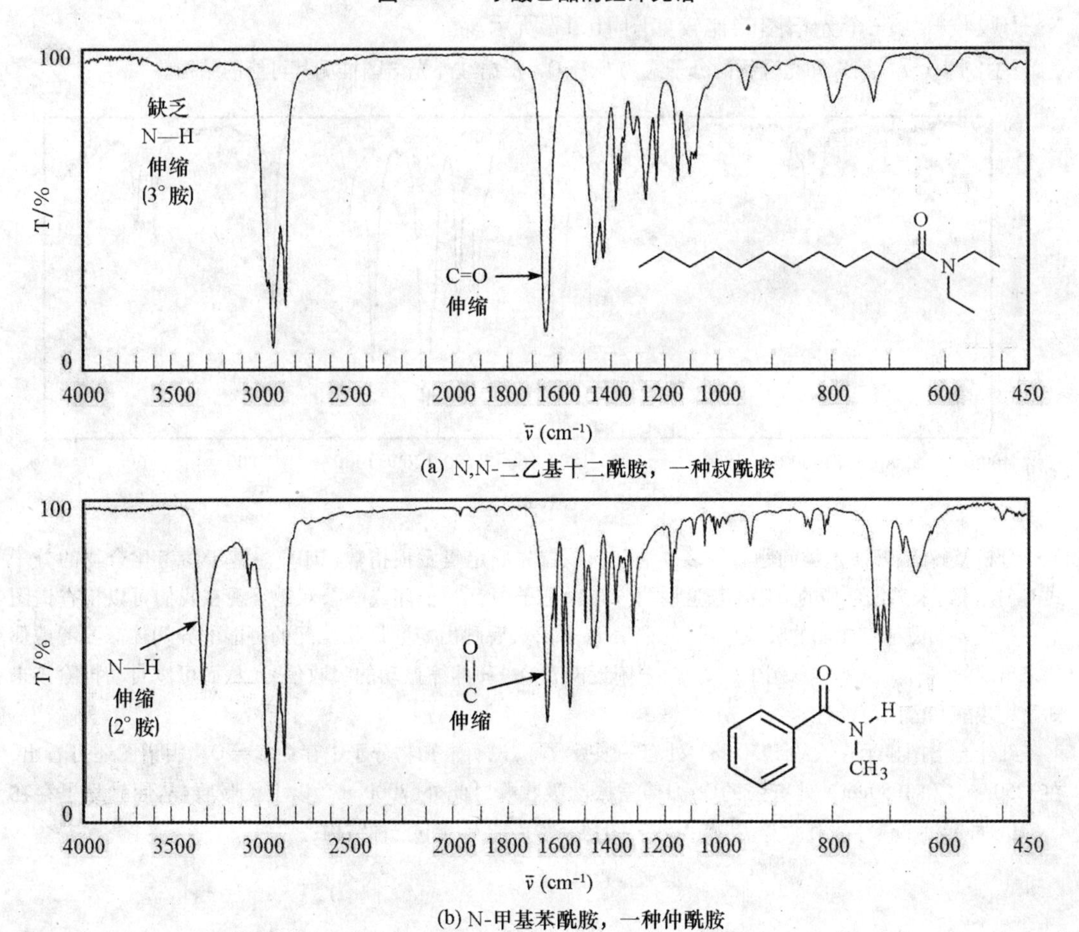

(a) N,N-二乙基十二酰胺，一种叔酰胺

(b) N-甲基苯酰胺，一种仲酰胺

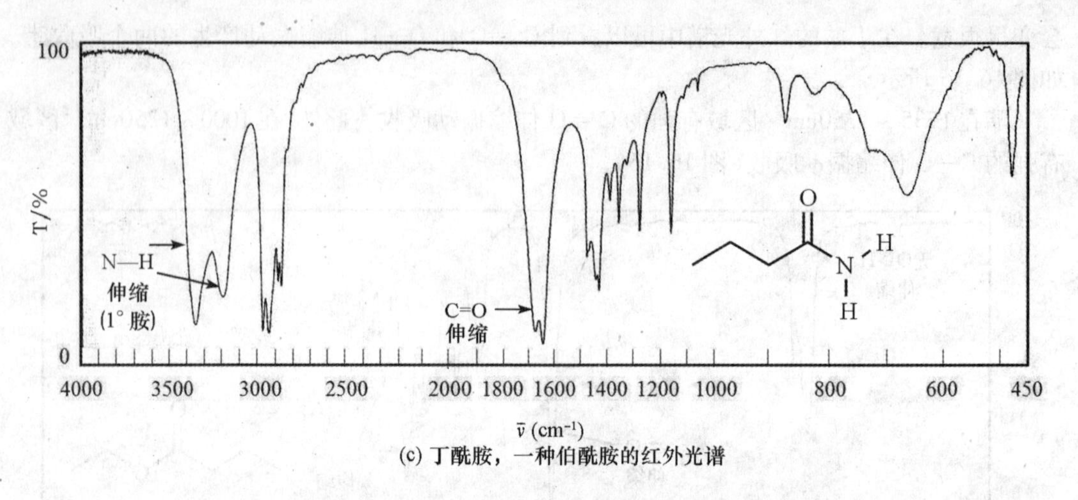

(c) 丁酰胺，一种伯酰胺的红外光谱

图 16.17　叔酰胺、仲酰胺和伯酰胺的光谱图比较

相对于其他羰基化合物，酰胺中羰基的伸缩振动吸收出现在较低波数(1630～1680cm^{-1})区域。伯酰胺和仲酰胺中 N—H 的伸缩振动出现在 3200～3400cm^{-1}区域。伯酰胺($RCONH_2$)在这个区域有两个 N—H 吸收峰；仲酰胺(RCONHR)只有一个；叔酰胺没有 N—H吸收峰。三个光谱图的比较如图 16.17 所示。

示例 16.7　某未知化合物的分子式为 $C_3H_6O_2$，根据红外光谱图推测其可能的结构。

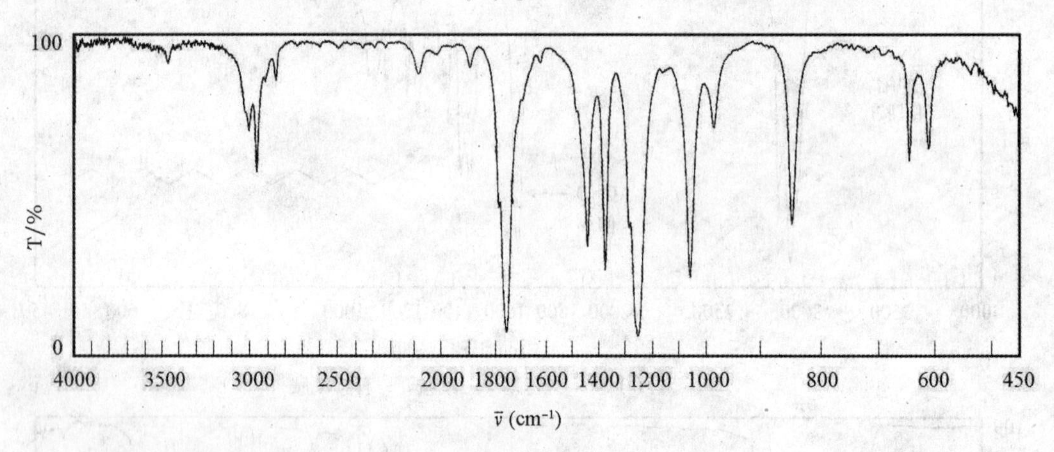

分析及解答：解决这类问题有许多办法。应该首先确定氢亏损指数(IHD)。基于参考化合物的分子式 C_3H_8 得到未知化合物的 IHD = 1，这说明未知物分子中有一个环或一个双键。现在我们可以检查谱图中一些重要的特征官能团的吸收信号(对照表 16.4)，然后画出与数据相匹配的可能的异构体。要考虑那些未出现的信号。例如本示例中，3300cm^{-1}附近没有 O—H 伸缩振动的吸收信号，从而可以自动排除该未知物为羧酸和醇的可能性。

红外光谱图显示在大约 1750cm^{-1}处有一强吸收峰，说明未知物分子中存在 C═O。由谱图还可看出，在 1250cm^{-1}和 1050cm^{-1}处有强的C—O伸缩振动吸收峰。此外，3000cm^{-1}以上无吸收，从而排除了存在 O—H的可能性。基于上述数据，推测出该未知物分子可能有以下三种结构：

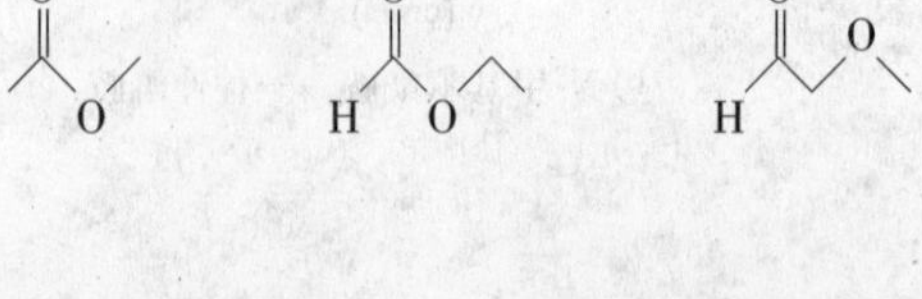

O
O　　　H　O　　　H　O

思考题16.7　某特定官能团伸缩振动频率的波数值与该官能团化学键的相对强度之间有何关系?

示例16.8　某未知化合物的分子式为C_7H_8O,根据下面的红外光谱图推测其可能的结构。

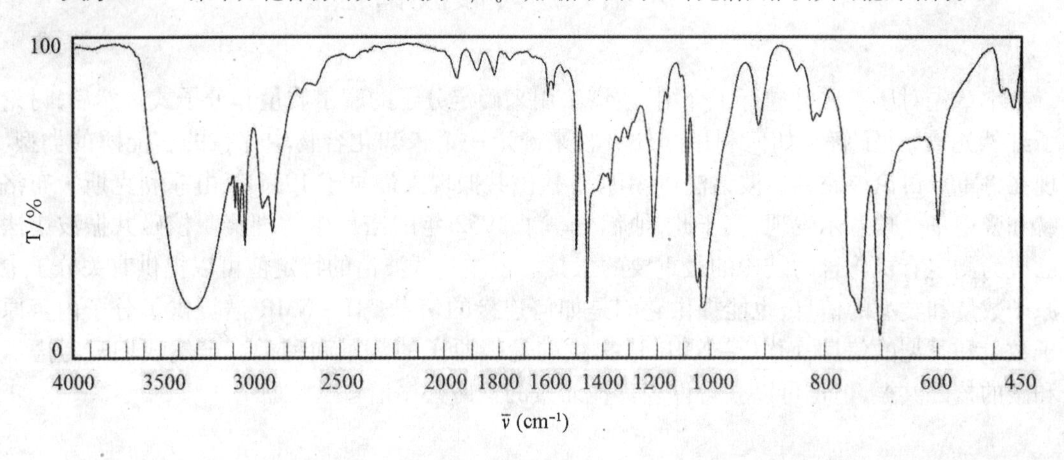

分析及解答:已知分子式为C_7H_8O,基于参考化合物的分子式C_7H_{16},首先应该确定未知化合物的氢亏损指数为4。虽然对这个数值的解析起初看起来令人生畏(因为要考虑四个环或π键可能的组合),但我们记得苯环的氢亏损指数为4。在红外谱图中找一找芳香化合物的特征吸收带,如果它们存在,就可确定分子中不再有其他的双键或环。分子式中的氧原子可能来自醇、酚、醚、醛或酮(如果有苯环存在,最后两种的可能性可以排除)。在690cm^{-1}和740cm^{-1}处出现的C—H弯曲振动的特征吸收带和在1700～2000cm^{-1}之间出现的宽吸收带可以说明苯环的存在。此外,3000cm^{-1}以上存在的sp^2 C—H伸缩振动吸收,1450cm^{-1}和1490cm^{-1}处存在的芳香族C═C伸缩振动吸收带,也说明了苯环的存在。最后一个证据是在约3310cm^{-1}处出现的强而宽的O—H伸缩振动吸收峰。因为分子结构中必有一个—OH,所以我们不能提出任何含有—OCH_3(醚)的结构。在对谱图解析的基础上,未知物可能有以下四种结构:

OH　　　OH　　　OH　　　OH

现在对本示例中的谱图说明如下:

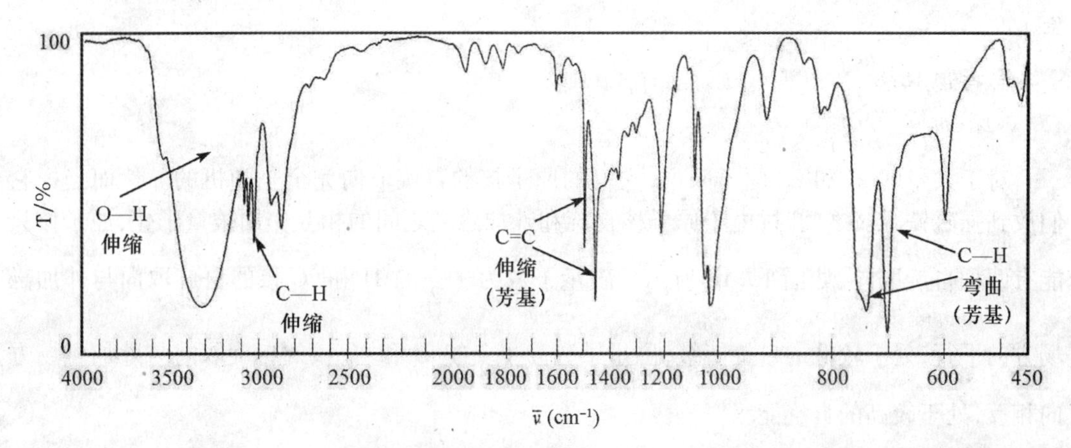

前面的示例说明了红外光谱的优势和局限性:红外光谱能够提供有关分子中官能团的信息,但是不能说明这些官能团是如何连接的。

16.5　核磁共振波谱法

本章先对质谱法已进行了介绍,质谱法用来确定分子的摩尔质量和分子式。然后,讨论了红外光谱,并了解了如何利用红外吸收来确定一个未知化合物中存在的官能团的类型。现在将重点讨论核磁共振波谱法(NMR)。核磁共振现象最早于1946年由菲利克斯·布洛赫和爱德华·珀塞尔发现,鉴于此,他们分享了1952年的诺贝尔物理奖。核磁共振波谱法已成为测定有机化合物结构的最重要的工具。核磁共振波谱的特定值可以提供有关分子中原子数量和类型的信息,也能提供它们是如何连接的信息。^{1}H－NMR谱提供了分子内氢原子数量和类型的信息,而^{13}C－NMR谱提供的是碳原子的数量和种类。虽然我们只考虑氢和碳的核磁共振,但也可以获得许多其他元素的核磁共振谱。

核磁共振的产生

第2章讲到电子存在自旋以及自旋的电荷产生感应磁场的理论。实际上,一个电子的行为就好像一个小磁棒。原子质量为奇数或者原子序数为奇数的原子核也有自旋(核自旋),其行为也好像一个小磁棒。回想一下,对于指定的同位素,上标表示该元素的相对原子量。因此,有机化合物中最常见的两种元素的同位素^{1}H和^{13}C的原子核也有核自旋现象,而^{12}C和^{16}O没有核的自旋。因此在这个意义上说,^{1}H和^{13}C的原子核与^{12}C和^{16}O的原子核有很大不同。

示例16.9　下列哪一个原子核有自旋现象?

(a)$^{14}_{6}$C　　(b)$^{14}_{7}$N

分析及解答:前面曾介绍过,具有自旋原子核的同位素的原子序数必为奇数或其相对原子量为奇数。

(a)碳的放射性同位素^{14}C的质量数不是奇数,原子序数也不是奇数,因此^{14}C没有核自旋现象。

(b)氮最常见的天然同位素^{14}N(占所有氮原子的99.63%)的原子序数为奇数,因此^{14}N有核自旋现象。

思考题16.8　下列哪一个原子核有自旋现象?

(a)$^{31}_{15}$P　　(b)$^{165}_{78}$Pt

对于大量的^{1}H和^{13}C原子来说,它们的原子核的自旋取向完全是随机的。然而当把它们放到强磁铁两极之间时,由于原子核自旋和外加磁场之间的相互作用被量子化,原子核只能有两种自旋取向,如图16.18所示。磁量子数为$+\frac{1}{2}$的^{1}H和^{13}C核的自旋取向与外加磁场方向平行,处于较低的自旋能级;磁量子数为$-\frac{1}{2}$的^{1}H和^{13}C核的自旋取向与外加磁场方向相反,处于较高的自旋能级。

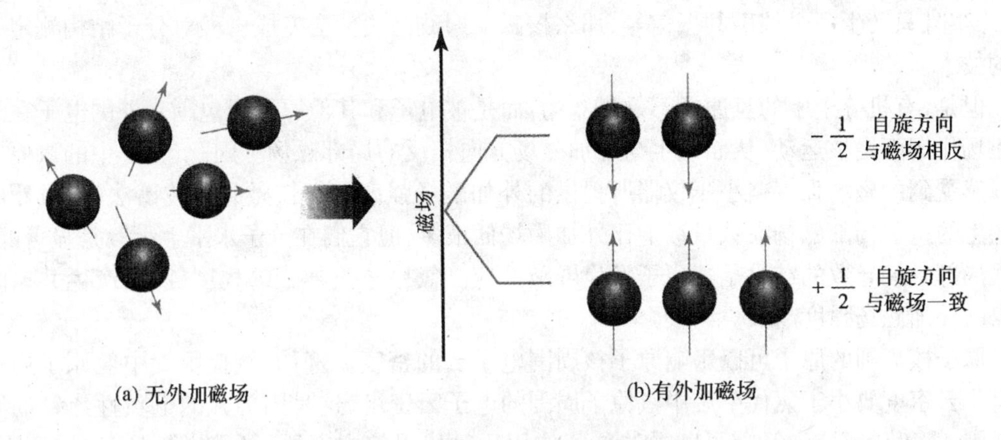

图16.18　^{1}H 和 ^{13}C 核的自旋取向

现在,通过超导电磁铁很容易获得强度为7.05T(特斯拉)的外加磁场(相比之下,地球的磁场约为30~60μT)。在上述外加磁场中,^{1}H 核自旋能级之间的能量差为0.120 J·mol^{-1},相当于频率约为300MHz的电磁辐射。在同样强度的外加磁场中,^{13}C 核自旋能级之间的能量差为0.035J·mol^{-1},相当于频率约为75MHz的电磁辐射。因此,可以使用射频频率范围内的电磁辐射去激发 ^{1}H 和 ^{13}C 核自旋能级的跃迁。

当把氢原子核置于外加磁场中时,小部分氢核的自旋取向与外磁场方向平行,处在较低能级。如果用具有适当能量的射频辐射照射处于外加磁场中的氢核,那么处于低能级的氢核就能吸收射频能量从而跃迁到高能级,如图16.19所示。在这种情况下,共振被定义为自旋核对电磁辐射的吸收(或者当原子核返回到平衡状态时电磁辐射的发射)以及自旋核吸收能量后所发生的能级跃迁(此处的共振完全不同于以前讨论过的化学结构的共振理论)。用于检测自旋核吸收及能级跃迁的仪器最终将它们记录成核磁共振信号。

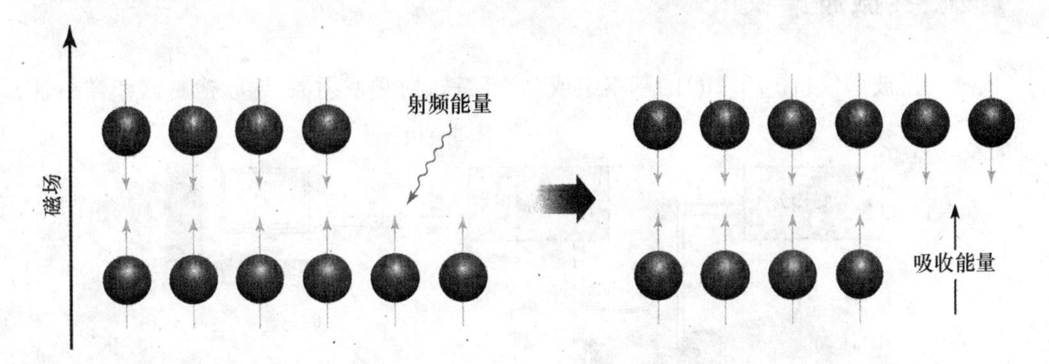

图16.19　磁量子数为 $+\frac{1}{2}$ 和 $-\frac{1}{2}$ 的原子核的共振举例

屏蔽效应

如果不考虑其他原子和电子对氢核的影响,那么在外加磁场和电磁辐射作用下,所有氢核产生的核磁共振信号是相同的。换句话说,所有氢原子产生核磁共振吸收的能量是相同的,氢原子彼此之间没有什么区别。如果是这样,由于化合物中所有氢原子在相同频率处共振,产生且只产生一个核磁共振信号,那么核磁共振波谱法就会变成一种对分子结构测定无效的技术。

但是,有机分子中的氢原子不是孤立的,而是被电子和其他原子所包围。外围电子在外加磁场作用下绕核运动,从而产生与外加磁场方向相反的局部磁场。因此,分子中的氢原子实际感受到的磁场强度略小于仪器所提供的外加磁场强度。在核磁共振波谱法中,虽然电子产生的这些局部磁场在数量级上比外加磁场低很多,但它们在分子水平上无疑是显著的。这些局部磁场导致的结果是氢原子发生屏蔽效应。氢原子被屏蔽的程度越大,产生共振时所需的外加磁场强度越大。

原子核周围的原子可以影响原子核周围电子云的密度。例如,氟代甲烷中氢原子周围的电子云密度要小于氯代甲烷中氢原子周围的电子云密度,这是因为氟的电负性比氯的要大。因此,氯代甲烷中氢原子所受的屏蔽作用比氟代甲烷中氢原子所受的屏蔽作用要大。相反,氟代甲烷中氢原子的去屏蔽作用(每个氢原子周围的电子云密度减少)明显大于氯代甲烷。

H_3C-Cl　　　H_3C-F

在分子内不同的^{1}H 原子核之间,由屏蔽作用所引起的共振频率的差异通常是非常小的。例如,在强度为7.05T 的外加磁场中,氯甲烷中的氢原子与氟甲烷中的氢原子之间共振频率的差异只有360Hz。考虑到在上述外加磁场中需要使用的射频频率约为300MHz,那么这两类氢原子之间共振频率的差异仅略微超过照射频率的百万分之一(1 ppm)。

本节稍后将讨论屏蔽效应在阐明分子结构方面的重要性。

核磁共振波谱仪

核磁共振波谱仪(图16.20)的基本组成为强磁铁、射频发射器、射频检测器和样品管。

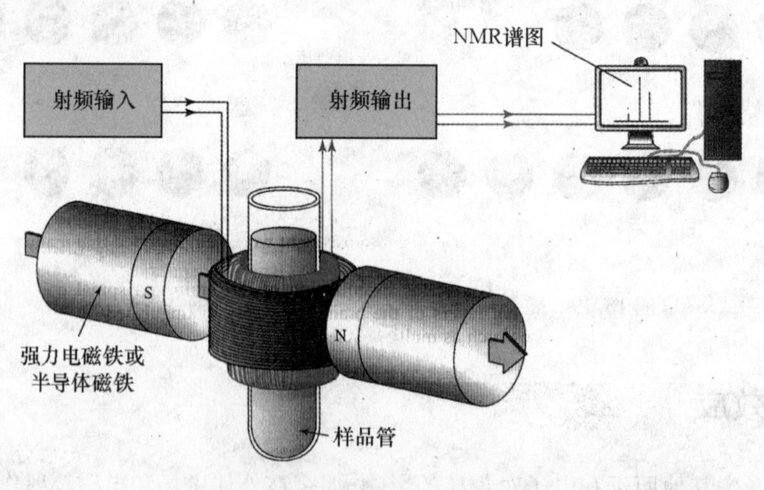

图16.20　核磁共振波谱仪示意图

核磁共振测定时，样品溶解在不含^1H原子的溶剂中，最常见的有氘代氯仿（$CDCl_3$）或重水（D_2O）。氘（D）是氢的同位素^2H。样品管是一种小玻璃管，使用时将其悬挂在磁铁的磁极之间，并使其沿纵轴方向旋转，以确保样品的所有部分所受的外加磁场是均一的。

在核磁共振波谱法中，习惯上测量某种原子核相对于参比物中同种核之间共振频率的差值。目前，在使用有机溶剂测定^1H-NMR和$^{13}C-NMR$时，普遍采用的参比物是四甲基硅烷（TMS）：

$$\begin{array}{c} CH_3 \\ | \\ H_3C-Si-CH_3 \\ | \\ CH_3 \end{array}$$

四甲基硅烷（TMS）

一个化合物的^1H-NMR测定谱，表示的是该化合物中各氢原子的共振信号相对于TMS中氢原子共振信号的位移值。同样，$^{13}C-NMR$测定谱表示的是该化合物中碳原子的共振信号相对于TMS中四个碳原子的共振信号的位移值。后面我们用“峰”表示共振信号，将更直观。

为了规范核磁共振数据的表示，采用以百万分之几来表示被称为化学位移（δ）的量：

$$\delta=\frac{样品共振频率-TMS共振频率}{TMS共振频率}$$

在一张典型的^1H-NMR谱图中，横坐标代表δ，其值从右边的0往左逐渐增大到10，但也可以不在此范围（见图16.25和图16.40以及表16.9）。纵坐标代表峰的强度。醋酸甲酯是人造皮革生产中使用的一种化合物，其^1H-NMR谱图如图16.21所示。谱图中在$\delta=0$处的小峰代表的是参比物TMS的氢原子。谱图中其余两个峰，一个由—OCH_3中的氢原子产生，另一个由与羰基相连的甲基中的氢原子产生。

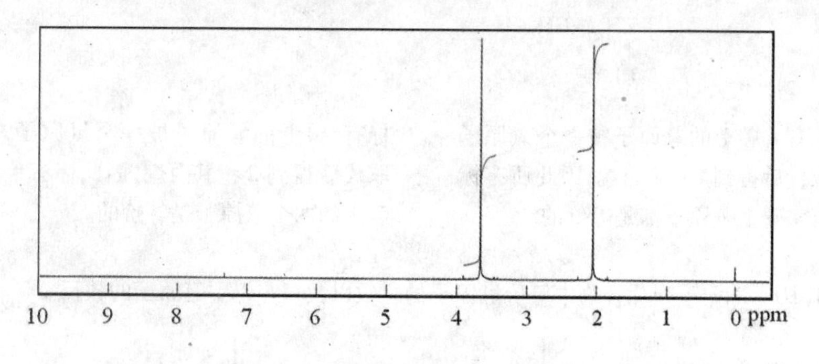

图16.21　醋酸甲酯的^1H-NMR谱

如果峰往谱图的左边移动，则是往低场移动，说明产生该峰的原子核所受的屏蔽作用较弱，共振所需外加磁场较弱；相反，如果峰往谱图的右边移动，则是往高场移动，说明该原子核所受的屏蔽作用较强，共振所需外加磁场较强。图16.22总结了一些常见的核磁共振术语。

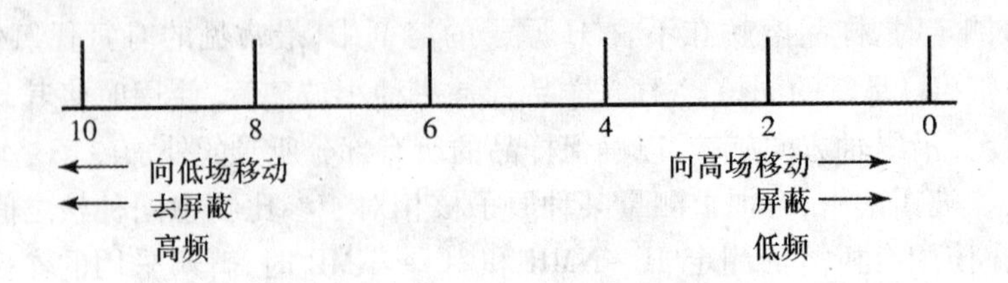

图 16.22　一些常见的核磁共振术语

等价氢原子

若化合物的结构式已知,如何将谱图中峰与结构式中 H 对应呢？根据前面所讲,等价的氢原子产生相同的^{1}H－NMR 信号;相反,不等价的氢原子产生不同的^{1}H－NMR 信号。确定分子中哪些氢原子等价的一种直接的方法是用某种试验原子,如卤素原子,轮流取代分子中的氢原子。如果两个氢原子被取代后得到相同的化合物,那么这两个氢原子是等价的。如果被取代后得到了不同的化合物,那么这两个氢原子是不等价的。

使用这种取代试验,可以得出丙烷中含有两组等价氢原子:一组是 6 个等价的 1°氢原子(与 1°碳原子相连的氢原子),另一组是 2 个等价的 2°氢原子(与 2°碳原子相连的氢原子)。因此,在谱图上看到两个信号:一个是由 6 个等价的甲基氢原子所产生的,另一个是由 2 个等价的亚甲基($-CH_2-$)氢原子所产生的。

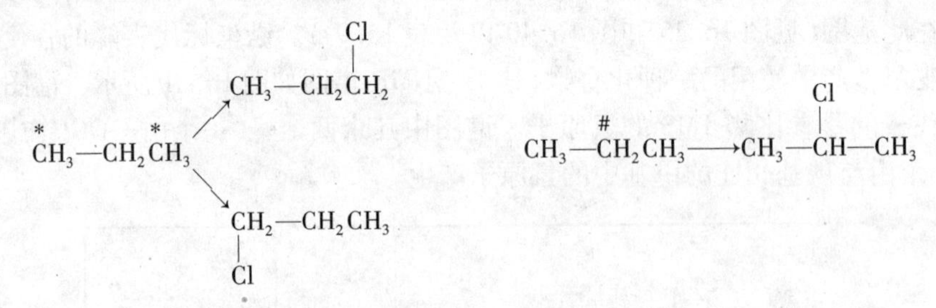

标有＊碳上的氢原子被一个氯原子取代后得到 1－氯丙烷,因此所有标有＊碳上氢原子都是等价的。

标有#碳上的氢原子被一个氯原子取代后得到 2－氯丙烷,因此标有#碳上的两个氢原子是等价的。

示例 16.10　确定下列化合物中等价氢原子的组数以及每一组中氢原子的数目。

分析及解答:首先应该确定分子中所有氢原子的数目,可见化合物(a)中有 10 个,化合物(b)中有 12 个。然后使用前面讨论过的取代法来确定等价的氢原子。

(a)2－甲基丙烷中有两组等价氢原子:一组是 9 个等价的 1°氢原子,另一组是 1 个 3°氢原子。

(b)2 －甲基丁烷中有四组等价氢原子:两组不同的 1°氢原子,一组 2°氢原子和一组 3°氢原子。

思考题 16.9　确定下列化合物中等价氢原子的组数以及每一组中氢原子的数目。

(a) 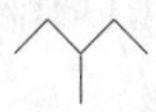　　　　(b)

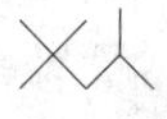

3－甲基戊烷　　2,2,4－三甲基戊烷

以下四种有机化合物,各有一组等价氢原子,在^{1}H－NMR 谱图上只产生一个峰:

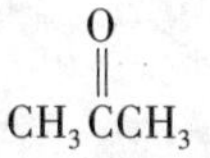

CH_3COCH_3　　$ClCH_2CH_2Cl$　　　　$(H_3C)_2C=C(CH_3)_2$

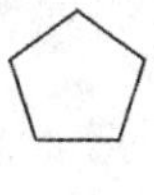

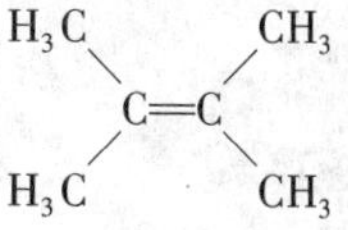

丙酮　　1,2－二氯乙烷　　环戊烷　　2,3－二甲基－2－丁烯

下列结构表明,含有两组或多组等价氢原子的分子会产生不同的共振峰,每一组氢原子产生一组峰。例如1,1－二氯乙烷有3个等价的1°氢原子(a)和1个3°氢原子(b),所以它的^{1}H－NMR 谱图上有两组共振信号。

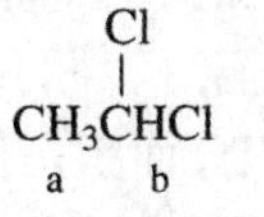

CH_3CHCl_2（a: CH_3, b: CH）

1,1—二氯乙烷　(2个信号) 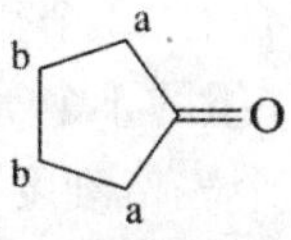　　环戊酮　(2个信号) 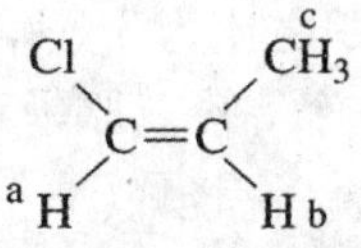　　(Z)—1—氯丙烯　(3个信号) 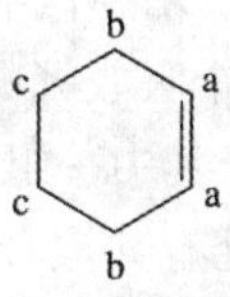　　环己烯　(3个信号)

可见,根据某化合物^{1}H－NMR 谱图上信号的组数可以获得与该化合物分子结构相关的信息。以分子式为$C_2H_4Cl_2$ 的两个同分异构体为例来讨论。化合物1,2－二氯乙烷有4个等价的2°氢原子,在^{1}H－NMR 谱上产生一个信号。它的同分异构体1,1－二氯乙烷有3个等价的1°氢原子和1个3°氢原子,在^{1}H－NMR 谱上产生两组信号。因此,仅从信号的组数就可以区分这些同分异构体。在示例16.7中,根据红外光谱,将分子式为$C_3H_6O_2$ 的化合物可能的结构缩小为三种。现在,进一步考虑这些化合物的^{1}H－NMR 谱的信号组数,可以看出它们分别会产生2组、3组和3组信号。

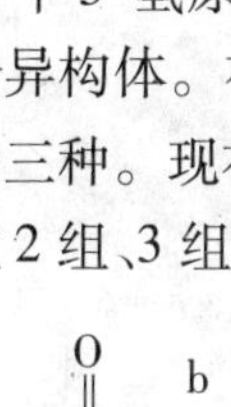

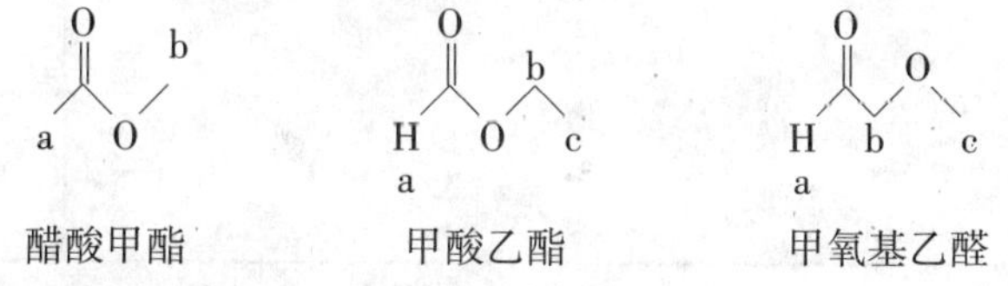

醋酸甲酯 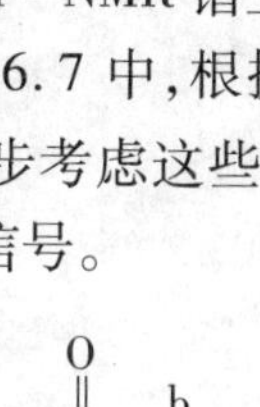　　甲酸乙酯 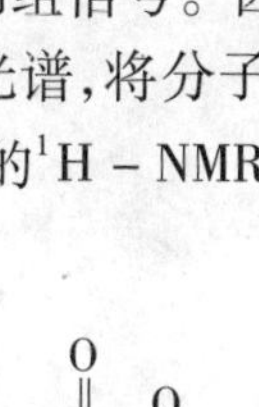　　甲氧基乙醛

后面我们还将讨论如何区分甲酸乙酯和甲氧基乙醛。

示例 16.11　下列化合物的^{1}H－NMR 谱中均只有一组峰,试推断它们的结构式。

(a) C_2H_6O　　(b) $C_3H_6Cl_2$　　(c) C_6H_{12}

分析及解答:首先应该确定化合物的IHD,因为它会告诉我们所需要的环或双键数。有了这些信息,再去考虑如何放置分子式中的原子,才能使所有的氢原子是等价的(最容易的方法是画出所有可能的异构体,并核对不等价氢原子的数目)。

本示例中三种化合物的IHD分别是0、0和1,只需考虑(c)中有环或双键。请注意,每一种结构中用一个氯原子取代任何一个氢原子将得到相同的化合物,而与被取代的氢无关。(a),(b),(c)的结构如下:

(a) CH_3OCH_3　　(b) $CH_3—\underset{Cl}{\overset{Cl}{\vert}}\!C—CH_3$ 　　(c) 或 $(CH_3)_2C═C(CH_3)_2$

思考题 16.10　下列化合物的^1H-NMR谱中均只有一个信号,试推断它们的结构式。

(a) C_3H_6O　　(b) C_5H_{10}　　(c) C_5H_{12}　　(d) $C_4H_6Cl_4$

峰面积

我们看到,在^1H-NMR谱图中峰的组数可以提供有关等价氢原子组数的信息。在^1H-NMR谱图中峰面积的大小可以通过数学中的积分方法来测量。峰面积正比于该组峰所对应的氢原子数。

图 16.23 所示为汽油添加剂醋酸叔丁酯($C_6H_{12}O_2$)积分后的^1H-NMR谱。图中给出了积分曲线。两个吸收峰的面积之比为 3∶1,对于含有 12 个氢原子的叔丁基醋酸酯分子来说,分别对应于其中一组的 9 个等价氢原子和另一组的 3 个等价氢原子。可见,在谱图中的 $\delta 1.4$ 和 $\delta 2.0$ 处有共振吸收峰。高场峰(右侧:67 个表格刻度)的积分面积是低场峰(左侧:23 个表格刻度)的近 3 倍。也可以用尺子来测量两条水平线间的距离。两积分曲线高度的比值为 3∶1。分子中共有 12 个氢原子。由积分曲线得到的比值与分子中存在的两组等价氢原子的数目 9 和 3 的比值是一致的。我们还经常使用简化符号来表示分子的 NMR 谱。简化符号是从去屏蔽作用最大的峰开始列出每组峰的化学位移值,接着是产生该峰的氢原子数。描述叔丁基醋酸酯谱图(图 16.23)的简化符号为 δ 2.0(3H) 和 δ 1.4(9H)。

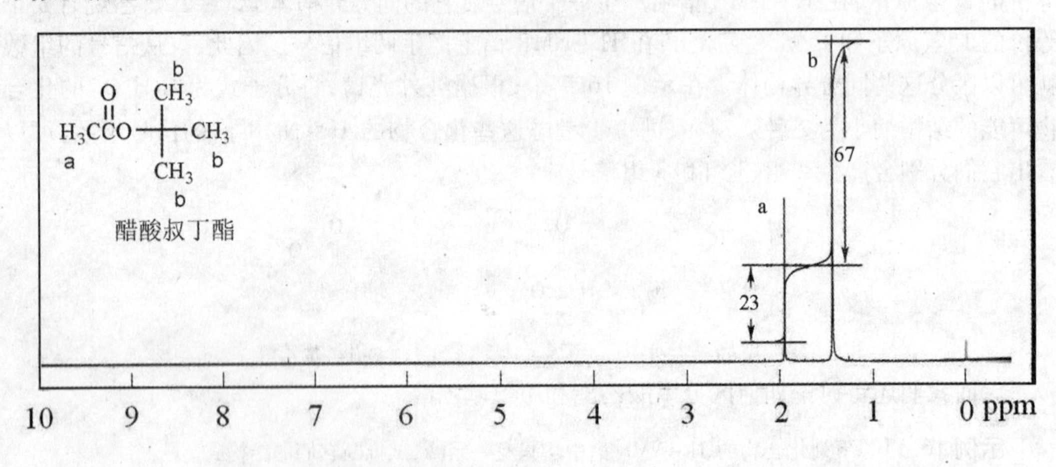

图 16.23　醋酸叔丁酯($C_6H_{12}O_2$)的^1H-NMR谱

另一种表达面积积分值的方法是将其在水平基线的下方标出。尽管积分值不完全与面积比相匹配,但这不是问题,因为氢原子数必须要取整数,通常对积分值取整来获得氢原子的数目。图 16.24 给出了苯甲醇的^1H-NMR图以说明上述问题,三个吸收峰的面积之比为 5∶2∶1(从左至右)。

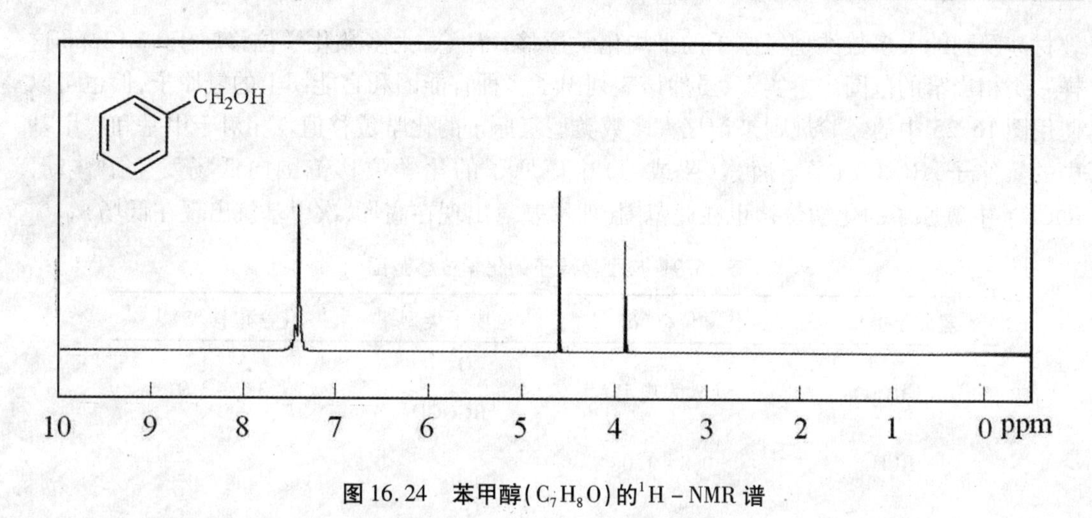

图 16.24　苯甲醇(C_7H_8O)的^1H-NMR 谱

示例 16.12　分子式为 $C_9H_{10}O_2$ 化合物的^1H-NMR 谱中共有三组峰,三组峰的比值为 5∶2∶3,分析积分数据,计算产生每组峰的氢原子数。

分析及解答:确定三组吸收峰的相对比值,每组峰表示整数个氢原子。本题中,三组峰的相对高度比是 5∶2∶3(从低场到高场)。分子式显示分子中有 10 个氢原子。因此,在 δ7.3 处的峰代表了 5 个氢原子,在 δ 5.1 处的峰代表了 2 个氢原子,在 δ 2.1 处的峰代表了 3 个氢原子。因此,每组峰及其代表的氢原子数为 δ 7.3(5H)、δ 5.1(2H)和 δ 2.1(3H)。

思考题 16.11　某酮的分子式为 $C_7H_{14}O$,其^1H-NMR 谱图上两组峰的积分值之比为 6.2∶1.0。计算产生每组信号的氢原子数,并推断该化合物的结构式。

化学位移

在 NMR 谱图 *x* 轴上,信号峰出现的位置被称为化学位移。化学位移可以提供有关氢原子信息。例如,甲基中与 sp^3 杂化的碳相连的氢原子通常在 δ 0.8 ~ δ 1.0 附近产生吸收峰,与羰基碳相连的甲基上的氢原子在 δ 2.0 ~ δ 2.3 附近产生信号(见图 16.21 和图 16.23),与氧原子相连的甲基氢原子在 δ 3.7 ~ δ 3.9 附近产生峰(见图 16.21)。表 16.9 列出了本

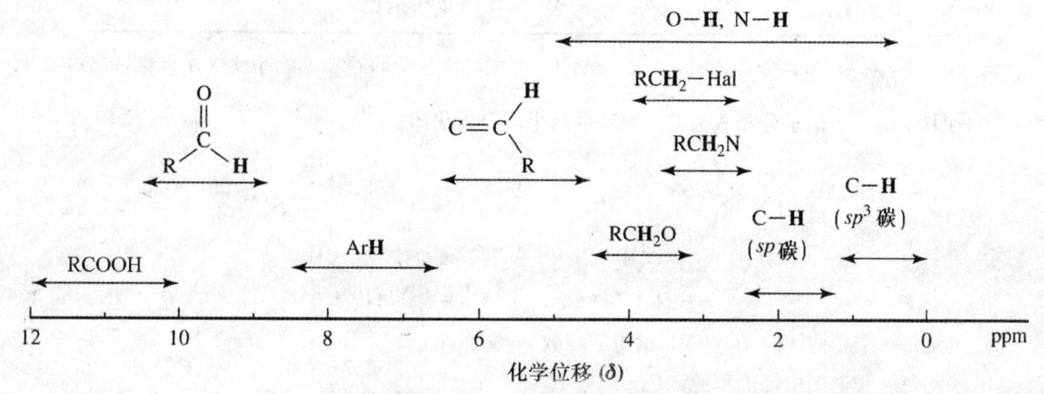

图 16.25　^1H-NMR 谱化学位移简表

教材涉及到的大多数类型氢原子的平均化学位移。注意，大多数化学位移属于0～12ppm这样一个相当窄的范围。事实上，虽然该表列出了多种官能团和官能团上的氢原子，但也可以使用图16.25中的经验规则来记忆大多数类型氢原子的化学位移值。相对于甲基和次甲基中的氢原子，RCH_2Y（Y = 卤素、N 或 O）中氢原子的化学位移范围向低场发生了移动，R_2CHY 中氢原子的化学位移也在此范围（亚甲基氢出现在高场，次甲基氢出现在低场）。

表16.9　典型氢原子的化学位移范围

氢原子类型[a]	化学位移(δ)[b]	氢原子类型[a]	化学位移(δ)[b]
$(CH_3)_4Si$	0（人为规定）	$R\overset{O}{\overset{\|}{C}}OCH_3$	3.7～3.9
RCH_3	0.8～1.0		
RCH_2R	1.2～1.4	$R\overset{O}{\overset{\|}{C}}OCH_2R$	4.1～4.7
R_3CH	1.4～1.7		
$R_2C{=}CRCHR_2$	1.6～2.6	RCH_2I	3.1～3.3
$RC{\equiv}CH$	2.0～3.0	RCH_2Br	3.4～3.6
$ArCH_3$	2.2～2.5	RCH_2Cl	3.6～3.8
$ArCH_2R$	2.3～2.8	RCH_2F	4.4～4.5
ROH	0.5～6.0	ArOH	4.5～4.7
RCH_2OH	3.4～4.0	$R_2C{=}CH_2$	4.6～5.0
RCH_2OR	3.3～4.0	$R_2C{=}CHR$	5.0～5.7
R_2NH	0.5～5.0	ArH	6.5～8.5
$R\overset{O}{\overset{\|}{C}}CH_3$	2.0～2.3	$R\overset{O}{\overset{\|}{C}}H$	9.5～10.1
$R\overset{O}{\overset{\|}{C}}CH_2R$	2.2～2.6	$R\overset{O}{\overset{\|}{C}}OH$	10～12

注：(a) R＝烷基，Ar＝芳香基；(b) 近似值。分子中其他原子的存在可能导致信号出现在范围之外。

示例16.13　下面是分子式为 $C_6H_{12}O_2$ 的两个同分异构体：

$$H_3C-\overset{O}{\overset{\|}{C}}-O-\underset{CH_3}{\underset{|}{\overset{CH_3}{\overset{|}{C}}}}-CH_3 \qquad\qquad H_3C-O-\overset{O}{\overset{\|}{C}}-\underset{CH_3}{\underset{|}{\overset{CH_3}{\overset{|}{C}}}}-CH_3$$

异构体1　　　　　　　　异构体2

(a)预测每一个异构体的 ^1H－NMR 谱中的峰数。

(b)预测每一张谱图中峰面积的比值。

(c)根据化学位移值，讨论如何区分上述异构体。

分析与解答：首先确定不同类型的氢原子，然后确定每个类型氢原子的数目。再仔细检查两个结构，并确定它们之间关键的差异。如果存在化学环境非常不同的氢原子,那么这些氢原子产生的峰在区分两个结构时将是最重要的。

(a)每种化合物中均有两组等价氢原子,一组是9个等价的甲基氢原子,一组是3个等价的甲基氢原子。

(b)每一个异构体的^1H-NMR谱均由比例为9∶3或3∶1的两个峰组成。

(c)由单组$-CH_3$的化学位移就可以区分两个异构体。利用图16.25中的经验规则我们发现,CH_3O中的氢原子比$CH_3C=O$中的氢原子被屏蔽的程度要小,相对位于低场。表16.9给出了每一种氢原子化学位移的近似值。实验值如下:

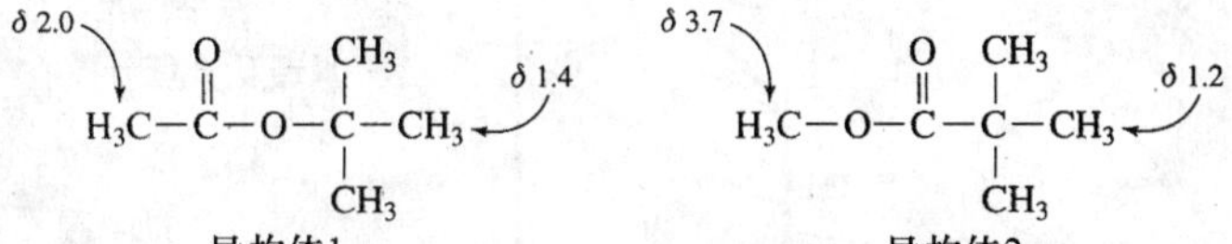

δ 2.0 → $H_3C-C(=O)-O-C(CH_3)_2-CH_3$ ← δ 1.4

异构体1

δ 3.7 → $H_3C-O-C(=O)-C(CH_3)_2-CH_3$ ← δ 1.2

异构体2

思考题16.12　(a)下面是分子式为$C_4H_8O_2$的两个同分异构体:

$CH_3CH_2OC(=O)CH_3$　　$CH_3CH_2C(=O)OCH_3$

异构体1　　异构体2

(i) 预测每一个异构体的^1H-NMR谱中的峰个数。

(ii) 预测每一张谱图中峰面积的比值。

(iii) 根据化学位移值,讨论如何区分上述异构体。

(b) 以示例16.7中的几种化合物为例,我们已经确定了它们的峰数,具体如下:

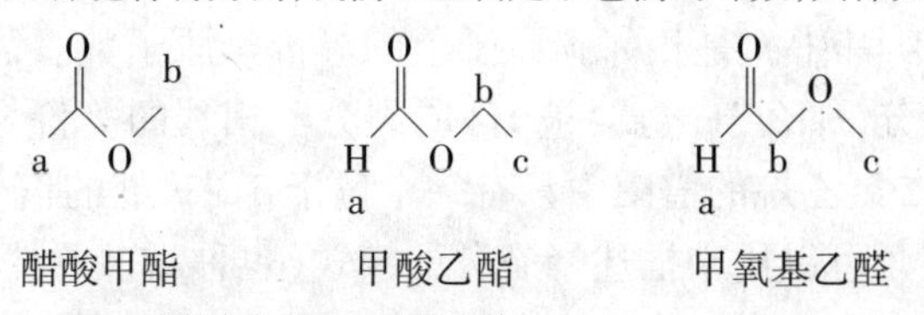

醋酸甲酯　　甲酸乙酯　　甲氧基乙醛

(i) 预测各化合物的^1H-NMR谱图中峰面积的比值。

(ii) 根据化学位移值,讨论如何区分上述异构体。

裂分和$(n+1)$规则

从^1H-NMR谱中可以获得三种信息:根据峰数可以确定等价氢原子的最大组数;通过峰面积的积分,可以确定产生每个峰的相对氢原子数;根据每个峰的化学位移值可以推出每组氢原子类型。

依据每个峰的裂分模式还可以获得第四种信息。1,1,2-三氯乙烷是蜡和天然树脂的一种溶剂,下面以它的^1H-NMR谱(图16.26)为例来进行讨论。这个分子含有2个2°氢原子和1个3°氢原子。根据目前了解到的知识,可以预测出该化合物的图上有两个相对面积比值为2∶1的峰,对应于$—CH_2Cl$中的2个氢原子和$—CHCl_2$中的1个氢原子。但是,图上看到的其实有5个峰。为什么我们预测的只有2个?原因是一个氢原子的共振频率可以被邻近的其他氢原子产生的小磁场影响而裂分成多个峰。一个信号可以被裂分为2个峰(称为二重峰,用d表示)或3个峰(三重峰,用t表示)、4个峰(四重峰,用q表示)等。未发生裂分的峰称为单峰(s),那些具有复杂裂分模式的峰则称为多重峰(m)。如果相邻的碳原子上有氢原子，峰通常会发生裂分。当氢原子之间相隔的化学键超过三个以上时，如 H—C—C—C—H中所示，峰裂分的情况将是罕见的，除非结构中含有 π 键（例如芳香环中的情况）。

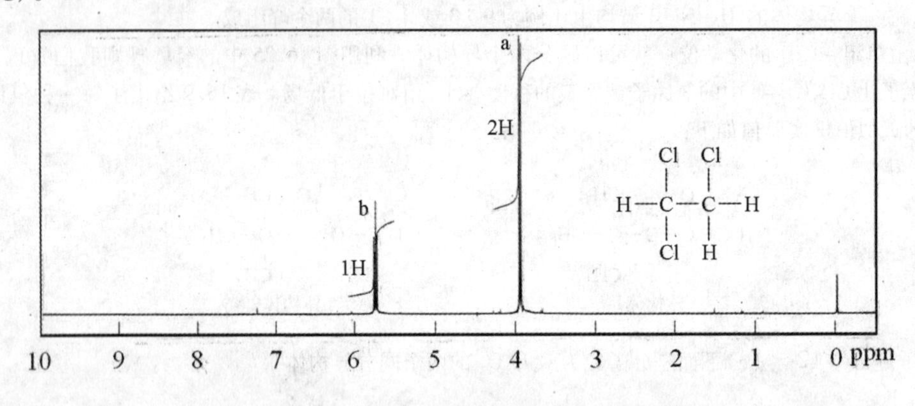

图 16.26 1,1,2－三氯乙烷的^{1}H－NMR 谱

在 1,1,2 －三氯乙烷的^{1}H－NMR 谱中，位于 δ 4.0 处的峰是由—CH_2Cl 基团中的氢原子产生的，位于 δ 5.8 处的峰则是由—$CHCl_2$ 中单一的氢原子产生的。

在 δ 4.0 处的 CH_2 的峰被分裂为一个二重峰，而在 δ 5.8 处 CH 的峰被分裂为一个三重峰，这种现象称为裂分。一个^{1}H－NMR 信号是由一组等价氢原子产生的，影响该信号裂分的邻近氢原子相互也是等价的，但与产生该信号的那些氢原子并不等价。通过(n＋1)规则可以预测峰裂分的程度，其中 n 是相邻碳原子上的等价氢原子数。请注意，如果 H_a 的峰被相邻碳原子上的 H_b 裂分，那么 H_b 也会被 H_a 所裂分。相邻的等价氢原子之间看不到峰裂分的情况，例如 1,2－二氯乙烷的谱图中只有一个位于 δ 3.7 处的信号（单峰）。

帕斯卡（Pascal）三角可以用来描述峰裂分的模式（也称为多重性）以及裂分各峰的相对强度，如表 16.10 所示。

表 16.10 多重性和裂分峰的相对强度

引起自旋裂分的等价氢原子数	多重性	裂分峰的相对强度
1	二重峰	1:1
2	三重峰	1:2:1
3	四重峰	1:3:3:1
4	五重峰	1:4:6:4:1
5	六重峰	1:5:10:10:5:1
6	七重峰	1:6:15:20:15:6:1

下面应用(n＋1)规则来分析 1,1,2 －三氯乙烷的谱图（图 16.26）。—CH_2Cl 基团中的 2 个氢原子有一个相邻近的氢原子(n＝1)，所以裂分为二重峰(1＋1＝2)。—$CHCl_2$ 中的单一的氢原子存在两个相邻的等价氢原子(n＝2)，所以它裂分为三重峰(2＋1＝3)。

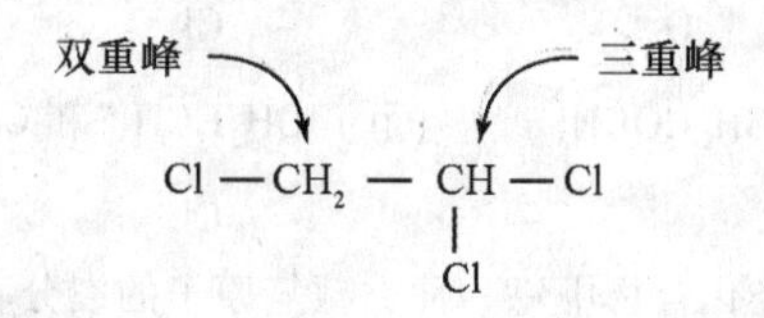

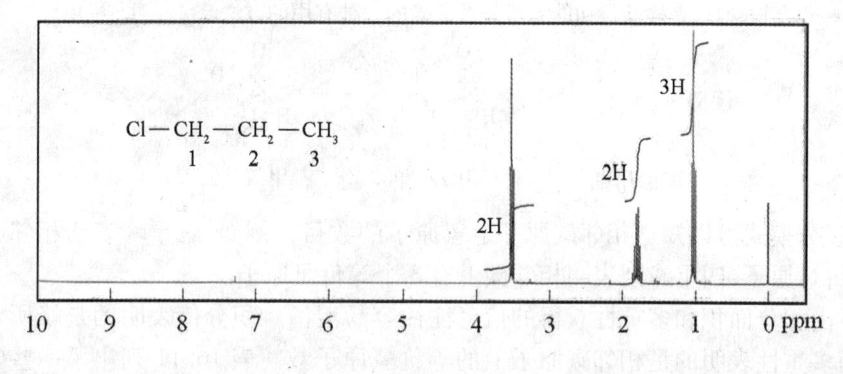

图 16.27　1 – 氯丙烷的[1]H – NMR 谱

现在来讨论 1 – 氯丙烷(图 16.27)的裂分模式。C(1)上的 2 个氢原子附近有 2 个位于邻碳上的等价氢原子,所以它们(δ 3.5)裂分为三重峰(2 + 1)。同样,C(3)(δ 1.1)上 3 个氢原子也裂分为三重峰。而 C(2)上 2 个氢原子的两边均有等价氢原子,一边是 C(1)上的 2 个氢原子,另一边是 C(3)上的 3 个氢原子。由于 C(1)和 C(3)上的氢原子是不等价的,从而导致 C(2)上 H 呈现出复杂的裂分模式,将其简单地称为多重峰。

示例 16.14　预测下列每一种化合物的[1]H – NMR 谱的信号数和每一个信号的裂分模式。

(a) $CH_3\overset{O}{\overset{\|}{C}}CH_2CH_3$　　(b) $CH_3CH_2\overset{O}{\overset{\|}{C}}CH_2CH_3$　　(c) $CH_3\overset{O}{\overset{\|}{C}}CH(CH_3)_2$

分析及解答:首先确定不同类型的氢原子,再考虑相邻碳原子上的氢原子数,最后运用(n + 1)规则得出裂分模式。

在分子(a)中,由于连在羰基碳上的甲基氢原子离其他氢原子太远(>3 个化学键),没有发生信号的分裂现象(单峰)。而—CH_2—的邻近有 3 个等价氢原子(n = 3),所以它的信号裂分为四重峰(3 + 1 = 4)。与—CH_2—相连的甲基的邻近有 2 个等价氢原子(n = 2),所以它的信号裂分为三重峰。这几种信号积分面积的比值为 3∶2∶3。

采用同样的方法来分析分子(b)和(c)。因此分子(b)中产生一个三重峰和一个四重峰,两者的积分面积比值为 3∶2(记住:分子中的两个 CH_2 是等价的,两个 CH_3 也是等价的)。分子(c)中产生一个单峰、一个七重峰(6 + 1 = 7)和一个二重峰,它们的积分面积比值为 3∶1∶6。

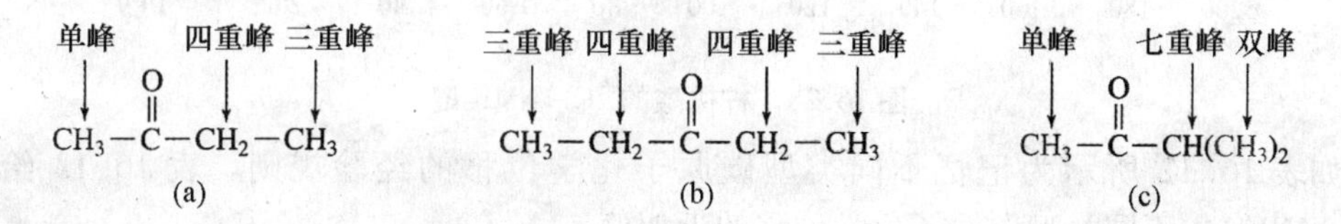

思考题 16.13

(a)预测下面两对同分异构体的[1]H – NMR 谱的峰数和每一个峰的裂分模式。

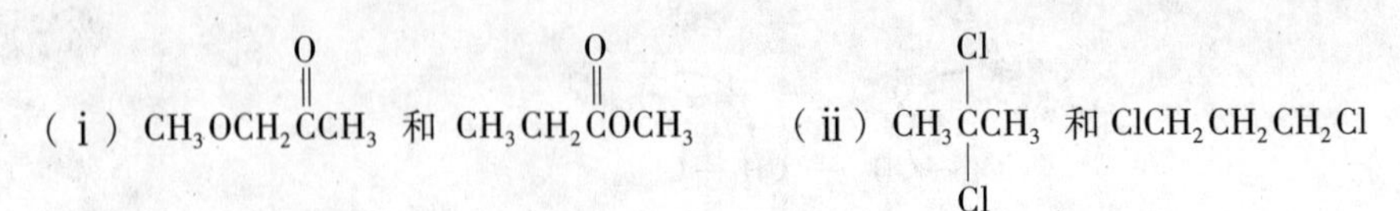

(b) 确定示例 16.7 里几种酯类化合物中每一种类型氢原子的裂分。虽然在不考虑裂分的情况下也可以区分这些化合物,但这是检验最初的分析是否正确的一种有用的方法。

醋酸甲酯　　甲酸乙酯　　甲氧基乙醛

通过裂分模式可以知道相邻碳原子上氢原子的数目。例如,三重峰表明相邻碳原子上有 2 个等价氢原子,四重峰则表明相邻碳上有 3 个等价氢原子。

注意:由积分面积和多重性获得的信息往往容易混淆。积分值表明的是峰所对应的氢原子数,而多重性表明的是相邻碳原子上的等价氢原子数。表 16.11 列出了一些常见的裂分模式和相应的结构单元。

^{13}C - NMR 谱

^{12}C 是碳的最丰天然同位素(98.89%),但它没有核自旋现象,所以不能用 NMR 波谱法来检测。但是,^{13}C 的原子核(天然丰度 1.11%)有自旋现象,所以,可以采用与检测^{1}H 原子相同的方式——NMR 波谱法来检测^{13}C 原子。

在记录^{13}C 谱最常见的模式质子去耦谱中,所有的^{13}C 信号是以单峰形式出现的。例如柠檬酸是一种用来增加多种药品水溶性的化合物,它的^{13}C - NMR 谱(图 16.28)由四个单峰组成。请注意,与^{1}H - NMR 一样,等价的碳原子只产生一种峰。

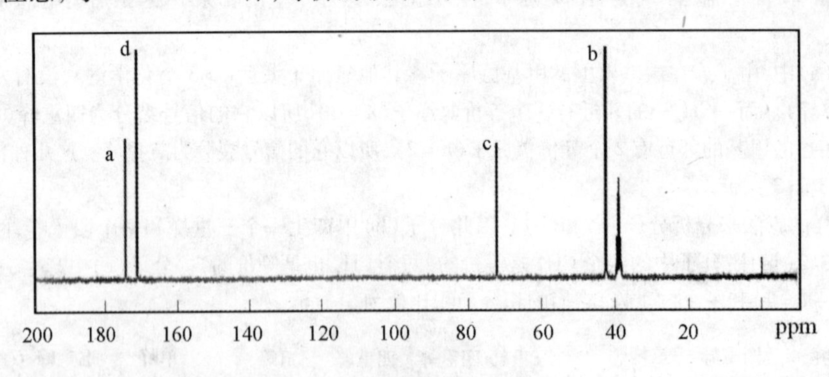

图 16.28　柠檬酸的^{13}C - NMR 谱

如表 16.12 所示为记忆不同类型碳原子化学位移的经验规则。表 16.13 给出了^{13}C - NMR谱中不同类型碳原子化学位移的近似值。

表 16.11　常见有机基团的特征裂分模式

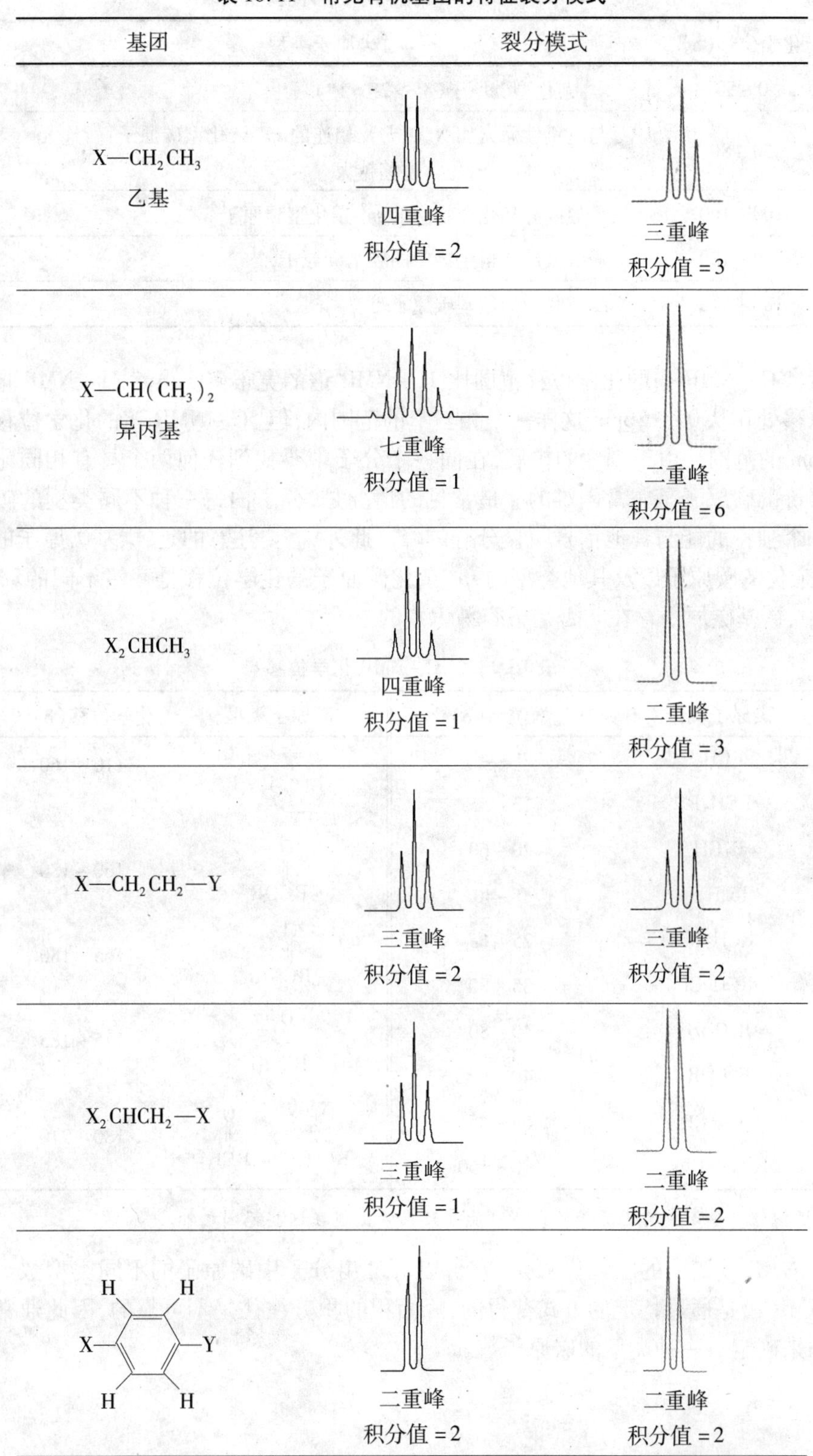

基团	裂分模式	
$X—CH_2CH_3$ 乙基	四重峰 积分值 = 2	三重峰 积分值 = 3
$X—CH(CH_3)_2$ 异丙基	七重峰 积分值 = 1	二重峰 积分值 = 6
X_2CHCH_3	四重峰 积分值 = 1	二重峰 积分值 = 3
$X—CH_2CH_2—Y$	三重峰 积分值 = 2	三重峰 积分值 = 2
$X_2CHCH_2—X$	三重峰 积分值 = 1	二重峰 积分值 = 2
(苯环：X、Y 对位取代，H、H、H、H)	二重峰 积分值 = 2	二重峰 积分值 = 2

注：X 和 Y 不同。假定表中所示基团中的氢原子与其他氢原子之间不发生偶合作用。

表 16.12　$^{13}C-NMR$ 谱化学位移简易相关表

化学位移(δ)	碳原子类型
0 ~ 50	sp^3 杂化型碳原子(3° > 2° > 1°)
50 ~ 80	与电负性元素如 N、O 或 X 相连的 sp^3 杂化型碳原子:所连元素电负性越强,化学位移越大
100 ~ 160	烯烃或芳环化合物中的 sp^2 杂化型碳原子
160 ~ 180	羧酸或羧酸衍生物中的羰基碳原子
180 ~ 210	酮或醛中的羰基碳原子

注意,$^{13}C-NMR$ 谱的化学位移范围比 $^{1}H-NMR$ 谱的宽很多。虽然 $^{1}H-NMR$ 谱的大多数化学位移处在从 0 ~ 12ppm 这样一个相当窄的范围内,但 $^{13}C-NMR$ 谱的化学位移涵盖了 0 ~ 210ppm 的范围。由于刻度的扩展,在同一个分子中要找到任何两个具有相同化学位移但却不等价的碳原子是非常困难的。最常见的情况是,分子内每一种不同类型的碳原子都会产生一个独特的能与其他信号明显分开的峰。此外,需要注意的是,羰基碳原子的化学位移与 sp^3 杂化的碳原子以及其他类型的 sp^2 杂化碳原子的化学位移是截然不同的。在 $^{13}C-NMR$ 谱中,羰基碳原子存在与否是很容易识别的。

表 16.13　$^{13}C-NMR$ 化学位移

碳原子类型	化学位移(δ)[a]	碳原子类型	化学位移(δ)[a]
RCH_3	0 ~ 40	(苯环)C—R	110 ~ 160
RCH_2R	15 ~ 55		
R_3CH	20 ~ 60	$R\overset{\overset{O}{\parallel}}{C}OR$	160 ~ 180
RCH_2I	0 ~ 40		
RCH_2Br	25 ~ 65	$R\overset{\overset{O}{\parallel}}{C}NR_2$	165 ~ 180
RCH_2Cl	35 ~ 80		
R_3COH	40 ~ 80	$R\overset{\overset{O}{\parallel}}{C}OH$	175 ~ 185
R_3COR	40 ~ 80		
$RC\equiv CR$	65 ~ 85	$R\overset{\overset{O}{\parallel}}{C}H$, $R\overset{\overset{O}{\parallel}}{C}R$	180 ~ 210
$R_2C=CR_2$	100 ~ 150		

(a) 近似值。分子中其他原子的存在可能导致信号出现在这些范围之外。

$^{13}C-NMR$ 波谱法的巨大优势是,它可以计算出分子中碳原子的不同类型数。然而由于 $^{13}C-NMR$ 谱是通过特定的方式获得的,峰面积的积分往往是不可靠的,因此通常无法根据峰面积来确定每一种类型的碳原子数。

16.6 核磁共振谱的解析

解析核磁共振波谱数据是一种最好通过实践来获得的技能。在本节中我们将看到特征官能团的核磁共振谱图的具体实例。熟悉它们将有利于掌握谱图解析技术。

烷 烃

因为烷烃中所有氢原子所处的化学环境相似,它们的^{1}H – NMR 化学位移处在 δ 0.8 ~ δ 1.7这样一个窄的范围内,所以这样的峰经常会发生重叠。烷烃中的碳原子在^{13}C – NMR 谱中的化学位移则处于 δ 0 ~ δ 60 的较宽的范围内。2,2,4 – 三甲基戊烷(通用名为异辛烷)是汽油的重要成分,它的^{13}C – NMR 谱(图 16.29)中的所有峰比^{1}H – NMR 谱(图 16.30)中的峰更容易辨别。在^{13}C – NMR 谱中,可以看到 5 个峰,而在^{1}H – NMR 谱中,预计看到 4 个峰,但事实上只能看到 3 个。原因是不等价的氢原子通常有相似的化学位移,从而导致峰的重叠。应注意的是,在以下的^{13}C – NMR 谱中,位于 δ 77 处的三个间隔很密的峰是由溶剂氘代氯仿产生的。事实上,除了那些以重水为溶剂所测的谱图,溶剂产生的峰在所有的^{13}C – NMR谱图上都可以观察到。

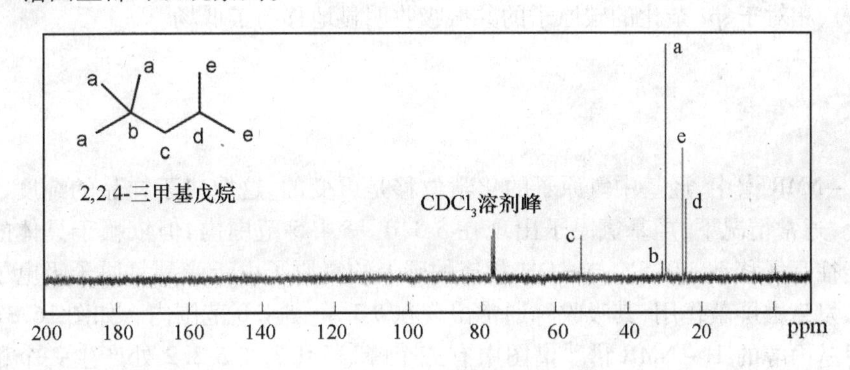

图 16.29 2,2,4 – 三甲基戊烷的^{13}C – NMR 谱(75MHz,$CDCl_3$)

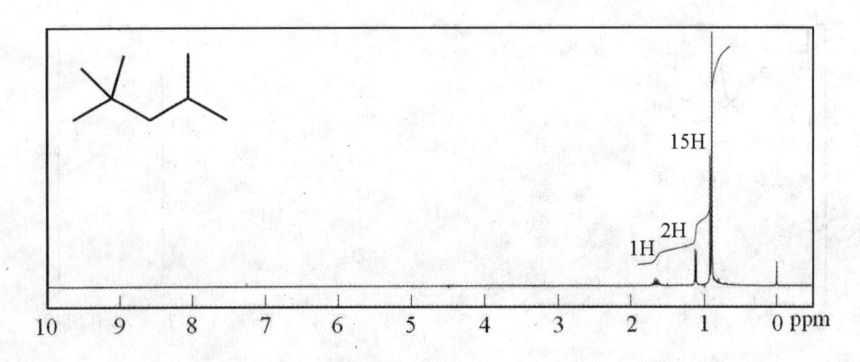

图 16.30 2,2,4 – 三甲基戊烷的^{1}H – NMR 谱(300MHz,$CDCl_3$)

图 16.30 中只有 3 个峰。其中有两组不等价的氢原子均在 δ 0.9 处产生了信号,3 个峰

的积分面积之比为 1 : 2 : 15,分别对应于 δ 1.7、δ 1.1 和 δ 0.9 处的吸收峰。

烯 烃

烯基氢原子(与碳碳双键上碳相连的氢原子)的^{1}H – NMR 化学位移比烷烃中氢原子的化学位移要大,通常落在 δ 4.6 ~ δ 5.7 范围内。图 16.31 为 1 – 甲基环己烯的^{1}H – NMR 谱。由于受到环上的两个氢原子的影响,出现在 δ 5.4 处的烯基氢原子裂分为三重峰。

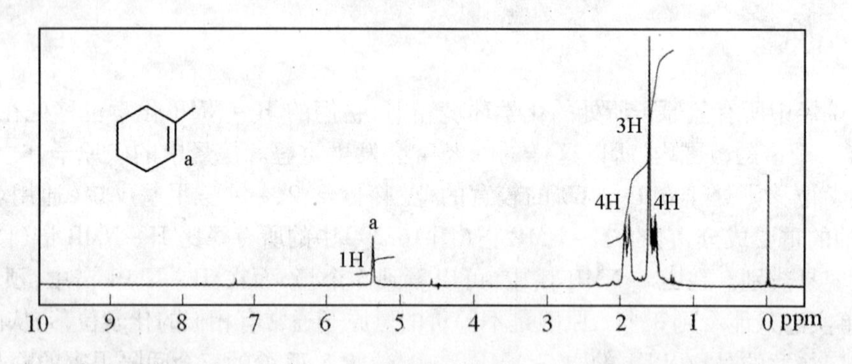

图 16.31 1 – 甲基环己烯的^{1}H – NMR 谱

在^{13}C – NMR 谱中,烯烃上 sp^2 杂化的碳原子在 δ 100 ~ δ 150 范围内产生共振吸收(表 16.13),相对于 sp^3 杂化的碳原子的共振吸收明显地移向了低场。

醇

在^{1}H – NMR 谱中,羟基中氢原子的化学位移是可变的,这取决于样品的纯度、溶剂、浓度和温度。通常情况下,羟基氢原子出现在 δ 3.0 ~ δ 4.5 范围内,但依赖于具体的实验条件,也可能往高场移动 δ 0.5。与—OH 相连的碳上的氢原子由于受到氧原子吸电子诱导效应的影响,发生去屏蔽作用,其吸收峰通常出现在 δ 3.4 ~ δ 4.0 范围内。如图 16.32 所示为 2,2 – 二甲基丙醇的^{1}H – NMR 谱。谱图中有三个峰,羟基氢在 δ 2.2 处产生一个稍宽的单峰,而与—OH 相连碳上的氢原子在 δ 3.3 处产生一个单峰。

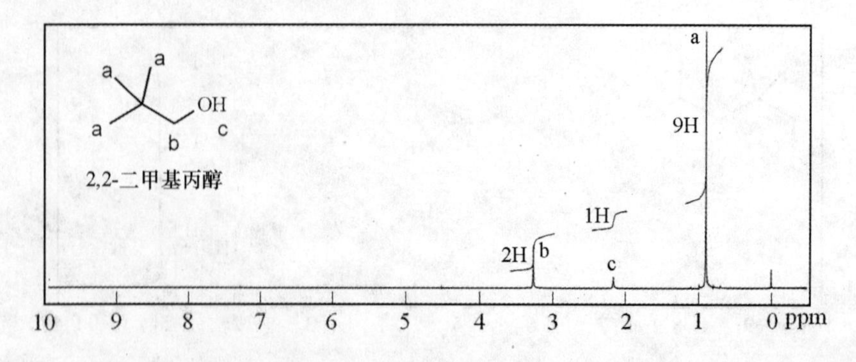

图 16.32 2,2 – 二甲基丙醇的^{1}H – NMR 谱

在 2,2 – 二甲基丙醇的^{1}H – NMR 谱中,并没有看到—OH 氢原子和相邻—CH_2—氢原子

之间峰的裂分情况。原因是核磁共振中所用溶剂或样品中痕量的酸、碱或其他杂质催化了—OH 中的质子从一个醇分子交换到另一个醇分子。

醇中羟基氢原子通常以宽的单峰的形式出现，如 3,3 – 二甲基丁醇的^{1}H – NMR 谱图（图 16.33）所示，图中羟基的较宽吸收峰出现在 δ 2.1 处。

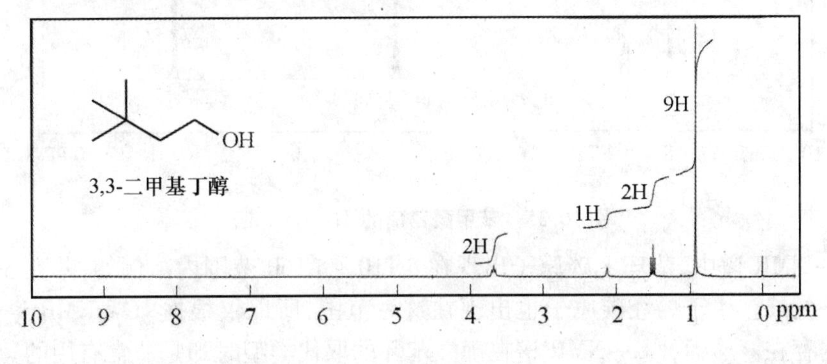

图 16.33　3,3 – 二甲基丁醇的^{1}H – NMR 谱

苯及其衍生物

苯中 6 个氢原子都是等价的，在^{1}H – NMR 谱中是一个尖锐的单峰，位于δ 7.3处。取代苯环上的氢原子出现在 δ 6.5 ~ δ 8.5 区域内。很少有其他类型的氢原子在这个区域产生峰，因此，根据芳基氢原子独特的化学位移值很容易确认它们的存在。

前面提及，烯基氢原子出现在 δ 4.6 ~ δ 5.7 范围内。因此，相比烯基氢原子，芳基氢原子往低场移动得更多。

在甲苯的^{1}H – NMR 谱（图 16.34）中，甲基上三个氢原子产生的是一个位于 δ 2.3 处的单峰，苯环上五个氢原子产生的则是一个位于 δ 7.3 处间隔很密的多重峰。苯环上的氢原子产生非常复杂的峰，例如在苯甲酸乙酯的谱图（图 16.35）中，位于 δ 8.1 处的是一个多重峰（由苯环上的两个氢原子产生），在 δ 7.5 处的也是一个多重峰（由苯环上的三个氢原子产生）。谱图中还有乙氧基所特有的三重峰（δ 1.4）和四重峰（δ 4.4）这一对特征峰。

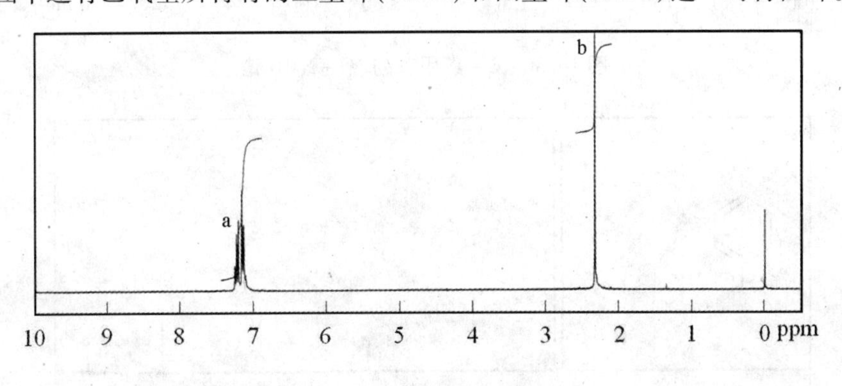

图 16.34　甲苯的^{1}H – NMR 谱

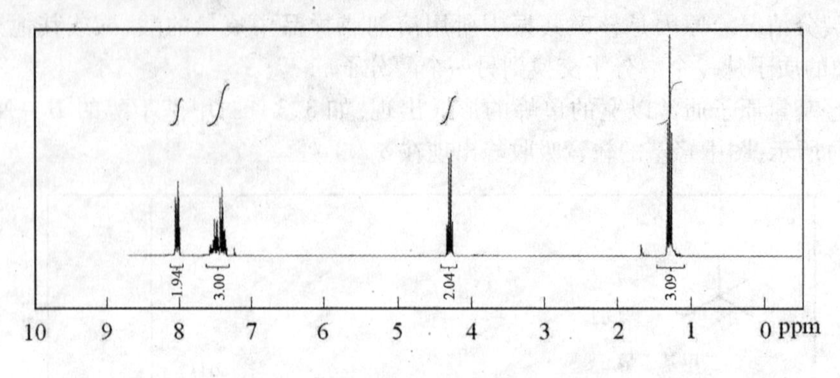

图 16.35　苯甲酸乙酯的^{1}H－NMR 谱

在^{13}C－NMR 谱中,苯环上碳原子出现在 δ 110 ~ δ 160 范围内。例如,苯在 δ 128 处产生一个单一的峰。由于烯烃碳原子也出现在这一范围,所以仅根据^{13}C－NMR 谱通常无法确定苯环的存在。然而,^{13}C－NMR 谱在确立苯环的取代类型时却是非常有用的。2－氯甲苯的^{13}C－NMR 谱(图 16.36)中有 6 个峰出现在芳香区,而另一个对称性更高的异构体 4－氯甲苯的谱图(图 16.37)中只有 4 个峰出现在芳香区。因此,要区分这些同分异构体,只需计算峰的数量。应当注意的是,在下面的^{13}C－NMR 谱中,峰的强度与产生该峰的等价碳原子数之间并不成正比关系,所以,峰面积的积分值往往是不可靠的。这与^{13}C 核返回较低能级时采用的方式有关。通常情况下,四级(4°)碳原子(碳上无氢原子相连)产生峰的强度较低。

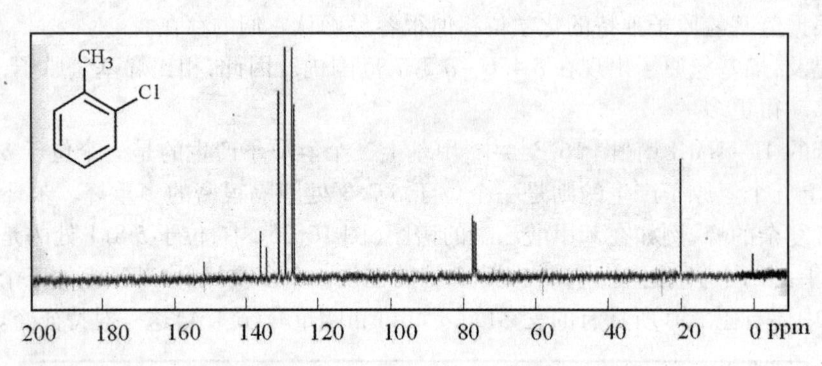

图 16.36　2－氯甲苯的^{13}C－NMR 谱

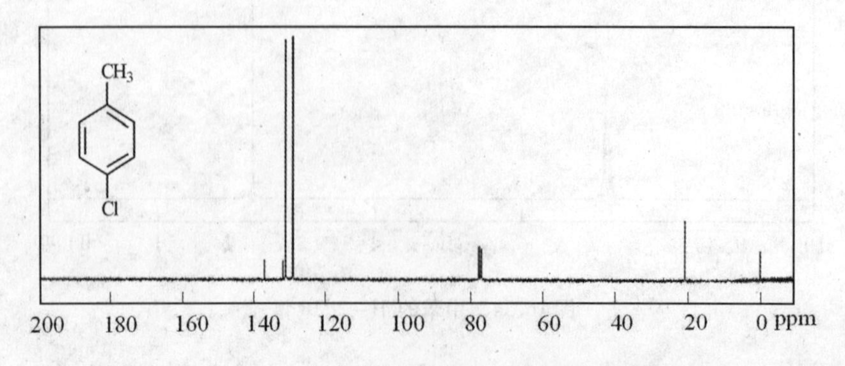

图 16.37　4－氯甲苯的^{13}C－NMR 谱

胺

胺基氢原子的化学位移与羟基氢原子一样，是可变的，通常出现在 δ 0.5 ~ δ 5.0 的区域，具体取决于溶剂、浓度和温度。此外，由于分子间 N—H 氢原子的快速交换，通常很难观察到胺基氢原子和相邻 α - 碳上氢原子之间的峰裂分情况。因此，胺基氢原子通常以单峰形式出现。例如，苯甲胺（$C_6H_5CH_2NH_2$）中的 NH_2 氢原子以单峰形式出现在 δ 1.4 处（图 16.38）。

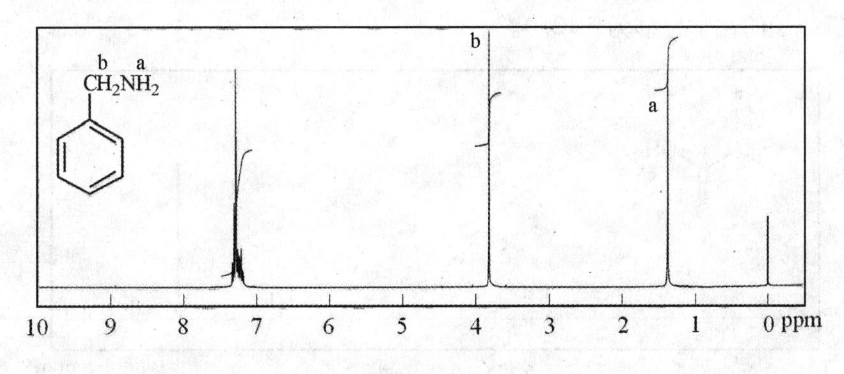

图 16.38　苯甲胺的 ^1H - NMR 谱

醛和酮

^1H - NMR 波谱法是鉴别醛以及区分醛和其他羰基化合物的重要工具。正如烯基氢原子的峰移向低场一样（相对于 sp^3 杂化碳上的氢原子），醛基氢原子也会移向低场（相对于 sp^3 杂化碳上的氢原子），通常移至 δ 9.5 ~ δ 10.1 的范围。这类氢原子和相邻 α - 碳上的氢原子之间的峰裂分是轻微的，因此，醛基氢的峰往往是间距很密的二重峰或三重峰。例如，在丁醛的谱图中，醛基氢原子位于 δ 9.8 处的三重峰由于峰间相距很密，看起来几乎就像一个单峰（图 16.39）。

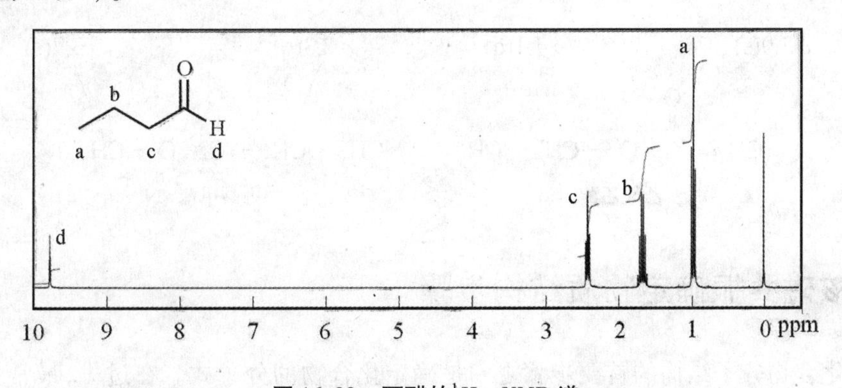

图 16.39　丁醛的 ^1H - NMR 谱

正如醛基氢原子由于受到邻近等价 α - 氢原子的影响而发生轻微的裂分一样，α - 氢原子也因醛基氢的影响而发生弱裂分。醛或酮 α - 碳上的氢原子通常出现在 δ 2.1 ~ δ 2.6 附近。

在^{13}C-NMR谱中,根据出现在δ 180~δ 210之间的峰很容易识别出醛和酮的羰基碳原子。

羧酸

羧基氢原子产生的峰在δ 10~δ 12范围内。羧基氢原子的化学位移是如此之大,甚至大于醛基氢原子的化学位移(δ 9.5-δ 10.1),这有助于区分羧基氢原子和大多数其他类型的氢原子。在2-甲基丙酸的^{1}H-NMR谱图(图16.40)中,被标记为"c"的羧基氢原子的峰相对于其所处坐标已经偏移了δ 2.4(实际的化学位移为谱图中峰出现的位置再加上2.4)。该氢原子的化学位移为δ 12.0。

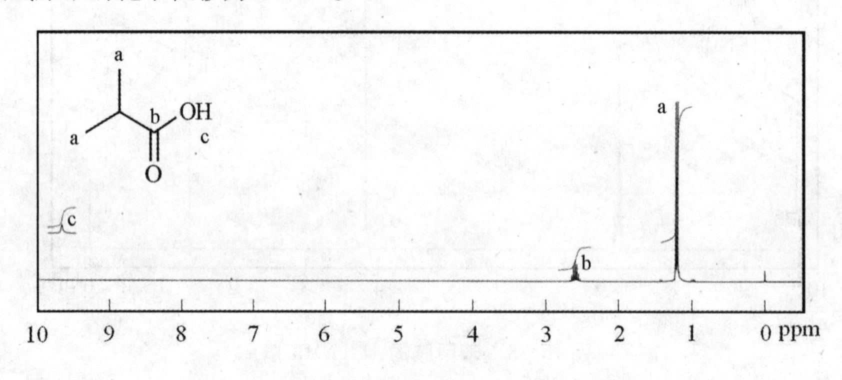

图16.40　2-甲基丙酸(异丁酸)的^{1}H-NMR谱

酯

酯羰基的α-碳上的氢原子略有去屏蔽效应,因而其信号峰出现在δ 2.1~δ 2.6之间。与酯基中氧原子相连的碳上的氢原子去屏蔽效应更强,峰位移向δ 3.7~δ 4.7。因此,根据乙酸乙酯及其同分异构体丙酸甲酯中—CH_3吸收单峰(s)化学位移的比较(δ 2.0和δ 3.7比较),或者—CH_2—吸收四重峰(q)化学位移的比较(δ 4.1和2.3比较),就可以区分这两种异构体。

δ 2.0(s)　δ 4.1(q)　δ 2.3(q)　δ 3.7(s)

$CH_3-\overset{\overset{\displaystyle O}{\|}}{C}-O-CH_2-CH_3$　　$CH_3-CH_2-\overset{\overset{\displaystyle O}{\|}}{C}-O-CH_3$

乙酸乙酯　　丙酸甲酯

用核磁共振确定物质结构步骤

确定化合物分子结构的首要步骤之一是确定化合物的分子式。在过去,最常见的方法是采用第3章描述过的元素分析法。今天普遍采用的方法是通过质谱法来确定分子的摩尔质量和分子式。在后面的例子中,假设任何未知化合物的分子式已经确定,在此基础上利用谱图分析来确定其结构式。

以下步骤在系统地解决 $^{1}H-NMR$ 谱图问题时非常有用:

步骤一　检查分子式,计算氢亏损指数(见 16.1 节),并推断出任何有关环或 π 键存在与否的信息。

步骤二　计算峰的数量,以确定化合物中等价氢原子的最小组数。

步骤三　利用峰面积积分值和分子式确定每组氢原子的数量。

步骤四　检查核磁共振谱图中最常见类型等价氢原子的峰的特点。注意,该范围是广泛的,每个类型的氢原子可能进一步移向高场或进一步移向低场,这取决于分子结构。

步骤五　检查裂分模式来获得有关不等价的相邻氢原子数的信息。

步骤六　写出与从步骤一至步骤五所了解信息一致的结构式。

示例 16.15　未知化合物是一种无色液体,分子式为 $C_5H_{10}O$。确定其结构。

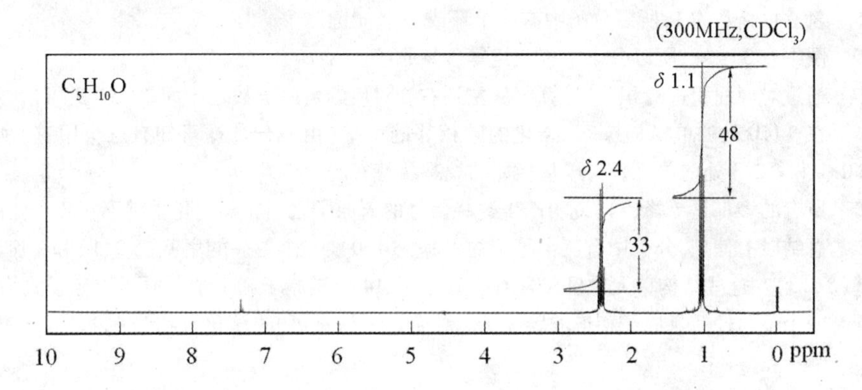

分析与解答:

第一步　该分子的参考化合物为 $C_5H_{12}O$,因此氢亏损指数是 1,分子中含有一个环或一个 π 键。

第二步　图中有两种峰(一个三重峰和一个四重峰),所以分子中有两组等价氢原子。

第三步　通过对峰面积进行积分,计算出产生每个峰对应的氢原子数之比为 3 : 2。由于分子中有 10 个氢原子,得出峰的分配为 δ 1.1(6H)和 δ 2.4(4H)。

第四步　在 δ 1.1 处的峰位于烷基区,根据其化学位移得出,最可能代表该峰的是甲基(由积分数据可知有二个甲基)。δ 4.6 ~ δ 5.7 之间无峰,说明分子中没有烯基氢原子(如果分子中有一个碳—碳双键,那么双键上应没有氢原子,也就是说它是四取代的)。在 δ 2.4 处为羰基的 α - 碳上的氢原子区(δ 2.1 ~ δ 2.6)。

第五步　在 δ 1.1 处的甲基裂分为三重峰(t),所以它必有两个相邻的等价氢原子,说明分子中存在—CH_2CH_3。在 δ 2.4 处的为四重峰(q),所以它必有三个相邻的等价氢原子,这与分子中存在—CH_2CH_3 也是一致的。因此,乙基的存在可以解释这两个峰。谱图中没有出现其他峰,因此分子中没有其他类型的氢原子。

第六步　综合前面步骤中所得信息推出以下结构式。注意,在 δ 2.4 处亚甲基(—CH_2—)的化学位移与连在羰基上的烷基的化学位移是一致的。

δ 2.4(q)　δ 1.1(t)

$$CH_3-CH_2-\overset{\overset{\displaystyle O}{\|}}{C}-CH_2-CH_3$$

3-戊酮

示例 16.16 未知化合物是一种无色液体,分子式为 $C_7H_{14}O$。试根据下面的图谱确定其结构。

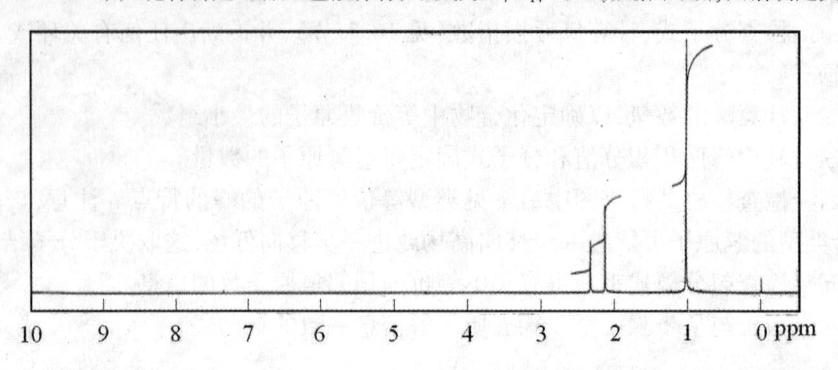

分析与解答:

第一步 氢亏损指数为 1,所以分子中有一个环或一个 π 键。

第二步 图中有 3 个峰,所以分子中有三组等价氢原子。

第三步 通过对峰面积进行积分,计算出从左到右峰对应的氢原子数之比为 2∶3∶9。

第四步 在 δ 1.0 处的单峰是与 sp^3 杂化的碳相邻的甲基(由积分数据可知有三个甲基)所特有的。而出现在 δ 2.1 和 δ 2.3 处的单峰是与羰基相邻的烷基所特有的。

第五步 所有的峰都是单峰(s),说明产生这些信号的氢原子之间相隔的化学键不在 3 个以内。

第六步 总结以上信息,分子中有三个等价的甲基(δ 1.0)、一个单一的甲基(δ 2.1)和一个与羰基相邻的亚甲基(δ 2.3)。这些结构单元中已包含 6 个碳原子、14 个氢原子和 1 个氧原子。分子式为 $C_7H_{14}O$,因此还必须有一个不与任何氢原子相连的碳原子。综合以上数据可知,该化合物为 4,4 - 二甲基 - 2 - 戊酮。

δ 1.0(s) δ 2.3(s) δ 2.1(s)

$$\mathrm{CH_3-\underset{CH_3}{\overset{CH_3}{C}}-CH_2-\overset{O}{\overset{\|}{C}}-CH_3}$$

4,4-二甲基-2-戊酮

16.7 确定物质结构的其他方法

本章重点介绍了化学家最常使用的确定结构的方法。此外,还有一些其他的有用的方法,包括 X - 射线晶体衍射法、紫外/可见光谱法和电子自旋共振波谱法。

X - 射线晶体衍射法是指利用 X - 射线衍射技术来研究晶体结构的方法,它是一种获得详细的晶体内部结构和成键信息的强有力手段。当一束 X - 射线通过晶体时,射线发生衍射,衍射的方式取决于晶体内部原子的大小和位置。通过分析衍射图可以确定化合物的三维结构,包括键长和键角。X - 射线晶体衍射法已被用来测定数以千计的无机物、有机物、有机金属化合物和生物类化合物的结构,它是最重要的可用于测定蛋白质和其他生物大分子三维结构的技术。但是这种技术只限于测定具有适当质量和大小的晶体样品,而且培养出生物分子的晶体绝对是一项重大的挑战。

紫外/可见光谱法是用来研究那些能够吸收电磁波谱区中紫外 - 可见光(λ = 200 ~ 800

nm)的化合物的方法。该技术适用于研究含有共轭 π 键(4个或更多的 sp^2 杂化的原子序列)的有机化合物和含有部分填充 d 轨道的过渡金属配合物。通常,有机化合物的最大吸收波长(λ_{max})随着共轭程度的增加而增大(见表16.14中的一些例子)。紫外-可见光谱的吸收带很少,也没有任何细节。现在,紫外-可见光谱法主要用于液体和气体样品的常规分析。

表16.14　部分共轭体系分子的最大吸收波长

分子	结构	λ_{max}(nm)
2-甲基-1,3-丁二烯	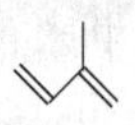	220
3-烯-2-丁酮	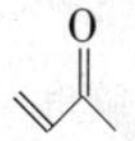	219
2,4,6-三辛烯	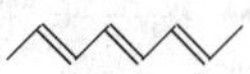	263
苯	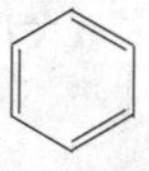	254

紫外线吸收剂的一种重要应用是生产预防皮肤癌的防晒霜。甲氧基肉桂酸辛酯和4-甲基苯亚甲基樟脑都吸收UVB辐射(290~320nm),是最常用的紫外线吸收剂。

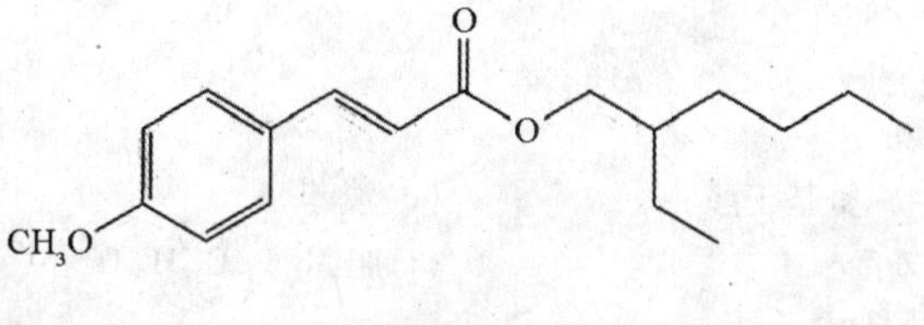

甲氧基肉桂酸辛酯 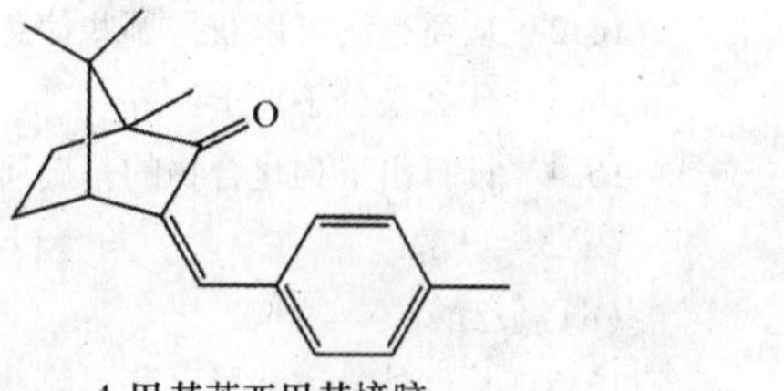　　4-甲基苯亚甲基樟脑

电子自旋共振波谱法(ESR)也称为电子顺磁共振波谱法(EPR),是用于研究自由基、顺磁性物质和含有未成对电子的其他物质的一种磁共振方法,可以说它是研究自由基构成最重要的技术,在了解反应机理方面发挥了重要作用。

相关知识链接——磁共振成像

核磁共振已成为医学诊断上一种非常有用的工具。对许多人来说,"核磁共振"听起来好像与放射性物质有关,因此,现在的核磁共振成像技术已去掉了其中的"核"字,而改称为磁共振成像(magnetic resonance imaging,简称MRI)。

使用MRI技术时,病人被放置在一个变化的梯度磁场中,从而能对身体的不同部位成像。处于梯度磁场较弱部分中的核吸收较低频率的辐射,其他处于梯度磁场较强部分中的核则吸收较高频率的辐射。由于磁场是呈梯度变化的,MRI技术可以得到人体任何部位如薄片状的层面图像。这些层面图像可以在任何平面得到。传统上,X-射线计算机断层扫描术(CT或CAT)已被用来进行层面成像,但MRI的优势在于它不使用电离辐射。

磁共振成像和X-射线成像在很多情况下是相辅相成的。骨的硬的外层通常是MRI

所观察不到的，但是在X－射线成像中却非常清晰。软组织对X－射线几乎是透明的，但在MRI中却可以成像。装有心脏起搏器的人严禁进行MRI检查，同时对于患有幽闭恐惧症的人来说，MRI是非常嘈杂和有压力感的技术。

几乎所有MRI扫描的信号都来源于水中的氢原子，因为这类氢原子是个体组织中最丰富的。在NMR波谱法中，当样品中的原子核吸收了射频辐射能后，就会发生核自旋能级的跃迁，从而从较低能量的基态变化到较高能量的激发态。当激发态的原子核释放能量再返回到原来的基态时所需要的时间就称为弛豫时间。1971年，Raymond Damadian发现，某些恶性肿瘤中水的弛豫时间比正常细胞中水的弛豫时间要长得多。因此，有人推论说，如果可以得到人体弛豫的图像，就有可能诊断出早期的肿瘤。随后的工作表明，许多肿瘤可以用这种方法确定。

MRI的另一个重要应用是检查大脑和脊髓。大脑中两种不同的组织：白质和灰质，很容易通过MRI区分开来，这对于多发性硬化症等疾病的研究非常有用。

习　题

16.1　计算下列化合物的氢亏损指数：

(a)阿司匹林，$C_9H_8O_4$　(b)维生素C，$C_6H_8O_6$　(c)吡啶，C_5H_5N

(d)尿素，CH_4N_2O　(e)胆固醇，$C_{27}H_{46}O$　(f)三氯乙酸，C_2HCl_3O

16.2　从质谱法可以获得哪些信息？

16.3　什么是分子离子？

16.4　计算出下列化合物的精确质量：

(a)3－己醇　(b)4－氨基丁醛　(c)溴苯

(d)氯乙酸　(e)苯酚　(f)胆固醇，$C_{27}H_{46}O$

16.5　从红外光谱法可以获得哪些信息？

16.6　按照波长减少的顺序排列下列电磁波谱区域：微波、可见光、紫外光、红外辐射、X－射线。

16.7　C═O键和C—O键中哪一个的伸缩振动频率较低？简述原因。

16.8　利用红外光谱法如何区分化合物$(CH_3)_3N$和$CH_3NHCH_2CH_3$？

16.9　下图是*L*－色氨酸(*L*－tryptophan)的IR谱图。*L*－色氨酸是一种天然存在的、在食物如火鸡中含量很丰富的氨基酸。

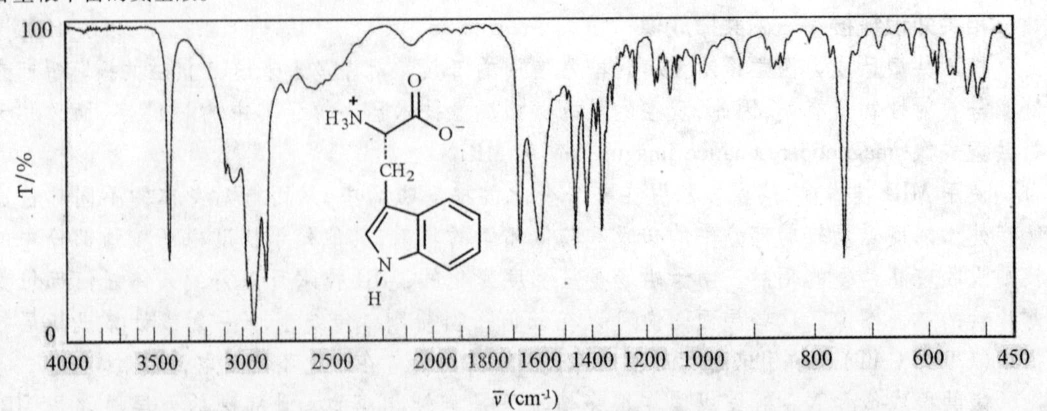

在很多年里,人们以为火鸡中的 *L* - 色氨酸是导致人在圣诞节晚餐后昏昏欲睡的原因。科学家们已经知道,只有空腹时摄入 *L* - 色氨酸才会令人昏昏欲睡。因此,圣诞节火鸡不太可能是致人犯困的因素。值得注意的是 *L* - 色氨酸含有一个立体中心。它的对映异构体 *D* - 色氨酸不是天然存在的,但是能在实验室中合成得到。请问 *D* - 色氨酸的 IR 谱图是怎样的?

16.10　在 NMR 波谱法中使用的参考物是什么? 该参考物的峰在 ^{1}H 和 ^{13}C NMR 谱中均被规定为 $\delta = 0$。

16.11　预测 1,2 - 二氯乙烷($ClCH_2CH_2Cl$)的 ^{1}H - NMR 谱中的信号数、信号的裂分情况以及相对积分面积大小?

16.12　在 5 - 甲基 - 3 - 己醇的 ^{13}C - NMR 谱中,有多少种不同类型的碳的吸收信号?

16.13　下面是二甲苯的三种构型异构体(邻二甲苯、间二甲苯和对二甲苯)的结构式及 ^{13}C - NMR谱。找出三种构型异构体各自对应的谱图。

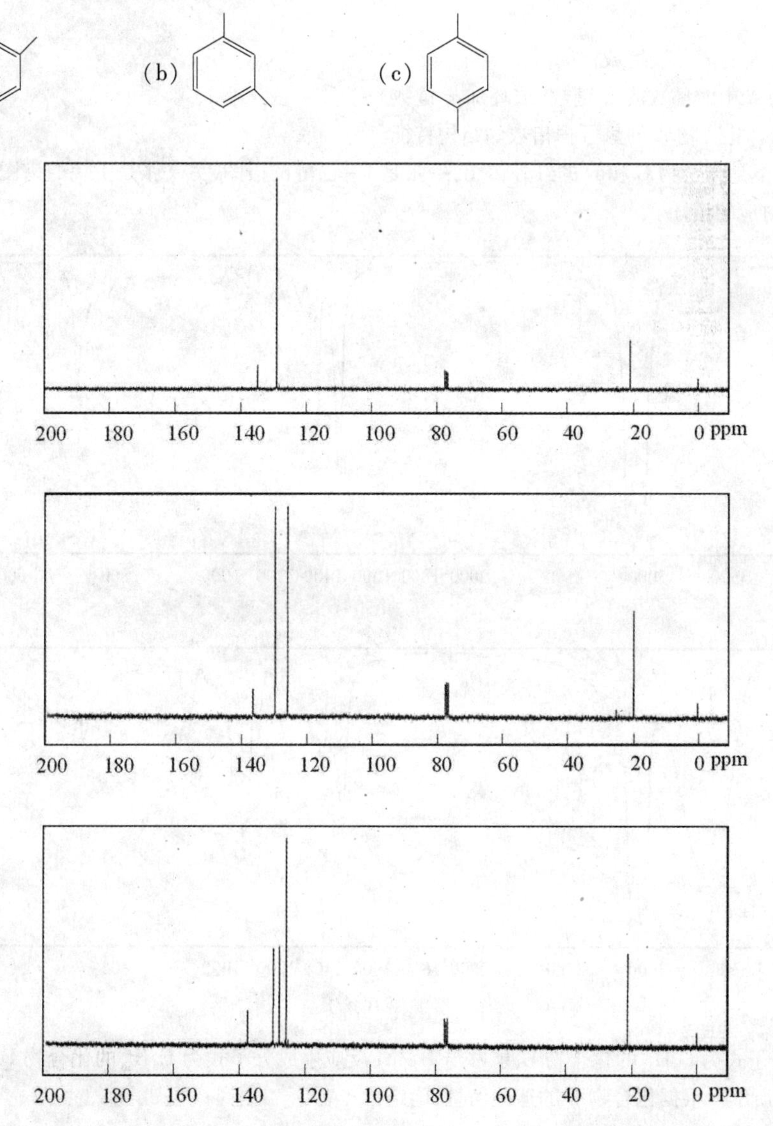

16.14　分子式为 C_6H_{10} 的化合物 A,能够与 H_2/Ni 反应生成分子式为 C_6H_{12} 的化合物 B。化合物 A 的 IR 谱图如下图所示。根据化合物 A 的这些信息确定:

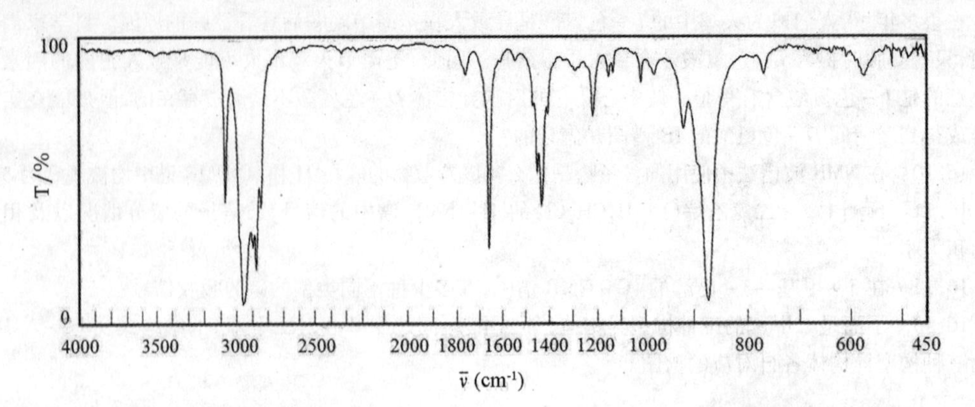

(a)化合物A的氢亏损指数；

(b)化合物A中的环数或π键数（或环加π键数）；

(c)能够解释化合物A的氢亏损指数的结构特征。

16.15 以下是化合物C和D的红外谱图，一张是1－己醇的谱图，另一张是壬烷的谱图。找出1－己醇和壬烷各自对应的谱图。

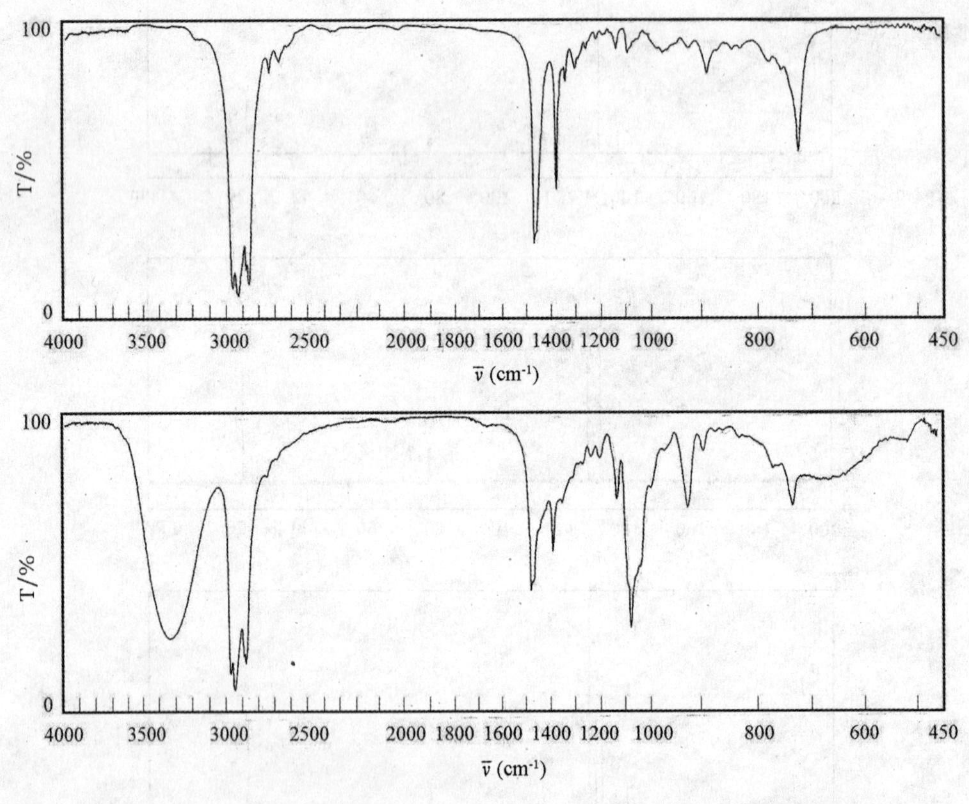

16.16 分子式为C_6H_{12}的化合物E，能够与H_2/Ni反应生成分子式为C_6H_{14}的化合物F。化合物E的IR谱图如下图所示。根据化合物E的这些信息，确定：

(a)化合物E的氢亏损指数；

(b)化合物E中的环数或π键数（或环加π键数）；

(c)能够解释化合物E的氢亏损指数的结构特征。

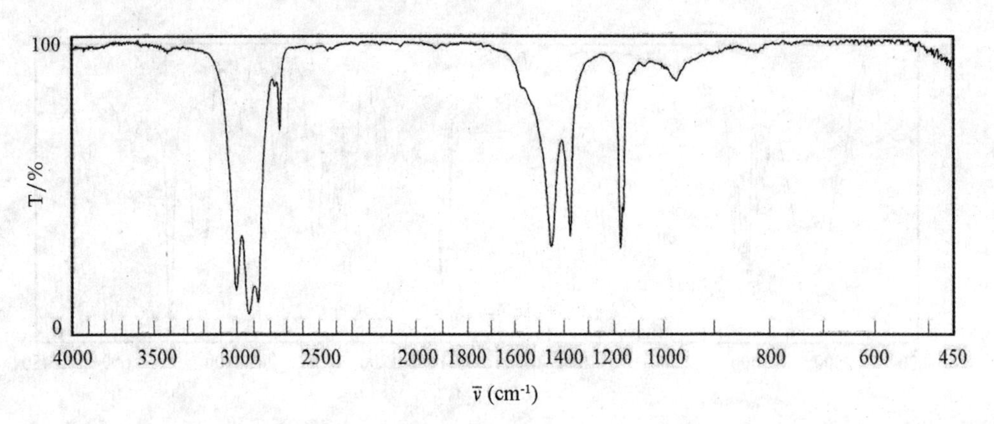

16.17　构型异构体2-甲基-1-丁醇和叔丁基甲基醚的分子式均为$C_5H_{12}O$。找出每一种异构体对应的谱图。

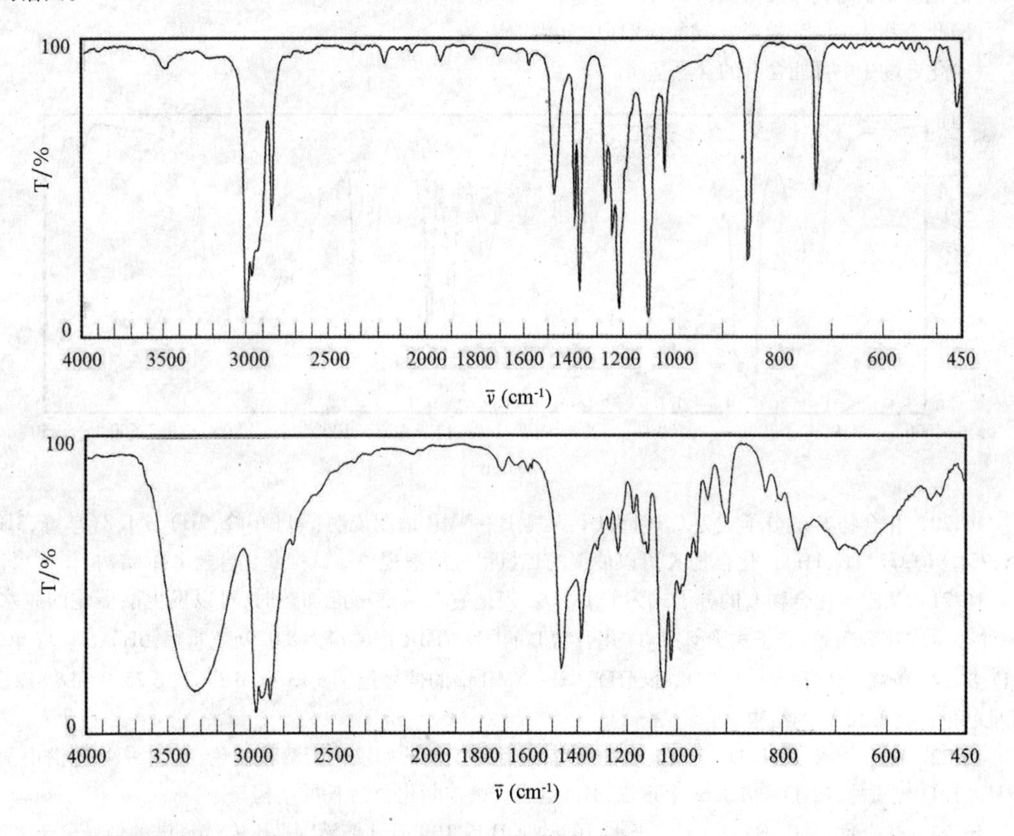

16.18　根据化合物Ⅰ的分子式$C_9H_{12}O$和以下红外谱图，确定：

(a)化合物Ⅰ的氢亏损指数；

(b)化合物Ⅰ中的环数或π键数（或环加π键数）；

(c)哪一个结构特征能够解释化合物Ⅰ的氢亏损指数；

(d)化合物Ⅰ中含有哪一种含氧基团。

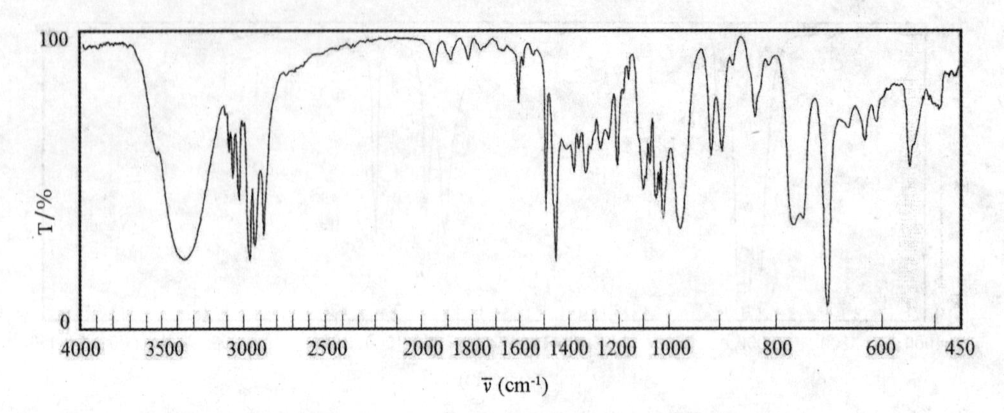

16.19 根据化合物 J 的分子式 $C_5H_{13}N$ 和以下红外谱图,确定:

(a)化合物 J 的氢亏损指数;

(b)化合物 J 中的环数或 π 键数(或环加 π 键数);

(c)化合物 J 中可能含有的含氮基团。

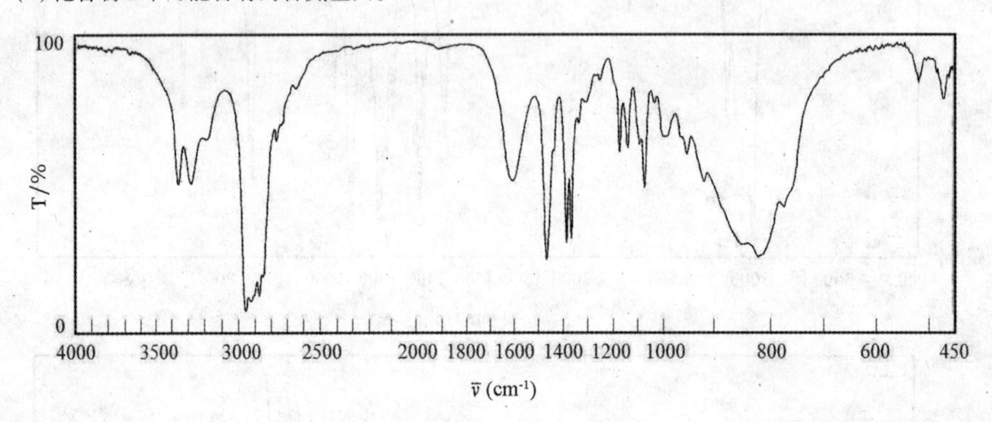

16.20 化合物 K 的分子式为 C_7H_{14},以下为其^{1}H-NMR 谱图说明:δ1(单峰,9H),δ1.8(单峰,3H),δ4.7,4.8(单峰,1H,1H)。化合物 K 可以使溴的二氯甲烷溶液褪色。试推断化合物 K 的结构。

16.21 某醇类化合物 L 的分子式为 $C_6H_{14}O$。当把它与磷酸一起加热时,可以发生酸催化的脱水反应,主要生成化合物 M,分子式为 C_6H_{12}。化合物 L 的^{1}H-NMR 谱的峰为 δ0.9(三重峰,6H)、δ1.1(单峰,3H)、δ1.4(单峰,1H)和 δ1.5(四重峰,4H),^{13}C-NMR 谱的信号位于 δ73.0、δ33.7、δ25.9 和 δ8.2 处。试推断化合物 L 和 M 的结构。

16.22 化合物 N($C_6H_{14}O$)不与金属钠反应,也不能使溴的四氯化碳溶液褪色,其^{1}H-NMR 谱由两组信号 δ1.1(二重峰,12H)和 δ3.6(七重峰,2H)组成。试推断化合物 N 的结构。

16.23 化合物 O($C_{10}H_{10}O_2$)不溶于水、10% NaOH 或 10% HCl 溶液,其^{1}H-NMR 谱的信号位于 δ2.6(单峰,6H)和 δ8.0(单峰,4H)处,^{13}C-NMR 谱中有 4 种信号。根据上述信息推断化合物 O 的结构。

16.24 推断下列酮类化合物的结构

(a)C_4H_8O; δ1.0(三重峰,3H),δ2.1(单峰,3H)和 δ2.4(四重峰,2H)

(b)$C_7H_{14}O$; δ0.9(三重峰,6H),δ1.6(六重峰,4H)和 δ2.4(三重峰,4H)

16.25 化合物 P 是一种分子式为 $C_{10}H_{12}O$ 的酮类化合物,下图为其^{1}H-NMR 谱,试推断其结构。

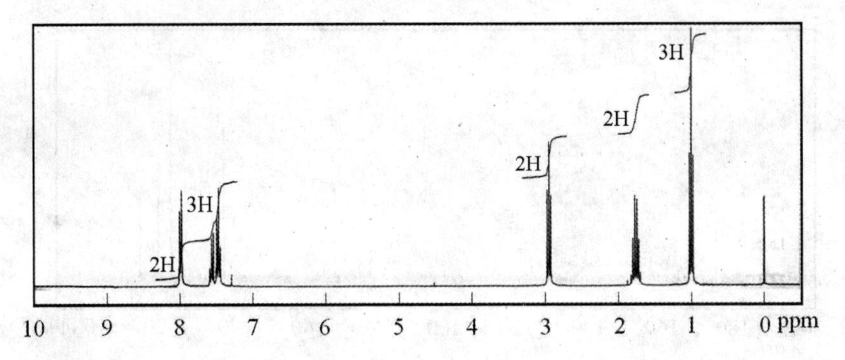

16.26　化合物 Q 的分子式为 $C_{12}H_{16}O$，以下为其 $^{1}H-NMR$ 谱和 $^{13}C-NMR$ 谱，试推断其结构。

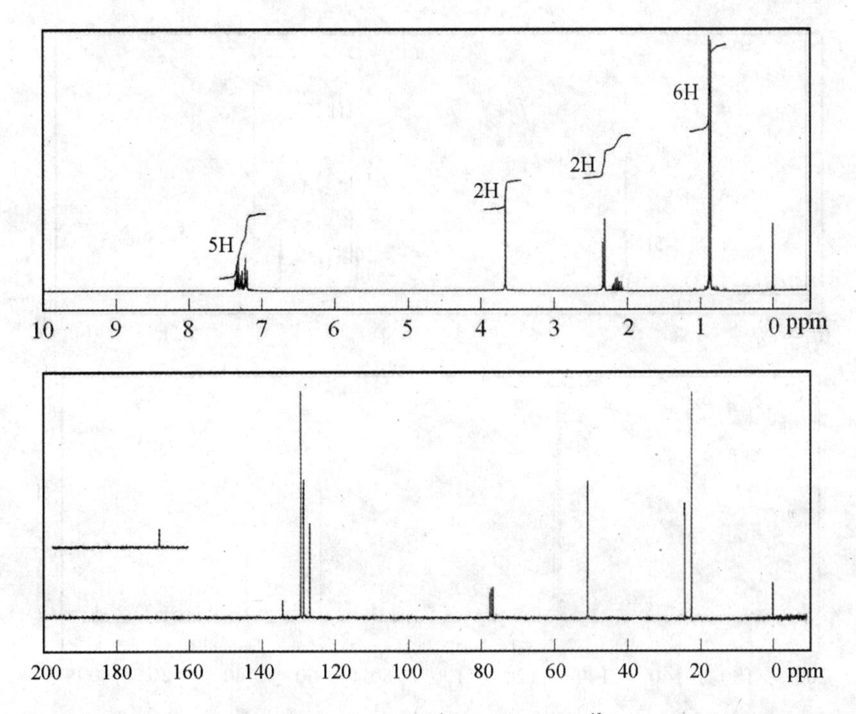

16.27　化合物 R 的分子式为 $C_7H_{14}O_2$，以下为其 $^{1}H-NMR$ 谱和 $^{13}C-NMR$ 谱，试推断其结构。

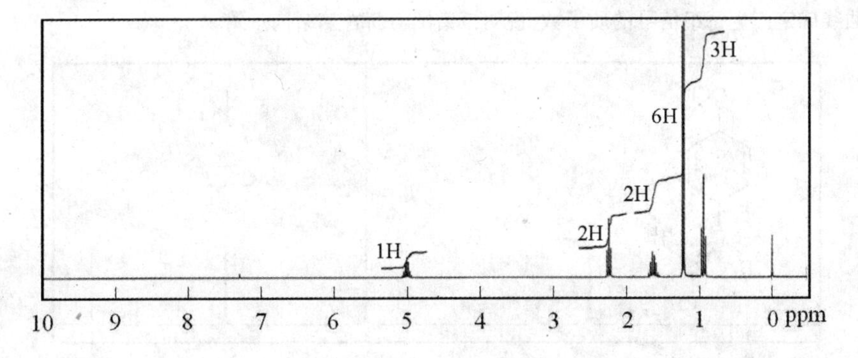

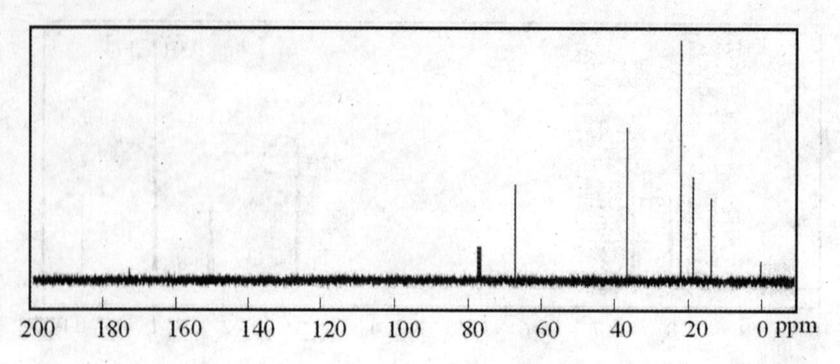

16.28 化合物 S 的分子式为 $C_{10}H_{15}NO$，以下为其 $^{1}H-NMR$ 谱和 $^{13}C-NMR$ 谱，试推断其结构。

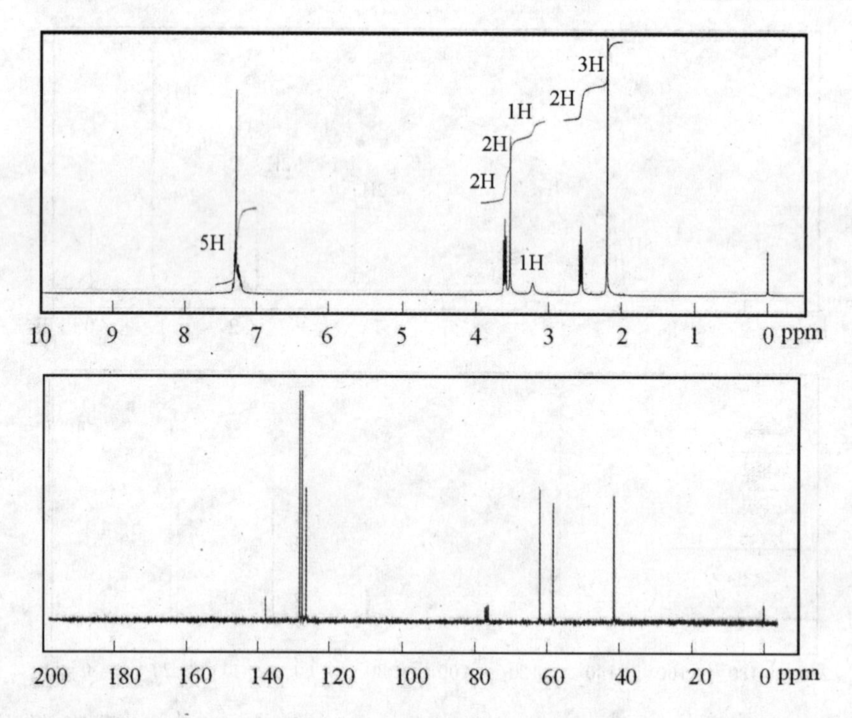

16.29 茴香脑是一种从茴芹中提取出来的天然香料，其分子式为 $C_{10}H_{12}O$，以下为其 $^{1}H-NMR$ 谱，试采用积分曲线确定产生每组信号的质子数，说明该谱图与茴香脑结构一致。

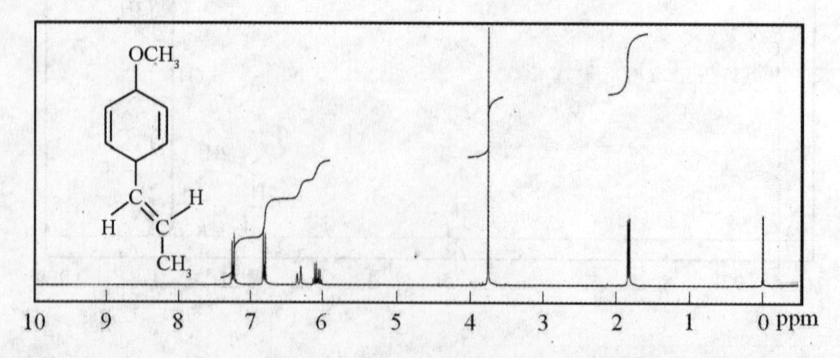

16.30 根据下面的 IR 和 $^{1}H-NMR$ 谱图，推断化合物 T(C_4H_6O) 的结构。

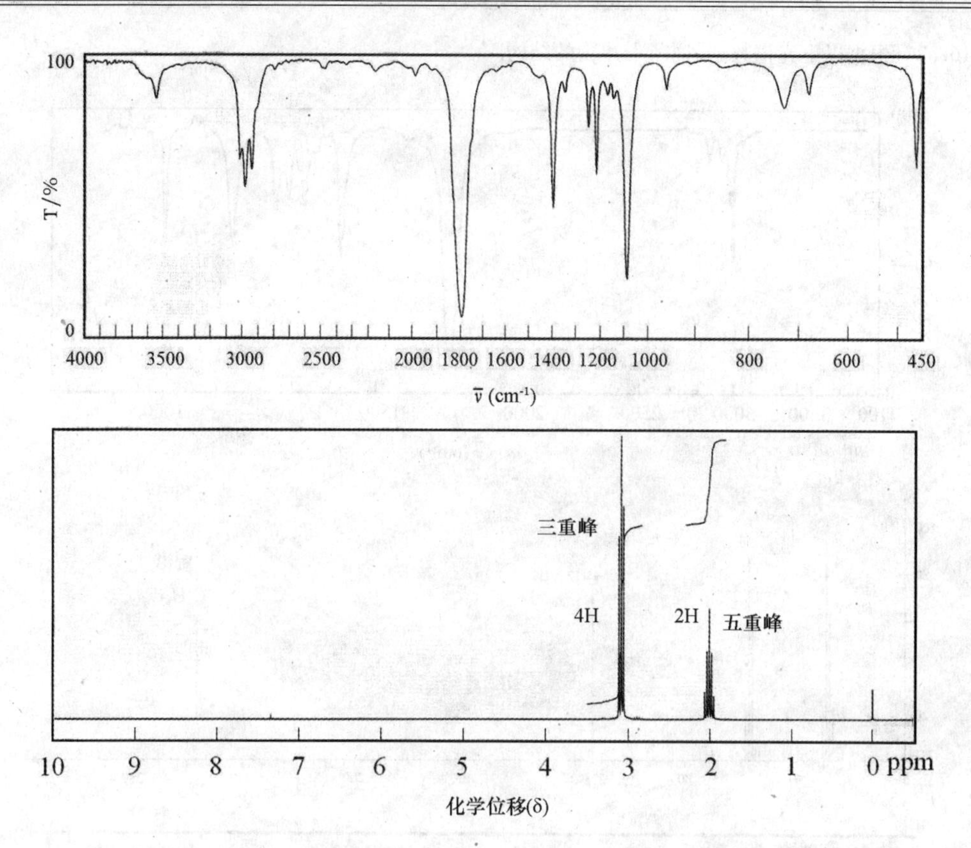

16.31　根据下面的IR和^1H-NMR谱图,推断化合物U($C_5H_9ClO_2$)的结构。

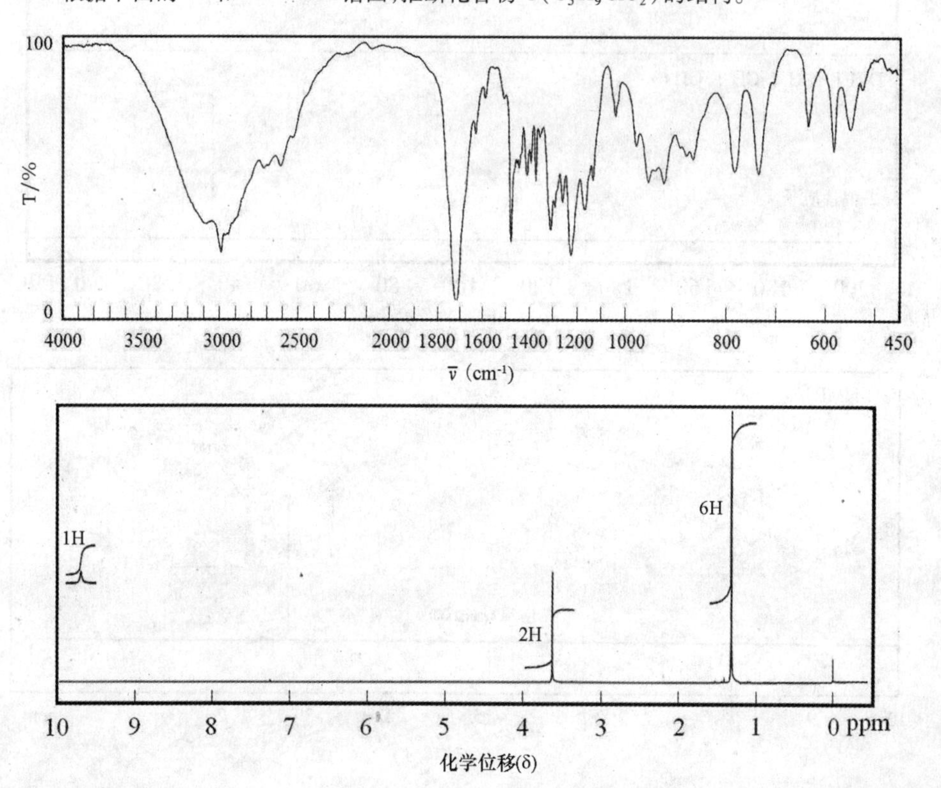

16.32　根据以下光谱数据，推断未知物的结构。

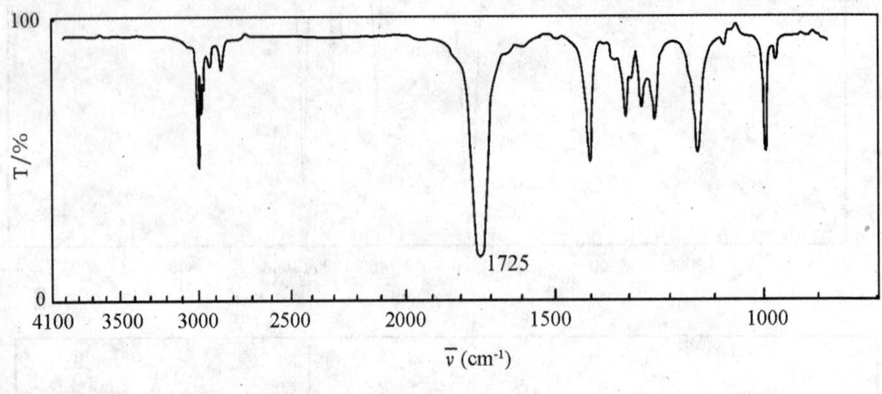

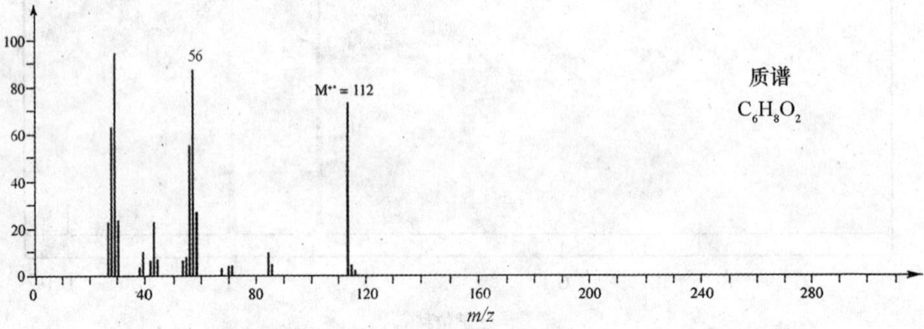

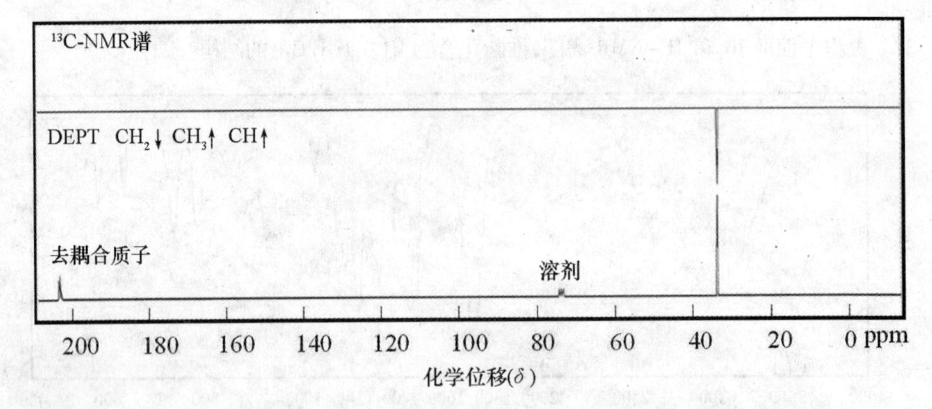

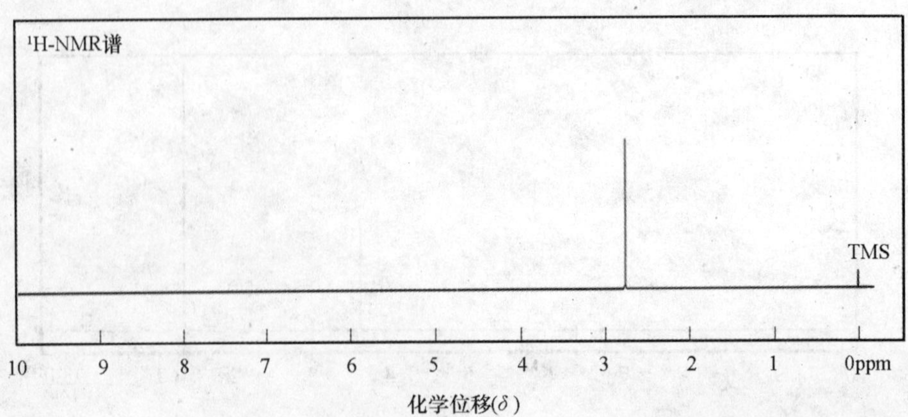

第 17 章　醛、酮、羧酸及其衍生物

本章将讲述一些含羰基(C ═O)化合物的物理和化学性质。羰基是醛、酮、羧酸及羧酸衍生物的重要官能团,在有机化学中非常重要。羰基化合物的化学性质比较简单易懂,理解羰基化合物的相关化学反应对理解诸多有机反应意义重大。

17.1　结构和化学键

醛和酮的结构

醛和酮都含有羰基。至少有一个氢与羰基相连的化合物称做醛。羰基与两个氢相连形成甲醛,它是最简单的醛。羰基与两个烃基相连的化合物叫做酮。下面是甲醛、乙醛、丙酮和丁酮的路易斯结构。

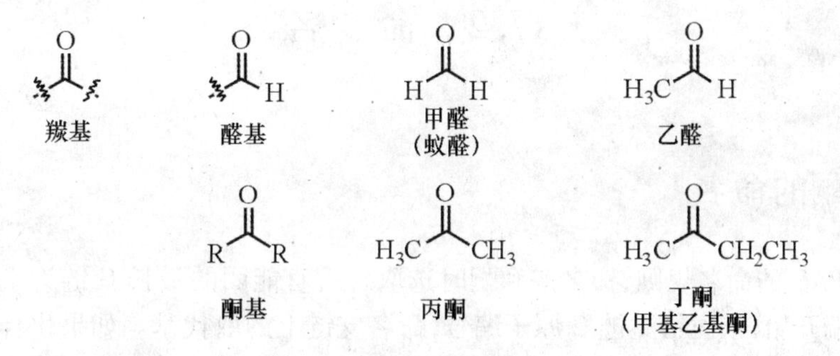

一般醛基写成—CHO 而非—COH,酮基写成—CO—。羰基 C ═O 中,C 原子和 O 原子以及与 C 相连的其他两个原子共一个平面,C 原子周围键之间的夹角约为 120°。C ═O 双键中包含了一个 σ 键——由 C 原子的一个 sp^2 轨道与 O 原子的一个 sp^2 重叠形成,一个 π 键——由 C 原子的一个 p 轨道与 O 原子的一个 p 轨道重叠形成。O 原子其余两个未成键的电子对占据剩下的两个 sp^2 轨道而成为孤对电子。

羧酸的结构

羧酸族化合物包含一个羧基，它由一个羰基和羟基组成。以下是羧基的路易斯结构以及它的两种表示方法：

$$-\text{C}(=\ddot{\text{O}}:)-\ddot{\text{O}}-\text{H} \qquad -\text{COOH} \qquad -\text{CO}_2\text{H}$$

脂肪族羧酸的通式为 RCOOH；芳香族羧酸的通式是 ArCOOH（Ar 为芳香环）。

羧酸通过羧基与酸、碱或氨反应，可得到羧酸衍生物。下面列举了四种羧酸衍生物的通式及其合成反应，分别为酰氯、酸酐、酯和酰胺。

$$\text{RCOOH} + \text{H-Cl} \xrightarrow{-\text{H}_2\text{O}} \text{RC(=O)Cl} \text{ 酰氯}$$

$$\text{RCOOH} + \text{H-OC(=O)R}' \xrightarrow{-\text{H}_2\text{O}} \text{RC(=O)OC(=O)R}' \text{ 酸酐}$$

$$\text{RCOOH} + \text{H-OR}' \xrightarrow{-\text{H}_2\text{O}} \text{RC(=O)OR}' \text{ 酯}$$

$$\text{RCOOH} + \text{H-NH}_2 \xrightarrow{-\text{H}_2\text{O}} \text{RC(=O)NH}_2 \text{ 酰胺}$$

17.2　命　名

醛和酮的命名

根据 IUPAC 的命名规则，命名醛和酮时选取含有官能团的最长 C 链为主链，再从靠近官能团的一端开始，依次给主链 C 原子编号，命名支链上的取代基。如果化合物为环状，直接命名为环 X 醛或环 X 酮（其中 X 代表环上的 C 原子数）。

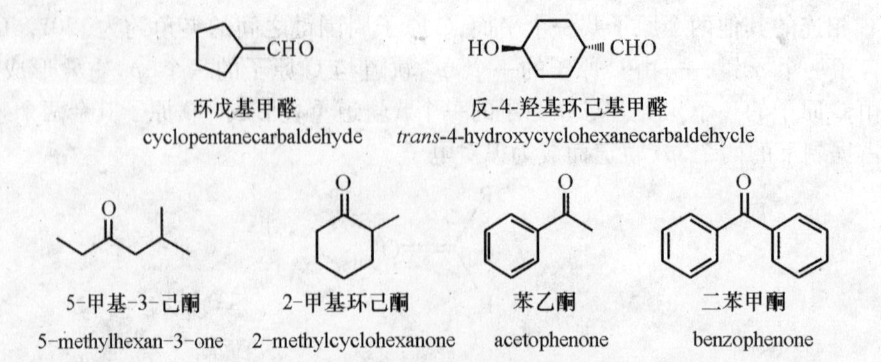

环戊基甲醛 cyclopentanecarbaldehyde　　反-4-羟基环己基甲醛 *trans*-4-hydroxycyclohexanecarbaldehycle

5-甲基-3-己酮 5-methylhexan-3-one　　2-甲基环己酮 2-methylcyclohexanone　　苯乙酮 acetophenone　　二苯甲酮 benzophenone

在 IUPAC 系统中，有些化合物具有通用名，如蚁醛、苯醛、肉桂醛；还可按照 A 基 B 基酮的方法对酮进行命名，其中 A、B 代表 C ═O 两边的基团，如：

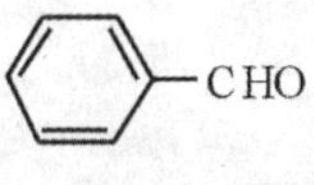

苯醛
benzaldehyde

肉桂醛($Ph=C_6H_5$—)
trans-3-phenylprop-2-enal

甲基乙基酮
methyl ethyl ketone

二乙基酮
pentan-3-one

二环己基酮
dicyclohexyl ketone

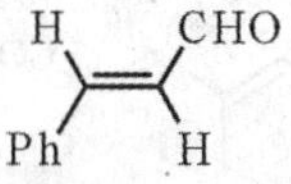

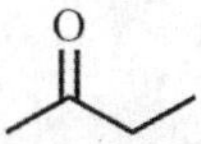

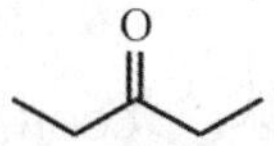

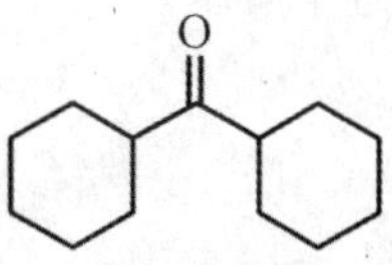

示例 17.1　根据 IUPAC 命名规则,命名下列化合物。

(a)

(b)

(c)

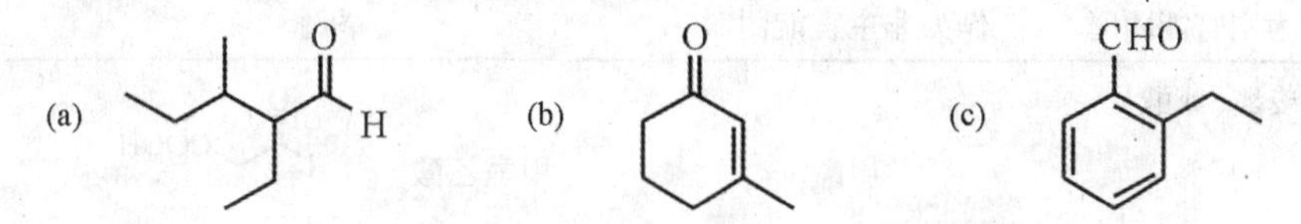

分析及解答:

(a)3-甲基-2-乙基戊醛;(b)3-甲基-2-环己烯酮;(c)2-乙基苯甲醛。

思考题 17.1　根据 IUPAC 命名规则,命名下列化合物。

(a)

(b)

(c)

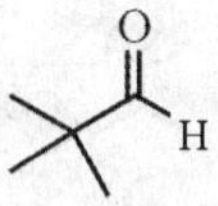

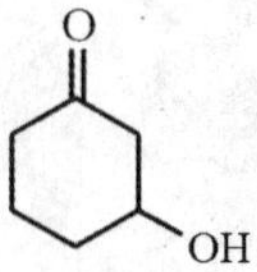

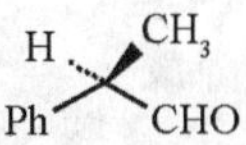

示例 17.2　写出分子式为 $C_6H_{12}O$ 的酮的全部结构式,然后根据 IUPAC 规则对每种结构的酮进行命名。哪些酮是手性分子?

分析及解答:分子式为 $C_6H_{12}O$ 的酮的结构式有 6 种,如下图,其中 3-甲基-2-戊酮为手性分子。

2-己酮

3-己酮

4-甲基-2-戊酮

3-甲基-2-戊酮

2-甲基-3-戊酮

3,3-二甲基丁酮

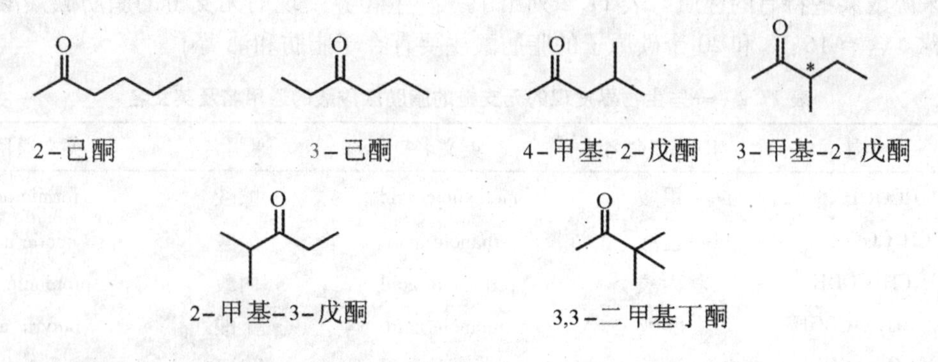

思考题 17.2　写出分子式为 $C_6H_{12}O$ 的醛的全部结构式,然后根据 IUPAC 规则对每种结构的醛进行命名。哪些酮是手性分子?

当含有多个官能团时,IUPAC 规定了官能团的优先顺序。表 17.1 为六种官能团的优先级别。

羧酸的命名

用 IUPAC 系统命名法对羧酸进行命名,以含羧基最长的碳链为主链,称为某酸。从与羧基相连的碳为开端,记作 C(1),以此类推。有些羧酸具有通用名,下面的酸及其通用名如括号中所示。

3-甲基丁酸(异戊酸)
3-methylbutanoic acid

E-3-苯基丙烯酸(肉桂酸)
(*E*)-3-phenylpropenoic acid

表 17.1　六种官能团的优先级别

官能团	作为主官能团时	作为非主官能团时	举例	
羧基	羧酸(或酸)			
醛基	某醛	甲酰	甲酰乙酸	H-C(=O)-CH₂-COOH
酮基	某酮	羰基	3－羰基丁酸	CH₃-C(=O)-CH₂-COOH
醇	某醇	羟基	4－羟基丁酸	HO-CH₂CH₂CH₂-COOH
胺	某胺	氨基	3－氨基－丁酸	CH₃-CH(NH₂)-CH₂-COOH
硫醇	某硫醇	巯基	3－巯基丙醇	HS-CH₂CH₂CH₂-OH

许多脂肪族羧酸早在化学结构理论和系统命名法产生之前就被发现了，它们的命名依据其来源或某些特有的性质。表 17.2 列出了一些生物界发现的无支链的脂肪族羧酸的通用名称。含有 16、18 和 20 个碳原子的脂肪酸主要存在于脂肪和油类中。

表 17.2　一些生物界发现的无支链的脂肪族羧酸的通用名及英文名

结　构	IUPAC 命名	英文名	通用名	英文通用名
$HCOOH$	甲酸	methanoic acid	蚁酸	formic acid
CH_3COOH	乙酸	ethanoic acid	醋酸	acetic acid
CH_3CH_2COOH	丙酸	propanoic acid	丙酸	propionic acid
$CH_3(CH_2)_2COOH$	丁酸	butanoic acid	丁酸	butyric acid
$CH_3(CH_2)_3COOH$	戊酸	pentanoic acid	缬草酸	valeric acid
$CH_3(CH_2)_4COOH$	己酸	hexanoic acid	羊油酸	caproic acid
$CH_3(CH_2)_6COOH$	辛酸	octanoic acid	羊脂酸	caprylic acid
$CH_3(CH_2)_8COOH$	癸酸	decanoic acid	羊蜡酸	capric acid
$CH_3(CH_2)_{10}COOH$	十二烷基酸	dodecanoic acid	月桂酸	lauric acid
$CH_3(CH_2)_{12}COOH$	十四烷基酸	tetradecanoic acid	豆蔻酸	myristic acid
$CH_3(CH_2)_{14}COOH$	十六烷基酸	hexadecanoic acid	棕榈酸	palmitic acid
$CH_3(CH_2)_{16}COOH$	十八烷基酸	octadecanoic acid	硬脂酸	stearic acid
$CH_3(CH_2)_{18}COOH$	二十烷基酸	eicosanoic acid	花生酸	arachidic acid

在系统命名中，羧基比其他官能团优先，如羟基和氨基以及醛和酮中的羰基，见表 17.1。

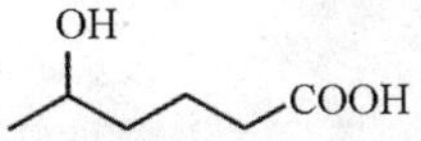

5-羟基己酸　5-hydroxyhexanoic acid

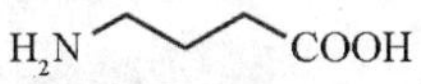

4-氨基丁酸　4-aminobutanoic acid

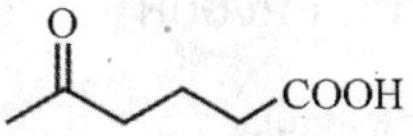

5-己酮酸　5-oxohexanoic acid

以下是几个重要的脂肪族二羧酸的系统名称和通用名。

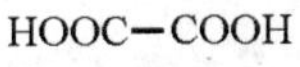

HOOC—COOH
乙二酸（草酸）　ethanedioic acid

丙二酸(缩苹果酸)　propanedioic acid

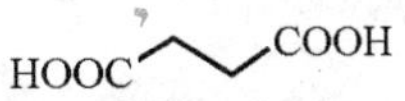

丁二酸(琥珀酸)　butanedioic acid

草酸的名称源自于一类植物，属酢浆草类，它是一种能产生酸的草。

羧基接在环烷烃上的羧酸命名为该环的名称加后缀“酸”。该环中的编号从与—COOH 相连的原子开始。

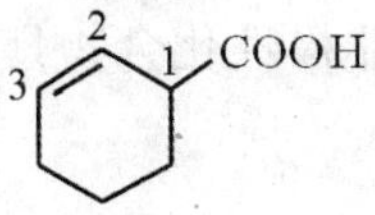

2-烯-环己酸　cyclohex-2-enecarboxylic acid

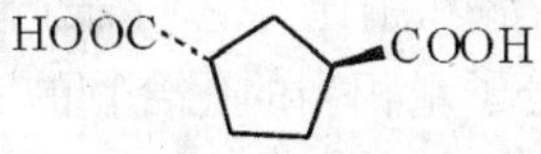

反-1,3-环戊二酸　*trans*-cyclopentane-1,3-dicarboxylic acid

最简单的芳香族羧酸是苯甲酸。其衍生物的命名是用数字 + 前缀来表示取代基与羧基的相对取代位置。某些芳香族羧酸由于被广泛所知而有通用名，例如，2 - 羟基苯甲酸常被称为水杨酸。芳香族二元酸的命名是在苯的后面加“二酸”，例如 1,2 - 苯二酸和 1,4 - 苯二酸，通常它们被分别称为邻苯二甲酸和对苯二甲酸。对苯二甲酸是合成聚酯（聚对苯二甲酸乙二醇酯）塑料瓶所需的两个有机分子之一。

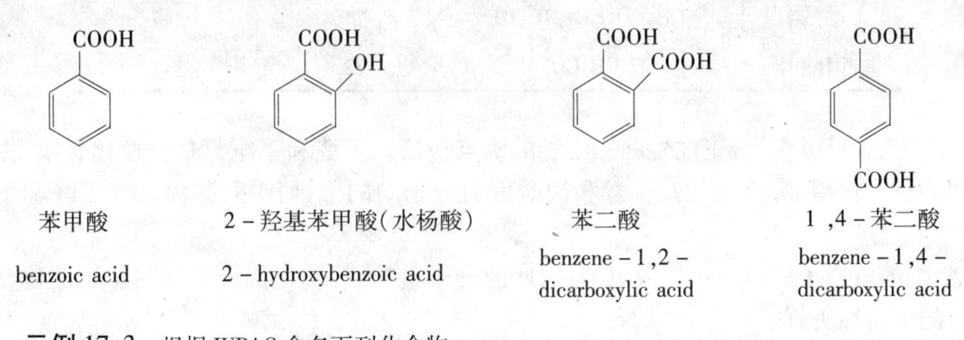

苯甲酸　benzoic acid

2 - 羟基苯甲酸（水杨酸）　2 - hydroxybenzoic acid

苯二酸　benzene - 1,2 - dicarboxylic acid

1 ,4 - 苯二酸　benzene - 1,4 - dicarboxylic acid

示例 17.3　根据 IUPAC 命名下列化合物。

(a) 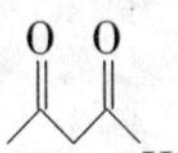　(b) 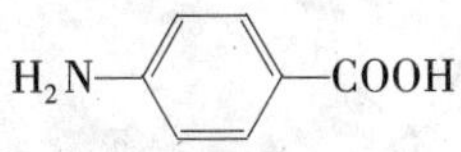 H_2N—⟨苯环⟩—COOH　(c)

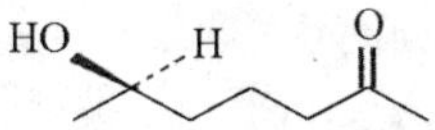

分析与解答：

(a)3 - 羰基丁醛；(b)4 - 氨基苯甲酸（或 *p* - 氨基苯甲酸）；(c)(*R*) -6 - 羟基 -2 - 庚酮。

思考题 17.3　根据 IUPAC 命名下列化合物（化合物下方为生物学上的名称）。

(a) 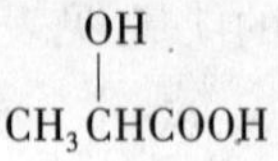 $CH_3\overset{OH}{\overset{|}{C}}HCOOH$　(b) $CH_3\overset{O}{\overset{\|}{C}}COOH$　(c) H_2N–$CH_2CH_2CH_2$–C(=O)OH

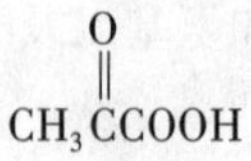

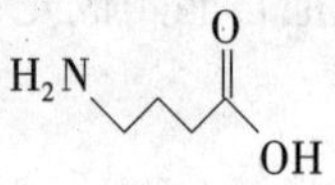

乳酸　丙酮酸　γ－氨基丁酸

17.3　醛、酮、羧酸的物理性质

醛和酮的物理性质

由于氧的电负性比碳大(见第1章)，所以羰基是一个极性基团，氧带部分负电，碳带部分正电。正是由于羰基的极性，醛和酮都是极性化合物，在液态时呈现偶极－偶极相互作用。这样就导致了醛和酮比与它们分子量相当的其他非极性化合物具有更高的沸点。表17.3列举了六种分子量相当的化合物的沸点。

表17.3　六种分子量相当的化合物的沸点比较

化合物名称	分子式	分子量	沸点(℃)
二乙醚	$CH_3CH_2OCH_2CH_3$	74	34
正戊烷	$CH_3CH_2CH_2CH_2CH_3$	72	36
丁醛	$CH_3CH_2CH_2CHO$	72	76
丁酮	$CH_3CH_2COCH_3$	72	80
1－丁醇	$CH_3CH_2CH_2CH_2OH$	74	117
丙酸	CH_3CH_2COOH	72	141

从表17.3可以看出，正戊烷和二乙醚的沸点最低。丁醛和丁酮都是极性化合物，由于羰基间的相互作用，沸点也较高。醇和羧酸因为分子间的氢键作用，其沸点比丁醛和丁酮高。

醛、酮的氧原子可以与水形成氢键，因此低分子量的醛、酮比同分子量的非极性化合物在水中的溶解性更好。

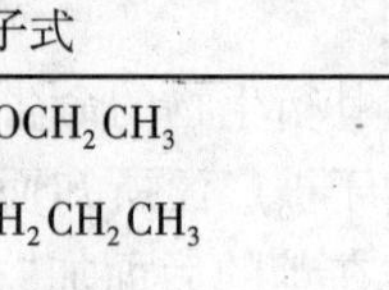

C=O····H–O–H

表17.4列举了部分低分子量的醛、酮在水中的溶解性。

羧酸的物理性质

在液体和固体状态，羧酸通过分子间氢键结合形成二聚体分子，如下所示为乙酸分子间形成的氢键。

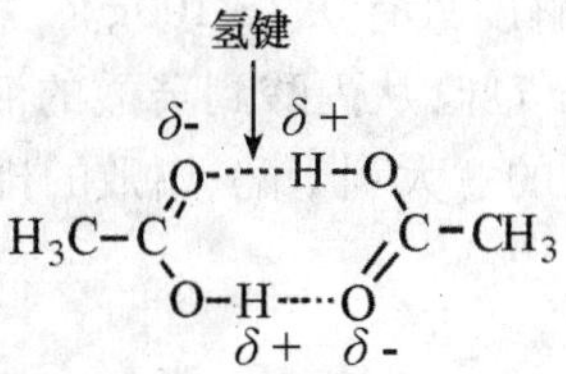

氢键

$$
\begin{array}{c}
\delta- \ \downarrow \ \delta+ \\
O\cdots H-O \\
H_3C-C \qquad C-CH_3 \\
O-H\cdots O \\
\delta+ \quad \delta-
\end{array}
$$

表 17.4　低分子量的醛、酮在水中的溶解性

化合物名称	分子式	沸点(℃)	溶解性(g/100g, H_2O)
甲醛	$HCHO$	-21	任意比
乙醛	CH_3CHO	20	任意比
丙醛	CH_3CH_2CHO	49	16
丁醛	$CH_3CH_2CH_2CHO$	76	7
己醛	$CH_3(CH_2)_4CHO$	129	微溶
丙酮	CH_3COCH_3	56	任意比
丁酮	$CH_3COCH_2CH_3$	80	26
3-戊酮	$CH_3CH_2COCH_2CH_3$	101	5

羧酸的沸点明显高于其他相近摩尔质量的有机化合物,如醇、醛和酮。例如,丁酸(表 17.5)的沸点比 1-戊醇和戊醛都高,这是因为羧酸是极性分子,分子间有很强的氢键。

羧酸与水分子也能形成氢键。由于氢键作用,羧酸通常较相近摩尔质量的醇、醚、醛和酮更易溶于水。羧酸在水中的溶解度一般随着摩尔质量的增加而降低(表 17.5)。这是因为羧酸除甲酸以外都有两个极性不同的部分——极性亲水的羧基基团和非极性疏水的碳链。亲水性羧基增加其在水的溶解度;疏水性(憎水)碳链降低其溶解度。

表 17.5　摩尔质量相近的羧酸,醇,醛的沸点和在水中的溶解度

结构	名称	分子量	沸点(℃)	溶解性(g/100mL 水)
CH_3COOH	乙酸	46.1	78	任意比
CH_3CH_2OH	乙醇	60.1	97	任意比
CH_3CH_2CHO	丙醛	58.1	48	16
$CH_3(CH_2)_2COOH$	丁酸	88.1	163	任意比
$CH_3(CH_2)_3CH_2OH$	1-戊醇	88.1	137	2.7
$CH_3(CH_2)_3CHO$	戊醛	86.1	103	微溶
$CH_3(CH_2)_4COOH$	己酸	116.2	205	1.0
$CH_3(CH_2)_5CH_2OH$	正庚醇	116.2	176	0.2
$CH_3(CH_2)_5CHO$	庚醛	114.1	153	0.1

前四个脂肪羧酸(甲酸、乙酸、丙酸和丁酸)能无限溶于水,因为羧基的亲水性足够强,

完全可以忽略碳链的疏水性。随着烃链的增加,水的溶解度将下降。己酸在水中的溶解度为 1.0g/100g;而癸酸在水中的溶解度只有 0.2g/100g。

另外,羧酸类化合物都有特殊气味,从丙酸到癸酸的液体羧酸都有恶臭气味,尽管不像硫醇那么刺激。腐臭的黄油、腐败的意大利干酪、腐败的排泄物和呕吐物中都含有丁酸。戊酸的气味更加糟糕。

17.4　醛、酮、羧酸的制备

醛和酮的制备

许多官能团都能通过各类反应转化为醛和酮。本节中将依次介绍。

Friedel-Crafts 酰基化

利用芳香烃化合物的 Friedel-Crafts 酰基化能制备酮类化合物。比如,苯和乙酰氯在 $AlCl_3$ 的作用下,反应得到甲基苯基酮。

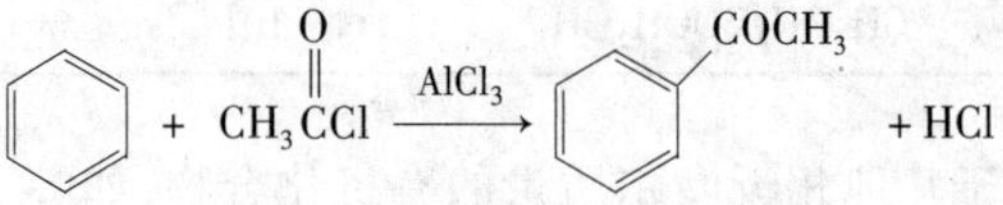

$$C_6H_6 + CH_3\overset{O}{\overset{\|}{C}}Cl \xrightarrow{AlCl_3} C_6H_5COCH_3 + HCl$$

醇的氧化

醇可在较温和条件下氧化转化为醛,如下式:

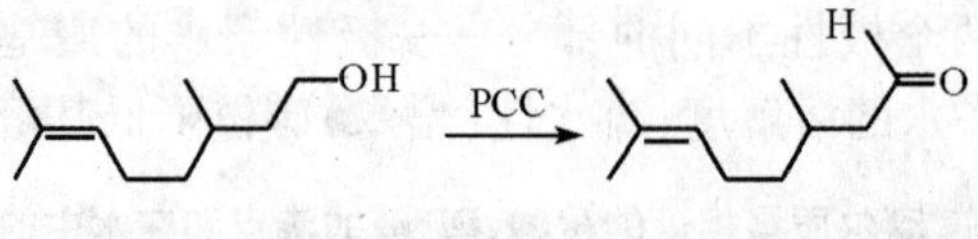

$$\xrightarrow{PCC}$$

PCC(吡啶盐酸盐)是一种温和的氧化剂,能把一级醇氧化为醛,而不会进一步把醛氧化为羧酸。通过氧化二级醇可以得到酮。

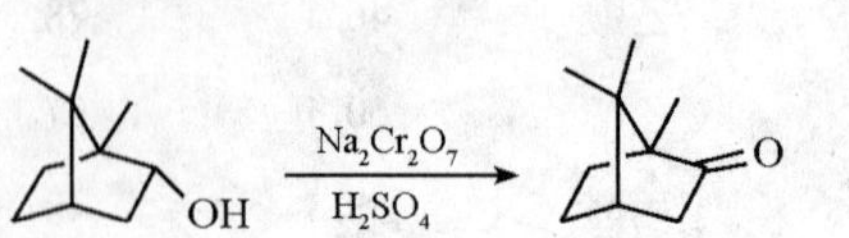

$$\xrightarrow[H_2SO_4]{Na_2Cr_2O_7}$$

烯烃的臭氧化-分解反应

臭氧在惰性溶剂中与烯烃反应得到不稳定的臭氧化合物。无需分离臭氧化合物,在温和还原剂的作用下(常用的有 $Zn/H_2O/H^+$ 或二甲硫醚)得到羰基化合物。

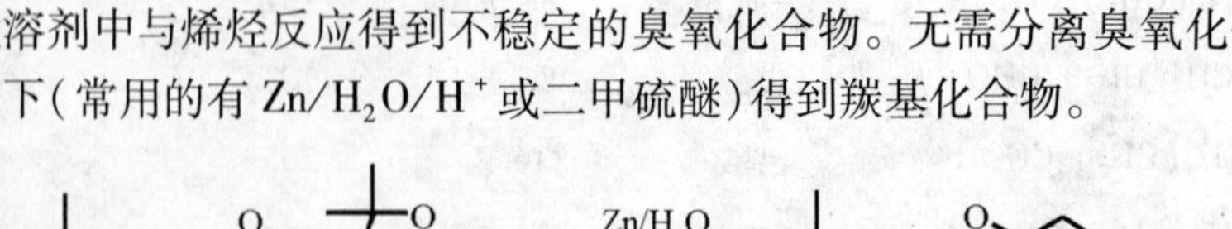

$$\xrightarrow{O_3} \xrightarrow{Zn/H_2O}$$

尽管这个氧化过程看起来很复杂,实际上,它只是化合物中的 C ═C 裂解后被两个羰基 C ═O 取代。当底物是环状烯烃时得到含有双羰基的化合物。

$$\text{1-甲基环戊烯} \xrightarrow[2.CH_3SCH_3]{1.O_3} CH_3C(=O)CH_2CH_2CH_2CHO$$

炔烃的水合反应

在第 13 章中,H_2O 亲电加成到烯烃中制得醇。H_2O 也能在 H^+ 和硫酸汞的作用下与炔烃加成得到酮。加成遵循马氏规则,末端炔烃得到的是甲基酮。

$$CH_3CH_2C \equiv C—H + H_2O \xrightarrow[HgSO_4]{H_2SO_4} (H_3CH_2C)(HO)C=CH_2 \longrightarrow CH_3CH_2C(=O)CH_3$$

非末端炔烃得到的是两种酮的混合物。

$$CH_3CH_2 \equiv CCH_3 + H_2O \xrightarrow[HgSO_4]{H_2SO_4} CH_3CH_2CH_2C(=O)CH_3 + CH_3CH_2C(=O)CH_2CH_3$$

羧酸的制备

制备羧酸有许多种方法,这里将简要地讨论其中的一些方法。

伯醇或醛氧化

伯醇和醛类很容易被一些常见的氧化剂氧化成各种羧酸。

$$\underset{\text{正己醇}}{CH_3(CH_2)_4CH_2OH} \xrightarrow[H_2SO_4/H_2O]{CrO_3} \underset{\text{己醛(不能分离)}}{\left[CH_3(CH_2)_4CH=O\right]} \longrightarrow \underset{\text{正己酸}}{CH_3(CH_2)_4COOH}$$

$$\underset{\text{环戊甲醛}}{C_5H_9CHO} \xrightarrow{KMnO_4} \underset{\text{环戊甲酸}}{C_5H_9COOH}$$

烷基苯氧化

虽然苯不受强氧化剂如高锰酸钾和铬酸的影响,但烷基苯中的苄基碳(与苯环相连的碳)却能被氧化形成羧酸。甲苯在强氧化剂如 H_2CrO_4 条件下,被氧化为苯甲酸。

$$\underset{\text{甲苯}}{C_6H_5CH_3} + H_2CrO_4 \longrightarrow \underset{\text{苯甲酸}}{C_6H_5COOH} + Cr^{3+}$$

在强氧化剂下,乙苯和异丙苯也能被氧化为苯甲酸。而叔丁基苯,由于没有苄基氢(接在苄基碳上的氢),则不受这些氧化剂的影响。从这些实验中可以得到如下结论:

- 如果苄基氢存在,苄基碳被氧化为羧基,其他所有支链碳原子都被去掉。
- 如果没有苄基氢存在,如叔丁基苯,支链不被氧化。

- 如果超过一个烷基支链存在，每个都被氧化为羧酸基团。

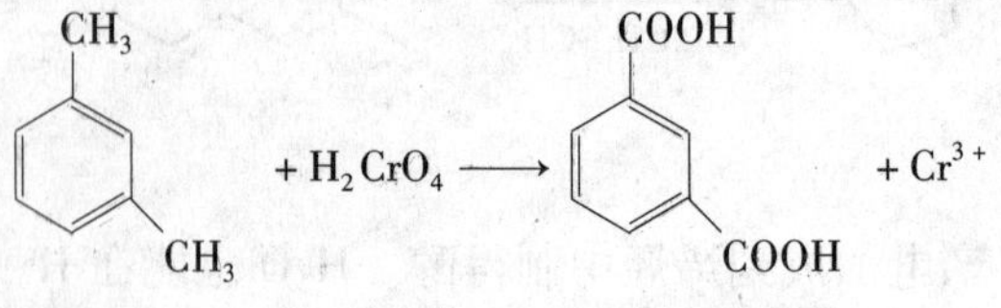

$$\text{间二甲苯} + H_2CrO_4 \longrightarrow \text{1,3－苯二甲酸} + Cr^{3+}$$

间二甲苯　　1,3－苯二甲酸

间二甲苯氧化得到1,3－苯二甲酸，更常见的命名是间苯二甲酸。

格氏试剂的碳酸化

格氏试剂与二氧化碳发生反应生成羧酸镁盐，经酸化得到羧酸。这种反应适用于烷基和芳基卤化物，并生成比原来有机卤化物多一个碳原子的羧酸。下面两个例子给出了这种普遍反应的原理。

$$R{-}X + Mg \longrightarrow RMgX \xrightarrow{CO_2} RCO_2MgX \xrightarrow{H_3O^+} RCO_2H$$

$$\text{1－氯丁烷} \xrightarrow{Mg} \text{MgCl} \xrightarrow[2)\ H_3O^+]{1)\ CO_2} \text{COOH}$$

1－氯丁烷　　戊酸（80%转化率）

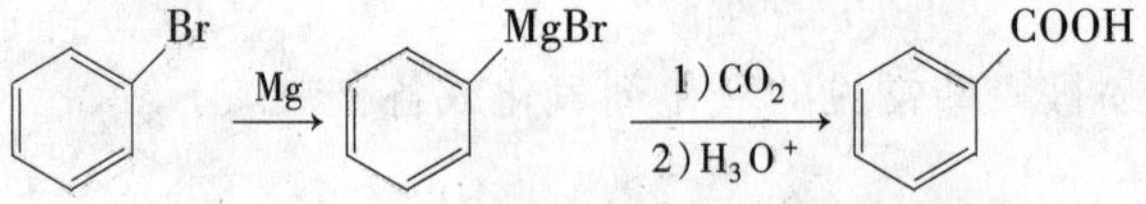

$$\text{溴苯} \xrightarrow{Mg} \text{MgBr} \xrightarrow[2)\ H_3O^+]{1)\ CO_2} \text{COOH}$$

溴苯　　苯甲酸

反应过程如下所示，格氏试剂与醛或酮的反应遵循同样的反应过程（17.5节）。

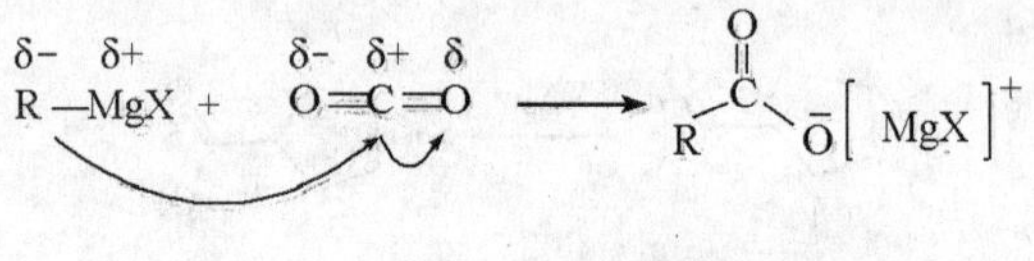

$$\overset{\delta-}{R}{-}\overset{\delta+}{MgX} + \overset{\delta-}{O}{=}\overset{\delta+}{C}{=}\overset{\delta}{O} \longrightarrow R{-}C({=}O){-}\bar{O}\,[MgX]^+$$

腈的水解

另一种从卤代烷制备羧酸的方法是先形成腈，然后在酸或碱性条件下水解，正如上文所介绍的碳酸化反应，生成比原来碳链多一个碳原子的羧酸。

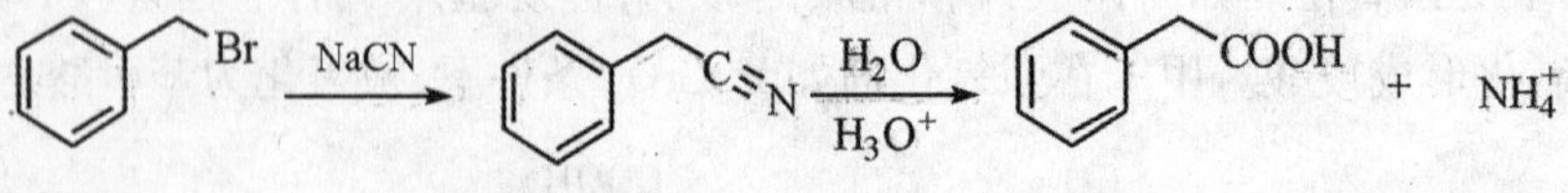

$$\text{苄溴} \xrightarrow{NaCN} \text{苯基乙腈} \xrightarrow[H_3O^+]{H_2O} \text{苯乙酸} + NH_4^+$$

苄溴　　苯基乙腈　　苯乙酸

羧酸衍生物的水解

对羧酸衍生物特别是酯和酰胺进行水解，也是合成羧酸的重要方法。例如：

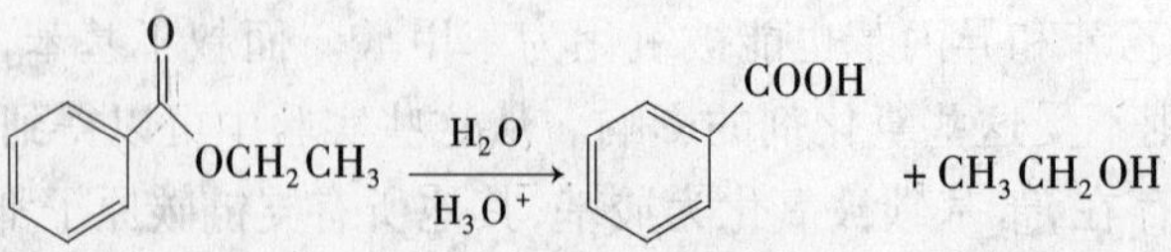

$$C_6H_5C(=O)OCH_2CH_3 \xrightarrow[H_3O^+]{H_2O} C_6H_5COOH + CH_3CH_2OH$$

苯甲酸乙酯　　苯甲酸　　乙醇

17.5　醛和酮的化学反应

羰基是一个带极性的官能团，所以醛和酮具有很好的化学活性。由于 C ═O 中 π 键和氧原子的两对孤对电子，羰基又是一个富电子的官能团。羰基的极性增加了对亲核试剂和亲电试剂的吸引力，同时羰基的平面结构也更加利于亲核、亲电试剂的进攻。H 原子比烷基小，所以醛羰基比酮羰基更易发生反应。

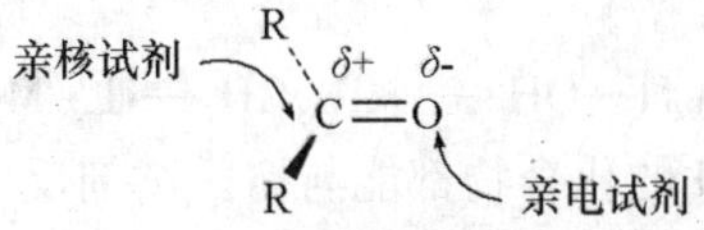

亲核试剂　δ+　δ-　C═O　R　R　亲电试剂

羰基最典型的反应是亲核加成，形成季碳加成中间体。一般地，亲核试剂写作 Nu:⁻，以强调亲核试剂的未成对电子。

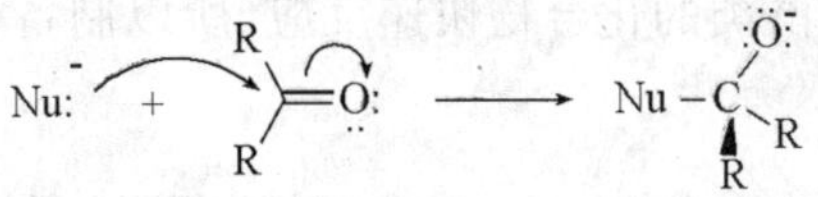

$$\mathrm{Nu:^-} + \mathrm{R_2C{=}\ddot{O}:} \longrightarrow \mathrm{Nu{-}CR_2{-}\ddot{O}:^-}$$

与格氏试剂的反应

格氏试剂的制备

与含碳亲核试剂的加成反应是羰基亲核加成中最重要的一类反应，因为在这类反应中能形成新的 C—C 键。本节重点讨论格氏试剂的制备以及格氏试剂与醛、酮的反应。

烷基、芳基和乙烯基可与第 1 族、第 2 族以及其他的某些金属反应生成含有碳—金属键的有机金属化合物。其中，有机镁化合物制备简单，易操作，通常将 RMgX 或 ArMgX 叫做格氏试剂，以纪念化学家 Victor Grignard（由于发现了格氏试剂并将之用于有机合成而获得 1912 年诺贝尔化学奖）。

将卤代烷缓慢滴加到含有镁屑的醚溶剂中（多用乙醚或四氢呋喃（THF））就能得到格氏试剂。卤代烷常用碘代烷和溴代烷，二氯代烷的反应速度较慢。丁基溴化镁就是通过将 1－丁基溴加到镁屑的乙醚溶液中得到的，采用同样的方法也能制备苯基溴化镁等芳基格氏试剂。

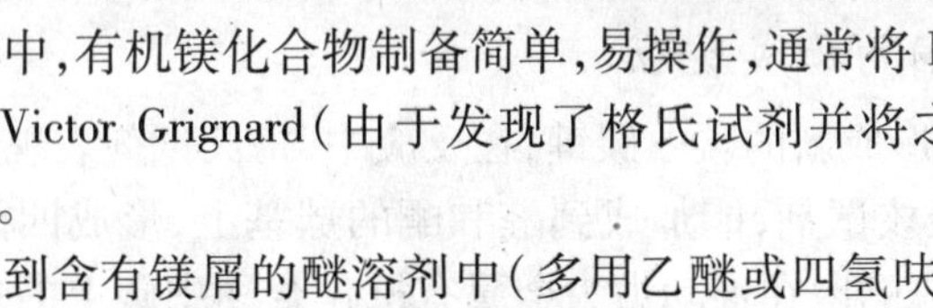

$$\mathrm{CH_3CH_2CH_2CH_2Br} + \mathrm{Mg} \xrightarrow{\text{乙醚}} \mathrm{CH_3CH_2CH_2CH_2MgBr}$$

$$\mathrm{C_6H_5Br} + \mathrm{Mg} \xrightarrow{\text{乙醚}} \mathrm{C_6H_5MgBr}$$

碳和镁的电负性相差 1.3（2.5（C）－1.2（Mg）），所以碳—镁键是极性共价键，碳原子带部分负电荷，而镁原子带部分正电荷。在下面的结构式中，碳—镁键表示为离子型，以强调它的亲核性。需要注意的是，尽管格氏试剂可以写成碳负离子，但实际上它是极性的共价化合物。

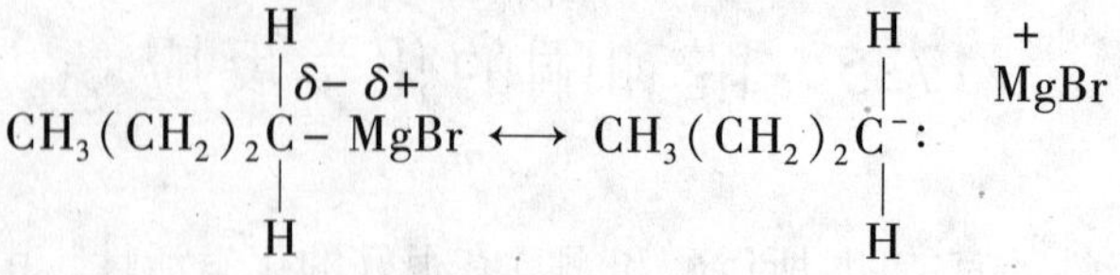

$$CH_3(CH_2)_2\overset{\delta-}{C}H_2-\overset{\delta+}{MgBr} \longleftrightarrow CH_3(CH_2)_2\ddot{C}^{-}H_2 \quad \overset{+}{MgBr}$$

有机合成中,格氏试剂的重要性在于将亲电性的碳原子转化成了亲核试剂。

格氏试剂与质子酸的反应

格氏试剂是一种强碱,能与许多酸反应生成烷烃。乙基溴化镁与水反应,夺取水中的H原子,立刻得到乙烷和镁盐,

$$CH_3CH_2—MgBr + H—OH \longrightarrow CH_3CH_2—H + Mg^{2+} + OH^- + Br^-$$

含有O—H、N—H和S—H的化合物都能与格氏试剂反应。

HOH	ROH	ArOH	RCOOH	RNH_2	RSH
水	醇	酚	酸	胺	硫醇

因为格氏试剂能与质子酸类的化合物快速反应,所以制备格氏试剂时不能使用含有质子酸的卤素化合物。

示例 17.4　写出乙基碘化镁与醇的酸碱反应式,用箭头标明电子的转移。

分析及解答:醇是弱酸,乙基碘化镁是强碱。

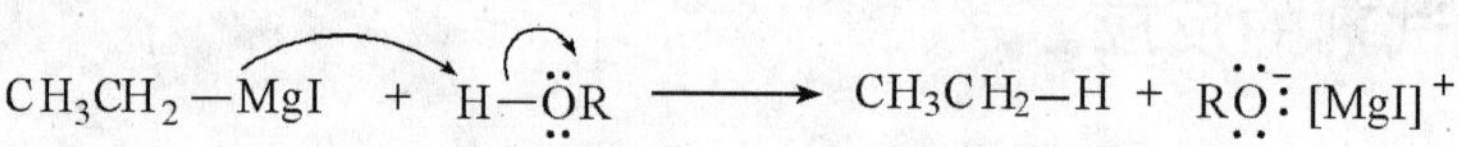

$$CH_3CH_2—MgI + H—\ddot{O}R \longrightarrow CH_3CH_2—H + R\ddot{O}:^- [MgI]^+$$

思考题 17.4　解释为什么得不到以下格氏试剂?镁与4－溴苯酚和4－溴丁酸反应分别得到什么?

(a) 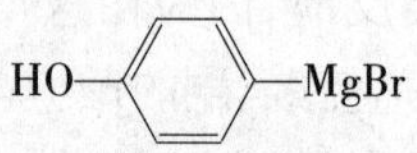 HO—⟨苯环⟩—MgBr　　(b) 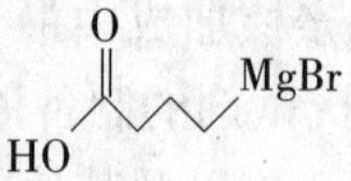 HO(O=)C—$CH_2CH_2CH_2$—MgBr

格氏试剂与醛、酮的加成反应

格氏试剂的反应能形成新的碳—碳键,在反应中,格氏试剂表现为碳负离子的性质。碳负离子是一种很强的亲核试剂,能加成到醛和酮的羰基上,形成四面体的羰基加成中间体(如图17.1所示)。反应的内在推动力为金属有机化合物中碳上的负电性与羰基的正电性之间的作用力。在下面这个例子中,氧—镁键写作 $-O^-[MgBr]^+$,以强调它的离子性。烷氧基负离子的碱性很强,当用酸性溶液(如HCl)或者 NH_4Cl 水溶液进行后处理时得到醇类化合物。

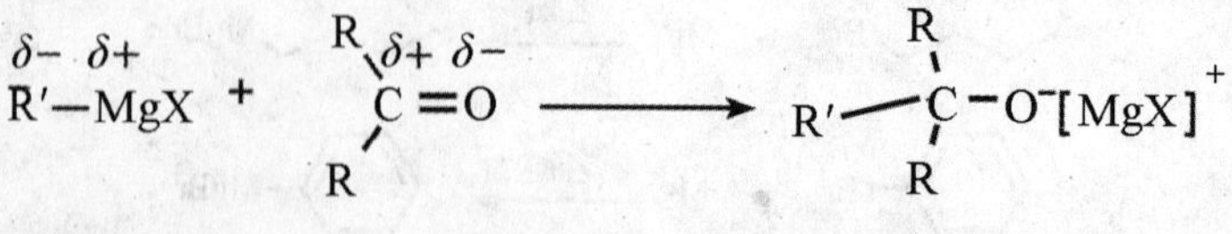

$$\overset{\delta-}{R'}—\overset{\delta+}{MgX} + R_2\overset{\delta+}{C}=\overset{\delta-}{O} \longrightarrow R'—CR_2—O^-[MgX]^+$$

图17.1　格氏试剂与羰基化合物的反应

(1)与甲醛反应得到1°醇

格氏试剂与甲醛反应后,酸性条件下水解,得到1°醇。

$$CH_3CH_2MgBr + H-\overset{O}{\overset{\|}{C}}-H \xrightarrow{\text{乙醚}} Et-\overset{O^-[MgBr]^+}{\overset{|}{C}H_2}$$

$$Et-\overset{O^-[MgBr]^+}{\overset{|}{C}H_2} \xrightarrow[H_2O]{HCl} CH_3CH_2-CH_2-OH + Mg^{2+}$$

(2)与醛(除 3 甲醛)反应得到 2°醇

格氏试剂与除甲醛以外的其他醛反应后,酸性条件下水解,得到 2°醇。反应步骤如下:

$$C_6H_{11}MgBr + H_3C-\overset{O}{\overset{\|}{C}}-H \xrightarrow{\text{乙醚}} C_6H_{11}-\overset{O^-[MgBr]^+}{\overset{|}{C}HCH_3}$$

$$C_6H_{11}-\overset{O^-[MgBr]^+}{\overset{|}{C}HCH_3} \xrightarrow[H_2O]{HCl} C_6H_{11}-\overset{OH}{\overset{|}{C}HCH_3} + Mg^{2+}$$

(3)与酮反应得到 3°醇

格氏试剂与酮反应后,再水解得到 3°醇。

$$C_6H_5MgBr + H_3C-\overset{O}{\overset{\|}{C}}-CH_3 \xrightarrow{\text{乙醚}} C_6H_5-\overset{O^-[MgBr]^+}{\overset{|}{\underset{CH_3}{\underset{|}{C}}}CH_3}$$

$$C_6H_5-\overset{O^-[MgBr]^+}{\overset{|}{\underset{CH_3}{\underset{|}{C}}}CH_3} \xrightarrow[H_2O]{HCl} C_6H_5-\overset{OH}{\overset{|}{\underset{CH_3}{\underset{|}{C}}}CH_3} + Mg^{2+}$$

(4)与 CO_2 反应得到羧酸

格氏试剂与 CO_2 反应,得到羧酸酯镁盐,酸化后得到羧酸。该反应适用于卤代烷基和卤代芳基,得到比底物多一个碳原子的羧酸。

$$C_5H_9MgBr + O=C=O \longrightarrow C_5H_9-C(=O)-O^-[MgBr]^+ \xrightarrow[H_2O]{HCl} C_5H_9-C(=O)-OH$$

示例 17.5　3°醇 2-苯基-2-丁醇能通过三种不同的格氏试剂与羰基化合物反应得到,写出这些反应。

分析及解答:

(a) $C_6H_5MgBr + CH_3COCH_2CH_3$

(b) $C_6H_5COCH_3 + CH_3CH_2MgBr$

(c) $C_6H_5COCH_2CH_3 + CH_3MgBr$

$$\longrightarrow C_6H_5C(O^-[MgBr]^+)(CH_3)CH_2CH_3 \xrightarrow[H_2O]{HCl} C_6H_5C(OH)(CH_3)CH_2CH_3$$

思考题 17.5　下列三种化合物怎样由同一种格氏试剂制备而来？

(a)　OH　(b)　OH　(c)　HO

与其他含碳亲核试剂的加成反应

醛、酮与氰化钠和稀酸反应得到氰醇化合物(—OH 和—CN 连在同一碳原子上)，但含有大基团的酮不能进行该反应。在这个反应中，CN^- 中带负电的碳原子加成到羰基的 $\delta+$ 碳原子上，然后稀酸中的质子转移到带负电的氧原子上。

$$R_2C{=}O \xrightarrow[2.\ HCl]{1.\ NaCN} R_2C(OH)CN$$

氰醇在有机合成中是非常有用的中间体，酸解后得到 α - 羟基酸或 α,β - 不饱和酸，也能被还原得到 β - 氨基醇。

$$H_3C{-}CHO \xrightarrow[2.H_3O^+]{1.NaCN} H_3C{-}CH(OH){-}CN \xrightarrow[H_3O^+]{H_2O} H_3C{-}CH(OH){-}COOH$$

$$H_3C{-}CO{-}CH_3 \xrightarrow[2.H_3O^+]{1.NaCN} (H_3C)_2C(OH){-}CN \xrightarrow[CH_3OH]{conc.H_2SO_4} H_2C{=}C(CH_3){-}COOCH_3$$

与醇的加成

醇与醛、酮羰基加成生成半缩醛化合物，有时与酮加成得到的半缩醛也叫做半缩酮。该反应是酸催化的，H^+ 加成到羰基的 δ^- 氧上，醇的 δ^- 氧加成到羰基的 δ^+ 碳上，该反应为可逆反应。

$$CH_3\overset{\overset{O}{\|}}{C}CH_3 + H—O—CH_2CH_3 \overset{H^+}{\rightleftharpoons} H_3C—\underset{\underset{CH_3}{|}}{\overset{\overset{OH}{|}}{C}}—O—CH_2CH_3$$

半缩醛化合物是指一个碳上同时含有—OH 和—OR 或—OAr。

由醛而来　　由酮而来

$$R-\underset{\underset{H}{|}}{\overset{\overset{OH}{|}}{C}}-OR' \qquad R-\underset{\underset{R''}{|}}{\overset{\overset{OH}{|}}{C}}-OR'$$

直链半缩醛不稳定。但是，当一个分子中既有—OH 又有羰基，且能形成五元环或六元环的半缩醛结构时，则该化合物几乎都以半缩醛的形式存在。

$$CH_3CH(OH)CH_2CH_2CHO \equiv (\text{C-1–C-5 编号的开链形式}) \rightleftharpoons (\text{五元环半缩醛，C-1 上连 OH})$$

缩醛的形成

半缩醛能进一步与醇反应，失去一分子水，得到缩醛，这个过程也是酸催化的。

$$CH_3\underset{\underset{CH_3}{|}}{\overset{\overset{OH}{|}}{C}}OCH_2CH_3 + CH_3CH_2OH \overset{H^+}{\rightleftharpoons} H_3C—\underset{\underset{CH_3}{|}}{\overset{\overset{O—CH_2CH_3}{|}}{C}}—O—CH_2CH_3 + H_2O$$

缩醛中同一个碳上连有两个—OR 或—OAr，酮形成的缩醛有时也叫做缩酮。

酸催化的半缩醛到缩醛的反应机理可以分为四步。反应中的 H—A 是催化剂，它在第一步中消耗，然后在第四步中重新生成。

第一步　质子从 H—A 中转移到半缩醛的—OH 上，生成氧鎓离子。

$$R-\underset{\underset{H}{|}}{\overset{\overset{\ddot{O}R}{|}}{C}}-\ddot{O}CH_3 + H-A \rightleftharpoons R-\underset{\underset{H}{|}}{\overset{\overset{H\overset{+}{O}H}{|}}{C}}-\ddot{O}CH_3 + :A^-$$

第二步　氧鎓离子失去一分子水，得到一个共振稳定的阳离子。

$$R-\underset{\underset{H}{|}}{\overset{\overset{H\overset{+}{O}H}{|}}{C}}-\ddot{O}CH_3 \rightleftharpoons R-\underset{\underset{H}{|}}{C}=\overset{+}{O}CH_3 \longleftrightarrow R-\underset{\underset{H}{|}}{\overset{+}{C}}-\ddot{O}CH_3 + H_2O$$

第三步　共振稳定的阳离子（亲电试剂）与甲醇（亲核试剂）反应，得到缩醛的共轭酸。

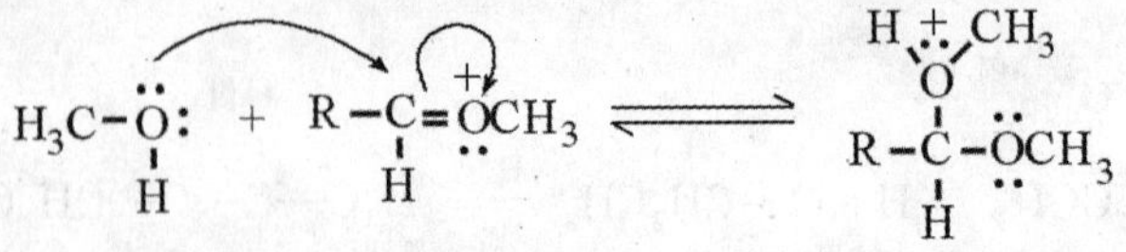

$$H_3C-\ddot{O}: + R-C=\overset{+}{O}CH_3 \rightleftharpoons R-C(H)(\overset{+}{O}(H)CH_3)-\ddot{O}CH_3$$

缩醛的共轭酸

第四步 质子从质子化的缩醛转移到 A^-,得到新的 H—A。

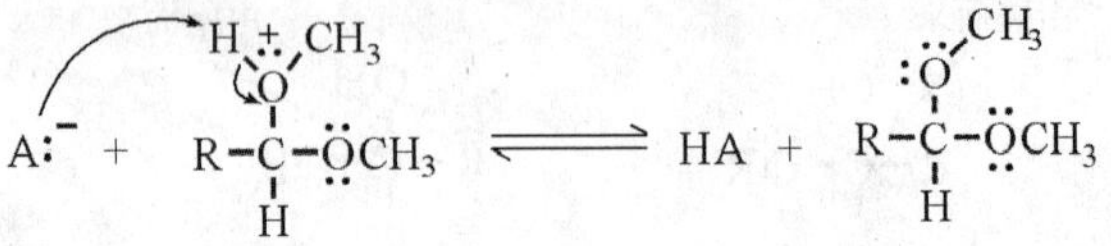

$$A:^- + R-C(H)(\overset{+}{O}(H)CH_3)-\ddot{O}CH_3 \rightleftharpoons HA + R-C(H)(\ddot{O}CH_3)-\ddot{O}CH_3$$

制备缩醛时常用醇作为反应溶剂,酸解时用无水 HCl、浓 H_2SO_4 或者芳基磺酸($ArSO_3H$)的醇溶液。因为醇在反应中既作为反应物又作为溶剂,所以醇的用量要过量很多,以保证反应向有利于缩醛生成的方向进行。同时,及时除去生成的水也能使反应向缩醛方向进行。

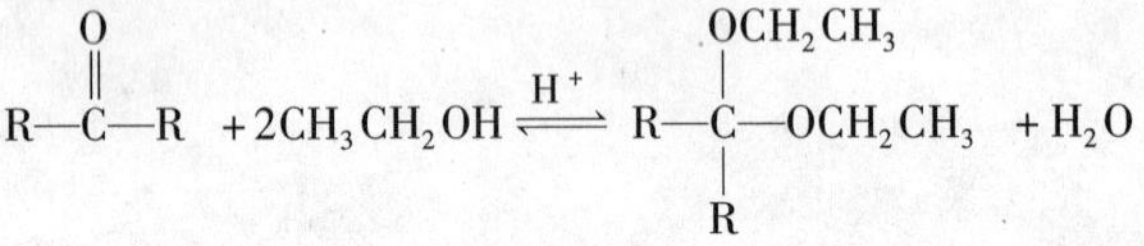

$$R-\overset{O}{\overset{\|}{C}}-R + 2CH_3CH_2OH \overset{H^+}{\rightleftharpoons} R-C(R)(OCH_2CH_3)-OCH_2CH_3 + H_2O$$

过量　　　　除水

注意,水是在反应中生成的,而反应物(羰基化合物和醇)应该是无水的。反应混合物中若存在过量的水会降低产物的产率。

示例 17.6 写出下列酮与一分子醇反应时生成的半缩醛结构式,再写出与第二分子醇反反应后得到的缩醛结构式(注意:在(b)中,一个乙二醇分子含有两个—OH)。

(a) 2-丁酮 + $2CH_3CH_2OH$ $\overset{HCl}{\rightleftharpoons}$; (b) 环戊酮 + HO—CH₂CH₂—OH $\overset{H_2SO_4}{\rightleftharpoons}$

分析及解答:半缩醛和缩醛的结构式如下:

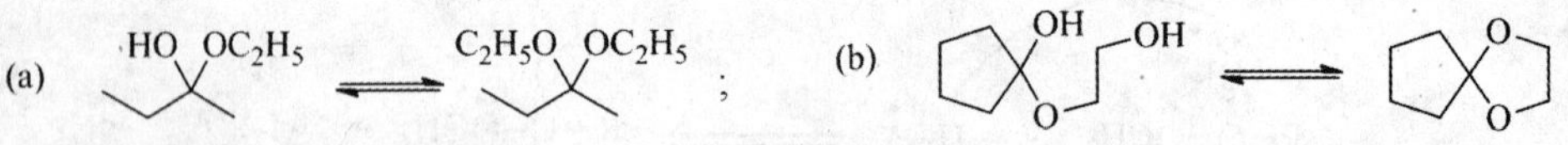

(a) HO OC₂H₅ 半缩醛 ⇌ C₂H₅O OC₂H₅ 缩醛 ; (b) OH, O—CH₂CH₂—OH 半缩醛 ⇌ 环状缩醛(O,O)

羰基的保护

与醚相类似,缩醛在碱性条件下稳定,不易被格氏试剂等氧化剂还原,因此缩醛常用于保护醛和酮的羰基,使它们在其他官能团转化的过程中不会变化。由苯甲醛和 4-溴丁醛合成 5-羟基-5-苯基戊醛的过程中使用了缩醛保护羰基的原理。

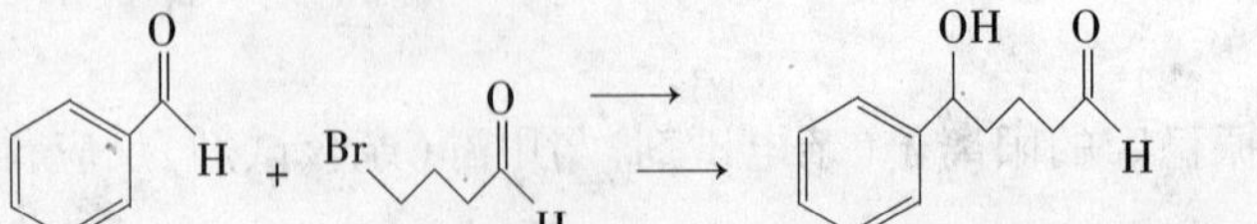

苯甲醛 + 4-溴丁醛 ⟶ ⟶ ⟶ 5-羟基-5-苯基戊醛

合成5－羟基－5－苯基戊醛的一种方法是苯甲醛与4－溴丁醛生成的格氏试剂反应。然而4－溴丁醛生成的格氏试剂会与自身的羰基反应生成副产物。防止此副产物生成的方法是,将4－溴丁醛的羰基先转化为缩醛保护起来。环状缩醛易于制备且较稳定,常用于官能团保护中。

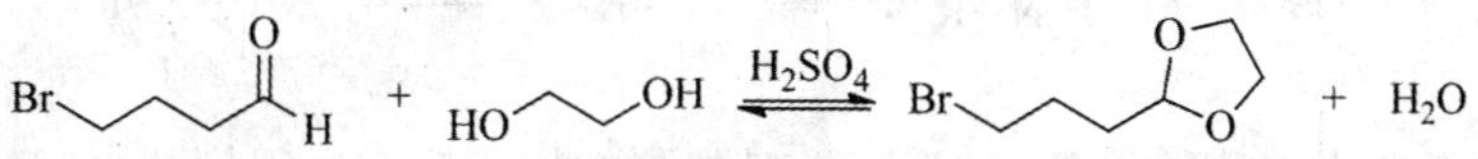

Br O H + HO OH $\xrightleftharpoons{H_2SO_4}$ Br O O + H_2O

然后将保护后的4－溴丁醛转变为镁格氏试剂,再与苯甲醛反应,得到烷氧基镁盐。

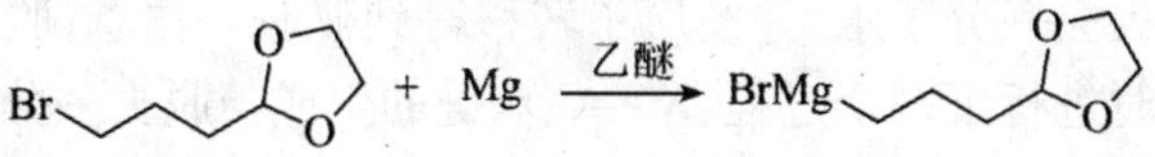

Br O O + Mg $\xrightarrow{\text{乙醚}}$ BrMg O O

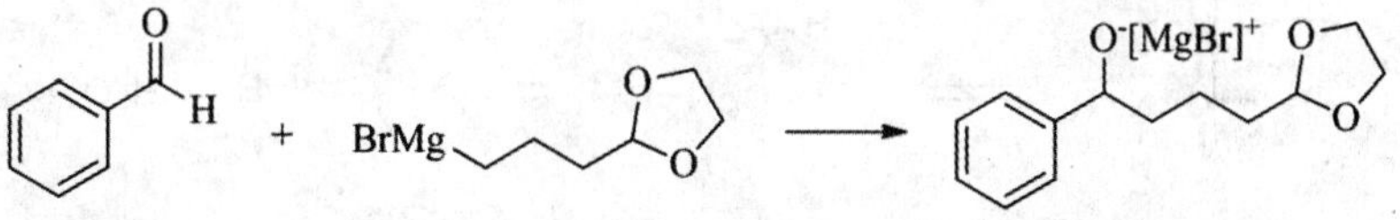

O H + BrMg O O ⟶ $O^-[MgBr]^+$ O O

将烷氧基镁盐用稀酸处理后,一方面质子化后得到需要的醇类目标产物,另一方面也将缩醛水解为羰基。

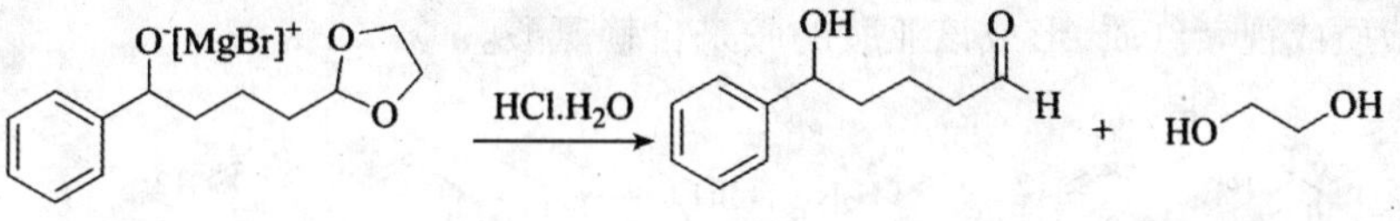

$O^-[MgBr]^+$ O O $\xrightarrow{HCl.H_2O}$ OH O H + HO OH

与氨、胺等化合物的加成

与该类化合物反应的通式如下:

$$R_2C{=}O + H_2N{-}G \longrightarrow R_2C{=}N{-}G + H_2O$$

$$G = -H, -R, -Ar, -NH_2, -NHAr, -OH$$

其中G不能为酰基－C(═O)R。反应后羰基O被N取代,同时失去一分子水。

亚胺的形成

氨、1°脂肪胺 RNH_2、1°芳基胺 $ArNH_2$ 在酸催化下与醛、酮反应,得到亚胺(C═N)。

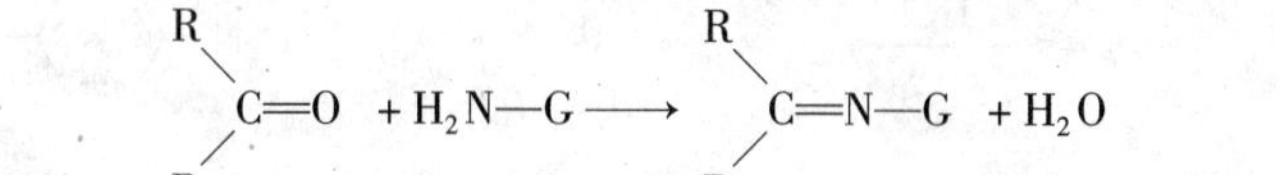

$$\underset{\text{乙醛}}{CH_3CHO} + \underset{\text{苯胺}}{H_2N{-}C_6H_5} \xrightleftharpoons{H_3O^+} \underset{\text{亚胺}}{CH_3CH{=}N{-}C_6H_5} + H_2O$$

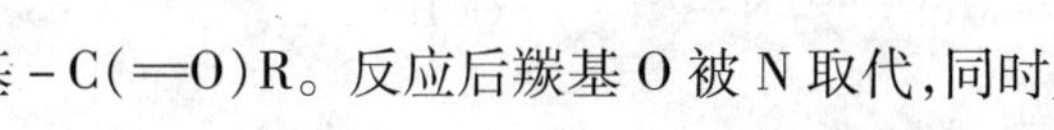

环己酮 =O + NH_3 (氨) $\xrightleftharpoons{H_3O^+}$ =NH (亚胺) + H_2O

反应机理如下：

第一步　氨或1°胺的N原子进攻羰基，质子转移后得到四面体的羰基加成中间体。

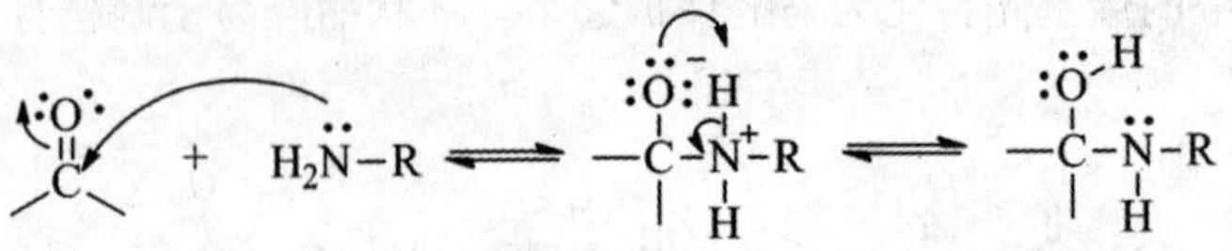

$$\text{>C=O} + H_2\ddot{N}-R \rightleftharpoons -\overset{|}{\underset{|}{C}}(-\ddot{O}:^-)-\overset{+}{N}H_2-R \rightleftharpoons -\overset{|}{\underset{|}{C}}(-\ddot{O}H)-\ddot{N}H-R$$

这一步与形成半缩醛的机理类似，都是对羰基的加成反应。得到的中间体不稳定，会立即进行第二步反应。

第二步　—OH质子化后失去一分子水，并经质子转移得到亚胺。注意，脱水和质子转移是E2反应。脱水这一步同时进行了两个过程：N ═C双键的生成与脱去一分子水。

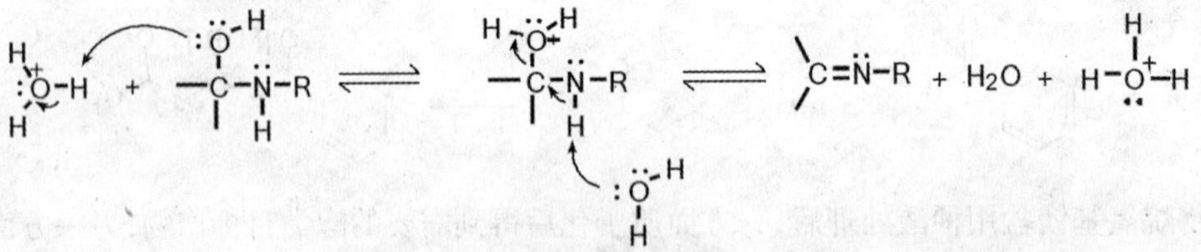

$$H_3O^+ + -\overset{|}{\underset{|}{C}}(-\ddot{O}H)-\ddot{N}H-R \rightleftharpoons -\overset{|}{\underset{|}{C}}(-\overset{+}{O}H_2)-\ddot{N}H-R\ (+\ H_2\ddot{O}:) \rightleftharpoons \text{>C=}\ddot{N}-R + H_2O + H_3O^+$$

亚胺在生物体中非常重要，比如人体视网膜中的视黄醛以亚胺形式与视蛋白结合，生成视网膜紫质或视紫红质，形成该亚胺的胺来自赖氨酸。

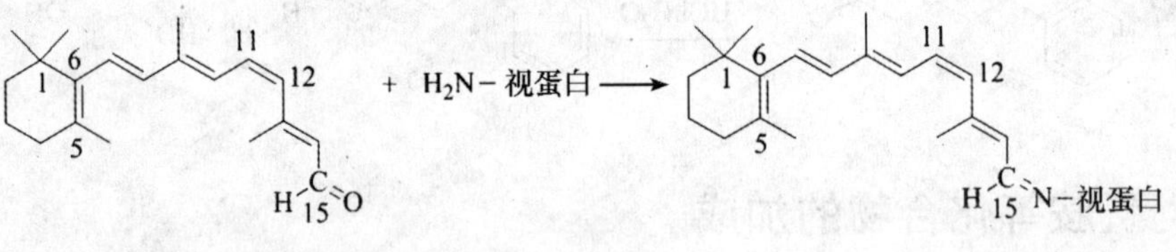

视黄醛（C-1, 5, 6, 11, 12, 15；H—C15=O） + H_2N-视蛋白 ⟶ 视黄醛亚胺（H—C15=N-视蛋白）

示例 17.7　写出下列反应得到的亚胺结构。

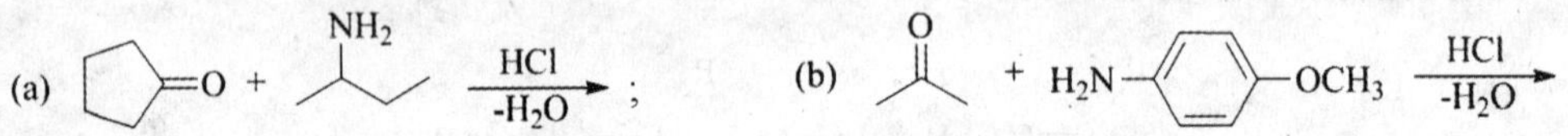

(a) 环戊酮 + 2-丁胺（NH_2） $\xrightarrow[-H_2O]{HCl}$；　(b) 丙酮 + H_2N—C_6H_4—OCH_3 $\xrightarrow[-H_2O]{HCl}$

分析及解答：

(a) 环戊亚基=N—CH(CH₃)CH₂CH₃；　(b) $(CH_3)_2C$=N—C_6H_4—OCH_3

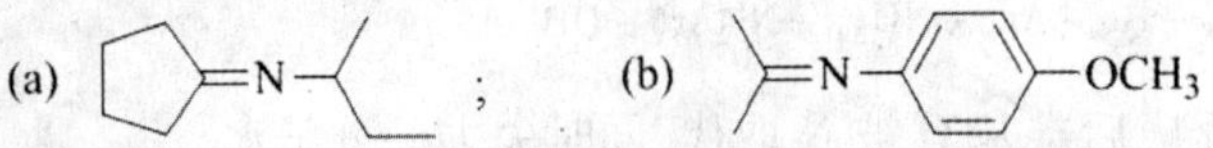

思考题 17.7　亚胺的酸催化水解会得到胺和醛或酮。当使用1当量酸时胺转化为铵盐。写出下列亚胺在1当量HCl条件下水解后的产物结构式。

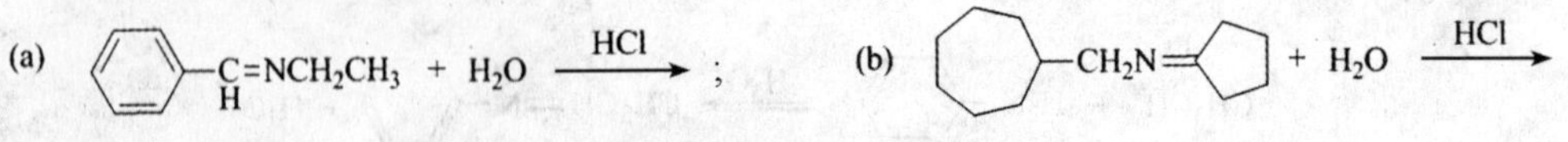

(a) C_6H_5—CH=NCH_2CH_3 + H_2O $\xrightarrow{HCl}$；　(b) 环庚基—CH_2N=环戊亚基 + H_2O $\xrightarrow{HCl}$

生成肟和腙

醛和酮与羟基胺反应，得到肟（含有C ═NOH基团）。

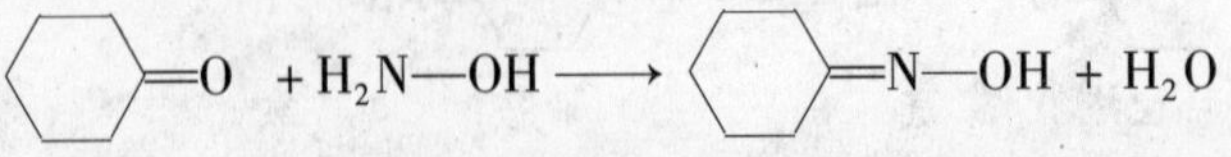

$$\text{环己酮(=O)} + H_2N—OH \longrightarrow \text{环己亚基}=N—OH + H_2O$$

工业化生产的LIX试剂是一类肟化合物，主要用于从滤液中提取铜和镍，其结构式如下。调整适当的 pH 值，LIX 试剂能选择性地与 Cu^{2+} 或 Ni^{2+} 螯合。苯酚—OH 对位上的大位阻基团使得 LIX 试剂在水中溶解性极小，而在有机溶剂中有较好的溶解性。

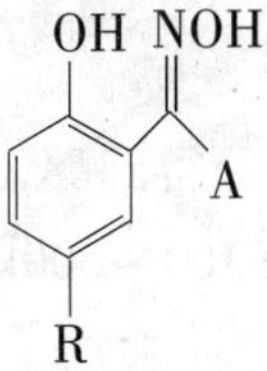

OH NOH

A

R

A = H or CH_3

R = C_9H_{19} or $C_{12}H_{25}$

有一种检测醛、酮的试剂是 2,4 – 二硝基苯腙（Brady's 试剂）。用 Brady's 试剂检测醛、酮的方法也叫做 2,4 – DNP 检测。其原理是 Brady's 试剂遇醛或酮即变为亮橙色或亮红色的苯腙。

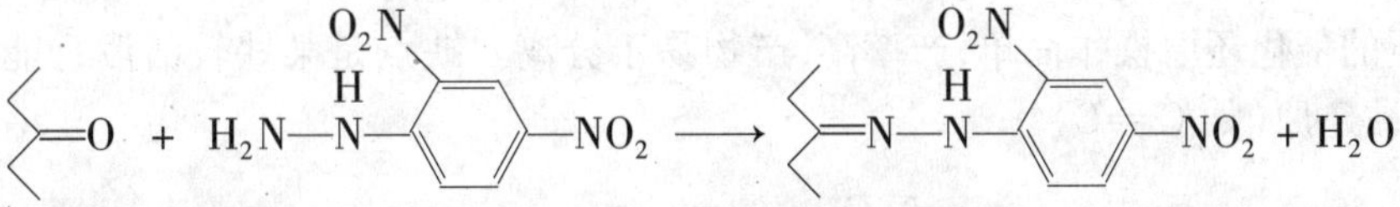

O_2N H $H_2N—N$ $—NO_2$ ⟶ O_2N H $=N—N$ $—NO_2$ + H_2O

醛、酮的还原胺化

亚胺中的 C ═N 双键在 H_2 氛围中，用镍或其他过渡金属作催化剂，能还原为 C—N 单键。这个两步的转化叫做还原胺化，1°胺经过亚胺中间体就能转变为 2°胺，如下面这个例子：

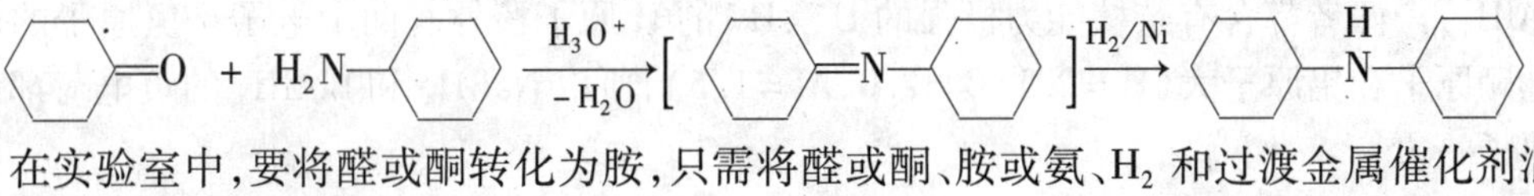

=O + H_2N— $\xrightarrow[-H_2O]{H_3O^+}$ [=N—] $\xrightarrow{H_2/Ni}$ —N(H)—

在实验室中，要将醛或酮转化为胺，只需将醛或酮、胺或氨、H_2 和过渡金属催化剂混合反应即可，无须分离亚胺中间体。

示例 17.8　通过还原胺化合成下列化合物。

(a) NH_2 ；　(b) H N

分析及解答：

(a) O + NH_3 $\xrightarrow[2.\ H_2/Ni]{1.\ H_3O^+}$ NH_2 ；　(b) =O + H_2N— $\xrightarrow[2.\ H_2/Ni]{1.\ H_3O^+}$ H N

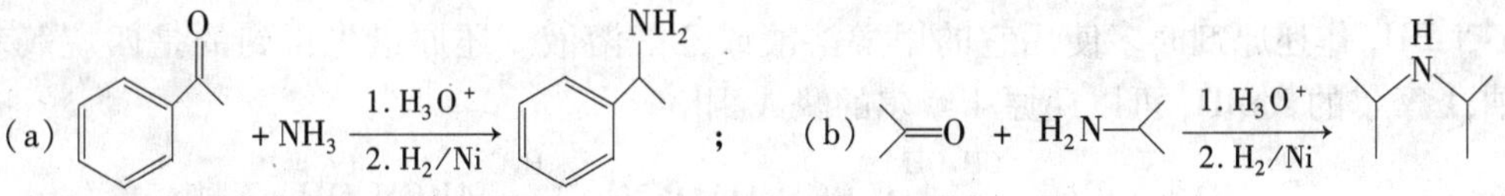

思考题 17.8　选择合适的醛或酮，通过还原胺化合成以下胺。

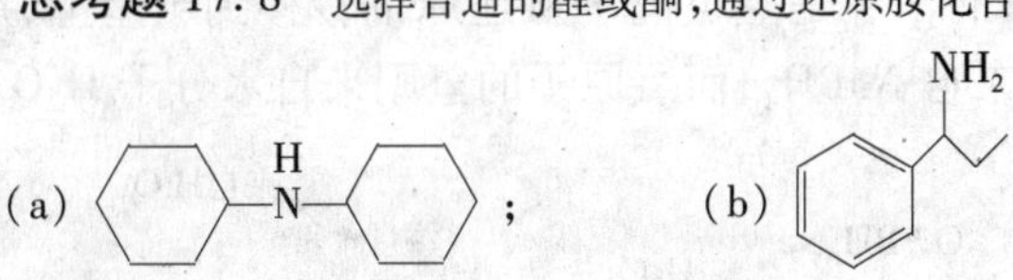

(a) H N ；　(b) NH_2

还原反应

醛还原后得到 1°醇，酮还原后得到 2°醇。

$$R-\overset{O}{\overset{\|}{C}}-H \xrightarrow{还原} RCH_2OH \qquad R-\overset{O}{\overset{\|}{C}}-R' \xrightarrow{还原} R\overset{OH}{\overset{|}{C}}R'$$

催化还原

醛、酮的羰基在 H_2 中用过渡金属作催化剂，还原得到醇，过渡金属可以为 Pd、Pt、Ni 或 Rh 等。反应所需的温度一般为 25 ~ 100℃，压力为 100 ~ 500kPa（1 ~ 5 个大气压）。例如，环己酮在 25℃，2×10^5 Pa 的条件下还原为环己醇。

$$\text{环己酮} + H_2 \xrightarrow[25℃,\ 2\times10^5\,Pa]{Pt} \text{环己醇}$$

醛、酮的催化还原操作简单，产率高，产物易于分离。缺点是某些较活泼官能团在此条件下也能被还原（如 C ═C）。

$$CH_3CH{=}CHCHO \xrightarrow[Ni]{H_2} CH_3CH_2CH_2CH_2OH$$

金属氢化物还原

目前，实验室中使用最广泛的还原醛、酮的试剂为硼氢化钠（$NaBH_4$）和氢化铝锂（$LiAlH_4$）。两者都含有亲核能力极强的 H^-，H^- 的 H 原子核外有两个电子。氢原子的电负性比硼原子和铝原子大（H = 2.1，B = 2.0，Al = 1.5），所以 $NaBH_4$ 和 $LiAlH_4$ 的负电荷都偏向氢原子一边。

$$Na^+\ H-\overset{H}{\overset{|}{\underset{H}{\underset{|}{B^-}}}}-H \qquad Li^+\ H-\overset{H}{\overset{|}{\underset{H}{\underset{|}{Al^-}}}}-H \qquad H^-$$

硼氢化钠（$NaBH_4$）　　氢化铝锂（$LiAlH_4$）　　氢负离子

$LiAlH_4$ 的还原性很强，它不仅能还原醛、酮的羰基，还能还原羧酸及羧酸衍生物的羰基。而 $NaBH_4$ 仅还原醛、酮的羰基。

$NaBH_4$ 作还原剂时多使用它的甲醇溶液或乙醇溶液。还原最先得到的是四烷氧基硼化钠，1 摩尔的 $NaBH_4$ 可以还原 4 摩尔的醛或酮。

$$4RCHO + NaBH_4 \xrightarrow{CH_3OH} (RCH_2O)_4B^-Na^+ \xrightarrow{H_2O} 4RCH_2OH + \text{硼盐}$$

在醛、酮的金属氢化物还原中，最关键的一步是氢负离子从还原剂转移到羰基上，形成四面体的中间体。在反应中，碳原子的氢来自 $NaBH_4$，而氧原子的氢则来自水分子 H_2O。

$$Na^+\ H-\overset{H}{\overset{|}{\underset{H}{\underset{|}{B^-}}}}-H + R-\overset{O}{\overset{\|}{C}}-R' \longrightarrow R-\overset{O-BH_3Na^+}{\overset{|}{\underset{H}{\underset{|}{C}}}}-R' \xrightarrow{H_2O} R-\overset{O-H}{\overset{|}{\underset{H}{\underset{|}{C}}}}-R'$$

（O—H 的 H：来自 H_2O；C—H 的 H：来自还原剂 $NaBH_4$）

下面两个反应式是在羰基和碳碳双键同时存在下，选择性地还原羰基或者碳碳双键。

(1)用 $NaBH_4$ 还原羰基

$$RHC{=}CHC(=O)R' \xrightarrow[2.\ H_2O]{1.\ NaBH_4} RCH{=}CHCH(OH)R'$$

(2)用过渡金属 Rh 作催化剂还原碳碳双键

$$RHC{=}CHC(=O)R' + H_2 \xrightarrow{Rh} RCH_2CH_2C(=O)R'$$

示例 17.9　完成下列还原反应。

(a) 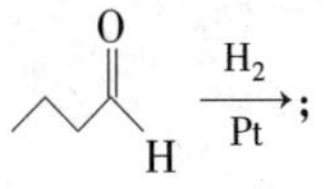 $\xrightarrow[Pt]{H_2}$;　(b) 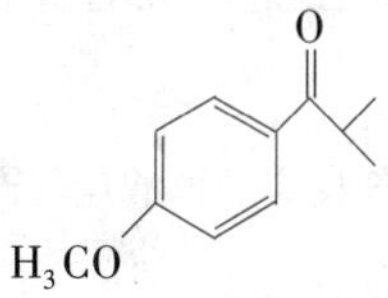 H_3CO

分析及解答：

(a)  OH ;　(b) 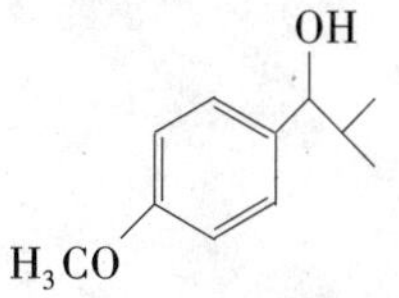 OH H_3CO

思考题 17.9　下列化合物可以由何种醛或酮在 $NaBH_4$ 下还原而来？

(a) 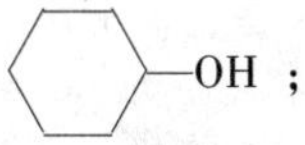 —OH ;　(b) 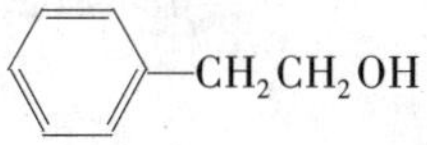 —CH_2CH_2OH ;　(c) 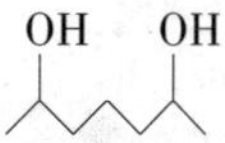 OH OH

醛的氧化

醛极容易被氧化，在许多氧化剂的作用下，如铬酸或 O_2 分子，氧化得到羧酸。

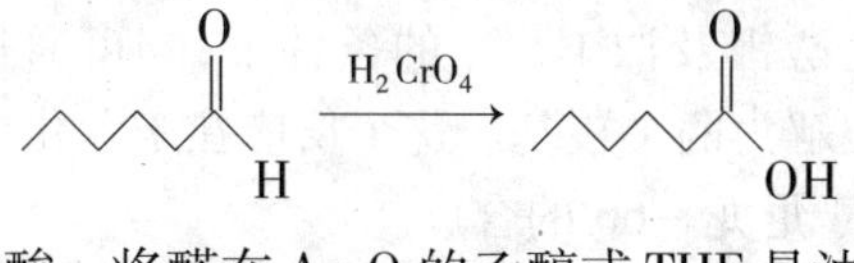

$$\xrightarrow{H_2CrO_4}$$

Ag(Ⅰ)也能氧化醛为羧酸。将醛在 Ag_2O 的乙醇或 THF 悬浊液中振荡，就能得到氧化产物。

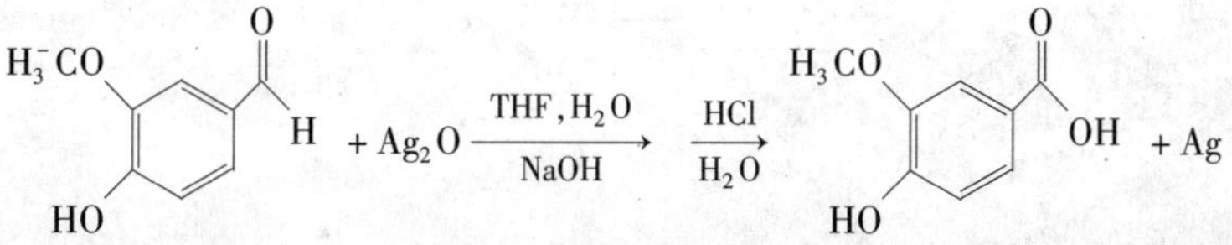

$$+ Ag_2O \xrightarrow[NaOH]{THF,H_2O} \xrightarrow[H_2O]{HCl} + Ag$$

Tollens 试剂也是一种银盐，由 $AgNO_3$ 溶解在液氨中制备而得，又称作银氨溶液。

$$Ag^+NO_3^- + 2NH_3 \xrightarrow{NH_3/H_2O} [Ag(NH_3)_2]^+NO_3^-$$

当试剂加到醛中时，醛被氧化为羧酸，而 Ag^+ 变为金属银，金属银会附着于反应器皿之壁上，像镜子一般，因此这个反应也叫做银镜反应。

$$R{-}\overset{\overset{\displaystyle O}{\|}}{C}{-}H + 2[Ag(NH_3)_2]^+ \xrightarrow{NH_3/H_2O} RCOO^- + 2Ag + 4NH_3$$

现今 Ag^+ 已经很少用于氧化醛，一方面是因为它的价格较昂贵，另一方面很多价格低廉的金属也能氧化醛。但是，该反应仍可用来制作银镜，反应中用到的醛多为甲醛或葡萄糖。

醛也能被氧气和过氧化氢氧化成羧酸。

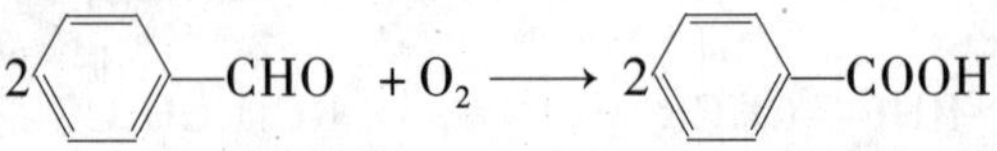

$$2\,C_6H_5{-}CHO + O_2 \longrightarrow 2\,C_6H_5{-}COOH$$

氧气与其他氧化剂相比，便宜易得，因此工业中常用空气来氧化有机分子。但这也造成了一些不便，因为醛在室温下多为液态，因此在储存醛时要避免它与空气接触从而被氧化。所以在运输醛时，要用氮气保护。

示例 17.10　写出下列化合物与 Tollens 试剂反应后再酸化的产物。

(a)戊醛；　　(b)环戊甲醛

分析及解答：

(a) 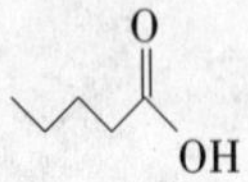 $CH_3CH_2CH_2CH_2COOH$（键线式）；　(b) 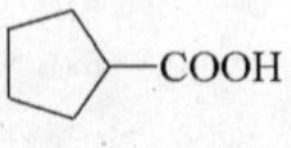 环戊基—COOH

思考题 17.10　完成下列氧化反应。

(a) 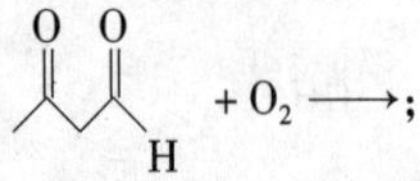 $CH_3COCH_2CHO + O_2 \longrightarrow$；　(b) 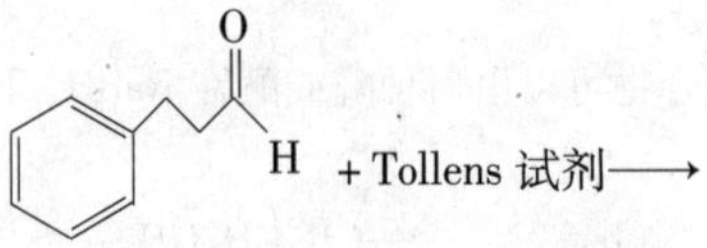 $C_6H_5CH_2CH_2CHO$ + Tollens 试剂 $\longrightarrow$

酮氧化成羧酸

酮的还原性不如醛，比如，酮在室温下不会被铬酸或高锰酸钾氧化。事实上，这些氧化剂一般用于氧化 2°醇为酮。

在高温重铬酸钾或高锰酸钾及浓 HNO_3 的条件下，酮可通过其烯醇式结构氧化裂解。烯醇式中的 C ═C 双键被裂解为两个羧基。这个反应在工业化中的一个重要应用是将环己酮转变为己二酸，己二酸用于尼龙 -66 的合成。

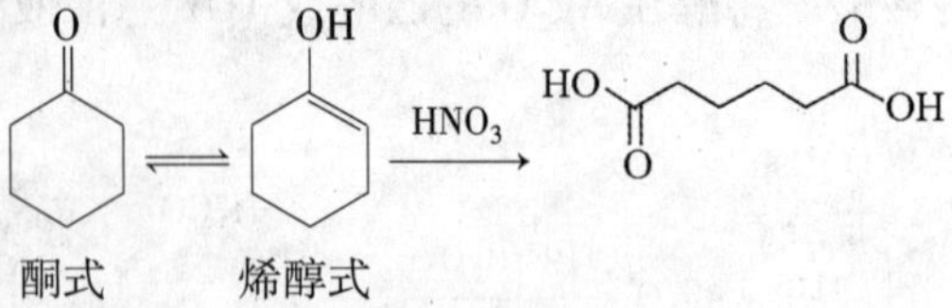

$$\text{环己酮} \rightleftharpoons \text{1-环己烯醇} \xrightarrow{HNO_3} HOOC(CH_2)_4COOH$$

酮式　　烯醇式

烯醇互变异构

羰基旁边的碳原子叫做 α - C，连在 α - C 上的氢原子叫做 α - H。

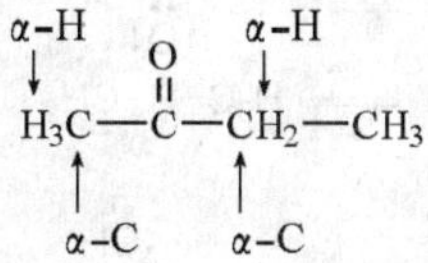

$$\underset{\alpha\text{-C}}{\overset{\alpha\text{-H}}{H_3C}}-\overset{O}{\overset{\|}{C}}-\underset{\alpha\text{-C}}{\overset{\alpha\text{-H}}{CH_2}}-CH_3$$

至少含有一个 α－H 的醛、酮的构造异构体叫做烯醇(enol)。

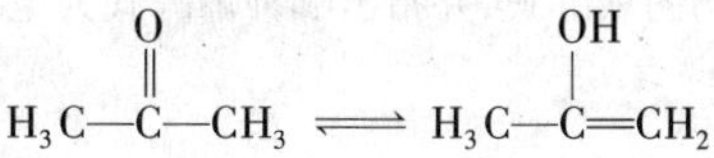

$$\underset{\text{酮式}}{H_3C-\overset{O}{\overset{\|}{C}}-CH_3} \rightleftharpoons \underset{\text{烯醇式}}{H_3C-\overset{OH}{\overset{|}{C}}=CH_2}$$

酮式和烯醇式是互变异构体，它们的氢原子位置不同，双键位置也不同。酮式和烯醇式之间的平衡叫做互变现象。

对大多数简单的醛、酮而言，酮式、烯醇式之间的互变平衡主要是偏向酮式结构一边的(表17.6)，因为 C ═O 双键比 C ═C 双键更强，酮式结构比烯醇式结构更稳定。

表17.6　四种醛和酮的烯醇平衡

酮式		烯醇式	平衡时的烯醇(%)
$CH_3\overset{O}{\overset{\|}{C}}H$	$\rightleftharpoons$	$H_2C=\overset{OH}{\overset{|}{C}}H$	6×10^{-5}
$CH_3\overset{O}{\overset{\|}{C}}CH_3$	$\rightleftharpoons$	$H_2C=\overset{OH}{\overset{|}{C}}CH_3$	6×10^{-7}
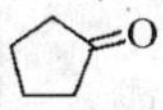 环戊酮	$\rightleftharpoons$	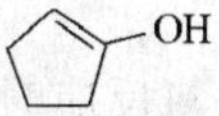 1-羟基环戊烯	1×10^{-6}
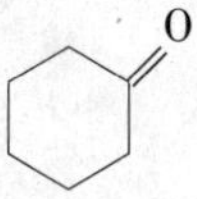 环己酮	$\rightleftharpoons$	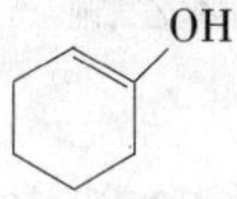 1-羟基环己烯	1×10^{-5}

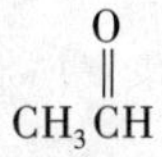

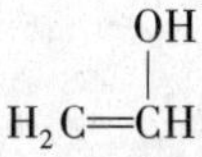

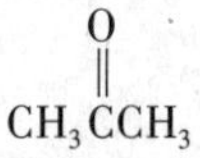

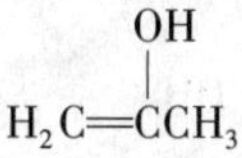

酮式和烯醇式之间的互变反应是酸催化的，分为两步(注意，H－A 在第一步中消耗后，在第二步中重新生成)：

第一步　质子从酸催化剂转移到羰基 O 上，形成醛或酮的共轭酸。

$$H_3C-\overset{\ddot{O}:}{\overset{\|}{C}}-CH_3 + H-A \xrightleftharpoons{\text{快}} H_3C-\overset{+\ddot{O}-H}{\overset{\|}{C}}-CH_3 + :A^-$$

第二步　质子从 α－C 转移给:A⁻，得到烯醇式，并重新生成催化剂 H－A。

$$H_3C-\overset{+\ddot{O}-H}{\overset{\|}{C}}-\overset{H_2}{C}-H + :A \xrightleftharpoons{\text{慢}} H_3C-\overset{:\ddot{O}H}{\overset{|}{C}}=CH_2 + H-A$$

烯醇互变也能在碱催化下进行，它与酸催化的过程刚好相反，第一步时夺取 α－C 上的 H，生成的烷氧基负离子再从催化剂的共轭酸中夺取一个质子。

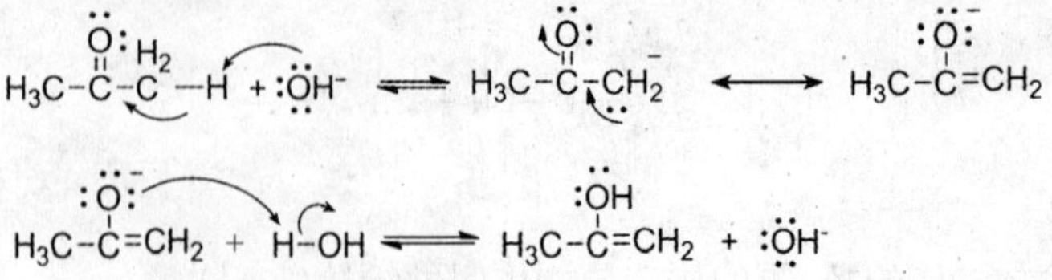

$$H_3C-\overset{\ddot{O}:}{\overset{\|}{C}}-\overset{H_2}{C}-H + :\ddot{O}H^- \rightleftharpoons H_3C-\overset{\ddot{O}:}{\overset{\|}{C}}-\ddot{C}H_2^- \longleftrightarrow H_3C-\overset{:\ddot{O}:^-}{\overset{|}{C}}=CH_2$$

$$H_3C-\overset{:\ddot{O}:^-}{\overset{|}{C}}=CH_2 + H-OH \rightleftharpoons H_3C-\overset{:\ddot{O}H}{\overset{|}{C}}=CH_2 + :\ddot{O}H^-$$

示例 17.11　写出下列化合物的烯醇式,并指出哪种烯醇式为主要结构?

(a) 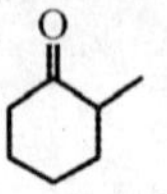 2-甲基环己酮；　(b) 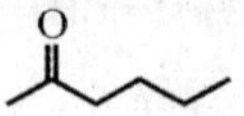 2-己酮

分析:两种化合物中都有两种 α - H,因此有两种烯醇式,且遵循 Zaitesv 规则的烯醇为主要烯醇结构。

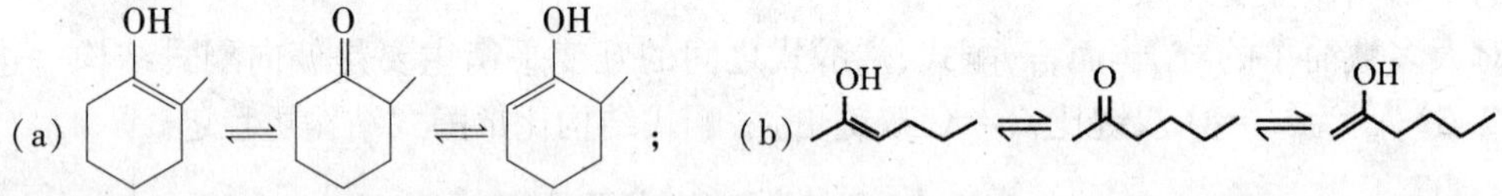

(a) 2-甲基-1-环己烯-1-醇(主要) ⇌ 2-甲基环己酮 ⇌ 6-甲基-1-环己烯-1-醇；　(b) 2-己烯-2-醇(主要) ⇌ 2-己酮 ⇌ 1-己烯-2-醇

思考题 17.11　写出下列烯醇式的酮式结构。

(a) 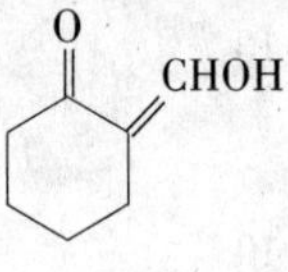 2-(羟基亚甲基)环己酮(=CHOH)；　(b) 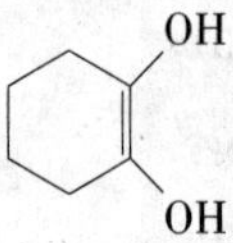 1-环己烯-1,2-二醇(OH, OH)；　(c) 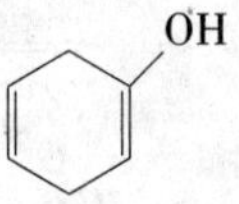 1,3-环己二烯-1-醇(OH)

α - 卤化反应

含有至少一个 α - H 的醛或酮在与溴、氯反应时会得到 α - 卤代醛或 α - 卤代酮。比如苯乙酮在醋酸中与溴反应后得到 α - 溴代苯乙酮。

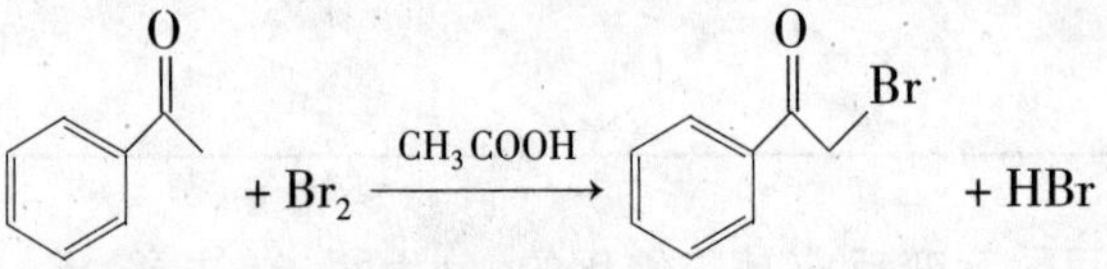

$$C_6H_5COCH_3 + Br_2 \xrightarrow{CH_3COOH} C_6H_5COCH_2Br + HBr$$

酸或碱都能催化 α - 卤化反应,当发生酸催化的 α - 卤化反应时,生成的 HBr 或 HCl 能进一步催化反应。

第一步　酸催化烯醇互变为烯醇式结构。

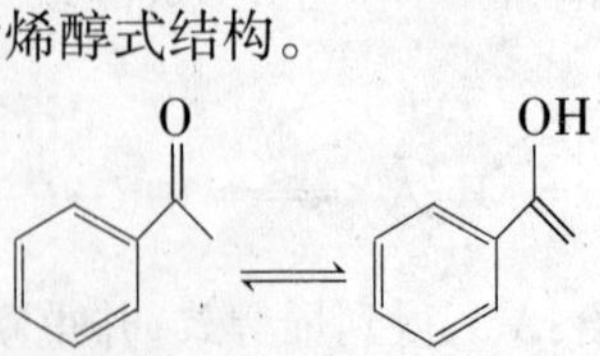

$$C_6H_5COCH_3 \rightleftharpoons C_6H_5C(OH)=CH_2$$

第二步　卤素原子亲核进攻烯醇,得到 α - 卤代酮。

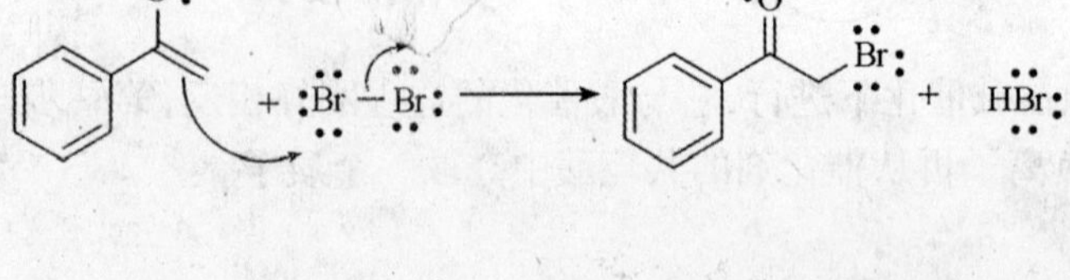

$$C_6H_5C(\ddot{O}H)=CH_2 + :\ddot{Br}-\ddot{Br}: \longrightarrow C_6H_5CO CH_2\ddot{Br}: + H\ddot{Br}:$$

α－卤化反应的一个合成价值在于，它能将 α－C 转变为含有离去基的 C，从而在下一步中能被多种亲核试剂进攻得到其他的化合物。比如，二乙胺进攻 α－卤代酮后，得到 α－二乙胺酮。

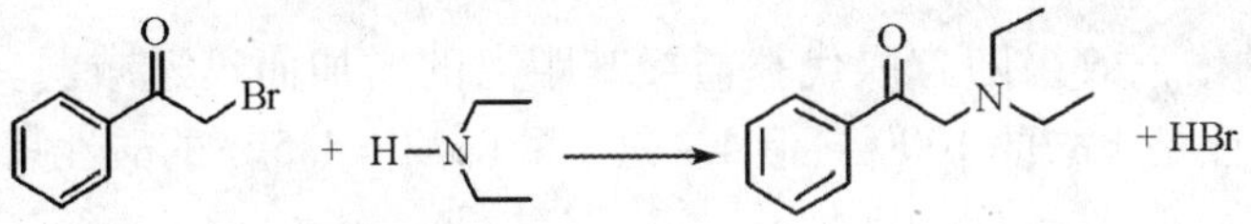

$$PhCOCH_2Br + H{-}N(C_2H_5)_2 \longrightarrow PhCOCH_2N(C_2H_5)_2 + HBr$$

一般来说，α－卤化多采用弱碱如 K_2CO_3，来催化反应进行。

17.6　羧酸及其衍生物的化学反应

羧酸的反应可分为两种：酸碱反应；酰基亲核取代反应。

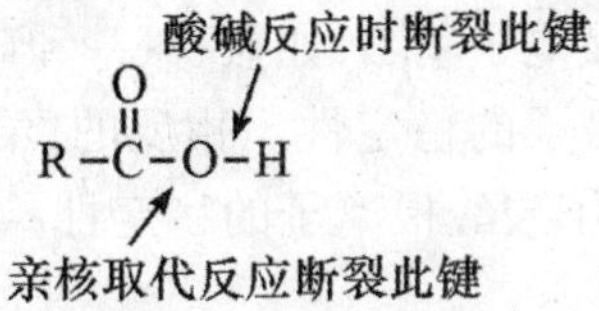

酸碱反应时断裂此键

$$R-\overset{\overset{\displaystyle O}{\|}}{C}-O-H$$

亲核取代反应断裂此键

本节将介绍羧酸的酸碱化学，然后研究羧酸及其衍生物的酰基亲核取代。

羧酸的酸性

虽然羧酸相对于无机酸是弱酸，但它们的酸性大大超过醇类和酚类。可回顾第 9 章中的酸碱平衡反应理论。

酸的电离常数

大多数未取代的脂肪族和芳香族羧酸的 K_a 值处于 $10^{-4} \sim 10^{-5}$ 之间。例如醋酸的 K_a 值是 1.8×10^{-5}，因此，醋酸的 pK_a 为 4.74。

$$CH_3COOH + H_2O \rightleftharpoons CH_3COO^- + H_3O^+$$

$$K_a = \frac{[CH_3COO^-][H_3O^+]}{[CH_3COOH]} = 1.8\times10^{-5}$$

$$pK_a = 4.74$$

羧酸（$pK_a=4\sim5$）的酸性强于醇类（$pK_a=16\sim18$），因为它通过负电荷的离域共振来稳定羧基阴离子。而醇没有类似的稳定共振离子存在。

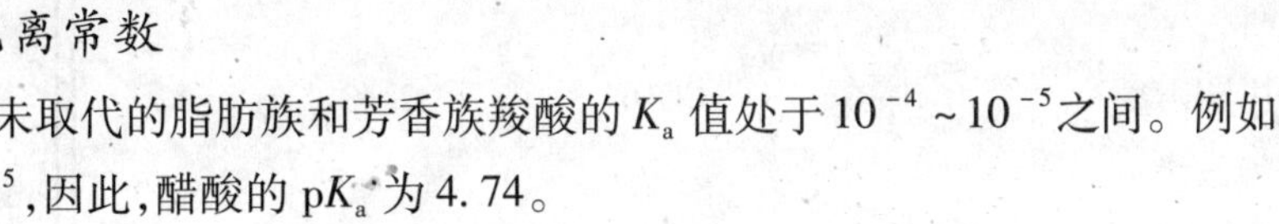

$$H_3C-C(=O)-OH + H_2O \rightleftharpoons H_3C-C(=O)-O^- \longleftrightarrow H_3C-C(-O^-)=O + H_3O^+$$

随着 α 碳原子上强吸电子取代原子或基团的增加，羧酸的酸性往往呈几个数量级增大。例如，对比醋酸（$pK_a=4.74$）和氯乙酸（$pK_a=2.85$）的酸性，α 碳原子上的单取代氯使酸性增加了近 100 倍！二氯乙酸和三氯乙酸的酸性比磷酸（$pK_a=2.1$）强。

CH_3COOH 4.74 → $ClCH_2COOH$ 2.85 → $Cl_2CHCOOH$ 1.48 → Cl_3CCOOH 0.70

酸性增强

卤代对酸性的增强效果随着取代基与羧基距离的增加而迅速减弱。虽然 2 - 氯丁酸（pK_a = 2.83）的酸性是丁酸的 100 倍，但 4 - 氯丁酸（pK_a = 4.52）的酸性只有丁酸的约两倍。

2 - 氯丁酸（pK_a = 2.83） 3 - 氯丁酸（pK_a = 3.98） 4 - 氯丁酸（pK_a = 4.52） 丁酸（pK_a = 4.82）

酸性减弱

苯环上取代基通过诱导和共轭效应对芳香族羧酸的酸性有着显著的影响（类似 15.3 节中描述的对酚类物质的影响）。吸电子基团，如氯、氰基和硝基，减少芳香环上的电子密度，削弱了 O—H 键，增强了羧酸根离子的稳定性。相反的，给电子基团，如氨基、烷基和烷氧基，增加芳香环的电子密度，削弱了羧酸根离子的稳定性。表 17.7 列出了一些芳香族羧酸的 pK_a 值。

表 17.7　一些芳香族羧酸的 pK_a 值

名称	结构	pK_a
2,4,6 - 三硝基苯甲酸	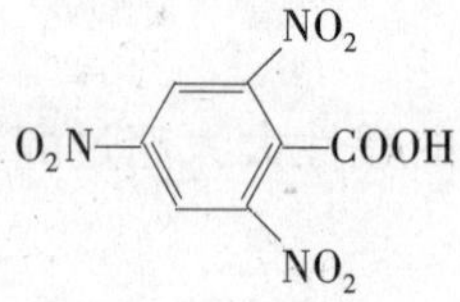 2,4,6-$(O_2N)_3C_6H_2$—COOH	0.65
4 - 硝基苯甲酸	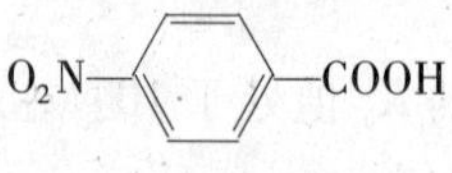 O_2N—C_6H_4—COOH	3.43
4 - 腈基苯甲酸	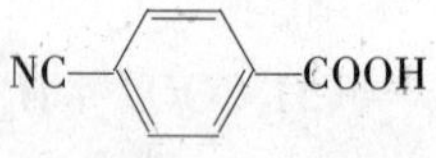 NC—C_6H_4—COOH	3.55
4 - 氯代苯甲酸	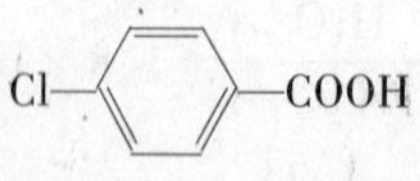 Cl—C_6H_4—COOH	4.00
苯甲酸	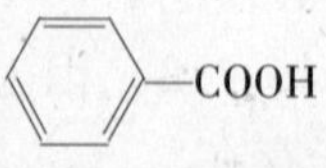 C_6H_5—COOH	4.20
4 - 甲基苯甲酸	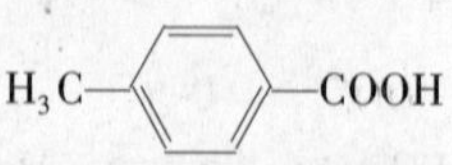 H_3C—C_6H_4—COOH	4.37
4 - 甲氧基苯甲酸	 H_3CO—C_6H_4—COOH	4.50
4 - 羟基苯甲酸	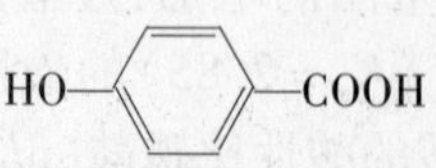 HO—C_6H_4—COOH	4.57

酸性增强（自下而上）

与碱反应

所有的羧酸，无论是可溶于或是不溶于水，都能与氢氧化钠、氢氧化钾等强碱反应生成可溶于水的盐类。

$$C_6H_5\text{—}COOH + NaOH \xrightarrow{H_2O} C_6H_5\text{—}COO^- Na^+ + H_2O$$

苯甲酸　　　　　　　　　　苯甲酸钠

苯甲酸钠是一种真菌生长抑制剂，常被用作防腐剂添加到焙烤食品中。丙酸钙也有相同的用途。

羧酸与胺或氨水也可生成溶于水的盐类。

$$C_6H_5\text{—}COOH + NH_3 \xrightarrow{H_2O} C_6H_5\text{—}COO^- NH_4^+$$

苯甲酸　　　　　　　　　　苯甲酸氨

羧酸与碳酸氢钠或碳酸钠反应生成可溶于水的钠盐和碳酸（一种相对较弱的酸），碳酸分解生成水和二氧化碳气体。

$$CH_3COOH + Na^+HCO_3^- \xrightarrow{H_2O} CH_3COO^-Na^+ + H_2CO_3$$

$$H_2CO_3 \longrightarrow H_2O + CO_2$$

$$CH_3COOH + Na^+HCO_3^- \longrightarrow CH_3COO^-Na^+ + H_2O + CO_2$$

羧酸盐的英文命名方法和无机酸盐相同，即先命名阳离子，然后再命名阴离子。从羧酸阴离子名称中去掉后缀 - ic acid，加上后缀 - ate。中文命名为某酸某（阳离子）。例如 $CH_3CH_2COO^-Na^+$ 是丙酸钠（sodium propanoate），而 $CH_3(CH_2)_{14}COO^-Na^+$ 被称为十六酸钠（棕榈酸钠，sodium palmitate）。

由于羧酸盐溶于水，可以先将不溶于水的羧酸转化成可溶于水的碱金属或氨盐，然后制成水溶液。接着通过加入盐酸、硫酸或其他强酸，可以将其转化为羧酸。利用这种反应我们可以将不溶于水的羧酸与其他不溶于水的中性化合物分离。

图 17.2 显示了从不溶于水的非酸性化合物苯甲醇中分离不溶于水的苯甲酸的流程图。首先，将苯甲酸和苯甲醇的混合物溶解于乙醚溶液中。其次，加入氢氧化钠水溶液得到水溶性的苯甲酸钠盐，然后从水相中分离出乙醚溶液。蒸馏乙醚溶液，首先得到乙醚（沸点为 35℃），然后得到苯甲醇（沸点为 205℃）。用盐酸酸化水相溶液，通过过滤回收得到不溶于水的固体沉淀物苯甲酸（熔点为 122℃）。

亲核取代反应

羧酸家族（羧酸、卤代酸、酸酐、酯和酰胺）最常见的反应是亲核取代。这个反应的关键步骤是一个亲核试剂通过羰基加成反应接在羰基碳上，形成一个四面体产物。在这方面，这些官能团的反应类似于醛和酮的羰基的亲核加成。在醛和酮的羰基加成反应中，四面体中间体通过添加氢离子形成醇，其结果是一个亲核试剂接到了醛或酮的羰基上。

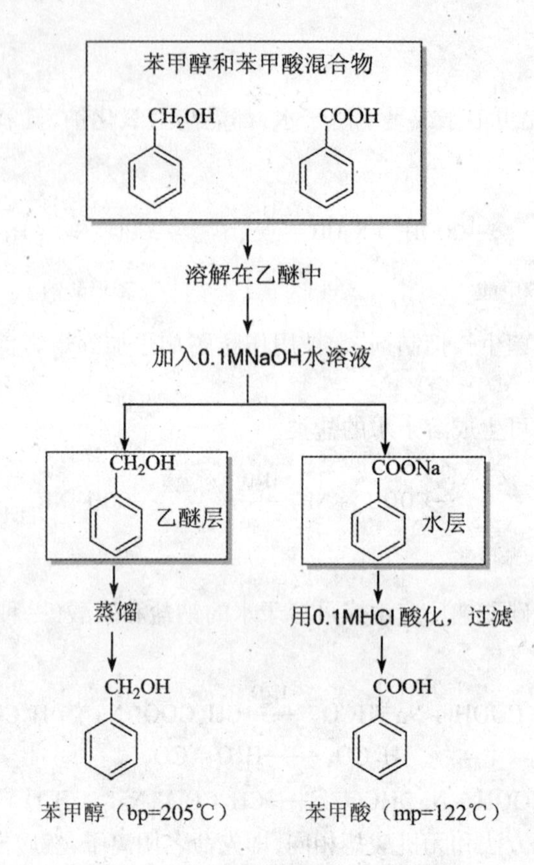

图 17.2　苯甲醇与苯甲酸分离流程图

(1)醛和酮的亲核加成反应

$$R_2C{=}O + :Nu^- \longrightarrow [R_2C(O^-)Nu] \xrightarrow{H_3O^+} R_2C(OH)Nu$$

醛或酮　　　　羰基加成四面体中间产物　　　　加成产物

(2)羧酸衍生物的亲核取代反应

$$RC(=O)Y + :Nu^- \longrightarrow [RC(O^-)(Y)Nu] \longrightarrow RC(=O)Nu + :Y^-$$

羰基加成四面体中间产物　　　　加成产物

对羧酸及其衍生物,四面体的羰基中间产物的进一步反应与醛和酮有很大不同。该中间产物通过消除离去基团重新生成羰基。这种加成消除的结果是亲核取代。

羰基的这两种反应的主要区别是，醛和酮没有可以离去的稳定的Y，它们只遵循亲核加成；羧酸衍生物有可以离去一个稳定的Y；可以进行亲核取代。各离去基团的离去能力如下：

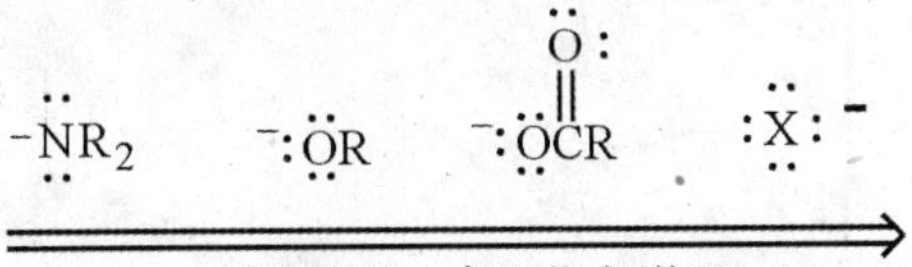

$$^{-}\ddot{N}R_2 \quad ^{-}:\ddot{O}R \quad ^{-}:\ddot{O}C(=O)R \quad :\ddot{X}:^{-}$$

碱性减弱，离去能力增强 ⟹

对于一般反应，我们将亲核试剂和离去基团视为阴离子。然而，事实不是这样。中性分子，例如水、醇、氨、胺也可以作为酸催化反应中的亲核试剂。越弱的碱是越好的离去基团，如卤素离子 Cl^-、Br^-和 I^-，因此酸性卤化物是最容易发生亲核取代反应的。最强的碱也是最弱的离去基团，如胺离子（R_2N^-），因此酰胺最不容易发生亲核取代反应。酰卤和酸酐非常活泼，因此它们在自然界是不存在的。但是酯和酰胺是普遍存在的。

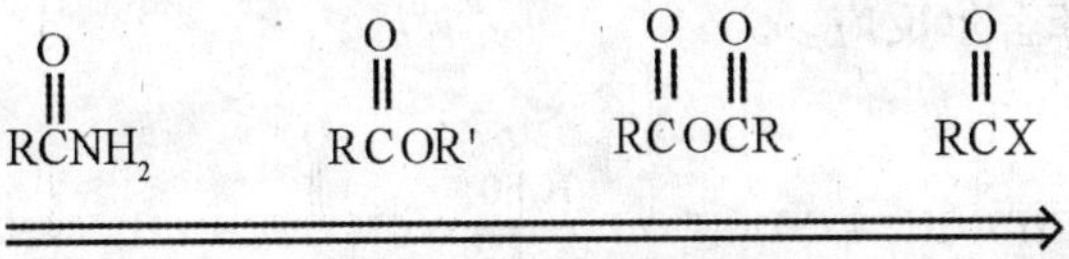

$$RC(=O)NH_2 \quad RC(=O)OR' \quad RC(=O)OC(=O)R \quad RC(=O)X$$

芳基亲核取代活性增强 ⟹

下图是羧酸家族发生亲核取代反应的主要例子。其中酰胺（$Y = NH_2$）只能发生水解反应。这些将在后面详细进行讨论。

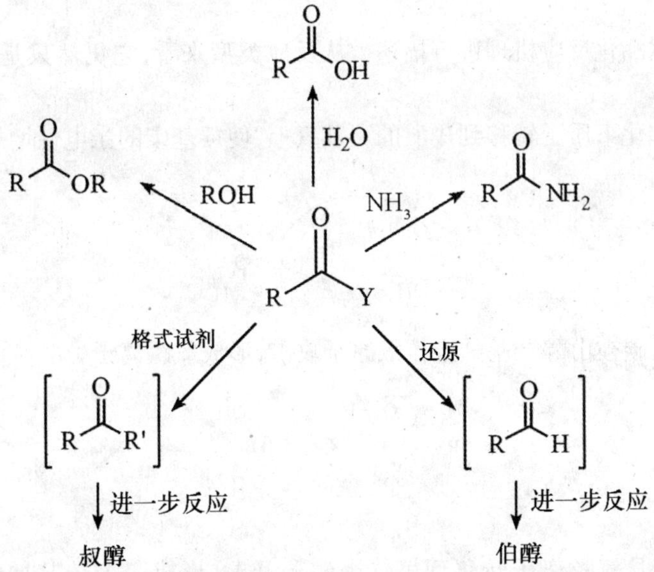

$RC(=O)Y$ —H_2O→ $RC(=O)OH$

$RC(=O)Y$ —ROH→ $RC(=O)OR$

$RC(=O)Y$ —NH_3→ $RC(=O)NH_2$

$RC(=O)Y$ —格式试剂→ [$RC(=O)R'$] —进一步反应→ 叔醇

$RC(=O)Y$ —还原→ [$RC(=O)H$] —进一步反应→ 伯醇

制备酰卤

酰卤中，酰氯是最常用的有机化工试剂。回顾15.3节相关内容，醇与二氯亚砜或氯化磷（PCl_3 或 PCl_5）反应可转化为氯代烃。作为一个酰基亲核取代反应的例子，这些试剂也可以将羧基中的—OH转换成氯。最常见的制备酰氯的方法是羧酸与二氯亚砜反应。

$$\text{CH}_3\text{CH}_2\text{CH}_2\text{COOH} + \text{SOCl}_2 \longrightarrow \text{CH}_3\text{CH}_2\text{CH}_2\text{COCl} + \text{SO}_2 + \text{HCl}$$

丁酸 二氯亚砜 丁酰氯

与醇反应

羧酸及其衍生物和醇的反应是制备酯的重要方法。下面我们将从羧酸与醇反应的开始讨论酯化反应,然后探讨酰氯、酸酐、酯和酰胺与醇的反应。

羧酸——菲舍尔酯化反应

羧酸与醇在酸(最常用的是浓硫酸)作催化剂的条件下生成酯。这种形成酯的方法在德国化学家埃米尔·菲舍尔(Emil Fischer,1852—1919,1902 年获诺贝尔化学奖)之后给出了一个的特殊名称——菲舍尔酯化反应。乙酸与乙醇在浓硫酸存在的条件下生成乙酸乙酯和水就是一个典型的菲舍尔反应。

$$\text{CH}_3\text{COOH} + \text{CH}_3\text{CH}_2\text{OH} \xrightleftharpoons{\text{H}_2\text{SO}_4} \text{CH}_3\text{COOCH}_2\text{CH}_3 + \text{H}_2\text{O}$$

乙酸 乙醇 乙酸乙酯

酸催化酯化反应是可逆的,在平衡反应中羧酸和醇大量存在,可通过控制实验条件制备高产量的酯。如果醇比羧酸便宜,可加过量的醇使反应向右进行,实现羧酸到酯的高转化率。

下面对菲舍尔酯化反应机理进行描述。从反应类型来看,它仍然只是一个基本的亲核取代反应:

第一步 酸催化下质子转移到羧酸的羰基氧上,使羰基碳的亲电性增加。

$$\text{R}-\text{C}(=\ddot{\text{O}}:)-\ddot{\text{O}}\text{H} \quad \xrightarrow{1} \quad \text{H}-\overset{+}{\ddot{\text{O}}}(\text{CH}_3)\text{H}$$

第二步 羰基碳被由醇羟基的亲核氧原子攻击,形成氧鎓离子。

$$\text{R}-\text{C}(=\overset{+}{\ddot{\text{O}}}-\text{H})-\ddot{\text{O}}-\text{H} \quad \xleftarrow{2} \quad :\ddot{\text{O}}(\text{CH}_3)\text{H}$$

第三步 质子从氧鎓离子转移到第二个醇分子上,形成一个羰基加成四面体中间体(TCAI)。

$$\text{R}-\text{C}(:\ddot{\text{O}}-\text{H})(:\ddot{\text{O}}\text{H})-\overset{+}{\ddot{\text{O}}}(\text{CH}_3)\text{H} \quad \xleftarrow{3} \quad :\ddot{\text{O}}(\text{CH}_3)\text{H}$$

第四步 质子转移到 TCAI 中的一个—OH 基团上，形成一个新的氧鎓离子。

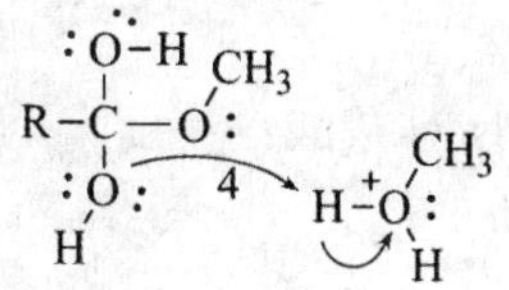

$$R-C(OH)(OH)-OCH_3 + H-\overset{+}{O}(H)-CH_3 \xrightarrow{4}$$

第五步 水分子从鎓离子中离去。

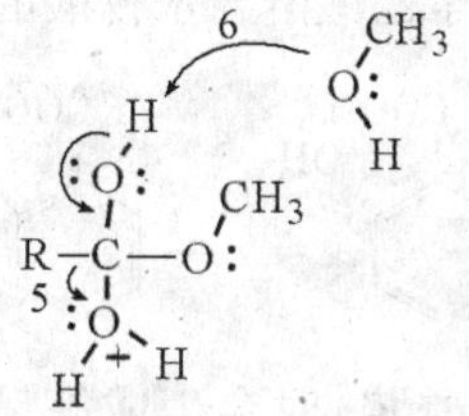

$$R-C(OH)(OCH_3)-\overset{+}{O}H_2 \xrightarrow{5,\ 6}$$

第六步 质子转移到醇分子上生成酯和水，酸为催化剂。

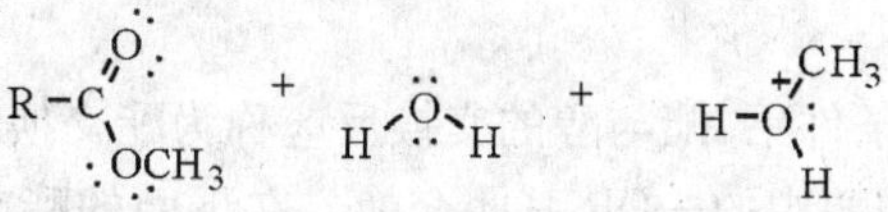

$$R-C(=O)-OCH_3 + H_2O + H-\overset{+}{O}(H)-CH_3$$

请注意，在上述机理中，步骤一、三、四和步骤六只是质子转移过程。第二步是一个 C—O键的形成过程（即亲核取代的加成步骤），第五步是一个 C—O 键断裂的过程（即亲核取代的离去步骤）。还应注意的是，醇的氧原子被保留在酯中，而羧酸的羟基基团以水的形式被消去。这一点可通过实验中使用氧同位素（^{18}O）标记醇来证实，对分离后的产物进行观察，可以发现酯中含有^{18}O，而水中则没有。

另外，需注意的是，酯化反应机理第一步中，醇羟基 O 原子上的质子实际上是由催化剂浓硫酸提供的。一个质子从硫酸（强酸性）转移到醇（强碱性）上形成鎓离子。

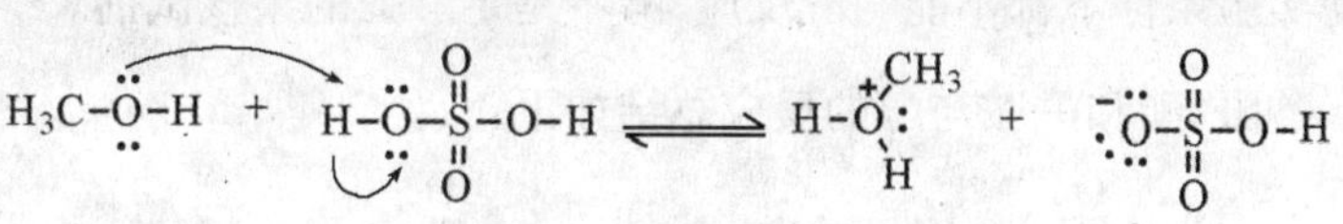

$$H_3C-\ddot{O}-H + H-O-SO_2-O-H \rightleftharpoons H-\overset{+}{O}(H)-CH_3 + {}^-O-SO_2-O-H$$

该反应类似于水和硫酸的反应。

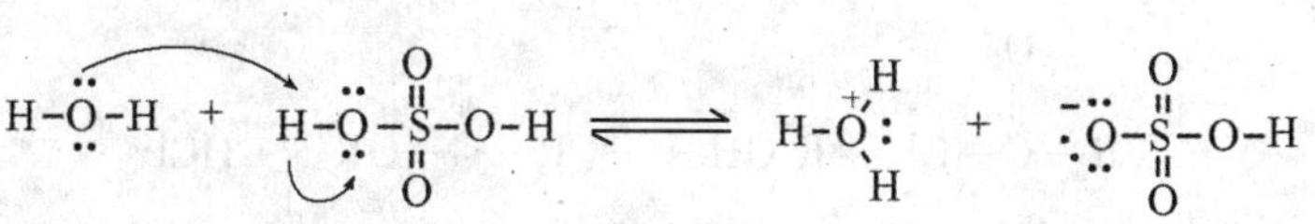

$$H-\ddot{O}-H + H-O-SO_2-O-H \rightleftharpoons H-\overset{+}{O}(H)-H + {}^-O-SO_2-O-H$$

酰氯

酰氯与醇通过亲核取代反应生成酯和盐酸。

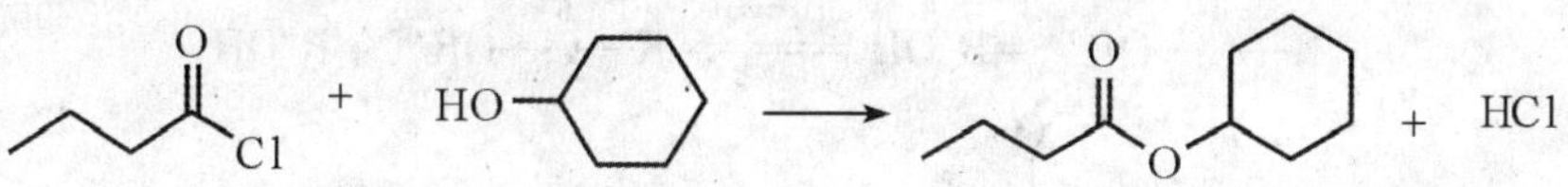

$$CH_3CH_2CH_2COCl + HO-C_6H_{11} \longrightarrow CH_3CH_2CH_2COO-C_6H_{11} + HCl$$

丁酰氯　　环己醇　　丁酸环己酯

酰氯即使在没有催化剂的条件下也能与弱的亲核试剂如醇发生亲核取代反应。苯酚和取代苯酚与酰氯也能发生反应生成酯。

酸酐

酸酐与醇反应生成 1mol 酯和 1mol 羧酸：

$$CH_3\overset{O}{\overset{\|}{C}}O\overset{O}{\overset{\|}{C}}CH_3 + HOCH_2CH_3 \longrightarrow CH_3\overset{O}{\overset{\|}{C}}OCH_2CH_3 + CH_3\overset{O}{\overset{\|}{C}}OH$$

阿司匹林的工业合成就是利用了乙酸酐与水杨酸的反应：

$$CH_3\overset{O}{\overset{\|}{C}}O\overset{O}{\overset{\|}{C}}CH_3 + C_6H_4(COOH)(OH) \longrightarrow C_6H_4(COOH)(O\overset{O}{\overset{\|}{C}}CH_3) + CH_3\overset{O}{\overset{\|}{C}}OH$$

请注意，在利用酸酐制备酯（及酰胺）时会生成等量的副产品羧酸，这是对羧酸的低效利用，因此只有酸酐特别便宜时才用该方法，如乙酸酐和邻苯二甲酸酐。

酯

在酸或碱催化剂存在条件下，酯与醇的交换反应称为酯交换反应。在这个反应中，酯原有的—OR 基团被一个新的醇中的—OR 基团交换。在下面的酯交换反应中，可通过加热来加速反应，反应温度高于甲醇沸点（65℃），以便从反应混合物中提取出甲醇：

$$2\,C_6H_5\overset{O}{\overset{\|}{C}}OCH_3 + HOCH_2CH_2OH \overset{H_2SO_4}{\rightleftharpoons} C_6H_5\overset{O}{\overset{\|}{C}}OCH_2CH_2O\overset{O}{\overset{\|}{C}}C_6H_5 + 2CH_3OH$$

酰胺

酰胺在任何实验条件下都不能与醇反应，醇不是足够强的亲核试剂。

羧酸、酰氯、酸酐、酯和酰胺与醇的反应总结如下：

$$R—\overset{O}{\overset{\|}{C}}—OH + R'OH \overset{H_2SO_4}{\rightleftharpoons} R—\overset{O}{\overset{\|}{C}}—OR' + H_2O$$

$$R—\overset{O}{\overset{\|}{C}}—Cl + R'OH \longrightarrow R—\overset{O}{\overset{\|}{C}}—OR' + HCl$$

$$R—\overset{C}{\overset{\|}{C}}—O—\overset{O}{\overset{\|}{C}}—R + R'OH \longrightarrow R—\overset{O}{\overset{\|}{C}}—OR' + R—\overset{O}{\overset{\|}{C}}—OH$$

$$R—\overset{O}{\overset{\|}{C}}—OR'' + R'OH \overset{H_2SO_4}{\rightleftharpoons} R—\overset{O}{\overset{\|}{C}}—OR' + R''OH$$

$$R—\overset{O}{\overset{\|}{C}}—NH_2 + R'OH \longrightarrow \text{不反应}$$

请注意，这些化合物与醇反应的速率和实验条件有着巨大差异。一个极端是酰氯和酸酐，反应迅速；另一极端是酰胺，不发生任何反应。

羧酸衍生物的水解反应

羧酸衍生物的水解也是亲核取代反应。从本质上讲,羧酸衍生物与水反应生成羧酸和 H—Y。

$$\mathrm{R{-}C({=}O){-}Y} + \mathrm{H_2O} \longrightarrow \mathrm{R{-}C({=}O){-}OH} + \mathrm{H{-}Y}$$

低摩尔质量的酰氯与水反应非常迅速,生成羧酸和 HCl。

$$\mathrm{CH_3\overset{O}{\overset{\|}{C}}Cl} + \mathrm{H_2O} \longrightarrow \mathrm{CH_3\overset{O}{\overset{\|}{C}}OH} + \mathrm{HCl}$$

高摩尔质量的酰氯不太溶于水,因此与水发生反应缓慢。

酸酐与水反应速度一般低于酰氯。然而低摩尔质量的酸酐很容易与水发生反应,生成两分子的羧酸。

$$\mathrm{H_3C{-}\overset{O}{\overset{\|}{C}}{-}O{-}\overset{O}{\overset{\|}{C}}{-}CH_3} + \mathrm{H_2O} \longrightarrow \mathrm{CH_3\overset{O}{\overset{\|}{C}}OH} + \mathrm{CH_3\overset{O}{\overset{\|}{C}}OH}$$

酯

酯即使在沸水中水解也非常缓慢。但当酯在酸或碱溶液中加热时水解变得相当迅速。前面在讨论酸催化(菲舍尔)酯化反应时,曾指出酯化反应是一个平衡可逆反应。酯在酸性溶液中的水解也是一个平衡可逆反应,和酯化反应具有相同的机理。酸催化剂的作用是使羰基氧质子化,从而增加羰基碳的亲电性使之容易被水进攻,形成一个四面体羰基加成中间体。该中间体分解生成羧酸和醇。

$$\mathrm{H_3C{-}\overset{O}{\overset{\|}{C}}{-}OCH_3} + \mathrm{H_2O} \underset{}{\overset{H^+}{\rightleftharpoons}} \left[\mathrm{R{-}C(OH)(OH)(H_3CO)}\right] \overset{H^+}{\rightleftharpoons} \mathrm{CH_3\overset{O}{\overset{\|}{C}}OH} + \mathrm{CH_3OH}$$

在上面的反应中,酸催化剂在反应的第一步被消耗,在反应结束时重新生成。

酯类水解也可以在热碱溶液中进行,如氢氧化钠水溶液。酯类在碱性水溶液中的水解通常被称为皂化,利用这个反应可以制造人工肥皂。1mol 酯的水解需要 1mol 的碱,如下面的平衡方程式所示:

$$\mathrm{R{-}\overset{O}{\overset{\|}{C}}{-}OCH_3} + \mathrm{NaOH} \xrightarrow{H_2O} \mathrm{CH_3\overset{O}{\overset{\|}{C}}O^-\ Na^+} + \mathrm{CH_3OH}$$

下面给出了酯在碱性水溶液中水解反应的机理。

第一步　氢氧根离子加成到酯的羰基碳上形成一个四面体羰基加成中间体。

$$\mathrm{R{-}\overset{:\ddot{O}:}{\overset{\|}{C}}{-}\ddot{O}CH_3} + {:}\ddot{\mathrm{O}}\mathrm{H}^- \rightleftharpoons \mathrm{R{-}\underset{:\ddot{O}H}{\underset{|}{\overset{:\ddot{O}:^-}{\overset{|}{C}}}}{-}\ddot{O}CH_3}$$

第二步 中间体分解生成羧酸和烷氧基负离子。

$$R-\underset{:\ddot{O}H}{\overset{:\ddot{O}:^-}{C}}-\ddot{O}CH_3 \rightleftharpoons R-\overset{\ddot{O}:}{\overset{\|}{C}}-\ddot{O}H + :\ddot{O}CH_3^-$$

第三步 质子从羧基(酸)转移到烷氧基负离子(碱)上生成羧酸根离子和醇。这一步是不可逆转的,因为醇的亲核性不够。

$$R-\overset{:\ddot{O}:}{\overset{\|}{C}}-\ddot{O}-H + :\ddot{O}CH_3^- \longrightarrow R-\overset{\ddot{O}:}{\overset{\|}{C}}-\ddot{O}^- + H-\ddot{O}CH_3$$

第一步和第二步描述了一个典型的亲核取代反应;第三步是一个简单的酸碱反应。

酯在酸性水溶液和碱性水溶液中的水解有两个很大的区别:

(1)酯在酸性水溶液中水解,仅仅需要少量的酸作催化剂。酯在碱性水溶液中水解,需要等摩尔量碱,因为它也是反应物,而不只是一种催化剂。

(2)酯在酸性水溶液中的水解是可逆的。而酯在碱性水溶液中的水解是不可逆的,因为羧酸根离子不会被 ROH 进攻。

酰胺

酰胺在酸性或碱性水溶液中的水解相对于酯都需要更加苛刻的条件。酰胺在加热的酸性水溶液中水解生成羧酸和氨(或胺)。1mol 酰胺水解需要 1mol 的酸。

$$\text{2-苯基丁酰胺} + H_2O + HCl \longrightarrow \text{2-苯基丁酸} + NH_4^+Cl^-$$

2-苯基丁酰胺　　　　2-苯基丁酸

在碱性水溶液中,酰胺水解的产物是羧酸和氨或胺。碱性催化水解是通过产物羧酸与碱进行酸碱反应形成盐而驱动完成的。1mol 酰胺水解需要 1mol 的碱。

$$H_3C\overset{O}{\overset{\|}{C}}HN-C_6H_5 + NaOH \xrightarrow{H_2O} CH_3\overset{O}{\overset{\|}{C}}O^-Na^+ + H_2N-C_6H_5$$

酰氯、酸酐、酯和酰胺与水的反应总结如下:

$$R-\overset{O}{\overset{\|}{C}}-Cl + H_2O \longrightarrow R-\overset{O}{\overset{\|}{C}}-OH + HCl$$

$$R-\overset{O}{\overset{\|}{C}}-O-\overset{O}{\overset{\|}{C}}-R + H_2O \longrightarrow R-\overset{O}{\overset{\|}{C}}-OH + HO\overset{O}{\overset{\|}{C}}-R$$

$$R-\overset{O}{\overset{\|}{C}}-OR' + H_2O \xrightarrow{NaOH} R-\overset{O}{\overset{\|}{C}}-O^-Na^+ + R'OH$$

$$R-\overset{O}{\overset{\|}{C}}-OR' + H_2O \xrightarrow{H_2SO_4} R-\overset{O}{\overset{\|}{C}}-OH + R'OH$$

$$R-\overset{O}{\overset{\|}{C}}-NH_2 + H_2O \begin{cases} \xrightarrow{NaOH} R-\overset{O}{\overset{\|}{C}}-O^- Na^+ + NH_3 \\ \xrightarrow{HCl} R-\overset{O}{\overset{\|}{C}}-OH + NH_4^+ Cl^- \end{cases}$$

虽然四种反应物都与水发生反应,但是它们的水解速率和实验条件有很大差异。

还原反应

羧基基团是最耐还原的有机官能团之一。醛和酮很容易在一定条件下被催化还原成醇,但在相同条件下,羧基一般不会被催化还原。

大部分羰基化合物包括醛和酮等的还原,是通过从硼或铝的氢化物转移氢阴离子而完成的,可以利用硼氢化钠或氢化铝锂将醛和酮的羰基还原成羟基。将羧酸还原成一级醇最常见的强效还原剂是氢化铝锂;而硼氢化钠却不可以还原羧酸衍生物。

羧酸的还原

氢化铝锂 $LiAlH_4$ 在将羧基还原成醇方面是非常有效的。还原反应通常在乙醚或四氢呋喃(THF)中进行。最初的产品是铝醇盐,然后经水处理得到醇和锂、铝的氢氧化物。这些氢氧化物不溶于乙醚和四氢呋喃,因此可以通过过滤除去。溶剂蒸发后得到一级醇。

$$\text{3-烯环戊酸}\ (C_5H_7-COOH) \xrightarrow[2.H_2O]{1.LiAlH_4,乙醚} \text{4-羟甲基环戊烯}\ (C_5H_7-CH_2OH) + \underset{氢氧化锂}{LiOH} + \underset{氢氧化铝}{Al(OH)_3}$$

3-烯环戊酸　　4-羟甲基环戊烯　　氢氧化锂　氢氧化铝

烯烃一般不会被金属氢化物还原。

酯的还原

酯被氢化铝锂还原成两个醇,其中一个醇是从酰基衍生而来的。

$$\underset{\text{2－苯基丙酸甲酯}}{Ph-\overset{2}{C}H(\overset{3}{C}H_3)-\overset{1}{C}(=O)-OCH_3} \xrightarrow[2.H_2O,HCl]{1.LiAlH_4,乙醚} \underset{\text{2－苯基丙醇}}{Ph-\overset{2}{C}H(\overset{3}{C}H_3)-\overset{1}{C}H_2OH} + CH_3OH$$

硼氢化钠通常不能用来还原酯,因为反应很慢。可以使用硼氢化钠还原醛或酮羰基,使其转化为羟基,而不还原同一分子中的酯或羧基。

$$CH_3COCH_2COOCH_2CH_3 \xrightarrow[EtOH]{NaBH_4} CH_3CH(OH)CH_2COOCH_2CH_3$$

酯的还原仍然遵循亲核取代机制,先被还原成醛,再还原醛,最终得到醇。

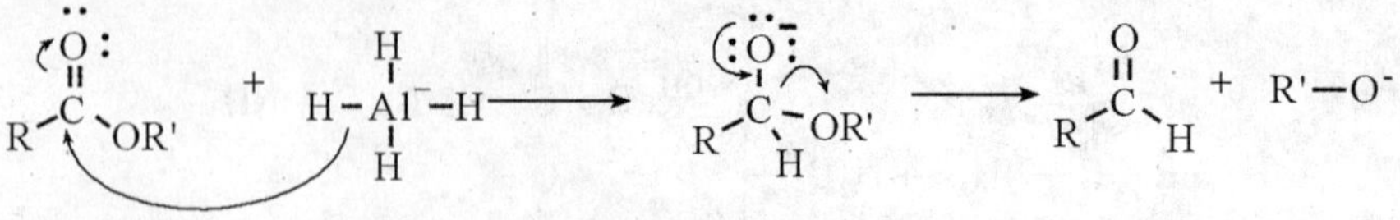

$$RCOOR' + [AlH_4]^- \longrightarrow R-CH(O^-)-OR' \longrightarrow RCHO + R'-O^-$$

酰胺的还原

氢化铝锂还原酰胺可以制备1°、2°或3°胺，这取决于该酰胺的取代基数目。

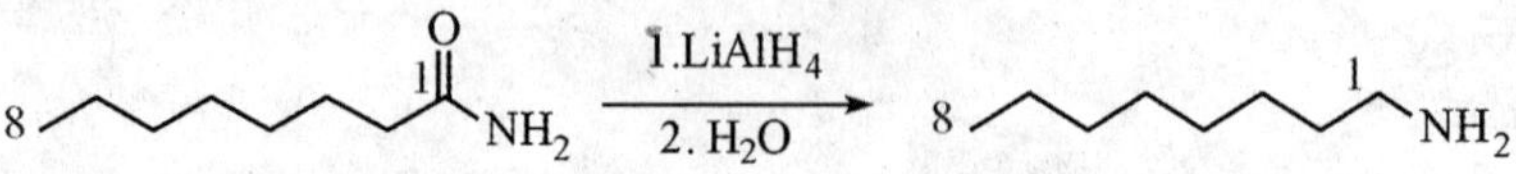

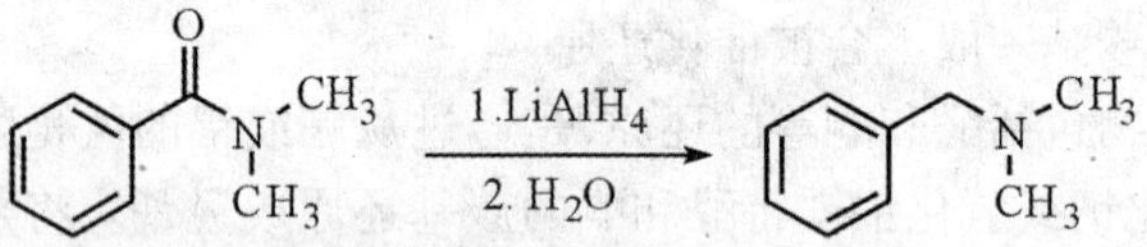

$$CH_3(CH_2)_6CONH_2 \xrightarrow[2.\ H_2O]{1.LiAlH_4} CH_3(CH_2)_6CH_2NH_2$$

$$C_6H_5CON(CH_3)_2 \xrightarrow[2.\ H_2O]{1.LiAlH_4} C_6H_5CH_2N(CH_3)_2$$

其他官能团的选择性还原

催化氢化不能还原羧基，但可以将烯烃还原成烷烃。因此，我们可以使用氢气和金属催化剂，在羧基官能团存在的条件下有选择地还原烯烃。

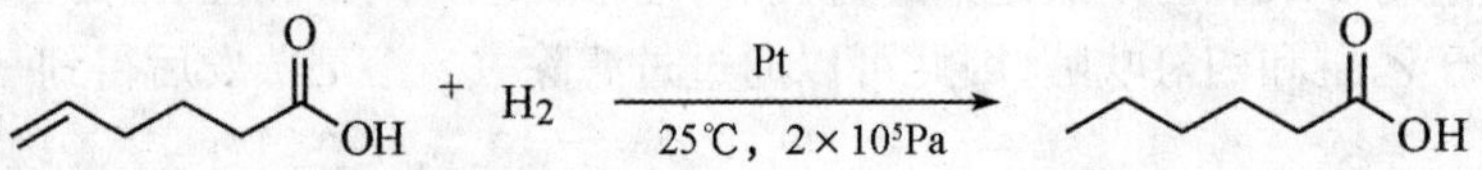

$$CH_2{=}CH(CH_2)_3COOH + H_2 \xrightarrow[25℃，2\times10^5Pa]{Pt} CH_3(CH_2)_4COOH$$

醛和酮能被 $LiAlH_4$ 和 $NaBH_4$ 还原成醇。然而，只有 $LiAlH_4$ 可以还原羧基。因此，可以使用硼氢化钠作为还原剂，在羧基存在的条件下有选择性地还原醛或酮的羰基。

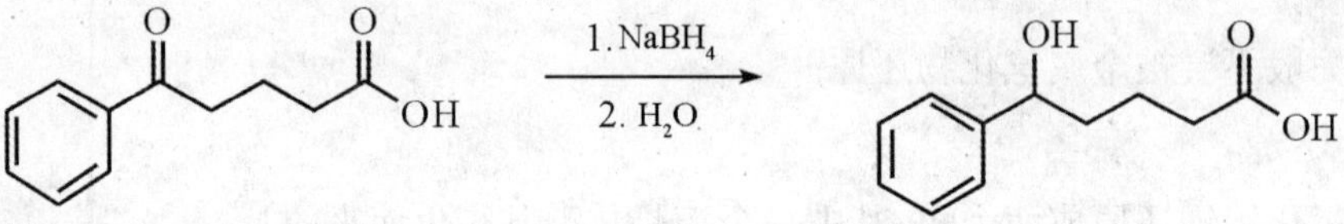

$$C_6H_5CO(CH_2)_3COOH \xrightarrow[2.\ H_2O]{1.\ NaBH_4} C_6H_5CH(OH)(CH_2)_3COOH$$

酯与格氏试剂的反应

甲酸酯与2摩尔的格氏试剂反应得到镁醇盐，进而在酸性水溶液中经过水解转化成仲醇。其他的羧酸酯与格氏试剂反应得到的为叔醇。

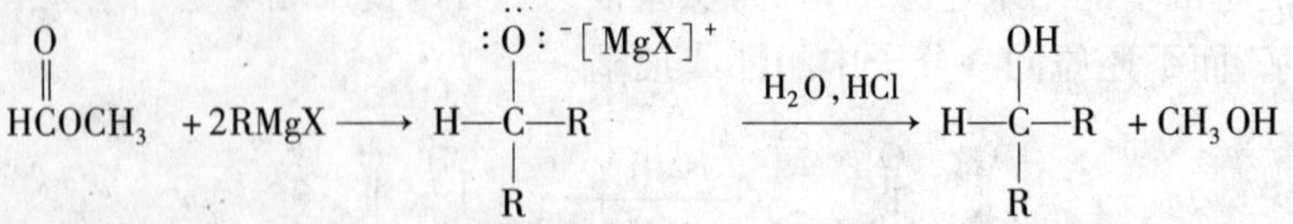

$$\underset{\text{甲酸甲酯}}{HCOOCH_3} + 2RMgX \longrightarrow \underset{\text{镁醇盐}}{H-CR_2-O^-[MgX]^+} \xrightarrow{H_2O,HCl} \underset{2°\text{醇}}{H-CR_2-OH} + CH_3OH$$

$$CH_3COOCH_3 + 2RMgX \longrightarrow H_3C-CR_2-O^-[MgX]^+ \xrightarrow{H_2O,HCl} H_3C-CR_2-OH + CH_3OH$$

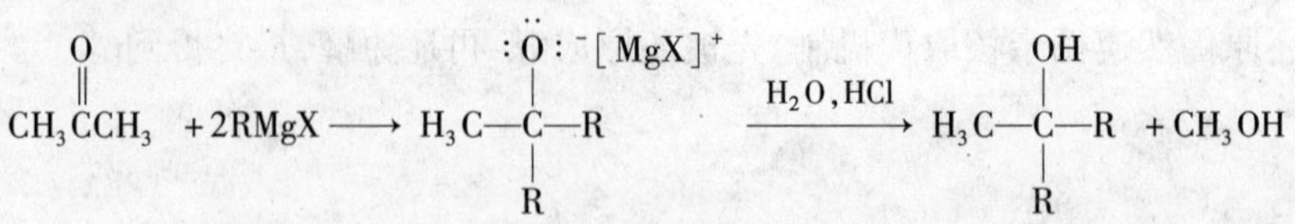

酯与格氏试剂的反应(如上所示)涉及两个连续的四面体羰基加成反应中间体的形成。第一个中间体分解得到一个新的羰基化合物——由甲酸酯得到醛类,由其他酯得到酮类。第二中间体较稳定,当被质子化后得到醇。重要的是应认识到,无法利用 RMgX 和酯制备醛或酮,因为中间产物醛或酮比酯更容易与格氏试剂反应得到醇。

步骤一、二　这两个步骤为酰基亲核取代反应。步骤一反应开始时,1mol 格氏试剂加成到羰基碳上形成一个四面体羰基加成反应中间体。这个中间体在第二步分解中得到一个新的羰基化合物和镁醇盐:

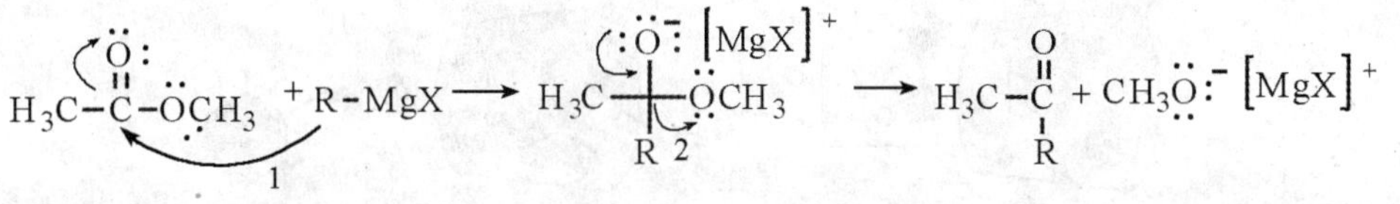

$$H_3C-\overset{\overset{\large :\ddot{O}:}{\|}}{C}-\ddot{O}CH_3 + R-MgX \xrightarrow{1} H_3C-\underset{R}{\overset{:\ddot{O}:^-\,[MgX]^+}{C}}-\ddot{O}CH_3 \xrightarrow{2} H_3C-\underset{R}{\overset{\overset{O}{\|}}{C}} + CH_3\ddot{O}:^-\,[MgX]^+$$

步骤三、四　这两个步骤是典型的醛和酮的羰基加成反应。第三步中,新的含羰基化合物与第 2mol 的格氏试剂反应,形成第二个四面体中间产物,其在酸性水溶液中水解(步骤四),得到叔醇(或仲醇,如果开始是甲酸酯):

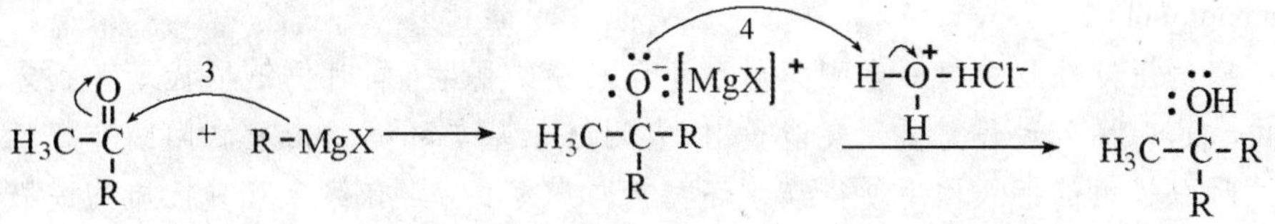

$$H_3C-\underset{R}{\overset{\overset{O}{\|}}{C}} + R-MgX \xrightarrow{3} H_3C-\underset{R}{\overset{:\ddot{O}:^-[MgX]^+}{C}}-R \xrightarrow[4]{H-\overset{+}{\underset{H}{\ddot{O}}}-H\ Cl^-} H_3C-\underset{R}{\overset{:\ddot{O}H}{C}}-R$$

虽然从产物中无法明显地看到酯与格氏试剂或其他还原剂的反应,但该反应确实遵循亲核取代反应机理,最终的反应产物都是醇。

相关知识链接——分子机器

纳米技术已成为化学研究的一个热门领域,它使人们能够在纳米层次上实现对物体的控制和器件的构筑。主要是通过分子与分子之间的相互作用,实现单个分子所不具有的独特性质或功能。化学家将这一特殊的研究领域称为“超分子化学”。

澳大利亚国立大学(ANU)化学研究学院 Chris Easton 教授的研究小组在超分子化学领域非常活跃。最近他们制造了一个极其微小的纳米器件——分子机器。机器是指将具有独立功能的相关部件有机结合,能够做一定形式的功的设备。Easton 教授研究小组的成员发展了一系列的合成手段和技术,将多个独特的分子结构组装成一个大分子,从而使其能够像机器一样工作,而且是在纳米尺度。Easton 教授的分子机器(分子泵)中包含有一个酰胺键,并通过其末端与圆台形分子——环糊精(cyclodextrin)内部较强的结合力迫使酰胺键处于一个独特的角度,如下图所示。需要强调的是,酰胺是羧酸衍生物,其上的 C—N 键具有部分双键的性质,因此不能自由旋转。

通过这个分子泵,系统在响应外界刺激(如光、热或化学刺激等)时做功,同时控制分子的运动。该机器实现其功能的基本原理是利用外界刺激破坏系统的平衡,在系统进行响应并重新建立平衡的同时实现做功。Easton 教授研究组测定了这类分子机器所输出的能量约为 $5.9\,kJ \cdot mol^{-1}$。

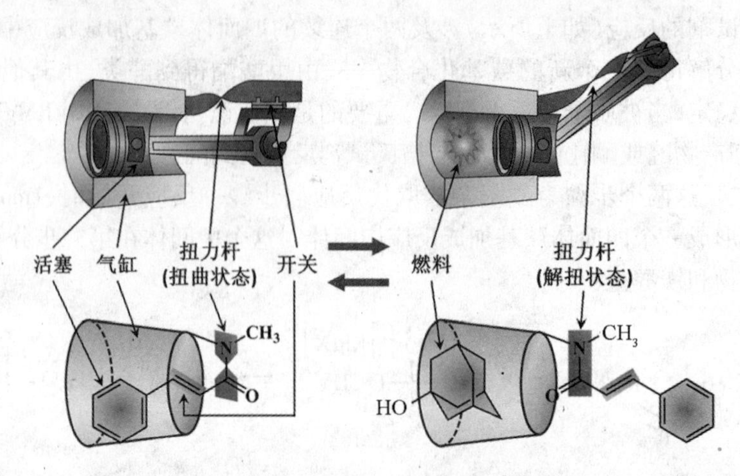

这种最简单的分子机器由环糊精以及连接在环糊精上的芳香族取代基组成，如下图(a)中所示分子1。环糊精是一类独特的、通过多糖链首尾相连形成的大环结构，呈圆台状。环糊精及其苯基取代侧链分别构成了分子泵的气缸和活塞，而充当燃料的则是1－金刚醇(1－adamantanol)。

在活塞的压缩冲程中，1－金刚醇通过外界刺激被除去，同时侧链取代苯基插入环糊精的空腔中。这一插入过程需要消耗能量，依靠侧链苯基与环糊精内壁之间的非极性结合而驱动。这种分子内的插入作用使得连接环糊精与苯基的、具有部分双键性质的酰胺键从首选的 E 型异构体转变为 Z 型异构体，同时发生扭曲。这种扭曲使得酰胺键具有了一定的可释放的形变能，可以在系统中充当储存能量的扭力杆的角色。

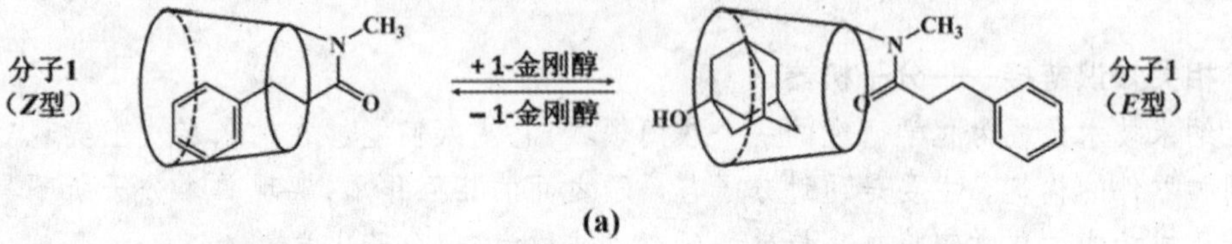

分子1 (Z型)　　+1-金刚醇 / −1-金刚醇　　分子1 (E型)

(a)

分子2 (烯基反式)　　+1-金刚醇 / −1-金刚醇　　分子2 (烯基反式)

开启　254 nm　300 nm　关闭

分子3 (烯基顺式)　　+1-金刚醇 / −1-金刚醇　　分子3 (烯基顺式)

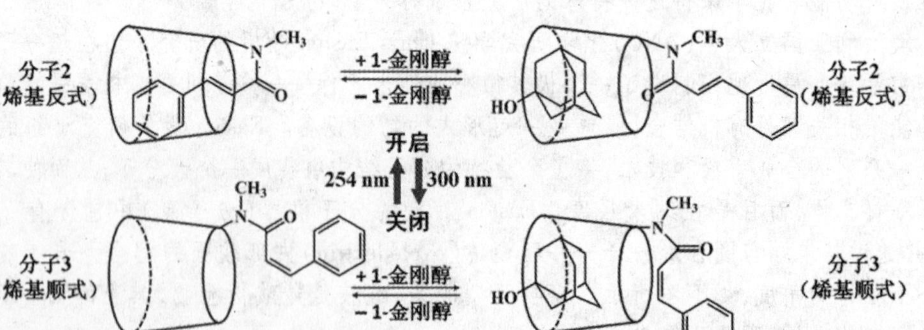

(b)

在活塞的解压冲程中，重新加入1－金刚醇。由于1－金刚醇比苯基更容易与环糊精结合，因此随着它的加入，苯基侧链被挤出环糊精的空腔，同时能量也被释放出来。

由于这种分子机器太小，尚无法被任何显微镜技术观测到，仅能够利用1H－NMR波谱法来确定它的构象，并通过平衡时各种异构体的浓度来计算能量变化。

为了制造更先进的分子机器，该研究小组在分子中引入了一个新的功能基团。该基团能在两个异构体间进行光化学互变，而其中只有一个异构体能够插入环糊精中并进行工作。故可以通过光致异构化来控制分子机器的打开和关闭，溶液中不同异构体的比例也可利用1H－NMR波谱法来确定。在这种先进的分子机器中，连接苯环与环糊精的—CH_2—CH_2—基团被烯基替代，作为机器的光化学开关，如上图(b)所示的分子2和分子3。当烯基双键处于反式时，允许侧链苯基插入环糊精的空腔中，此时分子机器处于开启状态(分子2)。在300 nm的紫外光照射下，烯基双键由反式结构转变为顺式结构，这将阻碍侧链苯基的插入，从而使分子机器处于关闭状态(分子3)。再用254nm的光照射顺式结构时，烯基双键将转变为反式结构，使分子机器重新开启。该分子机器开启时的输出能量约为$8.8 kJ \cdot mol^{-1}$。

Easton教授研究小组制造的这些分子器件被认为是世界上最小的机器。这种纳米器件之所以被称为分子机器，是因为分子结合能的输出被运用于做功并迫使酰胺键几何构型发生改变。同时通过引入烯基双键，可利用光化学方法控制分子机器的开启和关闭。Easton教授研究小组的工作表明，分子机器的输出功能够被利用和量化，从而使研究者们进一步接近了纳米技术的实际应用。

习　题

17.1　用$\delta+$和$\delta-$标记以下羰基化合物的极性：

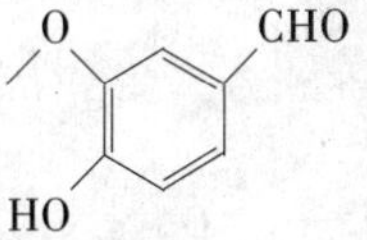

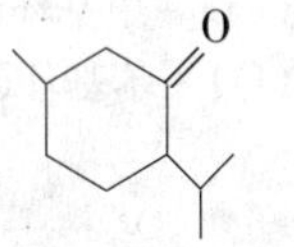

17.2　完成以下反应。

(a) $H_3CC\equiv CCH_3 + H_2O \xrightarrow[HgSO_4]{H_2SO_4}$　　(b) $H_3C\overset{CH_3}{\overset{|}{C}}=CHCH_3 \xrightarrow[2.\ Zn/H_2O]{1.\ O_3}$

(c)  苯 $+ CH_3CH_2CH_2COCl \xrightarrow{AlCl_3}$　　(d) 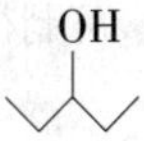 2-丁醇 $\xrightarrow{Na_2Cr_2O_7}$

17.3　画出以下各化合物与异丙基溴化镁反应并经酸水解后得到的产物的分子结构。

(a) CH_2O　(b) 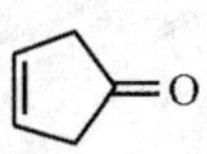　(c) 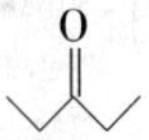　(d) 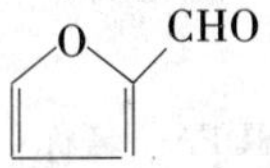　(e)

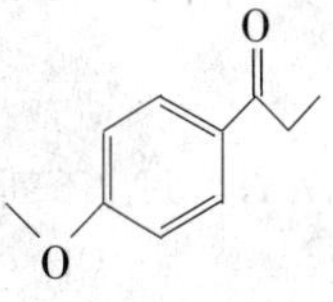

17.4　完成以下反应。

(a) 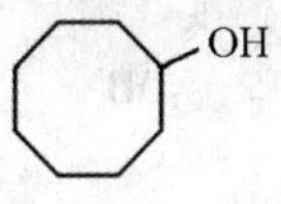 环辛醇 $\xrightarrow[H_2SO_4]{K_2Cr_2O_7}$　　(b) 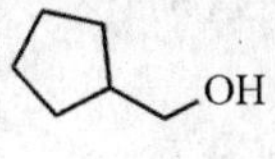 环戊基甲醇 $\xrightarrow[CH_2Cl_2]{PCC}$

(c) 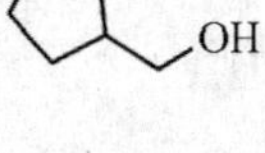 环戊基甲醇 $\xrightarrow[H_2SO_4]{K_2Cr_2O_7}$　　(d) 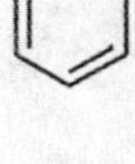 苯 + 3-甲基丁酰氯 $\xrightarrow{AlCl_3}$

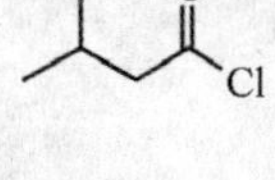

17.5　工业上生产乙醚是将乙醇用酸催化脱水而得到：

$$2CH_3CH_2OH \xrightarrow[180℃]{H_2SO_4} CH_3CH_2OCH_2CH_3 + H_2O$$

为什么乙醚用于格氏试剂的制备时需要把残余的乙醇和水除去？

17.6　写出以下反应所生成的主要有机产物：

(a) 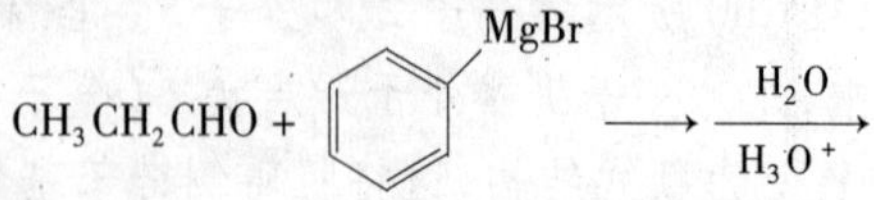 CH_3CH_2CHO + MgBr $\longrightarrow \xrightarrow[H_3O^+]{H_2O}$

(b) 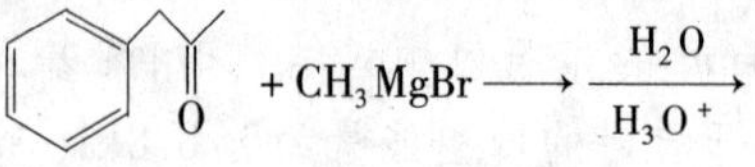 O $+ CH_3MgBr \longrightarrow \xrightarrow[H_3O^+]{H_2O}$

(c) 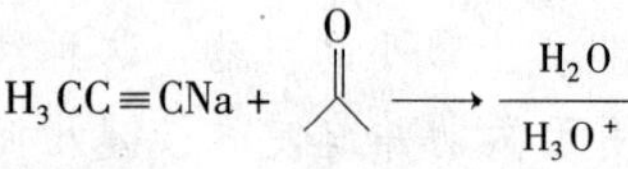 $H_3CC\equiv CNa$ + O $\longrightarrow \xrightarrow[H_3O^+]{H_2O}$

(d) 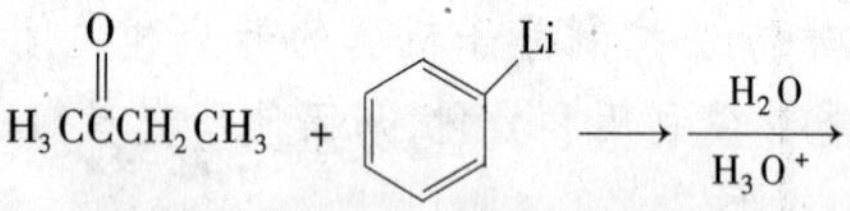 O $H_3CCCH_2CH_3$ + Li $\longrightarrow \xrightarrow[H_3O^+]{H_2O}$

17.7　将环己醇转变为环己醛的各步反应所需要的试剂和条件填写完全。

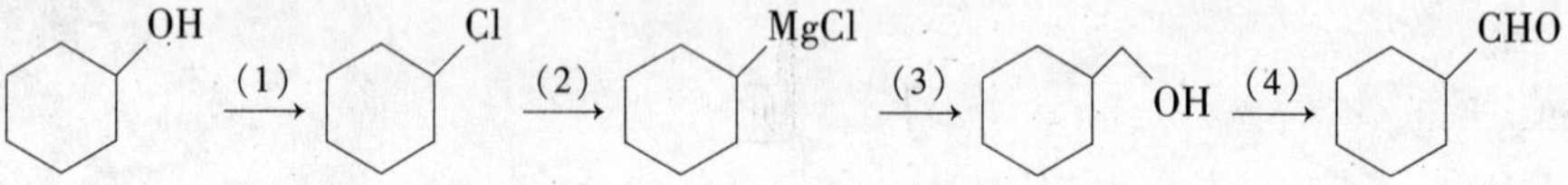

OH $\xrightarrow{(1)}$ Cl $\xrightarrow{(2)}$ MgCl $\xrightarrow{(3)}$ OH $\xrightarrow{(4)}$ CHO

17.8　以环己酮为起始物，如何制备以下化合物(除了给定的起始物，可以使用任意可能用到的有机或无机试剂)？

(a)环己醇　(b)环己烯　(c)1－甲基环己醇

(d)1－甲基环己烯　(e)1－苯基环己醇　(f)1－苯基环己烯

17.9　以下是合成抗抑郁药物安非拉酮的合成路线：

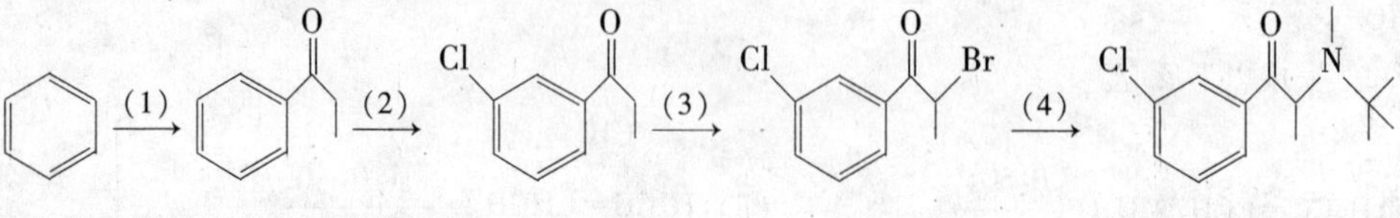

$\xrightarrow{(1)}$ O $\xrightarrow{(2)}$ Cl O $\xrightarrow{(3)}$ Cl O Br $\xrightarrow{(4)}$ Cl O N

写出合成中各步反应需要的试剂。

17.10　格氏试剂与 CO_2 反应后，加入盐酸可制得羧酸，写出括号中苯基溴化镁与 CO_2 反应的中间体的结构式，并提出形成该中间体的反应机理。

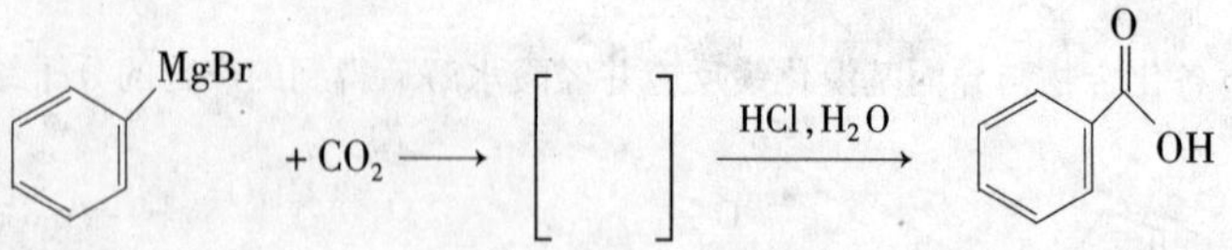

MgBr $+ CO_2 \longrightarrow$ [　　] $\xrightarrow{HCl, H_2O}$ O OH

17.11　写出下列化合物的IUPAC名称：

(a) 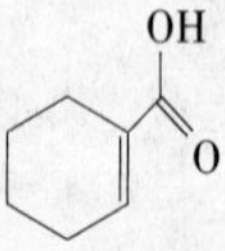 OH O　(b) 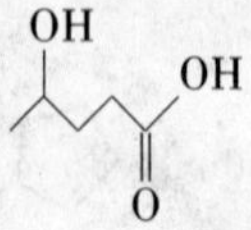 OH OH O　(c) 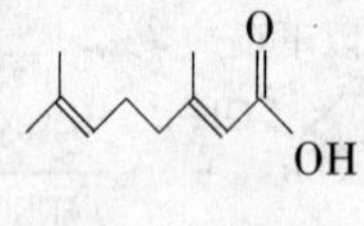 O OH

(d) 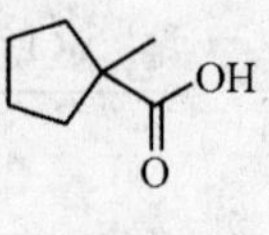 OH O　(e) 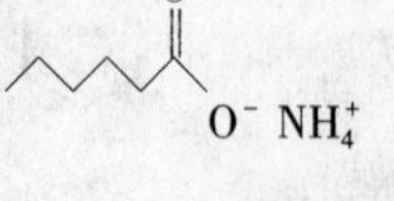 O O^- NH_4^+　(f) 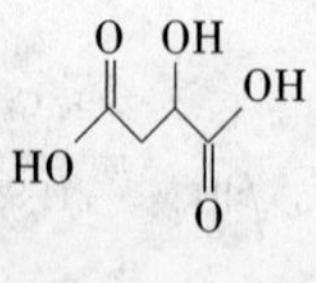 HO O OH OH O

(g) $CH_3(CH_2)_{14}COOCH_3$　　(h) $CH_3(CH_2)_4CONHCH_3$　　(i) H_2N NH_2 O

17.12　写出下列反应生成的羧酸的结构式：

(a) I $\xrightarrow[2.\ CO_2 \quad 3.\ H_3O^+]{1.\ Mg}$　　(b) Br $\xrightarrow[2.\ CO_2 \quad 3.\ H_3O^+]{1.\ Mg}$

17.13　写出苯乙酸与下列物质反应可能得到的产物的结构式。

(a) $SOCl_2$　　(b) $NaHCO_3$，H_2O　　(c) NaOH，H_2O

(d) NH_3，H_2O　　(e) $LiAlH_4$ 然后 H_2O　　(f) $NaBH_4$ 然后 H_2O

(g) CH_3OH，H_2SO_4(催化剂)　　(h) H_2/Ni　25℃　300kPa

17.14　写出下列试剂与安息香酸酐反应的产物：

(a) 乙醇(1 当量)　　(b) 氨水(2 当量)

17.15　苯甲酰胺与下列试剂反应将得到什么产物？

(a) H_2O，HCl，加热　　(b) NaOH，H_2O，加热　　(c) $LiAlH_4$ 然后 H_2O

17.16　如何将正丁酸转化成下列化合物(可以多步反应)：

(a) O O　(b) O N H　(c) O Cl　(d) OH　(e) O O^- NH_4^+

17.17　解释为什么不饱和脂肪酸的熔点比饱和脂肪酸的熔点低。

17.18　下列化合物的 IUPAC 名称是什么？它有多少种立体异构体？

$$CH_3(CH_2)_7CH{=}CHCH{=}CHCH_2COOH$$

17.19　为什么用酸处理 4－羟基丁酸时能得到内酯，请画出该内酯的结构式并写出该反应机理。

17.20　下面是丙氨酸的两种写法，哪种表达更合理呢？

(a) $H_3C-\underset{NH_2}{\overset{H}{C}}-\overset{O}{\overset{\|}{C}}-OH$　　(b) $H_3C-\underset{NH_3^+}{\overset{H}{C}}-\overset{O}{\overset{\|}{C}}-O^-$

17.21　完成下列反应：

(a) $H_3CO-C_6H_4-NH_2$ + $CH_3\overset{O}{\overset{\|}{C}}O\overset{O}{\overset{\|}{C}}CH_3$ ⟶　　(b) $CH_3\overset{O}{\overset{\|}{C}}Cl$ + 2HN(哌啶) ⟶

(c) O O $\xrightarrow[2.\ H_2O/HCl]{1.\ 2\ \text{MgBr}}$　　(d) O O $\xrightarrow[2.H_2O/HCl]{1.2CH_3MgBr}$

17.22　4－氨基苯甲酸甲酯和 4－氨基苯甲酸丙酯是常用的食品添加剂，结构式如下：

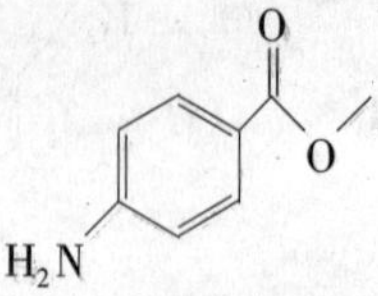

4-氨基苯甲酸甲酯 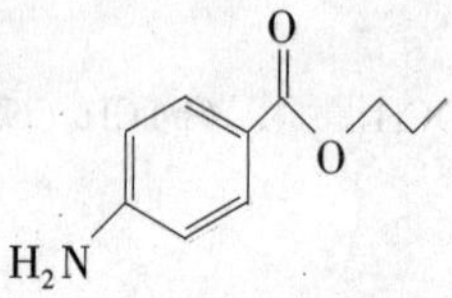　　4-氨基苯甲酸丙酯

请写出用甲苯为原料合成这两种化合物的路线。

17.23 写出γ-丁内酯被下列试剂处理后得到的产物：

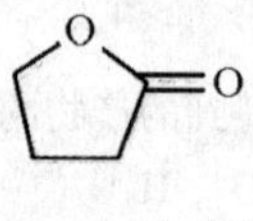

（γ-丁内酯）

(a) NH_3　　(b) $LiAlH_4$ 然后 H_2O　　(c) $NaOH, H_2O$，加热

17.24 试着用化学方法来区分以下三种化合物（均为固体）：

(a) 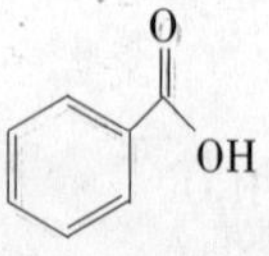 OH　　(b) 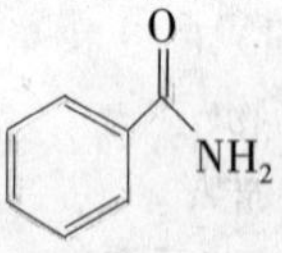 NH_2　　(c) 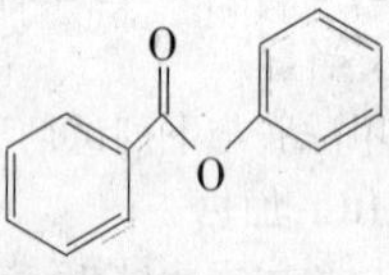 O

17.25 化合物X，分子式为 $C_7H_7O_2N$，用浓 NaOH 溶液加热至沸腾后极易溶解，并且释放出氨气。再将该溶液进行酸化得到白色固体。将该白色固体加到足够量的甲醇中，并且加入催化量的硫酸，反应后能得到具有明显气味的水杨酸甲酯。请写出化合物X的结构式，并写出从X得到水杨酸甲酯的反应过程。

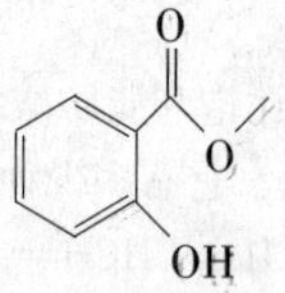

（水杨酸甲酯）

17.26 羰基的亲核取代反应能在酯和亲电试剂之间发生吗？设计一个实验来证明你的观点。

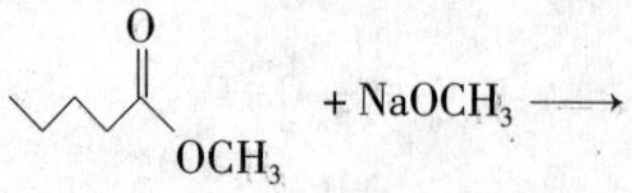

$+ NaOCH_3 \longrightarrow$

17.27 利用下列物质的酸碱性将每一种化合物分离出来，写出用到的反应式：

(a) 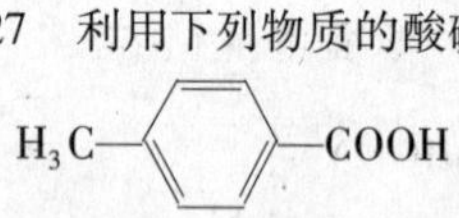 $H_3C-C_6H_4-COOH$　　(b) $H_3C-C_6H_4-OH$　　(c) $H_3C-C_6H_4-NH_2$

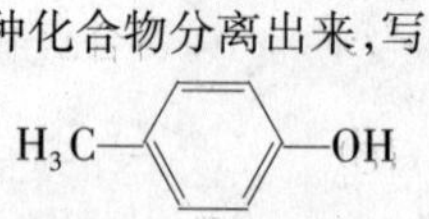

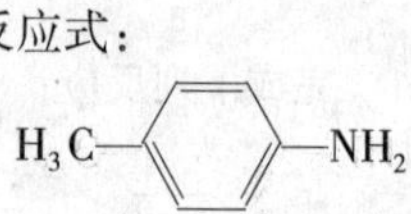

第 18 章　氨基酸和蛋白质

氨基酸化学是建立在胺类化合物(15 章)和羧酸化合物(17 章)基础上的。氨基酸是蛋白质的基本结构单元。本章主要讨论氨基酸的酸－碱特性,因为这些性质对包括酶的催化功能在内的蛋白质的许多特性至关重要。在对氨基酸化学理解的基础上,我们进一步分析蛋白质的结构。蛋白质是所有生物化合物中最重要的一种,其具有的功能主要包括:

结构:胶原蛋白和角蛋白等结构蛋白是皮肤、骨骼、头发以及指甲等的主要成分。

催化:事实上,生物体内所有化学反应都是由一组被称为酶的特殊的蛋白质所催化的。

运动:肌肉纤维由被称为肌球蛋白和肌纤蛋白的蛋白质所组成。

运输:血红蛋白负责把氧从肺部运送到身体的各组织;另外,一些蛋白质负责物质的跨膜转运。

保护:有一类称为抗体的蛋白质是生物体防御疾病的主要手段。

由纤维蛋白构成的蜘蛛丝具有无与伦比的强度和韧性,该蛋白的成分主要是丙氨酸和甘氨酸。

18.1　氨 基 酸

分子内同时含有一个氨基和一个羧基的化合物称为氨基酸。虽然已知的氨基酸有很多种,但在生物体内最重要的氨基酸是 α－氨基酸(α－amino acids)。α－氨基酸是构成蛋白质的基本结构单元。图 18.1 给出了 α－氨基酸的结构通式。

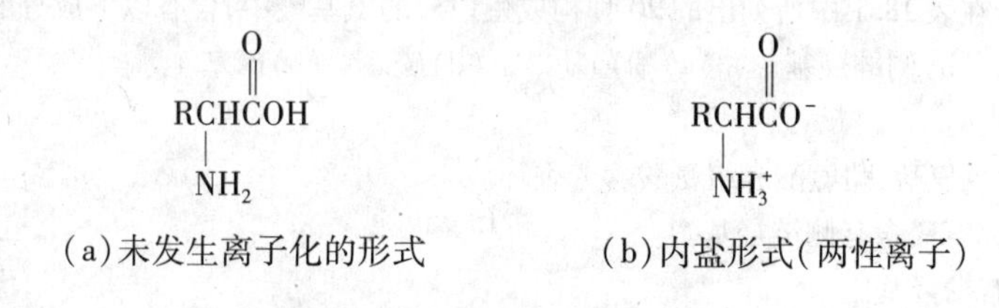

(a)未发生离子化的形式　　(b)内盐形式(两性离子)

图 18.1　α－氨基酸的结构式

图 18.1(a)是氨基酸结构式的常见书写方法,但这种写法其实是不准确的,因为它在一个分子中同时出现了酸性基团(—COOH)和碱性基团($—NH_2$)。这些基团将会发生反应生成内盐(一种偶极离子,如图 18.1(b)所示),被称为两性离子(zwitterion)。两性离子净电荷为零,它带一单位正电荷,同时带一单位负电荷。

由于氨基酸以两性离子的形式存在,所以它表现出许多盐的特性。例如:它们通常是高熔点的固态晶体,可溶于水,但不溶于醚、烃等非极性有机溶剂。

除了甘氨酸(H_2NCH_2COOH),构成蛋白质的其他氨基酸都具有手性。图 18.2 给出丙氨酸的两种对映异构体的 Fischer 投影式。在生物体内绝大多数的糖类分子都是 *D* 型(见 15.6 节)的,但绝大多数的 α－氨基酸都是 *L* 型的。按照第 14 章所述的规则,*L* 型对应的是 *S* 型立体异构(但是需注意,*L*－半胱氨酸属于 *R* 型立体异构,这是由于硫原子具有较高的优先级)。

$$\begin{array}{c} COO^- \\ H-\!\!\!-\!\!\!+\!\!\!-\!\!\!-NH_3^+ \\ CH_3 \end{array} \qquad \begin{array}{c} COO^- \\ ^+H_3N-\!\!\!-\!\!\!+\!\!\!-\!\!\!-H \\ CH_3 \end{array}$$

图 18.2　丙氨酸的两种异构体

构成蛋白质的氨基酸

表 18.1 给出了在蛋白质中常见的 20 种氨基酸的通用名称、结构式、三字母及单字母缩写符号。表中所列的氨基酸按其侧链性质可分为四类,分别是非极性氨基酸、极性非离子型氨基酸、酸性氨基酸和碱性氨基酸。需特别注意以下几点:

(1)20 种构成蛋白质的氨基酸都是 α－氨基酸,即氨基与羧基连接在同一个碳原子上。

(2)20 种氨基酸中有 19 种是伯胺,只有脯氨酸是仲胺。

(3)除甘氨酸外,其他氨基酸的 α 碳都是手性碳原子。虽然在表 18.1 中没有反映,但所有的 19 种手性氨基酸关于 α 碳具有相同的空间构型。按照 D,L 分类法,都属于 L－氨基酸。

(4)异亮氨酸和苏氨酸具有两个手性中心,都可能有四种立体异构体,但是在蛋白质中却只发现一种。

(5)半胱氨酸的巯基、组氨酸的咪唑基以及酪氨酸的酚羟基在 pH = 7.0 时将会发生电离,但这些氨基酸在中性环境中并非主要以离子形式存在。

示例 18.1　在表 18.1 中所列出的 20 种构成蛋白质的氨基酸中,含有以下成分的是哪几种?

(a)芳香环　(b)侧链羟基　(c)酚羟基　(d)硫　(e)碱基

解答:

(a)苯丙氨酸、色氨酸、酪氨酸和组氨酸含芳香环。

(b)丝氨酸和苏氨酸含有侧链羟基。

(c)酪氨酸含有酚羟基。

(d)蛋氨酸和半胱氨酸含硫。

(e)精氨酸、组氨酸和赖氨酸含有碱基。

注意:连接在芳香环上的—OH,其性质与连接在烷基上的—OH 是不同的,这就是我们将烷羟基(丝氨酸和苏氨酸)与酚羟基加以区分的原因(酪氨酸)。天冬酰胺酸和谷氨酰胺酸含有氨基侧链,但这两种氨基酸却显示非碱性,因为羰基与氮上的孤对电子相互作用,使其不能与氢离子结合。

思考题 18.1　表 18.1 所列的 20 种构成蛋白质的氨基酸中,哪些不含有手性中心?哪些含有两个手性中心?

表 18.1　20 种构成蛋白质的氨基酸

结构	氨基酸	结构	氨基酸
非极性氨基酸			
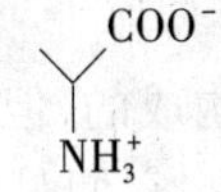 COO^-, NH_3^+	丙氨酸 (Ala,A)	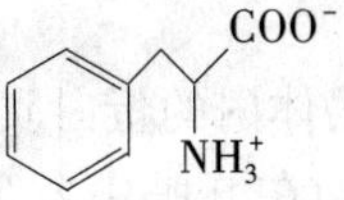 COO^-, NH_3^+	苯基丙氨酸 (Phe,F)
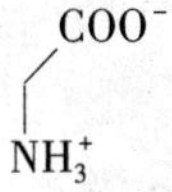 COO^-, NH_3^+	甘氨酸 (Gly,G)	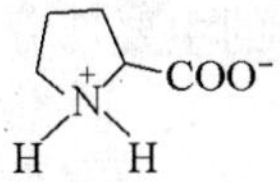 $\overset{+}{N}$, COO^-, H, H	脯氨酸 (Pro,P)
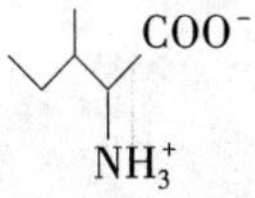 COO^-, NH_3^+	异亮氨酸 (Ile,I)	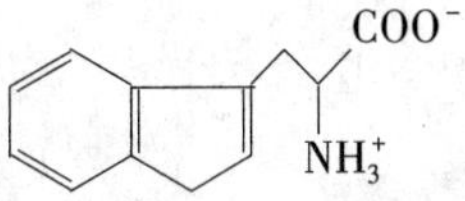 COO^-, NH_3^+	色氨酸 (Trp,W)
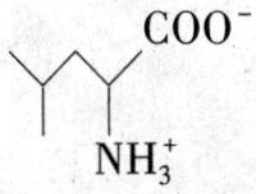 COO^-, NH_3^+	亮氨酸 (Leu,L)	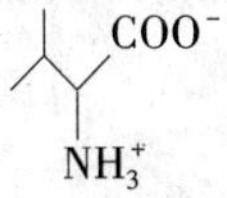 COO^-, NH_3^+	缬氨酸 (Val,V)
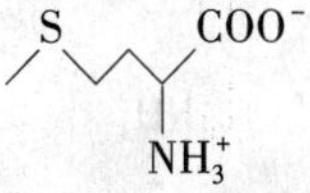 S, COO^-, NH_3^+	甲硫氨酸 (蛋氨酸) (Met,M)		
极性氨基酸			
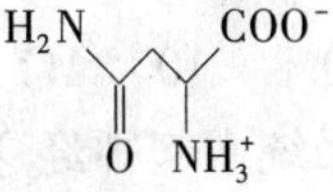 H_2N, COO^-, O, NH_3^+	天冬酰胺酸 (Asn,N)	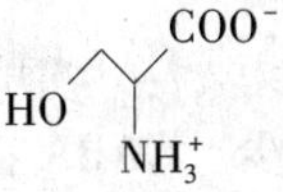 COO^-, HO, NH_3^+	丝氨酸 (Ser,S)
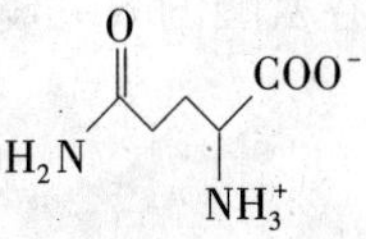 O, COO^-, H_2N, NH_3^+	谷氨酸 (Gin,Q)	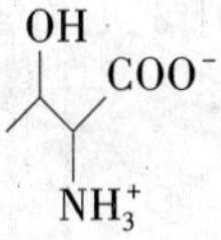 OH, COO^-, NH_3^+	苏氨酸 (Thr,T)
酸性氨基酸			
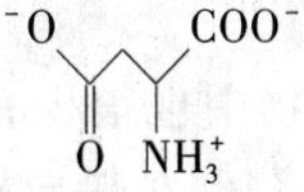 ^-O, COO^-, O, NH_3^+	天(门)冬氨酸 (Asp,D)	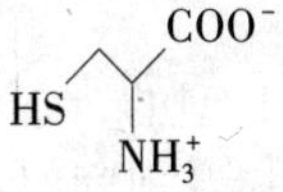 COO^-, HS, NH_3^+	半胱氨酸(巯基丙氨酸) (Cys,C)
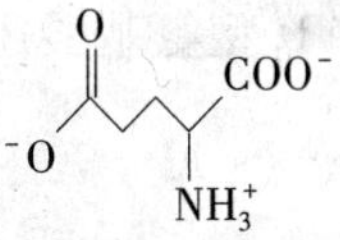 O, COO^-, ^-O, NH_3^+	谷氨酸 (Glu,E)	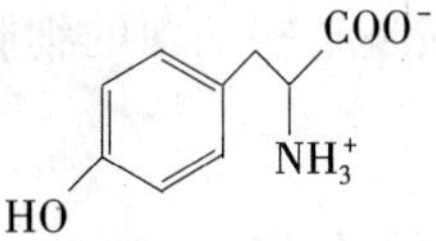 COO^-, NH_3^+, HO	酪氨酸 (Tyr,Y)
碱性氨基酸			
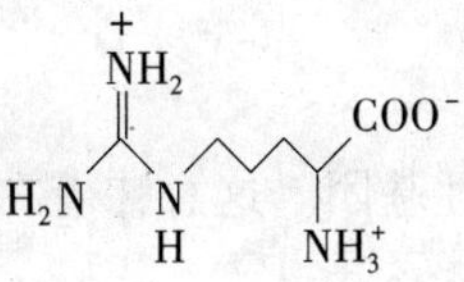 $\overset{+}{N}H_2$, COO^-, H_2N, N, H, NH_3^+	精氨酸 (Arg,R)	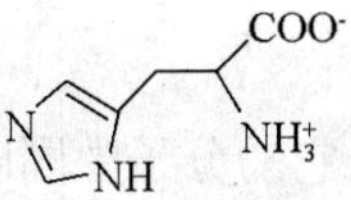 COO^-, N, NH_3^+, NH	组氨酸 (His,H)
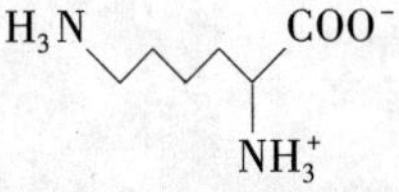 $H_3\overset{+}{N}$, COO^-, NH_3^+	赖氨酸 (Lys,K)		

其他常见的氨基酸

虽然绝大多数植物和动物体内的蛋白质是由上述 20 种 α－氨基酸构成的，但自然界中还存在其他一些氨基酸。例如在肝脏中发现有大量的鸟氨酸和瓜氨酸，它们是尿素循环（将氨转化为尿素的代谢过程）的主要部分。

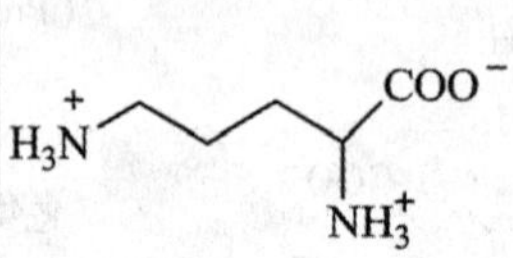

鸟氨酸 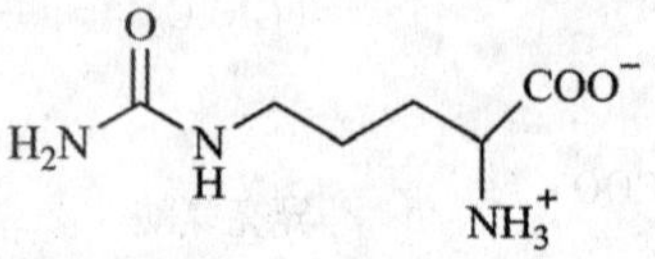　　　　瓜氨酸

在甲状腺中发现的甲状腺氨酸（甲状腺素）和三碘甲状腺氨酸，是由酪氨酸衍生出的众多激素中的两种。

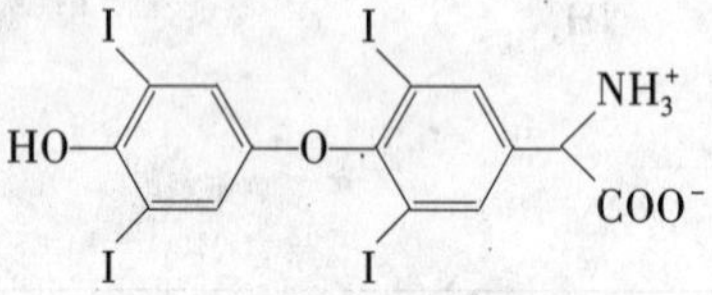

甲状腺氨酸（T_4） 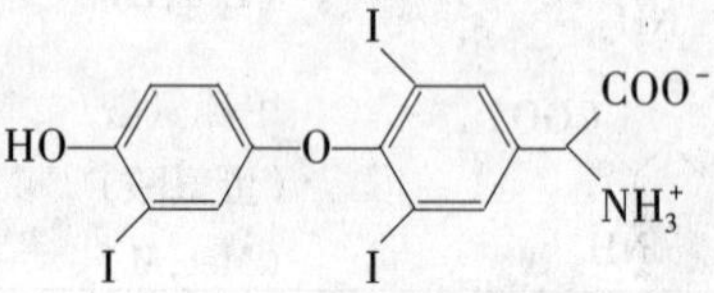　　　　三碘甲状腺氨酸（T_3）

4－氨基丁酸（γ－氨基丁酸或 GABA）在人的大脑中含量很高（0.8×10^{-3} M），但是在哺乳动物的其他组织中含量很少。GABA 在无脊椎动物的中枢神经系统中起神经递质的作用，可能在人体内也起相同的作用。它在神经组织中合成，通过脱去谷氨酸的 α－羧基而获得。

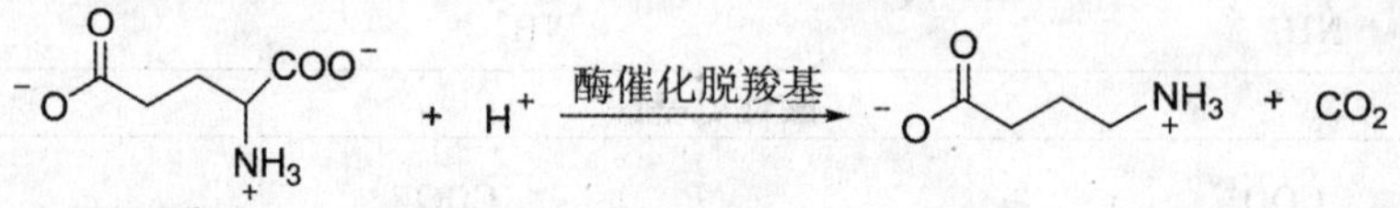

酶催化脱羧基

构成蛋白质的氨基酸都是 L 型的，在高等生物中，即使在代谢产物中也很少有 D 型的氨基酸存在。但在低等生物中却发现同时存在几种 D 型氨基酸与其 L 型对映异构体。例如，D－丙氨酸和 D－谷氨酸是某些细菌的细胞壁的结构成分。一些 D 型氨基酸还出现在由氨基酸合成的抗生素中。

18.2　氨基酸的酸碱特性

氨基酸的结构比较特殊，它的分子中同时含有酸性基团和碱性基团。这意味着在生物体环境中，氨基酸既可作为质子（H^+）给体也可作为质子受体。

氨基酸中的酸性基团

氨基酸的化学特性中最重要的是其酸碱特性。由于含有—COOH 和—NH_3^+ 基团,氨基酸属于多元弱酸。基团得失质子的能力可通过其 pK_a 值来表示。表 18.2 列出了 20 种构成蛋白质的氨基酸中可电离基团的 pK_a 值。

表 18.2　20 种构成蛋白质的氨基酸中可电离基团的 pK_a 值

氨基酸	α－COOH 的 pK_a 值	α－NH_3^+ 的 pK_a 值	侧链的 pK_a 值	等电点(pI)
丙氨酸	2.35	9.87	–[a]	6.11
精氨酸	2.01	9.04	12.48	10.76
天冬酰胺酸	2.02	8.80	–	5.41
天冬氨酸	2.10	9.82	3.86	2.98
半胱氨酸	2.05	10.25	8.00	5.02
谷氨酸	2.10	9.47	4.07	3.08
谷氨酸盐	2.17	9.13	–	5.65
甘氨酸	2.35	9.78	–	6.06
组氨酸	1.77	9.18	6.10	7.64
异亮氨酸	2.32	9.76	–	6.04
亮氨酸	2.33	9.74	–	6.04
赖氨酸	2.18	8.95	10.53	9.74
甲硫氨酸	2.28	9.21	–	5.74
苯基丙氨酸	2.58	9.24	–	5.91
脯氨酸	2.00	10.60	–	6.30
丝氨酸	2.21	9.15	–	5.68
苏氨酸	2.09	9.10	–	5.60
色氨酸	2.38	9.39	–	5.88
酪氨酸	2.20	9.11	10.07	5.63
缬氨酸	2.29	9.72	–	6.00

(a)无离子化的侧链

α－羧基的酸性

质子化氨基酸中 α－羧基的平均 pK_a 值为 2.19。因此,α－羧基是一种比醋酸(pK_a = 4.74)以及一些短链脂肪酸更强的酸。这种强酸性是由于邻近的 －NH_3^+ 基团的吸电子诱导效应造成的。

氨基有吸电子诱导效应

$$H_3\overset{+}{N}—\underset{R}{\underset{|}{C}}HCOOH + H_2O \rightleftharpoons H_3\overset{+}{N}—\underset{R}{\underset{|}{C}}HCOO^- + H_3O^+ \quad pK_a = 2.19$$

侧链羧基的酸性

由于 $\alpha-NH_3^+$ 基团的吸电子诱导效应,天冬氨酸和谷氨酸的侧链羧基也是比醋酸更强的酸。需要注意的是,这种可以增强酸性的诱导效应随着与羧基的距离的增加而减小,例如,丙氨酸上 α-羧基的 pK_a 值为2.35,天冬氨酸上 γ-羧基的 pK_a 值为3.86,而谷氨酸上的δ-羧基的 pK_a 值为4.07。

α-铵基的酸性

α-铵基($-NH_3^+$)的平均 pK_a 值为9.47,而伯胺离子的平均 pK_a 值为10.76,因此氨基酸中 α-铵基的酸性比伯胺离子稍强。反过来说,α-氨基的碱性比伯胺稍弱。

$$H_3\overset{+}{N}—\underset{R}{\underset{|}{C}}HCOO^- + H_2O \rightleftharpoons H_2N—\underset{R}{\underset{|}{C}}HCOO^- + H_3O^+ \quad pK_a = 9.47$$

$$H_3\overset{+}{N}—\underset{R}{\underset{|}{C}}CH_3 + H_2O \rightleftharpoons H_3\overset{+}{N}—\underset{R}{\underset{|}{C}}HCH_3 + H_3O^+ \quad pK_a = 10.60$$

氨基酸中的碱性基团

精氨酸中胍基的碱性

精氨酸中胍基侧链是比伯胺更强的碱。胍是所有中性化合物中碱性最强的。精氨酸中胍基所具有的显著的碱性是因为其质子化形式具有三种稳定的共振式结构。

$$\left.\begin{array}{c} RH\ddot{N}-C(\ddot{N}H_2)=\overset{+}{N}H_2 \\ \updownarrow \\ RH\ddot{N}-C(=\overset{+}{N}H_2)\ddot{N}H_2 \\ \updownarrow \\ RH\overset{+}{N}=C(\ddot{N}H_2)\ddot{N}H_2 \end{array}\right\} \underset{}{\overset{H_2O}{\rightleftharpoons}} R\ddot{N}=C(\ddot{N}H_2)\ddot{N}H_2 + H_3O^+ \quad pK_a=12.48$$

组氨酸中咪唑基的碱性

因为组氨酸的侧链咪唑基团含有六个在同一平面的 π 电子形成共轭环,所以,咪唑被划分为杂环芳香胺类。咪唑环上仲胺氮原子上未参与芳香六电子组的孤对电子决定了咪唑环的基本特性。这个氮原子经质子化后形成非常稳定的正离子。

$\xrightleftharpoons[H_3O^+]{H_2O}$ $+ H_3O^+$　　$pK_a=6.10$

氨基酸的滴定

氨基酸可电离基团的 pK_a 值通常可以通过酸碱滴定来获得,即通过测试溶液 pH 值与所加碱(或所加酸,取决于实际滴定体系)的函数关系得到。为了说明其实验过程,假设一个含有 1.00mol 甘氨酸的溶液体系,该体系已被足量强酸完全质子化,然后,用 1.00M 的 NaOH 溶液进行滴定。记录加入碱的体积和对应的 pH 值,即可得到如图 18.3 所示的滴定曲线。

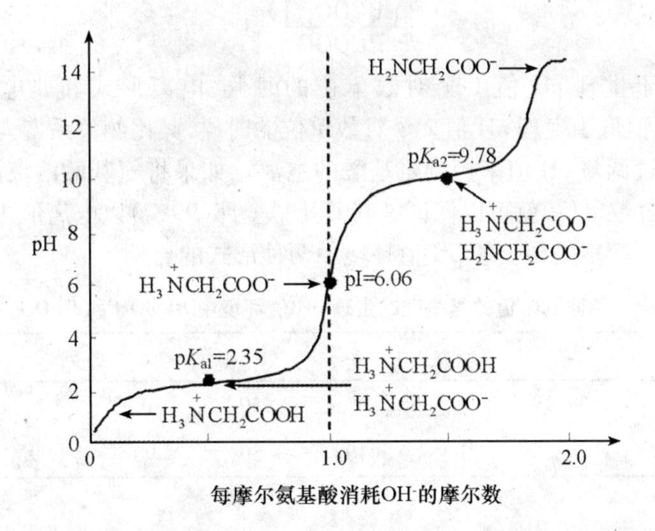

图 18.3　甘氨酸的滴定曲线

首先和氢氧化钠反应的是甘氨酸中最强的酸性基团——羧基。当加入 0.50mol NaOH 后羧基已被中和了一半。这时,两性离子的浓度等于阳离子的浓度,其 pH 值 2.35 就是羧基的 pK_a 值(pK_{a1})。继续滴定操作,当加入 1.00mol NaOH 后达到第一阶段的滴定终点。这时溶液中的氨基酸主要以两性离子的形式存在,测得其 pH 值为 6.06。

滴定曲线的剩下部分表示的是 $-NH_3^+$ 的滴定过程。当继续加入 0.50mol NaOH 后(滴加总量为 1.50mol),一半的—NH_3^+ 被中和成—NH_2。这时,两性离子的浓度等于阴离子的浓度,其 pH 值 9.78 就是甘氨酸所含氨基的 pK_a 值(pK_{a2})。当加入 2.00mol NaOH 后达到第二阶段的滴定终点,此时甘氨酸全部转化为阴离子形式。

氨基酸在生理 pH 条件下的电离

了解官能团的 pK_a 值可以帮助我们理解氨基酸在生理环境中的特性。前面曾介绍过,pK_a 值实际上反映了弱酸及其共轭碱之间的平衡浓度关系,对理解氨基酸在生理环境的 pH 条件下的特性意义重大。例如,如果一个氨基酸的 pK_a 值为2,则其 $K_a = 10^{-2}$。HA 与 A^- 的比例关系可通过下式给出:

$$K_a = \frac{[H_3O^+][RCOO^-]}{RCOOH}$$

生理系统都是缓冲系统,其 pH 值基本控制在7附近,故$[H_3O^+] = 10^{-7}$。代入上式得:

$$\frac{[RCOO^-]}{RCOOH} = 10^5$$

上述计算结果表明,电离形式($RCOO^-$)和非电离形式(RCOOH)的比例为 100000∶1,因此可以认为所有的氨基酸都是以电离形式($RCOO^-$)存在的。如果氨基酸的 pK_a 值与 pH 值相等,将是这两种形式 1∶1 的混合物,即:

$$K_a = 10^{-7} = \frac{10^{-7}[RCOO^-]}{RCOOH}$$

整理后得:

$$\frac{[RCOO^-]}{RCOOH} = 1$$

当 pK_a 值低于生理 pH 值 1 个对数单位的时候,电离形式和非电离形式的比例为 90∶10;如果 pK_a 值低于生理 pH 值2个对数单位的时候,其比例关系变为 99∶1。利用这个关系我们可以通过调整 pH 值来控制氨基酸的电离。如果将氨基酸溶液的 pH 值保持在高于其 pK_a 值2个对数单位,就可以保证氨基酸几乎全部(99%)以电离形式存在。表 18.3 给出了不同 pK_a 值的氨基酸在生理 pH 值环境中两种形式的比例。

表 18.3 不同 pK_a 值的氨基酸在生理 pH 值环境中 RCOOH 和 $RCOO^-$ 的比例

pK_a	4	5	6	7	8	9	10
$[RCOO^-]$	99.9	99	90	50	10	1	0.1
[RCOOH]	0.1	1	10	50	90	99	99.9

等电点

利用滴定曲线可以得到氨基酸可电离基团的 pK_a 值。反过来,利用 pK_a 值可以计算出分子中可电离基团和不可电离基团的比例。通过滴定曲线还可以得到一个重要的特性:等电点(pI)——氨基酸溶液净电荷为 0 时的 pH 值。常见氨基酸的等电点列于表 18.2 中。从图 18.3 所示的滴定曲线可以看出,甘氨酸的等电点值等于其氨基和羧基 pK_a 值的算术平均值。

$$pI = 0.5\{pK_a[\alpha - COOH] + pK_a[\alpha - NH_3^+]\} = 6.06$$

在 pH 值等于 6.06 时，甘氨酸主要以两性分子的形式存在，这时，甘氨酸正离子浓度与负离子浓度相等。

给出一个氨基酸的等电点，就可以估算出该氨基酸在任意 pH 值时的带电性质。例如，酪氨酸在 pH = 5.63（酪氨酸的等电点）时净电荷为0。在 pH = 5.00（比 pI 值小 0.63 个对数单位）时，有一小部分酪氨酸带有正电荷，在 pH = 3.63（比 pI 值小 2 个对数单位）时，所有酪氨酸都将带有正电荷。再比如，赖氨酸在 pH = 9.74 时净电荷为0。随着 pH 值的降低，带正电荷的赖氨酸的比例将逐渐增加。

电泳

电泳（electrophoresis）是一种利用化合物所带电荷的不同来进行分离的方法，它常被用于分离和鉴定氨基酸及蛋白质。目前的电泳分离主要使用聚丙烯酰胺凝胶（凝胶电泳），当然也可以使用其他聚合物、纸、淀粉或琼脂等。电泳的基本原理可以通过纸电泳很好地说明。将一条浸透了预定 pH 值的纸带作为连接两个电极槽的桥梁（如图 18.4 所示）。接下来，将氨基酸样品点在纸带上形成一个无色的点（氨基酸混合物是无色的），当两端电极槽通电后，氨基酸将向着与自身电荷相反的电极方向迁移。其中，电荷密度大的分子迁移速度更快。处于等电点的分子将在原地不动。待分离结束后，在纸带上喷洒显色剂，将氨基酸转化为带有颜色的化合物，使分离后的产物清晰可见。

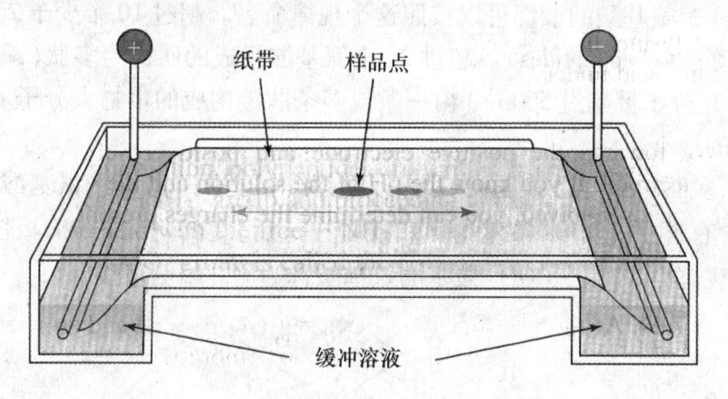

图 18.4　氨基酸混合物的电泳示意图

最常使用的显色剂是茚三酮。茚三酮与 α - 氨基酸反应生成醛、二氧化碳和紫色的阴离子化合物。这个反应既可用于氨基酸的定性分析，也可用于定量分析。在 20 种构成蛋白质的氨基酸中，19 种含有伯氨的都可以生成紫色的茚三酮阴离子衍生物。只有含有仲氨的脯氨酸不同，它与茚三酮反应生成桔黄色产物。

$$RCH(\overset{+}{N}H_3)CO_2^- + 2\ \text{(茚三酮)} \longrightarrow \text{(紫色阴离子)} + RCHO + H_3O^+ + CO_2 + 2H_2O$$

18.3　多肽和蛋白质

1902 年,埃米尔·费舍尔(Emil Fischer)提出蛋白质是由氨基酸通过酰胺键连接起来的长链,其中一个氨基酸的 α－羧基与另一个氨基酸的 α－氨基发生反应生成酰胺键,费舍尔将该类酰胺键命名为肽键(peptide bond)。图 18.5 给出了丝氨酸与丙氨酸反应生成肽键的过程。

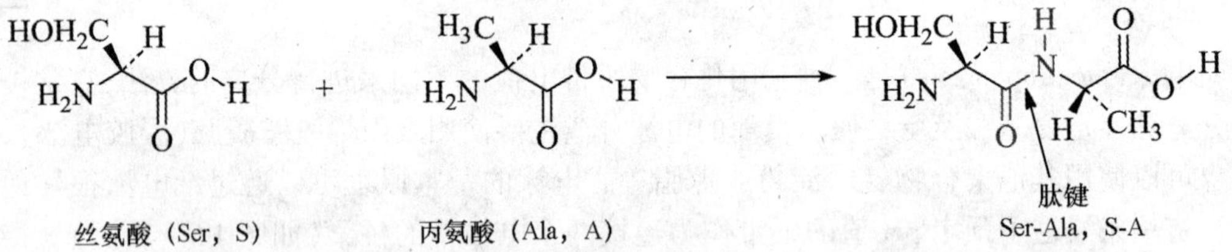

丝氨酸 (Ser, S)　　丙氨酸 (Ala, A)　　肽键　Ser-Ala, S-A

图 18.5　肽键的形成

肽(peptide)是氨基酸低聚物的名称。通常按照肽链中包含的氨基酸的数量来划分肽。含有两个氨基酸的肽成为二肽(dipeptide),含有三个氨基酸的肽称为三肽(tripeptides),依此类推,少于 10 个氨基酸的肽都可以按照这个规律命名。超过 10 个少于 20 个氨基酸聚合而成的肽称为寡肽(oligopeptides)。超过 20 个氨基酸组成的肽称为多肽(polypeptides)。蛋白质(proteins)是分子量超过 5000u, 由一条或多条肽链构成的生物大分子。但上述划分并不是非常严格的标准。

按照惯例,多肽的书写通常是从左到右,含有自由—NH_3^+ 胺基的氨基酸放在最左边,然后依次排列,含有自由—COO^- 羧基的氨基酸排在最后。含有自由—NH_3^+ 胺基的氨基酸称为 N－端氨基酸,含有自由—COO^- 羧基的氨基酸称为 C－端氨基酸。

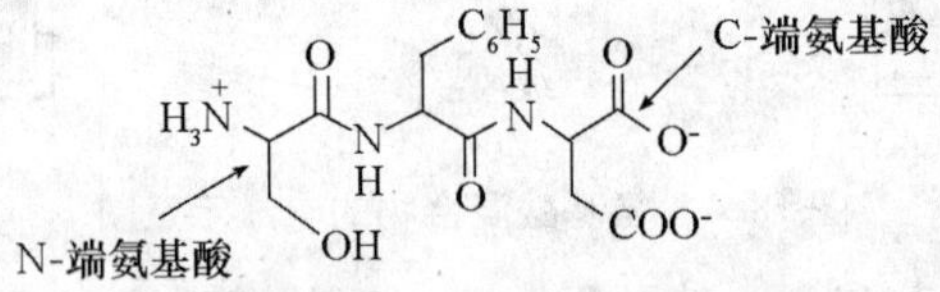

C-端氨基酸　N-端氨基酸

18.4　多肽及蛋白质的一级结构

多肽或蛋白质的一级结构(primary structure)是指其多肽链中氨基酸的顺序。也就是说,多肽及蛋白质的一级结构是对其分子内所有共价键的完全描述。

1953 年,英国剑桥大学的弗雷德里克·桑格(Frederick Sanger)报道了两种胰岛素多肽链的一级结构。这在分析化学史上是一个了不起的成就。它清楚地表明所有给定蛋白质具有相同的氨基酸组成和氨基酸序列。今天,人们已经测出了超过 20000 种不同蛋白质的氨基酸序列,而且这个数字还在不断增加。

氨基酸分析

确定多肽一级结构的第一步是将其水解并定量分析其氨基酸组成。前文曾介绍过,酰胺键是比较稳定的化学键,很难水解。通常,蛋白质样品需置于密封的玻璃瓶中,在 110℃反应 24 ~72 小时(利用微波可以缩短水解时间)才会发生水解。待多肽水解后,混合的氨基酸产物通过离子交换色谱进行分析。在这个过程中,氨基酸混合物经一个专用色谱柱进行分离,不同氨基酸在色谱柱中的保留时间各不相同。每种氨基酸过柱后进行收集,然后通过与茚三酮反应并利用吸收光谱进行检测。目前,多肽水解及氨基酸分析的技术已经非常成熟,氨基酸的检出精度最低可达 50nmol(50×10^{-9} mol)。图 18.6 给出了多肽水解产物经离子交换色谱分析的过程。值得注意的是,在水解过程中,天冬酰胺酸和谷氨酰胺酸侧链上的氨基也会发生水解,它们的检测过程与对应的天冬氨酸和谷氨酸相似。天冬酰胺酸或谷氨酰胺酸水解后形成等量的氯化铵。

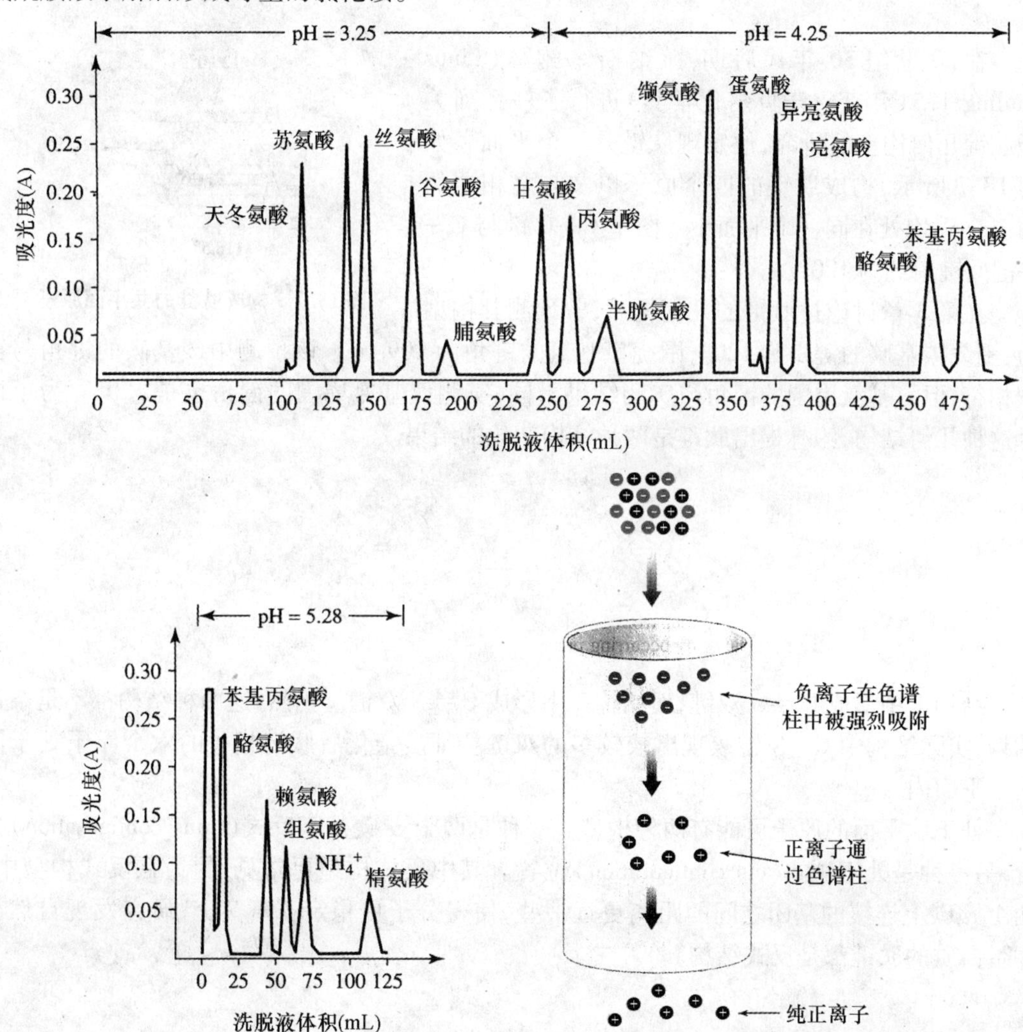

图 18.6　多肽水解产物经离子交换色谱分析的过程

序列分析

测出多肽的氨基酸组成以后,接下来是确定多肽链中氨基酸的序列。最常用的测序方法是将多肽链中的某些肽键打断,对每一个片断进行测序,然后再将各片段搭接起来得到整条多肽链的序列。

18.5　多肽及蛋白质的空间构型

多肽及蛋白质的很多性质是由其精确的空间构型决定的,而复杂的空间构型又是由肽键的性质决定的。

肽键的几何构型

在 20 世纪 30 年代后期,莱纳斯 · 鲍林(Linus Pauling,1954 年获得诺贝尔化学奖)进行了一系列关于肽键几何构型的研究,他发现肽键是一个平面。如图 18.7 所示,构成肽键的四个原子以及与之相连的两个 α 碳均处在同一个平面中。图中 C—C 键与 C—N 键间键角约为 120°。

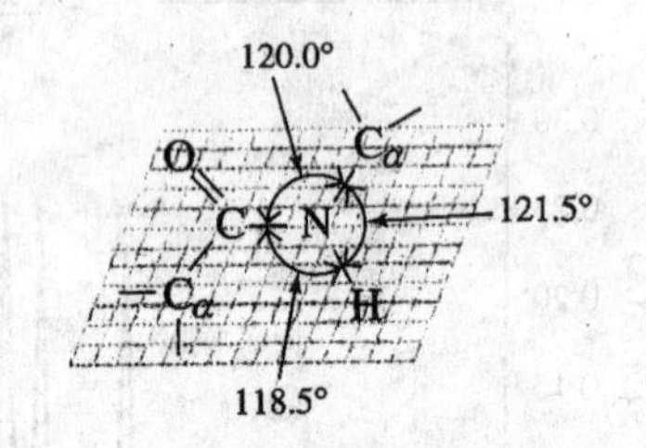

图 18.7　构成肽键的共平面原子

在第 3 章讨论过肽键的几何构型,曾预测其构型为:围绕羰基碳的键角为 120°,围绕氨基氮的键角为 109.5°。该预测中羰基碳的键角与实测相符,但氨基氮周围的键角与实测结果不同,实测氨基氮周围的键角也是 120°。为了揭示这种几何结构,鲍林提出肽键是两种结构杂化的结果。

结构1　　　　结构2

结构 1 中形成 C ═O 双键,而结构 2 中形成 C ═N 双键。当然,这两种结构都不是杂化结构,实际结构中 C—N 键表现出较较多的双键特征。杂化后肽键相关的六个原子处于同一个平面内。

处于肽平面的原子可能有两种构型。一种是两个 α 碳处于反式(trans configuration)位置,另一种是处于顺式(cis configuration)位置。其中反式构型更常见,因为在反式构型中,两个 α 碳上连接的基团之间的距离更远一些,使得分子更稳定。事实上,研究发现自然界中蛋白质的肽键都是反式结构。

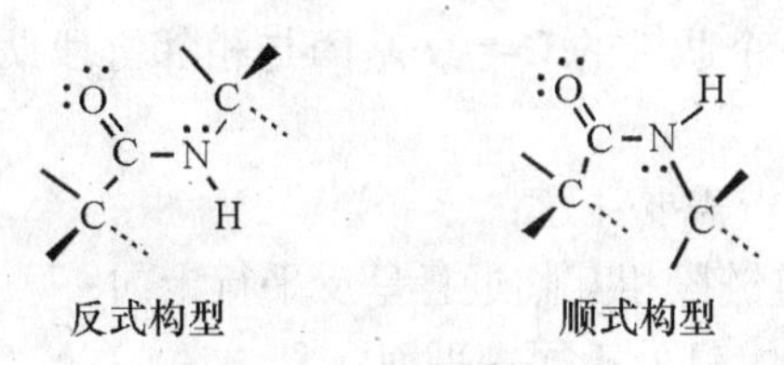

二级结构

二级结构(secondary structure)是指多肽或蛋白质分子中氨基酸的空间排列构象。对多肽构象的研究最早是由莱纳斯·鲍林和罗伯特·科瑞于1939年开始的。他们假设在最稳定构象中构成肽键的所有原子都处于同一平面,其中一个肽键的N—H基团与另一个肽键的C═O基团之间形成氢键,如图18.8所示。

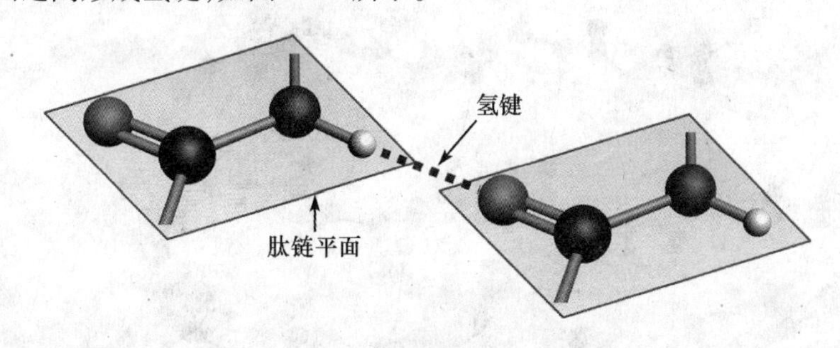

图18.8　肽键之间的氢键

基于上述模型,提出两种最稳定的二级结构:α-螺旋和反平行β-折叠。

(1)α-螺旋

图18.9所示为α-螺旋结构,多肽链盘绕成螺旋形。关于α-螺旋有以下几点需要注意:

- 螺旋按顺时针方向盘绕,或称为右手螺旋;
- 螺旋一圈平均需要3.6个氨基酸;
- 所有肽键都是反式的,且处于同一平面;
- 每一个肽键的N—H基团都是朝下的,每一个肽键的C═O基团都是朝上的,它们与螺旋轴平行;
- 每一个肽键的羰基与相隔四个氨基酸的肽键的N-H基团形成氢键,氢键用虚线画出;
- 所有的侧链R基团都指向螺旋的外侧。

鲍林提出α-螺旋构象模型不久,就有研究人员证明了动物毛发的角蛋白中存在α-螺旋构象。α-螺旋被证实为多肽链折叠的基本构象。

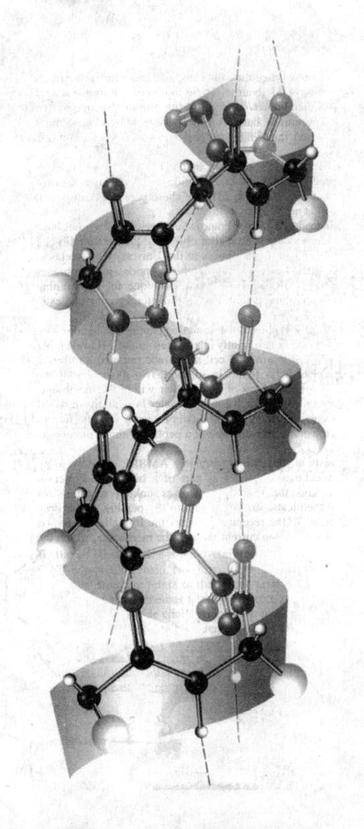

图18.9　α-螺旋结构

(2)β-折叠

反平行β-折叠由相邻的方向相反的肽链链段组成。平行β-折叠则由相邻的方向相同的肽链链段组成。与α-螺旋不同,β-折叠中N—H与C═O基团处于同一伸展平面且与伸展轴垂直。每一个肽键的 C ═O 基团与相邻链段肽键的 N—H 基团形成氢键，如图 18.10 所示。

关于 β－折叠有以下几点需要注意：

- 构成 β－折叠的肽链链段相互临近且呈反平行走向；
- 所有肽键都是反式的，且处于同一平面；
- 相邻两条链段的肽键中的 C ═O 基团和 N—H 基团处于同一平面，形成氢键；
- 肽链上的侧链 R 基团交替分布在折叠平面两侧。

β－折叠型构象通过相邻链段之间的 N—H 基团和 C ═O 基团形成氢键而稳定，α－螺旋构象通过同一条链中的 N—H 基团和 C ═O 基团形成氢键而稳定。

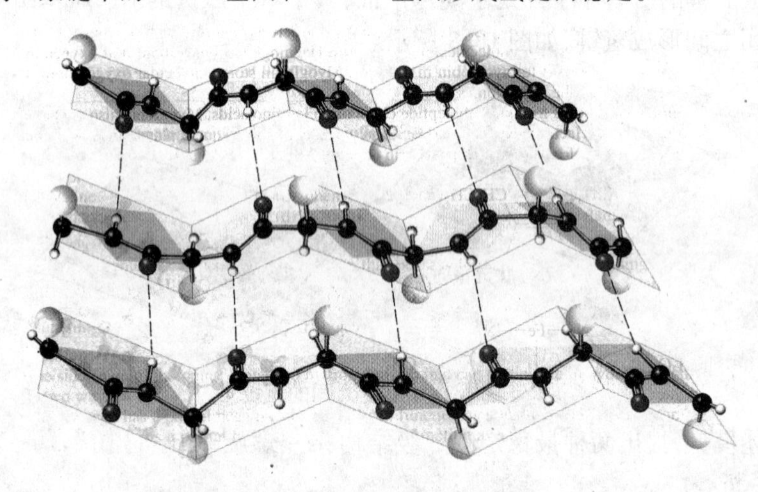

图 18.10　多肽反平行 β－折叠图

三级结构

三级结构（tertiary structure）是指多肽链中所有原子的空间排布。在二级结构与三级结构之间没有严格的分界线。二级结构主要指多肽链中各个氨基酸的空间排列，三级结构主要指多肽链中各个原子的空间排列。影响三级结构的主要因素包括二硫键、疏水作用、氢键和盐键。

在三级结构中，二硫键（disulfide bonds）是非常重要的一种作用力。二硫键是由两个半胱氨酸的侧链巯基氧化形成的。二硫键与还原剂反应又可以得到巯基。

半胱氨酸侧链　SH　SH　⇌（氧化 / 还原）　S—S ← 二硫键

图 18.11 给出了人类胰岛素的氨基酸序列。这个蛋白质包含两条多肽链：A 链包含 21 个氨基酸，B 链包含 30 个氨基酸。A 链与 B 链之间有两条二硫键。另外，在 A 链的 6 位和

11 位的两个半胱氨酸之间还有一条链内二硫键。

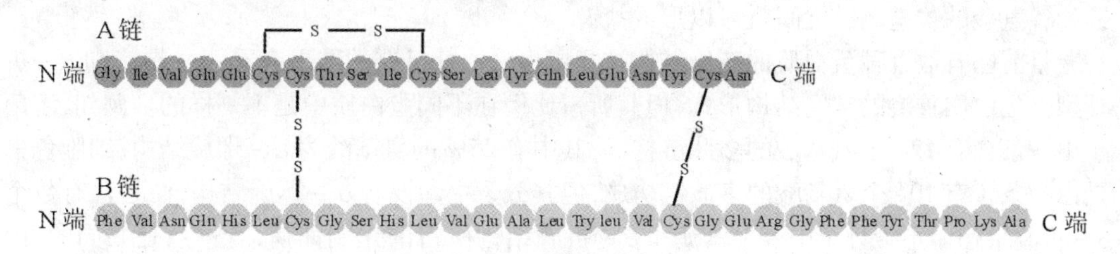

图 18.11　人胰岛素的氨基酸序列

下面通过分析肌红蛋白分子的空间结构来说明蛋白质的二级及三级结构。肌红蛋白分子是一种在骨骼肌中发现的蛋白质，在鲸鱼、海豚、海豹等潜水哺乳动物体内大量存在。肌红蛋白与血红蛋白结构相似，都是脊椎动物体内输氧和储氧的分子。血红蛋白在肺部与氧分子结合，然后将其输送到肌肉中的肌红蛋白，肌红蛋白将氧分子储存，用于氧化代谢。

肌红蛋白由一条包含 153 个氨基酸的多肽链组成。肌红蛋白中含有一个血红素。血红素含有一个 Fe^{2+} 离子，与一个卟啉分子中的四个氮原子配位连接（如图 18.12 所示）。

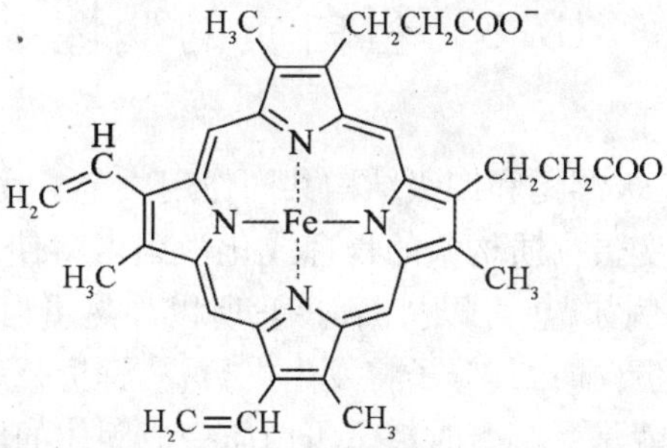

图 18.12　在肌红蛋白和血红蛋白中发现的血红素结构

肌红蛋白空间结构的确定在分子结构学发展历史上具有里程碑式的意义。在这方面做出重要贡献的两位英国学者——John C Kendrew 和 Max F Perutz 获得了 1962 年的诺贝尔化学奖。图 18.13 给出了肌红蛋白的三级结构，一条多肽链折叠成了盒子的形状。

肌红蛋白的空间结构具有以下几个特点：

（1）肌红蛋白分子骨架由 8 个 α - 螺旋结构组成，每个 α - 螺旋结构由肽链连接，最长的 α - 螺旋由 24 个氨基酸构成，最短的只包含 7 个氨基酸，8 个 α - 螺旋占用了整个蛋白质 75% 的氨基酸。

（2）由苯丙氨酸、丙氨酸、缬氨酸、亮氨酸、异亮氨酸和蛋氨酸的疏水侧链聚集在一起形成一个疏水的分子内核，疏水作用对于肌红蛋白分子空间形状的形成具有重要作用。

（3）肌红蛋白分子表面由亲水侧链包覆，主要有赖氨酸、精氨酸、丝氨酸、谷氨酸、组氨酸及谷氨酰胺酸等，它们与周围水环境形成氢键。

图 18.13　肌红蛋白的结构图

(4)带有相反电荷的侧链基团相互吸引,这种作用被称为盐键。例如,赖氨酸的氨基侧链和谷氨酸的羧基侧链之间就可以形成盐键。

目前已有数百种蛋白质的三级结构被测定出来。从已有的结果来看,α－螺旋和β－折叠型是蛋白质重要的空间结构形式,但其所占比例在不同蛋白质中是不一样的。例如,溶菌酶由一条含有129个氨基酸的多肽链构成,其中有25%的氨基酸为α－螺旋结构;细胞色素是由一条含有104个氨基酸的多肽链构成,但其分子中却没有α－螺旋结构,而是含有数个β－折叠结构。不管分子中α－螺旋和β－折叠结构所占的比例如何,有一点是共同的,即所有水溶性蛋白质的非极性侧链都伸向分子内部,而极性侧链都分布于分子表面。

四级结构

大多数分子量超过50000u的蛋白质都是由两个或两个以上非共价连接的多肽链组成的。这些多肽链的排列就属于蛋白质的四级结构(quaternary structure)。血红蛋白是说明四级结构的一个很好的例子。一个血红蛋白包含两条141个氨基酸组成的α－链和两条146个氨基酸组成的β－链。

18.6　蛋白质的变性

蛋白质的二级结构、三级结构和四级结构共同作用决定了其特定的空间构型和构象,也决定了其功能和特性。改变蛋白质构象的物理或化学因素将使其功能发生改变,这个过程称为变性(denaturation)。例如,热可以打断氢键,所以加热蛋白质可以破坏其α－螺旋和β－折叠结构。当加热球状蛋白时,其分子将发生去折叠,解折叠后的蛋白质相互之间发生牢固的结合而形成沉淀。这就是煮鸡蛋时液态蛋白质变成固体的原因。

加入变性化学试剂也会发生同样的转变。例如,尿素($H_2N—CO—NH_2$)具有很强的成氢键能力,它可以破坏其他化合物中的氢键,导致球状蛋白解折叠;乙醇可通过凝结作用使蛋白质变性;洗涤剂通过改变蛋白质的疏水作用来改变其空间构象;酸、碱、盐可以改变构成蛋白质三级结构和四级结构的盐键。一些其他的化学试剂也具有变性作用,例如还原剂可以对保持三级结构非常重要的二硫键造成破坏;重金属离子可以与巯基反应形成盐键。表18.4中列出了常见的造成蛋白质变性的影响因素以及对蛋白质发生影响的区域。

表18.4　常见的造成蛋白质变性的试剂及其对蛋白质影响的区域

变性剂	影响区域
热	氢键
6M尿素	氢键
活性剂	疏水性区域
酸/碱	盐键和氢键
盐	盐键
还原试剂	二硫键
重金属	二硫键
酒精	水合层

习　题

18.1　下列缩写符号分别代表什么氨基酸？

(a) Phe　(b) Ser　(c) Asp　(d) Gln　(e) His　(f) Gly　(g) Tyr

18.2　什么是两性离子？

18.3　画出下列氨基酸的两性离子形式。

(a) 缬氨酸　(b) 苯丙氨酸　(c) 谷氨酸

18.4　为什么谷氨酸和天冬氨酸通常被称为酸性氨基酸？

18.5　精氨酸为什么通常被称为碱性氨基酸？其他两个碱性氨基酸分别是什么？

18.6　在 α – 氨基酸中 α 的含义是什么？

18.7　酪氨酸与苯丙氨酸的结构有什么不同？

18.8　下面的氨基酸分别属于什么类型？

(a) 精氨酸　(b) 亮氨酸　(c) 谷氨酸　(d) 天冬酰胺　(e) 酪氨酸　(f) 苯丙氨酸　(g) 甘氨酸

18.9　为什么甘氨酸没有 D、L 之分？

18.10　画出下列氨基酸在 pH = 1.0 条件下的结构式。

(a) 苏氨酸　(b) 精氨酸　(c) 甲硫氨酸　(d) 酪氨酸

18.11　画出下列氨基酸在 pH = 10.0 条件下的结构式。

(a) 亮氨酸　(b) 缬氨酸　(c) 脯氨酸　(d) 天冬氨酸

18.12　写出丙氨酸的两性离子形式，以及 1.0mol 丙氨酸与下列物质反应的反应式。

(a) 1.0mol NaOH　(b) 1.0mol HCl

18.13　写出在 pH = 1.0 条件下赖氨酸的形式，给出 1mol 赖氨酸与下列物质反应的产物。

(a) 1.0mol NaOH　(b) 2.0mol NaOH　(c) 3.0mol NaOH

18.14　写出在 pH = 1.0 条件下天冬氨酸的形式，给出 1mol 天冬氨酸与下列物质反应的产物。

(a) 1.0mol NaOH　(b) 2.0mol NaOH　(c) 3.0mol NaOH

18.15　用下列试剂处理丙氨酸，分别给出产物的结构式。

(a) NaOH 水溶液　(b) HCl 水溶液

(c) CH_3CH_2OH, H_2SO_4　(d) $(CH_3CO)_2O$, $NaOOCCH_3$

18.16　下列化合物在电泳过程中是向阳极迁移还是向阴极迁移？

(a) 组氨酸，pH = 6.8　(b) 赖氨酸，pH = 6.8　(c) 谷氨酸，pH = 4.0

(d) 谷氨酰胺，pH = 4.0　(e) Glu-Ile-Val，pH = 6.0　(f) Lys-Gln-Tyr，pH = 6.0

18.17　在下列混合物中，要采用电泳将氨基酸分离，分别须在什么 pH 环境下？

(a) Ala, His, Lys　(b) Glu, Gln, Asp　(c) Lys, Leu, Tyr

18.18　在多肽及蛋白质中，连接氨基酸的键叫什么？

18.19　在蛋白质或多肽中分开氮原子的碳原子数通常是几个？

18.20　画出由苏氨酸、精氨酸和甲硫氨酸组成的三肽的所有可能的结构式。

18.21　有下面的三肽：

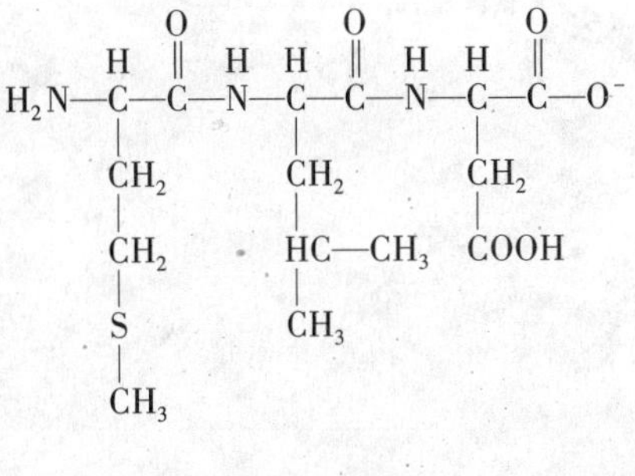

```
          H  O     H  H  O     H  H  O
          |  ‖     |  |  ‖     |  |  ‖
     H2N—C—C—N—C—C—N—C—C—O⁻
          |           |           |
         CH2         CH2         CH2
          |           |           |
         CH2         HC—CH3     COOH
          |           |
          S          CH3
          |
         CH3
```

（a）用氨基酸的三字符缩写形式表达上述三肽；

（b）上述三肽中哪个氨基酸是C端，哪个氨基酸是N端？

18.22　基于氨基酸侧链的化学性质，请尝试将一个蛋白质一级结构中的一个亮氨酸用其他氨基酸取代，使取代后蛋白质的性质几乎不发生改变。

18.23　按照下列要求，可以形成多少种不同的四肽？

（a）Asp、Glu、Pro和Phe各含一个；

（b）20种氨基酸均可使用，但每种只能用一次。

18.24　画出下列三肽的结构式，分别标出其中的肽键、N端氨基酸和C端氨基酸。

（a）Phe-Val-Asn　　（b）Leu-Val-Gln

18.25　请估算出18.24题中各种三肽的等电点（pI值）。

18.26　大多数酶都是蛋白质，说明为什么酶在高于生理温度的环境中活性会降低？

18.27　进入化学实验室必须佩戴护目镜，请解释为什么眼睛不能接触任何酸或碱。

第 19 章　DNA 化学

19.1　核苷和核苷酸

基因信息储存在核酸分子——脱氧核糖核酸(DNA)和核糖核酸(RNA)中。细胞的DNA对这些信息进行编码,它决定了细胞的性质,控制着细胞的生长和分化;它也指导对细胞功能非常重要的酶及其他蛋白质的合成。核酸由三种更简单的“积木”分子组成:由一个或两个环组成的芳香族分子,环上的一些碳原子被氮原子取代(杂环),作为碱基;五元环的单糖(戊糖);磷酸盐。

尿嘧啶、胞嘧啶和胸腺嘧啶被称为嘧啶碱基,鸟嘌呤和腺嘌呤被称为嘌呤碱基。除了腺嘌呤之外,碱基都是以烯醇和胺达到平衡的异构体存在的(如图19.1所示)。在这些结构中,最稳定的是环酰胺,即内酰胺。然而烯醇酰胺(内酰亚胺)很清楚地展现了碱基的芳香族特性。嘧啶和嘌呤碱基具有芳香族特性,都含有6个π键和10个π电子,满足(4n+2)π电子休克尔规则。

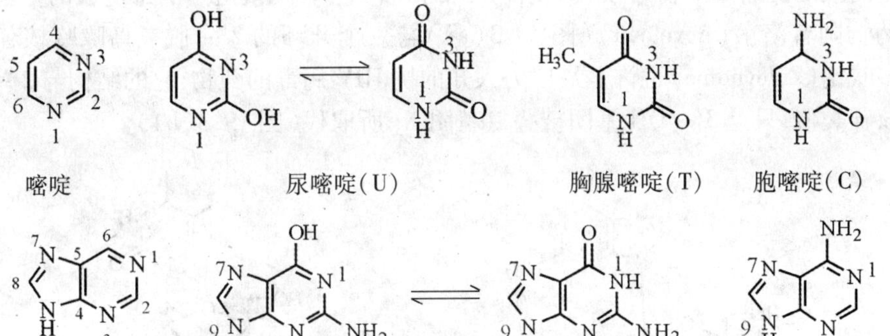

嘧啶　　尿嘧啶(U)　　胸腺嘧啶(T)　　胞嘧啶(C)

嘌呤　　鸟嘌呤(G)　　腺嘌呤(A)

图 19.1　核酸中最常见的五元杂环芳香族含氮碱基的结构及缩写

核苷含有一个戊糖,如 *D*－核糖和2－脱氧－*D*－核糖,以 *β*－*N*－糖苷键连接在嘌呤或嘧啶碱基上。DNA的单糖组分是2－脱氧－*D*－核糖(2－脱氧是指在2位少了一个羟基),RNA的单糖组分是 *D*－核糖。糖苷键是连接核糖或2－脱氧核糖的C(1′)(芳香族碳)和嘧啶碱基的N(1)或嘌呤碱基的N(9)的键。图19.2展示了尿苷的结构式,它是由核糖和尿嘧啶构成的核苷。单糖环上的原子通过从杂环胺碱基开始对C原子进行编号来区分。

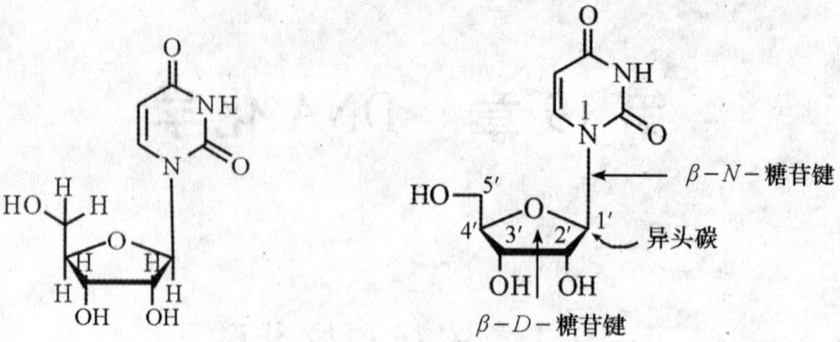

图 19.2　脱氧核苷的结构

核苷的名称如表 19.1 所示。

表 19.1　核苷的名称

碱基	核苷名称
尿嘧啶	尿嘧啶核苷
胸腺嘧啶	胸腺嘧啶核苷
胞嘧啶	胞嘧啶核苷
鸟嘌呤	鸟嘌呤核苷
腺嘌呤	腺嘌呤核苷

一些高效的抗病毒药物与核苷的结构非常相似。一种抵抗疱疹病毒造成的生殖器感染的高效药物阿昔洛韦(Acyclovir)(图 19.3(a))与一个开环的 2′-脱氧鸟嘌呤核苷非常相似。齐多呋定(Zidovudine)也许是最广为人知的抗 HIV 病毒的药物,它的结构与 2-脱氧胸腺嘧啶核苷类似,只是 3′-OH 基团被叠氮基团 N_3 所取代(图 19.3(b))。

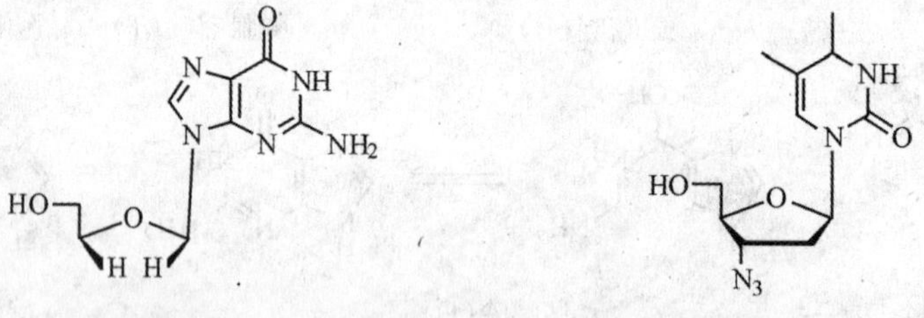

(a) 阿昔洛韦　　(b) 齐多呋定

图 19.3　阿昔洛韦和齐多呋定的结构式

核苷酸由一分子磷酸与核苷上单糖的自由羟基反应酯化而成,最常见的形式是与 3′位和 5′位羟基反应。核苷酸的命名由给定的核苷以及单磷酸盐组成。磷酯的位置通过成键的碳原子数来确定。图 19.4 给出了腺苷-5′-单磷酸盐和 2′-脱氧腺苷-5′-单磷酸盐的结构式。单磷酸酯是双质子酸,pK_a 值约为 1 和 6。因此,当 pH 值为 7 时,磷酸单酯被完全离子化了,使得核苷酸的电荷为 2-。

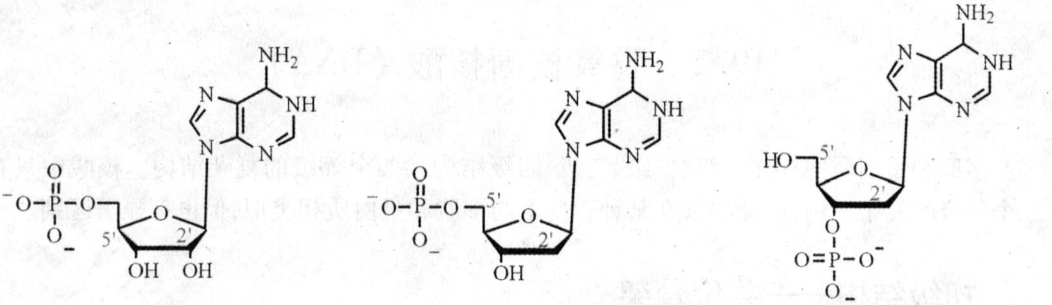

(a)腺苷－5′－单磷酸盐　　(b)2′－脱氧腺苷－5′－单磷酸盐　　(c)2′－脱氧腺苷－3′－单磷酸盐

图 19.4　腺苷和脱氧腺苷单磷酸盐的结构式

核苷单磷酸盐可以进一步被磷酸化形成双磷酸盐和核苷三磷酸。下图给出了腺苷－5′－三磷酸(ATP)的结构式。ATP 是一种在许多生化反应中常用的磷酸化试剂(即可以将磷酸基团加到其他分子上)。

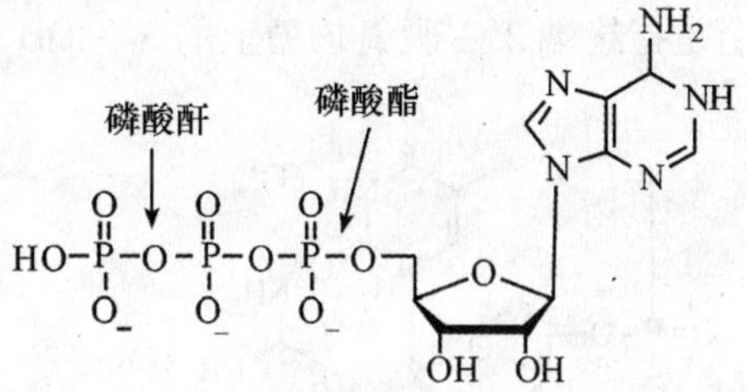

核苷双磷酸和三磷酸也是多质子酸,可以在 pH 为 7 时完全离解。腺苷三磷酸的前三步离解的 pK_a 值小于 5.0,pK_{a4} 约为 7.0。因此在 pH 值为 7.0 时,约有 50% 的腺苷三磷酸以 ATP^{4-} 存在,50% 为 ATP^{3-}。

示例 19.1　画出 2′－脱氧胞嘧啶－5′－二磷酸在 3 价负离子(电荷为 3－)状态的结构式。

分析:胞苷是胞嘧啶的 N(1)通过 *β*－*N*－糖苷键与 2－脱氧－*D* 核糖的环半缩醛上的 C(1′)连接而成。戊糖上 5′羟基通过酯键连接在磷酸基团上,这个磷酸盐又通过酐键连接在第二个磷酸基团上。

解答:

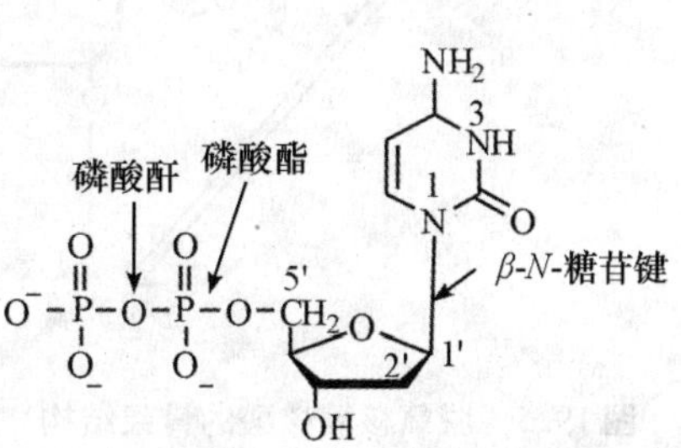

思考题 19.1　画出 2′－脱氧胸腺嘧啶－3′－单磷酸为 3 价负离子时的结构式。

19.2　脱氧核糖核酸（DNA）

多肽和蛋白质中存在一级、二级、三级、四级结构共四个等级的复杂结构。核酸中只有三个等级的复杂结构，因此尽管在某种程度上与多肽和蛋白质相类似，但也有显著区别。

初级结构——共价骨架

脱氧核糖核酸的骨架由2′－脱氧核糖和磷酸交替连接构成，一个脱氧核糖单元的3′羟基通过一个磷酸二酯键连接到另一分子脱氧核糖单元的5′－OH上（如图19.5所示）。一个嘌呤或嘧啶碱基（腺嘌呤、鸟嘌呤、胸腺嘧啶或胞嘧啶）通过$\beta-N$－糖苷键连接在每个2′－脱氧核糖单元上。DNA分子的初级结构是指这些杂环碱基沿着2′－脱氧核糖－磷酸二酯的骨架的顺序排列。5′端是聚核苷酸的一端，其中终端2′－脱氧核糖上的5′－OH基团是自由的。聚核苷酸的3′端是指终端2′－脱氧核糖上的3′－OH基团是自由的。

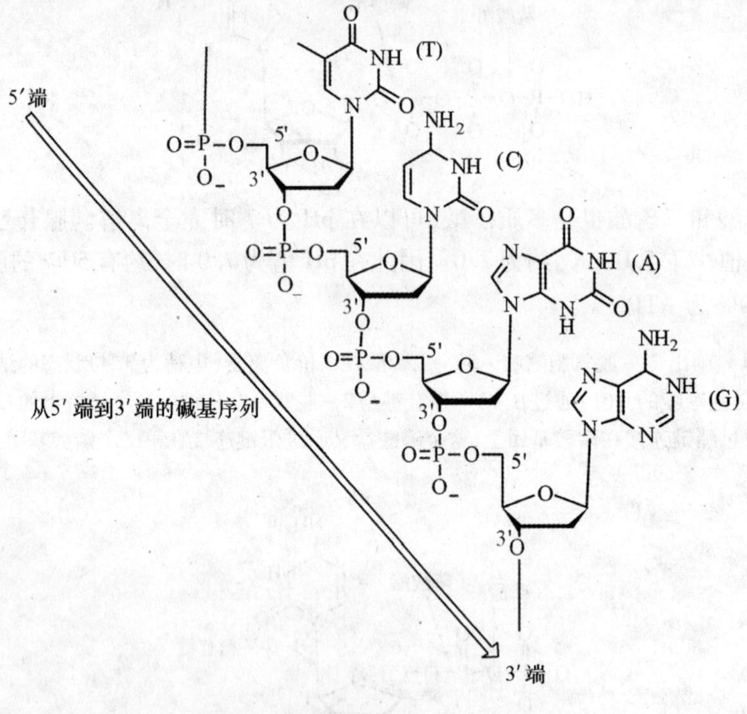

5′端

从5′端到3′端的碱基序列

3′端

图19.5　脱氧核糖核酸的骨架结构

示例19.2　画出DNA二聚核苷酸TG的结构式，磷酸端只在5′端。

分析：因为碱基的读取总是从5′到3′，因此胸腺嘧啶核苷通过磷酸二酯键连接在鸟嘌呤核苷的5′端，鸟嘌呤核苷的3′端有自由的—OH。

解答：

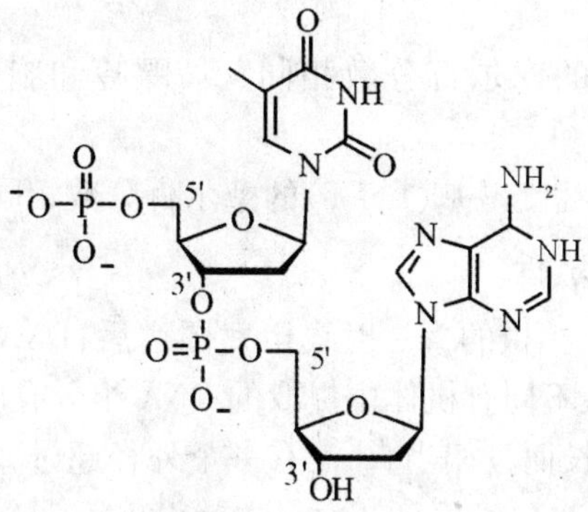

思考题 19.2　请画出含有碱基序列为CTG的DNA,其中磷酸只在3′端。

二级结构——双螺旋

20世纪50年代早期,人们已经清楚地知道DNA分子中含有脱氧核糖和磷酸的交替重复单元,二者通过3′,5′磷酸二酯键连接,每一个脱氧核糖单元上都有一个碱基通过$\beta-N-$糖苷键与其相连接,但对其三维结构却知之甚少。直到1953年,美国生物学家沃森(James D Watson)和英国物理学家克里克(Francis HC Crick)提出了DNA二级结构的双螺旋模型。沃森和克里克以及Maurice Wilkins以"关于核酸分子结构的发现以及在生物材料中信息传递的重要意义"分享了1962年的诺贝尔生理学和医学奖。尽管Rosalind Franklin也参加了这项研究,但她的名字没有出现在诺贝尔奖名单中,因为她在1958年去世,年仅37岁,而诺贝尔奖不授予已逝世的人。

Watson-Crick模型的提出是基于DNA分子的组成和两个实验发现——DNA碱基组分分析和DNA晶体的X-射线衍射图谱的数学分析。

碱基组分分析

人们曾经认为四个碱基在有机体中出现的几率是相同的,并且沿着DNA的2′-脱氧核糖-磷酸二酯键骨架有规律地重复。然而,Erwin Chargaff通过许多的组分研究实验,揭示了碱基并不总是以相同比例出现(表19.2)。

表19.2　不同有机体所含DNA碱基的含量

有机体	嘌呤		嘧啶		A/T	G/C	嘌呤/嘧啶
	A	G	C	T			
人类	30.9	19.8	19.9	29.4	1.05	0.99	1.03
羊	29.3	21.4	21.0	28.3	1.04	1.02	1.03
酵母	31.3	17.1	17.1	32.9	0.95	0.91	0.94
大肠杆菌	24.7	25.7	25.7	23.6	1.05	0.99	1.02

研究人员利用表19.2中的数据及相关数据得出了以下结论(在实验误差范围内):

(1)任何有机体中,所有细胞内的DNA中碱基的摩尔百分数相同,并且该比例值是该有机体所特有的。

(2)腺嘌呤与胸腺嘧啶的摩尔百分数相同。鸟嘌呤和胞嘧啶的摩尔百分数也相同(Chargaff 规则)。

(3)嘌呤碱基(A+G)和嘧啶碱基(C+T)的摩尔百分数相同。

X－射线衍射图谱的分析

分析完 Rosalind Franklin 拍摄的 X－射线衍射图谱后,DNA 结构的基础信息已经浮出水面。衍射图谱表明,尽管从不同有机体中提取的 DNA 组分有所不同,但是 DNA 分子自身的厚度非常统一。它们非常长而且相当直,没有一个外径超过 2nm 的,也没有超过 12 个原子厚的。而且结晶谱结构每 3.4nm 重复一次。这就引出了一个需要解决的问题:在碱基含量差别如此明显的情况下,DNA 的尺寸怎么会这么规整?随着这些信息的不断积累和发现,DNA 结构的假设也一步步发展成熟起来。

Watson-Crick 双螺旋模型

Watson-Crick 模型的核心是假定 DNA 分子是互补的双螺旋结构;含有两条反向平行的链,并沿着同一个轴以右手螺旋方式蜷曲。双螺旋也有与镜面异构体相似的手性,左手和右手螺旋成镜面对称。

为了说明发现的 DNA 碱基比例和规则厚度的情况,沃森和克里克假设嘌呤碱基和嘧啶碱基朝向螺旋内部,并且以某种特殊方式两两配对。按照模型的尺寸,腺嘌呤－胸腺嘧啶碱基对与鸟嘌呤－胞嘧啶碱基对的尺寸几乎相同,其长度与 DNA 链的核心厚度相一致(图 19.6)。如果 DNA 一条链上的嘌呤碱基是腺嘌呤,那么其反向平行的链上相对应的一定是胸腺嘧啶。同样的,如果一个是鸟嘌呤,另一个一定是胞嘧啶。换句话说,如果知道了一条链的碱基顺序,就能确定另外一条链的碱基顺序。碱基对通过 C ═O 和 H—N 之间的氢键结合在一起。

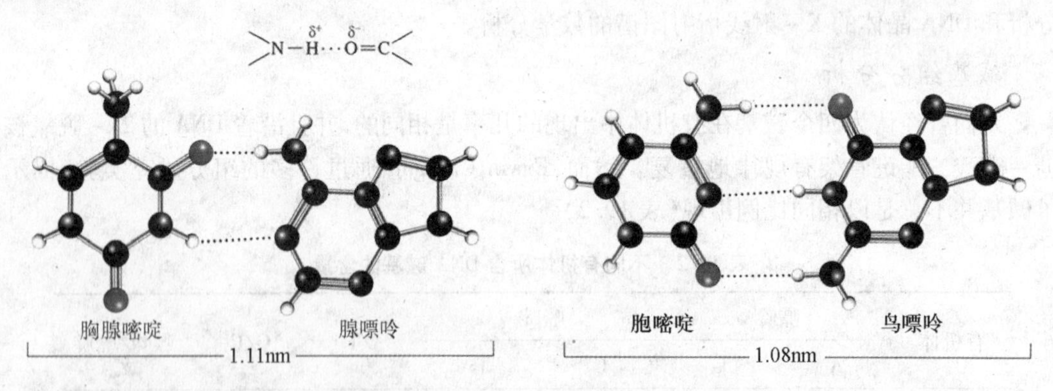

图 19.6　腺嘌呤－胸腺嘧啶碱基对(A－T)与鸟嘌呤－胞嘧啶碱基对(G－C)长度

Watson-Crick 模型的一个重要特点是其他的碱基配对与观测到的 DNA 分子厚度不一致。一对嘧啶碱基太小,而一对嘌呤碱基又太大了。根据 Watson-Crick 模型,DNA 分子为双链结构,其上面的重复结构单元不是不同尺寸的单个碱基,而是尺寸几乎相同的碱基对。

为了说明 X－射线数据的周期性,沃森和克里克假设碱基对一个接一个地堆积在一起,其间空隙为 0.34nm,10 个碱基对完成一个螺旋,即 3.4nm。图 19.7 给出了双链 B－DNA 的带状模型,这是 DNA 在稀的水溶液中最主要的形式,也是自然界中最普遍存在的形式。

在双螺旋结构中,每一个碱基对中的碱基并不是直接沿着直径方向与另一个碱基配对的,而是有些轻微的变形。这些变形和将碱基连接到糖-磷酸骨架的糖苷键的相对定向导致了 DNA 上两种不同尺寸的沟槽结构:大沟和小沟。每一个沟都沿着双螺旋圆柱体的长度方向,大沟宽约 2.2nm,小沟宽约 1.2nm。

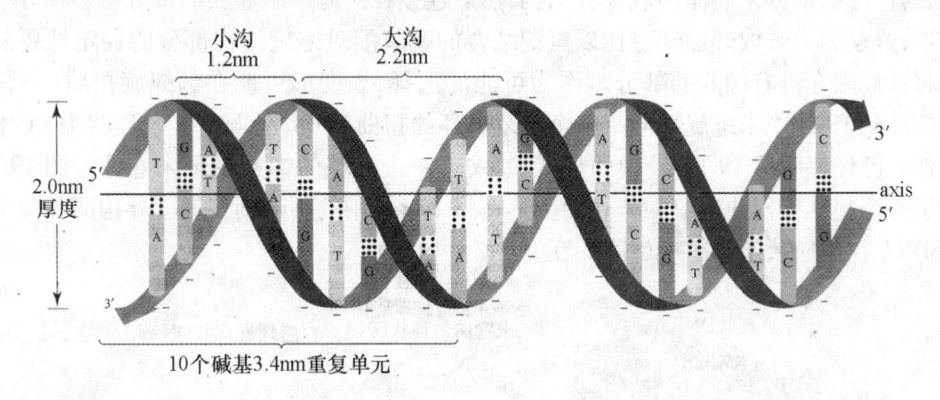

图 19.7　双链 B-DNA 的带状模型

图 19.8 给出了 B-DNA 双螺旋结构的更多细节,模型很清楚地显示了大沟和小沟。

还有一些其他的二级结构形式,主要是堆积碱基对之间的距离不同,以及每个螺旋中包含的碱基对数量不一样。最常见的是 A-DNA,它也是右手螺旋,但比B-DNA厚,重复单元的距离为 2.9nm,每个螺旋含有 10 个碱基对,每两个碱基对之间距离仅为 0.29nm。

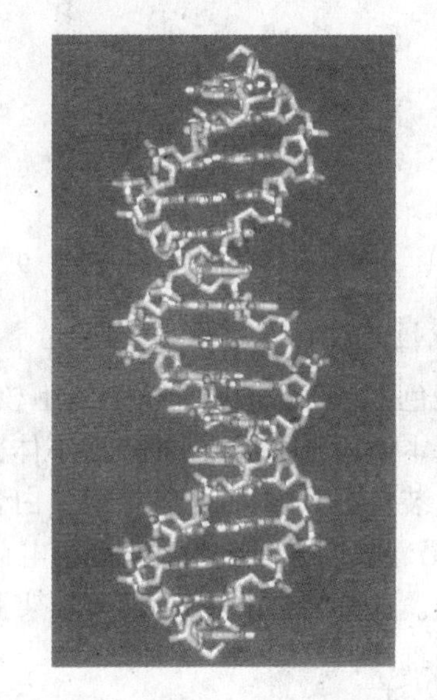

图 19.8　电脑模拟的 B-DNA 双螺旋结构图

示例 19.3　DNA 分子的一条链含有的碱基序列为 5′-ACTTGCCA-3′,写出其互补的碱基序列。

分析与解答:碱基顺序一定是从 5′写到 3′,A 与 T 成对,G 与 C 成对。

在双链 DNA 中,两条链沿着不同的方向(反向平行),因此一条链的 5′端与另一条链的 3′端相对应。从 5′端开始写,其互补链为 5′-TGGCAAGT-3′。

思考题 19.3　写出 5′-CCGTACGA-3′的互补链的碱基序列。

三级结构:超螺旋 DNA

DNA 分子的长度比它的直径要大得多,伸展的 DNA 分子链相当柔软。如果没有二级结构中的那些扭曲,DNA 分子会很放松。从另一个角度来看,放松的 DNA 分子不存在清晰的三级结构。DNA 有两种三级结构:一种是环状 DNA,一种是被称为组蛋白的核蛋白与线性 DNA 的组合。这两种核酸的三级结构都称之为超螺旋。

环状 DNA 的超螺旋

环状 DNA 是一种 5′和 3′端由磷酸二酯键相连的双链 DNA(图 19.9(a))。这种类型是细菌和病毒的最常见的形式,被称为环状复式 DNA(环状双链结构)。环状 DNA 的一条链可能是打开的,部分未卷曲形成螺旋结构,然后连接在一起。未卷曲的部分将会在分子中引入变形,这是因为未成螺旋部分比以氢键结合的碱基配对螺旋结构部分的稳定性要差。该变形将被局限在没有螺旋的部分。作为可能的选择,该变形可能在超螺旋扭曲(一种对于超螺旋环状 DNA 中未螺旋部分每一个重复循环的扭曲)的情况下在整个环状 DNA 中不规则传递。已经探明图 19.9(b)中的环状 DNA 有 4 个完整的螺旋循环未卷曲。图 19.9(c)展示了 4 个超螺旋扭曲造成的未卷曲变形在整个分子中的不规则传递。异构酶和螺旋酶可催化 DNA 在放松状态和超螺旋间的互变。

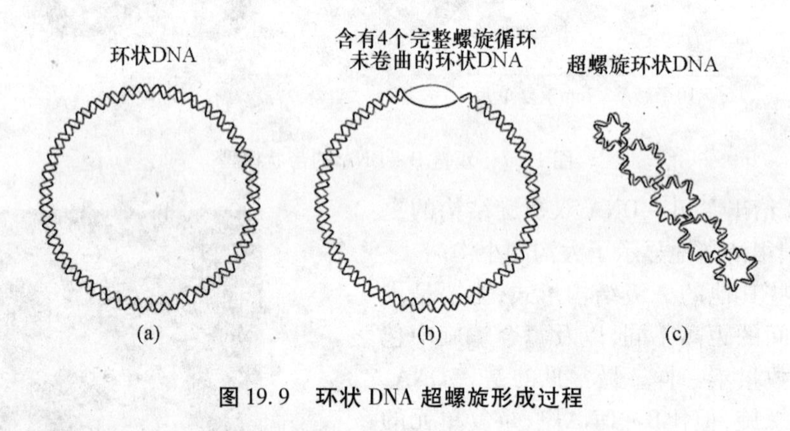

图 19.9　环状 DNA 超螺旋形成过程

线性 DNA 的超螺旋

染色质包含了动物和植物细胞核中所有的 DNA,它表现为线性 DNA 的超螺旋。染色质的基本结构单元是核小体,核小体由被称为组蛋白(H1、H2A、H2B、H3、H4)的特性蛋白质自组装包裹 DNA 而组成。组蛋白含有丰富的基本氨基酸——赖氨酸和精氨酸,在生理 pH 下沿着长度方向上有大量的正电荷位点。在核小体中,B - DNA 由 1.8 个螺旋沿着核小体蜷曲。这种结构由 DNA 磷酸骨架上的负电荷和组蛋白上的正电荷(图 19.10)之间的静电引力维持。

19.3　核糖核酸(RNA)

核糖核酸(RNA)与脱氧核糖核酸(DNA)很相似,它们都由长的线性核苷酸链组成,并通过磷酸二酯键将一个核苷酸的戊糖上的 3′羟基与另一个核苷酸中戊糖上的 5′羟基连接起来。不过,RNA 和 DNA 有三个主要的不同之处:

(1)RNA 中的戊糖单元是 β - D - 核糖,而 DNA 中是 β - 2 - 脱氧 - D - 核糖(见图 19.2)。

(2)RNA 中的嘧啶碱基是尿嘧啶和胞嘧啶,而不是胸腺嘧啶和胞嘧啶(见图 19.1)。

(3)RNA 是单链分子,而不是双链。

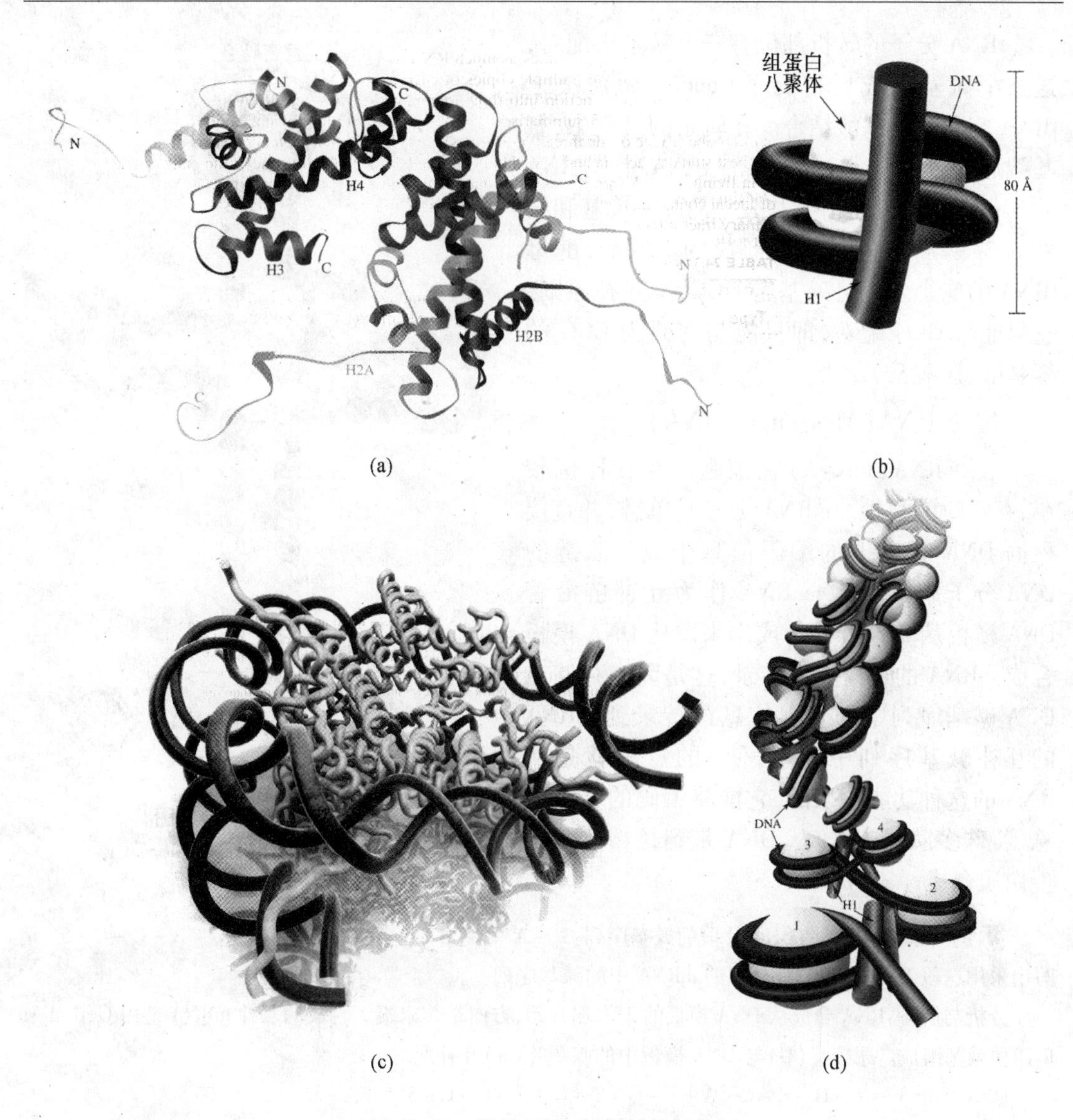

图 19.10　线性 DNA 的超螺旋结构

核糖核酸在生物体内起着非常重要作用，蛋白质的合成就是以 DNA 为模板，在细胞质中由三种 RNA 来完成的。

核糖体 RNA（Ribosomal RNA）

球状核糖体 RNA（rRNA）存在于细胞质中的核糖体内。核糖体由 60% 的 RNA 和 40% 的蛋白质组成，是蛋白质的合成场所。

转运 RNA（Transfer RNA）

转运 RNA（tRNA）是细胞内分子量最小的一类核酸。在其单链中包括 73 ~ 94 个核苷酸。tRNA 的形状类似于三叶草，这是由于链状 RNA 中部分碱基配对引起的（如图 19.11）。tRNA 的功能是将氨基酸搬运到核糖体中蛋白质的合成位点处。一种 tRNA 只能转运一种氨基酸。

tRNA 分子的转折部位有三个碱基未配对，这三个碱基组成反密码子(anticodon)，决定 tRNA 与哪种氨基酸结合。在转录的过程中，氨基酸通过酯键连接在特定的 tRNA 上。tRNA 的 3′位置的酯键是由氨基酸上的 α－羧基和核糖的 3′－羟基相互作用形成的。例如，酵母 tRNA 的三个未配对碱基是 GGC，按互补原则，它只能与 CCG 配对，即只能与密码为 CCG 的氨基酸(脯氨酸)结合。

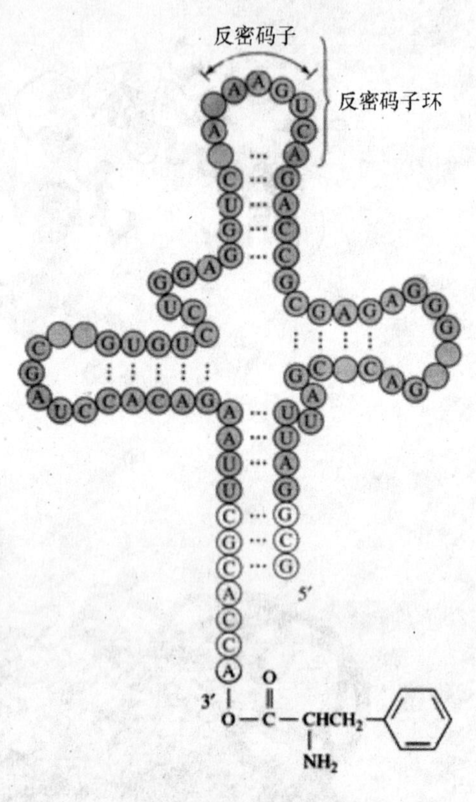

图 19.11　tRNA 结构图

信使 RNA(Messenger RNA)

信使 RNA(mRNA)在细胞中存在比例较小，存活时间很短。mRNA 分子是单链，并直接根据 DNA 分子上的编码信息生成。双链的 DNA 分子解旋以后，mRNA 作为互补链沿着 DNA 模板从 3′端开始合成出来。从 DNA 模板合成 mRNA 的过程成为转录，这是因为存储在 DNA 碱基序列中的基因信息被转录到 mRNA 的互补碱基序列中。"信使"的意思就是从 RNA 的这种功能得来的，它能将编码的基因信息(特殊多肽的蓝本)从 DNA 带到核糖体用于蛋白质合成。

示例 19.4　下列是 DNA 片段的碱基序列：3′－A－G－C－C－A－T－G－T－G－A－C－C－5′，请写出采用这段 DNA 作为模板合成的 mRNA 中的碱基序列。

分析与解答：RNA 合成从 DNA 模板的 3′末端开始，方向是 5′末端。合成的互补 mRNA 链由 C、G、A 和 U 四种碱基组成。尿嘧啶(U)与 DNA 模板中的腺嘌呤(A)互补配对。

DNA 模板 3′－A－G－C－C－A－T－G－T－G－A－C－C－5′

mRNA　　5′－U－C－G－G－U－A－C－A－C－U－G－G－3′

从 5′末端开始阅读，我们可以发现 mRNA 序列是：

5′－UCGGUACACUGG－3′

思考题 19.4　有一段苯丙氨酸 tRNA 的核苷酸片段：

3′－ACCACCUGCUCAGGCCUU－5′

请写出与此链互补的 DNA 链序列。

19.4　遗传密码子

早在 19 世纪 50 年代人们就发现了 DNA 分子中的碱基序列可存储遗传信息并且指导

mRNA的合成,mRNA又指导蛋白质的合成。这种核酸序列与多肽链之间的对应关系称为遗传密码子。

密码子的三联体形态

如果说DNA碱基序列能指导蛋白质的合成,那么它是如何做到的呢?一个仅含有4个不同组分(腺嘌呤、鸟嘌呤、胞嘧啶、胸腺嘧啶)的分子如何指导包括20种不同组分(氨基酸)的分子的合成?

一个显而易见的答案是,通过碱基的组合来编码每个氨基酸,而不是单独的碱基对应一个氨基酸。如果这个密码由核酸对组成,就有$4^2=16$种组合。这是一个范围比较广的编码方式,但还不足以编码20种氨基酸。如果密码是由3个一组的核酸编码,就有$4^3=64$种组合,足以编码蛋白质的初级结构。有证据显示,从基因(核酸)与蛋白质(氨基酸)序列的比对来看,大自然确实采用了简单的三因子或者三联体密码来存储遗传信息。这种三联体核酸结构称为密码子。

下一个问题是:这64个三联体如何与氨基酸配对?

在1961年,Marshall Nirenberg基于合成的多聚核苷酸可以像天然mRNA一样指导多肽的合成的观测结果,提供了解决这个问题简单的实验途径。Nirenberg发现,当核糖体、氨基酸、tRNA和适当的蛋白质合成酶在体外孵育时,没有多肽生成。然而,当加入人工聚尿苷酸(poly-U)时,一个高摩尔质量的多肽生成了。更重要的是,这个合成的多肽只包含苯丙氨酸。伴随这个发现,密码子的第一个成员被破解了——代表苯丙氨酸的三联体UUU密码子。

在合成不同的聚核苷酸的过程中发现了类似的现象。例如,聚腺苷酸(poly-A)引发聚赖氨酸的合成,聚胞嘧啶核苷酸(poly-C)引发聚脯氨酸的合成。到1964年时,所有64个密码子都被破译出来了(表19.4)。Nirenberg、Robert Holley和Har Gobind Khorana这三位科学家由于他们的研究工作分享了1968年诺贝尔生理学和医学奖。

表19.4列出了密码子的一些指标:

(1)只有61个三联体密码子编码氨基酸。另外三个(UAA、UAG和UGA)是链终止信号,它们将蛋白质初级结构合成成功的信号向蛋白质合成体系传递。这三个链终止三联体在表中用"STOP"表示。

(2)密码子发生了退化,即有多种氨基酸被不只一个三联体编码。只有甲硫氨酸和色氨酸只被一种三联体编码。亮氨酸、丝氨酸和精氨酸能被6种三联体编码,其他氨基酸被两个、三个或四个三联体编码。

(3)对于15种被二到四个三联体编码的氨基酸来说,它们的密码子只有第三个字母不同。比如说甘氨酸的编码为GGA、GGG、GGC和GGU。

(4)密码子没有模糊性,即每个密码子只对应一种氨基酸。

表 19.4　遗传密码子:mRNA 密码子和每个密码子对应的氨基酸

第一位碱基	第二位碱基 U		第二位碱基 C		第二位碱基 A		第二位碱基 G		第三位碱基
U	UUU	Phe	UCU	Ser	UAU	Tyr	UGU	Cys	U
	UUC	Phe	UCC	Ser	UAC	Tyr	UGC	Cys	C
	UUA	Leu	UCA	Ser	UAA	STOP	UGA	STOP	A
	UUG	Leu	UCG	Ser	UAG	STOP	UGG	Trp	G
C	CUU	Leu	CCU	Pro	CAU	His	CGU	Arg	U
	CUC	Leu	CCC	Pro	CAC	His	CGC	Arg	C
	CUA	Leu	CCA	Pro	CAA	Gln	CGA	Arg	A
	CUG	Leu	CCG	Pro	CAG	Gln	CGG	Arg	G
A	AUU	Ile	ACU	Thr	AAU	Asn	AGU	Ser	U
	AUC	Ile	ACC	Thr	AAC	Asn	AGC	Ser	C
	AUA	Ile	ACU	Thr	AAA	Lys	AGA	Arg	A
	AUG	Met	ACG	Thr	AAG	Lys	AGG	Arg	G
G	GUU	Val	GCU	Ala	GAU	Asp	GGU	Gly	U
	GUC	Val	GCC	Ala	GAC	Asp	GGC	Gly	C
	GUA	Val	GCA	Ala	GAA	Glu	GGA	Gly	A
	GUG	Val	GCG	Ala	GAG	Glu	GGG	Gly	G

示例 19.5　在转录过程中,一段合成好的 mRNA 序列如下:

5′ – AUG – GUA – CCA – CAU – UUG – UGA – 3′

(a)写出合成这段 mRNA 的 DNA 模板的核苷酸序列;

(b)写出这段 mRNA 对应的多肽的初级结构。

分析与解答:(a)在转录过程中,mRNA 是从 DNA 模板链的 3′末端开始复制的。DNA 模板链一定是和新合成的 mRNA 链互补的:

DNA 模板　　3′ – TAC – CAT – GGT – GTA – AAC – ACT – 5′

mRNA　　5′ – AUG – GUA – CCA – CAU – UUG – UGA – 3′

(b)注意,密码子 UGA 在合成多肽链的过程中起终止作用,因此该 mRNA 对应的多肽为五肽。

对应的氨基酸序列如下所示:

5′ – AUG – GUA – CCA – CAU – UUG – UGA – 3′

met　val　pro　his　leu　stop

思考题 19.5　以下序列是后叶催产素(一种哺乳动物在分娩时释放的多肽激素)的 DNA 编码:

3′ – AGG – ATA – TAA – GTT – TTA – ACG – GGA – GAA – CCA – CCA – ACT – 5′

(a)写出这段 DNA 序列合成 mRNA 的碱基序列;

(b)利用在(a)中所得序列写出后叶催产素的初级结构。

多肽合成

正如前文所述,每个 mRNA 上的三联体碱基称为密码子,每个密码子对应一种氨基酸。密码子到氨基酸的转变关系构成了遗传密码。密码子最引人注目的特征是其普适性。比如,人体编码丙氨酸的密码子在细菌、土豚、骆驼、兔子及椿象的遗传系统里都能编码丙氨酸。可以说,整个生命系统的化学血缘关系是十分密切的。

三联体密码子和 tRNA 上的一个密码子是互补的,这个密码子称为反密码子。tRNA 分子携带着与反密码子对应的氨基酸,当反密码子与对应的密码子在氢键的作用下结合时,tRNA 会沿着 mRNA 排成一列。例如,如果反密码子是 ACC,反密码子上的碱基 A 必须在密码子上找到碱基 U,同时相邻的两个 C 必须在 mRNA 链上找到碱基 G。这样密码子和反密码子才能如右图配对,图上的虚线表示氢键。

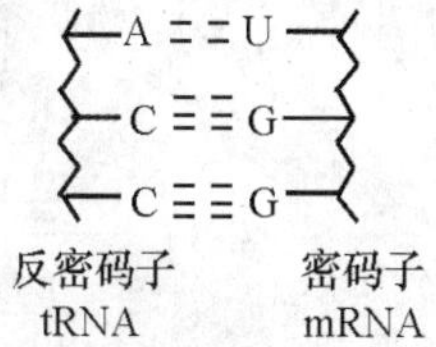

A = U
C ≡ G
C ≡ G
反密码子 tRNA　　密码子 mRNA

mRNA 上的密码子决定了 tRNA 基团的排列顺序,氨基酸的这种排列最后组成了多肽。在图 19.12 中,我们对这个过程做了详细的介绍。

在图 19.12(a)中,一个 tRNA-Gly 复合物需找到两个位点:一个已经开始复制的二肽,一个 tRNA-Gly 可以结合的密码子。

在图 19.12(b)中,tRNA-Gly 已经位于正确的位置了。只有这种对应的基团才能与之结合,两个碱基对——密码子与反密码子保证了正确的配对。

在图 19.12(c)中,整个二肽基团移动并与甘氨酸通过一个新形成的肽键连接。这样就通过一个 tRNA 基团将一个三肽连接在 mRNA 之上。

由于下一个密码子是编码丙氨酸的 GCU,只有一个 tRNA-Ala 基团能与下一个位点结合,所以含有甲基侧链的丙氨酸是唯一能在这个位点与多肽链结合的氨基酸。这个链的延长过程不断重复,直到遇到一个用来终止这个过程的密码子,多肽链的合成就结束了。它具有被基因的分子结构决定的特定侧链。

遗传缺陷

大约有 2000 种疾病是由细胞各种遗传机制缺陷造成的。由于从基因到多肽的过程步骤很多,其中有很多出错的机会。假设基因中只有一个碱基缺失了,这就意味着 mRNA 上的一个碱基是错的(与我们期望的多肽相比)。这将改变剩下的所有密码子。例如,一 mRNA 链接下来的密码子是 – UCU – GGU – GCU – U…,但第一个 G 缺失了,整个序列就变成了 – UCU – GUG – CUU –。剩下的所有三联体都发生了改变。可以想象这将导致产物和我们的目标多肽有多大的不同。

假设第二个 G 被 C 替换,这意味着 GGU 密码子变成了 GCU,所以 – UCU – GGU – GCU – 变成了 – UCU – GCU – GCU –。最后得到的多肽有一个氨基酸错误,这种变异会造成很大差异,例如,正常血红蛋白和镰刀细胞血红蛋白的差异,类似变异可能会造成囊性纤维化。

病毒

病毒是一些由核酸和蛋白质组成的微观粒子,可以感染生物体的细胞。它们自己不能繁殖,但可以通过感染宿主细胞进行复制。病毒的核酸可以接管宿主细胞特定组织的遗传

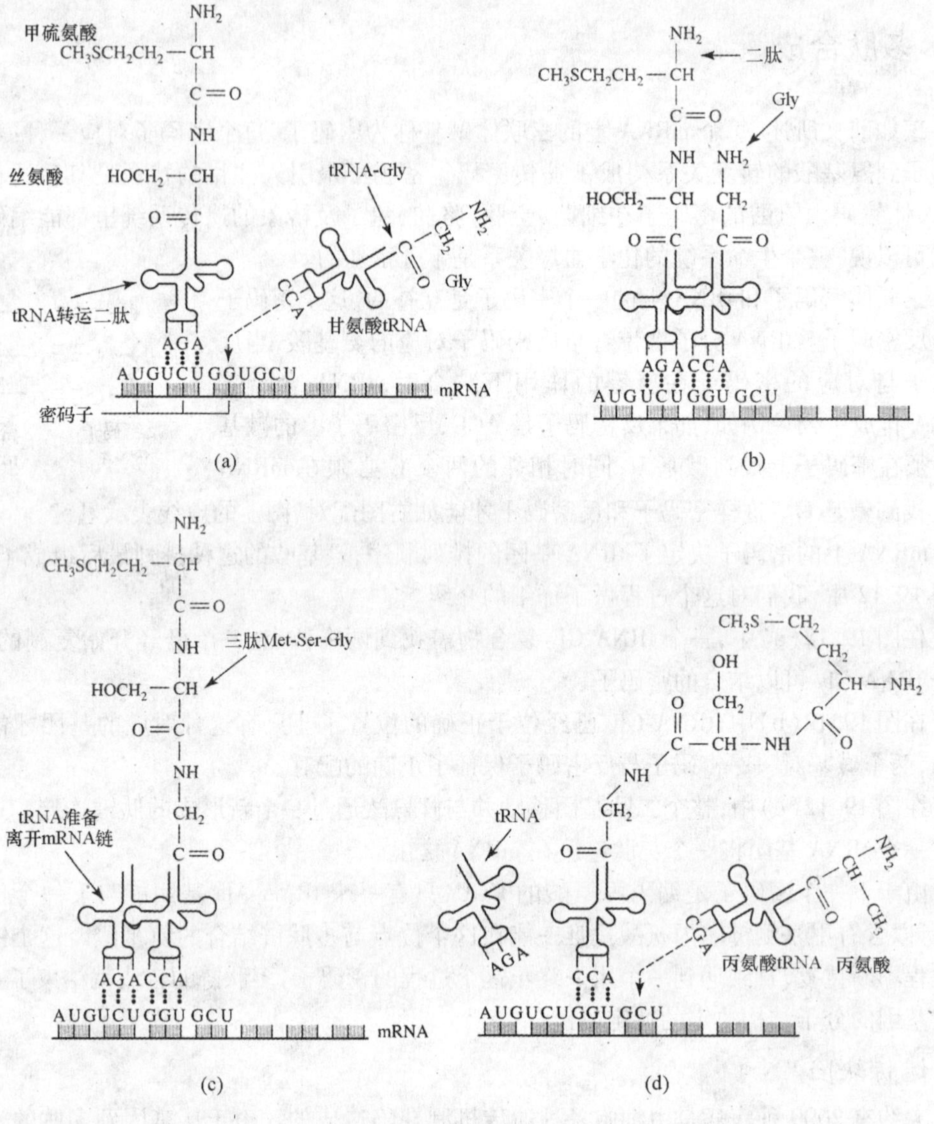

甲硫氨酸
$CH_3SCH_2CH_2-CH$
丝氨酸
$HOCH_2-CH$
tRNA转运二肽
tRNA-Gly
Gly
甘氨酸tRNA
AGA
AUGUCUGGUGCU
mRNA
密码子

(a)

二肽
Gly
AGACCA
AUGUCUGGU GCU

(b)

三肽Met-Ser-Gly
tRNA准备离开mRNA链
AGACCA
AUGUCUGGU GCU
mRNA

(c)

tRNA
AGA
CCA
丙氨酸tRNA　丙氨酸
AUGUCUGGU GCU

(d)

图 19.12　mRNA 上多肽的合成

系统,制造更多的病毒个体,当病毒个体多到一定程度时,宿主细胞就会解体。由于癌细胞分裂不均匀,并且通常比正常细胞分裂得更快,因此一些病毒被认为是导致癌症的因素。

关于病毒是否是生物还有很多争论。由于它们没有细胞膜,并且不能进行自主的新陈代谢(这被认为是广义的生命的定义),因此通常被认为是非生命的种类。图 19.13 显示了一个伊波拉病毒的电镜照片,这种病毒造成伊波拉出血热。伊波拉病没有疫苗,也无法医治,患者死亡率为 50% ~90%。伊波拉

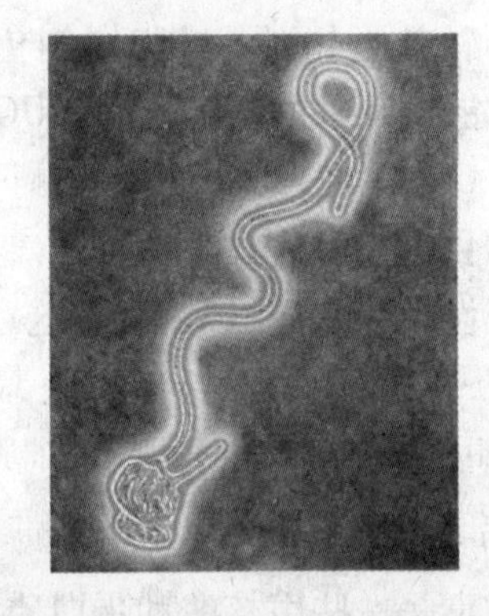

图 19.13　伊波拉病毒的电镜照片

症的表现为呕吐、腹泻、内出血和外出血以及高烧。

19.5　核酸测序

在 1975 年之前,确定核酸的初级结构被认为远远难于确定蛋白质的初级结构。显然,核酸只有四个不同的基团,然而蛋白质却有 20 个不同的基团。由于只有四种不同的基团,核酸几乎没有可用于选择性分离的特定位点,因此很难分辨特定的序列。但随着研究的进展,有两种核酸测序的方法得到广泛应用。第一种叫做聚丙烯酰胺凝胶电泳的电泳技术,该技术十分灵敏,可以区分只有一个核苷酸不同的核酸片段。另一种技术是在细菌中发现了一类叫做限制性内切酶的酶,它可以在 DNA 链上催化水解特定的磷酸二酯键。

限制性内切酶

限制性内切酶可以切开双链 DNA, 它可以识别一个含 4 ~ 8 个核苷酸的位点,并通过水解任何含有该特定序列的 DNA 链的磷酸二酯键来切开 DNA 链。分子生物学家分离出了大约 1000 种限制性内切酶,并根据其特征进行了分类;每种都能以不同的位点切开 DNA 并留下不同的限制性片段。例如,大肠杆菌含有一种限制性内切酶 EcoR Ⅰ,识别六核苷酸序列 GAATTC,并在 G 和 A 之间切开它:

由此切开
↓
$$5'—G—A—A—T—T—C—3' \xrightarrow{\text{EcoR I}} 5'—G + 5'—A—A—T—T—C—3'$$

注意,限制性内切酶的特异性高于其他水解酶,如胰岛素,能催化由赖氨酸和精氨酸的羧基生成的酰胺键水解;胰凝乳蛋白酶,能催化由苯丙氨酸、酪氨酸和色氨酸的羧基生成的肽键水解。

限制性内切酶的发现者 Werner Arber、Daniel Nathans 和 Hamilton Smith 获得了 1978 年的诺贝尔生理学和医学奖。转基因大肠杆菌生产人胰岛素救治糖尿病人是这项发现的第一种应用。

有意思的是,许多被限制性内切酶识别的序列是回文(回文指一个单词或者一组单词顺着读和倒着读是一样的,如“mum”、“dad”、“noon”和“race car”等)。这类限制性内切酶识别模板含有一段回文的 DNA 片段。也就是说,模板链上的碱基序列和有义链的序列倒着读是一样的,反之亦然。例如,限制性内切酶 Alu Ⅰ识别有义链上的 AGCT 序列,因此模板链上的这段序列就是 TCGA。限制性内切酶 Pst Ⅰ 的识别序列是 CTGCAG(有义链)和 GACGTC(模板链)。

示例 19.6　以下是一段牛视网膜紫质的基因片段,同时表中有几种限制性内切酶,它们的识别位点和水解位点(表中箭头处)也一并列出来了。

5′ - GTCTACAACCCGGTCATCTACTATCATGATCAACAAGCAGTTCCGGAACT - 3′

酶	限制性序列	酶	限制性序列
Alu Ⅰ	AG↓CT	Hpa Ⅱ	C↓CGG
Bal Ⅰ	TGG↓CCA	Mbo Ⅰ	↓GATC
FnuD Ⅱ	CG↓CG	Not Ⅰ	GC↓GGCCGC
Hea Ⅲ	GG↓CC	Sac Ⅰ	GAGCT↓C

请问:哪些限制性内切酶可以催化切开给定 DNA?

分析与解答:只有限制酶 Hpa Ⅱ、Mbo Ⅰ可以催化这个多核苷酸断裂;Hpa Ⅱ有两个催化位点,Mbo Ⅰ只有一个位点:

Hpa Ⅱ　　Mbo Ⅰ　　Hpa Ⅱ

↓　　↓　　↓

5′ - GTCTACAACC - CGGTCATCTACTATCAT - GATCAACAAGCAGTTC - CGGAACT - 3′

思考题 19.6　以下是牛视网膜紫质基因的另一条片段

5′ - ACGTCGGGTCGTCGTCCTCTCGCGGTGGTGAGTCTTCCGGCTCTTCT - 3′

请问示例 19.6 中哪些限制性内切酶可以催化切开这条片段?

核酸的测序方法

DNA 测序始于双链 DNA 的位点特异性缺口,此缺口由一个或多个限制性内切酶切成片段,称为限制性片段。每个限制性片段是单独测序的,重叠的碱基序列被识别出来,整个碱基序列随后就被推测出来了。

目前有两种限制性片段的测序方法。第一种方法是被 Allan Maxam 和 Walter Gilbert 发现的,被称为 Maxam-Gilbert 方法,基于碱基特异性化学分裂。第二种方法是由 Frederick Sanger 发现的,称为末端终止法或双脱氧法,基于 DNA 聚合酶催化的合成过程的终止。由于"发现了 DNA 结构分析的化学和生物学方法",Sanger 和 Gilbert 分享了 1980 年诺贝尔化学奖。现在 Sanger 的双脱氧法被广泛利用,在后面我们将详细介绍。

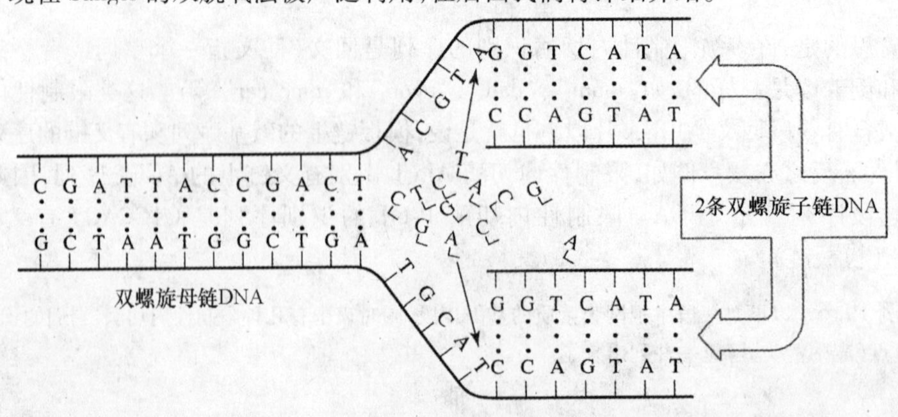

图 19.14　DNA 的复制

DNA 的体外合成

为了更好地了解双脱氧法的理论,首先必须清楚地了解 DNA 合成的生化特征。首先,DNA 在细胞分裂的时候才会复制。复制时,一条链的核酸序列被复制为互补链来组成 DNA 分子双链的另一条链(图 19.14)。

互补链的合成是由 DNA 聚合酶来催化的。如下面的方程式所示,DNA 链通过向链的 3′-OH自由端添加新基团来生长。

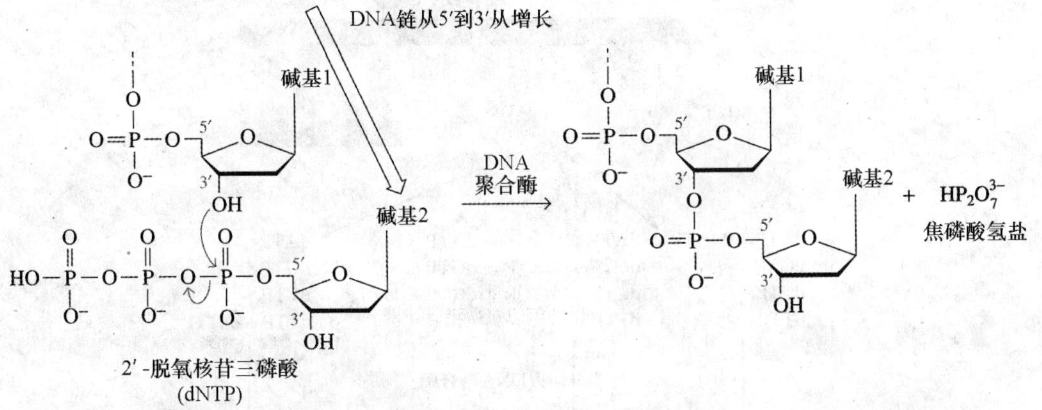

DNA链从5′到3′从增长

碱基1　碱基2　DNA 聚合酶 →　碱基1　碱基2　+ $HP_2O_7^{3-}$ 焦磷酸氢盐

2′-脱氧核苷三磷酸 (dNTP)

在四种脱氧核苷三磷酸(dNTP)单体和引物存在的情况下,DNA 聚合酶在体外以单链 DNA 为模板催化这个合成反应。引物是一种可以通过与单链 DNA(ssDNA)互补配对形成一段短的双链 DNA(dsDNA)的寡核苷酸。因为新的 DNA 链的合成方向是5′到3 ′末端,引物必须具有一个 3′-OH 基团,以便合成链的第一个核酸能与之结合,如下图所示:

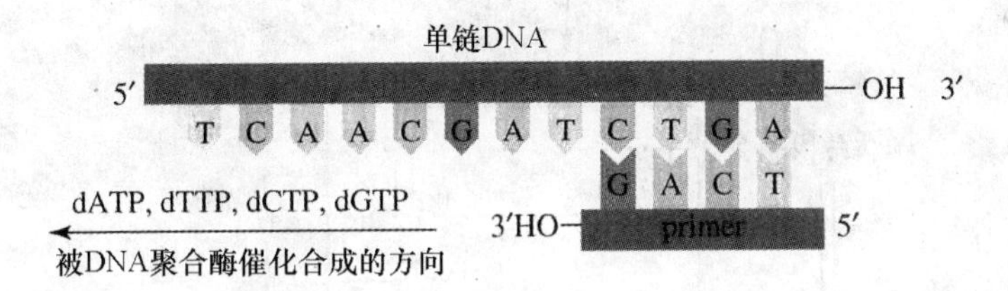

末端终止法/双脱氧法

末端终止法的关键是向合成体系中加入 2′,3′双脱氧核苷酸:

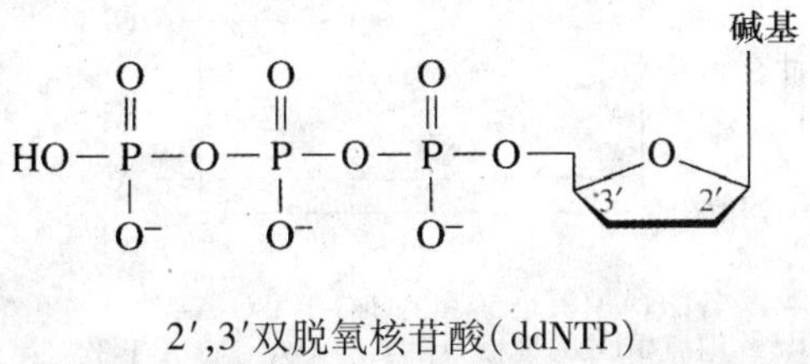

碱基

2′,3′双脱氧核苷酸(ddNTP)

因为一个 ddNTP 在 3′没有 -OH,它不能接纳用来继续延长核苷酸链的核苷酸。因此链合成在 ddNTP 加入的地方就终止了,故命名为末端终止法。

在末端终止法中,未知序列的单链 DNA 与引物混合并被分离成四份反应混合物。每份反应混合物都被加入了全部四种脱氧核苷三磷酸(dNTPs),其中一种 dNTP 在5′磷酸基团上用磷－32标记,这样新合成的片段就可以利用射线自动照相技术观察到。

$$^{32}_{15}P \rightarrow ^{32}_{16}S + \beta\text{粒子} + \gamma-\text{射线}$$

在各反应混合物中同时加入DNA聚合酶和四种ddNTPs中的一种。各反应混合物中dNTPs与ddNTPs的比例是经过调整的,因此ddNTP加入到新合成的DNA链中的机会很少。DNA在各个体系中合成,其中存在不同的链长,对应于在每一个可能位点终止的DNA分子(图19.15)。

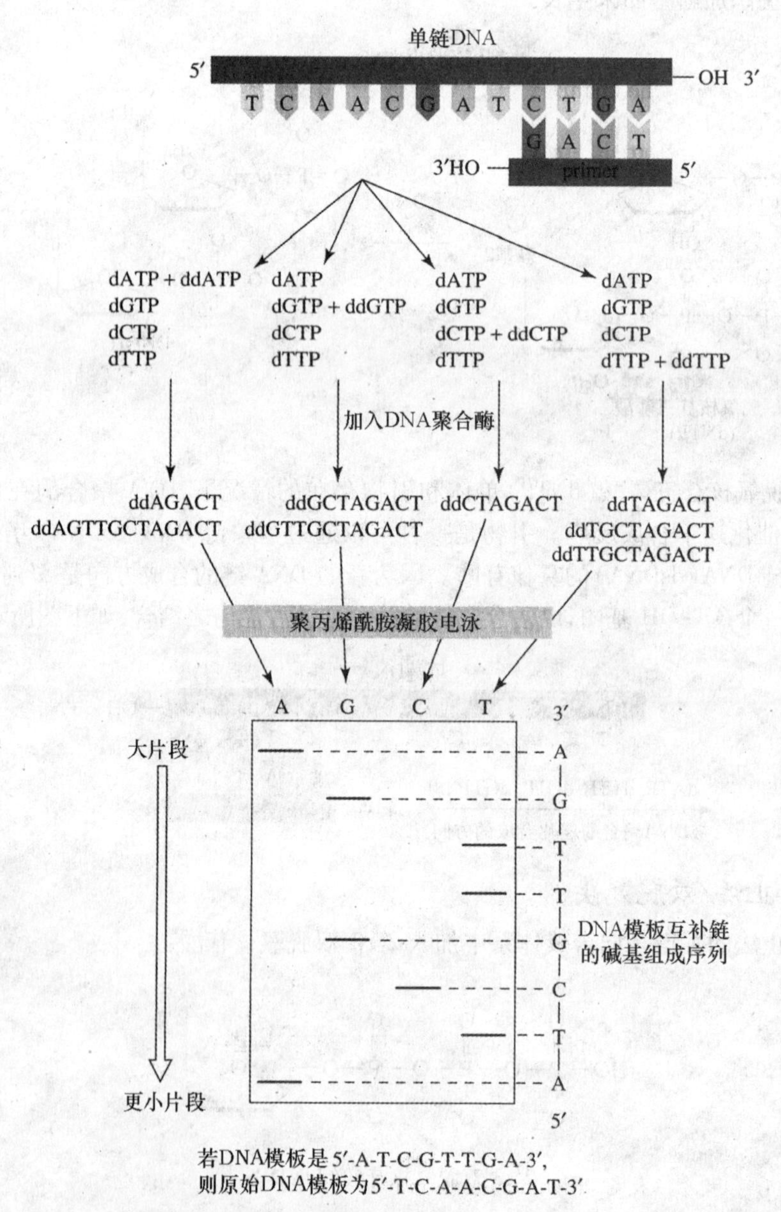

图19.15　末端终止法测序过程

当每个反应混合物体系做凝胶电泳后,在凝胶上覆盖一张X胶片,放射性的^{32}P释放的γ－射线使胶片变暗,出现的图案就是解体的寡核苷酸。原始单链模板的互补序列的碱基序列可以直接从照射出来的胶片自下而上地读出来。

这个方法的一个变化是仅使用一个反应体系，每种ddNTPs都用不同的荧光标记物标记，检测荧光就可以检测出这些标签。使用这种方法的自动化DNA测序仪每天可以测序多达10000个碱基。

人类基因组测序

人类基因组序列在2000年6月由两个相互竞争的小组(人类基因组计划和私人公司Celera)公布。这个里程碑描绘的不是一个完整的序列，而是一个粗糙的草稿，大约包含了整个基因组的85%。2003年4月14日，两个小组共同宣布已经完成了基因组序列的99%，并且准确度达到了99.99%。最终版本已经被反复检查了8~9次，结果是10000个碱基中只有一个错误碱基。人类基因组测序的方法是基于对链终止法的细微改良，利用大量毛细管电泳产生的平行片段进行分析。Celera公司的方法平行地利用了约300个最快的测序仪，同时处理许多平行的DNA片段，并利用超级计算机来集合和比较重复序列。

基因工程

细菌某些片段的DNA可以被修饰来转录和制造外源DNA的蛋白质。细菌利用和人一样的密码子来合成它们自己的多肽。然而，和人类不一样的是，不仅细菌的染色体携带遗传物质，一个大的叫质粒的超螺旋圆环也携带DNA。每个质粒携带一点基因，但一个质粒的几个拷贝可以同时存在于细菌细胞内，且质粒的复制独立于染色体。

质粒可以从细菌上移出并用限制性内切酶剪开，暴露出质粒DNA分子的开放末端。然后DNA分子被粘贴到质粒这个开放末端上并使其重新闭合。新的DNA可能包含一个指导完全外源多肽合成的基因，例如人胰岛素的亚基。改变过的质粒DNA叫做重组DNA，与这个程序相关的技术称为基因工程。

载有重组DNA的细菌质粒的特殊性质是，当细菌繁殖时，重组质粒也会复制。因为细菌繁殖的速度很快，重组细菌的数量将会变得很大。在它们进行细胞分裂时，重组细菌生产基因编码的蛋白质，包括重组DNA编码的蛋白质。用这个方法可以诱导细菌来制造人胰岛素。这个技术不仅仅限于细菌，酵母细胞也可以用于基因工程。

基因工程学家希望找到改变基因缺陷的方法。相当多的工作已经开展了，例如，改变病毒核酸，使其负载DNA进入人体，细胞用来治疗囊性纤维化病。血友病人由于缺少使血液凝固的血液因子，因此即使一个很小的切口都会导致血流不止，这种病有可能借助基因工程技术引入凝血因子而得到治愈。

相关知识链接——DNA纹印测试

如果对犯罪剧做一个总结，DNA在破解悬疑案件中起到了关键性作用。除了用来帮助定罪之外，也可以用来消除嫌疑、鉴别灾难死者、做亲子鉴定等。比较DNA样本的技术被称为DNA纹印测试或DNA指纹印记。

每个人的基因编码由大约30亿个碱基对组成。不同个体的绝大部分DNA序列是相同的。然而不同的人或动物，其DNA分子的一部分是不同的(除了同卵双胞胎和克隆体外)，侧链碱基的高可变重复序列称为短串联重复序列或微小卫星，赋予每个人独一无二的DNA指纹，可以用来可靠地区分不同的个体。DNA样本可以从遗留在犯罪现场的毛发、血液、精液、唾液或者皮肤中获得。事实上,每个细胞,除了生殖细胞(精子和卵子)和毛发,都含有DNA序列可供鉴别。

在下图的DNA指纹印记中,泳道1、5和9代表内参或者对照组。这些泳道包括了使用一些标准限制性内切酶处理的特定的病毒DNA。泳道2、3和4用来作父子鉴定。泳道4的母亲样本包含了5个条带,与泳道3的小孩样本DNA指纹6个条带中的5条吻合。泳道2中的父亲样本包括6个条带,其中3条与小孩的DNA指纹条带吻合。由于小孩遗传了父亲一半的基因,因此只有一半的条带有可能吻合,在这个案例中,我们可以认为,基于DNA指纹印记的吻合,可以确定父亲和小孩具有亲缘关系。他不是小孩的父亲的概率相当小——大约1/100000。

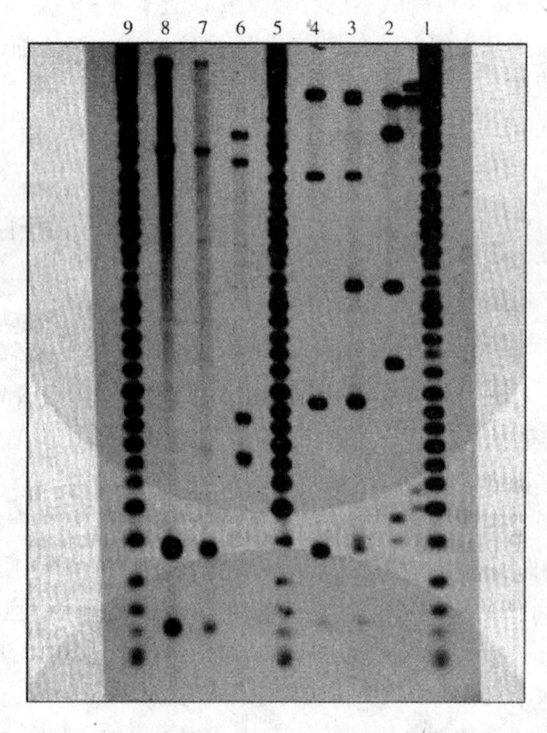

泳道6、7和8包括了一个犯罪案件中作为证据的DNA指纹印记。泳道6和7是从犯罪现场采集的DNA指纹印记。泳道8是犯罪嫌疑人的DNA指纹印记。我们可以看到,泳道7和8的条带是一样的。而泳道6的图来自他人。在一个人的DNA序列纹印与犯罪现场得到的DNA吻合的条件下,这里的DNA不是来自同一个人(比如说其他人作案)的概率(大致是1/820亿)非常低。

关于在犯罪案件中使用DNA证据的激烈争论并不涉及DNA匹配的可靠性,而涉及到各种复杂的法律以及在犯罪现场收集样本表现出的细心与粗心程度。如果犯罪现场被他人的DNA污染了,鉴别工作就变得复杂了,造成污染的人可能包括罪犯、受害者、侦探以及任何来过犯罪现场的人。侦探必须首先剔除受害者以及其他被证实清白的人的DNA,剩下的就是潜在的嫌疑人。

习　题

19.1　解释核苷和核苷酸结构上的不同。

19.2　DNA与RNA在结构上有哪些本质的不同。

19.3　列出DNA中不同核苷酸的组成、缩写及其结构。

19.4　“互补碱基”是什么意思？

19.5　描述mRNA、tRNA和rRNA各自的作用以及它们之间的不同之处。

19.6　描述DNA的复制过程。

19.7　简单地写出从DNA到蛋白的生物合成过程。

19.8　什么是基因突变？

19.9　下面是胞嘧啶和胸腺嘧啶的结构式，写出其互变异构体的醇式结构，其中胞嘧啶有两种，胸腺嘧啶有三种。

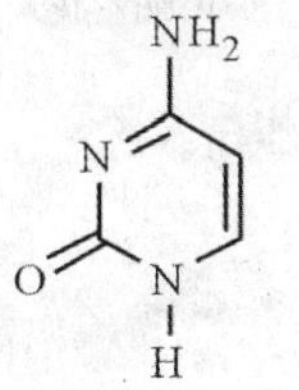

NH_2 N O N H

胞嘧啶（C）

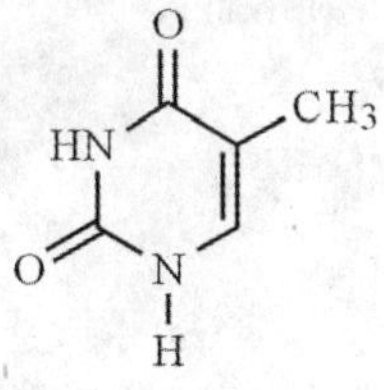

O HN CH_3 O N H

胸腺嘧啶（T）

19.10　分析核酸中5个碱基的官能团，在形成氢键时哪些官能团是氢的受体（A）？哪些是氢的给体（D），或者两者都是A/D？

19.11　写出下列DNA的互补序列5′-TCAACGAT-3′。

19.12　编码氨基酸时，密码子上是以嘧啶作为第二碱基，即不是U就是C，那么与该密码子相符的氨基酸上是否会存在大量的亲水或疏水侧链。

19.13　下列化合物被作为潜在抗病毒剂进行研究，解释这些化合物如何阻止RNA或DNA的合成？

(a) NH_2 N N N N HO O OH

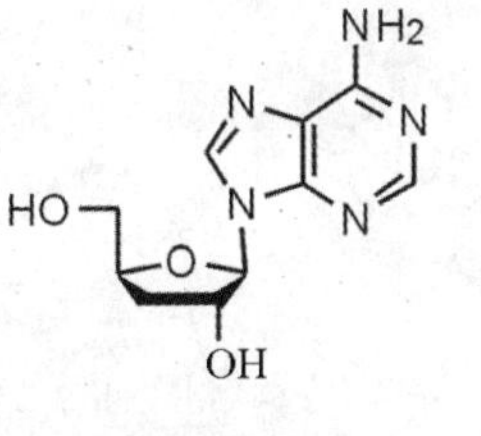

(b) Cl N Cl N Cl HO O OH OH

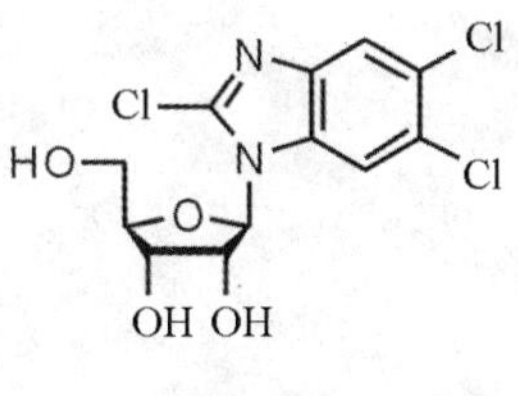

(c) NH_2 N N N N OH OH

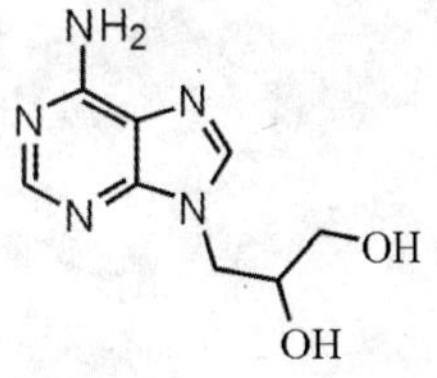

19.14　黑麦染色体末端端粒能形成独特的、非标准的结构，比如鸟嘌呤核苷碱基对，请说明鸟嘌呤碱基对是如何通过氢键相互配对的。

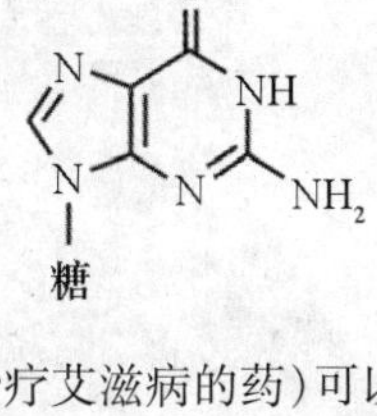

O N NH N N NH_2 糖

19.15　叠氮胸苷齐多呋定（一种用于治疗艾滋病的药）可以通过下列反应来合成：

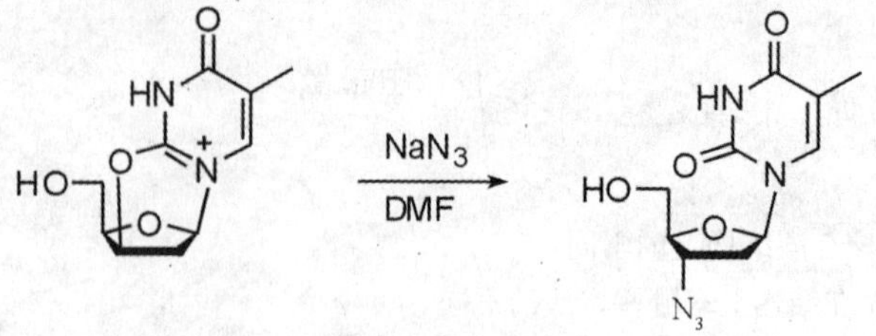

$$\text{(anhydro nucleoside)} \xrightarrow[\text{DMF}]{\text{NaN}_3} \text{(3'-azido nucleoside)}$$

DMF 是 N, N－二甲基甲酰胺,这个反应是什么类型的反应?

19.16　如下反应中鸟嘌呤最稳定的是内酰胺式,如果鸟嘌呤互变成内酰亚胺式,则与胸腺嘧啶配对比胞嘧啶更容易。画出该碱基对中氢键的结构式。

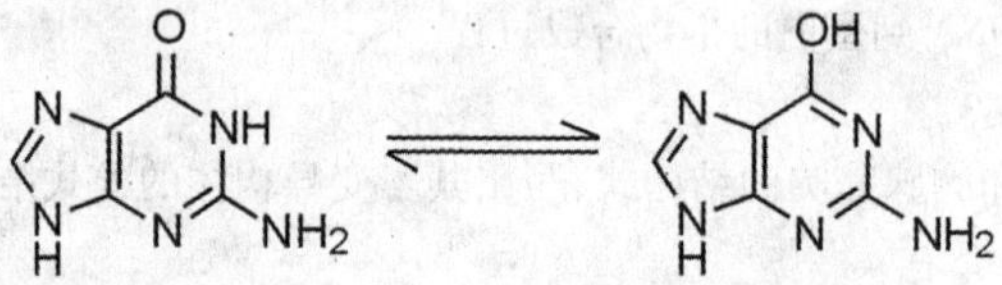

内酰胺式　⇌　内酰亚胺式

第20章 聚 合 物

作为新材料研究工作的一部分,科学家们利用有机化学的基本原理开发了大量被称为聚合物的人工合成材料。聚合物所展示的优异性能有效地弥补了木材、金属和陶瓷等材料无法达到的性能。聚合物在结构上不经意的变化可导致其力学性能发生很大变化,比如,平常用于快餐包装的材料在结构上稍作改变就可以用来制做防弹背心。而且,聚合物的结构变化常常会带来超乎想象的性能上的变化。例如,通过精心设计的有机化学反应,可以把聚合物设计成绝缘材料,用于制作电线的绝缘包覆层;而如果经过其他方式特殊处理后,同样的聚合物可以转变成和金属铜具有同样效果的导电材料。

通过聚合技术发明的水性涂料引起了整个涂料工业的革命性变化。聚合物薄膜和泡沫塑料的使用引起了包装工业的革命。我们日常生活中的方方面面,这样的例子不胜枚举。

20.1 聚合物的结构

目前为止,几乎我们所遇到的所有化合物的摩尔质量都比较低。但在自然界或人工合成领域中还存在大量由成百上千个原子构成的大分子物质。分子量超过1000的分子通常称为大分子。在前面的章节中我们认识了生物中三种主要类型的大分子,它们分别是:DNA(储存了大量遗传信息)和RNA、蛋白质(引导生物化学变化)、多糖(储存能量,也被当作生物体中的结构材料)。这些大分子都是由生物体自身合成的,因而也称为生物高分子。上述三种生物高分子的结构与性质在前面已经讨论过了,本章我们主要讨论合成大分子。

通过大分子来制造化学品是化学转化的一种成功应用,例如它可以把煤、石油、水和空气等常见的原料转化成为具有新性能和新用途的新材料,如冲浪板、降落伞、远足野营用具以及其他各种娱乐器具,都是基于大分子而获得了很好的力学强度;很多由丝和布制成的材料都含有大分子;日常生活中的隐形眼镜、假牙填料等也是如此。

由于分子尺寸很大,个别原子或基团的增减并不会对大分子的性能造成很大影响。聚合物通常包含了很多不同分子链长度、不同摩尔质量的大分子,因此准确定义聚合物的分子量是一件很困难的事情。所以除了生物大分子外,特定高分子的“摩尔质量”是其各组分的摩尔质量的一个钟形分布曲线。也就是说,有的组分分子量较大,分布在钟形曲线的右侧;有的组分分子量较小,分布在钟形曲线的左侧。通常,大多数组分集中分布在钟形曲线的正中央,也就是曲线的顶点附近。这种摩尔质量的分布情况是由高分子的制造工艺决定的。

相比之下,有些大分子物质具有更高级的结构。聚合物是一类由大量单体链接而成的大分子。单体链接成大分子的过程叫做聚合反应(图20.1)。如小分子乙烯经过聚合反应得到聚乙烯;由丙烯和丁烯发生聚合反应可以分别得到聚丙烯和聚丁烯。

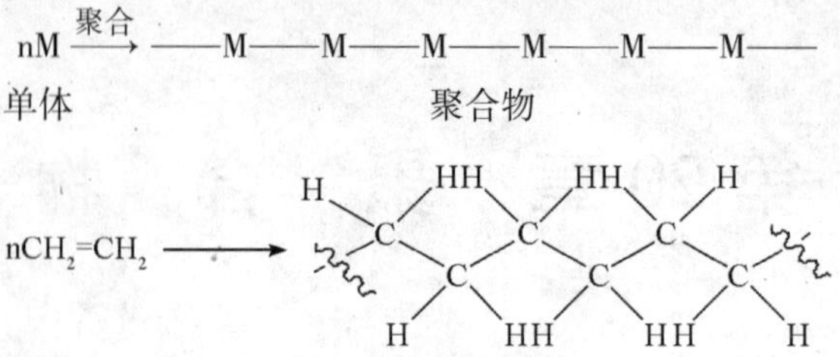

$$nM \xrightarrow{\text{聚合}} -M-M-M-M-M-M-$$

单体　　　　　　　　　聚合物

$$nCH_2{=}CH_2 \longrightarrow \sim(CH_2-CH_2)_n\sim$$

图 20.1　单体聚合形成聚合物

通常聚合物的分子量比普通有机物的分子量大很多，一般在 $10^4 g \cdot mol^{-1} \sim 10^6 g \cdot mol^{-1}$ 以上。大分子的结构也是各式各样的，有线型、枝化型、梳型、星型等（图 20.2）。还可以通过分子间的共价交联得到其他形状的结构。

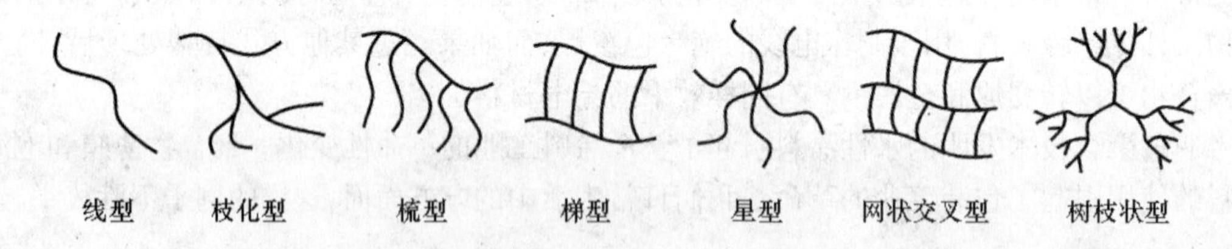

图 20.2　不同形状的大分子聚合物

线型或枝化型结构聚合物通常可以溶于氯仿、苯、甲苯、二甲基亚砜和四氢呋喃等有机溶剂。此外，许多线型和枝化型的聚合物可熔融形成高粘度的液体。在聚合物化学中，塑料是指一类能够通过模塑、挤压或浇注成型的聚合物。塑料又可分为热塑性塑料和热固性塑料。热塑性塑料是指在熔融状态下具有一定的流动性，从而可以通过模塑成型的聚合物。大多数热塑性塑料是分子量很大的聚合物，分子链之间的范德华力较弱，偶极作用和氢键作用都比较强，或者在分子链上连接了苯环。

热固性塑料是指通过热、光或化学反应等外加能量发生交联而形成的具有强力结构的聚合物。这也就是说，这类材料在制备之初可以通过模塑成型，一旦成型就不可逆转，变得不可熔了。热固性塑料的例子很多，比如用于汽车轮胎的硫化橡胶，又如首次人工合成的绝缘耐热材料酚醛树脂（已被大量用于电话机外壳、电绝缘器件、厨具、饰品和玩具等）。鉴于二者截然不同的物理性质，对热塑性塑料和热固性塑料要区别对待，在不同的方面正确选择与使用。

在分子尺度上，聚合物最重要的性质是分子链的尺寸和形状，最典型的例子是天然石蜡和人工合成的聚乙烯，两者有着共同的重复单元—CH_2—，但是分子链尺寸却有很大差别。石蜡的分子链上有 20～50 个碳原子，而聚乙烯的分子链上的碳原子数高达1000～3000。石蜡，如生日蜡烛，既软又脆。聚乙烯，如常见的饮料瓶，既有很好的硬度，又有很好的韧性。石蜡和聚乙烯性质截然不同的原因是，各自分子链的尺寸大小不同和空间结构不同。

聚合物和小分子有机物一样，在沉淀或冷却过程中也有结晶的倾向。但是，高分子的大尺寸特性往往会阻碍其扩散，复杂或无规的结构特征也会阻碍分子链的有效堆砌。这导致固体聚合物由有序的结晶部分和无序的无定型部分组成。结晶部分和无定型部分的相对含量随聚合物种类的不同而不同，也随聚合物加工工艺的不同而不同。我们通常能在具有规整、密实、强相互作用分子特征的固体聚合物中发现高度的结晶现象。聚合物晶体熔化时的温度被称为玻璃化转变温度 T_m。随着聚合物结晶度的提高，T_m 也将增大，聚合物的强度和刚度都会增加，在以后的章节中将给出相关的例子。

橡胶，如常见的橡胶球，在室温下具有很好的弹性，这一类聚合物被称为弹性体。如果被液氮冷却到 -196℃，橡胶球将变得坚硬、易脆并丧失所有的弹性。不了解弹性体材料的这些性质直接导致了 1986 年挑战者号航天飞机的失事。火箭助推器上的弹性密封圈在 0℃时开始变脆。在发射挑战者号的当天早晨，气温降到了超出想象的低温，弹性密封圈变得异常僵硬，失去了密封效果，悲剧就此发生了。物理学家理查德 · 费曼生动地再现了发生在挑战者号上的一幕——他把与挑战者号上使用的同样的密封圈浸入冰水混合物中，密封圈丧失了弹性，轻轻敲击，密封圈就碎裂了。

20.2　聚合物的标记与命名

我们用在重复单元外加括号的方式来表示聚合物的结构，其中的重复单元是指包含主链非重复结构特征的最小的分子碎片，括号外面的下标 n 表示重复单元重复的次数。这样就可以通过在左右两个方向复述括号内的重复单元来描述整个分子链的结构。聚丙烯就是一个例子，它是通过丙烯聚合反应得到的。聚丙烯的用途很多，如可用于制造洗不坏的餐具、户内户外用地毯以及人工草皮等。

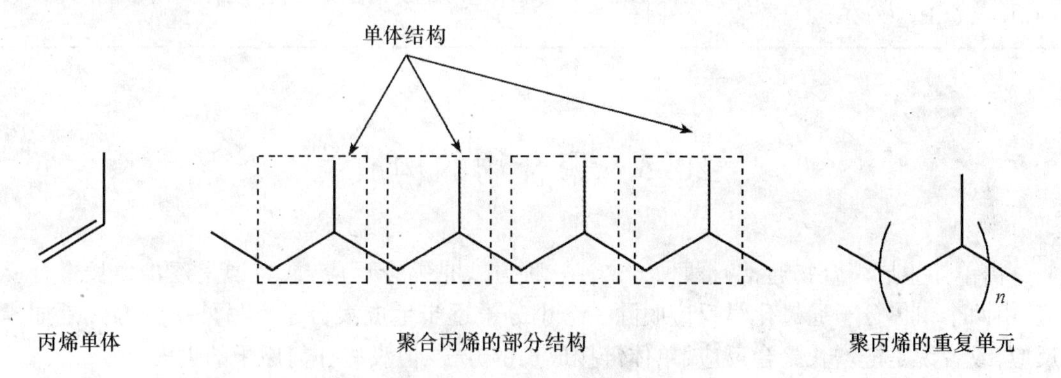

最常见的聚合物命名法是在生成聚合物的单体名称前加上一个前缀“聚”，例如聚乙烯和聚苯乙烯。如果单体结构很复杂或者单体的名称字数超过一个单词时，就用括号把单体的名称括起来，如单体是氯乙烯，聚合物的名称可记为聚(氯乙烯)。

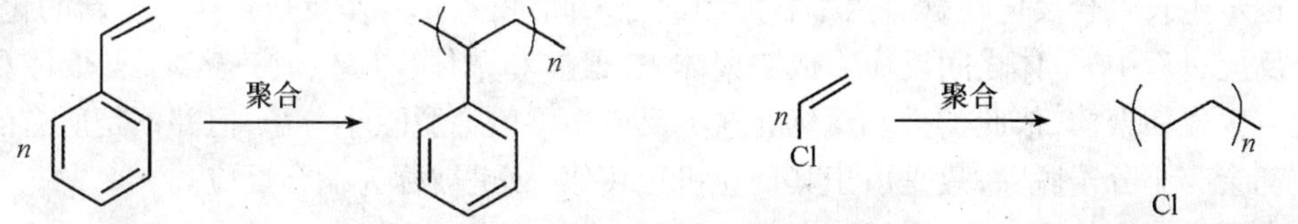

n　聚合　n　　n Cl　聚合　n Cl

苯乙烯　聚苯乙烯　氯乙烯　聚氯乙烯

表 20.1 例举了一些乙烯类聚合物及其通用命名和常见的用途。请注意，尽管 IUPAC 一贯倡导使用系统命名法，由于历史的原因，在聚合物化学中仍然还保留了少量的俗名。我们希望在学术交流中尽量要少用俗名。

表 20.1 乙烯和取代乙烯形成的聚合物

单体结构	通用名(IUPAC 命名)	聚合物名字;特性;常用用途
$CH_2=CH_2$	乙烯	聚乙烯;热弹性高分子;防裂容器、包装材料
$CH_2=CH_2CH_3$	丙烯	聚丙烯;热弹性高分子;弹性纤维
$CH_2=CHCl$	氯乙烯	聚氯乙烯,PVC;热弹性高分子;建筑和健康保健领域
$CH_2=CCl_2$	1,1-二氯乙烯	聚1,1-二氯乙烯;热弹性高分子;与氯乙烯共聚形成食品薄膜
$CH_2=CH_2CN$	丙烯腈	聚丙烯腈;丙烯酸树脂;与1,3-丁二烯共聚可作为丁腈橡胶
$CH_2=CF_2$	1,1-二氟乙烯	聚1,1-二氟乙烯;压电材料;手机贴膜
$CF_2=CF_2$	四氟乙烯	聚四氟乙烯,PTFE;热弹性高分子;特氟纶;做不粘锅膜
$CH_2=CH_2C_6H_5$	苯乙烯	聚苯乙烯;泡沫聚苯乙烯;热弹性高分子;绝燃材料
$CH_2=CH\overset{\overset{O}{\parallel}}{C}OCH_2CH_3$	丙烯酸乙酯	聚丙烯酸乙酯;中等热弹性高分子;橡胶乳漆
$CH_2=C(CH_3)\overset{\overset{O}{\parallel}}{C}OCH_3$	甲基丙烯酸甲酯	聚甲基丙烯酸甲酯;热弹性高分子;玻璃代替材料

20.3 聚合物的构成

由单体生成聚合物通常有两种方式。一种方式是缩合反应,或者说是逐步生长聚合反应,由两个单体分子通过化学反应脱除一个小分子逐步生成大分子。另外一种方式是加成反应,或者说是链增长聚合反应,单体链接成长链分子,但没有任何原子的丢失。

缩合反应聚合物或逐步生长聚合反应聚合物

逐步生长聚合反应在含有两个官能团的分子间进行,每一步反应产生一个新的化学键。聚合反应过程中,单体之间反应生成二聚体,二聚体和单体反应生成三聚体,二聚体和二聚体反应生成四聚体,依此类推。虽然在这类反应中一般会脱除小分子,但并不是所有的缩合反应都会有小分子脱除,只是由于其反应机理相似,故也被称为缩合反应。

有两种典型的逐步生长过程:

(1)由 A-M-A 和 B-M-B 两种类型的单体反应生成 $-(A-M-A-B-M-B)_n-$ 型聚合物;

(2)由 A-M-B 单体自身缩合反应生成 $-(A-M-B)_n-$ 聚合物。其中,"M"代表单体分子,"A"和"B"代表单体分子上的活性官能团。在各种类型的逐步生长聚合反应中,官能团 A 必须和官能团 B 反应,相应地,官能团 B 必须和官能团 A 反应。在逐步生长聚合反应中,通过 A 和 B 之间的极性反应形成了新的共价键,如发生在酰基上的亲核取代反应。这一节我们将讨论以下五种逐步生长聚合物——聚酰胺、聚酯、聚碳酸酯、聚氨酯以及环氧树脂。

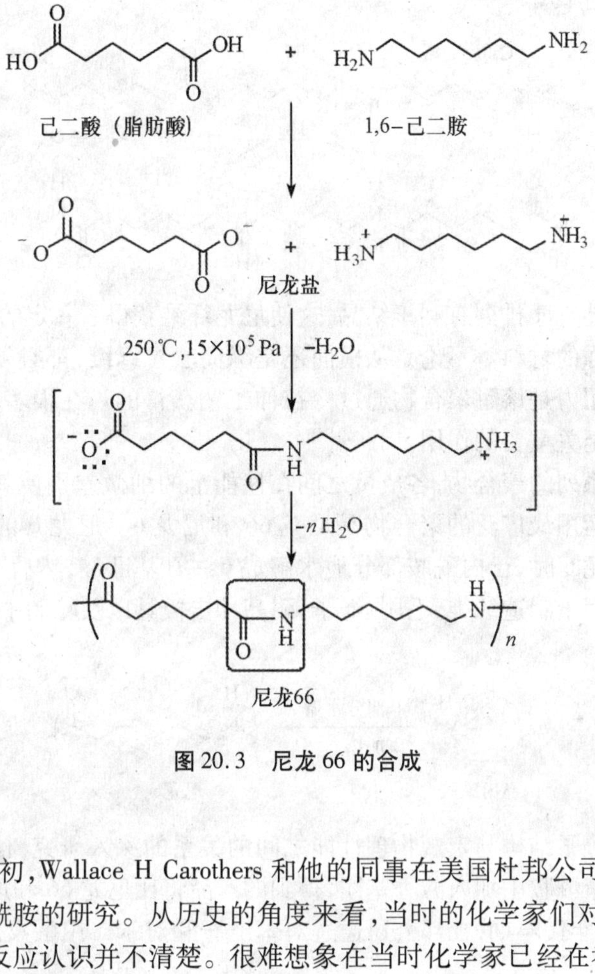

己二酸（脂肪酸） + 1,6-己二胺

↓

尼龙盐

↓ 250℃,15×10^5 Pa　$-H_2O$

↓ $-nH_2O$

尼龙66

图 20.3　尼龙 66 的合成

聚酰胺

早在 1930 年代初,Wallace H Carothers 和他的同事在美国杜邦公司就着手开展二羧酸与二胺反应生成聚酰胺的研究。从历史的角度来看,当时的化学家们对合成高分子如聚苯乙烯和聚氯乙烯的反应认识并不清楚。很难想象在当时化学家已经在考虑这样的问题:在聚合物中是什么力把单体连接在一起的？但直到 20 世纪的前几十年,人们还认为大分子并不是靠普通小分子中那样的化学键来链接的。然而,杜邦公司的研究者们希望使用人们所熟知的化学反应来合成聚合物,如酸和胺之间反应生成酰胺,酸和醇反应生成酯。后来,在 1934 年他们首先合成了全人工制备的商品化纤维尼龙 66,这是一种聚酰胺,如此命名是因为"尼龙 66"是通过两种不同的单体合成出来的,每一种单体均含 6 个碳原子。

合成尼龙 66 时,先将己二酸和己二胺溶于无水乙醇中,通过酸碱反应形成"尼龙盐"(图 20.3),再将尼龙盐在反应釜中加热到 250℃并保持 15×10^5 Pa 的恒定气压。在此条件下,二酸中的羧酸根 $-COO^-$ 和二胺中的铵根 $-NH_3^+$ 将发生脱水反应,生成新的酰胺键。由于释放出了水分子,这种类型的反应被称为缩合反应。仔细分析将会发现,链接单体的酰胺键和多肽中链接氨基酸的化学键是一样的。在此条件下形成的尼龙 66 的熔点约为 250 ~260℃,分子量范围是 $10^4\sim2\times10^4\ g\cdot mol^{-1}$。

在生成纤维之初,尼龙66原料先通过熔融纺丝并冷却到室温,然后再用冷拉伸技术将纤维拉伸至初始长度的四倍左右,以增加其结晶度。这是因为在熔融阶段,尼龙66的分子是呈不规则排列的,而且还相互缠绕在一起。受到牵引力后,单个的高分子就会沿着纤维的轴向呈线性规则地排列,这样在一条分子链上的羰基氧原子和另一条分子链上的胺基氢原子之间就容易形成氢键。

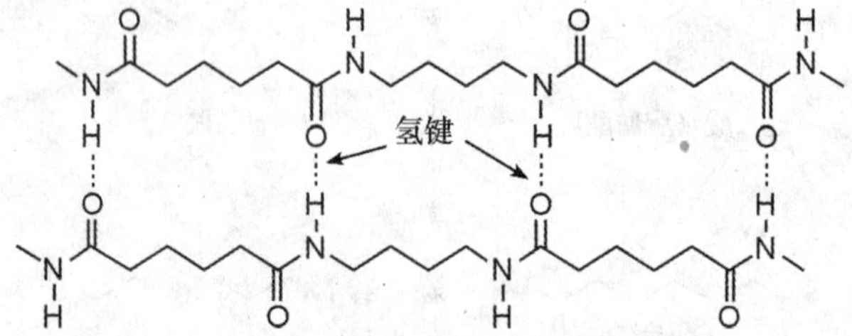

氢键

通过氢键形成的有序排列有利于结晶,这使尼龙纤维获得了一定的强度和刚性,从而使之成为一种强度超强的材料。不论是从横向还是纵向去拉纤维,都必须克服氢键和晶区间的作用力。这种作用力是熔融聚合物通过冷拉伸工艺获得的。在很多合成纤维技术中,冷拉伸技术都起到了至关重要的作用。

尼龙包含了一系列的聚合物,各成员之间在性能上的细微差别使其在不同的地方有着特殊的用途。两种运用最广泛的聚合物是尼龙66和尼龙6。尼龙6的名称来源于其单体己内酰胺。合成尼龙6时,己内酰胺部分地水解成6-氨基己酸,然后在250℃温度下发生聚合反应。尼龙6用于制造纤维、毛刷、绳子、耐高冲击模具以及轮胎中的编织体等。

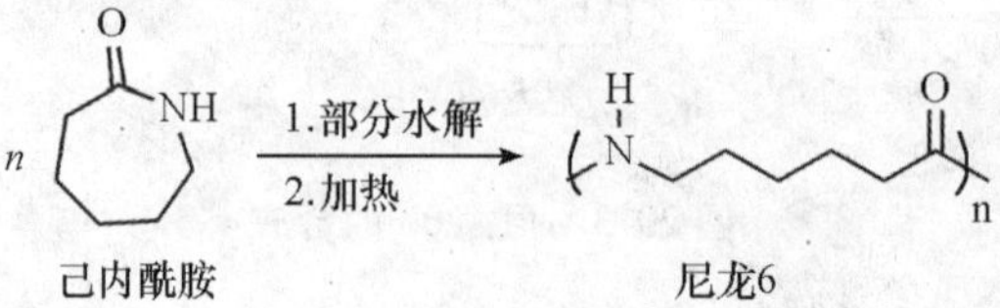

1.部分水解

2.加热

己内酰胺 尼龙6

基于对聚合物分子结构与宏观物理性能之间的关系的深入研究,杜邦公司的科学家们进一步推断如果在聚酰胺中加入芳香基团,得到的产品将比尼龙66和尼龙6具有更大的刚度和强度。在1960年代早期,杜邦公司通过对苯二胺和对苯二甲酸反应,开发出了著名的凯夫拉纤维。

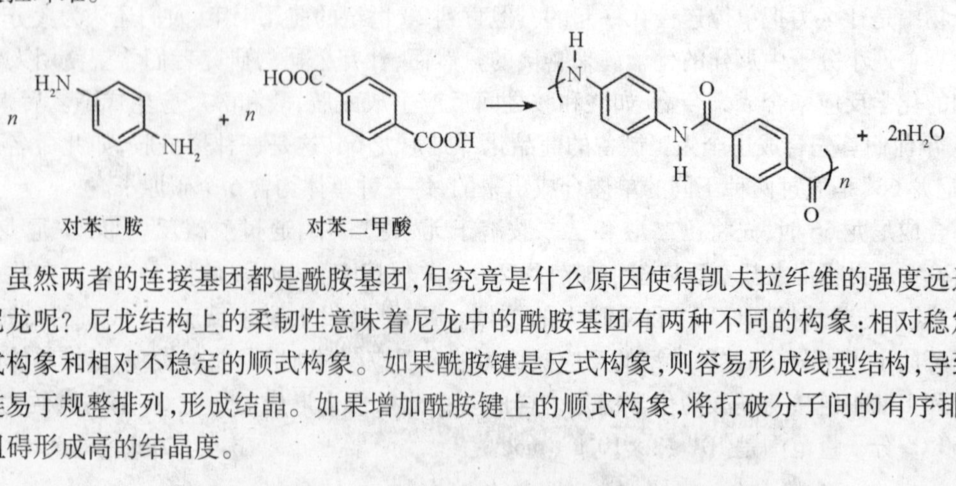

$+ 2nH_2O$

对苯二胺 对苯二甲酸

虽然两者的连接基团都是酰胺基团,但究竟是什么原因使得凯夫拉纤维的强度远远超过尼龙呢?尼龙结构上的柔韧性意味着尼龙中的酰胺基团有两种不同的构象:相对稳定的反式构象和相对不稳定的顺式构象。如果酰胺键是反式构象,则容易形成线型结构,导致分子链易于规整排列,形成结晶。如果增加酰胺键上的顺式构象,将打破分子间的有序排列,将阻碍形成高的结晶度。

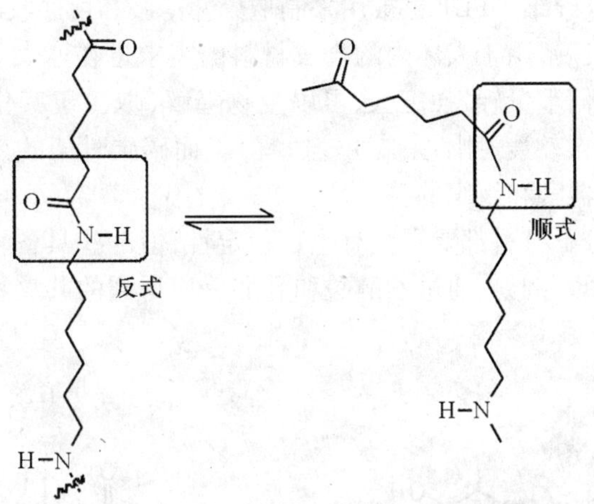

反式　顺式

对凯夫拉纤维来说,酰胺键在芳香环上形成了对位排列,使得高分子链柔韧性差、刚性很大,分子链无法弯曲。而相比于尼龙,在凯夫拉纤维中由于芳香环邻位质子间的空间位阻不能形成顺式的酰胺键,因此凯夫拉聚合物能够通过形成凹凸有序的晶体结构得到强度很高的纤维。

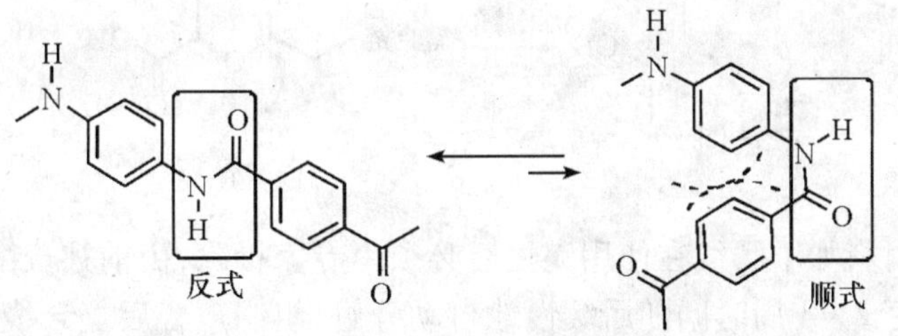

反式　顺式

与具有相似强度的材料相比,凯夫拉纤维一个最显著的特征是重量轻。例如,一个由凯夫拉纤维编织成的直径为7.6cm的缆线的强度和一根直径7.6cm的钢缆的强度相当。但是钢缆的重量大约是30kg·m^{-1},凯夫拉线缆的重量仅为6kg·m^{-1}。凯夫拉纤维现在大量被用于汽车轮胎、防火布和帆布,也被纺成纤维制品用来制作防弹背心。

聚酯

聚酯是指一类聚合物,其中的每一个单体单元之间都靠酯键连接。第一种聚酯诞生于20世纪40年代,它是由对苯二甲酸甲酯和乙二醇反应得到的,简称PET。

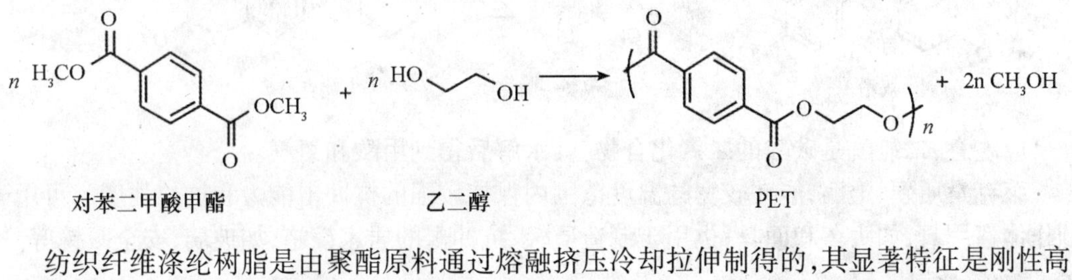

n H_3CO … OCH_3 + n HO…OH ⟶ PET + 2n CH_3OH

对苯二甲酸甲酯　乙二醇　PET

纺织纤维涤纶树脂是由聚酯原料通过熔融挤压冷却拉伸制得的,其显著特征是刚性高,约为尼龙66的4倍,强度也很高,抗蠕变性能强。由于其特殊的刚性,早期的涤纶树脂纤维手感不好,因而把涤纶树脂和棉、毛混纺以得到合适的纺织纤维。现在利用新的技术能够制造更加柔软的涤纶聚酯纤维。PET 也被用来制造聚酯薄膜和可回收的饮料塑料容器。

随着医疗技术的发展,用于人体内的合成材料的需求也在增大。聚合物具备很多理想的生物材料的特征,它们重量轻、强度大,可以生物降解(取决于其化学结构),具备适应于天然组织的物理性质(柔软度、刚性、弹性较适宜)。而碳碳骨架的聚合物具有抗降解的特性,被广泛用于永久性器官和组织的替代品。

尽管很多医用高分子材料都要求具有生物稳定性,但一些具备生物降解性质的高分子材料也有了很好的应用。例如,通过乙醇酸和乳酸反应得到的共聚物可以用来制造可吸收的缝合线。

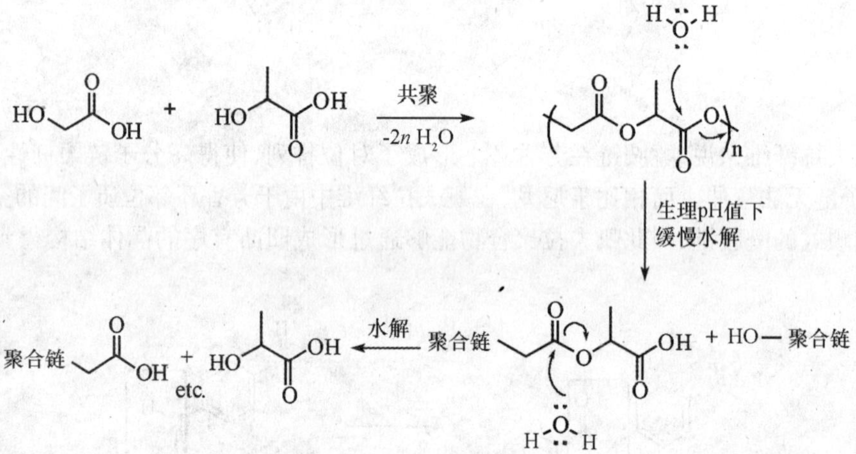

HO⌒COOH + HO–CH(CH₃)–COOH —共聚, $-2n\ H_2O$→ ⁅–CH₂–C(=O)–O–CH(CH₃)–C(=O)–O–⁆$_n$ （H–Ö–H 进攻）

↓ 生理pH值下缓慢水解

聚合链–CH₂–C(=O)–O–CH(CH₃)–COOH + HO—聚合链 （H–Ö–H 进攻）—水解→ 聚合链–CH₂–COOH + HO–CH(CH₃)–COOH etc.

传统的缝合材料如羊肠线在使用完之后必须由专家拆除,由前述聚醇酯所制造的缝合线能够在体内留存 2 ~ 3 周时间随后缓慢地自动分解,组织愈合后缝合线则完全分解了,无需手工拆除。缝合材料的降解是通过水分子对酯基上的碳原子的亲核反应进行的,这使得酯基分解为酸和醇。剩余酯基的进一步分解将使聚合物彻底分解为乙醇酸和乳酸单体,然后通过生物代谢排出体外。

聚碳酸酯

聚碳酸酯是指羧基来源于碳酸的一类聚酯化合物。最著名的一种商品化的工程聚碳酸酯是莱克桑(Lexan)。莱克桑由二氯酰和双酚 A 反应制得。

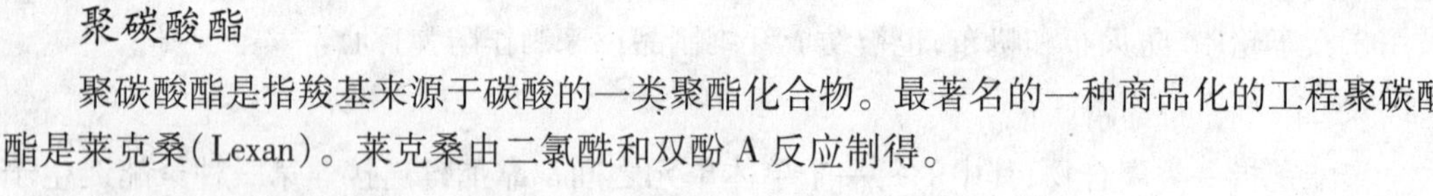

n Na^+ $^-$O–C₆H₄–C(CH₃)₂–C₆H₄–O$^-$ Na^+（双酚A） + n Cl–C(=O)–Cl（二氯酰） ⟶ ⁅–C₆H₄–C(CH₃)₂–C₆H₄–O–C(=O)–O–⁆$_n$（莱克桑） + 2n NaCl

应注意,二氯酰是碳酸的二氯化合物,其水解后得到甲酸和氯气。

莱克桑质硬、透明,能在较宽的温度范围内保持较强的抗冲击能力和抗拉强度。可用于制作体育用具,如头盔和面具;也用于制造质轻、抗冲击的居家设施,如玻璃、安全眼镜等。

聚氨酯

聚氨酯也叫做氨基甲酸酯,是氨基甲酸 H_2NCOOH 的一种酯类。因此,在氨基甲酸酯的官能团上同时带有酯基和酰胺基。氨基甲酸盐通常由异氰酸酯和醇类反应制得。在这个反应中，醇上的H和OR′加成到C═N键上，这与醇对C═O的加成反应类似。

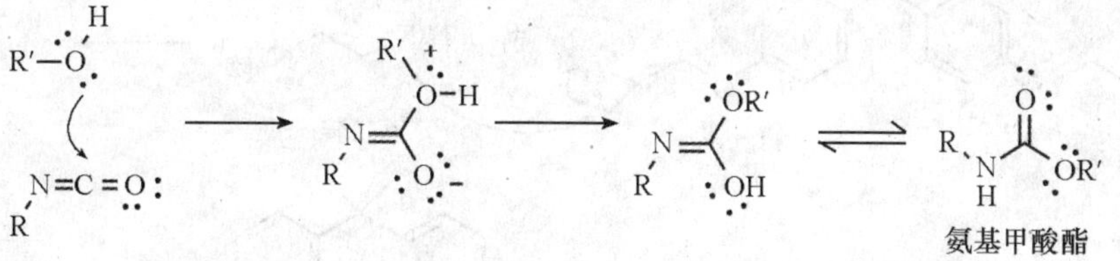

氨基甲酸酯

聚氨酯分子链上包含柔软的低分子量聚酯或聚醚单元，也含有来源于二异氰酸酯基团的刚性单元。

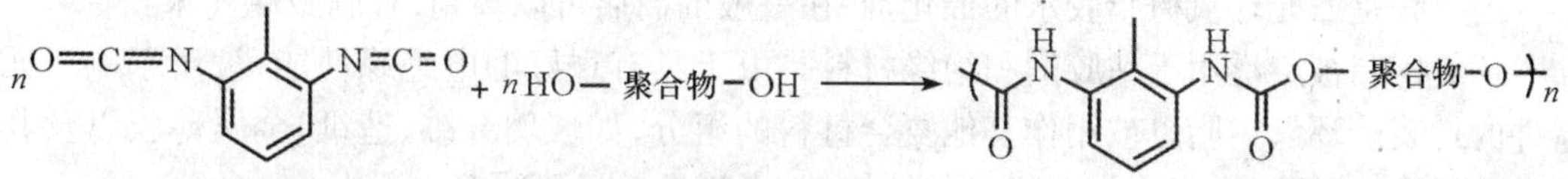

(2,6-二异氰酸酯基甲苯)　低分子量聚酯或聚醚单元

可以通过添加线性的二官能度聚乙烯醇来获得更柔软、更有弹性的聚氨酯，如斯潘德克斯纤维(Spandex)和莱克拉(Lycra)，这两种纤维可用于制造游泳衣、紧身衣和贴身衣物。

在聚合反应过程中加入适量水得到的聚氨酯泡沫塑料可用于制造家具装饰物和隔热器材。水分子首先和异氰酸酯反应，得到氨基甲酸，氨基甲酸不稳定，将继续发生化学反应，放出二氧化碳，有很好的发泡效果。

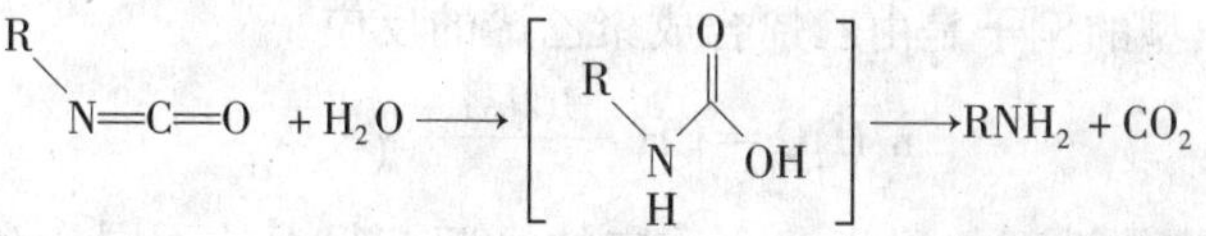

$$R-N=C=O + H_2O \longrightarrow [RNHCOOH] \longrightarrow RNH_2 + CO_2$$

氨基甲酸

环氧树脂

和前面介绍的结构规整的聚酰胺、聚酯纤维不同，有机聚合物树脂是一类无定型、或粘稠、或透明、大分子量的人工合成或天然生成的高分子有机化合物。环氧树脂就是其中的代表，它是由每个分子至少带两个环氧基的单体聚合而成的合成材料，利用环氧树脂可以制备多种新材料。最常用的环氧单体是一种二环氧化合物，它是通过1mol的双酚A和2mol的环氧氯丙烷反应制得的，如下式：

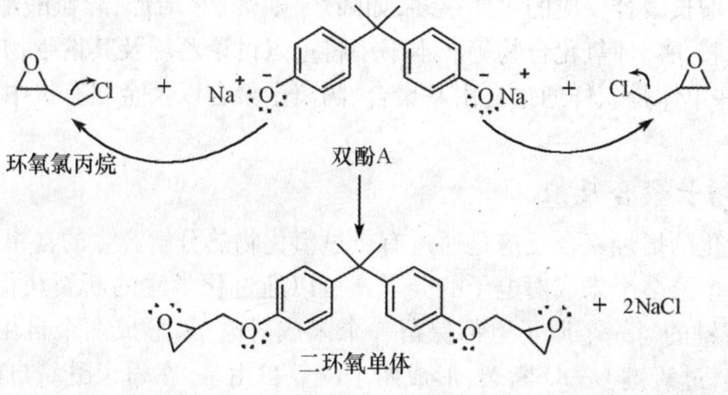

环氧氯丙烷　双酚A

+ 2NaCl

二环氧单体

为了得到环氧乙烷树脂,上述二环氧化合物要经过乙二胺处理,如下式:

$$n\ (\text{bisphenol A diglycidyl ether}) + n\ H_2\ddot{N}CH_2CH_2\ddot{N}H_2\ (\text{乙二胺}) \longrightarrow$$

$$\left(CH_2CH(OH)CH_2O-C_6H_4-C(CH_3)_2-C_6H_4-OCH_2CH(OH)CH_2NHCH_2CH_2NH \right)_n$$

乙二胺是二元环氧树脂胶水的催化剂,在一般的商店可以买到,有刺激性气味。

环氧树脂被广泛用于粘胶剂和绝缘材料。由于具有很好的电绝缘性能,被用于电子元器件的封装。环氧树脂也被用作其他复合材料的组分,如玻璃纤维、造纸、金属薄膜以及其他合成纤维,还用于生产喷气式飞机的结构件、火箭发动机面罩等。

加成反应聚合物或链增长反应聚合物

加成或链增长聚合反应是一类连续的聚合反应,其单体要么是具有不饱和性的,要么带有其他活性官能团。与缩合反应形成鲜明对照的是,发生加聚反应时单体中的所有原子都可以在聚合物中找到,在单体转化为聚合物的过程中没有原子的得失。加成反应是化学反应的基础,一个最典型的例子是由乙烯合成聚乙烯的反应。

$$n\ H_2C{=}CH_2 \xrightarrow{\text{引发剂}} \left(CH_2CH_2 \right)_n$$

链增长聚合反应的机理与逐步聚合反应的机理有很大的不同。在逐步聚合反应过程中,所有的单体与聚合物的端基都具有相同的反应活性,从而存在着多种反应的可能性,比如单体与单体的反应、二聚体与二聚体的反应、单体与四聚体的反应等。相反的,对链增长反应而言,只有分子链的终端才是反应的活性中心,也只有这个活性中心才能和单体发生反应。整个反应过程中主要发生了π键转化为σ键的反应:π键打开,形成σ键,从而把各单体链接在一起,形成聚合物。由于σ键键能比π键键能大,聚合反应一般是放热反应。在链增长聚合反应中的活性中间体包括自由基、碳正离子、碳负离子以及一些特定的金属有机化合物。

能够进行链增长聚合反应的单体很多,如烯烃、炔烃、二烯烃、异氰酸酯,以及环状化合物,如内酯、内酰胺、醚、环氧化合物等。本书中将重点讨论乙烯及其衍生物的链式增长聚合反应,并阐明这些单体是怎样通过自由基聚合、阴离子聚合以及金属有机中间体等机理进行反应的。

自由基链增长聚合反应

第一个商业化的烯烃聚合反应是通过有机过氧化物热分解产生的自由基来引发的。自由基是指含有一个或多个未成对电子的分子。可以通过化学键的断裂获得自由基,化学键断裂(均裂)后成键的每一个原子上都保留一个未成对电子,形成两个自由基。例如,过氧化二酰经过加热,过氧键O—O断裂,形成两个酰氧自由基,在每个酰氧自由基上都有一个未成对电子。酰氧自由基进一步发生均裂,可以得到一个 R · 自由基并放出二氧化碳。

$$R{-}C(=O){-}O{-}O{-}C(=O){-}R \xrightarrow{\text{加热}} R{-}C(=O){-}O^{\cdot} + {}^{\cdot}O{-}C(=O){-}R \xrightarrow[-CO_2]{\text{加热}} R\cdot + R\cdot$$

习惯上,我们用鱼钩(单向)状的弧线来表示单电子位置的变化。

烯烃及其衍生物的自由基链增长聚合反应通过以下三步完成:链引发;链增长;链终止。从理论上讲,任何含有 π 键的分子都可以发生自由基聚合反应,这里我们只讨论烯烃的加成聚合反应,这是一种最重要的反应。

第一步　链引发——从一个含有孤对电子和弱键的分子上产生自由基。

$$In{-}In \xrightarrow[\text{或热}]{\text{光}} 2In\cdot$$

在上述总方程式里,In – In 代表引发剂,一分子引发剂发生断键得到两分子自由基。使引发剂化学键发生均裂的能量可以来自加热或者适当波长的光照射。可以通过多种不同的引发剂得到自由基。一类引发剂是过氧化二酰,其中含有不稳定 O—O 过氧键。在上一反应中的酰氧自由基和 R · 自由基实际上都是引发剂自由基。其他常见的自由基链引发剂有偶氮类化合物,如 ABIN(偶氮二异丁腈),通过加热或辐射可以得到自由基,同时放出氮气。

$$(CH_3)_2C(CN){-}N{=}N{-}C(CN)(CH_3)_2 \xrightarrow{\text{光或热}} (CH_3)_2\dot{C}{-}CN + :N\equiv N: + (CH_3)_2\dot{C}{-}CN$$

第二步　链增长——在烯烃的 π 键上引入自由基。π 键上的一个电子和引入的自由基形成一个新的电子对,另外一个 π 电子保持未成对状态,从而形成一个新的自由基,继续和其他烯烃发生加成反应。

$$In\cdot + CH_2{=}CHR \longrightarrow In{-}CH_2{-}\dot{C}HR$$

$$In{-}CH_2{-}\dot{C}HR + CH_2{=}CHR \longrightarrow In{-}CH_2{-}CHR{-}CH_2{-}\dot{C}HR$$

$$In{-}CH_2{-}CHR{-}CH_2{-}\dot{C}HR + CH_2{=}CHR \longrightarrow In{-}(CH_2{-}CHR)_n{-}CH_2{-}\dot{C}HR$$

第三步　链终止——自由基消亡。即使反应分子还没有全部消耗完,链终止反应仍然可以在带有自由基的活性链之间进行。一种链终止反应发生在两个带有自由基的活性链段之间,两者通过形成新的 σ 键而实现链终止反应。另一种形式的链终止反应发生在两类不对称的活性链之间,一类活性链失去一个氢原子被氧化成烯烃,另一类活性链得到一个氢原子被还原为烷烃。在上述两种类型的链终止反应中,自由基都被转化成了非活性物质,失去了反应活性。

偶合终止：

$$In\text{-}(CH_2CHR)_m\text{-}CH_2\dot{C}HR + R\dot{C}HCH_2\text{-}(CHRCH_2)_n\text{-}In \longrightarrow In\text{-}(CH_2CHR)_m\text{-}CH_2CHR\text{-}CHRCH_2\text{-}(CHRCH_2)_n\text{-}In$$

歧化终止：

$$In\text{-}(CH_2CHR)_m\text{-}CHH\dot{C}HR + R\dot{C}HCH_2\text{-}(CHRCH_2)_n\text{-}In \longrightarrow In\text{-}(CH_2CHR)_m\text{-}CH{=}CHR + RCH_2CH_2\text{-}(CHRCH_2)_n\text{-}In$$

为什么以上两种链终止方式可以同时发生？为什么上述过程又不贯穿整个聚合反应过程？事实上，上述自由基聚合反应之所以能够顺利进行，其主要原因在于由引发剂所生成的活性中心浓度很低。在链引发阶段只是产生很少的自由基，它们和过量的烯烃很快发生反应并生产新的自由基，但自由基的浓度仍然维持在很低的水平上。由于烯烃是非常过量的，两个自由基相遇而发生链终止的几率很小，但是这种链终止方式实实在在地存在着。这也说明了为什么所有的起始反应物消耗完前，链增长过程可能已经停止了。

链增长步骤的显著特征是自由基与单体分子反应生成新的自由基。链增长就这样不断重复进行着。链增长重复循环的次数被定义为链长，用特定的符号 n 表示。在乙烯的自由基聚合反应中，链增长反应发生的速率非常快，常常在一秒钟内会发生成千上万个加成反应，当然反应的速度还要取决于具体的反应条件。

进攻C(1)：$C^1H_2{=}C^2HR + In\cdot \longrightarrow In\text{-}C^1H_2\text{-}\dot{C}^2HR$（2°自由基 更稳定）$\xrightarrow{\text{聚合}}$ In-CH₂CHR-CH₂CHR-CH₂CHR-CH₂CHR…（头-尾连接）

进攻C(2)：$C^1H_2{=}C^2HR + In\cdot \longrightarrow \dot{C}^1H_2\text{-}C^2HR(In)$（1°自由基 不稳定）

烷基自由基的相对稳定性和烷基碳正离子的稳定性顺序相似。

甲基 < 1°碳自由基 < 2°碳自由基 < 3°碳自由基

在乙烯衍生物的自由基聚合反应过程中通常会产生更加稳定的自由基，因此这类聚合反应是通过烯键上的两个碳原子来实现首尾相连的。

第一个商业化的聚乙烯生产工艺中使用了过氧化物作催化剂，在500℃、1000 个大气压下反应，生成一种柔软而粗糙的被称为低密度聚乙烯（LDPE 或 PE－LD）的聚合物，其密度为 $0.91 \sim 0.94 g \cdot cm^{-3}$，熔点约115℃。这种聚乙烯的熔点仅仅略高于100℃，因而不适合于用来生产和沸水接触的产品。从分子水平上看，LDPE 的分子链是高度枝化的。

这种在分子链上发生枝化并生成 LDPE 的现象来源于一种"咬尾反应（backbiting reaction）"。在这个反应中，处于分子链末端的自由基从第五号碳原子 C(5) 上剥夺一个氢原子，这使得自由基从亚稳定的伯碳原子转移到了较稳定的仲碳原子上。这种枝化反应也被称为链转移反应，因为链端的活性点已经被转移到了其他位置。在新的活性中心上继续发生聚合反应，最后将得到一个带4个碳原子的枝化链的聚合物。如下图所示：

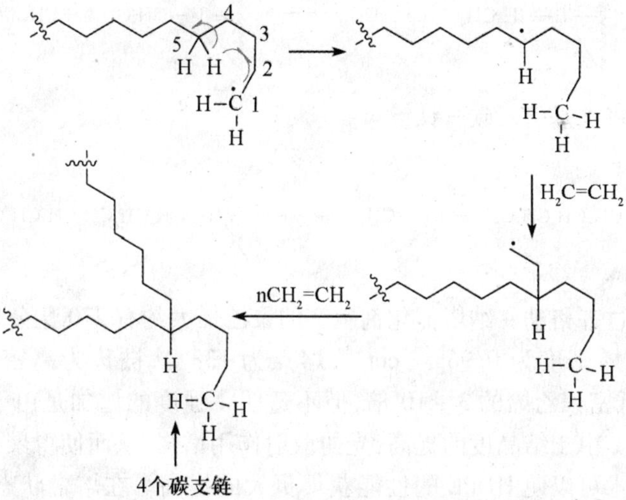

$H_2C{=}CH_2$

$nCH_2{=}CH_2$

4个碳支链

大约有65%的LDPE被制成薄膜。LDPE薄膜价格低廉，可以很方便地通过热处理获得一定形状，因而被大量用于各种日用包装材料，如烘烤后商品、蔬菜等，以及垃圾袋、电器和电缆上的绝缘层等其他产品。

齐格勒－纳塔链增长聚合反应

在自由基聚合反应中，咬尾反应导致在聚合物分子链上发生枝化的现象是不可避免的。这种枝化反应极大地影响了聚乙烯的性能。在线性度很好的区域，分子链之间可以更加紧密而有序地堆积，形成结晶；相反的，在枝化度较高的区域，由于分子链结构的不规整，聚合物很难形成结晶。显然，分子链之间紧密有序的堆积和高度的结晶将使得聚合物具有较高的密度和较大的强度，分子链上的枝化，则意味着聚合物具有较低的密度和较好的柔韧性。由于聚合物的密度和结晶度直接与其商业应用相关，在20世纪的上半叶，化学家们对可控制枝化度和分子链长度的聚合反应技术的研究抱有非常浓厚的兴趣。这种背景下产生了过渡金属催化剂，使得乙烯及其衍生物的聚合反应不再需要自由基了。

(1)聚乙烯

1950年代，德国的齐格勒和意大利的纳塔发明了一种新的烯烃聚合技术，为此两人分享了1963年的诺贝尔化学奖。早期的齐格勒－纳塔催化剂是一种活性很高的非均相材料，以$MgCl_2$为载体，含第4族过渡金属的卤化物$TiCl_4$和烷基铝化合物$Al(CH_2CH_3)_2Cl$。$Al(CH_2CH_3)_2Cl$和$TiCl_4$进行反应生成烷基钛（第一步）。一旦形成烷基钛，乙烯单体将重复不断地插入烷基钛化合物中的碳—钛键，从而生成聚乙烯（第二、三步）。这些催化剂可以使乙烯和丙烯的聚合反应在1～4个大气压和60℃的低温下顺利进行。

第一步　生成烷基钛

$$—Ti—Cl + Al(CH_2CH_3)_2Cl \longrightarrow —Ti—CH_2CH_3 + Al(CH_2CH_3)_2Cl_2$$

第二步 将乙基引入碳—钛键

$$\text{—Ti—}CH_2CH_3 + CH_2{=}CH_2 \longrightarrow \text{—Ti—}CH_2CH_2CH_2CH_3$$

第三步 重复将乙基引入碳—钛键

$$\text{—Ti—}CH_2CH_2CH_2CH_3 + CH_2{=}CH_2 \longrightarrow \text{—Ti—}CH_2CH_2CH_2CH_2CH_2CH_3 \text{ etc.}$$

世界上每年通过齐格勒－纳塔催化剂生产的聚乙烯大约有270亿公斤。由齐格勒－纳塔技术生产的聚乙烯密度为$0.96g\cdot cm^{-3}$，熔点为133℃，被称为高密聚乙烯（HDPE或PEHD），其强度是低密聚乙烯的3～10倍，但不透明。强度的增加是由于分子链枝化度减少而结晶度提高了。由于结晶度的提高，光的散射作用增强，从而使得聚合物不透明。

采用特殊的技术可以使HDPE的性能获得更大的提高。在熔融状态，HDPE的分子链呈一种类似于意大利面条的无规卷曲状态。工程师们开发了一种挤出成型技术，通过强力使单个的聚合物分子链打开卷曲状态，呈现出一种线性的空间构型。这种线性构型的分子链通过有序排列可以得到高度结晶化的材料。采用这种工艺生产的HDPE比钢还硬，其抗拉强度是钢的4倍。上述比较如果放在同等重量下进行，其效果将更加惊人，因为这种聚乙烯的密度比钢小得多。

（2）聚丙烯

如果是不对称烯烃发生聚合，如在聚丙烯分子链的每一个叔碳原子上都带有一个甲基，这就意味着聚丙烯分子链上每个叔碳原子都是手性的。这种侧甲基的三维排列将强烈地影响聚丙烯的性能。聚丙烯侧甲基的空间排列有三种形式：全同立构、间同立构和无规立构。

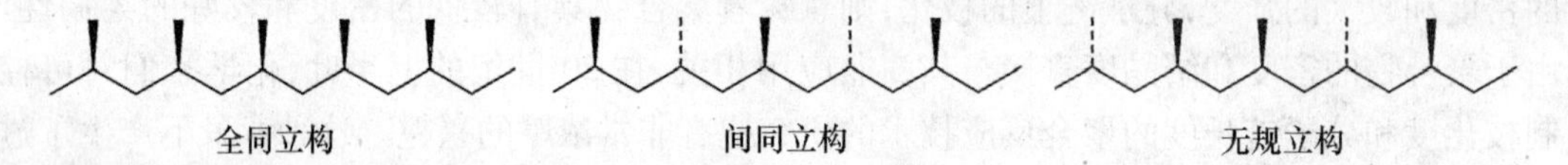

丙烯通过自由基聚合得到的产品大多数是无规立构的。所以，开发一种能使丙烯或者其他单取代乙烯产生有规立构高分子的可控聚合反应技术是一项颇具挑战意义的工作。1956年，纳塔开发了一种改良的齐格勒－纳塔催化剂，其中含有三乙基铝和三氯化钛，通过这种催化剂合成的全同立构体的含量高达90%。

聚丙烯的全同立构、间同立构和无规立构相互之间不是镜像关系，它们属于非对映异构体。聚丙烯的这三种结构上的变化导致其物理和化学性质上有很大的不同。全同立构聚丙烯分子链高度有序的排列方式使所得材料具有很高的强度和刚性，这在工业上有很大的应用价值。低分子量的无规立构聚丙烯呈粘性，可用于粘结剂。间同立构聚丙烯比全同立构聚丙烯更柔软，但仍坚韧和透明。有规立构聚丙烯的人工合成和商业化应用的实现，得益于特定的手性金属有机催化剂的发现，这种催化剂可以区别两种镜像关系的丙烯。

阳离子聚合

另外一种链增长聚合反应是阳离子聚合，它通过亲电试剂如质子来引发。常用的引发剂是路易斯酸(如 $AlCl_3$、$SnCl_4$、BF_3、$TiCl_4$)与作为质子给体的路易斯碱(如水)。阳离子聚合反应常常被用来聚合一些富电子的烯烃,如苯乙烯、乙烯基醚、异丁烯等。接下来详细讨论异丁烯的聚合反应。

第一步　链引发——三氟化硼和水反应放出一个质子,这个质子被加成到异丁烯的碳碳双键上,生成一个更为稳定的叔碳正离子。

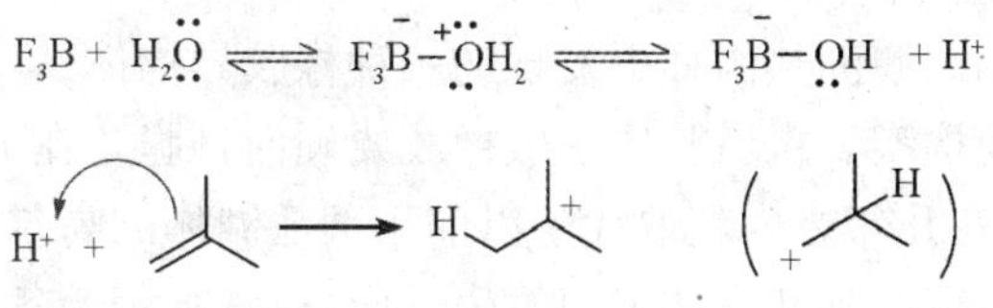

$$F_3B + H_2\ddot{O} \rightleftharpoons F_3\bar{B}-\overset{+}{O}H_2 \rightleftharpoons F_3\bar{B}-OH + H^+$$

异丁基　　3°碳正离子　　1°碳正离子(未形成)

第二步　链增长——由链引发时产生的碳正离子和另一分子的异丁烯反应,形成一个新的碳正离子。同样的机理,这个碳正离子又继续和第三个单体反应,以此类推,反应不断进行。每当一个新的单体被加成到聚异丁烯的分子链上,正电荷就立刻传递到新形成的分子链的末端。

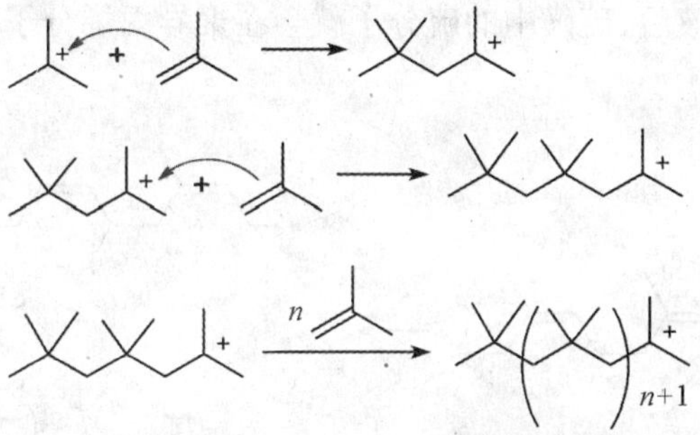

第三步　链终止——阳离子聚合反应的链终止可以通过失去一个质子形成烯烃,或者通过与亲核试剂反应来实现。

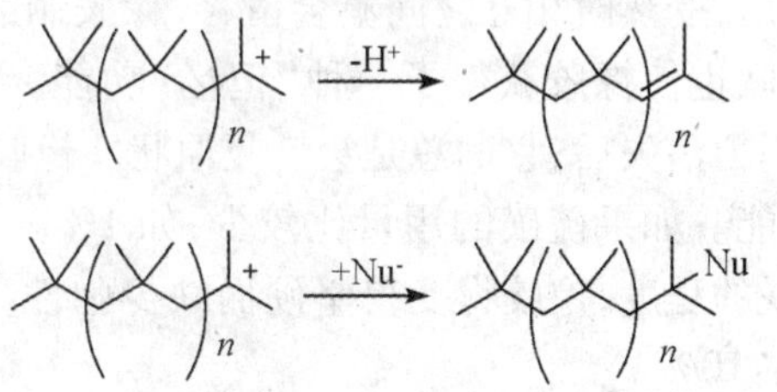

$-H^+$

$+Nu^-$

聚异丁烯也称作丁基橡胶,它不透气,因而被大量应用于对气密性有较高要求的地方。丁基橡胶第一个主要应用是制作轮胎的内胆,这方面的应用仍然在市场上占有很重要的份额。此外,丁基橡胶也用于粘结剂、食品薄膜、汽油和柴油添加剂,乃至口香糖。

天然橡胶与硫化过程

天然橡胶是从橡胶树的乳胶液中获取的主要产品,其分子链上每个碳碳双键上都保留了顺式结构。橡胶乳液的生物学功能是,当橡胶树受到损伤时,能够形成一层类似绷带的物质来保护伤口。

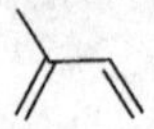

cis (or *Z*)　　*trans* (or *E*)

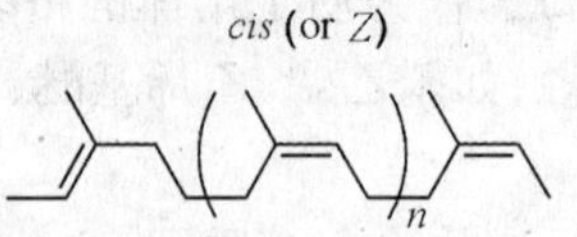

异戊二烯　　天然橡胶　　古塔胶

2–甲基–1,3–丁二烯　　顺（*Z*）–聚–2–甲基–1,3–丁二烯　　反（*E*）–聚–2–甲基–1,3–丁二烯

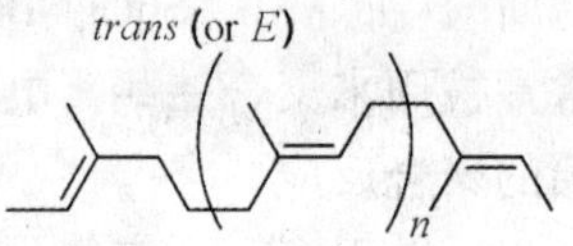

古塔胶是在东南亚和北澳洲热雨林中发现的一种橡胶异构体,也被称为聚异戊二烯,但在双键上是一种反式空间构型。古塔胶比一般橡胶要硬而且脆。在1848年,人们用古塔胶制成了首个高尔夫球,它在几年之内就取代了以前用羽毛制作的高尔夫球,也引发了这项运动的革命性变化。由于古塔胶不和人体组织发生反应,故常被用于各种外科手术,也被牙科医生当做填料,用于治疗根管疾病。

天然乳胶被发现之初并没有表现出很好的应用价值,因为这种胶制品在热天会显得很有黏性,在冷天又会变得又硬又脆。美国人 Charles Goodyear 进行过许多次改进天然橡胶的实验,后来发现在天然乳胶中加入硫磺并加热处理,橡胶的性能会戏剧性地提高。他把这种产品命名为硫化橡胶,这种处理技术也被称为硫化。

用硫磺处理橡胶乳液后,硫磺中的硫分子就会在聚异丙烯分子链之间形成一种桥梁,这被称作交联作用。

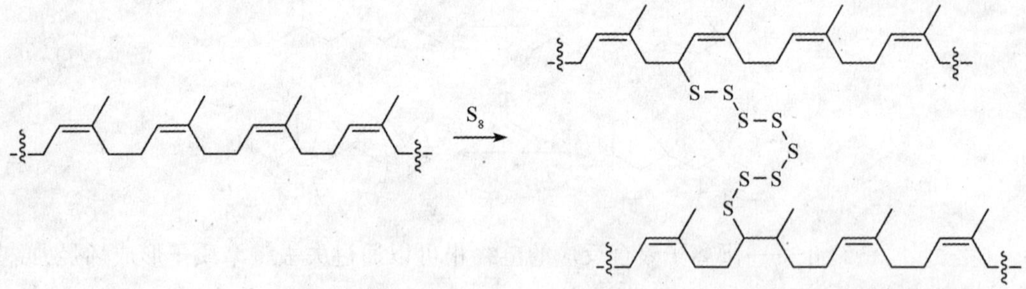

S_8

分子链发生交联作用后,受热时相互之间不会滑移,橡胶制品也不会熔化,低温时也不会变得易脆和易碎了。交联也使橡胶获得了一种“记忆”功能。我们都有过使用橡胶带和橡胶球的经验,当外界作用力消失后,它们总是会恢复原状。橡胶乳液硫化过程中硫磺的用量也会影响橡胶产品的性能。如果硫磺的用量比较少,如1% ~3% ,橡胶是柔软而且富有弹性的;如果继续增加交联的程度,橡胶将变得坚硬而缺少弹性。制作轮胎时,橡胶硫化工艺中硫磺的用量约为3% ~10% 。

20.4　硅聚合物

目前为止,我们所讨论过的所有聚合物都被归为有机聚合物,因为这类聚合物的主链都是由碳原子构成的。本章所述的各种有机聚合物的诸多应用清楚地告诉大家,在生活中我们无法离开它们。但有机聚合物也有很多不足之处,比如低温时变脆、高温时变粘、易燃、在有机溶剂中易溶胀、与生物活体组织的相容性差,等等。因此,人们还在不断开发其他聚合物，如在低温下能保持很好的柔韧性且同时耐高温的聚合物。

硅聚合物的主链由硅和氧交替链接，再在硅原子连上不同的有机基团，如下图所示。

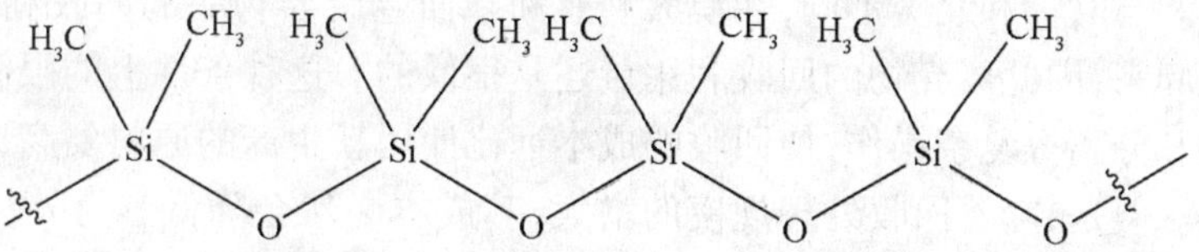

H_3C　CH_3　H_3C　CH_3　H_3C　CH_3　H_3C　CH_3

Si　Si　Si　Si

O　O　O　O

由于主链上不含碳，硅聚合物也称无机聚合物。硅聚合物一般由含硅化合物（如二氯二甲基硅烷）的水解产物通过缩聚反应的机理来制备。通过 Si—OH 键的缩合脱水反应形成 Si—O—Si 链接。

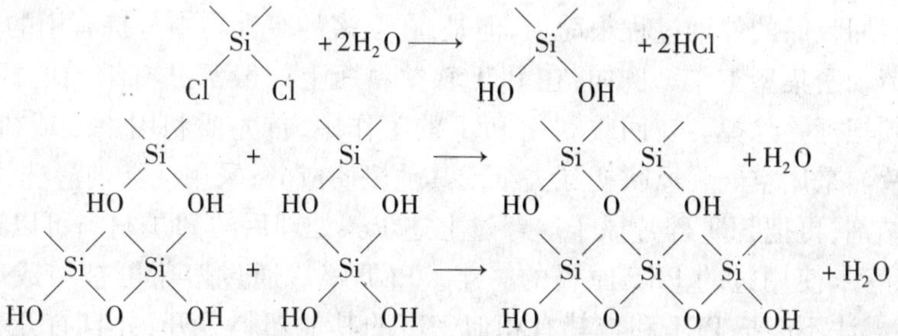

$$\underset{Cl\quad Cl}{Si} + 2H_2O \longrightarrow \underset{HO\quad OH}{Si} + 2HCl$$

$$\underset{HO\quad OH}{Si} + \underset{HO\quad OH}{Si} \longrightarrow \underset{HO\quad O\quad OH}{Si\quad Si} + H_2O$$

$$\underset{HO\quad O\quad OH}{Si\quad Si} + \underset{HO\quad OH}{Si} \longrightarrow \underset{HO\quad O\quad O\quad OH}{Si\quad Si\quad Si} + H_2O$$

根据分子链长度的不同以及分子链交联程度的不同，硅橡胶呈油状、脂状和固体橡胶状等几种状态。

硅油同水及水基物质均不相溶，因而硅油被用来制作家具和汽车的清漆，以及对纺织品和皮革制品进行防水处理，还可用于制作喷气式飞机上的密封环。硅脂被用于钟表和球磨机上永久性的润滑剂。硅橡胶具有优良的电绝缘性能，因而被用在电动机或电线的绝缘包覆层上；人工合成硅橡胶在较宽的温度范围内能够保持很好的柔韧性，因而可以取代天然橡胶，在对高温和低温都有要求的条件下工作。合成硅橡胶能在较低温度下保持很好的柔韧性，而天然橡胶却会变得又硬又脆，这是因为合成硅橡胶中分子链骨架上的 Si—O 键在低温下仍然能够自由转动。

硅聚合物已成为重要的医疗植入材料，如外科手术或丰胸手术后在乳房中植入的填料。有几种不同的植入材料，如生理盐水，由硅橡胶做成外套再往里面注入无菌生理盐水；又如硅凝胶，也是由硅橡胶做成外套，再往里面注入粘性的硅凝胶。在 1980 年代，因硅胶泄露引起其他疾病的风险引起了人们的关注，如导致自身免疫功能紊乱乃至癌症。尽管如此，至今仍没有发现确凿的证据能够说明硅胶植入体与增大疾病风险之间有着必然的联系。

20.5　塑料的回收利用

在日常生活中我们对聚合物尤其是塑料类聚合物的依赖很大。由于质量轻、经久耐用，塑料制品在现有材料中使用得非常广泛。目前有 40 余种塑料或橡胶被大量使用，澳大利亚年产 120 万吨，新西兰年产 24.2 万吨。由于最终会成为垃圾被埋入土中，塑料的应用也饱受批评。

如果塑料的耐用性和化学稳定性使之具有循环利用价值,那么,为什么不对废弃塑料进行回收利用呢?问题的答案是不仅和技术上的困难有关,也和经济成本、人们的消费习惯等因素密切相关。与欧洲和北美不同,在澳大利亚和新西兰废弃物品的回收利用设施最近几年才大量建立起来,因此废弃物的回收利用量还是很低的。这种条件上的限制,再加上回收过程中的分类和分离等复杂操作,使回收的成本远比使用新生产的原料要高,从而阻碍了塑料的回收利用。但是,随着回收处理规模的增大,其成本必然会降低。另外,在过去几十年中,人们的环保意识不断提高,对塑料回收利用的呼声也日益强烈。

多数塑料都是可以回收利用的,但由于回收、分类、清洁以及加工等困难,从经济成本上考虑目前只有三种日用塑料可以回收利用,即聚对苯二甲酸乙二醇酯(PET)、高密度聚乙烯(HDPE)、聚氯乙烯(PVC)。其中,高密度聚乙烯是最主要的回收对象。

多数塑料回收品的处理过程很简单,但是,在众多的废弃物中分拣有用的塑料制品却是非常繁重的劳动密集型工作。例如,在 PET 软饮料瓶上一般都贴有纸质的标签,饮料瓶重新利用前必须把标签除掉。在回收利用 PET 的工作中,首先要利用手工或机械进行分类,然后切成碎片。采用空气旋风吹扰除去纸或其他轻质成分;采用洗涤剂清洗,除去所有残余的标签和粘结剂;再把 PET 碎片风干。经过上述步骤处理后的 PET 材料可以达到99.9%的纯度,售价只有未使用过的 PET 原料的一半。PET 碎片通过熔化可被纺成纤维。遗憾的是,采用上述办法不能把 PET 和与其有相似密度的其他塑料分开,并且有几种塑料得不到纯净的组分。但是可以把混合塑料回收后制成强度高、耐摩擦的塑料"木材"。

聚合物的回收利用除了以上的机械方法以外,化学方法也被采用。通过化学方法使聚合物分解成起始的小分子单体,单体经过纯化处理后又可以聚合成同样类型的新塑料。例如,Eastman Kodak 公司通过逆酯化反应处理了大量的 PET 胶卷,其工艺流程为:在某种酸的催化下,用甲醇把胶卷碎片分解成乙二醇和对苯二甲酸甲酯两种单体,单体经过蒸馏和回流等纯化操作后可作为合成 PET 胶卷的原料。

PET $\xrightarrow[CH_3OH]{H^+}$ HO–CH₂CH₂–OH + H_3CO–CO–C₆H₄–CO–OCH_3

PET　　乙二醇　　对苯二甲酸甲酯

回收利用塑料的另外一种很有潜力的方法是热分解法,它可以把经过筛选的塑料经过高温热解转化成汽油。含碳、氢、氧的长链聚合物在加压条件下热分解成为含 18 个左右碳原子的汽油。热分解过程正好模拟了天然生成石油的自然地质过程。和天然石油一样,经过回收生产的石油既可以作燃料,也可以用来生产聚合物。这种技术可以处理几乎所有的聚合物及其混合物。

使用生物降解塑料技术可以从根本上解决塑料制品的回收利用问题。生物可降解塑料可以在微生物产生的酶作用下自动分解。酶的催化反应对聚合物中的碳—碳键没有效果,因此常见的聚合物不能发生生物降解。但是,如果聚合物主链上含有小部分可以被生物分解的单元,聚合物的废弃物被埋入地下就能被微生物分解。例如,在 PET 的分子链上插入部分脂肪单体可以实现自动降解,所插入的微量新单体在聚合物分子链上形成了薄弱点,使易于发生自动的生物降解。

相关知识链接——塑料钞票

澳大利亚在世界上率先开发了塑料制币技术。经过21年的不懈努力,1988年,世界上第一张塑料钞票在澳大利亚问世。随后塑料制币技术不断完善,到1996年时,澳大利亚所有的钞票都换成了塑料币。现在,世界上有超过22个国家正在使用塑料钞票。更多的国家,包括美国正在考虑引入塑料币。

塑料制币技术的开发者是澳大利亚联邦科学与工业研究组织(CSIRO)中的化学与塑料分部和澳大利亚制币公司。塑料币的发明人是CSIRO的David Solomon教授,他目前供职于澳大利亚墨尔本大学,其研究兴趣主要是开发一种聚合物薄膜,用来覆盖缺水地区以阻止水的蒸发。

传统的纸币易于磨损,打湿后变得残缺不全,也容易伪造。事实上,在1966年,澳大利亚政府刚刚采纳了十进制货币,就发生了10元面额的钞票被大量伪造的严重事件,正是这一事件激发并导致了对塑料币的积极研究。随着高质量彩色扫描与复印技术的发展,伪钞问题变得日益严峻。

塑料币比纸币更耐用,例如,一张5元面额的塑料币平均可以流通3.5年,而老版本的纸币只能使用6个月。有趣的是,塑料币一旦退出流通领域,还可以被回收利用制成其他产品,如肥料箱等。

事实证明塑料币比纸币难伪造得多。塑料币的底层材料采用了双向拉伸的聚丙烯薄膜。这种材料市面上是无法买到的,只销售给特定的机构。在透明的塑料薄膜上施以多层涂层,使之不再透明,同时再加入一些保真措施,如光衍射视觉变化图案(包括全息窗口,从不同的角度可以看到不同的图像)。在聚合物薄膜上也可以运用一些常规的造币技术,如各种复杂的图案、水印、荧光防伪,以及采用各种不同的墨水等。最后,再涂上一层保护膜,塑料币就大功告成了,它可以保持币面洁净并防止潮气侵蚀。

研制更好的用于制币的塑料薄膜的工作仍在继续,这将使伪币的制造更加困难。

习 题

20.1 为什么枝化聚合物比线型聚合物更加柔顺?

20.2 对于以下三种情况的分子链间作用力,试各举一例说明之:

(a)范德化作用力; (b)氢键; (c)芳环的堆积。

20.3 试列表说明热固性和热塑性聚合物的差异。

20.4 请说明什么是弹性体?

20.5 请说明逐步聚合与链式聚合两种聚合方式所得聚合物的主要差异。

20.6 为什么链式聚合反应需要使用引发剂?

20.7 请写出合成以下逐步聚合高分子产物所需的单体结构。

(a) $\left[\mathrm{C(=O)}-\mathrm{C_6H_4}-\mathrm{C(=O)}-\mathrm{OCH_2}-\mathrm{C_6H_{10}}-\mathrm{CH_2O} \right]_n$

(b) $\left[\mathrm{C(=O)(CH_2)_6C(=O)}-\mathrm{NH}-\mathrm{C_6H_{10}}-\mathrm{CH_2}-\mathrm{C_6H_{10}}-\mathrm{NH} \right]_n$

(c)

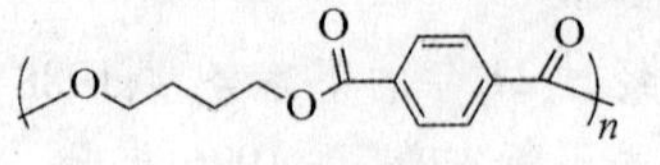

(d)

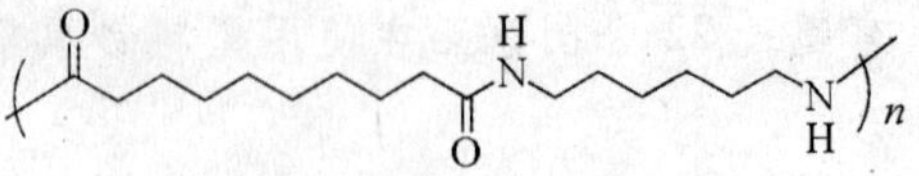

20.8　LDPE 的链枝化程度比 HDPE 要高,试解释分子链枝化程度与聚合物密度之间的关系。

20.9　试说明聚苯乙烯和聚氯乙烯两者之中,哪一种聚合物中更有可能形成“头碰头”的结构?

20.10　聚合物中重复单元结构的存在是必须的吗?

第21章　核化学

21.1　原子核的稳定性

如第1章所示,原子核可分为两类:稳定核和放射性核。放射性核会发生自发的衰变,因此是不稳定的。但是在讨论原子核的稳定性之前,必须准确定义“稳定”对原子核的真实含义。其实只要搞清楚什么是“不稳定”就很容易了。比如,放射性同位素钕核^{144}Nd的半衰期为2.3×10^{15}年。在第12章中学到,这种同位素在这段时期内衰变一半,对正常标准来说,这么漫长的时间是难以想象的(相当于宇宙年龄的一百万倍!)。由此看来^{144}Nd应该是足够稳定了。但是,尽管^{144}Nd核衰变的速度极其缓慢,它仍是不稳定的。有些放射性核的半衰期不到1秒,有些却长达10^{19}年,但只要存在放射性衰变,它们就是不稳定的。因此,稳定核是指那些完全不发生核反应的核。

决定原子核是否具有放射性的一个重要因素是核中质子和中子的比例。图21.1显示了所有稳定核的中子数(N)和质子数(Z)的比例。所有稳定核都处于图中的稳定带(Band of stability)之中。处于稳定带之外的核均是不稳定的,都能发生自发衰变。轻原子稳定核处于N=Z线,而随着原子量增加,重的稳定核的N∶Z比逐渐增大,最后达到1.54。这种趋势可用以下稳定核的N∶Z比(括弧内数值)来说明:如$^{4}_{2}$He(1.00)、$^{31}_{15}$P(1.07)、$^{56}_{26}$Fe(1.15)、$^{81}_{35}$Br(1.31)、$^{197}_{79}$Au(1.49)、$^{208}_{82}$Pb(1.54)。

将一个原子核中的所有核子约束成一个整体的吸引力,称为强核力。这种力通过一种亚原子颗粒——介子(mesons),在质子和中子间进行交换发生作用。强核力只在很小的距离内发生作用,将核中质子和中子约束到一起。在这个很小的距离内,其作用力约为核中质子之间的排斥力的一百倍。随着Z增大,质子间的静电排斥力增加,因此,需要更多的中子产生足够强大的核力来稳定原子核。这就是图21.1中斜率随Z逐渐增大的原因。但是,当Z增加到一定值,再增加中子也不能稳定原子核,这就是图21.1中铅($Z=82$)以上不存在稳定核的原因(人们曾认为$^{209}_{83}$Bi核是稳定核,但在2003年时发现其会发生α衰减,半衰期为1.9×10^{19}年)。有些Z值高的元素也能在地球中存在,如镭($Z=88$)、钍($Z=90$)和铀($Z=92$)等,这些元素均不稳定,其所有的同位素均具有放射性,最后将会逐渐衰变成$Z<83$的核。其结果是,稳定核虽然只是所有核中的一部分,但这些核组成了我们这个世界“正常”的化学,并为地球上发生的绝大部分的化学反应提供物质。仔细观察图21.1,我们发现$Z=43$(锝)和$Z=61$(钷)两种元素不存在稳定核,两者在地球上几乎不存在,这两种元素所有同位素的半衰期相对很短,说明其可能存在于初始的地球中,但经过四十亿年漫长的历史早已完全衰变。

虽然稳定核不会自发地发生放射性衰变,但并不是所有稳定性核均同样“稳定”。换言之，不同元素的稳定核具有不同的能量，即将核中核子约束成一个整体核的能量，称之为核结合能。计算结合能时需采用著名的爱因斯坦质能方程 $E=mc^2$，此方程说明质量 m 和能量 E 是等价的，比例系数为光速 c 的平方。使用此方程的关键是精确测定原子核的质量。在第1章我们提到，如果将组成原子核的质子和中子的质量相加，总会发现此加和质量要略微大于实际的原子核的质量。此质量差（称之为质量亏损，mass defect）相当于由独立的质子和中子聚集而形成原子核产生的能量。我们可以用爱因斯坦方程计算释放出来的能量。如果需要打破一个核使其形成质子和中子，就需要提供与核结合能相等的能量。因此，核结合能越大，核越稳定。

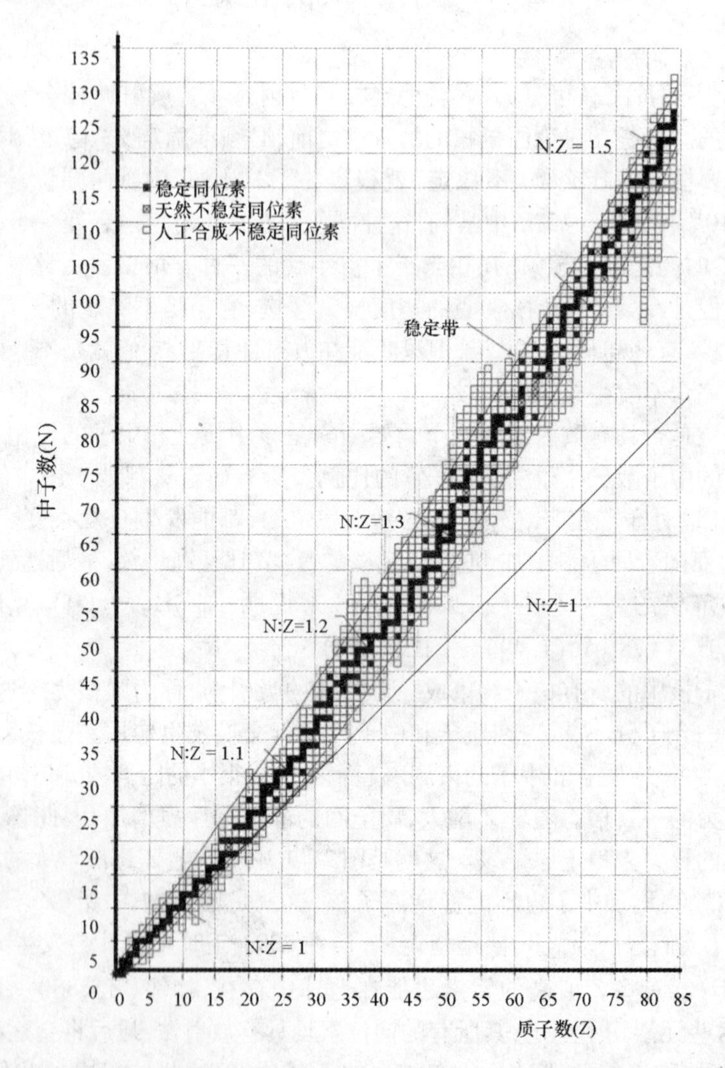

图 21.1 从 H($Z=1$) 到 Pb($Z=82$) 所有元素同位素的中子数和质子数的关系

示例 21.1 ^4_2He 核由两个质子和两个中子组成。依据以下数据来计算 ^4_2He 的核结合能。已知 ^4_2He 的质量 = 4.001506u，质子的质量 = 1.007276470u，中子的质量 = 1.008664904u（$1u = 1.66054 \times 10^{-27}$ kg），光速 $c = 2.998 \times 10^8 \text{m} \cdot \text{s}^{-1}$。

解答：质量亏损：

$$m = 2 \times 1.007276470\text{u} + 2 \times 1.008664904\text{u} - 4.001506\text{u} = 0.030377\text{u} = 5.044 \times 10^{-29}\text{kg}$$

$$E = mc^2 = 4.534 \times 10^{-12} \mathrm{kg \cdot m^2 \cdot s^{-2}} = 4.534 \times 10^{-12} \mathrm{J}$$

以上为单个 $^4_2$He 核的核结合能，或者说是由两个独立的质子和两个独立的中子形成一个 $^4_2$He 核将释放出的能量，这看起来是非常小的能量。但是如果我们将此转换成 1mol(4g) $^4_2$He 核对应的能量，可以得到其数值为 2.73×10^{12} J，这相当于一个中等城市一天消耗的能量！

思考题 21.1　$^3_2$He 核的质量为 3.014932u，计算 1mol 此核的核结合能。

从示例 21.1 可见原子核涉及的能量是很大的。假如能够可控地利用这些能量，将获得几乎无穷的能源。有两种可能的核反应过程可供我们开发出大量的能源。核聚变(nuclear fusion)是将轻核结合在一起形成重核；核裂变(nuclear fission)是打破重核使其分裂成轻核。两种反应均能产生大量的能量。

通过计算可知，随着核质量增加，核结合能也随之增加。但是，平均每个核子的结合能对于核的稳定性更加重要。这可以通过将核结合能除以质量数 A 得到，其值表征了平均每个核子被约束到核中的紧密程度。平均结合能越高，核就越稳定。图 21.2 显示了核子平均结合能与原子质量数的关系。

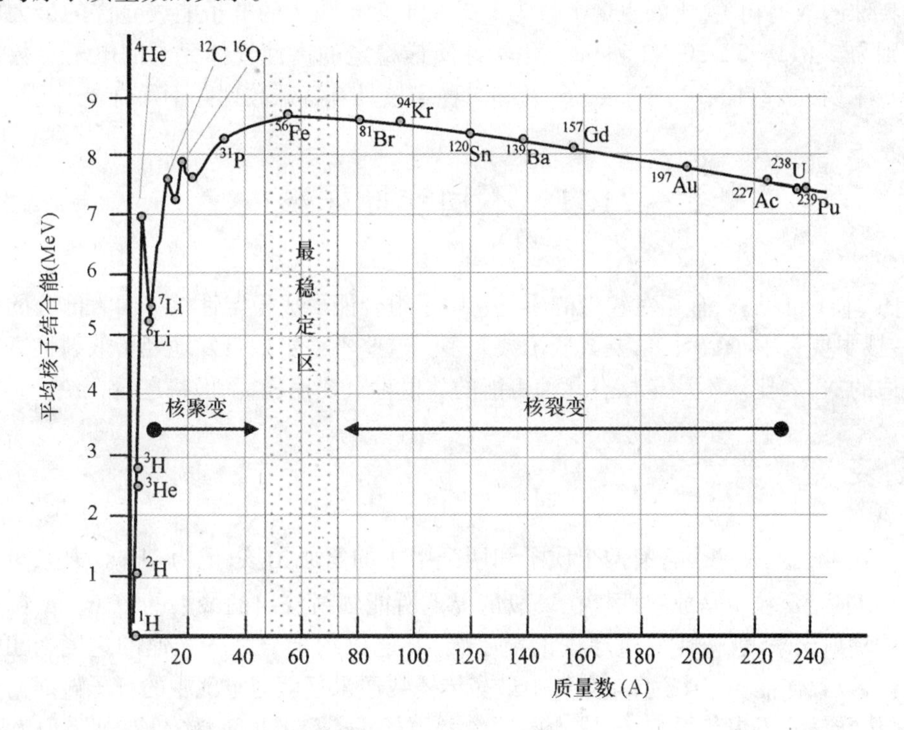

图 21.2　**核子平均结合能(能量单位 1MeV = 1.602×10^{-13} J)**

图 21.2 中的曲线在 $^{56}_{26}$Fe 核时为最高值，表明其最稳定。实际上，质量数在大约 50 ~ 70 区间包括了自然界能量上最稳定的同位素。与此相对，较轻原子核的稳定性差一些，故有可能发生核聚变反应并进入到最大稳定性区域。事实上，核聚变反应在很多星体中时刻都在发生，故可以认为地球上的铁和铁以下的较重元素都是这种反应的产物。继续看图 21.2 中更大质量数的元素，随着每个核子的平均结合能下降，核的稳定性也递减。所以可以想象这些重核会发生核裂变反应，分解成较稳定的相对较轻的同位素。

仔细观察图 21.1，当一个核中质子数和中子数均为偶数时，其稳定性要明显高于两者均为奇数的同位素。在263个稳定同位素中,只有5个同位素的质子数和中子数均为奇数,而有157个同位素两者均为偶数。其余的为一奇一偶。由此可以注意到图21.1中水平方向上大多数黑格(稳定同位素)集中在中子数为偶数的部位。同样,在垂直方向,多数黑格集中在质子数为偶数的部位。这种现象可以用核子的自旋来解释,此概念与我们在第1章中介绍的电子自旋相似。质子和中子均能发生自旋,当两个质子和两个中子自旋相反(成对)时结合能比较低,而当两者自旋相同时(不成对)能量较高。只有当核中具有偶数质子和偶数中子时,所有的自旋才可以成对,因而生成低能量的核。可见稳定性核多数处于质子和中子数均为偶数的状态。

核子的幻数(magic number)是判断核稳定性的另一个简单规律。具有特定的质子或中子数目(幻数)的同位素表现出特别的稳定性。核子的幻数为2、8、20、28、50、82和126。图21.1显示,当质子数和中子数为相同幻数时,此同位素将非常稳定,如$^{4}_{2}He$、$^{16}_{8}O$、$^{40}_{20}Ca$。最重的稳定同位素$^{208}_{82}Pb$包括了82个质子和126个中子,此为两个不同的幻数。幻数的存在支持了核的壳层结构假设,不同壳层的能级与电子的能级相似。我们已经知道,电子的能级与一些特殊的数列相关,比如主量子数为1、2、3、4、5、6和7的电子能级允许的最大电子填充数分别为2、8、18、32、50、72和98。化学性质最稳定的惰性气体元素的电子总数也组成一个特殊序列,如2、10、18、36、54、86。因此,稳定核具有特殊数列并不稀奇。

21.2 不稳定原子核

从图21.1可见,只有相对较少的质子-中子组合能形成稳定性核。而大部分的核不稳定,这些核中要么中子数太多,要么质子数太多。这些不稳定核自发地经历放射性衰变以形成最合适的N∶Z比。不稳定核有几种可能的放射性衰变途径,下面将进行介绍。

α衰变

一个α粒子就是一个含有两个质子和两个中子的氦原子核,记为$^{4}_{2}He$。大家知道此核具有2+电荷。α粒子是放射性核在一般情况下所能辐射放出的最大的粒子。α粒子一旦从核中被辐射出来,就快速穿过原子的电子云,并能以约十分之一光速的速度射出。但α粒子太大,以致传播不了太远,在空气中最多传播数厘米远就与空气中的分子碰撞而失去动能,同时从空气分子中获得电子,成为中性的氦原子。α粒子虽不能穿透皮肤,但人若在此气氛中暴露过久仍会引起灼伤。如果可辐射出α粒子的放射性物质被吸入肺中或被误吞,将会对肺和肠道的软组织造成很大伤害。俄罗斯叛逃者利特维年科(Alexander Litvinenko)于2006年在伦敦遭受^{210}Po的α辐射中毒致死就是一个实例。

当核发射出一个α粒子后,Z降低2,并转变为另一种元素。α衰变(alpha decay)是大多数$Z>82$的核经常出现的衰变方式。我们可用核方程式来表示此衰变过程。核方程式与化学反应方程式的不同之处是方程式两边的A和Z要保持平衡。以$^{238}_{92}U$的α衰变反应为例:

$$^{238}_{92}U \rightarrow ^{234}_{90}Th + ^{4}_{2}He$$

注意α衰变的产物是一个不同的化学元素,其原子量比母体核要小4。

β 衰变

β 粒子就是一个电子,在核化学中表示为 ${}_{-1}^{0}e$。实际上,发生 β 衰变(beta decay)时绝不是仅仅只放出一个 β 粒子,还有一个叫做"反中微子"(antineutrino)的粒子也同时被放出。α 粒子从特定的放射性核辐射出时具有相同的离散能量值,而对每一个放射性核,从特定放射源辐射出的 β 粒子具有的能量则处于从零到某一最大值之间的连续能量区间内。这个现象曾经给核物理学家带来一些麻烦,部分原因是其与能量守恒定律相违——质子与电子的质量之和小于中子的质量。为了解决此问题,泡利(Wolfgang Pauli,1900—1958)于1927年提出 β 衰变时伴随着另一个电中性、几乎无质量的粒子。费米(Enrico Fermi,1901—1954)曾建议将其称为中微子(neutrino),但最后人们将此称为"反中微子"并将其表示为 $\bar{\nu}_e$。

下式是氚(氢的放射性同位素)发生 β 衰变的核反应式:

$$ {}_{1}^{3}H \rightarrow {}_{2}^{3}He + {}_{-1}^{0}e + \bar{\nu}_e $$

此反应放出 β 粒子和反中微子 $\bar{\nu}_e$(见图21.3)后,实际上使核中的一个中子转变为一个质子。

$$ {}_{0}^{1}n \rightarrow {}_{-1}^{0}e + {}_{1}^{1}p + \bar{\nu}_e $$

注意,氚核放出 β 粒子后,形成的带正电荷的 ${}_{2}^{3}He$ 核再从环境获得一个电子,最终生成中性的 ${}_{2}^{3}He$ 原子。

与 α 衰变同样,β 衰变也使一个化学元素转变成另一种元素。

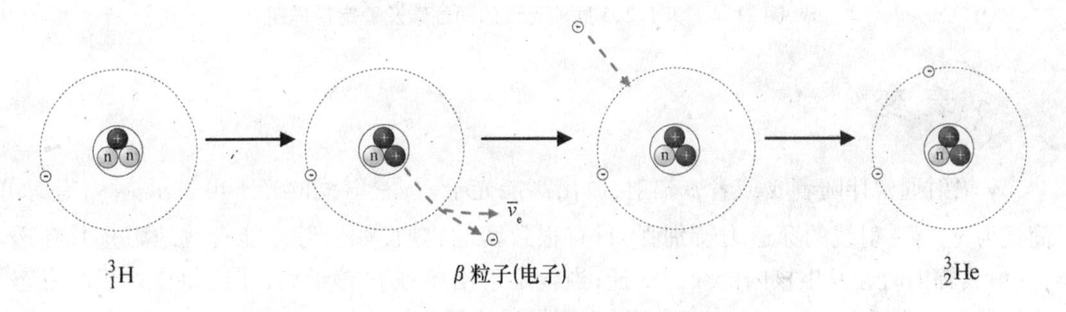

图21.3　氚核的 β 衰变

因为电子非常小,β 粒子在运行时与其他分子之间的碰撞几率要小得多。依靠初始动能,β 粒子可在干燥的空气中运行3m左右。但只有最高能量的 β 粒子可以穿透皮肤。在稳定带(图21.1)上方的核倾向于通过 β 辐射的方式衰变,因为这可以在不改变 A 的情况下增加 Z,从而降低了 $N:Z$ 比,使核移动到稳定带内。例如,${}_{9}^{20}F$经过 β 衰变后,使 $N:Z$ 比从11∶9变为10∶10。

$$ {}_{9}^{20}F \rightarrow {}_{10}^{20}Ne + {}_{-1}^{0}e + \bar{\nu}_e $$

此反应生成的 ${}_{10}^{20}Ne$ 核处于稳定带的中心。图21.4是图21.1的局部放大图,进一步说明了这个规律。从图21.4中也能看出 ${}_{12}^{27}Mg$ 经过 β 衰变以降低 $N:Z$ 比而转变成 ${}_{13}^{27}Al$。图中显示 ${}_{12}^{27}Mg$ 核和 ${}_{9}^{20}F$ 核经过 β 衰变后一个中子变为质子,从而降低了 $N:Z$ 比,使核处于稳定带。而 ${}_{12}^{23}Mg$ 核和 ${}_{9}^{17}F$ 核的正电子发射使质子变为中子,从而 $N:Z$ 比增加,使核处于稳定带。

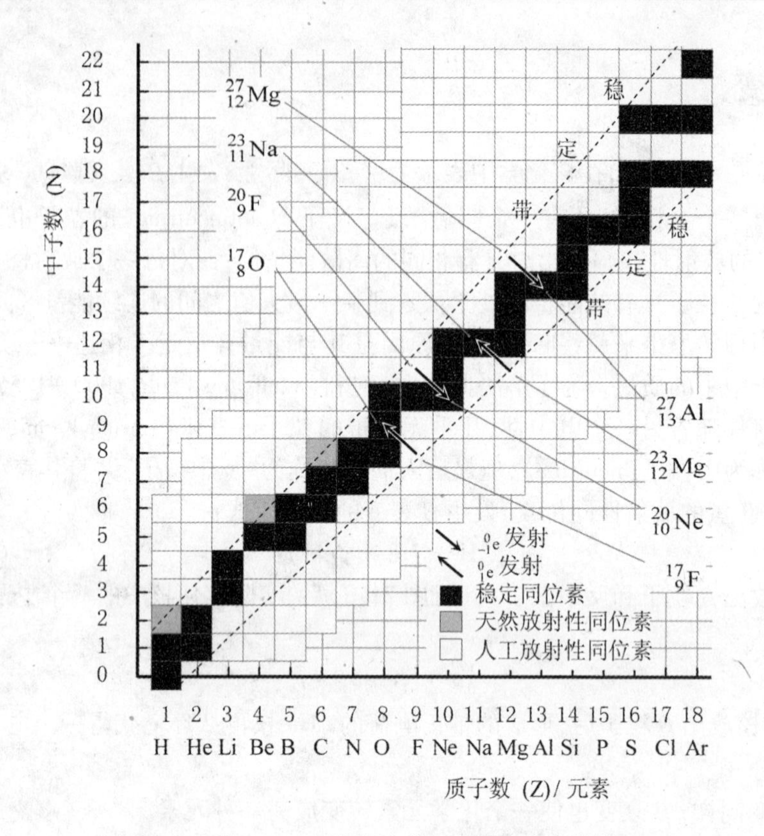

图 21.4 第 1、2、3 周期元素的同位素及稳定带详图

γ 衰变

γ 辐射通常伴随着 α 或者 β 辐射，放出高能光子。γ - 射线的光子可表示为 $^{0}_{0}\gamma$，有时可简记为 γ。γ - 射线的穿透力特别强，只有很致密的物质，如铅等才能有效地阻止其穿透。γ - 射线辐射时会发生核内能级的跃迁；当核辐射出 α 或 β 粒子时，往往使核处于激发态，而辐射出 γ 光子时，核会发生松弛而进入到较低能级。

正电子辐射

在放射性衰变中相对较少出现的一种情况是正电子辐射（positron emission）。带有正电荷的电子表示为 $^{0}_{1}$e，可以使核中的质子转变成为中子，如图 21.5 所示。

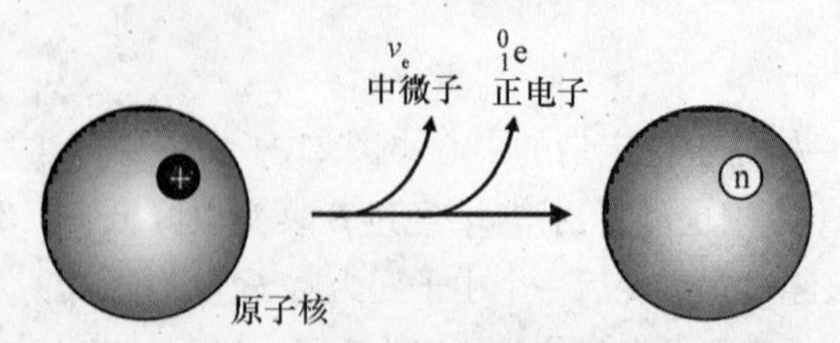

图 21.5 原子核内一个质子放出正电子和中微子后变成中子

如同β辐射一样，正电子辐射也伴随着无电荷、几乎无质量的粒子——中微子(ν_e)。例如$^{54}_{27}Co$发生正电子辐射而衰变为稳定的同位素铁：

$$^{54}_{27}Co \rightarrow ^{54}_{26}Fe + ^{0}_{1}e + \nu_e$$

放出的正电子会与电子辐射碰撞，两个粒子互相湮没，形成两个γ－射线的光子，如下核反应式所示，此现象称为湮没辐射光子：

$$^{0}_{1}e + ^{0}_{-1}e \rightarrow 2^{0}_{0}\gamma$$

表 21.1　碳的同位素及其衰变

同位素	Z	N	半衰期	衰变模式*（比例）	生成同位素	天然丰度
^{8}C	6	2	2×10^{-21} s	2p	^{6}Be	0
^{9}C	6	3	126ms	β^+（60%）	^{9}B	0
				β^+，p(23%)	^{8}Be	0
				β^+，裂变(17%)	$^{5}Li + ^{4}He$	0
^{10}C	6	4	19s	β^+	^{10}B	0
^{11}C	6	5	20min	β^+	^{11}B	0
^{12}C	6	6	稳定			0.9893(8)
^{13}C	6	7	稳定			0.0107(8)
^{14}C	6	8	5730 yr	β^-	^{14}N	$<10^{-12}$
^{15}C	6	9	2s	β^-	^{15}N	0
^{16}C	6	10	0.7s	β^-，n(97.9%)	^{15}N	0
				β^-(2.1%)	^{16}N	0
^{17}C	6	11	193ms	β^-(71.59%)	^{17}N	0
				β^-，n(28.41%)	^{16}N	0
^{18}C	6	12	92ms	β^-(68.5%)	^{18}N	0
				β^-，n(31.5%)	^{17}N	0
^{19}C	6	13	46ms	β^-，n(47.0%)	^{18}N	0
				β^-(46.0%)	^{19}N	0
				β^-，2n(7%)	^{17}N	0
^{20}C		14	16ms	β^-，n(72.0%)	^{19}N	0
				β^-(28.0%)	^{20}N	0
^{21}C		15	30 ns	n	^{20}C	0
^{22}C		16	6.2ms	β^-	^{22}N	0

*β^-为β衰变，放出电子$^{0}_{-1}e$；β^+为正电子辐射，放出$^{0}_{1}e$。p表示衰变时放出质子；n表示放出中子。

因为正电子能摧毁正常的物质（电子），将其称为反物质（antimatter）。反物质的定义是与正常物质相对的粒子，两者碰撞时必须互相湮灭。例如，反质子和反中子分别是质子和中子的反物质。同样，β衰变时放出的反中微子是正电子辐射时放出的中微子的反物质。在稳定带（图21.1）以下的核经常发生正电子辐射，因为这样可以增加$N:Z$比，所产生的核更接近稳定带。例如,图 21.4 也显示了 $^{17}_{9}F$ 核通过辐射出一个正电子和一个中微子以生成 $^{17}_{8}O$ 来增加 $N:Z$ 比。

$$^{17}_{9}F \rightarrow ^{17}_{8}O + ^{0}_{1}e + \nu_e$$

图 21.4 还显示了 $^{23}_{12}Mg$ 通过正电子辐射衰变生成 $^{23}_{11}Na$,朝着稳定带中部转移的现象。

此外,从图 21.4 中可见碳有 15 种同位素,表 21.1 列出了这 15 种同位素及其衰变模式,其中只有两种为稳定同位素。可以发现,所有的不稳定核衰变的方向均朝着稳定带移动,即 $N:Z$ 大的核发生 β 衰变或(和)放出质子;$N:Z$ 小的核发生正电子辐射或(和)放出中子。

中子辐射

此反应仅辐射出一个中子而不改变质子数。极端不稳定的 $^{7}_{2}He$ 核(半衰期 3×10^{-21} s)就是通过中子辐射(neutron emission)而发生衰变的:

$$^{7}_{2}He \rightarrow ^{6}_{2}He + ^{1}_{0}n$$

电子捕获

顾名思义,电子捕获(electron capture)是核从围绕在周边的电子内层捕获到一个电子。这在天然同位素中很少发生,但在人工放射性核中常出现。例如 $^{50}_{23}V$ 核可以捕获一个电子,从而转变成钛核,同时放出 X-射线和中微子:

$$^{50}_{23}V + ^{0}_{-1}e \rightarrow ^{50}_{22}Ti + \nu_e + \text{X-射线}$$

电子捕获的净效应是将核中的一个质子改变为一个中子,如图 21.6 所示 $^{7}_{4}Be$ 核的反应。

$$^{1}_{1}p + ^{0}_{-1}e \rightarrow ^{1}_{0}n + \nu_e$$

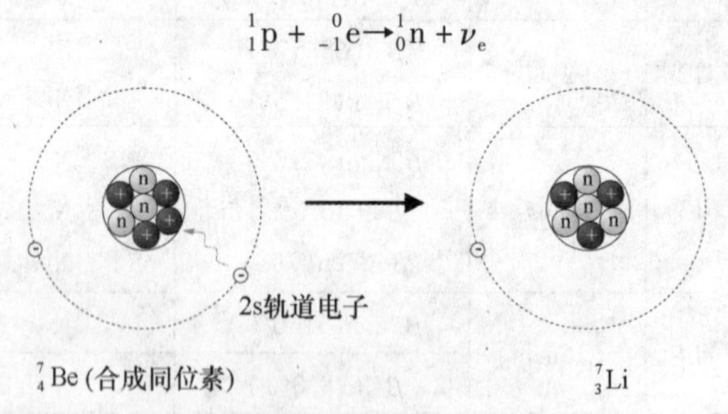

图 21.6　轨道电子被原子核捕获,使一个质子变成中子

电子捕获只改变 Z 而不改变 A。但这将导致在电子内层留下一个空位,原子中其他轨道的电子跃迁下来填补此空位,同时辐射出 X-射线。此外,捕获到轨道电子的核将处于激发态,因此将发射出一个 γ 光子。

示例 21.2　$^{137}_{55}Cs$ 是核电站的一种放射性产物,可以发出 β-射线和 γ-射线。写出此衰变的核反应式。

分析:先写出不完全反应式

$$^{137}_{55}Cs \rightarrow ^{0}_{-1}e + ^{0}_{0}\gamma + ^{A}_{Z}X$$

解答:使反应式两端A、Z平衡,可以写出完整的核反应式:

$$^{137}_{55}Cs \rightarrow ^{0}_{-1}e + ^{0}_{0}\gamma + ^{137}_{56}Ba$$

思考题21.2　玛丽·居里(1867—1934)获得诺贝尔奖的原因之一是分离出了同位素镭,此元素不久就被广泛用来治疗癌症。$^{226}_{88}Ra$发出α-射线和γ-射线。写出此衰变过程的平衡核反应式。

思考题21.3　$^{90}_{38}Sr$放出β-射线,写出此衰变的平衡核反应式($^{90}_{38}Sr$是核电站的核废料中放射性核的一种,其危害性很大,因其可以取代人体骨骼中同为第2族元素的钙,并对相邻组织产生辐射)。

放射性衰变的速率

以上介绍的放射性衰变时均会放出粒子或光子。如果测量出一定时间范围内放出的粒子或光子的数量,也就可测量放射性衰变的速率。可以用以下装置进行测量。

盖革计数器(Geiger counter):主要部件为盖革-缪勒管(Geiger-Müller tube)。可以检测到进入此管窗口的高能β-射线和γ-射线。管内为低压气体,射线进入管内后使气体形成离子,离子可以使电脉冲导通,电脉冲经电流放大器,脉冲计数器获得计量数据,并可听到滴答声。

闪烁计数器:闪烁计数器内有一个涂覆有磷光化合物的表面,被辐射粒子撞击后能够发出微弱的光。此光可经放大器放大并自动计数。

计量器:在放射源附近工作的人们带上计量器可以测量其总暴露辐射剂量。如果剂量超过允许值,就可能带来危害。以前主要使用胶片计量器,照相胶片受放射性辐射曝光后逐渐变黑,颜色深度与辐射剂量成正比。现在,计量器采用了新技术,主要有TLD和OSL。

热荧光计量器(thermoluminescent dosimeters 或 TLD):其内部装有氟化锂或氟化钙晶体,晶体吸收辐射后产生热量,通过测量热量可获得辐射剂量。

光激发荧光(optically stimulated luminescence 或 OSL)计量器:可测量不同辐射源引起的暴露辐射剂量。内部装有不同的过滤片和氧化铝薄层。测量时,一束蓝色激光激发氧化铝,使其产生荧光。荧光强度正比于辐射剂量。

定义放射性物质的活度为每秒分解的数量。放射性活度的SI单位为becquerel(贝克,Bq),以纪念发现了放射性现象的贝克勒尔(Henri Becquerel, 1852—1908,1903年获诺贝尔物理奖)。1 Bq为每秒分解1次。比如1升空气的活度约为0.04 Bq,因为其中的二氧化碳中含有^{14}C;1克天然铀的活度为2.6×10^{4} Bq。我们的身体含有天然同位素,如^{40}K,因此也是放射性的。幸运的是,此同位素的天然丰度很小(0.01%),而且半衰期很长(约10^{9}年),我们只有很小的放射性活性。

对于足够大的放射性物质样品,实验发现活度正比于放射性核的数量N:

$$活度 = -dN/dt = kN$$

其中k为衰变常数。此即放射性衰变定律。以上方程为一级动力学过程的一个实例(见第12章)。事实上,所有的放射性衰变过程均为一级动力学过程,也就是说放射性核的活度正比于其核的数量。一级动力学过程最重要的参数是放射性物质的半衰期($t_{1/2}$),定义为一半样品衰变所需的时间(如第12章所述,$t_{1/2} = \ln(2)/k = 0.693/k$)。半衰期不取决于物质的量。图 21.7 表示放射性核 ^{32}P(广泛用于标识生物样品)及其产物 ^{32}S 的质量随衰变时间的曲线。

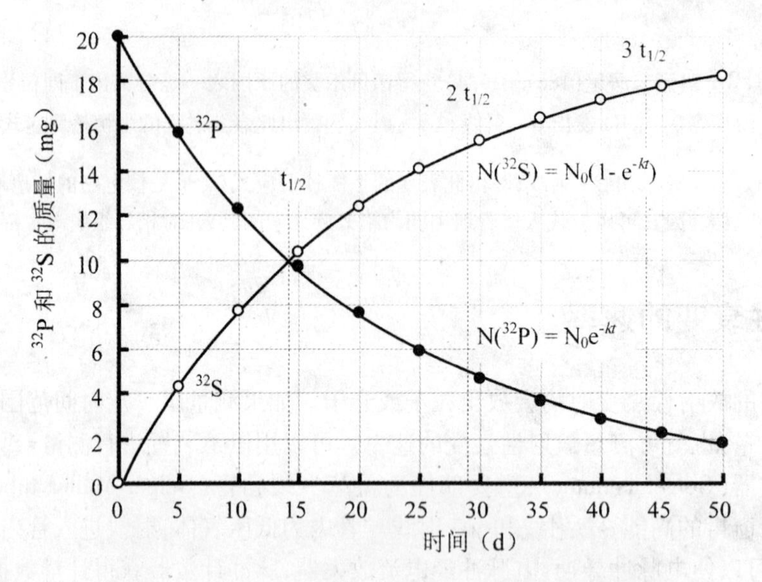

图 21.7　N_0 为 20mg 的 ^{32}P 衰变为 ^{32}S 过程中质量的变化

^{32}P 核的半衰期为 14.3 天,以 β 辐射方式衰变,生成 ^{32}S。因此在第一个 14.3 天过后,正好一半样品发生衰变,生成 50 : 50 的 ^{32}P 和 ^{32}S 的混合物。下一个 14.3 天过后,剩下的 ^{32}P 样品又有一半发生了衰变,得到 75% 的 ^{32}S 和 25% 的 ^{32}P 的混合物。经过十个半衰期(143 天)后,只剩下 0.098% 的 ^{32}P 了。

表 21.2　部分放射性核的半衰期和衰变模式

天然同位素	半衰期	衰变模式	人造同位素	半衰期	衰变模式
$^{40}_{19}K$	1.28×10^{9} yr	β、EC*、γ	$^{3}_{1}H$	12.33 yr	β
$^{123}_{52}Te$	1.2×10^{13} yr	EC	$^{15}_{8}O$	122s	正电子
$^{144}_{60}Nd$	2.29×10^{15} yr	α	$^{32}_{15}P$	14.3 d	β
$^{149}_{62}Sm$	$>2\times10^{15}$ yr	α	$^{99m}_{43}Tc$	6.01 h	γ
$^{187}_{75}Re$	4.35×10^{10} yr	β	$^{131}_{53}I$	8.02 d	β
$^{222}_{86}Rn$	3.82 d	α	$^{137}_{55}Cs$	30.0 yr	β
$^{226}_{88}Ra$	1600 yr	α、γ	$^{90}_{38}Sr$	28.8 yr	β
$^{230}_{90}Th$	7.54×10^{4} yr	α	$^{238}_{94}Pu$	87.7 yr	α
$^{238}_{92}U$	4.47×10^{9} yr	α	$^{243}_{95}Am$	7.37×10^{3} yr	α

* EC 表示电子捕获

表 21.2 列出了一些天然和人工放射性核的半衰期以及衰变方式。从表中数据可见,核的半衰期可以从几秒钟到数千万亿年,这说明不同的核衰变反应的速率相差非常巨大。

有时候一种放射性核衰变后并不一定生成稳定性同位素,而是生成另一种不稳定的放射性核。从一种放射性核到另一种的衰变可能持续下去，一直到生成一种稳定性同位素。这种连续核反应称为放射性衰变系列。一共有四种主要的放射性衰变系列，其中三种为天然发生的系列（^{232}Th 经 10 步生成 ^{208}Pb；^{238}U 经 14 步生成 ^{206}Pb；^{235}U 经 11 步生成 ^{207}Pb），一种为人工合成同位素衰变系列（^{241}Pu 经 13 步生成 ^{209}Bi）。图 21.8 显示了 ^{238}U 的衰变系列。图中每个箭头下的时间表示此前同位素的半衰期。

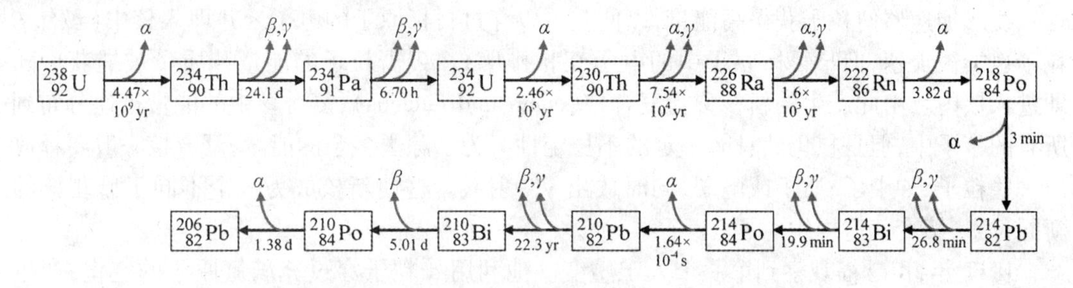

图 21.8　^{238}U 放射性衰变系列图

示例 21.3　$^{222}_{86}$Rn 是一种不稳定性核，在一些石头房间的空气中可以检测到，因为石头中可能存在天然铀发生衰变的情形。这种放射性同位素对健康有害，故引起很大关注。气相氡很容易进入人的肺部，衰变发生后，产物在肺组织中沉积。$^{222}_{86}$Rn 通过放出 α 和 β 粒子变为稳定性核。前四步是 α、α、β、β（见图 21.8）。写出此核反应的序列，并标明每一步的产物。

分析：每一步反应的电荷数和质量数应该保持守恒。故每一步 α 衰变使核电荷数减少 2 单位，质量数减少 4 单位；每一步 β 衰变增加核电荷数 1 单位，而质量数不变。参考元素周期表，可以确认每一步生成的核的种类。

解答：根据衰变序列，起始核 $^{222}_{86}$Rn 先放出 α 粒子，

$$^{222}_{86}\text{Rn} \rightarrow {}^{218}_{84}\text{Po} + {}^{4}_{2}\text{He}$$

钋也是不稳定性核，按序列下一步衰变也是放出 α 粒子。

$$^{218}_{84}\text{Po} \rightarrow {}^{214}_{82}\text{Pb} + {}^{4}_{2}\text{He}$$

$^{214}_{82}$Pb 同样是不稳定核，按序列此核要放出 β - 射线，同时使一个中子变成质子。

$$^{214}_{82}\text{Pb} \rightarrow {}^{214}_{83}\text{Bi} + {}^{0}_{-1}\text{e}$$

第四步衰变也是放出 β - 射线，生成 $^{214}_{84}$Po。

$$^{214}_{83}\text{Bi} \rightarrow {}^{214}_{84}\text{Po} + {}^{0}_{-1}\text{e}$$

从以上过程可以看出，每一步 A、Z 均保持平衡。重核 ^{222}Rn 进入稳定带，必须通过降低质量（α 衰变）和降低 $N:Z$ 比（β 衰变）来达到。

思考题 21.4　示例 21.3 的衰变序列后面还有四步，即：α、β、β、α。写出这些核反应的方程式。

21.3　合成新元素

化学作为一门真正的科学分支起始于 17 世纪末到 18 世纪初。在此以前，人们研究化学的主要动力是期望从铅、汞等金属元素中提炼出金，故称之为炼金术，其实这并不是真正的科学，经过几百年的努力，这类实验最后均以失败而告终。但是到 20 世纪初期时这一切发生了变化。卢瑟福利用 α 粒子轰击氮使其转变成氧，他成为了第一位成功的“炼金术

士”。把一种元素转变为另一种元素称为嬗变(transmutation),实际上就是前面提到的一种放射性元素自然发生 α 衰变或 β 衰变的结果。嬗变也能由人为引发,就像卢瑟福那样用一种高能粒子去轰击核。高能粒子包括天然放射性物质放出的 α 粒子、核反应堆放出的中子、将氢剥去电子后产生的质子等。用于导致嬗变的高能粒子一般需要通过加速获得很高的速度以穿透核外电子云。这个过程可以利用一个线形或环形的粒子加速器来完成。

线形加速器使粒子获得高能量,以使其可以穿过目标原子的电子云并埋入核中(虽然 β 粒子也能被加速,但与目标原子中的电子互相排斥)。轰击粒子的能量和质量被捕获后随即进入核内。由此产生的新核称为复合核(compound nucleus),复合核中的能量迅速分布到所有的核子中,但是核仍然具有一定的不稳定性。为了除去多余的能量,复合核一般要释放出一些粒子,如中子、质子或电子,同时放出 γ-射线。这使新核成为一个不同于原靶核的新同位素,嬗变就这样发生了。

1917 年,卢瑟福观察到第一个人工嬗变。他利用 α 粒子穿过充满氮原子的空室,产生了一个完全新的比 α-射线更具穿透力的射线,后来人们证明这是一束质子。卢瑟福发现 $^{14}_{7}N$ 受 α 粒子轰击后产生 $^{18}_{9}F^*$,后者衰变后放出质子。

$$\underset{\alpha\text{粒子}}{^{4}_{2}He} + \underset{\text{氮核}}{^{14}_{7}N} \rightarrow \underset{\text{复合核}}{^{18}_{9}F^*} \rightarrow \underset{\text{氧核}}{^{17}_{8}O} + \underset{\text{高能质子}}{^{1}_{1}p}$$

以上 $^{18}_{9}F^*$ 中的上标 * 表示复合核。此过程可用图 21.9 表示。图中,$^{14}_{7}N$ 核捕获一个 α 粒子后形成氟的复合核,然后排除一个质子成为 $^{17}_{8}O$ 核。

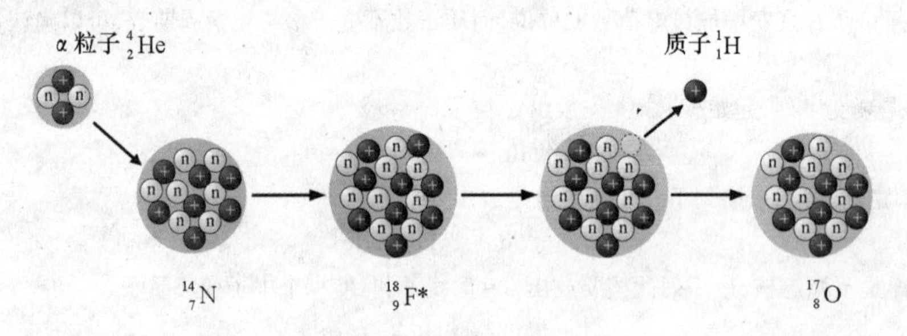

图 21.9　氮嬗变为氧的过程

通过嬗变人们创造出一千多种同位素。这些同位素大部分不能够自然产生。图 21.1 的稳定带中包含了近 900 种人工同位素,均以白色方框表示。原子量超过 82 的天然同位素都有很长的半衰期。其余的同位素可能曾经存在,但很短的半衰期使其没有保存到现在。93 号元素镎及以上所有的元素(超铀元素)均为合成元素。现在,从 93 号到 118 号元素都已经被制备出来了。一些嬗变的例子如下:

$$^{238}_{92}U + ^{2}_{1}H \rightarrow ^{240}_{93}Np^* \rightarrow ^{238}_{93}Np + 2^{1}_{0}n$$
$$^{238}_{92}U + ^{4}_{2}He \rightarrow ^{242}_{94}Pu^* \rightarrow ^{239}_{94}Pu + 3^{1}_{0}n$$
$$^{239}_{94}Pu + ^{4}_{2}He \rightarrow ^{243}_{96}Cm^* \rightarrow ^{240}_{95}Am + ^{1}_{1}p + 2^{1}_{0}n$$
$$^{239}_{94}Pu + ^{4}_{2}He \rightarrow ^{243}_{96}Cm^* \rightarrow ^{242}_{96}Cm + ^{1}_{0}n$$
$$^{244}_{96}Cm + ^{4}_{2}He \rightarrow ^{248}_{98}Cf^* \rightarrow ^{245}_{97}Bk + ^{1}_{1}p + 2^{1}_{0}n$$
$$^{238}_{92}U + ^{12}_{6}C \rightarrow ^{250}_{98}Np^* \rightarrow ^{246}_{98}Cf + 4^{1}_{0}n$$
$$^{238}_{92}U + ^{14}_{7}N \rightarrow ^{252}_{99}Es^* \rightarrow ^{247}_{99}Es + 5^{1}_{0}n$$

$$^{238}_{92}U + ^{16}_{8}O \rightarrow ^{254}_{100}Fm^{*} \rightarrow ^{249}_{100}Fm + 5^{1}_{0}n$$

$$^{253}_{99}Es + ^{4}_{2}He \rightarrow ^{257}_{101}Md^{*} \rightarrow ^{256}_{101}Md + ^{1}_{0}n$$

$$^{246}_{96}Cm + ^{13}_{6}C \rightarrow ^{259}_{102}No^{*} \rightarrow ^{254}_{102}No + 5^{1}_{0}n$$

$$^{252}_{98}Cf + ^{10}_{5}B \rightarrow ^{262}_{103}Lr^{*} \rightarrow ^{257}_{103}Lr + 5^{1}_{0}n$$

$$^{249}_{98}Cf + ^{12}_{6}C \rightarrow ^{261}_{104}Rf^{*} \rightarrow ^{257}_{104}Rf + 4^{1}_{0}n$$

$$^{249}_{98}Cf + ^{15}_{7}N \rightarrow ^{264}_{105}Db^{*} \rightarrow ^{260}_{105}Db + 4^{1}_{0}n$$

用更重的高能原子核轰击可以合成更重的新元素。比如110号元素钛Ds(Darmstadtium)是通过 $^{62}_{28}Ni$ 轰击 $^{208}_{82}Pb$ 聚变形成的复合核放出中子后形成的。

$$^{62}_{28}Ni + ^{208}_{82}Pb \rightarrow ^{270}_{110}Ds^{*} \rightarrow ^{269}_{110}Ds + ^{1}_{0}n$$

有些刚命名元素的原子,如111号元素轮(röntgenium)来自于类似的反应,由 $^{64}_{28}Ni$ 轰击 $^{209}_{83}Bi$ 形成的复合核失去中子后形成。周期表上最新的元素Uuo(118号元素)和Uus(117号元素)分别是2006年和2010年报道的。$^{294}_{118}Uuo$ 的三个原子是用 $^{48}_{20}Ca$ 轰击 $^{249}_{98}Cf$ 制备出来的。此核的半衰期为数千秒,通过 α 衰变生成 $^{290}_{116}Uuh$。112号到118号元素的名称都是暂时的,它们的正式命名需要进一步证实合成方法以后才能确定。

值得注意到是,可以用不同的高能核轰击不同的靶核得到一种新元素的多种同位素。比如104号元素Rf既可用 ^{12}C 轰击 ^{249}Cf 得到 ^{257}Rf(放出4个中子n),也可用 ^{22}Ne 轰击 ^{244}Pu 得到 ^{262}Rf(放出4个n),还可用 ^{50}Ti 轰击 ^{204}Pb 得到 ^{253}Rf(放出1个n),等等。一般,人工合成的新元素的原子量参照半衰期最长的同位素,因此具有一定的不确定性。

科学家合成了大量的短寿命的新同位素,其主要目的是进行纯粹的学术研究。但实际上很多人工同位素有重要的用途。比如,同位素锝 ^{99m}Tc 在医疗造影剂方面有广泛应用。^{239}Pu 同位素可发生裂变,在核电站中用作燃料。很多家用烟雾探测器含有少量的95号元素镅(Am)。^{60}Co 是 γ-射线源,用于照射食物以延长保鲜期。此外,合成新元素可以帮助我们理解原子核的结构;西博格(Glenn Seaborg,1912—1999,1951年获诺贝尔化学奖)曾预言在短寿命的超铀元素中有一个"稳定岛"。其中,未知的同位素 $^{310}_{126}Ubh$ 应与 $^{208}_{82}Pb$ 核一样表现出不寻常的稳定性,因为其质子和中子都是幻数。为此,科学家们投入了很多精力来合成新的重元素。

21.4　放射性年代测定法

通过天然放射性元素来测定地质沉积物和考古发现的年代的方法称为放射性年代测定法。此方法基于放射性核的半衰期在漫长的地质年代中是一个常数。这得到了各种实验的支持,人们发现半衰期几乎不受环境条件的影响,如温度、压力、磁场和电场等。在确定地质年代时,可以在样品中找到一对同位素,它们在放射性分解序列(如图21.9中的 $^{238}_{92}U$ 序列)中可看作具有"母-子"关系。比如 $^{238}_{92}U$(母)和 $^{206}_{82}Pb$(子)可用作确定年代的同位素对。$^{238}_{92}U$ 具有很长的半衰期(5×10^{9} 年),这对地质年代的测定非常重要。当测定了岩石中的 $^{238}_{92}U$ 和 $^{206}_{82}Pb$ 的浓度后,人们可根据浓度比与 $^{238}_{92}U$ 的半衰期来计算岩石的年代。实际上,确定岩石年代最常用的同位素对是 $^{40}_{19}K$ 和 $^{40}_{18}Ar$。$^{40}_{19}K$ 是天然的放射性同位素,其半衰期与 $^{238}_{92}U$

很接近。$^{40}_{19}K$ 的衰变方式为电子捕获,最后生成 $^{40}_{18}Ar$。

$$^{40}_{19}K + ^{0}_{-1}e \rightarrow ^{40}_{18}Ar$$

由以上反应生成的氩被固定在岩石的晶格之中,只有在岩石熔融时才释放出来。氩的量可以通过质谱测出(第 16 章);岩石的年代可根据 $^{40}_{18}Ar$ 相对于 $^{40}_{19}K$ 的量与母体的半衰期来估算。因为 $^{238}_{92}U$ 和 $^{40}_{19}K$ 的半衰期都很长,样品的寿命需要在30 万年以上才能够有效测出"母-子"同位素对的含量。

^{14}C 年代测定法

^{14}C 年代测定法被用作测定有机物(如古墓中的木和骨等)的年代。^{14}C 是一种 β-射线发射体,其与^{12}C(稳定同位素)的数量比值随年代不同而有明显差别,从而可根据此比值计算样品的年代。

有两种不同的^{14}C 年代测定方法。较老的方法是利比(Willard F Libby, 1908—1980, 1960 年获诺贝尔化学奖)提出的,此法的原理是测定样品的放射性活度,而放射性活度正比于^{14}C 的浓度。现在常用的新方法是加速器质谱法,此法可以在 ~10^{15} 个稳定原子中数出一个^{14}C 核。这种方法可以测定重量为 0.5 ~5mg 的小样品,而利比法需要 1 ~20g 重量的样品。因此,新方法具有更高的效率和更好的准确性。^{14}C 的半衰期(5730 年)意味着此法可以测定 60000 年前的物体,但测量 7000 年以内样品时精确度更高一些。

现有的^{14}C 核是数千年以来大气中的氮受宇宙射线照射而产生的。初级的宇宙射线是太阳发出的粒子流,主要是质子,同时还有很多不同的原子核(最大原子数为 26)。这些核与空气中的原子或分子发生碰撞,生成了包括所有亚原子粒子的二级宇宙射线。二级宇宙射线就是我们感受到的本底辐射,住在高海拔地区的人们可以更多地感受到这种辐射。

二级宇宙射线中具有一定能量的中子按以下反应式使氮原子发生嬗变生成^{14}C 核。

$^{1}_{0}n$	+	$^{14}_{7}N$	→	$^{15}_{7}N^{*}$	→	$^{14}_{6}C$	+	$^{1}_{1}P$
中子 (宇宙射线)		氮原子 (空气中)		复合核		碳 14 原子 (β-射线源)		高能质子

生成的^{14}C 扩散到低层大气中,形成的$^{14}CO_2$ 被绿色植物发生光合作用时吸收。这样^{14}C 就进入到植物体内,并由此进入到以植物为食物的动物体内。^{14}C 一方面发生衰变,同时更多地被活着的生物体消化。总的结果是^{14}C 在地球上形成了总体平衡。只要植物和动物活着,其体内的^{14}C 与^{12}C 的比值就是一个常数。而动植物死了以后,^{14}C 就只发生缓慢的衰变消耗,而不会再增加。衰变是一级反应过程。^{14}C 与^{12}C 的比值在生物体死亡后到测试时的时间区间内按此规律减少。^{14}C 年代测定法的重要假设是^{14}C 在漫长的时间内在地球上保持恒定值。在现代的生物样品中,^{14}C : ^{12}C 的比值约为 1.3×10^{-12}。这意味着,每 1.0g 新鲜生物中的生物碳与大气中的$^{14}CO_2$ 达到平衡后,有 5.8×10^{10} 个^{14}C 原子和 4.8×10^{22} 个^{12}C 原子。此比值按每 5730 年(^{14}C 的半衰期)减少一半的速率变化。知道了^{14}C : ^{12}C 的比值后,即可按一级反应动力学(12 章)计算样品的年代。设 r_0 为含碳物体死亡时的^{14}C : ^{12}C 比值,r_t 为测试得到的比值,可以写出以下公式。

$$\ln \frac{r_0}{r_t} = (1.21 \times 10^{-4}\ \mathrm{yr}^{-1})t$$

上式中 t 为样品的年代，1.21×10^{-4} 为此一级反应的速率常数。放射性年代测定法取得了很大的成功，解决了很多历史上的争议。

示例 21.4　1996 年，澳大利亚北部金伯利地区的 Jinmium Aboriginal 石屋遗址利用热荧光技术确定了年代为120000年，说明澳大利亚有人类居住的历史比以前的认识提早了 60000 年。但是，此测定年代的方法受到质疑。后来，采用 ^{14}C 方法来测定石屋中的木炭残渣以确定遗址的年代。木炭中 $^{14}C:^{12}C$ 比值为 1.08×10^{-12}，而活物中的比值为 1.33×10^{-12}。样品的年代为多少？

解答：利用公式

$$\ln\frac{r_0}{r_t}=kt$$

代入数据并求解

$$\ln\frac{1.33\times10^{-12}}{1.08\times10^{-12}}=(1.21\times10^{-4}\,\mathrm{yr}^{-1})t$$

$$t=1.72\times10^{3}\text{ 年}$$

实际上，表层残渣的年代测定为 1000～3000 年，而下层残渣的年代也不到 10000 年。由此可确定，澳大利亚早期人类的历史仍应维持 50000～60000 年的结论。

思考题 21.5　都灵（意大利）裹尸布被称为是埋葬耶稣基督的用物。1988 年，通过 ^{14}C 同位素分析，测得此样品的 $^{14}C:^{12}C$ 比值为 1.22×10^{-12}，而活物为 1.33×10^{-12}。请计算裹尸布的年代。

年代的计算，如实例 21.4 所示，是假设当时大气中 ^{14}C 含量与现在是相同的。为了验证此假设，可用同位素法测定古树的年代，并与树的年轮数进行比较。大量事实说明，两者之间只有很小但是比较恒定的差别。这说明大气中的 ^{14}C 随时间发生非常缓慢的恒定变化。考古学家使用一个很小的系数来校正此小偏差。

21.5　核反应的应用

"核"是一个使人产生很多联想的名词。一方面，核能在不久的将来会给我们的星球提供巨大的能源；另一方面，广岛和长崎使人们时刻想到核的威力足够毁掉地上的生命。关于核的争议持续了 60 年，而且还将继续下去。所有关心核问题的人都应该真正地了解核。在这一节中我们将通过学习核裂变和核聚变来理解核中为什么蕴藏着如此巨大的能量。同时我们也需要了解核医学，以便利用放射性物质来诊断和治疗疾病。

核裂变

我们已经知道核嬗变反应可以通过 α 粒子轰击特定的核来实现。中子是电中性的，故中子可以很容易地穿透原子的电子云而进入核。费米（Enrico Fermi）在 20 世纪 30 年代初发现，慢速运动的热中子可以被核捕获，只要中子的平均动能足以使其在室温下与环境达到热平衡。费米用热中子轰击铀靶，产生了许多不同的核，这在当时是很难解释的，因为这些核中没有原子数超过 82 的核。他和其他的物理学家没有接受化学家诺达克－太克斯（Ida Noddack-Tacks）的看法——可能生成了一些原子数低得多的核。当时，人们普遍认为使核约束在一起的力非常巨大，不会发生核裂变。

1939 年，奥托－翰（Otto Hahn，1879—1968，1944 年获诺贝尔物理奖）和斯特拉斯曼

(Fritz Strassman)证实了铀发生了裂变,生成了很多比铀轻得多的同位素,如 $^{140}_{56}Ba$。不久后,梅特内(Lise Meitner,109 号元素因之而取名为 Meitnerium,Mt,鿏)和弗里希(Otto Frisch)发现天然铀的稀有同位素 $^{235}_{92}U$ 捕获慢中子后分解成大约相等的两部分。他们把此现象称为核裂变。捕获中子后能够发生裂变的同位素被称为可裂变同位素(fissile isotope)。$^{235}_{92}U$ 是反应堆用铀的天然可裂变同位素,其丰度为 0.72%。核反应堆还生成另外两个可裂变同位素 $^{233}_{92}U$ 和 $^{239}_{94}Pu$。$^{235}_{92}U$ 的一般裂变反应可表示如下:

$$^{235}_{92}U + ^{1}_{0}n \rightarrow X + Y + b^{1}_{0}n$$

其中 X 和 Y 核有多于 30 种可能性。裂变产生中子的平均数或系数 b 的平均值为 2.47。一个典型的裂变反应如下:

$$^{235}_{92}U + ^{1}_{0}n \rightarrow ^{236}_{92}U^{*} \rightarrow ^{94}_{36}Kr + ^{139}_{56}Ba + 3^{1}_{0}n$$

上式中复合核 $^{236}_{92}U^{*}$ 在很多核裂变反应中出现。此核有 144 个中子和 92 个质子,$N:Z$ 比值约为 1.6。开始时,新产生的氪和钡同位素有相同的 $N:Z$ 比值,但此比值对这两个核来说太大了。原子数为 36~56 的稳定同位素的 $N:Z$ 比值应为 1.2~1.3(图 21.1)。因此这两个富中子的氪和钡核马上要放出中子,被称为二级中子。一般,二级中子具有比热中子更高的能量。这些二级中子撞击周边物质后速度放慢变成了热中子。它们可以被未发生变化的 $^{235}_{92}U$ 捕获,再重复以上过程。因为每一次裂变平均要产生多于两个的新中子,故形成了核的链式反应(图 21.10),图中可裂变同位素 ^{235}U 的浓度超过临界质量时,裂变成 ^{94}Kr 和 ^{139}Ba,同时释放出 3 个中子。中子能引起 ^{235}U 进一步裂变。在民用核反应堆,为了控制反应速度,可裂变同位素浓度很小。此外,由非裂变物质制成的控制棒可以捕获多余的中子,将其插入或抽出反应堆的燃料核可以调节反应速度,确保反应释放出的热量被及时导出和利用。

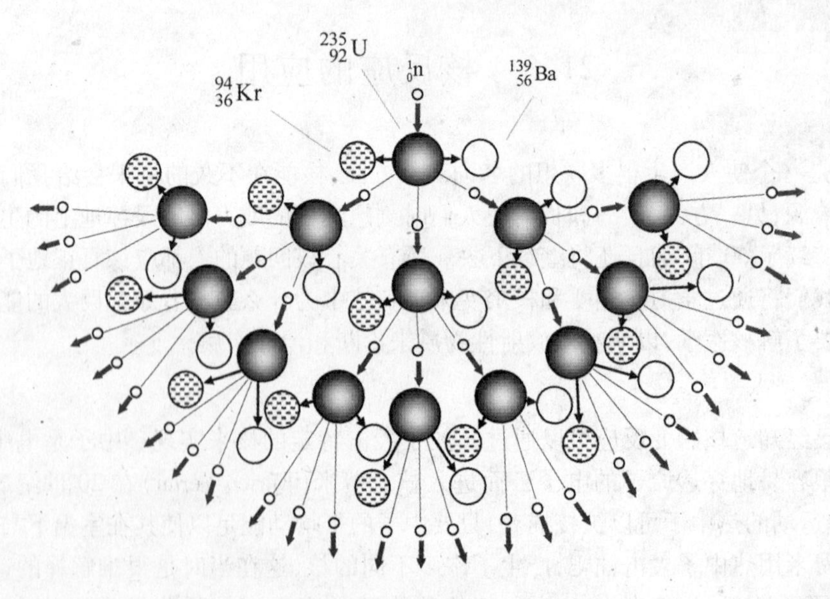

图 21.10　核的链式反应

在链反应中,产物引起更多的反应,故可自发持续进行。如果 $^{235}_{92}U$ 的量很少,中子因快速扩散到环境中而失去,则链反应不能持续。但是当 $^{235}_{92}U$ 的量超过临界质量,约数千克时,反应就不会因为失去中子而停止持续进行。裂变可产生爆炸,瞬时放出大量的能量。1kg $^{235}_{92}U$(一个高尔夫球大小)可产生 8×10^{13}J 的能量,相当于两千多吨煤产生的能量。

实际上,世界上所有的民用核电站的工作原理都是一样的。裂变热被用来直接或间接地增加气体压力以驱动发电机。核电站的核心是反应堆,在燃料核心发生裂变。一般核燃料为铀的氧化物,浓缩到 2% ~4% 的铀后制成玻璃状的小球。把小球放进被称为覆层(cladding)的长形密封的金属管内。大量的管被装进一个有冷却液循环的空间内,冷却液把裂变热带走。一个反应堆有几个这样的装置。

因为反应堆中核同位素的浓度很小(2% ~4%),核电站不会有核爆炸的危险。但是如果冷却液不能把裂变热带出,反应堆的核心可能会熔融,熔融物可能会穿过反应堆的厚壁。此外,热量可能使冷却水的分子发生裂解,形成氢和氧,两者重新组合时可能产生巨大的爆炸。这就是 1986 年乌克兰切尔诺贝利核电站事故的原因。

将二级中子转变为热中子,燃料核心需要有一个调节剂,所有民用反应堆都采用冷却水作调节剂。二级中子与调节剂分子碰撞使调节剂加热。此热能最终产生蒸汽,带动发电机汽轮运转。普通水是一种很好的调节剂,此外,重水(氧化氘,D_2O,水中的氢质子被氘原子取代)和石墨也可用作调节剂。民用核电站有两种形式的反应堆,沸水反应堆和压水反应堆,两者均用普通水作为调节剂,故有时统称为轻水反应堆。图 21.11 为一个压水反应堆的示意图,此反应堆有两个冷却循环系统,均利用水进行循环。

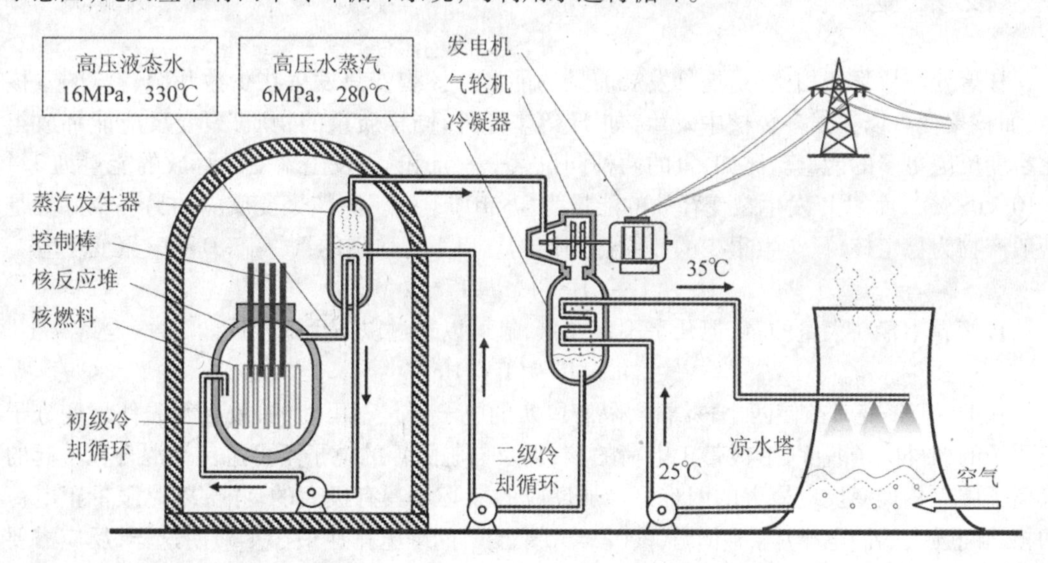

图 21.11　压水反应堆示意图

初级冷却循环水通过反应堆核心,带走裂变产生的热能。水在高压下仍保持液态(故称为压水反应堆)。过热水在蒸汽发生器中将热能转移到二级冷却循环系统。产生的高温、高压蒸汽被管道输送到汽轮机。蒸汽驱动汽轮机运转后压力下降。在汽轮机尾部的冷却器由通过河流、湖泊或巨大的凉水塔(图 21.11)的冷水进行冷却,使蒸汽冷凝成液态水,从而造成汽轮机有很大的压差。流回的水再次被加热变成高压蒸汽(在沸水反应堆中,只有一个冷却循环系统。水在反应堆中被加热变成蒸汽后直接驱动汽轮机)。

核裂变最难以解决的问题是产生了大量的核废料。这些核废料必须安全地密封 10 个半衰期（此时初始样品中残留物为0.098%），这将带来很多的实际困难。核电站的废料可能是气态、液态或固态物。放射性气态物有氪和氙，但是除了 $^{85}_{54}Xe$（$t_{1/2}$ = 10.4 年）以外，大部分气态物的半衰期均较短，可以很快发生衰变。在衰变过程中这些气体必须密闭起来，这就是覆层的一个功能。核裂变产生的其他危险的放射性核有 $^{131}_{53}I$、$^{90}_{38}Sr$、$^{137}_{35}Cs$ 等。其中 $^{131}_{53}I$ 必须密闭起来，因为人体甲状腺会吸收碘离子产生激素甲状腺氨酸。进入甲状腺的 $^{131}_{53}I$ 产生的β-射线会对人体造成危害，甚至会导致癌变或破坏甲状腺功能。防止 $^{131}_{53}I$ 毒性的一个措施是在人体中引入少量普通碘（如碘化钠），因为甲状腺会按统计量更多地吸收稳定的碘，而较少地吸收放射性碘 $^{131}_{53}I$ 离子。$^{137}_{35}Cs$ 和 $^{90}_{38}Sr$ 也会给人体带来危害。铯与钠同是第1族元素，故放射性 $^{137}_{35}Cs$ 阳离子会进入到人体中能吸收钠离子的地方。锶与钙同为第2族元素，故 $^{90}_{38}Sr$ 阳离子会取代人体骨组织中的钙离子，放射线进入到骨髓可能会导致白血病。$^{137}_{35}Cs$ 和 $^{90}_{38}Sr$ 的半衰期都比较短。废料中有些放射性核具有很长的半衰期，故反应堆的固体废料必须要与人隔离达数千年之久。这对任何国家来说都是很难做到的事情。最好的办法可能是将固态的放射性废料做成玻璃状或岩石状固体，然后深埋到岩层或无地震也无火山发生的地质稳定的山体中。现在我们只能简单地等待着这些废料完全衰变，暂时尚无有效的方法使核废料变得无害。

核聚变

核聚变与核裂变相比，是更具发展前景的能源。核裂变只发生在少数几个特殊的重核中，而核聚变可以在很多轻核中发生，如^{1}H等。此外，同样质量的物质，聚变反应能释放出比裂变反应更多的能量。比如，氢的两种同位素——氘和氚，发生聚变时释放的能量为3.4 $\times 10^{8}$ kJ · g^{-1}，而 ^{235}U 发生裂变释放的能量为 8×10^{7} kJ · g^{-1}。核聚变反应的另一个好处是一般产物为稳定核，只产生很少的放射性副产物。以下为典型的氘-氚（D-T）聚变反应。

$$^{2}_{1}D + ^{3}_{1}T \rightarrow ^{4}_{2}He + ^{1}_{0}n + 17.59\ MeV$$

自然界中存在大量的氘，但几乎不存在氚，氚可以通过以下反应生成。

$$^{1}_{0}n + ^{6}_{3}Li \rightarrow ^{3}_{1}T + ^{4}_{2}He$$

在D-T聚变时欲使两个核结合，隔着厚实的电子云是不可能的，故必须先使聚变分子或原子的核外电子脱除，形成带正电荷的核，以及与脱除掉的电子不可避免地混合在一起的等离子体。核聚变反应最大的困难是参加反应的核必须具有极大的动能，以克服带正电荷的核之间强大的静电排斥。两个氢核（$Z=1$）聚变时的静电排斥最小。即使这样，反应需要的动能仍相当于10^{7}K以上的温度（太阳内部温度）。当Z增大时，所需的动能更大，如两个^{12}C的聚变需要的动能相当于10^{9}K的高温。有几种方法可以使核具有足够大的动能。一种方法是通过粒子加速器产生少量的快速运动的核。聚变反应的基础研究就是在加速器中进行的。但在这种实验装置中的聚变的规模实在太小，不可能产生有用的能量。第二种方法是利用重力吸引释放的能量来产生足够高的温度，从而诱导核聚变。太阳和其他星球就是采取了这种聚变模式。第三种方法是利用核裂变炸弹（原子弹）产生的高温促使核聚变，形成氢弹。上面的方法中没有一种方法能驾驭核聚变，为我们提供可用的能源。但是，核科学家提出通过辐射加热磁场中的等离子气体，可能引发有用的核聚变。如果成功，人们将可以控制核聚变，使其提供能量。要想将聚变物质限制在一个较小的空间中以保持较高的核密度和核的碰撞几率,技术上的困难是巨大的。因为在远低于保持核聚变进行的温度下,所有的材料早被全部气化了,我们不可能建造一个能承受如此高温度的容器。解决问题的方法是用一个面包圈式的超强磁场,带电粒子可在磁场中运动,其动能随磁场强度增加而增大。通过超强激光束加热后形成的等离子体在磁场内顺着磁力线作环状高速飞行,而不能碰到器壁或飞出去。这样器壁就感受不到高温了。此装置被称为托卡马克(Tokamak),图21.12为此装置的示意图。

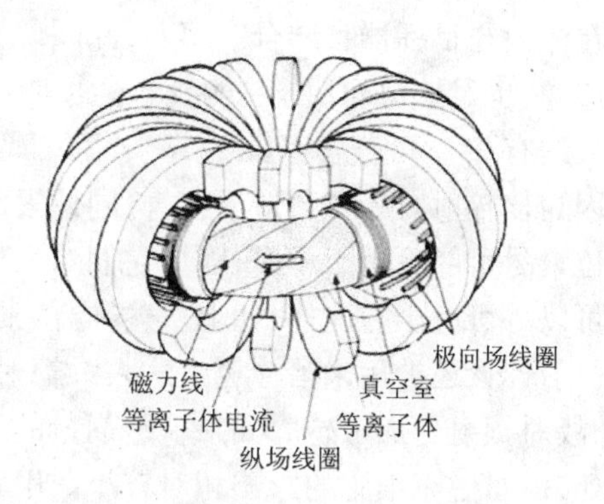

图21.12　核聚变托卡马克装置示意图

当核聚变释放出的能量超过加热和限制等离子体所消耗的能量后,聚变才能成为有意义的能源。但是,即使是小型的试验装置,所需要的能量都是巨大的。目前,最好的试验装置已经实现了短暂的可控聚变,但还谈不上连续运行以产生能量。假如核聚变反应可以持续进行,还必须设法使用产生的能量。因为磁场限制了带电粒子的逸出,反应堆以光子的形式输出能量,能量范围从红外线到γ-射线。这些光子需要合适的材料来吸收,直接或间接地转变为电能。现在,一个全尺寸的托克马克聚变试验反应堆(ITER)正在法国的Cadarache建造,预计2016年完成,此装置将展示聚变提供商业用电的可行性。即使此试验能够成功,要将聚变实际用于能源还有很多技术上的困难需要克服。预计商业核聚变反应堆的出现和运行最早将在2050年以后。

核医学

很多放射性同位素对人体健康有害,但是在医学中有不少放射性同位素被广泛用于疾病的诊断和治疗,起到了不可替代的重要作用。作为一种诊断方法,核分裂可使医生非接触地检查人体的内部器官。虽然X-射线可对骨头和牙齿成像,但对软组织是透明的。而从核衰变产生的γ-射线却可使软组织成像。与X-射线照片一样,γ-射线图也可以揭示病变,帮助医生对心、脾、肝、脑等人体器官进行检查和诊断。

医学成像中经常使用放射性示踪法,使其浓缩到指定器官。比如,在含^{11}C标记的葡萄糖中,同位素^{11}C是一种正电子放射体,被用于正电子放射断层照像术(positron emission tomography, 或PET),它在检查脑功能方面是一项非常有用的技术。一次PET扫描可确定葡萄糖摄入异常的位置,用于诊断狂躁抑郁症、精神分裂症、老年痴呆症等。病人服下标记有^{11}C的葡萄糖后，在体外检查正电子湮灭辐射情况，特别是脑部中摄入葡萄糖的部位。比如，PET扫描技术显示吸烟者脑中因含有尼古丁，葡萄糖的摄入量要少于正常人的脑。

另外，还有几种放射性核可用于器官检查，如^{52}Fe用于骨髓扫描、^{133}Xe用于肺功能研究、^{131}I用于甲状腺检查等。目前最重要的放射性检查是用锝的同位素^{99m}Tc。此同位素为亚稳态，平常处于高能状态，辐射出γ-射线后回到基态^{99}Tc，此衰变反应的半衰期约为6小时。^{99m}Tc在医学成影应用上具有非常理想的性质。首先，它发出中等能量且易于检测的γ-射线，而且对组织的破坏也较小。第二，人体内不含有锝，其可与多种示踪剂分子结合，从而在体内与目标器官结合。第三，此同位素的半衰期合适，既足够长使示踪剂到达体内目标并成像，也足够短而使γ-射线不会长期影响健康。成像用的^{99m}Tc在进入人体24小时以内大约有95%可分解完。

因为核辐射对人体会造成伤害，同位素的给药量必须严格控制。一般发出α和β粒子的同位素尽可能不用于成像，因为它们对人体组织的伤害太大。同位素只用于目标器官，故用量可以尽可能小。此外，如上所述，同位素的衰变速度也非常重要。

放射性核还被用来治疗癌症病人。辐射治疗的关键在于癌细胞的繁殖速度要大于正常细胞，故对辐射更加敏感。如果一定剂量的放射性同位素聚集在病变细胞处，癌细胞就可能被杀死，而对健康细胞的影响相对较小。甲状腺癌常用放射性碘治疗，因为甲状腺最容易吸附碘。如对癌症病人用^{131}I治疗，发射出β粒子可杀死癌细胞。在剂量适当时，癌细胞被清除，而健康部位未被破坏。另外一种方法是，放射性铱(^{197}Ir)金属线通过导管送入到目标部位，达到一定辐射剂量后将金属线取出，辐射源即离开人体。非手术的脑肿瘤治疗中使用^{60}Co等γ-射线源，使其聚焦于肿瘤部位，尽可能减少对周边健康组织的破坏。

习 题

21.1 为什么一个核的核子质量之和不等于核的实际质量？

21.2 ^{123}Ba和^{140}Ba都是放射性核，其中哪个的半衰期可能比较长？给出解释。

21.3 ^{112}Sn是稳定核，而^{112}In是放射性核，而且半衰期很短($t_{\frac{1}{2}}$ = 14min)，为什么两者的稳定性相差如此之大？

21.4 ^{139}La是稳定核，而^{140}La为不稳定核($t_{\frac{1}{2}}$ = 40 h)。有什么规律可解释此现象？

21.5 虽然^{164}Pb有两个幻数——82个质子和82个中子，但此同位素并不存在。而^{208}Pb是已知的稳定核。为什么不存在^{164}Pb？

21.6 为什么α辐射的穿透性比β辐射和γ辐射要小？

21.7 原子数较小而$N:Z$比值较大的核发生衰变时放出什么粒子？这样对核有什么好处？

21.8 原子数较小而$N:Z$比值较小的核发生衰变时放出什么粒子？这样对核有什么好处？

21.9 电子捕获对一个核的$N:Z$比值会产生什么影响（增大、缩小、不变）？什么样的核（处于稳定带上方或下方）最可能发生电子捕获？

21.10 复合核的形成和衰变几乎同时发生。为什么复合核不稳定？

21.11 卢瑟福推论出当氦核轰击^{14}N核时会形成复合核。如果此复合核衰变时失去中子而不是质子，可能会生成什么产物？

21.12 如果一个用于^{14}C年代测定的样品被空气污染了，那么会对测定结果产生什么影响？

21.13　考古学家发现一处新的遗址，其中碎木炭和骨渣等混合在一起。取少量混合样品燃烧，收集燃烧气体并将放出的 CO_2 进行放射性记数，记数结果为每秒1.75次衰变，而现代木炭燃烧产生相同数量的 CO_2 的衰变为每秒3.85次。求此考古遗址的年代。

21.14　为什么用于医疗的放射性核的半衰期都不长？如果半衰期太短，会出现什么问题？

21.15　为什么医疗中不能采用 α 放射性物质？

21.16　为什么核容易捕获中子，而捕获质子较困难？

21.17　^{235}U 裂变为什么会发生链反应？

21.18　为什么核裂变一般都会产生中子？

21.19　为什么裂变同位素有一个临界质量？

21.20　为什么核反应堆不可能产生原子弹爆炸？

21.21　计算以下核的结合能。

(a)氘核(质量=2.0135u)；　(b)氚核(质量=3.01550u)。

21.22　完成以下的核反应式。

(a)$^{211}_{82}Pb \rightarrow ^{0}_{-1}e + ?$　(b)$^{117}_{73}Ta$(电子捕获)→ ?　(c)$^{220}_{86}Rn \rightarrow ^{4}_{2}He + ?$　(d)$^{19}_{10}Ne \rightarrow ^{0}_{1}e + ?$

(e)$^{245}_{96}Cm \rightarrow ^{4}_{2}He + ?$　(f)$^{146}_{56}Ba \rightarrow ^{0}_{-1}e + ?$　(g)$^{58}_{29}Cu \rightarrow ^{0}_{1}e + ?$　(h)$^{68}_{32}Ge$(电子捕获)→ ?

21.23　写出以下过程的平衡核反应式。

(a)^{242}Pu 的 α 辐射　(b)^{28}Mg 的 β 辐射　(c)^{26}Si 的正电子辐射　(d)^{37}Ar 的电子捕获

(e)^{55}Fe 的电子捕获　(f)^{42}K 的 β 辐射　(g)^{93}Ru 的正电子辐射　(h)^{251}Cf 的 α 辐射

21.24　写出可生成以下核反应产物的母核的符号，包括元素名、原子序数和原子质量。

(a)α 辐射后生成的 ^{257}Fm　(b)β 辐射后生成的 ^{211}Bi

(c)正电子辐射生成的 ^{141}Nd　(d)电子捕获后生成的 ^{179}Ta

(e)电子捕获后生成的 ^{80}Rb　(f)β 辐射后生成的 ^{121}Sb

(g)正电子辐射生成的 ^{50}Cr　(h)α 辐射后生成的 ^{253}Cf

21.25　^{87}Kr 衰变生成 ^{86}Kr 的同时还产生什么粒子？

21.26　^{58}Co 经电子捕获后衰变生成什么核？

21.27　如果一个 ^{38}K 原子的衰变有两种可能性：正电子辐射和电子辐射，哪种衰变方式最有可能发生？为什么？写出核反应式。

21.28　如果一个 ^{37}Ar 原子的衰变途径可能是 β 辐射或电子捕获，哪种衰变最可能发生？为什么？写出核反应式。

21.29　取3.00mg ^{131}I($t_{1/2}=8.07h$)，6个半衰期以后，还剩多少？

21.30　烟雾探测器内有少量的 ^{241}Am，其半衰期为 1.70×10^5 天。如探测器内装有0.2mg ^{241}Am，求其活度，单位贝克勒尔。

21.31　^{90}Sr 是核武器产生的一种危险性很强的放射性物质，其半衰期为 1.00×10^4 天。计算1.00g ^{90}Sr 的活度，单位贝克勒尔。

21.32　^{131}I 是甲状腺治疗用的放射性同位素。1.00mg 的 ^{131}I 的活度为 4.6×10^{12} Bq。求 ^{131}I 的衰变常数和半衰期(单位秒)。

21.33　10mg ^{201}Tl 样品的活度为 7.9×10^{13} Bq。求 ^{201}Tl 的半衰期(单位秒)。

21.34　当 ^{51}V 捕获氘核 $^{2}_{1}H$ 后，将生成什么复合核(写出其符号)。此复合核放出一个质子 $^{1}_{1}p$，写出完全的核反应式。

21.35　用 α 粒子轰击 ^{19}F 生成了 ^{23}Na 和中子。写出包括复合核的完全核反应式。

21.36　用 γ-射线轰击 ^{81}Br 导致嬗变，中子为其中的产物之一，求其他产物的符号。

21.37　用中子轰击 ^{115}Cd 可实现中子捕获，同时放出 γ-射线。写出核反应式。

21.38　用质子轰击 ^{55}Mn 时，放出中子，同时还生成什么产物？写出核反应式。

21.39　当 α 粒子轰击 ^{23}Na 时，复合核放出 γ – 射线光子，生成了什么产物？

21.40　用锌的一种同位素作为轰击粒子轰击 ^{208}Pb 生成的中间复合核再释放出一个中子，再生成 112 号元素 Uub。此反应需要使用锌的哪一种同位素？

21.41　一棵埋在火山灰中的死树被发现 ^{14}C 与 ^{12}C 的比值为 4.8×10^{-14}。试求火山爆发的时间？

21.42　在墨西哥一个古遗址中发现一个木门楣，估计为 9000 年前的遗物。其 ^{14}C 和 ^{12}C 的比值应为多少？

21.43　完成以下裂变过程的核反应式。

$$^{235}_{92}U + ^{1}_{0}n \rightarrow ^{94}_{38}Sr + ? + 2^{1}_{0}n$$

21.44　上题的两个裂变同位素产物均不稳定。根据图 21.1 和 21.4，两者的最可能的衰变方式为哪种：α 辐射、β 辐射或正电子辐射？并解释上题中产生的过量中子可能的几种去向。

21.45　写出以下过程的核反应式。

(a) ^{30}Al 的 β 辐射　　(b) ^{252}Es 的 α 辐射

(c) ^{93}Mo 的电子捕获　　(d) ^{28}P 的正电子辐射

21.46　计算 ^{56}Fe 原子核的结合能(单位 J/核子)。实测的原子质量为 55.9349u。此结合能为所有同位素中最大的，依据何种信息可得到该结论？

21.47　计算 ^{235}U 的核结合能(单位 J/核子)。实测的原子质量为 235.0439u。

21.48　写出以下变化的核反应式。

(a) ^{10}C 的正电子辐射　　(b) ^{243}Cm 的 α 辐射

(c) ^{49}V 的电子捕获　　(d) ^{20}O 的 β 辐射

21.49　如果原子可自发放出正电子，此母原子与生成的子核原子相比，质量至少要大多少？请解释原因。

21.50　轻原子核聚变生成较重原子核时，核子平均结合能会增加。但当同位素氘和氚原子混合时并不自发地聚变生成氦(并产生能量)，为什么？

21.51　从一古树残片中发现 ^{14}C 的含量为现在活树的八分之一。求此古树的年代(^{14}C 的半衰期 $t_{1/2} = 5730yr$)。

21.52　三氧化二氮，N_2O_3，在气相时容易分解为 NO 和 NO_2，并存在以下平衡

$$N_2O_3 \rightleftharpoons NO + NO_2$$

为了确定 N_2O_3 的结构，人们采用 NO 和 $^*NO_2$ 气体的混合物，其中 NO_2 中的 $^*N$ 为同位素标记。放置一段时间后，分析混合物组成，发现出现了很多的 $^*NO$ 和 $^*NO_2$。此现象说明了 N_2O_3 的结构与预期的 ONONO 结构一致，请详细解释。

24.53　人们认为化学反应 $(CH_3)_2Hg + HgI_2 \rightarrow 2CH_3HgI$ 的机理是通过生成具有以下结构的中间产物进行的：

$$\begin{array}{ccc} CH_3 - & Hg & - CH_3 \\ \vdots & & \vdots \\ I - & Hg & - I \end{array}$$

如果将 $(CH_3)_2Hg$ 与含同位素标记的 $^*HgI_2$ 混合，可观测到什么现象？请解释原因。

21.54　某大型的复杂设备装有冷却系统，采用一种未知液体作为循环冷却剂。现在需要确定冷却剂的体积，但不能将冷却剂全部放出。现将冷却剂中加入 10.0mL ^{14}C 标记的甲醇，盖革计数器显示其比活度为每克标记甲醇每分钟 580 次记数($cpm \cdot g^{-1}$)。因冷却剂循环，标记甲醇可完全混合均匀。取少量冷却剂样品，测得其比活度为 $29cpm \cdot g^{-1}$。试计算设备中冷却剂的体积(单位 mL)。已知甲醇的密度为 $0.792g \cdot mL^{-1}$，冷却剂的密度为 $0.884g \cdot mL^{-1}$。

附　录

附录 A　一些单质、化合物以及离子的热力学数据表(25℃)

物　质	$\Delta_f H^{\ominus}$(kJ·mol^{-1})	$S^{\ominus}$(J·mol^{-1}·K^{-1})	$\Delta_f G^{\ominus}$(kJ·mol^{-1})
Aluminum 铝			
Al(s)	0	28.3	0
Al^{3+}(aq)	-524.7		-481.2
$AlCl_3$(s)	-704	110.7	-629
Al_2O_3(s)	-1669.8	51.0	-1576.4
$Al_2(SO_4)_3$(s)	-3441	239	-3100
Arsenic 砷			
As(s)	0	35.1	0
AsH_3(g)	66.4	223	68.9
As_4O_6(s)	-1314	214	-1153
As_2O_5(s)	-925	105	-782
H_3AsO_3(aq)	-742.2		
H_3AsO_4(aq)	-902.5		
Barium 钡			
Ba(s)	0	66.9	0
Ba^{2+}(aq)	-537.6	9.6	-560.8
$BaCO_3$(s)	-1219	112	-1139
$BaCrO_4$(s)	-1428.0	159	-1345
$BaCl_2$(s)	-860.2	125	-810.8
BaO(s)	-553.5	70.4	-525.1
$Ba(OH)_2$(s)	-998.22	-8	-875.3
$Ba(NO_3)_2$(s)	-992	214	-795
$BaSO_4$(s)	-1465	132	-1353
Beryllium 铍			
Be(s)	0	9.50	0
$BeCl_2$(s)	-468.6	89.9	-426.3
BeO(s)	-611	14	-582
Bismuth 铋			
Bi(s)	0	56.9	0
$BiCl_3$(s)	-379	177	-315
Bi_2O_3(s)	-576	151	-497
Boron 硼			
B(s)	0	5.87	0
BCl_3(g)	-404	290	-389
B_2H_6(g)	36	232	87
B_2O_3(s)	-1273	53.8	-1194
$B(OH)_3$(s)	-1094	88.8	-969

物　质	$\Delta_f H^\ominus$(kJ·mol^{-1})	$S^\ominus$(J·mol^{-1}·K^{-1})	$\Delta_f G^\ominus$(kJ·mol^{-1})
Bromine 溴			
Br_2(l)	0	152.2	0
Br_2(g)	30.9	245.4	3.11
HBr(g)	-36	198.5	53.1
Br^-(aq)	-121.55	82.4	-103.96
Cadmium 镉			
Cd(s)	0	51.8	0
Cd^{2+}(aq)	-75.90	-73.2	-77.61
$CdCl_2$(s)	-392	115	-344
CdO(s)	-258.2	54.8	-228.4
CdS(s)	-162	64.9	-156
$CdSO_4$(s)	-933.5	123	-822.6
Calcium 钙			
Ca(s)	0	41.4	0
Ca^{2+}(aq)	-542.83	-53.1	-553.58
$CaCO_3$(s)	-1207	92.9	-1128.8
CaF_2(s)	-741	80.3	-1166
$CaCl_2$(s)	-795.0	114	-750.2
$CaBr_2$(s)	-682.8	130	-663.6
CaI_2(s)	-535.9	143	-529
CaO(s)	-635.5	40	-604.2
$Ca(OH)_2$(s)	-986.59	76.1	-896.76
$Ca_3(PO_4)_2$(s)	-4119	241	-3852
$CaSO_3$(s)	-1156		
$CaSO_4$(s)	-1432.7	107	-1320.3
$CaSO_4\cdot 1/2H_2O$(s)	-1575.2	131	-1435.2
$CaSO_4\cdot 2H_2O$(s)	-2021.1	194.0	-1795.7
Carbon 碳			
C(s,石墨)	0	5.69	0
C(s,金刚石)	1.88	2.4	2.9
CCl_4(l)	-134	214.4	-65.3
$CHCl_3$(g)	-82.0	234.2	-58.6
CO(g)	-110.5	197.9	-137.3
CO_2(g)	-394	213.6	-394.4
CO_2(aq)	-413.8	117.6	-385.98
H_2CO_3(aq)	-699.65	187.4	-623.08
HCO_3^-(aq)	-691.99	91.2	-586.77
CO_3^{2-}(aq)	-677.14	-56.9	-527.81
CS_2(l)	89.5	151.3	65.3
CS_2(g)	115.3	237.7	67.2
HCN(g)	135.1	201.7	124.7
CN^-(aq)	150.6	94.1	172.4
CH_4(g)	-74.848	186.2	-50.79

物　质	$\Delta_f H^\ominus$(kJ·mol^{-1})	$S^\ominus$(J·mol^{-1}·K^{-1})	$\Delta_f G^\ominus$(kJ·mol^{-1})
$C_2H_2(g)$	226.75	200.8	209
$C_2H_4(g)$	51.9	219.8	68.12
$C_2H_6(g)$	−84.667	229.5	−32.9
$C_3H_8(g)$	−104	269.9	−23
$C_4H_{10}(g)$	−126	310.2	−17.0
$C_6H_6(l)$	49.0	173.3	124.3
$CH_3OH(l)$	−238.6	126.8	−166.2
$C_2H_5OH(l)$	−277.63	161	−174.8
$HCOOH(g)$	−363	251	335
$CH_3COOH(l)$	−487.0	160	−392.5
$HCHO(g)$	−108.6	218.8	−102.5
$CH_3CHO(g)$	−167	250	−129
$(CH_3)_2CO(l)$	−248.1	200.4	−155.4
$C_6H_5CO_2H(s)$	−385.1	167.6	−245.3
$CO(NH_2)_2(s)$	−333.19	104.6	−197.2
$CO(NH_2)_2(aq)$	−319.2	173.8	−203.8
$CH_2(NH_2)CO_2H(s)$	−532.9	103.5	−373.4
Chlorine 氯			
$Cl_2(g)$	0	223.0	0
$Cl^-(aq)$	−167.2	56.5	−131.2
$HCl(g)$	−92.30	186.7	−95.27
$HCl(aq)$	−167.2	56.5	−131.2
$HClO(aq)$	−131.3	106.8	−80.21
Chromium 铬			
$Cr(s)$	0	23.8	0
$Cr^{3+}(aq)$	−232		
$CrCl_2(s)$	−326	115	−282
$CrCl_3(s)$	−563.2	126	−493.7
$Cr_2O_3(s)$	−1141	81.2	−1059
$CrO_3(s)$	−585.8	72.0	−506.2
$(NH_4)_2Cr_2O_7(s)$	−1807		
$K_2Cr_2O_7(s)$	−2033.01	291	−1882
Cobalt 钴			
$Co(s)$	0	30.0	0
$Co^{2+}(aq)$	−59.4	−110	−53.6
$CoCl_2(s)$	−325.5	106	−282.4
$Co(NO_3)_2(s)$	−422.2	192	−230.5
$CoO(s)$	−237.9	53.0	−214.2
$CoS(s)$	−80.8	67.4	−82.8
Copper 铜			
$Cu(s)$	0	33.15	0
$Cu^{2+}(aq)$	64.77	−99.6	65.49
$CuCl(s)$	−137.2	86.2	−119.87

物　质	$\Delta_f H^{\ominus}$(kJ · mol^{-1})	$S^{\ominus}$(J · mol^{-1} · K^{-1})	$\Delta_f G^{\ominus}$(kJ · mol^{-1})
$CuCl_2$(s)	−172	119	−131
Cu_2O(s)	−168.6	93.1	−146
CuO(s)	−155.25	42.6	−127
Cu_2S(s)	−79.5	121	−86.2
CuS(s)	−53.1	66.5	−53.6
$CuSO_4$(s)	−771.4	109	−661.8
$CuSO_4 \cdot 5H_2O$(s)	−2279.7	300.4	−1879.7
Fluorine 氟			
F_2(g)	0	202.7	0
F^-(aq)	−332.6	−13.8	−278.8
HF(g)	−271	173.5	−273
Gold 金			
Au(s)	0	47.7	0
Au_2O_3(s)	80.8	125	163
$AuCl_3$(s)	−118	148	−48.5
Hydrogen 氢			
H_2(g)	0	130.6	0
H_2O(l)	−285.9	69.96	−237.2
H_2O(g)	−241.8	188.7	−228.6
H_2O_2(l)	−187.6	109.6	−120.3
H_2Se(g)	76	219	62.3
H_2Te(g)	154	234	138
Iodine 碘			
I_2(s)	0	116.1	0
I_2(g)	62.4	260.7	19.3
HI(g)	26.6	206	1.3
Iron 铁			
Fe(s)	0	27	0
Fe^{2+}(aq)	−89.1	−137.7	−78.9
Fe^{3+}(aq)	−48.5	−315.9	−4.7
Fe_2O_3(s)	−822.3	90	−741
Fe_3O_4(s)	−1118.4	146.4	−1015.4
FeS(s)	−100	60.3	−100.4
FeS_2(s)	−178.2	52.9	−166.9
Lead 铅			
Pb(s)	0	64.8	0
Pb^{2+}(aq)	−1.7	10.5	−24.4
$PbCl_2$(s)	−359.4	136	−314.1
PbO(s)	−219.2	67.8	−189.3
PbO_2(s)	−277	68.6	−219
$Pb(OH)_2$(s)	−515.9	88	−420.9
PbS(s)	−100	91.2	−98.7
$PbSO_4$(s)	−920.1	149	−811.3

物　质	$\Delta_f H^\ominus$(kJ·mol^{-1})	$S^\ominus$(J·mol^{-1}·K^{-1})	$\Delta_f G^\ominus$(kJ·mol^{-1})
Lithium 锂			
Li(s)	0	28.4	0
Li^+(aq)	−278.6	10.3	
LiF(s)	−611.7	35.7	−583.3
LiCl(s)	−407.5	59.29	−383.7
LiBr(s)	−350.3	66.9	−338.87
Li_2O(s)	−596.5	37.9	−560.5
Li_3N(s)	−199	37.7	−155.4
Magnesium 镁			
Mg(s)	0	32.5	0
Mg^{2+}(aq)	−466.9	−138.1	−454.8
$MgCO_3$(s)	−1113	65.7	−1029
MgF_2(s)	−1124	79.9	−1056
$MgCl_2$(s)	−641.8	89.5	−592.5
$MgCl_2 \cdot 2H_2O$(s)	−1280	180	−1118
Mg_3N_2(s)	−463.2	87.9	−411
MgO(s)	−601.7	26.9	−569.4
$Mg(OH)_2$(s)	−924.7	63.1	−833.9
Mn(s)	0	32	0
Mn^{2+}(aq)	−223	−74.9	−228
MnO_4^-(aq)	−542.7	191	−449.4
$KMnO_4$(s)	−813.4	171.71	−713.8
MnO(s)	−385	60.2	−363
Mn_2O_3(s)	−959.8	110	−882
MnO_2(s)	−520.9	53.1	−466.1
Mn_3O_4(s)	−1387	149	−1280
$MnSO_4$(s)	−1064	112	−956
Mercury 汞			
Hg(l)	0	76.1	0
Hg(g)	60.84	175	31.8
Hg_2Cl_2(s)	−265.2	192.5	−210.8
$HgCl_2$(s)	−224.3	146	−178.6
HgO(s)	−90.83	70.3	−58.54
HgS(s,红)	−58.2	82.4	−50.6
Nickel 镍			
Ni(s)	0	30	0
$NiCl_2$(s)	−305	97.5	−259
NiO(s)	−244	38	−216
NiO_2(s)			−199
$NiSO_4$(s)	−891.2	77.8	−773.6
$NiCO_3$(s)	−664	91.6	−615
$Ni(CO)_4$(g)	−220	399	−567.4

物 质	$\Delta_f H^\ominus$(kJ·mol^{-1})	$S^\ominus$(J·mol^{-1}·K^{-1})	$\Delta_f G^\ominus$(kJ·mol^{-1})
Nitrogen 氮			
N_2(g)	0	191.5	0
NH_3(g)	−46	192.5	−16.7
NH_4^+(aq)	−132.5	113	−79.37
N_2H_4(g)	95.4	238.4	159.3
N_2H_4(l)	50.6	121.2	149.4
NH_4Cl(s)	−315.4	94.6	−203.9
NO(g)	90.37	210.6	86.69
NO_2(g)	33.8	240.5	51.84
N_2O(g)	81.57	220	103.6
N_2O_4(g)	9.67	304	98.28
N_2O_5(g)	11	356	115
HNO_3(l)	−173.2	155.6	−79.91
NO_3^-(aq)	−205	146.4	−108.74
Oxygen 氧			
O_2(g)	0	205	0
O_3(g)	143	238.8	163
OH^-(aq)	−230	−10.75	−157.24
Phosphorus 磷			
P(s,白磷)	0	41.09	0
P_4(g)	314.6	163.2	278.3
PCl_3(g)	−287	311.8	−267.8
PCl_5(g)	−374.9	364.6	−305
PH_3(g)	5.4	210.2	12.9
P_4O_6(s)	−1640		
$POCl_3$(g)	−1109.7	646.5	−1019
$POCl_3$(l)	−1186	26.36	−1035
P_4O_{10}(s)	−3062	228.9	−2698
H_3PO_4(s)	−1279	110.5	−1119
Potassium 钾			
K(s)	0	64.18	0
K^+(aq)	−252.4	102.5	−283.3
KF(s)	−567.3	66.6	−537.8
KCl(s)	−435.89	82.59	−408.3
KBr(s)	−393.8	95.9	−380.7
KI(s)	−327.9	106.3	−324.9
KOH(s)	−424.8	78.9	−379.1
K_2O(s)	−361	98.3	−322
K_2SO_4(s)	−1433.7	176	−1316.4
Silicon 硅			
Si(s)	0	19	0
SiH_4(g)	33	205	52.3
SiO_2(s, α−石英)	−910	41.8	−856

物　质	$\Delta_f H^\ominus$(kJ·mol^{-1})	$S^\ominus$(J·mol^{-1}·K^{-1})	$\Delta_f G^\ominus$(kJ·mol^{-1})
Silver 银			
$Ag(s)$	0	42.55	0
$Ag^+(aq)$	105.58	72.68	77.11
$AgCl(s)$	-127.1	96.2	-109.7
$AgBr(s)$	-100.4	107.1	-96.9
$AgNO_3(s)$	-124	141	-32
$Ag_2O(s)$	-31.1	121.3	-11.2
Sodium 钠			
$Na(s)$	0	51.0	0
$Na^+(aq)$	-240.12	59.0	-261.91
$NaF(s)$	-571	51.5	-545
$NaCl(s)$	-411.0	72.38	-384.0
$NaBr(s)$	-360	83.7	-349
$NaI(s)$	-288	91.2	-286
$NaHCO_3(s)$	-947.7	102	-851.9
$Na_2CO_3(s)$	-1131	136	-1048
$Na_2O_2(s)$	-510.9	94.6	-447.7
$Na_2O(s)$	-510	72.8	-376
$NaOH(s)$	-426.8	64.18	-382
$Na_2SO_4(s)$	-1384.5	149.4	-1266.83
Sulfur 硫			
S(s,正交)	0	31.9	0
$SO_2(g)$	-296.9	248.5	-300.4
$SO_3(g)$	-395.2	256.2	-370.4
$H_2S(g)$	-20.15	206	-33.6
$H_2SO_4(l)$	-811.32	157	-689.9
$H_2SO_4(aq)$	-909.3	20.1	-744.5
$SF_6(g)$	-1209	292	-1105
Tin 锡			
Sn(s,白)	0	51.6	0
$Sn^{2+}(aq)$	-8.8	-17	-27.2
$SnCl_4(l)$	-511.3	258.6	-440.2
$SnO(s)$	-285.8	56.5	-256.9
$SnO_2(s)$	-580.7	52.3	-519.6
Zinc 锌			
$Zn(s)$	0	41.6	0
$Zn^{2+}(aq)$	-153.9	-112.1	-147.06
$ZnCl_2(s)$	-415.1	111	-369.4
$ZnO(s)$	-348.3	43.6	-318.3
$ZnS(s)$	-205.6	57.7	-201.3
$ZnSO_4(s)$	-982.8	120	-874.5

附录 B　一些键的平均键焓(25℃)

化学键	键焓(kJ·mol^{-1})	化学键	键焓(kJ·mol^{-1})
C—C	348	C—Br	276
C═C	612	C—I	238
C≡C	960	H—H	435
C—H	412	H—F	565
C—N	305	H—Cl	430
C═N	613	H—Br	360
C≡N	890	H—I	295
C—O	360	H—N	388
C═O	743	H—O	463
C—F	484	H—S	338
C—Cl	338	H—Si	376

附录 C　一些盐的溶度积(25℃)

盐	溶解平衡	K_{sp}
氟化物		
MgF_2	$MgF_2(s) \rightleftharpoons Mg^{2+}(aq) + 2F^-(aq)$	6.6×10^{-9}
CaF_2	$CaF_2(s) \rightleftharpoons Ca^{2+}(aq) + 2F^-(aq)$	3.9×10^{-11}
SrF_2	$SrF_2(s) \rightleftharpoons Sr^{2+}(aq) + 2F^-(aq)$	2.9×10^{-9}
BaF_2	$BaF_2(s) \rightleftharpoons Ba^{2+}(aq) + 2F^-(aq)$	1.7×10^{-6}
LiF	$LiF(s) \rightleftharpoons Li^+(aq) + F^-(aq)$	1.7×10^{-3}
PbF_2	$PbF_2(s) \rightleftharpoons Pb^{2+}(aq) + 2F^-(aq)$	3.6×10^{-8}
氯化物		
CuCl	$CuCl(s) \rightleftharpoons Cu^+(aq) + Cl^-(aq)$	1.9×10^{-7}
AgCl	$AgCl(s) \rightleftharpoons Ag^+(aq) + Cl^-(aq)$	1.8×10^{-10}
Hg_2Cl_2	$Hg_2Cl_2(s) \rightleftharpoons Hg_2^{2+}(aq) + 2Cl^-(aq)$	1.2×10^{-18}
TlCl	$TlCl(s) \rightleftharpoons Tl^+(aq) + Cl^-(aq)$	1.8×10^{-4}
$PbCl_2$	$PbCl_2(s) \rightleftharpoons Pb^{2+}(aq) + 2Cl^-(aq)$	1.7×10^{-5}
$AuCl_3$	$AuCl_3(s) \rightleftharpoons Au^{3+}(aq) + 3Cl^-(aq)$	3.2×10^{-25}
溴化物		
CuBr	$CuBr(s) \rightleftharpoons Cu^+(aq) + Br^-(aq)$	5.0×10^{-9}
AgBr	$AgBr(s) \rightleftharpoons Ag^+(aq) + Br^-(aq)$	5.0×10^{-13}
溴化物		
Hg_2Br_2	$Hg_2Br_2(s) \rightleftharpoons Hg_2^{2+}(aq) + 2Br^-(aq)$	5.6×10^{-23}
$HgBr_2$	$HgBr_2(s) \rightleftharpoons Hg^{2+}(aq) + 2Br^-(aq)$	1.3×10^{-19}
$PbBr_2$	$PbBr_2(s) \rightleftharpoons Pb^{2+}(aq) + 2Br^-(aq)$	2.1×10^{-6}
碘化物		
CuI	$CuI(s) \rightleftharpoons Cu^+(aq) + I^-(aq)$	1×10^{-12}
AgI	$AgI(s) \rightleftharpoons Ag^+(aq) + I^-(aq)$	8.3×10^{-17}
Hg_2I_2	$Hg_2I_2(s) \rightleftharpoons Hg_2^{2+}(aq) + 2I^-(aq)$	4.7×10^{-29}
HgI_2	$HgI_2(s) \rightleftharpoons Hg^{2+}(aq) + 2I^-(aq)$	1.1×10^{-28}

PbI_2	$PbI_2(s) \rightleftharpoons Pb^{2+}(aq) + 2I^-(aq)$	7.9×10^{-9}
氢氧化物		
$Mg(OH)_2$	$Mg(OH)_2(s) \rightleftharpoons Mg^{2+}(aq) + 2OH^-(aq)$	7.1×10^{-12}
$Ca(OH)_2$	$Ca(OH)_2(s) \rightleftharpoons Ca^{2+}(aq) + 2OH^-(aq)$	6.5×10^{-6}
$Mn(OH)_2$	$Mn(OH)_2(s) \rightleftharpoons Mn^{2+}(aq) + 2OH^-(aq)$	1.6×10^{-13}
$Fe(OH)_2$	$Fe(OH)_2(s) \rightleftharpoons Fe^{2+}(aq) + 2OH^-(aq)$	7.9×10^{-16}
$Fe(OH)_3$	$Fe(OH)_3(s) \rightleftharpoons Fe^{3+}(aq) + 3OH^-(aq)$	1.6×10^{-39}
$Co(OH)_2$	$Co(OH)_2(s) \rightleftharpoons Co^{2+}(aq) + 2OH^-(aq)$	1×10^{-15}
$Co(OH)_3$	$Co(OH)_3(s) \rightleftharpoons Co^{3+}(aq) + 3OH^-(aq)$	3×10^{-45}
$Ni(OH)_2$	$Ni(OH)_2(s) \rightleftharpoons Ni^{2+}(aq) + 2OH^-(aq)$	6×10^{-16}
$Cu(OH)_2$	$Cu(OH)_2(s) \rightleftharpoons Cu^{2+}(aq) + 2OH^-(aq)$	4.8×10^{-20}
$Y(OH)_3$	$Y(OH)_3(s) \rightleftharpoons Y^{3+}(aq) + 3OH^-(aq)$	4×10^{-35}
$Cr(OH)_3$	$Cr(OH)_3(s) \rightleftharpoons Cr^{3+}(aq) + 3OH^-(aq)$	2×10^{-30}
$Zn(OH)_2$	$Zn(OH)_2(s) \rightleftharpoons Zn^{2+}(aq) + 2OH^-(aq)$	3.0×10^{-16}
$Cd(OH)_2$	$Cd(OH)_2(s) \rightleftharpoons Cd^{2+}(aq) + 2OH^-(aq)$	5.0×10^{-15}
$Al(OH)_3$	$Al(OH)_3(s) \rightleftharpoons Al^{3+}(aq) + 3OH^-(aq)$	3×10^{-34}
氰化物		
$AgCN$	$AgCN(s) \rightleftharpoons Ag^+(aq) + CN^-(aq)$	2.2×10^{-16}
$Zn(CN)_2$	$Zn(CN)_2(s) \rightleftharpoons Zn^{2+}(aq) + 2CN^-(aq)$	3×10^{-16}
亚硫酸盐		
$CaSO_3$	$CaSO_3(s) \rightleftharpoons Ca^{2+}(aq) + SO_3^{2-}(aq)$	3×10^{-7}
Ag_2SO_3	$Ag_2SO_3(s) \rightleftharpoons 2Ag^+(aq) + SO_3^{2-}(aq)$	1.5×10^{-14}
$BaSO_3$	$BaSO_3(s) \rightleftharpoons Ba^{2+}(aq) + SO_3^{2-}(aq)$	8×10^{-7}
硫酸盐		
$CaSO_4$	$CaSO_4(s) \rightleftharpoons Ca^{2+}(aq) + SO_4^{2-}(aq)$	2.4×10^{-5}
$SrSO_4$	$SrSO_4(s) \rightleftharpoons Sr^{2+}(aq) + SO_4^{2-}(aq)$	3.2×10^{-7}
$BaSO_4$	$BaSO_4(s) \rightleftharpoons Ba^{2+}(aq) + SO_4^{2-}(aq)$	1.1×10^{-10}
$RaSO_4$	$RaSO_4(s) \rightleftharpoons Ra^{2+}(aq) + SO_4^{2-}(aq)$	4.3×10^{-11}
Ag_2SO_4	$Ag_2SO_4(s) \rightleftharpoons 2Ag^+(aq) + SO_4^{2-}(aq)$	1.5×10^{-5}
Hg_2SO_4	$Hg_2SO_4(s) \rightleftharpoons Hg_2^{2+}(aq) + SO_4^{2-}(aq)$	7.4×10^{-7}
$PbSO_4$	$PbSO_4(s) \rightleftharpoons Pb^{2+}(aq) + SO_4^{2-}(aq)$	6.3×10^{-7}
铬酸盐		
$BaCrO_4$	$BaCrO_4(s) \rightleftharpoons Ba^{2+}(aq) + CrO_4^{2-}(aq)$	2.1×10^{-10}
$CuCrO_4$	$CuCrO_4(s) \rightleftharpoons Cu^{2+}(aq) + CrO_4^{2-}(aq)$	3.6×10^{-6}
Ag_2CrO_4	$Ag_2CrO_4(s) \rightleftharpoons 2Ag^+(aq) + CrO_4^{2-}(aq)$	1.2×10^{-12}
Hg_2CrO_4	$Hg_2CrO_4(s) \rightleftharpoons Hg_2^{2+}(aq) + CrO_4^{2-}(aq)$	2.0×10^{-9}
$CaCrO_4$	$CaCrO_4(s) \rightleftharpoons Ca^{2+}(aq) + CrO_4^{2-}(aq)$	7.1×10^{-4}
$PbCrO_4$	$PbCrO_4(s) \rightleftharpoons Pb^{2+}(aq) + CrO_4^{2-}(aq)$	1.8×10^{-14}
碳酸盐		
$MgCO_3$	$MgCO_3(s) \rightleftharpoons Mg^{2+}(aq) + CO_{2-3}(aq)$	3.5×10^{-8}
$CaCO_3$	$CaCO_3(s) \rightleftharpoons Ca^{2+}(aq) + CO_3^{2-}(aq)$	4.5×10^{-9}
$SrCO_3$	$SrCO_3(s) \rightleftharpoons Sr^{2+}(aq) + CO_3^{2-}(aq)$	9.3×10^{-10}
$BaCO_3$	$BaCO_3(s) \rightleftharpoons Ba^{2+}(aq) + CO_3^{2-}(aq)$	5.0×10^{-9}
$MnCO_3$	$MnCO_3(s) \rightleftharpoons Mn^{2+}(aq) + CO_3^{2-}(aq)$	5.0×10^{-10}

$FeCO_3$	$FeCO_3(s) \rightleftharpoons Fe^{2+}(aq) + CO_3^{2-}(aq)$	2.1×10^{-11}
$CoCO_3$	$CoCO_3(s) \rightleftharpoons Co^{2+}(aq) + CO_3^{2-}(aq)$	1.0×10^{-10}
$NiCO_3$	$NiCO_3(s) \rightleftharpoons Ni^{2+}(aq) + CO_3^{2-}(aq)$	1.3×10^{-7}
$CuCO_3$	$CuCO_3(s) \rightleftharpoons Cu^{2+}(aq) + CO_3^{2-}(aq)$	2.3×10^{-10}
Ag_2CO_3	$Ag_2CO_3(s) \rightleftharpoons 2Ag^{+}(aq) + CO_3^{2-}(aq)$	8.1×10^{-12}
Hg_2CO_3	$Hg_2CO_3(s) \rightleftharpoons Hg_2^{2+}(aq) + CO_3^{2-}(aq)$	8.9×10^{-17}
$ZnCO_3$	$ZnCO_3(s) \rightleftharpoons Zn^{2+}(aq) + CO_3^{2-}(aq)$	1.0×10^{-10}
$CdCO_3$	$CdCO_3(s) \rightleftharpoons Cd^{2+}(aq) + CO_3^{2-}(aq)$	1.8×10^{-14}
$PbCO_3$	$PbCO_3(s) \rightleftharpoons Pb^{2+}(aq) + CO_3^{2-}(aq)$	7.4×10^{-14}
磷酸盐		
$Ca_3(PO_4)_2$	$Ca_3(PO_4)_2(s) \rightleftharpoons 3Ca^{2+}(aq) + 2PO_4^{3-}(aq)$	2.0×10^{-29}
$Mg_3(PO_4)_2$	$Mg_3(PO_4)_2(s) \rightleftharpoons 3Mg^{2+}(aq) + 2PO_4^{3-}(aq)$	6.3×10^{-26}
$SrHPO_4$	$SrHPO_4(s) \rightleftharpoons Sr^{2+}(aq) + HPO_4^{-}(aq)$	1.2×10^{-7}
$BaHPO_4$	$BaHPO_4(s) \rightleftharpoons Ba^{2+}(aq) + HPO_4^{-}(aq)$	4.0×10^{-8}
$LaPO_4$	$LaPO_4(s) \rightleftharpoons La^{3+}(aq) + PO_4^{3-}(aq)$	3.7×10^{-23}
$Fe_3(PO_4)_2$	$Fe_3(PO_4)_2(s) \rightleftharpoons 3Fe^{2+}(aq) + 2PO_4^{3-}(aq)$	1.0×10^{-36}
Ag_3PO_4	$Ag_3PO_4(s) \rightleftharpoons 3Ag^{+}(aq) + PO_4^{3-}(aq)$	2.8×10^{-18}
$FePO_4$	$FePO_4(s) \rightleftharpoons Fe^{3+}(aq) + PO_4^{3-}(aq)$	4.0×10^{-27}
$Zn_3(PO_4)_2$	$Zn_3(PO_4)_2(s) \rightleftharpoons 3Zn^{2+}(aq) + 2PO_4^{3-}(aq)$	5.0×10^{-36}
$Pb_3(PO_4)_2$	$Pb_3(PO_4)_2(s) \rightleftharpoons 3Pb^{2+}(aq) + 2PO_4^{3-}(aq)$	3.0×10^{-44}
$Ba_3(PO_4)_2$	$Ba_3(PO_4)_2(s) \rightleftharpoons 3Ba^{2+}(aq) + 2PO_4^{3-}(aq)$	5.8×10^{-38}
亚铁氰酸盐		
$Zn_2[Fe(CN)_6]$	$Zn_2[Fe(CN)_6](s) \rightleftharpoons 2Zn^{2+}(aq) + [Fe(CN)_6]^{4-}(aq)$	2.1×10^{-16}
$Cd_2[Fe(CN)_6]$	$Cd_2[Fe(CN)_6](s) \rightleftharpoons 2Cd^{2+}(aq) + [Fe(CN)_6]^{4-}(aq)$	4.2×10^{-18}

附录 D　常见配离子的累积生成常数(25℃)

平衡方程式	β_n	n
卤素配体		
$Al^{3+} + 6F^{-} \rightleftharpoons [AlF_6]^{3-}$	2.5×10^{4}	6
$Al^{3+} + 4F^{-} \rightleftharpoons [AlF_4]^{-}$	2.0×10^{8}	4
$Be^{2+} + 4F^{-} \rightleftharpoons [BeF_4]^{2-}$	1.3×10^{13}	4
$Sn^{4+} + 6F^{-} \rightleftharpoons [SnF_6]^{2-}$	1×10^{25}	6
$Cu^{+} + 2Cl^{-} \rightleftharpoons [CuCl_2]^{-}$	3×10^{5}	2
$Ag^{+} + 2Cl^{-} \rightleftharpoons [AgCl_2]^{-}$	1.8×10^{5}	2
$Pb^{2+} + 4Cl^{-} \rightleftharpoons [PbCl_4]^{2-}$	2.5×10^{15}	4
$Zn^{2+} + 4Cl^{-} \rightleftharpoons [ZnCl_4]^{2-}$	1.6	4
$Hg^{2+} + 4Cl^{-} \rightleftharpoons [HgCl_4]^{2-}$	5.0×10^{15}	4
$Cu^{+} + 2Br^{-} \rightleftharpoons [CuBr_2]^{-}$	8×10^{5}	2
$Ag^{+} + 2Br^{-} \rightleftharpoons [AgBr_2]^{-}$	1.7×10^{7}	2
$Hg^{2+} + 4Br^{-} \rightleftharpoons [HgBr_4]^{2-}$	1×10^{21}	4
$Cu^{+} + 2I^{-} \rightleftharpoons [CuI_2]^{-}$	8×10^{8}	2
$Ag^{+} + 2I^{-} \rightleftharpoons [AgI_2]^{-}$	1×10^{11}	2
$Pb^{2+} + 4I^{-} \rightleftharpoons [PbI_4]^{2-}$	3×10^{4}	4
$Hg^{2+} + 4I^{-} \rightleftharpoons [HgI_4]^{2-}$	1.9×10^{30}	4

平衡方程式	β_n	n
氨配体		
$Ag^+ + 2NH_3^+ \rightleftharpoons [Ag(NH_3)_2]^+$	1.6×10^7	2
$Zn^{2+} + 4NH_3^+ \rightleftharpoons [Zn(NH_3)_4]^{2+}$	7.8×10^8	4
$Cu^{2+} + 4NH_3^+ \rightleftharpoons [Cu(NH_3)_4]^{2+}$	1.1×10^{13}	4
$Hg^{2+} + 4NH_3^+ \rightleftharpoons [Hg(NH_3)_4]^{2+}$	1.8×10^{19}	4
$Co^{2+} + 6NH_3^+ \rightleftharpoons [Co(NH_3)_6]^{2+}$	5.0×10^4	6
$Co^{3+} + 6NH_3^+ \rightleftharpoons [Co(NH_3)_6]^{3+}$	4.6×10^{33}	6
$Cd^{2+} + 6NH_3^+ \rightleftharpoons [Cd(NH_3)_6]^{2+}$	2.6×10^5	6
$Ni^{2+} + 6NH_3^+ \rightleftharpoons [Ni(NH_3)_6]^{2+}$	2.0×10^8	6
氰基配体		
$Fe^{2+} + 6CN^- \rightleftharpoons [Fe(CN)_6]^{4-}$	1.0×10^{24}	6
$Fe^{3+} + 6CN^- \rightleftharpoons [Fe(CN)_6]^{3-}$	1.0×10^{31}	6
$Ag^+ + 2CN^- \rightleftharpoons [Ag(CN)_2]^-$	5.3×10^{18}	2
$Cu^+ + 2CN^- \rightleftharpoons [Cu(CN)_2]^-$	1.0×10^{16}	2
$Cd^{2+} + 4CN^- \rightleftharpoons [Cd(CN)_4]^{2-}$	7.7×10^{16}	4
$Au^+ + 2CN^- \rightleftharpoons [Au(CN)_2]^-$	2×10^{38}	2
其它单齿配体		
甲胺(CH_3NH_2)		
$Ag^+ + 2CH_3NH_2 \rightleftharpoons [Ag(CH_3NH_2)_2]^+$	7.8×10^6	2
硫氰根离子(SCN^-)		
$Cd^{2+} + 4SCN^- \rightleftharpoons [Cd(SCN)_4]^{2-}$	1×10^3	4
$Cu^{2+} + 2SCN^- \rightleftharpoons [Cu(SCN)_2]$	5.6×10^3	2
$Fe^{3+} + 3SCN^- \rightleftharpoons [Fe(SCN)_3]$	2×10^6	3
$Hg^{2+} + 4SCN^- \rightleftharpoons [Hg(SCN)_4]^{2-}$	5.0×10^{21}	4
氢氧根离子(OH^-)		
$Cu^{2+} + 4OH^- \rightleftharpoons [Cu(OH)_4]^{2-}$	1.3×10^{16}	4
$Zn^{2+} + 4OH^- \rightleftharpoons [Zn(OH)_4]^{2-}$	2×10^{20}	4
双齿配体		
$Mn^{2+} + 3en \rightleftharpoons [Mn(en)_3]^{2+}$	6.5×10^5	3
$Fe^{2+} + 3en \rightleftharpoons [Fe(en)_3]^+$	5.2×10^9	3
$Co^{2+} + 3en \rightleftharpoons [Co(en)_3]^{2+}$	1.0×10^{14}	3
$Co^{3+} + 3en \rightleftharpoons [Co(en)_3]^{3+}$	5.0×10^{48}	3
$Ni^{2+} + 3en \rightleftharpoons [Ni(en)_3]^{2+}$	4.1×10^{17}	3
$Cu^{2+} + 2en \rightleftharpoons [Cu(en)_2]^{2+}$	4.0×10^{19}	2
$Mn^{2+} + 3bipy \rightleftharpoons [Mn(bipy)_3]^{2+}$	1×10^6	3
$Fe^{2+} + 3bipy \rightleftharpoons [Fe(bipy)_3]^{2+}$	1.6×10^{17}	3
$Ni^{2+} + 3bipy \rightleftharpoons [Ni(bipy)_3]^{2+}$	3.0×10^{20}	3
$Co^{2+} + 3bipy \rightleftharpoons [Co(bipy)_3]^{2+}$	8×10^{15}	3
$Mn^{2+} + 3phen \rightleftharpoons [Mn(phen)_3]^{2+}$	2×10^{10}	3
$Fe^{2+} + 3phen \rightleftharpoons [Fe(phen)_3]^{2+}$	1×10^{21}	3
$Co^{2+} + 3phen \rightleftharpoons [Co(phen)_3]^{2+}$	6×10^{19}	3
$Ni^{2+} + 3phen \rightleftharpoons [Ni(phen)_3]^{2+}$	2×10^{24}	3
$Co^{2+} + 3C_2O_4^{2-} \rightleftharpoons [CO(C_2O_4)_3]^{4-}$	4.5×10^6	3

平衡方程式	β_n	n
$Fe^{3+} + 3C_2O_4^{2-} \rightleftharpoons [Fe(C_2O_4)_3]^{3-}$	3.3×10^{20}	3
其它多齿配体		
$Zn^{2+} + EDTA^{4-} \rightleftharpoons [Zn(EDTA)]^{2-}$	3.8×10^{16}	1
$Mg^{2+} + 2NTA^{3-} \rightleftharpoons [Mg(NTA)_2]^{4-}$	1.6×10^{10}	2
$Ca^{2+} + 2NTA^{3-} \rightleftharpoons [Ca(NTA)_2]^{4-}$	3.2×10^{11}	2

注：

en：乙二胺

bipy：2,2－联吡啶

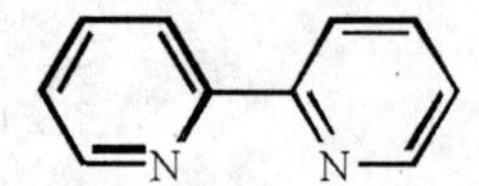

phen：1,10－邻二氮杂菲

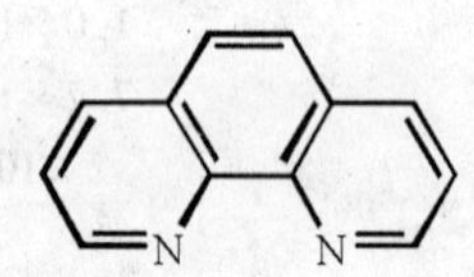

$EDTA^{4-}$：乙二胺四乙酸根离子

NTA^{3-}：氨三乙酸根离子

附录 E　常见弱酸弱碱的电离常数(25℃)

单质子酸	分子式	K_a
三氯乙酸	Cl_3CCOOH	2.2×10^{-1}
碘酸	HIO_3	1.7×10^{-1}
二氯乙酸	$Cl_2CHCOOH$	5.0×10^{-2}
氯乙酸	$ClCH_2COOH$	1.4×10^{-3}
亚硝酸	HNO_2	7.1×10^{-4}
氢氟酸	HF	6.8×10^{-4}
氰酸	HOCN	3.5×10^{-4}
甲酸	HCOOH	1.8×10^{-4}
乳酸	$CH_3CH(OH)COOH$	1.4×10^{-4}
巴比妥酸	$C_4H_4N_2O_3$	9.8×10^{-5}
安息香酸	C_6H_5COOH	6.3×10^{-5}
正丁酸	$CH_3CH_2CH_2COOH$	1.5×10^{-5}
叠氮酸	HN_3	1.8×10^{-5}
乙酸	CH_3COOH	1.8×10^{-5}
丙酸	CH_3CH_2COOH	1.4×10^{-5}
次氯酸	HOCl	3.0×10^{-8}
次溴酸	HOBr	2.1×10^{-9}
氢氰酸	HCN	6.2×10^{-10}
苯酚	C_6H_5OH	1.3×10^{-10}
次碘酸	HOI	2.3×10^{-11}
过氧化氢	H_2O_2	1.8×10^{-12}

多质子酸	分子式	K_{a1}	K_{a2}	K_{a3}
硫酸	H_2SO_4	很大	1.0×10^{-2}	—
铬酸	H_2CrO_4	5.0	1.5×10^{-6}	—
草酸	$H_2C_2O_4$	5.6×10^{-2}	5.4×10^{-5}	—
亚磷酸	H_3PO_3	3×10^{-2}	1.6×10^{-7}	—
亚硫酸	$H_2SO_3[SO_2(aq)]$	1.2×10^{-2}	6.6×10^{-8}	—
硒酸	H_2SeO_3	4.5×10^{-3}	1.1×10^{-8}	—
碲酸	H_2TeO_3	3.3×10^{-3}	2.0×10^{-8}	—
丙二酸	$HOOCCH_2COOH$	1.4×10^{-3}	2.0×10^{-6}	—
苯二甲酸	$C_6H_4(COOH)_2$	1.1×10^{-3}	3.9×10^{-6}	—
酒石酸	$HOOCCH(OH)CH(OH)COOH$	9.2×10^{-4}	4.3×10^{-5}	—
抗坏血酸	$C_6H_8O_6$	6.8×10^{-5}	2.7×10^{-12}	—
碳酸	H_2CO_3	4.5×10^{-7}	4.7×10^{-11}	—
磷酸	H_3PO_4	7.1×10^{-3}	6.3×10^{-8}	4.5×10^{-13}
砷酸	H_3AsO_4	5.6×10^{-3}	1.7×10^{-7}	4.0×10^{-12}
柠檬酸	$C_6H_8O_7$	7.1×10^{-4}	1.7×10^{-5}	6.3×10^{-6}
弱 碱	分子式	K_b		
二甲胺	$(CH_3)_2NH$	9.6×10^{-4}		
甲胺	CH_3NH_2	4.4×10^{-4}		
乙胺	$CH_3CH_2NH_2$	4.3×10^{-4}		
三甲胺	$(CH_3)_3N$	7.4×10^{-5}		
氨	NH_3	1.8×10^{-5}		
肼	N_2H_4	1.7×10^{-6}		
羟胺	NH_2OH	6.6×10^{-9}		
吡啶	C_5H_5N	1.7×10^{-9}		
苯胺	$C_6H_5NH_2$	4.1×10^{-10}		

附录 F 标准还原电极电势(25℃)

半反应	$E^{\ominus}$(V)
$F_2(g)+2e^-\rightleftharpoons 2F^-(aq)$	+2.87
$O_3(g)+2H^+(aq)+2e^-\rightleftharpoons O_2(g)+H_2O(l)$	+2.08
$S_2O_8^{2-}(aq)+2e^-\rightleftharpoons 2SO_4^{2-}(aq)$	+2.01
$Co^{3+}(aq)+e^-\rightleftharpoons Co^{2+}(aq)$	+1.82
$H_2O_2(aq)+2H^+(aq)+2e^-\rightleftharpoons 2H_2O(l)$	+1.77
$PbO_2(s)+HSO_4^-(aq)+3H^+(aq)+2e^-\rightleftharpoons PbSO_4(s)+2H_2O(l)$	+1.69
$2HOCl(aq)+2H^+(aq)+2e^-\rightleftharpoons Cl_2(g)+2H_2O(l)$	+1.63
$Mn^{3+}(aq)+e^-\rightleftharpoons Mn^{2+}(aq)$	+1.51
$MnO^{4-}(aq)+4H^+(aq)+3e^-\rightleftharpoons MnO_2(s)+2H_2O(l)$	+1.51
$MnO^{4-}(aq)+8H^+(aq)+5e^-\rightleftharpoons Mn^{2+}(aq)+4H_2O(l)$	+1.49
$PbO_2(s)+4H^+(aq)+2e^-\rightleftharpoons Pb^{2+}(aq)+2H_2O(l)$	+1.47
$BrO_3^-(aq)+6H^+(aq)+6e^-\rightleftharpoons Br^-(aq)+3H_2O(l)$	+1.46
$Au^{3+}(aq)+3e^-\rightleftharpoons Au(s)$	+1.42
$Cl_2(g)+2e^-\rightleftharpoons 2Cl^-(aq)$	+1.36
$Cr_2O_7^{2-}(aq)+14H^+(aq)+6e^-\rightleftharpoons 2Cr^{3+}(aq)+7H_2O(l)$	+1.33

半反应	$E^{\ominus}$ (V)
$O_3(g) + H_2O(l) + 2e^- \rightleftharpoons O_2(g) + 2OH^-(aq)$	+1.24
$MnO_2(s) + 4H^+(aq) + 2e^- \rightleftharpoons Mn^{2+}(aq) + 2H_2O(l)$	+1.23
$O_2(g) + 4H^+(aq) + 4e^- \rightleftharpoons 2H_2O(l)$	+1.23
$Pt^{2+}(aq) + 2e^- \rightleftharpoons Pt(s)$	+1.20
$Br_2(aq) + 2e^- \rightleftharpoons 2Br^-(aq)$	+1.07
$NO_3^-(aq) + 4H^+(aq) + 3e^- \rightleftharpoons NO(g) + 2H_2O(l)$	+0.96
$NO_3^-(aq) + 3H^+(aq) + 2e^- \rightleftharpoons HNO_2(aq) + H_2O(l)$	+0.94
$2Hg^{2+}(aq) + 2e^- \rightleftharpoons Hg_2^{2+}(aq)$	+0.91
$HO_2^-(aq) + H_2O(l) + 2e^- \rightleftharpoons 3OH^-(aq)$	+0.87
$2NO_3^-(aq) + 4H^+(aq) + 2e^- \rightleftharpoons 2NO_2(g) + 2H_2O(l)$	+0.80
$Ag^+(aq) + e^- \rightleftharpoons Ag(s)$	+0.80
$Fe^{3+}(aq) + e^- \rightleftharpoons Fe^{2+}(aq)$	+0.77
$O_2(g) + 2H^+(aq) + 2e^- \rightleftharpoons H_2O_2(aq)$	+0.69
$I_2(s) + 2e^- \rightleftharpoons 2I^-(aq)$	+0.54
$NiO_2(s) + 2H_2O(l) + 2e^- \rightleftharpoons Ni(OH)_2(s) + 2OH^-(aq)$	+0.49
$SO_2(aq) + 4H^+(aq) + 4e^- \rightleftharpoons S(s) + 2H_2O(l)$	+0.45
$O_2(g) + 2H_2O(l) + 4e^- \rightleftharpoons 4OH^-(aq)$	+0.401
$Cu^{2+}(aq) + 2e^- \rightleftharpoons Cu(s)$	+0.34
$Hg_2Cl_2(s) + 2e^- \rightleftharpoons 2Hg(l) + 2Cl^-(aq)$	+0.27
$PbO_2(s) + H_2O(l) + 2e^- \rightleftharpoons PbO(s) + 2OH^-(aq)$	+0.25
$AgCl(s) + e^- \rightleftharpoons Ag(s) + Cl^-(aq)$	+0.23
$SO_4^{2-}(aq) + 4H^+(aq) + 2e^- \rightleftharpoons H_2SO_3(aq) + H_2O(l)$	+0.17
$S_4O_6^{2-}(aq) + 2e^- \rightleftharpoons 2S_2O_3^{2-}(aq)$	+0.169
$Cu^{2+}(aq) + e^- \rightleftharpoons Cu^+(aq)$	+0.16
$Sn^{4+}(aq) + 2e^- \rightleftharpoons Sn^{2+}(aq)$	+0.15
$S(s) + 2H^+(aq) + 2e^- \rightleftharpoons H_2S(g)$	+0.14
$AgBr(s) + e^- \rightleftharpoons Ag(s) + Br^-(aq)$	+0.07
$2H^+(aq) + 2e^- \rightleftharpoons H_2(g)$	0.00
$Pb^{2+}(aq) + 2e^- \rightleftharpoons Pb(s)$	−0.13
$Sn^{2+}(aq) + 2e^- \rightleftharpoons Sn(s)$	−0.14
$AgI(s) + e^- \rightleftharpoons Ag(s) + I^-(aq)$	−0.15
$Ni^{2+}(aq) + 2e^- \rightleftharpoons Ni(s)$	−0.25
$Co^{2+}(aq) + 2e^- \rightleftharpoons Co(s)$	−0.28
$In^{3+}(aq) + 3e^- \rightleftharpoons In(s)$	−0.34
$Tl^+(aq) + e^- \rightleftharpoons Tl(s)$	−0.34
$PbSO_4(s) + H^+(aq) + 2e^- \rightleftharpoons Pb(s) + HSO_4^-(aq)$	−0.36
$Cd^{2+}(aq) + 2e^- \rightleftharpoons Cd(s)$	−0.40
$Fe^{2+}(aq) + 2e^- \rightleftharpoons Fe(s)$	−0.44
$Ga^{3+}(aq) + 3e^- \rightleftharpoons Ga(s)$	−0.56
$PbO(s) + H_2O(l) + 2e^- \rightleftharpoons Pb(s) + 2OH^-(aq)$	−0.58
$Cr^{3+}(aq) + 3e^- \rightleftharpoons Cr(s)$	−0.74
$Zn^{2+}(aq) + 2e^- \rightleftharpoons Zn(s)$	−0.76
$Cd(OH)_2(s) + 2e^- \rightleftharpoons Cd(s) + 2OH^-(aq)$	−0.81

半反应	$E^{\ominus}$(V)
$2H_2O(l) + 2e^- \rightleftharpoons H_2(g) + 2OH^-(aq)$	−0.83
$Fe(OH)_2(s) + 2e^- \rightleftharpoons Fe(s) + 2OH^-(aq)$	−0.88
$Cr^{2+}(aq) + 2e^- \rightleftharpoons Cr(s)$	−0.91
$N_2O_4(aq) + 4H_2O(l) + 8e^- \rightleftharpoons N_2(g) + 8OH^-(aq)$	−1.16
$V^{2+}(aq) + 2e^- \rightleftharpoons V(s)$	−1.18
$ZnO_2^{2-}(aq) + 2H_2O(l) + 2e^- \rightleftharpoons Zn(s) + 4OH^-(aq)$	−1.216
$Ti^{2+}(aq) + 2e^- \rightleftharpoons Ti(s)$	−1.63
$Al^{3+}(aq) + 3e^- \rightleftharpoons Al(s)$	−1.66
$U^{3+}(aq) + 3e^- \rightleftharpoons U(s)$	−1.79
$Sc^{3+}(aq) + 3e^- \rightleftharpoons Sc(s)$	−2.02
$La^{3+}(aq) + 3e^- \rightleftharpoons La(s)$	−2.36
$Y^{3+}(aq) + 3e^- \rightleftharpoons Y(s)$	−2.37
$Mg^{2+}(aq) + 2e^- \rightleftharpoons Mg(s)$	−2.37
$Na^+(aq) + e^- \rightleftharpoons Na(s)$	−2.71
$Ca^{2+}(aq) + 2e^- \rightleftharpoons Ca(s)$	−2.76
$Sr^{2+}(aq) + 2e^- \rightleftharpoons Sr(s)$	−2.89
$Ba^{2+}(aq) + 2e^- \rightleftharpoons Ba(s)$	−2.90
$Cs^+(aq) + e^- \rightleftharpoons Cs(s)$	−2.92
$K^+(aq) + e^- \rightleftharpoons K(s)$	−2.92
$Rb^+(aq) + e^- \rightleftharpoons Rb(s)$	−2.93
$Li^+(aq) + e^- \rightleftharpoons Li(s)$	−3.05

附录 G　部分元素的电离能和电子亲和能(25℃)

Z	元素	EA	IE1	IE2	IE3
1	H	−72.8	1312	–	–
2	He	>0	2372	5250	–
3	Li	−59.7	520.2	7298	11815
4	Be	>0	899.4	1757	14848
5	B	−26.8	800.6	2427	3660
6	C	−121.9	1086	2353	4620
7	N	>0	1402	2856	4578
8	O	−141.1	1314	3388	5300
9	F	−322.0	1681	3374	6050
10	Ne	>0	2080	3952	6122
11	Na	−52.9	495.6	4560	6912
12	Mg	>0	737.7	1450	7730
13	Al	−42.7	577	1817	2745
14	Si	−133.6	786.4	1577	3232
15	P	−72.0	1012	1908	2912
16	S	−200.4	999.6	2251	3357
17	Cl	−348.8	1256	2297	3822
18	Ar	>0	1520	2666	3931
19	K	−48.4	418.8	3051	4420

Z	元素	EA	IE1	IE2	IE3
20	Ca	-2.4	589.8	1145	4912
21	Sc	-18.2	633	1235	2389
22	Ti	-7.7	658	1310	2653
23	V	-50.8	650	1414	2828
24	Cr	-64.4	652.8	1591	2987
25	Mn	>0	717.4	1509	3248
26	Fe	-14.6	763	1561	2957
27	Co	-63.9	758	1646	3232
28	Ni	-111.6	736.7	1753	3396
29	Cu	-119.2	745.4	1958	3554
30	Zn	>0	906.4	1733	3833
31	Ga	-28.9	578.8	1979	2963
32	Ge	-119	761	1537	3302
33	As	-78	947	1798	2736
34	Se	-195.0	940.9	2045	2974
35	Br	-324.6	1143	2103	3500
36	Kr	>0	1351	2350	3565

注:EA:电子亲合能;IE1:第一电离能;IE2:第二电离能;IE3:第三电离能。

附录 H　红外特征吸收峰

键		波数(cm^{-1})	强度[a]
C—H	烷烃	2850 - 3000	s
	$—CH_3$	1375 和 1450	w - m
	$—CH_2$	1450	m
	烯烃	3000 ~ 3100	w - m
		650 ~ 1000	s
	炔烃	3300	m - s
		1600 ~ 1680	w - m
	芳烃	3000 ~ 3100	s
		690 ~ 900	s
	醛	2700 ~ 2800	w
		2800 ~ 2900	w
C＝C	烯烃	1600 ~ 1680	w - m
	芳烃	1450 和 1600	w - m
C—O	醇、醚、酯、羧、酸、	1050 ~ 1100(sp^3 C—O)	s
	酸酐	1200 ~ 1250(sp^2 C—O)	s

C ═O	酰胺	1630 ~ 1680	s
	羧酸	1700 ~ 1725	s
	酮	1705 ~ 1780	s
	醛	1705 ~ 1740	s
	酯	1735 ~ 1750	s
	酸酐	1760 和 1800	s
O—H	醇,酚		
	自由	3600 ~ 3650	m
	氢键	3200 ~ 3500	m
	羧酸	2400 ~ 3400	m
N—H	胺、酰胺	3100 ~ 3500	m - s

(a)m = 中等强度峰　s = 强峰　w = 弱峰